Biologische Durchgängigkeit von Fließgewässern

Stephan Heimerl (Hrsg.)

Biologische Durchgängigkeit von Fließgewässern

Ausgewählte Beiträge aus der Fachzeitschrift WasserWirtschaft

Herausgeber
Stephan Heimerl
Leinfelden-Echterdingen, Deutschland

ISBN 978-3-658-13989-6 ISBN 978-3-658-13990-2 (eBook)
DOI 10.1007/978-3-658-13990-2

Die Deutsche Nationalbibliothek verzeichnet diese Publikation in der Deutschen Nationalbibliografie; detaillierte bibliografische Daten sind im Internet über http://dnb.d-nb.de abrufbar.

Springer Vieweg

Lektorat: Dr. Daniel Fröhlich

Gedruckt auf säurefreiem und chlorfrei gebleichtem Papier

Springer Vieweg ist Teil von Springer Nature
Die eingetragene Gesellschaft ist Springer Fachmedien Wiesbaden GmbH
Die Anschrift der Gesellschaft ist: Abraham-Lincoln-Strasse 46, 65189 Wiesbaden, Germany

Dr.-Ing. Stephan Heimerl
Chefredakteur der Fachzeitschrift WasserWirtschaft,
Meuschenmühle

Durchgängigkeit der Fließgewässer – noch immer neue Erkenntnisse und offene Fragestellungen

Seit über 100 Jahren ist es hinlänglich bekannt, dass die Fließgewässer für Fische und andere wassergebundene Lebewesen eine laterale und longitudinale Durchgängigkeit aufweisen müssen, damit die Lebensräume für die unterschiedlichen Ansprüche zu den richtigen Zeiten erreichbar sind und somit der Fortbestand der Populationen gesichert wird. Dieser Erkenntnis hat man sich über die Jahrzehnte manchmal mehr und manchmal weniger gewidmet – mit den entsprechenden Wirkungen auf die Populationen. Dabei waren die Lebensräume zeitweise auch durch andere Faktoren, wie beispielsweise durch Gewässereinleitungen und damit einer massiven Beeinträchtigung der Wasserqualität als Lebensgrundlage, entscheidend negativ geprägt und boten nur noch unzureichende Qualität für die natürlicherweise vielfältige Flora und Fauna.

Mit der Verbesserung der Gewässerqualität bot sich v. a. ab den 1980er-Jahren ein zunehmend besseres Umfeld, das es auch möglich machte, wieder ernsthaft über die Maßnahmen zur Herstellung der Durchgängigkeit der Fließgewässer nachzudenken. Ein erster Meilenstein im deutschsprachigen Raum war das 1994 herausgegebene DVWK-Merkblatt für Fischaufstiegsanlagen, das sich durchaus wegweisend über die deutschen Grenzen hinaus erstmals systematisch der aufwärtsgerichteten Wanderung annahm. Nicht zu Unrecht wurde dieses Merkblatt in mehrere Sprachen übersetzt und fand eine weitreichende internationale Verbreitung. Entsprechend zusätzlicher Erkenntnisse wurde dieses Merkblatt in Form des 2014 erschienenen DWA-Merkblattes M 509 fortgeschrieben.

Parallel wurden weitere Untersuchungen und Forschungsaktivitäten insbesondere an bestehenden Anlagen durchgeführt, so dass man sich zunehmend den abwärts gerichteten Wanderungsaktivitäten annehmen konnte. Gleichzeitig sind dabei viele neue Fragen aufgetreten, die zu der Erkenntnis geführt haben, dass der notwendige Wissenszuwachs für einen sicheren Schutz der Fischpopulationen und der abwärtsgerichteten Durchgängigkeit noch viel Zeit in Anspruch nehmen wird, bis mindestens einen Stand des Wissens verfügbar ist, einigermaßen sichere Techniken einzusetzen, und bis man dann mittelfristig zu einem Stand der Technik gelangt. Hierbei herrscht mittlerweile der Konsens, dass dieser Prozess im Minimum noch zehn Jahre dauern wird, bis ein gesicherter Stand des Wissens vorliegt.

Auf formaler Ebene ist dies durch den Prozess hin zur europäischen Wasserrahmenrichtlinie im Jahr 2000 und deren anschließender Umsetzung in nationales Recht, wie z. B. dem Wasserhaushaltsgesetz (WHG) in Deutschland sowie den nachgeordneten Wassergesetzen der Länder, deutlich geworden. Im Weiteren haben die Fachdiskussionen u. a. zur grundlegenden WHG-Novelle 2010 geführt, die in vielen Bereichen spürbare Änderungen zur Folge hatten. Im Zusammenhang mit der biologischen Durchgängigkeit sind v. a. die §§ 33–35 WHG zu nennen, die inhaltlich idealistische Ziele vorgeben und wegweisend sind, deren Umsetzung in der Praxis allerdings noch zu mannigfaltigen Fragen führt, da bei weitem noch nicht alle Antworten auf die WHG-Festlegungen gegeben werden können.

Um diese und andere Fragestellungen sowie Entwicklungen voranzutreiben, waren und sind bis heute unabhängige Informations- und Wissensplattformen notwendig, über die neue Erkenntnisse an die Fachkreise in Wissenschaft und Praxis dauerhaft weitergegeben und vom Jungingenieur bis hin zum erfahrenen Senioringenieur reflektiert und aufgenommen werden.

Seit über 100 Jahren leistet dabei die Fachzeitschrift *WasserWirtschaft* einen wichtigen Beitrag zum fachlichen Austausch und Diskurs, indem seit jeher in dieser unabhängigen Fachzeitschrift innovative, zukunftsorientierte sowie qualitativ hochwertige Beiträge wiedergegeben werden, die die Fachkreise zu Diskussionen anregen sollen, mit dem Ziel, heute und morgen die jeweils beste Lösung finden zu können.

Mit den in diesem Buch zusammengeführten Aufsätzen der Fachzeitschrift *WasserWirtschaft* aus den letzten Jahren wird ein Beitrag zum Fachdiskurs rund um den Bereich der biologischen Durchgängigkeit sowie anverwandter Themenbereiche geleistet, um gemeinsam an den notwendigen Antworten zu arbeiten.

Die inhaltliche Vielfalt zeigt dabei, dass die Herstellung einer freieren Fischwanderung sowohl die interdisziplinäre Zusammenarbeit der unterschiedlichen Fachrichtungen als auch den sachlichen Austausch der verschiedenen Interessensvertreter erfordert, um zu Lösungen zu gelangen, die sich in der Praxis an einzelnen Standorten bewähren können. Diese sollen dann mittelfristig nach der erforderlichen Evaluation auf der Basis einheitlicher Standards in geeigneter Weise auf andere Standorte übertragen werden können.

So wichtig bei all diesen Betrachtungen die Erforschung der Wirkungen von Details und der daraus resultierenden Chancen von Bedeutung ist, so sollten gleichzeitig aber auch die übergeordneten Aspekte in und am Gewässer nicht aus den Augen verloren werden.

Es dürfte beispielsweise wenig sinnvoll sein, an einem strukturarmen Gewässer, das Fischen u. a. zu wenige Unterstände sowie Nahrungs- und Fortpflanzungshabitate bietet, mit einem enormen Aufwand die aufwärts und ggf. auch abwärts gerichtete Durchgängigkeit herzustellen. Diese Feststellung wird durch diverse aktuelle Forschungsaktivitäten unterstützt, die aufzeigen, dass der strukturreichen Morphologie des jeweiligen Gewässers eine besondere Rolle bei der Reduzierung der Auswirkungen u. a. aus der Wasserkraft zum Wohl der Fischpopulationen zukommt und diese an etlichen Gewässern bedeutender als die Maßnahmen zur Herstellung der Durchgängigkeit sein könnten.

Auch sollte stets der Nutzen-Kosten-Aspekt nicht aus den Augen verloren werden, nachdem die vorhandenen Mittel überall endlich sind, und entsprechend des Pareto-Prinzips darauf geachtet werden, dass der effiziente Mitteleinsatz im Vordergrund steht, um mit einem überschaubaren Aufwand ein Maximum an Zielen zu erreichen. Gerade im Bereich der ökologisch verträglichen Gewässernutzung ist die Betrachtung aus der übergeordneten Ebene bedeutend, um nicht nur punktuelle und damit häufig im Endeffekt wenig effiziente Verbesserungen zu erreichen, sondern durch ein zielgerichtetes Vorgehen am Ende bei gleichen Aufwendungen mehr zum Wohle der Umwelt einschließlich des Menschen zu erreichen.

Erfreulicherweise wird dieser Grundsatz bereits in vielen Fällen der strategischen Planung verfolgt – in der täglichen Umsetzungspraxis zeigt sich jedoch immer wieder, wie schnell man sich in der Diskussion von kleinen Details „verrennt".

Lassen Sie uns also daran arbeiten, Probleme und Herausforderungen immer zuerst aus der übergeordneten Ebene zu betrachten und so die bestmöglichen Ergebnisse in einer überschaubaren Zeit auch tatsächlich zu realisieren!

Inhaltsverzeichnis

Anforderungen und Maßnahmen

Stephan Naumann und Stephan Heimerl

Fischschutz und Fischabstieg im Dialog – Forum „Fischschutz und Fischabstieg"

Das Thema Fischschutz und Fischabstieg ist seit längerem Gegenstand umweltpolitischer, umweltrechtlicher und fachlicher Diskussionen, wobei deren Intensität in den letzten Jahren zugenommen hat. Dies war Veranlassung zur Gründung des „Forums Fischschutz und Fischabstieg". Grundsätzliches Ziel ist es, in den Jahre 2012 bis 2014 einen offenen Austausch zu den verschiedenen Aspekten des Themas zu ermöglichen und ein gemeinsames, bundesweit einheitliches Verständnis darüber zu fördern, welche Anforderungen und Lösungen nach dem derzeitigen Stand des Wissens und der Technik dem Fischschutz und Fischabstieg und dem Erhalt und der Etablierung von Fischpopulationen zu Grunde zu legen sind. In diesem Beitrag wird der aktuelle Stand dieses Prozesses dargestellt.

1 Einleitung

Das Thema Fischschutz und Fischabstieg ist seit längerem Gegenstand umweltpolitischer, umweltrechtlicher und fachlicher Diskussionen, wobei deren Intensität in den letzten Jahren durch den Umsetzungsprozess der Wasserrahmenrichtlinie (WRRL) und der damit in Zusammenhang stehen Änderungen im Wasserhaushaltsgesetz (WHG) und Erneuerbare-Energien-Gesetz (EEG) zugenommen hat.

Im Jahr 2010 haben die Bundesländer der EU-Kommission gemeinsam für jede der 10 Flussgebietsgemeinschaften Deutschlands Bewirtschaftungspläne und Maßnahmenprogramme vorgelegt, die Auskunft über den Zustand der Gewässer geben und den Handlungsbedarf für das Erreichen der WRRL-Gewässerschutzziele darlegen. Eine der zentralen Aussagen ist, dass das Ziel der Richtlinie der „gute ökologische Zustand" bzw. das „gute ökologische Potenzial" in nur 14 % der Fließgewässerstrecken (<10 % der Fließgewässer-Wasserkörper) erreicht wird. Aufgrund der Indikatoreigenschaften der bewertungsrelevanten biologischen Qualitätskomponenten (Fischfauna, Makrozoobenthos, Makrophyten) lässt sich diese Zielverfehlung in den Fließgewässern auf Nährstoffbelastungen, hydromorphologische Defizite und fehlende Durchgängigkeit zurückführen. Die von den Bundesländern in den Maßnahmenprogrammen festgelegten Maßnahmen zielen daher vor allem auf Verbesserungen in diesen defizitären Bereichen ab.

Ein Teil dieses Maßnahmenspektrums betrifft auch den Fischschutz und Fischabstieg zur Verbesserung des Zustandes der Fischfauna. Maßnahmen dieser Art werden der Schlüsselmaßnahme „Verbesserung der linearen Durchgängigkeit" zugeordnet. Bezogen auf diesen Maßnahmentyp sind deutschlandweit bisher nur 10 % der benötigten Maßnahmen abgeschlossen worden. Mit 40 % der Maßnahmen wurde noch nicht begonnen und bei einem weiteren Drittel sind Verzögerungen bei der Umsetzung absehbar [1].

Neben diesen Erfordernissen zur WRRL-Umsetzung gibt es weitere Veranlassungen, die Investitionen in Maßnahmen für den Fischschutz und Fischabstieg in den kommenden Jahren erwarten lassen. Zu diesen zählen das geänderte WHG (§ 35), die europäische Verordnung zur Wiederauffüllung des Bestandes des Europäischen Aals und die Umsetzung energiepolitischer Zielsetzungen u. a. durch das EEG. Parallel dazu stehen gegenwärtig und in naher Zukunft Verlängerungen der wasserrechtlichen Gestattungen bei dem Großteil der deutschen Wasserkraftanlagen mit einer Ausbauleistung größer 1 MW an [2], wodurch es u. a. auch verstärkt zur Anwendung des § 35 WHG zum Schutz der Fischpopulationen kommen dürfte. Da alle genannten Randbedingungen mit einzuhaltenden Fristen und Berichtspflichten über deren Umsetzung versehen sind, besteht ein nicht zu vernachlässigender Handlungsdruck für die Umsetzung von Maßnahmen für den Fischschutz und den Fischabstieg.

Dabei ist zu berücksichtigen, dass die Gewährleistung des Fischschutzes und Fischabstiegs an Wasserentnahmebauwerken, Wasserkraftanlagen und Pump- und Schöpfwerken eine Herausforderung für den wirtschaftlichen Betrieb dieser Anlagen darstellen kann, da sie mit Investitionen, Betriebskosten und Energieverlusten (Wasserkraftanlagen) einhergeht. In Bezug auf die Rechts- und Investitionssicherheit des Maßnahmenträgers sowie im Interesse des Erreichens der wasserwirtschaftlichen, naturschutzfachlichen oder fischereilichen Ziele ist die ökologische Wirksamkeit der Maßnahme daher von unmittelbarem Belang. Gegenwärtig gibt es jedoch nicht für alle Gewässergrößen und Standortbedingungen technische oder anderweitige Lösungen für den Fischschutz und Fischabstieg, die wirtschaftlich sowie fachlich validiert sind und für alle Fischarten gleichermaßen wirksam oder umsetzbar wären.

Das heißt zu dem bereits konstatierten Umsetzungsdruck gesellen sich Unsicherheiten, die sich u.a. auf die Bereitschaft zur Umsetzung von Maßnahmen auswirken. Als Hauptgrund für die ausbleibende oder nur zögerliche Umsetzung von Maßnahmen zur Herstellung der Durchgängigkeit wird daher auch fehlende Akzeptanz genannt. Erst unter den weiteren Gründen stehen fehlende personelle und finanzielle Ressourcen sowie fehlende Flächen [1]. Diese Situation führt dazu, dass das Thema Fischschutz und Fischabstieg nicht nur unter fachlichen, sondern auch unter umweltpolitischen Gesichtspunkten zwischen und innerhalb der einzelnen Fachdisziplinen und Zuständigkeiten intensiv bis kontrovers diskutiert wird.

2 Das Forum „Fischschutz und Fischabstieg"

Dies war Veranlassung zur Gründung des „Forums Fischschutz und Fischabstieg". Grundsätzliches Ziel ist es, einen offenen Austausch zu den verschiedenen Aspekten des Themas zu ermöglichen und ein gemeinsames, bundesweit einheitliches Verständnis darüber zu fördern, welche Anforderungen und Lösungen nach dem derzeitigen Stand des Wissens und der Technik dem Fischschutz und Fischabstieg und dem Erhalt und der Etablierung von Fischpopulationen zu Grunde zu legen sind.

Das Forum wurde im Rahmen eines Forschungs- und Entwicklungsvorhabens des Bundesministeriums für Umwelt, Natur und Reak-

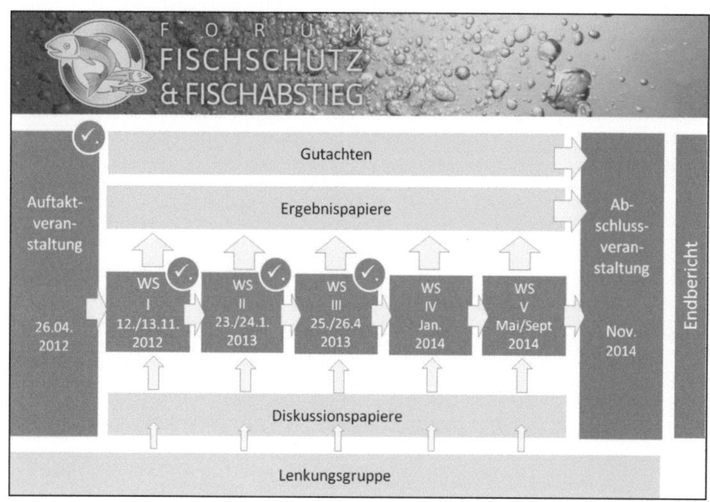

Bild 1: Struktur des Forums Fischschutz und Fischabstieg (WS: Workshop)

torsicherheit durch das Umweltbundesamt für die Dauer von 3 Jahren gegründet (2012 bis 2014) und wird in seiner Durchführung durch das Ecologic Institut unterstützt (**Bild 1**). Dem Forum ist eine Lenkungsgruppe zur Seite gestellt, die die inhaltliche Vorbereitung und Durchführung der Veranstaltungen sowie Verantwortung bei der Vergabe der Gutachten übernimmt. Die Zusammensetzung der Lenkungsgruppe spiegelt die Interessenvertretung im Forum wider. Alle Informationen zum Forum, zu den Sitzungen und zu den Vertretern der Lenkungsgruppe, zu Veranstaltungs- und Literaturhinweisen und den Ergebnisberichten sind auf der Internetseite des Forums zugänglich (http://forum-fischschutz.de).

Das Forum ist im Kern eine Veranstaltungsreihe aus fünf zweitägigen Fachworkshops, auf denen zu bestimmten Aspekten des Themas Fischschutz und Fischabstieg in einer Kombination aus Plenarveranstaltung und moderierter Gruppenarbeit (3 parallele Arbeitsgruppen à 20 bis 30 Personen) vertiefend diskutiert wird. Die Kernthemen, denen sich die Veranstaltungen widmen, wurden vor dem Start der Workshopreihe im Rahmen einer Online-Umfrage und auf der Auftaktveranstaltung von den Teilnehmern festgelegt. Als besonders maßgeblich wurde das Thema der technischen Maßnahmen für den Fischschutz und Fischabstieg angesehen (**Tabelle 1**).

An den Veranstaltungen des Forums nehmen in Abhängigkeit von der Thematik regelmäßig aber in unterschiedlicher Stärke Vertreter der Wasserwirtschaft und des Naturschutzes der Länder und des Bundes, der Bundeswasserstraßenverwaltung, der Energiewirtschaft, des Ingenieurwasserbaus und der Fischereibiologie, der Naturschutz-, Angler- und Fischereiverbände und der universitären Wissenschaft teil (**Bild 2**). Die Ergebnisse jedes Workshops werden in einem eigenständigen Ergebnisbericht zusammengefasst, der unter den Workshopteilnehmern abgestimmt und veröffentlicht wird.

Die im Folgenden vorgestellten Ergebnisse sind diesen Berichten entlehnt [3], [4], [5], wobei der Versuch einer ersten Synthese der Ergebnisse unternommen wird. Es ist zu berücksichtigen, dass die Diskussion der einzelnen Themen noch nicht abgeschlossen ist und dementsprechend auch die hier in Auszügen präsentierten Ergebnisse als Stand der Diskussion zu verstehen sind.

3 Umweltpolitische Rahmenbedingungen

Insbesondere auf dem 1. Workshop des Forums wurden die umwelt- und klimapolitischen Ziele, rechtlichen Rahmenbedingungen, energiewirtschaftlichen Notwendigkeiten und deren Umsetzungsinstrumente angesprochen, die die Thematik Fischschutz und Fischabstieg in der Praxis beeinflussen. Im Mittelpunkt des Interesses stand die Frage, in wie weit die Teilnehmer, die eingesetzten Strategien und Instrumente, die für das Erreichen der verschiedenen umweltpolitischen Ziele relevant sind, als richtig, einander ergänzend, vollständig und wirkungsvoll einschätzen.

Grundsätzlich haben sich die Teilnehmer darauf verständigt, dass die umweltpolitischen Ziele

Tab. 1: Gewählte Kernthemen des Forums (in Klammern prozentualer Anteil der Teilnehmer, die das Kernthema als „am wichtigsten" gewichtet haben)

Kernthema	Workshop
Technische Maßnahmen für den Fischschutz und den Fischabstieg (34 %)	2. Workshop (Karlsruhe)
Angewandte Verhaltens- und Populationsbiologie (19 %)	2. Workshop (Karlsruhe) 3. Workshop (Koblenz)
Strategische und flussgebietsbezogene Aspekte (18 %)	1. Workshop (Bonn), 3. Workshop (Koblenz)
Umweltpolitische Rahmenbedingungen und Erfahrungen in der Umsetzung des WHG (15 %)	1. Workshop (Bonn)
Effizienz- und Funktionskontrolle von Maßnahmen für den Fischschutz und Fischabstieg (14 %)	2. Workshop (Karlsruhe)

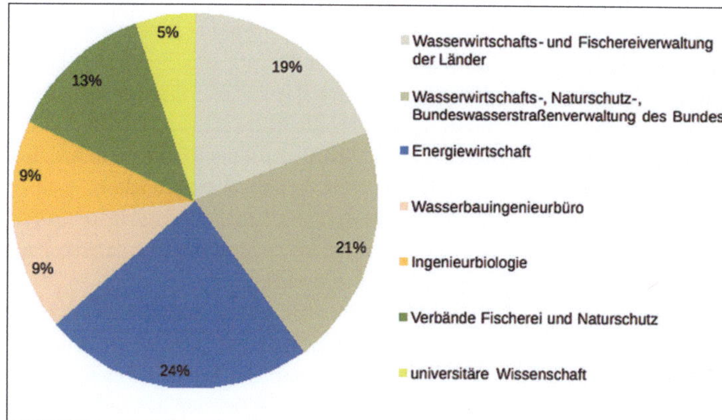

Bild 2: Durchschnittliche Verteilung der Zuständigkeiten und Interessen im Teilnehmerkreis des Forums

für den Klimaschutz denen des Natur- und Gewässerschutzes gleichgestellt sind. Im Interesse des Allgemeinwohls sollte zwischen dem Ausbau und der Modernisierung der Wasserkraft sowie dem Erreichen der Umweltziele auf verschiedenen Ebenen abgewogen werden, wobei es Konsens war, dass hierfür Instrumente entwickelt werden müssen, die auch der Transparenz und Versachlichung dienen. Als Kriterien für die Abwägung sollten die Bedeutung der Wasserkraftanlagen für die Energieerzeugung und ihr Klimaschutzbeitrag, Erhaltung der Biodiversität, fischereiliche Bedeutung und ökologische Wertstellung des Gewässers eingehen. Nach Auffassung des Deutscher Anglerverband e. V. müssen bei der Abwägung weitere Regelungen, wie z. B. EU- und Bundesrecht in Natura-2000-Schutzgebieten, die sehr große Teile der Flussgebiete betreffen, Fischartenschutz im Bundesnaturschutzgesetz, Tierschutz- und Fischereigesetze und das Umwelt-Strafrecht (RL 2008/99/EG und § 329 (4) STGB) berücksichtigt werden. Als Resultat der Abwägung wurde von den Teilnehmern eine differenzierte Beurteilung über die Genehmigungsfähigkeit, die Förderwürdigkeit oder den Rückbau von Anlagen vorgeschlagen. Letzteres ist aus Sicht der Energiewirtschaft nicht konsensfähig.

Die Wirkung des EEG wurde von den Teilnehmern differenziert beurteilt. Insbesondere die Förderung des Anlagenneubaus wird aus fischereilicher und gewässerökologischer Sicht größtenteils kritisch gesehen. Allgemein wurde es als wichtig herausgestellt, dass für die Höhervergütung nach EEG klar definierte, ökologisch wirksame Verbesserungsmaßnahmen zur Anwendung kommen müssen, die eng an die Bewirtschaftungsplanung und die Maßnahmenprogramme der WRRL angelehnt sind. Es wurde darauf hingewiesen, dass das EEG kein Instrument ist, um ökologisch nötige Maßnahmen in jedem Fall ökonomisch umsetzbar zu machen. Die ökologische Lenkungswirkung des EEG gestaltet sich daher bei der Modernisierung umso schlechter je geringer der Leistungsertrag der Anlage gegenüber den nötigen Aufwendungen zur Minimierung der Umweltwirkung am Gewässer ist. Aus Sicht der Energiewirtschaft entfällt mit der Neufassung des EEG 2012 dessen Lenkungswirkung für die ökologische Modernisierung der Wasserkraft völlig, da die kumulativen Anforderungen des WHG (§§ 33 bis 35) nicht über das EEG finanzierbar sind und zudem konkretisierungsbedürftige Formulierungen des § 35 WHG in den Fördertatbestand des EEG übertragen wurden, was zur Rechtsunsicherheit führen kann. Es wurde allgemein darauf hingewiesen, dass es einer einheitlichen, vergleichbaren und transparenten Umsetzung der materiellen Anforderungen des WHG (§ 35) bedarf.

In Bezug auf die WRRL wurde auf allen Veranstaltungen des Forums deutlich, dass die Umsetzung der Richtlinie in der Praxis angekommen ist. Es besteht ein hohes Bedürfnis an einer Konkretisierung der Anforderungen und an einer umfassenden, Nutzergruppen übergreifenden Information über Maßnahmen und Ziele der Richtlinie. Die vielfältigen Initiativen, die die Bundesländer zur Öffentlichkeitsbeteiligung ergriffen haben, sollten daher konsequent weiter betrieben werden. Die Fachworkshops zeigen jedoch auch, dass der umfassende flussgebietsbezogene Ansatz der Richtlinie und das gesamte, von den Ländern, Kommunen und Nutzern aufgewendete Maßnahmenspektrum zur Etablierung und zum Erhalt von Fischpopulationen in der Diskussion um Standort bezogene Maßnahmen zur Herstellung der Durchgängigkeit nicht genügend vermittelt werden kann. Der Sinn und Zweck der Einzelmaßnahme zum Fischschutz oder Fischabstieg für den Erhalt der Population erschließt sich dem Gewässernutzer nicht zwangsläufig. Entsprechende Maßnahmen und deren Bedeutung sollten daher aus Gründen der Akzeptanzbildung in den Kontext der Bewirtschaftung gestellt werden. Gleiches gilt für die Vermittlung der Ursachen der Zielverfehlung im Gewässerschutz. In den Ergebnispapieren der Workshops wird daher wiederkehrend auf diese übergeordneten Zusammenhänge und damit auf die Nutzergruppen übergreifende Lastenverteilung bei der Umsetzung der WRRL hingewiesen.

4 Strategische, flussgebietsbezogene und populationsbiologische Aspekte

Strategische Planungsinstrumente, wie Durchgängigkeitsstrategien, Wasserkraftpotenzialstudien u. a., werden grundsätzlich als förderlich für die Akzeptanzbildung, die Planungs- und Investitionssicherheit und für die Berücksichtigung überregionaler Ziele im Gewässer- und Naturschutz bei der Zulassung und Modernisierung von Wasserkraftanlagen oder Wasserentnahmebauwerken angesehen. Empfohlen wurde, die fachlichen Konzepte zur WRRL-Zielerreichung in der Umsetzung verbindlicher zu gestalten und möglichst frühzeitig mit den Gewässernutzern zu kommunizieren. Keinen Konsens findet dagegen die Festlegung von sogenannten „No-go-areas" für die Wasserkraftnutzung, da diese Planungskategorie u. a. für Wasserkraftbetreiber negativ belegt ist.

Strategische Aspekte spielen insbesondere bei der Betrachtung von Gewässersystemen und bei der Vorgehensweise zur Etablierung und zum Schutz von Fischpopulationen eine grundlegende Rolle. Da das WHG in § 35 die Zulassung der Wasserkraftnutzung vom Ergreifen geeigneter Maßnahmen zum Schutz der Fischpopulation abhängig macht, hat sich die Erläuterung und vor allem die materielle Hinterlegung dieser Anforderung zum Mittelpunkt der Diskussion um den Fischschutz und Fischabstieg entwickelt.

Auf Grund der gesammelten Eindrücke im Forum ist in diesem Zusammenhang ergänzend auf folgende Punkte hinzuweisen:

- Aus Sicht der Fischereiverbände bezieht sich der Schutzaspekt nicht nur auf die Population, sondern auch auf das Individuum und es sind ethische Fragestellungen bei der Beurteilung von Fischschädigungen zu berücksichtigen.
- Aus Sicht der Energiewirtschaft reduziert sich das nach § 35 WHG in Frage kommende Maßnahmenspektrum nicht nur auf Maßnahmen zum Fischschutz, sondern kann beispielsweise auch durch Habitat verbessernde Maßnahmen erfüllt werden. Die Workshopteilnehmer gelangen in diesem Zusammenhang zu der Aussage, dass der Schutz der Fischpopulation nur mit Maßnahmen an Wasserkraftanlagen allein nicht zu gewährleisten ist. Es sind weitere Maßnahmen nötig und andere Nutzergruppen einzubeziehen. Maßnahmen zur Verbesserung der Gewässerstruktur können Maßnahmen zur Verbesserung der Durchgängigkeit aber nicht ersetzen (und andersherum).

In Bezug auf die Umsetzung des § 35 WHG zielen die Fragen zum Populationsschutz konkret auf folgende Punkte ab:

- Stellenwert der Fischabwanderung für den Populationserhalt bei potamodromen Arten und bei diadromen Arten.
- Relevanz der Mortalitätsraten an Wasserkraftanlagen, Wasserentnahmebauwerken etc. im Vergleich zu anderen Mortalitätsursachen während der Abwanderung für den Populationserhalt bei potamodromen Arten und bei diadromen Arten.

Diesen Fragestellungen wird in der Diskussion um die materiellen Anforderungen an Fischschutz- und Fischabstiegsmaßnahmen eine hohe Bedeutung beigemessen, da deren möglichst präzise Beantwortung als Grundlage für die Formulierung von konkreten Anforderungen an Überlebens- und Aufstiegsraten angesehen wird. An die Festlegung der Raten schließt sich die fachliche Diskussion an, mit welchen technischen Anforderungen diese Raten korrelieren und in wie weit diese mit dem heutigen Wissen sowie der zur Verfügung stehenden Technik realisierbar sind. Ob diese in sich geschlossene Schrittfolge tatsächlich praxisnah zu realisieren sein wird, ist Gegenstand der laufenden Diskussionen im Forum.

Die bisherigen Ergebnisse stellen sich wie folgt dar. Eine differenzierte Betrachtung der Einflüsse verschiedener Faktoren auf die Fischpopulationen (populationsbezogene Defizitanalyse) und populationsbiologisch begründete Strategien (z. B. auch für Akzeptanzbildung, politische Vermittlung) werden allgemein als notwendig angesehen. Es wird eingeschätzt, dass das Wissen um die qualitativen Zusammenhänge vorhanden ist, aber die Quantifizierung für Fragen der Bewirtschaftung nur schwer möglich sein wird, da sich Fischpopulationen innerhalb von hochdynamischen, chaotischen und offenen Systemen entwickeln. Die Wissenschaft wird daher auf absehbare Zeit keine befriedigenden, umfassenden Antworten „in letzter mathematischer Konsequenz" geben können. Der Wissenstand wird im Vergleich zu einigen diadromen Populationen grundsätzlich bei den potamodromen Populationen als geringer eingeschätzt. Es wurde daher mehrfach betont, die Forschung bei den potamodromen Arten weiter voranzutreiben. Da der Bedarf für Maßnahmen zum Fischschutz und Fischabstieg trotz der bestehenden Kenntnislücken gegeben ist, sollten nach Auffassung der Workshopteilnehmer realistische Ziele transparent und für den Einzelfall mit konkreten Kriterien für die Erfolgskontrolle festgelegt werden, um die Multikausalität zu reduzieren. Dabei sind die nötige Rechts- und Investitionssicherheit und die Belange der Verhältnismäßigkeit für den Maßnahmenträger zu beachten.

5 Erfahrungen mit der Umsetzung von Fischschutz und Fischabstiegsmaßnahmen und ihrer Funktionskontrolle

Die praktischen Erfahrungen und Auffassungen zur gegenwärtigen Effizienz von Fischschutz- und Fischabstiegsmaßnahmen sowie deren Funktionskontrolle wurden bisher im Forum nur kurz beleuchtet und sollen den Mittelpunkt der folgenden Fachworkshops des Forums bilden. Angesprochen wurde unter anderem das Schädigungspotenzial an wasserbaulich genutzten Standorten (Wasserentnahmebauwerke, Wasserkraftwerke, Siel- und Schöpfbauwerke). Grundsätzlich wurde übereinstimmend festgehalten, dass für die Bewertung der Schädigungsrate einer Zielart bzw. ihrer Population eine Betrachtung aller Wanderwege des gesamten Standorts erforderlich ist. Dass Schädigungen an o. g. Standorten auftreten, ist unbestritten und grundsätzlich für Fische >10 cm ausreichend dokumentiert. Für die Quantifizierung von Schädigungsraten sind die grundsätzlichen Methoden zwar bekannt, aber die art- und standortspezifischen Gegebenheiten, methodisch bedingte Erfassungsgrenzen (Abflussspektrum, Altersstadien) oder Vorschädigungen sind bei der Darstellung und Interpretation der Ergebnisse zu berücksichtigen. Die Bedeutung der guten wissenschaftlichen Praxis und der frühzeitigen Einbindung des Gewässernutzers wurde in diesem Zusammenhang unterstrichen.

In Bezug auf den Fischschutz wurde grundsätzlich festgestellt, dass ein vollumfänglicher Schutz (100 % aller Alters- und Lebensstadien) an Neubau und insbesondere an bestehenden Anlagen derzeit nicht möglich und rechtlich auch nicht gefordert ist. Der konkreten Zielbestimmung kommt daher eine Ausschlag gebende Bedeutung zu. Die gewässerbezogene Festlegung von Zielarten und -stadien und ihrer Abwanderzeiträume wird daher kurz- bis mittelfristig als zwingend erforderlich angesehen, damit Fischschutzanlagen standörtlich bemessen werden können.

Bezüglich des Wissensstandes über die Bemessungsgrundlagen gehen die Meinungen auseinander. Zumindest liegen zu einigen diadromen Arten, insbesondere aber dem Lachs, vergleichsweise gute Kenntnisse zum Verhalten und daraus abgeleiteten Anforderungen an den Fischschutz (Feinrechen, Rechenabstand) und an die Gestaltung und Beaufschlagung der Abstiegskorridore vor. Zum Umgang mit den vorhandenen Kenntnislücken zum Verhalten und zur Schutzbedürftigkeit potamodromer Arten wird vorgeschlagen, zunächst davon auszugehen, dass Fischschutz- und Abstiegsanlagen für diadrome Arten auch einen Schutz für viele potamodrome Arten bieten, wobei der konkrete Nachweis noch zu erbringen ist. Konsens war, dass für Wasserkraftanlagen ab einem bestimmten Ausbaudurchfluss (Vertikalrechen ca. ab 30 m^3/s, Horizontalrechen ab ca. 50 m^3/s je Turbineneinheit) gegenwärtig nur ein begrenzter Stand des Wissens und kein Stand der Technik existiert, mit dem funktionsfähige, mechanische Fischschutz- und -abstiegsanlagen einschließlich der erforderlichen Reinigungstechnik realisiert werden können.

Kontrovers und bisher ergebnislos wurde die Höhe möglicher und effizienter Schutzraten an Wasserkraftanlagen diskutiert. Im Allgemeinen wird davon ausgegangen, dass nach den bisher vorliegenden Erkenntnissen hohe Schutzraten (Verhinderung des Eindringens in die Turbine) nur mit physischen Barrieren, die die Passage von Organismen durch kleine lichte Weiten verhindern, realisiert werden können. Es besteht aber noch Unklarheit über die Wirkung von Kombinationen aus Verhaltens- und mechanischen Barrieren (z. B. Louver). Die Energiewirtschaft plädiert demgegenüber für ein jeweils anlagenspezifisches Gesamtschutzsystem mit kombinierten Lösungen aus Verhaltensbarrieren, ggf. notwendigen mechanischen Barrieren und darauf abgestimmten Betriebsweisen unter Einbeziehung von Frühwarnsystemen sowie Soforthilfemaßnahmen wie „Fang und Transport". Prinzipiell wird dabei auf die technische Machbarkeit und die Wahrung des Verhältnismäßigkeitsgrundsatzes hingewiesen.

Der Fischabstieg und die standörtliche Funktionskontrolle von Fischschutz- und Fischabstiegsanlagen wurden im Forum bisher nur partiell diskutiert, so dass derzeit noch kein vollständiger Überblick über die verschiedenen Auffassungen zum Stand des Wissens und die Erfahrungen mit der praktischen Umsetzung gegeben werden kann.

6 Umgang mit Kenntnislücken und Forschungsbedarf

An dieser Stelle soll insbesondere auf den derzeitigen Stand der Diskussion zum zukünftigen Umgang mit Kenntnislücken (technische Umsetzung des Fischschutzes und Fischabstiegs an großen Gewässern, erforderliche Schutzraten für diadrome und insbesondere potamodrome Arten zum Schutz der jeweiligen Populationen) und deren Konsequenz für die Investitions- und Rechtssicherheit sowie für die ökologische Effizienz der umgesetzten Maßnahmen aufmerksam gemacht werden. Die Auffassungen gehen diesbezüglich weit auseinander und reichen je nach Blickwinkel vom Moratorium für die Genehmigung von Anlagen bis zu einem Moratorium für die Festlegung von Umweltauflagen.

In Anbetracht dessen, dass ein Erkenntniszugewinn ohne konkrete Umsetzung von Maßnahmen nicht möglich ist, wird gegenwärtig ein paralleles Handeln als am Erfolg versprechendsten beurteilt. Das bestehende Wissen und die verfügbare Technik zum Fischschutz und Fischabstieg sollen auch umgesetzt werden, wenn derzeit noch keine absolute Gewissheit über die ausreichende Funktionsfähigkeit dieser Maßnahmen besteht. Parallel dazu sind die Standards durch wissenschaftliche Untersuchungen (Laboruntersuchungen, Vor-Ort-Evaluierungen, Modelentwicklungen etc.) fortlaufend zu verbessern. Damit dies sowohl aus Verwaltungssicht als auch aus Sicht des Maßnahmenträgers tragfähig ist, müssen eindeutige Regeln gefunden werden, wie verfahren wird, wenn Fischschutz- und -abstiegsmaßnahmen, die nach dem vorliegenden Stand des Wissens und der Technik umgesetzt wurden, sich als nicht oder nur teilweise funktionstüchtig herausstellen. Die Gewässernutzer sehen den Auflagenvorbehalt in der Genehmigung problematisch, da Rechtsunsicherheit sowie eine „Endlospirale" von Nachbesserungen drohen, und sie fordern klare Regelungen für Anpassungen und Folgekosten. Dagegen steht die Auffassung, dass nach dem Verursacherprinzip gehandelt werden sollte, wonach der Verursacher für die Minimierung bzw. Abstellung der Belastung sorgen muss. Die Diskussion dieses Sachverhaltes ist nicht abgeschlossen.

Von den Teilnehmern wurde auf den Veranstaltungen des Forums ein umfangreicher Forschungs- und Handlungsbedarf festgestellt, wobei der Bedarf an wissenschaftlich fundierten Evaluierungen der bestehenden Fischschutz- und Fischabstiegsanlagen und der praxisnahen Anwendung des bestehenden Wissens deutlich herausgehoben wurde. Allen Teilnehmerbeiträgen ist der Anspruch auf einheitliche, übertragbare, transparente und wissenschaftliche Kriterien gemein. Diese Forderung wird an alle Aspekte der Thematik

Fischschutz und Fischabstieg gerichtet, z. B. an die Durchführung und Vorbereitung von Funktionskontrollen, standörtliche Untersuchungen, Evaluierungen von Fischschutz- und -abstiegsanlagen sowie Bewertungen des Populationsschutzes. Hervorzuheben ist ebenfalls der grundsätzliche Bedarf an verhaltens- und populationsbiologischen Untersuchungen vor allem für potamodrome Arten.

7 Zusammenfassung und Ausblick

Grundsätzlich kann festgehalten werden, dass es ein hohes Interesse an einem ernsthaften, sachlichen und fachlich fundierten Erfahrungs- und Informationsaustausch sowie an der Wiedergabe und Verteidigung von Positionen und Auffassungen zum Thema Fischschutz und Fischabstieg gibt. Das Forum wird dafür intensiv genutzt und zwar Zuständigkeiten und Interessen übergreifend. Als grundsätzlich förderlich für den Austausch erweist sich, dass das Forum in einer Veranstaltungsreihe arbeitet und ein im Kern stabiler Teilnehmerkreis die Veranstaltungen besucht, wodurch die Möglichkeit des Perspektivwechsels und die Entwicklung eines gemeinsamen Verständnisses gegeben ist. Die bisherigen Ergebnisse lassen daher vermuten, dass die eingangs genannten Ziele des Forums grundsätzlich erreicht werden können.

Das Forum wird den Aspekt der standörtlichen Evaluierung des Fischschutzes und Fischabstiegs aus fachlicher Sicht im Rahmen eines Gutachtens aufgreifen und in Form einer Arbeitshilfe erarbeiten lassen.

In den Folgeveranstaltungen des Forums werden die technischen Maßnahmen zum Fischschutz und Fischabstieg, deren Effizienz- und Funktionskontrolle und das Gutachten im Mittelpunkt der Aufmerksamkeit stehen. Der Vorstellung und Zusammenstellung von Good-practice-Beispielen soll ebenfalls mehr Raum eingeräumt werden.

Über das Forum, gemeinsame Projekte des Forums und über die Ergebnisse der Workshops wird auf der Internetseite http://forum-fischschutz.de fortlaufend informiert.

Dank

An dieser Stelle sei ausdrücklich allen gedankt, die ihr Wissen und ihr Engagement in die Veranstaltungen des Forums, in deren Vor- und Nachbereitung eingebracht und das Forum als Gast in ihren Häusern empfangen haben.

Autoren

Stephan Naumann
Umweltbundesamt, FG II 2.4 Binnengewässer
Wörlitzer Platz 1
06844 Dessau
stephan.Naumann@uba.de

Dr.-Ing. Stephan Heimerl
Fichtner Water & Transportation GmbH
Sarweystraße 3
70191 Stuttgart
Stephan.Heimerl@FWT.Fichtner.de

Literatur

[1] Bundesministerium für Umwelt, Naturschutz und Reaktorsicherheit (Hrsg.): Die Wasserrahmenrichtlinie – Eine Zwischenbilanz zur Umsetzung der Maßnahmenprogramme 2012. Berlin, 2013 (Stand 29.05.2013, im Druck).

[2] Heimerl, S.: Wasserkraft in Deutschland – Bedeutung, Struktur und rechtliche Rahmenbedingungen. In: EW – Elektrizitätswirtschaft 104 (2005), Heft 16, Seite 30-35.

[3] Forum „Fischschutz und Fischabstieg" (Hrsg.): Ergebnisse des 1. Workshops „Umweltpolitik und rechtliche Rahmenbedingungen – Wasserrahmenrichtlinie, Durchgängigkeit und Wassernutzungen". 12.-13.11.2012. Bonn, 2013.

[4] Forum „Fischschutz und Fischabstieg" (Hrsg.): Ergebnisse des 2. Workshops „Fischschutz & Fischabstieg an wasserbaulichen Anlagen – Was ist nötig?". 23.-24.01.2013. Karlsruhe, 2013.

[5] Forum „Fischschutz und Fischabstieg" (Hrsg.): Ergebnisse des 3. Workshops „Schutz und Erhalt von Fischpopulationen – Was ist nötig?", 25.-26.04.2013. Koblenz, 2013.

Stephan Naumann and Stephan Heimerl

Fish Protection and Downstream Fish Migration in Dialog – the "Forum Fish Protection and Downstream Fish Migration"

The item of fish protection and downstream fish migration has been the subject discussions about environmental politics, environmental law and professional items for quite some time, and its intensity has increased in recent years. This was the reason to establish the "Forum fish protection and downstream fish migration". The fundamental objective within the period 2012 to 2014 to have an open exchange on the various aspects of the topic and to promote a common, nationwide uniform understanding about the demands and solutions in the current state of knowledge and technology have to be taken into account for fish protection and downstream fish migration and for conservation and establishment of fish populations. In this paper, the current status of this process is described.

Штефан Науманн и Штефан Хаймерль

Диалог по проблемам рыбозащиты и рыбоспуска – форум «Рыбозащита и рыбоспуск»

Тема «Рыбозащита и рыбоспуск» уже давно стала предметом профессиональных, а также затрагивающих вопросы экологической политики и экологического права дискуссий, причем интенсивность их возросла в последние годы. Это послужило поводом к основанию «Форума по проблемам рыбозащиты и рыбоспуска». Принципиальной целью является осуществление в 2012-2014 годах открытого обмена по различным аспектам темы, что на едином федеральном уровне способствовало бы унифицированному пониманию того, какие требования и решения – в соответствии с нынешним состоянием знания и техники – следует положить в основу рыбозащиты и рыбоспуска с целью создания и сохранения рыбных популяций. В данной статье представлено актуальное состояние данного процесса.

Johannes Schnell

Fischschutz und Fischabstieg: Erfordernisse aus dem Blickwinkel eines Fischerei- und Naturschutzverbandes

An Triebwerken werden Fische durch Turbinen- oder andere Anlagenteile in erheblichem Umfang geschädigt oder getötet. Der deutsche Gesetzgeber hat im Hinblick auf europäische Schutz- und Erhaltungsziele darauf reagiert, indem er Maßnahmen zum Schutz der Fischpopulation v. a. an Wasserkraftanlagen fordert. Der für den Vollzug erforderliche Stand der Technik ist aktuell als unzureichend zu bezeichnen. Daraus ergeben sich sowohl für Betreiber als auch Behörden Rechtsunsicherheiten v. a. im Hinblick auf Anlagen-Genehmigungen. Um Spannungen zwischen verschiedenen Lagern abzubauen und nach gemeinsamen Lösungswegen zu suchen, wurde 2012 auf Bundesebene das Forum Fischschutz initiiert. Als bisherige Resultate interdisziplinärer Arbeitsgruppen wurden die Notwendigkeit grundliegender Untersuchungen zum Fischverhalten und der Erprobung von Fischschutz-Techniken und -Konzepten auf einer methodisch standardisierten Basis festgehalten. Sowohl Naturschutz als auch Fischerei bringen sich zum Schutz und Erhalt der heimischen Fischfauna gerne in den erforderlichen Dialog ein.

1 „Durch diese hohle Gasse muss er kommen!"

Das Zitat aus Friedrich Schillers Drama „Wilhelm Tell" ist nicht nur im Hinblick auf den Verlauf der Szene, sondern auch für den Fischabstieg an Wasserkraftanlagen „treffend".

Denn wollen Fische in einem Fließgewässer längere Distanzen zurücklegen, so stehen ihnen in unserer Kulturlandschaft allerhand Wasserkraftanlagen im Weg [3]. Gerade bei stromabgerichteten Wanderungen ist dies problematisch. Denn in der Regel wird der Löwenanteil des ankommenden Abflusses in den Triebwerken energetisch genutzt. Dem Fisch, der explizit an das Medium Wasser gebunden ist, bleibt für den Abstieg bisher kaum eine Alternative zu dieser „hohlen Gasse".

An sich wäre das vielleicht nicht so schlimm, würden Triebwerke und Turbinen die kinetische Energie des durchströmenden Wassers nicht in mechanische Rotations-Energie umwandeln. Die Fische laufen bei einer Passage in hohem Maße Gefahr, mit rotierenden Triebwerksteilen zu kollidieren, in Spalten gequetscht, an scharfkantigen Graten aufgescheuert oder durch rasche Druckwechsel innerlich geschädigt zu werden ([1] bis [8]). Auch falsch konzipierte Rechen vor einem Triebwerkseinlauf können – wenngleich in guter Absicht errichtet – Fische schädigen oder töten. Dies ist z. B. bei zu hohen Anström-Geschwindigkeiten am Rechen der Fall, die gerade größere Individuen bewegungsunfähig an den Rechen pressen [2]. Den Rest erledigt dann die Rechen-Reinigungsmaschine.

Ähnliches gilt für Wasserentnahmen, bei denen Brauchwasser zu Kühlzwecken o. ä. aus einem Gewässer entnommen wird. Verfügen die Einlaufbauwerke nicht über entsprechende Schutzeinrichtungen, sind einmal hineingelangte Fische häufig Todeskandidaten.

2 Fischschäden: In der Summe oft mehr als die einzelnen Teile

In zahlreichen Fällen sind an Wasserkraftanlagen Schäden in einem solchen Ausmaß zu verzeichnen, dass man unter normalen Abflussbedingungen bei der „hohlen Gasse" beinahe von einer „Sackgasse" sprechen muss.

Die Problematik verstärkt sich durch die in der Regel gegebene Abfolge mehrerer Wasserkraftanlagen in Serie. Hat ein Fisch die Passage eines Triebwerks überlebt, ist das nächste oft nicht weit. Somit tritt über einen längeren Gewässerverlauf eine Summationswirkung ein, bei der sich die Fischschäden der einzelnen Wasserkraftanlagen nicht nur statistisch gesehen addieren (**Bilder 1** und **2**).

Bezieht man die Intensität der summierten Schäden auf den Raum, in dem die Schäden eintreten, sind Effekte auf die vorhandene Population einer Fischartengemeinschaft oder einzelner Fischarten nicht auszuschließen [2], [3], [4], [10]. Zwar ist es schwierig, den Begriff „Population" räumlich einzugrenzen. Doch ist es erforderlich, sich hiermit intensiv auseinanderzusetzen. Denn der Gesetzgeber fordert in § 35 des Wasserhaushaltsgesetzes (WHG) einen „Schutz der Fischpopulation an Wasserkraftanlagen".

3 Früher war alles besser?!

In manchen Fällen wird von Wasserkraft-Befürworten die Argumentation aufgeführt, zu Anfang des vorigen Jahrhunderts habe es z. B. in Bayern rund 12 000 Wasserkraftanlagen gegeben, jetzt gäbe es dort nur noch etwa 4 250. Obwohl die Schädigung von Fischen früher demnach weitaus höher gewesen sein müsse, habe es traumhafte Fischbestände gegeben.

Die hohe historische Anzahl von 12 000 muss heute sehr differenziert betrachtet werden. Diese Anlagen waren meist nur bei Bedarf in Betrieb und erbrachten in der Regel nur so viel Leistung, wie sie für die zu verrichtende Arbeit benötigten. Die Mehrzahl der 12 000 Anlagen dürfte durchschnittlich über eine Leistung im einstelligen, selten im niedrigen zweistelligen kW-Bereich und niedrige Wirkungsgrade verfügt haben. Die Nutzung großer Gewässer und Haupt-Fischwanderkorridore, wie Rhein, Donau, Lech, Isar oder Main, war technisch noch nicht möglich. Die ökologischen Auswirkungen waren daher trotz einer wesentlich höheren Anzahl von Anlagen technisch überwiegend auf Kleingewässer beschränkt und umgelegt auf das Einzugsgebiet weitaus geringer.

Im Rahmen der Industrialisierung und der einhergehenden Elektrifizierung wurden aus alten, gemächlichen Wasserrädern schnelllaufende Turbinen aus Stahl. Die aufkommenden Fertigungstechniken mit Beton und ähnlichen Werkstoffen

Bild 1: Typisch potamodrome Flussfischart Nase mit Amputation durch Triebwerk am Schwanzstiel (Quelle: Schneider)

Bild 2: Aal mit massiven Schäden durch Wasserkraftanlage (Quelle: Schneider)

eröffneten im Gegensatz zu altherkömmlichen Holz- und Ziegelbauweisen völlig neue Dimensionen beim Kraftwerksbau sowie der Auswahl der Gewässer. Wurde früher extensiv bedarfsgerechte Energie produziert, liefen die neuen Anlagen zur Stromerzeugung nun meist rund um die Uhr. Heute veranschlagt man für eine Wasserkraftanlage ca. 5 000 Betriebsstunden pro Jahr.

Legt man für einfache Sägewerke und Mühlbetriebe anno 1900 durchschnittlich ca. 500 bis 600 Betriebsstunden pro Jahr zu Grunde, so ergeben sich bei 12 000 Anlagen summarisch etwa 7 Mio. h/a. Bei aktuell 4 250 Anlagen in Bayern ergeben sich mit durchschnittlich 5 000 h/a jährlich 21,2 Mio. h/a. Obwohl die aktuelle Anzahl der Anlagen in Bayern nur mehr etwa einem Drittel der Anlagenzahl Anfang 1900 entspricht, ist die Zahl der jährlichen Betriebsstunden schätzungsweise um den Faktor 3 gestiegen.

Somit liegt heute die Gefahr für einen Fisch in ein Triebwerk zu gelangen, statistisch gesehen weitaus höher als noch zur historischen „Blütezeit“ der Wasserkraft. Dabei ist noch nicht berücksichtigt, dass neuere, schnelldrehende Triebwerke aus Stahl weitaus höhere Schädigungsraten bei Fischen hervorrufen können als ein gemächliches, hölzernes Wasserrad.

4 Wasserkraft maßgeblicher Einflussfaktor bei Fischpopulation

Zugegebenermaßen wirkt eine ganze Bandbreite menschlicher Einflüsse auf den Lebensraum der Fische und letztlich deren Population ein [3]. Angefangen vom Verlust natürlicher Strukturen durch Gewässerverbau bis hin zu Schifffahrt und den Einträgen von Stoffen aus der Landwirtschaft. Auch die Fischerei kann sich auf den Bestand bestimmter Fischarten auswirken, z. B. durch Entnahme oder Besatz bestimmter Arten.

Bei Wasserkraftanlagen gibt es jedoch Punkte, in welchen sich die Eingriffsintensität von anderen Nutzungen oder Einflüssen deutlich abhebt.

Maßgeblich ist der anhand des Tell-Zitats bereits näher beschriebene „Gassen-“ oder auch „Nadelöhr-Effekt“. Stromabwandernde Organismen gelangen zwangsläufig vor einem Triebwerk an, da der natürliche Abfluss meist zu 100 % in der/den Triebwerksöffnung/en gebündelt wird. Diese Bündelung ist nicht artspezifisch oder größenselektiv. Die Konzentrationswirkung der Triebwerke bewirkt sozusagen einen „absoluten Abgreif-Effekt“, stehen keine geeigneten Schutz- und Ableitsysteme zur Verfügung.

Einfluss der Fischerei

Haben Sie schon mal eine Nase, einen Frauennerfling oder einen Zingel gegessen?

In der Diskussion um den Schutz der Fischpopulation wird die Fischerei häufig als Nutzer und somit wichtiger Einflussfaktor auf den Fischbestand dargestellt. Doch gibt es hier klare Unterschiede.

Im Gegensatz zu einer Wasserkraftanlage greift z. B. ein gängiges Fischfangerät nur temporär einen kleinen Teil des Passage-Korridors wandernder Fische größen- und überwiegend artenselektiv ab. Der Fischfang ist bei einer Vielzahl von Arten zudem durch Schonzeiten und Schonmaße reglementiert. Einen Discard (= unbeabsichtigt gefangene und dabei verendete Fische), der v. a. aus der mariner Schleppnetzfischerei bekannt ist, gibt es im Binnenbereich fangtechnisch bedingt kaum. Von rund 70 typischen Fließgewässerfischarten werden in deutschen Fließgewässern nur eine Handvoll in nennenswertem Umfang fischereilich genutzt. Dabei handelt es sich in der Regel um marktfähige Fischarten, wie Zander oder Hecht. Weitere Arten wie bspw. Nase, Barbe oder Nerfling (Aland) spielen bei der Entnahme durch die Binnenfischerei aufgrund veränderter Konsumentengewohnheiten eine untergeordnete Rolle.

Auch der Besatz von Fischen konzentriert sich auf wenige, (angel-) fischereilich bevorzugte Arten, wie Zander, Forellen oder Karpfen. Hinzu kommen gewässertypische Arten, die im Rahmen sog. „Artenhilfsprogramme" durch die Fischerei als Brut oder Jungfische eingebracht werden, um den Erhalt der Art bei schlechten Lebensraumbedingungen einstweilig sicherstellen zu können.

Letztlich ist es in vielen Fällen auch den Besatzaktivitäten der Fischerei zu verdanken, dass in den vergangenen Jahrzehnten der europäische Aal in seinen unerreichbar gewordenen Aufwuchsgewässern regelmäßig eingebracht wurde und sich bis heute noch in einem nennenswerten Bestand halten konnte.

5 Fischschutz im öffentlichen Interesse

Kurioser Weise leitet sich das Wort „Schutz" laut Duden aus dem mittelhochdeutschen Wort „Schuz" ab, was so viel wie „Staudamm" oder „Aufstauung des Wassers" bedeutet. Das bedeutet jedoch nicht, dass alle Formen von Stauanlagen automatisch Schutz für Fische böten.

Der Schutz von Fischen an Wasserkraftanlagen liegt aufgrund genannter Auswirkungen nicht nur in einem fischereilichen, sondern in einem öffentlichen Interesse. Dies ist bei weitem keine Neuentwicklung, die etwa aus der europäischen Wasserrahmanrichtlinie oder Natura 2000 entsprungen ist.

Bereits in der Fassung von 1908 – also in der Blütezeit der Wasserkraft – führt das Bayerische Fischereigesetz (BayFiG) in Art. 67 aus, dass eine Behörde Vorrichtungen anordnen kann, die das Eindringen von Fischen in Kraftwerke unterbinden, um Beschädigungen der Fische durch Triebwerke zu verhindern. Der Gesetzgeber sah bereits damals den Schutz der Fische als „öffentliche Interesse". Dieser Artikel lautet wie folgt:

„(1) Zum Schutz der Fische gegen Beschädigungen durch Triebwerke kann dem Eigentümer der Anlage durch die Verwaltungsbehörde jederzeit die Herstellung und Unterhaltung von Vorrichtungen auferlegt werden, die das Eindringen der Fische in die Triebwerke verhindern.

(2) Die Eigentümer der zur Zeit des Inkrafttretens dieses Gesetzes bereits bestehenden Triebwerke können von der Verwaltungsbehörde für verpflichtet erklärt werden, die Herstellung und die Unterhaltung von Vorrichtungen der im Abs. 1 bezeichneten Art zu dulden, wenn

1. die Maßnahme im öffentlichen Interesse vom Staat beabsichtigt wird oder
2. von den im Gewässer Fischereiberechtigten ausgeführt werden will."

Je länger die Wanderdistanz eines Fisches ist, desto wahrscheinlicher macht er auf seinem Wanderweg die Bekanntschaft mit einer Wasserkraftanlage. Hinsichtlich ihres Wanderverhaltens unterscheidet man bei den Fischarten zwischen Kurz-, Mittel- und Langdistanzwanderern. Zu letztgenannten gehören bspw. der europäische Aal, Lachs und Meerforelle.

Speziell für den europäischen Aal besteht enormer Handlungsbedarf. Eine künstliche Vermehrung ist nicht möglich, somit ist man ausschließlich auf die natürliche Reproduktion der Art angewiesen. Der Aal als Langdistanz-Wanderfisch hat bei seinem Weg vom Meer in die Oberläufe der Flüsse und zurück denkbar schlechte Karten. Seine schlangenartige Körperform mag beim Aufsuchen von Schlupflöchern ein Vorteil sein, an Triebwerken hingegen wird sie ihm oft zum Verhängnis. Absteigende Aale passen bisher meist „problemlos" durch Rechenstäbe, die vor Kraftwerken installiert sind. Durch die langgestreckte Körperform ist er prädestiniert, mit einer rotierenden Laufradschaufel o. ä. zu kollidieren. Die hohen Verluste bei dieser Fischart bei gleichzeitiger Erfordernis eines bestimmten Pools an

Elterntieren für die natürliche Vermehrung haben letztlich die EU auf den Spielplan gerufen. 2007 wurde für Aal-relevante Gewässer die sog. EU-Aalschutz-Verordnung erlassen. Diese hat im Rahmen von Aalbewirtschaftungsplänen zum Ziel gesetzt, dass mindestens 40 % der stromab wandernden Blankaale (= laichreife Elterntiere) unbeschadet das Meer erreichen. Derzeit sind es überwiegend von Kraftwerksbetreibern finanzierte Berufsfischer, die mit Fangeinrichtungen absteigende Aale fangen und an den folgenden Wasserkraftanlagen vorbei zum Nieder-Rhein transportieren. Eine dauerhafte Bestandssicherung hierdurch ist fraglich.

Weiterer Schutz widerfährt den Fischen im Bundesnaturschutzgesetz sowie dem Umweltschadensgesetz, in dem die Sanierungspflicht von Umweltschäden fixiert ist.

Ferner gilt in europäischen Natura-2000-Gebieten ein Verschlechterungsverbot für bestimmte Arten und Lebensräume. Dies gilt es auch im Hinblick auf den Fischschutz an dort vorhandenen oder geplanten Wasserkraftanlagen anzuwenden.

Neben dem europäischen Instrument Natura 2000 ist ein wesentliches Werkzeug die WRRL. In Deutschland werden die Vorgaben dieser Richtlinie überwiegend durch das WHG aufgegriffen.

Der Schutz von Fischen an Wasserkraftanlagen trat mit Inkrafttreten der Fassung des WHG von 2010 einen Schritt weiter in die Öffentlichkeit. Hier schreibt der Gesetzgeber in § 35 WHG erstmalig sowohl für bestehende als auch neue Wasserkraftanlagen die Umsetzung von Maßnahmen zum Schutz der Fischpopulation vor. Dabei sind keine Ausnahmen nach § 31 WHG vorgesehen.

Etliche dieser Aspekte greifen die „Kernforderungen zur Wasserkraftnutzung“ auf, die das Bundesamt für Naturschutz im März 2014 herausgegeben hat.

6 Forum Fischschutz

Aus Sicht von Fischerei und Naturschutz ist die gesetzliche Forderung in § 35 WHG eindeutig zu begrüßen. Gleichwohl gestaltet sich die Aufgabe, den Fischschutz praktisch umzusetzen, schwierig. Da es bisher in vielen Fällen keinen ausreichenden Stand der Technik für geeignete Schutz-Systeme und -Maßnahmen gibt. Gleichwohl wird der Begriff „Population“ gerne aus der Sicht des jeweiligen Betrachters definiert. Vertreter des Naturschutzes kritisieren, bei der Nachrüstung und Entwicklung von Fischschutztechnik habe man Jahrzehnte verschlafen. Gleichzeitig bemängeln Anlagenbetreiber und Behörden, infolge eines kaum vorhandenen Stands der Technik gäbe es keine hinreichende Rechtssicherheit bei der Genehmigung oder Weiterbewilligung von Anlagen.

Aus dieser Diskussion ist das „Forum Fischschutz“ entstanden, welches seit 2012 vom Umweltbundesamt (UBA) regelmäßig einberufen wird [11]. Dabei werden von Fachleuten unterschiedlichster Disziplinen im gemeinsamen Dialog Ansätze und Konzepte entwickelt, die den Schutz der Fischpopulation im Sinne des Gesetzes gewährleisten sollen. Nicht einfach, wenn verschiedene Interessengruppen teils sehr unterschiedliche Auffassungen zu manchen Punkten haben. Aber dank hartnäckiger Organisatoren und dem Engagement einer interdisziplinären Lenkungsgruppe dennoch konstruktiv.

7 Vorwärts Fischschutz!

So in etwa könnte man kurz, aber griffig eines der zentralen Resultate des o. g. „Forum Fischschutz“ widergeben. Man ist sich weitgehend einig: Es müssen schleunigst neue und tragfähige Konzepte für den Fischschutz an Wasserkraftanlagen in standardisierten Verfahren erprobt werden, die sowohl ökologischen als auch rechtlichen Belangen hinreichend Rechnung tragen können. Bislang ist der Erfahrungsschatz, auf den man zurückgreifen kann, vergleichsweise spärlich. Eine mangelnde Vergleichbarkeit zwischen bisherigen Untersuchungs-Ansätzen und -Methoden kommt erschwerend hinzu. Die dringend erforderliche Entwicklungszeit für den Fischschutz darf zudem nicht Gefahr laufen, einem im Rahmen der Energiewende politisch zu rasch forcierten Wasserkraftausbau zum Opfer zu fallen.

Eine rasche Weiterentwicklung von Fischschutz-Systemen und -Konzepten tut daher dringend Not. Dabei ist eine sehr vielschichtige Aufarbeitung erforderlich. Diese reicht von einer Erforschung des Fischverhaltens über technische Schutzeinrichtungen bis hin zu einzugsgebietsbezogenen Schutzkonzepten, die dem Schutz der Population Rechnung tragen. Die Fischerei bringt hierzu ihr Knowhow und ihre Erfahrungen gerne ein.

8 Wissensbedarf für Fischschutz an Wasserkraftanlagen ist enorm

Maßnahmen und Techniken zum Fischschutz und Fischabstieg sind einerseits gesetzlich vorgeschrieben. Sie stecken jedoch andererseits hinsichtlich ihres Entwicklungsstandes im Gegensatz zum bereits weit fortgeschrittenen Knowhow beim Fischaufstieg in vielen zentralen Punkten noch in der Anfangsphase. So weiß man über das für den Fischschutz maßgebliche Abwanderverhalten vieler Fischarten und/oder deren unterschiedliche Altersstadien so gut wie nichts. Über technische Schutzeinrichtungen und ihre Wirkung gibt es – überwiegend zu den Langdistanzwanderarten Lachs und Aal – bereits Untersuchungsergebnisse, die allerdings auf eine Vielzahl der potamodromen (= Binnen-) Fischarten nur bedingt übertragbar sind. Wie sich zudem zeigt sind bestehende Untersuchungsergebnisse nur begrenzt vergleichbar, da die methodischen Untersuchungsansätze aufgrund eines unbefriedigenden Stands der Technik teils große Unterschiede aufweisen (vgl. 2).

Um dieser unbefriedigenden Situation entgegenwirken zu können, wurde durch das „Forum Fischschutz" ein Gutachten mit dem Titel „Arbeitshilfe zur standörtlichen Evaluierung des Fischschutzes und Fischabstieges" in Auftrag gegeben.

Von verschiedenen Herstellern, Betreibern und Instituten werden derzeit neue Kraftwerkskonzepte und Techniken entwickelt und getestet. Hier ist darauf zu achten, dass sich die Erprobung verschiedener Maßnahmen und Techniken zum Schutz der Fischpopulation am tatsächlichen Bedarf orientiert. Mit rund 7 700 Bestandsanlagen in der Bundesrepublik liegt der Schwerpunkt im Vollzug von § 35 WHG klar bei bereits in Betrieb befindlichen Anlagen. Allein in Bayern stehen seit 2013 nach Angaben des bayerischen Umweltministeriums (StMUV) rund 300 „alte" Wasserkraftanlagen zur Weiterbewilligung an. In den Folgejahren sind sicherlich ähnliche Zahlen zu erwarten. Erprobung und Entwicklung neuer Triebwerkstechniken und Kraftwerkskonzepte helfen im Hinblick auf die von Betreibern und Behörden geforderte Rechtssicherheit für den Vollzug nur wenig, wenn diese für Bestandsanlagen nicht geeignet sind. Daher müssen sowohl methodische Ansätze für standardisierte Funktionskontrollen und Monitoring als auch Standorte zur Durchführung solcher Kontrollen am tatsächlichen Bedarf ausgerichtet werden. Eine überwiegende Ausrichtung auf Neubauanlagen wird für den bestehenden Vollzugsbedarf an Bestandsanlagen nur sehr bedingt Hilfestellung leisten können.

9 Rückbau von Kleinwasserkraftanlagen

Zwar ist die Umsetzung insbesondere technischer Fischschutzsysteme an kleinen Wasserkraftanlagen aufgrund der geringeren Anlagendimensionen leichter realisierbar als an Großkraftwerken. Doch machen die Investitionen in Koppelung mit ggf. einhergehenden Leistungseinbußen (z. B. durch die energetisch nicht nutzbare Dotation einer Fischabstiegsanlage) den Betrieb rasch unwirtschaftlich [9], [10]. Die Konformität mit dem WHG, die neben dem Schutz der Fischpopulation auch Durchgängigkeit (§ 34) und ggf. Restwasserabgabe (§ 33) beinhaltet, ist an zahlreichen Kleinwasserkraft-Standorten vermutlich selbst langfristig nicht realisierbar.

Der Landesfischereiverband Bayern e. V. und der Fischereiverband Niederbayern haben daher an der Mitternacher Ohe (Bezirk Niederbayern) in einem Pilotprojekt drei solcher Anlagen rückgebaut (**Bild 3**). Das Gewässer zweiter Ordnung ist seitdem auf rund 17 km von der Quelle bis zur Mündung wieder frei durchgängig für Fische und andere Wassertiere. Das Pilotprojekt erfüllt dadurch zentrale Vorgaben des WHG und des vor Ort befindlichen Natura-2000-Gebietes. Davon profitieren europarechtlich besonders geschützte Arten, wie der Huchen, das Bachneunauge und die Flussperlmuschel. Der Verlust der elektrischen Leistung durch die Stilllegung der drei Wasserkraftanlagen an der Mitternacher Ohe be-

Bild 3: Drei Wasserkraftanlagen an der Mitternacher Ohe wurden bis 2013 durch die Fischerei zurückgebaut, auf 17 km ist der Fluss von der Quelle bis zur Mündung wieder frei durchgängig (Quelle: LFV Bayern)

trägt summiert rund 90 kW und ist somit energiewirtschaftlich gesehen „verschmerzbar" [5].

Ein weiterer Rückbau solcher Anlagen sollte durchaus in Betracht gezogen werden. Denkbar wäre etwa, dass als Kompensation für eine Stauerhöhung und die damit verbundene Leistungssteigerung an einer großen Wasserkraftanlage ein bestimmter Prozentsatz der zusätzlich gewonnenen Leistung in Form solcher Kleinanlagen rückgebaut wird. Für eine Leistungssteigerung von 1 MW an einer Großanlage könnten bspw. 10 % der Mehrleistung (= 100 kW) in Form solcher Kleinstandorte rückgebaut werden. Somit stünde für Standorte, bei denen eine Konformität mit dem EEG nicht möglich und der Beitrag zu Stromerzeugung und Netzstabilisierung ohnehin vernachlässigbar ist, eine Lösung zur Verfügung, die in der Gesamtbilanz trotzdem eine Steigerung der Stromproduktion bewirken würde.

10 Schutz der Fischpopulation durch Steigerung des natürlichen Fischbestands?

Derzeit gibt es Bestrebungen, durch gezielte Strukturverbesserungen im Wirkbereich von Wasserkraftanlagen die natürliche Produktion von Fischen sozusagen „anzukurbeln", um die Beeinträchtigungen durch die Wasserkraftnutzung zu kompensieren.

Bei diesem pragmatischen Ansatz bewegt man sich naturschutzfachlich gesehen auf einem schmalen Grat. Denn mit einer Steigerung des Schutzguts Fisch steigt auch dessen Schutzbedürftigkeit. Gleichzeitig bleiben bei einem solchen Ansatz die Wirk-Faktoren „Fischschädigung durch Triebwerke bzw. Rechen" vollumfänglich bestehen. Bei einer praktischen Umsetzung eines solchen Konzepts kommen daher mit hoher Wahrscheinlichkeit mehr Fische in bzw. an der Wasserkraftanlage zu Schaden als vorher. Der verbleibende Fischbestand nimmt ggf. nur zu, weil in Relation von der Gesamtzahl mehr „übrig bleibt".

Aus Sicht von Fischerei und Naturschutz kann dieser Weg grundsätzlich nur dann mitgegangen werden, wenn er als Übergangslösung konzipiert wird, bis geeignete Schutzsysteme zur Verfügung stehen. Daher darf in solch einer Übergangsphase bspw. die Entwicklung erforderlicher Fischschutz-Techniken nicht ins Stocken geraten.

11 Konstruktiver Dialog ohne Druck

Die Diskussion bzgl. der Umsetzung eines hinreichenden Fischschutzes an Wasserkraftanlagen wird von allen Seiten mit harten Bandagen geführt. Abgesehen von wenigen emotional geprägten Entgleisungen einzelner hat sich in Deutschland mittlerweile ein durchaus konstruktiver Dialog entwickelt. Dieser Dialog muss auf einer fachlich fundierten Ebene konsequent weitergeführt werden. Hoffnungsgebende Beispiele ermuntern dazu. Noch vor wenigen Jahrzehnten etwa hätte kaum einer gedacht, dass Kläranlagen einmal zum gewohnten Bild an deutschen Fließgewässern gehören würden. Auch die aktuell weit gereiften Grundlagen für Bau und Gestaltung von Fischaufstiegsanlagen sind in aufwändigen Untersuchungen und zahlreichen Fachdiskussionen über viele Jahre entstanden. Vergleichbares ist sicherlich auch im Hinblick auf den Fischschutz möglich.

Gefährdet wird ein solcher Prozess beim Fischschutz durch den politischen Ausbau-Druck der Energiewende im Wasserkraftsektor. Hier gilt es von den Verantwortlichen Druck herauszunehmen. Ohne die erforderlichen Kenntnisse und Voraussetzungen für einen hinreichenden Fischschutz ist ein Ausbau der Wasserkraftleistung durch neue Anlagen unverantwortlich.

Autor

Johannes Schnell
Landesfischereiverband Bayern e. V.
Pechdellerstr. 16
81545 München
johannes.schnell@lfvbayern.de

Literatur

[1] Deutsche Vereinigung für Wasserwirtschaft, Abwasser und Abfall e. V. (Hrsg.): Fischschutz und Fischabstiegsanlagen. In: DWA-Themen, Hennef, 2005.

[2] Ebel, G.: Fischschutz und Fischabstieg an Wasserkraftanlagen. In: Mitteilungen aus dem Büro für Gewässerökologie und Fischereibiologie (2013), Band 4.

[3] Bayerischen Landesanstalt für Landwirtschaft (Hrsg.): Fischzustandsbericht. Freising-Weihenstephan, 2013.

[4] Landesfischereiverband Bayern e. V.) (Hrsg.): Untersuchungen zur Vermeidung von Fischschäden im Kraftwerksbereich – Dargestellt am Kraftwerk Dettelbach a. Main / Unterfranken. München: Weltbild Verlag, 1999.

[5] Landesfischereiverband Bayern e. V. (Hrsg.): Der Rückbau einer Kleinwasserkraftanlage – Untersuchungen über die ökologischen Auswirkungen auf das Gewässer. In: Schriftenreihe des Landesfischereiverbandes Bayern (2006), Heft 11 (www.lfvbayern.de/media/files/rueckbaueinerkleinwasserkraftanlage.pdf; Aufruf 20.05.2014).

[6] Schmalz, W.: Untersuchungen zum Fischabstieg und Kontrolle möglicher Fischschäden durch die Wasserkraftschnecke an der Wasserkraftanlage Walkmühle an der Werra in Meiningen. Untersuchungen i. A. der Thüringer Landesanstalt für Umwelt und Geologie, 2010.

[7] Schnell, J.; Ache, M.: Untersuchungen zur Effizienz von nachträglich errichteten Fischaufstiegs-, Fischschutz- und Fischableitanlagen an einer Wasserkraftanlage. In: 23. SVK-Fischereitagung, 05.03.2012, Fulda.

[8] Schneider, J.; Hübner, D.; Korte, E.: Funktionskontrolle der Fischaufstiegs- und Fischabstiegshilfen sowie Erfassung der Mortalität bei Turbinendurchgang an der Wasserkraftanlage Kostheim am Main. Gutachten im Auftrag der WKW Staustufe Kostheim/Main GmbH & Co. KG, 2012.

[9] Umweltbundesamt (Hrsg.): Umweltverträglichkeit kleiner Wasserkraftwerke – Zielkonflikte zwischen Klima- und Gewässerschutz. In: UBA-Texte (1998), Nr. 13/98.

[10] Verband Deutscher Fischereiverwaltungsbeamter und Fischereiwissenschaftler e. V. (Hrsg.): Kleinwasserkraftanlagen und Gewässerökologie – Probleme und Lösungsansätze aus fischereilicher Sicht. 1995.

[11] Forum Fischschutz, 2014 (www.forum-fischschutz.de; Aufruf: 20.05.2014).

Johannes Schnell

Protection of Fish During Downstream Migration: Demands from the Perspective of an NGO for Fishery and Natural Conservation

Hydro power plants can hurt or kill fish in a significant volume. The reaction of the German legislator, also to achieve European guidelines, was to anchor the protection of fish population on power plants by law. But the state of technology for enforcement is insufficient. As a result of this there often is no legal security for administration as well as for operators of power plants. To relieve tensions between different stakeholders and to search for common approaches a forum of fish protection (called "Forum Fischschutz") was started 2012. The previous results of interdisciplinary task groups show the necessity of researching the behavior of fish. Further it includes testing of technologies and measures on a methodically standardized level. Organizations for nature protection as well as the organized fishery are supporting the necessary dialog to protect and conserve the native fish fauna.

Йоханнес Шнелль

Рыбозащита и рыбоспуск: необходимость исследований с точки зрения Ассоциации рыболовства и Общества по охране природы

На силовых установках рыба часто и в значительной степени повреждается частями турбин или других агрегатов и даже погибает. Немецкие законодатели отреагировали на общеевропейском уровне в отношении постановки целей по защите и сохранению рыбы - они требуют проведения мероприятий по защите рыбной популяции. Однако современное состояние таково, что уровень, необходимый для реализации этих целей, в настоящее время можно охарактеризовать только как недостаточный. Это означает – как для эксплуатирующих предприятий, так и для административных органов – правовую неопределенность, особенно что касается санкционирования объектов. Для снижения напряженности в отношениях между различными сторонами и нахождения общих решений в 2012 году на федеральном уровне был создан форум «Рыбозащита». К достигнутым на настоящий момент результатам работы межотраслевых рабочих групп относится определение необходимости основополагающих исследований по вопросам поведения рыб и апробации программ и технологий рыбозащиты с использованием методически стандартизованной базы. Как Общество по охране природы, так и Ассоциация рыболовства охотно вступают в необходимый диалог по вопросам защиты и сохранения отечественной рыбной фауны.

Paul Jäger

Der österreichische Leitfaden für den Bau von Fischaufstiegshilfen – Grundlagen und Vorschläge

Die Verpflichtung zur Bewahrung bzw. zur Wiederherstellung des guten fischökologischen Zustandes der Gewässer hat auch in Österreich den Bau von Fischwanderhilfen (FAH) beschleunigt. Mit der Forderung die Lebensräume der Mitteldistanzwanderfische vordringlich wieder ökologisch zu vernetzen, muss in Österreich das Wissen um die ökologischen und technischen Anforderungen an Fischaufstiegsanlagen rasch aktualisiert und verbreitet werden. Die Grundlagen des FAH-Leitfadens bilden die fachliche Basis dafür.

1 Die Verpflichtung zur Bewahrung bzw. zur Wiederherstellung des guten fischökologischen Zustandes der Gewässer in der EU

Mit der Umsetzung der Wasserrahmenrichtlinie (WRRL) in österreichisches Recht wurde der Gewässerschutz in Österreich in der Wasserrechtsnovelle 2003 als Ökosystemerhalt definiert, der die Bewahrung und die Wiederherstellung der natürlichen Beschaffenheit der Oberflächengewässer einschließlich ihrer hydromorphologischen Eigenschaften und der für den ökologischen Zustand maßgeblichen Uferbereiche fordert.

Die Gewässer Österreichs sind als Lebensadern des Landes öffentliches Gut. Die Öffentlichkeit hat damit Anspruch darauf, dass die Gewässer bei aller Nutzung künftig zumindest den guten ökologischen Zustand oder das gute ökologische Potenzial aufweisen.

Dass dies auch mit Wasserkraftnutzung an unseren Gewässern grundsätzlich möglich ist, belegen zahlreiche Publikationen, u. a. das Sondermessprogramm Restwasser und Schwall in den Salzburger Gewässern [11] mit Beispielen zur Auswirkung solcher Beeinträchtigungen auf die benthischen Zönosen und heimischen Fischarten.

Sämtliche Studien zeigen aber auch, dass eine zu große Veränderung des ursprünglichen Gewässerlebensraumes und vor allem Kontinuumsunterbrechungen zu einem Zerfall der gewässertypischen Lebensgemeinschaften und damit zu einer Zustandsverschlechterung führen. Die Literaturauswertung [11] führt zu einer recht klar definierten Grenze zwischen möglicher Nutzung der Gewässer im Einklang mit der Natur und totaler Nutzung mit Zerstörung der natürlichen Lebensräume.

Eine Zerstörung der artspezifischen Gewässerlebensräume und ein Unterbinden der Wanderungsaktivitäten führen zum raschen Ausfall der lokal betroffenen Fischarten und in der Folge zum allmählichen Ausdünnen auch der Fischarten, deren Lebensraum sich über größere Gewässerstrecken erstreckt [6], [7], [10], [11], [12]. Damit einher geht die Verschlechterung des ökologischen Zustandes der Gewässer, Handlungsbedarf entsteht.

In den Oberläufen der alpinen Fließgewässer Österreichs, der Forellen- und der Äschenregion, leben mit Bachforelle, Koppe, Äsche oder Elritze meist nur wenige Arten in allen Altersstadien aber mit sehr verschiedenen Schwimmleistungen, die es gilt gemeinsam über eine Fischaufstiegsanlage (FAA), in Österreich auch als Fischwanderhilfe bezeichnet, aufsteigen zu lassen. Wesentlich komplizierter wird es in den großen

Flüssen des Hyporhithrals und des Potamals mit einer rasch steigenden Anzahl von Leitarten, typischen Begleitarten und seltenen Begleitarten, welche jeweils spezielle Lebensraumansprüche und Wanderaktivitäten in ihrem Lebens- und Fortpflanzungszyklus haben [10].

Um einen österreichweit koordinierten und rasch wirksamen Sanierungsschwerpunkt in den heimischen Fließgewässern zu setzen, wurden im Nationalen Gewässerbewirtschaftungsplan 2009 vom Bundesministeriums für Land- und Forstwirtschaft, Umwelt und Wasserwirtschaft, Wien, die Lebensräume der Mitteldistanzwanderfische Huchen, Nasen und Barben als prioritäre Gewässer und als vordringliche ökologische Sanierungsstrecken an den österreichischen Fließgewässern ausgewiesen.

2 Die technische Entwicklung von Fischaufstiegsanlagen

Erfahrungen mit FAA für die Mitteldistanzwanderer unter den größeren heimischen Flussfischen und vor allem mit Ihren Laichwanderungen gab es in Österreich bis etwa 2005 kaum. Man bemühte sich mit den Beobachtungen an Forellenbächen (erste Anleitung für die Herstellung von Fischwegen vom damaligen k. & k. Ackerbauministerium 1891, [3]) um deren Aufstieg, der aber meist nicht richtig funktionierte. Die Anlagen waren falsch positioniert, zu klein, zu steil und nicht gewartet.

Erfahrungen mit großen Wanderfischarten haben seit langem die Meeresanrainerstaaten in Europa. Allen voran Deutschland und Frankreich, welche sich seit Jahrzehnten bemühen, die wichtigen Wirtschaftsfische, wie Lachse, Meerforelle, Meerneunauge, Maifisch oder den Aal zu ihren angestammten zeitweiligen Süßwasserlebensräumen zu bringen und sowohl den Laichfischen als auch den Jungfischen sowie den erwachsenen Aalen die Rückwanderung ins Meer zu ermöglichen [1], [2], [5], [6], [8], [9], [12].

Das Augenmerk in Frankreich lag dabei auf wenigen, meist schwimmstarken Arten und deren abwandernden Jung-Stadien, für welche spezifische Auf- und Abstiegsanlagen entwickelt und errichtet wurden [4]. Larinier hat beispielsweise den Vertical-Slot-Fischpass hydraulisch perfektioniert [4]. In Deutschland galt bei der Erarbeitung des ersten Merkblattes für Fischaufstiegsanlagen 1996 bereits als allgemeiner Konsens, dass solche Anlagen für alle Fischarten gleichermaßen funktionieren müssten [2], [12].

Die Bedeutung dieser Forderung wurde lange Zeit unterschätzt. Daraus ergibt sich nämlich, dass eine FAA bezüglich der Becken- und Schlitzdimensionen für die größenbestimmende Fischart jeder Fischregion gebaut werden muss, bezüglich der Energiedichten aber die schwimmschwächste Fischart und die Jungfische ab 1+ die Wasserspiegeldifferenzen sowie den Durchfluss bestimmen [3], [7], [10], [12].

Die für Österreich nächstgelegenen und seit Jahren betriebenen großen FAA kann man am Rhein in Iffezheim sowie Gambsheim besichtigen und aus den dort gemachten Erfahrungen lernen. Diese Anlagen wurden vor dem Beschluss der WRRL für den Lachs konzipiert, sie werden aber nicht nur von den „Zielarten" überwunden, sondern von einer Vielzahl von Fischarten, darunter auch Nase und Barbe [3]. Die für den Lachs konzipierten hohen Energiedichten führen bei Kleinfischen oder hochrückigen Fischen häufig zu Problemen, wie Selektivität und Verletzungen [3]. Mit niedrigeren Energiedichten infolge geringerer Wasserspiegeldifferenzen zwischen den Becken und einer rauen Sohle lässt sich dieses Problem lösen [10], [12]. Beobachtungen an aufstiegswilligen Huchen in österreichischen Flüssen lassen den Schluss zu, dass dieser Fisch ein dem Lachs ähnliches Aufstiegsverhalten an den Tag legt [7].

Da aber der bloße Fischaufstieg das Problem einer Unterbrechung des ökologischen Zusammenhanges der Gewässer nicht löst, muss auch die Abwärtswanderung der Fische einer Problemlösung zugeführt werden [5], [7], [10], [12]. Gelöst ist dieses Problem nur bei den naturnahen Sohlengleiten (Rampen), die Gebler maßgeblich weiterentwickelt hat [1], [8].

Eine FAA ist mehr als Beckengeometrie und Energiedissipation, sie ist eine Anlage, die von verschiedensten Fischarten des jeweiligen Gewässertyps auf Grund ihres natürlichen Wanderverhaltens gefunden und für die Wanderungen insbesondere flussauf angenommen werden muss. Das Wissen um die Wanderaktivitäten und das Wanderverhalten der Fische bestimmt die ökologische Auslegung der Anlage und ist daher Grundvoraussetzung für Erfolg oder Nichtannahme von FAA [3], [6], [8], [10], [12].

3 Fischaufstiegsanlagen in Österreich

In Salzburg sind an der Salzach erste Fischpässe in Hallein/Gamp und in Werfen entstanden, welche sich an den derzeit bekannten Anforderungen für eine optimale Fischpassage der Mitteldistanzwanderer sowie der Forellen, Äschen und Koppen als den weiteren Leitfischarten orientieren, welche aber auch den Begleitarten der gewässertypspezifischen Fischfauna den Aufstieg ermöglichen sollen (**Bild 1**). Die derzeit modernste FAA in Österreich incl. Umgehungsgerinne mit ergänzender Fischabstiegsmöglichkeit entsteht im Sinne der Vorgaben des FAH-Leitfadens in 2012 an der Salzach in der Stadt Salzburg mit dem Bau des KW Lehen (**Bild 2**).

2008 wurde von der österreichischen Bund-Länder-Arbeitsgruppe Fischaufstiegshilfen beim BMWLUF die Erstellung des österreichischen FAH-Leitfadens angeregt und 2011 im Entwurf vorgestellt [10]. Der Leitfaden versteht sich als Darstellung des aktuellen Standes der Technik beim Bau von FAA und informiert als Basiswissen über die ökologischen Grundlagen der Fischwanderung flussauf und flussab.

Es werden für den Fischaufstieg bewährte technische Lösungen von der aufgelösten Rampe (Sohlengleite) über Umgehungsgerinne, naturnahe Beckenpässe bis zum Vertical-Slot-Beckenpass, der Lösung für beengte Platzverhältnisse, vorgeschlagen sowie Empfehlungen für den Fischschutz und für eigene Fischabstiegsanlagen gegeben.

Die Dimensionierungswerte berücksichtigen insbesondere den Umstand, dass praktisch in jedem Fischaufstieg schwimmstarke große Fische genug Platz haben müssen, dass aber auch schwimmschwache Kleinfische oder juvenile Stadien großer Fische im gleichen Becken Einstandsbereiche brauchen und dass die Strömung in den Beckenübergängen auch für sie zu bewältigen sein muss. Entscheidend ist des Weiteren, ob sich die vorkommenden Fischarten bei der Aufwärtswanderung nur an der großräumigen Leitströmung im Fluss orientieren, ob sie wie die Mitteldistanzwanderer meist in großen Gruppen am Hindernis, z. B. beim Triebwasserauslass der Turbinen, anstehen oder ob sie eher ein Ufer- und zubringerorientiertes Wanderverhalten im Wanderkorridor zeigen. Davon hängt die Situierung des Einstieges in die FAA ab. Bei großen Flüssen baut man daher oft mehrere Einstiege aus verschiedenen Strömungsbereichen des Wanderkorridores [3], [11], [12], um ein möglichst breites Fischartenspektrum „abzuholen".

Fischabstiege über naturnahe aufgelöste Ram-

Bild 1: Das Kraftwerk Werfen an der Salzach mit Fischabstieg (links) und einem Vertical-Slot-Fischpass mit dynamischer Dotation des Mündungsschlitzes bei Schwellbetrieb für den Fischaufstieg (rechts im Bild), Einstieg rechts neben dem rechten Turbinenauslass (Sohlenanschluss bis zur Gegenschwelle des Saugschlauches, Turbinen rechtsdrehend, um Turbulenzen am Fischpasseinstieg zu vermeiden)

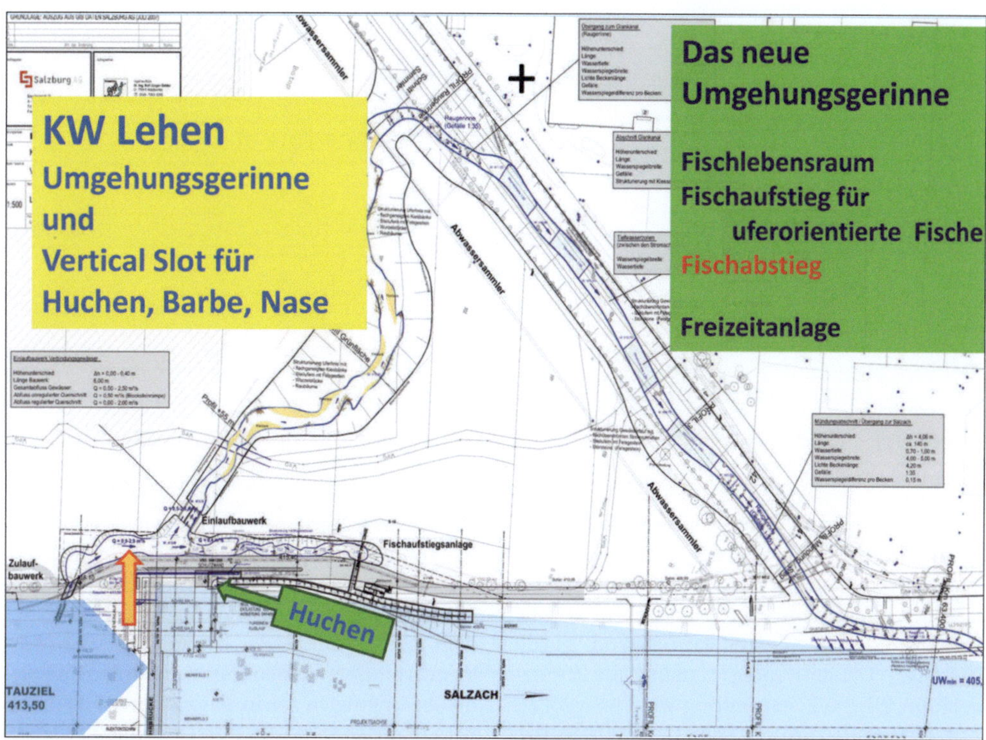

Bild 2: Lageplan des in Bau befindlichen Kraftwerkes Lehen in der Stadt Salzburg mit mehreren Fischauf- und -abstiegsmöglichkeiten (Umgehungsgerinne mit einer dynamischen Dotation von 0,5 bis 1,5 m³/s sowie einer Spüldotation von 2,5 m³/s; braun der Fischabstieg aus der Rechenebene) (Quelle: Salzburg AG)

pen [8], geöffnete Wehrfelder oder bei freiem Durchfluss sind kein Problem. Die Turbinenpassage zu verhindern und die Fische unverletzt ins Unterwasser zu bringen, ist ein besonders schwieriges Unterfangen aus dem Arbeitsgebiet der Ethohydraulik [5], [10], [12]. Der Schutz der Fische vor einer Turbinenpassage ist ein großes Arbeitsthema beispielsweise an den norddeutschen Niederungsflüssen [6], [12].

Auffindbarkeit und Passierbarkeit sind die grundlegenden Voraussetzungen für die Funktion einer FAA

Problemlos aufzufinden sind FAA meist bei Ausleitungskraftwerken, wenn bei diesen der ökologisch notwendige Mindestabfluss zum Fischaufstieg führt.

Aufzufinden sind FAA bei Laufwasserkraftanlagen an großen Flüssen vor allem dann, wenn der Einstieg aus dem Wanderkorridor der Fische möglichst nahe bzw. am besten direkt am Hindernis über eine Leitströmung in den Wanderkorridor mit ausreichenden Fließgeschwindigkeiten von den Fischen wahrnehmbar ist, wenngleich die Reichweite einer Leitströmung hydraulisch auf einige Meter begrenzt ist [12]. Fischpasseinstiege, die in stehendes Wasser oder in Kehrströmungen münden bzw. aus diesen flussab führen, werden von den Fischen nur zufällig gefunden, da Fische nicht die Intelligenz haben, nach alternativen Aufstiegsmöglichkeiten zu suchen [12].

In **Tabelle 1** sind die minimalen und maximalen Lockstromgeschwindigkeiten für den Fischaufstieg nach dem FAH-Leitfaden aufgelistet. Eine Leitströmung von 0,5 bis 0,9 m/s wird nach jüngsten Untersuchungen von Adam [12] am besten angenommen, wobei diese Werte bei rauer Sohle im Schlitz etwa 30 bis 50 cm über der Sohle erreicht werden.

Tab. 1: Minimale (v_{min}) und maximale (v_{max}) Lockstromgeschwindigkeiten im direkten Bereich des FAA-Einstieges laut österreichischem FAH-Leitfaden [10]

Fließgewässerzone	Lockstromgeschwindigkeiten am FAA-Einstieg	
	v_{min} [m/s]	v_{max} [m/s]
Epirhithral	1,0	2,0
Metarhithral	1,0	1,9
Hyporhithral	1,0	1,7
Epipotmal	1,0	1,5
Metapotamal	0,8	1,2

Für schwankende Unterwasserspiegel sind die Austrittsschlitze der FAA im Unterwasser bis zum Wasserstand bei Ausbaudurchfluss hochzuziehen und dynamisch so zu dotieren, dass die Ausströmgeschwindigkeit annähernd gleich bleibt [10]. Die notwendige dynamische Zusatzdotation für die Leitströmung wird bei großen Anlagen vor Einleitung in den Fischpasseinstieg oftmals turbiniert und stellt dann keinen kompletten Energieverlust dar [3].

In **Tabelle 2** sind die Grenzwerte des österreichischen Vorschlages für die größenbestimmenden Fischarten der verschiedenen Gewässerregionen und die daraus abzuleitenden Beckendimensionen, Schlitzweiten, Spiegeldifferenzen und Mindesttiefen (Wassertiefe über der rauen Sohle) für Fischaufstiegsanlagen wiedergegeben [10]. Neueste Untersuchungen ergaben den Hinweis, dass Schlitzweiten ab 40 cm von den meisten Fischarten für den Aufstieg am besten angenommen werden und Schlitze unter 20 cm Breite am schlechtesten [12]. Diesen jüngsten Erkenntnissen kommt die österreichische Entwicklung des Multi-Structure-Slot-Fischpasses entgegen, welche über die Verlängerung des Fließweges in den Beckenelementen bei gleicher Dotation wie für den Vertical-Slot-Fischpass geringere Energiedichten und größere Schlitzweiten ermöglicht [13], [14].

In **Tabelle 3** sind die zulässigen Energiedichten in den Beckenpässen gelistet, bei deren Einhaltung ein Aufstieg der größenbestimmenden Fischart und der schwimmschwächsten Fischart über die verschiedenen Fischregionen nachweislich funktioniert [10].

Mit diesen Grundlagen können im FAH-Leitfaden an Hand von Tabellen und entsprechend dem Fischartenmix, der das Auf- oder Abstiegshindernis überwinden soll, die technischen Rahmenbedingungen für funktionsfähige FAA nach dem aktuellen Stand des Wissens ermittelt werden [10].

Um nicht selektiv zu wirken, muss, wie die Erfahrungen zeigen [3], [12], auch im Epirhithral alpiner Bäche und Flüsse mit Forelle und Koppe in Aufstiegsanlagen eine maximale Energiedichte von 140 W/m^3 über einer rauen Sohle eingehalten werden.

Auch für den Fischabstieg werden im Leitfaden die wichtigsten bekannten Fakten zusammengestellt und mögliche Lösungen beschrieben [5], [10], [12]. Der Fischschutz vor dem Eindriften in die Turbinen ist bei Ausleitungskraftwerken in alpinen Gewässern besonders für die vor der Schneeschmelze aus dem Kiesbett auswandernden Forellenbrütlinge überlebenswichtig.

Ausgenommen von den Vorschlägen für FAA an österreichischen Gewässern war und ist die österreichische Donau, für welche auf Grund internationaler Verpflichtungen nun die störartigen Fische bedeutend werden.

Gesicherte Funktionszeiten, Betriebssicherheit und Störfallvorsorge sind weitere entscheidende Kriterien für das Funktionieren einer FAA. Nur bei Einhaltung dieser Voraussetzungen und Kriterien wirken FAA nicht selektiv [10], [12].

Tab. 2: Zusammengefasste gerundete Körpermaße der größenbestimmenden Fischarten je Fischregion in Österreich entsprechend dem FAH-Leitfaden [10] und die sich daran orientierenden österreichischen Bemessungswerte für Schlitzweiten, Beckentiefen und Tiefen an Beckenübergängen sowie die maximalen Wasserspiegeldifferenzen je Fischregion für Schlitzpässe, naturnahe Umgehungsgerinne und naturnahe Beckenpässe (Tümpelpässe)

						Schlitzpass		Naturnahe Beckenpässe und Umgehungsgerinne			
Fischregion	Maßgebende Fischart (für Länge)	Fischlänge (cm)	Höhe (cm)	Breite (cm)*	Maximale Wasserspiegeldifferenzen zwischen Becken	Schlitzweite (cm)	Hydraulische Mindesttiefe uh. Trennwand (cm)	mittl. Breite Beckenübergan (cm)	Hydraulische Mindesttiefe* an Beckenübergängen/ Furten aufgrund Fischhöhe (cm)	Hydraulische Mindesttiefe Beckenübergänge aufgr. Sohlenanschluss (cm)	min. MaxTiefe Becken/ Kolk (cm)
Epirhithral, MQ < 2 m³/s	Bachforelle	30	6	3	20	20	50	25	20	40	70
Epirhithral, MQ > 2 m³/s	Bachforelle	40	8	4	20	20	70	30	20	40	80
Metarhithral, MQ < 2 m³/s	Bachforelle	40	8	4	18	20	60	25	20	40	70
Metarhithral, MQ > 2 m³/s	Äsche, BF	50	11	6	18	20	70	30	25	53	80
Hyporhithral, MQ < 2 m³/s	BF, Aitel, Äsche, Aalrutte	50	11	8	15	20	60	30	25	50	80
Hyporhithral, MQ > 2 m³/s	Aalrutte, Barbe	60	11	8	15	25	75	38	30	56	85
Hyporhithral, 2 < MQ < 20 m³/s	Huchen	80	13	10	15	30	85	45	35	66	100
Hyporhithral, MQ > 20 m³/s	Huchen	100	16	12	15	35	100	53	40	73	110
Epipotamal klein	Aitel, Äsche, Barbe	60	11	7	13	20	60	30	25	46	70
Epipotamal mittel	Barbe	60	11	7	13	25	75	38	30	56	85
Epipotamal mittel	Hecht	90	12	8	13	30	75	45	35	56	85
Epipotamal mittel	Huchen	90	14	12	13	32	90	48	37	66	100
Epipotamal groß	Huchen	100	16	12	13	35	105	53	40	73	110
Epipotamal groß	Wels	120	23	22	13	50	120	75	45	79	120
Seezubringer, -ausrinn	Seeforelle	90	20	11	13	35	105	53	45	73	110
Gründlings- und Schmerlenbach	Aitel	40	8	5	10	20	60	30	20	40	70
Donau	Wels	150	31	30	10	60	160	90	60	112	170

Legende: *Die hydraulische Mindesttiefe ist die mindestens erforderliche Wassertiefe über der rauen Sohle.

Tab. 3: Österreichische Bemessungswerte für die Energiedichte in Becken von Schlitzpässen, naturnahen Beckenpässen und Sohlenrampen (bei MJNQT) je Fischregion in Abhängigkeit von den maximalen Spiegeldifferenzen Δh [m] zur Sicherstellung der stress-, erschöpfungs- und verletzungsfreien Passage auch von Klein- und Jungfischen der entsprechenden Gewässerregion ab 1+ [10]

Fließgewässerzone	Δh [m]	Energiedichte [W/m³]
Epirhithral	0,2	140
Metarhithral	0,18	120
Hyporhithral	0,15	120
Epipotamal	0,13 bis 0,10	100
Metapotamal	0,08	80

4 Funktionsfähigkeit

Die Funktionsfähigkeit einer FAA wird ausschließlich vom Maß der Annahme der Anlage durch die gewässertypspezifische Fischfauna, für welche sie geplant sein muss, bestimmt [10], [12].

Der neue Fischaufstieg für Störe an der Elbe in Geesthacht in der Nähe von Hamburg wurde z. B. im ersten Betriebsjahr vom atlantischen Stör mit 3 m Länge und weiteren 43 Fischarten angenommen und von mehr als 322.000 Einzelfischen passiert [15]. Der Fischabstieg mit der Hauptströmung im Gewässer erfolgt an der Staustufe Geesthacht über die jeweils geöffneten Wehrfelder.

Die meistbegangenen Baufehler bei FAA sind:

- den Einstieg einer FAA nicht möglichst am Hindernis in den Wanderkorridor der aufwärtsziehenden Fische ausmünden zu lassen,
- bei stark schwankendem Unterwasserspiegel keine dynamische Leitstromdotation zu bieten,
- einen stark schwankenden Oberwasserspiegel durch technische Maßnahmen beim Fischpassausstieg nicht auszugleichen und
- den Fischabstieg dem Zufall zu überlassen.

5 Verantwortlichkeiten

Wird eine FAA von Fischen nicht gefunden bzw. angenommen und passiert, stimmen entweder die fischökologischen Vorgaben für die Planung nicht oder sie wurde anders gebaut als dies für das Projekt geplant war. Die Folge ist jedenfalls: die Anlage muss saniert werden, um den fischökologischen Anforderungen zu entsprechen.

Die sich daraus ergebenden technischen Probleme und ihre Konsequenzen für die Herausgeber von Regelwerken und Leitfäden, für den Anlagenbetreiber, den Planer, die Bauleitung, die ökologische Bauaufsicht sowie für die genehmigende Behörde und ihre Sachverständigen eröffnen einer juristischen Vielfalt von Haftungsmöglichkeiten ein breites Diskussionsfeld.

Die zur Diskussion gestellten Grundlagen für den österreichischen Leitfaden zum Bau von FAA spiegeln den aktuellen Stand des Wissens zum Thema FAA für österreichische Flüsse wieder und wurden unter dem entscheidenden Aspekt der Betriebssicherheit erstellt. Die im österreichischen FAH-Leitfaden vorgeschlagenen ökologischen und ökotechnischen Grundlagen, Bausysteme und Dimensionierungen lassen bei fachkundiger Anwendung funktionsfähige FAA für die heimische Fischfauna erwarten. Nicht berücksichtigt werden sollten bisher die Donaustöre.

Von den Mindestanforderungen der Grundlagen des FAH-Leitfadens abzuweichen, liegt im Verantwortungsbereich der Planer und Bauherrn sowie allenfalls der genehmigenden Behörden und der von ihr hinzugezogenen Sachverständigen.

6 Ausblick

Der Wels in der Donau war bislang Österreichs größenbestimmender Fisch, für welchen bei den österreichischen Donaukraftwerken und an den großen Donauzubringern funktionierende FAA gebaut werden müssten. Die bestehenden Altanlagen an diesen Flüssen, nach älteren Vorgaben errichtet, werden von den aufstiegswilligen Mitteldistanzwanderern mangels ökologisch funktionaler Auslegung oft nicht gefunden und sind für den Wels zu gering dimensioniert.

Mit dem Bau von FAA in der Donau am Eisernen Tor werden die Störe aus dem Schwarzen Meer auch für Österreich auf Grund internationaler Verpflichtungen zur größenbestimmenden Fischart in der Donau und ihren großen Zubringern bis zum Inn – aufwärts und abwärts!

Damit ist die Zeit für eine neue Qualität von FAA auch in Österreich gekommen. Fehlplanungen werden nach dem erfolgreichen Beispiel an der Elbe internationaler Diskussion Anlass bieten.

Der österreichische FAH-Leitfaden wird noch um das Kapitel Donaustöre zu erweitern sein. Dienlich ist dabei, dass FAA für Donaustöre auch allen anderen Donaufischen den Aufstieg ermöglichen.

Übrigens, die preiswerteste FAA ist diejenige, die vom ersten Tag an von den heimischen Fischen flussauf angenommen wird.

Autor

Hofrat Dr. Paul Jäger
Ingenieurbüro für Ökologie und Umweltbiologie
Brunn 147
5201 Seekirchen am Wallersee, Österreich
paul.jaeger@sbg.at

Literatur

[1] Gebler, R. J.: Sohlrampen und Fischaufstiege. Walzbachtal: Eigenverlag, 1991.

[2] DVWK (Hrsg.): Fischaufstiegsanlagen – Bemessung, Gestaltung, Funktionskontrolle. In: DVWK-Merkblätter (1996), Nr. 232.

[3] Jäger, P. (Hrsg.): Salzburger Fischpaßfibel. In: Reihe Gewässerschutz des Landes Salzburg (2002), Nr. 1, 2. A. (http://www.salzburg.gv.at/downloads).

[4] Larinier, M.; Travade, F.; Porcher, J. P.: Fishways: biological basis, design criteria and Monitoring. In: Bull. Fr. Péche Piscic. (2002), Nr. 364 suppl.

[5] DWA (Hrsg.): Fischschutz- und Fischabstiegsanlagen – Bemessung, Gestaltung, Funktionskontrolle. In: DWA-Themen (2005), 2. A.

[6] Ministerium für Umwelt und Naturschutz, Landwirtschaft und ländlichen Raum NRW (Hrsg.): Handbuch der Querbauwerke. Düsseldorf, 2005.

[7] Zitek, A.; Haidvogl, G.; Jungwirth, M.; Pavlas, P.; Schmutz, S.: Ein ökologisch-strategischer Leitfaden zur Wiederherstellung der Durchgängigkeit von Fließgewässern für die Fischfauna in Österreich. In: A Model based Instrument for River Restoration. Arbeitspaket 5, Wien (2007).

[8] DWA (Hrsg.): Naturnahe Sohlengleiten. In: DWA-Themen, Hennef (2009).

[9] DWA (Hrsg.): Fischaufstiegsanlagen und fischpassierbare Bauwerke – Bemessung, Gestaltung, Qualitätssicherung. In: DWA-Merkblätter (2010), M-509 (Entwurf).

[10] Bundesministerium für Land- und Forstwirtschaft, Umwelt und Wasserwirtschaft (Hrsg.): Grundlagen für einen österreichischen Leitfaden zum Bau von Fischaufstiegshilfen (FAHs). Wien, 2011.

[11] Jäger, P.; Finster, M.; Schrempf, R.; Unterweger A.; Zitek A.: Sondermeßprogramm Restwasser und Schwall – Auswirkungen der hydraulischen Belastungen auf Hydromorphologie, Makrozoobenthos und Fische in Salzburger Fließgewässern. In: Reihe Gewässerschutz des Landes Salzburg (2011), Nr. 17.

[12] Adam, B.; Lehmann, B.: Ethohydraulik. Heidelberg: Springer Verlag, 2011.

[13] Mader, H.; Tauber, M.-M.: Der neue Multi-Struktur-Slot-Fischpass. In: WasserWirtschaft 100 (2010), Heft 7-8, S. 28-32.

[14] Pötsch, M.: Der enature® FISHPASS – eine nachhaltige Lösung mit System und deren Einsatz in der Praxis. In: WasserWirtschaft 102 (2012), Heft 5, S. 28-32.

[15] Menzel, H.-J.; Schwevers, U.: Bilanz und Ausblick des ersten Betriebsjahres des Doppelschlitzpasses Geesthacht. In: WasserWirtschaft 102 (2012), Heft 4, S. 58-63.

Paul Jäger

The Austrian Guideline for Fish Pass Construction – Fundamentals and Proposals

The obligation to preserve or restore the good ecological status of freshwater systems for fish has also accelerated the construction of fish passes in Austria. Due to the call for the ecological reconnection of habitats especially for mid-distance migratory fish, the knowledge about the ecological and technical requirements of fish passes needs to be updated and distributed in Austria. The fundamentals of the Austrian guideline for fish pass construction constitute an important basis for it.

Пауль Йегер

«Основы строительства рыбоподъемных устройств» в Австрии – основные положения и предложения

Необходимость сохранения или восстановления хорошего состояния водоемов с точки зрения экологии рыб ускорило строительство вспомогательных устройств для мигрирующих видов рыб также и в Австрии. В связи с требованием экологического объединения жизненного пространства для мигрирующих на средние расстояния видов рыб в Австрии прежде всего должны быть срочно обновлены и распространены знания об экологических и технических требованиях, которым должны соответствовать рыбоподъемные устройства. Профессиональной основой для этого являются «Основы строительства рыбоподъемных устройства».

Stefan Gischkat und Beate Adam

Berücksichtigung des Tierschutzgesetzes bei der Durchführung fischökologischer Untersuchungen

Gemäß dem Wortlaut des im Juli 2013 novellierten Tierschutzgesetzes ist „... aus der Verantwortung des Menschen für das Tier als Mitgeschöpf dessen Leben und Wohlbefinden zu schützen. Niemand darf einem Tier ohne vernünftigen Grund Schmerzen, Leiden und Schäden zufügen." Dies gilt nicht nur für die landwirtschaftliche Tierhaltung und die klinische Forschung, sondern gleichermaßen auch für fischökologische Labor- und Freilanduntersuchungen, bei denen mit und an Fischen gearbeitet wird. Auch solche Versuchsvorhaben fallen unter die Bestimmungen des Tierschutzgesetzes und bedürfen Deshalb häufig einer tierschutzrechtlichen Genehmigung.

1 Einleitung

Das wasserwirtschaftliche Handeln berücksichtigt heute stärker als in der Vergangenheit die Pflanzen- und Tierwelt der aquatischen Ökosysteme, in die der Mensch nach wie vor in mannigfacher Weise eingreift. Um die ökologische Verträglichkeit und Sinnhaftigkeit wasserwirtschaftlicher Maßnahmen und Anlagen zu prüfen und ggf. optimieren zu können, werden zunehmend fischökologische Studien z. B. im Rahmen von Umweltverträglichkeitsuntersuchungen veranlasst oder die Fischverträglichkeit bzw. Wirksamkeit bestehender Anlagen wird durch Monitoringuntersuchungen überprüft. Dies erfordert den direkten Umgang mit lebenden Fischen, wie dies grundsätzlich auch in der Fischerei geschieht. Im letzteren Fall dient der Fang, die Aneignung und Haltung dieser Tiere allerdings der Sicherstellung der Ernährungsgrundlagen des Menschen und ist durch die Landesfischereigesetze geregelt. Demgegenüber fällt der Umgang mit Fischen zum Zweck des wissenschaftlichen Erkenntnisgewinns im Rahmen ökologischer Untersuchungen in den Gültigkeitsbereich des Tierschutzgesetzes [1] und kann die Kriterien für eine Einstufung als Tierversuch erfüllen. Dies ist ungeachtet der anhaltenden Diskussion um die Schmerzempfindlichkeit von Fischen [2] insbesondere dann gegeben, wenn den Tieren durch die eingesetzten Methoden Stress, Schmerzen oder Leiden zugefügt werden können. Sind diese Kriterien erfüllt, ist davon auszugehen, dass es sich um ein Tierversuchsvorhaben handelt, das entsprechend der Schwere der Eingriffe anzeige, wenn nicht gar genehmigungspflichtig ist. Dies gilt im Übrigen genauso für Neunaugen, bei denen es sich zwar um eine eigenständige taxonomische Gruppe handelt, die im Folgenden aber dennoch mit unter dem Begriff „Fische" subsummiert werden.

Nachfolgend werden zunächst Beispiele für tierschutzrelevante fischökologische Untersuchungen gegeben, bevor der zu beschreitende Genehmigungsweg umrissen wird.

2 Beispiele für tierschutzrelevante fischökologische Untersuchungen

2.1 Fang von Fischen

In der Fischerei ist es in der Regel von nachrangiger Bedeutung, ob die traditionell erprobten und in Hinblick auf die Fangeffizienz optimierten Techniken die Fische schonen. Bei fischökologischen Untersuchungen hingegen gilt es sicher zu stellen, dass die Zielobjekte nicht durch die eingesetzten Nachweismethoden geschädigt oder gar getötet werden. Dies erfordert den Einsatz großvolumiger Reusen, in denen geringe Strömungsgeschwindigkeiten sowie Turbulenzen herrschen und sich keine scharfkantigen oder spitzen Gegenstände befinden. Zudem ist durch eine regelmäßige Kontrolle der Fanggeräte mindestens ein Mal am Tag sicher zu stellen, dass die Tiere nicht länger als notwendig gefangen bleiben. Im Falle eines hohen Fischaufkommens sind mehrere Leerungen während des Tages und ggf. auch in der Nacht erforderlich (**Bild 1**). Werden beispielsweise im Rahmen von Aufstiegsuntersuchungen an Fischwegen zu kleine Reusen eingesetzt, sind die Fische oftmals erschöpft, verletzt oder sogar tot, wenn sie dem Fanggerät entnommen werden. Besonders negativ wirkt es sich aus, wenn die Reuse vom gesamten Abfluss der Aufstiegsanlage durchströmt wird, so dass in ihrem Inneren hohe Fließgeschwindigkeiten und Turbulenzen herrschen [3].

2.2 Markierung von Fischen

Bei Fischen der gleichen Art lassen sich die Individuen nicht zuverlässig voneinander unterscheiden. Deshalb kann es z. B. für die Untersuchung der Wanderkorridore und der Ausbreitungsdynamik der sehr mobilen Tiere erforderlich sein, Exemplare zu fangen, zu kennzeichnen und wieder in die Freiheit zu entlassen, um sie bei einem späteren Wiederfang eindeutig zuordnen zu können. Grundsätzlich handelt es sich auch bei der Markierung von Fischen um tierschutzrelevante Eingriffe, die einer entsprechenden Erlaubnis bedürfen. Bei der Auswahl des Markierungsverfahrens ist stets darauf zu achten, dass der erforderliche Eingriff möglichst geringfügig ist und dass die Markierung die Individuen möglichst wenig beeinträchtigt [4]. Dies ist unabhängig davon, ob eine Gruppen- oder Individualmarkierung vorgenommen wird, ob eine äußerlich erkennbare oder interne Kennzeichnung erfolgt oder ob der spätere Wiedernachweis durch Fang oder mittels automatischer Detektion bewerkstelligt wird (**Bild 2**).

Bild 1: Ein schonender Fang von Fischen kann beispielsweise mit großvolumigen NetzReusen aus knotenlosem Garn erfolgen, die außerhalb starker Strömungen gestellt und in kurzen Intervallen geleert werden

2.3 Verhaltensbeobachtungen mit aquatischen Tieren in Wasserbaulaboren

Die Kenntnis des Verhaltens von Fischen und Neunaugen in der Strömung und ihre Reaktion auf unterschiedliche hydraulische Gegebenheiten bilden eine unverzichtbare Grundlage für die Planung und den Bau fischökologisch verträglicher bzw. funktionsfähiger wasserbaulicher Anlagen. In besonderem Maße gilt dies für Fischauf- sowie für Fischschutz- und Fischabstiegsanlagen. Allerdings sind Beobachtungen des Verhaltens aquatischer Tiere in offenen Gewässern nur sehr eingeschränkt möglich und entsprechend spärlich ist bis heute das Verständnis des Fischverhaltens im Bereich wasserbaulicher Anlagen. Eine mittlerweile erfolgreich erprobte und wissenschaftlich anerkannte Methode um diese Wissenslücken zu schließen, ist die Ethohydraulik [5]. Hierbei werden Verhaltensbeobachtungen in großvolumigen, durchströmten gläsernen Rinnen unter konditionierten Laborbedingungen durchgeführt (**Bild 3**). Solche Studien ermöglichen die Ableitung von Regeln und Grenzwerten als Grundlage für eine gewässerökologisch verträglichere wasserbauliche Praxis. Auch ethohydraulische Tests stellen nach dem Tierschutzgesetz genehmigungspflichtige Tierversuche dar, selbst wenn den Fischen „keine Schuppe gekrümmt" wird, damit das normale Verhalten nicht beeinträchtigt oder verändert wird. Ausschlaggebend ist in diesem Fall der Stress, den die Fische während ihrer Hälterung unter Laborbedingungen und in den Versuchsständen ertragen müssen. Werden ethohydraulische Tests allerdings mit wirbellosen aquatischen Organismen, z. B. zehnfüßigen

Bild 2: Nicht nur bei der intraabdominalen Kennzeichnung eines Fisches mit einem PIT-Tag (links) handelt es sich um einen genehmigungspflichtigen Eingriff im Sinne des Tierschutzgesetzes, sondern ebenso auch bei der vielfach praktizierten Verstümmelung der Fettflosse von Salmoniden zwecks äußerlich erkennbarer Gruppenmarkierung (rechts)

Krebsen, durchgeführt, sind sie lediglich anzeigepflichtig.

2.4 Hälterung von aquatischen Wirbeltieren zu wissenschaftlichen Zwecken

Für die Haltung von Tieren zu wissenschaftlichen Zwecken muss nach § 11 TierSchG Abs. 1 bei dem vor Ort zuständigen Veterinäramt eine Erlaubnis beantragt werden. Die Behörde überprüft dann die Haltungsvoraussetzungen u. a. in Hinblick auf die Ansprüche und den Platzbedarf der jeweils zu hälternden Arten sowie deren Besatzdichten (**Bild 4**). Weitere Kriterien für die Erteilung einer Hältererlaubnis sind die Wasserqualität und Belüftungssituation der Hälterbecken und Versuchseinrichtungen, die hygienischen Verhältnisse, die Futterbevorratung sowie die Autorisierung und Qualifikation des Betreuungspersonals [6], [7].

Bild 3: Verhaltensbeobachtungen von Fischen zu wissenschaftlichen Zwecken erfüllen den Tatbestand eines Tierversuches

Bild 4: Aquarienhälterung kleiner Fischarten für die Forschung (Foto: KIT, Institut für Toxikologie und Genetik)

3 Genehmigungsweg für ein Tierversuchsvorhaben

3.1 Inhalte des Antrages auf Genehmigung bzw. der Anzeige eines Tierversuches

Sind im Rahmen fischökologischer Projekte tierversuchsrelevante Arbeiten mit und an Fischen gemäß §§ 7 und 7a TierSchG beabsichtigt, muss beim vor Ort zuständigen Veterinärdezernat eine Genehmigung beantragt werden. Hierfür gelten die gesetzlichen Vorgaben nach § 8 TierSchG und es ist ein vorgegebenes, bundesweit einheitliches Formular zu verwenden. Die Genehmigungsbehörde kann in Ausnahmefällen und nach eigenem Ermessen auf ein Genehmigungsverfahren verzichten und sich anstelle dessen mit einer Anzeige des Tierversuchsvorhabens zufrieden geben. Diese Möglichkeit besteht jedoch nur dann, wenn beispielsweise mit wirbellosen Tieren gearbeitet wird oder sich die Notwendigkeit des Tierversuchs unmittelbar aus der europäischen oder der nationalen Gesetzes- und Verordnungslage ergibt. Unabhängig davon, ob eine Genehmigung beantragt wird oder eine Anzeige erfolgt, sind grundsätzlich die gleichen Auskünfte u. a. zu folgenden Sachverhalten zu erteilen:

- Titel und Zweck des Vorhabens einschließlich einer wissenschaftlichen Begründung seiner Unerlässlichkeit.
- Zeitpunkt, Ort und Dauer des Tierversuchs.
- Angaben zum internationalen Wissensstand über das Thema des Tierversuchs.
- Darstellung möglicher Alternativen zum geplanten Tierversuch und zu den vorgesehenen Methoden.
- Herkunft, Art und Anzahl der Versuchstiere.
- Detailliert ausformulierte Versuchsplanung.
- Bewertung aller Eingriffe in Hinblick auf mögliche temporäre Belastungen der Probanden und ggf. bleibende Beeinträchtigungen.
- Begründung einer ggf. notwendigen Betäubung der Tiere mit Beschreibung der verwendeten Substanz und Durchführung.
- Tabellarische Erstellung eines „Score Sheets“ mit möglichen Abbruchkriterien für den Tierversuch anhand definierter Zustandsänderungen der Versuchstiere.
- Erstellung einer sogenannten nichttechnischen Projektzusammenfassung, die auch Aussagen bezüglich des sogenannten 3-R-Konzepts enthalten muss, d. h. über:
  - Refinement zur Verbesserung der tierexperimentellen Methoden, um die Belastung der Versuchstiere zu verringern.
  - Reduction zur Optimierung der Experimente, um die Anzahl benötigter Tiere auf das unverzichtbare Maß zu verringern.
  - Replacement im Sinne eines Ersatzes des Tierversuchs durch andere Verfahren und Methoden ohne Versuchstierbedarf.

- Statistische Planung und Absicherung der Ergebnisse des Tierexperiments.
- Angaben zu Betreuung, dem voraussichtlichen gesundheitlichen Zustand sowie dem Verbleib der Versuchstiere nach Beendigung des Tierversuchs.

Der Nachweis der fachlichen Qualifikation und beruflichen Erfahrung aller in das Tierversuchsvorhaben eingebundenen Personen einschließlich des Betreuungspersonals nimmt einen weiteren und besonderen Stellenwert in dem Antrag ein, weshalb dieser Aspekt in Kap. 3.3 ausführlicher betrachtet wird.

3.2 Einreichung einer Anzeige und Beantragung einer Genehmigung

Das Anzeigen eines Tierversuchs darf der Leiter des Tierexperiments übernehmen. Ein Genehmigungsantrag hingegen muss vom Tierschutzbeauftragten der jeweiligen Institution bzw. des Unternehmens bei der Genehmigungsbehörde eingereicht werden. Hochschulen beschäftigen in der Regel einen ausgewiesenen Tierschutzbeauftragten. In Wirtschaftsunternehmen kann ein Mitarbeiter diese Funktion übernehmen, sofern er über die entsprechenden Qualifikationen verfügt und von der Genehmigungsbehörde anerkannt wird. Zur Wahrung seiner Unbefangenheit darf der Tierschutzbeauftragte jedoch nicht in leitender Funktion an dem jeweiligen Tierversuchsvorhaben mitarbeiten.

Gemeinsam mit dem Genehmigungsantrag hat der Tierschutzbeauftragte eine schriftliche Stellungnahme einzureichen, in der er die Unverzichtbarkeit des Vorhabens und die sorgfältige Planung des Experiments sowie den schonenden und artgerechten Umgang mit den Versuchstieren bestätigt. Dem Tierschutzbeauftragten obliegt zudem die Organisation und Kontrolle der täglichen Bestands- und Zustandsprüfung der Tiere. Ferner ist er im Falle auftretender Probleme autorisiert, unverzüglich und eigenständig geeignete Maßnahmen zu veranlassen oder zu ergreifen bis hin zum Abbruch des Experimentes.

3.3 Qualifikation der am Tierversuch beteiligten Personen

An die fachliche Eignung und berufliche Erfahrung aller an einem Tierversuch beteiligten Personen werden hohe Ansprüche gestellt. Nur wenn die Erfüllung dieser Anforderungen urkundlich belegt ist, darf die Genehmigung erteilt werden [8], [9]. Dies gilt auch für Tierpfleger und Veterinärmediziner, die die Versuchstiere betreuen und ggf. töten. Insbesondere der Leiter des Versuchsvorhabens und sein Stellvertreter, denen die Verantwortung für das Versuchsvorhaben von der Planung bis zur Durchführung obliegt, „müssen Schulungen auf einem wissenschaftlichen Gebiet erhalten haben, das für die ausgeführte Arbeit von Bedeutung ist, und müssen über artspezifische Kenntnisse verfügen." [8]. Darüber hinaus müssen diese Personen neben den geltenden Rechtsvorschriften auch ethische Kenntnisse hinsichtlich der Beziehung zwischen Mensch und Tier sowie ein profundes Wissen über Versuchs- und Eingriffstechniken, Schmerzerkennung und Hygiene nachweisen.

Dieser Nachweis kann durch die erfolgreiche Teilnahme an artspezifischen, biologisch/veterinärmedizinischen Sachkundekursen erbracht werden, wie sie für die Arbeit mit klassischen Versuchstieren, wie Mäusen, Ratten, Kaninchen, Hunden und Schweinen angeboten werden. Aktuell existiert jedoch im gesamten deutschsprachigen Raum keinerlei Möglichkeit, die geforderten Kenntnisse für das tierexperimentelle Arbeiten mit Fischen und anderen aquatischen Organismen zu erwerben. Ein abgeschlossenes Biologiestudium mit zoologischem Schwerpunkt oder eine Ausbildung zum Fischwirt genügen den gestellten Anforderungen jedenfalls nicht. Vielmehr dürfen Zoologen und Fischwirte ohne speziellen Sachkundenachweis allenfalls unter Aufsicht eines qualifizierten Versuchsleiters mit und an Fischen arbeiten. Streng genommen dürfen sie also keine fischökologischen Untersuchungen durchführen. Ausnahmen von diesen Vorgaben können nur zugelassen werden, wenn die im Antrag oder in der Anzeige benannten Personen eine ausreichende berufliche Erfahrung nachweisen können, die sie z. B. im Rahmen der langjährigen Mitarbeit an genehmigten Tierversuchen mit Fischen erworben haben.

3.4 Entscheidung über Anzeigen und Genehmigungsanträge

Anzeigen von Tierversuchen werden von der Genehmigungsbehörde selbst bearbeitet und ggf. unter Auflagen erlaubt. Über die Annahme oder

Ablehnung eines Genehmigungsantrages hingegen entscheidet eine unabhängige Ethikkommission. Wenngleich dieses ehrenamtliche Gremium zumeist nur unregelmäßig tagt, sollte binnen 40 Arbeitstagen über den Antrag befunden werden. Eine Genehmigung kann für 3 Jahre ausgesprochen und bis zu zwei Mal jeweils für ein Jahr verlängert werden. Dies ist allerdings nur statthaft, wenn sich das Versuchskonzept sowie die Anzahl und Zusammensetzung der Versuchstiere in keiner Weise ändert. Insgesamt darf die Gesamtlaufzeit eines Tierversuchs fünf Jahre nicht überschreiten. Danach ist ggf. ein neuer Antrag zu stellen.

4 Ausblick

Jährlich werden allein in Deutschland über 3 Mio. Wirbeltiere in Tierversuchen und zu wissenschaftlichen Zwecken eingesetzt. Hierbei ist ein stetig zunehmender Trend zum Einsatz von Fischen zu verzeichnen, und zwar nicht nur im Rahmen fischökologischer Untersuchungen, sondern vor allem bei tierexperimentellen Arbeiten, z. B. in ökotoxikologischen und genetischen Labors. Auf der Grundlage der eingereichten Anzeigen und Genehmigungsanträge wurden für das Jahr 2012 offiziell rund 300 000 Fische als Versuchstiere gemeldet [10]. Dies ist nicht zuletzt Ausdruck der zunehmenden Erkenntnis, dass Fische genauso schutzbedürftig sind wie höhere Wirbeltiere und dass das Tierschutzgesetz auf sie genauso anzuwenden ist. Diese Entwicklung ist durchaus zu begrüßen. Als problematisch erweist sich allerdings die oft nur spärlich vorhandene Fachkenntnis bei Genehmigungsbehörden und in den Kommissionen bezüglich der Bedürfnisse und Ansprüche aquatischer Tiergruppen, die in der veterinärmedizinischen Ausbildung an deutschen Universitäten kaum behandelt werden. So besteht die Gefahr, dass Qualifikationsnachweise verlangt werden, die derzeit nicht zu erbringen sind und fischökologische Vorhaben abgelehnt oder mit weit überzogenen Auflagen behaftet werden, weil das Verständnis für die Notwendigkeit des Forschungs- oder Untersuchungsvorhabens fehlt. Erschwerend kommt hinzu, dass ein akuter Therapienotstand besteht, indem beispielsweise europaweit keine einzige arzneimittelrechtliche Substanz für die Narkose von Fischen zugelassen ist [6]. Bei vielen Eingriffen, beispielsweise bei der Markierung von Fischen mit telemetrischen Sendern, ist eine Narkose jedoch zwingend notwendig.

Doch auch fischökologische Gutachter kennen die tierschutzrechtlichen Anforderungen an ihre Arbeit oft gar nicht, oder ignorieren sie aufgrund der komplizierten Genehmigungswege bzw. mangels des geforderten Sachkundenachweises. Deshalb finden fischökologische Untersuchungen nicht selten in einer juristischen Grauzone statt, indem sie ohne tierschutzrechtliche Genehmigung durchgeführt werden, obwohl diese gemäß der Gesetzeslage eindeutig erforderlich ist.

Immerhin wird im Frühsommer 2014 erstmals in Deutschland ein Versuchstierkunde-Basiskurs mit dem Schwerpunkt „Fisch“ angeboten [11]. Damit wird erstmals die Möglichkeit geschaffen, einen den Statuten der Federation of European Laboratory Animal Science Associations (FELASA) gemäßen und zertifizierten Sachkundenachweis zu erlangen.

Autoren

Dipl.-Biol. Stefan Gischkat

Dr. Beate Adam

Institut für angewandte Ökologie
Neustädter Weg 25
36320 Kirtorf-Wahlen
ifoe@schwevers.de

Literatur

[1] Tierschutzgesetz vom 24. Juli 2013 i. d. F. der Bekanntmachung vom 18. Mai 2006 (BGBl. I S. 1206, 1313), das durch Artikel 1 des Gesetzes vom 04. Juli 2013 wurde (BGBl. I S. 2182).

[2] Ahrlinghaus, R.; Cyrus, E.-M.: Empfinden Fische Schmerzen? In: Fischer & Teichwirt 10 (2013), S. 369.

[3] Schwevers, U.; Faller M.; Hufgard, H.: Monitoring des Fischaufstiegs an der Staustufe Geesthacht an der Elbe – Jahrbuch 2009. In: Schriftenreihe Elbfisch-Monitoring der Vattenfall Europe Generation AG (2011), Nr. 1.

[4] Adam, B.; Lindemann, C.: Verträglichkeit von Markierungsmethoden für Fische. In: Tierärztliche Umschau 65 (2010), Nr. 3, S. 124-130.

[5] Adam, B.; Lehmann, B.: Ethohydraulik: Grundlagen, Methoden und Erkenntnisse. Heidelberg: Springer-Verlag, 2010.

[6] Adam, B.; Schürmann, M.; Schwevers, U.: Zum Umgang mit aquatischen Organismen: Versuchstierkundliche Grundlagen. Wiesbaden: Springer Spektrum, 2013.

[7] Gischkat, S.: Zum Umgang mit aquatischen Organismen im Sinne des neuen Tierschutzgesetzes: anzeige und

genehmigungspflichtige Eingriffe. In: Wertermittlungsforum Sachverständigenkuratorium e. V. (2014), Nr. 1, S. 20-24.
[8] Richtlinie 2010/63/EU des Europäischen Parlaments und des Rats der Europäischen Union zum Schutz der für wissenschaftliche Zwecke verwendeten Tiere. Abl. der EU L 276 vom 22. Oktober 2010, S. 33-79.
[9] Verordnung zur Umsetzung der Richtlinie 2010/63/EU des Europäischen Parlaments und des Rates vom 22. September 2010 zum Schutz der für wissenschaftliche Zwecke verwendeten Tiere vom 1. August 2013. BGBl, 2013, Teil I Nr. 47.
[10] Bundesministerium für Ernährung und Landwirtschaft (Hrsg.): Versuchstierzahlen 2012. Bonn, 2013.
[11] berliner kompaktkurse, Berlin (www.berliner-kompaktkurse.de; Aufruf: 02.06.2014).

Stefan Gischkat and Beate Adam

Implementation of Fish Ecological Surveys in Consideration of the German Animal Welfare Act

Modern water management considers more strongly the protection of freshwater eco systems, even human activities still intervene in many ways. To monitor the effects of these activities more and more fish ecological surveys take place. The performance of such field studies requires a direct handling of living aquatic organisms, such as lamprey and fish. While in the fisheries the catch and handling of fish is done to ensure the food supplies, the goals of fish ecological surveys are to protect and support aquatic ecosystems with all their inhabitants. In this context the German Animal Welfare Act has to be considered to avoid stress, pain or suffering even to aquatic vertebrates. For example the catch of fish for Monitoring purposes, the tagging of specimen to follow there migratory tracks or behavioural observations due to ethohydraulic tests in model flumes need to be permitted by veterinarian authorities. For this behalf it is important to know the relevant regulatory frameworks which require a high qualification of the experimenters and ask for detailed information about the experimental setups. Furthermore a reasonable justification of the necessity of the experiment is needed and it takes great efforts to refine the methods or to replace them with more tolerable procedures. Last but not least it is essential to reduce the number of the required specimen. On this note it is appreciated that an increasing attention focuses on the protection of aquatic vertebrates in the context of fish ecological field studies.

Штефан Гишкат и Беате Адам

Учет закона о защите животных при проведении экологических исследований рыб

В обновленном в июле 2013 тексте закона о защите животных говорится: «... исходя из ответственности человека за животных как братьев наших меньших человек должен защищать их жизнь и благополучие. Никто не имеет права причинять боль и страдания животному или наносить ему ущерб без обоснованных причин». Это относится не только к сельскохозяйственному содержанию животных и клиническим исследованиям, а равным образом также к экологическим лабораторным экспериментам и исследованиям рыб вне лаборатории, во время которых осуществляется работа с рыбами. Данные эксперименты также попадают под действие закона о защите животных; для проведения опытов часто требуется специальное разрешение на проведение в соответствии с законом о защите животных.

Jochen H. E. Koop, Christian von Landwüst, Steffen Wieland und Matthias Scholten

Verbesserung und Wiederherstellung der Durchgängigkeit für Fische in Bundeswasserstraßen

Trotz vieler Erfolge ist die ökologische Funktionsfähigkeit der großen Flusssysteme in Deutschland letztendlich noch nicht zufrieden stellend. Vor allem die ökologische Durchgängigkeit großer Flüsse und ihrer Nebengewässer für Fische muss verbessert werden. Die Bundeswasserstraßen stellen stromauf und stromab für wandernde Fischarten die Hauptverbindungsachsen zwischen dem Meer und den Flussunterläufen sowie den Flussoberläufen mit ihren Nebengewässern dar. Von den rund 5 500 km langen Bundeswasserstraßen in Deutschland sind 3 000 km staugeregelt; 253 Staustufen, davon 164 mit Wasserkraftanlagen, können in den Bundeswasserstraßen abgegrenzt werden und müssen hinsichtlich ihrer fischökologischen Bedeutung und der Dringlichkeit von Maßnahmen zur Herstellung der Durchgängigkeit betrachtet werden. Die Umsetzung von Maßnahmen zur Verbesserung der Durchgängigkeit ist in großen Fließgewässern oft mit hohen Kosten verbunden. Im Sinne der Kosteneffizienz ist daher eine zeitliche und räumliche Priorisierung von Maßnahmen unabdingbar. Aufgrund der Größe der Aufgabe und der erforderlichen hohen finanziellen Anstrengungen zur Erreichung der Durchgängigkeit in Bundeswasserstraßen kann die Wasser- und Schifffahrtsverwaltung nur in mehreren Schritten bzw. im Verlauf mehrerer Bewirtschaftungszyklen die Vorgaben der WRRL umsetzten. Hierzu entwickelte das Bundesministerium für Verkehr, Bau und Stadtentwicklung ein mehrstufiges Konzept, welches die bundesweite Reihung der Maßnahmen in Anlehnung an die Bewirtschaftungszyklen nach WRRL festlegt. In diesem Fachbeitrag werden dazu die wesentlichen fischökologische Grundlagen vorgestellt.

1 Einleitung und rechtlicher Hintergrund

Trotz vieler Erfolge ist die ökologische Funktionsfähigkeit der großen Flusssysteme in Deutschland letztendlich noch nicht zufrieden stellend. Vor allem die ökologische Durchgängigkeit großer Flüsse und ihrer Nebengewässer für Fische muss verbessert werden [6]. Die Frage ist, wie in einem überschaubaren Zeit- und Kostenrahmen erreicht werden kann, dass sich wieder selbst erhaltende stabile Wanderfischpopulationen in unseren Bundeswasserstraßen (BWStr) und ihren Zuflüssen ansiedeln. Der Atlantische Lachs (**Bild 1**) steht dabei stellvertretend für viele andere Wanderfischarten als Symbol. Da die Fische wichtige Funktionen in den Nahrungsnetzen einnehmen, kann darüber hinaus erwartet werden, dass sich die erneute Etablierung dieser Fischarten auch insgesamt positiv auf die ökologische Ausgewogenheit in den BWStr auswirken wird. Die Wiederherstellung der Durchgängigkeit der Wasserstraßen und die damit zusammenhängende Entwicklung reproduktionsfähiger heimischer Fischbestände ist somit ein vorrangiges Bewirtschaftungsziel, um die Ziele der EG-Wasserrahmenrichtlinie (WRRL) [3] zu erreichen. Als Durchgängigkeit wird dabei die auf- und abwärts gerichtete freie Wanderungsmöglichkeit der aquatischen Organismen, ganz besonders aber der Fischfauna, in einem Fließgewässer bezeichnet (**Bild 2**). Auch kleine

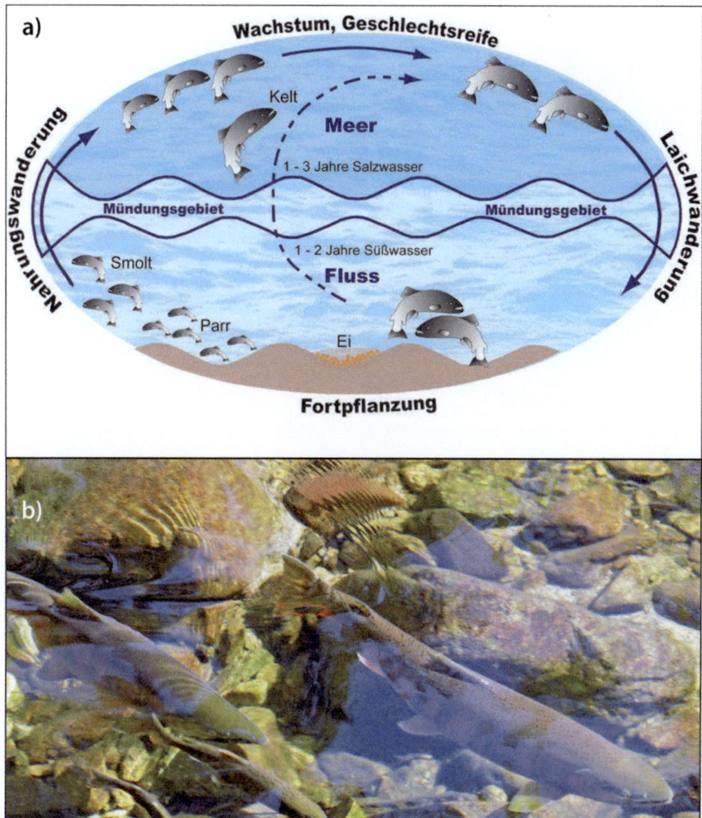

Bild 1: a) Lebenszyklus des Atlantischen Lachs (Quelle: Braden, BfG); b) Lachsaufsteiger

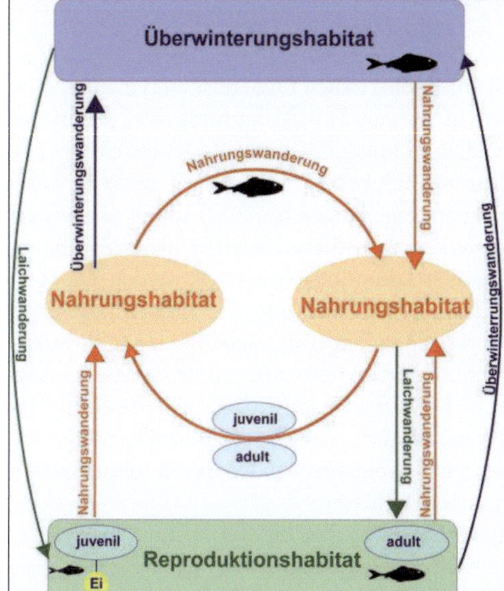

Bild 2: Fischwanderungen zwischen unterschiedlichen Habitaten im Gewässersystem (verändert nach [16])

wirbellose Tiere, die unsere Flüsse und Wasserstraßen bewohnen, das sogenannte „Makrozoobenthos", profitieren von durchgängigen Gewässern. Wandernde Fischarten sind zum Beispiel Lachs (**Bild 1**) und Meerforelle, deren Laichplätze sich in den Flussoberläufen befinden, oder der Aal, dessen Laichplatz im Meer liegt (**Bild 3**). Die BWStr stellen stromauf und stromab für wandernde Fischarten in Deutschland die Hauptverbindungsachsen zwischen dem Meer sowie den Flussunterläufen und den Flussoberläufen mit ihren Nebengewässern dar. Gerade in staugeregelten Wasserstraßen ist die Durchgängigkeit in der Regel jedoch noch behindert, zum Teil noch stark eingeschränkt.

Da unser nationales Recht bislang keine eigene Definition der Durchgängigkeit enthält, richtet sich die Notwendigkeit die Durchgängigkeit zu erhalten bzw. wiederherzustellen an den WRRL-Zielen aus. Gemäß der WRRL soll die Durchgängigkeit als eine der hydromorphologischen Qua-

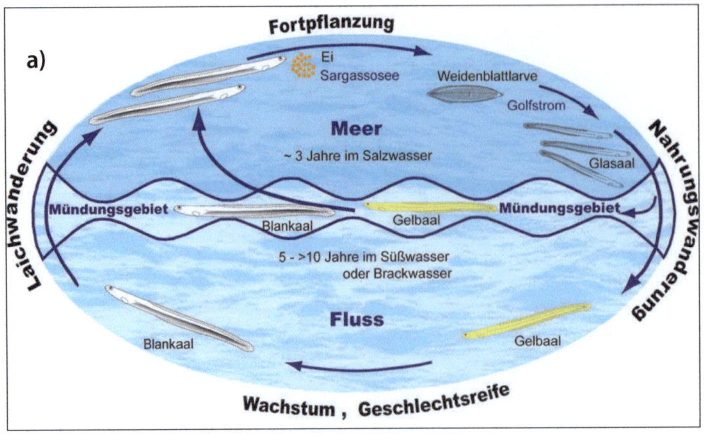

Bild 3: a) Der Lebenszyklus des Europäischen Aals (Quelle: Braden, BfG); b) Aal aus der Mainstauhaltung Freudenberg (Foto: Mockenhaupt, BfG)

litätskomponenten eine ungestörte Migration aquatischer Organismen und den Transport von Sedimenten ermöglichen. Darüber hinaus ist das zentrales Umweltziel der WRRL die Erreichung eines „guten ökologischen Zustandes" bzw. „ein gutes ökologisches Potenzial" in BWStr.

Die spezifischen Bedingungen für die Durchgängigkeit müssen so beschaffen sein, dass die erforderlichen Werte für die biologischen Qualitätskomponenten, wie z. B. Fische und wirbellose Tiere, erreicht werden. Für die Qualitätskomponente Fischfauna ist „ein guter ökologischer Zustand" dann erreicht, wenn Artenzusammensetzung, Bestandsstärken und Altersstruktur geringfügig von der typspezifischen Gemeinschaft abweichen. Für erheblich veränderte Gewässer soll das „gute ökologische Potenzial" erreicht werden, wonach die Durchgängigkeit dann nutzungsverträglich herzustellen ist. Die Werte für die biologischen Qualitätskomponenten dürfen in diesem Fall geringfügig von denen des höchsten ökologischen Potenzials abweichen. Die Durchgängigkeit ist nach WRRL bis 2015 (inkl. Fristverlängerungen bis 2027) soweit wiederherzustellen, dass diese Ziele für die biologischen Qualitätskomponenten erreicht werden. Die Herstellung und Erhaltung der fischökologischen Durchgängigkeit (Auf- und Abstieg inkl. Fischschutz) an den Staustufen bildet dabei eine wesentliche Voraussetzung für die Zielerreichung des guten Zustands oder Potenzials der Fischfauna sowohl in den entsprechenden BWStr selbst als auch in ihren Zuflüssen.

Seit März 2010 hat die Wasser- und Schifffahrtsverwaltung des Bundes (WSV) durch das neue Wasserhaushaltsgesetz (WHG) die Verpflichtung übernommen, die Durchgängigkeit an den von ihr betriebenen bzw. in ihrem Eigentum befindlichen

Staustufen zu verbessern bzw. wieder herzustellen. Aus der fischökologischen Sicht wird sie dabei durch die Bundesanstalt für Gewässerkunde (BfG) beraten [8]. Eine Verbesserung des Aufstiegs kann sich aber nur dann positiv auf Fischpopulationen auswirken, wenn keine anderen Wanderhindernisse, wie beispielsweise physikalisch-chemische Barrieren (z. B. Versalzung, Temperatur), vorhanden sind. Dieser Aspekt wird in der vorliegenden Arbeit nicht behandelt. Da die Funktionsweise geeigneter Fisch-Abstiegssysteme an großen Flüssen noch nicht hinreichend bekannt oder erforscht ist, befasst sich der vorliegende Beitrag zunächst ausschließlich mit der Verbesserung des Fischaufstiegs an den Staustufen in BWStr.

2 Ökologische Grundlagen der Fischwanderungen in Bundeswasserstraßen

Nahezu alle einheimischen Fischarten führen mehr oder weniger umfangreiche Wanderbewegungen zwischen unterschiedlichen Habitaten im Gewässersystem durch. Besonders häufig werden Wanderungen zu Reproduktions- bzw. Laichgebieten, zu Nahrungsgebieten und zu Wintereinständen beobachtet. Besonders geeignete Lebensräume und Habitate sind in den betroffenen BWStr meist ungleichmäßig verteilt und oft weit voneinander entfernt. Eine Vernetzung dieser im Längsverlauf der BWStr auftretenden unterschiedlichen Lebensräume ermöglicht in vielen Fällen überhaupt erst die Ausbildung stabiler und sich selbst erhaltender Fischbestände. Daher hat die heutige, durch Staustufen stark eingeschränkte Fischdurchgängigkeit der BWStr und ihrer Zuflüsse, die Vernichtung und Abtrennung von Auegewässern sowie die stoffliche Belastung von Laich- und Aufwuchsgewässern zu erheblichen Bestandsrückgängen ehemals häufiger Fischarten geführt.

Viele Wanderfischbestände waren früher aufgrund des massenhaften Vorkommens während des Aufstiegs zu den Laichplätzen eine wesentliche Existenzgrundlage und Haupteinnahmequelle der Berufsfischerei. Diese ehemals wirtschaftlich intensiv genutzten Massenwanderungen der Fische in den großen Flusssystemen sind fast vollständig zum Erliegen gekommen. Die Arten mit Laichplätzen in Flussoberläufen (z. B. Lachs) haben am meisten unter Querverbauungen der Gewässer gelitten und waren vielerorts ausgestorben. Die einzelnen, in den BWStr vorkommenden Fischarten und Rundmaularten (Neunaugen) zeigen ausgeprägte Unterschiede in ihrem Wanderverhalten. Grob kann zwischen anadrom, katadrom und potamodrom wandernden Arten unterschieden werden. Bei der Herstellung der Fischdurchgängigkeit sind die Ansprüche dieser drei Fisch-Gruppen an die Durchgängigkeit und die Gestaltung von Fischaufstiegsanlagen (FAA) besonders zu beachten [2].

Anadrome Fische

Anadrome Fische, wie z. B. der Lachs (**Bild 1**), haben ihre Nahrungsgründe im Meer, kehren aber zur Eiablage in Flüsse zurück. Daher sind diese Arten zwingend auf die zügige Erreichbarkeit geeigneter Laichgebiete im Süßwasser sowie auf eine erfolgreiche Abwanderung der Jungtiere und der abgelaichten Elterntiere (sofern diese nicht nach dem Ablaichen verenden) aus den Flüssen in das Meer angewiesen. In stromaufwärts liegenden Gewässerabschnitten führen unterhalb liegende unüberwindbare Wanderhindernisse zum Erlöschen der Bestände oberhalb dieser Barrieren. Funktionstüchtige FAA müssen für anadrome Fische schnell auffindbar und gut aufwärts passierbar sein, um zeitliche Verzögerungen bei der Erreichung der Laichhabitate zu verhindern. Für viele anadrome Arten (z. B. Finte, Maifisch, Nordseeschnäpel, Europäischer und Baltischer Stör) sind die BWStr selbst nicht nur Wanderrouten, sondern auch Laich- und Aufwuchsgewässer, d. h. ein großer Teil des Lebenszyklus wird von diesen Tieren in den BWStr selbst vollbracht. Für diese Arten ist daher nicht nur eine gute Durchgängigkeit der Gewässer wichtig, um diese stromaufwärts liegenden Lebensräume zu erreichen, sondern ganz besonders auch die Wiederherstellung bzw. Entwicklung der Lebensräume im Längsverlauf der Gewässer.

Katadrome Fischarten

Katadrome Fischarten haben ihre Hauptnahrungsgründe im Süßwasser und suchen zur Vermehrung das Meer auf. Einziger Vertreter in den

BWStr ist der Europäische Aal (**Bild 3**). Aale ziehen zur Fortpflanzung aus den europäischen Flüssen in die Sargassosee, einen Bereich des westlichen Atlantiks. Von dort wandern die neu geborenen kleinen, weidenblattartigen Aallarven in ca. 2 Jahren an die Küsten Europas, getrieben von den großen nordatlantischen Meeresströmungen. Mit dem Erreichen des Kontinents wandelt sich der Körper und die Tiere werden erst zu Glas- und dann zu Steigaalen, die in die Flussmündungen und weiter in den Flüssen aufwärts wandern. Noch aus den 1950er-Jahren stammen Berichte von den oft 1 bis 2 m breiten und bis zu 100 m langen Schwärmen von Steigaalen beim Aufstieg in der Weser. Diese Rückkehr von Steigaalen ist weitgehend zum Erliegen gekommen, wofür verschiedene Ursachen diskutiert werden [4]. Steigaale gelangen heute in erster Linie durch Besatzmaßnahmen wieder in die BWStr. Dieser „Satzaal" wird aufgrund seiner hohen Bedeutung für Berufs- und Angelfischerei in teils beachtlichen Mengen in die Gewässer ausgesetzt. Da nahezu alle Glasaale bzw. Steigaale bei Ihrer Rückkehr aus dem Atlantik bereits an den europäischen Küsten quantitativ „weg gefangen" werden, gibt es so gut wie keine Glasaale mehr, die aus eigener Leistung in unsere großen Flüsse aufsteigen können. Letztendlich machen daher alle unsere finanziellen und logistischen Bemühungen die Durchgängigkeit unserer BWStr für Aale wieder herzustellen nur dann Sinn, wenn die Fangquoten für rückkehrende Glasaale aus dem Atlantik deutlich reduziert werden. In den Flüssen und Bächen wachsen die Aale dann in den folgenden Jahren zu großen, „Gelbaal" genannten Tieren heran. Am Ende der Süßwasserphase wandern die Aale die Flüsse und BWStr hinunter zurück in die marinen Laichgebiete. Zu diesem Zeitpunkt spricht man vom Blankaal, wobei die weiblichen Tiere Längen von über 1 m erreichen können.

Potamodrome Fischarten

Potamodrome Fischarten führen keine Habitatwechsel zwischen Meer und Süßwasser durch, sondern vollenden ihren gesamten Lebenszyklus innerhalb der Flusssysteme bzw. innerhalb der BWStr (**Bild 2**). Für zahlreiche Fischbestände unserer BWStr sind ausgedehnte Wanderungen über Distanzen bis zu hunderten Kilometern belegt. Typische Vertreter dieser Gruppe sind in BWStr Barbe, Nase, Rapfen, Aland und Quappe. Aber auch die Populationen des Huchen und einige Störarten der Donau zeigen ausgeprägte Wanderungen innerhalb des Flussgebiets und sind daher als potamodrome Arten anzusprechen. Die Wanderungen der potamodromen Arten sind weniger gut verstanden als die der beiden anderen Gruppen. Als charakteristisches Verhalten der meisten Flussfische wurde aber in den letzten Jahren zunehmend erkannt, dass die Larven und Jungtiere sich ausgehend von den Laichplätzen über größere Distanzen (oftmals Dutzende km und über Staustufen hinweg) verteilen bzw. verdriften lassen (u. a. [11], [14]). Nach dem Heranwachsen und dem Erreichen der Laichreife tendieren die Tiere i. d. R. dazu, wieder stromauf bis zu geeigneten Laichgebieten, z. B. flach überströmten Kiesbänken in den BWStr oder in Zuflüssen, zu wandern [12]. Da geeignete Laichgebiete heute in vielen Abschnitten der BWStr, z. B. in vielen Stauhaltungen fehlen oder nur noch in großen Abständen sowie in einigen Zuflüssen erhalten sind, können bei fehlender Durchgängigkeit viele Fische geeignete Laichgebiete nicht mehr erreichen. Die Größe und Produktivität der Bestände ist dadurch deutlich reduziert. Umgekehrt lassen Verbesserungen der Durchgängigkeit ein erneutes Anwachsen der betroffenen Bestände erwarten.

3 Wanderfische in Bundeswasserstraßen gestern und heute

Diadrome und potamodrome Wanderfischarten besiedeln mindestens seit der letzten Eiszeit die Fließgewässer Mitteleuropas. Viele historische Hinweise und Berichte, erstmals aus der Zeit um 360 n. Chr., weisen auf die Menge, Vielfalt und wirtschaftliche Bedeutung der Wanderfische insbesondere für die menschliche Ernährung hin [5], [13]. Über 40 Fischarten bilden ursprünglich die Diversität der Fischfauna in den großen Flüssen Mitteleuropas. Im Deltabereich der Donau erreicht die Fischfauna europaweit ihren Diversitätsschwerpunkt mit über 60 Arten, von denen viele als endemisch, d. h. nur in diesem Fluss vorkommend, zu betrachten sind [10].

Im Zuge des systematischen Ausbaus der Gewässer, wie er beispielsweise auf dem Wiener Kongress für die Elbe beschlossen und durch die Additionalakte des Deutschen Zollvereins 1844 für die Mittelwasserregulierung konkretisiert wurde, begann eine großräumige und nachhaltige Veränderung der Gewässermorphologie sowie Hydraulik und damit der Lebensräume u. a. vieler insbesondere potamodromer Wanderfische. Durch die Errichtung von Staustufen seit Ende des 19. Jh. (z. B. im Rahmen des Ausbaus der Fulda, der Lahn, der Aller) wurden für Lachs und Meerforelle hochproduktive Laich- und Aufwuchsgebiete in den Forellenregionen der Mittelgebirge von den marinen Nahrungsgebieten abgeschnitten. In Folge einer ersten Industrialisierung der Landwirtschaft sowie der zunehmenden Siedlungsdichte in den Städten kam es zu einer ersten rapiden Verschlechterung der Wasserqualität. Neben der Lebensraumveränderung beeinträchtigten auch eine zunehmende Wasserkraftnutzung der Fließgewässer sowie die intensiv gewordene Fischerei die Bestände der Wanderfischarten. In der Folge dieser intensiven und vielschichtigen Nutzung und Veränderung der Fließgewässer starben viele lokale Populationen der Wanderfischarten, wie des Atlantischen Lachses, der Meerforelle, des Nordseeschnäpels, des Maifisches, des Stintes und des Störs sowie einzelner Neunaugenarten, aus bzw. brachen sehr stark ein.

Seit dem Beginn des systematischen Aufbaus der Abwasserbehandlung in den 1970er-Jahren gelang es, die Wasserqualität in vielen größeren Fließgewässern deutlich zu verbessern. Heute erreichen viele Flüsse eine gute Gewässergüte, wenn auch der chemische Zustand oft noch beeinträchtigt ist. Die Ursachen hierfür sind vielfältig und oft regional begründet, z. B. Kaliabbau im Bereich von Werra und Fulda [9], Schwermetallabfall im Harz oder in verschiedenen Produktionsstätten entlang der Elbe und ihrer Zuflüsse.

4 Ziel-Fischarten in Bundeswasserstraßen und Fischaufstieg in Vorranggewässer

Die aktuelle Bewertung des fischökologischen Zustands ergibt für den größten Teil der BWStr und angrenzender Nebenflüsse einen mäßigen bis schlechten Zustand. Viele Bestände der anadromen Arten sind erloschen oder erreichen derzeit keinen guten Erhaltungszustand. Dies gilt auch für viele potamodrome Arten, deren Bestände oft auf einige Nebenflüsse oder Gewässerabschnitte beschränkt sind. Die Erhaltung und Entwicklung dieser Restbestände ist eine Grundvoraussetzung für die Ausbreitung und Wiederbesiedlung verwaister Gewässerabschnitte und damit für die Erreichung des guten fischökologischen Zustands in den Oberflächengewässern. Neben morphologischen Defiziten, wie fehlender Strukturvielfalt, wird gemäß den Bewirtschaftungsplänen insbesondere eine mangelnde Durchgängigkeit der Gewässer als eine der Ursachen für den schlechten fischökologischen Zustand angegeben. Entsprechend weisen alle Flussgebietseinheiten in Deutschland – neben der Verbesserung der Gewässerstruktur – die Herstellung der Durchgängigkeit als wesentliche Maßnahme zur Erreichung der Bewirtschaftungsziele auf. Die Umsetzung von Maßnahmen zur Verbesserung der hydromorphologischen Bedingungen einschließlich von Maßnahmen zur Verbesserung der Durchgängigkeit ist in größeren Fließgewässern oft mit hohen Kosten verbunden und unterliegt nutzungsbedingten Restriktionen. Im Sinne der Kosteneffizienz ist daher eine zeitliche und räumliche Priorisierung von Maßnahmen unabdingbar, welche sowohl das fischökologische Potenzial als auch die technische, rechtliche und finanzielle Machbarkeit von Maßnahmen berücksichtigt. Im Rahmen der Erarbeitung der Bewirtschaftungspläne nach WRRL entwickelten daher zahlreiche Länder bzw. Flussgebietsgemeinschaften (FGG) Konzepte zur Herstellung der Durchgängigkeit (**Tabelle 1**).

Bei Planung und Bau einer FAA ist sowohl das aktuell vorhandene, als auch das nach Verbesserung der Durchgängigkeit und Entwicklung von Fischhabitaten zu erwartende Fischartenspek-

Tab. 1: Übersicht über berücksichtigte Dokumente und Angaben zu Vorranggewässern zur Ermittlung der Dringlichkeit von Maßnahmen zur Verbesserung der Durchgängigkeit in Bundeswasserstraßen

Berücksichtigte Dokumente und Informationen zu Vorranggewässern	Angabe zu Vorranggewässern	Berücksichtigt in folgenden BWStr.
International koordinierter Bewirtschaftungsplan für die internationale Flussgebietseinheit Rhein (IKSR 2009)	Lage, Ausdehnung und Qualität von Laich- und Aufwuchshabitaten für Lachs und Meerforelle	Rhein, Ruhr, Mosel, Saar, Lahn, Main, Neckar
Masterplan Wanderfische Rhein (IKSR, 2009)	Lage, Ausdehnung und Qualität von Laich- und Aufwuchshabitaten für Lachs und Meerforelle	Rhein, Ruhr, Mosel, Saar, Lahn, Main, Neckar
Bewertung der Wanderfischgewässer in Rheinland-Pfalz hinsichtlich Durchgängigkeit und Eignung zur Wasserkraftnutzung – Studie im Auftrag des LUWG Rheinland-Pfalz (Stand Juni 2009)	Potamodrome und anadrome und katadrome Vorranggewässer	Mosel, Lahn
Bewirtschaftungsplan NRW (2009)	Vorranggewässer für Aal, Lachs und potamodrome Arten	Ruhr, Ems, Weser, DEK, DHK,
Abschlussbericht der AG – Fischaufstieg Neckar (BfG 2010)	Vorranggewässer Neckar	Neckar
Informationen zu potamodromen Arten des hessischen Teils der BWStr Lahn – Schreiben der Oberen Fischereibehörde des RP Gießen vom 15.6.2010	Akt. Bestand von potamodromen Zielarten	Lahn
Strategisches Gesamtkonzept fischbiologische Durchgängigkeit für Bayern – Planungsraum Unterer Main und Oberer Main (Entwurf vom Juni 2010)	Fischfaunistische Vorranggewässer	Main, MDK
Bewirtschaftungsplan für den bayerischen Anteil der Flussgebietseinheit Rhein – Bayerisches Staatsministerium für Umwelt und Gesundheit (2009)	Fischfaunistische Vorranggewässer	Main, MDK
Bewirtschaftungsplan für den bayerischen Anteil der Flussgebietseinheit Donau – Bayerisches Staatsministerium für Umwelt und Gesundheit (2009)	Fischfaunistische Vorranggewässer	Donau, MDK
Draft ecological prioritisation of measures to restore river and habitat continuity in the DRBD – Anhang 17 des Bewirtschaftungsplans für die Flussgebietseinheit Donau (IKSD 2009)	Fischfaunistische Vorranggewässer	Donau
Internationaler Bewirtschaftungsplan nach Artikel 13 WRRL für die Flussgebietseinheit Ems im Bewirtschaftungszeitraum 2010-2015 (FGG Ems 2009)	Potamodrome und anadrome Vorranggewässer	Ems, DEK
Gesamtstrategie Wanderfische in der Flussgebietseinheit Weser (FGG Weser 2009)	Vorranggewässer für anadrome Neunaugen, anadrome Salmoniden und potamodrome Arten	Weser, Aller, Leine, Fulda und Werra
Ermittlung überregionaler Vorranggewässer im Hinblick auf die Herstellung der Durchgängigkeit für Fische und Rundmäuler im Bereich der FGG Elbe sowie Erarbeitung einer Entscheidungshilfe für die Priorisierung von Maßnahmen – Abschlussbericht (FGG Elbe 2009)	Fischfaunistische Vorranggewässer,	Elbe, Ilmenau, Müritz-Elde-Wasserstraße, Saale, Stör-Wasserstraße, Untere-Havel-Wasserstraße, Obere-Havel-Wasserstraße, Havel-Oder-Wasserstraße, Spree-Oder-Wasserstraße, Dahme-Spree-Wasserstraße
Regionale und überregionale Vorranggewässer im Land Brandenburg (Entwurf Stand Feb. 2010)	Vorranggewässer für anadrome und potamodrome Arten	Untere-Havel-Wasserstraße, Obere-Havel-Wasserstraße, Havel-Oder-Wasserstraße, Spree-Oder-Wasserstraße, Dahme-Spree-Wasserstraße, Lychener Gewässer, Werbelliner Gewässer, Rheinsberger Gewässer, Finowkanal, Teltowkanal, Storkower Gewässer, Templiner Gewässer, Wentower Gewässer
Konzeption zur Umsetzung der ökologischen Durchgängigkeit in den Fließgewässern in Sachsen-Anhalt (Scholle et al 2008)	Vorranggewässer für anadrome und potamodrome Arten	Saale, Untere-Havel-Wasserstraße, Elbe-Havel-Kanal
Prioritätenkonzept zur Planung und Wiederherstellung der ökologischen Durchgängigkeit in den Fließgewässern Mecklenburg-Vorpommerns (LUNG 2006)	Vorranggewässer für anadrome und potamodrome Arten	Müritz-Elde-Wasserstraße, Stör-Wasserstraße, Warnow
Maßnahmen an sächsischen Wasserkörpern: "Beiträge zu den Maßnahmenprogrammen der Flussgebietseinheiten Elbe und Oder" (2009)	Fischfaunistische Vorranggewässer,	Elbe, Spree-Oder-Wasserstraße, Dahme-Spree-Wasserstraße (s. a. Konzept FGG Elbe)

trum zu berücksichtigen. Aus den Referenzzönosen der Fischfauna, aufgestellt durch die Länder, lassen sich die Zielfischarten zur Bemessung der FAA ableiten, für die in einer bestimmten BWStr der Fischaufstieg realisiert werden soll. In diesem Sinn wurden die in der Tabelle 1 genannten Dokumente ausgewertet, spezifische Ziel-Fischarten identifiziert und Vorranggewässer benannt (**Tabelle 2**), welche sowohl aufgrund ihrer räumlichen Lage, ihrer Struktur und Wasserqualität als auch aufgrund der vorhandenen Fischbestände ein hohes Potenzial für die Erhaltung und Entwicklung der Fischfauna aufweisen. Diese fischökologischen Vorranggewässer und ihre Vernetzung bilden daher einen wesentlichen ersten Schritt zur Erreichung des guten fischökologischen Zustands in den Oberflächenwasserkörpern. Maßnahmen zur Herstellung der Durchgängigkeit sind daher aus Sicht der jeweiligen Flussgebietsgemeinschaften bzw. Bundesländer prioritär unter Berücksichtigung der ausgewiesenen Vorranggewässer durchzuführen.

Grundsätzlich bilden die fischökologischen Vorranggewässer eine fachliche Begründung und ein wesentliches Element, um die Maßnahmenschwerpunkte der Länder mit den zukünftigen Maßnahmen des Bundes räumlich zu verbinden. In dem Schema zur Ableitung der Dringlichkeit werden die fischökologischen Vorranggewässer an zentraler Stelle berücksichtigt. Allerdings können die Einstufungen der Vorranggewässer nicht undifferenziert 1:1 übernommen werden, da die Ausweisung von Vorranggewässern neben wichtigen Habitaten auch die Wanderkorridore zwischen diesen Habitaten berücksichtigt. Infolgedessen wurden seitens der Länder fast alle BWStr als vorrangige Wanderkorridore eingestuft, da sie als Unter- und Mittelläufe der großen Flüsse natürlicherweise die Hauptwanderkorridore für die Fischfauna bilden. Es werden nur fischökologische Vorranggewässer berücksichtigt, die nicht nur als Wanderweg, sondern auch in ihrer Funktion als Laich- und Aufwuchsgewässer ausgewiesen wurden, um die Dringlichkeit von Maßnahmen innerhalb der BWStr der Wanderkorridore differenziert einzustufen zu können.

5 Anforderungen an den Fischaufstieg auf der Basis der fischökologischen Funktionsbreite

Aus den artspezifischen Anforderungen sowie der Funktion der Wanderungen (z. B. zu den Laichplätzen, den Nahrungs- oder Überwinterungsgebieten) resultiert ein fast ganzjährig auftretendes Wandergeschehen in großen Fließgewässern und damit auch den BWStr (**Bild 2**). Dies bestätigen auch langjährige Untersuchungen z. B. an einzelnen FAA sowie die Erfahrungen der beruflichen Fischerei. Insbesondere anadrome Arten sind nicht nur auf eine prinzipielle Durchgängigkeit, sondern auch auf eine möglichst verzögerungsfreie Aufwanderung angewiesen. Bei Wanderungen über lange Distanzen und über mehrere Querbauwerke hinweg können langwierige Suchbewegungen vor dem erfolgreichen Fischaufstieg zu einer Gesamtverzögerung von mehreren Wochen führen. So kann es z. B. bei aufsteigenden Lachsen durchaus zu einem nicht mehr zeitgerechten Erreichen der Laichplätze und dadurch oft zum Totalausfall der Reproduktion kommen.

Nach dem derzeitigen Erkenntnisstand orientieren sich Fische bei ihren Bewegungen im Gewässer primär an der Strömung. Zur Wiedererkennung von Heimatgewässern dienen darüber hinaus wohl auch andere Faktoren (z. B. stoffliche Zusammensetzung des Gewässers oder das Erdmagnetfeld). Das Wissen darüber ist häufig rein empirischer Natur. Wissenschaftlich geprüfte Erkenntnis und oft notwendige fachliche Detailkenntnisse sind aber für die meisten Arten bisher unvollständig vorhanden, oft sogar gänzlich unbekannt.

Stromaufgerichtete Wanderungen von Fischen werden also von unterschiedlichen Motivationen angetrieben, finden zu allen Jahreszeiten statt und umfassen ein großes Spektrum unterschiedlicher Arten und Größen. Die Orientierung erfolgt primär am hydraulischen Umfeld des Fisches. Die Gewährung einer erfolgreichen Aufwanderung von Fischen muss daher verschiedene grundsätzliche Anforderungen erfüllen, um allen Arten und Größenstadien in einem Gewässer gerecht zu werden.

Tab. 2: Wanderfischarten zur Ableitung der Dringlichkeit von Maßnahmen

Art	Migration (Typ)	Rote Liste Deutschland 2009	FFH-Arten Anhang *prioritäre Art			Erhaltungszustand nach nationalem FFH-Bericht 2007			Zielarten nach Durchgängigkeitsstrategien der FGG und Bundesländer							
			II	IV	V	atlantisch	kontinental	alpin	BWP Ems (2009)	FGG Weser (2009)	FGG Elbe (2009)	IKSD (2009)	IKSR (2009)	DGkt. RLP (Entwurf 2009)	Brandenburg	Mecklenburg-Vorpommern
Aal *(Anguilla anguilla)*	katadrom								x	x	x		x	x		x
Aland, Nerfling *(Leuciscus idus)*	potamodrom	*							x	x					x	
Atlantischer Lachs *(Salmo salar)*	anadrom	1	x		x	☹	☹	n. a.	x	x	x		x	x	x	x
Atlantischer Stör *(Acipenser sturio)*	anadrom	0	x*	x		n. a.	n. a.	n. a.							x	
Barbe *(Barbus barbus)*	potamodrom	*			x	😐	☺	O	x		x	x		x	x	
Brachse, Blei *(Abramis brama)*	potamodrom	*										x				
Döbel, Aitel *(Leuciscus cephalus)*	potamodrom	*									x				x	
Donaukaulbarsch *(Gymnocephalus baloni)*	potamodrom	*	x	x		n. a.	O	n. a.								
Dreistachliger Stichling	anadrom	*							x	x						
Finte *(Alosa fallax)*	anadrom		x		x	😐	☹	n. a.	x	x						
Flunder *(Platichthys flesus)*	katadrom								x	x						
Flussneunauge *(Lampetra fluviatilis)*	anadrom	3	x		x	😐	☹	n. a.	x	x	x				x	x
Hausen *(Huso huso)*	anadrom	0			x	n. a.	n. a.	n. a.								
Huchen *(Hucho hucho)*	potamodrom	2	x		x	n. a.	😐	O				x				
Maifisch *(Alosa alosa)*	anadrom	1	x		x	☹	☹	n. a.		x						
Mairenke *(Chalcalburnus chalcoides mento)*	potamodrom	*	x			n. a.	☺	n. a.								
Meerforelle *(Salmo trutta)*	anadrom	*							x	x	x					x
Meerneunauge *(Petromyzon marinus)*	anadrom	V	x			☹	O	n. a.	x	x	x					x
Nase *(Chondrostoma nasus)*	potamodrom	V							x					x		
Nordseeschnäpel *(Coregonus oxyrhynchus)*	anadrom	0			x	n. a.	n. a.	n. a.								
Ostseeschnäpel *(Coregonus maraena)*	anadrom	3			x	n. a.	😐	n. a.								
Quappe, Rutte *(Lota lota)*	potamodrom	V							x	x	x	x			x	
Rapfen *(Aspius aspius)*	potamodrom	*	x		x	☺	😐	n. a.			x	x			x	x
Sterlet *(Acipenser ruthenus)*	potamodrom	1			x	n. a.	n. a.	n. a.				x				
Sternhausen *(Acipenser stellatus)*	anadrom	0			x	n. a.	n. a.	n. a.				x				
Stint *(Osmerus eperlanus)*	anadrom	V							x	x					x	x
Ukr. Bachneunauge *(Eudontomyzon mariae)*	potamodrom	1	x			n. a.	☹	n. a.								
Waxdick *(Acipenser güldenstädti)*	potamodrom	0			x	n. a.	n. a.	n. a.				x				
Zährte *(Vimba vimba)*	potamodrom	3							x	x		x				x
Ziege *(Pelecus cultratus)*	potamodrom	1	x		x	n. a.	O	n. a.								
Zobel *(Abramis sapa)*	potamodrom	*										x				
Zope *(Abramis ballerus)*	potamodrom	V														

Legende: Einstufung gemäß FFH-Bericht: ☺ = günstiger Erhaltungszustand, 😐 = unzureichender Erhaltungszustand, ☹ = schlechter Erhaltungszustand, O = keine ausreichenden Informationen vorhanden, n. a. = nicht aufgeführt

Einstufung gemäß RL-Deutschland: * = Ungefährdet, 0 = Ausgestorben oder verschollen, 1 = vom Aussterben bedroht, 2 = Stark gefährdet, 3 = Gefährdet, V = Vorwarnliste

Grundsätzlich lassen sich die biologischen Anforderungen durch funktionelle Begriffe wie 1. die „Auffindbarkeit“ und 2. die „Passierbarkeit“ charakterisieren. Im Gelbdruck des DWA-Merkblattes M 509 [7] sind darüber hinaus weitere Anforderungen definiert. Insgesamt soll die Funktionsfähigkeit des Fischaufstiegs an 300 Tagen im Jahr, d. h. bei allen Abflüssen zwischen Q_{30} und Q_{330} gewährleistet sein, um den jahreszeitlich unterschiedlichen Wanderungen gerecht zu werden.

Entscheidend für eine ausreichende Auffindbarkeit ist:

- Die Positionierung des Einstieges im Unterwasser nahe am Querbauwerk: Viele ältere – und z. T. auch neuere Anlagen – münden in zu großer Entfernung von den Querverbauungen in das Unterwasser, so dass aufsteigende Fische an diesen Einmündungen vorbei bis zur Querverbauung ziehen, wo sie dann keine Möglichkeit zum Aufstieg finden.
- Die Positionierung des Einstieges im Unterwasser unmittelbar neben dem über ein Wehr oder ein Wasserkraftwerk abgeschlagenen Hauptabfluss, d. h. bei einem Standort mit Wasserkraftnutzung immer auf der Flussseite mit Wasserkraftwerk und nicht auf der Flussseite, an der sich die Schiffsschleuse befindet.
- Ein aus dem Fischaufstieg in das Unterwasser austretender Abfluss von mindestens einigen Prozent des konkurrierenden Abflusses (über das Wehr oder durch die Turbinen).
- Die Anrampung des Einstieges im Unterwasser (Rampe aus z. B. Steinen von Gewässersohle bis zum Einstieg) zur Verbesserung der Auffindbarkeit für Bodenfische.

Entscheidend für eine ausreichende Passierbarkeit ist :

- Die Einhaltung hydraulischer und geometrischer Grenzwerte für die Aufstiegsanlage, die sich an den Ansprüchen der in der jeweiligen Gewässerzone relevanten Fischarten bemessen.
- Eine raue Sohle (Wasserbausteine und Schotter) zwecks Reduzierung der sohlennahen Strömungsgeschwindigkeiten (ermöglicht auch die Besiedlung und ggf. Wanderung des Makrozoobenthos).
- Eine regelmäßige Wartung (insbesondere Entfernung von Treibgut).

Auffindbarkeit und die Passierbarkeit sind entscheidende Kriterien für die Funktionalität einer FAA. Eine erste grobe Einschätzung der aktuellen Durchgängigkeit an BWStr muss zunächst anhand der Daten der WSV, der Länder bzw. von Dritten prüfen, ob eine FAA vorhanden ist oder nicht. Für eine vorhandene Anlage müssen ausreichende Informationen vorliegen, eine Besichtigung der Anlage liefert wichtige Informationen, damit zumindest die großräumige Lage, die kleinräumige Position sowie die Dotation und Wirkung der Leitströmung in Verhältnis zur konkurrierenden Strömung abgeschätzt werden kann. Vorhandene Angaben über die Geometrie der Anlage erlauben, sofern vorhanden, ebenfalls eine grobe Einschätzung der aktuellen Durchgängigkeitssituation. Unter Verwendung der Kriterien aus den Vorschlägen des DWA zur Funktionskontrolle von FAA [6] wurde für BWStr zunächst eine Einschätzung der vorhandenen FAA in fünf Kategorien (sehr gut, gut, mäßig, schlecht und unzureichend) vorgenommen. Für das weitere Vorgehen wurde die mäßige, schlechte

Bild 4: Lage der betrachteten Stau- und Kanalstufen in Bundeswasserstraßen

oder unzureichende Einschätzung der aktuellen Durchgängigkeit mit der einheitlichen Einschätzung „stark beeinträchtigt" belegt und damit ein entsprechender Handlungsbedarf aufgezeigt [1].

Für alle Standorte, die hinsichtlich der Dringlichkeit von Maßnahmen in dieser Studie [1] eingestuft worden sind, wird als Grundlage für die weitere Umsetzung eine detaillierte Analyse der Defizite der aktuellen Durchgängigkeit insbesondere der hydraulischen Situation empfohlen, um die weiteren Planungen zielgerichtet und effizient vorbereiten zu können. Lagen keine ausreichenden Informationen für eine verlässliche Einschätzung der aktuellen Durchgängigkeit vor, ist dies noch „zu prüfen". Eine solche Prüfung wird auch bei neuen Anlagen, von denen derzeit noch keine oder nicht ausreichende Informationen zur Funktionskontrolle vorliegen, benötigt. Ferner ist bei diesen Anlagen i. d. R. nicht nach dem Stand der Technik geprüft worden, wie er in der Neuauflage des DWA-Merkblatts M 509 [7] vorgeschlagen wird. Hier sind die erforderlichen Prüfungen und ggf. ergänzende Untersuchungen in enger Zusammenarbeit mit der BfG und der Bundesanstalt für Wasserbau (BAW) noch vorzunehmen [15].

6 Umfang der Aufgabe und Einstufung der Dringlichkeit aus fischökologischer Sicht

Von den rund 5 500 km langen BWStr in Deutschland sind 3 000 km staugeregelt (**Bild 4**). 253 Staustufen, davon 164 mit Wasserkraftanlagen, können in den BWStr abgegrenzt und hinsichtlich ihrer fischökologischen Bedeutung sowie der Dringlichkeit von Maßnahmen zur Herstellung der Durchgängigkeit aus fischökologischer Sicht bewertet werden (**Bild 5**). Diese verteilen sich auf alle Flussgebiete in Deutschland, wobei im Rheinsystem mit 110 Anlagen und im Elbesystem mit 77 Anlagen besonders viele Staustufen anzutreffen sind, Ems (9), Eider (3) und Warnow (1) weisen hingegen die geringste Anzahl von Staustufen auf. Insbesondere die Staustufen im Einzugsgebiet des Rheins, der Weser und der Donau verfügen über Wasserkraftanlagen. Im Einzugsgebiet der Ems, der Weser und des Rheins sind die Staustufen überwiegend mit FAA ausgestattet, wohingegen die Anlagen in den Einzugsgebieten von Elbe, Eider und Oder nur zu einem geringen Teil FAA aufweisen.

Die vorgenommene Einstufung bezieht sich ausschließlich auf die Dringlichkeit von Maßnahmen für den Fischaufstieg. Für 26 % (68 Anlagen) der verbleibenden Staustufen wird eine hohe Dringlichkeit für Maßnahmen aus fischökologischer Sicht identifiziert. Für weitere 60 Staustufen (23 %) besteht eine mittlere und für 70 Staustufen (27 %) eine geringe Dringlichkeit Maßnahmen aus fischökologischer Sicht zu ergreifen. Grundsätzlich ist aber auch an Anlagen, für die eine geringe Dringlichkeit abgeleitet wurde, die Durchgängigkeit herzustellen, wenn die Ziele der WRRL dies erfordern. In drei Fällen ist die Herstellung der Durchgängigkeit im Sinne der WRRL nicht erforderlich, beispielsweise wenn dadurch Verbindungen über Einzugsgebietsgrenzen hinweg geschaffen würden oder sehr abflussarme und stark veränderte Gewässer erschlossen würden.

An 32 Staustufen wurden in den vergangenen Jahren bzw. werden aktuell Maßnahmen zur Verbesserung der Durchgängigkeit umgesetzt bzw. geplant. Für diese Anlagen konnte bisher keine Prüfung über die Qualität bzw. die Effizienz der Anlagen erfolgen bzw. die Funktionskontrollen erfolgen noch (z. B. für die Standorte Bannetze und Marklendorf an der Aller). An 20 Staustufen ist der Status des Gewässers als Wanderkorridor noch zu prüfen. Dies betrifft überwiegend sehr kleine Gewässersysteme, die vor Errichtung von Staustufen möglicherweise nur eine geringe Bedeutung für wandernde Fischbestände hatten und in denen der Abfluss oft nicht ausreichen dürfte, um funktionsfähige FAA zu betreiben, z. B. kleine Havelzuflüsse, wie Templiner und Lychener Gewässer. Von den insgesamt 253 betrachteten Staustufen entfallen die meisten Anlagen auf die Wasser- und Schifffahrtsdirektion (WSD) Ost (87), WSD Süd-West (71), WSD Süd (47) und WSD Mitte (30), während die WSD Nord (4), WSD Nord-West (3) und WSD West (11) die geringeren Anzahlen von Staustufen zur Herstellung der Durchgängigkeit aufweisen (Bild 5).

7 Zielsetzungen und Ausblick

Stromaufgerichtete Wanderungen von Fischen werden von unterschiedlichen Motivationen angetrieben, finden zu allen Jahreszeiten statt und umfassen ein großes Spektrum unterschiedlicher Arten und Größen. Die Orientierung erfolgt nach derzeitigem Erkenntnisstand primär am hydraulischen Umfeld des Fisches. Die BWStr stellen stromauf und stromab für wandernde Fischarten in Deutschland die Hauptverbindungsachsen zwischen dem Meer und den Flussunterläufen sowie den Flussoberläufen mit ihren Nebengewässern dar. In den staugeregelten Wasserstraßen ist die Durchgängigkeit in der Regel jedoch noch behindert und zum Teil sogar stark eingeschränkt. Die Maßnahmen zur Herstellung der Durchgängigkeit für Fische sind gemäß WHG an der Zielerreichung der WRRL auszurichten und müssen daher mit den Bewirtschaftungszielen der Flussgebietseinheiten übereinstimmen.

Gemäß gesetzlicher Anforderungen soll die Herstellung der Durchgängigkeit an BWStr zur Erhaltung und Entwicklung folgender Fischarten bzw. -bestände beitragen:

- gewässertypspezifische Fischfauna (WRRL),
- Wanderfischpopulationen, die gemäß der FFH-Richtlinie geschützt sind,
- Wanderfischpopulationen, die durch nationale und internationale Programme wieder angesiedelt werden.

Anforderungen an FAA zur Herstellung einer Durchgängigkeit stromaufwärts:

- für alle gewässertypischen Fischarten passierbar und auffindbar,

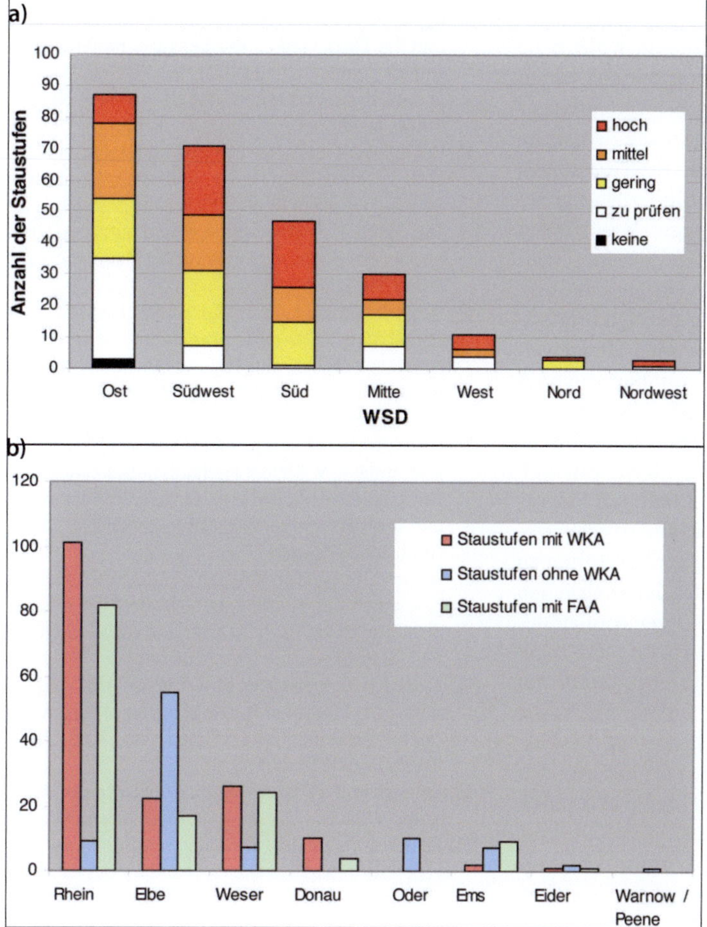

Bild 5: a) Anzahl der Staustufen mit Angabe der fischökologischen Dringlichkeit in den WSD; b) Verteilung der Staustufen in BWaStr auf die einzelnen Flusseinzugsgebiete differenziert nach Wasserkraftnutzung (WKA) sowie Ausstattung mit Fischaufstiegsanlagen (FAA)

- für Zielarten mit geringem Zeitaufwand auffindbar und passierbar,
- für Zielarten in hoher Effizienz auffindbar und passierbar,
- eine biologische Qualitätssicherung soll, ergänzend zur technisch-hydraulischen Qualitätssicherung, sicherstellen, dass die Anforderungen an die jeweilige FAA erfüllt werden.

Aufgrund der Größe der Aufgabe und der erforderlichen hohen finanziellen Anstrengungen zur Erreichung der Durchgängigkeit in BWStr gemäß der WRRL kann die WSV nur in mehreren Schritten bzw. im Verlauf mehrerer Bewirtschaftungszyklen die Vorgaben der WRRL umsetzten. Hierzu entwickelte das Bundesministerium für Verkehr, Bau und Stadtentwicklung (BMVBS) ein mehrstufiges Priorisierungskonzept, welches die bundesweite Reihung der Maßnahmen in Anlehnung an die Bewirtschaftungszyklen nach WRRL festlegt. In der ersten Stufe wurde eine fischökologische Dringlichkeit von Maßnahmen durch die BfG empfohlen [1]. In den weiteren Stufen wurden unter Berücksichtigung rechtlicher Vereinbarungen, baulicher und finanzieller Synergien sowie verkehrlicher Aspekte regionale Priorisierungen in Abstimmung bzw. unter Einbeziehung der Länder durch die WSD festgelegt. Diese werden im 1. Quartal 2012 in einer bundesweiten Priorisierung zusammengeführt und fortgeschrieben.

Im Rahmen der Umsetzung und Qualitätssicherung wird es darauf ankommen, den jeweils aktuellen Erkenntnisstand zum Bau von FAA bestmöglich zu berücksichtigen. Nicht zuletzt gilt es, die Entwicklung wandernder Fischbestände aufmerksam zu verfolgen, um ggf. weitere Maßnahmen zur nachhaltigen Sicherung der Populationen (z. B. Habitatverbesserungen, Fischereimanagement etc.) ergreifen zu können. Die dabei zu beachtenden fachlichen Abstimmungsprozesse und Kooperationen des BMVBS bzw. der WSV, der BfG und der BAW mit den Ländern, z. B. durch Informationen auf der LAWA VV und in der LAWA AO sowie durch eine fachliche Begleitung und Diskussion innerhalb der LAWA-Expertenkreise haben sich bewährt und sollten fortgesetzt sowie intensiviert werden.

Autoren
PD Dr. Jochen Koop
Christian von Landwüst
Steffen Wieland
Matthias Scholten
Bundesanstalt für Gewässerkunde
Am Mainzer Tor 1
56068 Koblenz
Koop@bafg.de
Landwuest@bafg.de
Wieland@bafg.de
Scholten@bafg.de

Literatur

[1] Bundesanstalt für Gewässerkunde (Hrsg.): Herstellung der Durchgängigkeit an Staustufen von Bundeswasserstraßen. Fischökologische Einstufung der Dringlichkeit von Maßnahmen für den Fischaufstieg. BfG-1697, 2010.

[2] Bund/Länder-Arbeitsgemeinschaft Wasser (Hrsg.): Strategiepapier Fischdurchgängigkeit. 2008.

[3] Richtlinie 2000/60/EG des Europäischen Parlaments und des Rates vom 23.10.2000 zur Schaffung eines Ordnungsrahmens für Maßnahmen der Gemeinschaft im Bereich der Wasserpolitik (Wasserrahmenrichtlinie: WRRL). In: ABl. der EG, 2000, L 327, S. 1-72.

[4] Dekker, W.: Status of the European eel stocks and fisheries. In: Proceedings Intern. Symposium Advances in Eel Biology, Tokyo, 28.-30.9.2001, 2003, S. 50-52.

[5] Diehlhelm, J. H.: Denkwürdiger und nützlicher Antiquarius des Elbstroms. Frankfurt am Main: Stocks sel. Erben und Schilling Verlag, 1741.

[6] Deutsche Vereinigung für Wasserwirtschaft, Abwasser und Abfall e. V. (Hrsg.): Funktionskontrolle von Fischaufstiegsanlagen – Auswertung durchgeführter Untersuchungen und Diskussionsbeiträge für Durchführung und Bewertung. In: DWA-Themen, 2006.

[7] Deutsche Vereinigung für Wasserwirtschaft, Abwasser und Abfall e. V. (Hrsg.): Fischaufstiegsanlagen und fischpassierbare Bauwerke – Gestaltung, Bemessung und Qualitätssicherung. In: DWA-Merkblätter (2010), Nr. M 509 (Gelbdruck).

[8] Herpertz, D.; Schäfer, B.; Esser, B.: Ökologische Durchgängigkeit der Bundeswasserstraßen. Neue Wege nicht nur für Fische. In: Wasser und Abfall 13 (2011), Nr. 3, S. 10-13.

[9] Koop, J. H. E.; Grieshaber, M. K. The role of ion regulation in the control of the distribution of Gammarus tigrinus (Sexton) in salt polluted rivers. In: J. Comp. Physiol. B. (2000), S. 70-83.

[10] Kottelat, M.; Freyhof, J.: Handbook of European Freshwater Fishes. Cornol und Berlin: Eigenverlag, 2008.

[11] Reichard, M.; Jurajda, P.; Ondrackova, M.: Interannual variability in seasonal dynamics and species composition of drifting young-of-the-year fishes in two Europe-

an lowland rivers. In: Journal of Fish Biology 60 (2002), S. 87-101.

[12] Steinmann, P.; Koch, W.; Scheuring, L.: Die Wanderungen unserer Süßwasserfische dargestellt aufgrund von Markierungsversuchen. In: Z. f. Fischerei 35 (1937), S. 369-467.

[13] Von dem Borne, M.: Die Fischerei-Verhältnisse des Deutschen Reiches, Österreich-Ungarns, der Schweiz und Luxemburgs. In: Deutscher Fischerei-Verein (1882), S. 1-304.

[14] Zitek, A.; Schmutz, S.; Unfer, G.; Ploner, A.: Fish drift in a Danube sidearm-system: I. Site-, inter- and intraspecific patterns. In: Journal of Fish Biology 65 (2004), S. 1 319-1 338 und 1 339-1 357.

[15] Bundesanstalt für Wasserbau; Bundesanstalt für Gewässerkunde (Hrsg.): Arbeitshilfe Fischaufstiegsanlagen an Bundeswasserstraßen. Karlsruhe, Koblenz, 2011 (www.baw.de/de/die_baw/publikationen/merkblaetter/index.php.html; Abruf 01.03.2012).

[16] Deutsche Vereinigung für Wasserwirtschaft, Abwasser und Abfall e. V. (Hrsg.): Fischschutz- und Fischabstiegsanlagen – Bemessung, Gestaltung, Funktionskontrolle. In: ATV-DVWK-Themen, 2004.

Jochen H. E. Koop, Christian von Landwüst, Steffen Wieland and Matthias Scholten

Upgrade and Restoration of Fish Continuity in German Large Rivers and Navigable Waterways

Despite many successes the ecological continuity of the large river systems is not finished yet. Above all the ecological continuity of rivers for fish must be improved. For migrating fish the federal water ways represent the main connecting pathways between the sea and the higher upstream areas and their tributaries of the large rivers. Especially in regulated water ways the migratability is still largely reduced. Approximately 3 000 km of the 5 500 km navigable waterways are regulated; 253 barrage weirs, of it 164 with hydroelectric power plants, can be distinguished. The main topic is, how can – in a short time and with best cost-efficiency – a migrating fish population be re-established. Due to the usually large costs involved with such improvements and the large numbers of possible fish passes a priorization of measures is indispensable. Due to the size of the task and the necessary high financial efforts to reach the goal of ecological continuity and a good ecological status according to the EC water framework directive (WFD), the German water and shipping administration (WSV) can only reach this goal in a stepwise procedure. The Federal Ministry for traffic, building and town development (BMVBS) developed a multi-level prioritization concept, which ranks country wide the measures according to the management cycles of the WFD. The involved principles of fish ecology will be explained within this paper.

Йохен Х. Э. Кооп, Кристиан фон Ландвюст, Штеффен Виланд и Маттиас Шолтен

Улучшение и восстановление проходимости рыб по водным путям федерального значения

Несмотря на достигнутые успехи экологическое функционирование крупных речных систем в Германии все еще недостаточно эффективно. Прежде всего, это касается экологической проходимости (имеется ввиду проходимость для рыб) крупных рек и их притоков. Здесь требуются меры по улучшению ситуации. Водные пути федерального значения вверх и вниз по течению являются основными «магистралями» для мигрирующих рыб, идет ли речь о водном сообщении между морем и низовьями рек или верховьями рек и их притоков. Общая длина водных путей в Германии составляет примерно 5500 км, из них 3000 км регулируются с помощью подпорных сооружений; расположенные на этом протяжении 253 гидроузла, на 164 из них гидроэлектростанции, могут быть отграничены и должны рассматриваться как объект, имеющий большое экологическое значение (экологии рыб) и требующий проведения срочных мероприятий по созданию проходимости. Реализация мероприятий по улучшению проходимости в крупных проточных водоемах часто связана с высокими издержками. Поэтому для установления рентабельности затрат необходимо определение приоритетности мероприятий во временном и пространственном аспекте. В связи с масштабностью задачи и необходимостью значительных финансовых затрат для достижения проходимости на федеральных водных путях Управление водоснабжением, водными путями и судоходством сможет реализовать предписания Рамочной Директивы по воде только поэтапно или в течение нескольких циклов хозяйственного использования. Для этого федеральное министерство транспорта, строительства и городского развития разработало многоступенчатую программу, которая представляется в данной статье, предназначенной для специалистов.

Georg Loy, Manfred Holzner, Hans Michael Schober, Ralf Schindlmayr und Christoph Stein

Maßnahmen zur Förderung von Populationen bedrohter Fischarten am Inn (Oberbayern) im Rahmen des Gewässerunterhaltes

Im Rahmen einer Vereinbarung mit dem Bayerischen Staatsministerium für Umwelt und Gesundheit wurden seit 2011 umfangreiche ökologische Maßnahmen auch mit dem Ziel der Förderung und des Schutzes von Fischpopulationen umgesetzt. Mit den Randbedingungen eines Flusses, der über die letzten Jahrhunderte anthropogen verändert wurde, aber dem erkennbaren Potenzial von noch vorhandenen Strukturen wurden aus einer Analyse des Ist-Zustandes mit einer Konzeptentwicklung, dem sog. „Fischhabitatmodell", Maßnahmen entwickelt und zeitnah umgesetzt, um Habitate für alle Lebensstadien der am Inn heimischen Fischarten anbieten zu können. Die Maßnahmen konnten durch einen intensiven Dialogprozess mit allen Beteiligten durch den Wasserkraftbetreiber im Gewässerunterhalt ausgeführt werden.

1 Veranlassung

VERBUND, Österreichs führendes Stromunternehmen und Betreiber der bayerischen Innkraftwerke, hat seit 2011 mit der Umsetzung umfangreichen ökologischen Verbesserungsmaßnahmen in den Staugebieten am Inn begonnen. Grundlage dafür ist eine Vereinbarung zwischen der VERBUND Innkraftwerke GmbH und dem Bayerischen Staatsministerium für Umwelt und Gesundheit, welche den Rahmen für eine mehrjährige Partnerschaft vorgibt. Im Rahmen von Verhandlungen zu einer wasserrechtlichen Bewilligung wurde zwischen dem Freistaat Bayern und der VERBUND Innkraftwerke GmbH eine Vereinbarung geschlossen, die für die kommenden zehn Jahre umfassende Verbesserungen des Naturraumes am Inn vorsieht. Diese umfasst unter anderem ökologische Maßnahmen im und am Gewässer, Unterstützungen bei Inn-relevanten Infrastruktureinrichtungen sowie die vorgezogene Herstellung der ökologischen Durchgängigkeit an den Staustufen Rosenheim bis Stammham. Ziel ist es, das vielfältige und artenreiche „Öko-System Inn" zu erhalten, zu fördern und zu verbessern. Dazu gehört die Schaffung, Erhaltung und Förderung von Lebensraum für die Fischfauna, um zielgerichtet Maßnahmen zum nachhaltigen Erhalt der Fischpopulation umzusetzen. In Summe soll durch die geplanten Maßnahmen die am Inn vorkommende Tier- und Pflanzenwelt in ihrer Entwicklung gefördert werden.

2 Zusammenarbeit mit allen Beteiligten

Im Vorfeld zur Identifizierung von möglichen Maßnahmen wurden intensive Befahrungen mit den Fischereivereinen, Ortskennern sowie mit den Fachplanern (Fischerei, Landschaftsplaner, Ökologie etc.) durchgeführt. Die Planung zu den jeweiligen beabsichtigten Maßnahmen wurde in den sogenannten „Großen Runden" vorgestellt. Diese Runde, bestehend aus Verbänden, Ortsgruppen von Verbänden, Bezirksfachberatung für Fischerei, ortsansässigen Fischereivereinen und den im Planungsprozess zuständigen Behörden, wie Wasserwirtschaftsämtern, Regierung von Oberbayern (Naturschutz), den Landratsämtern mit den zugehörigen Genehmigungsbehörden und unteren Naturschutzbehörden, wurde einbezogen, die jeweiligen Anregungen aufgenommen und in der Planung früh berücksichtigt. Das enge Zusammenspiel zwischen dem Kraftwerksbetreiber, den beteiligten Fachplanern und den beim iterativen Planungsprozess Beteiligten, führte dazu, dass die Maßnahmen im Einklang mit den Erhaltungszielen des FFH-Gebietes und des besonderen Schutzgebiets in Wasserburg im Gewässerunterhalt ausgeführt werden konnten. Die eingereichten Unterlagen waren naturschutzfachlich umfangreich und mit entsprechend fundierten Erhebungen belegt. Die Maßnahmenfestlegung richtete das Augenmerk auf Bereiche, wo durch möglichst geringe „Beeinträchtigungen" auch durch bauliche Maßnahmen ein Optimum an ökologisch wirksamen „Strukturen" und „Impulsgebungen" bei wirtschaftlicher Umsetzbarkeit geschaffen werden konnten. Die Umsetzung der Maßnahmen war daher z. B. auf die Zeit außerhalb der Vogelbrutzeit beschränkt.

3 Vorstellung der allgemeinen Herangehensweise zur Maßnahmenumsetzung und konkreter Maßnahmen

Der Wasserkraftbetreiber ist sich seiner Verantwortung für den Naturraum bewusst und setzt bei den gegebenen Randbedingung Maßnahmen für den Erhalt der Fischpopulation um. Wichtig war in diesem Zusammenhang, im Zusammenspiel mit den Behörden ein schlagkräftiges Expertenteam zusammenzustellen, das zusammen mit dem Wasserkraftbetreiber, der Erfahrung in der Umsetzung wasserbaulicher Maßnahmen hat, wirtschaftlich zielgerichtet Maßnahmen umzusetzen.

Ein wirtschaftliches Umsetzen bedeutet hier sowohl die zeitliche „Beeinträchtigung" im Naturraum zu beschränken als auch ein Mehr an Maßnahmen bei gleichem Mittelbedarf. Wegen der oft schwierigen Zugänglichkeit wurden auch Wasserfahrzeuge, wie Saugbagger, Bagger auf Pontons und Klapproste, eingesetzt. Wenn möglich wurde aber versucht, mit konventionellen Baggern, die große Massen kostengünstig bewegen können, vor Ort zu arbeiten. Hier waren die Untergrundverhältnisse und damit Zugänglichkeit die oft limitierenden Faktoren. Mancher Gestaltungswunsch musste vor Ort relativiert werden, andere konnten trotz anfänglicher Bedenken realisiert werden.

Durch den vielerorts vorkommenden Biber und den alpinen Charakter des Flusses findet sich zudem eine große Zahl in das Wasser ragende Tothölzer oder Totholzablagerungen, die den Fischen als Unterstand dienen. Wichtig ist es, dem Fluss die Arbeit sowie „Gestaltung" zu ermöglichen und natürliche Prozesse zu fördern. Die dominierenden Feinsedimentfrachten (Sand) des Inn wurden als wesentliches Gestaltungselement in die Konzepte aufgenommen. Die Aushubsedimente aus dem Inn oder inn-nahen Auflandungen wurden, um mit den Maßnahmenmitteln effektiv umzugehen, dem stark sedimentführenden Inn wieder zugegeben, aber auch als temporäre Uferstrukturen und v. a. zum Schutz vor übermäßiger Sedimentation als Uferrehnen bei Altwässern gestaltet. Die Linienführung der Uferrehnen wurden so gelegt, dass selbst größere Hochwässer die neuen oder entlandeten Altwasserbereiche nicht mehr von oberstrom durchströmen können, sondern nur ein Wasseraustausch an einer definierten Stelle unterstrom möglich ist. Dies garantiert, dass die Tiefenzonen langfristig erhalten und sich eine Temperaturzonierung über den Altwasserbereich bilden kann. Nur der Mündungsbereich muss regelmäßig kontrolliert und nach Hochwässern entlandet werden. Das Hochwasser 2013, das einem 40-jährlichen Ereignis entsprach, bestätigte diese Vorgehensweise bzgl. Nachhaltigkeit, so dass alle Strukturen im Wesentlichen erhalten, aber durch die „Gestaltungskraft" des Flusses überprägt wurden. Die Sand- und Baggerflächen mit Hügeln sind wichtige Rohbodenstandorte sowie Sukzessionsflächen und bieten bei Hochwasser Rückzugsbereiche für Kleinsäuger und Reptilien.

3.1 Maßnahmenumsetzung Teufelsbruck

Die zunehmend kolmatierenden und abgepflasterten Kieslaichplätze bei Wasserburg haben zu immer schlechter werdenden Laichbedingungen für rheophile Flussfischarten geführt bzw. waren nicht mehr nutzbar. Da Altgewässer bis auf kleinflächige Restbestände bei Vorderleiten fehlten, war auch das Habitat-Angebot für limnophile Arten im Staugebiet gering. Die Quervernetzung der einmündenden Seitengewässer fehlte bzw. war nur eingeschränkt vorhanden. Aufgrund einer vorangegangenen Analyse wurden zusätzlich erforderliche Maßnahmen erarbeitet, die sich an den Ansprüchen der vorhandenen Fischarten orientierten (**Tabelle 1** und **Bild 1**).

Im Staugebiet Teufelsbruck, das aufgrund der Schluchtlage natürlicherweise nur bedingt kleinflächig Nebenstrukturen enthält, wurden hauptsächlich Maßnahmen entwickelt, die sich auf die verlandeten Uferbereiche und kleinen Seitenbäche konzentrierte (**Bild 2**). Als eine der ersten Maßnahmen im Nahbereich der Staustufe konnte in durch den Staustufenbau entstandenen Anlandungsbereichen (artenarmer Schilfbestand ohne Wasserflächen) ein angebundenes Stillgewässer geschaffen werden. Die große Entwicklungslänge und nicht oder nur zeitweise angebundene Teilflächen bieten sowohl für die rheophile als auch die stagnophile Fischfauna eine erhebliche Erweiterung des Lebensraumangebotes. Der Schwerpunkt wurde hier auf eine reichhaltige Strukturierung gelegt, die in erster Linie ein breites Angebot von Temperaturnischen für die Gewässerfauna sicherstellt. Hierbei sind dem Inn nahe Bereiche entsprechend dem Temperaturregime des Inns sehr kühl, während entfernte Bereiche sich deutlich stärker erwärmen. Nicht oder nur zeitweise angebundene Bereiche erweitern dieses Angebot noch zusätzlich zum wärmeren Ende hin. Auch hier dienen die Strukturen sowohl als Laichplatz für limnophile Fischarten, Aufwuchs-, Nahrungs- und Hochwasserrückzugshabitate für alle Fischgrößen und -arten als auch als Winterruhestätte (-2,0 m tief) für die vorkommenden Fischbestände.

Auch in Wies und Thalham (**Bild 3**) konnten große artenarme Schilfflächen dazu genutzt werden, fehlende Altwasserflächen neu zu schaffen. Da beide Bereiche bereits abgerückt von der Staustufe sind und damit bei Hochwasser mit großen Wasserspiegelschwankungen zu rechnen ist, wurden die Aushubsedimente dazu genutzt, Uferrehnen auszubilden. Diese verhindern ein oberstromiges Einströmen und damit einen vehementen Eintrag von Feinsedimenten bei Hochwasserereignissen. Nur der unterstrom anbin-

Tab. 1: Einteilung in Fischgilden

	Wenighabitatnutzer	Mehrhabitatnutzer
limnophile Haft-/Substratlaicher	Rotfeder-Gruppe ▪ Rotfeder ▪ Bitterling ▪ Giebel ▪ Karausche ▪ Schlammpeitzger ▪ Schleie ▪ Waller	Brachsen-Gruppe ▪ Brachse ▪ Flussbarsch ▪ Güster ▪ Hecht ▪ Rotauge
rheophile Haftlaicher (Laichen im Inn und/oder in potamalen Nebengewässern) Substratkörnung zwischen 2 und ca. 200 mm	Nasen-Gruppe ▪ Nase ▪ Aitel, Elritze ▪ Gründlings-Gruppe ▪ Steingressling ▪ Hasel, Laube ▪ Schied, Schneider ▪ Schmerle	Barben-Gruppe ▪ Barbe ▪ (Steinbeisser)
rheophile Interstitiallaicher (Laichen im Inn und/oder rithralen Nebengewässern) Substratkörnung zwischen 2 und ca. 70 mm	im Inn: Äsche-Huchen-Gruppe ▪ Äsche ▪ Huchen in Nebengewässern: ▪ Bachforelle ▪ Bachneunauge ▪ Donauneunauge ▪ Mühlkoppe	

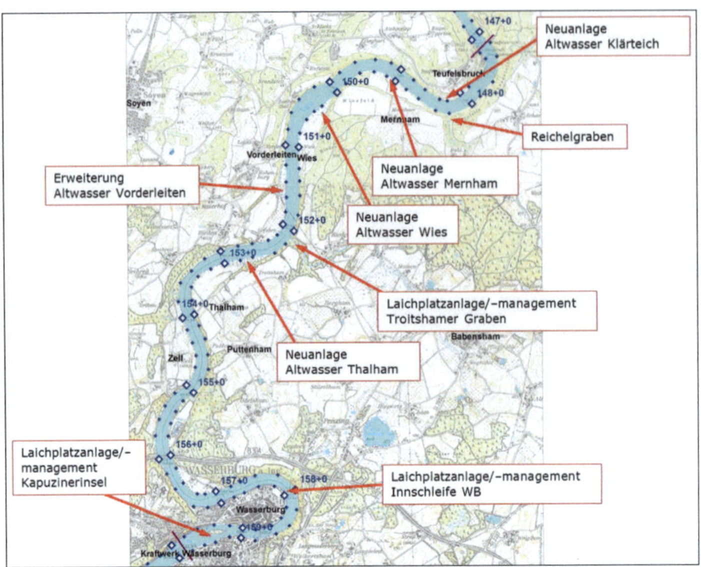

Bild 1: Übersichtskarte Staugebiet Teufelsbruck mit Maßnahmenbezeichnung

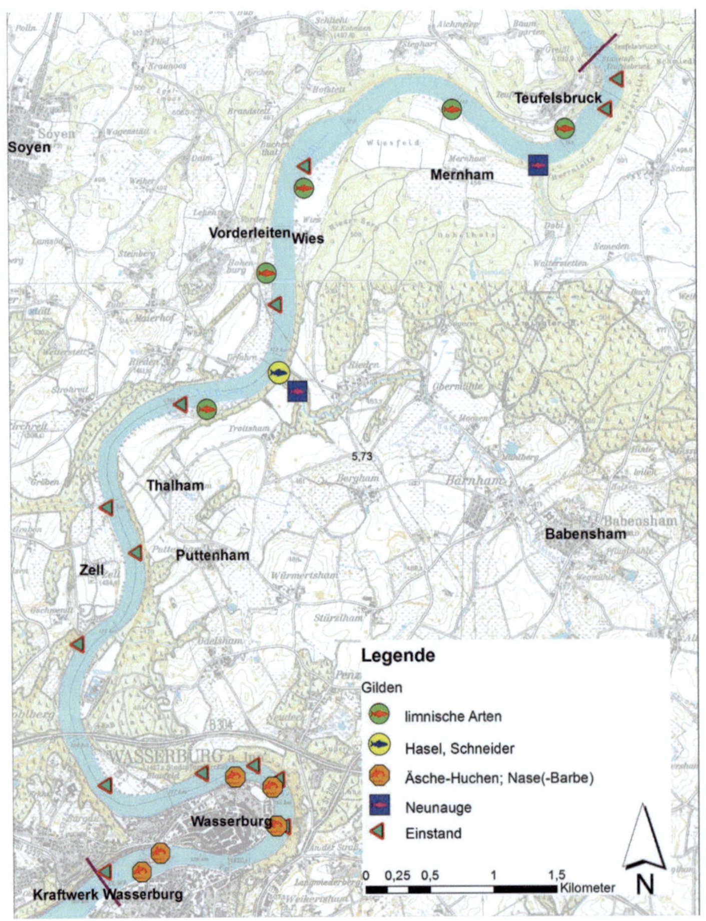

Bild 2: Lageplan Teufelsbruck und Verteilung Gilden (Laichhabitate) nach Maßnahmenumsetzung (Stand 2013)

dende Mündungsbereich muss regelmäßig entlandet werden.

3.2 Maßnahmenumsetzung Wasserburg

Im Nahbereich der Staustufe breiten sich heute weitläufige lagunenartige Stillgewässer (sog. Lacken, keine eigentlichen Altgewässer) in größeren überalterten Röhrichtbeständen aus. Einzelne Stillgewässer sind über schmale Verbindungsgewässer, die vom Fischereiverein und Wasserkraftbetreiber freigehalten werden, an den Inn angebunden, andere infolge der seit Jahrzehnten ungebremsten biogenen Verlandung, insbesondere auch durch Schilfwachstum, vom Hauptfluss seit Jahrzehnten isoliert. Die meisten verbliebenen Lacken waren bis auf 0,4 m komplett mit Feinsanden, hauptsächlich nach den Hochwässern 1985 und 2005 verlandet.

Die Stauwurzel reicht in dem gefällereichen Fluss einige Kilometer zurück. Die oberstrom liegende Staustufe Feldkirchen wurde 1970 in Betrieb genommen. Zwischen dieser Stufe und der Stauwurzel der Stufe Wasserburg liegen einige Kilometer Restfließstrecke, die zwar morphologisch verarmt ist, jedoch ausreichend stark durchströmt wird und daher ideales Potenzial für eine Fließdynamisierung bot. Der besonders wertvolle gewässerökologische Vorteil, dass mehrere kleinere und mittlere Bachsysteme aus den umliegenden Hangkanten und Moränenhügelländern östlich und westlich des Inns einmünden, wurde genützt, um auch hier Maßnahmen gezielt zu setzten. Zu nennen sind die Rott (mit Hammerbach), die Attel, die Murn sowie der Laimbach. Die Mündungspunkte dieser Gewässer liegen teils im staubeeinflussten Bereich, teils aber im bereits erwähnten Fließbereich und kommen daher als Einstands- sowie Rückzugsbereich auch für rheophile Flussfischarten in Betracht. Eine Besonderheit stellen zudem mehrere klare Quellabflüsse der Hangkanten dar, welche in die Schilfzonen bzw. Lacken einmünden und so deren Besiedelung entscheidend mitprägen und strukturell genutzt wurden (**Bild 4**).

Ausgehend von der Analyse der Defizite [1], aber auch von vorhandenen wertvollen entstandenen Strukturen und Relikten wurde ein Maßnahmenkonzept entwickelt, dass den wesentlichen gewässer- und auenökologischen Defiziten an möglichst wirkungsvoll platzierten Stellen im Längs- und Querschnitt des Flusses begegnen sollte. Dabei wurde grundsätzlich ein ganzheitlicher Ansatz verfolgt. Der Flussabschnitt im Bereich Feldkirchen – Wasserburg bietet wie kaum ein anderer günstige Voraussetzungen, neben üblichen Maßnahmen, wie Rückbau von Uferbefestigungen, Anbindungen von Altgewässern (Lacken) oder Einbringen von Störsteinen, Raubäumen und Totholzstrukturen, auch ambitionierte Maßnahmen, wie großräumige Uferdynamisierung, Entlandung von verlandeten Auenstrukturen, Aktivierung von ehemaligen Auenrinnen, Initialisierung von fluviatilen Prozessen aus eigendynamischen Ab- und Auftrag, umzusetzen. Als besonders willkommen erwies sich die Existenz eines Kiesdepots (**Bild 5**) aus früheren Flussbaggerungen. Die hier ufernah vorhandenen Kiese mit inntypischer Körnung wurden zur Gestaltung von kiesreichen Ufer- und Flachzonen sowie

Bild 3: Altwasser Thalham mit Portfolio an Altwasser- und Fließgewässerstrukturen mit unterstromiger Anbindung an den Inn (Luftbild: Leidorf, 2013)

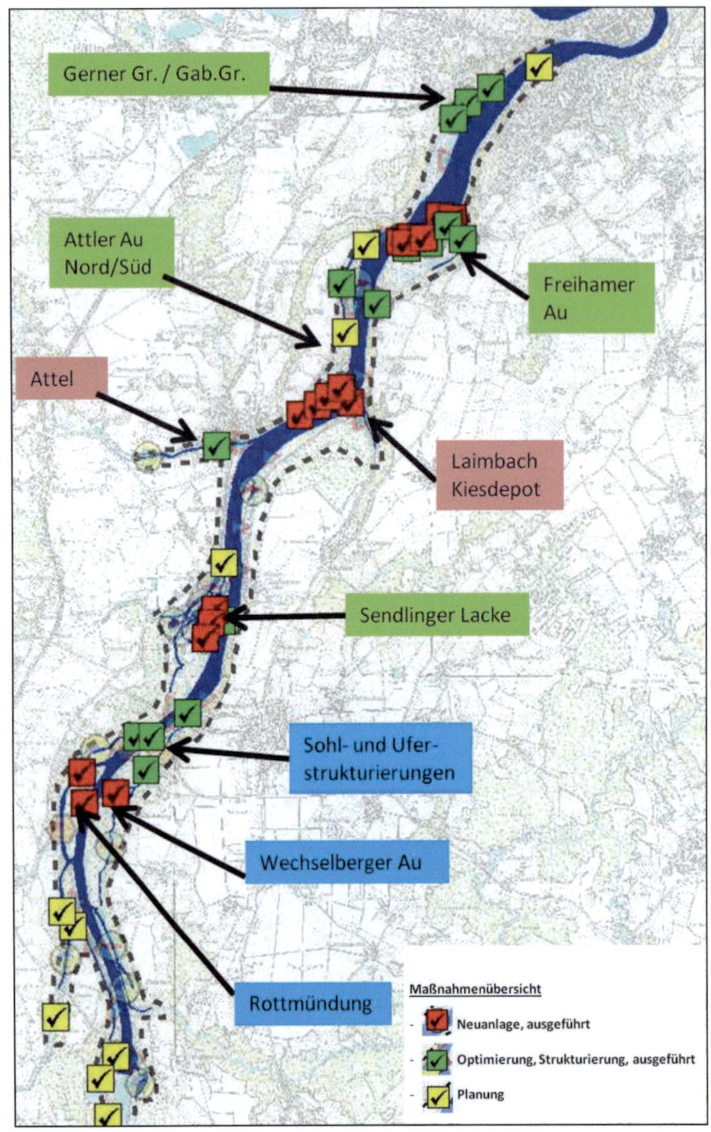

Bild 4: Übersichtskarte Staugebiet Wasserburg, durchgeführte Maßnahmen

von Substratmosaiken verwendet. Damit konnte dem oben erwähnten, nahezu vollständigen Kiesdefizit von Sohle und Ufer zumindest temporär begegnet werden.

Im Längsschnitt des Flussabschnittes wurden je nach vorhandener gewässer- und auenökologischer Situation die in **Tabelle 2** aufgeführten Maßnahmentypen entwickelt und an den geeigneten Stellen umgesetzt.

Laichplatzgestaltung und -management durch Ufergestaltung (Fkm 170, UW Staustufe Feldkirchen)

Die Zielsetzung der Maßnahme richtete sich auf mehrere Aspekte. Hier sind die Verbesserung des Laichplatzangebotes sowie die Verbreiterung des Standortangebotes für Brut, Jungfische und auch adulte Fische zu nennen. Durch die Gestaltung geringer Uferneigungen sollten die geschaffenen Strukturen auch bei steigenden Wasserständen fischökologisch nutzbar sein (**Bild 6**). Somit soll-

Bild 5: links: Kiesdepot am Laimbach und gegenüber „Fingerbuhnen" mit Altwasserstrukturen (Luftbild: Leidorf, 2013)

Bild 6: Uferrückbau mit „Strömungslenkern", beim Hochwasser 2013, 2 m in die Aue überströmt (Luftbild: Leidorf, 2013)

te durch die Maßnahme auch ein gewisser Hochwasserschutzraum für die Fischfauna geschaffen werden.

Das geförderte Fischartenspektrum beschränkt sich in erster Linie auf das rheophile Arteninventar. Das bedeutet besonders strömungsliebende Flussfischarten, die einem besonderen Schutz und einer zusätzlichen Stützung bedürfen, sollen durch die ergriffenen Maßnahmen profitieren.

Altwassersanierung und Neuanbindung – Freihamer Au

Im Bereich der Freihamer Au steht eine Vielzahl von Stillwasserflächen zur Verfügung, die einen unterschiedlichen Anbindungszustand aufweisen. Um deren Zugänglichkeit und damit die Nutzbarkeit für die rheophilen Flussfische (z. B. Brut und Jungfische Nase) zu verbessern, wurden die Anbindungen teilweise neu hergestellt. Durch die Eintiefung der Altwasserflächen wurde zusätzlich die nutzbare Fläche auch für limnophile Fischarten (z. B. gesamter Lebenszyklus von Schleie oder Brachse) erheblich vergrößert. Hierbei wurden auch durch die Entschlammung von nicht angebundenen Strukturen, die meist nur bei starken Hochwässern erreichbar werden, wertvolle Lebensraumkomponenten geschaffen. Die Strukturen dienen sowohl als Laichplatz für limnophile Fischarten, Aufwuchs-, Nahrungs- und Hochwasserrückzugshabitate für alle Fischgrößen als auch als Winterruhestätte für die Fischbestände (**Bild 7**).

Aufwertung und Entwicklung von Nebengewässern – Attel (Wasserburg)

Im Unterlauf der Attel werden durch Strukturierung der Uferlinie unterschiedliche Rückzugs-

Tab. 2: Bereiche und Umsetzungskonzepte im Staugebiet Wasserburg

	Wehrnaher Abschnitt Laufberuhigt, limnische Systeme	**Übergangsbereich** Stauwurzel, gemäßigte/überströmte Systeme	**Restfließstrecken (Unterwasser der nächsten Stufe)** Wehrferner Bereich, die morphologische Gestaltung ist hier dem Inventar eines perialpinen Furkationsflusses entlehnt.
Flussbereich	**Strömung vorhanden, aber vermindert** Einbau von kiesbedeckten Brutinseln für Flussseeschwalbe und Mittelmeermöve. Uferrücknahmen zur Querschnittsaufweitung und Initialisierung von Sandbankbildung.	**Strömung vorhanden aber vermindert** Flache Modellierung von Gleitufersituationen mit eingeschalteten Buhnenfeldern (Jungfischhabitate!) und vorgeschobenen umströmten Buhnenköpfen mit ständiger Freistellung von Kiessubstraten (Abtransport Sande) oder zumindest Sand-Kies-Mosaiken. Steile Modellierung von Pralluferstituationen mit Kieswänden, vorgeschalteten Kies- und Tuffsteinkörpern zur Strömungsdiversifizierung. Aufsetzen von Flussbausteinen (gewonnen aus Uferrückbauten) auf in der Flusssohle vorhandenen Leitwerken zur Strömungsdiversifizierung, insbesondere zur Strömungsberuhigung um Fischen energiearmen Einstandsbereiche zur Verfügung zu stellen.	**Strömung vorhanden aber in einem Regelprofil, steile befestigte oder angelandete hohe Ufer.** Gestaltung von umlagerungsfähigen Kiesbänken aus anstehendem Innkies (durch Baumaßnahme gewonnen); Großzügige Uferdynamisierung auf mehreren hundert Metern Länge in einer hydraulisch maximal angriffsfähigen Außenkrümmung. Unregelmäßige Uferrücknahme mit belassen vorgeschobener kiesiger, auch baumbestandener Kanzeln als Abtragskörper bei Hochwasserangriff. Gestaltung von girlandenartig geschwungenen Ufern um Kleinstandorte für Ablagerung von verschiedenen Korngrößen bereit zu stellen. Gestaltung von vorgelagerten strömungsteilenden Störkörpern aus Flussbausteinen, um Uferanströmungen mit Sandtransport auch bei Mittelwasser zu gewährleisten.
Auenbereich	**seitlich des Hauptflusses** Entlandung (Vertiefung) von durch Einstau entstandenen und seither stark verlandeten Stillgewässern und flächige Erweiterung bzw. Neuanlage von Stillgewässern (Lacken) aber auch nicht vernetzte Lacke entlanden, um ein Klarwassermilieu mit üppiger Makrophytenvegetation dauerhaft zu gewährleisten). Vernetzung der vorhandenen, erweiterten oder neuangelegten Stillgewässer (Lacken) durch Binnengerinne untereinander bzw. mit dem Inn um eine vollständige Durchwanderbarkeit zu erreichen. Gestaltung von durchgängigen Gewässervernetzungen zwischen Hangquellabflüssen und dem Inn (Erreichbarkeit sauerstoffreicher, kühler Flachgewässer für bestimmte Juvenilstadien). Gestaltung von assoziierten Kleingewässern oder Kleingewässergruppen im Maßnahmenbereich (meist nicht aquatisch vernetzt) als Amphibiengewässer (z. B. benachbart zur Hangkante als Springfroschhabitat).	**seitlich des Hauptflusses** Anlage von Klein- und Lagunengewässersystem als ufernahe angebundene Einstandsgewässer mit schnellerer Durchwärmung, ebenfalls begleitet durch Kleingewässer mit Zielartengruppe Amphibien/Ringelnatter. Anlage von Versteck-/Brutmöglichkeiten für Kleinsäuger, Amphibien, Reptilien durch Haufwerke aus Geäst, vor Ort gewonnen Flussbausteinen (darunter Tuffquader) oder auch sog. Schlangenhotels (Strohballen, abgedeckt).	**Aktivierung/Anreicherung von Seitengewässersystemen und deren Ufer** Herstellung eines wassergängigen Durchbruchs durch die hohen Uferrehnenzüge, um ein verlandetes bzw. abgehängtes seitliches Auengewässersystem zu aktivieren. Verbesserung der Ausuferungsdynamik im Auwald hierbei Flächenbereitstellung für eigendynamische Bildung von Sandkleindünen als Habitat für extrem seltene ripicole Uferlaufkäfer alpigener Flüsse (z. B. Bembidion foraminosum u. a.). Gestaltung von Kieslaichplätzen, hierdurch auch strömungsfördernde Querschnittseinengungen an Seitenfließgewässern (Rott) in idealer lateraler Zuordnung zum Hauptgewässer Inn.

Bild 7: Freihammer Aue, neue angeschlossene, entlandete Tiefenbereiche (dunkler), Ufervariation, Vogelinseln (im Hauptfluss) (Luftbild: Leidorf, 2013)

habitate für abdriftende Jungfische, die auch ein erhebliches Nahrungsangebot bereitstellen, geschaffen. Die Nutzung der Flächen wird in erster Linie durch Jungfische rheophiler Fischarten erfolgen. Oberhalb liegende Laichplätze für Kies-/Interstitiallaicher bzw. Kies-/Substratlaicher liefern auch derzeit ausreichend Brutfischmaterial, um in diesen neugeschaffenen Strukturen aufzuwachsen. Bislang wurden diese Fische wohl in den meisten Fällen bis in den Inn verdriftet und gingen zumindest den lokalen Fischbeständen nachhaltig verloren.

4 Beurteilung der Staustufen nach der ersten Umsetzungswelle bis Frühjahr 2014

Im entwickelten Fischhabitatmodell wurden die Staustufen nach der Umsetzung der bisherigen Maßnahmen erneut bewertet, wobei hierfür bedeutsame Habitatstrukturen, Vernetzungsstrukturen, Laichhabitate bzw. Einstände für den Fischbestand bzw. Gilden herangezogen wurden.

In Teufelsbruck hat sich sowohl die Anzahl als auch vor allem die Qualität der Habitatstrukturen für Fischfauna deutlich erhöht. Neben der Verbesserung bestehender, teils degradierter Laichhabitate entstanden viele neue. Die Querdurchgängigkeit konnte trotz des Schluchtlaufcharakters an 2 Stellen merklich verbessert werden. Vor allem wurde die Fläche von Unterstrom angebundener, strukturreicher und teils sehr langer Altwasser um ca. 2,8 ha vergrößert. Die vorhandenen Uferstrukturen (Anbrüche, Totholz) wurden durch das abgelagerte Aushubmaterial der Altwasser im Inn als neue komplexe und dynamische Uferstrukturen ergänzt, so dass nun an beiden Innufern mit sehr guter Anbindung an die Wanderkorridore der Fischfauna immer wieder gut erreichbare Uferstrukturen vorhanden sind. Für Jungfische sind die Einstände (Vernetzungsstrukturen) wichtig zur Verzögerung/Reduzierung der Passivdrift. Ergänzt werden die linearen Vernetzungsstrukturen durch linear tiefe Strukturen (Tiefeneinstände). Es sind auch laterale Vernetzungen in neue bzw. erheblich aufgewertete Altwasser sowie in Seitengewässer geschaffen worden die entscheidend zur Vermeidung bzw. Minimierung von Verdriftung von Jungfischen, aber auch älteren Stadien im Hochwasserfall sind. Im Staubereich Wasserburg kommen neben der Vielzahl nun wieder angeschlossener Lacken mit der Vielzahl ihrer Funktionen auch Maßnahmen in den Seitengewässern (Jungfischhabitate und Kieslaichplätze) sowie den zusätzliche Ufer- und Kiesstrukturen hinzu, deren Wirkung im Rahmen eines Monitorings bzgl. der Fischgilden eingeordnet werden soll.

Die Maßnahmen haben in puncto Laichhabitat bzw. Einstände für die Fischgilden erhebliche Verbesserungen bewirkt. Die Laichplätze in der Innschleife Wasserburg und an der Kapuzinerinsel nutzen Arten der Äschen-Huchen-Gruppe sowie der Nasen-(Barben)-Gruppe. Mit den Altwasserflächen, welche aufgrund ihrer Länge einen deutlichen Temperaturgradienten entwickeln, sind Laichhabitate für limnophile Arten entstanden. Entsprechende Habitate lagen vor Maßnahmenumsetzung nur sehr beschränkt vor. Arten der Rotfedern-Gruppe, wie Bitterling und Rotauge, sowie Arten der Brachsen-Gruppe bedürfen eines hohen Temperaturoptimums zum Laichen. Meist dauerhaft in den Altwassern verbleiben Arten der Rotfedern-Gruppe. Arten der Brachsen-Gruppe verbringen außerhalb der Hochwasserphasen viel Zeit als subadulte und adulte Fische in langsamer fließenden, reich strukturierten Uferbereichen des Inns. Die ausgedehnten Altwasserstrukturen bieten jedoch nicht nur den limnophilen Arten Lebensraum, sondern auch anderen Art des Inns, welche die Altwässer als Teilhabitate in ihrem Lebenszyklus nutzen. Brut- und Jungfische der Nasen- und Barben-Gruppen, wie Aitel, Nase und Steinbeisser, verbringen zumindest bis zum Ende des 1. Lebensjahres viel Zeit in den nahrungsreichen Altwassern. Diesen Gruppen dienen die Altwasser zusätzlich als Hochwasserrückzugsbereiche und Wintereinstand. Für Arten, die nicht ihren gesamten Lebenszyklus in den Altwässern verbringen, sind die Einstände im Inn von großer Bedeutung. Dies sind neben den Uferstrukturen auch die Tiefeneinstände. Zur Vernetzung der erforderlichen Strukturen der verschiedenen Lebenszyklen gibt es heute am Inn eine Vielzahl (Ufer-) Strukturen (zum Unterstand) in relativ geringen Abständen. Die vorhandenen Tiefeinständen sind Hochwasser- sowie Wintereinstände und wichtig für Arten, welche während dieser Zeiten nicht in den Altwässern verweilen. Beispielsweise verlässt die Nase bei Hochwässern die Hauptströmung, während sich Barben bei Hochwasser in tiefere Rinnen mit verringerter Strömung zurückziehen. Im Unterstrom der Kraftwerke ist der Einstand von mächtigen Huchen bekannt.

Nach derzeitigem Kenntnisstand sind nach der Durchführung der genannten Maßnahmen in den Staugebieten Teufelsbruck und Wasserburg ausreichend Habitate vorhanden, um alle Lebenszyklen der Referenz-Fisch-Gilden abdecken zu können: Ei, Larve, Jungfisch, subadulter und adulter Fisch. Eine Ausnahme stellt die Barbe im Staugebiet Teufelsbruck dar, welche sich aufgrund der niedrigen Inn-Wassertemperaturen und der hier natürlicherweise fehlenden geeigneten potamalen Nebengewässer im Staugebiet auch weiter kaum reproduzieren kann.

5 Zusammenfassung der unterschiedlichen Gestaltungsmöglichkeiten und Ausblick auf das anstehende Monitoring mit dortiger Zielrichtung

Entscheidender Aspekt bei allen Maßnahmen ist der Versuch, das im naturnahen Inn früher vorhandene Lebensraumangebot wieder zu ergänzen oder, wo lokal möglich, soweit wieder herzustellen, dass den heimischen Fischen das vollständige und erfolgreiche Absolvieren ihres Lebenszyklusses ermöglicht wird. Schwerpunkt des Interesses liegt hierbei auf den rheophilen Flussfischarten, wie Nase und Barbe, aber auch Äsche oder Huchen. Nicht vergessen werden sollen aber auch weniger gefährdete, eher euryöke oder limnophile Fischarten, wie Aitel, Brachse oder Rotauge, die bezüglich der nutzbaren Biomasse im Ökosystem einen unschätzbaren Anteil liefern können. Damit würden auch die heute in weiten Gewässerstrecken anzutreffenden Prädatoren, wie Kormoran oder Gänsesäger, für die Fischfauna insgesamt wieder erträglich.

Um die Wirksamkeit der Maßnahmen, aber auch die Nachhaltigkeit langfristig verfolgen zu können, ist beabsichtigt, zum einen eine Maßnahmenbewertung durchzuführen – welches Maßnahmenkonzept hat am Inn eine Wirkung und ist auch nachhaltig – zum anderen, wie viele gezielte Maßnahmen und Funktionen sind erforderlich, um den Habitatansprüchen der am Inn vorkommenden Fischarten gerecht zu werden. Ziel ist es, ein Maßnahmenportfolio zu entwickeln um dieses auch auf andere Staugebiete übertragen zu können. Ein terrestrisches Monitoringwird durchgeführt, um die positive Wirkung, aber auch die teils sehr schnelle Entwicklung von Maßnahmen zu dokumentieren. Zwei Lehrstühle der TU München, Herr Prof. Dr. Geist, Lehrstuhl für Aquatische Systembiologie, und Prof. Kollmann, Lehrstuhl für Renaturierungsökologie, werden das Monitoring wissenschaftlich begleiten.

Klar ist, dass Veränderungen zu einem Flusssystem wie dem Inn gehören und diese den Raum und die Artenvielfalt prägen. Wenn der Fluss durch die vielfältige anthropogene Überprägung dies mit seiner eigenen Dynamik nicht mehr erreicht, muss aktiv eingegriffen oder initiiert werden, um den Gesamtlebensraum mit seiner Vielfalt langfristig erhalten und fördern zu können.

Wichtig war in diesem Zusammenhang das gemeinsame Verständnis aller Projektbeteiligten, dass in der Veränderung und Dynamik der Schlüssel zu den gewünschten Verbesserungen liegt. Der naturschutzfachliche Abwägungsprozess wurde in der Planung berücksichtigt und die Orte und Maßnahmen zur Eingriffsminimierung, z. B. durch Muschelbergung und Verzicht auf manche Entlandung, gezielt gewählt. Das Besondere lag und liegt aber daran, dass es sich ausschließlich um Maßnahmen im „Gewässerunterhalt" handelt, so dass auf ein kosten- und zeitaufwändiges Planungs- und Genehmigungsverfahren weitgehend verzichtet werden konnte. Dies betrifft auch die regelmäßigen Unterhaltsarbeiten an den Mündungen, die nach dem Hochwasser 2013 bereits ausgeführt werden konnten. Das gemeinsame Kostenbewusstsein und auch die Fortführung von Strukturverbesserungsmaßnahmen durch die Fischereivereine – statt Besatz – führten zu einer ansehnlichen Liste an Maßnahmen seit 2011, die sich – wie in einem diversen Raum üblich – sehr unterschiedlich entwickeln.

Autoren

Georg Loy
Verbund Innkraftwerke GmbH
Werkstrasse 1
84513 Töging am Inn
Georg.Loy@Verbund.com

Dr. Manfred Holzner
Büro für Gewässerökologie und Fischbiologie
Schweigermoos 13
94431 Pilsting
Holzner-manfred@t-online.de

Dr. Hans Michael Schober
Gesellschaft für Landschaftsarchitektur mbH
Kammerhof 6
85354 Freising
zentrale@schober-larc.de

Ralf Schindlmayr
aquasoli Ingenieurbüro
Haslacher Str. 14
83278 Traunstein
ralf.schindlmayr@aquasoli.eu

Christoph Stein
Marienburger Str. 33
84028 Landshut
Chr_stein@gmx.de

Literatur

[1] Holzner, M.; Loy, G.; Schober, H. M.; Schindlmayr, R.; Stein, Ch.: Vorgehensweise zur Entwicklung von populationsunterstützenden Maßnahmen für die Fischarten am Inn in Oberbayern. In: WasserWirtschaft 104 (2014), Heft 7-8, S. 18-25.

Georg Loy, Manfred Holzner, Hans Michael Schober, Ralf Schindlmayr and Christoph Stein

Implementation of Measures to Foster Endangered Fish Population along the River Inn in Bavaria

According to an agreement with the Ministry of Environment of Bavaria and the hydropower plant operator VERBUND Innkraftwerke GmbH measures to foster the ecologic system of the Inn river were developed. The main aim was to develop measures to support the living conditions for the existing endangered fish population. The existing heavily modified water body was in a first stage analysed and a so called "fish habitat model" developed to implement measures to meet the requirements of the different species. The attempt was to offer habitats for the whole live circle from the spawning area, the juvenile phase up to the adult fish. The dominant anthropogenic influences in the last centuries dominate the Inn river system. However 38 fish species are still recorded and existing and potential structures including these since 2011 implemented will further be monitored and in long term be ranked to develop a portfolio of effective measures to enable a transfer to other areas. In the following paper the already implemented measures are discussed.

Георг Лой, Манфред Хольцнер, Ханс Михаэль Шобер, Ральф Шиндльмайр и Кристоф Штайн

Мероприятия по поддержке развития популяций исчезающих видов рыб, обитающих в реке Инн (Inn) (Верхняя Бавария), в рамках поддержки водных ресурсов

Начиная с 2011, в рамках соглашения с Министерством окружающей среды и здоровья Баварии, проводились обширные экологические мероприятия, в том числе с целью поддержки развития и защиты рыбных популяций. С учетом рамочных условий реки, которая в последние столетия изменялась антропогенно, и распознаваемого потенциала еще существующих структур, а также анализа истинного состояния была разработана концепция, так называемая «модель среды обитания рыб», на основе которой были разработаны и в течение короткого времени реализованы соответствующие мероприятия с тем, чтобы предоставить среду обитания видам рыб, обитающим в реке Инн (Inn), на всех стадиях жизненного цикла. Мероприятия осуществлялись благодаря возможности проведения интенсивного диалога со всеми участниками процесса, в том числе с эксплуатирующими электростанции предприятиями, занимающимися поддержанием водных ресурсов.

Gerhard Haimerl, Oliver Born und Dagobert Smija

Maßnahmen zur Förderung von Fischpopulationen in Schwaben

Das Wasserhaushaltsgesetzes (WHG) fordert bei Wasserkraftanlagen geeignete Maßnahmen zum Schutz der Fischpopulationen. Bei Anlagen an großen Gewässern mit ausschließlich potamodromen Fischarten wird untersucht, ob dies neben technischen Einrichtungen und betrieblichen Maßnahmen an Kraftwerken standortspezifisch nicht auch wirtschaftlich und effektiv durch die gezielte Gestaltung von Habitaten sowie deren Vernetzung erreicht werden kann. Erste kleinräumigere Maßnahmen zeigen vielversprechende Wirkungen, in weiterführenden Projekten sollen großräumigere Maßnahmenkombinationen untersucht werden.

1 Ausgangslage und Maßnahmenkonzept

1.1 Situation

Die Bayerische Elektrizitätswerke GmbH (BEW) betreibt an den Flüssen Donau, Iller, Lech, Wertach und Günz insgesamt 35 Wasserkraftanlagen an Ausleitungskanälen oder Staustufen (**Bild 1**). Die Fluss-Staustufen wurden dabei meist im Zuge einer Fluss-Sanierung als Mehrzweckanlagen gebaut, um Sohlenstabilisierung, Hochwasserschutz und regenerative Energieerzeugung in einem Konzept zu erreichen. Zur Geschichte der Anlagen und dem Konzept des Mehrfachnutzens wird exemplarisch auf den Artikel „Herausforderungen für die Große Wasserkraft" [1] sowie auf das Buch „Die Wertach" [2] verwiesen.

Bild 1: Übersicht der Anlagen BEW in Bayerisch Schwaben

Neben den vielfältigen Nutzen der Anlagen stellen diese auch Eingriffe in die Gewässer dar. Zusätzlich zur Unterbrechung der Durchgängigkeit führt die reduzierte Fließgeschwindigkeit in den Stauräumen zum abschnittsweisen Verlust von Fließgewässerlebensraum. Starre Uferbefestigungen reduzieren die Vielfalt von Gewässerstrukturen. Im Endergebnis fehlen der heimischen Fischfauna unverzichtbare Schlüsselhabitate für verschiedene Entwicklungsstadien und Jahreszeiten.

1.2 Strategie zum Populationsschutz

Das Wasserhaushaltsgesetzes (WHG) fordert in § 33 die Erhaltung der erforderlichen Abflussmenge (Mindestwasserführung), in § 34 geeignete Einrichtungen und Betriebsweisen zum Erhalt oder Wiederherstellung der Durchgängigkeit an Stauanlagen, soweit dies zum Erreichen der Bewirtschaftungsziele nach Maßgabe der §§ 27 bis 31 WHG erforderlich ist, sowie in § 35 den Schutz der Fischpopulationen – nicht einzelner Individuen! – bei Wasserkraftanlagen durch geeignete Maßnahmen.

Für die Aufwärtswanderungen von Fischen existiert bereits ein umfangreicher Stand des Wissens. Auch wenn immer noch neue Forschungsideen entwickelt werden, liegen ausreichende Erfahrungen und konkrete Vorgaben zu Planung, Bau und Betrieb in Form von Merkblättern (z. B. [3] und [4]) vor, um funktionsfähige Fischaufstiegsanlagen kostenbewusst und mit den erforderlichen Dotationsabflüssen zu bauen. Im Gegensatz dazu gibt es bislang für den Schutz der Fischpopulationen an Wasserkraftanlagen deutlich weniger Erkenntnisse und auch keinen allgemein anerkannten Stand der Technik.

Konventionelle Wasserkraftanlagen führen – abhängig von einer Vielzahl von Faktoren wie u. a. Kraftwerks- bzw. Turbinentyp, Abfluss und dessen Aufteilung (Mindestwasserstrecken), Fischarten und -größen sowie von ggf. bereits installierten Fischschutz- und Leiteinrichtungen zum Fischabstieg – zu Schäden an den abwandernden Fischen. Die Schädigungsraten, die in Modellversuchen und an realisierten Anlagen ermittelt wurden, variieren – insbesondere auch durch die große Zahl der Einflussfaktoren und die eingeschränkten Möglichkeiten eines Monitorings in großen Gewässern – sehr stark. Quantitative Untersuchungen zum Fischabstieg liegen nur für relativ wenige Anlagen in Bayern vor. In den letzten Jahren wurden vermehrt sogenannte innovative Wasserkraftanlagen entwickelt, die den Schutz abwandernder oder abdriftender Fische gewährleisten sollen. Der Nachweis eines erfolgreichen Fischschutzes ist jedoch auch für diese Anlagen noch durch wissenschaftlich fundierte Monitoringergebnisse zu erbringen und vielfach noch nicht belegt.

Bei kleinen Wasserkraftanlagen (Ausbauabfluss kleiner 50 m³/s) konzentriert sich die Forschung und Entwicklung bisher stark auf den technischen Fischschutz an baulichen Anlagen einschließlich der Beobachtung des Verhaltens von Fischen im direkten Nahbereich von Bauwerken. Als Fischarten stehen dabei v. a. die diadromen Arten Aal, Meerforelle und Lachs im Vordergrund. Ein Stababstand an Turbineneinlaufrechen von höchstens 20 mm und eine Anströmgeschwindigkeit von maximal 0,5 m/s wird als Mindestkriterium für den Fischschutz an Wasserkraftwerken gefordert.

Bei bestehenden Wasserkraftanlagen an großen Flüssen mit Mittelwasserabflüssen größer 100 m³/s und Ausbauabflüssen von über 50 m³/s pro Turbine sind derartige Forderungen in der Regel nicht realisierbar. Vor allem die Reduzierung der Anströmgeschwindigkeit würde in vielen Fällen mehr als eine Verdoppelung der Rechenfläche bedeuten, was im baulichen Anlagenbestand oftmals nicht möglich ist. Der Einbau von Feinrechen ohne Reduzierung der Anströmgeschwindigkeit ist darüber hinaus sogar als kontraproduktiv zu sehen, da damit die Schädigungen von Fischen durch Anpressen an den Rechen im Vergleich zu den Schäden bei der Passage von groben Rechen und Turbinen eher zunehmen.

Neben diesen technischen Einschränkungen wird – insbesondere bei großen Anlagen im Donaueinzugsgebiet ohne Vorkommen diadromer Fischarten – derzeit diskutiert, ob ein technischer Fischschutz am Einlauf von Wasserkraftanlagen für den Schutz der Fischpopulation notwendig ist oder ob nicht Maßnahmen an den Turbinen und an der Steuerung der Anlagen sowie weitere populationsstützende Maßnahmen wesentlich zielführender sein können. Dass bei der Passage von Turbinen Schäden an Fischen auftreten ist unstrittig. Bei potamodromen Fischarten ohne konkrete, definierte Wanderbewegungen ist aber noch nicht ausreichend geklärt, wie bedeutend diese für die Fischpopulation sind. Es stellen sich dabei u. a. die Fragen, wie viele Fische in die Nähe von Turbineneinläufen schwimmen und wenn, wie hoch dann die Schädigungsraten bei großen Turbinen mit mehreren Metern Durchmesser und niedrigen Drehzahlen sind.

Unabhängig davon ist die Bedeutung der Verfügbarkeit und Qualität von Schlüsselhabitaten für die Entwicklung von Fischpopulationen bekannt. Daher wird in Bayerisch Schwaben bereits seit einigen Jahren der Ansatz verfolgt, die Beeinträchtigung von Fischpopulationen durch eine gezielte Gestaltung und Vernetzung von Habitaten zu kompensieren. Diese Lebensraumverbesserungen sollen nicht nur die negativen Einflüsse auf Fischpopulationen durch Wasserkraftanlagen vermindern, viel mehr wirken sie auch gegen andere anthropogen bedingte Einflüsse, wie z. B. die Auswirkungen der modernen Landwirtschaft und den Ausbau von Gewässern für Hochwasserschutz, Schifffahrt und Landnutzung. Im Folgenden werden ausgewählte Maßnahmenbeispiele beschrieben.

2 Ausgewählte Maßnahmen

2.1 Gewässer- und Ufer-Strukturen als Fischhabitate

Die meisten Gewässerabschnitte mit Staustufen und Wasserkraftanlagen sind hinsichtlich der Gewässerökologie stark beeinträchtigt und entsprechend der WRRL als erheblich veränderte Wasserkörper (Heavily Modified Water Bodies, HMWB) eingestuft. Starre und unstrukturierte Uferböschungen bieten dabei v. a. für Fische meist wenig bis keine Habitatstrukturen. Die gezielte Gestaltung von Gewässer- und Uferstrukturen wird durch die BEW an allen Unterhaltsstrecken vorangetrieben. Im Folgenden werden Maßnahmen und die Untersuchung ihrer Wirkung an den Flüssen Günz und Lech exemplarisch beschrieben.

2.1.1 Alte Günz

Das Mutterbett der Günz nördlich von Deisenhausen im Landkreis Günzburg, die sogenannte „Alte Günz“, die wegen des Baues des Oberegger Stausees lediglich die Funktion eines Hochwasserableiters hatte und als Ausleitungsstrecke nur wenig Wasser aus Undichtigkeiten des Wehres und eines Wiesengrabens führte, ist durch die Dotation aus einem neu gebauten Umgehungsbach, einer Kieszugabe und weiterer struktureller Maßnahmen nunmehr in einem sehr schönen, naturnahen Zustand. Die Ufer sind weitgehend natürlich, Steiluferbereiche, Kiesbänke, Flachwasserzonen und tiefere Gumpen wechseln sich ab. Dieser Flussabschnitt hat heute nicht nur als Laichplatz und Jungfischhabitat eine bedeutende Strahlwirkung auf die benachbarten Günzabschnitte, sondern er ist auch aufgrund seines Strukturreichtums (Rohbodenstandorte, Suk-

Bild 2: Beispiel der Uferstruktur an der Günz mit Uferbewuchs, Totholz und Kiesbank

zessionsflächen) und des uferbegleitenden Baum- und Strauchbewuchses von hohem, naturschutzfachlichen Wert (**Bild 2**). Dieses Konzept der Reaktivierung von alten Flussläufen soll als „Erfolgsmodell" wo immer möglich wiederholt werden.

2.1.2 Günz

Die Umsetzung der Maßnahmen wurde mit einem wissenschaftlichen Monitoringprogramm – ausgeweitet auf einen größeren Abschnitt der Günz – begleitet. Die Zielsetzung war, die Wirkung von unterschiedlichen Uferstrukturen auf die saisonalen Fischbestände zu vergleichen. Dazu wurden in den Jahren 2005/2006 insgesamt 36 Strukturelemente von vier unterschiedlichen Typen eingebaut: Uferbefestigungen aus Wasserbausteinen ohne Bewuchs, mit überhängendem Staudenbewuchs, mit Busch- und Baumbeständen sowie mit im Wasser verankerten Totholzbündeln (**Bild 3**).

Zwei Jahre später wurden die Strukturen im Sommer und Winter 2008 in einer wissenschaftlichen Studie durch den Lehrstuhl für Aquatische Systembiologie der Technischen Universität München untersucht. Die Ergebnisse sind in [5] ausführlich erläutert. Dabei wird unter anderem die hervorragende Wirkung von ufernahen Totholzbündeln als Wintereinstand und Schutzhabitat für kleine Fischarten und Jungfische wissenschaftlich nachgewiesen. Diese Strukturen sind deswegen besonders interessant, weil sie einerseits mit vergleichsweise geringem Aufwand schnell und kostengünstig eingebaut werden können und sie andererseits sofort wirken, d. h. umgehend von den Fischen angenommen werden. Selbst unter beengten Platzverhältnissen und bei größeren Fließgeschwindigkeiten können Totholzbündel, mit Stahlseilen am Ufer oder an Wasserbausteinen verankert, effektiv eingesetzt werden. Aufgrund der begrenzten Lebensdauer der Strukturen müssen diese in regelmäßigen Abständen erneuert werden, um die Funktion als Fischhabitat aufrechterhalten zu können.

2.1.3 Unterer Lech

Aufbauend auf den Untersuchungen an der Günz wurden in den Jahren 2010/2011 am Lech im Bereich der Staustufen Ellgau und Rain Maßnahmen zur Strukturverbesserung der Ufer durchgeführt. Im Rahmen des Umbaus entstanden dabei an sechs Teilbereichen der bislang strukturlosen Betonuferwände (**Bild 4**) sogenannte Ökobermen. Diese unterteilen das Ufer durch Absätze und bereichern das Substratangebot durch Schotter (Wasserbausteine), Schroppen, Kiesaufschüttungen sowie Totholzbündel. Sie führen damit zu einer Strukturvielfalt unter Wasser sowie in der Wasserwechselzone (**Bilder 5 und 6**).

Um zu überprüfen, ob und inwieweit sich aufgrund der strukturellen Veränderungen die Lebensraumqualität in den neu strukturierten Ufer-

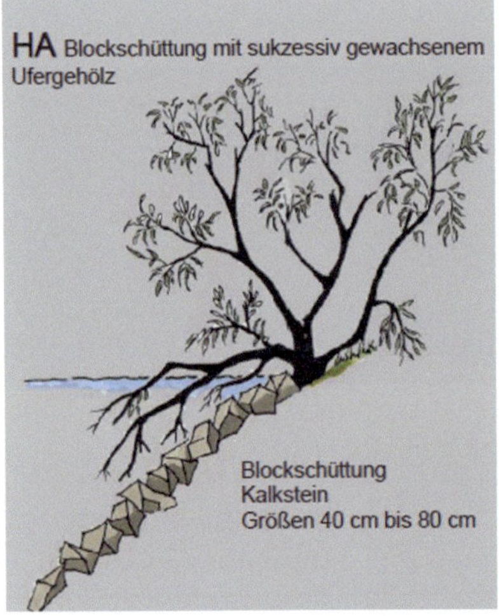

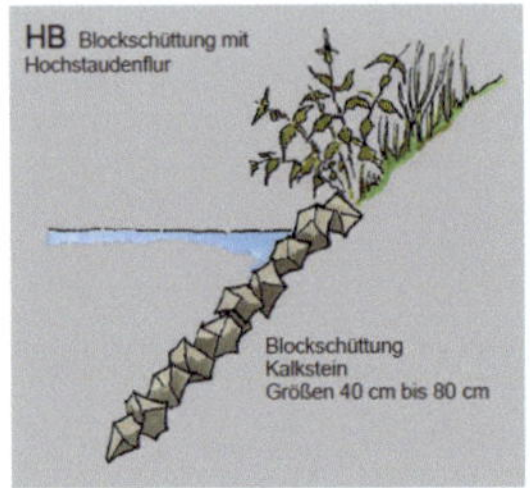

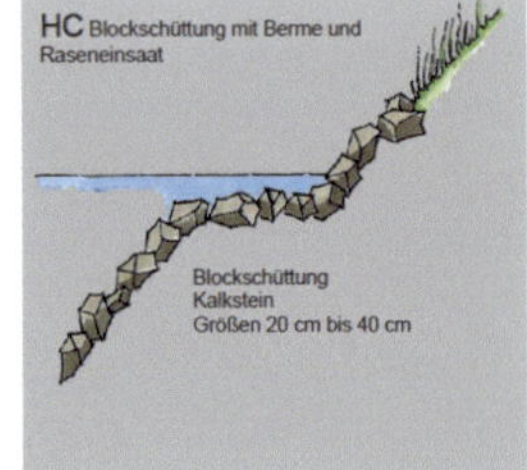

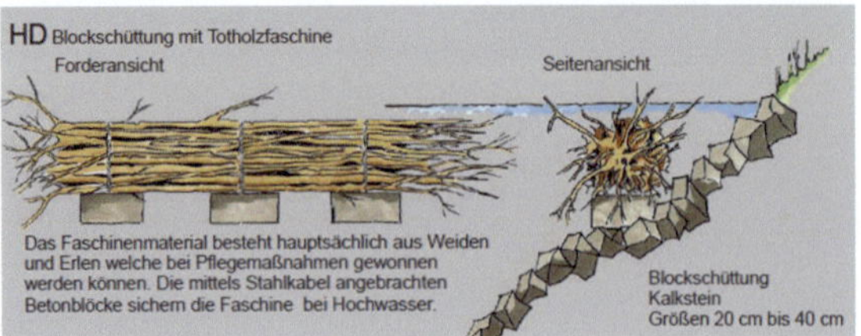

Bild 3: Schematische Darstellung der vier Habitattypen (aus [5])

Bild 4: Stauraum Ellgau mit geradliniger Böschungsbeton-Oberflächendichtung vor Einbau der Uferstrukturen (2010)

Bild 5: Uferstrukturen aus Kiesbuhnen, Wasserbausteinen und Totholzelementen, 2012 ca. 6 Monate nach Einbau

Bild 6: Uferstrukturen aus Kiesbuhnen, Wasserbausteinen und Totholzelementen, 2012 ca. 12 Monate nach Einbau

bereichen verbessert hat, wurden 2011/2012 an ausgewählten Probestellen gewässerbiologische Untersuchungen zur Erfassung und Bewertung der Makrozoobenthosbesiedlung durchgeführt. Im Rahmen einer weiteren Studie im Jahr 2013 sollte geklärt werden, wie sich die Bestände in den umgestalteten Bereichen entwickeln und ob sich die Besiedlung etabliert hat.

Das Untersuchungsgebiet umfasst den Lech im Bereich der Staustufe Ellgau zwischen Fluss-Km 17,4 und 18,0 sowie im Bereich der Staustufe Rain bei Fluss-Km 7,8. Bearbeitet wurden insgesamt acht Probestellen, jeweils mit einer Länge von 30 bis 50 m. Vier liegen in den strukturell optimierten Bereichen der Staustufe Ellgau (rechts- und linksufrig), zwei in der flussabwärts gelegenen Staustufe Rain (rechtsufrig) und zwei in den unveränderten Böschungen mit Betonoberflächendichtungen der Staustufe Ellgau.

Bei den Umbaumaßnahmen kamen zwei Varianten von Ökobermen zum Einsatz. Bei der ersten Variante wurden ausschließlich grober Schotter (Wasserbausteine) eingebracht, bei der zweiten strukturreicheren Variante zusätzlich Schroppen kleinerer Korngrößen (<20 cm), Kies, Totholzbündel und große Flusssteine (**Bilder 5** und **6**).

Wie die Untersuchungsergebnisse belegen, haben die neu angelegten Ökobermen die Lebensraumfunktion und die Biotopqualität im staugeregelten Lech deutlich erhöht. Obwohl die Erhebungen nur kurze Zeit nach Neuanlage der Ökobermen erfolgten und die Neubesiedlung mit Ausbildung stabiler Biozönosen noch nicht abgeschlossen war, konnten bereits 2011/ 2012 in den neu geschaffenen Habitaten 59 verschiedene Taxa, davon acht Rote-Liste-Arten, darunter eine gefährdete Art (*Ephemera vulgata*; Eintagsfliege) sowie sieben Arten der Vorwarnliste, darunter die Grundwanze *Aphelocheirus aestivalis*, nachgewiesen werden. 2013 wurden in den durch Ökobermen umstrukturierten Bereichen arten- und individuenreiche Bestände sowie drei weitere Rote-Liste-Arten, darunter eine stark gefährdete (*Sialis nigripes*; Netzflügler) und eine gefährdete Art (*Limnephilus fuscicornis*; Eintagsfliege), erstmals nachgewiesen [6].

Die Wirkung auf die Fischfauna zeigt sich kurzfristig durch große Mengen von Fischbrut, die in den Flachwasserzonen beobachtet werden konnten. Elektrobefischungen durch den örtlichen Fischereiverein Meitingen (Hr. Hubert Schuster) haben ergeben, dass an den Standorten, wo der betonierte Wellenbrecher durch die Ökoberme ersetzt wurde, nun im Gegensatz zu früher im Stau Ellgau bereits im September 2012 auf einer Strecke von 200 m neun Fischarten in unterschiedlichen Altersklassen nachgewiesen wurden (Hecht, Rotauge, Laube, Flussbarsch, Kaulbarsch, Dreistachliger Stichling, Schleie, Aal und Schmerle).

2.2 Fließgewässerlebensraum in Hinterlandentwässerungsgräben

Neben den oben beschriebenen Gewässerstrukturmaßnahmen in Stauräumen werden parallel der Erhalt und die Verbesserung von Habitaten in Fließgewässerabschnitten angestrebt. Dazu werden gezielte Gestaltungen von Hinterlandentwässerungsgräben durchgeführt, zum Beispiel an der Donau. Die im Zuge des Staustufenbaus angelegten Entwässerungsgräben mit insgesamt rund 70 km Länge und die verbliebenen Altwasserstrukturen haben eine wichtige Funktion und ein sehr hohes Lebensraumpotenzial im Gesamtsystem der Donau. Dort bilden diese Gräben mehrere hundert Kilometer lange Fließgewässer und sind Lebensraum für Fließwasserarten. Sie stellen einen gewissen Ersatz für Fließstrecken des Hauptgewässers dar und speisen teilweise die Altwässer. Durch zusätzliche Dotation aus dem Hauptgewässer – wie beispielsweise an der Donau bei Offingen geplant – erfahren diese Bäche bei gleichzeitiger Renaturierung eine bedeutende Aufwertung. Teilweise können sie die Funktion von Umgehungsbächen übernehmen. Nachdem in den Altwasserbereichen eine starke Verlandung festgestellt wird, ist eine Räumung bzw. Teilräumung notwendig, um die Lebensraumfunktionen zu erhalten bzw. zu verbessern. Durch die intensive landwirtschaftliche Nutzung erfahren unsere Fließgewässer einen bedeutenden Eintrag an feindispersem Material. Die meisten Altwasserstrukturen entlang der Donau sind in den letzten Jahrzehnten bereits verloren gegangen. Der Erhalt der verbliebenen Altwasser ist daher nur durch periodische Räumungen zu sichern.

Nach den Erfahrungen der BEW ist Deshalb die Schaffung von Sandfängen, die als definierte Stellen für die periodische Räumung fixiert werden, eine sehr erfolgversprechende Maßnahme.

Hierdurch kann die Entlandung auf wenige Bereiche begrenzt werden, der Eingriff in die Natur wird deutlich vermindert und trotzdem profitieren auch die unterhalb liegenden, fließenden Gewässerabschnitte des Entwässerungsgrabens von dieser Maßnahme. Gleichzeitig bieten sie auch als tiefe Gumpen für Fische Strukturreichtum und Wintereinstände. Voraussetzung ist die ausreichend große Dimensionierung (Tiefe und Ausdehnung) der ausgewählten Stellen und die leichte Zugänglichkeit für Baugeräte.

Obwohl die bachartigen Gräben in den Flussauen in der Regel in Schutzgebieten liegen, ist bei den Entlandungen als punktuelle Unterhaltungsmaßnahmen eine erhebliche Beeinträchtigung der Schutzgebiete in ihren für die Erhaltungsziele oder den Schutzzweck maßgebenden Bestandteilen nicht gegeben. Eine Verschlechterung des Erhaltungszustandes kann in der Regel ausgeschlossen werden, wenn die Maßnahme in der passenden Jahreszeit – möglichst im Herbst, außerhalb der Frostperiode und außerhalb der Brutzeit der Vögel – vorgenommen wird.

3 Ausblick

Die oben beschriebenen Maßnahmen haben eine positive kleinräumige Wirkung. Einen umfassenderen Nutzen können sie jedoch erst entfalten, wenn die unterschiedlichen Gewässerabschnitte mit den verschiedenen Habitaten vernetzt sind. Dazu wird zum einen der Bau von Fischwanderhilfen vorangetrieben, zum anderen eine durchgängige Anbindung von Seitengewässern angestrebt.

In einem nächsten Schritt der Untersuchungen werden derzeit mehrere parallele Projekte vorbereitet. Zum einen soll an der Günz die Entwicklung der Fischpopulation untersucht werden, nachdem neben den oben beschriebenen Strukturmaßnahmen zwischenzeitlich auch die Durchgängigkeit mit Fischwanderhilfen hergestellt wurde und damit bestehende Teilhabitate nun verbunden sind.

An der Donaustrecke zwischen Ulm und Donauwörth sind auf der Strecke von insgesamt rund 70 km großräumige Kombinationen aus folgenden Maßnahmentypen vorgesehen: Uferstrukturgestaltungen (Ökobermen) an bestehenden Stauhaltungsdämmen mit Betonoberflächendichtungen, Kieszugaben zur Schaffung von Kieslaichplätzen im Unterwasser der Wasserkraftanlagen, Uferdynamisierungen bzw. Uferaufweitungen und die Wiederanbindung von Seitengewässern und Altarmen [7]. Diese Maßnahmen in der Donau sollen zusätzlich durch die oben beschriebene Gestaltung der Gräben als Parallelgewässer – ggf. auch mit zusätzlicher Dotation mit Donauwasser – ergänzt und unterstützt werden, um neben den fischökologischen Zielen auch naturschutzfachliche Verbesserungen in der Aue zu erzielen sowie die Vernetzung zwischen Fluss und Aue zu entwickeln. Das Projektkonzept ist derzeit in der Entwicklungsphase mit dem Ziel, Förderprogramme zu nutzen. Auf weitere Details wird daher an dieser Stelle noch nicht eingegangen und auf spätere Veröffentlichungen über die Projektdurchführung und Ergebnisse verwiesen.

Ziel der weiterführenden Projekte ist es, die Wirkung von fischpopulationsfördernden Maßnahmen zu quantifizieren. Es soll damit die Frage beantwortet werden, ob und in welchem Umfang mit Habitatgestaltungen und deren Vernetzung der Schutz der Fischpopulation gemäß WHG erreicht wird. Neben der grundsätzlichen fachlichen Eignung soll auch ein Beitrag zur Wirtschaftlichkeit im Sinne einer Kosten-Nutzen-Betrachtung geleistet werden. Unter Berücksichtigung von betriebswirtschaftlichen und volkswirtschaftlichen Gesichtspunkten soll gewässerökologisch ein durchschlagender und messbarer Erfolg auf dem Weg zum guten ökologischen Zustand (bzw. guten ökologischen Potenzial) erreicht werden. Es soll dazu die Frage beantwortet werden können, ob durch zielgerichtete strukturelle Maßnahmen für die potamodromen Fischpopulation mit gleichem oder geringerem Aufwand ein gleicher oder größerer Effekt erzielt werden kann, als durch reine technische Fischschutzanlagen an Bauwerken und Kraftwerken.

Autoren

Dr.-Ing. Gerhard Haimerl
Bayerische Elektrizitätswerke GmbH
Schaezlerstraße 3
86150 Augsburg
gerhard.haimerl@lew.de

Dr. Oliver Born
Fachberater für das Fischereiwesen im Bezirk Schwaben
Schwäbischer Fischereihof
Mörgenerstr. 50
87775 Salgen
oliver.born@bezirk-schwaben.de

Dr. phil. nat. Dagobert Smija
Beauftragter für Gewässerfragen des Fischereiverbandes Schwaben e. V.
Ligusterweg 28
86381 Krumbach
dagobert.smija@t-online.de

Literatur

[1] Pöhler, F.; Klocke, R.: Herausforderungen für die „große Wasserkraft". In: WasserWirtschaft (2011), Heft 7-8, S. 10-14.

[2] Rapp, R.: Die Wertach, Flussentwicklung an der unteren Wertach. Gestern. Heute. Morgen. Augsburg: context Verlag, 2012.

[3] Deutsche Vereinigung für Wasserwirtschaft, Abwasser und Abfall e. V. (Hrsg.): Fischaufstiegsanlagen und fischpassierbare Bauwerke – Gestaltung, Bemessung, Qualitätssicherung. In: DWA-Merkblätter (2010), DWA-M 509 Entwurf.

[4] Bayerisches Landesamt für Umwelt & Landesfischereiverband Bayern e. V. (Hrsg.): Praxishandbuch Fischaufstiegsanlagen in Bayern. 2012.

[5] Pander, J.; Geist J.: Seasonal and spatial bank habitat use by fish in highly altered rivers – a comparison of four different restoration measures. In: Ecology of Freshwater Fish 19 (2010), S. 127-138.

[6] Klingshirn, C.: Lechstaustufen Ellgau und Rain, WirkungsMonitoring zu Uferstrukturverbesserungsmaßnahmen – Makrozoobenthos. Gutachten im Auftrag der Bayerischen Elektrizitätswerke GmbH, November 2013.

[7] Mair, A.: Gewässserstrukturentwicklung zur Umsetzung der Wasserrahmenrichtlinie an Wasserkraftanlagen an der oberen Donau. Bachelorarbeit an der Hochschule Augsburg, 2012.

Gerhard Haimerl, Oliver Born and Dagobert Smija

Measures to Foster Fish Population in Swabia

The German federal water law demands from operators of hydropower plants sufficient measures to protect fish population. Investigations at hydropower plants at bigger rivers with exclusively potamodromous fish are conducted to show, whether site-specific fish habitat structures can be introduced to achieve this aim regardless of the technical facilities at the plants. Initial localized measures and studies show promising results. In further projects large-scale combinations of measures dealing with fish habitats will be investigated.

Герхард Хаймерль, Оливер Борн и Дагоберт Смийя

Мероприятия по поддержке развития популяций рыб в Швабии

Закон о водном балансе (WHG) требует проведения на гидроэлектростанциях соответствующих мероприятий по защите популяций рыб. На гидротехнических сооружениях, расположенных на крупных водоемах, с исключительно потамодромными видами рыб проводятся исследования, касающиеся следующих вопросов: возможно ли рациональное и эффективное достижение целей рыбозащиты – наряду с использованием технических сооружений и проведением производственных мероприятий на электростанциях и в зависимости от условий расположения - за счет создания среды обитания и объединения ее в сеть. Первые малые мероприятия показывают многообещающие результаты; в последующих будет исследована возможность проведения более крупных мероприятий.

Pia Anderer, Christof Bauerfeind und Jens Görlach

Durchgängigkeitskonzept Unstrut

Die Unstrut gehört zu den Gewässern, in denen nach den Bewirtschaftungsplänen in Thüringen die Herstellung der Durchgängigkeit den Schwerpunkt der umzusetzenden Maßnahmen darstellt. Es wurden Konzepte erstellt, die neben der Betrachtung der einzelnen Querbauwerke auch die Summenwirkung dieser Bauwerke sowie die Gesamtbeeinträchtigungen der Gewässer durch Stau- und Ausleitungsstrecken betrachten. Mit den ausgewiesenen Maßnahmen zur Herstellung der Durchgängigkeit können die Voraussetzungen zur Erreichung des guten ökologischen Zustandes für die Fischfauna geschaffen werden.

1 Einleitung

Im Zuge der WRRL-Umsetzung wurden in Thüringen Oberflächenwasserkörper ausgewiesen, in denen der Schwerpunkt der Maßnahmen in der Herstellung der Durchgängigkeit liegt („Schwerpunktgewässer Durchgängigkeit"). Zu diesen Gewässern gehören u. a. Ilm und Unstrut. Für die Ilm entwickelte und erprobte das Ingenieurbüro Floecksmühle modellhaft 2009 ein Bearbeitungskonzept, das auch als Grundlage des Durchgängigkeitskonzeptes für die Unstrut diente (Bearbeitung 2010 bis 2013) [3]. Derzeit werden im Auftrag der Thüringer Landesanstalt für Umwelt und Geologie weitere Schwerpunktgewässer in Anlehnung an dieses Konzept bearbeitet.

Als Ergebnis werden für alle Querbauwerke und Wasserkraftanlagen Konzepte für die Verbesserung der flussauf- und -abwärts gerichteten Durchgängigkeit erstellt, in denen die aktuellen Gegebenheiten und die möglichen Maßnahmen sowohl textlich als auch in Lageplänen dokumentiert wurden. Neben der Durchgängigkeit wird die Lebensraumveränderung durch Stau- und Ausleitungsstrecken bewertet, so dass hier auf der Ebene der Fließgewässerzonen Maßnahmen zur Entwicklung größerer Anteile freier Fließstrecken vorgeschlagen werden können.

Darüber hinaus wird das unter ökologischen und wirtschaftlichen Betrachtungen zusätzlich ausbaubare technische Wasserkraftpotenzial des Gewässers ermittelt.

2 Untersuchungsgebiet und Untersuchungsumfang

Die Unstrut entspringt in Nordthüringen und entwässert mit einem Einzugsgebiet von 6 364 km^2 und einer Länge von 192 km fast das gesamte Thüringer Becken.

Innerhalb der Untersuchung wurden alle 48 in Thüringen vorhandenen Standorte von Querbauwerken betrachtet (**Bild 1**). An diesen sind 14 Wasserkraftanlagen mit einer Gesamtleistung von 730 kW in Betrieb. Die Unstrut mündet in Sachsen-Anhalt linksseitig in die Saale. Dort existieren 5 weitere Standorte mit Querbauwerken bis zur Mündung in die Elbe.

Die Bearbeitung der Studie erfolgte in mehreren Schritten:

- Grundlagenermittlung und Besichtigung für alle Standorte: Querbauwerke, Fischaufstiegsanlagen, Wasserkraftanlagen;
- Bewertung der aktuellen Durchgängigkeit und der Lebensraumveränderung durch Stau- und Ausleitungsstrecken (Ist-Zustand);
- Konzepte für eine ökologische Verbesserung aller Standorte inkl. Varianten (Plan-Zustand);
- Bewertung der Einzelkonzepte und Betrachtung der Summenwirkung in Bezug auf die Verbesserung der Durchgängigkeit;
- Bewertung verschiedener Planungsvarianten bezüglich der Lebensraumveränderung durch Stau sowie Ausleitung und daraus Ableitung der erforderlichen Maßnahmen zur Zielerreichung;

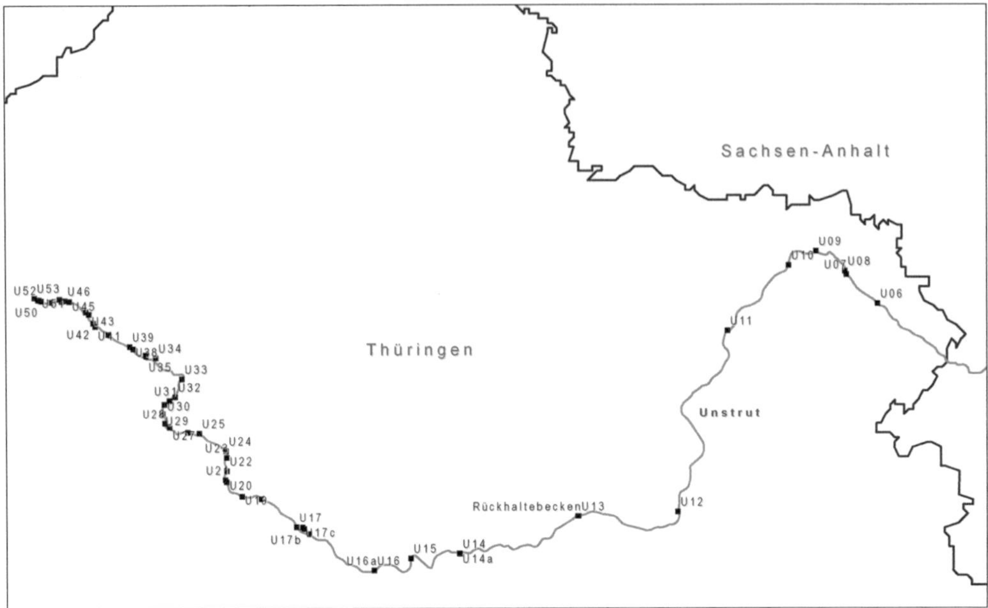

Bild 1: Standorte im Unstrut-Einzugsgebiet in Thüringen

- Einfache Kostenschätzung auf Basis von Erfahrungswerten;
- Abschätzung der Mindererzeugung an WKA durch ökologische Abflüsse, Änderung Jahreserträge;
- Prüfung nach § 35 WHG (Wasserkraftpotenzial).

3 Durchgängigkeit

Die Grundlage für die Bewertung der Durchgängigkeit bilden Mindeststandards, die in [1] und [2] veröffentlicht wurden. Um eine Einschätzung der erforderlichen Maßnahmen zur Zielerreichung der WRRL vornehmen zu können, war neben der Betrachtung der Einzelbauwerke deren Summenwirkung als Gesamtbetrachtung der jeweiligen Gewässer erklärtes Ziel der Studie. Für die einzelnen Standorte können sich daraus auch höhere Anforderungen ergeben.

Bei der Entwicklung von Maßnahmen müssen die Anforderungen der autochthonen Fischfauna berücksichtigt werden. Dabei ist insbesondere für die diadromen Fischarten (in Thüringen vor allem Lachs und Aal) die kumulative Wirkung der Querbauwerke und Wasserkraftanlagen entlang ihrer Wanderrouten entscheidend. Auch wenn der Lachs derzeit nicht in den Thüringer Gewässern heimisch ist, ist die Berücksichtigung dieser historisch belegten diadromen Arten für das Erreichen eines guten ökologischen Zustands entsprechend WRRL von Bedeutung. Jedoch profitieren auch die anderen Arten von den für die diadromen Arten geltenden Anforderungen.

Die Maßnahmen für Wiederherstellung der Durchgängigkeit wurden wie folgt differenziert:

- Die flussaufwärts gerichtete Passierbarkeit muss für die gesamte autochthone Fischfauna realisiert werden.
- Bei der flussabwärts gerichteten Passierbarkeit sind die diadromen und die geschützten/gefährdeten Arten in besonderer Weise zu berücksichtigen.

Einschränkungen bei der Passierbarkeit der Standorte (flussauf- und -abwärts) haben entlang der Wanderrouten der Fische eine kumulative Wirkung. Diese wird durch die Erreichbarkeitsrate der Laich- bzw. Aufwuchsareale (bei der flussaufwärts gerichteten Wanderung) und die kumulierte Abstiegsrate an der Mündung der Unstrut in die Saale (bei der flussabwärts gerichteten Wanderung)

Bild 2: Ehemaliger Wehrstandort nach Umbau in ein geteiltes Raugerinne mit Beckenstruktur

ausgedrückt. Als Grundlage für die Ermittlung dieser Raten wurden die Aufstiegs- und die Überlebensrate an den Einzelstandorten ermittelt.

Bild 2 zeigt beispielhaft den Standort eines ehemaligen Wehres an der oberen Unstrut, der auf Initiative des Landes Thüringen bereits vor der Studie durchgängig gestaltet wurde.

Zur Bewertung der Durchgängigkeit eines Standortes wurden die großräumige und die kleinräumige Auffindbarkeit der möglichen Wanderwege und Wanderkorridore sowie deren Passierbarkeit bewertet. Dabei wurden Raten verwendet, die eine grobe Einschätzung des Anteils der betroffenen Tiere liefern sollen. Die Bewertung erfolgte mit Hilfe einer fünfstufigen Skala, die in Anlehnung an die Darstellung der WRRL farbig unterlegt ist.

Aus **Bild 3** wird für den Ist-Zustand deutlich, dass die Erreichbarkeit für Fische, die aus der Saale

QBW Nr.	WKA	Wanderweg	Maßnahme	Aufstiegsrate Standort	Erreichbarkeitsrate Standort aus der Saale	Aufstiegsrate Standort	Erreichbarkeitsrate Standort aus der Saale
U06	nein	Raugerinne	Reduzierung Kronenhöhe	0,85	0,75	1,00	0,88
U07	nein	Raugerinne	-	0,98	0,73	1,00	0,88
U08	nein	Wehr mit Beckenpass	Umgehungsgerinne am rechten Ufer	0,36	0,26	0,95	0,84
U09	ja	Wehr mit WKA	Monitoringuntersuchung, ggf. Dimensionierung anpassen	0,83	0,22	0,90	0,80
			optimierter Schlitzpass an der WKA				
U10	nein	Wehr im Nebenschluss = keine Auswirkungen	-	1,00	0,22	1,00	0,80
U11	ja	Wehr mit FAA	-	0,19	0,04	0,86	0,68
		WKA mit FAA	Neubau FAA an WKA				
U12	ja	Wehr	Neubau FAA am Wehr	0,04	0	0,95	0,65
		Kanustrecke	-				
		Mühlgraben mit Wasserrad	Einschwimmsperre Mühlgraben				
U13	nein	Wehr	Aufhebung Teildauerstau, Umbau Sohle in Raugerinne ohne Einbauten	0,36	0	1,00	0,65
U14	ja	Wehr	Umgehungsgerinne am Wehr	0	0	0,86	0,55
		Mühlgraben mit WKA1 (OM) und WKA2 (UM)	-				
U15	nein	Raugerinne	vorh. Planung für gewässerbreites Raugerinne in Beckenbauweise	0,6	0	0,98	0,54
U16	ja	Wehr	Schlitzpass am Wehr	0,48	0	0,94	0,51
		Wasserrad mit Schlitzpass	Monitoringuntersuchung		0		
U17	ja	Wehr	Umgehungsgerinne	0	0	0,86	0,43
		WKA 1 (Untermühle) und WKA 2 (Obermühle)	Schlitzpässe an beiden WKA				
U18	nein	Wehr	Variante 1 oder 2	0	0	1,00	0,43
U19	ja	Varinate 1: Raugerinne mit Beckenstruktur	Variante 1 oder 2	0,18	0	0,86	0,37
		Mühlgraben mit WKA (außer Betrieb)	-				
U20	nein	Raugerinne	-	0,98	0	1,00	0,37
U21	nein	Raugerinne	-	0,98	0	1,00	0,37
Einstufung Beeinträchtigung			keine Beeinträchtigung	gering	mäßig	erheblich	sehr stark

Bild 3: Bewertung der flussaufwärts gerichteten Durchgängigkeit von Standorten in der Unstrut für den Ist-Zustand und den Plan-Zustand: Aufstiegsraten an den Standorten und Erreichbarkeitsraten für aus der Saale aufsteigende Fische (beispielhaft dargestellt für die unteren 16 Bauwerke in Thüringen)

aufsteigen, selbst bei Annahme optimaler Gestaltung der 5 Standorte in Sachsen-Anhalt spätestens oberhalb des zweiten Standortes in Thüringen nur noch etwa 26 % beträgt und oberhalb des fünften Standortes gegen Null geht. Für den Plan-Zustand kann in der Regel eine gute Durchgängigkeit der einzelnen Standorte erzielt werden. Bis zum achten Standort in Thüringen wird die Erreichbarkeit aus der Saale heraus mit über 60 % abgeschätzt. Die Durchgängigkeit wird dabei auch für Arten, die innerhalb der Unstrut über kürzere Strecken wandern, erheblich verbessert.

4 Standortkonzepte

Die Festlegung der Bauweise einer Fischaufstiegsanlage richtete sich nach den jeweiligen Standortgegebenheiten. An Wehren ohne Nutzung und sonstige Restriktionen wurde der Rückbau als vorrangige Lösung betrachtet. War ein Rückbau aufgrund der Rahmenbedingungen nicht möglich, bot sich der Umbau in ein gewässerbreites Raugerinne mit Beckenstrukturen, ein geteiltes Raugerinne (**Bild 2**) oder der Bau einer Fischaufstiegsanlage an. An Wasserkraftanlagen war aufgrund des geringen verfügbaren Platzes ein Schlitzpass meist die sinnvollste Lösung (**Bilder 4** und **5**).

Die Positionierung der Fischaufstiegsanlagen wurde sowohl großräumig als auch kleinräumige sorgfältig untersucht, um die Auffindbarkeit zu gewährleisten und Sackgassen-Effekte zu vermeiden.

Bei der Gewässergröße bzw. den Abflussverhältnissen in der Unstrut ist die Vorzugslösung für den Fischabstieg an den genutzten Querbauwerken (Wasserkraftanlagen) eine Kombination aus einer mechanischen Barriere (Feinrechen mit 10 bzw. 15 mm Stabweite), die das Eindringen der Fische in die Wasserkraftanlage verhindern soll, und geeigneten Abwanderkorridoren (Bypässen), durch die die Fische sicher ins Unterwasser geleitet werden (**Bild 6**). Auch hier sind die Anforderungen nach [1] zu berücksichtigen.

Bei der flussabwärts gerichteten Passage von Wehren können Fische geschädigt werden, wenn das Wasserpolster im Unterwasser nicht ausreichend tief ist. Dies kann durch das lokale Aufbrechen von Hindernissen und das Anlegen eines Kolkes oder durch den Aufstau an kleinen Schwellen unterhalb des Wehres verbessert werden.

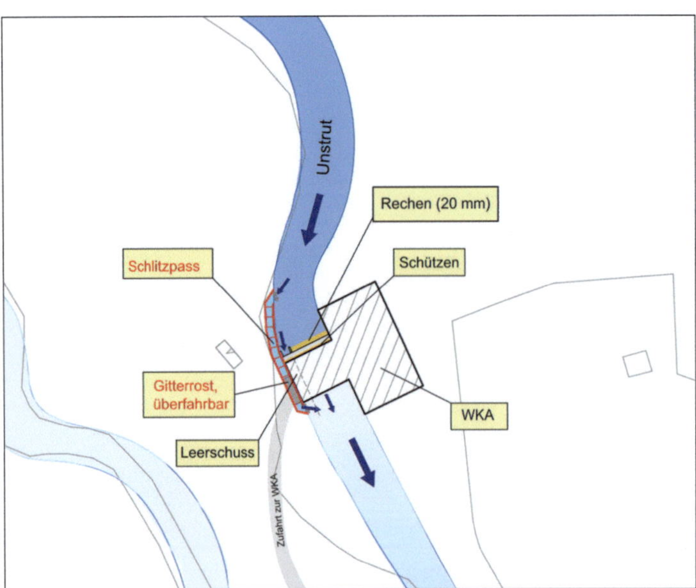

Bild 4: Maßnahmenplanung flussaufwärtsgerichtete Durchgängigkeit an einer Wasserkraftanlage – Darstellung im Lageplan, Bestand in schwarz, Maßnahmen in rot

Bild 5: Wasserkraftschnecken am Standort Artern, Einstieg Schlitzpass (FAA) rechts

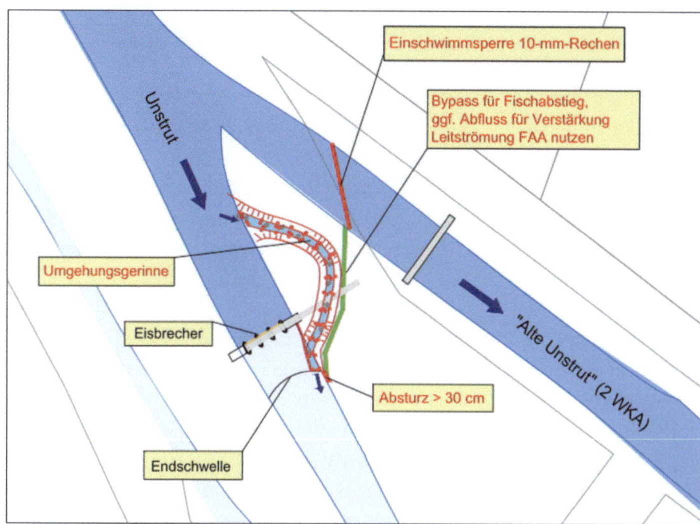

Bild 6: Maßnahmenplanung flussabwärts gerichtete Durchgängigkeit an einer Wasserkraftanlage – Darstellung im Lageplan, Bestand in schwarz, Maßnahmen in rot und grün

5 Kosten

Die Kosten wurden anhand eines einfachen Verfahrens auf der Basis weniger Parameter und anhand von Erfahrungswerten abgeschätzt, um einen Anhaltswert über die zu erwartenden Gesamtinvestitionen zu erhalten.

Bei den erforderlichen Maßnahmen zur Verbesserung des Fischaufstiegs reichen die Kosten von etwa 1 500 € für eine sehr kleine Maßnahme (Abbrennen eines Spundwandrestes) bis zu 700000 € an schwierigen Standorten von Ausleitungskraftwerken für den Bau einer Fischaufstiegsanlage am Wehr und einer Einschwimmsperre am Unterwasserkanal. Der Kostenrahmen für die baulichen Maßnahmen erreicht für die Unstrut etwa einen Wert von 7,3 Mio. €.

Der Kostenrahmen für Maßnahmen zur Verbesserung von Fischschutz und Fischabstieg wurden als Minimal- und Maximalwerte ermittelt. Sie liegen zwischen 10 000 € und etwa 270 000 € je Standort. Die Gesamtkosten für den Fischabstieg variieren zwischen 718000 € und 1 094 000 €.

6 Auswirkungen der ökologischen Maßnahmen auf die Wirtschaftlichkeit von Wasserkraftanlagen

Die oben beschriebenen Maßnahmen zur Herstellung bzw. Verbesserung der Durchgängigkeit können neben den erforderlichen Investitionen die Betriebskosten der Wasserkraftanlagen erhöhen. Zusätzlich können ökologische Abflüsse, die als Durchfluss von Bypässen bzw. Fischaufstiegsanlagen oder als zusätzlicher Mindestabfluss erforderlich sind, häufig nicht energetisch genutzt werden und bedingen somit Erzeugungsverluste an den Wasserkraftanlagen.

Im Rahmen der vorliegenden Studie wurde für jeden Standort ein vereinfachtes Verfahren zur Abschätzung der Mindererzeugung angewandt. Dazu wurden Jahreserzeugung und Jahreserträge für den Ist- und den Plan-Zustand ermittelt. Aufgrund der jährlichen Abflussschwankungen und der Abhängigkeit der Jahresarbeit vom Betriebszustand der Anlage im jeweiligen Jahr wurden alle Berechnungen der Jahresarbeit für den Plan-Zustand pauschal mit Hilfe von installierter Leistung und einer abgeschätzten Zahl der Volllaststunden durchgeführt. Die jeweiligen Jahreseinnahmen wurden anhand der aktuellen Vergütung und der nach der Modernisierung zu erzielenden Vergütung aus dem Erneuerbare-Energien-Gesetz (EEG 2012) ermittelt. Die Durchführung der ökologischen Modernisierung führt aufgrund einer erhöhten Vergütung trotz der zu erwartenden Mindererzeugung bei etwa der Hälfte der Wasserkraftanlagen zu einem höheren Jahresertrag, der maximal einen Wert von etwa 8 500 € im Jahr erreicht.

Die Maßnahmen zur Herstellung der Durchgängigkeit an den Standorten mit Wasserkraftnutzung können bei den sehr geringen Anlagengrößen in der Regel nicht durch eine erhöhte Vergütung nach EEG refinanziert werden.

7 Zusätzlich ausbaubares Wasserkraftpotenzial

In der Unstrut sind viele Standorte für die Wasserkraftnutzung ungeeignet, da entweder die Fallhöhe oder der für eine Nutzung verfügbare Abfluss und somit die erzielbare Leistung zu gering sind. Daher scheiden die meisten Standorte, die auf ihr Potenzial hin untersucht wurden, aufgrund der wirtschaftlichen Betrachtung für die Wasserkraftnutzung aus. Es verbleiben in der Unstrut drei Standorte, an denen eine erste Abschätzung der Investitionen für die Wasserkraftanlagen und die ökologischen Maßnahmen sowie der zu erzielenden Erträge zeigt, dass ein wirtschaftlicher Betrieb unter den gemachten Annahmen möglich sein kann. Alle drei Standorte liegen in der Barbenregion. Das gesamte technische Zubaupotenzial beträgt etwa 600 kW. An zwei Standorten sind bereits Ausleitungskraftwerke installiert, in denen aber nur ein Teil des Abflusses genutzt wird. An einem Standort war bisher keine Wasserkraftanlage vorhanden (**Bild 7**).

8 Lebensraumveränderung durch Stau und Ausleitung

Die Fließlänge der Unstrut oberhalb der thüringischen Grenze beträgt etwa 133 km. Davon entfallen auf die Barbenregion 105,2 km. Die Äschenregion ist mit 5,8 km vergleichsweise kurz. Die Länge der Unteren Forellenregion beträgt 15,7 km, die der Oberen Forellenregion 5,8 km.

Die als Maßstab für den guten ökologischen Zustand nach [1] maximal zulässige Beeinträchtigung des Gewässers durch Stau- und Ausleitungsstrecken von 25 % der Fließlänge wird im Ist-Zustand in allen Fließgewässerregionen übertroffen (Ist-Zustand: Barbenregion 33,9 %, Äschenregion 60 %, Untere und Obere Forellenregion etwa 29 %). Die Gesamtbeeinflussung der Unstrut beträgt derzeit etwa 32 %.

Es wurden zwei Plan-Varianten untersucht. In Szenario 1 wurde ein Rückbau bzw. eine Teilabsenkung an Querbauwerken vorgesehen, bei denen keine Nutzungen oder Restriktionen vorliegen. In diesem Szenario konnte bei einem potenziellen Rückbau von 4 Wehren und einer Teilabsenkung weiterer 4 Stufen für keine der Fließgewässerzonen die Beeinträchtigung auf unter 25 % verkleinert werden. Erst durch den Rückbau weiterer 6 Querbauwerke und eine Teilabsenkung an 2 Standorten kann zumindest in allen Regionen außer der Äschenregion die 25-%-Grenze unterschritten werden.

Bild 7: Bisher ungenutzter Standort mit technischem Potenzial zur Wasserkraftnutzung

9 Fazit

Für die Unstrut in Thüringen wurden mit dieser gewässerbezogenen Betrachtung die Funktionalität des Fischaufstiegs, des Fischschutzes und Fischabstiegs sowie die Beeinträchtigungen des Gewässers durch Stau- und Ausleitungsstrecken im aktuellen Zustand für jedes Querbauwerk sowie für das Gesamtgewässer bewertet und anschließend die erforderlichen Maßnahmen zur Herstellung der Durchgängigkeit abgeleitet. Dabei wurde sowohl die Möglichkeit des Rückbaus von Querbauwerken als auch eine zusätzliche Wasserkraftnutzung an bestehenden Bauwerken betrachtet. Es zeigte sich, dass mit den ausgewiesenen Maßnahmen zur Herstellung der Durchgängigkeit die Voraussetzungen zur Erreichung eines guten ökologischen Zustandes für die Fischfauna geschaffen werden können, wenn

- die Auffindbarkeit und Passierbarkeit der Fischaufstiegsanlagen mit hoher Qualität realisiert wird bzw.
- durch den Rückbau von Querbauwerken die Beeinträchtigungen durch Stau- und Ausleitungsstrecken deutlich reduziert werden.

Für potamodrome Arten ergeben sich im Plan-Zustand ausreichend große durchwanderbare Bereiche. Die Summenwirkung der zahlreichen Bauwerke zeigt, dass für die anadromen Arten eine konsequente Umsetzung der benannten Maßnahmen an der Unstrut erforderlich ist, wenn sich reproduktive Bestände entwickeln sollen. Gleichzeitig sind aber auch Einschränkungen der Durchgängigkeit an den 22 Querbauwerkstandorten außerhalb Thüringens auf dem Weg bis zum Meer zu vermeiden. Die Erreichung eines guten ökologischen Zustandes hängt nicht allein von der Herstellung der Durchgängigkeit ab. Eine leitbildgerechte Entwicklung der Unstrut wird durch weitere, laufende Maßnahmen wie Verbesserung der Gewässerstruktur und Reduzierung der Nährstoffeinträge unterstützt.

Die vollständige Studie ist frei verfügbar [3].

Autoren

Dipl.-Phys. Pia Anderer,
Dipl.-Ing. Christof Bauerfeind
Ingenieurbüro Floecksmühle
Bachstraße 62-64, 52066 Aachen
pia.anderer@floecksmuehle.com
christof.bauerfeind@floecksmuehle.com

Dipl.-Fischereiing. Jens Görlach
Thüringer Landesanstalt für Umwelt
und Geologie
Göschwitzer Straße 41, 07745 Jena
jens.goerlach@tlug.thueringen.de

Literatur

[1] Thüringer Landesanstalt für Umwelt und Geologie (Hrsg.): Fachliche Anforderungen zur Herstellung der Durchgängigkeit in Thüringer Fließgewässern. 2009.

[2] Deutsche Vereinigung für Wasserwirtschaft, Abwasser und Abfall e. V. (Hrsg.): Fischaufstiegsanlagen und fischpassierbare Bauwerke – Gestaltung, Bemessung, Qualitätssicherung. In: DWA-Merkblätter (2010), DWA-M 509 Entwurf.

[3] Anderer, P.; Bauerfeind, C.; Krischer, S.; Dumont, U.: Gesamtkonzept zur Herstellung der Durchgängigkeit der Unstrut – Durchgängigkeitskonzept Unstrut. Schlussbericht im Auftrag der Thüringer Landesanstalt für Umwelt und Geologie, Jena, 2013 (www.thueringen.de/th8/tlug/umweltthemen/wasserwirtschaft/wasserbau/unstrut_studie/; Aufruf: 05.04.2014).

Pia Anderer, Christof Bauerfeind and Jens Görlach

Passability Concept for the River Unstrut

The river Unstrut is one of the rivers for which the management plans for the German Federal State of Thuringia set the focus of the devised measures on restoring passability. Studies were carried out that covered not only the analysis of the individual barriers but also of their combined effect on passability and of the total disturbances caused by the reservoir and the original river bed sections. The analysis shows that the suggested passability restoring measures are able to create the conditions for the good ecological status for the fish fauna.

Пиа Андерер, Кристоф Бауерфайнд и Йенс Гёрлах

Концепция проходимости на реке Унструт (Unstrut)

Унструт (Unstrut) относится к водным потокам Тюрингии, для которых, в соответствии с планами хозяйственного использования водных ресурсов, создание проходимости для рыб стоит в центре осуществляемых мероприятий. Были разработаны концепции, в которых, наряду с анализом поперечных гидротехнических сооружений, учитывается не только совокупный эффект таких объектов, но и нанесение ущерба водоемам в целом за счет наличия участков распространения подпора и выведения вод. С помощью заявленных мероприятий по созданию проходимости могут быть созданы предпосылки для достижения хорошего экологического состояния рыбной фауны.

Ökologie

Boris Lehmann

Ethohydraulik – Grundlagen, Einsatzmöglichkeiten, Befunde

Der Beitrag erläutert die wesentlichen Arbeitsschritte bei ethohydraulischen Untersuchungen. Es wird aufgezeigt, mit welchen Methoden und Instrumenten im Rahmen ethohydraulischer Versuche das Verhalten von Fischen in simulierten hydraulischen Situationen beobachtet, analysiert und belastbar auf die Natur übertragen werden kann. Anhand der Befunde wird deutlich, dass ethohydraulische Untersuchungen bestens geeignet sind, um bestehende Wissenslücken zu schließen, Grenz- und Richtwerte zu definieren oder die Funktion von fischpassierbaren Anlagen zu untersuchen und zu optimieren.

1 Hintergrund und aktuelle Veranlassung

Die ökologische Durchgängigkeit der Fließgewässer ist ein wesentliches Ziel, welches im Rahmen der Sicherung und Verbesserung der ökologischen Qualität von Wasserkörpern seitens der Europäischen Union vorgegeben ist [1] und mittlerweile im bundesdeutschen Wasserhaushaltsgesetz [2] rechtlich feststeht. Diese Durchgängigkeit beschränkt sich dabei nicht nur auf Wanderhindernisse im Sinne von Querbauwerken mit oder ohne Wasserkraftnutzung, sondern gleichfalls auch auf Ausleitungs- bzw. Restwasserstrecken, ausgebaute oder renaturierte Gewässerabschnitte sowie auf Sonderbauwerke, bei denen die Gefahr besteht, dass die im Wasser lebenden Tiere geschädigt werden (z. B. Entnahme- oder Rückgabebauwerke).

Nachdem im Bereich der Konstruktion und Gestaltung von Fischaufstiegsanlagen jahrzehntelang im wahrsten Sinne des Wortes durch den Bau diverser Pilotanlagen versucht wurde, für die Tiere eine universell einsetzbare und artübergreifend funktionierende Bauweise zu erfinden, drängen sich aktuell neue Fragen nach der Ausgestaltung und der Funktion von Fischschutz- und -abstiegsanlagen auf.

Bezüglich der Fischaufstiegsanlagen ist es in Deutschland gelungen, die weltweit gewonnenen Erkenntnisse derart auszuwerten, dass eine Bemessungsmethodik mit anlagenspezifischen Sicherheitszuschlägen erarbeitet wurde. Hiernach lassen sich die geometrischen Parameter aus den Körpermaßen der am Standort erwarteten größten Fischart und die hydraulischen Parameter aus der Schwimmleistung der erwarteten schwächsten Fischart bestimmen [3]. Mit Hilfe dieser Methodik können für diverse bewährte Anlagentypen die ingenieurtechnischen Bemessungen für den Regelfall durchgeführt werden. Für Sonderbauweisen, welche vom Regelfall abweichen, werden derzeit für die Planung zusätzliche qualitätssichernde Maßnahmen (z. B. physikalische oder numerische Strömungssimulationen, ethohydraulische Nachweise [4]) empfohlen oder in einigen Bundesländern sogar gefordert [5], um deren Funktion bereits vor dem Bau weitestgehend sicherstellen zu können.

Beim Fischschutz- und -abstieg sehen die Praxiserkenntnisse wesentlich dürftiger aus [6]. Hier liegen zwar Erkenntnisse von Pilotstudien vor, doch zeigen die bisherigen Publikationen teilweise widersprüchliche Erkenntnisse an Verhaltensbarrieren oder Abstiegsanlagen auf [7]. Grund dafür ist oftmals eine Selektivität: aufgrund artspezifisch unterschiedlicher Verhaltensweisen der Fische wirkt ein und dieselbe Barriere mit recht unterschiedlichem Erfolg.

Etliche der gegenwärtig vorhandenen Wissenslücken lassen sich somit nicht alleine mit hydraulischen Untersuchungen und ebenfalls nicht alleine durch Freilandbeobachtungen bei solchen Anlagen schließen. Hier bedarf es grundlegender

Forschung, welche die art- und altersspezifischen Verhaltenscharakteristika von Fischen bei unterschiedlichen hydraulischen Situationen erforscht, um damit die vorhandenen Bemessungsvorgaben sowie die darin enthaltenen Grenz- und Richtwerte zu verbessern.

Zudem bedarf es aber auch mit Blick auf die zu erbringende Qualitätssicherung bei (kostenintensiven) Sonderbauwerken einer aussagekräftigen und ökonomischen Methodik, um deren Funktion im Vorfeld der Bauausführung möglichst belastbar überprüfen zu können. Hierzu sein angemerkt, dass bei fast allen größeren Projekten zur Herstellung der Durchgängigkeit an bestehenden Anlagen aufgrund dort vorhandener räumlicher, baulicher oder hydraulischer Restriktionen ein Sonderbauwerk geplant werden muss (z. B. gewendelter Schlitzpass mit Zusatzdotation zur Verbesserung der Leitströmungsverhältnisse).

Aus diesen Gründen wurde aufbauend auf die bis dato vorhandenen Erkenntnisse zur Durchführung von Fischverhaltensuntersuchungen in Laborgerinnen eine Methodik für ethohydraulische Untersuchungen erarbeitet, welche einen bestmöglichen Praxistransfer der Befunde ermöglicht [8].

2 Definition Ethohydraulik

Der Begriff der Ethohydraulik verbindet semantisch und inhaltlich die biologische Disziplin der Verhaltensbiologie mit dem ingenieurwissenschaftlichen Fachgebiet der Hydraulik. Die Ethologie (griechisch; ethos = der Charakter) nutzt das vergleichenden Experiment, um das Verhaltensrepertoire von Menschen und Tieren gegenüber bestimmten Einzelreizen aus der belebten und unbelebten Umwelt sowie in komplexen Situationen zu verstehen. Die Hydraulik (griechisch; hydor = Wasser und aulus = das Rohr) gilt als Lehre vom Strömungsverhalten in offenen und geschlossenen Gerinnen unter Freispiegel- oder Druckabflussverhältnissen. Als Teilgebiet der Mechanik ermöglicht es die Hydraulik Fließbewegungen zu berechnen und damit Strömungen und Turbulenzen zu verstehen.

Ethohydraulische Untersuchungen verschneiden beide Fachdisziplinen durch eine überfachliche kooperative Arbeitsweise. Der zentrale transdisziplinäre Charakter der Ethohydraulik besteht aus einer inhaltlichen und methodischen Durchdringung des hydraulischen Versuchswesens mit den naturwissenschaftlichen Ansätzen der vergleichenden Verhaltensbiologie:

Um die Lebensbedingungen insbesondere in strömungsgeprägten Lebensräumen zu simulieren, die Reaktionen aquatischer Organismen im Sinne einer Antwort auf spezielle hydraulische Situationen zu erkennen und damit grundsätzliche Verhaltensweisen zu verstehen, nutzt die Ethohydraulik die methodischen Vorteile von Laboruntersuchungen. Hierbei werden wasserbauliche Modelle verwendet, wie sie auch bei der Planung komplexer wasserbaulicher Anlagen, Prototypen oder ingenieurtechnischen Forschungsarbeiten mit unterschiedlichen Abstrahierungsgraden zum Einsatz kommen. An solchen wasserbaulichen Modellen lassen sich physikalische Zustände, Strömungsvorgänge oder damit zusammenhängende Erscheinungen simulieren, um technische und hydraulische Probleme zu lösen.

Darüber hinaus kommen bei der Ethohydraulik stochastisch geprägte Methoden der vergleichenden Verhaltensforschung zum Einsatz, um aus der Reaktion von Tieren auf eine modellhaft simulierte Situation Schlussfolgerungen auf ihr Verhalten unter vergleichbaren Naturbedingungen zu ziehen. Im Gegensatz zu Freilanduntersuchungen bieten ethohydraulische Untersuchungen die Möglichkeit, vor allem Strömungen und damit einhergehende Erscheinungen gezielt zu variieren, um durch einen Vergleich der Reaktionen der Tiere auf solche Veränderungen die Bedeutung einzelner Parameter zu erkennen und diese letztlich zu quantifizieren.

Mittels ethohydraulischer Untersuchungen ist es möglich, einfache Reiz-Reaktions-Mechanismen bis hin zu komplexen Verhaltensmustern von Fischen zu erforschen. Im Vergleich zu herkömmlichen Lebendtierbeobachtungen im Labor erlauben ethohydraulische Untersuchungen aufgrund ihres mehrphasigen modularen Ablaufs jedoch nicht nur eine generelle, sondern auch eine spezielle Übertragbarkeit der im Labor gewonnenen Erkenntnissen auf Freilandverhältnisse. Entsprechend lassen sich aus ethohydraulischen Tests für das Verständnis und die Anwendung fischökologisch relevante Parameter benennen und Grenzwerte ableiten. Diese Kenngrößen sind so präzise, dass sie bei der Planung und Umsetzung wasserbaulicher Anlagen und Maßnahmen konkret berücksichtigt werden können.

3 Methode ethohydraulischer Untersuchungen

3.1 Tierschutzrechtliche Bedingungen

Ethohydraulische Untersuchungen fallen unter das bundesdeutsche Tierschutzgesetz und sind genehmigungspflichtig. Hierzu ist rechtzeitig im Vorfeld bei der zuständigen Tierschutzbehörde ein entsprechender Antrag zu stellen, aus dem sowohl der Versuchsanlass und -aufbau sowie die Anzahl und Hälterung

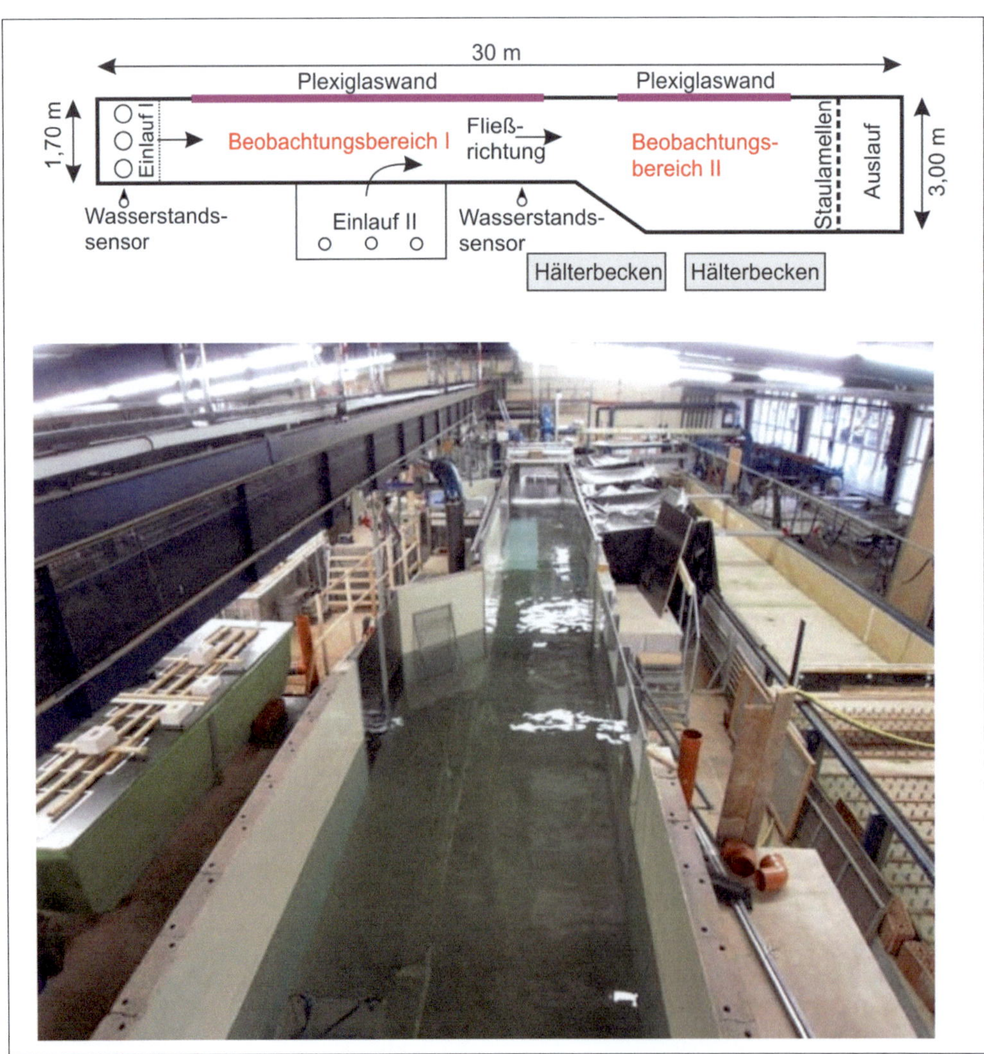

Bild 1: Große Versuchsrinne mit verglasten Bereichen, Fluchtsperren und Fischschutzeinrichtungen, Arbeitsplattformen, verdunkelten Beobachtungsräumen und Hältereinrichtungen

der Probanden als auch die eigentliche Versuchsdurchführung hervor gehen. Zudem sind die verantwortlichen Versuchsleiter zu benennen und deren Qualifikation ist nachzuweisen.

3.2 Laborausstattung

Die eigentlichen Versuche finden i. d. R. in einem Wasserbaulabor statt. Hier kommen einsehbare Versuchsgerinne oder speziell erstellte Versuchsstände zum Einsatz, deren Wasserversorgung durch den im Wasserbaulabor vorhandenen Wasserkreislauf gewährleistet wird (**Bild 1**). In Ergänzung zu denen im wasserbaulichen Versuchswesen üblichen Austattungsmerkmalen und Instrumenten kommen bei ethohydraulischen Versuchen weitere Komponenten zum Einsatz, um den Versuchsbetrieb für die Tiere möglichst verletzungsarm zu gestalten:

- Fluchtsperren, die ein Abschwimmen der Tiere aus der Versuchseinrichtung verhindern sollen;
- Überwachung und Einstellung diverser Qualitätsparameter des verwendeten Wassers (Sauerstoffgehalt, Temperatur, pH-Wert);
- Hälter- und Füttereinrichtungen für die Tiere.

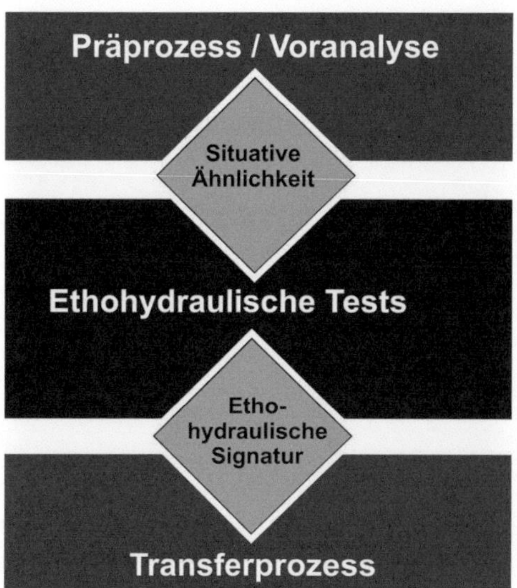

Bild 2: Die drei Phasen Präprozess, Ethohydraulischer Test und Transfer mit deren Koppelmethoden „Situative Ähnlichkeit" und „Ethohydraulische Signatur"

3.3 Probanden

Ethohydraulische Befunde sind maßgebend von der „Qualität" der Versuchstiere abhängig, die der Beurteilung und Interpretation situativer Reaktionen dienen. Daher muss auf die Herkunft gewählter Versuchstiere einerseits und auf eine tierschutz- und artgerechte Haltung andererseits geachtet werden. Zur Sicherstellung eines natürlichen Reaktionsrepertoires ist die Verwendung von Wildtieren gegenüber Zuchttieren vorzuziehen. Grund dafür ist die Ungewissheit gegenüber dem Verhalten von Fischen und anderer Versuchstiere, die keine Konfrontation mit ihren natürlichen Lebensraumbedingungen erfahren haben. So werden beispielsweise die Körperform und Größe von Fischen maßgeblich von Strömung und Ernährung beeinflusst, im Vergleich unterscheiden sich Zuchtanlagen von natürlichen Lebensräumen und den darin frei lebenden Tieren in diesen und anderen wesentlichen Parametern aber eminent.

3.4 Die drei Phasen ethohydraulischer Untersuchungen

Grundlagenspezifische Laboruntersuchungen mit Lebendtierbeobachtungen gibt es weltweit auch im Bereich der Fischökologie zahlreich. Oftmals fehlt jedoch bei diesen Versuchen eine transdisziplinäre Verschneidung zwischen den fischökologischen und den hydraulischen Erkenntnissen. Genau diese Verschneidung ist für die Ingenieurpraxis jedoch unbedingt notwendig, will man situationsspezifisch funktionelle Anlagen planen und bemessen.

Die Methode der Ethohydraulik unterscheidet sich daher prägnant von den bisherigen Untersuchungsansätzen: sie gliedert sich grundsätzlich in drei inhaltlich sehr anspruchsvolle Phasen, die eine sehr enge transdisziplinäre Zusammenarbeit von Ingenieuren und Biologen erfordern (**Bild 2**).

Phase 1: Präprozess bzw. Voranalyse

In der Regel wird es nicht möglich sein, komplexe bauliche und/oder hydraulische Gegebenheiten im realen oder halbtechnischen

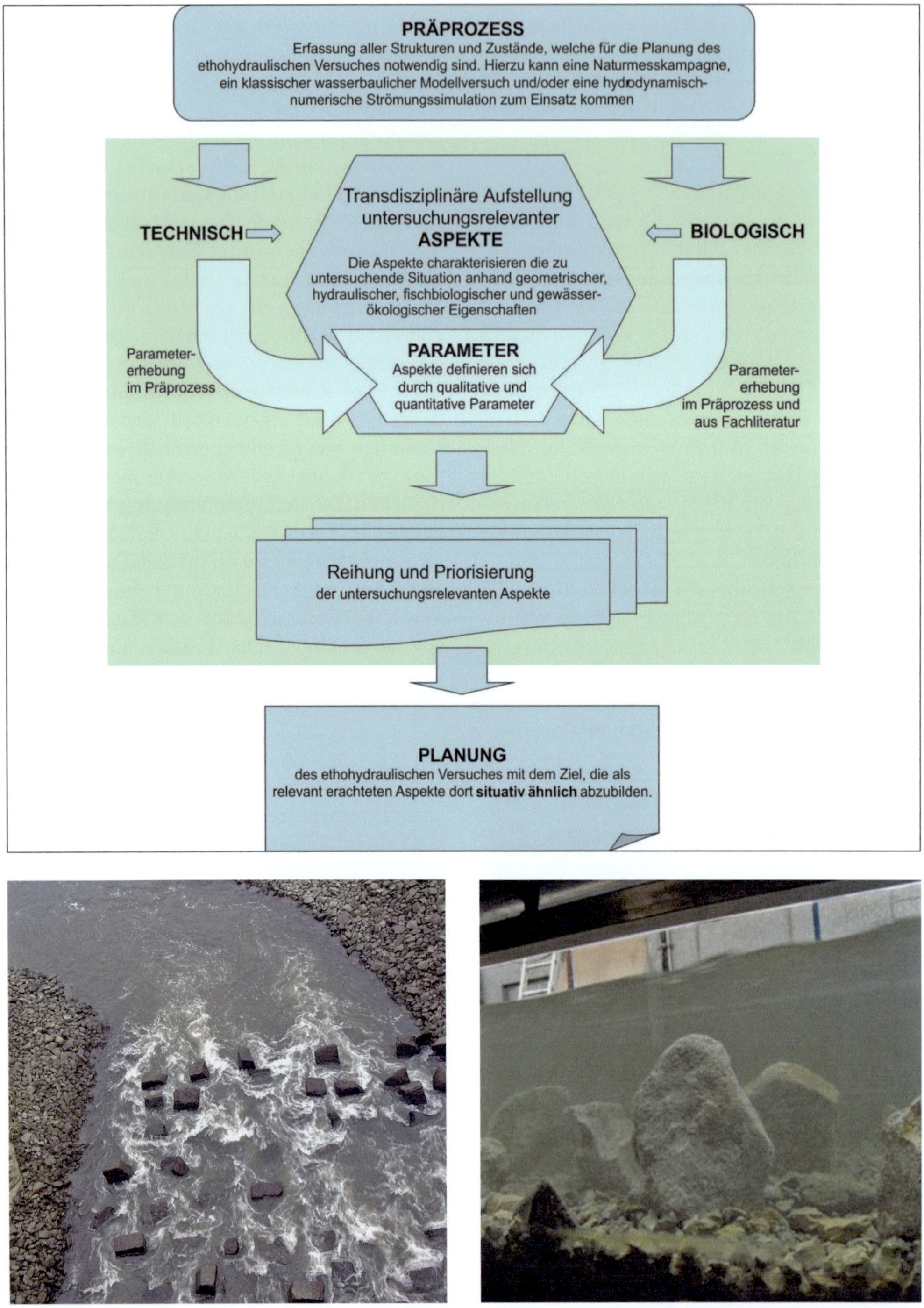

PRÄPROZESS
Erfassung aller Strukturen und Zustände, welche für die Planung des ethohydraulischen Versuches notwendig sind. Hierzu kann eine Naturmesskampagne, ein klassischer wasserbaulicher Modellversuch und/oder eine hydrodynamisch-numerische Strömungssimulation zum Einsatz kommen

TECHNISCH

Transdisziplinäre Aufstellung untersuchungsrelevanter **ASPEKTE**
Die Aspekte charakterisieren die zu untersuchende Situation anhand geometrischer, hydraulischer, fischbiologischer und gewässerökologischer Eigenschaften

BIOLOGISCH

Parametererhebung im Präprozess

PARAMETER
Aspekte definieren sich durch qualitative und quantitative Parameter

Parametererhebung im Präprozess und aus Fachliteratur

Reihung und Priorisierung
der untersuchungsrelevanten Aspekte

PLANUNG
des ethohydraulischen Versuches mit dem Ziel, die als relevant erachteten Aspekte dort **situativ ähnlich** abzubilden.

Bild 3: Transdisziplinäres Vorgehen bei der Erarbeitung eines situativ ähnlichen ethohydraulischen Versuchssetups (links) und Beispiel zur Untersuchung der Passierbarkeit von naturnahen Fischaufstiegsanlagen mit Stör- und Stützsteinen (rechts oben: Naturanlage; rechts unten: situativ ähnlicher Versuch)

Maßstab in einem Versuchsstand abzubilden. Deshalb gilt es im Präprozess sorgfältig zu bestimmen, ob und in wie weit die fragerelevante Situation in einem Ausschnittsmodell abgebildet werden kann. Die Erarbeitung der maßgebenden Parameter zur Gewährleistung einer situativen Ähnlichkeit zwischen Realität und ethohydraulischen Test besteht dabei aus der transdisziplinären Markierung und Reihung der als verhaltensrelevant eingestuften Aspekte des Untersuchungsraumes (**Bild 3**).

Um die für das Fischverhalten relevante hydraulische Natursituation situativ so ähnlich wie möglich im wasserbaulichen Labor erzeugen zu können, müssen Einbauten konstruiert und in einen Versuchsstand eingebaut werden – es entsteht ein großskaliges pragmatisches Ausschnittmodell, in dem das Fischverhalten beobachtet werden kann. Zudem müssen Einstellungen definiert werden, um entsprechend naturähnliche Strömungen und Wasserstände zu simulieren.

Über die wasserbaulichen Aspekte hinaus ist der Versuchsstand so einzurichten und zu betreiben, dass lebende Fische eingesetzt und ihr Verhalten während eines Tests beobachtet werden können, ohne dass die Tiere z. B. durch zu hohe Fließgeschwindigkeiten geschädigt werden. Ferner benötigt die wissenschaftliche Auswertung eine sorgfältige Dokumentation der Geschehnisse in der Laborrinne sowie ein transparentes Auswertungsverfahren, welche vor der Durchführung der ethohydraulischen Untersuchung festzulegen sind.

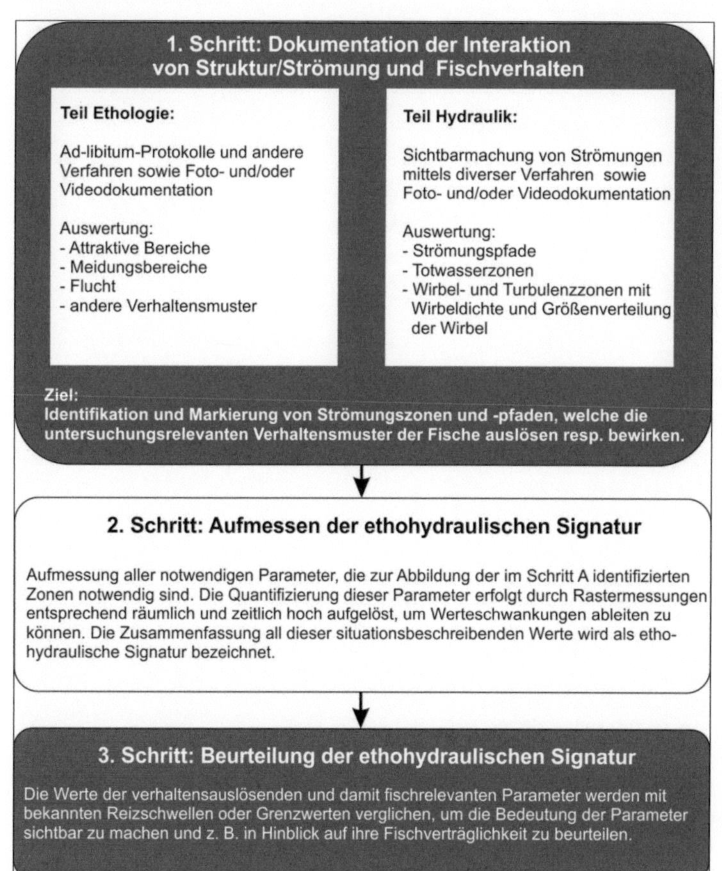

Bild 4: Die drei Schritte zur Erarbeitung einer ethohydraulischen Signatur

Phase 2: Ethohydraulische Tests

Die Probanden werden im Laborversuch mit der fraglichen baulichen und/oder hydraulischen Situation konfrontiert und ihre Reaktion beobachtet. Es gilt sodann in Testreihen heraus zu finden, welcher Aspekt im Sinne eines auslösenden Reizes das Verhalten der Fische in der dargebotenen Situation maßgeblich beeinflusst (z. B. Erkundungs-, Meide-, Scheu- oder Fluchtverhalten). Als aussagekräftig gelten dabei nur solche Verhaltensweisen, die in stets gleicher Weise und auch mit anderen Probanden reproduzierbar ablaufen.

An dieser Stelle kann ggf. ein Maßstabskonflikt auftreten, wenn im halbtechnischen Maßstab gearbeitet werden muss. In diesen Fällen muss der Versuch so gesteuert werden, dass zunächst solche Strömungsverhältnisse naturidentisch abgebildet werden, die das Verhalten der Fische maßgeblich beeinflussen. Für die Erarbeitung von Befunden müssen nun sowohl ethologisch als auch hydraulisch die relevanten Strömungen und Dimensionen erkannt, bestimmt und interpretiert werden, was wiederum nur im Rahmen einer transdiziplinären Zusammenarbeit beider Fachdisziplinen möglich wird (**Bild 4**). Als wesentliches Ergebnis entsteht daraus eine sog. „ethohydraulische Signatur“, welche zur Ursache für das jeweilige charakteristische Fischverhalten deklariert wird.

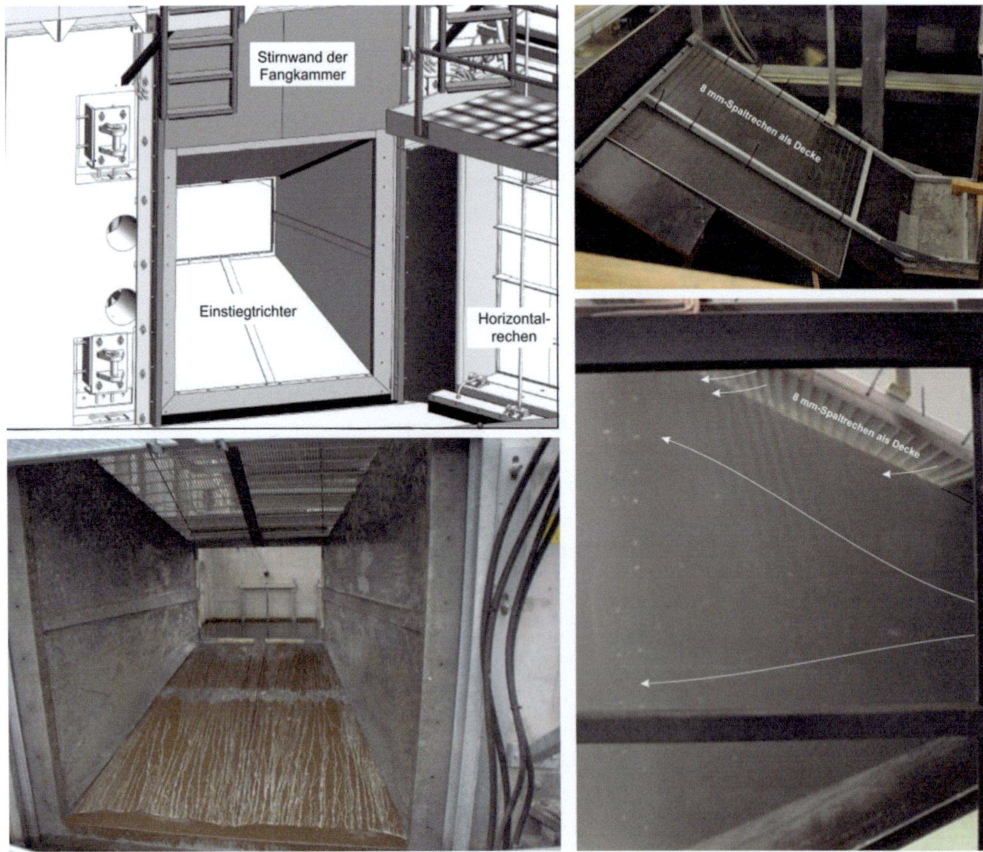

Bild 5: Mit ethohydraulischen Versuchen wurde die Fängigkeit eines Einstiegtrichters für die Monitoringstation an der Fischaufstiegsanlage Geesthacht/Elbe optimiert, wozu eine spezielle Konstellation von Einstiegsöffnungsform und Durchströmung aus den Versuchen abgeleitet wurde

Phase 3: Transferprozess

Der Transferprozess stellt die Verbindung vom ethohydraulischen Laborbefund zur wasserbaulichen Praxis her. Wurde die Untersuchung gemäß den beschriebenen Prinzipien durchgeführt, so wird die zielführende ethohydraulische Signatur im Transferprozess auf die Freilandsituation übertragen und stellt damit die gewässerökologische Verträglichkeit einer wasserbaulichen Anlage oder Maßnahme sicher (**Bild 5**).

Da in der Regel das Strömungsverhalten in der Natur durch komplexere Randbedingungen als im Laborversuch beeinflusst wird, gilt es durch geeignete Maßnahmen, Bauwerke oder deren Betriebsweise dafür zu sorgen, dass sich im betrachteten Untersuchungsbereich genau dieselbe ethohydraulische Signatur einstellt, wie dies im Versuch der Fall war. Hierfür stehen dem Ingenieur entsprechende Planungswerkzeuge zur Verfügung. Gegebenenfalls können auf dieser Ebene ergänzende physikalische oder numerische Modelluntersuchungen erforderlich sein.

Folgende Transfermöglichkeiten sind bei ethohydraulischen Befunden gegeben:

- Ein unmittelbarer Praxisbezug ethohydraulischer Untersuchungen ist gegeben, wenn die Befunde direkt in die Konstruktion von Anlagen oder Bauwerkskomponenten einfließen. Im Sinne einer Qualitätssicherung ermöglicht es die Ethohydraulik, die Funktionsfähigkeit oder die Fischverträglichkeit wasserbaulicher Konstruktionen bereits bei der Planung zu optimieren und damit sicher zu stellen, dass die dann realisierte Anlage tatsächlich den an sie gestellten Anforderungen gerecht wird (**Bild 5**).

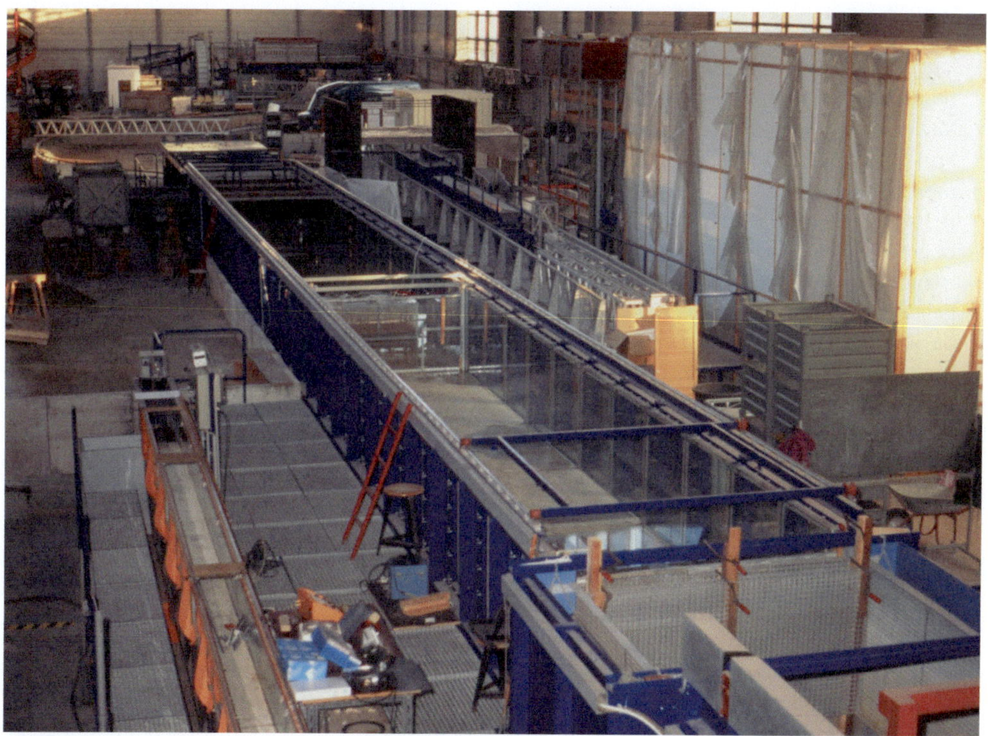

Bild 6: In der großen Rinne an der TU Darmstadt (40 m Länge, 2 m Breite, 1 m Tiefe, max. 5 000 l/s) werden zeitnah ethohydraulische Versuche zur optimalen Lage und Gestaltung von Bypassöffnungen an mechanischen Barrieren durchgeführt

- Eine wichtige Planungsgrundlage bilden Grenzwerte, die in ethohydraulischen Untersuchungen ohne Bezug zu einer konkreten Baumaßnahme ermittelt werden. Hierbei leiten sich geometrische Grenzwerte von der Größe und der Morphologie der Fische ab, hydraulische Grenzwerte von deren Leistungsvermögen. Werden solche Grenzwerte in der wasserbaulichen Praxis nicht eingehalten, wird die ökologische Funktion bzw. Verträglichkeit der Maßnahme verfehlt. Da sich die Einhaltung eines Grenzwertes durch Nachmessen an realisierten Anlagen vergleichsweise einfach überprüfen lässt, spielen solche Werte nicht nur bei der Planung und beim Bau, sondern vor allem im Rahmen der Qualitätskontrolle eine wichtige Rolle.
- Ethohydraulische Befunde können auch textlich als Regeln gefasst werden. Diese finden Eingang in Anleitungen oder Vorschriften für die Errichtung und den Betrieb wasserbaulicher Anlagen. Regeln sind nicht mit konkreten Zahlenwerten belegt, haben aber dennoch eine ähnliche normative Bedeutung wie Grenzwerte. Auch die Verletzung einer solchen Regel hat eine Funktionsbeeinträchtigung von Maßnahmen und Anlagen zur Folge. So entscheidet beispielsweise die Regel, dass der Einstieg in eine Fischaufstiegsanlage stets unmittelbar am Fuß eines Wanderhindernisses liegen muss, maßgeblich über die Auffindbarkeit und damit über die Funktionsfähigkeit eines solchen Bauwerks.

4 Befunde

Eine umfassende Zusammenstellung gegenwärtiger ethohydraulischer Befunde ist in [8] gegeben. Daraus wurden Regeln, Grenz- und Richtwerte sowie Bemessungs- und Gestaltungsvorgaben zu folgenden Themen für die Ingenieurpraxis abgeleitet:

- Themenkomplex Fischaufstiegsanlagen: Abstand des Einstiegs vom Wanderhindernis, Stärke der Leitströmung, Winkel des Einstiegs, Passierbarkeit von Engstellen, Breite von Engstellen, Fließgeschwindigkeit in Engstellen, Anforderungen an die Sohlenrauheit.
- Themenkomplex Fischschutzanlagen: Schutzwirkung von 20-mm-Rechen, Schutzwirkung von Feinstrechen, Verletzungsrisiken für Fische an unpassierbaren mechanischen, Barrieren infolge der Anströmgeschwindigkeit, hydraulische Barrieren [9], Wirksamkeit von Verhaltensbarrieren, Schutzwirkung eines Louver, Schutzwirkung eines Chan-Bar-Rechens.
- Themenkomplex Bypässe für den Fischabstieg: Anordnung von Bypässen, Bodengalerie als Bypassvariante für Aale, Winkel für Leitstrukturen auf einen Bypass hin, hydraulische Bedingungen vor der Bypassöffnung.

Bei der Durchsicht der vorliegenden Untersuchungen fällt auf, dass ein Großteil ethohydraulischer Studien nicht veröffentlicht wurde und allenfalls als graue Literatur der Fachwelt zur Verfügung steht. Grund dafür ist die Tatsache, dass in Deutschland von den öffentlichen Projektträgern in der Vergangenheit kaum Forschungsprojekte mit ethohydraulischen Untersuchungen ausgeschrieben und gefördert wurden. Parallel dazu entstand bei Planungen zu Großprojekten im Industrie- und Energiesektor die Notwendigkeit, für das Genehmigungsverfahren fischökologische Funktionsnachweise zu erbringen. Die Auftraggeber entschieden sich dann für die Beauftragung ethohydraulischer Untersuchungen, um das Investitionsrisiko weitestgehend zu minimieren.

5 Zusammenfassung und Ausblick

Ethohydraulische Befunde ermöglichen Aussagen zum Verhalten aquatischer Lebewesen bei gegebenen hydraulischen Randbedingungen. Derartige Aussagen stellen sowohl zur Qualitätssicherung bei der Planung fischverträglicher Anlagen und Komponenten als auch bei der Festlegung allgemeingültiger Grenz- und Richtwerte sowie Regeln eine wesentliche Basis dar.

Die Erarbeitung ethohydraulischer Befunde unterscheidet sich durch einen dreistufigen methodischen Aufbau und die Definition von Schnittstellen wesentlich von herkömmlichen grundlagenwissenschaftlichen Verhaltensversuchen in abstrakten Laborregimen. Die drei Phasen sind notwendige Bedingung, um zum einen die Ähnlichkeit zwischen Natursituation sowie ethohydraulischem Laborversuch gewährleisten zu können und um zum anderen die Übertragbarkeit erarbeiteter Erkenntnisse vom Labor auf das Freiland zu bewerkstelligen.

Die zahlreichen aktuellen Wissenslücken z. B. zum Fischverhalten in Leitströmungen und turbulenten Bereichen, zur Passage von Öffnungen, zum Verhalten bei Barrieren und vieles mehr, führen dazu, dass etliche Defizite bei der Planung von Fischaufstiegs-, -schutz- und -abstiegsanlagen bestehen und Unsicherheiten hinsichtlich deren Funktionalität hingenommen werden müssen (**Bild 6**). Ethohydraulische Untersuchungen stellen die derzeit verlässlichste Methode dar, einen Großteil dieser Wissenslücken zu schließen.

Autor

Prof. Dr.-Ing. habil. Boris Lehmann
Technische Universität Darmstadt
Institut für Wasserbau und Wasserwirtschaft
Fachgebiet Wasserbau und Hydraulik
Petersenstr. 13, Gebäude L5|01 309a
64287 Darmstadt
lehmann@wb.tu-darmstadt.de

Literatur

[1] Richtlinie 2000/60/EG des Europäischen Parlaments und des Rates vom 23.10.2000 zur Schaffung eines Ordnungsrahmens für Maßnahmen der Gemeinschaft im Bereich der Wasserpolitik (Wasserrahmenrichtlinie; WRRL). In: ABl. der EG, 2000, L 327, S. 1-72.

[2] Gesetz zur Ordnung des Wasserhaushalts (Wasserhaushaltsgesetz; WHG) vom 31. Juli 2009, zuletzt geändert durch Artikel 12 vom 11. August 2010. In: BGBl., 2009, Teil I, Nr. 51, S. 2 585-2 621 und BGBl., 2010, Teil I, Nr. 43, S. 1 163-1 169.

[3] Deutsche Vereinigung für Wasserwirtschaft, Abwasser und Abfall e. V. (Hrsg.): Fischaufstiegsanlagen und fischpassierbare Bauwerke – Gestaltung, Bemessung, Qualitätssicherung. In: DWA-Merkblätter (2010), DWA-M 509 Entwurf.

[4] Lehmann, B.; Oberle, P.: Methods of Hydraulic-Technical Quality Assurance of Fish Passes. In: 9th International Symposium on Ecohydraulics, Wien, 2012.

[5] (Ministerium für Klimaschutz, Umwelt, Landwirtschaft, Natur- und Verbraucherschutz des Lands Nordrhein-Westfalen (Hrsg.) Erlass vom 02.11.2012 zum Bau von Fischaufstiegsanlagen.

[6] Deutsche Vereinigung für Wasserwirtschaft, Abwasser und Abfall e. V. (Hrsg.): Fischschutz und Fischabstiegsanlagen. In: DWA-Themen, Hennef, 2005.

[7] Ebel, G.: Fischschutz und Fischabstieg an Wasserkraftanlagen – Handbuch Rechen- und Bypasssysteme. Ingenieurbiologische Grundlagen, Modellierung und Prognose, Bemessung und Gestaltung. In: Mitteilungen aus dem Büro für Gewässerökologie und Fischereibiologie Dr. Ebel (2013), Band 4.

[8] Adam, B.; Lehmann, B.: Ethohydraulik – Grundlagen, Methoden und Erkenntnisse. Berlin, Heidelberg: Springer Verlag, 2011.

[9] Böckmann, I.; Lehmann, B.; Hoffmann, A.: Fischabstieg – Verhaltensbeobachtungen vor Wanderbarrieren. In: Wasser und Abfall (2013), Nr. 6, S. 10-16.

Boris Lehmann

Ethohydraulic Studies – Basics, Methods and Findings

In the following article, the basic steps to be taken in ethohydraulic examinations are explained. Appropriate methods and instruments which can be used during ethohydraulic experiments for the observation, analysis and reliable transfer of fish behavior from simulated hydraulic situations onto natural conditions are presented. Finally, we demonstrate that ethohydraulic examinations are suitable to fill gaps in understanding, define limiting and reference values or to assess and optimize the function of fish-passable buildings.

Борис Леманн

Этологическая гидравлика – основы, возможности применения, выводы

В статье рассматриваются наиболее важные этапы проведения этолого-гидравлических исследований. Показываются необходимые при проведении этолого-гидравлических испытаний методы и инструменты, позволяющие осуществлять наблюдение поведения рыб в симулируемых гидравлических ситуациях. Результаты наблюдений анализируются и могут быть перенесены в природные условия в соответствии с определенными нагрузочными характеристиками. На основе полученных выводов можно сказать, что этолого-гидравлические исследования наилучшим образом подходят для устранения существующих пробелов в знаниях, определения граничных и контрольных значения или исследования и оптимизации функций рыбоходов.

Guntram Ebel

Modellierung der Schwimmfähigkeit europäischer Fischarten – Zielgrößen für die hydraulische Bemessung von Fischschutzsystemen

Die hydraulische Bemessung von Fischschutzsystemen setzt detaillierte Kenntnisse zur Schwimmgeschwindigkeit der flussabwärts wandernden Fische voraus. Die Schwimmgeschwindigkeit wird maßgeblich durch die Körperlänge, die Schwimmdauer sowie die Wassertemperatur bestimmt und kann durch multivariate Modelle quantitativ beschrieben werden. Der vorliegende Beitrag vermittelt einen Kurzüberblick über die diesbezüglich verfügbaren Modelle und gibt auf der Grundlage der Modellergebnisse und verhaltensbiologischer Informationen praktische Empfehlungen für die Auslegung von Fischschutzsystemen.

1 Einleitung

Die Mortalität flussabwärts wandernder Fische durch Turbinen und andere technische Einrichtungen gehört zu den schwerwiegendsten biologischen Folgen der Wasserkraftnutzung. Zur Begrenzung derartiger Effekte finden verschiedene Strategien Anwendung, wobei der Einsatz von Fischschutz- und Fischabstiegssystemen die größte praktische Bedeutung besitzt (**Bild 1**). Für die ingenieurbiologische Auslegung dieser Systeme sind präzise Kenntnisse zu den physischen Voraussetzungen und Verhaltensweisen abwandernder Fische erforderlich. Das betrifft u. a. die Schwimmfähigkeit, deren quantitative Charakterisierung eine obligate Grundlage für die Bemessung der Anströmbedingungen von Fischschutzsystemen darstellt. Aufgrund des diesbezüglich bislang lückenhaften Wissensstandes wurden im Rahmen eines Forschungsprojekts die Möglichkeiten der modellbasierten Beschreibung der Schwimmfähigkeit europäischer Fischarten ausführlich untersucht [1]. In vorliegender Arbeit werden ausgewählte Projektergebnisse in Kurzform vorgestellt und zur Ableitung von praktischen Empfehlungen für die hydraulische Bemessung von Fischschutzsystemen genutzt.

2 Grundlagen

2.1 Vortrieb beim Schwimmen

Der Vortrieb des schwimmenden Fisches wird durch Druck- und Geschwindigkeitsgradienten erzeugt, die aus den lateralen Auslenkungen des Fischkörpers resultieren. Maßgeblich für die Geschwindigkeit des Schwimmens sind einerseits die Frequenz und Amplitude der lateralen Körperauslenkungen sowie andererseits die Geometrie der Körperteile, mit denen der Schwimmimpuls auf den Wasserkörper übertragen wird [2], [3].

Wie Untersuchungen von Wardle [4] und Webb et al. [5] zeigen, entspricht die bei einer Oszillation zurückgelegte Wegstrecke dem 0,5- bis 0,8-fachen der Körperlänge. Daher kann die Schwimmgeschwindigkeit als Funktion von Körperlänge und Schwanzschlagfrequenz beschrieben werden [3], [6], [7]. Die Schlagfrequenz wird wiederum durch die Zeit zwischen zwei aufeinanderfolgenden Muskelkontraktionen bestimmt. Diese als Muskelrefraktärzeit bezeichnete Phase stellt einen limitierenden Faktor für die erreichbare Höchstgeschwindigkeit dar. Da die Muskelrefraktärzeit bei kleinen Fischen geringer als bei großen ist, sinkt die erreichbare Schlagfrequenz

Bild 1: Die ingenieurbiologische Auslegung von Fischschutz- und Fischabstiegssystemen erfordert detaillierte Informationen zu den physischen Voraussetzungen und Verhaltensmustern abwandernder Fische; das Foto zeigt eine ingenieurbiologisch konzipierte Wasserkraftanlage (Rothenburg/Saale, Ausbaudurchfluss 68 m^2/s) mit Leitrechen-Bypass-System nach Ebel, Gluch & Kehl (2001) [1]

mit steigender Körperlänge. Die Auswirkungen der Frequenzabnahme auf die Schwimmgeschwindigkeit werden jedoch durch den stärkeren Vortrieb größerer Fische überlagert: So sinkt zwar die relative, auf die Körperlänge bezogene Schwimmgeschwindigkeit [Körperlänge/s] mit steigender Körperlänge, die absolute Schwimmgeschwindigkeit [m/s] nimmt hingegen mit steigender Körperlänge zu. Darüber hinaus wird die Muskelrefraktärzeit auch durch die Wassertemperatur beeinflusst, die im physiologisch geeigneten Intervall mit der Muskelrefraktärzeit negativ und mit der Schwimmgeschwindigkeit positiv korreliert [4].

Neben der Körperlänge und der Wassertemperatur ist die erreichbare Schwimmgeschwindigkeit maßgeblich von der Schwimmdauer abhängig (Abschnitt 2.2). Ferner korreliert die Schwimmgeschwindigkeit mit dem Oberflächenwiderstand des Fisches, der proportional zum Quadrat der Schwimmgeschwindigkeit wächst [2], [3].

2.2 Schwimmlevel

Die mit zunehmender Schwimmdauer zu beobachtende Geschwindigkeitsabnahme folgt einer logarithmischen Beziehung, wobei sich bezüglich des physiologischen Hintergrundes drei charakteristische Reaktionsnormen bzw. Schwimmlevel unterscheiden lassen: Sprintgeschwindigkeit, gesteigerte Schwimmgeschwindigkeit, Dauerschwimmgeschwindigkeit (z. B. [8], [9], [10], [11], [12]). In **Tabelle 1** ist der generelle Zusammenhang zwischen Schwimmgeschwindigkeit, Schwimmdauer und Stoffwechselmodus im Überblick dargestellt.

Sprintgeschwindigkeit

Die Sprintgeschwindigkeit kennzeichnet die höchste erreichbare Geschwindigkeit. Sie wird in Extremsituationen, wie etwa bei der Flucht oder beim Beutefang, eingesetzt. Die zum Sprintschwimmen genutzte weiße Muskulatur arbeitet nach dem Prinzip der anaeroben Glycolyse und ist somit unabhängig von der Sauerstoffnachlieferung durch das Kapillarsystem. Da durch den anaeroben Glycogenabbau Milchsäure freigesetzt wird und der Glycogenvorrat schnell erschöpft ist, kann das Sprintschwimmen nur über eine Zeitspanne von maximal 20 s aufrechterhalten werden [10].

Gesteigerte Schwimmgeschwindigkeit

Die gesteigerte Schwimmgeschwindigkeit vermittelt zwischen dem nur wenige Sekunden währenden Sprintschwimmen mit sehr hoher Geschwindigkeit und dem Ausdauerschwimmen mit geringer Geschwindigkeit. Da bei dieser Aktivitätsform neben der roten Muskulatur auch die

Tab. 1: Überblick über die verschiedenen Schwimmlevel

Schwimmlevel	Schwimmdauer	Stoffwechseltyp	beteiligte Muskulatur
Sprintgeschwindigkeit	≤20 s	anaerob	weiße Muskulatur
gesteigerte Schwimmgeschwindigkeit	20 s – 200 min	aerob und anaerob	rote und weiße Muskulatur
Dauerschwimmgeschwindigkeit	≥200 min	aerob	rote Muskulatur

weiße Muskulatur aktiv ist, führt das Schwimmen mit gesteigerter Geschwindigkeit gleichfalls zur Ermüdung des Fisches. Schwimmaktivitäten, die nach 20 s bis 200 min eine Ermüdung des Fisches zur Folge haben, sind dem gesteigerten Schwimmlevel zuzuordnen [10].

Für die Bemessung von Fischleitsystemen wurde bislang häufig die sog. kritische Schwimmgeschwindigkeit verwendet. Diese entspricht der Fließgeschwindigkeit, gegen die ein Fisch über eine bestimmte Zeitspanne anschwimmen kann, ohne abgetrieben zu werden. Da die Zeitspanne bis zur Abdrift im Schrifttum jedoch sehr verschiedenartig definiert wird (30 s bis 60 min, z. B. [10], [12], [13], [14], [15], [16]), sind Befunde zur kritischen Schwimmgeschwindigkeit nur selten miteinander vergleichbar. Aus physiologischer Sicht ist die kritische Schwimmgeschwindigkeit als oberer Level der gesteigerten Schwimmgeschwindigkeit aufzufassen.

Dauerschwimmgeschwindigkeit

Die Dauerschwimmgeschwindigkeit, die auch als Kreuzer- oder Optimalgeschwindigkeit bezeichnet wird, kann über viele Stunden oder Tage ermüdungsfrei aufrechterhalten werden. Nach der Begriffsbestimmung von Webb [9] und Beamish [10] werden Schwimmaktivitäten, die sich über mindestens 200 min erstrecken, mit der Dauerschwimmgeschwindigkeit ausgeführt. Diese entspricht somit der „normalen" Schwimmgeschwindigkeit und charakterisiert beispielsweise den bei Langdistanzwanderungen ausgebildeten Schwimmmodus. Beim Dauerschwimmen wird fast ausschließlich die aerob arbeitende rote Mus-

Bild 2: Aufgrund des undulierenden Schwimmstils erreichen Aale (*Anguilla anguilla*) in Relation zu ihrer Körperlänge nur vergleichsweise geringe Schwimmgeschwindigkeiten

kulatur eingesetzt, so dass die für die Energiegewinnung genutzten Substanzen (Glycogen und Lipide) vollständig oxidiert werden und keine Bildung von Milchsäure erfolgt.

2.3 Schwimmstile

Wie Analysen der Schwimmfähigkeit süßwasserresidenter und diadromer Arten mit europäischer Verbreitung zeigen, sind die Schwimmgeschwindigkeiten bei gegebener Körperlänge, Schwimmdauer und Wassertemperatur in vielen Fällen sehr ähnlich [1]. Als Ursache hierfür sind interspezifische Übereinstimmungen im Schwimmstil anzunehmen, der bei den meisten Arten dem subcarangiformen Typ entspricht. Bei dieser Lokomotionsform konzentrieren sich die lateralen Körperauslenkungen auf den hinteren Rumpfbereich, wobei der Quotient Körperlänge/Wellenlänge nur geringfügig größer ist als 0,5 und eine schwanzwärts schnell zunehmende Amplitude auftritt [9].

Arten jedoch, die mit undulierenden Bewegungen schwimmen (anguilliformer Schwimmstil) erreichen in Relation zur Körperlänge nur vergleichsweise geringe Schwimmgeschwindigkeiten [16], [17], [18], [19], [20], [21], [22] (**Bild 2**). Das betrifft in der europäischen Süßwasserfischfauna vor allem den Aal (*Anguilla anguilla*) sowie die Neunaugen (*Petromyzontidae*). Beim anguilliformen Schwimmstil ist der Quotient Körperlänge/Wellenlänge gewöhnlich größer als 1,0 und die Amplitude der lateralen Auslenkung ändert sich entlang der Körperlängsachse nur geringfügig [9].

Auch Störe (*Acipenseridae*) erreichen nur vergleichsweise geringe relative Schwimmgeschwindigkeiten [12], [23], [24], [25]. Kinematische Studien zeigen, dass ihr Schwimmstil zwischen dem subcarangiformen und dem anguilliformen Typ vermittelt [3]. Darüber hinaus besitzen Störe eine vergleichsweise kleinflächige, heterozerke Schwanzflosse, so dass bei dieser Gruppe zudem die geometrischen Voraussetzungen für die Übertragung des Schwimmimpulses auf den Wasserkörper weniger vorteilhaft sind.

3 Modelle

Obgleich Daten zur Schwimmgeschwindigkeit und Schwimmdauer entsprechend der im Abschnitt 2.2 dargestellten Klassifizierung bereits erste Anhaltspunkte zur Schwimmfähigkeit liefern, setzt eine quantitative Charakterisierung des physischen Leistungsvermögens abwandernder Fische eine genauere, modellbasierte Betrachtung voraus. Bei den hierbei einsetzbaren Modellen handelt es sich vorwiegend um induktive, empirische Beziehungen, die anhand von experimentell gewonnenen Datensätzen entwickelt wurden, wobei univariate und multivariate Modelle zu unterscheiden sind.

3.1 Univariate Modelle

Durch univariate Modelle wird die Beziehung zwischen der Schwimmgeschwindigkeit (abhängige Variable bzw. Zielvariable) und einer Einflussgröße (unabhängige Variable bzw. Prädiktorvariable) quantitativ beschrieben. Als Prädiktorvariable in univariaten Modellen findet meist die Körperlänge Verwendung, wogegen die gleichfalls bedeutsamen Einflussgrößen Schwimmdauer und Wassertemperatur unberücksichtigt bleiben. Daher sind derartige Modelle für die Bearbeitung ingenieurbiologischer Fragestellungen von untergeordneter Bedeutung und werden nachstehend nicht behandelt. Weiterführende Informationen zur Charakterisierung der Schwimmgeschwindigkeit durch univariate Modelle enthalten beispielsweise die Arbeiten von Ebel [1], Videler [3], Wolter & Arlinghaus [14], Booth et al. [26], Booth et al. [27], Booth [28], McDonald et al. [29], Wakeling et al. [30], Castro-Santos & Haro [31].

3.2 Multivariate Modelle

Multivariate Modelle charakterisieren die Beziehung zwischen der Schwimmgeschwindigkeit und mehreren Einflussgrößen. Dabei werden als Prädiktorvariablen ggf. alle wesentlichen Parameter genutzt: Körperlänge, Schwimmdauer und Wassertemperatur. Die vorliegenden multivariaten Modelle lassen sich einerseits in allgemeine und gildenspezifische Modelle sowie andererseits in art- und familienspezifische Modelle untergliedern. Entsprechend dieser Systematik werden nachstehend die verfügbaren multivariaten Mo-

Tab. 2: Multivariate Modelle zur Charakterisierung der Schwimmgeschwindigkeit (u = Schwimmgeschwindigkeit, TL = Totallänge, t = Schwimmdauer, T = Wassertemperatur)

Art/Artengruppe		Modellgleichung
Allgemeine und gildenspezifische Modelle (nicht für Aale, Neunaugen, Störe, Kelts)		
rheophile + nichtrheophile Gilde	(1)	$\log(u) = 0,5130 + 0,7941 \cdot \log(TL) - 0,0906 \cdot \log(t) + 0,2921 \cdot \log(T)$
rheophile Gilde	(2)	$\log(u) = 0,5460 + 0,7937 \cdot \log(TL) - 0,0902 \cdot \log(t) + 0,2813 \cdot \log(T)$
nichtrheophile Gilde	(3)	$\log(u) = 0,3674 + 0,7692 \cdot \log(TL) - 0,0982 \cdot \log(t) + 0,3649 \cdot \log(T)$
Art- bzw. familienspezifische Modelle		
Aale (*Anguillidae*)	(4)	$\log(u) = 0,4250 + 0,5670 \cdot \log(TL) - 0,1330 \cdot \log(t)$ für $T > 10$ °C
Aale (*Anguillidae*)	(5)	$\log(u) = 0,2762 + 0,5670 \cdot \log(TL) - 0,1330 \cdot \log(t)$ für $T = 5$ °C
Neunaugen (*Petromyzontidae*)	(6)	$u = 76,7053 + 13,0921 \cdot \log(0,0013 \cdot TL^{3,052}) - 26,3158 \cdot \log(t) + 0,7737 \cdot T$
Störe (*Acipenseridae*)	(7)	$u = (3,1782 + 0,0226 \cdot TL + 0,0547 \cdot T - \log(t))/(0,0455 + 0,000536 \cdot T - 0,000185 \cdot TL)$

Tab. 2: Multivariate Modelle zur Charakterisierung der Schwimmgeschwindigkeit, Fortsetzung (R^2 = Bestimmtheitsmaß, p = Signifikanzniveau)

Art/Artengruppe	Gl.	R^2	p	Einheiten	Autor
Allgemeine und gildenspezifische Modelle (nicht für Aale, Neunaugen, Störe, Kelts)					
rheophile + nichtrheophile Gilde	(1)	0,88	<0,00001	u [m/s], TL [m], t [s], T [°C]	Ebel [1]
rheophile Gilde	(2)	0,89	<0,00001	u [m/s], TL [m], t [s], T [°C]	Ebel [1]
nichtrheophile Gilde	(3)	0,86	<0,00001	u [m/s], TL [m], t [s], T [°C]	Ebel [1]
Art- bzw. familienspezifische Modelle					
Aale (*Anguillidae*)	(4)	0,62	<0,00001	u [m/s], TL [m], t [s], T [°C]	Ebel [1]
Aale (*Anguillidae*)	(5)	–	–	u [m/s], TL [m], t [s], T [°C]	Ebel [1]
Neunaugen (*Petromyzontidae*)	(6)	0,70	–	u [cm/s], TL [cm], t [s], T [°C]	Beamish [18]
Störe (*Acipenseridae*)	(7)	0,85	<0,05	u [cm/s], TL [cm], t [s], T [°C]	Peake et al. [23]

delle in Kurzform vorgestellt. Weiterführende Informationen zum Themengebiet enthält die Arbeit von Ebel [1].

Allgemeine und gildenspezifische Modelle

Zur Verbesserung des lückenhaften Kenntnisstandes wurden im Rahmen des eingangs benannten Forschungsprojektes [1] die verfügbaren empirischen Datensätze zur Schwimmfähigkeit europäischer Fischarten (n = 409) auf ihre Eignung zur Entwicklung multivariater Modelle geprüft. Hierbei erfolgte zunächst ein Ausschluss von Datensätzen für Arten mit anguilliformem Schwimmstil (n = 43), da sich deren Schwimmgeschwindigkeit deutlich von der anderer Arten unterscheidet (vgl. Abschnitt 2.3). In einem weiteren Bearbeitungsschritt wurden alle Datensätze (n = 121) eliminiert, die keine hinreichenden Angaben zur Körperlänge, Schwimmdauer oder Wassertemperatur enthalten. In der Folge der Datenaufbereitung stehen insgesamt 245 Datensätze für die Modellentwicklung zur Verfügung, bei denen sowohl die Zielvariable (Schwimmgeschwindigkeit) als auch die Prädiktorvariablen (Körperlänge, Schwimmdauer, Wassertemperatur) eindeutig definiert sind (Tabelle der Datensätze und Quellenangaben in [1]). Die Datensätze betreffen 22 Arten aus 9 Familien, wobei die Variablen folgende Intervalle umfassen: Schwimmgeschwindigkeit 0,04 bis 8,17 m/s, Körperlänge 0,6 bis 81 cm, Schwimmdauer 0,1 bis 12 000 s, Wassertemperatur 4,0 bis 22,0 °C.

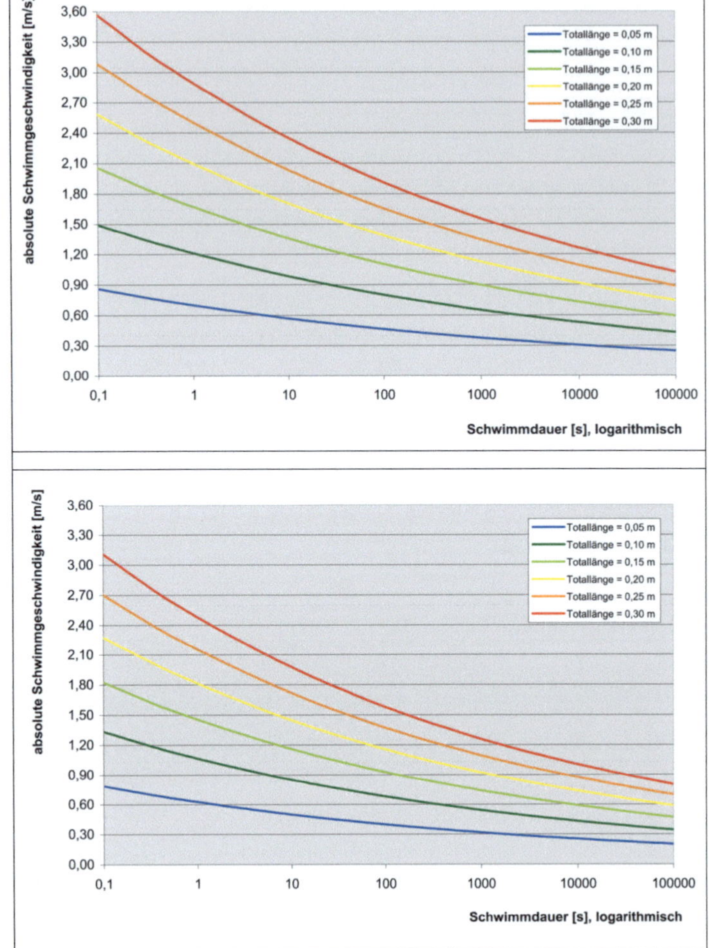

Bild 3: Beziehung zwischen absoluter Schwimmgeschwindigkeit und Schwimmdauer: a) für rheophile Arten bei T = 15 °C errechnet nach Gl. (2); b) für nichtrheophile Arten bei T = 15 °C errechnet nach Gl. (3)

Die Modellentwicklung erfolgte durch lineare multiple Regression, wobei zunächst die univariaten Beziehungen zwischen den jeweiligen Variablen geprüft und logarithmisch transformiert wurden. Im Rahmen der Regressionsanalysen wurden für folgende Artengruppen multivariate Modelle bereitgestellt (n = Anzahl verfügbarer Datensätze):

(1) Allgemeines Modell (gepoolte Analyse für alle Arten, n = 245)

(2) Modell für strömungsliebende (rheophile) Arten (n = 164)

(3) Modell für sonstige (nichtrheophile) Arten (n = 81)

Die vollständig kreuzvalidierten Modelle erreichen mit Bestimmtheitsmaßen von $R^2 \geq 0{,}86$ ein hohes Erklärungsvermögen und sind mit $p < 0{,}000\,01$ jeweils höchst signifikant. Das Histogramm der standardisierten Residuen zeigt für alle Modelle eine sehr gute Anpassung an die Normalverteilung. Einen Überblick über die jeweiligen Modellgleichungen vermittelt **Tabelle 2.** Die **Bilder 3a und 3b** veranschaulichen exemplarisch die Ergebnisse der Anwendung von Gl. (2) und (3).

Art- und familienspezifische Modelle

Aufgrund des abweichenden Schwimmstils von Aalen, Neunaugen und Stören (Abschnitt 2.3) lässt sich deren Schwimmfähigkeit nicht durch die oben dargestellten allgemeinen und gildenspezifischen Beziehungen, sondern ausschließ-

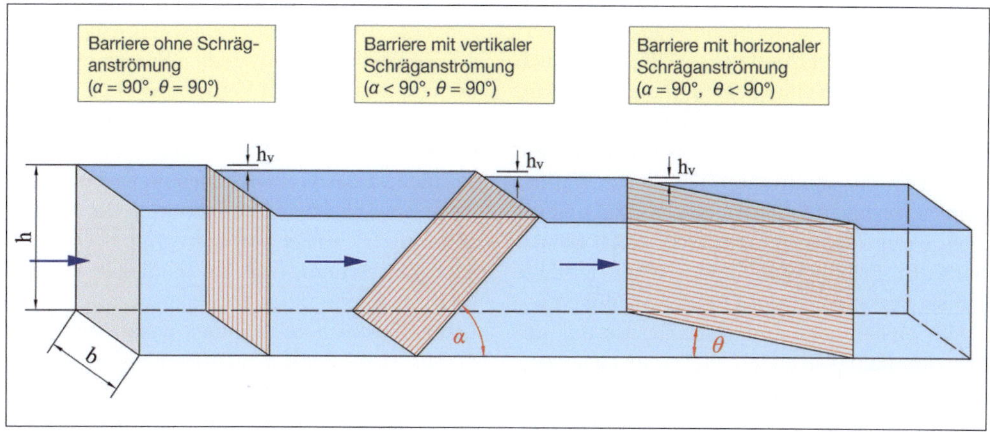

Bild 4: Klassifizierung mechanischer Barrieren nach der Exposition zur Strömung (aus [1], nach [39] verändert)

lich durch art- bzw. familienspezifische Modelle beschreiben.

Die für den Aal (*Anguilla anguilla*) verfügbaren Modelle (Gl. (4), Gl. (5)) wurden von Ebel [1] anhand experimenteller Daten (n = 32) unterschiedlicher Autoren entwickelt, wobei die Variablen folgende Intervalle umfassen: Schwimmgeschwindigkeit 0,14 bis 1,51 m/s, Körperlänge 7,2 bis 82 cm, Schwimmdauer 2 bis 8 208 000 s, Wassertemperatur 10,0 bis 25,0 °C. Die Modellentwicklung erfolgte wiederum durch lineare multiple Regression entsprechend der o. g. Methodik. Wie die durchgeführten Analysen belegen, leisten Körperlänge und Schwimmdauer, nicht jedoch die Wassertemperatur einen signifikanten Beitrag zur Varianzaufklärung. Wahrscheinliche Ursache hierfür ist die nur geringe Anzahl von Datensätzen sowie die geringe Streuung der experimentellen Temperaturdaten. Ausgehend hiervon wurde die Wassertemperatur nicht mit in die Modellbildung einbezogen und stattdessen ein Modell für Wassertemperaturen ≥10 °C ($R^2 = 0{,}62$, $p < 0{,}000\,01$) und ein weiteres, deduktives Modell für eine Wassertemperatur von 5 °C entwickelt (Details in [1]).

Das für Neunaugen durch Gl. (6) gegebene Modell basiert auf empirischen Studien von Beamish [18] am Meerneunauge (*Petromyzon marinus*) und beinhaltet in seiner ursprünglichen Fassung nicht die Körperlänge, sondern das Körpergewicht als Prädiktorvariable. Die Einführung der Körperlänge in die Modellgleichung erfolgte durch Ebel [1] unter Nutzung der von Beamish [32] für die Art publizierten Längen-Gewichts-Regression. Das Gewicht der von Beamish [18] untersuchten Meerneunaugen betrug 2,4 bis 106,9 g. Während sich die kleinsten Tiere in der Endphase der Metamorphose befanden, handelte es sich bei den größten um adulte Individuen. Die Untersuchungen erfolgten bei Wassertemperaturen von 5 bis 15 °C. Das Modell, das durch ein Bestimmtheitsmaß von $R^2 = 0{,}70$ gekennzeichnet ist, sollte aus methodischen Gründen nur für eine Schwimmdauer von 10 bis 1 000 s eingesetzt werden. Für andere Neunaugen-Arten existieren derzeit keine multivariaten Modelle zur Beschreibung der Schwimmfähigkeit. Die vorliegenden experimentellen Daten (Literaturüberblick in [1]) lassen jedoch den vorläufigen Schluss zu, dass das von Beamish [18] für das Meerneunauge entwickelte Modell auch eingesetzt werden kann, um die Schwimmfähigkeit anderer Neunaugenarten zu beschreiben.

Das für Störe dargestellte Modell (Gl. (5) wurde von Peake et al. [23] aus Befunden zur Schwimmfähigkeit des Seestörs *(Acipenser fulvescens)* abgeleitet ($R^2 = 0{,}85$, $p < 0{,}05$). Die der Modellentwicklung zugrunde liegenden Untersuchungen erfolgten an Tieren mit Körperlängen von 12 bis 132 cm bei Wassertemperaturen von 7 bis 21 °C, wobei Schwimmaktivitäten über einen Zeitraum von etwa 6 s bis 200 min betrachtet wurden. Von einer Modellanwendung für eine Schwimmdauer >200 min sollte nach Peake et al.

[23] wegen nicht valider Befunde abgesehen werden. Nach Testberechnungen von Ebel [1] können jedoch bereits bei einer Schwimmdauer >30 min inkonsistente Ergebnisse auftreten. Der bis zu 270 cm große Seestör ist eine in Nordamerika beheimatete, potamodrome Fischart, die Wanderungen von bis zu 1 000 km unternimmt und sowohl berufs- als auch angelfischereilich genutzt wird. In Ermangelung spezifischer Modelle schlägt Peake [33] vor, das für den Seestör entwickelte Modell auch zur Charakterisierung der Schwimmfähigkeit anderer Störarten zu nutzen.

4 Bemessungsempfehlungen

4.1 Generelle Aspekte

Die dargestellten Kenntnisse zur Modellierung der Schwimmfähigkeit bieten die Möglichkeit, biologisch begründete Zielgrößen für die hydraulische Bemessung von Fischschutzsystemen abzuleiten. Generell sind die Anströmverhältnisse von mechanischen Barrieren so auszulegen, dass die Zielarten bzw. -stadien den Kontakt mit der Barriere vermeiden und den Bypass erreichen können. Die maximal zulässige Anströmgeschwindigkeit ergibt sich dabei aus der Schwimmfähigkeit der leistungsschwächsten Zielart. Für die übrigen Arten bzw. Entwicklungsstadien ist zu gewährleisten, dass die hydraulischen Voraussetzungen für die Vermeidung von Fischschäden durch Anpressung an die Barriere gegeben sind [1].

Bei der Ableitung von Bemessungsempfehlungen sind neben den physischen Voraussetzungen der Fische auch deren Verhaltensweisen im Anströmbereich der Barriere zu berücksichtigen. Entsprechend zahlreicher Labor- und Freilandbefunde ist das Fischverhalten maßgeblich vom Anströmwinkel bzw. der Exposition der Barriere abhängig [1], wobei Barrieren ohne horizontale Schräganströmung (z. B. konventionelle Rechen) und mit horizontaler Schräganströmung (z. B. Louver, Leitrechen) zu unterscheiden sind (**Bild 4**). Ausgehend von dieser Differenzierung werden nachstehend die Empfehlungen für die Bemessung von Fischschutzsystemen im Überblick dargestellt.

4.2 Bemessung von Fischschutzsystemen ohne horizontale Schräganströmung

Wie Labor- und Freilandstudien zeigen, kann die Aufenthaltszeit von Fischen im Anströmbereich von Barrieren ohne horizontale Schräganströmung mehrere Stunden betragen [1]. Daher ist die Anströmgeschwindigkeit an derartig exponierten Fischschutzsystemen so zu wählen, dass die maximale Dauerschwimmgeschwindigkeit der Fische nicht überschritten wird. Die maximale Dauerschwimmgeschwindigkeit entspricht der Geschwindigkeit, die vom Fisch über 200 min aufrechterhalten werden kann (Abschnitt 2.2). Bei noch größerer Schwimmdauer ändert sich die Schwimmgeschwindigkeit nur noch geringfügig (aerober Stoffwechselmodus).

Die maximale Dauerschwimmgeschwindig-

Tab. 3: Modelle zur Ermittlung der maximalen Dauerschwimmgeschwindigkeit (u = Schwimmgeschwindigkeit, TL = Totallänge)

Art/Artengruppe		Modellgleichung
Allgemeine und gildenspezifische Modelle (nicht für Aale, Neunaugen, Störe, Kelts)		
rheophile Gilde	(8)	$\log(u) = 0{,}3747 + 0{,}7937 \cdot \log(TL)$
nichtrheophile Gilde	(9)	$\log(u) = 0{,}2219 + 0{,}7692 \cdot \log(TL)$
Art- bzw. familienspezifische Modelle		
Aale (*Anguillidae*)	(10)	$\log(u) = -0{,}2663 + 0{,}5670 \cdot \log(TL)$
Neunaugen (*Petromyzontidae*)	(11)	$u = 1{,}0 \cdot TL$
Störe (*Acipenseridae*)	(12)	$u = 1{,}0 \cdot TL$
Kelts (*Salmonidae*)	(13)	$u = 1{,}0 \cdot TL$

Tab. 4: Maximal zulässige Anströmgeschwindigkeit [m/s] von mechanischen Barrieren für ausgewählte Arten und Entwicklungsstadien (TL = Totallänge [m], θ = horizontaler Anströmwinkel [°])

Art/Artengruppe	Entwicklungs-stadium	TL	maximale Anströmgeschwindigkeit		Gl. (vgl. Tab. 3)
			Barrieren ohne horizontale Schräganströmung	Barrieren mit horizontaler Schräganströmung	
Diadrome Arten					
Aale (*Anguillidae*)	Gelbaal	0,30	0,27	0,27/sinθ	(10)
	Blankaal	0,60	0,41	0,41/sinθ	(10)
Salmoniden (*Salmonidae*)	Smolt	0,10	0,38	0,38/sinθ	(8)
	Kelt	0,50	0,50	0,50/sinθ	(13)
Neunaugen (*Petromyzontidae*)	Macrophthal.	0,10	0,10	0,10/sinθ	(11)
	Macrophthal.	0,15	0,15	0,15/sinθ	(11)
Störe (*Acipenseridae*)	juvenil	0,10	0,10	0,10/sinθ	(12)
	juvenil	0,30	0,30	0,30/sinθ	(12)
Potamodrome Arten					
rheophile Gilde	juvenil/adult	0,10	0,38	0,38/sinθ	(8)
	juvenil/adult	0,20	0,66	0,66/sinθ	(8)
nichtrheophile Gilde	juvenil/adult	0,10	0,28	0,28/sinθ	(9)
	juvenil/adult	0,20	0,48	0,48/sinθ	(9)

keit ergibt sich durch Anwendung von Gl. (2) bzw. (3) und wird entsprechend der Saisonalität flussabwärts gerichteter Migrationen auf eine Wassertemperatur von 5 °C bezogen. Für Aale wird die Anwendung von Gl. (5) empfohlen, die die Schwimmgeschwindigkeit bei einer Wassertemperatur von 5 °C beschreibt. In begründeten Fällen können auch andere Wassertemperaturen für die Modellierung der Schwimmfähigkeit genutzt werden. Für Störe und Neunaugen gestatten die derzeit verfügbaren multivariaten Modellgleichungen keine zuverlässige Prognose der maximalen Dauerschwimmgeschwindigkeit. Daher werden die Bemessungsempfehlungen für diese Artengruppen anhand von Befunden zur Schutzwirkung verschiedenartig angeströmter Barrieren abgeleitet (Details in [1]). Die für Kelts dargestellten Bemessungsempfehlungen basieren auf spezifischen Untersuchungen zur maximalen Dauerschwimmgeschwindigkeit, die von Booth et al. [27] durchgeführt wurden. Einen Überblick über die empfohlenen Beziehungen zur Charakterisierung der maximalen Dauerschwimmgeschwindigkeit vermittelt **Tabelle 3**.

Die resultierenden Empfehlungen für die Bemessung der Anströmgeschwindigkeit sind in **Tabelle 4** zusammenfassend dargestellt. Sie gelten entsprechend dem aktuellen Kenntnisstand unabhängig vom vertikalen Anströmwinkel der Barriere, der meist mit dem Neigungswinkel der Barriere zur Sohle gleichzusetzen ist.

4.3 Bemessung von Fischschutzsystemen mit horizontaler Schräganströmung

Zur quantitativen Beschreibung der Beziehung zwischen Schwimmfähigkeit, Fischverhalten, Anströmgeschwindigkeit und horizontalem Anströmwinkel wurden durch folgende Autoren Modelle und Bemessungsempfehlungen entwickelt: Pavlov [12], Pakhorukov & Kuragina [34], O'Keeffe & Turnpenny [35], Bates & Vinsonhaler [36].

Wie eine systematische Modellprüfung zeigt, bietet das Modell von O'Keeffe & Turnpenny [35] die günstigsten Voraussetzungen für einen effektiven Fischschutz und stellt aus ingenieurbiologischer Sicht daher die Vorzugsvariante für die praktische Bemessung der Anströmbedingungen dar [1]. Da die Anwendung des Modells keine iterativen Betrachtungen voraussetzt, ist zudem eine einfache Handhabbarkeit gegeben.

In den Modellen von Pavlov [12] und Pakhorukov & Kuragina [34] werden die Parameter Schwimmgeschwindigkeit, Schwimmdauer, Anströmgeschwindigkeit und horizontaler Anströmwinkel als interkorrelierte Größen behandelt. Daher setzt die Anwendung dieser Modelle iterative Berechnungen voraus. Bei diesen ist nachzuweisen, dass die biologisch-hydraulischen Voraussetzungen für die Vermeidung von Kontakten zwischen Fisch und Barriere gegeben sind (Details und Iterationsschema in [1]). Wie Testberechnungen belegen, unterscheiden sich die Ergebnisse der Modelle von Pavlov [12] sowie Pakhorukov & Kuragina [34] bei gegebenen Randbedingungen nur geringfügig voneinander [1]. Eine praktische Anwendung dieser Modelle ist dann zu empfehlen, wenn die vergleichsweise restriktiven Bemessungsvorgaben, die aus den Modellforderungen von O'Keeffe & Turnpenny [35] resultieren, aufgrund von standörtlichen Zwängen nicht zu realisieren sind.

Das Modell von Bates & Vinsonhaler [36] beschreibt physische und verhaltensbiologische

Bild 5: Eine wesentliche Bedeutung für die Fortentwicklung des gegenwärtigen Kenntnisstandes besitzen u. a. Studien zur biologischen Funktion von ausgeführten Fischschutz- und Fischabstiegssystemen mit Bypasshamen (oben) und Turbinenhamen (unten); zur Beschreibung der selektiven Wirkung der Fanggeräte sowie der Effizienz des Fischschutz- und Fischabstiegssystems finden vorzugsweise logistische Regressionsverfahren Anwendung [1]

Grenzfälle, die als Grundlage für die ingenieurbiologische Bemessung mechanischer Barrieren wenig geeignet sind. So besteht bei Anwendung des Modells ein vergleichsweise hohes Risiko, dass der Fisch die Barriere nicht vermeiden kann und durch diese verdriftet oder an diese angepresst wird. Infolgedessen wird das Modell nicht für die praktische Anwendung empfohlen.

Aus den dargestellten Gründen erfolgt die Ableitung der Bemessungsempfehlungen durch Anwendung des Modells von O'Keeffe & Turnpenny [35]. Entsprechend der Modellforderung ist die orthogonale Geschwindigkeitskomponente an der Barriere (Normalgeschwindigkeit) auf die maximale Dauerschwimmgeschwindigkeit der Fische zu beschränken. Die empfohlenen Modellgleichungen zur Charakterisierung der maximalen Dauerschwimmgeschwindigkeit sind in Tabelle 3 zusammenfassend dargestellt (Erläuterungen Abschnitt 4.2). Einen Überblick über die resultierenden Bemessungsempfehlungen vermittelt Tabelle 4. Wie den Angaben in Tabelle 4 zu entnehmen ist, steigt die zulässige Anströmgeschwindigkeit mit abnehmendem Anströmwinkel bzw. zunehmender Schrägstellung der Barriere.

5 Schlussfolgerungen und Ausblick

In vorliegender Arbeit wurden biologisch begründete Zielgrößen für die hydraulische Bemessung von Fischschutzsystemen auf der Grundlage von Modellen zur Schwimmfähigkeit europäischer Fischarten abgeleitet.

Während die für Aal, Lachs und potamodrome Arten benannten Zielgeschwindigkeiten bei geeigneter Exposition des Fischschutzsystems sowohl an Neubaustandorten als auch bei Nachrüstungen an zahlreichen Bestandsanlagen eingehalten werden können, sind die geringen Zielgeschwindigkeiten für Neunaugen und juvenile Störe mit den technischen und ökonomischen Anforderungen der Wasserkraftnutzung kaum vereinbar. Für beide Artengruppen kann jedoch eine Erhöhung der Schutzwirkung dann erwartet werden, wenn das Fischschutzsystem mit einer Sohlenleitwand kombiniert wird [1], [37]. Für Neunaugen ist darüber hinaus auf das vergleichsweise geringe Verletzungsrisiko bei der Turbinenpassage zu verweisen [20], [38].

Die vorgestellten Kenntnisse zur Schwimmfähigkeit europäischer Fischarten belegen zugleich, dass der in Deutschland für die maximale Anströmgeschwindigkeit bislang verschiedentlich genutzte pauschale Grenzwert von 0,50 m/s für eine biologisch begründete Auslegung von mechanischen Barrieren nicht geeignet ist.

Neben den in vorliegender Arbeit abgeleiteten Zielgrößen sind für die ingenieurbiologische Konzeption und Auslegung von Wasserkraftanlagen im Regelfall auch folgende Informationen erforderlich: maximal zulässige lichte Weite des Fischschutzsystems, Möglichkeiten der Positionierung und Gestaltung des Fischschutzsystems, geometrische und hydraulische Zielgrößen für die Bemessung von Bypässen, Möglichkeiten der Positionierung und Gestaltung von Bypässen. Detaillierte Ausführungen zu diesen Themenkomplexen enthält die Arbeit von Ebel [1].

Sofern das betreffende Fischschutz- und Fischabstiegssystem aufgrund von standörtlichen Restriktionen nicht so konzipiert werden kann, dass für alle Zielarten bzw. -stadien ein vollständiger Schutz erreicht wird, ist die zu erwartende Mortalität bei der Triebwerkspassage zu bilanzieren. Hierfür stehen aussagefähige Prognosemodelle zur Verfügung, die gleichfalls in [1] dargestellt und hinsichtlich ihrer Genauigkeit charakterisiert werden.

Um die Weiterentwicklung des aktuellen Kenntnisstandes zu fördern, wäre künftig auch in Deutschland eine systematische, langfristig ausgelegte Forschungstätigkeit zu etablieren, die materiell und institutionell abzusichern ist (**Bild 5**).

Autor

Dr. Guntram Ebel

Büro für Gewässerökologie und Fischereibiologie Dr. Ebel
Saalwerderstraße 10
06118 Halle (Saale)
info@bgf-halle.de

Literatur

[1] Ebel, G.: Fischschutz und Fischabstieg an Wasserkraftanlagen – Handbuch Rechen- und Bypasssysteme. Ingenieurbiologische Grundlagen, Modellierung und Prognose, Bemessung und Gestaltung. In: Mitteilungen aus dem Büro für Gewässerökologie und Fischereibiologie (2013), Bd. 4.

[2] Bone, Q.; Marshall, N. B.: Biologie der Fische. Stuttgart: Gustav Fischer, 1985.

[3] Videler, J. J.: Fish Swimming. London: Chapman & Hall, 1993.

[4] Wardle, C. S.: Limit to fish swimming speed. In: Nature 255 (1975), S. 725-727.

[5] Webb, P. W.; Kostecki, P. T.; Stevens, E. D.: The effect of size and swimming speed on the locomotor kinematics of rainbow trout. In: J. Exp. Biol. 109 (1984), S. 77-95.

[6] Videler, J. J.; Wardle, C. S.: Fish swimming stride by stride: speed limits and endurance. In: Rev. Fish Biol. and Fisheries 1 (1991), S. 23-40.

[7] Svendsen, J. C.; Skov, J.; Bildsoe, M.; Steffensen, J. F.: Intra-school positional preference and reduced tail beat frequency in trailing positions in schooling roach under experimental conditions. In: J. Fish Biol. 62 (2003), S. 834-846.

[8] Blaxter, J. H. S.: Swimming speed of fish. In: FAO-Report 62 (1969), S. 69-100.

[9] Webb, P. W.: Hydrodynamics and energetics of fish propulsion. In: Bull. Fish. Res. Board Can. 190 (1975), S. 1-159.

[10] Beamish, F. W. H.: Swimming capacity. In: Fish Physiology, Bd. VII (Hrsg.: W. S. Hoar; Randall, D. J.), New York: Academic Press (1978), S. 101-187.

[11] Blake, R. W.: Fish locomotion. London: Cambridge Univ. Press, 1983.

[12] Pavlov, D. S.: Structures assisting the migrations of non-salmonid fish: USSR. In: FAO Fisheries Technical Paper 308 (1989), S. 1-97.

Quellen [13] bis [39]: auf Anfrage beim Autor

Guntram Ebel

Modelling the Swimming Ability of European Fish Species – Target Figures for Hydraulic Dimensioning of Fish Protection Systems

Hydraulic dimensioning of fish protection systems requires detailed knowledge of the swimming speed of downstream migrating fish. Swimming speed depends essentially on body length, swimming time and water temperature and can be quantitatively described by multivariate models. This paper provides a short overview of the existing models and, on the basis of modelling results and behavioural data, gives practical recommendations for dimensioning of fish protection systems.

Гунтрам Эбель

Моделирование плавучести некоторых видов европейских рыб: целевые величины для гидравлического измерения систем рыбозащиты

Гидравлическое измерение систем рыбозащиты предполагает наличие деталированных данных о скорости передвижения мигрирующих вниз по течению рыб. Скорость передвижения рыб в значительной степени зависит от длины тела рыбы, длительности передвижения, а также температуры воды и может быть описана количественно с помощью многомерных моделей. В данной статье дается краткий обзор имеющихся моделей; кроме того – на основе результатов модельных испытаний и данных биологических характеристик – даются практические рекомендации по вопросам планирования систем рыбозащиты.

Beate Adam und Dennis Appelhoff

Ethohydraulik – Die Kunst aufsteigende Fische am Kraftwerk abzuholen

Im Rahmen ethohydraulischer Untersuchungen wird das Verhalten von Fische in großskaligen Laborrinnen auf hydraulisch/konstruktive Gegebenheiten, die im Gewässer und damit unter realen Freilandsituation situativ ähnlich existieren, beobachtet und analysiert. Ziel dabei ist es, beispielsweise die Anforderungen der Tiere an die Lage und Gestaltung des Einstiegs in Fischaufstiegsanlagen zu verstehen, um die Auffindbarkeit und damit letztlich auch Funktionsfähigkeit solcher Bauwerke sicher zu stellen. So sind eine konsequente Berücksichtigung des positiv rheotaktischen Verhaltens der Fische, die richtige Anbindung von Teilströmen an die Hauptströmung im Gewässerquerschnitt ohne Sackgassen und die Vermeidung von Störströmungen im Strömungspfad und damit Wanderkorridorpfad der Fische wesentliche Voraussetzungen dafür, dass Fischaufstiegsanlagen ohne kritische Verzögerungen aufgefunden und angenommen werden.

1 Einführung

Bis heute wird an jedem Wanderhindernis aufs Neue über die technische Machbarkeit und Finanzierbarkeit einer Fischaufstiegsanlage (FAA) diskutiert. Dabei besteht weitgehend Konsens darüber, dass die Durchgängigkeit wieder hergestellt werden muss, um letztlich die Grundlage für die Erreichung des guten ökologischen Zustands der Oberflächengewässer zu schaffen. Eine wesentliche Voraussetzung hierfür ist die Errichtung funktionsfähiger FAA und fischpassierbarer Bauwerke. Als Funktionsfähigkeit ist dabei definiert, dass eine solche Anlage an mindestens 300 Tagen pro Jahr – d. h. das gesamte Jahr abzüglich 30 Tage mit extremem Niedrig- und 30 Tage mit extremem Hochwasser – sowohl für die größten am Standort zu erwartenden Exemplare als auch für die leistungsschwächsten Arten auffindbar und auf voller Länge passierbar sein muss [1]. Diesbezüglich hatte der Wasserbauingenieur Gerhardt [2] bereits vor über 100 Jahren klar erkannt, dass Lage und Beschaffenheit des Einstiegs einer FAA von besonderer Bedeutung für ihre Auffindbarkeit sind. Er formulierte treffend: „Es sind nämlich bei jedem Fischwege zwei Aufgaben zu lösen; die erste ist die, den Fisch in den Weg hineinzubringen, die zweite, ihn darin aufwärts zu führen. Die erste Aufgabe ist wichtiger als die zweite, denn von ihrem Gelingen hängt der Erfolg der zweiten ab. Sie ist außerdem viel schwieriger, weil bei ihrer Lösung auf die Gewohnheiten der Fische sorgfältig Rücksicht genommen werden muss". Bis heute sind aber die Unkenntnis der Gewohnheiten resp. des Verhaltens der Fische und/oder die fehlende Berücksichtigung ihrer Bedürfnisse wesentliche Gründe dafür, dass weniger als 10 % der erbauten FAA die an sie gestellten Erwartungen tatsächlich erfüllen [3].

2 Ethohydraulische Untersuchungen des Aufwanderverhaltens

Dass nur wenig über die Lebensgewohnheiten der Fische bekannt ist, liegt in der Natur der Sache, denn unter der Wasseroberfläche entziehen sich aquatische Tiere einer direkten Beobachtung. Andererseits ist das allgemeine Interesse an Fischen geringer als an anderen Tiergruppen wie Vögeln oder Säugetieren, und die Fischerei konzentriert sich auf andere, vor allem wirtschaftliche Aspekte.

Mit der Ethohydraulik steht nunmehr eine Methode zur Verfügung, mit der die dringend für die Planung und den Bau wirksamer FAA benötigten

Bild 1: Zwei ethohydraulische Versuchsstände an der TU Darmstadt: links: 30 m lange, 2,5 m breite und 1,2 m tiefe verglaste Rinne, die mit maximal 950 l/s beaufschlagt werden kann; rechts: 15 m lange und sich am Auslauf verjüngende Rinne aus Plexiglas mit einer maximalen Beaufschlagung von 500 l/s (Quelle: IfÖ)

Kenntnisse über das Verhalten aufwanderwilliger Exemplare erforscht und letztlich verstanden werden können [4] (**Bild 1**). Hierfür werden Fische unter Laborbedingungen in durch Pumpen beaufschlagte, möglichst voll verglaste Laborrinnen eingesetzt und mit baulichen und/oder hydraulischen Situationen konfrontiert, denen sie auch im Freiland, z. B. im Unterwasser von Wasserkraftanlagen, ausgesetzt sind. Die Verwertbarkeit ethohydraulischer Untersuchungsergebnisse hängt dabei maßgeblich davon ab, ob bzw. wie weit es dem Experimentator gelingt, die Freilandsituation im Versuchsstand naturgetreu nachzubilden. Die Herstellung der situativen Ähnlichkeit erfordert ein möglichst großskaliges Arbeiten, um bei den Fischen auch normale Reaktions- und Verhaltensweisen auszulösen. Zwar sind der Dimensionierung einer Laborrinne Grenzen gesetzt, doch besteht hier im Gegensatz zu Naturbeobachtungen die Möglichkeit, viele Faktoren, wie die Strömungsqualität und Fließgeschwindigkeit, unter weitgehend definierbaren Laborbedingungen gezielt zu variieren. Mit Hilfe solcher ethohydraulischen Tests ist es in den letzten Jahren gelungen, das Verhalten von Fischen besser zu verstehen, und in Kombination mit Erkenntnissen aus Freilandstudien wurden daraus zahlreiche Regeln und Grenzwerte für die wasserwirtschaftliche Praxis abgeleitet. Beispielsweise konnte so präzisiert werden, wie die Bedingungen im Unterwasser einer Wasserkraftanlage beschaffen sein müssen, damit aufwanderwillige Neunaugen und Fische eine FAA auffinden können. In den nachfolgenden Ausführungen werden einige aus Freiland- aber vor allem auch aus ethohydraulischen Laboruntersuchungen erarbeiteten Erkenntnisse des Instituts für angewandte Ökologie (IfÖ) dargestellt, die Eingang in das deutsche Regelwerk gefunden haben [1] und darüber hinaus auch international anerkannt sind.

3 Grundprinzipien der Fischwanderung

3.1 Orientieren an der Hauptströmung

Muskelaufbau und Stoffwechsel der meisten Süßwasserfischarten sind auf ein mehr oder weniger ermüdungsfreies, ständiges Schwimmen in der Strömung ausgelegt. Da es biologisch sinnvoll ist, ein Ziel, z. B. ein Reproduktionshabitat, ohne Zeitverzug zu erreichen, orientieren sich aufwandernde Fische im Querschnitt eines Gewässers stets entlang der Hauptströmung. Dies tun sie weitgehend unabhängig davon, ob das Gewässer strukturell intakt oder ausgebaut ist (**Bild 2**). Entsprechend dieser Verhaltensweise stoßen aufwandernder Fische hauptsächlich im Bereich des Prallhanges auf ein Wanderhindernis. Auch an energetisch genutzten Staustufen folgen Fische der stärksten Strömung, die sie in diesem Falle in das Unterwasser des Krafthauses leitet, und zwar unabhängig davon, ob es sich um ein Wehrkraftwerk oder einen Ausleitungsstandort handelt.

Die Verteilung der aufwandernden Fische in Abhängigkeit von der Beaufschlagung der unterschiedlichen Teilabflüsse wurde im Rahmen einer Freilandstudie an der Staustufe Kettwig an der Ruhr erkennbar, die aus einer Schiffsschleuse, zwei Wehrfeldern sowie dem Krafthaus besteht [5] (**Bild 3**): Im Unterwasser der jeweiligen Kompartimente durchgeführte Elektrobefischungen erbrachten die mit Abstand höchste Individuendichte insbesondere rheophiler Arten im Unterwasser des Krafthauses sowie allenfalls noch im Übergang zum linken, leicht überströmten Wehrfeld. Sodann wurde im Rahmen eines einmaligen Experiments die Schleusenkammer über die gesamte Nacht konstant von 1 m^3/s durchströmt. Ziel des Versuches war es, die Fischverteilung zu beeinflussen, um mehr Exemplare ins Oberwasser schleusen zu können. Doch trotz der Vervielfachung des Abflusses auf der Seite der Schiffsschleuse blieb ein messbarer Erfolg aus, denn die Fische konzentrierten sich nach wie vor in der Hauptströmung unterwasserseits der Turbinenausläufe.

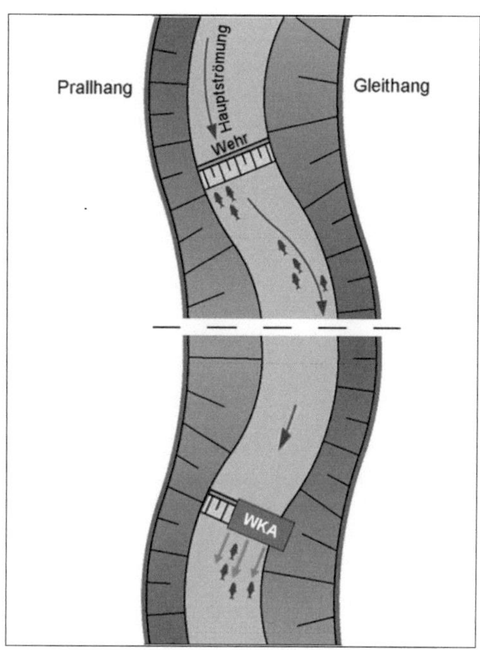

Bild 2: Fische folgen stets der Hauptströmung im Gewässerquerschnitt, auch wenn es sich um die Turbinenströmung handelt (Quelle: IfÖ)

3.2 Positive Rheotaxis

Damit Fische einer Strömung tatsächlich folgen, muss diese eine Mindestgeschwindigkeit von 0,2 bis 0,3 m/s aufweisen [4], [6]. Die Unschärfe dieses Grenzwertes entsteht dadurch, dass strömungsliebende Arten, wie Lachse und andere Salmoniden, erst bei höheren Geschwindigkeiten positiv rheotaktisch reagieren und mit dem Kopf voran gegen die Strömung anschwimmen. Arten, die in Gewässern ohne ausgeprägtes Strömungsgeschehen leben, nehmen hingegen Strömung bereits ab 0,2 m/s wahr. Wird dieser biologisch außerordentlich wichtige Grenzwert, die sogenannte rheoaktive Geschwindigkeit, unterschritten, ist der von der Strömung ausgehende Reiz zu gering, um Fische zu veranlassen, ein positiv rheotakti-

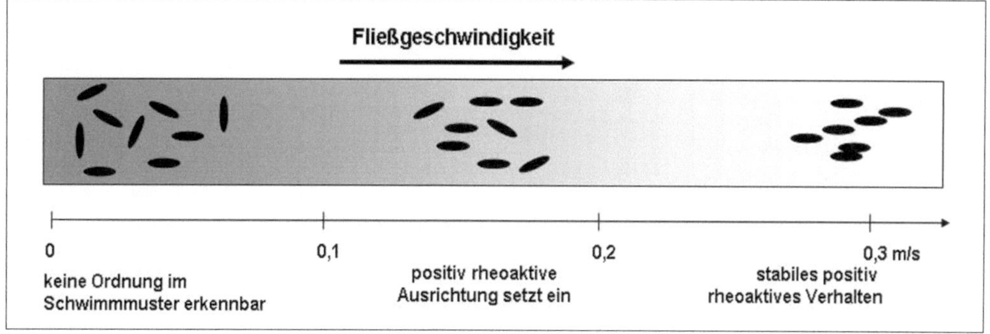

Bild 3: Verteilung von Fischen im Unterwasser der Betriebselemente Schiffsschleuse, Wehrfelder und Krafthaus der Staustufe Kettwig an der Ruhr (Quelle: IfÖ)

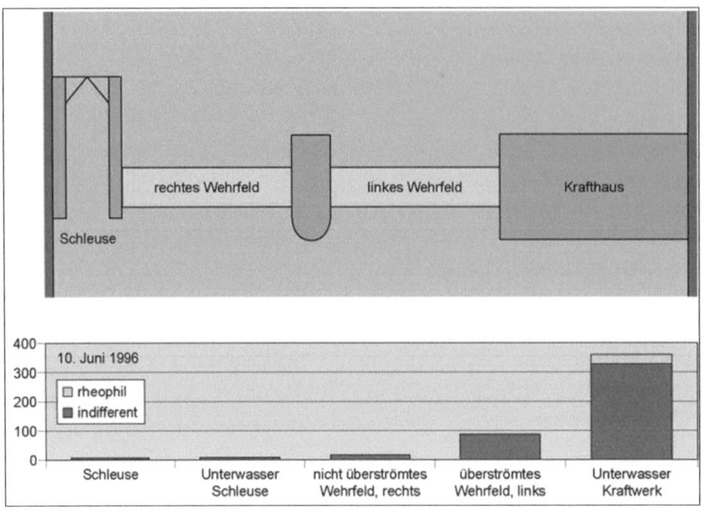

Bild 4: Ab einer Fließgeschwindigkeit von 0,2 m/s setzt bei Fischen ein positiv rheotaktisches Verhalten ein, das sie Kopf-voran gegen eine Strömung anschwimmen lässt (Quelle: IfÖ)

sches Verhalten zu zeigen (**Bild 4**). Vielmehr schwimmen sie in alle Richtungen ziellos umher. Sind also Strömungen wie der Teilabfluss aus einem Mutterbett oder das aus einer FAA austretende Betriebswasser nicht mit einer Fließgeschwindigkeit von mindestens 0,3 m/s an die Hauptströmung im Unterwasser eines Wanderhindernisses angebunden, ignorieren die Fische diesen Reiz und folgen ihm nicht.

3.3 Verhalten in hochturbulente Zonen

Eine ethohydraulische Erkenntnis von besonderer Bedeutung für die Positionierung des Einstiegs von FAA ist, dass Fische in der Lage sind, sich auch in Turbulenzen zu orientieren und gerichtet fortzubewegen. Selbst hochturbulente Bereiche, wie die Eintauchzone des Wehrüberfalls oder im Tosbecken, werden nicht gemieden, sondern selbst juvenile Exemplare sind jederzeit in der Lage, solche Zonen ohne jegliche Desorientierung gerichtet stromaufwärts zu durchschwimmen (**Bild 5**).

Eine hydraulische Barriere bildet sich erst dann aus, wenn die Fließgeschwindigkeit höher ist als das Sprintvermögen des Tieres. Der Grenzwert hierfür ist die 10- bis 12-fache Körperlänge des Fisches pro Sekunde [6]. Maximalleistungen, die

Bild 5: Wie im ethohydraulischen Versuchsstand zu erkennen, können selbst leistungsschwache Schwimmer wie Welse hochturbulente „Weißwasserzonen" mit mehr als 2 500 W/m³s jederzeit voll orientiert und zügig durchschwimmen (Quelle: IfÖ)

Bild 6: Lachs, der sich beim wiederholten Anspringen gegen ein Aufwanderhindernis schwere Verletzungen an der Schnauze zugezogen hat (Quelle: IfÖ)

an diesen Wert heranreichen, können Fische allerdings nur wenige Sekunden lang erbringen und sie bedürfen anschließend einer mehrstündigen Regenerationsphase. Letzteres lässt verstehen, warum sich die hydraulische Auslegung von FAA nicht am maximalen Leistungsvermögen der Fische orientieren darf, sondern allenfalls an der sogenannten gesteigerten Schwimmgeschwindigkeit, die etwa der Hälfte der Sprintgeschwindigkeit entspricht, also der 5- bis 6-fachen Körperlänge des Fisches pro Sekunde.

4 Die häufigsten Verstöße gegen die Gewohnheiten der Fische

Werden die eingangs vorgestellten grundsätzlichen Verhaltensweisen aufwanderwilliger Fische beim Bau von FAA nicht konsequent berücksichtigt, ist nicht gewährleistet, dass der Wanderkorridor gut aufgefunden und/oder von der Mehrzahl der aufwanderwilligen Exemplare angenommen wird. Daran ändern auch sogenannte Funktionskontrollen nichts, die häufig in der Hoffnung durchgeführt werden, dass die – wie auch immer ermittelten – Aufstiegszahlen die Funktionsfähigkeit des Bauwerks trotz Abweichungen vom Stand der Technik belegen könnten [7]. Dies scheitert allein schon daran, dass nicht hinterfragt wird, wie viele Exemplare den Aufwanderweg gar nicht erst finden oder bei seiner Passage scheitern, bevor sie die Kontrolleinrichtung erreichen.

4.1 Groß- und kleinräumige Sackgassen

Als häufigste Ursache für das Versagen von FAA lassen sich Sackgassen identifizieren, also räumliche Anordnungen, bei denen der Einstieg nicht konsequent an jene Positionen anbindet, wo Fische bei ihrer Aufwanderung auf das Wanderhindernis treffen und sich sammeln. Die Ausbildung großräumiger Sackgassen wird insbesondere an Ausleitungsstandorten oft aus Kostengründen billigend in Kauf genommen, indem eine FAA am Ausleitungswehr errichtet wird, obgleich die Hauptströmung die Fische zum Krafthaus führt. Die Attraktivität des nur schwach durchströmten Mutterbettes ist dann aufgrund der Konkurrenz durch die weitaus höhere Fließgeschwindigkeit der Turbinenströmung so gering, dass die große Mehrzahl der Exemplare nicht zum Ausleitungswehr mit der dort vorhandenen Aufwandermöglichkeit, sondern zum Krafthaus schwimmt. Hier wird der Fisch auf seiner Suche nach einer Aufstiegsmöglichkeit konsequent so lange gegen die Strömung ankämpfen, bis ihm die Ermüdung Einhalt gebietet. Die intellektuellen Fähigkeiten von Fischen reichen nicht aus, die Sinnlosigkeit dieses Unterfangens zu erkennen und oftmals halten sie in ihrem positiv rheotaktischen Verhalten nicht einmal inne, wenn sie sich dabei schwerste Verletzungen zuziehen (**Bild 6**).

Kleinräumigere Sackgassen entstehen häufig dadurch, dass der Einstieg einer FAA nicht unmittelbar am Fuße eines Wanderhindernisses liegt, sondern in mehr oder weniger großem Abstand stromab davon. Bereits Mitte der 1990er-Jahre wurden am ZALF in Müncheberg ethohydraulische Tests zu den Auswirkungen solcher kleinräumiger Sackgassen auf die Auffindbarkeit durchgeführt [8]. Hierzu wurden verschiedenste Fischarten mit einer simulierten FAA konfrontiert, deren Einstieg im Abstand von 0, 3,5 und 7 m zum Aufwanderhindernis angeordnet wurde (**Bild 7**). Das Ergebnis war eindeutig und

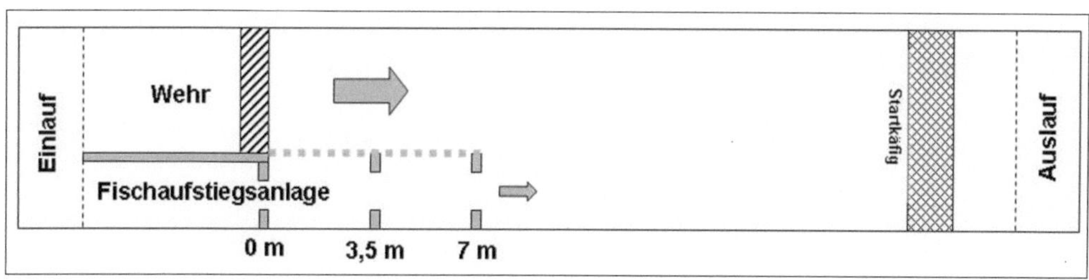

Bild 7: Grundsätzlicher Versuchsaufbau der ethohydraulischen Tests zur Auffindbarkeit des Einstiegs in eine FAA in unterschiedlicher Distanz zum Aufwanderhindernis [8], [9] (Quelle: IfÖ)

konnte bei vergleichbaren Tests im Jahr 2004 an der Universität Karlsruhe [9] in vollem Umfang bestätigt werden: Unabhängig von den beobachteten Fischarten und der Jahreszeit ist die Auffindbarkeit einer FAA umso schlechter, je weiter der Einstieg vom Wanderhindernis entfernt ist. Hierbei ist jeder Meter entscheidend. Damit also sichergestellt ist, dass der Einstieg zuverlässig aufgefunden wird, muss er sich unmittelbar am Fuße des Wanderhindernisses befinden. Bereits ein Abstand von nur 5 m hat unausweichlich eine gravierende Einschränkung der Auffindbarkeit und damit der Funktionsfähigkeit zu Folge.

4.2 Störströmungen

Entsprechend des Grundprinzips der positiven Rheotaxis haben Toträume, Walzen und Kehrströmungen im Verlauf des Wanderkorridors eine desorientierende Wirkung. Beispielsweise bildet sich in konventionellen Schlitzpässen mit dissipierendem Strömungsmuster in jedem Becken eine vergleichsweise große Kehrströmung aus [1]. Aufwandernde Fische, die nicht in einem Zug den gesamte Fischpass durchschwimmen, sondern sich in den Becken ausruhen wollen, stellen sich positiv rheotaktisch und somit der Aufstiegsrichtung entgegen gesetzt in diese Kehrströmung ein [10]. In einem Schlitzpass, der der üblichen Bauform mit dissipierendem Strömungsmuster strikt situativ ähnlich im Modellmaßstab 1:3 nachgebildet wurde, zeigte sich in den Rückströmzonen eine stetig zunehmende Ansammlung von Fischen (**Bild 8**). Von Zeit zu Zeit reduzieren sich diese Schwärme zwar wieder, indem einige Exemplare in die Hauptströmung überwechselten und ihren Weg stromaufwärts fortsetzen. Dennoch ist die Unterbrechung des Wanderpfades durch Störströmungen ein systemimmanentes Problem, das zumindest eine Verzögerung der Passage von Schlitzpässen dieses Typs zur Folge hat. Demgegenüber ist Deshalb die strömungsstabile Variante des Schlitzpasses zu bevorzugen.

Auch im Einstieg einer FAA ist darauf zu achten, dass die stromaufwärts gerichtete Orientierung der Fische nicht durch Störströmungen gestört wird. Dies wird u. a. dadurch sichergestellt, dass die aus der FAA austretende Strömung möglichst parallel, maximal aber im Winkel von bis zu 30° zur umgebenden Hauptströmung abfließt.

5 Anwendungsbeispiel

Beim Bau des neuen Doppelschlitzpasses am Wehr Geesthacht an der Elbe nahe Hamburg wurden alle hier aufgezeigten Konstruktionsprinzipien, die sich aus den Lebensgewohnheiten der Fische ergeben, konsequent umgesetzt [10], [11] (**Bild 9**). Einzig von der Anordnung am Prallhang musste abgewichen werden, weil dort bereits seit 1998 ein Umgehungsgerinne vorhanden war, das als funktionsfähig galt und folglich Bestandsschutz hatte. Besondere Sorgfalt bei der Planung des Doppelschlitzpasses wurde auf die Anordnung des Einstiegs gelegt, der nahezu parallel zur Hauptströmung und ohne jegliche Sackgasse im Unterwasser mündet. Im Vergleich dazu bindet

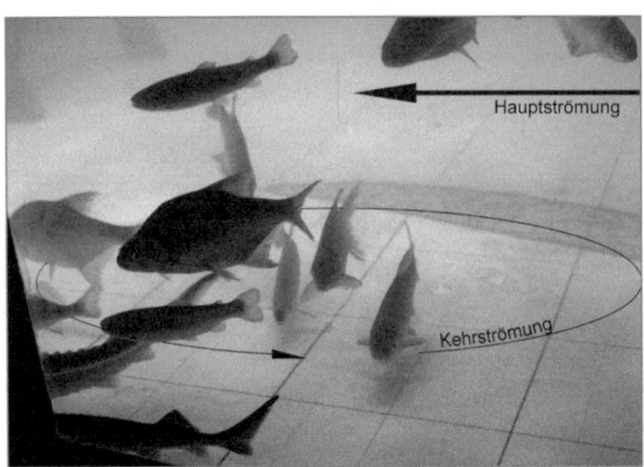

Bild 8: Kumulation von Fischen in der Kehrströmungszone eines Schlitzpasses vom strömungsdissipierenden Typ (Quelle: IfÖ)

Bild 9: Der neue Doppelschlitzpass am rechten und das Umgehungsgerinne am linken Ufer des Wehres Geesthacht (Quelle: Jann)

das Umgehungsgerinne im Winkel von 90° sowie ca. 70 m stromab des Wehres ein. Die Leitströmung des Doppelschlitzpasses erreicht, unterstützt durch Zusatzdotationen selbst bei Tidehochwasser noch eine Fließgeschwindigkeit von 0,3 bis 0,2 m/s, während die Fließgeschwindigkeit im Umgehungsgerinne täglich über viele Stunden faktisch zum Erliegen kommt. Und schließlich wurde auf der Basis umfangreicher physikalischer und numerischer Modelluntersuchungen statt der strömungsdissipierenden die strömungsstabile Variante des Schlitzpasses realisiert [12], [13].

Die Sinnhaftigkeit der Berücksichtigung der Bedürfnisse der Fischfauna wird am Wehr Geesthacht, nicht zuletzt durch die Möglichkeit des Vergleichs mit dem Umgehungsgerinne am selben Querbauwerk deutlich: Zeitgleiche tägliche Aufstiegsuntersuchungen an beiden FAA in der Zeit von August 2010 bis Dezember 2012 belegen, dass 87 % der Fische (n = 914 077) den Doppelschlitzpass für den Aufstieg nutzen [14], [15], [16]. Darüber hinausgehende Untersuchungen mit modernsten telemetrischen Techniken haben ferner gezeigt, dass Flussneunaugen, die sich aus einer Distanz von 3 km entlang beider Ufer dem Wehr nähern, den Doppelschlitzpass binnen 3 Tagen annehmen, während sie das Umgehungsgerinne erst nach 11 bis 19 Tagen finden [17].

Zweifellos sind viele Aspekte hinsichtlich der Bemessung, Konstruktion und Qualitätssicherung von FAA und fischpassierbaren Bauwerken erst im Ansatz verstanden oder noch gar nicht als relevant erkannt. Doch anstatt ständig neue Konstruktionsweisen zu erfinden, zeigt sich am Beispiel des Doppelschlitzpasses Geesthacht, dass es bereits auf der Grundlage des bestehenden Wissens möglich ist, effiziente Aufstiegsanlagen zu errichten, solange das Verhalten der Fische sowie die daraus abgeleiteten Regeln und Grenzwerte konsequent berücksichtigt werden.

Autoren

Dr. Beate Adam
Dennis Appelhoff
Institut für angewandte Ökologie (IfÖ)
Neustädter Weg 25
36320 Kirtorf Wahlen
Ifoe@schwevers.de

Literatur

[1] Deutsche Vereinigung für Wasserwirtschaft, Abwasser und Abfall e. V. (Hrsg.): Fischaufstiegsanlagen und fischpassierbare Bauwerke – Gestaltung, Bemessung, Qualitätssicherung. In: DWA-Merkblätter (2014), M 509.

[2] Gerhardt, P.: Die Fischwege. In: Handbuch der Ingenieurwissenschaften, 3. Teil, II. Bd., 1. Abt.: Wehre und Fischwege, Leipzig: Verlag Wilhelm Engelman (1912), S. 454-499.

[3] Schwevers, U.; Adam, A.: Funktionskontrolle von Fischaufstiegsanlagen – Auswertung durchgeführter Untersuchungen und Diskussionsbeiträge für Durchführung und Bewertung. In: DWA-Themen, 2006.

[4] Adam, B.; Lehmann, B.: Ethohydraulik – Grundlagen, Methoden, Erkenntnisse. Heidelberg: Springer-Verlag, 2011.

[5] Institut für angewandte Ökologie (Hrsg.): Untersuchungen zur Eignung der Ruhr-Schiffsschleusen Kettwig und Baldeney als Fischaufstiegsanlagen. Studie im Auftrag des StUA Duisburg, 1996.

[6] Pavlov, D. S.: Structures assisting the migrations of non-salmonid fish: USSR. In: FAO Fisheries Technical Paper 308 (1989), S. 1-97.

[7] Ebel, G; Fredrich, F.; Gluch, A.; Lecour, C.; Wagner, F.: Methodenstandard für die Funktionskontrolle von Fischaufstiegsanlagen. Sindelfingen. In: BWK-Methodenband, 2006.

[8] Adam, B.; Schwevers, U.: Zur Auffindbarkeit von Fischaufstiegsanlagen – Verhaltensbeobachtungen von Fischen in einem Modellgerinne. In: Wasser und Boden 50 (1998), Heft 4, S. 55-58.

[9] Lehmann, B.; Kampke, W.; Schwevers, U.; Adam B.; Lindemann, C.: Ethohydraulik – eine Grundlage für naturschutzverträglichen Wasserbau, 2009 (www.dbu.de/ab/DBU-Abschlussbericht-AZ-25429.pdf, Aufruf: 20.05.2015).

[10] Larinier, M.; Porcher, J. P.; Travade, F.; Gosset, C.: Passes à poissons – expertise et conception des ouvrages de franchissement. Conseil Supérieur de la Pêche, 1994.

[11] Schwevers, U.; Neumann, C.: Maßnahmen zur Gewährleistung der Auffindbarkeit des Doppelschlitzpasses Geesthacht. In: WasserWirtschaft 102 (2012), Nr. 4, S. 18-22.

[12] Lehmann, B.; Seidel, F.; Läkemäker, K.; Nestmann, F.: Physikalische Begleituntersuchungen zur Fischaufstiegsanlage am Elbewehr bei Geesthacht. In: Wasser-Wirtschaft 102 (2012), Nr. 4, S. 34-39.

[13] Oberle, P.; Musall, M.; Riesterer, J.; Nestmann, F.: Numerische Modelluntersuchungen im Rahmen der Planung der Fischaufstiegsanlage Geesthacht. In: Wasser-Wirtschaft 102 (2012), Nr. 4, S. 28-33.

[14] Hufgard, H.; Schwevers, U.: Monitoring des Fischaufstiegs an der Staustufe Geesthacht an der Elbe – Jahrbuch 2010. In: Vattenfall Europe Generation AG (Hrsg.): Schriftenreihe Elbfisch-Monitoring (2013), Nr. 2.

[15] Hufgard, H.; Schwevers, U.: Monitoring des Fischaufstiegs an der Staustufe Geesthacht an der Elbe – Jahrbuch 2011. In: Vattenfall Europe Generation AG (Hrsg.): Schriftenreihe Elbfisch-Monitoring (2013), Nr. 3.
[16] Hufgard, H.; Adam, B.; Schwevers, U.: Monitoring des Fischaufstiegs an der Staustufe Geesthacht an der Elbe – Jahrbuch 2012. In: Vattenfall Europe Generation AG (Hrsg.): Schriftenreihe Elbfisch-Monitoring (2013), Nr. 4.
[17] Mast, N., Adam, B. Menzel, H. J.; Heinze, D.: Der Doppelschlitzpass Geesthacht: Ergebnisse des Monitorings mittels HDX-Transpondertechnologie. In: Artenschutzreport 32 (2013), S. 17-24.

Beate Adam and Dennis Appelhoff

Ethohydraulic – How to Lead Upstream Migrating Fish at Hydropower Plants

During ethohydraulic investigations in large-scale model flumes the fish behaviour in hydraulic/constructive conditions is observed and analysed. The laboratory set-ups always have to have a situational similarity to existing circumstances in the field. The designated target is, for example, to find the requirements on fish passage entrances to ensure the good findability by fish and therefore the functionality of these buildings. Thus, a consequent consideration of the positive rheotaxis behaviour of fish and the proper connection of branch currents to the mainstream is necessary to provide continuous flow paths, as migrating corridors to fish. Impasses and interfering currents in in the migrating corridors are debilitating and lower the efficiency drastically. All the requirements above are essential, so fish passages are found and accepted by the fish without critical delay.

Беате Адам и Деннис Аппельхофф

Этологическая гидравлика – искусство навигации идущих вверх по течению рыб на электростанции

В рамках этолого-гидравлических исследований в крупномасштабных лабораторных лотках проводятся наблюдения и анализируется поведение рыб в гидравлических/структурных условиях, имеющихся в водоемах и, таким образом, ситуативно подобных реальным естественным условиям. Целью является, например, попытка понять требования животных к местоположению и конструкции подъемника в рыбоподъемных сооружениях для обеспечения их находимости и, таким образом, в конечном счете, определение функциональной пригодности таких сооружений. Последовательный учет положительно-реотактического поведения рыб, правильное подсоединение ответвленных потоков к основному потоку в профиле водоема (без тупиков), предупреждение возникновения мешающих течений на пути потока и, таким образом, в миграционном коридоре для рыб – все эти факторы являются важными предпосылками для того, чтобы рыбоподъемные сооружения находились и воспринимались рыбами без критических задержек.

Roman Weichert, Wolfgang Kampke, Lisa Deutsch und Matthias Scholten

Zur Frage der Dotationswassermenge von Fischaufstiegsanlagen an großen Fließgewässern

Im Spannungsfeld zwischen Ökologie und wirtschaftlicher Nutzung der Wasserkraft kommt der Fragestellung der erforderlichen Dotationswassermenge zur Gewährleistung der Auffindbarkeit von Fischaufstiegsanlagen eine hohe Relevanz zu. Im Beitrag wird über den aktuellen Stand der Technik hinsichtlich der Dotationswassermenge von Fischaufstiegsanlagen, Erkenntnisse aus neueren Untersuchungen, Empfehlungen sowie aktuelle Forschungsaktivitäten berichtet.

1 Einleitung

Die Wasser- und Schifffahrtsverwaltung des Bundes (WSV) ist gemäß Wasserhaushaltsgesetz (WHG) seit dem 1. März 2010 verpflichtet, die ökologische Durchgängigkeit an den Stauanlagen, die von ihr errichtet oder betrieben werden, zu erhalten oder wieder herzustellen, soweit dies für die Erreichung der Ziele der Wasserrahmenrichtlinie (WRRL) erforderlich ist. Die Bundeswasserstraßen (BWaStr) werden in allen Bewirtschaftungsplänen nach WRRL als prioritäre Wanderrouten für die Fischfauna der Fließgewässer ausgewiesen und nehmen daher innerhalb der Flusseinzugsgebiete eine wichtige ökologische Funktion ein. Darüber hinaus gelten die Defizite in der ökologischen Durchgängigkeit als wesentliche Ursache für den oft mäßigen bis schlechten ökologischen Zustand der Fließgewässer.

Vor diesem Hintergrund und angesichts der zu erwartenden Kosten kommt der sorgfältigen Planung und Umsetzung der notwendigen Maßnahmen eine wesentliche Funktion zu, um die gesetzten Ziele ökologisch und ökonomisch effizient zu erreichen. Hierbei wird die WSV von den Bundesanstalten für Gewässerkunde (BfG) und Wasserbau (BAW) beraten. Diese Beratung umfasst u. a. die Analyse vorhandener Fischaufstiegsanlagen (FAA), die Sicherung der fischökologischen und hydraulisch-technischen Qualität bei der Planung und Umsetzung der Maßnahmen sowie die abschließende Bewertung der Funktionsfähigkeit der Anlagen [14].

Fragestellungen zu FAA werden generell in die Themenbereiche der Auffindbarkeit im Unterwasser des Bauwerks und der Passierbarkeit der Anlage untergliedert. Während die Passierbarkeit weitestgehend unabhängig von der Größe des Fließgewässers ist, spielt dieser Aspekt bei der Auffindbarkeit eine gewichtige Rolle. Je größer die Gewässerbreite, desto unwahrscheinlicher ist, dass der aufstiegswillige Fisch den Einstieg einer FAA verzögerungsfrei findet. In diesem Kontext kommt der sogenannten Leitströmung eine besondere Bedeutung zu. Ziel der Leitströmung ist es, im Unterwasser der FAA einen unterbrechungsfreien Wanderkorridor zu schaffen, der dem Fisch bereits möglichst weit im Unterwasser signalisiert, wo eine Aufstiegsmöglichkeit vorhanden ist.

Der vorliegende Artikel befasst sich mit den Grundlagen der Leitströmung, fokussiert auf die Frage der Dotationswassermenge und stellt die Untersuchungen der BAW und BfG auf diesem Gebiet vor.

2 Grundlagen der Leitströmung und Stand der Technik

2.1 Grundlagen der Leitströmung

Der Einsatz und die Bemessung einer Leitströmung zur Auffindbarkeit von FAA leiten sich aus dem Orientierungsverhalten und der Schwimmfähigkeit bzw. Schwimmleistung der Fische während der Wanderung ab. Fische orientieren sich während ihren Wanderungen an hydraulischen, morphologischen und ggf. anderen abiotischen Faktoren [21], [23], [29]. Insbesondere die Seitenlinie der Fische ist für die Wahrnehmung von hydraulischen und hydrodynamischen Gradienten ausgelegt [4]. Dieses einzigartige Organ der Fische detektiert die relative Bewegung des Tieres zum umgebenden Wasser und kann diese in unmittelbarer Umgebung zum Tier räumlich fein auflösen [4]. Sie unterstützt dabei Verhaltensprozesse wie Rheotaxis (Ausrichtung in der Strömung), Detektion von Hindernissen in der Strömung, Wahrnehmung von Turbulenzen, Bewegungen von Prädatoren oder Beutetieren (u. a. [5], [24]).

Diese sinnesphysiologische Fähigkeit der Fische führt dazu, dass hydraulische Muster und Gradienten im Unterwasser von Querbauwerken (u. a. Wasserkraftwerken) von Fischen genutzt werden können, um die Einstiege von FAA zu detektieren [25]. Zusätzlich entscheidet das Verhältnis von Strömungsgeschwindigkeit und der art- und größenabhängigen Schwimmkapazität der Fische über die Passierbarkeit des Wanderkorridors im Unterwasser der Stauanlage.

Gemäß DWA-M 509 [7] hängt die Attraktivität der Leitströmung von den folgenden Parametern ab: Dem Austrittswinkel der Strömung in das Unterwasser, den im Unterwasser herrschenden Strömungsverhältnissen, der Strömungsgeschwindigkeit, der Dotation und dem Strömungsimpuls. Während die geometrische Ausgestaltung des Einstiegs der FAA, die dort vorhandene Austrittsgeschwindigkeit sowie der entsprechende Abfluss Bemessungsgrößen der FAA sind, werden die Strömungsverhältnisse im Unterwasser der Stauanlage durch deren bauliche und betriebliche Randbedingungen bestimmt. Häufig wird an den Stauanlagen der BWaStr die Stauhöhe zur Erzeugung elektrischer Energie genutzt. Dies hat zur Folge, dass bei den meisten der für den Fischaufstieg relevanten Abflusszustände der Abfluss aus der Wasserkraftanlage die Strömungssituation im Unterwasser der Stauanlage dominiert. Da der Einstieg einer FAA unmittelbar am Querbauwerk im Bereich der Hauptströmung zu platzieren ist [7], findet somit eine unmittelbare Interaktion der Abströmung aus der Wasserkraftanlage mit den Abflüssen aus der FAA statt.

Zwischen den geometrischen Abmessungen des Einstiegs (Querschnittsfläche A), der Fließgeschwindigkeit v im Einstieg der FAA sowie dem Abfluss Q aus der FAA besteht über die Kontinuitätsgleichung ein direkter Zusammenhang ($Q = v \cdot A$). Der im Unterwasser der Stauanlage wirksame Abfluss der FAA setzt sich hierbei zusammen aus dem Abfluss innerhalb der FAA sowie einer ggf. erforderlichen zusätzlichen Dotationswassermenge, die im unteren Bereich der FAA hinzugegeben wird. Ein Grund für diese insbesondere an größeren Fließgewässern erforderliche Zusatzdotation ist, dass der Abfluss der FAA dort in der Regel nicht ausreicht, um eine im Unterwasser wahrnehmbare Leitströmung zu erzeugen. Die Aufgabe bei der Bemessung des Einstiegs der FAA besteht letztendlich darin, die Bemessungsgrößen so zu wählen, dass im Unterwasser eine für den Fisch funktionelle Leitströmung gewährleistet ist und gleichzeitig den Anforderungen des Fisches an die Gestaltung des Einstiegs Rechnung getragen wird.

So gibt es hinsichtlich der maximalen Fließgeschwindigkeit Begrenzungen, die aus der Schwimmfähigkeit der Zielfischarten resultieren. Hierzu existieren in der Literatur Angaben, die jedoch eine große Bandbreite aufweisen [10], [27]. Auch Breite und Höhe des Einstiegs sind auf die jeweils zu betrachtenden Fischarten und deren Anforderungen hinsichtlich des erforderlichen Platzbedarfs beim Einschwimmen in die Anlage anzupassen (siehe hierzu z. B. [7]). Neben den für die Funktionsfähigkeit einer FAA zwingend zu erfüllenden Anforderungen sind an Standorten mit Wasserkraftanlagen die Belange der Wasserkraftnutzung zu beachten.

2.2 Internationale Richtlinien im Vergleich

Hinsichtlich der erforderlichen Dotationswassermengen von FAA werden sowohl in deutschen als auch in internationalen Richtlinien und Standardwerken Angaben gemacht, wobei diese sich stark in ihrer Ausführlichkeit und Aussage unterscheiden [28]. Im Folgenden soll ein Überblick über die Angaben zur erforderlichen Dotationswassermenge in bestehenden Werken sowohl aus Deutschland als auch dem internationalen Raum gegeben werden. Es werden lediglich die Quellen aufgeführt, welche Angaben zu Orientierungswerten machen. Es erfolgt demnach keine vollständige Übersicht über sämtliche internationalen Regelwerke. Angaben zu kleinen Gewässern werden nicht berücksichtigt.

Deutschland

Der in Deutschland gültige Stand der Technik und des Wissens wird im Wesentlichen im DWA-Merkblatt DWA-M 509 [7] festgehalten, das Anfang 2013 in der Endfassung erscheinen soll. Dort wird gemäß Erfahrungen aus Frankreich als Orientierungswert für die Bemessung der Anteil der Leitströmung am Gesamtabfluss mit ca. 1 bis 5 % des konkurrierenden Abflusses angeführt. Des Weiteren wird Larinier [16] zitiert, der gemäß DWA-M 509 [7] für große Flüsse mit einem Mittelwasserabfluss von mehreren 100 m^3/s bei der Bemessung der Leitströmung mit einem Orientierungswert von 1 bis 1,5 % der Ausbauwassermenge der Wasserkraftanlage kalkuliert.

Ein von der Thüringer Landesanstalt für Umwelt und Geologie herausgegebener Bericht [30] fordert als Gesamtabfluss der FAA für Verbindungsgewässer mindestens 2 bis 5 %, für Nebengewässer 5 bis 10 % des konkurrierenden Abflusses. Dieser wird hier für ungenutzte Querbauwerke als MQ definiert, für Standorte mit Wasserkraftnutzung als Ausbaudurchfluss des Kraftwerks.

Das „Handbuch Querbauwerke" von Dumont et al. [6] zitiert Larinier [18], wo 1 bis 5 % des konkurrierenden Abflusses für große Gewässer empfohlen werden. Der konkurrierende Abfluss wird nicht näher definiert.

Das „Praxishandbuch Fischaufstiegsanlagen in Bayern" [20] zitiert zum Thema Leitströmung Jungwirth et al. [11], Katopodis [13], Larinier [18] und DWA [7]. Als Orientierungswert bei suboptimaler Einstiegssituation wird für den Gesamtabfluss der FAA ein Wert von 1 bis 3 % MQ, ggf. auch mehr, gefordert. Die erforderliche Wassermenge bei optimaler Einstiegsgestaltung wird nicht näher benannt.

Frankreich

Der für Frankreich gültige Stand der Technik und des Wissens zum Thema Leitströmung und Dotation wird in Larinier [18] festgehalten. Hier wird als genereller Richtwert für den Gesamtabfluss der FAA etwa 1 bis 5 % des konkurrierenden Abflusses empfohlen, wobei nicht näher definiert ist, was unter „konkurrierendem Abfluss" zu verstehen ist. Zusätzlich zu diesen Anhaltswerten werden Erfahrungen von großen französischen Gewässern aufgeführt (s. o.). Dort scheinen als Gesamtabfluss der FAA für den geringsten Bemessungsabfluss ca. 10 % MNQ und für den höchsten Bemessungsabfluss 1 bis 1,5 % desselben ausreichend, wobei der höchste Bemessungsabfluss nach Larinier [18] i. d. R. etwa einem Wert von 2 MQ entspricht.

England und Wales

Das für England und Wales gültige „Environment Agency Fish Pass Manual V2.2" [2] zitiert Larinier [18] sowie einen Bericht des National Marine Fisheries Service [26]. Für Gewässer in England und Wales wird allgemein ein Gesamtabfluss der FAA von 5 %, wenn möglich mehr (≥10 %), des mittleren Tagesabflusses empfohlen. Bei Standorten mit Wasserkraftanlagen wird empfohlen, den Gesamtabfluss der FAA auf 5 bis 10 % des maximalen Turbinendurchflusses zu regeln, wobei bei nicht optimal positioniertem Einstieg die Tendenz zum höheren Abflusswert gehen sollte.

Niederlande und Flandern

Der Standard für die Niederlande und Flandern wird in Kroes et al. [15] festgehalten. Auch hier wird auf die französischen Richtwerte verwiesen und von 10 % des Abflusses bzw. 1,0 bis 1,5 % von HQ als Gesamtabfluss für die FAA ausgegangen.

Österreich

In Österreich existiert die „Grundlage für einen österreichischen Leitfaden zum Bau von FAH" [1]. Zum Thema Dotationswassermengen werden Larinier [18], [19], Dumont et al. [6], Bell [3] und Jungwirth et al. [11] zitiert. Hieraus abgeleitet wird für den Gesamtabfluss der FAA ein Wert von mindestens 1 bis 5 % des konkurrierenden Abflusses gefordert, wobei darauf hingewiesen wird, dass „in spezifischen Situationen [...] bzw. zu manchen Zeiten deutlich mehr (bis rund 10 %) notwendig sein kann". Der konkurrierende Abfluss wird nicht näher definiert.

Schweiz

Der für die Schweiz gültige Stand der Technik ist in [8] festgehalten. Hier werden mit Verweis auf Bell [3], Larinier [18], Dumont et al. [6] und Larinier [19] für den Gesamtabfluss der FAA 1 bis 5 % der effektiv turbinierten Wassermenge gefordert.

Tschechische Republik

Für die Tschechische Republik liegt die Norm TNV 75 2321 [22] vor. Hier wird für Gewässer mit Q_{330} > 10 m³/s in der Hauptwanderzeit ein Gesamtabfluss der FAA von 1 bis 5 % des Gesamtabflusses gefordert.

USA

Ein in den USA vom National Marine Fisheries Service herausgegebener Bericht [26] fordert für Flüsse mit einem mittleren Jahresabfluss größer ~28 m³/s als Gesamtabfluss für die FAA bis 10 %, unter Umständen auch >10 %, des fish passage design high flow. Dies ist der Abflusswert, der an 5 % des Zeitraums einer Migrationsperiode überschritten wird (wobei hier die Aufzeichnungen der Abflüsse der vorangegangenen 25 Jahre herangezogen werden sollen). Es ist zu beachten, dass in diesem Bericht nur Salmoniden betrachtet werden.

Fazit

Zusammenfassend lässt sich sagen, dass die Vorgaben für den erforderlichen Gesamtabfluss der FAA stets im Verhältnis zu einem gegebenen standortspezifischen Abflusswert vorgegeben werden. In der Regel wird eine Spanne genannt, deren Größe mehrere Prozent beträgt. Als Bezugswert werden unterschiedliche Abflussgrößen verwendet (mittlerer Tagesabfluss, MNQ, Ausbaudurchfluss etc.), mehrfach wird der „konkurrierende Abfluss“ herangezogen, der jedoch lediglich in dem Bericht der Thüringer Landesanstalt für Umwelt und Geologie [30] definiert wird. In allen anderen Werken bleibt der Begriff undefiniert und ist somit Auslegungssache.

Festzustellen ist zudem, dass Larinier [18] der einzige Autor ist, der das für die Bemessung relevante Abflussspektrum und somit den Einfluss der Strömungssituation im Unterwasser – wenn auch indirekt – konkret berücksichtigt.

3 Untersuchungen an BAW und BfG

Die im vorangegangenen Kapitel dargestellten Ansätze zeigen, dass klare Bemessungsregeln zur Festlegung der erforderlichen Dotationswassermenge nicht existieren. So ergibt beispielsweise die Anwendung der in DWA [7] genannten Richtwerte für den Standort Lauffen am Neckar eine Bandbreite von 0,4 bis 4,0 m³/s für den erforderlichen Gesamtabfluss in der FAA (Gesamtabfluss = FAA-Abfluss + Dotationsabfluss), je nach dem, ob für den konkurrierenden Abfluss die Ausbauwassermenge der fischpassnahen Turbine oder diejenige der gesamten Wasserkraftanlage herangezogen wird. Grund für die große Bandbreite an Richtwerten ist zum einen die große Anzahl und Komplexität der einwirkenden Parameter (z. B. Ausbauwassermenge, Turbinentyp, Drehrichtung der Turbine, Saugrohrgestaltung, Ober- und Unterwasserstand, Unterwassergeometrie) und der komplexen ökologischen Eigenschaften der Zielarten. Des Weiteren ist als Ursache der begrenzte Erfahrungsschatz mit wenigen aussagekräftigen Untersuchungen zur Wirkung der Leitströmung zu nennen. Infolge dessen ist die Anwendung pauschaler Richtwerte zwangsläufig mit Unsicherheiten behaftet.

Neben der Verwendung der Angaben aus der

Tab. 1: Erforderlicher Abfluss der FAA Lauffen (gemäß Modellversuchen)

Unterschreitungsdauer Abfluss bzw. Wasserstand	UW-Stand	Abfluss Neckar	Abfluss Wasserkraftanlage	Abfluss FAA
30 d	161,62 m ü. NN	29,6 m³/s	28,5 m³/s	1,1 m³/s
227 d	161,99 m ü. NN	80,0 m³/s	78,6 m³/s	1,4 m³/s
330 d	162,64 m ü. NN	166,0 m³/s	80,0 m³/s	2,1 m³/s

Literatur sind weitere Vorgehensweisen denkbar, mit denen die erforderliche Wassermenge zur Erzeugung einer Leitströmung im Unterwasser einer Stauanlage bestimmt werden kann:

- Übertragung von Erfahrungen anderer Standorte,
- Hydraulische Untersuchungen mittels numerischer oder physikalischer Modelle,
- Naturuntersuchungen am jeweiligen Standort.

Die aufgeführten Methoden unterscheiden sich im Wesentlichen hinsichtlich der verbleibenden Unsicherheiten, d. h. mit welcher Wahrscheinlichkeit der ermittelte Wert für die Dotationswassermenge mit den tatsächlichen Erfordernissen übereinstimmt. Diesem Mehr an Sicherheit bei der Bestimmung der Dotationswassermenge steht ein jeweils erhöhter Untersuchungsaufwand entgegen.

3.1 Forschungsaktivitäten von BAW und BfG

Die Forschungsaktivitäten von BAW und BfG zielen u. a. darauf ab, durch grundsätzliche hydraulische und fischbiologische Untersuchungen unter Anwendung physikalischer und numerischer Modelle sowie anhand von Naturuntersuchungen an bestehenden Anlagen die Wissensdefizite beim Thema FAA an BWaStr insbesondere zur Auffindbarkeit zu reduzieren. Ein Schwerpunkt liegt hierbei auf der konstruktiven Gestaltung des Einstiegsbereichs und der Analyse der notwendigen Dotationswassermenge. Diesen erhöhten Untersuchungsaufwand für jede neu zu errichtende FAA durchzuführen, ist nicht realistisch. Vielmehr muss es darum gehen, den Erfahrungsschatz grundsätzlich zu erweitern und Kriterien zu erarbeiten, die eine Übertragung der Untersuchungsergebnisse von einem Standort auf andere Standorte ermöglichen.

Die größte Aussagekraft haben Naturuntersuchungen, d. h. hydraulische und fischbiologische Untersuchungen an Stauanlagen, an denen FAA realisiert worden sind. Diese Untersuchungen sind jedoch mit einem sehr hohen Aufwand verbunden und daher nur in Einzelfällen möglich. Seitens der BAW und BfG wurden aus diesem Grund Pilotstandorte ausgewählt, an denen offene Fragen im Themenfeld der ökologischen Durchgängigkeit insbesondere für die Verhältnisse an den BWaStr studiert und analysiert werden können, um in einem folgenden Schritt die erarbeiteten Erkenntnisse auf eine möglichst große Anzahl weiterer Anlagen übertragen zu können [12]. An diesen Standorten sollten maßgebende Randbedingungen bzw. Parameter aus den Bereichen Fischökologie, Hydraulik, Stauanlagenkonstruktion etc. repräsentativ für eine Anzahl weiterer Standorte sein. Derzeit sind unter Berücksichtigung dieser Aspekte Untersuchungen zur Auffindbarkeit und speziell zur Dotationswassermenge u. a. an den Staustufen Eddersheim und Wallstadt (Main) sowie Kochendorf und Lauffen (Neckar) in der Planung bzw. Durchführung.

Im Rahmen der Untersuchungen soll das Zusammenspiel von Leitströmung, Kraftwerks- und Wehrströmung, wechselnden Unterwasserständen, räumlicher Situation im Unterwasser der Stauanlage (Uferlinie, Fließtiefen) sowie konstruktiver Ausgestaltung des Einstiegs untersucht werden. Zur Erfassung der Strömungsparameter kommen neben Naturmessungen auch physikalische und numerische Modelluntersuchungen zum Einsatz.

Im folgenden Schritt sollen Zusammenhänge zwischen den vorherrschenden hydraulischen Parametern und dem Fischverhalten im Nahfeld der FAA untersucht werden. Hierbei sollen die Freilanduntersuchungen des Fischverhaltens im Nahfeld der Stauanlage und im Einstiegsbereich der FAA mit Techniken wie Didson-Sonar, HDX und weiteren Telemetrieverfahren durchgeführt werden. Die Auflösung des Bewegungsmusters erfolgt ein-, zwei- und ggf. dreidimensional. Die Bewegungsdaten werden dann mit hydraulischen Parametern aus Naturmessungen sowie aus begleitender physikalischer und numerischer Modellierung verschnitten. Anhand von Korrelationsanalysen der hydraulisch-abiotischen Größen mit den Bewegungsmustern sollen Schlüsselfaktoren für die Verhaltensweisen identifiziert werden, um somit weiterführende Erkenntnisse über die Charakterisierung der erforderlichen Leitströmung, der konstruktiven Ausgestaltung des Einstiegsbereichs sowie den zugehörigen Dotationswassermengen von FAA zu erlangen.

3.2 Erste Erkenntnisse und Übertragung auf andere Standorte

Auch wenn der Übertragungsprozess von Erfahrungen eines Standortes auf die Verhältnisse an einem anderen Standort momentan erst am Anfang steht, so lassen sich anhand der Modelluntersuchungen zur FAA Lauffen am Neckar doch erste Erkenntnisse zur Charakterisierung der Leitströmung darstellen. Hinsichtlich der Fließgeschwindigkeit am Einstieg zeigen die Resultate der Modellversuche, dass die in DWA [7] für FAA mit einem Einstieg empfohlene mittlere Fließgeschwindigkeit von 1 m/s nicht ausreicht, um eine klar definierte Leitströmung zu erzeugen. Es wird daher empfohlen, sich an der Bemessungsgeschwindigkeit der FAA selbst zu orientieren. Konkret würde dies bedeuten, dass die maximale Geschwindigkeit in den Engstellen der FAA, die sich aus den Anforderungen der aufsteigenden Fische bemisst, die maßgebende Größe ist, die auch für die Geschwindigkeit am Einstieg der FAA zu Grunde zu legen ist.

Einen ersten Anhaltspunkt für die Größenordnung der erforderlichen Dotationswassermenge liefern ebenfalls die Modelluntersuchungen zur geplanten FAA Lauffen am Neckar [9]. Zu betonen ist, dass es sich bei diesen Untersuchungen zwar um rein hydraulische Untersuchungen handelt, jedoch die Interpretation der hydraulischen Daten auf Basis fischbiologischer Kriterien erfolgt. Unsicherheiten bei dieser Methodik verbleiben vor allem beim Aspekt, ob diese Kriterien das tatsächliche Fischverhalten beim Aufsuchen einer FAA hinreichend beschreiben.

Die im Rahmen der Untersuchungen entwickelte Vorzugsvariante zur Erzielung eines wahrnehmbaren, auf die Leistungsfähigkeit der Fische ausgerichteten Wanderkorridors weist hierbei die in **Tabelle 1** dargestellten Abflüsse der FAA auf.

Um nun eine Übertragbarkeit auf andere Standorte zu ermöglichen, ist die Definition eines Bezugs dieses im Modell ermittelten Wertes erforderlich. Hier bietet sich zunächst der von Larinier [18] genannte, jedoch dort nicht näher definierte Begriff der konkurrierenden Strömung an. In **Tabelle 2** wird der Abfluss der FAA bezogen auf unterschiedliche Vergleichswerte dargestellt. Aufgrund fachlicher Überlegungen wird seitens BAW und BfG empfohlen, als Bezugsgröße des Begriffs „konkurrierende Strömung" für den Zustand bei W_{330} bzw. Q_{330} den vorherrschenden Abfluss in der FAA-nahen Turbine zu verwenden. Nach Tabelle 2 ergibt sich ein Wert von 5,3 %.

4 Schlussfolgerungen und Empfehlungen der BAW und der BfG

Die Bemessung des Einstiegs einer FAA erfordert Aussagen zur Geometrie des Einstiegs, zur Anordnung und Ausgestaltung der Zusatzdotation, zur Fließgeschwindigkeit am Austrittsquerschnitt der FAA sowie zum Gesamtabfluss (Abfluss FAA plus Dotationswassermenge). Während die Mindestanforderungen zur geometrischen Auslegung des Einstiegs für den derzeit gültigen Stand der Technik in [7] klar definiert sind, gibt es hinsichtlich der Fließgeschwindigkeit und des erforderlichen Abflusses einen größeren Ermessensspielraum. Ein langfristiges Ziel von BfG und BAW ist in diesem Zusammenhang, detailliertere Bemessungsregeln aufzustellen als bislang in der Literatur verfügbar. Um dieses Ziel zu erreichen, fließen die Resultate eigener Untersuchungen sowie die Ergebnisse Dritter fortlaufend in die Weiterentwicklung des derzeitigen Stands der Technik ein. Auch wenn dieser Prozess momentan erst am Anfang steht, so lassen die Untersuchungen zur FAA Lauffen am Neckar folgende erste Schlüsse zu. Diese Schlüsse sind dabei gültig für Einstiege in FAA, die direkt am Querbauwerk platziert sind. Die Wassermengen, die aus zusätzlichen, weiter unterstrom gelegenen Einstiegen resultieren, interagieren mit der Leitströmung des querbauwerksnahen Einstiegs. Die erforderliche Dotation der vom Querbauwerk abgerückten Einstiege ist ebenfalls Gegenstand laufender Untersuchungen. Daher muss bis auf weiteres die erforderliche Wassermenge für diesen zusätzlichen, weiter unterstrom gelegenen Einstieg im Einzelfall entschieden werden.

Unter Berücksichtigung dieser Einschränkungen empfehlen BAW und BfG derzeit zur Bemessung der Dotationswassermenge folgendes Vorgehen:

- Der Einstiegsquerschnitt sollte so dimensioniert werden, dass der Gesamtabfluss der FAA (für den Bemessungsfall des Q_{330}) 5 % des tatsächlichen Abflusses der FAA-nahen Tur-

Tab. 2: Prozentuale Anteile des erforderlichen Abflusses der FAA Lauffen (gemäß Modellversuchen)

Unterschreitungsdauer Abfluss bzw. Wasserstand	Anteil an MNQ	Anteil an der Ausbauwassermenge	Anteil am Ausbauabfluss der FAA-nahen Turbine	Anteil am Abfluss der FAA-nahen Turbine
30 d	4,4 %	1,4 %	2,8 %	3,9 %
227 d	5,6 %	1,8 %	3,5 %	3,5 %
330 d	8,4 %	2,6 %	5,3 %	5,3 %

bine (i. d. R. ist dies der Ausbaudurchfluss der Turbine) beträgt. Die Fließgeschwindigkeit im Einstiegsquerschnitt sollte der Bemessungsgeschwindigkeit innerhalb der FAA gemäß DWA [7] entsprechen. Hierbei ist in jedem Fall zu prüfen, ob bei der Bemessung des Einstiegsquerschnitts nicht die aus den fischökologischen Anforderungen resultierenden Mindestbreiten der FAA unterschritten werden. Dieser Fall kann insbesondere bei großen Tiefen des Einstiegsquerschnitts relevant werden. Für einen solchen Fall gilt es im Einzelfall zwischen den geometrischen Anforderungen sowie den hydraulischen Anforderungen (Fließgeschwindigkeit und Abfluss) abzuwägen.

- Auch für alle anderen relevanten Abflusszustände wird im Einstiegsquerschnitt als Fließgeschwindigkeit die Bemessungsgeschwindigkeit der FAA angesetzt. Über die zuvor festgelegte Einstiegsgeometrie (Breite der Einstiegsöffnung) kann so in Abhängigkeit des Unterwasserstands die durchflossene Fläche und somit der korrespondierende Gesamtabfluss der FAA für das betrachtete Bemessungsereignis bestimmt werden.
- Es wird darauf hingewiesen, dass zur Verbesserung der Auffindbarkeit, die FAA-nahe Turbine bevorzugt zu betreiben ist.
- Aufgrund der vorhandenen Unsicherheiten bei der Dimensionierung des erforderlichen Abflusses zur Erzeugung einer Leitströmung wird für die Pilotanlagen an den BWaStr empfohlen, die baulichen Elemente der Zusatzdotation (Rohrleitungen, Steuerungselemente, Beruhigungsbecken) für die Dotationswassermenge größer als im vorangehenden Abschnitt dargelegt, auszulegen. Die Gestaltung des Einstiegsbauwerkes ist zudem so auszuführen, dass der Querschnitt am Einstiegsbauwerk variabel verändert werden kann, um bei unterschiedlichen Abflussmengen die entsprechende Fließgeschwindigkeit zu gewährleisten. Grund für dieses Vorgehen ist die erforderliche Flexibilität bei den anstehenden Untersuchungen zur Wirkung des Gesamtabflusses auf die Leitströmung und das Fischverhalten. Als Richtgröße wird hier eine Bemessung der Zusatzdotation (Rohrleitungen, Steuerungselemente, Beruhigungsbecken, Einstiegsgeometrie) auf 5 % der Ausbauwassermenge des gesamten Kraftwerks empfohlen.
- An Anlagen, an denen keine vertieften Untersuchungen zur Wirkung der Gesamtabflussmenge im Unterwasser der Stauanlage stattfinden, wird die im vorliegenden Artikel beschriebene Vorgehensweise zur Bemessung der Leitströmung empfohlen. Es besteht jedoch die Möglichkeit, dass sich durch eine Weiterentwicklung des Stands der Technik die erforderliche Gesamtabflussmenge im Unterwasser der Stauanlage nach oben oder unten verändert. Für den Fall einer Erhöhung der erforderlichen Gesamtabflussmenge der FAA besteht das Risiko, dass durch nachträglich notwendige Anpassungen der Anlage beträchtliche Mehrkosten entstehen. Es wird daher empfohlen, die baulichen Elemente der Zusatzdotation (Rohrleitung, Steuerungselemente, Beruhigungsbecken, Einstiegsgeometrie) für den erhöhten Wert von 5 % der Ausbauwassermenge des gesamten Kraftwerkes planerisch mit zu führen. Inwieweit es Sinn

macht, einzelne Elemente dieser auf einen höheren Wert des Gesamtabflusses ausgelegten Gestaltung der Zusatzdotation bereits heute beim Bau der FAA zu realisieren (z. B. aufgrund von geringen Mehrkosten beim Einbau einer größeren Rohrleitung), ist im Einzelfall abzuwägen.

Autoren

Dr. sc. techn. Roman Weichert
Dipl.-Ing. Wolfgang Kampke
Dipl.-Ing. Lisa Deutsch
Bundesanstalt für Wasserbau
Kußmaulstr. 17
76187 Karlsruhe
roman.weichert@baw.de
wolfgang.kampke@baw.de
lisa.deutsch@baw.de

Dipl.-Biol. Matthias Scholten
Bundesanstalt für Gewässerkunde
Am Mainzer Tor 1
56058 Koblenz
scholten@bafg.de

Literatur

[1] Bundesministerium für Land- und Forstwirtschaft, Umwelt und Wasserwirtschaft (Hrsg.): Grundlagen für einen österreichischen Leitfaden zum Bau von Fischaufstiegshilfen (FAHs). Wien, 2011.

[2] Armstrong, G. et al.: Environment Agency Fish Pass Manual: Guidance Notes On The Legislation, Selection an Approval Of Fish Passes In England And Wales. Environment Agency, 2010.

[3] Bell, M.: General considerations for upstream fish passage facilities. In: Hildebrand, S. G. (Hrsg.): Analysis of environmental issues related to small scale hydroelectric development II: design considerations for passing fish upstream around dams. Oak Ridge National Laboratory, Oak Ridge, Tennesee. No. 1567 (1980), S. 47-62.

[4] Bleckmann, H.: Role of the Lateral line in fish behaviour. In: Behaviour in Teleost Fishes. 2. Auflage. London: Chapman & Hall, 1993, S. 201-246.

[5] Bleckmann, H.; Przybilla, A.; Klein, A.; Schmitz, A.; Kunze, S.; Brücker, C.: Station holding of trout: Behavior, physiology and hydrodynamics. In: Cameron, T. (Hrsg.): Nature-Inspired Fluid Mechanics. Berlin: Springer, 2012, Volume 119, S. 161-177.

[6] Ministerium für Umwelt und Naturschutz, Landwirtschaft und Verbraucherschutz des Landes Nordrhein-Westfalen (Hrsg.): Handbuch Querbauwerke. Aachen, 2005.

[7] Deutsche Vereinigung für Wasserwirtschaft, Abwasser und Abfall e. V. (Hrsg.): Fischaufstiegsanlagen und fischpassierbare Bauwerke – Gestaltung, Bemessung, Qualitätssicherung. In: DWA-Merkblätter (2010), Nr. 509 (Entwurf).

[8] Bundesamt für Umwelt (Hrsg.): Wiederherstellung der Fischauf- und -abwanderung bei Wasserkraftwerken. Checkliste Best practice. In: Umwelt-Wissen (2010), Nr. 1210.

[9] Heinzelmann, C.; Weichert, R.; Wassermann, S.: Hydraulische Untersuchungen zum Bau einer Fischaufstiegsanlage in Lauffen am Neckar. In: WasserWirtschaft 103 (2013), Heft 1-2, S. 26-32.

[10] Jens, G. et al.: Fischwanderhilfen: Notwendigkeit, Gestaltung, Rechtsgrundlagen. In: Schriftenreihe des Verbands Dt. Fischereiverwaltungsbeamter und Fischereiwissenschaftler (1997), Nr. 11.

[11] Jungwirth, M.; Parasiewicz, P.: Fischaufstiegshilfen an Gebirgsflüssen. Bundesministerium für Land- und Forstwirtschaft. Wien, 1994.

[12] Kampke, W.; Rüter, A.; Scholten, M: FuE-Konzept von BfG und BAW – Projekte zur groß- und kleinräumigen Auffindbarkeit. In: BAW und BfG (Hrsg.): Herstellung der Durchgängigkeit an Bundeswasserstraßen: Auffindbarkeit von Fischaufstiegsanlagen – Herausforderung, Untersuchungsmethoden, Lösungsansätze. Karlsruhe: 2012.

[13] Katopodis, C.: Introduction to fishway design. Freshwater Institute, Central and Arctic Region, Department of Fisheries and Oceans, University Crescent. Winnipeg, Canada, 1992.

[14] Koop, J.; von Landwüst, C.; Wieland, S.; Scholten, M.: Verbesserung und Wiederherstellung der Durchgängigkeit für Fische in Bundeswasserstraßen. In: WasserWirtschaft 102 (2012), Heft 5, S. 12-21.

[15] Kroes, M. J. et al.: Vismigratie: een handboek voor herstel in Vlaanderen en Nederland. Ministerie van de Vlaamse Gemeenschap AMINAL. Afdeling Water, 2005.

[16] Larinier, M.: Implantation des Passes a Poissons. Bull. Fr. Pêche Piscic. (1992), 326-327, S. 30-44.

[17] Larinier, M.: Dams and Fish Migration. In: Berkamp, G. et al. (Hrsg.): Dams, ecosystem functions and environmental restoration, Thematic Review II.1 prepared as an input to the World Commission on Dams. Cape Town, 2000.

[18] Larinier, M.: Location of fishways. In: Larinier, M. et al.: Fishways: biological basis, design criteria and Monitoring. Bull. Fr. Pêche Piscic. (2002), 364 suppl., S. 39-53.

[19] Larinier, M.: Fish passage experience at small-scale hydro-electric power plants in France. In: Hydrobiologia 609 (2008), S. 97-108.

[20] Landesfischereiverband Bayern e. V.; LfU – Bayerisches Landesamt für Umwelt (Hrsg.): Praxishandbuch Fischaufstiegsanlagen in Bayern. München, 2012.

[21] Luca, M. C.; Baras, E.: Migration of Freshwater Fishes. Oxford: Blackwell Science, 2001.

[22] Lusk, S. et al.: Zprůchodňování migračních bariér rybími přechody. Odvětvová technická norma Vodního

hospodářství, Centrum technické normalizace – Hydroprojekt CZ a.s. Prag: 2011.

[23] McElroy, B.; DeLonay, A.; Jacobson, R.: Optimum swimming pathways of fish spawning migrations in rivers. In: Ecology 93 (2012), S. 29-34.

[24] Montgomery, J. C.; Baker, C. F.; Carton, A. G.: The lateral line can mediate rheotaxis in fish. In: Nature 389 (1997), S. 960-963.

[25] Nestler, J. M.; Goodwin, A. R.; Smith, D. L.; Anderson, J. J.; Li, S.: Optimum fish passage and guidance designs are based in the hydrogeomorphology of natural rivers. In: River Res. Applic. 24 (2008), S. 148-168.

[26] National Marine Fisheries Service (Hrsg.): Anadromous Salmonid Fish Passage Facility Design. Portland, Oregon, 2008.

[27] Pavlov, D. S.: Structures assisting the migrations of non-salmonid fish: USSR. In: FAO Fisheries Technical Paper 308 (1989), S. 1-97.

[28] Redeker, M.: Anforderungen an die Auffindbarkeit nach deutschen und internationalen Regelwerken. In: BAW und BfG (Hrsg.): Herstellung der Durchgängigkeit an Bundeswasserstraßen: Auffindbarkeit von Fischaufstiegsanlagen – Herausforderung, Untersuchungsmethoden, Lösungsansätze. Karlsruhe, 2012.

[29] Standen, E. M.; Hinch, S. G.; Rand, P. S.: Influence of river speed on path selection by migrating adult sockeye salmon (Oncorhynchus nerka). In: Canadian Journal of Fisheries and Aquatic Science 61 (2004), S. 905-912.

[30] Thüringer Landesanstalt für Umwelt und Geologie (Hrsg.): Fachliche Anforderungen zur Herstellung der Durchgängigkeit in Thüringer Fließgewässern. 2009.

Roman Weichert, Wolfgang Kampke, Lisa Deutsch and Matthias Scholten

Investigations Regarding Guiding Flow at Fishways on German Waterways

Within the contradictory context of ecology and cost-effective usage of hydropower the aspect of the necessary guiding flow to ensure the traceability of a fishway gained in relevance. This article reports on the state of the art regarding guiding flow, experiences from current investigations, recommendations as well as present research projects.

Роман Вайхерт, Вольфганг Кампке, Лиза Дойч и Маттиас Шолтен

К вопросу расхода компенсирующей воды в рыбоподъемных сооружениях на крупных проточных водоемах

В «поле напряжения» между экологией и экономическим использованием гидроэнергии большое значение имеет вопрос о необходимом объеме компенсирующей воды для находимости рыбоподъемных сооружений. В статье представлено состояние развития техники на данный момент в отношении расхода компенсирующей воды на рыбоподъемных сооружениях, информация о современной исследовательской деятельности и последних исследованиях, а также различные рекомендации.

Klaus Jorde

Ökohydraulische Kriterien für den Talsperrenbetrieb

Die ökologischen Auswirkungen beim Betrieb von Talsperren lassen sich systematisch in ein hierarchisches Ordnungssystem gliedern. Das hydrologische Regime und der Feststoffhaushalt werden direkt verändert. Dies wirkt sich auf die physikalischen Prozesse im Fluss und den Überflutungsgebieten aus, aus deren Kombination sowie zeitlicher und räumlicher Verteilung das Habitatangebot für Tiere und Pflanzen entsteht. Mithilfe von CFD-Modellen in Kombination mit Habitatsimulationsmodellen lassen sich viele dieser Auswirkungen untersuchen und quantifizieren. Darauf basierend kann der Betrieb von Talsperren ökologisch optimiert und dabei Kosten sowie betriebliche Einschränkungen soweit möglich begrenzt werden.

1 Einleitung

Seit jeher nutzt der Mensch Flüsse zum Transport von Gütern und Personen, zur Trinkwasserbereitstellung und Abwasserentsorgung, für die Bewässerung, zur Energieerzeugung und für viele andere Zwecke. Um Wasser in ausreichender Menge, zum erforderlichen Zeitpunkt oder Zeitraum und am richtigen Ort zur Verfügung zu haben, wurden größere und kleinere Staubauwerke und in den letzten gut 100 Jahren zunehmend große Talsperren errichtet. Die Vorteile und der wirtschaftliche Nutzen, die der menschlichen Gesellschaft daraus erwachsen, sind enorm. Heute gibt es weltweit circa 45 000 große Talsperren, das sind per Definition diejenigen, welche mehr als 15 m hoch sind. Während in Europa nicht mehr allzu viele Talsperren neu errichtet werden, sind die Zuwachsraten in Asien, Afrika und Lateinamerika groß. Im Jahr 2010 wurde weltweit mehr installierte Wasserkraftleistung in Betrieb genommen als jemals zuvor. Gleichzeitig geht pro Jahr weltweit mehr Speicherraum durch Verlandung und Sedimentation verloren als neu dazu gebaut wird. Allein daraus wird ersichtlich, dass dieser Entwicklung gewisse Nachhaltigkeitsaspekte fehlen. Auch in ökologischer Hinsicht gibt es beim Bau und Betrieb von Talsperren große Verbesserungspotenziale.

Je nach Lage, nutzbarem Speichervolumen in Verbindung mit dem natürlichen Abflussregime und Zweck einer Talsperre ergeben sich unterschiedliche Anforderungen an den Bau und den Betrieb der Speicher, von denen im Übrigen viele so genannte Mehrzweckprojekte darstellen. D. h. sie haben einen Hauptzweck (z. B. Wasserkraftnutzung oder Trink-/Brauchwasserbereitstellung), nach dem sich üblicherweise die Betriebsweise richtet, erfüllen aber innerhalb gewisser Spielräume auch noch weitere Funktionen, z. B. Hochwasserschutz oder Freizeitnutzung. Entsprechend unterschiedlich sind auch die Auswirkungen auf die Gewässer unterhalb der Sperren. Von einer allgemeinen Vergleichmäßigung der Abflüsse über beinahe oder vollständiges Trockenlegen über gewisse Strecken bis hin zu Schwall-Sunk-beeinflussten Gewässerstrecken reichen die Auswirkungen. Allgemein kann jedoch gesagt werden, dass große Talsperren fast immer eine maßgebliche Veränderung des Abflussregimes unterhalb mit sich bringen.

2 Direkte und indirekte Auswirkungen von Talsperren

Die Auswirkungen von Talsperren beziehungsweise der Speicher, die durch sie gebildet werden, lassen sich zunächst in zwei grundsätzliche Kategorien unterteilen. Zum einen hat eine Talsperre mit ihren Nebeneinrichtungen und dem dahinterliegenden Speicher einen „Fußabdruck", das ur-

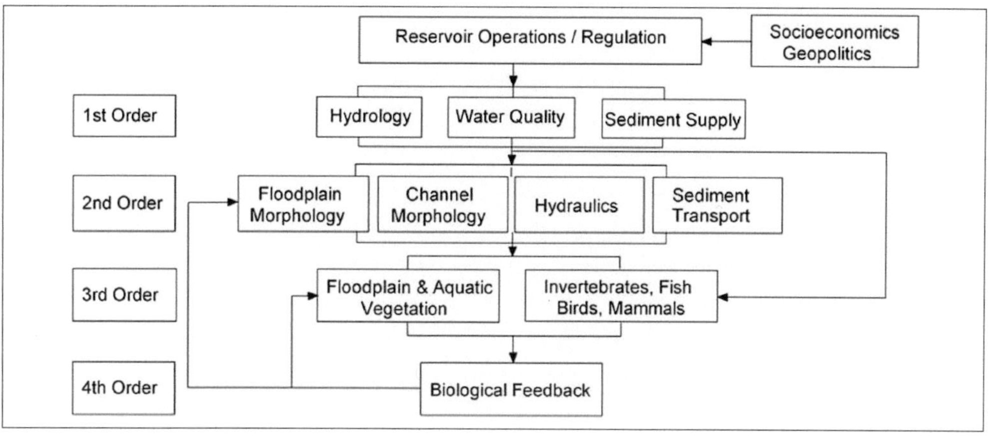

Bild 1: Hierarchische Einteilung der betrieblichen Auswirkungen von Talsperren [1]

sprüngliche Flussbett verschwindet hier unter einem Damm oder wird im dahinterliegenden See tief eingestaut. Die ursprüngliche Landschaft, üblicherweise ein dynamisches Fließgewässer, ist nicht mehr vorhanden. Ein Ausgleich ist kaum möglich, da keine natürlichen Fließgewässer zusätzlich geschaffen werden können.

Die zweite Kategorie von Auswirkungen bezieht sich auf den Betrieb der Talsperre und somit auf die gesamte unterhalb der Talsperre liegende Flussstrecke, die durch den Talsperrenbetrieb beeinflusst wird. Im Prinzip reichen diese Auswirkungen bis zur Einmündung ins Meer und setzen sich selbst dort fort. Die Intensität der Auswirkungen reduziert sich allerdings infolge von weiteren Zuflüssen und Zwischeneinzugsgebieten, sofern diese noch einen einigermaßen natürlichen Zustand aufweisen. Diese Auswirkungen werden insgesamt als „Auswirkungen des Talsperrenbetriebs" oder „Operational Losses" bezeichnet. Sie lassen sich aufgrund ihrer Wirkungsweise hierarchisch einteilen (**Bild 1**) [1].

Die Auswirkungen 1. Ordnung sind rein physikalisch und werden direkt durch den Speicher und seine Betriebsweise kontrolliert. In erster Linie handelt es sich dabei um das veränderte Abflussregime unterhalb der Sperre. Je nach Größe und Zweck der Talsperre wird das natürliche saisonale Regime verändert, Hochwässer werden im Allgemeinen bis zu einer bestimmten Jährlichkeit gespeichert oder aber zumindest in ihrer Spitze reduziert weitergeleitet. Abhängig davon, ob das Wasser aus der Talsperre gebraucht (z. B. Wasserkraftnutzung) oder verbraucht (z. B. Bewässerung) wird und wo das Wasser gegebenenfalls wieder in den Fluss zurückgeleitet wird, ergeben sich weitere Änderungen des kurzzeitigen (Stunden- oder Tagesgang) bis längerfristigen Regimes. Eine weitere wesentliche Auswirkung 1. Ordnung ist im allgemeinen die Unterbrechung des Sediment- und Schwebstoffregimes. In größeren Talsperren werden Sedimente und Schwebstoffe nahezu vollständig abgelagert. Unterhalb der Talsperren fehlt dieses Geschiebe und es kommt häufig zu Sohleneintiefungen und zu einer Abpflasterung der Gewässersohle mit gröberem Material. Da sich in einen größeren Speicher auch die Wasserqualität und die Wassertemperatur gegenüber dem freifließenden Fluss verändern, und aus Speichern häufig Wasser aus tieferen Schichten entnommen wird, gibt es auch hier direkte Auswirkungen auf die Gewässerstrecken unterhalb. Auswirkungen 1. Ordnung lassen sich direkt beeinflussen durch die Gesamtkonzeption beim Bau und anschließend durch die Betriebsweise der Talsperre.

Auswirkungen 2. Ordnung sind ebenfalls rein physikalischer Natur und beschreiben die zeitliche sowie räumliche Verteilung der einzelnen Größen, die in ihrem Zusammenspiel das physikalische Habitatangebot für Flora und Fauna der Gewässer selbst sowie ihrer Überflutungsflächen

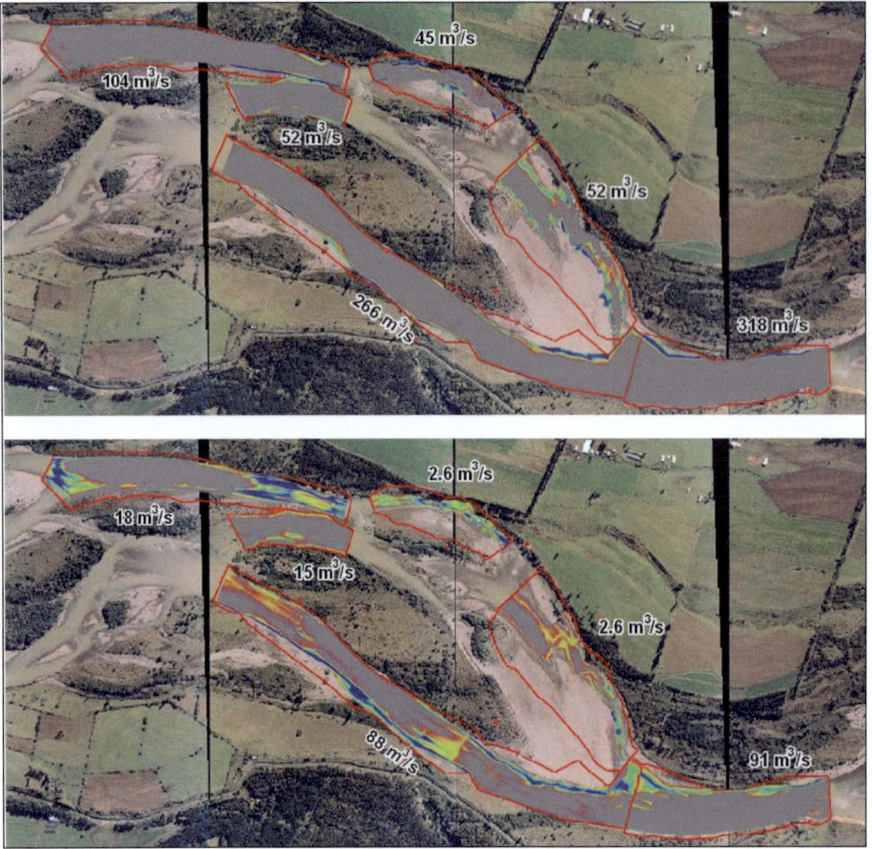

Bild 2: Habitatangebot für *Trichomycterus areolatus* (adult) in einem ca. 2 km langen repräsentativen Abschnitt des Rio Bíobío in Chile bei unterschiedlichen Abflüssen infolge von Spitzenstromerzeugung: Schwall-Betrieb mit 318 m³/s (oben) und Sunk infolge Turbinenstillstand mit 91 m³/s (unten) [3]

bilden. Zunächst sind dies natürlich das Gewässerbett selbst mit seiner mehr oder weniger vielfältigen Struktur sowie die Erosions- und Ablagerungsprozesse, welche die morphologische Ausprägung der Überflutungsflächen beeinflussen. Diese Strukturen sind abhängig einerseits vom Geschiebe, welches verfügbar ist, und andererseits von der räumlichen und zeitlichen Verteilung der Transportkapazität des Gewässers. Innerhalb des jeweiligen aquatischen Volumens werden in erster Linie die hydraulischen Kenngrößen Fließgeschwindigkeit, Wassertiefe, Sohlenschubspannungen und Turbulenzen in ihrer räumlichen sowie zeitlichen Verteilung verändert. Die Auswirkungen 2. Ordnung sind eine direkte kausale Konsequenz, die sich theoretisch aus den Auswirkungen 1. Ordnung ableiten lassen.

Auswirkungen 3. Ordnung sind biologische Funktionen und betreffen die tierischen und pflanzlichen Lebensgemeinschaften der Gewässer sowie ihrer Überflutungsgebiete. In erster Linie handelt es sich dabei natürlich um die Artenzusammensetzung und Altersstruktur der Fische (Ichthyofauna), aber auch der wirbellosen Bewohner der Gewässersohle (Benthosfauna) sowie der Bewohner der Gewässerrandstreifen und Auen (Insekten, Reptilien, Säuger, Vögel). Neben den tierischen Artengemeinschaften sind auch die typischen Vegetationsgesellschaften betroffen.

Auswirkungen 4. Ordnung bezeichnen Rückkoppelungseffekte, wie Änderungen der Gerinnerauheit infolge Vegetationsaufwuchs. Sie werden hier nicht weiter betrachtet.

3 Quantifizierung der Auswirkungen

Die Auswirkungen 1. Ordnung lassen sich noch relativ einfach quantifizieren, insbesondere das Abflussregime. Bei den Auswirkungen auf das Sedimentregime trifft das bereits weniger zu, zumal häufig das ursprünglich vorhandene Feststoffregime nicht quantitativ untersucht wurde und zusätzlich innerhalb des Einzugsgebiets des Speichers oft weitere Eingriffe vorhanden sind, die entweder den Eintrag unterbinden oder aber direkte Geschiebeentnahmen darstellen.

Die physikalischen Prozesse, die zu den Auswirkungen 2. Ordnung gehören, können zumindest qualitativ gut prognostiziert werden, zum Teil sind mithilfe von numerischen Simulationsmodellen auch gute quantitative Prognosen möglich. Zum Beispiel können die für Fische relevanten kombinierten Parameter Wassertiefe, lokale Fließgeschwindigkeit und Sohlensubstrat mithilfe von Computational-Fluid-Dynamics-Modellen (CFD-Modellen) recht gut in ihrer räumlichen und zeitlichen Verteilung simuliert werden. Ähnliches gilt für die Überflutungsdynamik der gewässerbegleitenden Aue infolge von Abflussschwankungen. Allerdings stoßen mit zunehmender räumlicher Ausdehnung der zu untersuchenden Flussabschnitte und aufgrund der instationären Abflussvorgänge über sehr lange Zeiträume hinweg die numerischen Modelle an Grenzen. In solchen Fällen sind Vereinfachungen notwendig. Andere physikalische Prozesse lassen sich dagegen kaum modellieren und man ist hier auf generelle empirische Erkenntnisse angewiesen. Insbesondere morphologische Veränderungen lassen sich kaum quantitativ räumlich verteilt prognostizieren.

Der Übergang von den physikalischen Prozessen (2. Ordnung) zu den Auswirkungen 3. Ordnung, den biologischen Funktionen, basiert auf den Erkenntnissen der Ökohydraulik. Lebewesen brauchen, um ihren gesamten Lebenszyklus (d. h. Reproduktion und Arterhalt) erfolgreich abschließen zu können, bestimmte Kombinationen physikalischer Zustandsgrößen, die zum richtigen Zeitpunkt oder Zeitraum, in einer bestimmten Qualität und ausreichenden Menge und Ausdehnung vorhanden sein müssen. Um diese generelle Aussage besser greifbar zu machen, wird das Beispiel von Fischlebensräumen herangezogen. Fische einer bestimmten Art (z. B. Bachforellen oder Äschen) brauchen in jedem Alters- beziehungsweise Entwicklungsstadium unterschiedliche Habitate, die in einer vereinfachten Betrachtungsweise für die numerische Modellierung üblicherweise als Kombination von Wassertiefe, Fließgeschwindigkeit und Sohlensubstrat betrachtet werden. Manchmal werden zusätzliche Parameter berücksichtigt, wie das Vorhandensein von Unterständen oder die Nähe zu geeigneten Fluchthabitaten. Diese Ansprüche ändern sich nicht nur entsprechend der Entwicklungsstadien, sondern hängen auch von der aktuellen Aktivität (Nahrungssuche, Ruhephase, Wanderung, Flucht etc.) und den Jahreszeiten ab.

Um das Habitatangebot untersuchen zu können, wurden erstmals seit den späten 1970er-Jahren in den USA numerische Simulationsmodelle entwickelt. Am damaligen Institut für Wasserbau der Universität Stuttgart wurde seit den frühen neunziger Jahren das Simulationsmodell CASiMiR (Computer Aided Simulation Model for Instream flow Regulations) entwickelt, welches aus verschiedenen Modulen besteht und für die Habitatsimulation von Fischen, wirbellosen Kleinlebewesen der Gewässersohle und verschiedene Vegetationsgesellschaften eingesetzt wird.

Generell verknüpfen solche Modelle die oben beschriebenen physikalischen Prozesse oder Größen mit den Ansprüchen der Tier- und Pflanzenarten. Das Ergebnis sind im Wesentlichen Aussagen über die zeitliche und räumliche Verteilung des physikalischen Habitatangebots. Die Modelle sind nicht in der Lage vorherzusagen, welche Tiere und Pflanzengemeinschaften sich dann tatsächlich dort erfolgreich ansiedeln. Dies liegt daran, dass einerseits wesentliche Parameter, wie z. B. Nahrungsangebot oder Artenkonkurrenz, nicht mit in die Modellierung eingehen, und dass andererseits das untersuchte Habitatangebot nicht immer auch die kritischen Engpässe im Lebenszyklus der Tiere und Pflanzen berücksichtigt. Dennoch wird häufig das simulierte Habitatangebot als einer der relevanten Parameter herangezogen, um zu beurteilen, ob eine wasserbauliche Maßnahme ökologisch vertretbar ist oder nicht. Habitatsimulationsmodelle gehören damit zu den wichtigsten Werkzeugen, wenn untersucht werden soll, welche ökologischen Auswirkungen vom zukünftigen Betrieb einer Talsperre zu erwarten sind und wie weit diese Auswirkungen aufgrund einer ökologisch verbesserten Bau- und Betriebsweise reduziert werden können. Selbstverständlich geht es dabei nicht nur um die ökologische Optimierung sondern auch darum, diese Optimierung mit möglichst geringen betrieblichen und wirtschaftlichen Einschränkungen des Talsperrenbetriebs zu erreichen.

4 Ökologisch orientierter Talsperrenbetrieb

Ökologische Kriterien für den Betrieb von Talsperren müssen auf dem Verständnis dieser physikalischen Prozesse und den dadurch beeinflussten biologischen Funktionen basieren. Allgemeine empirische Ansätze, die zum Beispiel nur auf hydrologischen Daten basieren, sind nach heutigem Stand des Wissens nicht übertragbar und daher ökologisch im Wesentlichen ohne Bedeutung. Die wesentlichsten Komponenten für die Ökologie des Talsperrenbetriebs sind einerseits die Wiederherstellung eines Feststoffkontinuums und andererseits ein nach ökologischen Kriterien festgelegtes Abflussregime unterhalb der Talsperre. Das Feststoffkontinuum kann entweder mit der Durchleitung von Geschiebe und Schwebstoffen durch den Speicher beziehungsweise über einen Sedimentumleitstollen, oder durch künstliche Zugabe von Sedimenten unterhalb der Talsperre, zum Beispiel auch aus seitlichen Einzugsgebieten, realisiert werden. Weltweit gibt es bis heute erst sehr wenige Sedimentumleitstollen. Allerdings wächst aufgrund der zunehmenden Verlandung der Speicher der Druck auf die Betreiber, etwas dagegen zu tun, um langfristig den Betrieb der Speicher aufrechterhalten zu können.

Das Abflussregime unterhalb der Talsperre so festzulegen, dass bei möglichst geringen wirtschaftlichen Einbußen beziehungsweise betrieblichen Einschränkungen ein möglichst großer ökologische Nutzen entsteht, ist eine sehr komplexe Fragestellung. Welche Komponenten des Abflussregimes dabei insbesondere zu betrachten sind, wird z. B. bei der Anwendung der „Building-Block-Methode" [2] vertieft erörtert.

5 Die Bedeutung von Simulationsmodellen

Der große Vorteil von Habitatsimulationsmodellen liegt darin, dass man nicht auf empirische Daten angewiesen ist, die im allgemeinen nur sehr schwer in aussagekräftiger Form gewonnen werden können. Dies liegt daran, dass es meistens weder wirklich repräsentative Referenzstrecken gibt noch kaum langjährige Datenreihen, zum Beispiel zu den Fischpopulationen, vorhanden sind, um quantitative Prognosen aufgrund empirischer Daten machen zu können. Simulationsmodelle haben den Vorteil, dass bei einmal zu vermessender Gewässerbettgeometrie anschließend verschiedenste Szenarien und Varianten am Simulationsmodell getestet werden können. Die Ergebnisse solcher Untersuchungen fließen dann in die Synthese ein, bei der die ökologisch notwendigen Abflussregime festgelegt werden. Die Simulationsmodelle liefern also nur in den wenigsten Fällen die Ergebnisse selbst.

6 Fallbeispiel Fischhabitate infolge Schwall-Betrieb am Rio Bíobío

Am Rio Bíobío, der von den Anden kommend im Chilenischen Concepción in den Pazifik mündet, wurden zunächst zwei Talsperren im Oberlauf gebaut, Ralco (2004 geflutet) und Pangue (1997). Weitere sind derzeit im Bau. Das Kraftwerk Pangue wird zur Spitzenstromerzeugung eingesetzt und verursacht Abflussschwankungen im Tagesrhythmus, die sich bis zur Mündung in den pazifischen Ozean auswirken.

Im Rahmen eines gemeinsamen Forschungsprojekts zwischen der University of Idaho, Center for Ecohydraulics Research, und dem Centro de Sciencias Ambieltales Eula der Universidad de Concepción wurde untersucht, welche Fischarten in den betroffenen Gewässerabschnitten vorkommen und welche Auswirkungen der Schwall- und Sunk-Betrieb auf die Lebensräume dieser Fische hat. **Bild 2** zeigt einen Ausschnitt aus den mit dem Fischmodul von CASiMiR simulierten Untersuchungsergebnissen, der die räumliche Verteilung des Habitatangebots für adulte *Trichomycterus areolatus* (eine endemische Kleinfischart) über einen Lastzyklus hinweg zeigt [3]. Man sieht hier, dass geeignete Habitate während der Sunk-Phase um ein Vielfaches größer sind als während des Schwalls. Während des Schwalls sind geeignete Habitate nur noch in den Randbereichen der einzelnen Gerinnearme zu erkennen. Sie liegen jedoch bis auf wenige Ausnahmen in den Bereichen, in denen auch während der Sunk-Phase geeignete Habitate vorhanden sind. Es kann daher davon ausgegangen werden dass die Habitate, die während der Schwall-Phase vorhanden sind, im Wesentlichen den kritischen Schwellenwert darstellen. Die hier untersuchte Fischart ist nur wenige Zentimeter groß und gehört zu den eher schlechten Schwimmern und ist daher nicht in der Lage, mindestens zweimal täglich größere Distanzen von mehreren 100 m zu schwimmen, um jeweils den für sie geeigneten Habitaten zu folgen. Die Fische sind daher darauf angewiesen, dass sowohl bei Schwall als auch bei Sunk günstige Habitatbedingungen in identischen Arealen vorhanden sind. Bei einer solchen Analyse muss daher der kleinste gemeinsame Nenner zwischen Schwall- und Sunk-Betrieb identifiziert werden, der als der kritische Engpass für die Habitate in diesem Bereich herangezogen werden muss. Darüber hinaus muss bei Schwall- und Sunk-Betrieb insbesondere das Risiko des Strandens genauer untersucht werden, was jedoch hier nicht weiter erörtert wird.

7 Fallbeispiel Auevegetation am Kootenai

Der Kootenai ist der zweitgrößte Zufluss des Columbia im Nordwesten der USA. Sein Unterlauf ist stark beeinflusst vom Libby-Damm in Montana. Der Speicher der Talsperre dient allgemein der Wasserspeicherung im Columbia-Fluss-System und hat die landwirtschaftliche Nutzbarkeit des unterhalb gelegenen Tals massiv verbessert. Zusätzlich wird Libby-Damm zur Stromproduktion herangezogen. Die Wasserabgabe generell richtet sich aber nach dem Wasserbedarf im Co-

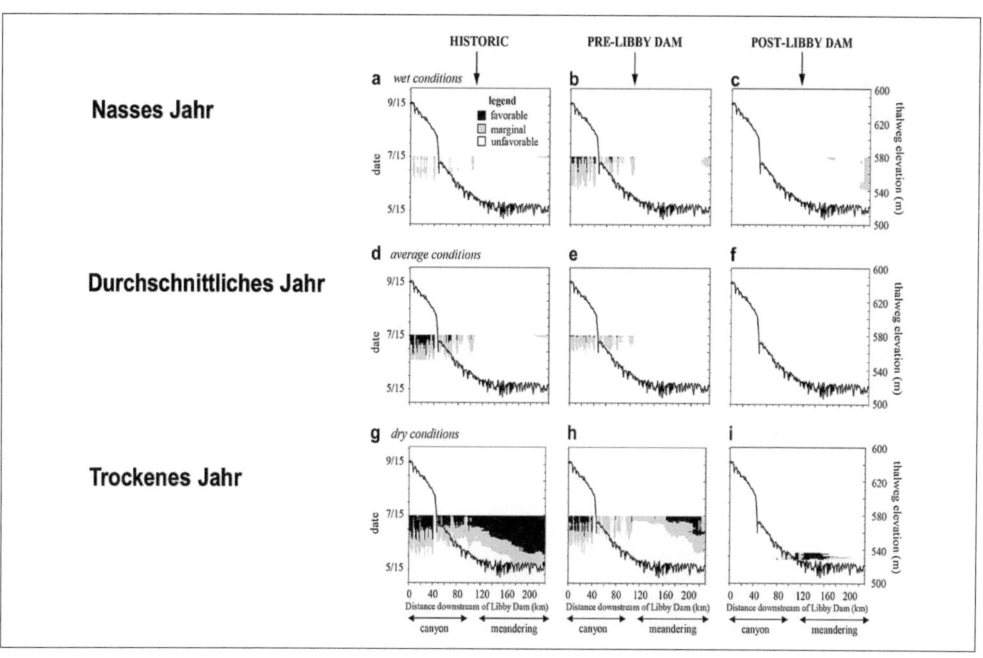

Bild 3: Modellierung des Rekrutierungspotenzials für Kanadische Schwarzpappeln am Kootenai unterhalb des Libby-Damms [4]

lumbia selbst. Das ursprüngliche Regime war von einer ausgeprägten Hochwasserphase während der Schneeschmelze von Mai bis Juli und sehr niedrigen Abflüssen zwischen Oktober und Februar geprägt. Heute herrscht das ganze Jahr über ein kurzfristig und stark schwankendes Abflussregime. Als Folge der Maßnahmen ist die natürliche Auevegetation praktisch vollständig verschwunden und auf den wenigen verbliebenen Flächen kann man insbesondere beobachten, dass die typischen „black cottonwoods“ (Kanadische Schwarzpappel) sich nicht mehr verjüngen.

Im Rahmen mehrerer Forschungsprojekte wurde dort untersucht, welchen Einfluss das veränderte Abflussregime unterhalb der Talsperre einerseits auf das Rekrutierungspotenzial der Schwarzpappeln hat und andererseits welche Maßnahmen ergriffen werden könnten, um auf bestimmten Flächen eine natürliche und dynamische Entwicklung einer Auevegetation wieder zu ermöglichen. Dazu wurden verschiedene neue Vegetationsmodule für das Simulationsmodell CASiMiR entwickelt. Die physikalischen Voraussetzungen für die Rekrutierung von Schwarzpappelsämlingen sind eine Abfolge unterschiedlicher Phasen, die damit beginnen, dass die Samen, die im Mai und Juni vom Wind praktisch überallhin getragen werden, auf

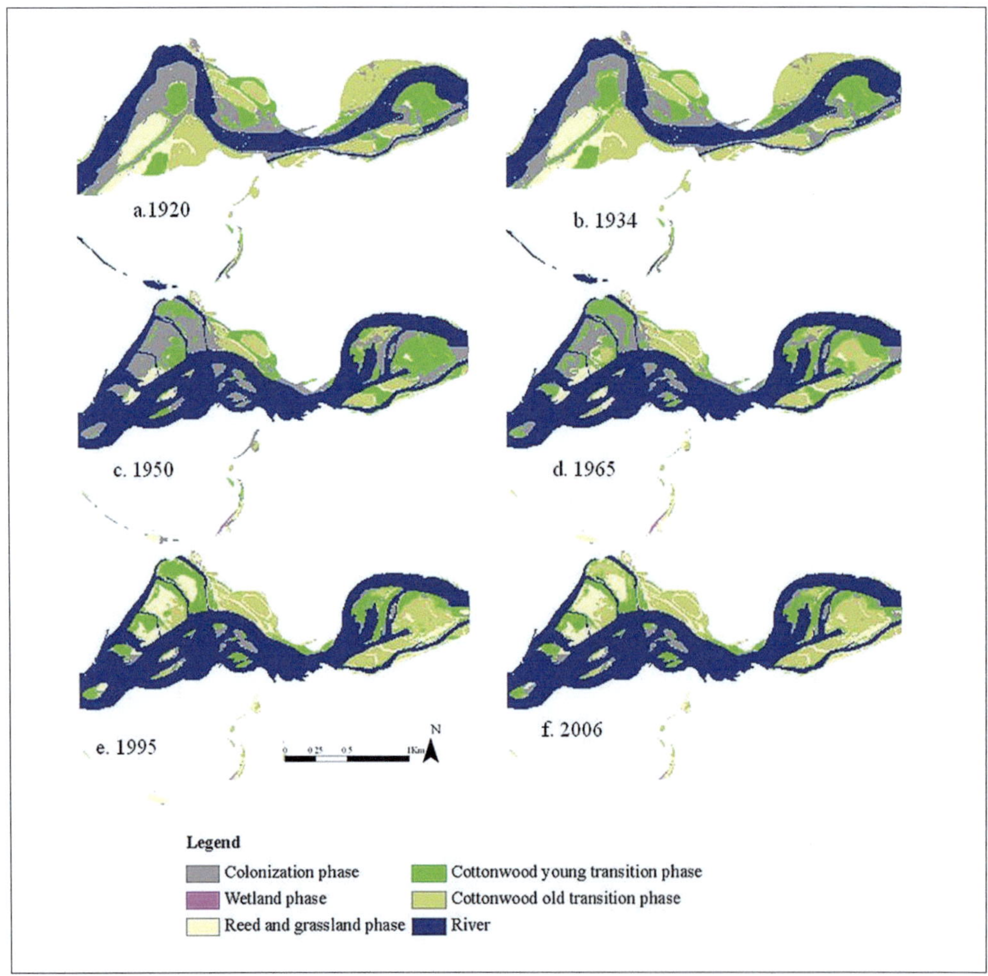

Bild 4: Simulation der Auevegetationsgesellschaften in einem Abschnitt des Kootenai oberhalb von Bonner's Ferry, Idaho, USA [5]

feuchten bewuchsfreien Kies oder Sand fallen müssen. Innerhalb von 24 Stunden beginnen sie dann zu keimen, sind die Voraussetzungen nicht gegeben, sterben sie ab. Die Wurzeln wachsen ca. 2,5 cm pro Tag und etwa in diesem Maß müssen die Wasserstände während dieser Entwicklungsphase kontinuierlich zurückgehen, weder zu schnell noch zu langsam. Ein nachfolgender Wiederanstieg des Wassers würde während dieser Phase die Sämlinge abtöten. Diese Prozesse wurden im Simulationsmodell nachgebildet und auf eine circa 220 km lange Fließstrecken angewendet [4].

Der Vergleich zwischen den historischen Bedingungen (ohne Talsperre und ohne Deiche entlang des Flusses) mit den heutigen Bedingungen zeigt insbesondere, dass in trockenen Jahren historisch gesehen hervorragende Bedingungen für die Schwarzpappeln herrschten und dass unter heutigen Bedingungen nur noch ein minimales Rekrutierungspotenzial vorhanden ist (**Bild 3**). Dies deckt sich im Wesentlichen mit den Feldbeobachtungen.

Weiterhin wurde untersucht, welche Auevegetationsgemeinschaften sich in einer ausgesuchten Pilotstrecke infolge des heutigen Abflussregimes ausbilden können. Dazu wurde ein dynamisches Auevegetationsmodell (CASiMiR Vegetation) entwickelt sowie anhand von Felddaten kalibriert und validiert. Die hydraulische Modellierung musste stark vereinfacht werden, da ein Zeitraum von fast 100 Jahren mit einem zweidimensionalen hydraulischen Simulationsmodell und hoher räumlicher Auflösung viel zu lange Rechenzeiten beanspruchen würde. Es wurden daher eine Reihe von hydrologischen Modellszenarien betrachtet, für die die hydraulischen Prozesse berechnet wurden. Im Wesentlichen gehen in das Vegetationsmodell die Lage oberhalb des Niedrigwasserspiegels sowie in jedem Jahr die Überflutungsdauer und -tiefe infolge Hochwasser sowie die maximal auftretenden Sohlenschubspannungen ein. Anhand dieser Größen entscheidet das Modell, ob für den jeweiligen Standort (10-mal-10-m-Raster) und die dort momentan vorhanden Vegetationsgesellschaft ein Sukzessionsjahr oder ein Regressionsjahr vorliegt und die vorhandene Vegetationsgesellschaft wird entsprechend den jeweiligen Sukessions- oder Regressionsregeln angepasst [5]. **Bild 4** zeigt die Ergebnisse der Modellierung über einen Zeitraum von fast 90 Jahren und die Veränderung der räumlichen Verteilung der verschiedenen Vegetationsgesellschaften, die in dem Modell betrachtet wurden. Diese Modelle werden derzeit verwendet, um Renaturierungsszenarien für den betrachteten Flussabschnitt auszuarbeiten, wobei neben einer Veränderung des Abflussregimes unterhalb des Libby-Damms auch die Rückverlegung von Deichen und die teilweise Tieferlegung bestimmter Auebereiche untersucht wird.

8 Schlussfolgerungen und Ausblick

Die vorgestellte prinzipielle Struktur der Auswirkungen des Betriebs großer Talsperren sollte bei der Betrachtung einer ökologisch orientierten Betriebsweise immer zugrunde gelegt werden. Solange die physikalischen Prozesse, die Voraussetzung für die ökologischen Funktionen sind, nicht zumindest in einem bestimmten Maß eingehalten oder wiederhergestellt werden, sind Konzepte zur Verbesserung der gewässerökologischen Situation weitgehend bedeutungslos. Es gibt keine ökologisch schlüssigen Begründungen, warum die Abgabe irgendeiner prozentualen Fraktile einer Abflussmessreihe zu einem bestimmten ökologischen Zustand führen sollte.

Bei ökologisch motivierten Maßnahmen zur Verbesserung des Betriebs von Talsperren müssen die anhand einzelner Beispiele angesprochenen Wirkungsketten analysiert werden. Simulationsmodelle liefern dabei insbesondere dann wertvolle Entscheidungshilfen, wenn empirische Daten nicht zur Verfügung stehen und wenn unterschiedliche Szenarien hinsichtlich ihrer Kosten und ihrer Wirksamkeit untereinander verglichen werden sollen. Die Ergebnisse der Modellierungen müssen dann in eine Gesamtperspektive integriert werden. Die Synthese, die daraus abgeleitet wird, muss die wichtigsten Prozesse abdecken, die ein komplexes dynamisches Fließgewässersystem natürlicherweise prägen.

Autor
Dr.-Ing. Klaus Jorde
KJ Consulting
A-9563 Gnesau 11, Österreich
SJE Schneider & Jorde Ecological Engineering
Viereichenweg 12, 70569 Stuttgart
jorde@sjeweb.de

Literatur

[1] Jorde, K.; Burke, M.; Scheidt, N.; Welcker, C.; King, S.; Borden, C.: Reservoir Operations, physical processes and ecosystem losses. In: Habersack, H.; Piégay, H.; Rinaldi, M. (Hrsg.): Gravel Bed Rivers IV: From process understanding to river restoration. Amsterdam: Elsevier Science & Technology, 2008, S. 607-636.

[2] King, J. M.; Tharme, R. E.; De Viliers, M. S. (Hrsg.): Environmental Flow assessments for rivers - manual for the building block methodology (udated version). Freshwater Research Unit, University of Cape Town, South Africa, WRC Report No TT 354/08, 2008.

[3] García, A.; Jorde, K.; Habit, E.; Caamaño, D.; Parra, O.: Downstream environmental effects in habitat quality for native fish species. In: River Research and Applications (2010).

[4] Burke, M.; Jorde, K.; Buffington, J.: Application of a hierarchical framework for assessing environmental impacts of dam operation: Changes in streamflow, bed mobility and recruitment of riparian trees in a western North American River. In: J. of Environmental Management 90 (2009), S. 5 224-5 236.

[5] Benjankar, R.; Jorde, K.; Yager, E. M.; Egger, G.; Goodwin, P.; Glenn, N. F.: The impact of river modification and dam operation on floodplain vegetation succession trends in the Kootenai River, USA. In: Ecol. Eng. (2012; in print).

Klaus Jorde

Ecohydraulic Criteria for the Operation of Dams and Reservoirs

The ecological consequences of dam and reservoir operations can be classified into a hierarchical system. The hydrological regime and the sediment budget are altered directly. As a consequence the physical processes in the river and throughout the floodplain are changing. The combination as well as temporal and spatial distribution of those parameters are defining physical habitat for animals and plants. CFD models in combination with advanced habitat simulation models can be utilized to study and quantify many of those consequences. Based on the simulation results for the status quo and various restoration scenarios the operation of dams and reservoirs can be ecologically optimized while at the same time trying to minimize economic losses and operational restrictions.

Клаус Йорде

Экологические и гидравлические критерии эксплуатации водохранилищных плотин

Воздействие на экологию вследствие эксплуатации водохранилищных плотин можно систематизировать посредством иерархической системы. Непосредственно изменяются гидрологический режим и твердотопливный баланс. Это отражается на физических процессах в реке и зонах наводнения, посредством комбинации которых, а также временного и пространственного распределения, разрабатывается «предложение» для проживания и существования животных и растений. С помощью моделей CFD (метод вычислительной гидродинамики) в комбинации с моделированием проживания и существования представителей флоры и фауны можно исследовать и квантифицировать многие из этих воздействующих факторов. Основываясь на этом, можно оптимировать эксплуатацию водохранилищных плотин с экологической точки зрения, и таким образом, в значительной степени снизить затраты и редуцировать производственные ограничения.

Volker Lüderitz, Thomas Speierl, Uta Langheinrich und Michael Seidel

Eignung von Fischaufstiegsanlagen an Obermain und Rodach als Lebensräume und Migrationshilfen für Fische und Makroinvertebraten

Am Obermain und an der Rodach in Oberfranken haben in den letzten 20 Jahren umfassende und aus ökologischer Sicht erfolgreiche Renaturierungsmaßnahmen stattgefunden. Da das Fließgewässerkontinuum zwischen den Renaturierungsstrecken jedoch weiter durch mehrere Querbauwerke beeinträchtigt war, wurden Fischaufstiegsanlagen in Form von zwei Umgehungsgerinnen und einem Tümpel-Becken-Pass errichtet. Die vorliegende Arbeit untersucht die Funktionsfähigkeit dieser Anlagen hinsichtlich des Fischaufstieges aber auch hinsichtlich ihrer Eignung als Lebensraum und Wanderkorridor für Makroinvertebraten. Die naturnah gestalteten Umgehungsgerinne werden sowohl von allen vorkommenden Fischarten als auch von den aquatischen Makroinvertebraten angenommen. Hinsichtlich der Besiedelung mit Wirbellosen sind sie mit naturnahen Fließgewässerstrecken vergleichbar, was schon deshalb bemerkenswert ist, weil die direkt ober- und unterhalb der Anlagen liegenden Flussabschnitte wenig naturnah sind. Der untersuchte Tümpel-Becken-Pass schneidet weniger gut ab. Er wird nicht von allen Fischarten in gleicher Weise angenommen und hinsichtlich seiner Makroinvertebraten-Fauna nur als unbefriedigend bewertet.

1 Veranlassung

Fischaufstiegsanlagen (FAA) dienen – ihrem Namen entsprechend – in erster Linie zur Herstellung der ökologischen Durchgängigkeit des jeweiligen Gewässers für Fische. Diesbezüglich liegen zahlreiche Funktionskontrollen vor, die jedoch oft wesentliche funktionale Aspekte ausblenden [1]. So wurde die Nutzbarkeit solcher Anlagen für Makroinvertebraten bisher kaum untersucht [2], obwohl mit Blick auf die Zielerreichung der EG-Wasserrahmenrichtlinie eine entsprechende Durchwanderbarkeit der Gewässersysteme auch für die Makroinvertebraten von Bedeutung ist. Auch neuere, vom ichthyobiologischen Standpunkt her ausgereifte Arbeiten (z. B. [3]) gehen auf diesen Aspekt nicht ein.

Insbesondere für Gewässer wie den Obermain und die Rodach, die in den letzten 20 Jahren umfangreichen Renaturierungsmaßnahmen unterlagen [4], ist es wichtig, dass die nachgewiesenen positiven ökologischen Effekte dieser Maßnahmen [5] nicht durch fehlende Durchgängigkeit der nicht oder weniger renaturierten Gewässerabschnitte konterkariert werden. Daher wurden in den letzten 10 Jahren sieben FAA im Obermain und in der Rodach errichtet, von denen eine im Obermain und zwei in der Rodach nun untersucht wurden (zwei Umgehungsgerinne und ein Tümpel-Beckenpass).

Durch Erfolgskontrollen in 2011 sollten sowohl die Eignung als Lebensraum für Makroinvertebraten und Fische als auch die Passierbarkeit für Fische untersucht werden. Dazu wurde der Bestand an Makroinvertebraten und Fischen ermittelt sowie die vorgefundenen Lebensgemeinschaften ökologisch bewertet. Bei den Makroinvertebraten wurde das Arteninventar der Anla-

Bild 1: FAA Oberwallenstadt bei Lichtenfels (Main), Blick in Fließrichtung (Foto: Wasserwirtschaftsamt Bamberg)

gen mit renaturierten und nicht renaturierten Bereichen ca. 2 km bis 12 km oberhalb und unterhalb der Anlagen verglichen. Die Fischbestände der einzelnen FAA wurden untereinander verglichen und in Bezug zur jeweiligen Gestalt der Anlage gesetzt. Zudem wurde das potenziell nutzbare Nahrungsangebot an Makroinvertebraten für Fische in den einzelnen Anlagen qualitativ bewertet.

2 Material und Methoden

2.1 Einzugsgebiet und Abflussregime im oberen Mainsystem

Der Main bildet mit seinem Einzugsgebiet das größte Fließgewässersystem in Nordbayern. Er durchfließt das süddeutsche Schichtstufenland von Ost nach West und umfasst in Oberfranken ein Einzugsgebiet von etwa 4 000 km^2. Der Oberlauf zwischen Bamberg und dem Zusammenfluss der beiden Quellflüsse Roter und Weißer Main wird als Obermain bezeichnet (Flusslänge 62,2 km). Bedeutendster Zubringer aus den Mittelgebirgsregionen des Frankenwaldes ist die Rodach. Das Abflussregime wird durch die charakteristische pluvio-nivale Niederschlagssituation einer Mittelgebirgsregion bestimmt. Hohe winterliche Niederschlagsmengen und Schneefrachten führen zu Spitzenhochwässern während der Monate November bis April, Niedrigwasserstände werden im Sommer erreicht. Sommerliche Starkregen lassen zusätzliche Hochwasserspitzen entstehen.

2.2 Daten zu den Aufstiegsanlagen

Die Anlagen bei Redwitz (Rodach) und Oberwallenstadt (Main; **Bild 1**) wurden als Umgehungsgerinne errichtet und sind in ihrer Morphologie mit derjenigen von Bächen des Mittelgebirges und des Hügellandes vergleichbar. Sie weisen eine hohe Tiefen- und Strömungsvarianz, eine Aufeinanderfolge von Schnellen und Stillen sowie eine hohe Substratdiversität auf. Demgegenüber ist die Anlage bei Marktzeuln (**Bild 2**) eine Kombination aus Tümpel- und Beckenpass, die sehr kurz, schmal und mit relativ steilem Gefälle gestaltet wurde. Die Fließgeschwindigkeit überschreitet auf einem Drittel der Fließstrecke 0,8 m/s, die Substratdiversität ist vergleichsweise gering, insbesondere fehlen Detritus und Sand. Die Kenndaten der drei Anlagen finden sich in **Tabelle 1**.

Die Gestalt der Anlage wurde mittels des Variationskoeffizienten [6] der Breite und Tiefe klassifiziert. Dafür wurden nach den Befischungen jeweils mindestens 8 Transekte (Messabstand 0,25 m, Messgenauigkeit 0,1 m) in den einzelnen FAA ausgemessen. Niedrige Werte weisen auf eine geringe, hohe Werte auf eine hohe Variabilität

Bild 2: FAA Marktzeuln (Rodach) in Form eines Tümpel-Beckenpasses (Foto: U. Langheinrich)

der Strecke bei Gewässerbreite und Tiefenverhältnissen hin. Zusammenhänge zwischen Gewässerstruktur und Fischaufkommen wurden mittels Spearman-Rang-Korrelationen analysiert. Adulte und juvenile Fischbestände wurden getrennt betrachtet.

Das potenziell nutzbare Nahrungsangebot an Makroinvertebraten für Fische in den einzelnen Anlagen wurde qualitativ nach Schreckenbach und Zahn [7] bewertet. Die vorgefundenen Arten wurden den jeweiligen Artengruppen und ihrem entsprechendem Bruttoenergiegehalt zugeordnet.

2.3 Untersuchungsmethoden Makroinvertebraten

Alle FAA wurden im März und Juni 2011 auf ihre Besiedelung mit Makroinvertebraten hin beprobt. Dabei kam – analog zu den parallelen Untersuchungen an den renaturierten und nicht renaturierten Abschnitten von Obermain und Rodach – das erweitere „Multihabitat-Sampling" [5] zum Einsatz, bei dem 10 m² der Sohle besammelt werden.

Die Makroinvertebraten wurden bestimmt und die Abundanzen abgeschätzt.

Zur Auswertung kam das ASTERICS/PERLODES-Verfahren (www.fliessgewaesserbewertung.de) für die Gewässertypen 9 (Rodach, silikatischer, fein- bis grobmaterialreicher Mittelgebirgsfluss) und 9.2 (Obermain, großer Fluss des Mittelgebirges) zum Einsatz. Dieses Verfahren ermittelt die ökologische Zustandsklasse aus der Saprobie und der allgemeinen, also hydromorphologischen Degradation. Darüber hinaus erfolgte eine Ermittlung des Rheo-Indexes als Maßstab für den Anteil von Fließgewässerarten und eine Betrachtung des Vorkommens der nach

Tab. 1: Hydrologisch-wasserbauliche Kenndaten der untersuchten Aufstiegsanlagen an Rodach und Obermain

Anlage	Länge [m]	Breite [m]	Tiefe [m]	Gefälle [%]	Höhendifferenz [m]	Durchfluss [l/s]
Marktzeuln (Rodach 1)	75	1 bis 2	0,4 bis 0,5	3	1,7	250
Redwitz (Rodach 2)	225	5 bis 7	0,2 bis 0,8	0,6	1,5	700
Oberwallenstadt (Main)	460	3 bis 9	0,2 bis 1,2	0,5	2,27	400 bis 1 000

der Roten Liste (RL) gefährdeten Arten.

Zum Vergleich der Aufstiegsanlagen mit den renaturierten und den nicht renaturierten Abschnitten der Gewässer hinsichtlich der Artenidentität erfolgte die Berechnung des Gemeinschaftskoeffizienten nach Soerensen und der Renkonen-Zahl. Der Soerensen-Index setzt die Zahl der gemeinsamen und die Zahl der nur in je einer der Proben vorhandenen Arten zueinander in Beziehung, während die Renkonen-Zahl die Ermittlung der Dominanz-Identität, d. h. einen Vergleich der relativen Häufigkeiten aller beteiligten Arten in beiden Proben ermöglicht.

Fischfauna

Die Aufstiegsanlagen Oberwallenstadt (Main 1) sowie Marktzeuln und Redwitz/ Unterlangenstadt (Rodach 1 bzw. Rodach 2) wurden unmittelbar im Nachgang zur Makroinvertebratenerhebung ab Juni 2011 beprobt. Alle Anlagen wurden komplett elektrisch abgefischt (EFKA-Elektrofischereigerät mit 1,5 kW; 1 Anode; Fangnetze Maschenweite 4 mm; Befischung watend stromaufwärts). Die ermittelten Fische wurden auf die Art bestimmt und entsprechenden Größenklassen zugeordnet (≤5, 6 bis 10, 11 bis 20, 21 bis 30, 31 bis 40, >40 cm). Die Befischungen fanden bei Basisabflussbedingungen statt.

Die Fischbestände der einzelnen Aufstiegsanlagen wurden untereinander mit Hilfe der Gemeinschaftskoeffizienten nach Soerensen und der Renkonen-Zahl verglichen.

3 Ergebnisse

3.1 Bewertung der Aufstiegsanlagen – Makroinvertebraten

Alle drei Aufstiegsanlagen wiesen hohe, natürlichen Gewässern vergleichbare Artenzahlen auf, wobei die Anlage bei Marktzeuln aufgrund der Kürze und des hohen Gefälles erwartungsgemäß am wenigsten gut abschnitt. Das galt auch für die Ökologische Zustandsklasse, die dort nur unbefriedigend, bei den beiden anderen Anlagen hingegen mäßig war (**Tabelle 2**). Der deutsche Fauna-Index als direkte biologische Widerspiegelung der Gewässerstruktur zeigte nur unbefriedigen-

Tab. 2: Ökologische, makroinvertebratengestützte Bewertung von FAA am Obermain und an der Rodach; die Gerinne wurden für die Bewertung als Fließgewässerstrecken behandelt

	Main	Rodach 1	Rodach 2
FG-Typ	9.2	9	9
Taxazahl	67	47	58
Ökologische Zustandsklasse (ASTERICS)	mäßig	unbefriedigend	mäßig
Teilmodul Saprobie	gut	gut	gut
Saprobienindex	2,02	1,99	1,94
Teilmodul Allgemeine Degradation	mäßig	unbefriedigend	mäßig
Fauna-Index	-0,167 (unbefriedigend)	-0,506 (schlecht)	0,13 (unbefriedigend)
EPTCBO-Artenzahl	43 (sehr gut)	30 (gut)	41 (sehr gut)
% metarhithral	17,7 (gut)	25,1 (gut)	25,1 (gut)
% EPT	40,4 (mäßig)	56,5 (gut)	57,6 (gut)
Teilmodul Versauerung	nicht relevant	nicht relevant	nicht relevant
Rheoindex (mit Abundanzklassen)	0,59	0,63	0,70
Gefährdete/geschützte Arten Anzahl RL D 1/2/3 Anzahl RL BY 1/2/3	 -/1/3 -/-/1	 -/-/2 -/-/-	 -/2/3 -/2/1

de bis schlechte Werte. Dies ist auch nicht verwunderlich, sind doch Aufstiegsanlagen trotz angestrebter Naturnähe weiterhin künstliche Anlagen, die nur in begrenztem Umfang eine naturnahe Biozönose entwickeln können. Aufgewertet wurde die Zustandsklasse hingegen durch die Zahl der EPTCBO-Arten, deren Bewertung gut bzw. sogar sehr gut ausfiel. Insbesondere rheophile Köcher-, Stein- und Eintagsfliegen fanden sich in den Anlagen in hohen Artenzahlen und Abundanzen, was durch einen hohen Rheo-Index ausgedrückt wird. Die Werte dieses Indexes, der bei diesem Gewässertyp nicht in die Bewertung der ökologischen Zustandsklasse eingeht, lagen deutlich über 0,5. Es fanden sich aber auch strömungsindifferente und limnophile Arten, was sehr für die ökologische Wirksamkeit der Anlagen spricht. Sie bieten auch wenig an die Strömung angepassten Arten temporäre Lebensmöglichkeiten und damit vermutlich auch die Möglichkeit zur Passage.

Die Rote-Liste-Bewertung der Aufstiegsanlagen führte erwartungsgemäß zu keinen besonderen Befunden: Um schutzwürdige Arten und Lebensgemeinschaften zu beherbergen, sind die Anlagen zu klein. Verbessert wird die RL-Bewertung v. a. durch Einzelfunde der stark gefährdeten Libellenarten *Onychogomphus forcipatus* und *Gomphus vulgatissimus.*

3.2 Vergleich der Aufstiegsanlagen mit den Gewässerabschnitten – Makroinvertebraten

Erwartungsgemäß waren die Artenzahlen in den Gewässerabschnitten höher als in den Anlagen. Allerdings waren die Unterschiede zwischen den Anlagen und renaturierten Abschnitten nicht sehr groß (**Tabellen 2 bis 4**). Unter Verwendung der Ähnlichkeitsindices lässt sich diese Aussage quantifizieren: Der Soerensen-Index lag durchweg bei 53 % und damit im sehr guten Bereich, der Renkonen-Index zwischen 44 und 53 % und damit im guten bis sehr guten Bereich [5]. Hilfreich ist auch ein Blick auf die Einzelindices der Ökologischen Zustandsklasse: Sowohl bei dem Prozentsatz der EPT-Arten als auch bei der Zahl

Tab. 3: Ökologische, makroinvertebratengestützte Bewertung verschiedener Abschnitte der Rodach; die beiden Abschnitte unterhalb von Marktzeuln lagen auch unterhalb der FAA

	Rodach unterhalb FAA Rodach 1, nicht renaturiert	Rodach unterhalb Kläranlage, renaturiert	Rodach oh Mündung, renaturiert
FG-Typ	9	9	9
Taxazahl	60	67	80
Ökologische Zustandsklasse (ASTERICS)	gut	mäßig	mäßig
Teilmodul Saprobie	gut	gut	gut
Saprobienindex	1,87	1,91	1,89
Teilmodul Allgemeine Degradation	gut	mäßig	mäßig
Fauna-Index	0,308 (mäßig)	-0,225 (schlecht)	0,193 (mäßig)
EPTCBO-Artenzahl	43 (sehr gut)	54 (sehr gut)	59 (sehr gut)
% metarhithral	23,9 (mäßig)	21,0 (mäßig)	21,9 (mäßig)
% EPT	60,15 (gut)	61,04 (gut)	56,67 (gut)
Teilmodul Versauerung	nicht relevant	nicht relevant	nicht relevant
Rheoindex (mit Abundanzklassen)	0,75	0,71	0,72
Gefährdete/geschützte Arten Anzahl RL D 1/2/3 Anzahl RL BY 1/2/3	 -/1/5 -/1/3	 -/1/4 -/1/1	 -/1/2 -/1/1

Tab. 4: Ökologische, makroinvertebratengestütze Bewertung eines renaturierten und eines nicht-renaturierten Abschnittes des Obermains bei Zapfendorf; beide Abschnitte sind unterhalb der Aufstiegsanlage Lichtenfels gelegen

	Main nicht renaturiert	Main renaturiert
FG-Typ	9.2	9.2
Taxazahl	67	106
Ökologische Zustandsklasse (ASTERICS)	mäßig	mäßig
Teilmodul Saprobie	gut	gut
Saprobienindex	2,05	1,98
Teilmodul Allgemeine Degradation	mäßig	mäßig
Fauna-Index	-0,242 (unbefriedigend)	-0,055 (unbefriedigend)
EPTCBO-Artenzahl	44 (sehr gut)	75 (sehr gut)
% metarhithral	13,6 (mäßig)	14,6 (mäßig)
% EPT	43,87 (gut)	50,4 (sehr gut)
Teilmodul Versauerung	nicht relevant	nicht relevant
Rheoindex (mit Abundanzklassen)	0,62	0,57
Gefährdete/geschützte Arten Anzahl RL D 1/2/3 Anzahl RL BY 1/2/3	 -/2/5 -/-/6	 -/4/7 -/3/9

der EPTCBO-Arten schnitten – bis auf eine Ausnahme – sowohl die Gewässerabschnitte als auch die Gerinne gut bis sehr gut ab. Die Gerinne werden also von den überwiegend ökologisch anspruchsvollen Organismengruppen der Eintags-, Stein- und Köcherfliegen sowie der Käfer, Muscheln und Libellen gut als Lebens- und wahrscheinlich auch Wanderraum angenommen.

3.3 Bewertung der Aufstiegsanlagen – Fischfauna

In den FAA konnten maximal 14 Fischarten nachgewiesen werden (**Tabelle 5**). Vom Main zur Rodach nahm die Artenzahl sukzessive ab. Absolut wurden 1 283 Fische aller Altersklassen im Rahmen der Bewertung ermittelt und bestimmt. Die absoluten Gesamtfänge nahmen mit der Lauflänge der Anlagen zu (Rodach 2: 117 Individuen, Rodach 1: 363 Individuen, Main: 803 Individuen). Das zu Bewertung und Vergleich eingesetzte semiquantitative Fangmaß (Gesamtfang je 50 m Lauflänge bzw. Gesamtfang der Jungfische je 50 m Lauflänge) zeigte jedoch, dass sich der Gesamtfischbestand vom Main in die Rodach stromauf um bis zu 17 % verringerte (Rodach 2).

Bei den Jungfischen wurden an der FAA in Marktzeuln, dem Einstieg zur Erschließung der Rodach vom Main aus, deutlich weniger Jungfische nachgewiesen. Der relative Anteil der Jungfischfraktion war 7 % und damit ca. 10 % geringer als in den anderen Anlagen. Es wurden nur Jungfische der Fischarten Flussbarsch und Döbel nachgewiesen. Im Main und flussauf in der Rodach bei Unterlangenstadt wurden hingegen von jeweils 7 Fischarten Jungfische erfasst (Barbe, Flussbarsch, Döbel, Gründling, Hasel, Rotauge, Schmerle).

Den Gesamtfang dominierten in allen FAA die rheophilen Fischarten Hasel, Gründling und Döbel. Das indifferente Rotauge war zusätzlich in den FAA mit Gefälleneigung unter 1 % stark vertreten (Oberwallenstadt und Unterlangenstadt). Äsche und Bachforelle nahmen mit zunehmendem Rhithralcharakter der Rodach aufwärts zu, die Nachweise der Barbe ab.

Bei den Jungfischfraktionen zeigten sich deutlichere Unterschiede der Artzusammensetzung zwischen den einzelnen FAA. Am Main bestimmten Rotauge und die rheophilen Arten Hasel, Döbel und Barbe den Bestand, während in

Marktzeuln ausschließlich Döbel und Flussbarsch nachgewiesen werden konnten. Rodach aufwärts in Unterlangenstadt dominierten die rheophilen Arten Gründling, Hasel und Barbe zusammen mit dem Rotauge den Jungfischbestand. Von allen Fischarten wies im relativen Durchschnitt die Barbe den höchsten Jungfischanteil am festgestellten Gesamtfischbestand auf (28 %). Am ausgeprägtesten war dies mit 67 % in der FAA Redwitz (Rodach 2). Aufgrund der eingesetzten Fangtechnik wurde der Jungfischbestand der bodenorientierten Fischarten wie Gründling und Schmerle methodisch unterschätzt.

Ein Vergleich der FAA untereinander zeigte eine sehr hohe Ähnlichkeit zwischen den Anlagen Main und Rodach 2 (**Tabelle 6**). Dies traf sowohl auf das Arteninventar (Soerensen-Index) als auch auf die Dominanzverhältnisse (Renkonen-Zahl) zu, unabhängig ob der Gesamt- oder der Jungfischbestand betrachtet wurde. Die Anlage Marktzeuln fällt bei beiden Bewertungskomponenten deutlich zurück. Entsprechendes galt für den Vergleich mit der Flussrenaturierung Rodach, etwa 2 000 m flussaufwärts der Anlage Redwitz.

Die im Vergleich deutlich geringeren Variationskoeffizienten der Anlage Rodach 1 wiesen auf eine strukturelle Gleichförmigkeit im dortigen Beckenpass hin, während die Umgehungsbäche am Main und Rodach 2 Gewässerstrecken mit hoher struktureller Vielfalt waren (Variationskoeffizienten Breite: Main 1 = 34,4, Rodach 1 = 10,3, Rodach 2 = 16,3; Tiefe: Main 1 = 81,2, Rodach 1 = 16,8, Rodach 2 = 66,9).

Um eine ausreichend große Stichprobengröße für die Bewertung der Gewässerstruktur zu erhalten (n = 6) wurden die einzelnen Variations-

Tab. 5: Die Fischbestände (Gesamtfang und Jungfischbestand / 0+ Fraktion) an den FAA Main (Oberwallenstadt), Rodach 1 (Marktzeuln) und Rodach 2 (Redwitz) standardisiert auf eine semiquantitative Fangeinheit (CPUE je 50 m Lauflänge)

Fischart			Gesamtfang (CPUE/50m)			0+-Fraktion (CPUE/50m)		
			Main 1	Rodach 1	Rodach 2	Main	Rodach 1	Rodach 2
1	Aal	*Anguilla anguilla*	2,0	0,7	-	-	-	-
2	Aland, Nerfling	*Leuciscus idus*	0,3	-	-	-	-	-
3	Äsche	*Thymallus thymallus*	0,2	-	0,6	-	-	-
4	Bachforelle	*Salmo trutta*	0,9	-	2,2	-	-	-
5	Barbe	*Barbus barbus*	4,5	6,7	0,6	0,8	-	0,4
6	Barsch, Flussbarsch	*Perca fluviatilis*	7,1	4,7	3,2	0,8	2,7	0,2
7	Döbel, Aitel	*Leuciscus cephalus*	10,2	16,0	5,6	1,1	2,7	0,2
8	Gründling	*Gobio gobio*	14,3	5,3	15,2	0,5	-	6,6
9	Hasel	*Leuciscus leuciscus*	29,0	16,0	28,2	4,3	-	4,6
10	Quappe, Rutte	*Lota lota*	0,2	2,0	0,6	-	-	-
11	Rapfen	*Aspius aspius*	0,1	-	-	-	-	-
12	Rotauge, Plötze	*Rutilus rutilus*	15,8	6,7	10,2	6,5	-	0,4
13	Schmerle	*Barbatula barbatula*	1,2	6,0	3,4	0,1	-	0,2
14	Ukelei, Laube	*Alburnus alburnus*	1,5	14,0	2,8	-	-	-
	Summe		87,3	78,0	72,6	14,1	5,3	12,6

Tab. 6: Vergleich zwischen den einzelnen FAA Main (M), Rodach 1 (R1) und Rodach 2 (R2) und jeweiliger Vergleich mit einem renaturierten Flussbereich an der Rodach (Renat., 2 000 m oberhalb von R2) mit Hilfe von Ähnlichkeitsindizes

	Soerensen-Index [%]		Renkonen-Index [%]	
	Adultbestand	Jungfischbestand	Adultbestand	Jungfischbestand
M/R1	83,3	44,4	63,3	13,1
R1/R2	85,7	44,4	61,3	3,2
M/R2	88,0	100,0	79,7	45,0
M/Renat.	76,9	75,0	37,0	16,3
R1/Renat.	69,6	36,4	29,9	1,1
R2/Renat.	80,0	87,5	40,7	14,8

koeffizienten zur Breite und Tiefe der drei FAA gemeinsam analysiert (Rangkorrelation nach Spearman). Es zeigte sich, dass eine ausgeprägte Varianz der Gewässerstruktur in Breite und Tiefe stark mit dem Jungfischbestand korrelierte (Rs = 0,64, n = 6).

Beim Makrozoobenthos variierte die Anzahl der nachgewiesenen Artengruppen bzw. die Artenzusammensetzung zwischen den einzelnen FAA am stärksten innerhalb der Rodach (**Tabelle 7**).

Nach Schreckenbach und Zahn [7] kann jeder Artengruppe ein spezifischer Bruttoenergiegehalt zugeordnet werden, der gleichzeitig ein Maß des nutritiven Wertes für die Fische darstellt. Das Spektrum in den Anlagen reichte von wenig nahrhaften Schnauzenschnecken bis hin zu nahrhaften Köcherfliegenlarven. Nachdem methodisch keine direkte quantitative Bewertung möglich war, wurde eine Einschätzung über die Aufteilung in niedrige bzw. hochwertige Nährwertklassen vorgenommen (bis 3,3 MJ/kg bzw. ab 3,9 MJ/kg). Die FAA Rodach 2 konnte sich unter diesem Gesichtspunkt deutlich von den beiden

Tab. 7: Vergleich zwischen der relativen Artenzusammensetzung der einzelnen FAA mit zusätzlicher Angabe des Bruttoenergiegehaltes für die einzelnen Artengruppen nach [7]; es ist zu beachten, dass nicht für alle vorgefundenen Artengruppen eine entsprechende Klassifizierung beim Bruttoenergiegehalt möglich war (O = 72,3 %; M = 77,4 %; R = 82,6 %)

	Bruttoenergiegehalt	Relative Artenzusammensetzung [%]		
	[MJ/kg]	Main 1	Rodach 1	Rodach 2
Schnauzenschnecke *(Bithynia tentaculata)*	1,3	0,5	2,5	1,7
Mückenlarven *(Diptera)*	2,5	11,3	18,1	9,4
Wasserasseln *(Crustacea)*	2,8	1,7	0,8	1,7
Flohkrebse *(Gammariden)*	3,2	17,4	13,3	10,6
Eintagsfliegenlarven *(Ephemeroptera)*	3,9	15,2	21,1	20,7
Schlammfliegenlarven *(Megaloptera)*	3,9	1,7	0	0,5
Schlammröhrenwürmer *(Oligochaeta)*	4,4	0	0	1,7
Libellen *(Odonata)*	4,7	3,3	0	0,01
Köcherfliegenlarven *(Trichoptera)*	6,1	21,2	21,6	36,3

anderen Anlagen abheben. Während dort fast 60 % der Abundanz der hochwertigen Nährwertklasse zugeordnet werden konnten, waren es am Main bzw. Rodach 1 nur jeweils knapp über 40 %.

4 Diskussion

Fließgewässersysteme sind einem starken Nutzungsdruck ausgesetzt und in weiten Bereichen in ihrer Morphologie und Hydrologie erheblich beeinträchtigt. Zusätzliche Probleme sind eine starke Gewässerfragmentierung, oft verbunden mit einer mangelhaften Vernetzung zu Seitengewässern und der Aue. So unterbindet im oberfränkischen Mainsystem nach einer frei durchgängigen Flusstrecke von etwa 40 km zwischen der Regnitzmündung und der Stadt Lichtenfels etwa alle 2,5 km ein Wanderhindernis den freien Zug von Fischen und Makroinvertebraten [8]. Dies führt zu starken Defiziten bei diesen Artengruppen, die Schlüsselpositionen in den aquatischen Lebensgemeinschaften einnehmen. Die Behebung der Durchgängigkeitsprobleme gehört somit auch im oberfränkischen Mainsystem zu den zentralen Maßnahmen der Gewässerrevitalisierung [9].

FAA dienen primär als Wanderkorridore für Fische, ihre Gestaltung muss jedoch auch den wirbellosen aquatischen Organismen ein Durchwandern ermöglichen. Mit dem Merkblatt DWA-M 509 [10] und dem Praxisleitfaden Fischaufstiegsanlagen Bayern [11] liegen Regelwerke für die Gestaltung von FAA vor. Mit deren Hilfe und unter Abgleich mit dem standortspezifischen fischereilichen Spezialwissen können anhand der natürlichen Fischfauna und der Fließgewässerzonierung Richtwerte für Bau, Gestaltung und Dotation von FAA ermittelt werden. Für die wirbellosen aquatischen Organismen wird bis dato nur auf die Notwendigkeit eines durchgehenden, fließgewässertypischen Sohlensubstrats von min. 20 cm Mächtigkeit verwiesen [10]. Ein solches ist in den Anlagen Main und Rodach 2 deutlich, in der Anlage Rodach 1 aber nur teilweise ausgeprägt.

Die untersuchten FAA gehören nach unseren Befunden diesbezüglich zweifellos zu den nützlichen Maßnahmen. Bei den zwei der drei untersuchten Anlagen, die weitgehend naturnahe Strukturen aufweisen, konnte eine recht artenreiche und naturraumtypische MI-Biozönose nachgewiesen werden. Bemerkenswert hoch ist insbesondere die EPTCBO-Artenzahl, welche für den Gewässertyp 9 bzw. 9.2 mit wertgebend ist, obwohl der Fauna-Index im ASTERICS-Verfahren höher gewichtet wird. Aufgrund der wenig naturnahen Gewässerstrukturen (v. a. hohe Wassertiefe) jeweils oberhalb der untersuchten Anlagen ist auch nicht davon auszugehen, dass die Invertebraten einfach nur in sie hinein verdriftet wurden, vielfach scheinen sie gezielt aufwärts zu wandern und sich zumindest in den FAA Redwitz und Oberwallenstadt auch zu reproduzieren.

Von den insgesamt 14 nachgewiesenen Fischarten in den FAA waren mit Ausnahme des Rapfens alle dem autochthonen Fischbestand des oberen Mainsystems zuzuordnen. Es wurden damit 39 % der ursprünglichen Fischfauna erfasst (Referenz-Fischzönose nach Schubert [12]).

Nach der RL Deutschland wurden mit Aal, Äsche und Rutte drei Fischarten einer nationalen Gefährdungskategorie zugeordnet [13], für die regionale Situation Nordbayerns waren es sogar 7 Fischarten (zusätzlich Aland, Bachforelle, Barbe und Rapfen). Insgesamt 4 Arten (28 %) wurden als typische Wanderfischarten charakterisiert. Die ursprünglich in der Hyporhithral- und Epipotamalregion des oberen Mainsystems vorkommenden Mitteldistanzwanderer Barbe und Rutte wurden durch den Rapfen ergänzt. Es fehlte die Nase (*Chondrostoma nasus*). Als Langdistanzwanderer wurde rezent nur der Aal nachgewiesen.

Für die drei untersuchten FAA konnte eine differenzierte Bewertung vorgenommen werden. Berücksichtigt man eine charakteristische Abnahme der Fischbestände flussaufwärts (Fischzönose, Produktivität der Gewässer, Größe des Einzugsgebietes, s. Speierl [4]), lagen die Gesamtdichten der drei untersuchten Anlagen in einem vergleichbaren Bereich. Bei den Jungfischbeständen zeigten sich deutliche Unterschiede zwischen den zwei FAA-Typen. In den Umgehungsgewässern (Main und Rodach 2) wurden wesentlich höhere Artenzahlen und Bestandsdichten erreicht als im Tümpel-Beckenpass (Marktzeuln/Rodach 1), der eine deutlich höhere Fließgeschwindigkeit aber auch eine kleinere Grundfläche aufweist. Der Typ

Umgehungsgewässer zeigte in sich ein konsistentes Bild bei Artenspektrum und Dominanzverhältnissen (Tabelle 6). Die Fischfauna der Umgehungsgewässer hatte überdies eine starke Ähnlichkeit mit einer erfassten Flussstrecke im Rodachoberlauf. Bei den Dominanzverhältnissen war zu berücksichtigen, dass durch die Oberlaufsituation in der renaturierten Flussstrecke Salmoniden (Bachforelle und Äsche) dominierten, wodurch die Renkonen-Zahl an Bewertungskraft verlor. Im relativen Vergleich lagen jedoch die Jungfischnachweise in den Umgehungsgewässern mit ca. 16 % sehr nahe an den ermittelten 21 % für die renaturierte Rodachstrecke. Für Jungfischbestände in Haupt- und Seitengewässern des oberfränkischen Mainsystems konnte bereits ein signifikanter Zusammenhang zwischen den Gewässerparametern Breiten- bzw. Tiefenvariabilität ermittelt werden [4].

Die Durchwanderbarkeit der einzelnen FAA war ebenfalls unterschiedlich zu bewerten. Artaufkommen und Dominanzverteilung im Umgehungsgewässer am Main waren weitgehend vergleichbar mit den Langzeiterhebungen 2005/2006 (kontinuierliche Reusenfänge und E-Befischungen im Frühjahr und Sommer [14]), die bereits kurz nach der Eröffnung die Anlage als effektiven Wanderkorridor charakterisierten. 2011 wurden jedoch erstmals Jungfische der Barbe nachgewiesen. Nachdem in den jeweiligen Unter- und Oberwasserstrecken des Mains keine geeigneten Kieslaichplätze vorkamen, erfüllte das Umgehungsgewässer auch die Schlüsselhabitatfunktion als Laichgewässer. Dies zeigt, dass sich die Besiedlung und die funktionale Erschließung revitalisierter Lebensräume durch Fische über einen längeren Zeitraum hinziehen kann [4], [5].

Für das Umgehungsgewässer Rodach 2 lagen keine umfassenden Langzeiterhebungen wie am Main vor. Aufgrund der ermittelten Befischungsdaten und der großen Ähnlichkeiten bei den hydrologisch-wasserbaulichen Kenndaten (Tabelle 1) wurde das Umgehungsgewässer aber als ähnlich effektiv wie die Anlage am Main eingeschätzt.

Defizite zeigten sich beim Tümpel-Beckenpass, der mit durchschnittlich 3 % Gefälle im Grenzbereich der aktuellen Richtlinienvorgaben [10], [11] lag. Die bauliche Umsetzung führte in den ausstiegsnahen Becken des Tümpel-Beckenpasses zu erhöhten Gefälleabschnitten. Die Folge in diesem Bereich waren zu hohe Wasserspiegeldifferenzen zwischen den Becken sowie für Klein- und Jungfische deutlich überhöhte Strömungsgeschwindigkeiten und Turbulenzen in den Durchlässen (1,3 bis 1,8 m/sec). Es muss seitens der Autoren angemerkt werden, dass in den seltensten Fällen die wasserbaulichen Vorgaben bei der baulichen Umsetzung stets präzise eingehalten werden. Aufgrund der hydrologischen Situation war die Durchwanderbarkeit der Anlage als eingeschränkt zu bewerten.

Der Vergleich der drei FAA zeigt deutlich, dass sich die Gewässerstruktur förderlich auf das Fischnährtieraufkommen in den Umgehungsgewässern auswirkt, wodurch den einzelnen Entwicklungsstadien bei den Jungfischen und den adulten Fischbeständen hochwertige Weidegründe zur Verfügung stehen. Die hydrologisch-morphologischen Bedingungen schränken die Erschließung des Tümpel-Beckenpasses als durchaus hochwertigen Weidegrund für Fische (Tabelle 7) ebenfalls ein.

Wie die untersuchten Beispiele zeigten, kann bei FAA insbesondere der Typ Umgehungsgewässer über die originäre Funktion als Wanderkorridor hinaus einen geeigneten Lebensraum darstellen, in dem die Fische ihren Nährtieren folgen. Ausschlaggebend sind hierbei die Kenngrößen Breiten- und Tiefenvarianz, Gefälle bzw. Lauflänge und Strömungsgeschwindigkeit.

Autoren

Prof. Dr. Volker Lüderitz
Dr. Uta Langheinrich
Dipl.-Ing. Michael Seidel
Hochschule Magdeburg-Stendal
Breitscheidstr. 2, 39114 Magdeburg
Volker.Luederitz@hs-magdeburg.de
Uta.Langheinrich@hs-magdeburg.de
Michael.Seidel@hs-magdeburg.de

Dr. Thomas Speierl
Bezirk Oberfranken – Fachberatung für Fischerei
Ludwigstr. 20, 95444 Bayreuth
Thomas.Speierl@bezirk-oberfranken.de

Literatur

[1] Adam, B.; Schwevers, U.; Kolf, R.: Zum Sinngehalt von Funktionskontrollen an Fischaufstiegsanlagen. In: WasserWirtschaft 97 (2007), Heft 1-2, S. 42-46.
[2] Adam, B.; Schwevers, U.: Fischaufstiegsanlagen als Wanderhilfen für aquatische Wirbellose, In: Natur und Landschaft 73(1998), S. 251-255.
[3] Adam, B.; Faller, M.; Gischkat, S.; Hufgard, H.; Löwenberg, S.; Mast, N.: Ergebnisse nach einem Jahr fischökologischen Monitorings am Doppelschlitzpass Geesthacht. In: WasserWirtschaft 102 (2012), Heft 4, S. 49-57.
[4] Speierl, T.: Die fischökologische Funktionalität von Fließgewässerrenaturierungen im oberfränkischen Mainsystem. Göttingen: Cuvillier Verlag, 2007.
[5] Lüderitz, V.; Speierl, T.; Langheinrich, U.; Völkl, W.; Gersberg, R. M.: Restoration of the Upper Main and Rodach rivers – The success and its measurement. In: Ecol. Eng. 37 (2011), S. 2044-2055.
[6] Utzinger, J.; Roth, P.; Peter, A.: Effects of environmental parameters on the distribution of bullhead Cottus gobio with particular consideration of the effects of obstructions. In: J. Appl. Ecol. 35 (1998), S. 882-892.
[7] Schreckenbach, K.; Zahn, S.: Quantitative und qualitative Beurteilung von Bodenproben (Fischnährtiere, Zoobenthon). In: AFZ-Fischwaid (1997), Nr. 3, S. 16-19.
[8] Strohmeier, P.: Analyse der biologischen Durchgängigkeit des oberfränkischen Mains und seiner wichtigsten Nebenflüsse: Istzustand-Umsetzung-Zukunftsperspektiven. Bezirksfischereiverband Oberfranken e. V., Bayreuth, 1998.
[9] Speierl, T.: Die Gefährdung der Fischfauna in Oberfranken. In: Klupp, R. (Hrsg.): Fischartenatlas Oberfranken – Eine Beschreibung aller in Oberfranken vorkommenden Fisch-, Krebs- und Muschelarten mit Darstellung ihrer Verbreitungsgebiete sowie der Gefährdungsursachen. Bezirk Oberfranken, Bayreuth (2009), S. 298-326.
[10] DWA (Hrsg.): Fischaufstiegsanlagen und fischpassierbare Querbauwerke – Gestaltung, Bemessung, Qualitätssicherung. In: DWA-Merkblätter (2010), Nr. M 509 (Entwurf).
[11] Bayerisches Landesamt für Umwelt (Hrsg.): Praxishandbuch Fischaufstiegsanlagen in Bayern. 2012.
[12] Schubert, M.: Fischfaunistische Referenzen bayerischer Fließgewässer zur Umsetzung der EU-Wasserrahmenrichtlinie. LfL Bayern, Institut für Fischerei, Starnberg, 2009.
[13] Freyhof, J.: Rote Liste der im Süßwasser reproduzierenden Neunaugen und Fische (Cyclostomata & Pisces). 5. Fassung. Bundesamt für Naturschutz, Bonn, 70 (2009), Nr. 1, S. 291-316.
[14] Schlegel, C.; Speierl, T.; Völkl, W.; Hoffmann, K. H.; Klupp, R.: Nutzung von Umgehungsgerinnen am oberfränkischen Main. In: Fischer und Teichwirt (2008), Nr. 8, S. 210-213.

Volker Lüderitz, Thomas Speierl, Uta Langheinrich and Michael Seidel

Suitability of Fish Ladders in the Upper Main and Rodach Rivers as Habitats and Migration Support for Fishes and Macroinvertebrates

At the Upper Main and Rodach rivers, large-scale restoration measures were implemented successfully during the last 20 years. Nevertheless, the river continuum is adversely affected by several crosswise buildings. Thus, three fish ladders were constructed either as nearly natural river sections or as pond-basin-pass. This study assesses the function ability of the fish ladders with regard to the mobility of fishes and to the habitat function and movement corridor for aquatic macroinvertebrates. The nearly natural sections are accepted by all resident fish species and by invertebrates, too. With regard to the settlement with this group of organisms, the fish ladders are comparable with natural river sections. This result is remarkable due to the little natural status of the rivers Main and Rodach directly upstream and downstream of the fish ladders. In contrary to the constructed river sections, the pond-basin-pass has deficits. It is not accepted by all fish species to the same degree and the assessment by means of macroinvertebrates only gets the degree „poor".

Фолькер Людеритц, Томас Шпайерль, Ута Лангхайнрих и Михаэль Зайдель

Пригодность рыбоподъемных сооружений на реках Обермайн (Obermain) и Родах (Rodach) в качестве жизненного пространства и вспомогательные устройства для миграции рыб и макробеспозвоночных

На реках Обермайн (Obermain) и Родах (Rodach) в Верхней Франконии в течение последних 20 лет были проведены обширные и, с точки зрения экологии, успешные мероприятия по ренатурализации. Однако, так как континуальная среда проточных водоемов между ренатурализованными участками тем не менее подвергается негативному воздействию многочисленных поперечных сооружений, рыбоподъемные сооружения были построены в форме 2-х обходных каналов и перехода прудово-бассейнового типа. В данной статье рассматривается эффективность этих установок для подъема рыбы, а также вопросы их пригодности в качестве жизненного пространства и миграционного коридора для макробеспозвоночных. Естественно оформленные обходные каналы хорошо воспринимаются как всеми обычными видами рыб, так и водными макробеспозвоночными. В отношении заселения беспозвоночными их можно сравнить с природными участками проточных водоемов, что примечательно хотя бы потому, так как расположенные непосредственно выше и ниже сооружений речные участки весьма далеки от природы. Исследования, проведенные на переходе прудово-бассейнового типа, показали худшие результаты. Такой переход воспринимается неодинаково различными видами рыб и «оценивается» неудовлетворительно такими представителями фауны как макробеспозвоночные.

Manfred Holzner, Georg Loy, Hans Michael Schober, Ralf Schindlmayr und Christoph Stein

Vorgehensweise zur Entwicklung von populationsunterstützenden Maßnahmen für die Fischarten am Inn in Oberbayern

Im Rahmen einer Vereinbarung mit dem Bayerischen Staatsministerium für Umwelt und Gesundheit wurden seit 2011 umfangreiche ökologische Maßnahmen auch mit dem Ziel der Förderung und des Schutzes von Fischpopulationen umgesetzt. Ausgehend vom Leitbild eines ursprünglichen Inns mit seinen Fischarten, den Randbedingungen, aus den über die Jahrhunderte durchgeführten anthropogenen Veränderungen und dem erkennbaren Potenzial der noch vorhandenen Strukturen wurden Konzepte entwickelt, um Habitate für alle Lebensstadien der am Inn heimischen Fischarten anbieten zu können. Die Maßnahmen konnten durch einen intensiven Dialogprozess mit allen Beteiligten durch den Wasserkraftbetreiber im Gewässerunterhalt ausgeführt werden.

1 Veranlassung

Verbund, Österreichs führendes Stromunternehmen und Betreiber der bayerischen Innkraftwerke, hat seit 2011 mit umfangreichen ökologischen Verbesserungsmaßnahmen in den Staugebieten am Inn begonnen. Grundlage dafür ist eine Vereinbarung zwischen der Verbund Innkraftwerke GmbH und dem Bayerischen Staatsministerium für Umwelt und Gesundheit, welche im Rahmen von Verhandlungen zu einer wasserrechtlichen Gestattung eine mehrjährige Partnerschaft vorgibt. Im Rahmen einer wasserrechtlichen Bewilligung wurde zwischen dem Freistaat Bayern und der Verbund Innkraftwerke GmbH eine Vereinbarung geschlossen, die für die kommenden zehn Jahre umfassende Verbesserungen des Naturraumes am Inn vorsieht. Diese umfasst unter anderem ökologische Maßnahmen im und am Gewässer sowie Unterstützungen bei Inn-relevanten Infrastruktureinrichtungen in einem Gesamtumfang von rund 10 Mio. Euro. Weitere ca. 10 Mio. Euro werden durch die Verbund Innkraftwerke GmbH zur Herstellung der ökologischen Durchgängigkeit an den Staustufen Rosenheim bis Stammham vorgezogen umgesetzt. Ziel ist es, das vielfältige und artenreiche „Öko-System Inn“ zu erhalten, zu fördern und zu verbessern. Dazu gehört die Schaffung, Erhaltung und Förderung von Lebensraum für die Fischfauna, um zielgerichtet Maßnahmen zum nachhaltigen Erhalt der Fischpopulation umzusetzen.

2 Zusammenarbeit mit allen Beteiligten

Im Vorfeld zur Identifizierung von möglichen Maßnahmen wurden intensive Befahrungen mit den Fischereivereinen, Ortskennern sowie mit den Fachplanern (Fischerei, Landschaftsplaner, Ökologie etc.) durchgeführt. Die Planung zu den jeweiligen beabsichtigten Maßnahmen wurde in den sogenannten „Großen Runden“ vorgestellt. Diese Runde, bestehend aus Verbänden, Ortsgruppen von Verbänden, Bezirksfachberatung für Fischerei, ortsansässigen Fischereivereinen und den im Planungsprozess zuständigen Behörden, wie Wasserwirtschaftsämtern, Regierung von Oberbayern (Naturschutz), den Landratsämtern mit den zugehörigen Genehmigungsbehörden und unteren Naturschutzbehörden, wurde einbezogen, die jeweiligen Anregungen aufgenommen und in der Planung früh berücksichtigt. Die eingereichten Unterlagen waren naturschutzfachlich umfangreich und mit entsprechend fundierten Erhebungen belegt. Die Umsetzung der Maßnahmen war daher z. B. auf die Zeit außerhalb der Vogelbrutzeit beschränkt.

3 Wasserwirtschaftliche Verhältnisse am Inn

3.1 Abflussverhältnisse (Ursprungszustand)

Das Einzugsgebiet des Inn ist geprägt durch den hochalpinen Charakter des größten Teiles des Einzugsgebietes mit seinem Basiswinterabfluss und den durch Schmelzwässer geprägten Abflüssen des Frühjahrs, die im Sommer durch die hochalpin geprägten Gletscherabflüsse ergänzt werden. Zusätzlich geprägt ist das Abflussverhalten durch die starken Gewitterniederschläge in den z. T. steilen Teileinzugsgebieten mit dem sehr schnellen An- und Abschwellen der Abflüsse, dessen Charakteristik sich auch in den Hochwasserereignissen wiederspiegeln.

Fischökologisch bedeutsam am Inn ist insbesondere das Einsetzen und Abschwellen der Hochwasserphase im Jahresverlauf und deren außergewöhnlich langes Anhalten. Im Frühjahr setzt der Abflussanstieg des Inns üblicherweise Ende März mit einer ersten, geringfügigen Abflusssteigerung ein, wenn in den Voralpen und im vorgeschalteten Hügelland des Voralpenlandes die Schneeschmelze einsetzt. Je nach Witterungsverlauf und Niederschlagseinflüssen folgt dann gegen Mitte April bis Anfang Mai eine weitere, deutlichere Steigerung der Abflüsse, wenn die Schneeschmelze auch die schneereiche Alpenregion erreicht. Dieser zweite Anstieg ist dann auch mit einer erheblichen Trübung des Inns verbunden, während in der ersten Phase üblicherweise noch kein wesentlicher Materialtransport erfolgt. Fischökologisch bedeutsam sind hier die Faktoren Abfluss, Temperatur und Trübung, die sich in dieser Frühjahrsphase auf das Laichgeschehen der meisten vorkommenden Arten direkt oder indirekt auswirken. Im Verlaufe eines Jahresgangs passen sich die genannten Faktoren mehrfach an den tatsächlichen Witterungsverlauf an und üben auf die Fauna im Gewässer erhebliche Einflüsse aus.

3.2 Sedimentfrachten (Ursprungszustand)

Fischökologisch bedeutsam sind hier in erster Linie die grundsätzlich vorhandene Sedimentqualität und deren jahreszeitlich gestaffeltes Auftreten. Im Gewässerbett des Inns dominieren eigentlich Kiese verschiedener Körnungen. Das spiegelt sich auch im Laichverhalten (Beispiele: Kies-/Interstitiallaicher: Leitfischart Äsche; Kies-/Substratlaicher: Leitfischart Nase) der hier vorkommenden Fischarten deutlich wieder. Entscheidend ist einerseits die Stabilität der Kiesstrukturen während der Laich- und Larvalphase sowie andererseits die Umlagerung und damit Erneuerung der Kiesstrukturen während der stärkeren Hochwasserabflüsse im Rahmen der sommerlichen durch Schneeschmelze bzw. Niederschläge bedingten Hochwässer. Der Transport von Sedimenten und insbesondere Feinmaterialien nimmt ursprünglich mit dem Abfluss durch Erosionserscheinungen in der Fläche sowie im Gewässerbett selbst erheblich zu und reduziert sich ebenso bei rückläufigen Abflüssen.

3.3 Strukturelle Gestaltung (Ursprungszustand)

Ursprünglich handelt es sich beim Inn um einen Voralpenfluss des Furkationstyps. Das bedeutet, dass eine ständige Umlagerung von mehreren Abflussgerinnen während der Hochwasserereignisse üblich und normal war. Nur teilweise oder nicht angebundene Altgewässer wurden ständig neu geschaffen und wieder durch den Fluss verlandet, und eine ausgedehnte Überschwemmungszone mit Weich- und peripher Hartholzaue begleitete das Flussbett. Ausnahmen waren hier nur Schlucht- oder Durchbruchstrecken, wie sie am Inn mehrfach auftreten (Bsp. Wasserburg am Inn flussab bis Gars). In diesen Bereichen war natürlicher Weise wohl meist nur ein Gerinnestrang ausgebildet, der auch nur wenige für Fische nutzbare Nebenstrukturen aufwies.

3.4 Nutzungen (Ursprungszustand)

Die gewerbliche Nutzung der reichen Fischbestände am Inn blickt auf eine lange Tradition zurück und wurde erst nach dem 2. Weltkrieg

Schritt für Schritt durch die heutige angelfischereiliche Nutzung ersetzt. Ursprünglich wurden insbesondere die Massenfischarten, wie die Nase, bevorzugt genutzt, weil sie am einfachsten in großen Mengen zu fangen waren. Für die Nase aber auch die Barbe galt dies insbesondere für die Laichfischzüge.

Einfluss nehmend auf die Gewässerstruktur ist auch die Innschifffahrt zu bewerten. Sie wurde als Treidelschifffahrt betrieben, was nach und nach die intensive Bewirtschaftung und Befestigung zumindest einer Uferseite beinhaltete.

Die Wasserkraftnutzung am Inn setzte im Vergleich zu den bereits viel früher umgebauten Nebenflüssen erst deutlich später ein, weil dies ingenieurtechnisch und baulich erheblich anspruchsvoller und hinsichtlich der Finanzierung nur mit sehr hohem Aufwand zu bewältigen war. Zwischen 1. und 2. Weltkrieg entstanden die ersten Kraftwerke am Inn, der aufgrund von Schifffahrt, Landgewinnung und beginnendem Hochwasserschutz zu diesem Zeitpunkt schon weitgehend begradigt und eingedämmt war. Der derzeitige Ausbaugrad des Flusses in Bezug auf die Nutzung der Wasserkraft war im wesentlichen Anfang der 1980er-Jahre erreicht.

Die wesentlichen Veränderungen, wie Begradigung, Festlegung der Ufer mit Landgewinnung, Hochwasserschutzmaßnahmen und kontinuierlicher Verfall der Wasserspiegel- und Grundwasserspiegellagen, waren schon vor dem Staustufenbau gegeben (**Bild 1**). Die Begradigung führte zur funktionalen Trennung der Auen und ihren Nebengerinnen vom kanalisierten Fluss. Die Hochwässer erreichten die Aue und die Auwälder nur noch selten. Die höheren Fließgeschwindigkeiten verstärkten den Geschiebetrieb und die Tiefenerosion im Hauptgerinne. In dieser Phase verschwanden bereits die meisten Nebengerinne, und die Feinsedimentfrachten führte bereits im Uferbereich zu Uferrehnen (bei Hochwasser ufernahe Ablagerungen von Sand), die die Überflutungen der Aue zusätzlich seltener werden ließen.

4 Defizitanalyse

Im begradigten und staugeregelten Fluss mit seinen festgelegten Ufern sowie dem bereits ab Landesgrenze fehlenden Grobgeschiebeeintrag führte zu einer Monostrukturierung und auch bedingt durch das Alter der Staustufen zum Verschwinden von wesentlichen dynamischen Prozessen. Bei Stauerrichtung gab es zum Teil riesige Verlandungsbereiche mit neu entstehenden Inseln, Rinnen und Sukzessionsflächen. Das Hauptthema im „gesellschaftlichen Konsens" beim Staustufenbau und damit die Gründe zur Umgestaltung des Flusses waren bei den ersten Wasserkraftanlagen die Energiegewinnung, die später durch die Themen Landgewinnung, Hochwasser- und Erosionsschutz dominiert wurden. Die Einleitungen durch Industrie, Haushalte sowie Landwirtschaft und damit die Einflüsse auf

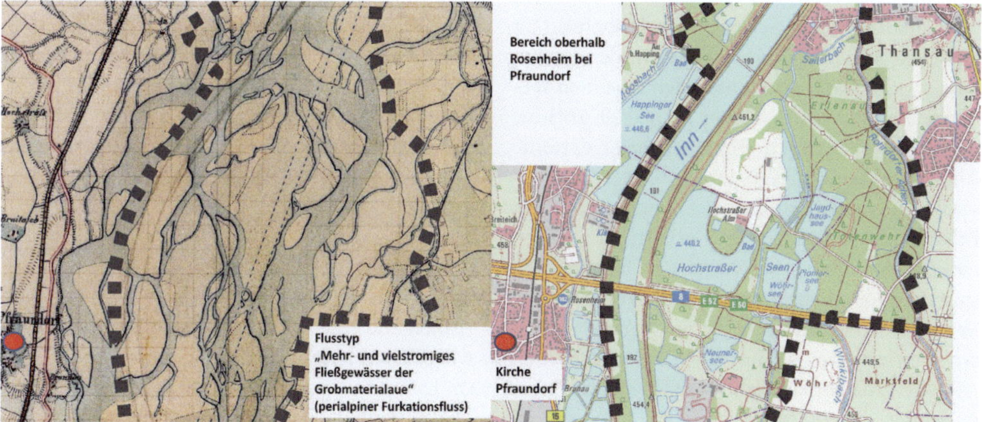

Bild 1: Ursprüngliches Bild des Inn 1850 bei Rosenheim (Pfraundorf) mit eingezeichneter Begradigungstrasse vor den Staustufenbau (rechts) und heute (links)

die Wasserqualität bestimmten ebenso für Jahrzehnte die Habitatqualität, wobei heute deren meist diffuse Wirkung auf die Fischfauna schwer einordenbar ist.

4.1 Abflussgestaltung (Defizite)

In Bezug auf die Entwicklung der Abflussverhältnisse sind für die Fischfauna am Inn mehrere Aspekte anzusprechen. Wie in vielen anderen bayerischen Gewässern ist in den letzten Jahrzehnten durch baubedingte Flächenversiegelung, Begradigung und Drainage in der Landwirtschaft eine Beschleunigung der Hochwasserereignisse zu beobachten, die aber am Inn durch das hochalpine Einzugsgebiet überprägt sind. Für die Gewässerfauna verkürzen sich daher die Reaktionszeiten, die genutzt werden können, um der ungewollten Verdriftung durch das Hochwasserereignis durch Ausweichen in Rückzugsgewässer zu entgehen. Selbiges gilt aber auch für das Abschwellen der Hochwasserwelle, so dass den Fischen im heute veränderten Inn auch deutlich weniger Zeit zur Verfügung steht, um aus den Rückzugs- und Überschwemmungsflächen wieder ins Hauptgewässer zurückzugelangen. Zudem greift die Wasserkrafterzeugung insbesondere durch die Bewirtschaftung der Speicherkraftwerke und Schwellbetrieb im Oberlauf des Inns (Schweiz und Österreich) erkennbar in das Abflussgeschehen auch des bayerischen Inns ein und verändert die natürliche Abflussdynamik. Nicht zuletzt deutet sich an, dass sich die Abflussmengenentwicklung auch mit dem weiteren Abschmelzen der Gletscher verändern wird. Aus einem recht gleichmäßig hohen Schneeschmelzhochwasser zwischen Mai und August wurde in den letzten Jahren ein stark schwankender, aus Schneeschmelze und Niederschlägen gespeister Abfluss, der regelmäßig durch einzelne, meist extreme Abflussspitzen geprägt wurde. Unter den beschriebenen Bedingungen ist von maximalem Lebensraumverlust durch Verdriftung bei den vorkommenden Fischarten auszugehen. Zudem sind die Individuenverluste durch Trockenfallen in Überschwemmungsflächen heute meist schwerwiegender als dies noch bei natürlichen Abflussverhältnissen und vielfältigen funktionierenden Seitenstrukturen in der Aue der Fall war.

4.2 Sedimentfrachten (Defizite)

Aus den ursprünglich am Inn dominanten Kiesfrachten, die das Gewässer vom äußeren Erscheinungsbild und als Lebensraum prägten, wurde mit zunehmender Querverbauung des Gewässers schließlich der Transport auf die auch ursprünglich vorhandenen Feinsedimente reduziert. Der Transport der Kiesfraktionen wird dabei nahezu gänzlich im Oberlauf zurückgehalten. Gletschersande zentralalpiner Herkunft dominieren die Körnungsfraktion. Dieses Material und auch feineres wird in sehr großen Mengen transportiert, so dass über längere Zeiträume hinweg das Wasser trüb ist („Gletschermilch"). In den letzten Jahren fällt hier zusätzlich auf, dass – subjektiv betrachtet – die absolute Menge dieses Materials zunimmt, was sich in teils mehrere Meter hohen Anlandungen nach Hochwasserereignissen zeigt. Als Ursache hierfür kann unter Umständen die zunehmende Mobilisierung von Material angeführt werden, das ursprünglich in Permafrostbereichen und in den Gletscherbereichen der alpinen Einzugsgebiete der Alpenregionen fixiert war, aber auch durch die Stauraumbewirtschaftung in den österreichischen Staustufen. Diese Feinmaterialfrachten führen zu einer sehr schnellen und dauerhaften Kolmation von bestehenden Kiesbänken, die eine Umlagerung nahezu unmöglich macht. Zudem zeigen diese Kiesbänke durch die vorangegangene Tiefenerosion und die damit ausgelösten Abpflasterungseffekte (grobe Deckschicht aus Grobkies) nur noch bei extremen Abflussereignissen Veränderungen. Eine Nutzung solcher Kiesflächen als Laichgebiete für Kies-/Interstitiallaicher fällt fast gänzlich aus, aber auch Kies-/Substratlaicher finden kaum mehr geeignete Kiesbankverhältnisse für abgelegte Eier oder die frisch geschlüpften Larven vor. Eine natürliche Neubildung von frisch umgelagerten Kiesbänken im begradigten Flusslauf findet derzeit kaum mehr statt.

4.3 Strukturelle Gestaltung (Defizite)

Aus einem naturnahen Fluss mit mehreren Gerinnen und einer Vielzahl von angebundenen sowie zeitweilig isolierten Nebenstrukturen wurde im Laufe der Jahrzehnte nicht zuletzt durch die fortschreitende Eintiefung der Sohle ein sehr einheitlich gestaltetes Flussbett ohne strukturelle Vielfalt. Landgewinnung, Schifffahrt und der

Hochwasserschutz haben mit der Zeit das Gewässer so weit eingeengt, dass die heute zusätzlich stattfindende Wasserkraftnutzung erst umsetzbar wurde. An einigen Stellen war eine Querverbauung (Stützkraftstufen) nicht mehr zu umgehen, weil die fortschreitende Sohleneintiefung dazu geführt hatte, dass Grundwasserstände in der Gewässernachbarschaft absackten und sogar massive Auswirkungen auf die landwirtschaftliche Nutzung zu befürchten waren. Der Kontakt zu Nebengewässern der Aue blieb an vielen Stellen abgetrennt, die Vernetzung mit der Aue war auf wenige Areale und nur auf die Phasen starker Hochwasserereignisse beschränkt. Die Gesamtheit der Veränderungen (Begradigung, Eindeichung, Aufstau) hat dem Fluss die Fähigkeit zu dynamischen Prozessen weitgehend entzogen. Das bedeutet, dass durch die Maßnahmen eine Vielzahl von ökologisch wichtigen Strukturen am Fluss sowie im Gewässerbett nachhaltig verloren gingen, die dürftigen Restbestände mit den Jahren alterten und ihre Funktion nach und nach einbüßten. Eine Neuschaffung dieser Strukturen durch den Fluss selbst ist aber aufgrund der fehlenden Gewässerdynamik heute nicht mehr möglich oder zumindest auf sehr kleine Restflächen (Fließstrecken, Unterwasserbereiche) beschränkt.

4.4 Einflüsse Nutzung

Mit der Veränderung der fischereilichen Nutzung von der Berufsfischerei zur Angelfischerei änderte sich auch die grundlegende Bewirtschaftungsweise. Zum ursprünglichen Fischartenspektrum wurden Fischarten, wie die Regenbogenforelle oder der Aal, in den Inn eingeführt. Heute sind Besatzfischwirtschaft und angelfischereiliche Nutzung eng verwoben. Die Pflege und Nutzung der ursprünglichen Fischfauna des Inns tritt dadurch leider oft deutlich in den Hintergrund und gewinnt erst in den letzten Jahren mit der zunehmenden Nachhaltigkeitsdiskussion innerhalb der Fischerei wieder an Bedeutung. Die Fischerei hat heute, bei nachhaltiger Ausführung, einen erheblichen Anteil am Erhalt der natürlichen Innfischbestände. Die Schifffahrt am Inn wurde eingestellt und spielt heute keine gestaltende Rolle mehr. Die Nutzung der Wasserkraft ist am ganzen Inn durchgehend vorhanden und greift v. a. durch den Aufstau und den Betrieb der Turbinen in das Gewässer ein. Mögliche Schadeinflüsse hinsichtlich des Turbinenbetriebes hängen stark von Wander- und Driftbedingungen sowie auch den technischen Voraussetzungen der Anlagen ab. Eine bewertende Diskussion zu diesen Aspekten ist im Gange, aber aufgrund grundlegender fischökologischer Wissensdefizite derzeit nicht abschließbar.

Ein zentraler und zunehmend wichtiger Aspekt wurde aber in den letzten Jahren auch die Erkenntnis, dass es möglich ist, viele für die Gewässerfauna essentielle Strukturelemente im Rahmen des Gewässerunterhaltes zu pflegen, wieder herzustellen oder dort zu ergänzen, wo sie als echtes Defizit erkannt wurden. In begrenztem Maße übernimmt hier nun der Gewässerunterhalter die dynamische Rolle des Gewässers selbst. Dies ist vor allem in den Abschnitten nicht zu umgehen, wo die Erfordernisse des Hochwasserschutzes und der Besiedelung eine echte Kehrtwende zurück unmöglich machen. Im dichtbesiedelten Inneinzugsgebiet sind die räumlichen Möglichkeiten leider an vielen Stellen drastisch beschränkt.

5 Vorstellung der allgemeinen Herangehensweise zur Konzeptentwicklung von Maßnahmen

Der Wasserkraftbetreiber am Inn ist sich seiner Verantwortung für den Naturraum bewusst und setzt bei den gegebenen Randbedingung Maßnahmen für den Erhalt der Fischpopulation um. Wichtig war in diesem Zusammenhang im Zusammenspiel mit den Behörden ein schlagkräftiges Expertenteam zusammenzustellen, das zusammen mit dem Wasserkraftbetreiber, der Erfahrung in der Umsetzung wasserbaulicher Maßnahmen hat, zielgerichtet Maßnahmen umsetzt. Durch den vielerorts vorkommenden Biber und den alpinen Charakter des Flusses findet sich zudem eine große Zahl in das Wasser ragende Tothölzer oder Totholzablagerungen, die den Fischen als Unterstand dienen.

5.1 Erarbeitung Fischhabitatmodelle

Ausgehend von den vorab beschriebenen gewässer- und fischökologischen Rahmenbedingungen am Inn wurde für die drei Staustufen Wasserburg, Teufelsbruck und Gars jeweils ein „Fischhabitatmodell" erarbeitet. Diese Fischhabitatmodelle bilden die fachliche Grundlage für die mittlerweile umgesetzten und künftig populationsfördernden und -erhaltenden Maßnahmen in den jeweiligen Staustufen. Jede Staustufe wurde dabei als abgetrennter Raum betrachtet, in dem durch geeignete populationsfördernde und populationserhaltende Maßnahmen den dort vorkommenden Fischarten bzw. Gilden der gesamte Lebenszyklus gesichert werden soll. Ober- und Unterstromig liegende Staugebiete und damit auch die Frage der Durchgängigkeit der Wehranlagen waren nicht Gegenstand dieser Betrachtung. Diese wird vom Verbund bis 2015 umgesetzt und soll zusätzliche Funktionen v. a. bei der Einbindung von Nebenstrukturen und Gewässerstrukturen (lokale Kiesbänke) liefern.

Als Grundbaustein des Modells wurden die 38 Referenzfischarten des Inns in Gilden mit ähnlichen Habitat-Ansprüchen eingeteilt. Ein grundlegender Aspekt bei der Einteilung sind die unterschiedlichen Ansprüche an den Laichplatz, wobei hier limnophile Haft-/Substratlaicher, rheophile Haftlaicher und rheophile Interstitiallaicher unterschieden wurden. Als weiteres Unterscheidungskriterium gilt die benötigte Habitat-Vielfalt im Lebenszyklus. Für die 3 Staustufen ergaben sich auf diese Weise fünf Fischgilden (**Bild 2**).

Um den Handlungsbedarf aufzuzeigen und geeignete Maßnahmen zu entwickeln, wurden die Habitate und strukturellen Voraussetzungen der einzelnen Staustufen vor Beginn der populationsfördernden und -erhaltenden Maßnahmen analysiert. **Bild 3** zeigt exemplarisch das Ergebnis für den Stauraum Teufelsbruck.

Für die drei Staustufen ergaben sich aus den dominierenden geometrischen und morphologischen Randbedingungen unterschiedliche Maßnahmen- und Umsetzungskonzepte. Alle Staustufen sind im Flussschlauch endverlandet mit dynamischen Sandsohlen, d. h. die Sandablagerung in den Stauräumen führen auch nahe an der Staustufe zu Fließgeschwindigkeiten, die deutlich wahrgenommen werden können. Die Sandsohle passt sich dynamisch über die wirkenden Schubspannungen an die Abflussverhältnisse an.

Nachfolgend werden exemplarisch Umsetzungskonzepte für Teufelsbruck und Wasserburg aufgezeigt.

5.2 Umsetzungskonzepte Stauraum Teufelsbruck

5.2.1 Situationsdarstellung im Stauraum Teufelsbruck

Durch den Schluchtcharakter des Stauraumes Teufelsbruck war das Habitat-Angebot für die Fischfauna im Inn sehr eingeschränkt, aber natürlich so gegeben. Die erosionsgefährdeten steilen Hänge wurden im langjährigen Gewässerun-

Bild 2: Einteilung der Fischgilden (Quelle: Büro Schober 2013)

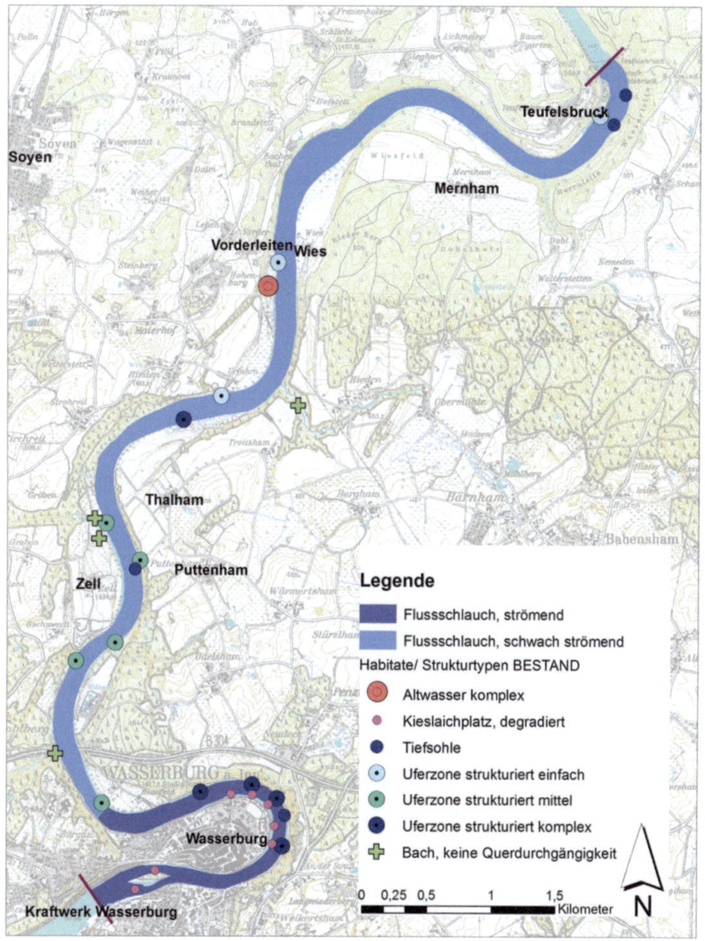

Bild 3: Lageplan mit relevanten Habitatstrukturen vor der Maßnahmenumsetzung

terhalt versteint und befestigt. Da die Eigentümer der Grundstücke selten auf eine Uferversteinung verzichten, aber auch Hangrutschungen zu vehementen Ereignissen führen, ist das Aufgeben einer Befestigung bei derzeit gegebenen Unterhaltsverpflichtungen, nur an wenigen Stellen möglich. Ebenso stellten sich nur an wenigen Stellen nach Stauerrichtung Verlandungszonen mit Altwassercharakter ein. Diese waren aber bis auf wenige Bereiche vollständig verlandet und standen somit den aquatischen Lebewesen nicht mehr zur Verfügung. Überalterte Schilfbestände ohne direkten Wasserkontakt und ohne Überschwemmungszonen dominierten diese Bereiche. Nur der Bereich unterhalb der Staustufe Wasserburg mit der Innschleife und der historischen Stadt Wasserburg siehe (**Bild 4**), hat eine freie Fließstrecke mit wahrnehmbaren, aber meist abgepflasterten und somit kaum umlagerungsfähigen Kiesbänken (Grobkies).

5.2.2 Konzeptentwicklung Teufelsbruck

Die zunehmend kolmatierenden und abgepflasterten Kieslaichplätze um Wasserburg haben zu immer schlechter werdenden Laichbedingungen für rheophile Flussfischarten geführt bzw. waren nicht mehr nutzbar. Da Altgewässer bis auf kleinflächige Restbestände bei Vorderleiten fehlten, war auch das Habitat-Angebot für limnophile Arten im Staugebiet gering. Die Quervernetzung der einmündenden Seitengewässer fehlte bzw. war nur eingeschränkt vorhanden. Aufgrund dieser Analyse wurden bereits umgesetzte Maßnahmen bewertet (z. B. jährliche Laichplatzres-

Bild 4: Durch den Fischereiverein praktiziertes Laichplatzmanagement in der Wasserburger Schleife und am Troitshammer Graben

taurierung durch Kiesauflockerung (Umlagerung bzw. Kieszugabe) in der Innschleife bei Wasserburg für die Äschen-Huchen- und die Nasen-Barben-Gruppe) und zusätzlich erforderliche Maßnahmen erarbeitet.

Wie schon angesprochen gibt es Innbereiche, die aufgrund der Schluchtlage natürlicher Weise nur bedingt und kleinflächig Nebenstrukturen enthalten können. Hier können in neu entstandenen Anlandungsbereichen (artenarmer Schilfbestand ohne Wasserflächen) angebundene Stillgewässer geschaffen werden. Die große Entwicklungslänge nicht oder nur zeitweise angebundene Teilflächen bieten sowohl für die rheophile wie auch die stagnophile Fischfauna eine erhebliche Erweiterung des Lebensraumangebotes. Der Schwerpunkt wurde auf eine reichhaltige Strukturierung gelegt, die in erster Linie ein breites Angebot von Temperaturnischen für die Gewässerfauna sicherstellt. Hierbei sind dem Inn nahe Bereiche entsprechend dem Temperaturregime des Inns sehr kühl, während entfernte Bereiche sich deutlich stärker erwärmen. Nicht oder nur zeitweise angebundene Bereiche erweitern dieses Angebot noch zusätzlich zum wärmeren Ende hin. Auch dienen die Strukturen sowohl als Laichplatz für limnophile Fischarten, Aufwuchs-, Nahrungs- und Hochwasserrückzugshabitate für alle Fischgrößen und -arten und auch als Winterruhestätte (–2,0 m tief) für die vorkommenden Fischbestände.

5.3 Konzeptentwicklung Wasserburg

5.3.1 Situationsdarstellung im Stauraum Wasserburg

Die Staustufe Wasserburg wurde 1938 in Betrieb genommen. Hierzu erfolgte in dem bereits begradigen und eingedämmten Innabschnitt eine Anhebung des Wasserspiegels um ca. 6 m. Im wehrnahen Bereich wurde eine Überflutung der vorherigen auch landwirtschaftlich genutzten Auenlagen in Kauf genommen, da man auf aufwändige Bedeichungen verzichtete oder bis an die begleitenden Hangkanten staute. Hier breiten sich heute weitläufige lagunenartige Stillgewässer (sog. Lacken, keine eigentlichen Altgewässer) in größeren Röhrichtbeständen aus. Einzelne Stillgewässer sind über schmale Verbindungsgewässer an den Inn angebunden, andere infolge der seit Jahrzehnten ungebremsten biogenen Verlandung, insbesondere durch Schilfwachstum, vom Hauptfluss isoliert. Luftbilder zeigen, dass bis in die 1970er-Jahre hinein im Stauraum Wasserburg eine fluviatile Auflandungen von Sandbänken und eine Sukzession mit schütterer Vegetation stattgefunden hat. Diese Prozesse sind seither vollständig zum Erliegen gekommen, auf den damals freien Anlandungen breiten sich heute Weidengebüsche aus. Die ursprüngliche Bedeutung des Stauraums für Brut- oder Zugvorkommen für Watvögel ist demnach sehr stark reduziert.

Die Stauwurzel reicht in dem gefällereichen Fluss einige Kilometer zurück. Die oberstrom liegende Staustufe Feldkirchen wurde erst 1970 in Betrieb genommen. Zwischen dieser Stufe und der Stauwurzel der Stufe Wasserburg liegen

Tab. 1: Bereiche und Umsetzungskonzepte im Staugebiet Wasserburg

	Wehrnaher Abschnitt Laufberuhigt, limnische Systeme	**Übergangsbereich** Stauwurzel, gemäßigte/ überströmte Systeme	**Restfließstrecke (Unterwasser der nächsten Stufe)** Wehrferner Bereich, die morphologische Gestaltung ist hier dem Inventar eines perialpinen Furkationsflusses entlehnt.
Flussbereich	**Strömung vorhanden, aber vermindert**	**Strömung vorhanden aber vermindert**	**Strömung vorhanden aber in einem Regelprofil, steile befestigte oder angelandete hohe Ufer.**
	Einbau von kiesbedeckten Brutinseln für Flussseeschwalbe und Mittelmeermöve.	Flache Modellierung von Gleitufersituationen mit eingeschalteten Buhnenfeldern (Jungfischhabitate!) und vorgeschobenen umströmten Buhnenköpfen mit ständiger Freistellung von Kiessubstraten (Abtransport Sande) oder zumindest Sand-Kies-Mosaiken.	Gestaltung von umlagerungsfähigen Kiesbänken aus anstehendem Innkies (durch Baumaßnahme gewonnen); Großzügige Uferdynamisierung auf mehreren hundert Metern Länge in einer hydraulisch maximal angriffsfähigen Außenkrümmung.
	Uferrücknahmen zur Querschnittsaufweitung und Initialisierung von Sandbankbildung.	Steile Modellierung von Prallufersituationen mit Kieswänden, vorgeschalteten Kies- und Tuffsteinkörpern zur Strömungsdiversifizierung.	Unregelmäßige Uferrücknahme mit belassen vorgeschobener kiesiger, auch baumbestandener Kanzeln als Abtragskörper bei Hochwasserangriff.
		Aufsetzen von Flussbausteinen (gewonnen aus Uferrückbauten) auf in der Flusssohle vorhandenen Leitwerken zur Strömungsdiversifizierung, insbesondere zur Strömungsberuhigung um Fischen energiearmen Einstandsbereiche zur Verfügung zu stellen.	Gestaltung von girlandenartig geschwungenen Ufern um Kleinstandorte für Ablagerung von verschiedenen Korngrößen bereit zu stellen. Gestaltung von vorgelagerten strömungsteilenden Störkörpern aus Flussbausteinen, um Uferanströmungen mit Sandtransport auch bei Mittelwasser zu gewährleisten.
Auenbereich	**seitlich des Hauptflusses**	**seitlich des Hauptflusses**	**Aktivierung/Anreicherung von Seitengewässersystemen und deren Ufer**
	Entlandung (Vertiefung) von durch Einstau entstandenen und seither stark verlandeten Stillgewässern und flächige Erweiterung bzw. Neuanlage von Stillgewässern (Lacken) aber auch nicht vernetzte Lacke entlanden, um ein Klarwassermilieu mit üppiger Makrophytenvegetation dauerhaft zu gewährleisten).	Anlage von Klein- und Lagunengewässersystem als ufernahe angebundene Einstandsgewässer mit schnellerer Durchwärmung, ebenfalls begleitet durch Kleingewässer mit Zielartengruppe Amphibien/Ringelnatter.	Herstellung eines wassergängigen Durchbruchs durch die hohen Uferrehnenzüge, um ein verlandetes bzw. abgehängtes seitliches Auengewässersystem zu aktivieren.
	Vernetzung der vorhandenen, erweiterten oder neuangelegten Stillgewässer (Lacken) durch Binnengerinne untereinander bzw. mit dem Inn um eine vollständige Durchwanderbarkeit zu erreichen.	Anlage von Versteck-/Brutmöglichkeiten für Kleinsäuger, Amphibien, Reptilien durch Haufwerke aus Geäst, vor Ort gewonnen Flussbausteinen (darunter Tuffquader) oder auch sog. Schlangenhotels (Strohballen, abgedeckt).	Verbesserung der Ausuferungsdynamik im Auwald hierbei Flächenbereitstellung für eigendynamische Bildung von Sandkleindünen als Habitat für extrem seltene ripicole Uferlaufkäfer alpigener Flüsse (z. B. Bembidion foraminosum u. a.).
	Gestaltung von durchgängigen Gewässervernetzungen zwischen Hangquellabflüssen und dem Inn (Erreichbarkeit sauerstoffreicher, kühler Flachgewässer für bestimmte Juvenilstadien).		Gestaltung von Kieslaichplätzen, hierdurch auch strömungsfördernde Querschnittseinengungen an Seitenfließgewässern (Rott) in idealer lateraler Zuordnung zum Hauptgewässer Inn.
	Gestaltung von assoziierten Kleingewässern oder Kleingewässergruppen im Maßnahmenbereich (meist nicht aquatisch vernetzt) als Amphibiengewässer (z. B. benachbart zur Hangkante als Springfroschhabitat).		

Bild 5: Beispiel umgesetzte Maßnahmen im Staugebiet Wasserburg mit einer Vielzahl von unterschiedlichen Strukturen sowohl im Fluss als auch im Auwald (Luftbild: Leidorf, 2013)

einige Kilometer Restfließstrecke, die zwar morphologisch verarmt ist, jedoch ausreichend stark durchströmt wird und daher ideales Potenzial für eine Fließdynamisierung bietet. Ein besonders wertvoller gewässerökologischer Vorteil war, dass mehrere kleinere und mittlere Bachsysteme aus den umliegenden Hangkanten und Moränenhügelländern östlich und westlich des Inns in diesen einmünden. Die Mündungspunkte dieser Gewässer liegen teils im staubeeinflussten Bereich, teils aber im bereits erwähnten Fließbereich und kommen daher als Einstands- und Rückzugsbereich auch für rheophile Flussfischarten in Betracht. Eine Besonderheit stellen zudem mehrere klare Quellabflüsse der Hangkanten dar, welche in die Schilfzonen bzw. Lacken einmünden und so deren Besiedelung entscheidend mitprägen.

Aufgrund der immensen Stofffracht des Inns konnten sich insbesondere im Stauraum Wasserburg entlang der Ufer nahezu durchlaufende Uferwälle (Rehnen) bilden. Dies bedeutet auf längere Sicht, dass sich eigendynamisch, aber auch anthropogen durch die Korrektionen induziert, hohe Wälle bilden, die das Ausuferungspotenzial massiv beschränken und für sehr steile, auch standfeste Flussufer sorgen. Vegetationsökologisch bedeutet diese steile Uferkante auch eine markante Grenze zwischen Fluss und Aue (steiler ökologischer Gradient). Sandbänke, Pionierweidengebüsche, Umlagerungsfluren etc. konnten sich daher weder halten noch erneut ausbilden.

5.3.2 Umsetzungskonzept Wasserburg

Ausgehend von den oben genannten Defiziten, aber auch von vorhandenen wertvollen entstandenen Strukturen und Relikten wurde ein Maßnahmenkonzept entwickelt, dass den wesentlichen gewässer- und auenökologischen Defiziten an möglichst wirkungsvoll platzierten Stellen im Längs- und Querschnitt des Flusses begegnen sollte. Dabei wurde grundsätzlich ein ganzheitlicher Ansatz verfolgt. Im Längsschnitt des Flussabschnittes wurden je nach vorhandener gewässer- und auenökologischer Situation die in **Tabelle 1** beschriebenen Maßnahmentypen entwickelt.

6 Beurteilung der Staustufen nach der ersten Umsetzungswelle bis Frühjahr 2014

Im entwickelten „Fischhabitatmodell“ wurden die Staustufen nach der Umsetzung der bisherigen Maßnahmen (**Bild 5**) erneut bewertet, wobei hierfür bedeutsame Habitatstrukturen, Vernetzungsstrukturen, Laichhabitate bzw. Einstände für den Fischbestand bzw. Gilden herangezogen wurden. Um die Wirksamkeit der Maßnahmen aber auch die Nachhaltigkeit langfristig verfolgen zu können, ist beabsichtigt, zum einen eine Maßnahmenbewertung nach der Umsetzungsphase bis 2014 [1] der Maßnahmen durchzuführen – welches Maßnahmenkonzept hat am Inn eine Wirkung und ist auch nachhaltig –, zum anderen, wie viele gezielte Maßnahmen und Funktionen sind erforderlich, um den Habitatansprüchen der am Inn vorkommenden Fischarten gerecht zu werden.

Ziel ist es, ein Maßnahmenportfolio zu entwickeln, um dieses auch auf andere Stauhaltungen übertragen zu können. Ein terrestrisches Monitoring ist ebenso geplant, um die positive Wirkung, aber auch die teils sehr schnelle Entwicklung von Maßnahmen zu dokumentieren.

Autoren

Dr. Manfred Holzner
Büro für Gewässerökologie und Fischbiologie
Schweigermoos 13
94431 Pilsting
Holzner-manfred@t-online.de

Georg Loy
Verbund Innkraftwerke GmbH
Werkstrasse 1
84513 Töging am Inn
Georg.Loy@Verbund.com

Dr. Hans Michael Schober
Gesellschaft für Landschaftsarchitektur mbH
Kammerhof 6
85354 Freising
zentrale@schober-larc.de

Ralf Schindlmayr
aquasoli Ingenieurbüro
Haslacher Str. 14
83278 Traunstein
ralf.schindlmayr@aquasoli.eu

Christoph Stein
Marienburger Str. 33
84028 Landshut
Chr_stein@gmx.de

Literatur

[1] Loy, G.; Holzner, M.; Schober, H. M.; Schindlmayr, R.; Stein, Ch.: Maßnahmen zur Förderung von Populationen bedrohter Fischarten am Inn (Obb.) im Rahmen des Gewässerunterhaltes. In: WasserWirtschaft 104 (2014), Heft 7-8, S. 26-33.

Manfred Holzner, Georg Loy, Hans Michael Schober, Ralf Schindlmayr and Christoph Stein

Deficit analysis and Approach to Foster Endangered Fish Population along the River Inn in Bavaria

According to an agreement with the Ministry of Environment of Bavaria and the hydro plant operator Verbund Innkraftwerke GmbH measures to foster the ecologic system of the Inn river were developed. The main aim was to refer to the environmental guiding principles of the historical Inn river and to develop measures to support the living conditions for existing endangered fish population. The existing heavily modified water body was analysed and a so called "fish habitat model" developed to discuss the existing situation and to develop measures to meet the requirements of the different species. The attempt was to offer habitats for the whole live circle from the spawning area, the juvenile phase up to the adult phase. The dominant anthropogenic influences especially the straightening in the last century. Later hydropower use and flood protection works dominate the Inn river system. However 38 fish species are recorded and existing and potential structures including these since 2011 implemented will further be monitored and in long term be ranked to develop a portfolio of effective measures to enable a transfer to other areas. The following paper describes the approach to develop these measures.

Манфред Хольцнер, Георг Лой, Ханс Михаэль Шобер, Ральф Шиндльмайр и Кристоф Штайн

Подход к разработке мероприятий по развитию популяций различных видов рыб на реке Инн (Inn) в Верхней Баварии

Начиная с 2011, в рамках соглашения с Министерством окружающей среды и здоровья Баварии, проводились обширные экологические мероприятия, в том числе с целью поддержки развития и защиты рыбных популяций. Основой послужило первоначальное состояние реки Инн с определенными видами рыб и ее рамочными условиями; с учетом проведенных в течение нескольких столетий антропогенных изменений и распознаваемого потенциала еще существующих структур были разработаны специальные программы с тем, чтобы предоставить среду обитания видам рыб, обитающим в реке Инн (Inn), на всех стадиях жизненного цикла. Мероприятия осуществлялись благодаря возможности проведения интенсивного диалога со всеми участниками процесса, в том числе с эксплуатирующими электростанции предприятиями, занимающимися поддержанием водных ресурсов.

Ulrich Schwevers und Oliver Engler

Aufbau ökologisch aktiver Gewässerabschnitte in stark veränderten Fließgewässersystemen mit Auen

Die Fischarten der Fließgewässer und Auen sind an die Dynamik ihres Lebensraumes angepasst, indem sie lineare und laterale Wanderungen durchführen, die die verschiedenen Teillebensräume miteinander verbinden. In unseren stark veränderten Flusslandschaften sind strukturell intakte Lebensräume jedoch Mangelware und zudem sind Wanderungen zwischen den Teillebensräumen kaum noch möglich. Deshalb reicht es nicht allein aus, intakte Biotope wiederherzustellen, sondern ebenso notwendig ist die Gewährleistung der linearen und der lateralen Durchgängigkeit.

1 Einführung

Während die heimische Fischfauna infolge stofflicher Belastungen und struktureller Eingriffe in die Gewässer bis zum Ende des 19. Jahrhunderts allenfalls graduelle Beeinträchtigungen erfuhr, setzte im Verlauf des 20. Jahrhunderts ein großflächiges Artensterben ein. Diesem fielen in Deutschland sämtliche anadromen Neunaugen- und Fischarten zum Opfer. Eine andere besonders stark betroffene ökologische Gilde waren die stagnophilen Arten, die vor allem stehende Gewässer in den Flussauen besiedeln. Im letzten Viertel des 20. Jahrhunderts setzte dann eine Trendwende mit der Erkenntnis ein, dass Gewässer nicht nur als Verkehrswege, Vorfluter sowie zur Abführung von Hochwässern zu betrachten und behandeln sind, sondern wichtige Funktion als Trinkwasserquelle, für die fischereiliche Produktion und die Naherholung besitzen. Inzwischen ist es darüber hinaus auch die ökologische Funktionsfähigkeit an sich, die als Wert verstanden wird, und schließlich wurde mit der WRRL ein Paradigmenwechsel vollzogen, indem die Qualität der Gewässer vor allem anhand der Ausprägung der aquatischen Lebensgemeinschaften beurteilt wird.

Bestandsaufnahmen zeigen jedoch, dass die Fischfauna nicht in dem erhofften Ausmaß von den immensen Investitionen der vergangenen Jahrzehnte in strukturverbessernde Maßnahmen und den Ausbau der Klärtechnik profitiert hat. Ein wesentlicher Grund hierfür ist, dass die spezifischen Anforderungen der Fische bei Sanierungsmaßnahmen häufig nicht hinreichend berücksichtigt werden. Nachfolgend werden wesentliche Aspekte dargestellt, die für den Aufbau ökologisch aktiver Fließgewässerabschnitte mit ihren Auen von besonderer Bedeutung sind.

2 Gewässer der Auen

Die Ausprägung von Auen hängt maßgeblich von den Erosions- und Sedimentationsprozessen im Fließgewässer ab. Die wesentlichen strukturbildenden Prozesse sind Laufverlagerungen sowie Durchbrüche von Mäanderschlingen. An der Anbindung abgetrennter Mäanderschlingen kommt es durch Ablagerung von Flusssedimenten und einer sukzessiven Auflandung, so dass zunächst ein nur noch einseitig angebundener Altarm und später ein Altwasser entsteht, das nur noch bei erhöhten Flusswasserständen durchströmt wird (**Bild 1**). Der geologische Sedimentationsprozess wird durch eine biogene Verlandung durch abgestorbene Pflanzenteile unterstützt, so dass es schließlich zum vollständigen Verschwinden des Gewässers kommt [1]. Da jedoch stetig neue Auengewässer entstehen, bleibt das strukturelle Gesamtinventar intakter Auen weitgehend konstant. Für die ökologische Charakterisierung

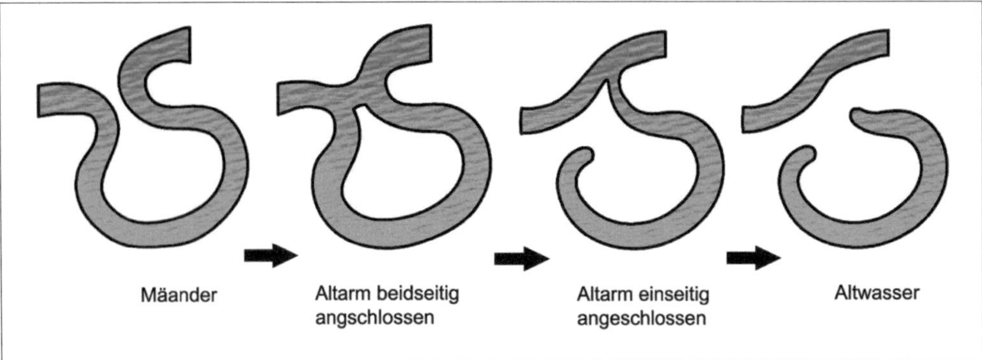

Bild 1: Entstehung und Entwicklung von Auengewässern (Quelle: verändert nach [1])

von Auengewässern führten Amoros et al. [2] eine Klassifizierung ein, die auf dieser natürlichen Morphodynamik basiert und vor allem die Anbindungssituation an das Hauptgewässer sowie das Stadium der Verlandung betrachtet (**Bild 2**).

Als Eupotamon wird das von Strömung geprägte, die Aue bildende Fließgewässer bezeichnet, ggf. samt permanent durchflossener Nebengerinne und einmündender Zuflüsse. Dem stehen drei verschiedene Typen von Stillgewässern gegenüber:

Beim Parapotamon handelt es sich um Altarme, in denen bei normalen Wasserständen keine wahrnehmbare Strömung herrscht. Dennoch ist jederzeit ein Wechsel von Fischen zwischen beiden Gewässertypen möglich. Darüber hinaus findet ein langsamer Austausch der Wasserkörper statt, so dass sich keine ausgeprägten Gradienten der besiedlungsrelevanten chemisch-physikalischen Wasserparameter ausbilden.

Schließt sich die Verbindung zum Fluss, entsteht ein Altwasser, auenökologisch als Plesiopotamon bezeichnet (**Bild 3a**). Dessen Wasserkörper ist von demjenigen des Eupotamons isoliert, so dass sich die chemisch-physikalischen Wasserparameter unabhängig voneinander entwickeln. Ein aquatischer Faunenaustausch mit dem Eupotamon ist nur bei Hochwasser möglich.

Das Palaeopotamon (**Bild 3b**) weist mächtige Schlammablagerungen auf, die Sauerstoffdefizite verursachen. Infolge dessen können sich Fischsterben ereignen, weshalb palaeopotamale Gewässer häufig nur von einem reduzierten Fischartenspektrum besiedelt sind. Begünstigt werden hingegen spezialisierte Auenfischarten mit spezifischen physiologischen Anpassungen an geringe Sauerstoffgehalte im Wasser, die hier gerade deshalb weitgehend konkurrenzlos sind.

In den meisten Flussauen Deutschlands findet mangels Dynamik seit mindestens 150 Jahren

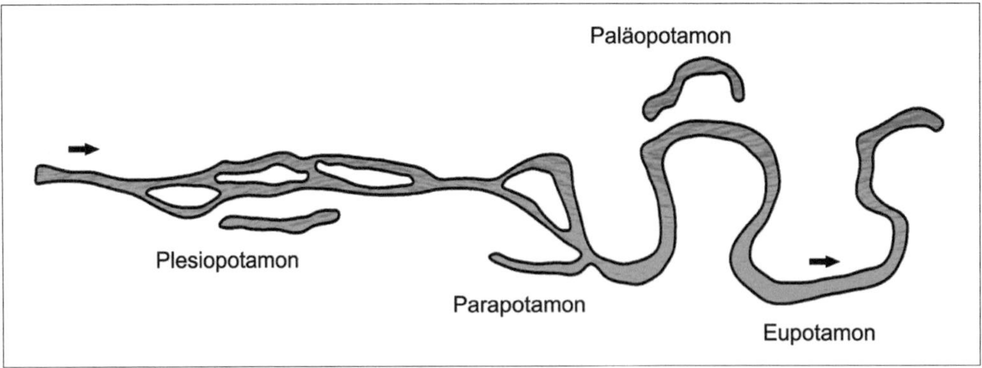

Bild 2: Gewässertypen der Aue (Quelle: verändert nach [2])

Bild 3: a) Altwasser in der Aue der Fulda; b) Uraltwasser in der Aue der Werra (Quelle: Engler)

keine Neubildung von Auengewässern mehr statt, fast alle noch vorhandenen stehen heute unmittelbar vor der Verlandung. In wesentlich größerer Anzahl existieren Auengewässer, die im Rahmen von Flussbaumaßnahmen, Begradigungen, dem Bau von Verkehrswegen etc. künstlich vom Fließgewässer abgetrennt wurden. In beträchtlichem Umfang finden sich auch Abgrabungsgewässer (**Bild 4a**) und schließlich wurden Auengewässer im Rahmen von Renaturierungsmaßnahmen revitalisiert oder künstlich angelegt (**Bild 4b**). Bei der fischökologischen Auengewässertypisierung gemäß **Bild 2** sind auch solche Gewässer zu berücksichtigen. Deshalb wurde eine erweiterte Klassifizierung eingeführt [3], bei der auch die griechischen Bezeichnungen durch weniger sperrige, deutschsprachige ersetzt wurden (**Tabelle 1**).

3 Fischartengemeinschaften der Flüsse und Auen

Fische nutzen in Abhängigkeit von Alter, Entwicklungsstadium und Jahreszeit verschiedene, mehr oder weniger weit voneinander getrennte Habitate. Um diese zu erreichen, führen sie lineare Wanderungen im Längsverlauf der Fließgewässer durch sowie laterale zwischen dem Fluss und seinen Auengewässern [4], [5]. Grundsätzlich lassen sich die etwa 80 Fischarten der deutschen Binnengewässer in spezialisierte Fließ- und Stillgewässerarten einteilen und in solche, die in beiden Gewässertypen gleichermaßen vorkommen können (**Tabelle 2**). Hierbei kann eine weiterführende Unterteilung sowohl anhand strömungs- als auch auenökologischer Kriterien vorgenommen werden [7], [3]:

- Bei den obligaten Fließgewässerarten handelt es sich einerseits um anadrome Wanderfische. Andererseits sind dies auch die streng rheo-

Bild 4: a) Strukturarmes Abgrabungsgewässer in der Aue der Eder; b) im Rahmen einer Renaturierung angelegter, künstlicher Altarm in der Aue der Fulda (Quelle: Engler)

Tab. 1: Fischökologische Klassifizierung von Auengewässern nach [2], [3]

Auengewässertyp	Charakteristik	Ursprung	
Altarm (= Parapotamon)	permanent angebunden	natürlich	Altarm
		anthropogen	z. B. Buhnenfeld, Abgrabungsgewässer, künstlich angelegte Gewässer
Altwasser (= Plesiopotamon)	episodisch angebunden	natürlich	Altwasser
		anthropogen	z. B. Buhnenfeld, Abgrabungsgewässer, künstlich angelegte Gewässer
Uraltwasser (= Palaeopotamon)	episodisch angebunden, verlandend	natürlich	Altwasser
		anthropogen	z. B. sedimentiertes Buhnenfeld, verlandetes Abgrabungsgewässer, künstlich angelegte Gewässer

philen Arten der Bäche und der Flussoberläufe wie die Äsche (**Bild 5a**), die zeitlebens an strömungsgeprägte Biotope gebunden ist (rheophil A). Die Wanderungen beschränken sich auf den Fluss selbst, schließen im Falle der anadromen Arten jedoch auch den marinen Lebensraum ein.

- Einige Arten wie der Döbel (**Bild 5b**) haben ihren Verbreitungsschwerpunkt im Fließgewässer und pflanzen sich nur dort fort, wandern aber auch in Auengewässer ein. Es sind vor allem Altarme, die insbesondere von den Jungfischen als Nahrungsbiotop genutzt werden und darüber hinaus eine wichtige Funktion als Überwinterungshabitat übernehmen. Strömungsökologisch werden diese Arten als rheophil B eingestuft; auenökologisch als Auengäste.
- Fakultative Auenarten, z. B. der Flussbarsch (**Bild 5c**), können sich gleichermaßen im Fluss wie auch in den Auengewässern fortpflanzen. Neben linearen führen sie auch laterale Orts-

Tab. 2: Strömung- und auenökologische Gilden der heimischen Fischfauna [7, 3]

Artengemeinschaften	ökologische Gilden		Beispiele
	strömungsökologisch	auenökologisch	
obligate Fließgewässerarten	anadrom	auenmeidende Arten	Lachs *(Salmo salar)* Maifisch *(Alosa alosa)* Meerneunauge *Petromyzon mariunus)*
	rheophil A		Bachforelle *(Salmo trutta f. fario)* Huchen *(Hucho hucho)* Äsche *(Thymallus thymallus)*
in beiden Gewässertypen vorkommende Arten	rheophil B	Augengäste	Aland *(Leucisdus idus)* Döbel *(Squalius cephalus)* Rapfen *(Aspius aspius)*
	eurytop	fakultative Auenarten	Brachsen *(Abramis brama)* Quappe *(Lota lota)* Flussbarsch *(Perca fluviatilis)*
obligate Stillgewässerarten		Altarmarten	Hecht *(Esox lucius)*
	stagnophil	Altwasserarten	Moderlieschen *(Leucaspius delineatus)* Schleie *(Tinca tinca)* Rotfeder *(Scardinius erythrophthalmus)*
		Uraltwasserarten	Schlammpeitzger Karausche *(Carassius carassius)*

Tab. 3: Verbreitung und Reproduktion der verschiedenen Artengruppen in den Gewässertypen von Flussauen [3]

Artengruppen		Gewässertyp			
		Fluss	Altarm	Altwasser	Uraltwasser
auenmeidende Arten					
Auengäste					
fakultative Auenarten					
obligate Auenarten	Altarmarten				
	Altwasserarten				
	Uraltwasserarten				

Legende:
- reproduktiv
- nicht reproduktiv, häufig
- nicht reproduktiv, weniger häufig
- nie oder sehr selten vorkommend

Bild 5: Fischartenbeispiele: a) die Äsche, eine streng rheophile, auenmeidende Art; b) der Döbel, ein typischer Auengast; c) der Flussbarsch, eine fakultative Auenart ohne spezielle Anforderungen an die Strömung; d) der Hecht ist die einzige Altarmart der heimischen Fischfauna; e) die Schleie, eine typische stagnophile Art der Altwässer; f) die Karausche ist eine hoch spezialisierte Charakterart der Uraltwässer (Quelle: Engler)

bewegungen durch. Typischerweise wandern sie zur Fortpflanzung mit den Frühjahrshochwässern in Altarme und Altwässer ein. Für die Rückwanderung aus den Altwässern in den Fluss sind sie wiederum auf Hochwässer angewiesen. Strömungsökologisch stellen diese Arten keine besonderen Ansprüche und werden als eurytop bezeichnet.

- Eine Sonderstellung nimmt der Hecht ein (**Bild 5d**), weil er zwar Fließ- und Stillgewässer gleichermaßen besiedelt, aber abgesehen von Tieflandgewässern zur Reproduktion auf Altarme oder Altwässer angewiesen ist. Auenökologisch wird er Deshalb als Altarmart eingestuft.
- Die übrigen Fische sind obligate Auenarten und meiden die Strömung, d. h. sie sind strikt stagnophil. Von den Altwasserarten, wie z. B. die Schleie (**Bild 5e**), werden hierbei die Uraltwasserarten, z. B. die Karausche (**Bild 5f**) abgegrenzt, die auf Gewässer in fortgeschrittenem Verlandungsstadium spezialisiert sind. Diese Gilden sind zur Propagation auf Hochwässer angewiesen, die die Isolation ihrer Wohngewässer temporär aufheben.

Die Kombination der strömungs- und auenökologischen Ansprüche der Arten und ihrem Wanderverhalten führt zu unterschiedlichen Verbreitungsmustern, die in **Tabelle 3** schematisch dargestellt sind.

4 Erhaltung und Vernetzung strömungsgeprägter Lebensräume

Vielfältig sind die Maßnahmen, die zur qualitativen Aufwertung von Fischlebensräumen durchgeführt werden. Es gibt zahlreiche Beispiele gelungener Maßnahmen, die sich allerdings primär auf kleine und kleinste Gewässer konzentrieren. Strukturverbessernde Maßnahmen an Flüssen, insbesondere an Schifffahrtsstraßen, sind hingegen eher selten, da es hier auch die Nutzungsansprüche des Menschen zu berücksichtigen gilt. Umso wichtiger ist es an solchen Gewässern, zumindest die verbliebenen strömungsgeprägten Lebensräume zu erhalten und miteinander zu vernetzen.

4.1 Die Bedeutung der Strömung

Sämtliche obligaten Fließgewässerbewohner sind zwingend auf strömungsgeprägte Lebensräume angewiesen. Diese sind jedoch in den meisten Flüssen durch Stauregulierung verloren gegangen. Hiervon betroffen sind insbesondere die streng rheophilen Arten (rheophil A), während die Arten der Strömungsgilde rheophil B noch solange vorkommen können, wie die mittlere Fließgeschwindigkeit bei MNQ die sogenannte rheoaktive Geschwindigkeit von mindestens 0,2 m/s nicht unterschreitet [8]. Bei geringeren Werten nimmt auch ihre Dichte dramatisch ab und alle strukturellen Sanierungsmaßnahmen müssen in Hinblick auf die rheophilen Arten wirkungslos bleiben. Zum Erhalt und zum Wiederaufbau der Populationen dieser Charakterarten des Flusses ist es Deshalb zwingend erforderlich, strömungsgeprägte Lebensräume wiederherzustellen. In kleineren Fließgewässern ist dies gelegentlich durch das Schleifen von Wehren möglich, kaum aber in größeren Flüssen oder gar in Schifffahrtsstraßen. Hier gilt es, zumindest die noch vorhandenen Fließstrecken zu erhalten und bestehende Stauhaltungen vor einer weiteren Reduktion der Strömung infolge Querschnittsvergrößerung zu bewahren.

4.2 Die Bedeutung der linearen Durchgängigkeit

Ein einziges, stromaufwärts unpassierbares Wanderhindernis zwischen dem Meer und den Laichgebieten im Binnenland bewirkt zwangsläufig das Aussterben der Populationen anadromer Arten. Denselben Effekt haben mehrere aufeinander folgende, eingeschränkt passierbare Querbauwerke, denn deren negative Wirkung summiert sich. So führte die zunehmende Errichtung und Erhöhung von Wehren zum Aussterben des Lachses im Wesersystem [9]. Aufgrund ähnlicher Entwicklungen in den anderen Gewässersystemen starben fast alle anadromen Arten in der ersten Hälfte des 20. Jahrhunderts in Deutschland aus. Das Verbreitungsgebiet des katadromen Aals wäre ohne Besatzmaßnahmen auf einen Bruchteil des ursprünglichen Areals reduziert und auch die Areale der potamodromen Flussfischarten sind infolge unpassierbarer Querbauwerke massiv zusammengeschrumpft [10].

Um dieser Entwicklung entgegen zu wirken,

wurden bereits im 19. Jahrhundert Fischaufstiegsanlagen errichtet. Der erhoffte Effekt blieb jedoch aus und infolge dessen wurde der Sinn solcher Bauwerke grundsätzlich in Frage gestellt, wie in den 1930er-Jahren mit der Formulierung: „Und damit die Behörde zufrieden ist, könnte man ja einen Fischpass an die Wand der Staumauer hinaufmalen". In der Folgezeit wurde nicht einmal diese pfiffige Anregung in die Tat umgesetzt: Wehre wurden entgegen den fischereigesetzlichen Bestimmungen zumeist ohne Fischaufstiegsanlagen errichtet und fast als Einzelkämpfer mühte sich Günter Jens [11] die „Fischpassfrage" zumindest offen zu halten.

Erst das Wiederauftreten anadromer Arten Mitte der 1980er-Jahre führte dazu, dass wieder vermehrt Fischaufstiegsanlagen errichtet wurden. Maßgebliche Unterstützung leistete die im Jahr 2000 in Kraft getretene WRRL, die die Durchgängigkeit in den Rang einer hydromorphologischen Qualitätskomponente erhob. Doch abermals macht sich Ernüchterung breit, weil sich die anadromen Arten allzu langsam ausbreiten und die Bestände vieler potamodromer Arten eher zurückgehen, als zunehmen. Der Grund hierfür ist jedoch mitnichten, dass die Bedeutung der linearen Durchgängigkeit überschätzt wird. Vielmehr reicht es eben nicht aus, „nur" Fischaufstiegsanlagen zu errichten, sondern diese müssen auch ihrer Funktion gerecht werden. Hierfür gibt es entsprechende Regelwerke [4], [12]. Die Bilanz der praktischen Umsetzung ist jedoch ernüchternd: Bis in jüngste Zeit wird kaum eine Fischaufstiegsanlage gebaut, die den detailliert beschriebenen Anforderungen tatsächlich gerecht wird [13], und in den meisten Fällen werden selbst die grundlegendsten, bereits 1885 aufgestellten und bis heute fast unverändert gültigen Regeln missachtet [14]. Insofern ist es nicht verwunderlich, wenn die Mehrzahl der Fischaufstiegsanlagen versagt. Abhilfe kann hier nur eine konsequente Qualitätssicherung schaffen.

Zudem ist zu berücksichtigen, dass Fischwanderungen auch stromabwärts erfolgen. Insofern sind auch Fischschutz- und Fischabstiegsanlagen notwendig. Allerdings wurden in Deutschland bislang nur ganz wenige solche Anlagen errichtet, und nur in Einzelfällen wurden aussagekräftige Kontrolluntersuchungen durchgeführt. Obwohl bereits vor 10 Jahren eine umfassende Publikation zu diesem Thema erschien [5], gibt es in Deutschland bis heute mangels nachweislich funktionsfähiger Anlagen nicht einmal einen Stand der Technik. Selbst grundlegende biologische Fragestellungen sind weiterhin unbearbeitet. So ist unklar, welche Auswirkungen eine eingeschränkte stromabwärts gerichtete Durchgängigkeit auf die Populationen potamodromer Arten genau entfaltet, welche Arten zwingend vor einer Schädigung in Wasserkraftwerken und Wasserentnahmebauwerken geschützt werden müssen, und ob es überhaupt notwendig ist, auch für potamodrome Arten spezielle Fischabstiegsanlagen zu errichten. In der Praxis hat sich somit seit 1899, als das Problem der Schädigung von Fischen in den Turbinen von Wasserkraftanlagen hierzulande erstmals thematisiert wurde, kaum etwas geändert [15]: Fischschutz findet allenfalls in vereinzelten Ausnahmefällen statt.

Schließlich wird zwar seit Konfuzius die Philosophie vertreten, dass der Weg das Ziel sei, auf Fischwanderungen aber trifft diese Weisheit nicht zu: Es nützt nämlich nichts, Fischen die Wanderung zu ermöglichen, wenn sie damit keine geeigneten Ziele erreichen können. Insofern ist es notwendig, gleichzeitig auch intakte Lebensräume zu erhalten und wiederherzustellen. Darüber hinaus ist es unabdingbar, die Durchgängigkeit auch überregional zu gewährleisten. So finden Fische nämlich gerade in stauregulierten Flüssen nicht dadurch hochwertige Biotope, dass sie von einer Stauhaltung in die nächste wechseln. Vielmehr muss ihnen durch effiziente Fischwege die Möglichkeit eröffnet werden, über mehrere Staustufen hinweg auch bis in weiter entfernte Flussabschnitte oder einmündende Zuflüsse wandern zu können, um geeignete Lebensbedingungen zu finden.

5 Erhaltung und Anbindung von Auengewässern

In Auengewässern, insbesondere in Uraltwässern, finden gerade die hochspezialisierten Uraltwasserarten nur in wenigen Jahren genau diejenigen Bedingungen vor, die sie zur Reproduktion benötigen. Dieses Phänomen wurde anschaulich als „Auenlotterie" beschrieben [16]: In der Mehrzahl der Jahre bleibt der Reproduktionserfolg aus und gelegentlich trocknet das Gewässer vollständig aus, so dass der Fischbestand erlischt. Solche Katastrophen sind charakteristisch für Auen und grundsätzlich unbedenklich, solange die Auengewässer zumindest bei Hochwasser in Kontakt zueinander und mit dem Hauptfließgewässer stehen, wodurch eine Zu- und Abwanderung von Fischen möglich ist. Entsprechend groß ist die Wahrscheinlichkeit, dass zumindest in einzelnen Gewässern einer Aue in einem Jahr die Reproduktion gelingt. In den übrigen Gewässern ist zur selben Zeit zwar keine Fortpflanzung möglich, doch überleben die Fische zumindest ein weiteres Jahr. Sie nehmen gewissermaßen eine „Parkposition" ein und kommen im Folgejahr vielleicht in die „Gewinnposition", sofern sich in ihrem Wohngewässer die für eine erfolgreiche Reproduktion notwendigen Bedingungen einstellen. Ist dies der Fall, ist der Fortpflanzungserfolg hoch und beim nächsten Hochwasser können sich viele Nachkommen in die benachbarten Auengewässer ausbreiten. Allerdings funktioniert dieses Prinzip nur, solange in der Flussaue zahlreiche und vielgestaltige Auengewässer in engem räumlichem Kontakt zueinander ausgebildet sind und wenn ihre Isolation durch Überflutungen temporär aufgehoben wird.

Eine übliche Maßnahme der Auenrenaturierung ist die Ausbaggerung stark verlandeter Uraltgewässer. Hierbei ist allerdings Vorsicht geboten, denn wird zu massiv eingegriffen, verlieren gerade die hochspezialisierten Uraltwasserarten ihren Lebensraum. In noch stärkerem Maße besteht diese Gefahr, wenn isolierte Altwässer wieder an den Fluss angebunden werden, oder wenn gar der historische Flusslauf wiederhergestellt wird, indem ehemalige Flussschlingen durch Durchstiche miteinander verbunden werden. Sinnvoller ist es, die Uraltwässer, selbst wenn sich dort gelegentlich Fischsterben ereignen, unangetastet zu lassen und stattdessen wiederholt im Abstand von einigen Jahren neue Abgrabungsgewässer anzulegen. Hierdurch entsteht auf Dauer wieder eine vielgestaltige, durch eine Vielzahl von Gewässern in unterschiedlichem Sukzessionsstadium gekennzeichnete Aue, wie sie die obligaten Auenarten zum Erhalt ihrer Populationen benötigen.

6 Fazit

Flussauen sind hochkomplexe Ökosysteme, die natürlicherweise durch eine hohe morphologische Variabilität und Dynamik gekennzeichnet sind. Die Fischartengemeinschaften solcher Lebensräume sind genau daran angepasst und neben etlichen anspruchslosen Ubiquisten treten zahlreiche spezialisierte Arten auf, von denen die einen zum Überleben auf die strömungsgeprägten Abschnitte des Fließgewässers angewiesen sind, andere hingegen auf die Stillgewässer in der Aue, wobei gerade isolierte, stark verlandete Gewässer von besonders hohem ökologischen Wert sind.

Im aktuellen Zustand sind die meisten Flüsse aufgrund der Nutzung als Schifffahrtsstraße und/oder zur Energiegewinnung durch Wasserkraft staugeregelt. Fischwanderungen werden durch die Staustufen verhindert oder zumindest stark eingeschränkt, Fischschutz- und -abstiegsanlagen fehlen fast überall. Die Auen wurden in ihrer Ausdehnung massiv beschränkt und die meisten Auengewässer gingen verloren. Abgrabungsgewässer können deren Funktion in den wenigsten Fällen übernehmen, weil sie nicht in Hinblick auf die Lebensraumfunktion für Auenfischarten renaturiert werden. So ist es nicht verwunderlich, dass einerseits die rheophilen und anadromen Flussfischarten besonders stark gefährdet sind und andererseits auch die spezialisierten Auenfischarten.

Renaturierungsmaßnahmen sind nur von begrenztem Wert, solange sie sich lediglich an landschaftsästhetischen oder morphologischen Vorstellungen orientieren. Stattdessen ist es notwendig, Maßnahmen speziell im Hinblick auf besonders gefährdete Zielarten durchzuführen, indem die Bedingungen wiederhergestellt werden, die diese Arten zum Überleben und insbesondere zur Reproduktion benötigen. Entsprechend ist das Ergebnis einer Renaturierung in Hinblick auf spezialisierte Flussfischarten zwangsläufig ein ganz anderes als wenn Auenspezialisten im Fokus stehen.

Eine zentrale Aufgabe im Hinblick auf anadrome und rheophile Arten ist der Erhalt und die Wiederherstellung strömungsgeprägter Lebensräume. Allerdings ist es gerade an größeren Flüssen kaum möglich, zu diesem Zweck Staustufen zu schleifen. Umso wichtiger ist es, die großräumige Erreichbarkeit frei fließender, intakter Abschnitte im Fluss selbst oder in seinen Zuflüssen durch den Bau funktionsfähiger Fischschutz-, Fischauf- und -abstiegsanlagen zu gewährleisten. Die Auenarten sind darüber hinaus auch auf eine laterale Anbindung der Auengewässer angewiesen. Der natürliche Mechanismus ist hierbei die Aufhebung der Isolation durch Überflutung der Aue bei Hochwasser. Ist dies nicht gewährleistet, können Deichrückverlegungen Abhilfe schaffen. Häufig ist bereits die wesentlich weniger aufwändige Anlage von Flutmulden sinnvoll, die etwa beim mittleren Hochwasserabfluss geflutet werden und so einen temporären Kontakt der Auengewässer untereinander sowie zum Fließgewässer herstellen.

Autoren

Dr. Ulrich Schwevers
Dipl.-Geogr. Oliver Engler
Institut für angewandte Ökologie
Neustädter Weg 25
36320 Kirtorf-Wahlen
U.Schwevers@Schwevers.de

Literatur

[1] Deutsche Vereinigung für Wasserwirtschaft, Abwasser und Abfall e. V.(Hrsg.): Altgewässer – Ökologie, Sanierung und Neuanlage. In: DWA-Merkblätter (2009), Nr. M-607, Entwurf.

[2] Amoros, C.; Roux, A. L.; Reygrobellet, J. L.; Bravard, J. P.; Pautou, G.: A method for applied ecological studies of fluvial hydrosystems. In: Regulated Rivers: Research & Management (1987), Nr. 1, S. 17-36.

[3] Schwevers, U.; Adam, B.: Bewertung von Auen anhand der Fischfauna – Machbarkeitsstudie. In: BfN-Skripte (2010), Nr. 268.

[4] Bundesministerium für Umwelt, Naturschutz und Reaktorsicherheit & Bundesamt für Naturschutz (Hrsg.): Auenzustandsbericht – Flussauen in Deutschland. Berlin & Bonn, 2009.

[5] Deutsche Vereinigung für Wasserwirtschaft, Abwasser und Abfall e. V. (Hrsg.): Fischschutz und Fischabstiegsanlagen. In: DWA-Themen, 2. A., 2005.

[6] Deutsche Vereinigung für Wasserwirtschaft, Abwasser und Abfall e. V. (Hrsg.): Fischaufstiegsanlagen und fischpassierbare Bauwerke – Gestaltung, Bemessung, Qualitätssicherung. In: DWA-Merkblätter (2014), M 509.

[7] Schiemer, F.; Waidbacher, H.: Strategies for conservation of a Danubian fish fauna. -. In: Boon, P. J. et al. (Hrsg.): River conservation and management. Chichester: John Wiley & Sons, 1992, S. 363-382.

[8] Schwevers, U.; Engler, O.: Fischfaunistische und fischereiwirtschaftliche Untersuchungen im Rahmen des Fahrrinnenausbaus des Mains in den Stauhaltungen Wipfeld, Garstadt und Schweinfurt. Studie im Auftrag der Wasser- und Schifffahrtsverwaltung des Bundes, Wasserstraßen-Neubauamt Aschaffenburg. 2 Bände, 2006.

[9] Metzger, A.: Über Notwendigkeit und Nutzen der Lachsbrutaussetzungen. In: Z. Fischerei 5 (1897), S. 51-60.

[10] Schwevers, U.; Adam, B.: Arealverluste der Fischfauna am Beispiel der Zerschneidung des hessischen Gewässersystems der Lahn durch unpassierbare Querverbauungen. In: Natur und Landschaft 72 (1997), S. 396-400.

[11] Jens, G.: Der Bau von Fischwegen, Fischtreppen, Aalleitern und Fischschleusen. Hamburg: Verlag Paul Parey, 5. A., 1982.

[12] Bundesministerium für Land- und Forstwirtschaft, Umwelt und Wasserwirtschaft (Hrsg.): Leitfaden zum Bau von Fischaufstiegshilfen. Wien, 2012.

[13] Adam, B.: Anforderungen an die lineare und laterale Durchgängigkeit. In: BfN (Hrsg.): Fischwanderung und die Bedeutung der Auenhabitate, BfN-Skripte (2010), Nr. 280, S. 12-25.

[14] Keller, H.: Die Anlage der Fischwege. Berlin: Verlag von Ernst u. Korn, 1885.

[15] Anonymus: Turbinen und Fische. In: Allg. Fischerei-Z. NF. 24 (1899), S. 283.

[16] Dörfer, K.: Artenschutz durch Stabilisierung des Lebensraumes – ein Irrweg?. In: Angewandte Landschaftsökologie (2000), Nr. 37, S. 49-58.

Ulrich Schwevers and Oliver Engler

Restoring Ecological Active River Segments in Heavily Altered Running River Systems with Wetlands

The fish species of running waters and wetlands are well adapted to the dynamics of their habitat, because these fish conduct linear and lateral migrations to connect their temporary habitats. In our heavily altered fluvial topographies are structural unimpaired habitats rare and furthermore are migrations between these temporary habitats hardly possible. Therefore it is not enough to restore unimpaired biotopes but also the linear and lateral passability for fish has to be ensured.

Ульрих Швеверс и Оливер Энглер

Создание экологически активных участков водоемов в значительно измененных проточных системах с пойменными лугами

Виды рыб проточных водоемов и рек с пойменными лугами адаптированы к динамике их среды; здесь они осуществляют свою миграцию в линейном и латеральном направлениях, при этом одновременно используются различные типы частичного жизненного пространства. В наших значительно измененных речных ландшафтах структурно ненарушенных мест обитания очень мало, а миграция между различными типами частичного жизненного пространства практически невозможна. Поэтому недостаточно просто восстановить и обеспечить полноценность биотопов, необходимо также обеспечить их линейную и латеральную проходимость.

Michael Seidel, Thomas Speierl, Uta Langheinrich und Volker Lüderitz

Untersuchungen zur Begleitfauna und -flora der Flussperlmuschel – Vergleich von zwei Mittelgebirgsbächen im Fichtelgebirge und zwei Tieflandbächen in der Lüneburger Heide

Die Flussperlmuschel *(Margaritifera margaritifera)* ist eine Indikator-, Schlüssel-, Ziel- und Leitart der Gewässerökologie und des Naturschutzes. Ihre Bestände gehen in Europa weiter stark zurück. Zur Biologie und Autökologie dieser Art liegen zahlreiche Untersuchungen vor, jedoch mangelt es an genauen Informationen zur Begleitfauna und -flora in Perlmuschelgewässern. Die vorliegende Arbeit untersucht und bewertet Deshalb die Fisch- und Makroinvertebratenfauna sowie die Vegetation von jeweils zwei solchen Gewässern im Bayerischen Fichtelgebirge und in der Lüneburger Heide. Die Ergebnisse zeigen, dass intakte und sich reproduzierende Muschelbestände offensichtlich nicht nur an den guten, sondern an den sehr guten ökologischen Zustand des Gewässers gebunden sind. Für die Lutter als eines der wenigen deutschen Gewässer mit Jungmuschelentwicklung und das Perlmuschelerwartungsgewässer Lachte konnte eine für das norddeutsche Tiefland einzigartige Invertebraten-Reinwasserfauna nachgewiesen werden, von der zahlreiche Arten in den bundes- und landesweiten Roten Listen verzeichnet sind. Der Bestand der Bachforelle, des Wirtsfisches der Flussperlmuschel, ist in Lachte und Lutter zudem um ein mehrfaches höher als im Zinnbach und der Südlichen Regnitz. Der hier angewandte methodische Ansatz kann helfen, die Erfolgsaussichten von Perlmuschelwiederansiedelungsprojekten abzuschätzen.

1 Einleitung

Die Flussperlmuschel (*Margaritifera margaritifera*, **Bild 1**) spielt im Naturschutz und der aquatischen Renaturierungsökologie die Rolle einer herausragenden Indikator-, Schlüssel-, Ziel- und Leitart [1]. Als Indikatorart regiert sie auf alle bekannten Gewässerbelastungen, wie Saprobisierung, Eutrophierung, Versauerung, Versalzung, Schwermetalle, Xenobiotika und Gewässerverbau, ausgesprochen sensibel. Als Schlüsselart kommen erfolgreiche Schutz- und Hilfsmaßnahmen auch ähnlich oder weniger empfindlichen Arten zugute. Ihre Rolle als Zielart ergibt sich aus den europaweit drastisch geschrumpften Beständen, die ihr in der gesamten EU einen hohen Schutzstatus eingetragen haben. Als Leitart im Sinne des Naturschutzes schließlich kann die Flussperlmuschel angesehen werden, weil es sich um eine außerordentlich bekannte, populäre und gut untersuchte Art handelt, deren Schutz und Förderung eine hohe Akzeptanz genießt.

In den meisten deutschen Bundesländern ist die Flussperlmuschel heute ausgestorben. Restbestände existieren noch in Bayern, Niedersachsen, Nordrhein-Westfalen, Rheinland-Pfalz und Sachsen. Die bayerischen Bestände sind mit rund 60 Populationen und insgesamt 140 000 Individuen dabei die größten in Mitteleuropa, doch nur in etwa 10 Vorkommen konnten noch Jungmuscheln nachgewiesen werden [2]. Im übrigen Europa ist die Situation kaum besser. Obwohl es in Skandinavien, auf den Britischen Inseln und in

Russland noch Bestände mit Millionen Individuen gibt, gehen auch diese meist stark zurück und weisen nur in wenigen Fällen eine bestandserhaltende Reproduktionsrate auf.

Die möglichen Ursachen rückläufiger Flussperlmuschelbestände sind sehr vielfältig und wurden vielfach analysiert (u. a. [1], [3], [4]). Sie reichen von der Verschmutzung, Kolmation und Versandung der Gewässer über deren Ausbau bis hin zum verstärkten Auftreten von neuen Fraßfeinden wie dem Waschbären. Studien zum Rückgang der Flussperlmuschel in Oberfranken hatten sich in den letzten 30 Jahren fast ausschließlich auf die Nährstoffbelastung konzentriert (u. a. [5]). Daraus abgeleitete Schutzmaßnahmen und Projekte brachten jedoch keinen Erfolg. Möglicherweise waren die Maßnahmen nicht weitgreifend genug oder beseitigten nicht die direkte Ursache des Rückgangs. Die weiterhin unzureichende bzw. ausbleibende Verjüngung der Perlmuschelbestände lenkte den Blick zudem auf die Sedimentbelastung. Ein übermäßiger Sedimenteintrag aus dem Umland und infolge dessen die Verschlammung und Kolmation der Sohle werden derzeit neben der Nährstoffsituation als Hauptgefährdungsfaktoren für die Flussperlmuschel angesehen [6]. Die Erfassung der Sedimentbelastung in den oberfränkischen Perlmuschelgewässern in den letzten Jahren zeigte hohe Sedimentationsraten, die zu einer Kolmation und Verfestigung des Lückensystems führten [6]. Davon sind nicht nur die Jungstadien der Flussperlmuschel betroffen, sondern auch alle frühen Entwicklungsstadien des Wirtsfisches Bachforelle, von der Eientwicklung bis zum Aufschwimmen der Dottersacklarve. Die negativen Auswirkungen auf Laich und Jungfischstadien von lithophilen Fischarten wurden z. B. für Äsche *(Thymallus thymallus)* und Huchen *(Hucho hucho)* in den letzten Jahren durch [7] detailliert nachgewiesen. Eine weitere Beeinträchtigung der Perlmuschelbestände geht von Schwermetallen und Pestiziden aus, welche die Schalenbildung beeinträchtigen [8].

Die Vorkommen im Fichtelgebirge weisen stagnierende (z. B. Zinnbach) und im Betrachtungszeitraum von 20 Jahren ebenfalls rückläufige bzw. deutlich zurückgehende Populationen (z. B. Südliche Regnitz) auf. Für die oberfränkischen Perlmuschelgewässer wird aktuell ein Bestand von noch 10 000 bis 20 000 Muscheln angenommen. Vor etwa 50 Jahren wurde der Bestand noch auf 50 000, vor 100 Jahren auf 700 000 Muscheln geschätzt [6]. Nennenswerte Jungmuschelaufkommen fehlen seit etwa 50 Jahren. Dieser Trend gilt deutschlandweit für alle Perlmuschelbestände. Eine Ausnahme bildet der Bestand der niedersächsischen Lutter, der sich durch konsequente Gewässer- und Artenschutzmaßnahmen von ca. 2 700 Individuen (1982) auf ca. 12 200 Individuen (2008) erhöht hat [16].

Trotz der guten Kenntnisse über die Biologie und Ökologie dieser Art existieren kaum vergleichende Studien zur Fauna und Flora von Perlmuschelgewässern in unterschiedlichen Ökoregionen und Gewässertypen. Die vorliegende Arbeit hatte Deshalb das Ziel, die Begleitfauna und -flora von Perlmuschelgewässern zu erfassen, zu analysieren und so zu zusätzlichen Informationen über den Erfolg von Arten- und Biotopschutzmaßnahmen sowie über noch abzustellende Störungen zu gelangen. Dazu wurden schwerpunktmäßig die Makroinvertebraten- und die Fischfauna sowie ergänzend die Wasservegetation betrachtet.

2 Material und Methoden

2.1 Untersuchungsgewässer

Die Lachte und die Lutter durchfließen am Südrand der Lüneburger Heide, Niedersachsen, ein zu großen Teilen naturnahes bzw. renaturiertes Einzugsgebiet [9], [10]. Die Lachte weist eine Länge von 38 km und ein Einzugsgebiet von 469 km^2 (incl. Lutter) auf, das Nebengewässer Lutter ist 26 km lang und hat ein Einzugsgebiet von 150 km^2. Vom Gewässertyp ist die Lachte im Untersuchungsabschnitt zwischen Lüsche und Steinhorst als Kiesgeprägter Tieflandbach (Typ 16), die Lutter zwischen Eldingen und Lachendorf (**Bild 2**) als Kiesgeprägter Tieflandfluss (Typ 17) eingestuft. Beide Gewässer wurden seit Anfang der 1990er-Jahre umfassend renaturiert. In der Lachte wurden ungenutzte Teiche zur Holzwässerung dauerhaft abgelassen und das Gerinne neu modelliert, in der Lutter wurden vor allem Sandfänge zur Reduzierung unnatürlicher Feinsedimentfrachten errichtet und auf längeren Gewässerstrecken erfolgten Kieszugaben. Ziel

Bild 1: Flussperlmuschelbestände im Zinnbach, Bayern (Foto: M. Seidel)

Bild 2: Lutter, Niedersachsen (Foto: U. Langheinrich)

dieser Maßnahmen waren unter anderem auch verbesserte Habitatbedingungen für die Flussperlmuschel. In Folge der Reduzierung der Feinsediment- und Sandfrachten an der Lutter seit Sommer 1992 wurden 1997 erstmals wieder Jungmuscheln nachgewiesen [9].

Die Südliche Regnitz und einer ihrer beiden Quellbäche, der Zinnbach, durchfließen als Nebengewässer der Sächsischen Saale das Dreiländereck Bayern-Sachsen-Böhmen. Die Südliche Regnitz hat ein Einzugsgebiet von 180 km² und eine Lauflänge von 35 km, von denen 14 km auf den Oberlauf Zinnbach entfallen. Der Zinnbach bei Dobeneck bildet die bayerisch-böhmische Grenze und ist als Grobmaterialreicher Silikatischer Mittelgebirgsbach (Typ 5) typisiert. Die Südliche Regnitz unterhalb der Ortschaft Oberprex ist als feinmaterialreich (Typ 5.1) einzustufen. Teile des Einzugsgebietes wurden vor allem zum Schutz der Perlmuschelrestbestände sowohl auf der tschechischen als auch auf der deutschen Seite als Naturschutzgebiet ausgewiesen. Die Muschelbestände beider Untersuchungsabschnitte sind schon stark überaltert, Jungmuscheln wurden schon seit Jahrzehnten nicht mehr nachgewiesen.

2.2 Erfassung und Bewertung der Makroinvertebratenfauna

Bei der Beprobung kam ein erweitertesVerfahren des „multihabitat sampling" zur Anwendung [11]. In einem jeweils 100 m langen, für den Perlmuschelschutz besonders geeigneten, aber unbesiedelten Untersuchungsabschnitt der Gewässer wurden je 10 m² der Sohle unter adäquater Berücksichtigung aller Substrate zweimal (März und Juni 2012) beprobt. Vor Ort wurden die Organismen exemplarisch ausgezählt. Aus dieser Auszählung wurden sieben Abundanzklassen abgeleitet, wobei die Klasse 1 für einen Einzelfund, die Klasse 2 für ein seltenes (2 bis 49 Individuen), die Klasse 3 für ein wenig häufiges (50 bis 199), die Klasse 4 für ein verbreitetes (200 bis 499), die Klasse 5 für ein häufiges (500 bis 999), die Klasse 6 für sehr häufiges (999 bis 2 000) und die Klasse 7 bei einem massenhaften (>2 000) Vorkommen einer Art vergeben wurde. Wenn möglich, fand die Bestimmung vor Ort statt. Belegexemplare wurden in 70 %-iger Alkohollösung konserviert und anschließend im Labor bis zur Art, bei einigen Gruppen bis auf Gattungsniveau (Diptera, z. T. Heteroptera) bestimmt.

Die Berechnung der biozönotischen Indizes und die Gesamtbewertung des ökologischen Zustandes erfolgten mit dem Programm ASTERICS 3.3 (www.fliessgewaesserbewertung.de). Zusätzlich wurden eine Berechnung der Ähnlichkeitsindizes nach Soerensen (Identität des Artenspektrums) und Renkonen (Identität der Dominanzverhältnisse) sowie eine Auswertung des Vorkommens von Arten der Roten Listen (RL) vorgenommen.

2.3 Erfassung und Bewertung der Fischfauna

Alle Gewässerstrecken wurden stromauf watend über die gesamte Gewässerbreite bei Basisabflussverhältnissen elektrisch befischt. Die Befischung der Lutter fand im September 2011 auf einer Länge von 300 m statt. Die Daten wurden von [12] zur Verfügung gestellt. Die Lachte wurde im August 2011 und September 2012 auf einer Länge von jeweils 500 m befischt (EFGI 650; 1 Anode; Fangnetze Maschenweite 4 mm). In der Südlichen Regnitz und im Zinnbach wurden im März/April 2012 200 m lange, repräsentative Gewässerbereiche beprobt (EFKO 1 500; 1 Anode; Fangnetze Maschenweite 4 mm). Die gefangenen Fische wurden auf die Art bestimmt und entsprechenden Größenklassen zugeordnet (≤5, 6 bis 10, 11 bis 20, 21 bis 30, 31 bis 40, >40 cm).

2.4 Erfassung und Bewertung der Makrophyten

Die Makrophyten wurden im Zeitraum vom 18.06. bis 22.06.2012 erfasst und mit der Software PHYLIB 4.1-DV-Tool (Stand Januar 2012) für Mittelgebirgsbäche bewertet. Die Module Phytobenthos und Diatomeen waren nicht Bestandteil der Untersuchung. Bei der Bewertung wurden die Gewässertypen „Rhithrale kiesgeprägte Tieflandflüsse“ (TR_m) für die Lachte und die Lutter sowie „Silikatisch geprägtes Mittelgebirgsgewässer“ (MRS) für den Zinnbach und die Südliche Regnitz zugrunde gelegt. Die Bewertung erfolgte anhand der in dem jeweiligen Untersuchungsabschnitt submers oder flutend bzw. schwimmend vorkommenden Pflanzenarten. Die Pflanzenmengen wurden dazu nach einer fünfstufigen Skala [11] in den 100 m langen Untersuchungsabschnitten entgegen der Strömungsrichtung kartiert.

3 Ergebnisse

Die Bewertungen des ökologischen Zustands der Makroinvertebraten, Fische und Makrophyten stimmten an allen vier Gewässern in bemerkenswert deutlicher Weise überein. Der Zinnbach wurde durchgehend als gut, die Südliche Regnitz als mäßig bewertet. Dies zeigte strukturelle und saprobielle Defizite, insbesondere an der Südlichen Regnitz. Für die beiden Tieflandgewässer Lachte und Lutter war der Zustand bei Makrophyten und Makrozoobenthos überwiegend sehr gut, lediglich die Fische wurden als mäßig eingestuft, was aber eher auf noch fehlende Wiederbesiedlung als auf strukturelle oder stoffliche Defizite zurückzuführen ist. Dies spiegelt auch der Bestand der sehr anspruchsvollen Flussperlmuschel wider, der sich lediglich in der als sehr gut bewerteten Lutter reproduziert und in Zinnbach sowie der deutlich anthropogen beeinflussten Südlichen Regnitz rückgängig ist. Für die Lachte ist trotz vermutlicher Eignung des Gewässers eine Wiederbesiedlung bislang noch nicht erfolgt, aber zu erwarten [16].

3.1 Makroinvertebraten

Die untersuchten Perlmuschelgewässer wiesen in den Untersuchungsgewässern mittlere bis hohe Arten- bzw. Taxazahlen und damit auch recht hohe Diversitätsindizes auf. Dabei kamen die epibis metarhithralen Abschnitte der Lachte und des Zinnbaches auf etwas geringere Artenzahlen als die eher hyporhithral geprägten Abschnitte der Lutter und der Südlichen Regnitz (**Tabelle 1**).

Von den 120 Makroinvertebraten-Arten dominierten die taxonomischen Gruppen Köcher-, Eintags- und Steinfliegen (**Tabelle 2**). Die Köcherfliegen (Trichoptera) waren dabei in den beiden Tieflandbächen Lachte und Lutter etwa gleich stark vertreten wie in den beiden Mittelgebirgsbächen. Gleiches galt für die Steinfliegen (Plecoptera), wobei in Lachte und Lutter fast alle Arten dieser Ordnung nachgewiesen werden konnten, die im norddeutschen Tiefland überhaupt vorkommen. Die Eintagsfliegen (Ephemeroptera) und auch die aquatischen Käfer (Coleoptera) waren in den beiden Mittelgebirgsbächen deutlich häufiger als in den Tieflandbächen.

Tab. 1: Taxazahlen und Diversitätsindizes nach Shannon und Wiener der Untersuchungsgewässer

Gewässer	FG-Typ	Taxazahl	DI
Lachte	16	61	3,62
Lutter	17	69	3,79
Zinnbach	5	43	3,49
Südl. Regnitz	5.1	63	3,78

Tab. 2: Zuordnung der Makroinvertebraten-Arten zu den taxonomischen Gruppen (TL: Tieflandgewässer Lachte & Lutter; MG: Mittelgebirgsgewässer Südliche Regnitz und Zinnbach) und Vorkommen dieser Arten in einem, mehreren oder allen untersuchten Gewässern

		Anzahl in				Anzahl im	
Gruppe	Anzahl gesamt	1 Gewässer	2 Gewässern	3 Gewässern	4 Gewässern	TL	MG
Col	14	10	1	2	1	5	11
Cru	3	1	1	1	–	2	3
Dip	12	5	2	5	–	8	10
Eph	18	8	4	3	3	8	16
Het	2	1	–	1	–	2	1
Hir	4	2	–	2	–	3	3
Meg	2	–	2	–	–	2	2
Mol*	7	3	4	1	–	6	5
Odo	2	–	–	2	–	2	2
Oli	1	–	1		–	1	0
Ple	15	5	7	1	2	10	9
Tri	40	21	5	10	4	27	29
Tur	2	1	1	–	–	1	1

*ohne *M. margaritifera*

Immerhin 28 Arten kamen in drei der vier Untersuchungsgewässer vor, allerdings nur neun Arten in allen vier Bächen: *Elmis maugetii* (Coleoptera), *Baetis fuscatus, Serratella ignita* (Ephemeroptera), *Nemoura avicularis, Nemoura flexuosa* (Plecoptera), *Halesus digitatus, Hydropsyche saxonica, Micropterna sequax, Sericostoma personatum* (Trichoptera).

Einen genaueren Aufschluss über den Grad der Identität der jeweiligen Biozönosen geben die Ähnlichkeitsindizes (**Tabelle 3**). Liegen sie über einem Wert von 0,5 kann man nach Erfahrung der Autoren mit aquatischen Makroinvertebraten-Zönosen schon von einem hohen Grad der Übereinstimmung ausgehen [11]. Werte in dieser Größenordnung und darüber ergaben sich aus dem Vergleich aller Gewässer untereinander mit Ausnahme des Zinnbaches. Dabei ist die große Ähnlichkeit zwischen Lachte und Lutter, die ein Fließgewässersystem bilden, zu erwarten, nicht aber die nur mäßige Ähnlichkeit von Zinnbach und Südlicher Regnitz, die ebenfalls ein Gewässersystem bilden. Hervorzuheben ist demgegenüber, dass sich die Biozönosen von Südlicher Regnitz,

Tab.3: Vergleich der Ähnlichkeit von Makroinvertebraten-Artenspektren über den Soerensen-Index (S) und die Renkonen'sche Zahl (R)

	Lachte		Südliche Regnitz		Lutter	
Gewässer	S	R	S	R	S	R
Südliche Regnitz	0,55	0,52	–	–	0,57	0,57
Lutter	0,77	0,72	0,57	0,57	–	–
Zinnbach	0,33	0,29	0,28	0,25	0,30	0,26

Tab. 4: Gefährdete Makroinvertebraten-Arten (D: Deutschland, NS: Niedersachsen-Flachland, BY: Bayern; Kategorien 0 bis 3, Abundanzklassen 1 bis 7)

Gruppe	Art	Kategorie der Roten Liste			Abundanzen			
		D	NS	BY	Lachte	Lutter	Südl. Regnitz	Zinn-bach
Biv	*Margaritifera margaritifera*	1	1	1	–	3	–	3
Col	*Elmis latreillei*	3	–	3	–	–	–	4
Col	*Hydraena gracilis*	–	3	–	3	3	–	–
Col	*Limnius volckmari*	–	3	–	3	4	–	–
Eph	*Heptagenia flava*	3	3	–	4	4	–	–
Odo	*Calopteryx virgo*	3	-	–	5	5	–	3
Odo	*Cordulegaster boltonii*	3	3	3	5	5	–	3
Ple	*Isoperla difformis*	3	3	–	4	3	–	–
Ple	*Leuctra geniculata*	–	0	–	3	3	–	–
Ple	*Perlodes dispar*	3	0	–	4	4	–	–
Ple	*Protonemura meyeri*	–	3	–	3	–	–	–
Ple	*Taeniopteryx nebulosa*	3	3	–	3	3	–	–
Tri	*Adicella reducta*	–	3	–	–	3	–	–
Tri	*Athripsodes bilineatus*	–	3	3	3	3	3	–
Tri	*Ceraclea annulicornis*	–	3	–	-	2	–	–
Tri	*Hydropsyche saxonica*	–	3	–	5	4	–	–
Tri	*Hydropsyche silveni*	2	–	3	–	–	–	4
Tri	*Lepidostoma basale*	–	3	–	–	3	–	–
Tri	*Lithax obscurus*	–	2	–	5	5	–	–
Tri	*Micrasema setiferum*	2	–	–	–	3	–	–
Tri	*Oecismus monedula*	3	–	3	–	–	3	–
Tri	*Potamophylax cingulatus*	–	3	–	3	–	–	–
Tri	*Potamophylax luctuosus*	–	2	–	3	4	–	–

Lutter und Lachte stärker ähneln als aufgrund der Lage in unterschiedlichen Ökoregionen anzunehmen war.

Neben der Perlmuschel wurden zahlreiche Rote-Liste-Arten nachgewiesen, vor allem Stein- und Köcherfliegen (**Tabelle 4**). Bemerkenswert ist, dass die Zahl der Rote-Liste-Arten in den beiden Tieflandbächen fast dreimal so hoch war wie in den Bächen des Mittelgebirges. In ersteren wurden mit *Leuctra geniculata* und *Perlodes dispar* auch zwei Arten gefunden, die als ausgestorben bzw. verschollen gelten. Diese Einstufung erscheint den Autoren jedoch nicht nur aufgrund der hier dokumentierten Funde als revisionsbedürftig, auch sonst wurden beide Arten in naturnahen kiesgeprägten Gewässern Norddeutschlands durch die Autoren regelmäßig nachgewiesen.

Die abschließende Bewertung der Gewässer nach der WRRL-konformen Methodik führte für die Lutter zu einer sehr guten, für die Lachte zu

Tab. 5: Makroinvertebraten-basierte, ökologische Gesamtbewertung der vier Untersuchungsgewässer in 2012, die Module sind gesichert

Probenahme	Lachte	Lutter	Zinnbach	Südl. Regnitz
Fließgewässertyp	Typ 16	Typ 17	Typ 05	Typ 05
Ökologische Zustandsklasse	gut	sehr gut	gut	mäßig
Qualitätsklasse Modul „Saprobie"	gut	sehr gut	sehr gut	gut
Qualitätsklasse Modul „Allgemeine Degradation"	gut	sehr gut	sehr gut	mäßig
Qualitätsklasse Modul „Versauerung"	nicht relevant	nicht relevant	gut	sehr gut

Tab. 6: Fischbestände für Lachte, Lutter, Zinnbach und Südliche Regnitz, standardisiert auf 0,1 ha Wasserfläche (Gesamtfang und anteilig davon der Jungfischbestand (0+/1+-Fraktion)

Fischart		Lachte		Lutter		Zinnbach		Südl. Regn.	
		ges.	0+/1+	ges.	0+/1+	ges.	0+/1+	ges.	0+/1+
Äsche	*Thymallus thymallus*	–	–	1	1	–	–	–	–
Bachforelle	*Salmo trutta*	251	192	43	30	73	15	5	–
Bachneunauge	*Lampetra planeri*	64	64	8	8	58	5	4	2
Flussbarsch	*Perca fluviatilis*	–	–	–	–	–	–	20	5
Döbel, Aitel	*Leuciscus cephalus*	–	–	–	–	–	–	8	3
Elritze	*Phoxinus phoxinus*	–	–	109	110	–	–	3	–
Gründling	*Gobio gobio*	–	–	3	1	–	–	4	2
Hasel	*Leuciscus leuciscus*	–	–	–	–	–	–	3	3
Hecht	*Esox lucius*	1	1	1	1	–	–	–	–
Mühlkoppe	*Cottus gobio*	–	–	58	16	33	5	5	4
Rotauge, Plötze	*Rutilus rutilus*	–	–	–	–	–	–	7	3
Quappe, Rutte	*Lota lota*	–	–	–	–	5	–	–	–
Schleie	*Tinca tinca*	–	–	–	–	–	–	2	–
Sonnenbarsch	*Lepomis gibbosus*	–	–	18	9	–	–	–	–

einer guten (mit Tendenz zur sehr guten) und für den Zinnbach zu einer guten Bewertung (**Tabelle 5**). Im Zinnbach fehlten insbesondere die sehr säureempfindlichen Arten, was Indiz für eine episodisch leichte Versauerung des Gewässers sein kann. Hydromorphologie und Saprobie waren aber auch im Zinnbach naturnah und damit sehr gut. Eine Ausnahme bildete die Südliche Regnitz, die hinsichtlich ihres allgemeinen (morphologischen) Degradationszustandes nur als mäßig eingestuft werden konnte, was auch insgesamt eine mäßige Bewertung ergab.

3.2 Fische

Die Individuenzahl pro Fläche war in den beiden Tieflandbächen Lachte und Lutter gegenüber den Mittelgebirgsbächen Zinnbach und Südliche Regnitz um das ca. 2- und 4-fache höher.

In den epi- bis metarhithralen Untersuchungsgewässern Lachte und Zinnbach wurden 3 bzw. 4 Arten mit 316 bzw. 169 Individuen je 0,1 ha Wasserfläche nachgewiesen (**Tabelle 6**). In beiden Gewässern dominierten die Bachforelle, der Wirtsfisch der Flussperlmuschel, und das Bachneunauge (**Bild 3**). Zudem wurden in der Lachte der Hecht und im Zinnbach Mühlkoppe und Rutte gefunden. Für die Lachte ist davon auszugehen, dass sie zudem durch Mühlkoppe und evtl. Elritze besiedelt werden kann. Diese Arten wurden unterhalb der befischten Strecke nachgewiesen, können aber aufgrund eines Wehres bisher nicht in die renaturierte Strecke aufsteigen.

In den hyporhithralen Gewässern Lutter und Südliche Regnitz wurden 8 bzw. 10 Arten mit 241 bzw. 59 Individuen je 0,1 ha Wasserfläche nachgewiesen (**Tabelle 6**). In der Lutter dominierten die gewässertypischen Arten Elritze, Mühlkoppe und Bachforelle mit 59 %, 18 % und 13 % (Bild 3). Weitere typische Arten waren Bachneunauge (2,5 %), Gründling (1 %) und Äsche (0,5 %). Zudem wurden Hecht (0,5 %) und der nicht heimische Sonnenbarsch (5,5 %) gefunden. In der Südlichen Regnitz dominierten Arten der Potamalregion, insbesondere Flussbarsch und Rotauge mit 45 % und der Döbel mit 13 %. Daneben waren Bachforelle, Mühlkoppe (je 9 %), Bachneunauge und Gründling (je 7 %) die häufigsten charakteristischen Arten. Weitere charakteristische Arten waren Hasel und Elritze (je 4 %), die bachuntypische Schleie kam zu 2 % vor (Bild 3).

Der Bestand der Bachforelle, als Wirtsfisch der Flussperlmuschel, war in Lachte und Lutter gegenüber Zinnbach und Südlicher Regnitz um ein ca. 3- und 9-faches höher. In der Südlichen Regnitz war die Individuendichte mit 5 Ind./(0,1 ha) deutlich geringer als in Zinnbach, Lutter und Lachte mit 43, 73 und 241 Ind./(0,1 ha) (Tabelle 6). Es wurde in der Südlichen Regnitz auch keine Reproduktion der Bachforelle festgestellt. Auch andere Fischarten, die auf ein gut angebundenes hyporheisches Interstitial angewiesen sind, wie z. B. Äsche und Elritze, fehlten bzw. kamen nur in sehr geringer Abundanz vor. Im Zinnbach wurde die Reproduktion der Bachforelle nachgewiesen, allerdings waren nur 20 % der Individuen 0+- und 1+-Fische. In beiden Gewässern wurden an den Kiemen der Fische keine Glochidien gefunden. In den Gewässern Lutter und Lachte schien das hyporheische Interstitial für kieslaichende Fischarten wesentlich besser geeignet zu sein. Die Bachforelle reproduzierte sich sehr gut, über 70 % des Gesamtbestandes waren 0+- und 1+-Fische. In der Lutter wurden auch Elritzen in hoher Ab-

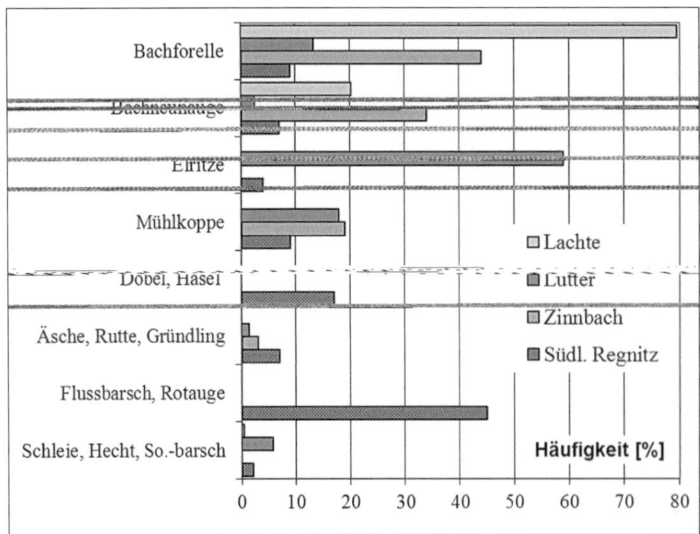

Bild 3: Relative Häufigkeit der Fische und Neunaugen in Lachte, Lutter, Südliche Regnitz und Zinnbach

undanz und guter Reproduktion nachgewiesen, was ein weiterer Indikator für ein gut angebundenes hyporheisches Interstitial ist.

Der ökologische Zustand der Fische wurde für Lutter und Lachte mit „mäßig" bewertet. Verantwortlich dafür waren in der Lutter vor allem Abweichungen der Abundanzen zwischen den nachgewiesenen Leitarten und dem Referenzanteil von -50 % (Groppe) bis +1 080 % (Elritze) und das Fehlen von typspezifischen Arten wie Hasel und Schmerle. In der Lachte fehlten aufgrund der fehlenden Längsdurchgängigkeit die Arten Elritze und Groppe. Das Vorkommen beider Arten hätte bereits in geringer Abundanz zu einem guten ökologischen Zustand geführt.

Für den Zinnbach wurde der ökologische Zustand noch mit „gut" bewertet, für die Südliche Regnitz nur mit „mäßig". Grund für die schlechtere Bewertung waren vor allem die geringen Abundanzen der Leitarten wie Bachforelle und Hasel, sowie der Potamalisierungseffekt durch das hohe Vorkommen von Flussbarsch und Rotauge/Plötze.

3.3 Makrophyten

Aufgrund der recht hohen Fließgeschwindigkeiten und der ausgeprägten Beschattung waren die submersen Makrophyten nur kleinflächig bis lückig ausgebildet. Lediglich an der Lachte bildete die Zwiebelbinse *(Juncus bulbosus)* über Teilabschnitte flutende und deckende Bestände.

Von den insgesamt 10 gefundenen bewertungsrelevanten Arten (**Tabelle 7**) kam in allen Untersuchungsgewässern nur das Quellmoos *(Fontinalis antipyretica)* vor. Wie der Hakenwasserstern *(Callitriche hamulata)* zeigt es einen unbelasteten Zustand an.

Hervorzuheben ist im Artenspektrum das in mäßigen Abundanzen im Zinnbach und in der Lachte vorkommende Knöterich-Laichkraut *(Potamogeton poligonifolius)*, das nach der deutschlandweiten Roten Liste als gefährdet (3) eingestuft und ein ausgeprägter Indikator für Oligotrophie ist.

Die Bewertung nach dem Modul Makrophyten ergab für die Lachte und die Lutter einen sehr guten, für den Zinnbach einen guten und für die Südliche Regnitz einen mäßigen Zustand.

Tab. 7: Abundanzen von bewertungsrelevanten submersen Makrophyten in den untersuchten Perlmuschelgewässern sowie Bewertung mit PHYLIB

	Lachte	Lutter	Zinnbach	Südl. Regnitz
Art *Berula erecta*	–	2	–	–
Callitriche hamulata	3	3	2	–
Callitriche stagnalis	–	–	–	2
Fontinalis antipyretica	2	3	3	1
Glyceria fluitans	–	–	2	–
Juncus bulbosus	4	–	–	–
Nasturtium microphyllum	–	2	–	–
Potamogeton. polygonifolius	2	–	2	–
Ranunculus aquatilis	2	–	–	–
Ranunculus fluitans	–	2	–	2
Modul Makrophyten	0,886	0,948	0,652	0,500
Zustandsklasse	sehr gut	sehr gut	gut	mäßig

4 Diskussion und Schlussfolgerungen

Von den untersuchten Bächen war nur die Lutter aus der Sicht der Makrozoobenthosbiologie in einem sehr guten Zustand. Sie war ganz überwiegend von Reinwasserarten, v. a. Stein-, Köcher- und Eintagsfliegen, besiedelt, die im norddeutschen Tiefland überwiegend selten sind, weil sie höchste Ansprüche sowohl an die Wasserqualität als auch an die Habitatstruktur stellen. Mit geringen Einschränkungen gilt diese Aussage auch für die Lachte. Beide Gewässer waren zudem auch aus gewässerbotanischer Sicht in einem sehr guten Zustand.

Der ökologische Zustand des Zinnbaches wurde über das Makrozoobenthos trotz der sehr guten Saprobie und Hydromorphologie mit „Gut" bewertet, da offensichtlich eine leichte Versauerungsanfälligkeit besteht. Die Artenzahl blieb zudem deutlich hinter der von Lutter und Lachte zurück.

Die geringe Ähnlichkeit bei Makroinvertebraten zwischen Zinnbach und Südlicher Regnitz kann neben den unterschiedlichen Fließregionen auch auf die deutliche Degradation der Südlichen Regnitz zurückgeführt werden. Eine Degradation zeigt z. B. auch die hohe Abundanz von Flussbarsch und Plötze mit 45 % in der Südlichen Regnitz an.

Insgesamt wurde deutlich, dass sich reproduzierende Bestände der Flussperlmuschel offensichtlich kompromisslos an einen sehr guten Gewässerzustand gebunden sind.

In den beiden Mittelgebirgsbächen Zinnbach und Südliche Regnitz mit rückläufigem Flussperlmuschelbestand war zudem auffällig, dass die Bachforelle Defizite beim Jungfischaufkommen aufwies. Die Bestände waren besonders in der letzten Dekade stark rückläufig. Veränderungen des Fischbestandes und des Artgefüges wurden während der letzten Jahre auch von den Fischereiberechtigten festgestellt. Geringe Bestandsdichten von Wirtsfischen können die Perlmuschelvorkommen bedrohen bzw. der limitierende Faktor für ihr Überleben sein [13]. Die Funktion als Wirtsfisch können zwar auch adulte Fische übernehmen, die dann in einem stärkeren Ausmaß von den Glochidien besetzt werden [1], in den oberfränkischen Perlmuschelgewässern ist jedoch der Gesamtbestand der Bachforelle rückläufig. Dieser Trend kann für eine zunehmende Anzahl von Gewässern als zusätzlicher Faktor für rückläufige Perlmuschelvorkommen angesehen werden (z. B. [14]), wenngleich bis in die 1990er-Jahre Veränderungen bei den Wirtsfischbeständen nicht als entscheidende Ursache für den generellen Rückgang der Flussperlmuschel angesehen wurden. Inwieweit die aktuell erfassten Bestände der Bachforelle bereits kritisch für den Lebenszyklus der Perlmuschel sind, kann noch nicht abgeschätzt werden. Ursache des Rückgangs der Flussperlmuschel ist aber, gemeinsam mit den Forellenbeständen, vermutlich vor allem die Kolmation der Gewässersohle durch Feinsediment. Sedimentprobenahmen in Zinnbach und Südlicher Regnitz im Sommer 2012 zeigten einen Feinsand-, Schluff- und Tonanteil im Sediment von ca. 10 %. Vergleichbare Gewässer mit reproduzierenden Flussperlmuschelbeständen hatten einen Anteil von unter 3 % bis max. 7 % [15]. Dies führte vermutlich auch zu der mit nur 2 cm Oxidationstiefe geringen Anbindung des Sedimentporenraums an das sauerstoffreiche Bachwasser. Die Arbeit zum integrierten Sedimentmanagement für die oberfränkischen Perlmuschelgewässer [6] zeigte auf, dass der Haupteintrag der Feinsedimente von offenen Böden stammt, z. B. infolge von Maisanbau. Die Entfernung zum Gewässer war dabei nicht relevant, da die Sedimentfrachten bei Starkregen auch über zuführende Seitengewässer und Grabensysteme in die Perlmuschelgewässer eingetragen werden. Hohe Sedimenteinträge und Verschlammung sind daher als einer der Hauptgefährdungsfaktoren für die Flussperlmuschel, aber auch für die oberfränkischen Fischbestände anzusehen [6].

Dies zeigte auch das sehr ermutigende Beispiel der Flussperlmuschelbestände an der Lutter. Durch konsequentes und großräumiges Sedimentmanagement im Einzugsgebiet erholten sich die Flussperlmuschel- aber auch die Fischbestände. Die Maßnahmen führten insbesondere zu einer deutlichen Verringerung der Geschiebemenge von Sand. Beispielsweise wurden allein in einem kleinen Seitenbach der Lutter mit einem Einzugsgebiet von 2,4 km² jährlich zwischen 3,2 und 12,9 m³ Sand aus einem Sandfang entnommen. Das Ergebnis der reduzierten Einträge waren Habitatverbesserungen im Sediment und die

Reproduktion von z. B. Elritze und Flussperlmuschel [9]. Die an der Südlichen Regnitz während des letzten Jahrzehnts ausgeführten Maßnahmen (EU-LIFE-Projekt) zum Sedimentrückhalt scheinen vom Umfang bzw. der Effizienz bislang nicht ausreichend zu sein. Für die oberfränkischen Gewässer ist aber aufgrund des hügeligen und stärker landwirtschaftlich genutzten Umfeldes auch von einem deutlich höheren Eintrag und damit auch höheren Einfluss der Feinsedimente auszugehen.

Durch den Rückhalt der Sedimenteinträge aus Landwirtschaft (v. a. Maisanbau), Siedlungen, Straßenbau, Forst und Wasserwirtschaft werden auch die anderen vermuteten Belastungsfaktoren der Flussperlmuschel, nämlich Nährstoffe, Schwermetalle und Pestizide reduziert. Damit ist der konsequente Sedimentrückhalt der derzeit aussichtsreichste Ansatz zum Schutz der Flussperlmuschel und damit ein wichtiger sowie längst notwendiger Schritt für den Gewässerschutz.

Autoren

Dipl.-Ing. Michael Seidel
Dr. Uta Langheinrich
Prof. Dr. Volker Lüderitz
Hochschule Magdeburg-Stendal
Breitscheidstr. 2, 39114 Magdeburg
Michael.Seidel@hs-magdeburg.de
Uta.Langheinrich@hs-magdeburg.de
Volker.Luederitz@hs-magdeburg.de

Dr. Thomas Speierl
Bezirk Oberfranken – Fachberatung für Fischerei
Ludwigstr. 20
9544 Bayreuth
Thomas.Speierl@bezirk-oberfranken.de

Literatur

[1] Geist, J.: Strategies for the conservation of endangered freshwater pearl mussels *(Margaritifera margeritifera L.)*: a synthesis of Conservation Genetics and Ecology. In: Hydrobiologia (2010), Nr. 644, S. 69-88.

[2] Sachteleben, J.; Schmidt, C.; Vandre, R.; Wenz, G.: Leitfaden Flussperlmuschelschutz. Bayerisches Landesamt f. Umweltschutz (Hrsg.), Augsburg, 2004.

[3] Vandre, R.; Schmidt, C.; Wenz, G.: Contributes modern agriculture to the decline of freshwater pearl mussel? A historical review. In: Z. Ökologie u. Naturschutz (2000), Nr. 9, S. 129-137.

[4] Schmidt, C. und Wenz, G.: Monitoring-Programm für ausgewählte Bestände der Flussperlmuschel *Margaritifera margaritifera* als Datengrundlage und für die Erfolgskontrolle von Schutzprojekten im Rahmen des Artenhilfsprogramms. In: Schriftenreihe des Bayer. Landesamtes f. Umweltschutz (2001), Nr. 156.

[5] Bauer, G.: Untersuchungen zur Fortpflanzungsbiologie der Flussperlmuschel *(Margaritifera margaritifera)* im Fichtelgebirge. In: Archiv für Hydrobiologie (1979), Nr. 85, S. 152-165.

[6] Strohmeier, P.; Bruckner, G.: Integriertes Sedimentmanagement in Einzugsgebieten von Perlmuschelgewässern. Endbericht Projekt „Perlmuschelgewässer"- AZ 24496, DBU, 2013.

[7] Pander, J.; Geist, J.: Seasonal and spatial bank habitat use by fish in highly altered rivers – a comparison of four different restoration measures. In: Ecology of Freshwater Fish (2010), Nr. 19, S. 127-138.

[8] Frank, H.; Gerstberger, S.: Declining populations of freshwater pearl mussels *(Margaritifera margaritifera)* are burdened with heavy metals and DDT/DDE. In: AMBIO: A Journal of the Human Environment 36 (2007), Nr. 7, S. 571-574.

[9] Altmüller, R.; Dettmer, R.: Erfolgreiche Artenschutzmaßnahmen für die Flussperlmuschel *Margaritifera margaritifera L.* durch Reduzierung von unnatürlichen Feinsedimentfrachten in Fließgewässern – Erfahrungen im Rahmen des Lutterprojektes. In: Informationsdienst Naturschutz Niedersachsen (2006), Nr. 26, S. 192-204.

[10] Altmüller, R.; Dettmer, R.; Horny, N.; Ratzbor, G. (2006): Wiedereinbringung von Kies in Heidebäche und Erfolgskontrolle am Beispiel der Fischfauna. Informationsdienst Naturschutz Niedersachsen 26, 205-213.

[11] Lüderitz, V.; Speierl, T.; Langheinrich, U.; Völkl, W.; Gersberg, R. M. (2011): Restoration of the Upper Main and Rodach rivers – The success and its measurement. Ecol. Eng. 37, 2044-2055.

[12] LAVES, Dezernat Binnenfischerei (Hrsg.): Daten aus dem FFH-RL- und dem EG-WRRL-Monitoring des Landes Niedersachsen, 2013.

[13] Ziuganov, V.; Zotin, A.; Nezlin, L.;Tretiakov, V.: The freshwater pearl mussels and their relationships with salmonid fish. VNIRO, Russion Federal Research Institute of Fisheries and Oceanography, Moskau, 1994.

[14] Hastie, L.; Tarr, E. C.; al-Mousawi, B; Young, M. R.: Medium-term recruitment patterns in Scottish freshwater pearl mussel *Margaritifera margaritifera* populations. In: Endangered Species Research (2010), Nr. 11, S. 21-33.

[15] Geist, J.; Auerswald, K.: Physicochemical stream bed characteristics and recruitment of the freshwater pearl mussel *(Margaritifera margaritifera)*. Freshwater Biology 52 (2007), Nr. 12, S. 2 299-2 316.

[16] Altmüller, R.: persönliche Mitteilung, 22.03.2012.

Michael Seidel, Thomas Speierl, Uta Langheinrich and Volker Lüderitz

Studies on the Accompanying Fauna and Flora of the Freshwater Pearl Mussel – Comparison of two Mountain Streams (Fichtelgebirge, Bavaria) and two Lowland Streams (Lüneburger Heide, Lower Saxony)

The freshwater pearl mussel (*Margaritifera margaritifera*) is an indicator, keystone, target and flagship species in aquatic ecology and nature conservation. In Europe, its populations decrease on markedly. There are a lot of results concerning the biology and, in detail, the autecology of this species but there is a deficit in information about the accompanying fauna and flora in pearl mussel streams. This contribution deals with the fish and macroinvertebrate fauna and with the aquatic vegetation of each two such streams in the Bavarian Fichtelgebirge and in the Lüneburger Heide, Lower Saxony. The evaluation is done with the recent assessment procedures. The results show that intact and reproducing populations of mussels are linked with a very good ecological status of the water body. In the river Lutter as one of the few German streams with growing pearl mussel populations and in the stream Lachte with „mussel expectation" an unique clear-water invertebrate biocoenosis that refuges several red list species was found. The stocks of brown trout (*Salmo trutta*) that is the host fish of pearl mussels is several times higher in the Lutter and in the Lachte than in the Zinnbach and in the Südliche Regnitz. The used methodical approach can help to assess the chance of success for projects of mussel return.

Михаэль Зайдель, Томас Шпайерль, Ута Лангхайнрих и Фолькер Людеритц

Исследования сопутствующей фауны и флоры речной жемчужницы – сравнение 2 ручьев, текущих в средневысоких горах в горном массиве Фихтель и 2 ручьев, протекающих в низменной местности в регионе Люнебургской пустоши

Речная жемчужница (margaritifera margaritifera) является своего рода индикатором. Это ключевой, целевой и ведущий вид моллюсков, важный для экологии водоемов и охраны природы. Популяция речной жемчужницы в Европе продолжает уменьшаться. О биологии и аутоэкологии этого вида имеются многочисленные исследования, однако, точной информации о сопутствующей фауне и флоре водоемов, в которых обитает речная жемчужница, не достаточно. В данной работе исследуется и оценивается такая фауна как рыбы и макробеспозвоночные, а также растительность водоемов, два из которых находятся в горах Фихтель (Бавария) и два – на Люнебургской пустоши. Результаты показывают, что наличие здоровых и самовоспроизводящихся популяций моллюсков взаимосвязаны не просто с хорошим, а очень хорошим экологическим состоянием водоемов. Исследования, проведенные на реке Люттер (Lutter) – одном из немногих немецких водоемов, в котором развиваются молодые моллюски, и на реке Лахте (Lachte), в которой ожидается появление речной жемчужницы, смогли подтвердить единственную для северогерманской низменности фауну беспозвоночных чистых вод, многие виды которой зарегистрированы в Красной Книге на уровне федерации и земель. Популяция ручьевой форели, рыбы-«хозяина» речной жемчужницы, в Лахте (Lachte) и Луттере (Lutter) во много раз больше чем в Циннбахе (Zinnbach) и Южном Регнице (Südlicher Regnitz). Примененный здесь методический подход может помочь оценить шансы на успех проектов по повторному переселению речной жемчужницы.

Günther Hartmann

Zeitgemäßer Fischschutz an bestehenden Anlagen – ein Beispiel

Die Anpassung bestehender Wasserkraftwerke an den jeweiligen anerkannten Stand der Technik beim Fischschutz gestaltet sich oft sehr schwierig bis unmöglich. Anhand eines Beispiels aus dem oberbayerischen Voralpenraum soll gezeigt werden, wie dies unter Umständen gelingen kann. Dabei wurde der Einlauf einer im Jahr 1963 errichteten Wasserkraftanlage neu gestaltet und mit flachen Rechen (35° Neigung) mit 20 mm lichten Stababstand, neuen Rechenreinigungsmaschinen und einer 52 m langen Abschwemmrinne ausgerüstet.

1 Hintergrund

Das Kraftwerk 1 der Elektrizitätsgenossenschaft Alzgruppe e. G. (**Bild 1**) ging im Jahr 1963 mit zwei geheberten Kaplan-Vertikal-Turbinen mit einem Schluckvermögen von jeweils 19,5 m³/s bei einem Gefälle von rd. 2,2 m in Betrieb. Die Leistung der Anlage betrug damals 600 kW und wurde so nahezu unverändert bis in das Jahr 1990 betrieben. 1990 wurde das Kraftwerk mit einer automatischen Steuerung für den wärterlosen Betrieb ausgerüstet. 1997 erfolgten im Zuge einer Wehrsanierung eine Stauerhöhung um 10 cm, der Einbau eines 30 m breiten und 1,0 m hohen luftgefüllten Schlauchwehres sowie die Errichtung eines Beckenpasses gemäß dem damaligen Stand der Technik. Im Jahr 2001 wurde das Kraftwerk 2 mit einer Kaplan-Rohrturbine und einem Ausbauzufluss von 20 m³/s bei einem Gefälle von 2,3 m in Betrieb genommen. 2006 erfolgte der Einbau eines Borstenfischpasses und eines Raugerinnebeckenpasses in eine ebenfalls neu errichtete raue Sohlenrampe als wesentliche ökologische Verbesserung im Sinne des EEG 2004. Damit stieg die Vergütung auf 9,67 ct/kWh.

Bild 1: Die Kraftwerke und das Wehr der Elektrizitätsgenossenschaft Alzgruppe e. G. an der Alz in Truchtlaching (Quelle: Hartmann)

Bild 2: Die Kraftwerkszuläufe während des HQ_{100} Anfang Juni 2013 (Quelle: Hartmann)

2012 wurden erste Überlegungen angestellt, unter welchen Voraussetzungen die Vergütung nach EEG 2012 erreicht werden kann. Da hinsichtlich des Fischaufstiegs bereits mehrere Optionen umgesetzt waren und nach Ansicht der Fachbehörden die Thematik Fischaufstieg umfassend behandelt war, zeigte sich sehr schnell, dass zusammen mit technischen Verbesserungen, zum Beispiel neuen Trafos, dem Fischschutz und dem Fischabstieg der zukünftige Augenmerk zukommen sollte. Die Einhaltung der §§ 33 bis 35 und 6, Abs. 1 WHG sollte durch einen Gutachter bescheinigt werden (**Bild 2**).

2 Fischschutz und Fischabstieg

2.1 Erste Überlegungen

Kraftwerk 1

Nachdem am Kraftwerk 1 jeweils ein Rechen mit 35 mm lichtem Stababstand und einer Rechenfläche von 19,5 m² vorhanden war, war es unbedingt nötig, die Rechenfläche soweit zu vergrößern, dass die Fließgeschwindigkeit senkrecht zur Rechenfläche unter 0,5 m/s sinken konnte. Da durch die beiden nebeneinander liegenden Einläufe eine Verbreiterung des Einlaufs nicht möglich war, konnte dies nur dadurch erreicht werden, dass der Rechen erheblich flacher gestellt wurde. Da die Sohle zu den Turbinenkammern hin fiel, musste auch die Sohle neu gestaltet werden. Dadurch entstand vor den Rechenfußpunkten ein rd. 1,5 m hoher Absatz in der Sohle. Die Neigung des Rechens sollte zukünftig 35° statt wie bisher 70° betragen.

Kraftwerk 2

Die Rechenfläche des Kraftwerkes 2 betrug bereits ca. 41 m², so dass beim Ausbauzufluss von 20 m³/s eine Geschwindigkeit >0,5 m/s nicht überschritten wurde. Die Umrüstung der Rechenfelder von 25 mm lichte Weite auf 20 mm lichte Weite konnte als problemlos erachtet werden.

Dieses Konzept wurde der Genehmigungsbehörde und den Fachbehörden im Herbst 2012 vorgestellt. Da nach Auffassung der Fachbehörden die Abwanderung der Fische im rund 240 m breiten Wehr über die Sohlenrampe und Wehrausschnitte bereits möglich war, wurde die Schaffung eines weiteren Abwanderungskorridors angesichts der kalkulierten Mehrkosten von rd. 250 T€ nicht weiter verfolgt. Nicht zuletzt auch weil diese Mehrkosten für den Betreiber bei den bisherigen jährlichen Entsorgungsgebühren von rd. 2 000 € als nicht refinanzierbar galt.

Die Entsorgung des Rechengutes sollte wie bisher auch über jeweils zwei Förderbänder zu einem zentralen Zwischenlagerplatz entsorgen. Somit trat man mit diesem Konzept in die Entwurfsphase.

3 Entwurfs- und Ausführungsplanung

Während der Entwurfsphase beschlich Planer und Betreiber ein mulmiges Gefühl, nachdem die ersten Pläne des Stahlwasserbauers vorlagen. Die Gefahr, dass Fische, die am Rechen anstehen mit der Harke auf der flachen Rechenebene nach oben gescheucht und dann zappelnd von der Harke über die Rechenschürze auf das Förderband befördert werden, wurde als zu groß betrachtet. Ein weiterer Aspekt war die Vermeidung einer negativen Öffentlichkeitswirksamkeit, da man von der Terrasse einer auf dem Firmengelände gelegenen Brauereigaststätte auf die Rechenanlage und die Förderbänder schauen konnte. Aus diesen Gründen wurden die Mehrkosten für jeweils eine Abschwemmrinne, ein Spültor und einen Spülkanal in Kauf genommen. Die Genehmigungsbehörde wurde über das umfangreichere Vorhaben informiert und erteilte, wie zu erwarten war, postwendend ihr Einverständnis.

4 Bauausführung

Im Juli 2013 begann man mit dem Bau des Abschwemmkanals, der zwischen den beiden Kraftwerken zusammengefasst wurde und in das Unterwasser des Kraftwerkes 2, der Alz, mündete. Im Bereich der Spültore wurden beckenartige Mulden ausgebildet, damit das Verhältnis Absturzhöhe/Muldentiefe <4:1 nicht unterschritten wird.

Im September 2014 wurde das Kraftwerk 1 abgestellt. Der Oberwasserkanal wurde mit Kanaldielen und Big Bags zur Alz hin abgedämmt. Die Abbrucharbeiten umfassten die Demontage der alten Rechenreiniger und Rechenfelder sowie der Bodenplatte der bestehenden Einläufe. Die zum ehemaligen Rechenfußpunkt hin abfallende Sohle und die Ufermauern wurden abgetragen (**Bilder 3 und 4**).

Im Gegenzug wurden eine neue horizontale Sohle sowie die Ufermauern neu errichtet und die Mittelmauer zwischen den Einläufen nach Oberwasser verlängert.

Mitte Dezember 2013 waren alle Arbeiten vollendet, der Oberwasserkanal wurde geflutet und das Kraftwerk fristgerecht wieder in Betrieb genommen.

Da die Rechenfelder des Kraftwerkes 2 bereits im Februar 2013 ausgetauscht wurden, erfolgte der Umbau der Harke des Rechenreinigers erst im Sommer 2014. Dabei wurde die Harke in eine bewegliche Spülrinne umgebaut (**Bild 5**).

5 Fazit

Seit Sommer 2014 funktionieren die neuen Rechenreiniger mit den Spültoren und den Abschwemmrinnen problemlos. Zivilisationsmüll wird größtenteils von Hand geborgen und fachgerecht entsorgt. Durch den flachen Winkel des Rechens schiebt das Wasser einen Teil des Rechengutes, vorwiegend Äste, auf den Rechenfeldern nach oben. Wie der Betrieb zeigt, steigen Fische entlang des flachen Rechens nach oben und warten manchmal in der Abschwemmrinne auf das Öffnen der Spültore. Da die Spültore ca. 10 Sekunden früher öffnen als die Harke mit dem

Bild 3: Neubau des Einlaufes des Kraftwerkes 1 während der Bauzeit (Quelle: Hartmann)

Bild 4: Die Einläufe der beiden Kraftwerke mit dem Abschwemmkanal und dem Mündungsrohr in die Alz im Unterwasser des Kraftwerkes 2 (Quelle: Hartmann)

Bild 5: Der Einlauf des Kraftwerkes 1 mit montierten Rechenfeldern, Abschwemmrinne und Rechenreinigungsmaschinen (Quelle: Hartmann)

Rechengut die Abschwemmrinne erreicht, gelangen die Fische vor dem Rechengut in das Unterwasser (**Bilder 6 und 7**).

Zusammenfassend lässt sich nach dem nunmehr einjährigen Betrieb feststellen, dass durch den Umbau der Rechenfelder auf 20 mm lichte Stabweite die Leistungsverluste durch die Verlegung der Leit- und Laufradflügel, insbesondere an der Kaplan-Rohrturbine, deutlich geringer ausfallen als früher. Da die Spülintervalle beibehalten wurden, stieg die geleistete elektrische Arbeit zwischen den Spülintervallen. Durch die Verwendung von Flussrechenprofilen und einen deutlich flacher stehenden Rechen (35° statt vorher 70°) konnten die Rechenverluste durch den geringeren Stababstand und damit einem höheren Verbauungsgrad (rd. 26 % gegenüber rd. 15 %) kompensiert werden.

Obwohl der hier aufgezeigte Weg sicherlich nicht überall Anwendung finden kann, ist er doch ein gutes Beispiel dafür, dass man auch bestehende Anlagen an den derzeitigen Stand der

Bild 6: Die neuen Kraftwerkszuläufe (Quelle: Hartmann)

Bild 7: Die neuen Kraftwerkszuläufe (PanoramaBild; Quelle: Hartmann)

Technik hinsichtlich des Fischschutzes und des Fischabstieges anpassen kann.

Abschließend sei erwähnt, dass die Fachberatung für Fischerei des Bezirks Oberbayern bestrebt ist, diese Anlage hinsichtlich der o. g. Kriterien in einer Masterarbeit untersuchen zu lassen.

Autor
Dipl.-Ing. (FH) Günther Hartmann
Ingenieurbüro für Tief- und Wasserbau
Johann-Kagermeier-Str. 19
83358 Seebruck
mail@hartmann-hydro.de

Günther Hartmann

Up-to-date Fish Protection at Existing Hydropower Plants – an Example
The adaptation of existing hydropower plants to the approved state of the technology according fish protection is often very difficult, many times even impossible. This example located in Southern Bavaria shows you one way how this can be done. The intake of a 1963 built hydropower plant was equipped with a less steep (35 degrees instead of 70 degrees), but larger rake with 20 mm bar distance.

Гюнтер Хартманн

Пример современной рыбозащиты на уже существующих сооружениях
Адаптация уже существующих гидроэлектростанций в соответствии с признанным на данный момент техническим уровнем в области рыбоохраны часто оказывается очень сложной, если не невозможной. На основе примере из Верхней Баварии (предгорья Альп) показывается, как это может быть достигнуто при определенных условиях. На построенной в 1963 году гидроэлектростанции был модернизирован водоприемный участок и оснащен плоскими (с уклоном 35°) решетками, с расстоянием между прутьями 20 мм, новыми устройствами для очистки решеток и сплавным желобом длиной 52 м.

Projekte und Praxis

Matthias Meyer, Steffen Schweizer, Daniel Göz, Andreas Funk, Sandro Schläppi, Andrea Baumann, Jan Baumgartner, Willy Müller und Martin Flück

Die Seeforellenweiche – ein mobiles Leitsystem für aufsteigende Wandersalmoniden

Im Rahmen der Entleerung des Stausees Räterichsboden (Berner Oberland, Schweiz) wurden verschiedene gewässerökologische Schutzmaßnahmen realisiert. Für den Erhalt des Seeforellenjahrgangs 2014/15 entwickelte die Fachstelle Ökologie der Kraftwerke Oberhasli AG ein mobiles fischschonendes Leitsystem für aufsteigende Wandersalmoniden, um die laichbereiten Seeforellen in ein Nebengewässer umzuleiten. Im Praxistest konnte sowohl die ökologische Funktionsfähigkeit als auch die Hochwassersicherheit nachgewiesen werden. Das Leitsystem könnte auch für andere fischökologische Fragestellungen adaptiert werden.

1 Einleitung

Im Rahmen des Investitionsprogramms Tandem baut die Kraftwerke Oberhasli AG (KWO) die Kraftwerkskette vom Räterichsbodensee bis nach Innertkirchen im Berner Oberland, Schweiz, aus. Diese aufwertenden Maßnahmen zielen darauf ab, die Stromproduktion mit derselben Wassermenge nur durch die Verringerung von Reibungsverlusten um 70 GWh/a zu steigern. An der Planung der ökologischen Ausgleichsmaßnahmen waren die kantonalen und Bundesämter, verschiedene Umweltschutzorganisationen, der Bernisch Kantonale Fischerei Verband sowie die lokalen Fischer beteiligt. 2011 wurde das Projekt ohne Einsprachen der Umweltschutzverbände genehmigt [1]. Während des Begleitgruppenprozesses war bekannt, dass wegen der baulichen Maßnahmen der Räterichsbodensee im Winterhalbjahr 2014/15 komplett entleert werden muss.

Als gewässerökologisches Ziel wurde definiert, die Auswirkungen auf die unterhalb des Stausees befindliche Hasliaare so gering wie möglich zu halten bzw. das Gewässersystem mit seiner Flora und Fauna rasch wieder in den guten ökologischen Ausgangszustand zurückzuführen. Hierzu galt es, unter anderem ein Konzept für den Erhalt des Seeforellenjahrgangs 2014/15 zu planen.

2 Gewässerökologische Rahmenbedingungen und die Seeforelle als Zielart

Die Restwasserstrecke der Hasliaare sowie ihre Zuflüsse stellen für die Seeforellenpopulation des Brienzersees bedeutende Laich- und Jungfischhabitate dar. In der Schweiz ist die Seeforelle *(Salmo trutta lacustris)* als stark gefährdete Art in der Roten Liste geführt. Dies ist insbesondere dadurch bedingt, dass sie ein charakteristisches Migrationsverhalten aufweist und in ihrem Lebenszyklus verschiedene Habitatstypen besiedelt. Ab Anfang September bis Mitte November steigen die Laichtiere aus dem Brienzersee in die Oberläufe der Seezuflüsse auf, wobei der Hauptaufstieg von Mitte bis Ende Oktober erfolgt. Im Einzugsgebiet der Hasliaare liegt der Großteil der Laichareale oberhalb von Innertkirchen, im Hauptfluss selbst sowie in den beiden Nebenflüssen Urbach- und Gadmerwasser (**Bild 1**).

Nach dem Verlaichen entwickeln sich die befruchteten Seeforelleneier im Sediment bis sie im darauf folgenden Frühjahr schlüpfen. In der Regel erfolgt der Abstieg in den Brienzersee während der ersten beiden Lebensjahre. Das Nahrungsangebot im See führt zu einem vergleichsweise schnellen Größenwachstum, so dass die Erstlaicher in der Regel beim Wiederaufstieg über

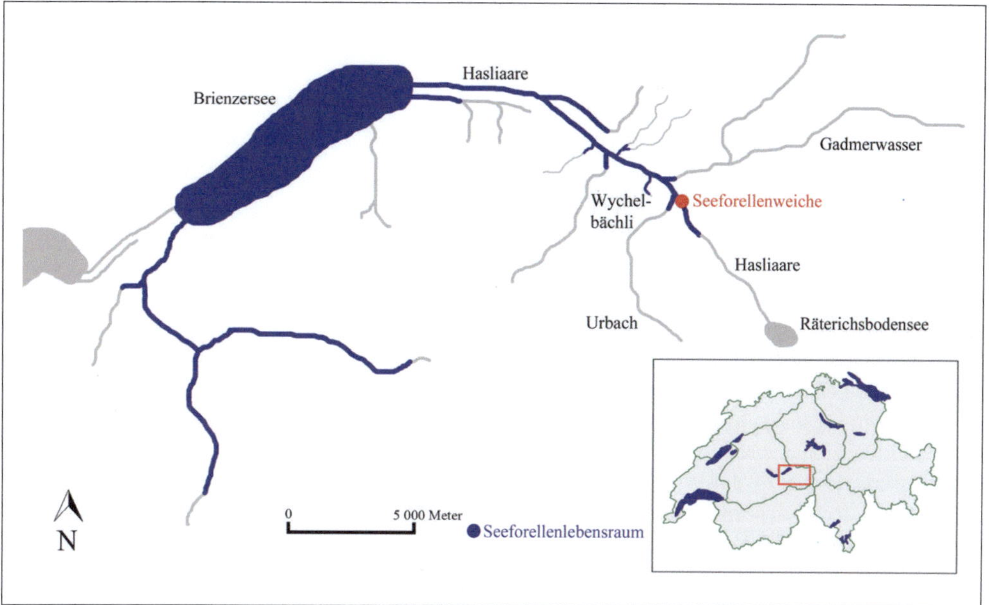

Bild 1: Geografische Einordung und Lebensraum der Seeforelle im Einzugsgebiet des Brienzersees (Quelle: [2], verändert)

55 cm aufweisen. Der Beginn der Entleerung des Räterichbodensees wurde auf den 8. November 2014 festgesetzt. Während der Seeentleerung musste trotz der bis zu 13-fachen Verdünnung mit klarem Wasser mit teilweise hohen Schwebstoffkonzentrationen in der Hasliaare gerechnet werden. Die damit zu erwartende starke Kolmation der Sohle hätte die Entwicklung der sich im Sediment befindlichen Seeforelleneier erheblich gefährdet.

In Absprache mit den beteiligten Institutionen wurde entschieden, das Aufsteigen der Seeforellen in die Hasliaare oberhalb der Urbachwassermündung zu verhindern.

Ziel war es, einen Großteil der Seeforellen schonend in das Urbachwasser zu lenken, um diese sich dort natürlich reproduzieren zu lassen [3]. Im Urbachwasser steht den Seeforellen ein Gewässerabschnitt von 0,7 km bis zu den natürlichen, nicht überwindbaren Felsabstürzen zur Verfügung. Im Rahmen der Schutzmaßnahme wurde zudem zusätzliches Laichsubstrat in das Urbachwasser eingebracht. Im Vorfeld wurde der potentielle Verlust an Laicharealen in der Hasliaare kartiert und festgestellt, dass mit der Seeforellenumleitung ein Verlust von mindestens 3 km Gewässerstrecke einhergeht [4].

3 Entwicklung und Konstruktion des Seeforellenzauns

3.1 Hydrologische Rahmenbedingungen

In der Planung musste neben dem Populationsschutz der Seeforelle der Hochwasserschutz als ein wichtiger Gesichtspunkt berücksichtigt werden, da die Hasliaare ein stark geschiebeführender Gebirgsbach ist. Hinsichtlich des Abflusses und der Geschiebeführung ist das Fließgewässer auch im Herbst noch als sehr dynamisch anzusehen. Deshalb war insbesondere die Situation bei hohen Abflüssen zu berücksichtigen. Zum einen durfte vom Leitsystem selbst keine Gefahr bei Hochwasser ausgehen, zum anderen sollte das Leitsystem auch nicht durch ein Hochwasser allzu stark beschädigt werden. Aufgrund dieser Rahmenbedingungen wurde festgelegt, dass im Falle von Ereignissen mit hohen Abflüssen der Hochwasserschutz oberste Priorität erhält.

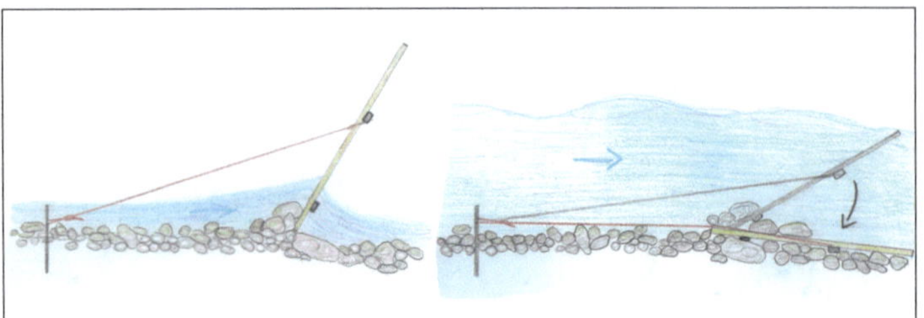

Bild 2: Das Ablegen der Seeforellenweiche im Hochwasser (Quelle: Meyer)

3.2 Typen von Leitsystemen

In einer umfassenden Literaturrecherche wurden verschiedene Leitsysteme für Fische auf ihr Potenzial für einen Einsatz in der Hasliaare geprüft. Eine Konstruktion aus Netzmaterial wurde ausgeschlossen, da Netze dafür entwickelt sind, Fische unter der Akzeptanz eines hohen Verletzungspotentials für die Nahrungsgewinnung zu fangen.

Das dynamische Fischwehr [5], welches ab 1999 an der Pielach, Melk und Mank erfolgreich eingesetzt wurde, und die Konstruktionsweisen, die in Nordamerika für den Fang von Lachsen verwendet werden, brauchen eine Mindestwassertiefe zur fischökologischen Funktionsfähigkeit. Beide Zaunkonstruktionen sind auf der Gewässersohle fixiert und mit Auftriebskörpern ausgestattet, die entweder extern am Zaunsegment angebracht oder in die Vertikalstreben integriert sind.

Die Technik, die Zaunsegmente mit Auftriebskörpern aufzurichten, war während des Laichaufstiegs der Seeforelle aufgrund der geringen Wassertiefe in der Hasliaare nicht übertragbar. Es konnte keine bereits bestehende Konstruktionsweise gefunden werden, die sich für einen Gebirgsbach mit geringem Normalabfluss bei hohen Fließgeschwindigkeiten befriedigend geeignet hätte.

3.3 Der Seeforellenzaun für die Hasliaare

3.3.1 Technische Umsetzung und Verhalten bei Hochwasser

Es wurde nach einer praktischen Lösung gesucht, bei der keine starre Fixierung des technischen Leitsystems nötig ist und welche trotzdem die Hochwassersicherheit gewährleistet.

Um bei extremen Hochwasserereignissen eine Verklauselung durch das evtl. abtreibende Leitsystem auszuschließen, wurde entschieden, das Leitsystem modular mit Einzelsegmenten aufzubauen. Als Einzelsegment wurde eine zaunähnliche Konstruktion mit einer Breite von 3,0 m gewählt. Der Einbau erfolgte jeweils mittels drei Stahlnägeln, die mit einem 3,5 m langen dehnungsarmen Nylonseil und dem oberen Drittel des Zaunsegmentes verbunden wurden. Entscheidend ist, dass das Zaunsegment nicht auf der Gewässersohle fixiert wird, sondern dass der Segmentfuß flächendeckend über das gesamte Gerinne im Oberwasser mit ca. 20 cm großen Steinen bedeckt ist.

Bei einem Hochwasserereignis wird durch den Wasserdruck auf das obere Drittel der Zaunkonstruktion der untere Bereich des Zauns bachaufwärts geschoben. Somit legt sich die Konstruktion flach auf der Gewässersohle ab (**Bild 2**). In diesem Zustand ist der Geschiebetransport uneingeschränkt gewährleistet [6].

Der Neigungswinkel der aufgerichteten Segmente und das Gewicht der Steine vor dem Sedimentfuß bestimmten, bei welchem Abfluss sich die Seeforellenweiche auf der Gewässersohle ablegt, d. h. je steiler diese aufgerichtet ist, umso höheren Abflüssen hält die Konstruktion im fischökologisch wirksamen Zustand stand.

3.3.2 Konstruktion der Einzelsegmente

Als Material für die Vertikalstreben wurden Bambusrohre mit einem Durchmesser von 3,0 bis 3,5 cm und einer Länge von 140 cm ausgewählt. Dieses natürliche Material zeichnet sich durch seine hohe Flexibilität, Zähigkeit und Stabilität aus, sogleich ist es wirtschaftlich und umweltfreundlich. Um der Konstruktion Verwindungssteifheit zu verleihen, wurden horizontal zwei Vierkantstahlträger mit einer Länge von

3 m sowie einem Durchmesser von 2 cm eingebaut und mit den Bambusrohren verschraubt.

Der lichte Stababstand zwischen den Bambusstreben wurde nach der Breite der kleinsten Seeforellenaufsteiger bestimmt. Hierzu konnten die Längenangaben der Seeforellen aus den Laichfischfängen aus 2009 bis 2013 hinzugezogen werden. Nur sehr wenige Laichtiere konnten mit einer Länge von unter 55 cm nachgewiesen werden. Nach DWA [7] entspricht die relative Dicke des Fischkörpers von Salmoniden 0,10 in Relation zur Länge des Fisches. Im Fall der Hasliaare wurde daher ein lichter Stababstand der Vertikalstreben von max. 5,0 cm bestimmt.

4 Der praktische Einsatz

Im Herbst 2012 wurden vierwöchige Versuche mit der Installation eines Einzelsegments sowie anschließend für 10 Tage mit der gesamten Konstruktion durchgeführt. Hierdurch konnten wichtige Erkenntnisse zur Installationsweise, zur Realisierung der fischökologischen Ziele sowie zur Hochwassersicherheit gewonnen werden.

Diese Tests waren Auflage der Bewilligung des Oberingenieurkreises und des Fischereiinspektorats des Kantons Bern für eine spätere Installation der Seeforellenweiche.

Der eigentliche Einbau zum Schutz des Seeforellenjahrgangs 2014/15 erfolgte am 22.09.2014 (**Bild 3**).

Neben der Installation der Leitzäune wurden zusätzlich Veränderungen an der Morphologie der Hasliaare im Unterwasser der Seeforellenweiche vorgenommen.

So wurde die Rauheit der Gewässersohle durch das Entfernen aller größeren Steine verringert und potentielle Fischunterstände im unmittelbaren Umfeld der Seeforellenweiche beseitigt. Insgesamt wurde dafür gesorgt, dass sich der Abfluss der Hasliaare möglichst gleichmäßig auf das gesamte Gerinne verteilt und so nur eine mäßige Lockströmung für die aufsteigenden Seeforellen erzeugt. Um das Verletzungsrisiko der Seeforellen an der Seeforellenweiche zu minimieren, galt es die Verweildauer der Forellen unterhalb des Wanderhindernisses so kurz wie möglich zu halten. Dies konnte durch sehr hohe Fließgeschwindigkeiten und geringe Wassertiefen unmittelbar unterhalb der Seeforellenweiche erreicht werden. Hierzu wurden ca. 50 x 50 cm große Steine als Auskolkungsschutz zu einer homogenen Oberfläche unterhalb der Weiche eingebaut. Bei einem regulären Herbstabfluss von ca. 1,5 m^3/s lag die durchschnittliche Wassertiefe unterhalb der Weiche bei ungefähr 10 cm und die Strömungsgeschwindigkeit variierte zwischen 1,5 und 2,0 m/s. Die geringen Wassertiefen verunmöglichten zusätzlich das Springen der Seeforellen gegen die Seeforellenweiche, bzw. schlossen das Überwinden dieser aus. (**Bild 4**). Die rinnenartige Einmündung des Urbachwassers in die Hasliaare wurde nicht verändert. Um die Attraktivität des Aufsteigens in das Urbachwasser zu erhöhen, wurde zusätzlich eine Pumpe im Oberwasser der

Bild 3: Die installierte Seeforellenweiche im Herbst 2014 (Quelle: Bernhardt)

Bild 4: Ein Seeforellenmilchner versucht vergeblich die Seeforellenweiche zu passieren (Quelle: Meyer)

Seeforellenweiche installiert, welche bei Bedarf 40 l/s Wasser aus der Hasliaare in das Urbachwasser leitete.

Nachdem ungefähr zwei Wochen keine Neuaufsteiger mehr beobachtet werden konnten, wurde die Seeforellenweiche am 27.11.2014 abgebaut.

5 Methodik der Überwachung

5.1 Gewährleistung der Funktionsfähigkeit

Zur Gewährleistung der Funktionsfähigkeit erfolgte während des gesamten Installationszeitraumes alle vier Stunden zur Tages- und Nachtzeit eine visuelle Begutachtung der Seeforellenweiche. Zusätzlich wurde durch einen achtstündigen Schichtbetrieb sichergestellt, dass bei erhöhten Abflüssen durch Föhn oder bei der Ankunft von frisch aufsteigenden Seeforellen die Seeforellenweiche permanent überwacht sowie von Laub und Treibgut befreit wurde. Um auch die Frühaufsteiger und die Seeforellen, die beim Hochwasser die auf der Gewässersohle abgelegte Weiche passieren konnten, aus dem Oberlauf einzufangen, wurden im Anschluss an die Hochwasser gezielte Elektrobefischungen oberhalb der Weiche durchgeführt.

5.2 Biologische Erfolgskontrolle

Die fischökologische Erfolgskontrolle erfolgte im Auftrag des Fischereiinspektorats des Kantons Bern [8]. Bei den vorgenannten routinemäßig durchgeführten Kontrollen der Seeforellenweiche wurden zusätzlich die im Umfeld des Zaunes befindlichen Seeforellen durch das kamerabasierte Monitoring erfasst. Außerdem wurden mit einer mobilen Unterwasserkamera wöchentlich alle relevanten Zuflüsse der Hasliaare im Einflussbereich der Seeforellenweiche auf Seeforellenvorkommen untersucht (Urbach- und Gadmerwasser, Wychelbächli sowie Hasliaare von der Aareschlucht bis zur Weiche).

6 Ergebnisse

Es kann davon ausgegangen werden, dass der überwiegende Großteil der Seeforellen von einer Verlaichung oberhalb der Seeforellenweiche abgehalten werden konnte.

Die Beobachtungen zeigten, dass sich die Verweildauer der Seeforellen vor der Weiche auf meist wenige Minuten beschränkte. Danach stellten sich die Seeforellen in die tieferen und strömungsberuhigten Gumpen des Urbachwassers im Mündungsbereich der Hasliaare ein. Nur wenige Individuen

Bild 5: Natürliche Reproduktion von Seeforellen im Urbach, nachdem die Laichtiere von einem weiteren Aufstieg in die Hasliaare abgehalten werden konnten (Quelle: Meyer)

versuchten mehrfach die Seeforellenweiche über mehrere Tage zu passieren [8]. Viele der Seeforellen, die in die Hasliaare oberhalb von Innertkirchen aufsteigen wollten, wurden später in den Zuflüssen und in der Hasliaare unterhalb der Seeforellenweiche nachgewiesen (**Bild 5**).

Die Beobachtungen aus den Laichaufstiegen von 2012 und 2013 zeigen, dass je nach Abflusssituation und strukturellen Voraussetzungen der natürlichen Hindernisse, die Erreichbarkeit der oberhalb von Innertkirchen liegenden Laichgründe stark variiert.

Da die Seeforellenweiche im Bereich bestehender, potentieller Laichareale installiert wurde, kann davon ausgegangen werden, dass ein Großteil der Laichtiere das künstliche Wanderhindernis als ein „natürliches" Wanderhindernis wahrgenommen hat.

Zusätzlich zur Installation des Leitsystems wurde als weitere Schutzmaßnahme der Laichfischfang intensiviert und mehr als doppelt so viele Seeforelleneier (98 000) für den Wiederbesatz gewonnen als dies der reguläre Besatzplan vorsieht.

Aufgrund erhöhter Abflüsse und damit verbundenem Treibgut erfolgte an insgesamt 10 Tagen eine mindestens stündliche Überwachung inklusive Reinigungsarbeiten. In den restlichen 57 Tagen der Installationszeit genügte eine 4-stündliche visuelle Begutachtung. Am 21.10.2014 kam es durch starke Regenfälle zu einer Abflussspitze von über 10 m^3/s, bei der sich zwei Zaunsegmente auf die Gewässersohle legten. Dadurch verlor die Seeforellenweiche für etwa drei Stunden ihre fischökologische Funktionsfähigkeit.

Während der Entleerung des Räterichbodensees am 08.11.2014 legte sich die gesamte Seeforellenweiche planmäßig ab (Kap. 3.3.1). Durch die Verdünnungswasserzugabe kam es zwischen dem 08.11. und 27.11.2014 mehrfach zu Abflüssen von bis zu 19 m^3/s und hohem Geschiebetransport. Bei den jeweils anschließenden Elektrobefischungen oberhalb der Seeforellenweiche wurden die Seeforellen, die das Leitsystem überwinden konnten, eingefangen und in die Brutanstalt in Meiringen gebracht oder unterhalb der Seeforellenweiche wieder ausgesetzt.

Am 27.11.2014 konnten die Zaunsegmente fast unbeschadet aus der Hasliaare entfernt werden.

7 Diskussion und Fazit

Einige wenige Seeforellenrogner wiesen leichte Quetschungen im Bereich der Augenpartie auf. Dieses Verletzungsbild dürfte in Zusammenhang mit dem Versuch, die Seeforellenweiche zu passieren, stehen. Trotz dieser Einzelfälle kann die Seeforellenweiche als ein fischschonendes Leitsystem bezeichnet werden. Mit einer Verkleinerung des lichten Stababstandes könnten diese Verletzung vermieden werden. Dies würde allerdings einen erhöhten Wartungsaufwand nach sich ziehen.

Mit der kamerabasierten Erfolgskontrolle konnte die Ablenkfunktion für Seeforellen nachgewiesen werden. Hinsichtlich Hochwassersicherheit erwies sich die gewählte Zaunkonstruktion als robust und zuverlässig. Bei einem Einsatz in anderen Gewässern sollte vorgängig ein Test mit Einzelsegmenten und dem gesamten Zaun durchgeführt werden.

Grundsätzlich stellt die Seeforellenweiche ein einfach zu installierendes, kostengünstiges Leitsystem für Wandersalmoniden dar. Mit einem relativ geringen Aufwand kann dieses System in eine fischschonende Reuse mit Fangkorb oder mit einer Kameravorrichtung und Öffnung ins Oberwasser erweitert werden. Hiermit ließen sich fischökologische Fragestellungen klären, wie z. B. die Positionierung des Einstiegs von Fischaufstiegsanlagen, Zählung von aufsteigenden Wandersalmoniden oder die Mindestwassertiefen für eine erfolgreiche und verletzungsfreie Fischwanderung.

Autoren

Dipl.-Ing. (FH) Matthias Meyer
Dr. Steffen Schweizer
Sandro Schläppi, M. Sc.
Jan Baumgartner, B. Sc.
Kraftwerke Oberhasli AG
Grimselstr. 19
3862 Innertkirchen, Schweiz
matthias.meyer@kwo.ch
steffen.schweizer@kwo.ch
sandro.schlaeppi@kwo.ch
jan.baumgartner@kwo.ch

Dipl.-Geograf Daniel Göz
Daniel Göz visuals
Weberstr. 62
60318 Frankfurt
daniel@danielgoez.com

Andreas Funk
Lachswart IG Lahn
Ahornstr. 9
35796 Weinbach
andreasfunk@gmx.de

Andrea Baumann, M. Sc.
Amt für Jagd und Fischerei Graubünden
Loëstr. 14
7001 Chur, Schweiz
andrea.baumann@ajf.gr.ch

Dipl.-Geograf Willy Müller
Martin Flück
Fischereiinspektorat des Kantons Bern
Schwand 17
3110 Münsingen, Schweiz
willy.mueller@vol.be.ch
martin.flueck@vol.be.ch

Literatur

[1] Schweizer, S.; Zeh Weissmann, H.; Ursin M.: Der Begleitgruppenprozess zu den Ausbauprojekten und zur Restwassersanierung im Oberhasli. In: Wasser Energie Luft (2012), Heft 1, S.11–17.

[2] Meyer, M.: Möglichkeiten der Habitatoptimierung für die Seeforelle (Salmo trutta lacustris) im Einzugsgebiet des Brienzersees (Berner Oberland, Schweiz). Diplomarbeit an der Hochschule Ostwestfalen-Lippe, Höxter, 2010.

[3] Meyer, M.; Stalder, P.: Konzept zur Erhaltung des Seeforellenjahrgangs 2013/14 während der Räterichsbodenseeentleerung – Reusenfang & Aufzucht. Bericht der Kraftwerke Oberhasli AG, Innertkirchen, 2011.

[4] Baumgartner, J.; Meyer, M.: Die wichtigsten Laichhabitate der Seeforelle (Salmo trutta lacustris) hinter dem Kirchet. Karte der Kraftwerke Oberhasli AG, Innertkirchen, 2013.

[5] Mühlbauer, M.; Traxler, E.; Zitek, A.; Schmutz, S.: Das dynamische Fischwehr – Ein hochwassersicheres Fischwehr zur Untersuchung der Fischwanderung in kleinen bis mittelgroßen Flüssen. Universität für Bodenkultur, Wien, 2003.

[6] Meyer, M.: Voruntersuchungen zur Räterichsbodensee-Entleerung 2014/15 – Konstruktionsweise der geplanten Seeforellenweiche. Bericht der Kraftwerke Oberhasli AG. Innertkirchen, 2012.

[7] Deutsche Vereinigung für Wasserwirtschaft, Abwasser und Abfall e. V. (Hrsg.): Fischschutz und Fischabstiegsanlagen. In: DWA-Themen, 2. A., 2005.

[8] Göz, D.: Kamerabasiertes Monitoring zur Abschätzung des Seeforellenbestands in der Hasliaare und ihren Zuflüssen oberhalb der Aareschlucht. Bericht im Auftrag des Fischereiinspektorats des Kantons Bern, Frankfurt, 2015.

Matthias Meyer, Steffen Schweizer, Daniel Göz, Andreas Funk, Sandro Schläppi, Andrea Baumann, Jan Baumgartner, Willy Müller and Martin Flück

The Seeforellenweiche – a Mobile Guiding System for Upriver Migrating Salmonids

In order to protect the lake run brown trout during its fall upstream spawning migration 2014 from the emptying of Lake Räterichsboden (Canton of Bern, Switzerland) the department of aquatic ecology of the hydroelectric company Kraftwerke Oberhasli AG developed a mobile fish guidance system for migrating salmonids, to redirect the lake run brown trout. The system guarantees a safe guidance for fish and allows for flood protection in bedload carrying mountain streams. During the practical test, both ecological and flood safety could be verified. The system could also be applied in other ichthyo-ecological aspects demanding fish redirection.

Маттиас Майер, Штеффен Швайцер, Даниэль Гёц, Андреас Функ, Сандро Шлеппи, Андреа Бауманн, Ян Баумгартнер, Вилли Мюллер и Мартин Флюк

Переход для озерной форели – мобильная система навигации для поднимающихся вверх по течению мигрирующих лососевых рыб

В рамках опорожнения водохранилища Ретерихсбоден (Räterichsboden) в Бернском Оберланде, Швейцария, были реализованы различные меры по защите экологии водоемов. Для получения поголовья озерной форели (поголовье 2014/2015 годов) отделом экологии гидроэлектростанции Kraftwerke Oberhasli AG была разработана мобильная рыбощадящая навигационная система для поднимающихся вверх по течению мигрирующих лососевых рыб для того, чтобы перенаправить готовых к нересту озерных форелей в расположенные поблизости водоемы. В ходе испытаний в естественных условиях были подтверждены как экологическая функциональная пригодность, так и паводковая надежность сооружений. Система навигации может быть адаптирована для решения других проблем, связанных с рыбоводством.

Paul Jäger

Beobachtungen zum Stand der Technik beim Bau von Fischaufstiegshilfen in Österreich

Der Stand des Wissens und Stand der Technik zum Bau von Fischaufstiegsanlagen ist in Österreich im Leitfaden für Fischaufstiegshilfen seit Dezember 2012 festgeschrieben. Man beobachtet aber trotzdem bei Neuanlagen davon abweichende Bauweisen, die in diesem Beitrag beispielhaft beschrieben werden.

1 Einführung

Der Stand des Wissens und Stand der Technik zum Bau von Fischaufstiegsanlagen (FAA) ist in Österreich auf Basis der Grundlagenerhebung 2011 [4] im Leitfaden zum Bau von Fischaufstiegshilfen des Bundesministerium für Land- und Forstwirtschaft, Umwelt und Wasserwirtschaft (BMLFUW), Wien [6], seit Dezember 2012 festgeschrieben.

Trotzdem finden sich auch bei neu gebauten FAA immer wieder Probleme, die die Funktion der Anlage, nämlich den Fischaufstieg zu ermöglichen, behindern [8].

Solche Probleme können schon bei den Planungsgrundlagen auftauchen, indem man die Fischregion der betroffenen Gewässerstrecke falsch bestimmt. Die Probleme setzen sich oftmals fort und äußern sich in technischen Unzulänglichkeiten die jede für sich die Funktion der FAA stark beeinträchtigen kann. Wie umfassend man bereits in der Planung an solche technischen Probleme herangehen muss, zeigen die Erfahrungen bei der FAA in Geesthacht an der Elbe [7].

Einige Beispiele aus Österreichs Gewässerlandschaft sollen zur Schulung des Problembewusstseins beitragen.

2 FAA-Planung für die falsche Fischregion

Für die Ermittlung der entsprechenden Fischregion gibt es in Österreich beim BMLFUW Karten, an Hand welcher sich jedermann über die entsprechende Fischregion von jedem Abschnitt der Österreichischen Gewässer informieren kann sowie den aktuellen Fischleitbild-Katalog des BAW [9].

Trotzdem kommt es vor, dass man eine FAA für ein Hyporhithral mit Huchen statt einer solchen für ein Epipotamal mit Huchen plant und baut und sich dabei auf den FAA-Leitfaden berufen will.

Das bedeutet in dem Fall, dass die Wasserspiegeldifferenzen in den Beckenübergängen mit 15 cm statt mit 10 bis 13 cm zu hoch sind und dass die Energiedissipation mit 130 anstatt 100 W/m^3 für die Potamal-Fische deutlich zu hoch ist [5], [6]. Damit wirkt die FAA arten- und größenselektiv, vor allem für die vielen schwimmschwachen Kleinfischarten der Barben- und Brachsenregion unserer großen Flüsse mit ihren Auen und Altarmen.

Man gewinnt dabei absolut keinen finanziellen Vorteil, die Baukosten sind gleich.

Bild 1: Einlauf einer FAA unter Druck, die Flasche kreist im Einlauftrichter (Quelle: Jäger)

3 Technisch Unzulänglichkeiten

Daher sollen nachfolgend einige Beispiele für die immer wieder anzutreffenden Unzulänglichkeiten in Fließrichtung einer FAA dargestellt werden.

3.1 Turbulenzen im Einlauf der FAA

Um Turbulenzen und Verklausungen mit Treibgut im Einlauf einer FAA zu vermeiden, ist es notwendig, den Einlaufbereich mit einer Tauchwand bis zu 1 m Wassertiefe zu sichern.

Damit die Dotation durch den Einlaufbereich ohne Turbulenzen erfolgt, darf der Sohlhochpunkt nicht bei der Schützentafel des Einlaufes sein, sondern erst bei der ersten Einschnürung. Erst dort beginnt der stufenweise Gefällsabbau.

Im **Bild 1** weist schon der Raubalken vor dem Einlauf darauf hin, dass die Schützentafel auch Dotierschlitz mit Sogwirkung ist. Die hinter dem Balken kreisende PET-Flasche ist der sichtbare Beweis einer hydraulisch problematischen Einlaufsituation.

3.2 Platz für Fischzähleinrichtungen

Im Einlaufbereich einer FAA muss ein Platz für Fischzähleinrichtungen sein, seien es mobile DoppelReusen (**Bild 2**) oder eine eingebaute Fischzählkammer, die ebenfalls auf- und abstei-

Bild 2: DoppelReuse KW Gamp, Salzach, 2009 (Quelle: Jäger)

Bild 3: KW Lehen an der Salzach, Sohlenanbindung ins Oberwasser und Einlaufschieber in die FAA, Bild bei hochwasserbedingter Staulegung (Quelle: Jäger)

gende Fische getrennt fängt. Wird der Platz vergessen, sind einige Umbauten programmiert.

3.3 Ausgleich Schwankender Ober- und Unterwasserspiegel

In Kraftwerken, welche im Schwellbetrieb arbeiten, ist es ab der Regelgenauigkeit der Stauspiegelhaltung von max. ±20 cm notwendig, Zusatzdotationen für den Ausstieg aus der FAA im Oberwasser vorzusehen, aber auch Zusatzdotationen für den meist wesentlich stärker schwankenden Unterwasserspiegel sind zu berücksichtigen. Die mögliche Wasserspiegeldifferenz im Unterwasser auszugleichen, die auch mehr als 2 m Höhenmeter betragen kann, ist unerlässlich, wenn der Fischaufstieg durchgehend erhalten werden muss. Ein Fischaufstieg bei mehrmals täglichem Schwallbetrieb ist nur auf diese Weise zu erhalten. Die Leitströmung muss daher von der Niederwassersituation bis zur Ausbauwassermenge variabel dotierbar sein.

Bild 4: Hydraulisch überlastete Vertical-Slot-Passage, in diesem Zustand nicht fischpassierbar (Quelle: Jäger)

3.4 Sohlenanschluss

In die Uferböschungen unter Wasser eingearbeitet sein müssen nach heutigem Wissen auch der Solanschluss der FAA im Unterwasser und im Oberwasser, um den bodenorientierten Fischarten die Passierbarkeit zu erleichtern (**Bild 3**).

3.5 Hydraulische Barrieren im Vertical-Slot-Pass

Vertical-Slot-Fischpässe reagieren sehr empfindlich auf Wasserstandsschwankungen, sei es geringere oder zu starke Dotation von oben oder große Spiegelschwankungen im Unterwasser [2]. Im **Bild 4** erkennt man die extreme Turbulenz im Slot durch unkontrollierte Dotation.

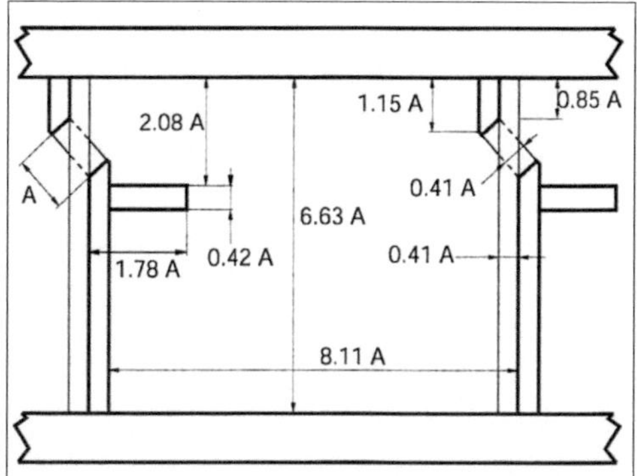

Bild 5: Die im Wasserbaulabor von Larinier ermittelten optimalen Größenverhältnisse der Beckengeometrie von Vertical-Slot-Becken bezogen auf die Schlitzweite A (Quelle: [1])

Bild 6: Durch Schwallbetrieb mit Abstau abgesenkter Wasserstand in der FAA (Quelle: Jäger)

3.6 Die Geometrie von Vertical-Slot-Pässen

Vertical-Slot-FAA haben Becken mit einer u. a. von Larinier [1] hydraulisch in vielen Strömungsversuchen optimierten Geometrie (**Bild 5**).

Diese Geometriebeziehungen liegen auch den empfohlenen Beckenmaßen des Österreichischen FAA-Leitfadens [6] zu Grunde. Besonders wichtig ist eine weitgehend konstante Dotation der Anlagen, um die optimale Nutzung der hydraulischen Komponenten zu ermöglichen.

Nur damit lassen sich Probleme, wie schlechte Durchströmung und verminderte Leitströmung, im Unterwasser verhindern. Schwellbetrieb führt bei Abstau zur deutlichen Verringerung der Dotation der FAA, was wieder zu den Konsequenzen einer nicht mehr wahrnehmbaren Leitströmung im FAA-Einstieg führt, da zudem das Kraftwerk

Bild 7: Keine deutliche Leitströmung von der FAA in das Umgehungsgerinne (Quelle: Jäger)

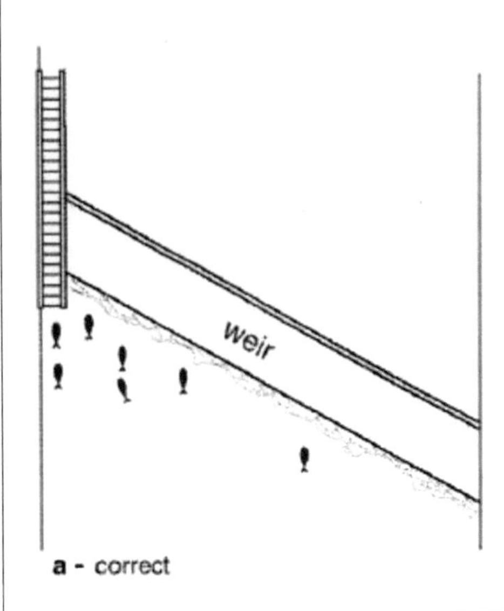

Bild 8: Anlage einer FAA am Schrägwehr nach Larinier (Quelle: [1])

mit dem Abstau bei größerer Triebwassermenge Strom erzeugt.

Bei zu geringer Dotation entstehen Kurzschlussströmungen (**Bild 6**), bei zu hoher Dotation werden die Becken unpassierbar (**Bild 4**).

3.7 Auffindbarkeit

Die Auffindbarkeit ist ein weiteres Thema, das die Effizienz einer FAA besonders beeinflusst [5], [6].

Im **Bild 7** ist die mit dem Umgehungsgerinne konkurrierende Mündung der FAA in ein Umgehungsgerinne, das ein Mehrfaches der Wasserführung der einmündenden FAA aufweist, exemplarisch gezeigt.

Es hätte eine schräg zum Gerinne angelegte Absturzschwelle zur FAA-Mündung, wie im **Bild 8** nach Larinier [1] dargestellt, genügt, um die aufsteigenden Fische zum Einstieg zu leiten.

3.8 Fehlende Leitströmung

Wird der FAA-Einstieg aus dem Unterwasser nicht dynamisch dotiert, so bleibt die FAA bei höheren Wasserführungen wegen der hydraulischen Konkurrenz mit dem Turbinenablauf unauffindbar [5], [6].

Aus diesem Grunde dotiert man bei steigendem Unterwasserstand zusätzlich Wasser aus dem Stau, um die Ausström-Geschwindigkeit aus den Endschlitz im Unterwasser weitgehend konstant zu halten.

Um die Energie aus der Druckleitung abzubauen ist ein technisch anspruchsvolles Druckabbausystem notwendig, wie dies bei Larnier [1] oder im DWA-Merkblatt M-509 [10] beschrieben wird. Dabei gibt es Systeme mit Lochböden oder mit seitlich über Lamellen zuströmendem Dotationswasser.

4 Zusammenfassung

Das bewusste Erkennen und Vermeiden solch selbsterzeugter Probleme ist ein wesentlicher Beitrag zu funktionierenden Fischwanderhilfen, lässt die Baukosten kalkulierbar machen und trägt zur betrieblichen Absicherung der Wassernutzung bei.

Autor

Hofrat Dr. phil. Paul Jäger
Ingenieurbüro für Ökologie und Umweltbiologie
Brunn 147
5201 Seekirchen am Wallersee, Österreich
paul.jaeger@sbg.at

Literatur

[1] Larinier, M.; Travade, F.; Porcher, J. P.: Fishways: biological bases, design criteria and Monitoring. In: Bull. Fr. Péche Piscic. (2002), 364 Suppl.

[2] Mayr, D.: Hydraulik von Fischaufstiegsanlagen bei schwankenden Ober- und Unterwasserspiegellagen – Hydraulik einer Fischabstiegsanlage. In: Salzburger Fischpassexkursion 2007.

[3] Jäger, P.: Mindestanforderungen an die Überprüfung von Fischwanderhilfen im Kollaudierungsverfahren, 2012 (www.salzburg.gv.at/downloads; Aufruf 20.05.2015).

[4] Bundesministerium für Land- und Forstwirtschaft, Umwelt und Wasserwirtschaft (Hrsg.): Grundlagen für einen österreichischen Leitfaden zum Bau von Fischaufstiegshilfen (FAH`s), 2011 (www.bmlfuw.gv.at/wasser; Aufruf: 20.05.2015).

[5] Adam, B.; Lehmann, B.: Ethohydraulik. Grundlagen, Methoden und Erkenntnisse. Heidelberg: Springer Verlag, 2011.

[6] Bundesministerium für Land- und Forstwirtschaft, Umwelt und Wasserwirtschaft (Hrsg.): Leitfaden zum Bau

von Fischaufstiegshilfen, 2012 (www.bmlfuw.gv.at/wasser; Aufruf: 20.05.2015)

[7] Lehmann, B.: Wiederherstellung der Fischwanderung Nordsee-Elbe-Nordsee für den Stör am Beispiel des Doppelschlitzpasses Geesthacht Nord an der Elbe. In: Fachkongress gewässerverträglicher Wasserkraftausbau bei der Fachmesse RENEXPO HYDRO, Salzburg, 2013.

[8] Jäger P.: Stand der Technik beim Bau von Fischaufstiegshilfen und Beobachtungen zu dessen Umsetzung. In: Fachkongress gewässerverträglicher Wasserkraftausbau bei der Fachmesse RENEXPO HYDRO, Salzburg, 2014.

[9] Institut für Gewässerökologie Fischereibiologie und Seenkunde (Hrsg.): Leitbildkatalog mit adaptierten Fisch-Leitbildern für Salzach, Inn, Donau, Traun, Enns, Mur, Drau und Rhein, sowie für Seeausrinne, 2014 (www.baw-igf.at; Aufruf: 20.05.2015).

[10] Deutsche Vereinigung für Wasserwirtschaft, Abwasser und Abfall e. V. (Hrsg.): Fischaufstiegsanlagen und fischpassierbare Bauwerke – Gestaltung, Bemessung, Qualitätssicherung. In: DWA-Merkblätter (2014), M 509.

Paul Jäger

State of the Art in Construction of Fish Passes in Austria

The state of the art in construction of fish passes in Austria is defined in an administrative order of the Federal Ministry of Agriculture, Forestry, Environment and Water Management of Austria 2012. But fish pass constructions breaking the rules are still found.

Пауль Егер

Наблюдения за современным уровнем техники и строительство вспомогательных рыбоподъемных сооружений в Австрии

С декабря 2012 года уровень знаний и современный уровень техники для строительства рыбоподъемных сооружений четко систематизированы в Положении о вспомогательных рыбоподъемных сооружениях в Австрии. Однако, при строительстве новых сооружений часто по-прежнему наблюдаются технологические и конструктивные отклонения, что частично описывается в данной статье.

Guntram Ebel, Arne Gluch und Martin Kehl

Einsatz des Leitrechen-Bypass-Systems nach Ebel, Gluch & Kehl an Wasserkraftanlagen – Grundlagen, Erfahrungen und Perspektiven

Leitrechen-Bypass-Systeme sind weltweit im Einsatz, um die Mortalität flussabwärts wandernder Fische bei der Passage von Wasserkraftanlagen zu begrenzen. Im vorliegenden Beitrag wird ein spezielles Leitrechen-Bypass-System vorgestellt, das sich gegenüber den bisherigen Konzepten durch neue bauliche Komponenten und Gestaltungsgrundsätze auszeichnet. Da das System über günstige Voraussetzungen für einen effektiven Fischschutz verfügt sowie vorteilhafte Eigenschaften im praktischen Betrieb aufweist, wird es in Deutschland und anderen Staaten zunehmend angewendet.

1 Einleitung

Bei der Passage von Wasserkraftanlagenstandorten unterliegen flussabwärts wandernde Fische vielfältigen Mortalitätsrisiken, die aus den physischen und verhaltensbiologischen Wirkungen von Turbinen und anderen Bauwerkskomponenten resultieren. Die höchste Sterblichkeit tritt im Regelfall in der Turbine auf [1], [2], [3]. Darüber hinaus besteht die Möglichkeit, dass abwandernde Fische bei der Überwindung von Stauanlagen sowie an fehlerhaft bemessenen Rechenanlagen schwerwiegende Schädigungen erleiden [4], [5]. Der internationale Kenntnisstand zur wasserkraftbedingten Fischmortalität ist in Ebel [6] zusammenfassend dargestellt.

Zur Begrenzung der dargestellten Effekte finden verschiedene Strategien Anwendung: Installation von Fischschutz- und Fischabstiegssystemen, Einsatz von fischschonenden Turbinen, Etablierung eines fischschonenden Anlagenmanagements oder Einrichtung von Fang- und Transportsystemen [6], [7]. Die größte praktische Bedeutung für die Verminderung der wasserkraftbedingten Fischmortalität und die Umsetzung der diesbezüglichen Rechtsvorgaben besitzen Fischschutz- und Fischabstiegssysteme. Vorteilhafte Befunde zur biologischen Wirksamkeit liegen dabei vor allem für Leitrechen und Louver vor, die mit geeigneten Bypässen kombiniert sind [6].

Ein spezielles Leitrechen-Bypass-System, das sich gegenüber den bisherigen Konzepten durch neue bauliche Komponenten und Gestaltungsgrundsätze auszeichnet (**Bild 1**), wurde durch die Autoren entwickelt [6], [8], [9], [10]. Da dieses System nicht nur über günstige Voraussetzungen für einen effektiven Fischschutz verfügt, sondern auch Vorteile im praktischen Anlagenbetrieb bedingt, wird es in Deutschland und anderen Staaten zunehmend eingesetzt.

Die vorliegende Arbeit informiert in Kurzform über den Aufbau und das Funktionsprinzip sowie über die ingenieurbiologische Bemessung und Gestaltung des Systems. Darüber hinaus werden Befunde zur biologischen Wirksamkeit sowie Betriebserfahrungen und Einsatzperspektiven behandelt. Für detaillierte Informationen zum Themengebiet des Fischschutzes und Fischabstiegs an Wasserkraftanlagen wird auf Ebel [6] verwiesen.

2 Aufbau und Funktionsprinzip

2.1 Rechen

Das durch horizontale Stabelemente gebildete, der Sohle senkrecht aufstehende Rechenfeld wird in einem horizontalen Winkel schräg angeströmt

Bild 1: Das Leitrechen-Bypass-System wurde erstmals an der Pilotanlage Halle-Planena (Saale, Deutschland, Ausbaudurchfluss 50 m^3/s) praktisch ausgeführt (Quelle: G. Ebel)

(**Bilder 2 und 3**). Geeignete Anströmbedingungen werden in vielen Fällen durch Anströmwinkel von 20 bis 40° und Anströmgeschwindigkeiten von 0,40 bis 0,80 m/s erzielt; der Anströmwinkel ist dabei der von dem Rechenfeld und der Fließrichtung eingeschlossene Winkel. Die ingenieurbiologisch geeignete Kombination von Anströmwinkel und Anströmgeschwindigkeit ist maßgeblich von der Schwimmfähigkeit der jeweils relevanten Arten abhängig und wird durch Anwendung spezieller Prognosemodelle hergeleitet (Abschnitt 3.2).

Die lichte Stabweite des Rechens orientiert sich an den Körperdimensionen der kleinsten Zielart (Abschnitt 3.1). Der Rechen fungiert somit einerseits als physisch undurchlässige Barriere, die das Eindringen von Fischen in die nachgeordneten Triebwerke verhindert. Andererseits zielt der Re-

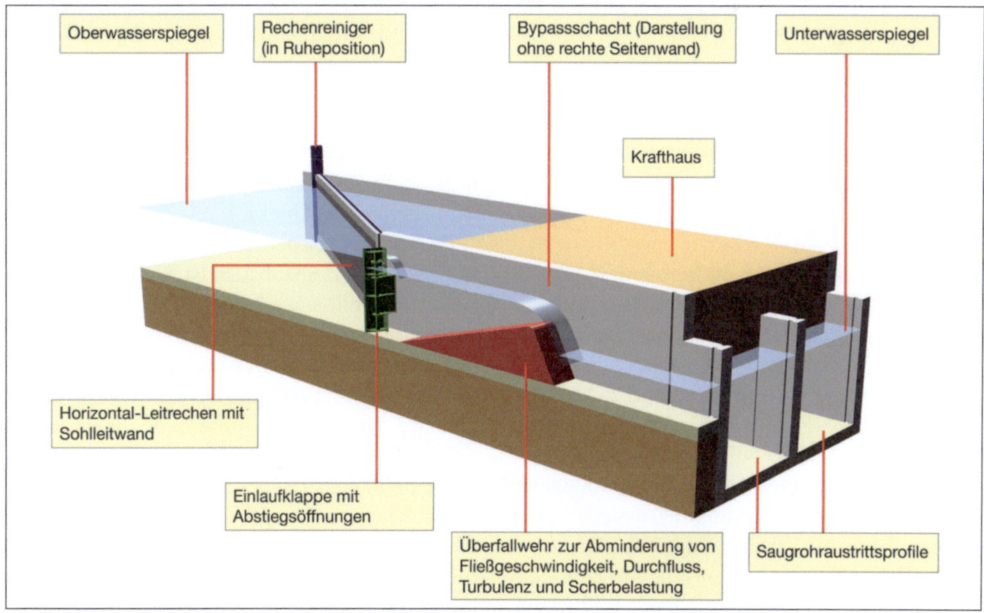

Bild 2: Prinzipskizze des Leitrechen-Bypass-Systems in Seitenansicht (Bereich zwischen Leitrechen und Krafthaus ohne Abdeckung bzw. Grobrechen dargestellt) (Quelle: [6])

Bild 3: Leitrechen mit Sohlenleitwand an einer Wasserkraftanlage mit einem Ausbaudurchfluss von 88 m³/s (links: im Bau, rechts: im Betrieb; Quellen: links: A. Gluch, rechts: G. Ebel)

chen durch seine spezifische Exposition auch darauf ab, dass die abwandernden Fische ohne Veränderung ihres natürlichen Schwimmhorizontes den Bypass erreichen können (Abschnitt 3.2).

Um die biologische Leitwirkung des Rechens zu verbessern und die Weitergabe von Geschiebe an das Unterwasser zu fördern, wird das Rechenfeld meist mit einer Sohlenleitwand kombiniert (**Bild 3**). Sofern am betreffenden Standort oberflächennah abwandernde Individuen, wie Salmonidensmolts, zu berücksichtigen sind, ist darüber hinaus die Installation einer oberflächennahen Verblendung zu empfehlen. Das gilt insbesondere dann, wenn die Stabweite aufgrund von standörtlichen Zwängen nicht so gering gewählt werden kann, dass der Rechen als physisch undurchlässige Barriere wirkt (Abschnitt 3.1).

2.2 Bypass

Der Rechen bildet eine Funktionseinheit mit einem lichtoffenen, schachtartigen Bypass. Dessen Eintrittsprofil befindet sich am unterstromigen Ende des Rechenfeldes und erfasst die gesamte Höhe der Oberwassersäule (**Bilder 1** und **2**). Die Höhe der Einlaufsohle in den Bypass entspricht somit der Sohlenhöhe vor der Sohlenleitwand. Die Breite des Bypassschachtes beträgt in Abhängigkeit von den standörtlichen Bedingungen meist 0,8 bis 2,0 m und der Durchfluss meist 0,2 bis 2,0 m³/s.

Der Bypass besitzt einerseits die Aufgabe, den durch das Rechensystem horizontal abgeleiteten Individuen eine schad- und verzögerungsfreie Passage in das Unterwasser bei gleichzeitig geringer Desorientierung zu ermöglichen. Andererseits fungiert der Bypass auch als Ableitungsgerinne für Treibgut. Bedingt durch die tangentiale Strömungskomponente, die sich entlang der schräg exponierten Rechenfläche ausbildet, wird ein Teil des Treibgutaufkommens (vorwiegend Geschwemmsel) kontinuierlich in den Bypass weitergeleitet (Selbstreinigung des Rechens). Die übrigen Treibgutbestandteile (vorwiegend Holz) werden durch die horizontal arbeitende Rechenreinigungsanlage periodisch oder episodisch zum Bypasseintrittsprofil transportiert (**Bild 4**). Aufgrund seiner konstruktiven Eigenschaften kann der Bypass darüber hinaus einen Beitrag zur Verbesserung der Geschiebedynamik im stauregulierten Fließgewässer leisten. Die Geschiebezuführung zum Bypass wird durch die unter dem Rechenfeld angeordnete Sohlenleitwand gefördert (Abschnitt 2.1).

Da im Bypassschacht eine erhebliche Wasserspiegeldifferenz abzubauen ist, werden hier spezielle Kontrollbauwerke installiert, die Fließgeschwindigkeit, Durchfluss, Turbulenz und Scherbelastung abmindern. Dabei handelt es sich um eine Klappe mit vertikaler Drehachse (Türflügelprinzip) sowie um ein unterhalb angeordnetes Überfallwehr (**Bild 2**).

Die im oberen Teil des Bypassschachtes installierte Klappe erzeugt durch Einengung der durchströmten Gerinnebreite eine Schlitzstruktur, die sich entweder über die gesamte Höhe der Wassersäule erstreckt oder durch Teilverblendungen in verschiedene fensterartige Öffnungen untergliedert wird. Die Anordnung dieser Öff-

Bild 4: Übergabe des horizontal abgereinigten Treibguts in das Bypassgerinne (Quelle: G. Ebel)

nungen erfolgt in den bevorzugten Abwanderungshorizonten der jeweils maßgebenden Arten, wobei im Regelfall zumindest im oberflächennahen und im sohlennahen Bereich eine Abstiegsöffnung vorzusehen ist. Im normalen Betriebszustand stehen für die Fischabwanderung ausschließlich der Schlitz bzw. die Abstiegsöffnungen zur Verfügung. Bei Spülvorgängen bzw. Hochwasserereignissen öffnet die Klappe hingegen vollständig und gibt den gesamten Querschnitt des Bypassgerinnes frei.

Das Überfallwehr besitzt einen schrägen Anströmboden (10 bis 30°) und wird in Abhängigkeit von den standörtlichen Gegebenheiten fest oder beweglich ausgeführt. Bewegliche Konstruktionen lassen sich bei Spülvorgängen oder Hochwasserereignissen absenken, so dass die Durchflusskapazität des Bypassgerinnes vergrößert wird. Nachteilige Schwall- und Sunkeffekte sind durch geeignete Auslegung bzw. Steuerung des Bypasses auszuschließen.

3 Ingenieurbiologische Bemessung und Gestaltung

Die nachstehenden Ausführungen informieren in Kurzform über die Prinzipien der ingenieurbiologischen Bemessung und Gestaltung des Leitrechen-Bypass-Systems. Orientierungswerte für die geometrische und hydraulische Auslegung sind in **Tabelle 1** zusammenfassend dargestellt. Die anlagenkonkrete Bemessung erfordert stets weiterführende Analysen für die betreffenden Arten und Standortverhältnisse (s. v. a. Ebel [6]).

3.1 Rechen

Lichte Stabweite

Ein Eindringen von Fischen in die nachgeordneten Triebwerke kann nur dann sicher ausgeschlossen werden, wenn der Rechen für diese als physisch undurchlässige Barriere wirkt. Daher ist die lichte Stabweite des Rechens möglichst so zu bemessen, dass dieser durch die Zielart mit den geringsten Körperdimensionen nicht passiert werden kann. In der Praxis werden folglich meist lichte Stabweiten ≤15 mm realisiert. Fischschäden durch Anpressung an den Rechen sind durch Wahl geeigneter Anströmbedingungen zu vermeiden.

Für Fische, deren Körperdimensionen die lichte Stabweite unterschreiten, ergibt sich eine partielle Schutzwirkung, die ausschließlich auf verhaltensbiologischen Mechanismen (Vermeidungsreaktion und Leitwirkung) basiert und hinsichtlich ihres Umfangs vom Durchlässigkeitsindex, den Anströmbedingungen und artspezifischen Aspekten abhängig ist. Die erzielte Schutzeffizienz bestimmt gemeinsam mit den technischen Eigenschaften des nachgeordneten Triebwerks den

Tab. 1: Orientierungswerte für die ingenieurbiologische Bemessung von Leitrechen-Bypass-Systemen (anlagenkonkrete Bemessung erfordert art- und standortspezifische Analysen)

Parameter	Orientierungswert	Erläuterungen
Rechen		
lichte Weite	≤15 mm	artspezifische Bemessung nach [6]
horizontaler Anströmwinkel	<45°	artspezifische Bemessung nach [6]
Anströmgeschwindigkeit	≤0,80 m/s	artspezifische Bemessung nach [6]
Normalgeschwindigkeit	≤0,30 m/s	artspezifische Bemessung nach [6]
Tangentialgeschwindigkeit	> Normalgeschwindigkeit	bei Anströmwinkeln < 45° gewährleistet
Höhe Sohlenleitwand	≥0,15 · Oberwassertiefe	für physisch durchläss. Rechen, Mindestwert 0,50 m
Eintauchtiefe Tauchwand	≥0,30 · Oberwassertiefe	für physisch durchläss. Rechen, Mindestwert 1,00 m
Bypass		
lichte Profilbreite	0,30 ... 0,60 m	artspezifische Bemessung nach [6]
lichte Profilhöhe bzw. Wassertiefe	0,45 ... 0,90 m	artspezifische Bemessung nach [6]
Krümmungsradius	≥5,0 · Gerinnebreite	allgemeiner Bemessungswert
Wassertiefe nach Überfall	≥0,25 · Fallhöhe	allgemeiner Bemessungswert, Mindestwert 0,9 m
spezif. Leistung in Beckenstrukturen	≤500 W/m^3	allgemeiner Bemessungswert
Geschwindigkeit im Eintrittsprofil	0,30 ... 1,50 m/s	allgemeiner Bemessungswert
relat. Geschwindigkeit im Eintrittsprofil	1,0 ... 2,0 · Anströmgeschwind.	allgemeiner Bemessungswert
Geschwindigkeit im Gerinne	≤4,5 m/s	allgemeiner Bemessungswert
Geschwindigkeit im Überfall	≤8,0 m/s	allgemeiner Bemessungswert
Bypassdurchfluss	0,20 ... 2,00 m^3/s	abhängig von Rechen- und Bypasseigenschaften
relativer Bypassdurchfluss	0,02 ... 0,10 · Q_{WKA}	abhängig von Rechen- und Bypasseigenschaften

Umfang der triebwerksbedingten Mortalität. Eine diesbezügliche Bilanzierung erfordert stets standortspezifische Analysen, bei denen die jeweiligen Eigenschaften von Rechen und Triebwerk sowie ggf. die Längen-Häufigkeits-Verteilung der abwandernden Individuen zu berücksichtigen sind. Für die Prognose der turbinenbedingten Fischmortalität stehen aussagefähige Modellgleichungen zur Verfügung [6].

Anströmgeschwindigkeit und Anströmwinkel

Anströmgeschwindigkeit und -winkel sind elementare Größen für die biologische Wirksamkeit von Rechensystemen. Generell gilt, dass sich mit abnehmendem Anströmwinkel, also zunehmender Schrägstellung des Rechens, die zulässige Anströmgeschwindigkeit erhöht. Die jeweils geeignete Kombination von Anströmgeschwindigkeit und Anströmwinkel wird durch Anwendung spezifischer Modellgleichungen hergeleitet [11], [12], [13].

Eine entscheidende Voraussetzung für die Auslegung der Anströmbedingungen von Fischschutzsystemen ist die Kenntnis der Schwimmgeschwindigkeit der zu schützenden Arten bzw. Stadien. Die Schwimmgeschwindigkeit ist ihrerseits von Körperlänge, Schwimmdauer und Wassertemperatur abhängig und lässt sich durch Anwendung multivariater Modelle quantitativ beschreiben [6], [14]. Die auf diese Weise modellierten Bemessungsempfehlungen ähneln den Vorgaben amerikanischer Autoren [15], [16], [17], [18], [19], sind jedoch tendenziell weniger restriktiv. Maßgebend für die praktische Bemessung ist die leistungsschwächste Zielart.

3.2 Bypass

Geometrische Parameter

Die Auslegung der biologisch erforderlichen Profildimensionen erfolgt durch Anwendung von Regressionsmodellen und ergänzenden Literaturbefunden [6]. Die Regressionsmodelle wurden aus den Ergebnissen von Freilandstudien an Bypässen mit hoher verhaltensbiologischer Akzeptanz abgeleitet und repräsentieren die Mindestanforderungen an die Abmessungen des kleinsten Profils im Bypass. Dieses entspricht den Abstiegsöffnungen in der Bypassklappe bzw. dem Fließquerschnitt auf der Krone des Überfallwehres. Maßgebend für die Festlegung der Profildimensionen ist die größte bzw. verhaltensbiologisch anspruchsvollste Art. Den Anforderungen vieler Arten kann durch Profilbreiten von 0,30 bis 0,60 m und Profilhöhen bzw. Wassertiefen von 0,45 bis 0,90 m entsprochen werden [6].

Bei der Passage des Bypasses können Fische mit dessen Wandung kollidieren, so dass ggf. Verletzungen durch Aufprall bzw. Abrasion entstehen. Ein diesbezüglich erhöhtes Risiko tritt in gekrümmten Gerinneabschnitten auf. Sofern auf eine gekrümmte Linienführung nicht völlig verzichtet werden kann, wird mit Verweis auf amerikanische Autoren [15], [16], [17], [19] ein Mindestradius empfohlen, der dem 5-fachen der Bypassbreite entspricht. Grundsätzlich sind alle Bypasskomponenten mit glatter Oberfläche und gedichteten Spalten auszuführen, um das Verletzungsrisiko zu minimieren [6].

Unterhalb von Überfällen ist durch Gewährleistung einer ausreichenden Wassertiefe dafür Sorge zu tragen, dass der Fisch nach der Passage des Überfalls nicht durch Kollision mit der Gerinnesohle geschädigt wird. Die zu diesem Zweck vorzuhaltende Wassertiefe entspricht mindestens 25 % der Fallhöhe, wobei eine Wassertiefe von 0,9 m in keinem Fall zu unterschreiten ist [20].

Hydraulische Parameter

Um Vermeidungsreaktionen abwandernder Fische zu minimieren, sollte die Einströmung in den Bypass gerichtet und turbulenzarm mit möglichst gleichförmiger Beschleunigung unter Vermeidung von steilen Geschwindigkeitsgradienten erfolgen. Wie eine Aufarbeitung des internationalen Kenntnisstandes zeigt, kann von einer hohen verhaltensbiologischen Akzeptanz dann ausgegangen werden, wenn die Fließgeschwindigkeit im Bypasseintrittsprofil dem 1,0- bis 2,0-fachen der Anströmgeschwindigkeit des Rechens entspricht und zugleich einen Absolutwert von 0,30 bis 1,50 m/s aufweist [6].

Die hydraulischen Verhältnisse im Bypassgerinne werden maßgeblich durch die Auslegung der hier angeordneten Kontrollbauwerke bestimmt. Die Kronenhöhe des Überfallwehres sollte so bemessen werden, dass sich in der sohlennahen Abstiegsöffnung der Bypassklappe rückgestauter Ausfluss einstellt und an der oberflächennahen Öffnung der Bypassklappe die Ausbildung eines freien Überfallstrahls vermieden wird. Für die sohlennahe Abstiegsöffnung wird aus verhaltensbiologischen Gründen eine Fließgeschwindigkeit von 1 bis 3 m/s empfohlen. Bei Überschreitung einer Fließgeschwindigkeit von 4,5 m/s besteht die Gefahr signifikanter Verletzungen durch Scherkräfte, Druckgradienten bzw. Kollision mit Bauwerkskomponenten. Da die Fließgeschwindigkeiten und Fließhöhen an Bypassklappe und Überfallwehr wechselseitige Abhängigkeiten aufweisen, sind im Regelfall iterative Berechnungen erforderlich, um die Einhaltung der ingenieurbiologischen Zielgrößen nachzuweisen.

Bei der Auslegung der Austrittsgeschwindigkeit des Bypasses sind unterschiedliche Zielstellungen zu berücksichtigen. Einerseits ist der verletzungsfreie Übertritt der durch den Bypass abgewanderten Individuen in das Unterwasser zu gewährleisten. Andererseits gilt es, die verhaltens-

Bild 5: Zur Beprobung der Saugrohraustrittsprofile kamen 3 baugleiche Hamen zum Einsatz (Quelle: G. Ebel)

biologische Attraktivität des Bypasses für flussaufwärts wandernde Fische zu minimieren. Darüber hinaus sind geeignete hydraulische Bedingungen für die Durchführung von Funktionskontrollen bzw. Monitoringuntersuchungen vorzuhalten. Diesen Anforderungen kann gleichermaßen entsprochen werden, wenn das Bypassaustrittsprofil ohne Überfall mit geringer Fließgeschwindigkeit (<0,50 m/s) in das Unterwasser einbindet.

4 Biologische Wirksamkeit

Die bislang vorliegenden Befunde dokumentieren eine vorteilhafte biologische Wirkung des Leitrechen-Bypass-Systems [21], [22], [23], [24]. Quantitative Analysen der biologischen Effizienz erfolgten an der Pilotanlage Rothenburg (Saale, Deutschland) [24]. Die seit dem Jahr 2007 in Betrieb befindliche Wasserkraftanlage ist mit drei baugleichen Kaplan-Turbinen ausgestattet, die einen Abflussanteil von maximal 68 m³/s nutzen. Der am Standort installierte 50 m lange Leitrechen besitzt eine lichte Stabweite von 20 mm und wird in einem horizontalen Winkel von ≤38° schräg angeströmt. Das Rechenfeld steht einer 0,60 m hohen Sohlenleitwand auf. Das 2 m breite und 12 m lange Bypassgerinne wird mit einer Wassermenge von 1,45 m³/s beaufschlagt. In der Bypassklappe befinden sich eine sohlennahe und eine oberflächennahe Abstiegsöffnung mit einer Breite von jeweils 0,45 m und einer Höhe von jeweils 0,50 m.

Gegenstand der Effizienzuntersuchung waren Aale *(Anguilla anguilla)* während der natürlichen Abwanderung. Um deren quantitative Verteilung auf die relevanten Wanderkorridore zu erfassen, wurde in den Austrittsprofilen der drei Turbinen sowie im Austrittsprofil des Bypasses jeweils eine Fangvorrichtung exponiert. An den Turbinenaustrittsprofilen kamen drei baugleiche Hamen (abgestufte Maschenweite von 40 bis 10 mm; **Bild 5**) und am Bypassaustrittsprofil eine Schwalgreuse (abgestufte Maschenweite von 25 mm bis 10 mm) zum Einsatz.

Da Hamen und Reusen stets größenselektiv arbeiten, repräsentiert die im jeweiligen Fanggerät nachweisbare Individuenzahl grundsätzlich nicht die tatsächlich durch den betreffenden Korridor abgewanderte Individuenzahl. Dieser Sachverhalt ist für Untersuchungen zur biologischen Effizienz von Fischschutz- und Fischabstiegsanlagen von genereller Bedeutung, werden doch bei derartigen Untersuchungen unterschiedlich gestaltete Fanggeräte mit jeweils spezifischer Größenselektivität eingesetzt. Folglich ist eine Quantifizierung der Fischabwanderung durch die jeweiligen Korridore und damit auch eine Charakterisierung der biologischen Effizienz des

Fischschutz- und Fischabstiegssystems nur dann mit hoher Genauigkeit möglich, wenn auch die Größenselektivität der jeweiligen Fanggeräte bestimmt und bei der Effizienzberechnung berücksichtigt wird.

Ausgehend hiervon erfolgten am Standort Rothenburg zusätzlich zur regulären Beprobung der o. g. Wanderkorridore (Untersuchungszeitraum: 4 Tage Frühjahr 2011 und 8 Tage Herbst 2011) auch Markierungs-Wiederfang-Untersuchungen zur Bestimmung der Größenselektivität der eingesetzten Fanggeräte. Aus den Ergebnissen der Markierungs-Wiederfang-Untersuchungen wurden logistische Regressionsmodelle abgeleitet, die sowohl die Fangeffizienz der Turbinenhamen als auch die Fangeffizienz der BypassReuse in Abhängigkeit von der Körperlänge abbilden. In einem weiteren Bearbeitungsschritt wurde das jeweilige Modell zur Fangeffizienz mit dem regulären Fangergebnis aus dem betreffenden Fanggerät verknüpft und hierdurch die tatsächliche Nutzungsfrequenz des beprobten Wanderkorridors prognostiziert. Auf der Grundlage dieser Daten erfolgte sodann die Charakterisierung der biologischen Effizienz des Leitrechen-Bypass-Systems. Um die biologische Wirkung des untersuchten Leitrechen-Bypass-Systems auf abwandernde Aale noch differenzierter beurteilen zu können, wurde ein weiteres logistisches Regressionsmodell entwickelt, das die Abhängigkeit der biologischen Effizienz von der Körperlänge bzw. vom Durchlässigkeitsindex quantitativ beschreibt.

Entsprechend den vorliegenden Befunden wandern 83,3 % der Aale durch den Bypass und 16,7 % durch den Rechen bzw. die Turbinen ab. Für alle beprobten Wanderkorridore ergibt sich eine Gesamtmortalität von 2,5 %. Bei Verzicht auf Maßnahmen zum Fischschutz und Fischabstieg wäre für den untersuchten Standort gemäß Prognoseberechnung nach [3] hingegen eine turbinenbedingte Aalmortalität von mehr als 30 % zu erwarten. Die Ergebnisse dokumentieren somit zugleich, dass durch Leitrechen-Bypass-Systeme mit der untersuchten Ausprägung die turbinenbedingte Aalmortalität deutlich reduziert werden kann (**Bild 6**).

Vorteilhafte Befunde zur biologischen Wirksamkeit des Leitrechen-Bypass-Systems ergaben sich auch bei aktuellen Studien an einer schwedischen Wasserkraftanlage. Der hier installierte Rechen (lichte Stabweite 15 mm) leitet Lachssmolts (*Salmo Salar*) mit hoher Effizienz (89,5 %) ohne Verzögerung dem Bypass zu [25].

Für ingenieurbiologisch verbesserte Systeme ist eine weitere Erhöhung der biologischen Wirksamkeit zu erwarten. Diesbezügliche Untersuchungen sind künftig an einschlägigen Pilotanlagen auszuführen. Auf der Grundlage der Freilandbefunde ist die Entwicklung generalisieren-

Bild 6: Durch das Leitrechen-Bypass-System erfolgreich in das Unterwasser abgeleitete Aale (Fang aus einer Kontrollnacht) (Quelle: G. Ebel)

der Modelle anzustreben, die die biologische Effizienz in Abhängigkeit von biologischen, geometrischen und hydraulischen Einflussgrößen quantitativ abbilden.

5 Betriebserfahrungen und Einsatzperspektiven

Das Leitrechen-Bypass-System ist an neuen Wasserkraftanlagen im Regelfall problemlos einsetzbar und kann darüber hinaus an vielen älteren Wasserkraftanlagen nachgerüstet werden. Nach vorliegenden Kenntnissen wurde das System bislang an Standorten mit Ausbaudurchflüssen von 7 bis 88 m^3/s und Fallhöhen von 1,4 bis 4,5 m praktisch ausgeführt. Durch die bisherigen Betriebserfahrungen, die im Falle der Pilotanlage Halle-Planena, Saale, einen 9-jährigen Zeitraum umfassen, sind folgende Eigenschaften belegt:

(1) geringe Rechenverluste durch horizontale Stabausrichtung;
(2) partielle Selbstreinigung des Rechens durch tangentialen Strömungsvektor;
(3) minimale Treibgutentsorgungskosten durch effektive Treibgutweiterleitung ins Unterwasser;
(4) minimale Aufwendungen zur Bypassunterhaltung durch geringe Verlegungsanfälligkeit des Bypasses (am Eintrittsprofil ist ein Hydraulik-Ladekran, Säulen-Drehkran o. ä. zu betreiben);
(5) bedarfsabhängige Bypassbeaufschlagung durch bewegliche Kontrollbauwerke (geringe Beaufschlagung bei Normalbetrieb, hohe Beaufschlagung bei notwendiger Spülung oder Hochwasserentlastung);
(6) vorteilhafte Eigenschaften im Winterbetrieb durch erleichterten Transport von Eisschollen entlang der schräg exponierten Rechenfläche (**Bild 7**).

Da der Rechen aufgrund seiner Länge oftmals nicht mit einem Revisionsverschluss kombiniert werden kann und eine Trockenlegung daher häufig nicht möglich ist, muss dauerhaften Rechenverlegungen durch eine effiziente Reinigung vorgebeugt werden. Zu diesem Zweck wird ein Rechenreiniger mit zahnartigen Elementen eingesetzt, die in die Stabzwischenräume eingreifen und hier vorhandene Verklausungen beseitigen können. Um ein tiefes Eingreifen der Zähne zu ermöglichen, sollten die Rechenstäbe mit kammartigen Blechen auf der Abströmseite und nicht mit Distanzhülsen auf Zugstangen fixiert werden. Die Rechenreinigung kann auch durch spezielle, von der konventionellen Rechteckform abweichende Stabgeometrien unterstützt werden (z. B. Fischbauchprofil). In diesem Fall wird die Zone mit der höchsten Versatzgefährdung auf der Anströmseite des Rechenfeldes und damit in einem Bereich konzentriert, der für die Reinigungsmaschine gut zugänglich ist. Ein weiterer Vorteil derartiger Spezialprofile besteht darin,

Bild 7: Durch die schräge Anordnung des Rechenfeldes können Eisschollen in vorteilhafter Weise zum Bypass geleitet werden (Quelle: A. Gluch)

dass die resultierenden Rechenverluste aufgrund des günstigeren Formbeiwertes geringer sind als bei Stabelementen aus herkömmlichem Flachstahl.

Bei der Planung und Ausführung des Bypasses sind nachstehende Aspekte zu berücksichtigen. Am Beginn des Bypassschachtes ist einen Hydraulik-Ladekran oder Säulen-Drehkran mit Sterngreifer (Hublast >3 t) zu installieren, um große Treibgutobjekte, wie Baumstämme, beseitigen zu können. Im Bypassschacht sind Verschlussmöglichkeiten für Revisions- und Reinigungszwecke vorzusehen. Des Weiteren wird empfohlen, bauliche Voraussetzungen für die Durchführung von biologischen Funktionskontrollen bzw. Monitoringuntersuchungen herzustellen. Die Durchflusskapazität des Bypassgerinnes kann bei Nachweisen zur Hochwasserneutralität sowie zum Schwall- und Sunkausgleich angerechnet werden. Zur Vermeidung von Unfällen ist die Zugänglichkeit des Bypassschachtes durch Absperrung zu unterbinden. Um eine Gefährdung von Personen durch die Triebwerke auszuschließen, ist der Bereich zwischen Leitrechen und Triebwerken abzudecken oder vor den Triebwerken ein Grobrechen zu installieren.

Nach derzeitigem Erfahrungsstand ist bei einer lichten Stabweite von 20 mm eine Nutzwassermenge von etwa 90 m^3/s pro Rechenfeld technisch beherrschbar. Infolgedessen sowie aufgrund der Tatsache, dass selbst durch eine Stabweite von 20 mm die turbinenbedingte Aalmortalität deutlich reduziert werden kann (Abschnitt 4), erscheint der Einsatz des Leitrechen-Bypass-Systems auch an größeren Wasserkraftanlagen möglich und sinnvoll. Pilotanlagen mit einer Stabweite von 10 mm und einem Durchfluss von 50 m^3/s pro Rechenfeld sind derzeit in Planung bzw. Bau. Das Leitrechen-Bypass-System kann bei Erfordernis auch mit überströmbaren, hochwasserneutralen Kraftwerken kombiniert werden.

Eine entscheidende Voraussetzung für die biologische Funktionsfähigkeit des Leitrechen-Bypass-Systems ist die sachgerechte ingenieurbiologische Planung [6]. Aktuelle Erfahrungen zeigen, dass dieser Bearbeitungskomplex teilweise noch unzureichend berücksichtigt wird. Die Konzeption, Bemessung und Gestaltung von Fischschutz- und Fischabstiegssystemen sollte grundsätzlich von ingenieurbiologisch qualifizierten und erfahrenen Bearbeitern vorgenommen werden. Das gilt auch für die Erarbeitung der Mortalitätsprognosen, die einen wesentlichen Bestandteil bei der behördlichen Prüfung von Wasserkraftvorhaben darstellen.

Obgleich in den vergangenen Jahren ein deutlicher Erkenntniszuwachs auf dem Gebiet des Fischschutzes und Fischabstiegs an Wasserkraftanlagen erzielt werden konnte, sind weitere Forschungsaktivitäten erforderlich, die insbesondere die von Ebel [6] benannten Schwerpunkte betreffen sollten. Darüber hinaus ist eine planmäßige Aufarbeitung, Zusammenfassung und Generalisierung der zahlreichen Einzelergebnisse aus nationalen und internationalen Projekten erforderlich, um eine systematische Fortschreibung des gegenwärtigen Kenntnisstandes zu ermöglichen.

Autoren

Dr. Guntram Ebel
Büro für Gewässerökologie und
Fischereibiologie Dr. Ebel
Saalwerderstraße 10, 06118 Halle (Saale)
info@bgf-halle.de

Dipl.-Hydr. Arne Gluch
Landesbetrieb für Hochwasserschutz und
Wasserwirtschaft Sachsen-Anhalt
Otto-von-Guericke-Straße 5
39104 Magdeburg
Arne.Gluch@lhw.mlu.sachsen-anhalt.de

Dipl.-Ing. Martin Kehl
Wasserkraftanlage Planena GmbH & Co. KG
Pianoweg 12, 06128 Halle (Saale)
info@wkw-halle.de

Literatur

[1] Monten, E.: Fish and turbines – Fish injuries during passage through power station turbines. Vattenfall, 1985.

[2] Larinier, M.; Dartiguelongue, J.: La circulation des poissons migrateurs: Le transit a travers des turbines des installations hydroelectriques. In: Bull. Fr. Peche Piscic. 312/313 (1989), S. 1-90.

[3] Ebel, G.: Turbinenbedingte Schädigung des Aals *(Anguilla anguilla)* – Schädigungsraten an europäischen Wasserkraftanlagenstandorten und Möglichkeiten der Prognose. Mitteilungen aus dem Büro für Gewässerökologie und Fischereibiologie (2008), Bd. 3.

[4] Ruggles, C. P.; Murray, D. G.: A rewiew of fish response to spillways. In: Can. Techn. Report Fish. Aquat. Sciences 172 (1983), S. 1-29.

[5] Muir, W. D.; Smith, S. G.; Williams, J. G.; Sandford, B. P.: Survival of juvenile salmonids through bypass systems,

turbines and spillways with and without flow deflectors at Snake River dams. In: N. Am. J. Fish. Manag. 21 (2001), S. 135-146.

[6] Ebel, G.: Fischschutz und Fischabstieg an Wasserkraftanlagen – Handbuch Rechen- und Bypasssysteme. Ingenieurbiologische Grundlagen, Modellierung und Prognose, Bemessung und Gestaltung. Mitteilungen aus dem Büro für Gewässerökologie und Fischereibiologie (2013), Bd. 4.

[7] ATV-DVWK (Hrsg.): Fischschutz und Fischabstiegsanlagen – Bemessung, Gestaltung, Funktionskontrolle. In: ATV-DVWK-Themen (2004).

[8] Ebel, G.: Fischereibiologisches Gutachten zum Neubau der Wasserkraftanlage Halle-Planena (Saale) – Teil I: Fischfauna und Fischabstiegsanlage. Gutachten im Rahmen des Planfeststellungsverfahrens, 2001 (unveröffentlicht).

[9] Kehl, M.: Technische Genehmigungsplanung zum Neubau der Wasserkraftanlage Halle-Planena. Unterlagen zur Planfeststellung, 2001 (unveröffentlicht).

[10] Gluch, A.: Kombinierter Fisch- und Treibgutableiter für Wasserkraftanlagen. In: Wasser und Abfall 9 (2007), S. 38-43.

[11] O'Keeffe, N.; Turnpenny, A. W. H.: Screening for intake and outfalls: a best practice guide. Report Nr. SC030231, Environment Agency, 2005.

[12] Pavlov, D. S.: Structures assisting the migrations of non-salmonid fish: USSR. In: FAO Fisheries Technical Paper 308 (1989), S. 1-97.

Die gesamte umfangreiche Literaturliste steht auf der Internet-Seite der WasserWirtschaft unter www.springerprofessional.de/2840214, Ausgabe 07-08/2015, zur Verfügung.

Guntram Ebel, Arne Gluch and Martin Kehl

Application of the Angled Bar Rack Bypass System of Ebel, Gluch & Kehl at Hydropower Plants – Basic Principles, Experiences and Prospects

Angled bar rack bypass systems are used worldwide in order to limit the mortality rate of downstream migrating fish as they pass hydropower plants. This paper introduces a special angled bar rack bypass system which, compared to other current systems, features novel structural components and design principles. As this new system has promising potential for effective fish protection and demonstrates advantageous characteristics in its practical application it is increasingly used in Germany and elsewhere.

Гунтрам Эбель, Арне Глух и Мартин Кель

Применение системы обводных каналов и направляющих решеток на гидроэлектростанциях – основы, опыт и перспективы

Системы обводных каналов и направляющих решеток применяются во всем мире для того, чтобы ограничить уровень смертности мигрирующих вниз по течению рыб при прохождении гидроэлектростанций. В данной статье представляется особая система обводных каналов и направляющих решеток, которая – по сравнению с уже существующими концепциями – характеризуется новыми принципами конструкции и конструктивными компонентами. Так как система обладает необходимыми предпосылками для эффективной рыбозащиты, а также рентабельными характеристиками при практическом применении, то она все чаще применяется в Германии и других странах.

Beate Adam, Ulrich Schwevers und Margit Lenser

Herstellung des Standes der Technik zum Fischschutz bei der Gewässerbenutzung durch das Pumpspeicherkraftwerk Geesthacht

Die Vattenfall Europe Generation AG betreibt in Geesthacht unweit von Hamburg ein Pumpspeicherkraftwerk, welches im dortigen Raum dem Hochspannungsnetz Spitzenlast- und Systemdienstleistungen erbringt. Im Zusammenhang mit der Änderung des Oberflächenwasserabgabegesetzes des Landes Schleswig-Holstein zum Oktober 2011 war zu prüfen, inwieweit das PSW Geesthacht den Stand der Technik zum Fischschutz erfüllt. Anhand der im Unterwasserkanal des PSW Geesthacht mit speziellen Fangtechniken ermittelten Arten und Größenspektren der dort präsenten Fischfauna galt es, ein mögliches Gefährdungspotenzial abzuschätzen und für diese Arten entsprechende Schutzmaßnahmen vorzuschlagen.

1 PSW Geesthacht – ein Pumpspeicherkraftwerk in Schleswig-Holstein

Die Vattenfall Europe Generation AG (VE Generation) betreibt ca. 3,5 km stromauf des Wehres Geesthacht am rechten Elbufer zwischen Strom-km 581,93 und 582 (**Bild 1**) das Pumpspeicherkraftwerk Geesthacht (PSW Geesthacht, **Bild 2**), welches im Hamburger Raum dem 110-kV-Hochspannungsnetz mit Spitzenlast- und Systemdienstleistungen mit einer Gesamtnennleistung von 120 MWel zur Verfügung steht. Das PSW Geesthacht ist das einzige PSW im Land Schleswig-Holstein und zugleich Deutschlands nördlichstes Kraftwerk dieser Art.

Im PSW Geesthacht sind insgesamt drei Maschinensätze, bestehend aus je einer Pumpe, einem Generator und einer Francis-Turbine installiert. Jede Turbine hat eine Nennleistung von 40 MW, die Pumpenleistung beträgt 32 MW. Im Auslaufbauwerk des PSW sind der Ein- und Auslaufschacht von 7 m x 6 m für die Pumpe und die zugehörige Turbine im Wechsel angeordnet (**Bild 3**).

Da das PSW Geesthacht kein Unterbecken besitzt, wird das Wasser für den Pumpbetrieb über einen sogenannten „Unterwasserkanal" (auch „Kraftwerksbucht" genannt) mit einer Fläche von ca. 1,4 ha direkt der Elbe entnommen, in ein ca. 85 m höher gelegenes Oberbecken gefördert und bei Bedarf gemäß den Anforderungen aus dem Netz über die Turbinen wieder vom Oberbecken in die Elbe zurückgeführt. Die Maschinensätze können unabhängig voneinander als reiner Pump- und Turbinenbetrieb oder im Kombinationsbetrieb gefahren werden.

2 Hintergrund für die Durchführung von fischökologischen Untersuchungen am PSW Geesthacht

Am 15.09.2011 beschloss das Land Schleswig-Holstein eine Änderung des Oberflächenwasserabgabegesetzes, nach dem die jährlich zu entrichtende Oberflächenwasserabgabe für Wasserkraftnutzungen um 90 % reduziert wird, sofern nachgewiesen wird, dass bei einer Wasserentnahme zur Wasserkraftnutzung der Stand der

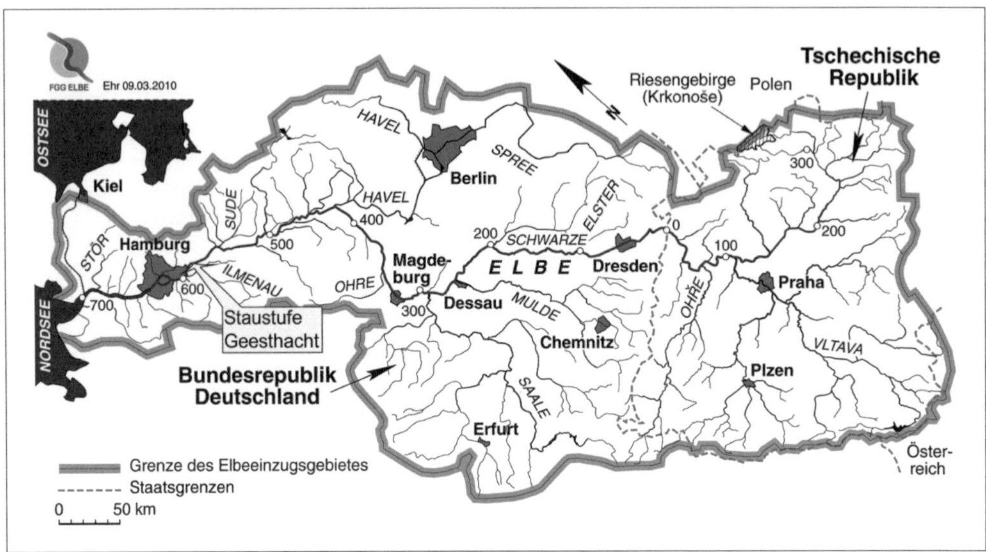

Bild 1: Das Einzugsgebiet der Elbe mit Lage der Staustufe Geesthacht bei Stromkilometer 585,9 (Kartengrundlage: Flussgebietsgemeinschaft Elbe)

Bild 2: PSW Geesthacht mit dem Unterwasserkanal und Oberbecken (Foto: Vattenfall)

Technik zum Schutz von Wasserlebewesen erfüllt ist. Zur Prüfung, ob das PSW Geesthacht diese Anforderungen erfüllt, wurde ein Expertenkreis aus Vertretern der Landesregierung Schleswig-Holstein, der Unteren Wasserbehörde Kreis-Herzogtum Lauenburg und VE Generation gegründet, der eine Aufgabenstellung für ein entsprechend anzufertigendes Gutachten erarbeitete sowie die fachliche Projektbegleitung der Untersuchung übernahm [1].

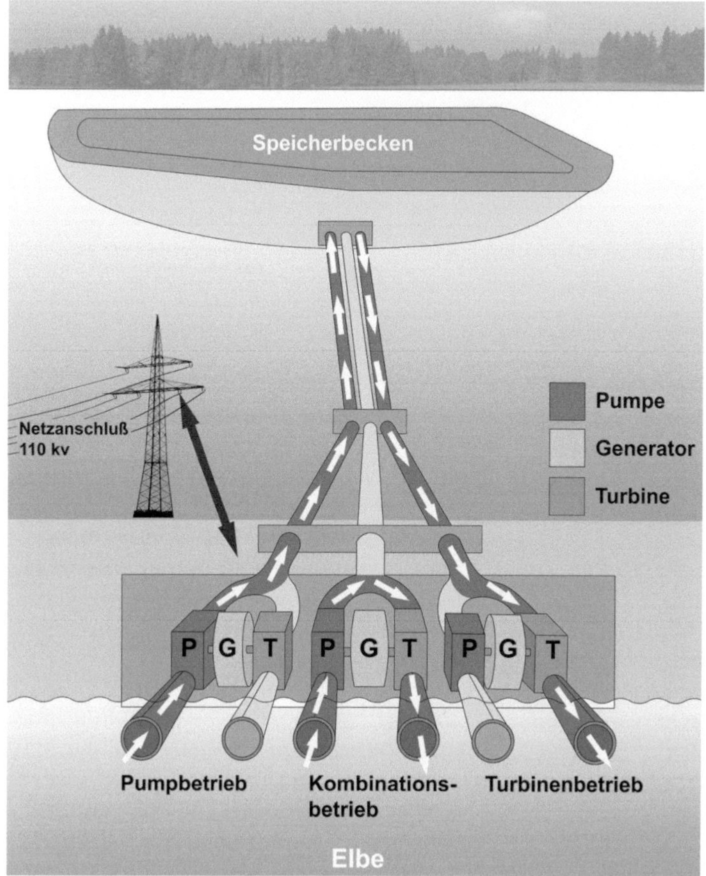

Bild 3: Schematische Darstellung des PSW Geesthacht mit seiner Maschinentechnik (Quelle: Vattenfall)

3 Strömungssimulationen bei unterschiedlichen Betriebsarten des PSW Geesthacht zur Abschätzung des Gefährdungspotenzials für die im Unterwasserkanal vorkommende Fischfauna

Um insbesondere das Gefährdungspotenzial des PSW Geesthacht für die im Gewässer Elbe maßgebliche Fischfauna abschätzen zu können, wurden zunächst die Strömungsverhältnisse im Unterwasserkanal des PSW Geesthacht bei den verschiedenen Betriebsarten ermittelt. Als Basis für diese Simulationen wurde zuerst per Echolotung und Vermessungen die Geometrie des Unterwasserkanals bis zur Elbe hin erfasst und anschließend modelliert. Der Unterwasserkanal des PSW Geesthacht zeichnet sich durch ein tiefenvariables Relief mit maximalen Tiefen von bis zu 12 m vor dem Entnahme- und Auslaufbauwerk aus, während die Flachwasserzonen im Uferbereich und im Übergang zur Elbe nur etwa 1,5 m tief sind (**Bild 4**).

Auf dieser Grundlage erstellte das Karlsruher Institut für Technologie ein komplexes hydrodynamisch-numerisches Strömungsmodell (3D-HN-Modell), mit dem sich die bei unterschiedlichsten Betriebs- bzw. Abflusskonstellationen im Unterwasserkanal des PSW Geesthacht einstellenden Fließgeschwindigkeiten bei Pump-, Turbinen- und Kombinationsbetrieb belastbar prognostizieren lassen [3].

Die Ergebnisse zeigen, dass sich bei den verschiedenen Betriebsarten – sehr unterschiedlich verteilt – Bereiche höherer und niedriger Geschwindigkeit ausbilden. Gemäß dieser Strömungssimulationen von Musall et al. [3] wurden

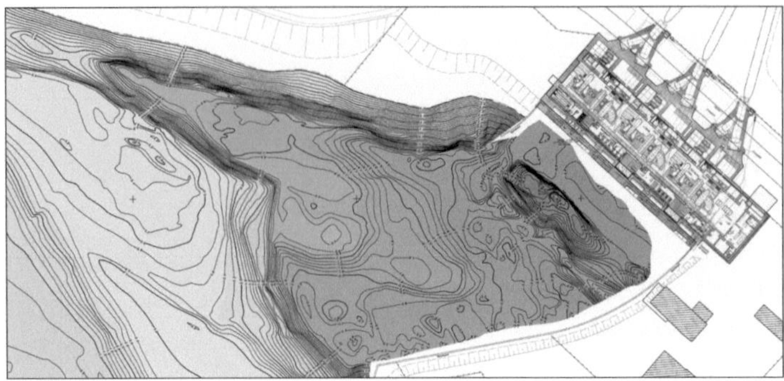

Bild 4: Tiefenrelief Unterwasserkanal (Quelle: Vermessungsbüro Meyer [2])

maximale Fließgeschwindigkeiten von bis zu 0,6 m/s unmittelbar vor den Pumpeneinläufen lediglich bei gleichzeitigem Pumpbetrieb aller drei Maschinensätze ermittelt; bei den anderen Betriebsarten hingegen weitaus geringere.

Die Visualisierung der Berechnungen erfolgte über horizontale und vertikale Geschwindigkeitsverteilungen und Vektordarstellungen, die als Grundlage für die weitere ethohydraulische Abschätzung des Gefährdungspotenzials für Fische durch den Betrieb des PSW Geesthacht dienten [4].

4 Fischökologische Untersuchungen im Unterwasserkanal des PSW Geesthacht

Um die potenzielle Gefahr für Fische, die sich während des Betriebes des PSW Geesthacht im Bereich der Pumpen aufhalten und ggf. von diesen angesaugt werden könnten, abzuschätzen, war es notwendig, die im Unterwasserkanal des PSW anzutreffenden Arten, deren lokale Präsenz, Dichte und Größenverteilung sowie die Dynamik, mit der sich diese biologischen Kenngrößen im Jahresverlauf verändern, zu ermitteln.

Eine repräsentative Erfassung der Fischbestände im Unterwasserkanal des PSW Geesthacht stellte vor allem aufgrund der unterschiedlichen Wassertiefen eine Herausforderung für das beauftragte Institut für angewandte Ökologie (IfÖ) dar. Deshalb wurden zur Ermittlung des Fischbestandes im Unterwasserkanal des PSW Geesthacht in dem Untersuchungszeitraum von einem Jahr Echolotungen und unterschiedliche Fangmethoden sowie Techniken sowohl für die indirekte (akustische Telemetrie) als auch direkte Verhaltensbeobachtung von Fischen mittels eines Didson-Sonars miteinander kombiniert (**Bild 5**). Ziel der aufwändigen fischökologischen Freilanduntersuchung war es, nicht nur ein repräsentatives Bild des Arten- und Größenspektrums der im Unterwasserkanal des PSW Geest-

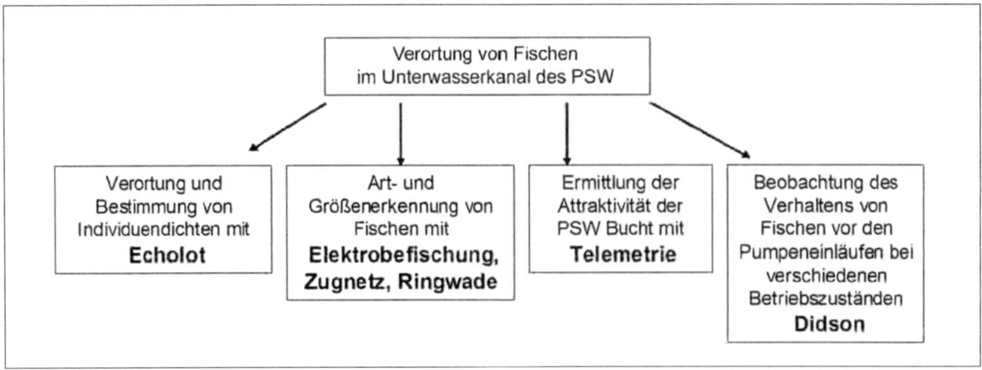

Bild 5: Eingesetzte Methoden der fischereibiologischen Untersuchung

hacht vorkommenden Fische zu erhalten, sondern im Sinne des geforderten Gutachtens transparente und belastbare Ergebnisse zu erarbeiten.

5 Echolotung

Um die Verteilungsmuster der Fische im Unterwasserkanal in Hinblick auf präferierte Aufenthaltsorte in Abhängigkeit vom Jahreszyklus sowie ggf. Betriebsarten des PSW Geesthacht zu erfassen, wurde ein hochauflösendes Echolot des Typs Humminbird 1 198c eingesetzt, mit dem mittels eines in der Schifffahrt gebräuchlichen Sonars (sound navigation and ranging) zur Messung von Wassertiefen auch Fische verortet werden können. Wenngleich auf diese Weise eine Bestimmung von Fischdichten möglich ist, erlaubt die Technologie keine Determination von Arten.

Die Echolotungen wurden jeweils unmittelbar vor Durchführung von Befischungen durchgeführt. Dazu wurde der Unterwasserkanal des PSW Geesthacht mit einem Boot in dichten Transekten abgefahren (**Bild 6**). Die Route der Befahrung und die auf diesem Weg georteten Fische wurden GPS-genau dokumentiert. Die Auswertungen der Echolotungen ergaben, dass die Fischdichte im Unterwasserkanal des PSW Geesthacht während des gesamten Untersuchungszeitraums vergleichsweise gering war. Wenngleich als bevorzugte Aufenthaltsorte die Flachwasserbereiche des westlichen Ufers sowie insbesondere für große Exemplare die tiefen Auskolkungen am Fuß des Auslaufbauwerks verortet wurden, spielt die Kraftwerksbucht keine wesentliche Rolle als Rückzugshabitat für Elbefische. Lediglich während des Spätsommers 2013 traten hier Schwärme von Jungfischen auf.

Zur Ermittlung des Arten- und Größenspektrums der Fische im Unterwasserkanal kamen drei unterschiedliche Fangmethoden zum Einsatz, mit denen ein verlustfreier und damit schonender Nachweis von Fischen gewährleistet war:

- Elektrofischerei
- Zugnetzfischerei
- Ringwadenfischerei

6 Elektrofischerei

Mittels Elektrofischerei wurde das Arten- und Größenspektrum des Fischbestandes entlang der Uferlinie des Unterwasserkanals erfasst (**Bild 7**).

Die Befischungen im Unterwasserkanal erfolgten in 14-täglichem Turnus mit einem leistungsstarken generatorbetriebenen Elektrofanggerät des Herstellers EFKO.

Alle gefangenen Tiere wurden an Bord in einer belüfteten Wanne zwischengehältert, bis sie nach Art sowie Größe bestimmt und außerhalb des Unterwasserkanals zurück in die Elbe gesetzt wurden. Die Elektrofischerei erbringt Fangerfolge in tieferen Gewässern nur entlang der Uferlinie, so dass zum Nachweis von Fischen im freien Wasserkörper ergänzend Zugnetz- und Ringwadenbefischungen durchgeführt wurden.

Bild 6: Transsekte der Echolotungen im Unterwasserkanal des PSW Geesthacht sowie Befahrungen der Ufer (weiße Pfeile)

Bild 7: Uferlinie des Unterwasserkanals

7 Zugnetzbefischung

Für die Zugnetzbefischungen im Unterwasserkanal wurde ein Netz aus knotenlosem Garn von insgesamt 115 m Länge benutzt. Die beiden Seitenflügel besaßen eine Maschenweite von 8 mm; der Fangsack von 6 mm. Aufgrund der Uferstruktur und des Tiefenreliefs war die Ausbringung des Fanggerätes nur von einem einzigen Punkt am westlichen Ufer aus möglich (**Bild 8**). Es wurden jeweils zwei Züge ausgeführt, von denen der erste elbseitig orientiert war und der zweite in Richtung des PSW. Insgesamt wurde auf diese Weise pro Befischungstag eine Grundfläche von ca. 1 300 m^2 untersucht.

Der Fang wurde in wassergefüllte Wannen überführt und nach dem zweiten Zug nach Arten und Größen ausgewertet. Danach wurden die Fische wieder an der Außenseite des Unterwasserkanals in die Elbe entlassen.

8 Ringwadenbefischung

Im Unterwasserkanal des PSW Geesthacht war es erforderlich, die sich in den bis zu 12 m tiefen Kolken in der Nähe des Auslaufbauwerks aufhaltenden Tiere ebenfalls zu erfassen. Hierfür kam eine 60 m lange und 8 m tiefe Ringwade mit einer Maschenweite von 8 mm zum Einsatz. Hieraus ergab sich ein Fassungsvolumen von ca. 2 300 m^3. Die Ringwadenbefischungen erfolgten jeweils unmittelbar nach der Durchführung einer Echolotung an vier definierten Stellen mit großen Wassertiefen (**Bild 9**). Im Anschluss an das Einholen des letzten Fanges wurden die Daten aller zwischenzeitlich in belüfteten Wannen gehälterten Fische erfasst, die danach ebenfalls wieder in die Elbe entlassen wurden.

Bild 8: Position (rot markiert) der Zugnetzbefischungen im Unterwasserkanal

Bild 9: Position der Ringwadenbefischungen (gelbe Punkte) im Unterwasserkanal (Luftbild: Google Earth)

9 Akustische Telemetrie und Didson-Sonar

Die o. a. Befischungen konnten aus Gründen der Arbeitssicherheit für die Biologen nur bei Stillstand des PSW Geesthacht durchgeführt werden. Deshalb wurden nach Abstimmung im begleitenden Expertenkreis mit der akustischen Telemetrie und einem Didson-Sonar zwei weitere Techniken eingesetzt, um eventuelle Schädigungen von Fischen im laufenden Kraftwerksbetrieb untersuchen zu können. Hierfür wurden insgesamt 362 Aufwanderer anadromer und potamodromer Arten sowie abwandernde Lachssmolts mit akustischen Sendern der Firma Lotek individuell markiert.

Die Schwimmwege der besenderten Fische in der Elbe wurden vom Wehr Geesthacht bis 4 km stromauf des PSW durch 10 an Bojen ausgebrachten Hydrophone und innerhalb des Unterwasserkanals durch weitere elf Empfänger zweidimensional zeit- und positionsgenau aufgezeichnet. Insgesamt wurden von allen besenderten Fischen 262 Individuen von den Empfängern redetektiert, was einer für telemetrische Studien ungewöhnlich hohen Quote von 72 % entspricht.

Von den besenderten und redetektierten Exemplaren schwammen lediglich 15 in den Unterwasserkanal des PSW Geesthacht ein; zwölf Individuen kehrten offenbar unversehrt wieder in die Elbe zurück, um dort ihre Wanderung fortzusetzen. Von den übrigen drei Individuen verliert sich das Signal in der am weitesten vom Einlaufbauwerk des PSW entfernten Hydrophonkette, so dass ein minimal mögliches Gefährdungspotenzial für diese Tiere durch das PSW Geesthacht mit 1,1 % ermittelt wurde.

Um das Verhalten von Fischen vor dem Auslaufbauwerk des PSW Geesthacht in Echtzeit vor, während und nach dem Betrieb der Maschinensätze, insbesondere der Pumpen zu ermitteln, wurde ein Didson-Sonar eingesetzt, das unmittelbar vor den verschiedenen Ein- und Ausläufen positioniert war. Auf diese Weise wurden rund um die Uhr sowohl einzelne Individuen unterschiedlicher Größe als auch Fischschwärme vor den Pumpenein- und Turbinenausläufen beobachtet, wobei das Didson in den meisten Fällen keine Artansprache erlaubt. Die Aufzeichnungen des Didsons zeigten klar, dass Individuen ab einer Länge von etwa 20 cm zu jedem Zeitpunkt und bei allen Betriebszuständen des PSW Geesthacht grundsätzlich in der Lage waren, sich dem Sog der Pumpen zu entziehen.

10 Erste Ergebnisse und Ausblick

Insgesamt wurden mit den dargestellten Befischungsmethoden ca. 29 000 Individuen aus 23 Arten in einem Größenspektrum von 1 bis 85 cm registriert.

Die Fischbestandsdichte im Unterwasserkanal des PSW Geesthacht erwies sich als eher gering und wird von den Ubiquisten der Elbe Ukelei *(Alburnus alburnus)*, Güster *(Abramis bjoerkna)* und Brachsen *(Abramis brama)* dominiert. Von diesen Arten treten vorwiegend im Spätsommer Jungfischschwärme mit Individuen von 3 und 6 cm Länge auf, auf die ca. 90 % aller im Untersuchungszeitraum erzielten Fänge entfallen.

Mit den eingesetzten Befischungsmethoden wurden einzelne Exemplare des sehr seltenen Steinbeißers *(Cobitis taenia)* und der Finte *(Allosa fallax)* nachgewiesen, wie auch der Meeräsche *(Chelon cf. labrosus)*, für die noch keine Vorkommensnachweise für die Mittelelbe existierten. Diese Fänge sind ein Beleg für die Effizienz der eingesetzten Befischungsmethoden.

Ferner zeigen die Befischungsergebnisse zweifelsfrei, dass keine Beziehung zwischen dem Fischbestand im Unterwasserkanal des PSW Geesthacht und dem Aufstiegsgeschehen am Wehr Geesthacht besteht [5], [6]: Sowohl die Artenzusammensetzung in der Fischaufstiegsanlage und im Unterwasserkanal im jahreszeitlichen Verlauf als auch die Längenspektren der zeitgleich nachgewiesenen Exemplare waren so unterschiedlich, dass sich keinerlei Gefährdung aufwandernder Fische durch das stromaufwärts liegende PSW erkennen lässt.

Auf der Grundlage dieser ersten fischökologischen Erkenntnisse und nach weiterer Auswertung der sehr umfangreichen Datenmengen aus den Beobachtungen mit dem Didson werden derzeit mit dem projektbegleitenden Expertenkreis weitere Schritte abgestimmt.

Autoren

Dr. Beate Adam
Dr. Ulrich Schwevers
Institut für angewandte Ökologie
Neustädter Weg 25
36320 Kirtorf-Wahlen
b.adam@schwevers.de
u.schwevers@schwevers.de

Margit Lenser
Vattenfall Europe Generation AG
Hydro Power Plants
Preßwitzer Straße 25
07338 Hohenwarte

Literatur

[1] Schwevers, U.; Adam, B.; Mast, N.; Gischkat, S.; Burmester, V.: Sachverständigengutachten zur Prüfung des Standes der Technik zum Schutz von Wasserlebewesen bei der Wasserentnahme durch das PSW Geesthacht. Im Auftrag der Vattenfall Europe Generation AG, Kirtorf-Wahlen, 2014 (unveröff.).

[2] Vermessungsbüro Meyer (Hrsg.): Echolotmessungen in der Elbe, Bereich PSW Geesthacht. Im Auftrag der Vattenfall Europe Generation AG, Taucha, 2012 (unveröff.).

[3] Musall, M.; Riesterer, J.; Oberle, P.: Hydraulische Strömungsberechnungen im Bereich des Auslaufbauwerks der PSW Geesthacht. Im Auftrag der Vattenfall Europe Generation AG, Karlsruhe, 2013 (unveröff.).

[4] Adam, B.; Lehmann, B.: Ethohydraulik. Berlin: Springer Verlag, 2010.

[5] Hufgard, H.; Schwevers, U.: Monitoring des Fischaufstiegs an der Staustufe Geesthacht an der Elbe – Jahrbuch 2011. In: Schriftenreihe Elbfisch-Monitoring der Vattenfall Europe Generation AG, Cottbus (2013), Nr. 3.

[6] Hufgard, H.; Adam, B.; Schwevers, U.: Monitoring des Fischaufstiegs an der Staustufe Geesthacht an der Elbe – Jahrbuch 2012. In: Schriftenreihe Elbfisch-Monitoring der Vattenfall Europe Generation AG, Cottbus (2013), Nr. 4.

Beate Adam, Ulrich Schwevers and Margit Lenser

Pumped Storage Plan Geesthacht – Establishing the Best Available Technology to Protect Aquatic Life

Vattenfall Europe Generation AG operates a pumped storage plant in Geesthacht near Hamburg (PSP Geesthacht). The PSP Geesthacht corresponds to the high-voltage grid peak load system and provides services in the local area. In connection with the change of surface water act the Federal State of Schleswig-Holstein in October 2011 it was the task to examine whether the PSP Geesthacht executes the best available technology to protect aquatic life. Based on special fishing techniques and species size spectra of fish fauna downstream of the PSP Geesthacht it was necessary to estimate a possible hazard potential and to propose appropriate safety measures for these species.

Беате Адам, Ульрих Швеверс и Margit Лензер

Определение современного состояния устройств рыбозащиты при использовании вод на гидроаккумулирующей электростанции Геестхахт (Geesthacht)

Компания Ваттенфалль (Vattenfall Europe Generation AG) является предприятием, эксплуатирующим гидроаккумулирующую электростанцию в Геестхахт (Geesthacht), находящуюся недалеко от Гамбурга. Электростанция предоставляет системные услуги для сети высокого напряжения и обеспечивает обслуживание пиковой нагрузки в этом регионе. В связи с изменением закона по отведению поверхностных вод земли Шлезвиг-Гольштейн к октябрю 2011 необходимо было проверить, в какой мере техническое состояние ГАЭС Геестхахт (Geesthacht) соответствует требованиям рыбозащиты. В канале нижнего бьефа ГАЭС Геестхахт (Geesthacht) была использована специальная техника лова с целью получения данных об имеющихся там видах рыб и их размерах. Целью исследования была оценка возможного потенциала опасности и разработка соответствующих мероприятий по охране этих видов рыб.

Ulrich Dumont † und Gereon Hermens

Fischabstiegs- und Fischschutzanlagen an der Wasserkraftanlage ECI-Centrale in Roermond/Niederlande

Die Wasserkraftanlage ECI-Centrale und deren Stauwehr sind das unterste Wanderhindernis in der Eifel-Rur, in der auf niederländischer und deutscher Seite die Wiederansiedlung von Lachs und Meerforelle betrieben wird. Zum Schutz der abwandernden Fische an diesem strategisch wichtigen Standort wurde ein 10-mm-Feinrechen mit einem Durchfluss von 16 m^3/s sowie ein oberflächennaher und ein sohlennaher Bypass errichtet. Die bisherigen Ergebnisse des Monitorings zeigen, dass eine große Zahl von Fischen und Fischarten die Abstiegseinrichtungen nutzt. Der Betrieb der Wasserkraftanlage wird durch den Fischschutzrechen nicht beeinträchtigt.

1 Einleitung

Die Eifelrur (niederländisch: Roer) ist das unterste Nebengewässer der Maas mit kiesigem Sohlensubstrat. Die Maas weist zwischen der Mündung der Rur und der Nordsee nur eine Wasserkraftanlage und eine relativ geringe Zahl von Staubauwerken auf. Damit sind wichtige Voraussetzungen für die Wiederansiedlung des Lachses und der Meerforelle gegeben, die sowohl im niederländischen als auch im deutschen Abschnitt der Rur betrieben wird. Das Einzugsgebiet der Rur liegt wesentlich in der Eifel und den belgischen Ardennen. Das Abflussverhalten und die für die aquatische Fauna wichtige Wassertemperatur werden durch große Talsperren beeinflusst.

Das unterste Querbauwerk in der Rur befindet sich im Stadtgebiet von in Roermond im Bereich des Mündungsdeltas in die Maas. Die Gefällestufe wird von der Wasserkraftanlage ECI-Centrale genutzt. Der Standort Roermond ist daher von ausschlaggebender Bedeutung für die Anbindung der Rur an die Maas.

Der zuständige niederländische Wasserverband, die Waterschap Roer en Overmaas (WRO), hat als Eigentümerin der Wasserkraftanlage ECI-Centrale im Rahmen eines EU-Projektes (LIFE-nature-Projekt: Roer migration – Restoring migration possibilities for 8 Annex II species in the river Roer [2]) einen 10-mm-Rechen und verschiedene Abstiegsanlagen zur Herstellung der flussabwärts gerichteten Durchgängigkeit an diesem Standort installiert. Daneben wurden zwei große Fischaufstiegsanlagen errichtet, über die im Beitrag von Hermens et al. [6] berichtet wird (**Bild 1**).

Der 10-mm-Rechen ist für einen Durchfluss von 16 m^3/s konzipiert und gehört damit aktuell zu den größten Anlagen dieser Art [5]. Dieser Durchfluss entspricht dem Schluckvermögen der installierten Francis-Turbine. Eine zweite Francis-Turbine, die früher zur Erzeugung von Spitzenstrom diente, wurde bei der Reaktivierung der Wasserkraftanlage in den 1990er-Jahren zu einer Museumsturbine umgestaltet, deren Wasserkammer heute begehbar ist.

2 Fischschutzanlage

Zum wirksamen Schutz abwandernder Smolts von Lachs und Meerforelle darf nach heutigem Kenntnisstand die lichte Rechenstabweite nicht mehr als 10 mm betragen. Die Anströmgeschwindigkeit muss auf 0,5 m/s limitiert werden.

Während die Bedingung für die Ausströmgeschwindigkeit im Betriebskanal oberhalb der ECI-Centrale eingehalten wird, stellte der frühere Turbinenrechen mit $d_R = 40$ mm keinen Schutz für die abwandernden Fische vor dem Eindringen

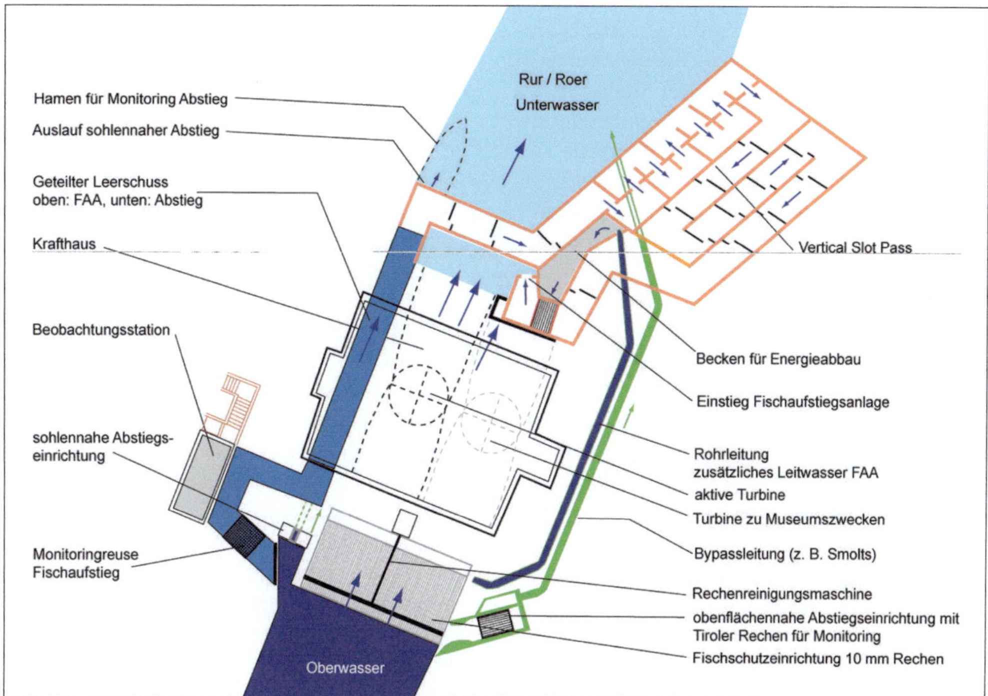

Bild 1: Lageplan der Wasserkraftanlage ECI-Centrale mit dem 10-mm-Rechen, den verschiedenen Abstiegsanlagen und dem Vertical-Slot-Pass sowie den Einrichtungen zum Monitoring

in die Turbinen dar. Daher entschied die WRO, den alten Rechen durch einen 10-mm-Rechen mit vertikal angeordneten Rechenstäben zu ersetzen. Um die hydraulischen Verluste des Rechens auf maximal 3 cm zu begrenzen (bei voller Beaufschlagung mit 16 m³/s), wurde die Neigung des Rechens zur Sohle von 70° auf 40° verringert und dadurch die Rechenfläche entsprechend vergrößert (**Bild 2**).

Da heute lediglich eine der beiden früheren Turbinen in Betrieb ist und die niedrige Anströmgeschwindigkeit unmittelbar am Rechen nur bei der Nutzung der gesamten Rechenfläche beider Maschinen erreicht werden konnte,

Bild 2: 10-mm-Rechen im Betrieb, Blick auf den oberflächennahen Bypass

Bild 3: Einheben der Fertigbeton-Brücke als obere Anlage des Rechens und zur Aufstellung des Rechenreinigers

mussten erhebliche Anstrengungen unternommen werden, um eine möglichst gleichmäßige Normalgeschwindigkeit an jeder Stelle des Rechens zu erreichen. Andernfalls könnten die abwandernden Fische durch zu hohe lokale Geschwindigkeiten geschädigt und die Auffindbarkeit der Bypässe beeinträchtigt werden. Der Turbineneinlauf hinter dem Rechen wurde auf Basis einer hydraulischen 2-D-Rechnung so umgebaut, dass das Rechenfeld der jetzigen Museumsturbine die gleichen Strömungsverhältnisse aufweist wie der Abschnitt des Rechens, der sich vor der jetzt aktiven Turbine befindet. Diese Maßnahmen wurden durch eine optimierte Gestaltung der Profilstäbe des Fischschutzrechens ergänzt.

Die Rechenanlage weist folgende Merkmale auf:

- Spezielles Profil der Rechenstäbe, das vom Ingenieurbüro Floecksmühle zur Verbesserung des Fischschutzes und der Reinigung entwickelt wurde. Das Profil verhindert das Einklemmen kleiner Geschwemmselteile und wirkt damit einer dauerhaften Verlegung des Rechens entgegen. Der hydraulische Verlustbeiwert des Rechens wurde im Labor ermittelt und für die Bemessung des Rechens genutzt. Dieser sogenannte Y-Rechen wurde zwischenzeitlich weiterentwickelt, so dass heute ein System zur Verfügung steht, mit dem eine dauerhafte Verlegung wirksam verhindert werden kann.
- Der Rechen und die Tragkonstruktion sind statisch auf die volle Verlegung ausgelegt, die an feinen Rechen bei gleichzeitigem Versagen von Rechenreiniger und Turbinensteuerung grundsätzlich auftreten kann.
- Die Anlage ist mit einer einzigen hydraulischen Knickarm-Rechenreinigungsmaschine ausgerüstet. Diese verfügt über eine Harkenbreite von 12 m. Ihr Antrieb ist auf Dauerbetrieb ausgelegt, der während des maximalen Laubgangs im Herbst erforderlich ist, um den Betrieb der Wasserkraftanlage zu gewährleisten.
- Die Rechenreinigungsmaschine wurde auf einer vorgespannten Fertigbetonbrücke installiert. Der Einbau der 70 t schweren Brücke erfolgte mittels Mobilkran (**Bild 3**). Die Brücke wurde statisch so bemessen, dass auch beim Ausgreifen der Rechenreinigungsmaschine und bei maximaler Belastung nur eine Durchbiegung von wenigen Millimetern erfolgt. Diese geringe Verformung der Brücke ist erforderlich, um während des gesamten Bewegungsablaufs der Rechenreinigungsmaschine die Parallelität von Rechenfläche und Harke exakt einzuhalten. Anderenfalls wäre keine ausreichende Reinigungswirkung möglich.

Das Rechengut wird über eine Blechschütze, die oberhalb des Rechens angeordnet ist, in ein Förderband gehoben und mit diesem in einen

Bild 4: 10-mm-Rechen mit Rechenreinigungsmaschine und Förderband für das Rechengut während der Montage: links befinden sich die stationäre Reusenanlage und der Ausstieg der Fischaufstiegsanlage, dazwischen liegt der Leerschuss, in dem der sohlennahe Bypass angeordnet ist

seitlich aufgestellten Container transportiert (**Bild 4**). Diese Einrichtungen waren notwendig, da nur ein sehr begrenzter Platz zwischen der Krafthauswand und dem Rechen zur Verfügung stand.

Die mittlerweile vierjährigen Betriebserfahrungen zeigen, dass durch die Bemessung und die konstruktive Gestaltung des Rechens sowie durch die leistungsfähige Rechenreinigungsmaschine ein vollkommen normaler Betrieb der Wasserkraftanlage sichergestellt werden konnte. Trotz des geringen Rechenabstandes wird der berechnete Rechenverlust von maximal 3 cm eingehalten. Die Jahresarbeit der Turbine wurde nicht vermindert.

2.1 Oberflächennaher Bypass

Der oberflächennahe Bypass wurde primär auf die Smolts von Lachs und Meerforelle ausgelegt. Wegen der beengten räumlichen Verhältnisse konnte die Einstiegsöffnung nicht unmittelbar neben dem Rechen, sondern musste ca. 2 m oberhalb angeordnet werden (**Bild 5**). Die Einstiegsöffnung zweigt rechtsufrig unter einem Winkel von ca. 45° vom Oberwasserkanal ab und besitzt eine Wassertiefe von etwa 40 cm. Das ausgeleitete Wasser (ca. 150 l/s) wird zunächst kontinuierlich beschleunigt, damit die Fische nicht gegen die Fließrichtung entfliehen. Das Wasser mit den abwandernden Fischen gelangt dann in die Abstiegskammer, wo eine ausreichende Wassertiefe vorgehalten wird. Dort schließt sich eine Rohrleitung an, durch die die Fische in das Unterwasser gespült werden. Sie wurde teilweise unterhalb der neuen Fischaufstiegsanlage verlegt.

Die Abstiegskammer besitzt für das Monitoring einen Tiroler Rechen (d_R = 5 mm) und eine Fangkammer, aus der die Fische manuell entnommen werden können. Dieser Fangrechen ist drehbar ausgeführt: wird der Rechen aus dem Wasserstrom geschwenkt, gelangen die Fische unmittelbar in die Bypassrohrleitung. Während des Monitorings wird der Rechen in die Arbeitsposition gebracht und die absteigenden Fische werden auf diese Weise in die Fangkammer geleitet.

2.2 Sohlennaher Abstieg

Für die sohlennah abwandernden Arten wurde im bisherigen Leerschuss, der sich links neben dem Rechen befindet, eine gesonderte Abstiegsmöglichkeit vorgesehen. Aufgrund der Umbauarbeiten musste das alte Leerschussschütz erneuert werden, so dass eine entsprechende Öffnung hergestellt werden konnte.

Während der Abwanderzeiten wird das Schütz um rund 15 cm angehoben, so dass die Abstiegsöffnung in der Sohle freigegeben wird. Die abwandernden Fische passieren diese ca. 30 cm breite Bypassöffnung an der Sohle. Ein ausreichendes Wasserpolster unterhalb stellt sicher, dass die Fische nicht geschädigt werden.

Bild 5: Rechts neben dem Rechen zweigt der oberflächennahe Bypass ab, in der Abstiegskammer befindet sich der Tiroler Rechen zur Ausleitung der Fische während des Monitorings

Bild 6: Heben des Hamens, mit dem der Abstieg durch den sohlennahen Bypass überwacht wird

Im Auslaufbereich des Leerschusses wurde eine Kontrolleinrichtung in Form eines Hamens, der motorisch verfahren werden kann, installiert. Er wird während der Abstiegssaison täglich geleert. Ein nicht unerheblicher Aufwand bei der Entleerung entsteht dabei durch die notwendige Reinigung des Netzes von Laub und Treibgut. Eine vorherige Trennung der Fische vom Wasser, das durch den Bypass abgeleitet wird, und somit vom Treibgut ist aufgrund der Geometrie und der Sohlenlage nicht möglich.

3 Monitoring

Seit Fertigstellung der Fischschutz- und -abstieganlagen im Jahr 2008 führt die WRO ein intensives Monitoring des Fischabstiegs durch. Während der Hauptwanderzeiten finden umfangreiche Kontrollen sowohl der Fischaufstiegsanlage als auch der Abstiegseinrichtungen statt.

Von allen oberflächennah abwandernden Smolts, die in der Smoltkammer gefangen werden, wird die Art und die Länge ermittelt. Bei einem bestimmten Anteil der Smolts wird zusätzlich das Gewicht und der Grad der Verpilzung bestimmt. Der Smoltfang war in der Zeit vom 07.02. bis zum 26.06.2011 etwa vier Monate und im Dezember eine Woche in Betrieb. In dieser Zeit wurden insgesamt 2 512 Fische gefangen, davon 1 028 Lachssmolts. Im oberflächennahen Bypass wurden 35 verschiedene Arten erfasst. Trotz der geringen Wassertiefe in der Bypassöffnung von etwa 30 bis 40 cm wird er regelmäßig von adulten Fische passiert.

Alle im Hamen des sohlennahen Abstiegs gefangenen Fische werden bestimmt und gemessen (**Bild 6**). Trotz der ungünstigen Lage im Leerschuss in Bezug auf den Rechen und die Anströmbedingungen wurden hier im Jahr 2011 bei weitem die meisten Fische (81 % bzw. 13 568) gefangen. Der Hamen war im April und Mai nur insgesamt drei Tage und vom 02.06. bis zum 31.12.2011 laufend in Betrieb. Im gesamten Hamenfang kamen juvenile Barsche mit 71 % (9 686 Exemplare) am häufigsten vor. Größere Abwanderzahlen wurden bisher von Blankaalen und Rotaugen erreicht. Interessant war der Fang eines abgelaichten Lachses im sohlennahen Bypass.

Am Standort ECI-Centrale wurden im Jahr 2011 zwischen dem 1. Februar und dem 31. Dezember 2011 insgesamt 16 764 flussauf- und flussabwärts wandernde Fische verteilt auf 39 Arten in der Fangreuse der Fischaufstiegsanlage und in den Bypässen erfasst. Die Arbeiten zum Monitoring werden von einer Gruppe von Freiwilligen durchgeführt. Daneben erfolgt eine wissenschaftliche Auswertung der Ergebnisse des Monitorings durch die Universität Wageningen, NL. Damit ist sichergestellt, dass nach Abschluss der gesamten Monitoringphase (insgesamt voraussichtlich fünf bis sieben Jahre) eine Analyse der unterschiedlichen Abwanderkorridore erarbeitet wird und dass die Ergebnisse für die Weiterentwicklung von Fischschutz- und Fischabstiegsanlagen genutzt werden kann.

Autoren

Dipl.-Ing. Ulrich Dumont
Dipl.-Ing. Gereon Hermens †
Ingenieurbüro Floecksmühle
Bachstraße 62-64
52066 Aachen
gereon.hermens@floecksmuehle.de

Literatur

[1] Dumont, U., Anderer, P.; Schwevers, U.: Handbuch Querbauwerke. Ministerium für Umwelt und Naturschutz, Landwirtschaft und Verbraucherschutz des Landes Nordrhein-Westfalen, Düsseldorf, 2005.

[2] Waterschap Roer en Overmass (Hrsg.): LIFE-nature project: Roer migration – Restoring migration possibilities for 8 Annex II species in the river Roer. 2008.

[3] Gubbels, R. E. M. B; Belgers, M. H. A. M., Jochims, H.-J.: Rapportage Monitoring Stroomopwaartse en stroomafwaartse vismigratie in 2011 bij de ECI-Centrale te Roermond; Waterschap Roer en Overmaas. Sittard, 2012.

[4] Deutsche Vereinigung für Wasserwirtschaft, Abwasser und Abfall e. V. (Hrsg.): Fischschutz- und Fischabstiegsanlagen – Bemessung, Gestaltung, Funktionskontrolle. In: DWA-Themen, 2. Auflage, 2005.

[5] Ingenieurbüro Floecksmühle: Planung der Fischschutz- und Fischabstiegsanlage an der ECI-Centrale in Roermond im Auftrag der Waterschap Roer en Overmaas. Sittard, 2006 (unveröffentlicht).

[6] Hermens, G.; Keunecke, R.: Herstellung der Durchgängigkeit des Mündungsdeltas der Rur in die Maas. In WasserWirtschaft 102 (2012), Heft 7-8, S. 83-88.

Ulrich Dumont and Gereon Hermens

Fish Protection and Downstream Migration Facilities at Hydropower Station ECI Centrale at Roermond, Netherlands

The hydro power plant ECI-Centrale and its dam are the lowest obstacles in the Eifel Rur, where Dutch and German authorities are currently resettling salmon and sea trout populations. To protect downstream migrating fish at this strategically important spot, the authorities installed a 10 mm screen with a discharge of 16 m^3/s as well as two bypass channels, one of them situated near the surface and the second one near the bottom. Monitoring results so far show that a great amount of fish of different species do make use of these migration facilities. Moreover, the protection screen does not affect the operation of the hydro power plant.

Ульрих Дюмон и Гереон Херменс

Рыбоспусковые и рыбозащитные сооружения на гидроэлектростанции ECI-Centrale в Роермонде/Нидерланды

Гидроэлектростанция ECI-Centrale и ее плотина являются самой нижней преградой на миграционном пути рыб в Ейфель-Рур (Eifel-Rur), в которой на нидерландский и немецкой стороне в настоящий момент производится повторное заселение лососей и морской форели. Для защиты мигрирующих рыб в этом стратегически важном для рыб месте была сооружена мелкая 10-миллиметровая решетка с протеканием 16 м ^{3}/сек, а также приповерхностный и придонный обводной канал. Полученные до сих пор результаты мониторинга показывают, что значительное число рыб разных видов использует устройства спуска. Возведение рыбозащитной решетки не оказало какого-либо негативного воздействия на эксплуатацию гидроэлектростанции.

Jochen Ulrich

Ökologische Maßnahmen im Umfeld des neuen Wasserkraftwerks Rheinfelden

Im Rahmen einer zweistufigen Umweltverträglichkeitsprüfung wurden zahlreiche Ausgleichsmaßnahmen festgelegt. Die Hälfte der charakteristischen Stromschnellen im Rhein sollte erhalten bleiben. Gefordert wurde überdies ein naturnahes Fischaufstiegs- und Laichgewässer am deutschen Ufer sowie eine Fischaufstiegsanlage auf der Schweizer Seite. Ein provisorischer Raugerinne-Beckenfischpass wurde als fester Bestandteil in die Anlage integriert. Am Rheinufer sowie am Schloss Beuggen wurden zahlreiche Maßnahmen zur ökologischen Aufwertung umgesetzt.

1 Umweltverträglichkeits untersuchung

Beim Neubau des Kraftwerks Rheinfelden wurde nach Schweizer Gesetzgebung eine zweistufige Umweltverträglichkeitsprüfung (UVP) durchgeführt. In der ersten Stufe, dem Umweltverträglichkeitsbericht (UVB I), wurde die prinzipielle Umweltverträglichkeit des Projekts beurteilt, die zur Konzessionserteilung führte. In der zweiten Stufe (UVB II) wurden die Auswirkungen des Neubauvorhabens im Detail untersucht sowie Ausgleichs- und Ersatzmaßnahmen erarbeitet (s. a. [3]).

Folgende wesentliche Umweltauswirkungen wurden ermittelt:

- Grundwasserbeeinflussung durch Höherstau um 1,4 m im Oberwasser, Wasserspiegelabsenkung im Unterwasser und Kraftwerksanlage quer zum Rhein;
- Veränderung des Fließcharakters durch Höherstau und die Unterwassereintiefung;
- Verlust eines Teils der charakteristischen Stromschnellen, des so genannten Gwilds, durch die Unterwassereintiefung;
- Belastungen während der Bauzeit.

In diesem Zusammenhang wurde auch das öffentliche Interesse am Ausbau der Wasserkraft dokumentiert. Dieses besteht in erster Linie im Klimaschutz und in energiewirtschaftlichen Aspekten.

1.1 Übersicht der Ausgleichs- und Ersatzmaßnahmen gemäß UVB II

- Zum Ausgleich der Auswirkungen der Stauhaltung wurden der Energiedienst AG folgende Verpflichtungen auferlegt:
- Erhalt von mindestens 50 % der biologisch funktionsfähigen Gwildfläche;
- Abgabe einer ständigen Wassermenge von mindestens 30 m^3/s in das Gwild, um ein Trockenfallen der Felsstrukturen zu verhindern und die wertvolle wechselfeuchte Flora der Kalkfelsen zu erhalten;
- Bau eines naturnahen Fischaufstiegs- und Laichgewässer am deutschen Ufer;
- Fischaufstiegsanlage am Schweizer Rheinufer;
- Mehrere Ausgleichsmaßnahmen im Bereich des Ufers;
- Maßnahmen zum Schutz des Schlosses Beuggen als Landschaftsschutzgebiet und Kulturdenkmal;
- Schutz des Grund- und Rheinwassers;
- Auflagen für die Bauzeit.

Insgesamt wurden 64 Ausgleichs- und Ersatzmaßnahmen definiert.

1.2 Zusätzliche Maßnahmen

Die Genehmigung der von der Energiedienst AG beantragten etappierten Bauweise war mit zusätzlichen Ausgleichsmaßnahmen verbunden. Hierdurch sollte insbesondere die verzögerte Umsetzung des naturnahen Fischaufstiegs- und Laichgewässers ausgeglichen werden. Dabei handelt es sich um

- acht zusätzliche Strukturmaßnahmen (Kiesbänke, Uferbuchten, Uferrenaturierung) an den Ufern sowie
- den Bau eines Raugerinne-Beckenfischpasses an der Kanalmauer für die Bauzeit.

Diese Maßnahmen wurden bereits 2004 bis 2005 ausgeführt. Darüber hinaus wurden im laufenden Bauprojekt verschiedene Maßnahmen umgesetzt, die sich entweder aufgrund der baulichen Umstände oder aufgrund neuer, zum Zeitpunkt des UVB noch nicht bekannter ökologischer Rahmenbedingungen ergeben haben. Dies betrifft insbesondere:

- Großflächige Renaturierungsmaßnahmen an den Ufern;
- Pflegemaßnahmen für angrenzende Uferbestände;
- Artenschutzmaßnahmen.

2 Pionierarbeit: Planung und Umsetzung der ökologischen Maßnahmen

Im Zusammenhang mit den Forderungen aus der Bewilligung stellte die Verwirklichung des naturnahen Fischaufstiegs- und Laichgewässers eine besondere Herausforderung und Pionierarbeit dar. Hierzu gehörte auch die Entwicklung einer geeigneten Fischzähleinrichtung [2].

Die Umsetzung aller geforderten Ausgleichsmaßnahmen erfolgte sukzessive seit Baubeginn im Jahr 2003. In einer ersten Phase von 2003 bis 2005 wurden Maßnahmen umgesetzt, die in Zusammenhang mit dem Stauwehrbau und der etappierten Baumaßnahme standen. Anschließend wurden die gemäß UVB vorgesehenen Maßnahmen planmäßig umgesetzt.

3 Ökologische Begleitkommission

Die Umsetzung wurde von der Planung über den Bau bis zur Abnahme von einer ökologischen Begleitkommission unterstützt. Diese setzt sich zusammen aus Vertretern der Genehmigungsbehörden, dem Bundesamt für Energie, Schweiz, und dem Regierungspräsidium Freiburg, Deutschland, Vertretern von Kanton und Landkreis, den Fachbehörden, insbesondere Naturschutz und Fischerei, Vertretern der beiden Städte Rheinfelden sowie den beteiligten Verbänden (**Bild 1**).

Planung, Bau und Abnahme der Maßnahmen erfolgten im Rahmen von halbjährlich einberufenen Sitzungen im Einvernehmen mit den Mitgliedern der Begleitkommission. Bei speziellen Aufgaben, wie beispielsweise der Gestaltung des naturnahen Fischaufstiegs- und Laichgewässers, wurden Fachgruppen einberufen.

4 Auswirkungen der Ausgleichs- und Ersatzmaßnahmen

4.1 Schutz und Erhalt der Felslandschaft im Flussbett (Gwild)

Aufgrund des Baus des Maschinenhauses und der Unterwassereintiefung wurde entlang des Schweizer Ufers die Rheinsohle auf einer Länge von rund 1,8 km und in einer Breite von rund 100 m eingetieft. Hierdurch sind etwa 46 % des landschaftsprägenden Gwilds verloren gegangen. Das Gwild ist eine der charakteristischen felsigen Stromschnellen (Laufen) des Hochrheins. Bei Niedrigwasser liegt die von tiefen Abflussrinnen, sogenannten Canyons, durchzogene Felslandschaft fast trocken, mit steigendem Abfluss entwickelt sich ein typischer Wildwassercharakter. Entsprechend den Genehmigungsauflagen muss mindestens die Hälfte der Gwildfläche biologisch funktionsfähig erhalten bleiben. Die hierzu erforderliche Benässung des Gwilds mit $Q = 30\ m^3/s$

Bild 1: Mitglieder der ökologischen Begleitkommission bei einer Ortsbegehung

erfolgt durch eine zusätzliche Dotierturbine im Trennpfeiler zwischen Krafthaus und Wehr. Diese beschickt das Tosbecken und von dort aus das Gwild (**Bild 2**).

Durch den Wegfall eines Teils des Gwilds und die geringere Überflutung des verbleibenden Gwilds verändert sich das Landschaftsbild. Mit dem naturnahen Fischaufstiegs- und Laichgewässer sowie der felsigen Umbauung der ehemaligen Kanalmauer wurde ein neues landschaftsprägendes Naturelement geschaffen, das den Verlust des Landschaftselements Gwild kompensiert.

5 Minderung der Auswirkungen des Höherstaus

Der Höherstau führt zu einer Verringerung der Fließgeschwindigkeit und damit voraussichtlich zu einer Veränderung des Lebensraums für strömungsliebende Arten, also für typische Fließgewässerarten. Durch die Errichtung des naturnahen Fischaufstiegs- und Laichgewässers im Bereich des alten Kraftwerkkanals werden neue Lebensräume für strömungsliebende Arten, insbesondere für die bedrohten Kieslaicher wie Nasen, geschaffen.

6 Durchgängigkeit für Fische und andere wassergebundene Lebewesen

Viele einheimische Fischarten sind aufgrund ihrer Lebenszyklen zum Aufsuchen von Laichplatz, Nahrungshabitaten oder Wintereinständen auf Wanderungen im Flusssystem angewiesen. Die Durchgängigkeit der Stauwehre und Kraftwerkanlagen ist entscheidend für den Erhalt der Fischbestände am Hochrhein sowie für die Sicherstellung des Lebenszyklus von Wanderfischen. Insbesondere der Pilotfisch Nase sowie die Wanderfische Aal und Lachs profitieren davon. Am alten Kraftwerk Rheinfelden gab es bereits seit dem Bau eine funktionierende Fischaufstiegsanlage. Am neuen Kraftwerk Rheinfelden gibt es nun insgesamt drei Aufstiegsmöglichkeiten.

6.1 Naturnahes Fischaufstiegs- und Laichgewässer

Neben den vielfältigen Lebensraum- und Landschaftsfunktionen stellt das naturnahe Fischaufstiegs- und Laichgewässer auch die Durchgängigkeit sicher. Dabei handelt es sich um die bedeutendste Ausgleichs- und Ersatzmaßnahme des Projekts [2].

Gleichzeitig entsteht dort ein neues Naherholungsgebiet. Ein attraktiver Fuß- und Radweg sowie Aussichtsplattformen werden in den Rheinuferrundweg eingebunden.

Bild 2: Gwild bei Niedrigwasser

Das Fischaufstiegs- und Laichgewässer wurde nach 18 Monaten Bauzeit am 16. Februar 2012 von den Behörden in ungeflutetem Zustand abgenommen. Die erstmalige Flutung erfolgte am 6. März 2012. Das Resultat war sehr erfreulich: Alle Strukturen wurden richtig dimensioniert, und die im Modell getroffenen Annahmen haben sich in der Praxis bewährt. Lediglich kleinere Anpassungsarbeiten waren noch erforderlich, ehe das neue Gewässer am 22. März 2012 in der Sitzung der ökologischen Begleitkommission auch in geflutetem Zustand abgenommen werden konnte (**Bild 3**).

Bild 3: Strukturen des naturnahen Fischaufstiegs- und Laichgewässers vor der Flutung

6.2 Vertical-Slot-Fischpass am Maschinenhaus

Der Vertical-Slot-Fischpass am Maschinenhaus ist nach neuesten fischbiologischen Erkenntnissen gestaltet (**Bild 4 und Tabelle 1**). Die Mündung wird abhängig vom Unterwasserstand über drei Bypassleitungen dotiert, und somit entsteht auf der Unterwasserberme immer die richtige Leitströmung. Die Berme ist ein horizontaler Absatz, der den Sohlenanschluss sicherstellt. Dadurch wird den Fischen das Auffinden des Einstiegs erleichtert. Für die Fischzählung, die einen Teil des Monitorings darstellt, wurde eigens ein Zählbecken eingebaut, das Fischverletzungen bei der Zählung wirkungsvoll verhindert.

Bild 4: Vertical-Slot-Fischpass am Maschinenhaus

Tab. 1: Technische Daten der Fischaufstiegsanlagen		
	Vertical-Slot-Fischpass	Raugerinne-Beckenfischpass
Höhenunterschied	9,10 m	6,7 m
Anzahl Becken	61	44
Gesamtlänge	315 m	156 m
Wasserspiegeldifferenz zwischen den Becken	15 cm	15 cm
Mittlere Wassertiefe	1,30 m	0,9 bis 1,0 m
Schlitzbreite	0,30 m	30 und 20 cm
Abfluss Fischpass	0,56 m³/s	0,6 m³/s
Abfluss Bypass	0,74 bis 2,44 m³/s	1,1 m³/s
Baukosten	ca. 1,8 Mio. Euro	ca. 0,45 Mio. Euro

6.3 Raugerinne-Beckenfischpass am Stauwehr

Ursprünglich als provisorischer Fischpass im Rahmen der etappierten Bauweise vorgesehen, hat sich der Raugerinne-Beckenfischpass am Stauwehr inzwischen zu einem festen Bestandteil der Anlage entwickelt (**Bild 5** und **Tabelle 1**). Nachdem der Fischpass im Rahmen der vom Bundesamt für Umwelt, Schweiz, durchgeführten koordinierten Fischzählung am Hochrhein das beste Resultat erzielte, hat man sich dazu entschieden, diese Fischtreppe als Vernetzung zwischen Gwild sowie naturnahem Fischaufstiegs- und Laichgewässer dauerhaft zu erhalten. Da ausreichend Platz vorhanden war, wählte man eine naturgemäße Bauweise in Form eines Raugerinnes. Der Steinaufbau wurde bewusst in seinem Aussehen dem Gwild nachempfunden und dient als Lebensraum für seltene Tierarten, wie zum Beispiel die Wasseramsel, für die eigens Bruthöhlen angelegt wurden.

Bild 5: Raugerinne-Beckenfischpass am Stauwehr

6.4 Maßnahmen an den Ufern

Zusätzlich wurde im UVB II eine ganze Reihe weiterer Maßnahmen festgeschrieben, die sich in Schutz-, Erhaltungs- und Ausgleichsmaßnahmen aufgliedern.

Dabei handelt es sich um vielfältige Strukturverbesserungen der Rheinufer und der angrenzenden Vorlandbereiche. Hierzu gehören:

- Rückbau der alten Kraftwerksanlagen,
- Renaturierung einzelner Uferabschnitte,
- Uferanrisse für den Eisvogel (**Bild 6**),
- Wanderwegverlegung zur Schaffung beruhigter Uferbereiche,

- Buhnen als Schutzräume für Jungfische,
- Gestaltung des Werkplatzhangs als Pionierstandort (**Bilder 7 und 8**),
- Uferpflegemaßnahmen im Sinne von Fledermäusen und Spechten,
- Brutfloß für Flussseeschwalbe,
- Kästen für die Wasserfledermaus.

7 Zusätzliche Renaturierung von Uferabschnitten

Im Rahmen des Bauprojekts wurden darüber hinaus zusätzliche, zum Teil sehr umfangreiche Maßnahmen ausgeführt, die aufgrund des Projektverlaufs erforderlich wurden. Diese Maßnahmen waren erforderlich, da sich im Projektverlauf aufgrund der temporär anderen Strömungsverhältnisse im Unterwasser Erosionsstellen im harten Uferverbau ergeben haben oder weil sich seit der Genehmigung des Projekts im Oberwasser Veränderungen eingestellt hatten, die im Zusammenhang mit dem Höherstau berücksichtigt werden mussten. Die Energiedienst AG hat dann auf ausgedehnten Bereichen den Hartverbau durch eine naturgemäße Gestaltung ersetzt. Dazu gehören:

- Mosaikartige Ufersicherung mit Steinschlichtung, Schüttungen, kiesigen Flachwasserzonen, Buhnen und Bermen unterwasserseits;
- Ingenieurbiologischer Hangverbau statt Hartverbau im Bereich Bootsübersetzung;
- Bau einer Ersatz-Biberburg (**Bild 9**), Ersatzlebensräume für den Biber am Beuggenboden;
- Strukturmaßnahmen wie Buhnen, Raubäume, Inseln, Kiesschüttungen im Oberwasser.

Bild 6: Anrissstellen für den Eisvogel

Bild 7: Schaffung von Pionierstandorten am Werkplatzhang

8 Grundwasserschutz

Im Bauprojekt spielte der Grundwasserschutz eine wesentliche Rolle. Im Rahmen der Untersuchungen des UVB I wurde in Absprache mit den Behörden die Kraftwerksanlage um 70 m rheinaufwärts verlegt, um Auswirkungen auf das Grundwasser zu minimieren.

Als bedeutendste Veränderungen auf das Grundwasser wirken der Höherstau von 1,4 m, die mit dem Neubau resultierende Kraftwerksumströmung, in deren Folge eine Beeinflussung von Grundwasserfassungen im Wäberhölzli (Notbrunnen der Stadt Rheinfelden Schweiz) befürchtet wurde, und die Rheinwasserspiegelabsenkung von rund 0,5 m im Unterwasser.

Daher wurden folgende Maßnahmen umgesetzt:

- Erstellung eines Grundwasserüberwachungssystems für den Bau und Betrieb der Kraftwerksanlage.
- Bau eines Horizontalfilterbrunnens auf Schweizer Seite mit dem Ziel, die Kraftwerksumströmung zu verringern.

Bild 8: Biber auf dem Kraftwerksgelände

Bild 10: Monitoring Fischfauna, Ist-Situation 2010

Bild 9: Bau Biberburg als Fluchtburg

- Maßnahmen zum Schutz von Gebäuden und Infrastrukturanlagen, insbesondere Schutz des Schlosses Beuggen.

Die vorgesehenen Maßnahmen werden nach Ansicht der Gutachter den Grundwasserschutz in quantitativer und qualitativer Hinsicht in der Region beider Rheinfelden sicherstellen. Dies bestätigen auch die bisherigen Messungen nach Höherstau und Inbetriebnahme des Kraftwerks.

9 Umweltschutz während der Bauzeit

Bereits in der Bauphase wurden geeignete Maßnahmen getroffen, um die Auswirkungen der mehrjährigen Bauzeit zu mindern.

Durch die Einrichtung von Depots für Aushubmaterial und Kies sowie den temporären Betrieb eines Betonwerks in nächster Nähe (Chleigrüt) der Baustelle wurden Transporte auf öffentlichen Straßen auf ein Minimum beschränkt.

Darüber hinaus wurden alle Baufahrzeuge mit Rußpartikelfiltern sowie mit biologisch abbaubarem Hydrauliköl ausgestattet.

Hinsichtlich Lärm und Erschütterungen wurden umfangreiche Vorkehrungen getroffen, und das Bauverfahren wurde optimiert. Auswirkungen auf die Bevölkerung konnten aber nicht vollständig vermieden werden. Daher befindet sich die Energiedienst AG in einem ständigen Dialog mit den Anwohnern und berücksichtigt deren Anliegen.

Zusätzlich wurde ein temporärer Wildwechsel im Bereich Chleigrüt errichtet.

10 Monitoring

Der Erfolg der ökologischen Maßnahmen wird über ein Monitoring kontrolliert.

Das Grundwasser-Monitoring erfolgt über ständige Messungen und Auswertungen. Das Monitoring von Natur und Landschaft wird nach der Erfassung des Ausgangszustands nach zwei, sechs und zwölf Jahren vorgenommen. Die Ergebnisse des Monitorings werden den Behörden vorgelegt. Bereits im April 2012 hat die erste einjährige Fischzählung an den Fischaufstiegsanlagen begonnen (**Bild 10**) [1]. Im Jahr 2013 steht nun das erste Monitoring Natur- und Landschaft an.

Autor

Dipl. Forstwirt Jochen Ulrich
Leiter Ökologie und Werkdienst
Energiedienst Holding AG
Basler Straße 44
5080 Laufenburg, Schweiz
jochen.ulrich@energiedienst.de

Literatur

[1] Ulrich, J.: Zwischenergebnis der Fischzählung am neuen Wasserkraftwerk Rheinfelden. In: WasserWirtschaft 103 (2013) Heft 6, S. 54-57.

[2] Gebler, R.-J.; Lehmann, P.: Naturnahes Fließgewässer am neuen Kraftwerk Rheinfelden. In: WasserWirtschaft 103 (2013) Heft 6, S. 48-53.

[3] Fust, A.; Reif, H.: Ausgangslage am neuen Wasserkraftwerk Rheinfelden. In: WasserWirtschaft 103 (2013) Heft 6, S. 10-14.

Jochen Ulrich

Ecological Measures in the Neighborhood of the new Hydropower Plant Rheinfelden

A large number of compensation measures were specified as part of a two-stage environmental impact assessment. Half of the characteristic rapids of the Rhine should remain intact. A near-natural fish ascent and spawning area was also demanded on the German shore, while on the Swiss side, a fish ascent facility was to be constructed. A temporary rough bypass fish ladder basin was integrated as a fixed element in the plant. Numerous ecological measures were required on the shore of the Rhine, and at the Schloss Beuggen castle. The protection of the groundwater played a key role, as a result of which the new construction was positioned somewhat upstream in the Rhine. Overall, Energiedienst AG completed 65 individual measures to ecologically upgrade the area, and the near-natural flowing water is unique in Europe in terms of its scale.

Йохен Ульрих

Природоохранные мероприятия в непосредственной близости от новой электростанции Рейнфельден (Rheinfelden)

В рамках двухступенчатой проверки соответствия требованиям окружающей среды были определены многочисленные компенсационные мероприятия. Необходимо было сохранить половину характерных для Рейна речных порогов. Кроме того, одним из требований была наличие близких к природным водоемов для подъема и нереста рыб на немецком берегу, а также рыбоподъемная установка на швейцарской стороне. Временный рыбоход в виде канала и перехода бассейнового типа был преобразован в неотъемлемую составную часть сооружения. С целью обеспечения защиты потребовалось провести многочисленные мероприятия как на Рейнском побережье, а также в замке Бойгген (Beuggen).

Rolf-Jürgen Gebler und Paul Lehmann

Naturnahes Fließgewässer am neuen Kraftwerk Rheinfelden

Die herausragende Ausgleichs- und Ersatzmaßnahme zum Neubau des Kraftwerkes Rheinfelden ist das naturnahe Fließgewässer im Bereich des Oberwasserkanals des alten Kraftwerks. Dieses Fließgewässer weist mit einer Länge von über 1 030 m, einer Breite von 50 m und einem Abfluss von 10 bis 35 m^3/s die Größe und den Charakter eines Flusses auf. Vorrangiges Ziel ist hierbei die Verbesserung des Lebensraumangebotes für strömungsliebende Fischarten, insbesondere für die bedrohten Kieslaicher. Des Weiteren dient dieses Gewässer der Vernetzung der Rheinabschnitte unterhalb und oberhalb des Wehres.

1 Überblick

Die Ausgleichs- und Ersatzmaßnahmen zum Neubau Kraftwerk (KW) Rheinfelden konzentrieren sich auf die Themen „Durchgängigkeit" und „Schaffung von Fließgewässerlebensraum". Insgesamt wurden im Zuge des neuen KW Rheinfelden drei neue Fischwege errichtet (**Bild 1**); ein klassischer Schlitzpass auf Schweizer Seite direkt neben dem Krafthaus, ein Raugerinne-Beckenpass auf deutscher Seite, der das Unterwasser des Wehres mit dem Fließgewässer verbindet und das naturnahe Fließgewässer im ehemaligen Oberwasserkanal. Das im Oberwasserkanal des alten Kraftwerkes Rheinfelden (**Bild 2**) errichtete Fließgewässer dient hierbei in erster Linie der Zielsetzung „Schaffung von Fließgewässerlebensraum".

2 Zielsetzung

Die Bewilligung zum Neubau KW Rheinfelden vom 30. Dezember 1989 schreibt im Bereich des bestehenden Oberwasserkanals die Erstellung eines naturnahen Fließgewässers vor, welches die Fortpflanzung von anspruchsvolleren Kieslaichern sowie die freie Fischwanderung gewährleisten soll.

Entsprechend der Vorgaben der beteiligten Behörden sollte das Fließgewässer primär auf die Bedürfnisse der Kieslaicher Nase, Barbe und Äsche ausgerichtet werden. Diese im Hochrhein ehemals in großer Zahl vorkommenden Fischarten sind aufgrund von Veränderungen der Lebensbedingungen, hervorgerufen durch anthropogene Einflüsse, von einem starken Bestandsrückgang betroffen. Ein wesentlicher Grund für diesen Rückgang ist der Verlust geeigneter Laichgründe und Jungfischrefugien. Neben den genannten Arten sind als weitere im Hochrhein vorkommende Kieslaicher die Arten Bachforelle und Schneider zu nennen. Obwohl es unsicher ist, ob Meerforelle und Lachs in Zukunft wieder im Hochrhein heimisch werden, sollten auch die Ansprüche dieser Fischarten bei der Gestaltung des Fließgewässers berücksichtigt werden.

Das naturnahe Fließgewässer wurde somit nicht auf die Bedürfnisse einer einzigen Fischart ausgerichtet, sondern soll allgemein eine Verbesserung des Lebensraumangebotes für strömungsliebende Arten bieten. Weiterhin soll das Fließgewässer auch der Vernetzung der Gewässerabschnitte unter- sowie oberhalb des Stauwehres dienen und muss daher so gestaltet werden, dass eine biologische Durchgängigkeit für die gesamte Gewässerfauna erreicht wird.

3 Grundlagen

Die Gestaltung des Fließgewässers basiert auf Untersuchungen die Anfang der 90er-Jahre am Institut für Wasserbau und Kulturtechnik der Universität Karlsruhe durchgeführt wurden [1].

Bild 1: Neue Gesamtanlage mit Fließgewässer im Oberwasserkanal des Kraftwerks

Bild 2: Altes Kraftwerk Rheinfelden mit Oberwasserkanal

Neben einer Literaturstudie zu den Habitatsansprüche der angesprochenen Fischarten und zu vergleichbaren Anlagen wurden natürliche Musterstrecken untersucht.

Recherchen ergaben, dass vergleichbare Anlagen, die als Orientierung dienen konnten, weder im Inland noch im Ausland vorhanden waren. Die in Nordamerika errichteten künstlichen Laichkanäle für Lachse sind als wirtschaftlich motivierte, halbnatürliche Brutanstalten einzustufen und eignen sich wegen ihrer strukturarmen Gestaltung nicht als Vorbild.

Als natürliche Muster wurden einzelne Strukturen im oberen Abschnitt des sogenannten „Restrheins" zwischen Märkt und Breisach herangezogen, an denen nachweislich eine teilweise massenhafte Laichtätigkeit von Barben und Nasen stattfindet. Diese Strukturen wurden vor Ort näher untersucht und vermessen. Es wurden die charakteristischen geometrischen und hydraulischen Daten aufgenommen, wie Wassertiefe, Fließgeschwindigkeit, Gefälle, Länge der Schnellen, Korngrößen, Lösbarkeit des Sohlmaterials. Diese Strukturen dienten als Muster der weiteren Planung (**Bild 3**).

4 Konzept und Planungsablauf

Das Gestaltungskonzept sieht folgenden Aufbau des Fließgewässers vor (**Bild 4**):

- gleitender Übergang vom Stauraum in das Fließgewässer mit sehr geringem Gefälle,
- Auffüllung des bestehenden Oberwasserkanals des alten Kraftwerks,
- Gestaltung eines strukturierten Fließgewässers mit einem mittleren Gefälle von 0,8 %,
- Verbindung zum Rhein über eine steil geneigte Mündungsrampe.

Dieses Gestaltungskonzept war Grundlage der weiteren Planung, die dann in hydraulischen Modellversuchen im Theodor-Rehbock-Laboratorium der Universität Karlsruhe überprüft und optimiert wurde [2]. Hierbei wurden Teilmodelle für den Einlaufbereich und für den Mündungsabschnitt erstellt (**Bild 5**).

Das Bauprojekt (Genehmigungsplanung [3]) wurde bereits im Jahr 1994 erstellt und eingereicht. Aufgrund der verzögerten Umsetzung des Neubaus KW Rheinfelden ruhten die weiteren Planungen danach einige Jahre. In dieser Zeit

Bild 3: Musterstruktur im „Restrhein" unterhalb von Märkt

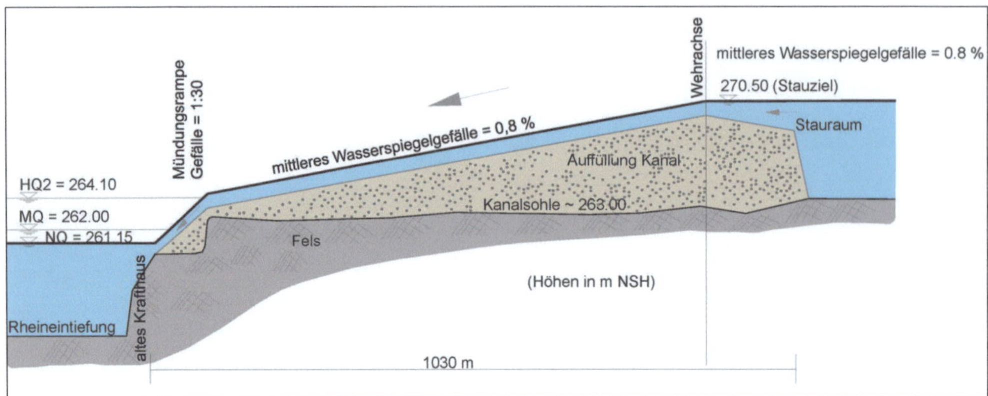

Bild 4: Schematischer Längsschnitt durch das Fließgewässer, stark überhöht

wurden die Grundlagenuntersuchungen jedoch für den Bau von vergleichbaren Umgehungsgewässern in der Aare (Ruppoldingen [4] und Rupperswil-Auenstein) und im Hochrhein (Albbruck-Dogern [5]) herangezogen. Diese Gewässer weisen die gleichen Strukturen auf wie die für das Fließgewässer Rheinfelden vorgesehenen, sind allerdings mit einem Abfluss von 2,0 bis 5,0 m³/s wesentlich kleiner als das Fließgewässer in Rheinfelden. Als die Planungen zum Fließgewässer Rheinfelden im Jahr 2007 wieder aufgenommen wurden, konnte auf die Erfahrungen bei diesen Projekten zurückgegriffen werden.

5 Gestaltung

5.1 Aufbau der Gesamtanlage

Das ca. 1 030 m lange Fließgewässer wurde im 50 m breiten Oberwasserkanal des alten Kraftwerkes errichtet, der nach Abriss des alten Kraftwerks mit ca. 230 000 m³ Aushubmaterial aus der Unterwassereintiefung verfüllt wurde. Das Material wurde lagenweise eingebracht und verdichtet. Aufgrund der vorhandenen Dichtheit des Kanals und der Beschaffenheit des Verfüllmaterials konnte auf eine gesonderte Abdichtung verzichtet werden. Auf diesem Rohplanum wurden die Strukturen errichtet (**Bilder 6 und 7**). Nur an stark strömungsbelasteten Bereichen im Einlaufbereich, an der Böschung vor der Kanalmauer und am Übergang der Mündungsrampe zur Unterwassereintiefung wurde Beton zur Verklammerung der Steine verwendet.

Die rechtseitige Kanalböschung wurde beibehalten bzw. mit einer Vorschüttung gestaltet. Die linksseitige Kanalmauer wurde parallel zur Höhenlage des Fließgewässers abgetragen und wasserseitig mit einer Vorschüttung bzw. mit einem Steinsatz in Felsbankbauweise stabilisiert.

Das Fließgewässer weißt folgende Gesamtabmessungen auf:

- Gesamtlänge: 1 030 m,
- Breite: ca. 50 m,
- Gesamthöhendifferenz: 9,10 m,
- Gefälle Fließgewässer: 0,8 %,
- Gefälle Mündungsrampe: 3,3 %,
- Abfluss: 10 bis 35 m³/s.

5.2 Einlaufbereich

Der Einlaufbereich des naturnahen Fließgewässers beginnt ca. 200 m oberhalb der neuen Wehranlage. Der allmähliche Übergang vom Stauraum in das Fließgewässer unterteilt sich in einen ungeregelten Einlaufbereich und einen über Schütze regelbaren Einlauf (**Bild 5**).

Über den ungeregelten Einlauf fließen dem Fließgewässer ständig 10 m³/s zu. Zusätzlich kann über den geregelten Einlauf ein Abfluss von maximal Q = 25 m³/s dotiert werden, so dass im naturnahen Fließgewässer ein Maximalabfluss von Q = 35 m³/s erzielt werden kann.

Da auch im Hochwasserfall keine erhöhten Wasserstände im Oberwasser auftreten, konnte auf ein Verschlussorgan verzichtet werden. Die Abflusskontrolle erfolgt über eine Doppelreihe aus Steinblöcken auf Höhe der Wehrbrücke (Einstellung von 10 m³/s) und die genannten Schütze im regelbaren Bereich.

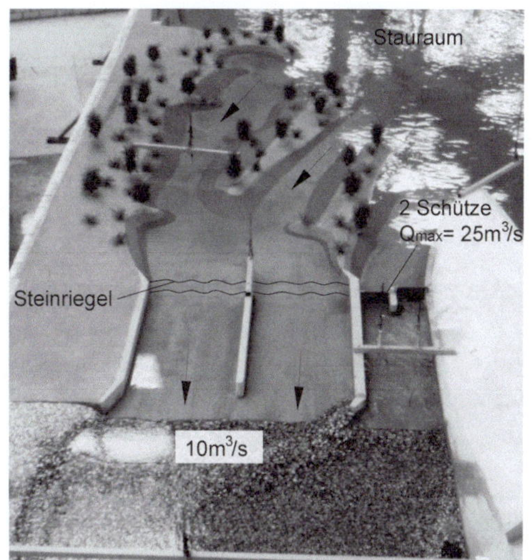

Bild 5: Einlaufbereich im hydraulischen Modell [2]

Bild 6: Unterer Abschnitt kurz nach Fertigstellung (ohne Abfluss)

5.3 Strukturreiches Fließgewässer

Das eigentliche strukturierte Fließgewässer erstreckt sich von der Wehrbrücke bis zum alten Krafthaus, das abgerissen wurde. Zielvorstellung bei der Gestaltung ist eine natürliche Vielfalt der Sohlen- und Fließstrukturen. Dieser Abschnitt besteht aus einer Abfolge vom stromschnellenartigen Strukturen und Tiefwasserzonen (Pool-Riffle-Struktur, **Bild 8**).

Die Strukturen bestehen immer aus zwei Elementen, einer kiesigen Schnelle und einem parallel hierzu verlaufenden tiefen Gewässerlauf (**Bild 9**). Die mit Grobkies 80 mm bis 200 mm gestalteten Schnellen weisen ein Gefälle von 1:70 bis 1:50 auf und dienen als potentielle Laichplätze für Barben und Nasen. Da die Schnellen geringe Wassertiefen und hohe Fließgeschwindigkeiten aufweisen, können sie von einigen Fischarten nicht überwunden werden. Um den Fischaufstieg zu gewährleisten wurde jeweils parallel zur Schnelle der mind. 0,8 m tiefe Gewässerlauf errichtet, dessen Beckenstruktur durch unregelmäßige Steinriegel aus großen Blocksteinen (l = 1,4 m bis 1,6 m) hergestellt wurde. Über diesen tiefen Gewässerlauf ist ein Fischaufstieg in weiter oberhalb gelegene Abschnitte problemlos mög-

Bild 7: Unterer Abschnitt kurz nach Inbetriebnahme (Q = 10 m³/s)

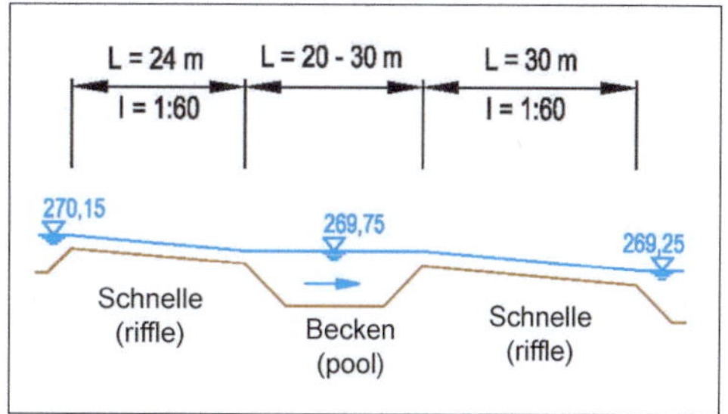

Bild 8: Pool-Riffle-Sequenz am Beispiel der Strukturen 1 und 2

Bild 9: Typische Strukturen mit Kiesschnelle und tiefer Gewässerlauf

lich. Um auch für Äschen und Salmoniden potentielle Laichgebiete bereitzustellen, wurde die ansteigende Sohle vor den Schnellen und weitere überströmte Kiesbänke an den Ufern mit feinerem Kies (16 mm bis 32 mm) erstellt. Weitere Strukturelemente des Fließgewässers sind Kiesinseln, Flachwasserzonen, Einbuchtungen, Steilufer und Totholzstrukturen [6] Diese weisen folgende Kennwerte auf:

- Strukturen:
  - Anzahl: 12,
  - Wasserspiegelunterschied: 0,30 m bis 0,75 m,
- Schnellen:
  - Gefälle: 1:50 bis 1:70,
  - Wassertiefe: 0,20 m bis 0,40 m,
  - Fließgeschwindigkeit: 0,75 m/s bis 1,45 m/s,
- Tiefer Gewässerlauf:
  - Einzelne WSP-Sprünge: <15 cm,
  - Wassertiefe: 0,8 m bis 1,2 m.

5.4 Mündungsrampe

Der Auslaufbereich des Fließgewässers (Mündung in den Rhein) wurde als in das Rheinbett hineinreichende „Zunge“ gestaltet. Die Verbindung zwischen Fließgewässer und Rhein wurde über eine Sohlenrampe in aufgelöster Bauweise hergestellt (mittleres Gefälle I = 1:30). Je nach Rheinwasserstand wird an dieser Rampe ein Wasserspiegelunterschied von bis zu 3,25 m überwunden. Durch diese Gestaltung wird ein Einstau von potentiellen Laichgebieten im Fließgewässer bei höheren Rheinabflüssen vermieden (**Bild 4**).

Von Beginn der Planungen an wurde die Auffindbarkeit des Fließgewässers als kritischer Punkt erkannt. Die Mündung liegt ca. 800 m unterhalb des Kraftwerks und damit weit entfernt von der optimalen Lage einer Fischpassmündung. Da diese Lage aber aufgrund der Randbedingungen vorgegeben war, musste dieser Nachteil in Kauf genommen und die Leitströmung aus dem Fließgewässer optimiert werden. Dies gelang durch die Integration einer schmalen „Schussrinne“ in den Rampenkörper, wodurch eine bis an die Rheineintiefung reichende Leitströmung für die Fische erzielt werden kann. Die Ausbildung der Mündungsrampe und der Schussrinne wurde im hydraulischen Modell untersucht und optimiert [2]. Die in der Natur festzustellende Ausbildung der Strömungsfahne und auch die gemessenen Fließgeschwindigkeiten entsprechen sehr gut den Modellergebnissen.

Zusätzlich führt noch ein weiterer, kleiner Mündungsarm direkt an das rechte Rheinufer (**Bild 10**). Die Mündungsrampe weist folgende Kennwerte auf:

- Länge: 95 m
- Breite: 30 m bis 40 m
- Gesamthöhenunterschied: max. 3,25 m
- Einzelne Wasserspiegel-Sprünge: <15 cm
- Wassertiefe: 0,8 m bis 1,2 m
- Gefälle: 1:30
- Fließgeschwindigkeiten in Schussrinne: 2,5 m/s bis 3,2 m/s

5.5 Abflussregelung

Die Abflussregelung wurde auf die Habitatansprüche (Laichplatz, Jungfischrefugien) der Kieslaicher abgestimmt. Die Ergebnisse der Messungen im hydraulischen Modell und an bereits ausgeführten Umgehungsgewässern ergaben, dass diese Habitatansprüche bei einer Abflussdotierung des Fließgewässers zwischen 10 m^3/s und 16 m^3/s am besten erfüllt werden. Derzeit wird eine monatlich gestaffelte Abflussdotierung zwischen 10 m^3/s und 16 m^3/s umgesetzt, die sich am mittleren monatlichen Rheinabfluss orientiert. Das naturnahe Fließgewässer soll zu Spülzwecken regelmäßig mit einem

Bild 10: Mündungsrampe mit Schussrinne bei einem Abfluss von Q = 10 m³/s

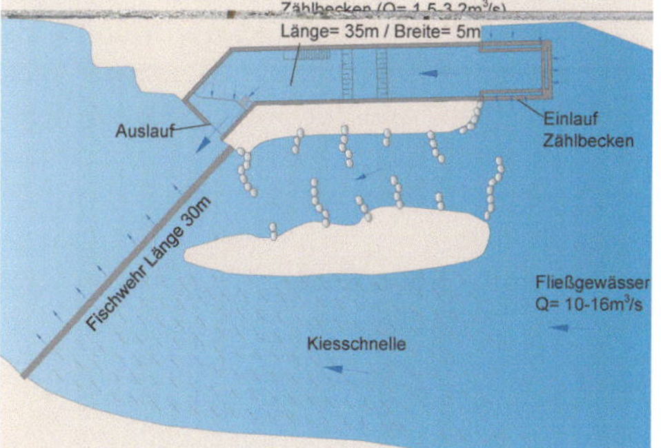

Bild 11: Neu entwickeltes System zur Aufstiegszählung mit Fischwehr und Zählbecken

wesentlich höheren Abfluss beschickt werden ($25\ m^3/s \leq Q \leq 35\ m^3/s$).

5.6 Aufstiegszählung

Eine besondere Herausforderung war die Vorgabe der Behörden einer quantitativen Zählung der im Fließgewässer aufgestiegenen Fische. Bei derartigen Abmessungen (Gewässerbreite 50 m) und einem Abfluss von 10 m³/s bis 16 m³/s sind die üblichen Zähl-Methoden nicht anwendbar. Angeregt durch eine in Österreich angewandte Methode [7] wurde ein neuartiges Konzept entwickelt (**Bilder 11 und 12**). Hierbei wird schräg zur Fließrichtung ein für Fische unüberwindbares Fischwehr errichtet, an dessen oberstromigen Ende ein Zählbecken angeordnet ist [8]. Durch die schräge Anordnung des überströmten Fischwehrs und die Leitströmung aus dem Zählbecken werden die Fische in das Zählbecken geführt. Die seit April 2012 durchgeführten Aufstiegszählungen haben die sehr gute Funktion dieser Anlage bestätigt.

6 Problematik Kolmation

Im Gegensatz zu natürlichen Fließgewässern sind die Sohlenstrukturen keiner dynamischen Entwicklung unterworfen. Nach anfänglichen Umlagerungen wird ein stabiler Zustand erreicht, der sich kaum noch verändert.

Der fehlende Geschiebetransport und die fehlende Umlagerung der Kiesstrukturen begünsti-

Bild 12: Fischwehr und Zählbecken in Betrieb

gen die Kolmation der Sohle. Die Thematik der Kolmation nahm einen breiten Raum innerhalb der Planungsdiskussionen ein. Es wurden verschiedene Möglichkeiten zur Verhinderung bzw. Verlangsamung des Kolmationsprozesses diskutiert und untersucht sowie letztlich das folgende Konzept erarbeitet. Durch eine regelmäßig durchgeführte Dotierung des Fließgewässers mit erhöhten Abflüssen ($25\ m^3/s \leq Q \leq 35\ m^3/s$) soll eine Ausspülung von abgelagertem Feinmaterial erreicht werden. Diese Spülungen sollen vorrangig in den Monaten März und September bis Oktober erfolgen. Zum einen ist in diesen Monaten die mittlere Schwebstoffkonzentration gering, zum anderen wird hierdurch eine Ausspülung abgelagerter Feinpartikel vor der Laichzeit der angesprochenen Fischarten erreicht. Die Erfahrungen an den bereits in Betrieb befindlichen Umgehungsgewässern haben gezeigt, dass die Oberfläche der Stromschnellen frei von Kolmation bleibt. Die potentiellen Laichplätze der vorrangig angesprochenen Fischarten Barben und Nasen, die zur Reproduktion nicht unbedingt auf ein offenes Lückensystem der Sohle angewiesen sind, bleiben somit erhalten. Für die Entwicklung der im Kies abgelagerten Eier der Äsche und der Salmoniden ist hingegen die Durchströmung des Kieses Grundvoraussetzung. Es wird nicht zu vermeiden sein, dass die für diese Fischarten bereitgestellten Kiesflächen mit der Zeit teilweise kolmatieren und sich somit die Bedingungen zur erfolgreichen Fortpflanzung wieder verschlechtern.

7 Ausblick

In den letzten Jahren wurden bereits an verschiedenen Wasserkraftanlagen Umgehungsgewässer mit den Zielen „Schaffung von Fließgewässerlebensraum“ und „Funktion als Fischweg“ errichtet [9]. Das naturnahe Fließgewässer Rheinfelden nimmt jedoch aufgrund seiner Abmessungen und des Abflusses eine herausragende Ausnahmestellung ein. Durch die großzügige Dimensionierung stellt es nicht nur die Vernetzung von Unterwasser zu Oberwasser des Wehres für die Fischfauna und andere wassergebundene Faunenelemente sicher, sondern bietet darüber hinaus den Rahmen für die Entwicklung vielfältiger aquatischer, amphibischer und terrestrischer Lebensräume. Durch die strukturreiche Gestaltung des Fließgewässers werden nicht nur den stark bedrohten kieslaichenden Fischarten geeignete Laichgebiete bereitgestellt, sondern auch potentiell geeignete Lebensräume für strömungsliebende Fließgewässerarten (Fische und Benthosfauna) geschaffen. Den strömungsliebenden Arten kommt für den Hochrhein eine Indikatorfunktion für die Naturnähe des Flusses zu. Die Wasserwechselzonen und Ufer-böschungen bieten vielen Tierarten geeignete Lebensräume. Hervorzuheben ist die Avifauna, für die das naturnahe Fließgewässer als Rast-, Nahrungs- und Brutgebiet eine ökologische Bereicherung des Kraftwerksumfeldes darstellt. Wie im Beitrag von Ulrich [10] näher dargelegt, sind die seit April 2012 durchgeführten Aufstiegszählungen überaus positiv und übertreffen die Erwartungen bei weitem. Das weitere langfristig angelegte Monitoring wird zeigen, inwieweit das Fließgewässer auch als Lebensraum und zur Fortpflanzung angenommen wird.

Autoren

Dr.-Ing. Rolf-Jürgen Gebler

Dipl.-Ing. Paul Lehmann

Ingenieurbüro Dr. Gebler
Rudolf-Diesel-Weg 1
75045 Walzbachtal
info@ib-gebler.de

Literatur

[1] Larsen, P., Gebler, R.-J., Grimm R.: Neubau Kraftwerk Rheinfelden, Gutachten zum Fischgewässer. Karlsruhe, 1991.

[2] Institut für Wasserbau und Kulturtechnik der Universität Karlsruhe (Hrsg.): Neubau Kraftwerk Rheinfelden, Untersuchungen zum Naturnahen Fließgewässer, Modellversuche. Modellbericht, 1994.

[3] Ing.-Büro Dr. Gebler (Hrsg.): Bauprojekt und Ausführungsplanung Naturnahes Fließgewässer, Neubau Kraftwerk Rheinfelden. Auftraggeber KWR/Energiedienst, 1994/2010.

[4] Gebler, R.-J.: Schnell fließendes Umgehungsgewässer Kraftwerk Ruppoldingen. In: Wasser Energie Luft (2002), Nr. 1/2, S. 33/34.

[5] Gebler, R.-J.; Lehmann, P.: Auslegung der Umgehungsgewässer am Wehrkraftwerk und an der Altanlage der RADAG. In: WasserWirtschaft 110 (2010), Nr. 6, S. 40-44.

[6] Gebler, R.-J.: Entwicklung naturnaher Bäche und Flüsse – Maßnahmen zur Strukturverbesserung. Walzbachtal: Verlag Wasser + Umwelt, 2005.
[7] Zitek, A; Muhlbauer, M; Schmutz, S: A low cost, flood-resistant weir to monitor fish migration in small- and medium-sized rivers. In: Fisheries Manag ecol. (2009), Nr. 16(5)., S. 413-419.
[8] Gebler, R.-J.: Zählbecken – eine Fisch schonende Methode zur Funktionskontrolle von Fischwegen. In: WasserWirtschaft 100 (2010), Heft 3.
[9] Gebler, R.-J., Near-nature water courses at hydropower plants as fishways and running water habitats. In: Mader, H.; Kraml, J.: 9th int. Symposium on Ecohydraulics, Wien 2012, Proceedings.
[10] Ulrich, J.: Zwischenergebnis der Fischzählung am neuen Wasserkraftwerk Rheinfelden. In: WasserWirtschaft 103 (2013) Heft 6, S. 54-57.

Rolf-Jürgen Gebler und Paul Lehmann

Near-Nature Water Course at the Hydropower Plant Rheinfelden

Since several years near-nature water courses are installed at large hydropower stations in Germany and Switzerland. They serve as fishways and as well as habitats, especially for rheophilic species. The bypassing water course at the hydropower plant Rheinfelden, on the High Rhine, is the largest fish pass facilitiy of this type. Three fishways are installed at the new run-of-river power plant, a vertical slot pass at the power house (left bank), the new bypassing river course installed in the old headrace channel (right bank) and a rock cascade pass which connect the tailwater of the weir with the river course. With a width of 50 m, a mean gradient of 0.8 % and a discharge between 10 and 35 m^3/s the bypass channel has the character of a mountain river. The aim is to provide a high variety of bottom and flow structures induced by sequences of riffles, bars, pools and single gravel islands. A deeper flow path ensures fish passage. The bypass channel is connected to the weir impoundment with a gentle transition involving several braided channels. The intake structure itself is divided into two sections. The unregulated section will guarantee a constant discharge of 10 m^3/s. Additional discharge up to 25 m^3/s can be provided via the regulated gates in order to provide a dynamic flow regime. The downstream entrance is designed as a rock ramp with a steeper gradient (3 %), thus downstream water-level fluctuations are limited to this ramp. This prevents the impounding of potential spawning grounds in the bypass channel. A water race was integrated in the rock ramp to provide more efficient attraction flow into the tailrace.

Рольф-Юрген Геблер и Пауль Леманн

Близкий к природному проточный водоем на новой электростанции Рейнфельден (Rheinfelden)

К важным компенсационно-заменяющим мероприятиям на новой электростанции Рейнфельден (Rheinfelden) относится сооружение близкого к природному проточного водоема в области канала верхнего бьефа старой электростанции. Этот проточный водоем, имеющий длину более чем 1 030 м, ширину 50 м и сток от 10 до 35 $м^3/с$, обладает размерами и характеристиками реки. Основной целью является при этом улучшение качества жизненного пространства предпочитающих быстрое течение видов рыб, в частности, для находящихся под угрозой рыб, нерестящихся на галечном грунте. Кроме того, эти водоемы служат объединению в сеть участков Рейна ниже и выше плотины.

Gereon Hermens und Ulrich Dumont †

Neubau der Wasserkraftanlage Willstätt mit Fischschutz und vollständiger Fischwechselanlage

In der Vergangenheit war das Schwarzwaldgewässer Kinzig ein sehr bedeutendes Laichgebiet für Lachse. Nach dem Bau von zahlreichen Stauanlagen während der Industrialisierung konnte ein Großteil der Laichgebiete nicht mehr erreicht werden. Die unterste dieser Stauanlagen befindet sich in Willstätt. Dort wird seit über 100 Jahren die Wasserkraft genutzt. Die alte Wasserkraftanlage in der Ortsmitte war 2007 so stark sanierungsbedürftig, dass der Betreiber sich für einen Neubau außerhalb der Ortschaft entschied. Dadurch wurde die Möglichkeit geschaffen, neben der Installation modernster Wasserkrafttechnik auch die hohen Anforderungen an die flussauf- und flussabwärts gerichtete Durchgängigkeit sowie des Fischschutzes an diesem Standort zu realisieren.

1 Einleitung

Die vom Schwarzwald kommende Kinzig fließt in der Rheinebene unter anderem durch Offenburg und Willstätt, bevor sie bei Kehl in den Rhein mündet. Ursprünglich floss die Kinzig mitten durch die Ortschaft von Willstätt, wo bis Ende 2012 von der SÜWAG Vertrieb GmbH & Co. KG eine Wasserkraftanlage betrieben wurde.

In den 50er-Jahren wurde die Neue Kinzig westlich von Willstätt zur Hochwasserabfuhr hergestellt (**Bild 1**). Damit verbunden war die Errichtung einer Wehranlage, die gleichzeitig den Stauspiegel für die Alte Kinzig bzw. den Kinzig-Altarm regelte. Die Kinzig ist ein Wiederansiedlungsgewässer für den Lachs.

Die alte Wasserkraftanlage in Willstätt nutzte das energetische Potenzial des Standortes nur teilweise aus. Für den weiteren Betrieb wären erhebliche Investitionen erforderlich gewesen. In einer Machbarkeitsstudie wurden die Möglichkeiten der künftigen Entwicklung des Wasser-

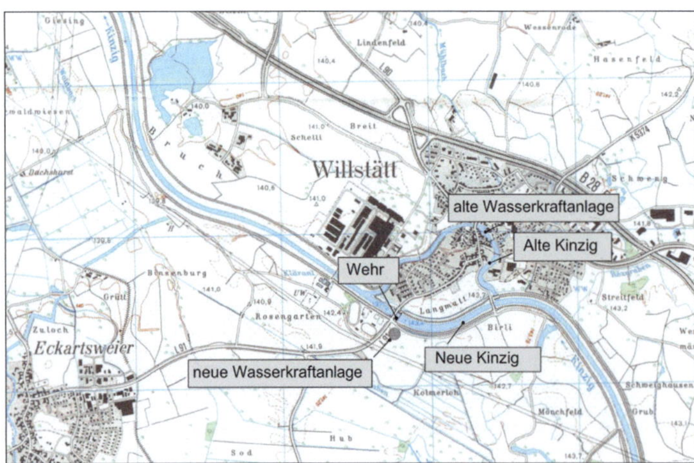

Bild 1: Übersicht des Standortes Willstätt mit Alter und Neuer Kinzig

Bild 2: Baugrube im Frühjahr 2012

kraftstandortes Willstätt untersucht. Dabei wurden auch die Bestrebungen seitens des Landes Baden-Württemberg, den Flusslauf der Alten Kinzig ökologisch aufzuwerten sowie die Durchgängigkeit wesentlich zu verbessern, berücksichtigt.

Im Jahre 2009 entschied die SÜWAG, statt einer Sanierung des alten Standortes den Neubau einer neuen Wasserkraftanlage am Wehr der neuen Kinzig zu beantragen [4]. Die Umsetzung erfolgte von 2011 bis April 2013.

Der Beschluss zum Neubau der Wasserkraftanlage ermöglichte gleichzeitig der Gemeinde Willstätt eine morphologische Umgestaltung der Alten Kinzig und die Weiterentwicklung des Ortskerns durch Umnutzung des alten Krafthauses anzugehen.

Alle Maßnahmen zusammen bedeuteten für die Einwohner der Gemeinde Willstätt eine nicht unwesentliche Änderung der bisherigen Ortsstruktur. Daher war es allen Beteiligten von Beginn an wichtig, die Interessen und Anliegen der Anwohner zu berücksichtigen. Zu diesem Zweck wurde durch die Gemeinde Willstätt ein runder Tisch ins Leben gerufen, der die gesamte Planungs- und Bauphase der Wasserkraftanlage sowie den Umbau der Alten Kinzig begleitete.

Planungsziel für den Neubau war, die Wasserkraftanlage auf dem aktuellen Stand der Technik zu errichten, um in technischer und ökologischer Sicht eine möglichst effektive und nachhaltige Nutzung des Standortes zu ermöglichen.

2 Beschreibung der Anlage

2.1 Neubau der Wasserkraftanlage

Unmittelbar unterhalb der 1957 errichteten Stauanlage der Neuen Kinzig quert die L 91 die Kinzig. Im linken Brückenwiderlager wurde bereits beim damaligen Bau ein Auslass für eine spätere Wasserkraftanlage mit vorgesehen. Dieser Umstand wurde genutzt und die Wasserkraftanlage direkt links neben der bestehenden Wehranlage errichtet. Zur optimalen Raumnutzung wurde der Zulaufkanal in einem Winkel von 90° zum Abflusskanal angeordnet. Daraus ergab sich eine relativ komplexe geometrische Struktur, die hohe Anforderungen an die Planung und die Bauausführung bedingte (**Bilder 2** und **3**).

Während die Breite und Tiefenlage des Auslaufkanals an den bestehenden Auslass des Brückenwiderlager angepasst werden mussten, orientierte sich die Breite des Zulaufkanals an der erforderlichen Fischschutzeinrichtung (10-mm-Feinrechen, s. Abschnitt 2.2).

Aufgrund der hohen Durchlässigkeit des anstehenden Bodens im Oberrheingraben war es notwendig, einen geschlossenen Baugrubenverbau auszuführen.

Das Herzstück der Anlage ist eine fünfflügeli-

Bild 3: Baugrube im Frühjahr 2013: Im Vordergrund ist der Vertical-Slot-Pass sichtbar, der das Krafthaus zweiseitig umschließt, oberhalb des Krafthauses ist der Zulaufkanal mit der Rechenreinigungsmaschine sichtbar

ge Kaplanturbine mit einem aufgesetzten direktgekuppelten, permanenterregten Generator. Dadurch konnte das Getriebe entfallen und das Krafthaus sehr kompakt errichtet sowie die Geräuschentwicklung stark reduziert werden. Auf diese Weise konnten auch die Bedenken der Anwohner bezüglich der Lärmbelastung ausgeräumt werden.

Der Ausbaudurchfluss liegt bei 25 m^3/s und erreicht bei einer Fallhöhe von ca. 5 m eine elektrische Leistung von rund 990 kW.

2.2 Fischschutzanlage

Bei der Planung der neuen Wasserkraftanlage mussten die Anforderungen, die sich aus dem Charakter der Kinzig als Lachs-Wiederansiedlungsgewässer ergeben, erfüllt werden.

Zum wirksamen Schutz der abwandernden Smolts darf nach heutigem Kenntnisstand die lichte Rechenstabweite 10 mm betragen und die Anströmgeschwindigkeit 0,5 m/s nicht übersteigen. Daher wurde die Wasserkraftanlage Willstätt mit einem schrägliegenden 10-mm-Feinrechen ausgerüstet.

Für den Rechen wurden ein spezielles Profil und eine weiterentwickelte Verschraubungstechnik eingesetzt. Dadurch kann eine dauerhafte Verlegung des Rechens verhindert werden. Für diesen „Minimal Gap Screen“ wurden vom Ingenieurbüro Floecksmühle Schutzrechte bean-

Bild 4: 10-mm-Feinrechen mit der Harke der Rechenreinigungsmaschine und den oberflächennahen Bypassöffnungen

Bild 5: Unterer Abschnitt der Fischaufstiegsanlage

tragt. Um die Anströmgeschwindigkeit von 0,5 m/s zu realisieren, wurde der Zulaufkanal auf eine Breite von 13 m ausgelegt. Durch die Schrägstellung des Rechens reduziert sich die Fließgeschwindigkeit senkrecht zum Rechen (Normalgeschwindigkeit) und es wird eine Leitwirkung zu den oberflächennahen Bypassöffnungen erreicht.

Die Reinigung des Rechens erfolgt mit einem einzigen Rechenreiniger, dessen Reinigungsharke 13 m breit ist, und die für die speziellen Anforderungen des 10-mm-Rechens optimiert wurde (**Bild 4**).

Oberhalb des Feinrechens sind zunächst eine Blechschürze und daran anschließend ein Grobrechen mit einer dahinter liegenden Spülrinne angebracht. Das feinere Treibgut wird durch den Grobrechen in die Spülrinne abgegeben und gelangt so in das Unterwasser. Größere Treibgutelemente (Äste etc.) werden hingegen vom Rechenreiniger über den Grobrechen auf das dahinter liegende Förderband gehoben.

Die bisherigen Betriebsergebnisse zeigen, dass die Rechenanlage einen sehr geringen hydraulischen Verlust (ca. 3 cm) aufweist und dass die vorgesehene Auslegung der Rechenreinigungsmaschine einen störungsfreien Betrieb gewährleistet.

2.3 Fischabstiegsanlage

Die Abstiegseinrichtungen sind primär auf die oberflächennah abwandernden Lachssmolts ausgelegt. Nach vorliegenden Erfahrungen an anderen Standorten werden derartige Bypassöffnungen auch von vielen potamodromen Fischarten genutzt.

Wie in **Bild 5** erkennbar, sind die Bypassöffnungen in der Blechschütze zwischen Fein- und Grobrechen angeordnet. Hinter der Blechschütze befindet sich die Spülrinne, die neben dem feinen Treibgut auch die abwandernden Fische aufnimmt und ins Unterwasser führt. Eine Schädigung der abwandernden Fische wird durch eine geeignete Gestaltung der Spülrinne und eine ausreichende Wassertiefe verhindert.

2.4 Fischaufstiegsanlage

Am Standort der alten Wasserkraftanlage war in den neunziger Jahren eine erste Fischaufstiegsanlage (FAA) errichtet worden. Durch die Auslagerung der Wasserkraft aus dem Ort an das Wehr der neuen Kinzig tritt die Hauptströmung nunmehr ganzjährig dort auf. Dies bedeutet, dass zukünftig der Großteil der aufwandernden Fische in der neuen Kinzig bis zum Wehr und zur Mündung der Wasserkraftanlage schwimmt. Daher war es erforderlich, unmittelbar neben der Wasserkraftanlage eine FAA zu installieren.

Die hydraulische und geometrische Bemessung der Fischaufstiegsanlage erfolgte nach den aktuellen Vorgaben des DWA-Merkblattes M 509 [3], Stand 2013, für die Barbenregion und die Fischfauna des Standortes.

Die FAA wurde als beckenartige Fischaufstiegsanlage (Vertical-Slot-Pass) ausgeführt. Der Einstieg wurde unmittelbar neben dem Ende des Saugrohrs der Wasserkraftanlage positioniert. Sie führt entlang der Außenwand des Krafthauses in gewendelter Anordnung mit insgesamt sechs Teilsträngen Richtung Oberwasser (**Bild 3**). Der jeweils mittlere Strang ist aus Wartungsgründen mit Gitterrosten versehen (**Bild 5**).

2.5 Betriebsdurchfluss und Leitströmung der Fischaufstiegsanlage

Der Vertical-Slot-Pass hat folgende Bemessungswerte:

- Maximale Wasserspiegeldifferenz bei Q_{30}: 6 m (Ober- zum Unterwasser)
- Wasserspiegeldifferenz zwischen den Becken: 0,13 m
- Daraus Anzahl der Becken: 46
- Schlitzweite: 0,35 m
- Wassertiefe: 0,9 m
- Auslegungsdurchfluss der FAA: 0,43 m^3/s

Der Unterwasserspiegel der Kinzig an der Wasserkraftanlage schwankt im vorgegebenen Betriebszeitraum (Q_{30} bis Q_{330}) um rund 1,3 m. Um die kleinräumige Auffindbarkeit auch bei höheren Unterwasserständen und die hydraulischen Verhältnisse in den zunehmend eingestauten unteren Becken zu optimieren, wird bei steigendem Unterwasserspiegel der Durchfluss der FAA sukzessive erhöht.

Die Bemessung der zusätzlichen Dotation erfolgte entsprechend des DWA-Merkblatt M 509 [3]. Die Leitströmung im Auslauf der FAA sollte demnach 1 bis 2 % des Durchflusses betragen.

Am Standort Willstätt wird die zusätzliche Dotation des Oberwassers über einen SPS-gesteuerten Schieber entnommen und zunächst in ein Energieabbaubecken geleitet. Von dort gelangt das beruhigte Wasser über einen Leitrechen in den Vertical-Slot-Pass. Die Position der Einleitung innerhalb der Fischaufstiegsanlage wurde durch hydraulische Berechnungen für alle auftretenden Betriebszustände ermittelt. Dadurch wird gleichzeitig gewährleistet, dass der Anteil der Leitströmung am Durchfluss der Wasserkraftanlage nicht unter 2,5 % sinkt.

2.6 Monitoring

Das Wehr und die Wasserkraftanlage Willstätt sind das unterste Wanderhindernis in der Kinzig. Alle Fische, die vom Rhein in das System aufsteigen, müssen diesen Standort passieren. Das Gleiche gilt für die abwandernden Fische, insbesondere für die diadromen Fischarten. Der Funktionsfähigkeit der FAA – wie auch der Abstiegsanlage – kommt daher eine besondere Bedeutung zu. Aus diesem Grunde entschied sich die SÜWAG in Abstimmung mit dem zuständigen Regierungspräsidium Freiburg, im oberen Bereich der FAA eine zusätzliche Monitoringeinrichtung vorzusehen. Diese besteht aus einer an die FAA angrenzenden Kammer, die auf verschiedene Weise genutzt werden kann. Zum einen verfügt die Kammer in der Seitenwand zur FAA über eine Beobachtungsscheibe. Durch diese können die aufsteigenden Fische mittels Kamera beobachtet werden. Zum anderen kann die Kammer geflutet werden, indem der Abfluss der FAA durch die Monitoringstation umgeleitet wird. In diesem Fall wird eine Reusenkehle im Auslaufbereich der Kammer positioniert, so dass die aufsteigenden Fische in dieser Zählkammer gesammelt und erfasst werden können.

3 Zusammenfassung

Die Gefällestufe der Kinzig in Willstätt besitzt ein Leistungspotenzial von knapp 1 MW. Entsprechend Anderer et al. [1] gehört sie damit zu den energetisch bedeutendsten Standorten, die bisher nur unzureichend genutzt wurden.

Das Potenzial wird nach dem Bau einer neuen Wasserkraftanlage mit einer sehr effizienten technischen Ausrüstung nunmehr in hohem Maß genutzt.

Wegen der Bedeutung der Kinzig als Lachswiederansiedlungsgewässer wurden beim Neubau der Wasserkraftanlage erhebliche Anstrengungen unternommen, um die erforderlichen hohen Aufstiegs-, Abstiegs- und Schutzraten für Fische zu realisieren. Insbesondere wurde ein 10-mm-Rechen mit automatischer Rechenreinigungsmaschine und einem Durchfluss von 25 m^3/s realisiert. Die Anlage weist damit einen der größten 10-mm-Rechen auf. Durch eine geeignete technische Auslegung arbeitet sie störungsfrei und mit sehr geringen hydraulischen Verlusten.

Autoren
Dipl. Ing. Gereon Hermens
Dipl. Ing. Ulrich Dumont †
Ingenieurbüro Floecksmühle
Bachstraße 62-64, 52066 Aachen
Gereon.hermens@floecksmuehle.com

Literatur

[1] Anderer, P.; Dumont, U.; Heimerl, S.; Ruprecht, A.; Wolf-Schumann, U.: Das Wasserkraftpotenzial in Deutschland. In: WasserWirtschaft 100 (2010), Heft 9, S. 12-16.

[2] Dumont, U.: Konstruktive Möglichkeiten zur Verbesserung der hydraulischen Bedingungen am Einstieg von Fischaufstiegsanlagen. In: Bundesanstalt für Wasserbau (Hrsg.): Herstellung der ökologischen Durchgängigkeit an BWaStr – Auffindbarkeit von Fischaufstiegsanlagen – Herausforderung, Untersuchungsmethoden, Lösungsansätze. Kolloquiumsreihe der BAW und BfG, 12. und 13. Juni 2013, Karlsruhe.

[3] Deutsche Vereinigung für Wasserwirtschaft, Abwasser und Abfall e. V. (Hrsg.): Fischaufstiegsanlagen und fischpassierbare Bauwerke – Gestaltung, Bemessung, Qualitätssicherung. In: DWA-Merkblätter (2010), DWA-M 509 Entwurf.

[4] Ingenieurbüro Floecksmühle: Genehmigungsplanung zum Neubau einer Wasserkraftanlage in Willstätt/Kinzig, 2010 (unveröffentlicht).

Gereon Hermens and Ulrich Dumont

The new Hydro Power Station at Willstätt with Fish Protection and Downstream Migration Facilities

In the past the River Kinzig was a very important salmon-breeding area. During the industrialization a lot of dams had been built to use the waterpower, so the salmons could not reach the breeding area anymore. The first barrage for upstream migrating fish is placed in Willstätt and was used for waterpower since a long time. In 2007 the building was already in need of rehabilitation, so the company decided to build a new hydroelectric power station outside the village. Core of the new plant is a vertical Kaplan turbine with a highly efficient generator. Additionally a fish protection system and upstream as well as downstream migration devices were installed.

Гереон Херменс и Ульрих Дюмон

Строительство новой гидроэлектростанция в Вилльштетте (Willstätt) с системой рыбозащиты и комплексной установкой рыбообмена

В прошлом река Кинциг (Kinzig) в Шварцвальде была крупной областью нереста лососей. Во время индустриализации после строительства многочисленных гидротехнических сооружений большая часть нерестовых зон стала недоступна. Самое нижнее из этих сооружений находится в Вилльштетте (Willstätt). Гидроэнергия используется там в течении уже более 100 лет. В 2007 году старой гидроэлектростанции в центре города потребовалась санация, причем в такой степени, что эксплуатирующая фирма решалась на строительство новой плотины за пределами населенного пункта. Таким образом, наряду с установкой современнейшей гидроэнергетической техники, была создана возможность реализации высоких требований в отношении проходимости водного потока вверх и вниз по течению, а также рыбозащиты в данном населенном пункте.

Jörg Schneider und Dirk Hübner

Funktionskontrolle der Fischwechselanlagen am Main-Kraftwerk Kostheim

Mittels verschiedener herkömmlicher und moderner Monitoringmethoden wurde am Main-Kraftwerk Kostheim eine Funktionskontrolle zweier Fischabstiegsanlagen und eine Erfassung der Mortalität bei Turbinenpassage durchgeführt. Weiterhin wurde die Auffindbarkeit und Passierbarkeit eines Umgehungsgerinnes für den Fischaufstieg untersucht. Die Studie zeigte eine Größenselektivität bei der Nutzung des Umgehungsgerinnes sowie Defizite in der Attraktivität und Auffindbarkeit der Abstiegshilfen auf. Am 20-mm-Rechen sowie bei Turbinenpassage entstehen erhebliche Fischschädigungen.

1 Untersuchungsgegenstand und Methoden

Die Staustufe Kostheim befindet sich etwa 3,2 km oberhalb der Einmündung des Mains in den Rhein. Die Staustufe besitzt drei Walzenwehre; diese werden ab Q = 160 m^3/s (Ausbaumenge der Wasserkraftanlage (WKA)) überströmt. Das Unterwasser wird maßgeblich durch die Wasserspiegellagen des Rheins beeinflusst (Δh max. 3,74 m, bei MQ = 2,36 m).

Die WKA (**Bild 1**) hat eine Leistung von 4,9 MW. Die Energieerzeugung erfolgt über zwei horizontale Kaplan-Pit-Maschinen (Voith Hydro) mit einem Durchfluss von jeweils 80 m^3/s. Die dreiflügeligen Laufräder werden mit Umdrehungszahlen von 77 bis 94 U/min betrieben. Die prognostizierte Mortalitätsrate lag bei ≤10 %. Ergänzt werden soll der Fischschutz durch je einen vertikalen Rechen pro Turbine; der Stababstand liegt bei 20 mm, die Neigung beträgt 25° (**Bild 2**) und die mittlere Anströmgeschwindigkeit 0,5 m/s.

Bild 1: Einlaufbereich Wasserkraftwerk Kostheim mit Rechenreinigungsanlage

Als Abstiegskorridor u. a. für den Aal wurde am Mittelpfeiler zwischen den Turbinen beidseitig je eine Einstiegsöffnung mit einer Höhe von 2 m und einer Breite von 0,8 m installiert. Die beiden Öffnungen dieses sog. Aalbypasses befinden sich in der Mitte der Wassersäule und führen eine Wassermenge von 1 m^3/s über eine 800-mm-Rohrleitung mittig durch die WKA (**Bild 2**) ins Unterwasser (**Bild 3**). Im Rechen bestehen oberflächennahe Abstiegsöffnungen mit 30 cm Breite und 20 cm Höhe (**Bild 2**). Die Dotation beträgt 100 l/s. Die Ausläufe der über zwei unterirdische 400-mm-Rohrleitungen abgeführten Abstiege verlaufen nach einem 90°-Winkel parallel zum Kraftwerk über rund 50 m ins Unterwasser. Der Betrieb dieser sog. Salmonidenabstiege ist bis Q = 160 m^3/s an die Reinigungsintervalle angelehnt (ab Q > 160 m^3/s permanente Öffnung).

Für den Fischaufstieg und ggf. Fischabstieg besteht ein 200 m langes Umgehungsgerinne mit einem mittleren Gefälle von 2,1 %. Die Anbindung im Oberwasser liegt rund 60 m oberhalb der Rechenanlage, die Anbindung im Unterwasser 40 m unterhalb des Saugschlauchendes der WKA. Das Umgehungsgerinne ist für Q = 1,5 m^3/s ausgelegt. Die Funktionskontrolle erstreckte sich auf beide Wanderrichtungen.

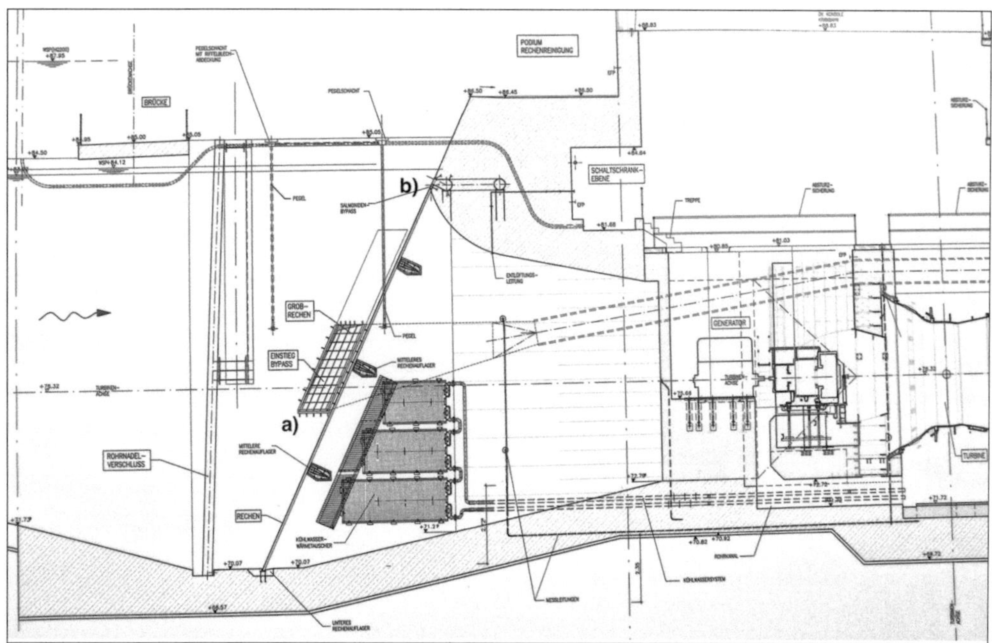

Bild 2: Seitenansicht auf den 20-mm-Rechen und den in der Mitte der Wassersäule gelegenen Aalbypass (a); oben die Lage der Salmonidenabstiegsleitungen (b)

Die Untersuchungen fanden von Frühjahr bis Herbst 2011 statt. Sie untergliederten sich in die Fragestellungen a) Funktionsfähigkeit Fischaufstiegsanlage, b) Funktionsfähigkeit Fischabstiegsanlagen inkl. Mortalität bei der Abwanderung und c) Mortalität bei Turbinenpassage ohne Rechenkontakt.

Im Kraftwerksbereich bestehen mit dem Aalbypass, dem Salmonidenabstieg, dem Umgehungsgerinne und der Turbinenpassage grundsätzlich vier Abwandermöglichkeiten, die zeitgleich beprobt werden mussten. Eine weitere Beprobungsquelle bildete das Rechengut. Erst die Zusammenführung der verschiedenen Teilergebnisse lieferte belastbare Daten hinsichtlich der Verteilung von Fischen auf die vier Abwanderkorridore und erlaubt so eine Einschätzung der Funktion des Bypasses und der Salmonidenleitung (relative Nutzung im Vergleich zu den weiteren Abwandermöglichkeiten). Die Nutzung der Schiffsschleusen und der Wehre war nicht Gegenstand der Studie [7]. Folgende Fragestellungen wurden bearbeitet:

- Auffindbarkeit der Abstiegshilfen Bypass und Salmonidenabstiege:
  - Anteil Bypass,
  - Anteil Salmonidenabstiege,
  - Anteil Rechengut,
  - Anteil Turbinenpassage.
- Mortalitätsrate bei Durchgang durch die Turbine (inkl. Rechenpassage).

Bild 3: Einbau des Hamens Variante 1; rechts liegt der Aalbypassauslauf

Die beiden Salmonidenabstiege wurden am Auslauf mit NetzReusen abgesperrt. Aufgrund von Verlegungen war nur eine Leitung während des Lachsabstiegsversuchs im April (siehe unten) für etwas über eine Stunde in Betrieb.

Der Fischanfall im Rechengut wurde über Kontrollen des Treibgutcontainers und des Förderbandes untersucht.

Unterhalb des uferseitigen Turbinenauslasses wurde ein Hamen eingesetzt. Die Aufhängung erfolgte bei Variante 1 mittels eines Stahlrahmens (**Bild 3**). Nach einer Havarie des Rahmens wurde die Halterung in eine mit Doppelseilzug zu hebende Variante 2 umkonstruiert, in der das Netz am Grund mit einem Stahlrohr fixiert wurde. Das Hamennetz hatte eine Länge von ca. 40 m und verfügte im Endstück über drei Kehlen. Die Maschenweite reduzierte sich vom Netzanfang bis zum Fangsack von 30 mm auf 10 mm.

Am Aalbypassauslauf im Mitteltrennpfeiler wurde eine NetzReuse angebracht.

Am Einlauf des Umgehungsgerinnes wurden eine nach unten und eine nach oben ausgerichtete Edelstahl-KastenReuse aus jeweils 5-mm-Lochblech eingesetzt. Im Sommer wurde zusätzlich ein VAKI-RiverWatcher als automatisches Fischzählsystem installiert. Hiermit sollte die Interpretation der Reusenfangdaten hinsichtlich einer möglichen Barrierewirkung der Reuse abgesichert werden und ein Abgleich zwischen der Frequentierung des Einstiegsbereichs und des Fischaufkommens am Ausstiegsbereich erfolgen.

Das Suchverhalten der Fische wurde mittels eines DIDSON-Sonars aufgezeichnet. Es wurde bei den Abstiegsuntersuchungen im Oberwasser wechselweise auf den Salmonidenabstieg und den Einlauf des Aalbypasses ausgerichtet. Bei den Fischaufstiegsuntersuchungen wurden der Auslauf des Aalbypasses sowie der Einstieg in das Umgehungsgerinne gescannt.

Die Kategorisierung der Schädigungen umfasste folgende Schädigungsformen:

- Teilabtrennung,
- Totalabtrennung,
- Quetschungen, Hämatome,
- Fleischwunden oberflächlich,
- Schuppenverlust (Auswahl: gering, mittel oder stark),
- Augenverlust,
- Augenblutung,

Bild 4: a) Lachssmolts mit (von oben nach unten): Schuppenverlust stark; Schuppenverlust mittel, Schuppenverlust gering und kein Schuppenverlust; b) Lachssmolt gerät mit dem Schwanzstiel zwischen die Stäbe eines 10-mm-Rechens [4]

- Flossenschäden,
- Wirbelsäulenbruch
- Pilzbefall (Schädigung älter),
- Verhaltensauffällig (ggf. innere Verletzungen),
- innere Verletzung (Afterbluten, Kiemenbluten),
- Schwimmblase geplatzt (nur stichprobenhafte Obduktionen),
- tot, jedoch ohne sichtbare Schäden.

In der Auflistung sind außer für die Kategorie „tot ohne sichtbare Schäden" Mehrfachnennungen möglich; bei Schuppenverlust wurde eine der Kategorien „gering" (max. 10 % der Körperoberfläche), „mittel" (>10 % bis <50 %) und „stark" (50 % bis 100 %) ausgewählt (**Bild 4a**).

Die aufgeführten Schädigungen wurden in einem weiteren Beurteilungsschritt in folgende Schädigungsklassen mit den folgenden Überlebensprognosen unterteilt:

A. Prognose positiv, Fisch überlebt:

- Vital: ohne äußerlich sichtbare Schädigungen, normales Verhalten.
- Gering geschädigt: geringe sichtbare Schädigungen, die den Fisch nicht wesentlich beeinträchtigen, z. B. geringe Schuppenverluste, kleine Wunden.

B. Prognose negativ, Fisch überlebt nicht:

- Mittel geschädigt: kritische Verletzungen, die wahrscheinlich zu verspäteter Mortalität führen, wie mittlere Schuppenverluste, Augen- und Afterbluten als Indiz für innere Verletzungen, Fleischwunden, Quetschungen und Hämatome, Flossenschäden, Verhaltensauffälligkeiten als Indiz für Brüche und innere Verletzungen.
- Kritisch geschädigt: Verletzungen, die zeitnah zum Tod führen (z. B. starke Schuppenverluste, Fleischwunden, Augenverluste, starke Hämatome, Wirbelsäulenbruch, geplatzte Schwimmblasen, Teilabtrennungen).
- Tot: kürzlich letal geschädigt – länger verendete Individuen wurden nicht berücksichtigt.

Alle im Turbinenhamen gefangenen, lebenden Fische wurden über 48 Stunden gehältert.

Vor Versuchsbeginn wurde die fang- und hälterungsbedingte Referenzmortalität erhoben. Diese wurde von der Mortalitätsrate, die jeweils in den Teilversuchen ermittelt wurde, abgezogen. Die Referenzmortalität wurde mit 300 Lachssmolts ermittelt, die bei laufendem Turbinenbetrieb in den Hamen eingebracht wurden. Auf eine Fangmortalitätsbestimmung bei Aalen wurde wegen deren Robustheit verzichtet.

Um die Ergebnisse der Wahl von Abwanderkorridoren und das benötigte Zeitbudget für die Fische quantitativ bestimmen zu können, wurden abwanderbereite markierte Fische im Oberwasser vor dem Rechen ausgesetzt.

- April: 2 500 adiposenmarkierte Lachssmolts;
- Dezember: 800 farbmarkierte Blankaale aus dem Main.

Durch Verwendung markierter Individuen wurde ausgeschlossen, dass andernorts vorgeschädigte Individuen in die Untersuchungsergebnisse eingehen.

Um Verletzungen am Rechen von Schäden bei Turbinenpassage zu unterscheiden, wurden in einem Tierversuch 1 200 markierte Fische direkt in die bei Volllast laufende Turbine eingeführt. Als Versuchsfische dienten aus Wildfängen 300 Aale, 521 Cypriniden und 79 Barschartige sowie 300 Aquakultur-Forellen. Neben den Versuchsfischen verschiedener Größenklassen wurden 102 Bockwürste, um die 16 cm lang, als Dummys eingesetzt. Die Hamenleerung erfolgte stündlich, die Hälterung währte 48 Stunden.

2 Ergebnisse der Funktionskontrolle

2.1 Fischabstieg

Die Wiederfangrate der Lachse lag bei 73,7 %, als die Fische direkt in den Hamen eingeführt wurden, und bei 58,6 %, als die Fische im Oberwasser eingesetzt wurden und den Rechen sowie die Turbine passierten. Die Referenzmortalität betrug 8,2 % bzw. rund 10 % (**Bild 5**).

Der 20-mm-Rechen wirkte bei den Lachssmolts kaum als Verhaltensbarriere; bereits nach einer Stunde hatten 40,4 % bzw. 1 010 von 2 500 besetzten Smolts den Rechen und die Turbine passiert (**Bild 5**). Dieses Hol 1 konnte aufgrund der hohen Fangmortalität nicht in die Berechnung der Schädigungsrate eingehen, wohl aber in die Auswertung der Nutzung der Abwanderkorridore. DIDSON-Sonar-Beobachtungen zeigten, dass die Lachssmolts mehrheitlich zügig mit dem Schwanz voran passiv durch den Rechen in die Turbine gelangen. Gestützt

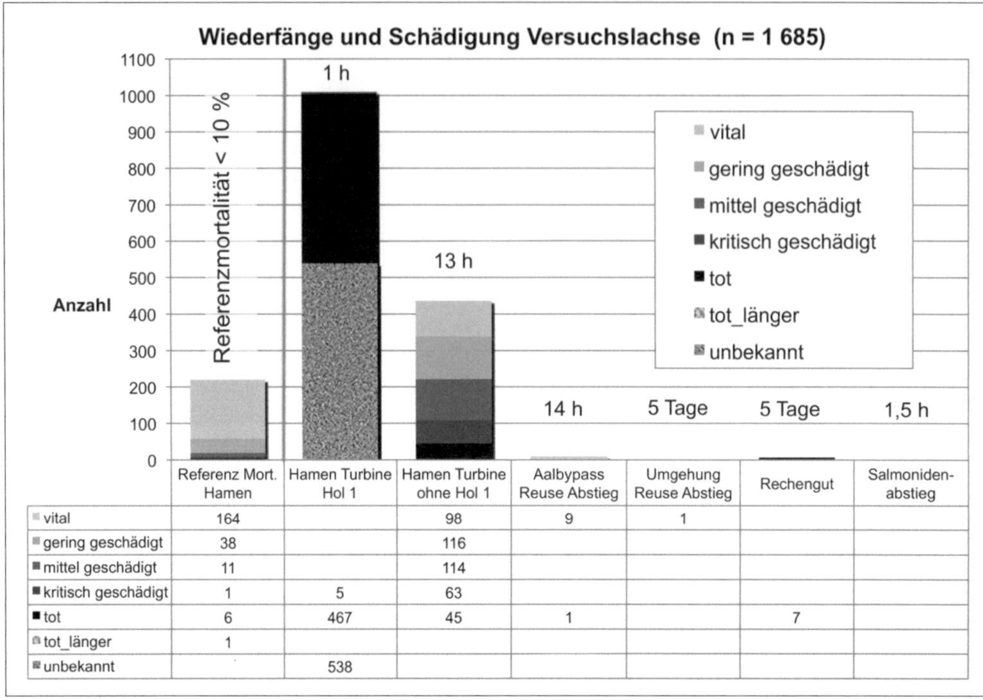

	Referenz Mort. Hamen	Hamen Turbine Hol 1	Hamen Turbine ohne Hol 1	Aalbypass Reuse Abstieg	Umgehung Reuse Abstieg	Rechengut	Salmoniden-abstieg
vital	164		98	9	1		
gering geschädigt	38		116				
mittel geschädigt	11		114				
kritisch geschädigt	1	5	63				
tot	6	467	45	1		7	
tot_länger	1						
unbekannt		538					

Bild 5: Übersicht der Wiederfänge der Versuchslachse und der jeweiligen Schädigungsschwere; absolute Zahlen. Balken links: fangbedingte Schädigung (Referenzmortalität)

wird diese Interpretation durch Laborergebnisse von Hübner [4] in einem Versuchsgerinne mit 10-mm-Rechen (**Bild 4b**).

Mangels funktionsfähiger Abwanderhilfen wandern bei normalen Abflussbedingungen Aale <65 cm Totallänge (TL) und andere Arten <25 bis 30 cm TL überwiegend über die Turbine ab (auch DIDSON-Beobachtungen), größere Individuen gelangen häufig mit dem Rechenreiniger ins Rechengut. Der Rechen mit einem Stababstand von 20 mm ist folglich für Aale <60 bis 65 cm TL und für andere Arten <25 bis 30 cm physisch passierbar. So verursachen Schäden durch die Rechenreinigung, Schäden durch die Rechenpassage sowie turbinenbedingte Verletzungen eine Gesamtmortalität von rund 50 %, variierend nach Abfluss, Fischart, Individuengröße und Rechenreinigungsintervallen. Die Schädigungsrate bei Rechen- und Turbinenpassage nahm mit der Körperlänge zu.

Die Lachssmolts wie auch alle anderen Individuen, die physisch den Rechen passieren konnten, wanderten zu 95 % über die Turbine ab (**Bild 6**). Der 20-mm-Rechen bildete folglich keine nennenswerte Verhaltensbarriere. Im vorliegenden Fall dürften das Fehlen attraktiver alternativer Wanderkorridore und die für diverse Arten bzw. Individuengrößen im Grenzbereich liegende mittlere Anströmgeschwindigkeit am Rechen von 0,5 m/s die zügige Rechenpassage gefördert haben.

Unter normalen Betriebsbedingungen wird der Aalbypass weder vom Aal noch von anderen Arten als Abstiegskorridor angenommen. Dies dürfte neben der ungünstigen Lage des Einlaufs in der Mitte der Wassersäule auch auf die geringe Leitströmung im Einlaufbereich zurückzuführen sein. Eine Dotation von 0,5 m^3/s bei einer Öffnung von 80 x 200 cm ist im Abstand von 50 cm für Fische offensichtlich kaum noch wahrnehmbar. Selbst bei für Fische optimalen Betriebsbedingungen, also bei geringer Auslastung der Turbinen, gelangten noch rund 50 % der größeren Aale ins Rechengut. Die Nutzung des Aalbypasses steht folglich in direktem Zusammenhang mit sei-

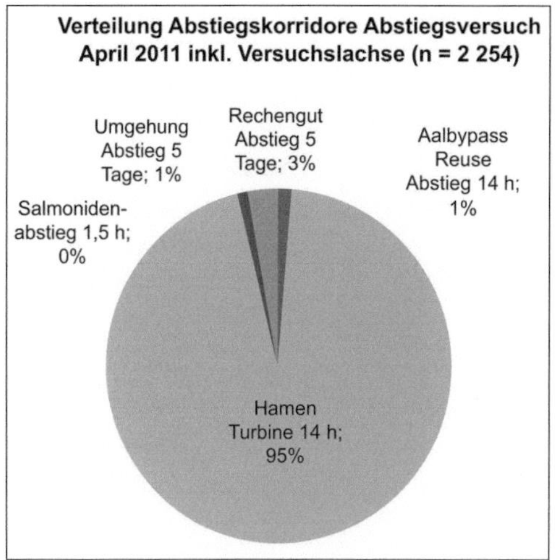

Bild 6: Wahl der Abstiegskorridore durch markierte Lachse und sonstige Arten

ner Dotation im Verhältnis zur turbinierten Wassermenge sowie zu Abschaltereignissen (**Bild 7**).

Das Umgehungsgerinne hat aufgrund der Entfernung des Einlaufs und der relativ geringen Dotation keine wesentliche Bedeutung für den Fischabstieg (**Bild 6**).

Über 50 % der Individuen im Rechengut Kostheim sind durch die hiesige Rechenreinigungsanlage letal geschädigt worden. Fische, die vom Rechenreiniger erfasst werden, erleiden häufig Total- und Teilabtrennungen, Schuppenverluste, Fleischwunden und Quetschungen. Neben dem Aal waren mehrheitlich Brachsen und Rotaugen betroffen. Aale scheinen dabei meist nicht vor dem herannahenden Rechenreiniger zu fliehen, sondern klemmen sich mit dem Schwanz in den Rechenstäben fest. Die Schädigungen treten unabhängig von der Körperlänge meist im hinteren Körperbereich auf.

Der Salmonidenabstieg war mangels Leitströmung und wegen Wartungsproblemen ohne Funktion. Im Rahmen von DIDSON-Sonaruntersuchungen wurden nur wenige Individuen im Nahbereich der Einstiegsöffnungen verzeichnet.

2.2 Mortalität bei Turbinenpassage

Die Mortalität bei Turbinenpassage betrug im Mittel 20 bis 30 % und lag damit deutlich über dem „Sollwert" von ≤10 % (**Bild 8**). Die Mortali-

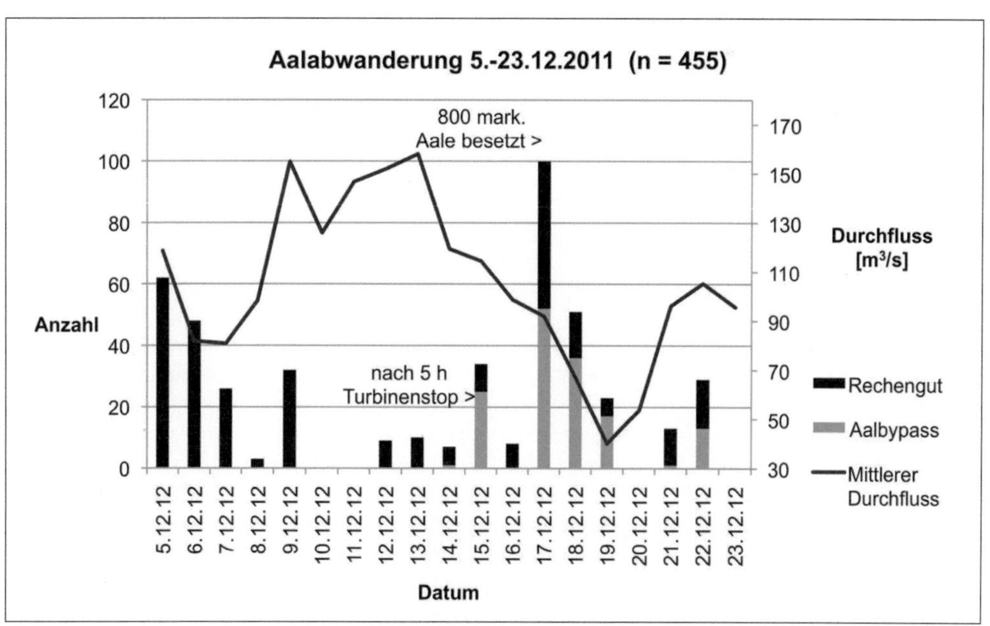

Bild 7: Nutzung des Aalbypasses in Abhängigkeit des mittleren Turbinendurchflusses. Da in den meisten Fällen (Ausnahmen 17.-19.12.) die Kontrollen morgens erfolgten, sind die Durchflusswerte des Vortages für die Wahl des Abwanderweges relevant

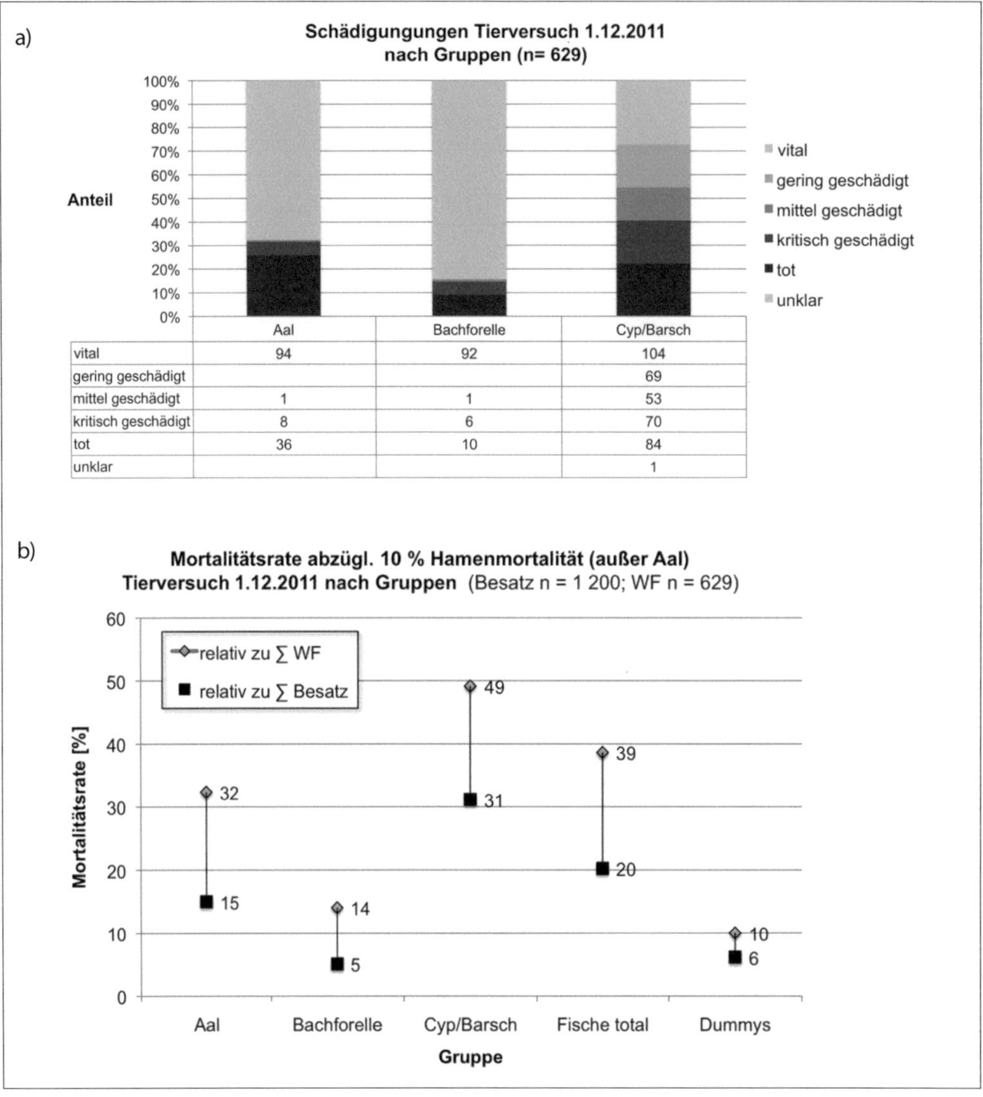

	Aal	Bachforelle	Cyp/Barsch
vital	94	92	104
gering geschädigt			69
mittel geschädigt	1	1	53
kritisch geschädigt	8	6	70
tot	36	10	84
unklar			1

Bild 8: a) Schädigungsrate der Fischgruppen bei Turbinenpassage ohne Rechenkontakt; b) Mortalitätsraten in Bezug zur Wiederfangzahl und zur Besatzzahl, es wird jeweils der optimale Fall (alle entkommenen, nicht-registrierten Individuen sind lebensfähig) und der pessimale Fall (die Mortalitätsraten der wiedergefangenen Fische sind repräsentativ für die Gesamtgruppe) angegeben

tätsrate der Forellen und die Schädigungsrate der Dummy-Bockwürste waren vergleichsweise niedrig. Bei Aal und Cypriniden/Barschen war der „Sollwert" deutlich überschritten. Ein ersatzloser Abbau des 20-mm-Rechens oder eine Vergrößerung des Rechenstababstands ist daher nicht zielführend.

2.3 Fischaufstieg

Im Zeitraum 10.3. bis 23.12.2011 wurden im Umgehungsgerinne 25 183 Fische registriert, die sich 36 Arten zuordnen ließen. Die mit Abstand häufigste Art bildete der Rapfen, gefolgt von Rotauge, Flussbarsch und Ukelei. Auffällig war das deutliche Defizit bei Individuen >25 cm, insbesondere im Vergleich zum dokumentierten Arten- und Größenklassenspektrum des Unterwassers. Das Defizit ist auf eine mangelhafte Auffindbarkeit und nicht auf Einschränkungen der Passierbarkeit zurückzuführen. Dies belegen auch DIDSON-Aufnahmen großer Fische am Saugschlauchende und VAKI-Registrierungen am Auslauf des Umgehungsgerinnes, wo große Fische ebenfalls unterrepräsentiert waren.

3 Schlussfolgerungen

Durch eine Kombination verschiedener Methoden, wie Reusenfänge, Hamenfänge, DIDSON-Sonaruntersuchungen, Einsatz eines VAKI-Fischzählers, Elektrofischerei, Markierung-Wiederfang-Experimente und Rechengutkontrollen konnte an der WKA Kostheim ein differenziertes Bild über die Funktionsfähigkeit der Fischwechselanlagen gewonnen werden. Die Studie hat zudem aufgezeigt, dass Fischabstiegsuntersuchungen mittels Hamen unterhalb von Turbinenauslässen bis zu einem Ausbaudurchfluss von mindestens 80 m³/s pro Turbine methodisch möglich sind. Mit dem Einsatz markierter Referenzfische konnten quantitative Ergebnisse erarbeit und Vorschädigungen ausgeschlossen werden.

Die Fischaufstiegskontrollen ergaben, dass größere und schwimmstarke Individuen im Umgehungsgerinne unterrepräsentiert sind. Diese Selektivität wird darauf zurückgeführt, dass größere und schwimmstarke Fische nahe des Saugschlauchendes nach einer Aufstiegsmöglichkeit suchen. Der Einstieg in das Umgehungsgerinne liegt jedoch 40 m unterhalb des Turbinenauslasses. Dieser Sackgasseneffekt wird gemäß DIDSON-Beobachtungen und Elektrofischereifängen durch den Auslauf des mit 1 m³/s dotierten Aalbypasses im Sinne einer irreführenden Leitströmung verschärft.

Rechen mit Stababständen von 15 bis 20 mm, die im 90°-Winkel zur Fließrichtung positioniert sind und nur eine geringe Neigung zur Sohle aufweisen, bilden keinen wirksamen Schutz für Smolts und andere Fische vergleichbarer Größe vor einer Turbinenpassage. Dabei liegt bei Stababständen von 15 bis 20 mm nicht nur keine wirksame Schutzfunktion vor, sondern es kommt durch Schädigungen am Rechen sogar zu einer Erhöhung der Schädigungsrate. Verschärft wird das Schädigungspotenzial durch mangelhaft funktionsfähige Fischabstiegssysteme.

Die Passage des 20-mm-Rechens ist für Individuen bis ca. 22 bis 25 cm Körperlänge möglich (Aal: 60 bis 65 cm). Wie Laboruntersuchungen zeigen ([4], [6]), liegt bei Cypriniden und Salmoniden das erhöhte Schädigungspotenzial an Rechen mit Stababständen von 20 mm darin begründet, dass die Fische sich mit dem Schwanz voran den Gitterstäben nähern, zwischen die Stäbe geraten und dadurch keinen Vortrieb mehr erzeugen können (Bild 4b). In der Folge werden kleinere Fische durch den Sog durch den Rechen gezogen und erleiden dadurch Entschuppungen, die typischerweise den hinteren Körperbereich bis zur dicksten Stelle ungefähr auf Höhe der Rückenflosse umfassen. Dabei werden die Tiere teilweise so stark gequetscht, dass sie Stabweiten passieren, die um 10 bis 20 % enger sind als die Körperdicke an der dicksten Stelle des Fisches [6]. Hierdurch kam es an der WKA Kostheim bei vielen Tieren zu inneren Blutungen und Organschädigungen, welche sich z. B. in geplatzten Gallenblasen, geplatzten Gefäßen und Blutaustritt aus dem After äußern. Ebenfalls typisch sind Hämatome an der Schwanzwurzel, die vermutlich durch ruckartige Schwanzbewegungen als Panikreaktion zwischen den Stäben entstehen.

Aale verhalten sich an engen Rechen dagegen anders. In Laboruntersuchungen wurde festgestellt, dass Aale versuchen, sich mit dem Schwanz voran durch den Rechen hindurchzuzwängen. Dabei können Stababstände von 20 mm von Aalen bis über 60 cm TL passiert werden. Größere (weibliche) Individuen hängen am Rechen fest [5]. An der WKA Kostheim löste der Rechenreiniger bei den zurückgehaltenen Aalen >60 bis 65 cm TL entweder keine Fluchtreaktion aus, oder sie konnten nicht rechtzeitig flüchten. Typische Verletzungen vom Rechenreiniger erfasster Aale sind Quetschungen und Abtrennungen im hinteren Körperbereich.

Neben der Installation eines feineren Rechens mit einem Stababstand ≤10 mm ist grundsätzlich die Bereitstellung auffindbarer sohlennaher und oberflächennaher Abwanderkorridore zielführend [1]. Abstiegshilfen, die von Aalen gefunden werden sollen, müssen sohlennah am Rechenfuß ansetzen ([3], [5]). Zur Hydraulik von Feinrechen siehe [2]. Alternativ kann der Abstieg nur bei nachgewiesener „Fischfreundlichkeit" über die Turbinen erfolgen.

Autoren

Dr. Jörg Schneider
Büro für fisch- und gewässerökologische Studien BFS-Frankfurt
Unterlindau 78
60323 Frankfurt
bfs-schneider@web.de

Dr. Dirk Hübner
Büro für fisch- und gewässerökologische Studien BFS-Marburg
Über dem Grund 1
35041 Marburg-Michelbach
dirk-huebner@arcor.de

Literatur

[1] Deutsche Vereinigung für Wasserwirtschaft, Abwasser und Abfall e. V. (Hrsg.): Fischschutz und Fischabstiegsanlagen. In: DWA-Themen, Hennef, 2005.

[2] Hassinger, R.: FischSchonRechen – ein neuartiger fischschonender Rechen für Wasserkraftanlagen. Versuchsanstalt und Prüfstelle für Umwelttechnik und Wasserbau Universität Kassel, 2009 (www.uni-kassel.de/fb14/vpuw/Sites/Download/fischonrechendownload; Abruf: 21.03.2014).

[3] Hassinger , R.; Hübner, D.: Entwicklung eines neuartigen Aal-Abstiegsystems mithilfe von Laboruntersuchungen. In: Korrespondenz Wasserwirtschaft (2009), Heft 2, S. 276-281.

[4] Hassinger, R.; Hübner, D.: Entwicklung und Untersuchung einer neuartigen Kombination von Fischabstiegsvorrichtung und Rechenreiniger. Abschlussbericht über ein Entwicklungsprojekt gefördert von der Deutschen Bundesstiftung Umwelt, 2013.

[5] Hübner, D.: Funktionskontrolle eines neuartigen Aalabstieges mit unterschiedlicher Einstiegsanordnung einschließlich des hydraulischen Tests eines neuartigen fischschonenden Rechens. Laboruntersuchungen im Auftrag der Versuchsanstalt und Prüfstelle für Umwelttechnik und Wasserbau. Univ. Kassel, 2009.

[6] Hübner, D.; Menzel, C.; Fricke, R.; Hassinger, R.; Rahn, S.: Laboruntersuchungen zu Auswirkungen von Kraftwerksrechen auf Rotaugen (*Rutilus rutilus*) und Brassen (*Abramis brama*) in Abhängigkeit von Stababstand und Anströmgeschwindigkeit. Studie im Auftrag des Regierungspräsidiums Kassel, Obere Fischereibehörde, 2011.

[7] Schneider, J., Hübner, D.; Korte, E.: Funktionskontrolle der Fischaufstiegs- und Fischabstiegshilfen sowie Erfassung der Mortalität bei Turbinendurchgang an der Wasserkraftanlage Kostheim am Main – Endbericht 2012. Studie im Auftrag der WKW Staustufe Kostheim/Main GmbH & Co. KG (Studie verfügbar unter www.lachsprojekt.de).

Jörg Schneider and Dirk Hübner

Function Control of Fish Migration Facilities at the Hydropower Plant Kostheim at River Main

Applying various Monitoring methods a function control of downstream migration facilities and turbine passage related mortality was conducted at the Kostheim hydropower plant at the river Main. Furthermore, the perceptibility and passability of a nature-like bypass for upstream migration was examined. Results showed a size selectivity of the bypass caused by an unsuitable entrance position. The effectiveness of the downstream migration facilities proved to be low, leading to high mortalities at the trashrack and during turbine passage. The trashrack with a bar spacing of 20 mm showed little repellent effect and was passed by most fish up to a size of 20 to 25 cm, causing scale loss and haematoma. Eels >65 cm were unable to pass the trashrack and the majority was killed by the trashrack cleaning device. Particularly, smaller eels experienced high mortalities at the turbine passage.

Йорг Шнайдер и Дирк Хюбнер

Функциональный контроль рыбообменников на электростанции Костхайм (Kostheim) на реке Майн

С помощью различных традиционных и современных методов мониторинга проводился функциональный контроль двух рыбоспусков и анализ смертности рыб при прохождении турбины на электростанции Костхайм (Kostheim) на реке Майн. Кроме того, исследовались находимость и проходимость обходного канала рыбоподъемника. Исследование показало селективность значений при использовании обходного канала, а также дефициты в таких аспектах как привлекательность и находимость вспомогательных сооружений рыбоспуска. В 20-миллиметровой решетке, а также при прохождении турбин рыбы получают значительные повреждения.

Klaus Träbing und Stephan Theobald

Rhithrale fischökologische Zielerfüllung, Gewässerstruktur und Durchgängigkeit

Gemäß WRRL wird die fischökologische Zielerfüllung für 297 hessische Oberflächenwasserkörper in Abhängigkeit von Gewässerstruktur und anthropogenem Wanderhindernisbestand dargestellt. Überraschenderweise sind im Rhithral die Wanderhindernisabstände bei Zielerfüllung zum Teil geringer als bei Zielverfehlung. Daraus lassen sich unmittelbar Schlussfolgerungen für die Maßnahmenpriorisierung in der effizienten Gewässerentwicklung ableiten.

1 Einleitung

Während der letzten beiden Jahrzehnte ist die WRRL [8] zur einflussreichsten Grundlage zur Festlegung der Ziele der Gewässerentwicklung geworden. Renaturierungsvorhaben an Gewässern und Auen finden im gesellschaftlichen Konsens statt. Hierzu zählen auch die Schaffung naturnaher Gewässerstrukturen und die Herstellung der Durchgängigkeit an Querbauwerken.

Es kann als allgemein anerkannter Wissensstand gelten, dass neben der Wasserqualität und der Abflusscharakteristik besonders die Gewässerstruktur wesentlichen Einfluss auf die Lebensgemeinschaften der Fließgewässer hat. Neben der eher flächen- und linienhaften Gewässerstruktur, wie sie sich beispielsweise in der Ausprägung von Strömung und Substrat zeigt, sind punktuelle Unterbrechungen der longitudinalen Durchgängigkeit von besonderer Bedeutung. Der Begriff der Durchgängigkeit ist im sehr guten Zustand durch die WRRL definiert über „eine un-

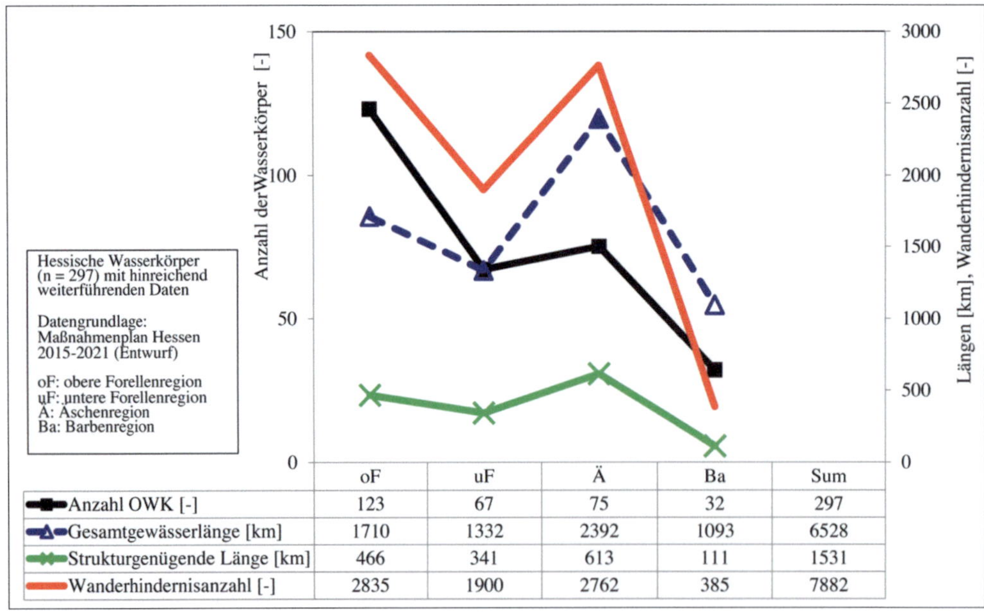

	oF	uF	Ä	Ba	Sum
Anzahl OWK [-]	123	67	75	32	297
Gesamtgewässerlänge [km]	1710	1332	2392	1093	6528
Strukturgenügende Länge [km]	466	341	613	111	1531
Wanderhindernisanzahl [-]	2835	1900	2762	385	7882

Bild 1: Grundwerte der untersuchten Oberflächenwasserkörper (Quelle: Träbing und Theobald)

gestörte Migration aquatischer Organismen und den Transport von Sedimenten" [8]. Auf Grundlage des Standes des Wissens (z. B. [6], [7], [9]), wie er seit fast zwei Jahrzehnten auch Eingang in die allgemein anerkannten Regeln der Technik gefunden hat (siehe z. B. [1], [2], [3]), wird eine unterbrochene Durchgängigkeit als gewässerökologisch nachteilig bewertet. Die Durchwanderbarkeit, die als wesentliche gewässerökologische Funktion durch Wanderhindernisse, wie z. B. Querbauwerke, unterbrochen werden kann, soll im Sinne des guten oder sehr guten ökologischen Zustandes hergestellt bzw. erhalten werden. Dementsprechend hat die Herstellung der Durchgängigkeit Eingang in die Maßnahmenprogramme gefunden.

In diesem Zusammenhang ist die effiziente Verwendung der eingesetzten Mittel bezogen auf die zu erfüllenden Ziele des Gewässerschutzes von besonderer Bedeutung. So erfordern die eher linienhaften Maßnahmen der Gewässer- und Auenentwicklung in vielen Fällen die dauerhafte Inanspruchnahme bisher anderweitig genutzter Flächen. Dagegen ist die Herstellung der Durchgängigkeit an anthropogenen Querbauwerken oft aufgrund des eher punktuellen Charakters vergleichsweise einfacher umzusetzen.

Die hier vorgestellten Untersuchungen und Ergebnisse wurden ursprünglich angestoßen durch die Bemühung, für die universitäre Lehre die Zielerfüllung der beiden oben erwähnten Maßnahmenarten in einem regionalen Zusammenhang illustrieren zu können. Dabei wurden einige Ergebnisse erarbeitet, die insbesondere unter Hinblick auf den effizienten Mitteleinsatz bei Gewässerentwicklungsmaßnahmen relevant sind.

2 Untersuchungsgrundlagen

Für Oberflächenwasserkörper (OWK), die nicht als künstlich oder erheblich verändert eingestuft sind, besteht neben dem Verschlechterungsverbot das Ziel des guten ökologischen Zustands gemäß WRRL Anhang V Tab 1.2.1. Für die hydromorphologischen Parameter im sehr guten ökologischen Zustand ist ein hypothetischer Idealzustand durch „keine oder nur sehr geringfügige anthropogene Änderungen" [8] beschrieben. Für den guten Zustand der anderen Qualitätskomponenten, wie z. B. der Hydromorphologie, wird auf den guten ökologischen Zustand der biologischen Qualitätskomponenten verwiesen. Damit legt ein guter biologischer Zustand gleichzeitig auch einen ent-

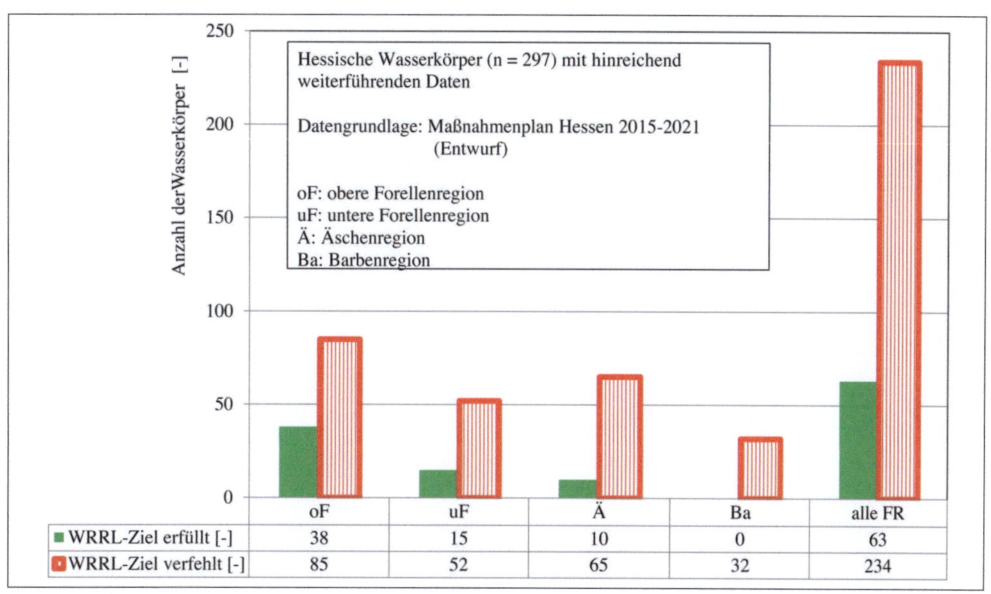

	oF	uF	Ä	Ba	alle FR
WRRL-Ziel erfüllt [-]	38	15	10	0	63
WRRL-Ziel verfehlt [-]	85	52	65	32	234

Bild 2: Fischökologische Zielerfüllung gemäß WRRL der untersuchten Oberflächenwasserkörper (Quelle: Träbing und Theobald)

sprechend guten hydromorphologischen Zustand fest.

Alle im Folgenden beschriebenen Untersuchungen wurden für die Oberflächenwasserkörper in Hessen durchgeführt, wie sie im Entwurf des Maßnahmenprogramm 2015 bis 2021 ([5] Anhang 3, Tabelle 3.1) zum Bewirtschaftungsplan [4] dokumentiert sind. Insgesamt sind dort für Hessen im Sinne der WRRL 445 Oberflächenwasserkörper als „einheitlicher und bedeutender Abschnitt eines Oberflächengewässers" [8] wiedergegeben.

Da die hier vorgestellte Untersuchung verschiedene Mindestangaben erfordert, wurden die Daten der zu untersuchenden Oberflächenwasserkörper (OWK) gefiltert. Betrachtet wurden nur die OWK, für die folgende Werte angegeben und plausibel waren: Länge L, Einzugsgebietsgröße AE, mittlerer jährlicher Abfluss MQ, mittlerer jährlicher Niedrigwasserabfluss MNQ, strukturdefizitärer Längenanteil SDA sowie Anzahl an Wanderhindernissen nWH (weitgehend oder vollständig unpassierbar). Ebenso wie erheblich veränderte oder künstliche OWK wurden als passierbar oder bedingt passierbar bewertete Wanderhindernisse in der Untersuchung nicht berücksichtigt. Außerdem sind nur die Oberflächenwasserkörper eingegangen, deren biologische Qualitätskomponenten ökologischer Zustand sowohl für Makrozoobenthos gesamt als auch Fische und Makrophyten/Phytobenthos [5] angegeben waren. Als Maß für die Strukturzulänglichkeit der OWK wird der mittlere strukturgenügende Längenanteil SLA als Komplement des strukturdefizitären Längenanteils SDA mit

$$SLA = 1 - SDA \tag{1}$$

ausgedrückt.

Aus den Mindestansprüchen an die vorliegenden Daten ergibt sich ein Datensatz von insgesamt 297 analysierten Oberflächenwasserkörpern

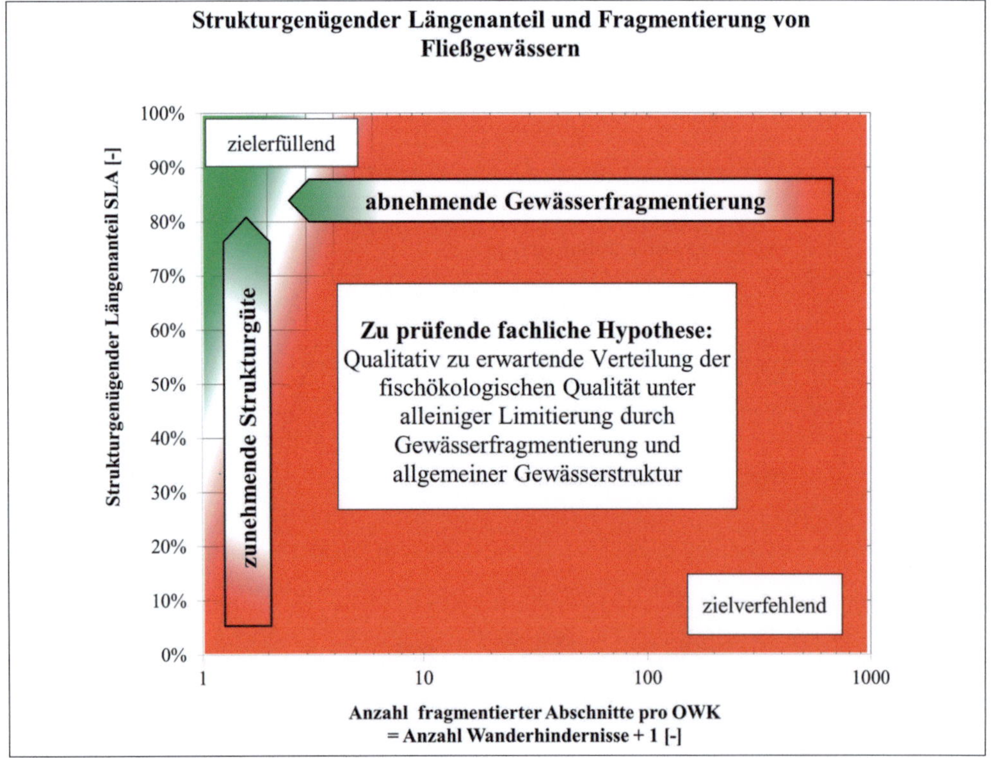

Bild 3: Prinzipielle Annahme zum Zusammenhang zwischen fischökologischem Zielbezug gemäß WRRL, Gewässerstrukturbedingungen und Wanderhindernisbestand (Quelle: Träbing und Theobald)

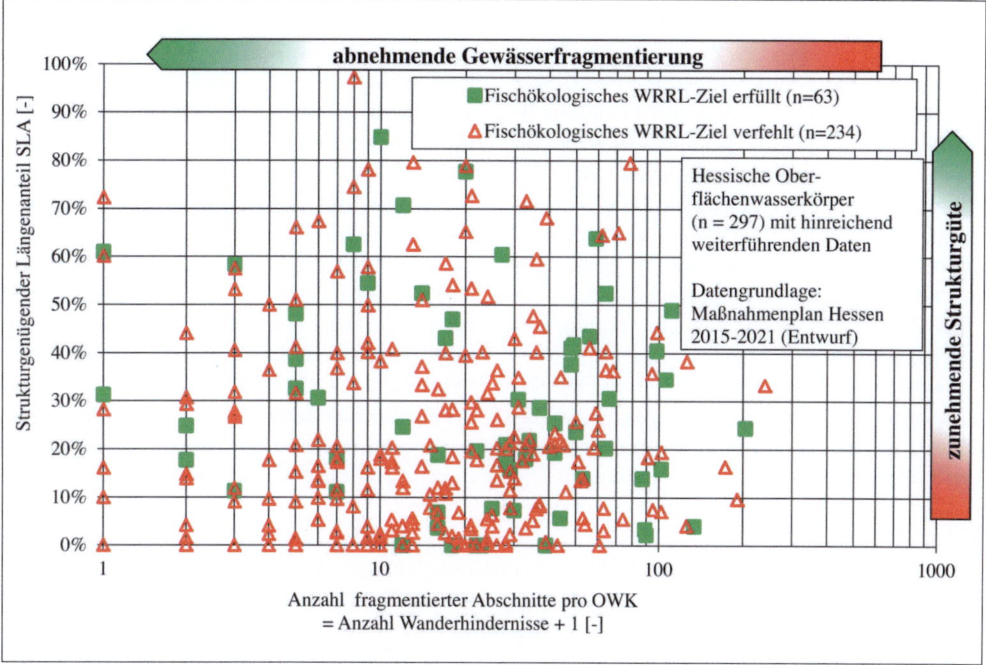

Bild 4: Zusammenhang zwischen Gewässerstrukturbedingungen und Wanderhindernisbestand bei fischökologischer Zielerfüllung bzw. Zielverfehlung der betrachteten Oberflächenwasserkörper in Hessen (Quelle: Träbing und Theobald)

(**Bild 1**). Von diesen weisen 63 den guten oder sehr guten fischökologischen Zustand und 234 den mäßigen, unbefriedigenden oder schlechten fischökologischen Zustand auf (**Bild 2**). Erstere werden im weiteren als zielerfüllende und letztere als zielverfehlende fischökologische Zustände zusammengefasst.

3 Gewässerstruktur und Wanderhindernisbestand

Ziel der ersten Übersichtsbetrachtung ist die empirische Identifizierung offensichtlicher Mindestanforderungen an die Oberflächenwasserkörper zur Zielerfüllung der fischökologischen Qualität. Zielverfehlende fischökologische Qualitäten können durch verschiedene Ursachen ausgelöst werden, bei denen im Sinne von limitierenden ökologischen Faktoren neben den gewässerstrukturellen Aspekten einschließlich der Durchgängigkeitssituation auch andere Gesichtspunkte, wie beispielsweise der Stoffhaushalt, eine Rolle spielen. Für die zielerfüllende fischökologische Qualität kann dementsprechend davon ausgegangen werden, dass solche die fischökologische Qualität limitierenden Verhältnissen nicht signifikant wirksam werden.

Bei Prüfung der fachlich begründeten Hypothese, dass sowohl ungünstige gewässerstrukturelle Bedingungen als auch ein großer Wanderhindernisbestand die fischökologische Qualität signifikant negativ beeinflussen, sollte die zielerfüllende fischökologische Qualität bevorzugt (**Bild 3**) mit einer besseren Gewässerstrukturgüte (zunehmende Ordinatenwerte) und einer geringeren Gewässerfragmentierung durch Wanderhindernisse (fallende Abszissenwerte) einhergehen. Für eine erste einfache Darstellung zum Zusammenhang zwischen der fischökologischen Zielerfüllung und den Gewässerstrukturbedingungen bzw. dem Wanderhindernisbestand der OWK lassen sich die Daten grafisch auftragen (**Bild 4**). Eine Gliederung der fischökologischen Zielerfüllung entlang der ausgeprägten Spannweite an Wanderhindernisanzahl (auf der Abszisse) bzw. Strukturdefizit (auf der

Ordinate) ist visuell nicht erkennbar. Vielmehr sind die fischökologischen Ziele sowohl in Bereichen mit geringer Wanderhindernisanzahl (linker Diagrammbereich) als auch großem Wanderhindernisbestand (rechter Diagrammbereich) erfüllt. Als besonders unerwartetes Ergebnis zeigt sich, dass auch Wasserkörper mit typischerweise mehr als 30 weitgehend oder vollständig unpassierbaren anthropogenen Querbauwerken und gleichzeitig weniger als 20 % strukturgenügendem Längenanteil SLA eine gute fischökologische Qualität aufweisen können.

Gemeinsam betrachtetet weisen die Oberflächenwasserkörper mit fischökologischer Zielverfehlung im Mittel 21,6 % strukturgenügenden Längenanteile SLA, die mit fischökologischer Zielerfüllung besitzen im Mittel 28,3 % SLA. Es nimmt erwartungsgemäß die Zielerfüllung des fischökologischen Zustands mit steigendem Strukturdefizit ab. Anders verhält sich der Zusammenhang zum Wanderhindernisbestand. Wasserkörper mit fischökologischer Zielerfüllung weisen im Mittel 36,7 Wanderhindernisse pro Wasserkörper auf. Demgegenüber besitzen die Wasserkörper mit Zielverfehlung im Mittel rund 23,8 Wanderhindernisse pro Wasserkörper. Überraschenderweise werden bei den untersuchten Oberflächenwasserkörpern in Hessen die fischökologischen Ziele der WRRL vielfach nicht nur bei erheblichen Beständen an Wanderhindernissen erfüllt, sondern die Anzahl an Wanderhindernissen pro Oberflächenwasserkörper nimmt so-

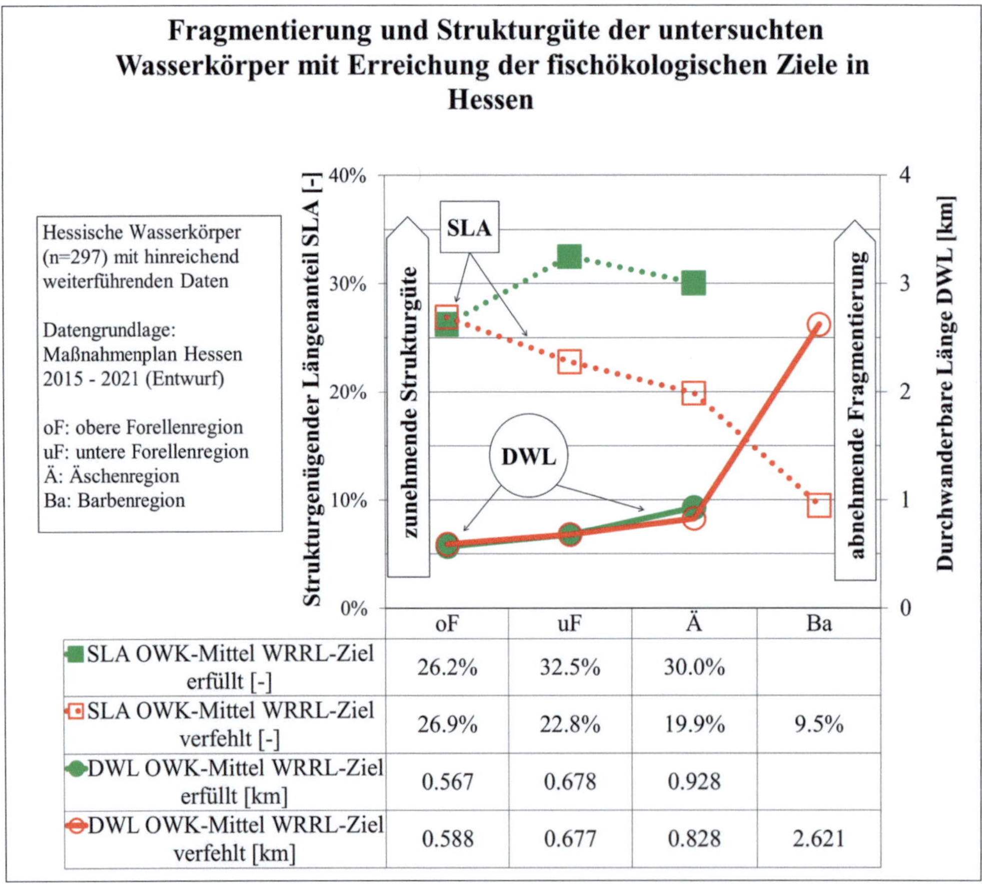

	oF	uF	Ä	Ba
SLA OWK-Mittel WRRL-Ziel erfüllt [-]	26.2%	32.5%	30.0%	
SLA OWK-Mittel WRRL-Ziel verfehlt [-]	26.9%	22.8%	19.9%	9.5%
DWL OWK-Mittel WRRL-Ziel erfüllt [km]	0.567	0.678	0.928	
DWL OWK-Mittel WRRL-Ziel verfehlt [km]	0.588	0.677	0.828	2.621

Bild 5: Fischregionaler Zusammenhang zwischen fischökologischer Zielerfüllung, Fragmentierung (longitudinal unfragmentierte Länge DWL) und Strukturzulänglichkeit (Strukturgenügender Längenanteil SLA) (Quelle: Träbing und Theobald)

gar mit steigender Zielerfüllung des fischökologischen Zustandes zu.

Im Weiteren wird der Wanderhindernisbestand eines Oberflächenwasserkörpers (Index i) unter Berücksichtigung von dessen Gewässerlänge L_i und Anzahl der unpassierbaren oder überwiegend unpassierbaren Wanderhindernisse n_{WHi} des Wasserkörpers in eine mittlere longitudinal (unfragmentierte) durchwanderbare Länge DWL_i des OWK umgerechnet. Dabei gilt folgende einfache Beziehung:

$$DWL_i = L_i / (n_{WHi} + 1) \quad (2)$$

Hierdurch wird die Anzahl der Wanderhindernisse eines OWK in Bezug zu dessen Gewässerlänge gesetzt, was für eine gewässerökologische Interpretation der Ergebnisse, beispielsweise im Sinne von Arealgrößen, besser geeignet ist als die schlichte Anzahl der Wanderhindernisse pro Wasserkörper. Die Parametrisierung des Wanderhindernisbestandes als mittlere durchwanderbare Länge DWL und des Strukturbestandes als strukturgenügendem Längenanteil SLA lässt mit Zunahme der beiden Parameter eine qualitative Zunahme des fischökologischen Zustands erwarten.

Im Folgenden werden die Daten aufgeschlüsselt für die einzelnen Fischregionen betrachtet (**Bild 5**). Dabei ist über der Abszisse entlang der typischen Gewässerzonierung der dominanten Fischregionen sowohl der strukturgenügende Längenanteil SLA als auch die mittlere durchwanderbare Länge DWL im Mittel über alle OWK der Gewässerregion aufgetragen. Die OWK mit dominanter epirhithraler Fischregion unterscheiden sich weder bei der Gewässerstrukturgüte noch bei der Durchwanderbarkeit deutlich. Bei den betrachteten rhithralen OWK der unteren Forellenregion und der Äschenregion sind bezogen auf das fischökologische Ziel gemäß WRRL die Unterschiede für die Gewässerstrukturgüte jeweils sehr deutlich. Demgegenüber ist der Unterschied für den als durchwanderbare Länge DWL ausgedrückten Wanderhindernisbestand nur sehr gering.

Bei der Übersichtsbetrachtung zu Durchwanderbarkeit und Gewässerstruktursituation werden die Streuungen der beiden betrachteten Parameter DWL und SLA nicht berücksichtigt. Daher werden in der anschließenden Einzelbetrachtung diese Parameter in Form von empirischen Unterschreitungswahrscheinlichkeiten dargestellt. Für diese sind die Parameter (DWL und SLA) der n untersuchten OWK der Größe nach aufsteigend sortiert und mit dem jeweiligen Rang m (1 bis n) versehen. Die empirische Unterschreitungswahrscheinlichkeit wird definiert als

$$P_u = (m - 0{,}5)/n \quad (3)$$

und nimmt damit Werte zwischen 0,5/n und 1 – (0,5/n) an.

Die empirische Verteilungsfunktion eines Parameters hat eine Reihe wichtiger Eigenschaften (**Bild 6**). Sie zeigen auch visuell gut sowohl die mittleren Bedingungen einer Stichprobe als auch deren Streuung. Der Median (P_u = 0,5 = 50 %) gibt den Wert an, der ebenso häufig über- wie unterschritten wird. Er beschreibt damit die zentrale Tendenz der Stichprobe. Hierfür ist er in der Regel besser geeignet als der ausreißersensiblere Mittelwert. Je breiter der durch die Verteilungsfunktion abgedeckte Parameterbereich ist, umso entfernter liegen die äußeren Werte von den zentralen mittleren Werten. Somit bildet die Breite der Verteilung ein gutes Maß für die Streuung der auftretenden Parameterwerte.

Mit der Darstellung zweier Verteilungsfunktionen werden die zugrunde liegenden Stichproben visuell direkt vergleichbar. Zwei Stichproben sind umso ähnlicher, je näher deren Verteilungsfunktionen aneinander beziehungsweise übereinan-

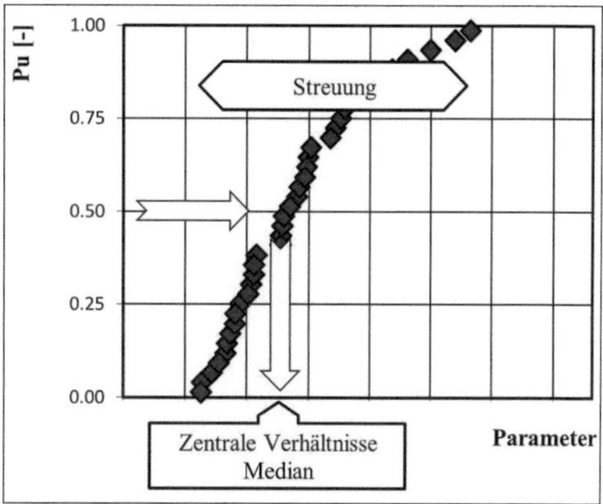

Bild 6: Mittlere Verhältnisse und Streuung einer Verteilungsfunktion (Quelle: Träbing und Theobald)

der liegen. Idealerweise liegt dem Vergleich zweier Verteilungsfunktionen eine Arbeitshypothese zugrunde. Beispielsweise lassen sich aus gewässerökologischen Überlegungen heraus für die fischökologisch zielerfüllenden Oberflächenwasserkörper größere mittlere durchwanderbare Längen DWL und größere strukturgenügende Längenanteile SLA vermuten als für fischökologisch zielverfehlende Oberflächenwasserkörper. Somit wären die Verteilungsfunktionen der fischökologisch zielerfüllenden eher rechts der zielverfehlenden Oberflächenwasserkörper zu erwarten. Solche Vergleiche werden im Weiteren ausgeführt.

Betrachtet wird das Rhithral mit seinen drei Teilregionen (obere Forellenregion, untere Forel-

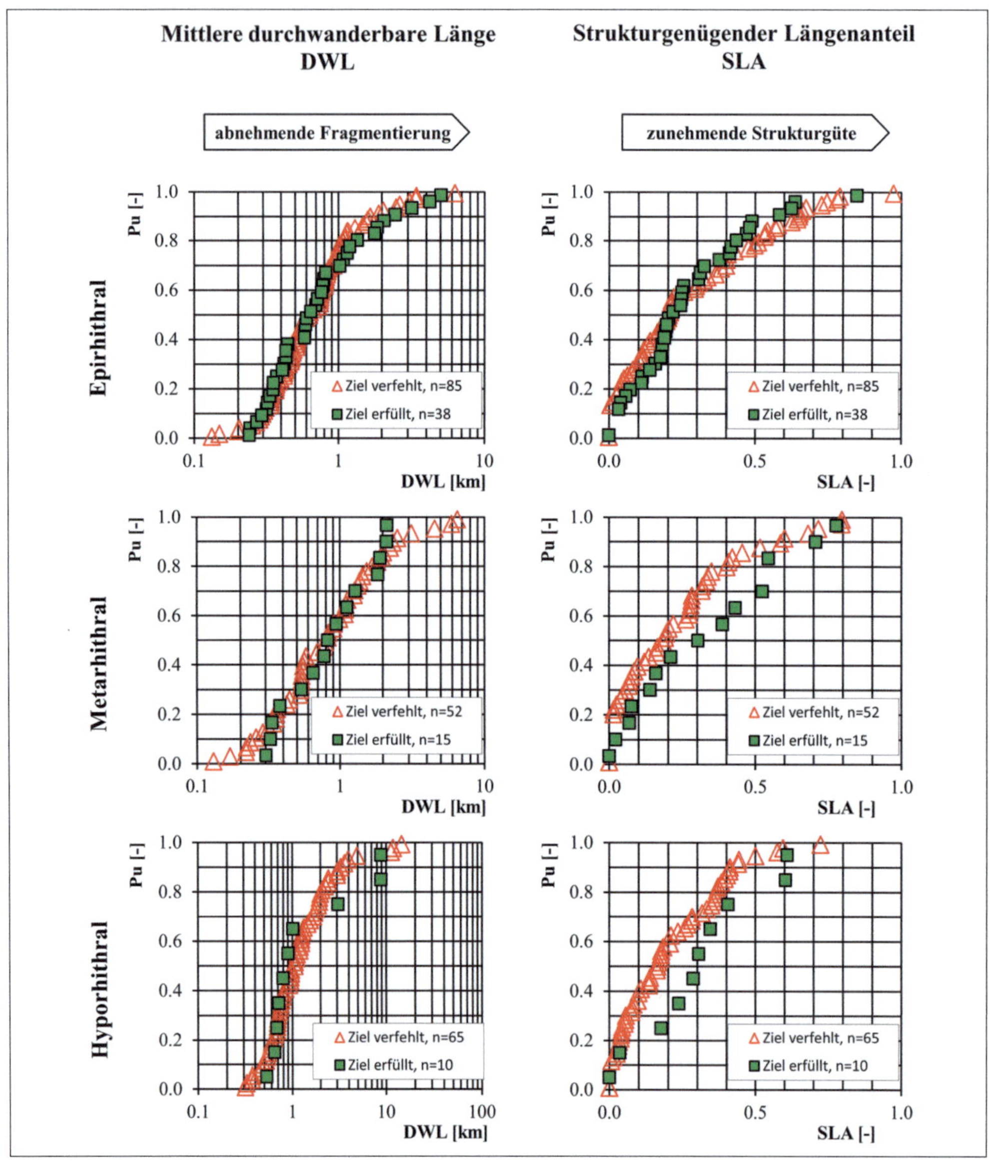

Bild 7: Verteilungsfunktionen der fischökologischen Zielerfüllung bzw. Zielverfehlung für DWL und SLA der rhithralen Oberflächenwasserkörper (Quelle: Träbing und Theobald)

lenregion, Äschenregion). Für die untersuchten OWK der dominant potamalen Regionen werden die fischökologischen Ziele in keinem Fall erfüllt, das Potamal wird daher nicht weiter betrachtet.

Für die betrachteten OWK werden die Unterschreitungswahrscheinlichkeiten der Parameter SLA und DWL bezüglich der drei rhithralen Fischregionen (Epi-, Meta-, Hyporhithral) auf die beiden Alternativen der fischökologischen Zielerfüllung bzw. fischökologischen Zielverfehlung aufgeteilt (**Bild 7**). Die gewässerstrukturellen Verhältnisse, die hier mittels der strukturgenügenden Längenanteile SLA der einzelnen Oberflächenwasserkörper abgebildet werden, trennen sich im Gegensatz zur mittleren durchwanderbaren Länge DWL für die fischökologische Zielerfüllung bzw. Zielverfehlung visuell im Meta- und Hyporhithral deutlich auf. Auffäl-

Tab. 1: Quartilenwerte der Unterschreitungswahrscheinlichkeiten zu mittlerer durchwanderbarer Länge und strukturgenügendem Längenanteil der untersuchten hessischen Wasserkörper (Quelle: Träbing und Theobald)

Parameter der untersuchten OWK Hessen Maßnahmenplan 2015 bis 2021 Entwurf	Unterschreitungswahrscheinlichkeit		Dominante Fischregion		
			Epirhithral (Obere Forellenregion)	Metarhithral (Untere Forellenregion)	Hyporhithral (Äschenregion)
mittlere durchwanderbare Länge DWL [km]	1. Quartil (25 %)	E	0,372	0,458	0,691
		V	0,392	0,434	0,695
		V/E-1 *)	5,2 %	-5,3 %	0,6 %
	Median (50 %)	E	0,602	0,822	0,851
		V	0,566	0,793	1,069
		V/E-1 *)	-6,0 %	-3,6 %	25,7 %
	3. Quartil (75 %)	E	1,157	1,569	2,563
		V	0,893	1,397	1,897
		V/E-1 *)	-22,8 %	-11,0 %	-26,0 %
strukturgenügender Längenanteil SLA [-]	1. Quartil (25 %)	E	0,113	0,108	0,192
		V	0,049	0,042	0,044
		V-E **)	-6,4 %	-6,6 %	-14,8 %
	Median (50 %)	E	0,202	0,303	0,296
		V	0,188	0,190	0,164
		V-E **)	-1,4 %	-11,3 %	-13,2 %
	3. Quartil (75 %)	E	0,377	0,524	0,390
		V	0,392	0,335	0,349
		V-E **)	1,5 %	-18,9 %	-4,1 %

Legende:

E: bei fischökologischer Zielerfüllung der Oberflächenwasserkörper

V: bei fischökologischer Zielverfehlung der Oberflächenwasserkörper

*) positive Werte: Zielerfüllende OWK stärker fragmentiert als zielverfehlende OWK

**) positive Werte: Zielerfüllende OWK strukturärmer als zielverfehlende OWK

lig sind für beide Parameter DWL und SLA und alle drei dominanten rhithralen Fischregionen die jeweils großen und sich deutlich überlappenden Streuungen, was auf die Ähnlichkeit der Bedingungen hinweist. Außerdem fehlen für die fischökologische Zielerfüllung zu beiden Parametern offensichtliche Schwellenwerte. Die Verteilungsfunktionen der mittleren durchwanderbaren Länge DWL weisen im Vergleich zwischen fischökologischer Zielerfüllung und Zielverfehlung zum Teil sehr ähnliche (Quartilen-) Werte auf (**Tabelle 1**).

4 Wertung und Schlussfolgerungen

Die hier vorgelegten Ergebnisse beruhen auf den vom Land Hessen publizierten Daten der Bestandserhebung. Sie bilden die Verhältnisse der Oberflächenwasserkörper ab und wurden durch eine Vielzahl unterschiedlicher Bearbeiter erhoben und bewertet. Dabei treten verschiedene Unsicherheiten auf. Dies kann beispielsweise die Definition der Oberflächenwasserkörper als „einheitlicher und bedeutender Abschnitt eines Oberflächengewässers" [8], die Zuordnung der dominanten Fischregion sowie die Erfassung und Bewertung der Fischfauna, der Gewässerstruktur oder der Wanderhinderniswirkung betreffen. Wesentliche Effekte durch grobe oder systematische Fehler einzelner Bearbeiter sind aber wegen der Vielzahl an Bearbeitern und der umfangreichen Verfahrensabstimmungen nicht zu erwarten. Insgesamt werden die Ergebnisse für das Rhithral (Forellen- und Äschenregion) als belastbar bewertet, während vergleichbar zuverlässige Aussagen zur Cyprinidenregion aufgrund der eingeschränkten Datenlage nicht möglich sind.

Aus den vorgestellten Ergebnissen lassen sich für die untersuchten, weder künstlichen noch erheblich veränderten rhithralen Oberflächenwasserkörper in Hessen folgende Interpretationen ableiten:

- Die dargestellten Verteilungen der strukturgenügenden Längenanteile SLA und der mittleren durchwanderbaren Länge DWL geben vergleichend eine gute Auskunft über die mittleren Verhältnisse und die Streuung der Daten. Die empirischen Verteilungsfunktionen bei rhithraler fischökologischer Zielerfüllung überlappen sich deutlich mit denen bei fischökologischer Zielverfehlung. Zielerfüllende und zielverfehlende OWK sind sich also diesbezüglich ähnlich.
- Für die fischökologische Zielerfüllung sind keine allgemeingültigen unteren Schwellenwerte der mittleren strukturgenügenden Längenanteile SLA erkennbar. Der mittlere strukturgenügende Längenanteil beschreibt keinen allgemeingültig limitierenden Einfluss für die fischökologische Zielerfüllung der rhithralen Oberflächenwasserkörper.
- Bei Vergleich der fischökologisch zielerfüllenden mit den zielverfehlenden rhithralen Oberflächenwasserkörpern ist der Bestand der Wanderhindernisse empirisch nicht bedeutsam. Auch die fischökologisch zielerfüllenden Äschenregionen zeigen eine ausgeprägte Toleranz gegenüber der bestehenden Gewässerfragmentierung, z. B. sind rund die Hälfte dieser OWK mit einem mittleren Abstand von 0,85 km oder deutlicher fragmentiert (Tabelle 1).
- Für keine der drei rhithralen Fischregionen ist die vollkommene longitudinale Durchgängigkeit eine notwendige Bedingung für die Zielerfüllung des mindestens guten fischökologischen Zustands.
- Im Rhithral ist die deutliche anthropogene longitudinale Fragmentierung bei mindestens gutem Zustand der Fischfauna aus fischökologischer Sicht ein Bestandteil des mindestens guten hydromorphologischen Zustands.

Insbesondere die letzten beiden Schlussfolgerungen waren unerwartet und in ihrer Deutlichkeit sehr überraschend. Es ist deshalb nicht auszuschließen, dass unter bestimmten Bedingungen trotz umfangreicher Investitionen in die weitgehende Herstellung der longitudinalen Durchgängigkeit die fischökologische Zielsetzung verfehlt wird. Für die effiziente Erreichung der fischökologischen WRRL-Zielsetzungen zu rhithralen Oberflächenwasserkörpern können allgemeine gewässerstrukturelle Verbesserungen der Herstellung der longitudinalen Durchgängigkeit an Wanderhindernissen überlegen und Deshalb vorzuziehen sein.

Die aktuellen Ergebnisse werfen folgende offensichtliche Fragen zu rhithralen natürlichen Oberflächenwasserkörper auf:

- Treten ähnliche Ergebnisse wie zu den hessischen Oberflächenwasserkörpern auch in anderen Bundesländern auf?
- Sind die Wirkungen der Gewässerstruktur bzw. der Querbauwerke auf die Biozönosen zutreffend bewertet?
- Sind die Biozönosen und damit die WRRL-Zielerreichung zutreffend bewertet?
- Ist die gewässerökologische Funktionsfähigkeit fragmentierter oder strukturarmer Gewässer zutreffend bewertet?

Durch die vorgestellte Untersuchung wird nicht die gewässerökologische Notwendigkeit der Migration bzw. Dispersion der aquatischen Organismen bewertet. Es bleibt weiteren Arbeiten vorbehalten, die hier dargestellten empirischen Fakten mit dem limnologischen Grundlagenverständnis zu einem konsistenten Gesamtbild zu verknüpfen. Dies betrifft auch die räumlich-zeitliche Variabilität der natürlicherweise auftretenden Fragmentierung rhithraler Fließgewässer und die Wiederbesiedlung verarmter Abschnitte.

Autoren

Dr.-Ing. Klaus Träbing
Prof. Dr.-Ing. Stephan Theobald
Universität Kassel, Fachgebiet Wasserbau und Wasserwirtschaft
Kurt-Wolters-Straße 3
34125 Kassel
k.traebing@uni-kassel.de
s.theobald@uni-kassel.de

Literatur

[1] Dumont, U.; Anderer, P.; Schwevers, U.: Handbuch Querbauwerke. Ministerium für Umwelt und Naturschutz, Landwirtschaft und Verbraucherschutz des Landes Nordrhein-Westfalen, Düsseldorf, 2005.

[2] Deutscher Verband für Wasserwirtschaft und Kulturbau e. V. (Hrsg.): Fischaufstiegsanlagen – Bemessung, Gestaltung, Funktionskontrolle. In: DWA-Merkblätter (1996), Nr. 232.

[3] Deutsche Vereinigung für Wasserwirtschaft, Abwasser und Abfall e. V. (Hrsg.): Fischaufstiegsanlagen und fischpassierbare Bauwerke – Gestaltung, Bemessung, Qualitätssicherung. In: DWA-Merkblätter (2014), M 509.

[4] Hessisches Landesamt für Umwelt und Geologie (Hrsg.): Bewirtschaftungsplan Hessen 2015–2021. Entwurf. Wiesbaden, 2014.

[5] Hessisches Landesamt für Umwelt und Geologie (Hrsg.): Maßnahmenprogramm Hessen 2015–2021. Entwurf. Wiesbaden, 2014.

[6] Hütte, M.: Ökologie und Wasserbau. Berlin: Parey-Buchverlag, 2000.

[7] Patt, H.; Jürging, P.; Kraus, W.: Naturnaher Wasserbau. 4. A. Berlin: Springer-Verlag, 2011.

[8] Richtlinie 2000/60/EG des Europäischen Parlaments und des Rates vom 23.10.2000 zur Schaffung eines Ordnungsrahmens für Maßnahmen der Gemeinschaft im Bereich der Wasserpolitik (Wasserrahmenrichtlinie; WRRL). In: ABl. der EG, 2000, L 327, S. 1-72.

[9] Schönborn, W.; Risse-Buhl, U.: Lehrbuch der Limnologie. 2. A. Stuttgart: Schweizerbarth Verlag, 2013.

Klaus Träbing and Stephan Theobald

Achievement of Rhithral Fish Faunistc Objectives, Morphology and Continuity

According to the European Water Framework Directive the ecological status of the fish fauna of 297 hessian surface water bodies is shown in dependence on river continuity and morphological conditions. Unexpectedly for fish ecological objectives in rhithral streams the distances of migratory obstacles partly are smaller for target achievement than they are for target breach. This gives reason for straight conclusions on water course development and efficient stream management.

Клаус Требинг и Штефан Теобальд

Достижение поставленной цели касательно экологии рыб в ритральных водоемах, структура водоемов и их проходимость

Представлено достижение поставленной цели согласно Рамочной Директиве по воде касательно экологии рыб в 297 поверхностных водоемах земли Гессен в зависимости от структуры водоемов и имеющихся антропогенных препятствий при миграции рыбы. Неожиданным оказался факт, что расстояния между препятствиями на миграционном пути в ритральной зоне при достижении поставленной цели были частично меньшими чем при недостижении цели. На основании этого можно непосредственно сделать выводы о расстановке приоритетов при осуществлении мероприятий по эффективному развитию водоемов.

Steffen Schweizer, Stephanie Schmidlin, Martin Bieri, Peter Büsser, Matthias Meyer, Judith Money, Sandro Schläppi, Matthias Schneider, Diego Tonolla, Jeff Tuhtan und Kurt Wächter

Die erste Schwall-Sanierung der Schweiz: Die Hasliaare als Fallbeispiel

Im Rahmen eines Ausbauprojekts wird die heute maximal mögliche Wasserrückgabe in die Hasliaare von 70 m^3/s auf künftig 95 m^3/s erhöht. Damit werden die Effekte der künstlichen Pegelschwankungen verschärft. Im Vorfeld wurde daher die gewässerökologische Situation eingehend untersucht und eine ökologische Beurteilung des heutigen Zustands und für künftige Zustände (Ausbau mit verschiedenen Schwalldämpfungsmaßnahmen) durchgeführt. Seit 2013 wird zwischen Kraftwerk und Wasserrückgabe ein Zwischenspeicher (Beruhigungsbecken und Stollen) mit 80 000 m^3 Volumen realisiert.

1 Einleitung

Die Vielzahl der Speicherseen in den Alpen ermöglicht es, das vor allem im Sommer zufließende Wasser größtenteils zurückzuhalten und je nach Bedarf zu einem späteren Zeitpunkt zur Stromproduktion zu verwenden. Dies führt im Vorfluter einerseits zu einer saisonalen Verschiebung des Abflusses vom Sommer in den Winter. Anderseits treten auch regelmäßig kurzfristige Pegelschwankungen im Vorfluter auf (Schwall/Sunk). Für die aquatischen Organismen kann dieses künstliche Abflussregime weitreichende Folgen haben [1].

Die 2011 in Kraft getretene Revision des Schweizerischen Gewässerschutzgesetzes (GSchG) sieht vor, dass die wesentlichen Beeinträchtigungen durch Schwall/Sunk bis zum Jahr 2030 behoben werden müssen. Dafür sind in erster Linie bauliche Maßnahmen (z. B. Beruhigungsbecken zur Reduktion der Geschwindigkeit von Abflusszu- oder -abnahme oder Direktableitung des turbinierten Wassers in ein größeres Gewässer) geplant. Auf Kraftwerksantrag können aber auch betriebliche Maßnahmen (freiwillige Einhaltung von Grenzwerten bei der Wasserrückgabe) oder eine Kombination aus beiden Sanierungsformen umgesetzt werden. Die Kosten für die Sanierungsmaßnahmen werden vom Stromkonsumenten durch eine Abgabe von 0,1 Rappen pro kWh getragen. Die Umsetzung der Schwall-Sunk-Sanierung ist in insgesamt vier Phasen gegliedert:

- Defizitanalyse des Ist-Zustands bis Ende 2014 (Phase 1),
- Variantenstudium von möglichen Sanierungsmaßnahmen (Phase 2),
- Umsetzung der ausgewählten Sanierungsmaßnahme (Phase 3) und
- Erfolgskontrolle nach der Umsetzung (Phase 4).

Die Kraftwerke Oberhasli AG (KWO) nützt das Wasser aus dem Grimsel- und Sustengebiet für eine jährliche Stromproduktion von rund 2 400 GWh/a. Die Wasserentnahme erfolgt an insgesamt 27 Wasserfassungen, wobei ausschließlich im Aaretal (Grimsel) größere Stauseen eine saisonale Speicherung des zufließenden Wassers erlauben. Im Rahmen des Investitionsprogramms KWO plus erweitert die KWO u. a. das Kraftwerk Innertkirchen 1. Zur Erhöhung der Stromproduktion und der Leistung wird eine zusätzliche Turbine mit einem Maximaldurchfluss von 25 m^3/s eingebaut. Ohne Gegenmaßnahmen würde diese Kraftwerkserweiterung zu einer Verschärfung der künstlichen Pegelschwankungen führen. Daher wurden bereits im Vorfeld, und somit mehrere Jahre vor der Revision des GSchG, zahlreiche gewässerökologische Untersuchungen durchgeführt [2], [3] sowie die Wirkung möglicher Dämpfungsmaßnahmen analysiert [4], [5].

2 Schwall-Strecke und Abflussregime

Die Schwall-Strecke lässt sich in vier morphologisch unterschiedliche Abschnitte gliedern (**Bild 1**):

- Buhnenstrecke in Innertkirchen (Länge 0,7 km, Breite 27 m),
- Aareschlucht (Länge 1,9 km, Breite z. T. <10 m),
- Kiesbankstrecke in Meiringen (Länge 1,4 km, Breite 34 m) und
- Kanalstrecke zwischen Meiringen und Brienzersee (Länge 11,5 km, Breite 20 m).

Aufgrund der sehr hohen Beschattung, der ausgeprägten seitlichen Einengung sowie der stark erschwerten Zugänglichkeit in der Aareschlucht konzentrierten sich die Bewertungen auf die übrigen drei Streckenabschnitte. In diesen ist die Schwall-Strecke morphologisch stark beeinträchtigt.

In Innertkirchen beträgt der mittlere jährliche Abfluss 35 m³/s, der natürliche Niedrigwasserabfluss Q_{347} 2,4 m³/s (basierend auf den Abflussdaten von 1913 bis 1921) und das 2-jährliche Hochwasser 190 m³/s. Sohlenbewegungen treten bei Abflüssen >150 m³/s auf [6]. Das Einzugsgebiet der KWO ist zu rund 20 % vergletschert. Ohne Kraftwerkseinfluss würde ein glazio-nivales Abflussregime für die Hasliaare resultieren.

Die maximalen Wassermengen, die in die Hasliaare zurückgegeben werden können, betragen im Kraftwerk Innertkirchen 1 heute 40 m³/s und künftig 65 m³/s sowie im Kraftwerk Innertkirchen 2 (heute und künftig) 30 m³/s.

Da im Winter die größten Veränderungen des Abflussregimes auftreten, konzentrierten sich die Untersuchungen auf diese Saison. Für die statistischen Analysen wurden die Winterabflüsse seit 2008 verwendet. Die maximale Wasserrückgabe der beiden Kraftwerke in Innertkirchen lag in dieser Zeitspanne bei 53 m³/s. Bei diesen Abflüssen ist die Sohle in der Schwall-Strecke stabil. Eine kantonale Vereinbarung legt den Mindestabfluss in der Hasliaare auf 3 m³/s fest (rund 0,6 m³/s höher als der natürliche Niedrigwasserabfluss). Das 95-%-Perzentil liegt für die Schwall-Rate bei 1,36 m³/(s · min) und dürfte eine erhöhte Verdriftung von Wasserinsekten zur Folge haben. Aus ökologischer Sicht ist die Sunk-Rate vor allem für das Stranden von Fischen entscheidend. Das

Bild 1: Die Hasliaare: Buhnenstrecke in Innertkirchen (oben), Kiesbankstrecke in Meiringen (Mitte), Kanalstrecke unterhalb von Meiringen (unten) (Quelle: S. Schweizer)

Stranden von Fischen kann in der Hasliaare unterhalb der Wasserrückgabe theoretisch nur bei Abflüssen <8,1 m^3/s auftreten [7]. Für diese tiefen Abflussbereiche liegt das 95-%-Perzentil der Sunk-Raten bei -0,70 $m^3/(s \cdot min)$.

3 Methodisches Vorgehen

In der vom Bundesamt für Umwelt (BAFU) herausgegebenen Vollzugshilfe „Sanierung Schwall/ Sunk – Strategische Planung“ [8] werden insgesamt zwölf Indikatoren beschrieben, mit denen bestimmt wird, ob eine wesentliche Beeinträchtigung durch Schwall/Sunk vorliegt (Phase 1, s. Abschnitt 1).

Für das hier beschriebene Fallbeispiel wurden folgende Szenarien untersucht:

- Ist-Zustand (Szenario I),
- Zustand mit Kraftwerksausbau ohne Schwall dämpfenden Maßnahmen (Szenario II),
- Zustand mit Kraftwerksausbau und verschiedenen Schwall dämpfenden Maßnahmen (Szenarien IIIa bis IIId).

Die ökologische Beurteilung der verschiedenen Szenarien erfolgte in einer Expertengruppe. Wegen des Fehlens einer Methodik zur Bewertung von Sanierungsvarianten, wurden die zukünftigen Szenarien größtenteils entsprechend der BAFU-Vollzugshilfe bewertet. Im Rahmen einer Begleitgruppe (bestehend aus Vertretern des BAFU, des Amtes für Wasser und Abfall des Kantons Bern sowie der KWO) wurden die einzelnen Arbeitsschritte (**Bild 2**) besprochen und festgelegt.

Das umfassende ökologische Untersuchungsprogramm ermöglichte eine vollständige Defizitanalyse des Ist-Zustands (Szenario I) gemäß BAFU-Vollzugshilfe. Die ökologischen Untersuchungen zeigten, dass sich insbesonders die bestehende Morphologie limitierend auf die Fischfauna auswirkt. Bezüglich Abflussregime wurden vor allem die relativ hohen Schwall-Raten als kritisch identifiziert, da sie eine erhöhte Drift von Wirbellosen auslösen. Außerdem kann der unnatürlich schnelle Abflussrückgang bei tiefen Abflüssen zum Stranden von Fischen führen. Dagegen wurde die Erhöhung der maximalen Abflüsse als weniger kritisch beurteilt. Der heutige minimale Abfluss liegt über dem natürlichen Niedrigwasser (Abschnitt 2).

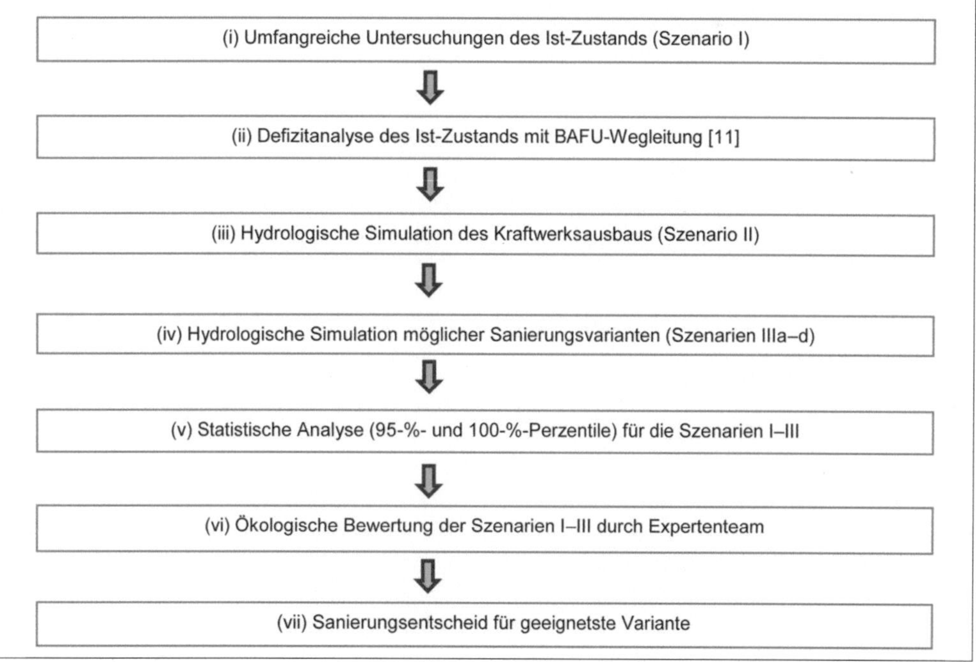

Bild 2: Arbeitsschritte der Schwall/Sunk-Sanierung der Hasliaare (Quelle: nach [10])

Für Vergleiche mit fiktiven Zuständen (Szenarien II und III) wurden die 95-%- und 100-%-Perzentile von minimalem und maximalen Abfluss sowie von Schwall- und Sunk-Raten für alle Szenarien ermittelt.

Basierend auf den Produktionsdaten der letzten Jahre wurde das künftige Betriebsregime der Zentralen in Innertkirchen mit einer groben Marktanalyse abgeschätzt (Szenario II). In Absprache mit der Begleitgruppe erfolgte eine abgestufte Erhöhung der in den letzten Jahren beobachteten Betriebswassermengen. Dabei wurden allerdings nur die Abflüsse erhöht, bei denen in der Vergangenheit mindestens 50 % der Ausbauleistung für die Stromproduktion ausgeschöpft wurden [5]. Die maximale Erhöhung um 25 m^3/s (entsprechend der künftig zusätzlichen Turbine) erfolgte bei 54 m^3/s (etwa 75 % der heutigen Ausbauwassermenge).

Im nächsten Schritt wurden mögliche bauliche Sanierungstypen diskutiert. Aufgrund sehr hoher Kosten wurde eine Direktableitung des turbinierten Wassers in den 16 km entfernten Brienzersee nicht weiterverfolgt. Daher konzentrierten sich die Sanierungsvarianten auf ein Bereitstellen eines Speichervolumens zwischen Turbinenausfluss und Vorfluter. Unter Berücksichtigung der bestehenden Landverhältnisse in Innertkirchen und den zu erwartenden Kosten wurden folgende Speichervolumina als technisch und wirtschaftlich umsetzbar erachtet:

- $V_{Speicher} = 50\,000\ m^3$ (Szenario IIIa)
- $V_{Speicher} = 60\,000\ m^3$ (Szenario IIIb)
- $V_{Speicher} = 80\,000\ m^3$ (Szenario IIIc)
- $V_{Speicher} = 100\,000\ m^3$ (Szenario IIId)

Die für das Szenario II erstellte Abflussganglinie bildete die Eingangsgröße für die Simulationen für die Sanierungsvarianten IIIa bis IIId. Bereits zu Beginn der Simulationen zeigte sich, dass die hier betrachteten Volumina nicht ausreichend sind, um größere und länger andauernde Abflussspitzen zu dämpfen. Dagegen lassen sich die Schwall- und Sunk-Raten deutlich reduzieren. In einem ersten Schritt wurde die ökologische Wirkung für eine Dämpfung der Sunk-Raten ermittelt. In der Hasliaare kann ein unnatürlich schneller Rückgang im Abfluss hauptsächlich das Risiko für das Stranden von Fischen erhöhen. Aufgrund der bestehenden Morphologie können Fische nach den Vorgaben des Indikators „Stranden von Fischen" allerdings nur in tiefen Abflussbereichen unterhalb von 8,1 m^3/s trockenfallen, bzw. vom Hauptgewässer abgeschnitten werden [3], [7]. Für ein risikofreies Herunterfahren des Abflusses von 8,1 auf 3 m^3/s (Abschnitt 2) darf die Sunk-Rate entsprechend den Vorgaben der BAFU-Vollzugshilfe den kritischen Wert von -0,14 m3/(s · min) nicht unterschreiten. Diese Bedingung kann mit einem Wasservolumen von 12 500 m^3 eingehalten werden [5]. Daran anschließend wurde versucht, die Schwall-Raten zu dämpfen. Dafür wurde bei jedem Szenario das Speichervolumen um jeweils 12 500 m^3 reduziert. Das restliche Speichervolumen konnte bei den weiteren Simulationsrechnungen nun ausschließlich zur Dämpfung der Schwall-Raten verwendet werden [9]. Dies entspricht einer zulässigen Vereinfachung mit einem konservativen Ansatz.

4 Ergebnisse

Ausgehend von den hydrologischen Kennwerten (Schwall- und Sunk-Rate, minimaler und maximaler Abfluss) erfolgte eine ökologische Beurteilung der verschiedenen Szenarien.

4.1 Abflussganglinien für verschiedene Szenarien

In **Tabelle 1** sind die 95-%-Perzentile der Schwallkennwerte für jedes Szenario dargestellt. Mit dem Kraftwerksausbau geht eine leichte Erhöhung von Schwall-Rate und maximalem Abfluss einher. Mit den betrachteten Sanierungsvarianten lässt sich der maximale Abfluss nicht signifikant reduzieren. Allerdings können die Sunk-Raten soweit reduziert werden, dass die Vorgaben des Indikators „Stranden von Fischen" für alle Sanierungsszenarien IIIa bis IIId eingehalten werden. Je grösser das Speichervolumen umso effizienter lassen sich damit die Schwall-Raten reduzieren [9].

4.2 Ökologische Bewertung der verschiedenen Szenarien

Bei dieser Fallstudie mussten die 12 Indikatoren der BAFU-Vollzugshilfe auch für zukünftige Zustände (Szenarien II und III) bestimmt werden. Vier Indikatoren ließen sich dafür genau berech-

Tab. 1: Schwallkennwerte unterhalb der Wasserrückgabe in Innertkirchen für den Ist-Zustand (I), den Zustand nach Kraftwerkausbau (Szenario II) und die Sanierungszenarien IIIa bis IIId, dargestellt sind jeweils die 95-%-Perzentile der Winterabflüsse (Quelle: [10])

Szenario	Speichervolumen gesamt [m^3]	Volumen für Sunkdämpfung [m^3]	Volumen für Schwalldämpfung [m^3]	Schwall-Rate [$m^3/(s \cdot min)$]	Sunk-Rate (*) [$m^3/(s \cdot min)$]	Min. Abfluss [m^3/s]	Max. Abfluss [m^3/s]
I	–	–	–	1,36	-0,70	3,1	42,2
II	–	–	–	1,43	-0,70	3,1	46,6
IIIa	50 000	12 500	37 500	0,90	-0,14	3,1	46,5
IIIb	60 000	12 500	47 500	0,80	-0,14	3,1	46,5
IIIc	80 000	12 500	67 500	0,70	-0,14	3,1	46,4
IIId	100 000	12 500	87 500	0,52	-0,14	3,1	46,2

(*) Bei der statistischen Analyse der Sunk-Rate wurden nur die tiefen Abflussbereiche (<8,1 m^3/s) in der Schwall-Strecke berücksichtigt, da bei höheren Abflüssen kein Risiko von Fisch-Strandung besteht.

Tab. 2: Bewertung verschiedener Zustände anhand der BAFU-Vollzugshilfe unter Berücksichtigung der Prognostizierbarkeit künftiger Zustände im Fallbeispiel Hasliaare (Quelle: [10])

Indikator	Prognostizierbarkeit	Szenario I	Szenario II	Szenario IIIa / IIIb	Szenario IIIc / IIId
H1 Innere Kolmation	semi-quantitativ				
A1 Mindestabfluss	quantitativ				
Q1 Wassertemperatur	quantitativ				
B1 Biomasse MZB	qualitativ				
B2 MSK-Modul MZB	qualitativ				
B3 Längenzonation MZB	qualitativ				
B4 EPT-Familien MZB	qualitativ				
F1 MSK-Modul Fische	semi-quantitativ				
F2 Stranden von Fischen	quantitativ				
F3 Laichareale der Fische	quantitativ				
F4 Reproduktion der Fischfauna	qualitativ				
F5 Fischereiliche Produktivität	semi-quantitativ				

Legende: schwarz = schlecht, dunkelgrau = unbefriedigend, hellgrau = mässig, hellblau = gut, dunkelblau = sehr gut
MZB: Makrozoobenthos, MSK: Modulstufenkonzept, EPT: Insekten-Ordnungen der Eintagsfliegen *(Ephemeroptera)*, Steinfliegen *(Plecoptera)* und Köcherfliegen *(Trichoptera)*

nen und drei auf Basis von Erhebungen des Ist-Zustandes semi-quantitativ abschätzen (**Tabelle 2**). Bei insgesamt fünf Indikatoren war nur eine qualitative Beurteilung möglich. Diese basierte auf detaillierten Erhebungen des Ist-Zustands, Literaturstudien, Analogieschlüssen, Feldversuchen und Expertenwissen [3], [10].

Bei der konkreten Anwendung der Indikatoren muss auch der Einfluss der Morphologie berücksichtigt werden. Verschiedene ökologische Untersuchungen zeigten, dass bei den biologischen Indikatoren (B1 bis B4 und F1 bis F5) die bestehende Flussform ein limitierender Faktor darstellt. Die ökologische Bewertung wurde für die Abschnitte Buhnen-, Kiesbank- und Kanalstrecke durchgeführt. Anschließend erfolgte eine Aggregation über alle drei Morphologietypen.

Bei den abiotischen Indikatoren (H1, A1 und Q1) wurde für alle Szenarien ein guter Zustand (grün) ermittelt. Während bei den Indikatoren A1 (Mindestabfluss) und Q1 (Wassertemperatur) die Bewertungen anhand der BAFU-Vollzugshilfe durchgeführt wurden, erfolgte die Beurteilung von H1 (Innere Kolmation) auf Basis von Felduntersuchungen, Grundwasserbeobachtungen und Versuchen mit Laichboxen [3], [10].

Für den heutigen Zustand erfüllen drei Indikatoren zur Beurteilung des Makrozoobenthos (MZB) die Anforderungen der BAFU-Vollzugshilfe. Einzig bei der Beurteilung der Biomasse wird ein mäßiger Zustand angezeigt. Bei der Beurteilung der Szenarien II und III konnte insbesondere auf die Erkenntnisse der Driftversuche von 2008 [2] zurückgegriffen werden. Außerdem wurde in einer umfangreichen Literaturstudie die Sensitivität der vorkommenden Arten hinsichtlich Strömung abgeklärt. Aufgrund der höheren Schwall-Raten bei Szenario II wurden die Indikatoren des Modlustufenkonzepts B2 (MSK-Modul), B3 und B4 für dieses Szenario um eine Klasse herabgesetzt. Da sich bei den Szenarien IIIa bis IIId die Schwall-Raten generell deutlich reduzieren lassen, erwarten die Experten für diesen Zustand wesentlich geringere Driftraten. Daher wurde der Indikator B1 (Biomasse MZB) für die Szenarien IIIa/IIIb mit gut und für die Szenarien IIIc/IIId mit sehr gut bewertet. Die restlichen Indikatoren wurden entsprechend dem Ist-Zustand beurteilt [3].

Bei den Indikatoren zur Fischfauna wurden erhebliche Defizite identifiziert. Im heutigen Zustand (und für die Szenarien II und III) wurde nur der Indikator F3 (Laichareale der Fische) mit gut bewertet. Die Indikatoren F1 (MSK-Modul Fische) und F2 (Stranden von Fischen) wurden für die Szenarien I und II mit mäßig bewertet. Während der Indikator F1 sich mit den Sanierungsmaßnahmen nicht verbessern lässt, kann das Risiko für das Stranden von Fischen mit den Sanierungsvarianten deutlich reduziert werden [3]. Bei künftigen morphologischen Aufwertungen (Abschnitt 7) können sich die Anforderungen für die Pegelrückgangsrate auf einen größeren Abflussbereich erstrecken. Bei einem ausreichenden Speichervolumen (Szenario IIIc und IIId) kann davon ausgegangen werden, dass auch diese neuen Rahmenbedingungen für den Indikator F2 eingehalten werden können. Daher wurden die Szenarien IIIc/IIId mit sehr gut bewertet. Die beiden Indikatoren F4 (Reproduktion der Fischfauna) und F5 (Fischereiliche Produktivität) wurden für den heutigen Zustand mit schlecht, respektive unbefriedigend bewertet. Während es beim Indikator F4 keine Veränderungen in der Bewertung bei den Szenarien II und III gab, führt die erwartete Erhöhung der Verfügbarkeit an Nährtieren (siehe Indikator B1) bei den Szenarien IIIa bis IIId zu einer Klassenverbesserung beim Indikator F5.

In jedem Fall limitiert die bestehende Morphologie eine weitere Verbesserung für die Indikatoren F1, F4 und F5, insbesondere aufgrund des Fehlens von geeigneten Jungfischhabitaten. Um auch bei diesen Indikatoren eine gute Bewertung zu erreichen, sind morphologische Aufwertungen zwingend (Abschnitt 7).

4.3 Gesamtbeurteilung der Szenarien

Zum Abschluss der ökologischen Abklärungen wurde ein Workshop mit dem Expertenteam und der Begleitgruppe (Abschnitt 3) durchgeführt. Dabei wurde die endgültige Bewertung je Indikator und Szenario gemeinsam festgelegt. Die Teilnehmer waren sich einig, dass eine Aggregation der 12 Indikatoren zu einer Gesamtbewertung nicht zielführend ist. Daher wurde versucht, die einzelnen Szenarien wie folgt qualitativ zu beschreiben:

Tab. 3: Unsicherheiten von den ökologischen Untersuchungen bis zum Sanierungsentscheid (Quelle: [10])

Arbeitsschritt	Unsicherheiten
(i) Untersuchung Ist-Zustand	Probenahmezeit, -ort, – methode
(ii) Defizitanalyse mit BAFU-Vollzugshilfe	Wertefunktionen, Sensitivität hinsichtlich Schwall/Sunk resp. Morphologie, Gesamtwert je Indikator durch Aggregation der ökologischen Bewertungen je Morphologieform
(iii) Hydrologische Simulationen Szenario II	Abschätzung des künftigen Betriebsregimes, Fokus auf Winterabflüsse der letzten Jahre
(iv) Hydrologische Simulationen Szenarien IIIa bis IIId	Vereinfachungen bei den Simulationen, keine Berücksichtigung von saisonalen Anpassungen bei der Beckensteuerung
(v) Statistische Analyse der Szenarien I bis III	Vereinfachung durch Fokus auf 95-%-/100-%-Perzentile
(vi) Ökologische Bewertung der Szenarien I bis III	Qualitative Gesamtbewertung je Szenario, Abschätzung der ökologischen Wirkung für künftige Zustände (Szenarien II und III)
(vii) Sanierungsentscheid	Unsicherheiten hinsichtlich ökologischer Wirkung, zu erwartenden Kostenabschätzungen und künftigen morphologischen Veränderungen in der Hasliaare

- Im Ist-Zustand (Szenario I) liegt eine wesentliche Beeinträchtigung durch Schwall/Sunk vor.
- Der Kraftwerksausbau führt ohne Dämpfungsmaßnahmen (Szenario II) zu einer leichten Verschlechterung der ökologischen Situation.
- Mit einem Speichervolumen von 50 000 bis 60 000 m³ (Szenarien IIIa und IIIb) kann trotz Kraftwerksausbau eine leichte Verbesserung gegenüber heute erreicht werden.
- Mit einem Speichervolumen von 80 000 bis 100 000 m³, wird eine leichte bis mäßige Verbesserung zum Ist-Zustand prognostiziert.

5 Festlegen der geeigneten Sanierungsvariante

Nach dem Workshop erfolgte der Sanierungsentscheid durch die Begleitgruppe. Ausschlaggebend waren dafür die Kosten für die unterschiedlichen Sanierungsvarianten, die Abschätzung der ökologischen Wirkung je Szenario und die in den nächsten 10 Jahren zu erwartenden morphologischen Aufwertungen in der Hasliaare (Abschnitt 7).

Unter diesen Gesichtspunkten schnitt die Sanierungsvariante mit einem Volumen von 80 000 m³ (Szenario IIIc) am besten ab. Von dieser Variante wird eine größere ökologische Wirkung erwartet als von den Varianten IIIa und IIIb (mit kleineren Speichervolumina). Außerdem verursacht die Variante IIIc nur geringere Zusatzkosten gegenüber den Varianten IIIa und IIIb. Die Variante mit dem größten Speichervolumen (IIId) verursacht deutlich höhere Kosten als Variante IIIc, ohne einen ökologischen Mehrwert zu erreichen.

6 Diskussion

Die intensive Zusammenarbeit von Experten und Amtsvertretern ermöglichte, dass trotz bestehender Wissenslücken über die genauen Zusammenhänge von Abflussregime, Morphologie sowie aquatischer Organismen künftige Zustände möglichst objektiv bewertet werden konnten. Eine Betrachtung der Unsicherheiten erfolgte, indem bei den konkreten Bewertungen die ökologischen Wirkungen je Szenario zuerst pessimistisch und optimistisch abgeschätzt wurden. Daran anschließend erfolgte ein „Herantasten“ an die finale Bewertung je Indikator und Szenario. In **Tabelle 3** sind die wichtigsten Unsicherheiten je Arbeitsschritt (Bild 2) aufgeführt. Sowohl das Expertenteam als auch die Begleitgruppe sind sich einig, dass eine deutliche ökologische Verbesserung in der Hasliaare künftig nur erreicht wird, wenn neben einer hydrologischen Sanierung auch eine signifikante Aufwertung der Flussmorphologie erfolgt.

7 Ausblick

In der Hasliaare sind im Rahmen von Hochwasserschutzprojekten verschiedene morphologische Aufwertungen geplant, um insbesondere die fischökogische Situation zu verbessern.

Aktuell wird die in dieser Fallstudie angewendete Bewertungsmethode für die konkrete Erarbeitung von Sanierungsmaßnahmen (Phase 2) vom BAFU überarbeitet, um auch künftige Zustände mindestens semiquantitativ bewerten zu können.

Im April 2013 wurde mit den Bauarbeiten für das Beruhigungsbecken und den Speicherstollen begonnen (**Bild 3**). Die Inbetriebnahme von Beruhigungsbecken und Speicherstollen ist für 2016 vorgesehen. Daran anschließend wird eine 10-jährige Erfolgskontrolle durchgeführt werden. Damit kann zum einen die Beckensteuerung ökologisch optimiert werden, zum anderen ist damit ein maximaler Wissensgewinn zum komplexen Thema Schwall/Sunk gewährleistet. Bereits jetzt konnten mit den zahlreichen Untersuchungen und Abklärungen eine große Erfahrung und ein breites Wissen in dieser Thematik aufgebaut werden. Diese Erkenntnisse können auf Anfrage für andere Sanierungsfälle zur Verfügung gestellt werden.

Bild 3: Illustration der Baustelle des Beruhigungsbeckens (Stand Frühling 2014) (Quelle: KWO)

Autoren

Dr. Steffen Schweizer
Matthias Meyer
Sandro Schläppi
Kraftwerke Oberhasli AG
Grimselstrasse
3862 Innertkirchen, Schweiz
sste@kwo.ch
mem@kwo.ch
scsa@kwo.ch

Dr. Stephanie Schmidlin
Kurt Wächter
Limnex AG
Neumarktplatz 18
5200 Brugg, Schweiz
stephanie.schmidlin@limnex.ch
kurt.waechter@limnex.ch

Dr. Martin Bieri
Pöyry Switzerland Ltd.
Hardturmstrasse 161, P.O. Box
8037 Zürich, Schweiz
martin.bieri@poyry.com

Dr. phil. nat Peter Büsser
Fischereibiologe
Thunstrasse 99
3006 Bern, Schweiz
pbuesser@gmail.com

Judith Monney
Abteilungsleiterin Wassernutzung
Bau-, Verkehrs- und Energiedirektion des Kantons Bern,
Amt für Wasser und Abfall, Wassernutzung
Reiterstrasse 11
3011 Bern, Schweiz
judith.monney@bve.be.ch

Dr.-Ing. Matthias Schneider
Dr.-Ing. Jeffrey A. Tuhtan
sje – Ecohydraulic Engineering GmbH
Viereichenweg 12
70569 Stuttgart
mailbox@sjeweb.de
tuhtan@sjeweb.de

Dr. Diego Tognolla
Zürcher Hochschule für angewandte Wissenschaften (ZHAW)
Departement Life Sciences und Facility Management
8820 Wädenswil, Schweiz
Diego.tonolla@zhaw.ch

Literatur

[1] Bruder, A.; Schweizer, S.; Vollenweider, S.; Tonolla, D.; Meile, T.: Schwall und Sunk: Auswirkungen auf die Gewässerökologie und mögliche Sanierungsmaßnahmen. In: Wasser Energie Luft (2012), Nr. 4, S. 257-264.

[2] Limnex (Hrsg.): Schwall-Sunk in der Hasliaare. Gewässerökologische Untersuchungen von Hasliaare und Lütschine und Beurteilung der Schwall-Auswirkungen in je zwei Strecken und Szenarien. Bericht im Auftrag der KWO, 2009.

[3] Limnex (Hrsg.): Schwall-Sunk Bewertung der KWO-Zentralen in Innertkirchen. Bericht im Auftrag der KWO, 2012.

[4] Schweizer, S.; Neuner, J.; Ursin, M.; Tscholl, H.; Meyer, M.: Ein intelligent gesteuertes Beruhigungsbecken zur Reduktion von künstlichen Pegelschwankungen in der Hasliaare. In: Wasser Energie Luft (2008), Nr. 3, S. 209-215.

[5] Schweizer, S.; Bieri, M.; Tonolla, D.; Monney, J.; Rouge, M.; Stalder, P.: Schwall/Sunk-Sanierung in der Hasliaare – Phase 2a: Konstruktion repräsentativer Abflussganglinien für künftige Zustände. In: Wasser Energie Luft (2013, Nr. 4, S. 267-274.

[6] Schweizer, S.; Schmidlin, S.; Tonolla, D.; Büsser, P.; Meyer, M.; Monney, J.; Schläppi S.; Wächter K.: Schwall/Sunk-Sanierung in der Hasliaare – Phase 1a: Gewässerökologische Bestandsaufnahme. In: Wasser Energie Luft (2013), Nr. 3, S. 191-199.

[7] Schneider & Jorde Ecological Engineering (Hrsg.): Casimir-Modellierungen zur Ermittlung der Indikatoren F2 und F3 in der Hasliaare für den Ist-Zustand und weitere Szenarien. Bericht im Auftrag der KWO, 2012.

[8] Baumann, P.; Kirchhofer, A.; Schälchli, U.: Sanierung Schwall/Sunk – Strategische Planung. Ein Modul der Vollzugshilfe Renaturierung der Gewässer. In: Bundesamt für Umwelt (Hrsg.): Umwelt-Vollzug (2012), Nr. 1 203.

[9] EPFL-LCH (Hrsg.): Betrieb des Dämpfungsbeckens Innertkirchen. LCH-Rapport Nr. 13/2012.

[10] Schweizer, S.; Schmidlin, S.; Tonolla, D.; Büsser, P.; Maire, A.; Meyer, M.; Monney, J.; Schläppi, S.; Schneider, M.; Theiler, Q.; Tuhtan, J.; Wächter, K.: Schwall/Sunk-Sanierung in der Hasliaare – Phase 2b: Ökologische Bewertung von künftigen Zuständen. In: Wasser Energie Luft (2013), Nr. 4, S. 275-285.

[11] Schweizer, S.; Schmidlin, S.; Tonolla, D.; Büsser, P.; Meyer, M.; Monney, J.; Schläppi, S.; Schneider, M.; Tuhtan, J.; Wächter, K.: Schwall/Sunk-Sanierung in der Hasliaare – Phase 1b: Ökologische Bewertung des Ist-Zustands anhand der 12 Indikatoren der aktuellen BAFU-Vollzugshilfe. In: Wasser Energie Luft (2013), Nr. 3, S. 200-207.

Steffen Schweizer, Stephanie Schmidlin, Martin Bieri, Peter Büsser, Matthias Meyer, Judith Money, Sandro Schläppi, Matthias Schneider, Diego Tonolla, Jeff Tuhtan and Kurt Wächter

Concrete Measures to Mitigate the Effects of Hydropeaking – the Hasliaare as a first Case Study in Switzerland

With the planned extension of the hydropower station in Innertkirchen by the Kraftwerke Oberhasli AG the maximum possible outflow from the turbines into the Hasliaare will increase from 70 m³/s to 95 m³/s. For the identification of realistic measures to mitigate hydropeaking effects on aquatic organisms a comprehensive study has been successfully performed. The ecological deficit analysis of the actual state of the river as well as an evaluation of the mitigation measures was conducted with the support of an expert team and a group of representatives of the Federal Office for the Environment and the Cantonal Office of Water and Waste (Bern). The spectrum of mitigation measures was evaluated based on the actual state of the art. The construction of a storage volume of 80 000 m³ between the power plant and the downstream outlet showed the best cost-benefit ratio. The construction started in spring 2013.

Штеффен Швайцер, Штефани Шмидлин, Мартин Биери, Питер Бюссер, Маттиас Майер, Юдит Мани, Сандро Шлеппи, Маттиас Шнайдер, Диего Тонолла, Джефф Тутан и Курт Вехтер

Первые в Швейцарии мероприятия по санированию в связи с искусственным подъемом уровня воды – на примере река Аре в долине Хасли (Hasliaare)

В рамках проекта по модернизации объем имеющегося в настоящее время максимально возможного возврата воды в реку Аре в долине Хасли будет повышен с 70 м³ / с до 95 м³ / с в будущем. Как следствие этого, усиливаются эффекты искусственного резкого колебания уровня воды. Поэтому предварительно были проведены исследования связанной с водными потоками экологической ситуации и осуществлена экологическая оценка состояния на настоящий момент и в будущем (санирование посредством различных мероприятий по уменьшению последствий искусственного подъема уровня воды). Начиная с 2013 года, между электростанцией и сооружением возврата воды осуществляется строительство промежуточного водохранилища (отстойники и штольни) объемом 80 000 м³.

Christoph Hauer, Patrick Holzapfel, Helmut Habersack und Diego Tonolla

Hydrologische, morphologische und sedimentologische Analysen als Grundlage für die Konzipierung von Schwall-Sunk-Maßnahmen – Fallbeispiel Alpenrhein

Schwall und Sunk wurde als eine der wesentlichen anthropogenen Beeinträchtigungen alpiner Fließgewässer ausgewiesen und vielfach als prioritär für eine Sanierung definiert. Mitunter sind aber Mehrfachbelastungen in den alpinen Fließgewässern vorhanden, deren negative Auswirkungen sich auf das Gewässerökosystem überlagern können. Ziel des vorliegenden Beitrags ist es, anhand von Untersuchungen am Alpenrhein und an einigen ausgewählten Fallbeispielen aus Österreich wesentliche Komponenten für eine zielgerichtete Maßnahmenplanung zur Sanierung von Schwallstrecken aufzuzeigen.

1 Einleitung

Hydromorphologische Veränderungen von Fließgewässersystemen sind vielfach als ein wesentlicher Stressor für die aquatische Ökologie ausgewiesen [1]. Beispielsweise befindet sich der Großteil der österreichischen Fließgewässer laut Risikoausweisung hinsichtlich der möglichen Verfehlung der WRRL-Ziele in einem mäßigen (Bewertungsklasse 3) bis schlechtem Zustand (Bewertungsklasse 5), viele Strecken davon auf Grund hydromorphologischer Belastungen. In der Schweiz sind 46 % der Gewässer unter 600 m. ü. A. in einem schlechten morphologischen Zustand (strukturarm: verbaut, begradigt, eingeengt oder überdeckt). In der ganzen Schweiz sind dies 14 000 km. Weiters sind durch Schwall und Sunk in etwa 1 000 km wesentlich beeinträchtigt und 100 bis 120 Anlagen sind zu sanieren. In Österreich sind 2,8 % der Fließgewässer als schwallbeeinträchtigt ausgewiesen, in denen die Erreichung des guten ökologischen Potenzials als Zielgröße definiert wurde (alle Schwallstrecken wurden als stark veränderte Wasserkörper ausgewiesen). Laut Nationalem Gewässerbewirtschaftungsplan 2015 [2] haben 0,5 % der Fließgewässer mit hydrologischer Veränderung durch den kraftwerksbedingten Schwall bereits diesen Zielzustand erreicht. Diese Zahlen zeigen jedoch, dass bereits in der nächsten (bis 2021), aber vor allem in der letzten Erstreckungsfrist der Zielerreichung (bis 2027) erheblicher Handlungsbedarf besteht.

Um Verbesserungsmaßnahmen zielgerichtet (Erreichung des guten Potenzials) durchzuführen, gilt es bestimmte Kriterien zu berücksichtigen, die sich an den Zustand natürlicher und naturnaher Fließgewässer anlehnen. Durch diese Variabilität der natürlichen und naturnahen Zustände wird jedoch die Notwendigkeit einer Einzelfallbeurteilung von schwallbeeinflussten Fließgewässerstrecken von Beginn an unterstrichen. Durch die lebensraumprägenden bzw. bestimmenden Faktoren, wie Hydrologie (Abflussregime), Morphologie und Feststoffhaushalt (z. B. Geologie, Landnutzung), werden ebendiese unterschiedlichen Rahmenbedingungen für die Sanierung von Schwallstrecken definiert. Diese sind vorab als unabhängige Größen von weiteren anthropogenen Beeinträchtigungen anzusehen und führen mitunter dazu, dass vereinheitlichte Bewertungsverfahren zu unterschiedlichen Ergebnissen einer detaillierten Lebensraumbewertung (z. B. mittels Habitatmodellierung) führen können [3], [4]. Weiters gilt es für eine naturnahe

Konzipierung von Maßnahmen die übergeordnete dynamische Komponente der Fließgewässer in der Planung, der Evaluierung und in mittel- bis längerfristigen Monitorings zu berücksichtigen. Der kraftwerksbedingte Sunk und Schwall ist zwar als eine hochdynamische hydrologische Komponente im Gewässersystem anzusehen, deren negative Auswirkungen auf die Gewässerökologie auch bereits in vielen Bereichen umfassend dokumentiert wurden. Als Beispiel sind hier das Stranden von aquatischen Organismen bei Sunk [5] oder die Erhöhung der Trübe bei Schwall [6] zu nennen.

Die Dynamik mit ihren negativen Auswirkungen bleibt jedoch meist auf die hydrologische Komponente beschränkt und maßgebliche morphodynamische Prozesse werden durch den Schwall nicht bedingt. In einzelnen Untersuchungen konnte zwar mitunter (periodisch bei ausreichendem Geschiebeinput aus den Zubringern) der Bewegungsbeginn und Transport des Sohlenmaterials durch den Schwall dokumentiert werden (z. B. Geophonaufzeichnungen [7]), ohne jedoch nennenswerte Veränderungen der Gewässerstruktur nach sich zu ziehen. Somit ist die Wechselwirkung der Schwallhydrologie unter den gegebenen morphologischen Rahmenbedingungen (und ihrer Beeinträchtigungen) als Grundlage für eine Risikobeurteilung und einer Konzipierung von Verbesserungsmaßnahmen in der Einzelfallbeurteilung anzusehen. Generell besitzt die Morphologie für die Umsetzung der WRRL-Ziele eine zentrale Rolle um das in Artikel 4 geforderte gute ökologische Potenzial zu erreichen. Dies liegt vor allem darin begründet, dass die biotischen Qualitätskomponenten (z. B. Fische, Makrozoobenthos) an die physikalischen Prozesse des Fließgewässers (meist dauerbenetzter Bereich) gebunden sind bzw. von Änderungen der abiotischen Rahmenbedingungen (Hydraulik, Sedimente) direkt abhängen [8]. Die bereits angesprochene Dynamik oder Veränderung des Gewässerlebensraums ist unter einer holistischen Betrachtung des Fließgewässers von entscheidender Bedeutung (Zeitpunkt und Wiederkehr von Veränderungen). Wie in Hauer et al. [9] zusammengefasst, wirken sich diese natürlichen dynamischen Prozesse in einem anthropogen unbeeinflussten Fließgewässer meist positiv auf den Lebensraum aus (z. B. Neubildung von Habitaten), sind aber mitunter auch limitierend (Erosion von Laichplätzen). Nach Hauer et al. [9] können folgende dynamischen Prozesse in natürlichen Fließgewässern unterschieden werden:

1 zeitlich variable Abflussdynamik ohne morphologische Veränderungen (mittlere bis hohe Frequenz),
2 Erosion und Umlagerung durch Hochwässer zusammengefasst als Morphodynamik (geringe Frequenz) und
3 längerfristige Veränderungen des Gewässerlebensraumes durch klimatische Veränderungen (z. B. globale Erwärmung).

Kraftwerksbedingter Schwall beeinflusst vor allem die Frequenz der Abflussdynamik (sehr hohe Frequenz) und führt dazu, dass sich die Verteilung der aquatischen Lebensräume (Habitate) unter gegebenen morphologischen Bedingungen quantitativ rasch verändern bzw. mitunter auch die Trübe im Gewässer variiert [6]. Weiters kann der Schwall längerfristige Veränderungen in der Hydrologie im Einzugsgebiet überlagern, da durch Überleitungen und die generelle Speicherbewirtschaftung Einzugssysteme hydrologisch stark verändert werden. Nahezu keinen Einfluss besitzt der Schwall wie bereits angesprochen in Bezug auf die morphologische Neubildung von Habitaten, die nur durch Hochwässer mit einhergehender Erosion, Umlagerung und Ablagerung von Feststoffen über weite Teile des aktiven Gewässerquerschnitts letztendlich hervorgerufen wird. Somit muss die Berücksichtigung der Hochwasserdynamik und die damit verbundene Feststoffdynamik eine zentrale und entscheidende Rolle in der Bewertung des (Ist-) Zustands von Schwallstrecken bzw. in der Konzipierung von Maßnahmen zur Verbesserung einnehmen.

Für die Konzipierung von Maßnahmen zur Verbesserung des ökologischen Potenzials gilt es neben dem Grundverständnis der Prozesse in einem Fließgewässer zu Beginn einer Maßnahmendiskussion bestimmte Fragen zu beantworten, um zielgerichtet zu projektieren und Fehlinvestitionen zu vermeiden. Diese Fragen betreffen

(i) welcher Maßnahmentyp (-kombination) zu bevorzugen ist (hydrologisch/morphologisch),
(ii) wo diese Maßnahmen im Gewässer am sinnvollsten umzusetzen sind,
(iii) welche Maßnahmen a priori offensichtlich

nicht durchsetzbar sind, z. B. aufgrund der Verhältnismäßigkeit (Kosten gegenüber Nutzen offensichtlich unverhältnismäßig), der geologischen (z. B. kein Platz für bauliche Maßnahmen) oder technischen Rahmenbedingungen (z. B. Turbinen brauchen eine bestimmte Dotierwassermenge um zu funktionieren),

(iv) welche weiteren Gewässerschutzmaßnahmen berücksichtigt werden müssen, um den Erfolg der Schwall-Sunk-Maßnahmen zu maximieren (z. B. Wasserqualität. Geschiebedynamisierung, Maßnahmen für Fischdurchgängigkeit),

(v) von welcher Maßnahme bzw. Maßnahmenkombination die höchste Effektivität im Sinne einer nachhaltigen Verbesserung zu erwarten ist,

(vi) wo auch die höchste Effektivität unter Berücksichtigung der Wirtschaftlichkeit (in Bezug auf das Verursacherprinzip) besteht und

(vii) welche Akteure/Stakeholders im Bewertung und Auswahlprozess der besten Maßnahme von Anfang an involviert werden sollen und wie.

Ziel des Fachbeitrages ist es, am Fallbeispiel des Alpenrheins und anhand ausgewählter Ergebnisse aus Österreich eine Herangehensweise für eine Entscheidungsfindung aufzuzeigen, um optimiert und zielgerichtet nachhaltige Verbesserungen umzusetzen. Es werden dabei wesentliche hydrologische, morphologische und sedimentologische Komponenten des Fließgewässerlebensraums untersucht, um letztendlich Handlungsempfehlungen für die wasserwirtschaftliche Praxis zu definieren. Die Untersuchungen am Alpenrhein erfolgten unter Verwendung von Durchflussaufzeichnungen an Pegelstationen, hydrodynamisch-numerischen Modellierungen, In-situ-Sedimentbeprobungen und -Messungen hinsichtlich des Einflusses des Schwalls auf die Gewässertrübe. Weiters wurden Laichplatzaufnahmen im Feld durchgeführt, um auch die Möglichkeiten der Reproduktion in einem schwallbeeinflussten Gewässer zu untersuchen.

2 Untersuchungsgebiet

Der Alpenrhein ist mit einem Einzugsgebiet von 6 119 km^2 (Pegel Diepoldsau) der größte Zufluss des Bodensees. Ab der Vereinigung von Vorder- und Hinterrhein bei Reichenau fließt der Alpenrhein als großer, alpiner (meist regulierter) Fluss über eine Länge von etwa 90 km bis zu seiner Mündung in den Bodensee. Verursacht durch das randalpine Klima mit seinen hohen Niederschlägen und der enormen Höhe des Einzugsgebietes (mittlere Höhe: 1 800 m. ü. A.) unterliegt seine Wasserführung einer sehr hohen Schwankungsbreite. Die Abflussmaxima treten an der Pegelstelle Diepoldsau aufgrund der Schneeschmelze in den Monaten Mai bis Juni auf. Die Abflussminima treten hingegen in den Wintermonaten auf. Der Anteil der Vergletscherung im Einzugsgebiet beträgt 1,4 % und beeinflusst ebenfalls das Abflussverhalten des Alpenrheins. Durch Gebirgsabtrag und anschließende Sedimentation über einem geologisch langen Zeitraum kam es zur Ausprägung eines breiten Talbodens im Bereich zwischen Buchs und der Mündung in den Bodensee. Detailuntersuchungen erfolgten an drei ausgewählten Gewässerstrecken (**Bild 1**). Diese unterscheiden sich deutlich hinsichtlich des morphologischen Grundzustands. Während das Untersuchungsgebiet in Mastrils als naturnah zu bezeichnen ist, sind die Strecken Buchs und Koblach als reguliert anzusprechen. Wobei in Buchs durch das Auftreten alternierender Kiesbänke heterogene Lebensraumverhältnisse bei geringen bis mittleren Wasserführungen vorhanden sind.

3 Methodik

3.1 Pegelanalysen

Im Zuge der Untersuchungen am Alpenrhein wurde eine Bestimmung der Größe bzw. auch der Variabilität der Anstiegs- und Abstiegsgeschwindigkeiten für jeweils repräsentative Schwallszenarien (n = 3, je Jahreszeit) durchgeführt. Die Analysen bezogen sich dabei auf reale Durchfluss- bzw. auch Wasserspiegelaufzeichnungen (Periode 2000 bis 2013), welche als maßgeblich für die unterschiedlichen Detailbereiche (**Bild 1**) gelten. In der Interpretation der Ergebnisse ist es

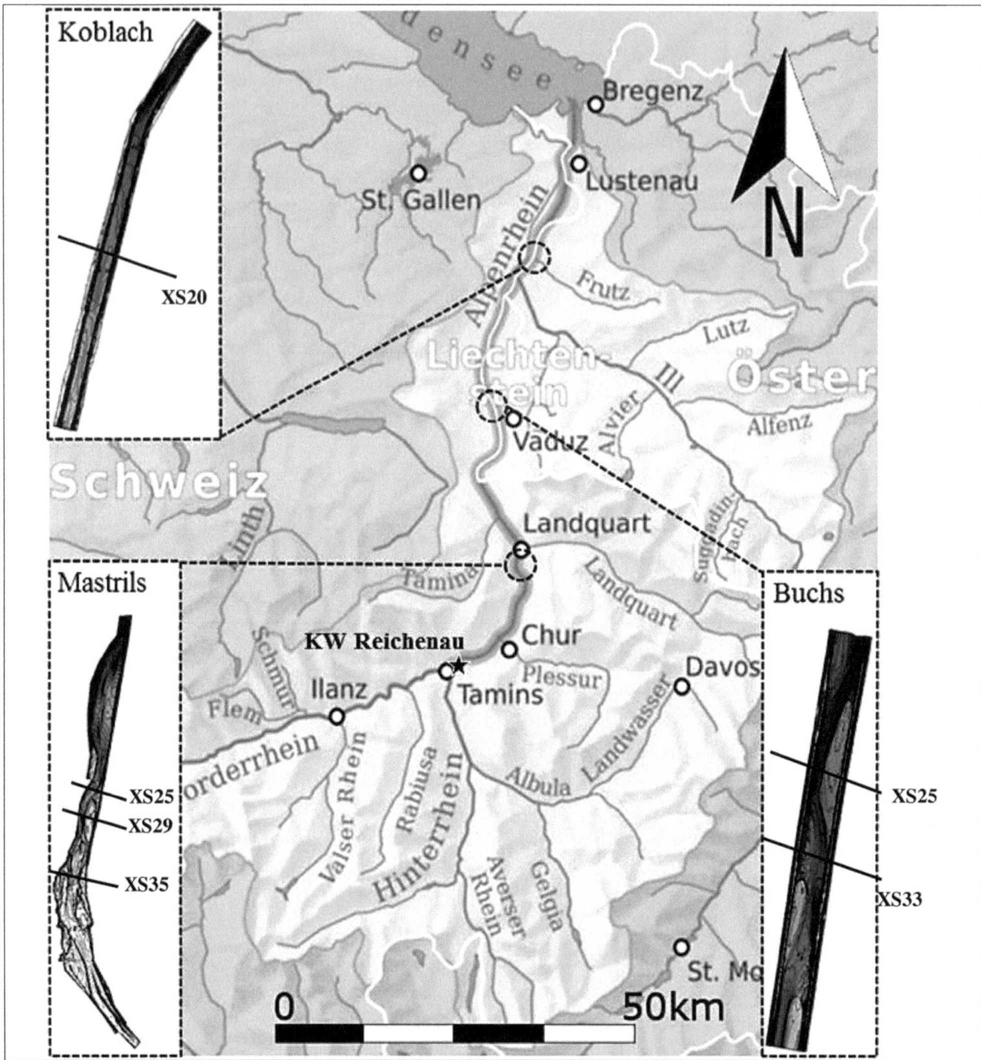

Bild 1: Übersicht über des Untersuchungsgebiet am Alpenrhein mit den drei Detailstrecken Koblach, Buchs und Mastrils (XS: untersuchte Gewässerquerschnitte) (Quelle: Holzapfel)

jedoch wichtig darauf hinzuweisen, dass die ermittelten Werte für die jeweiligen Pegelprofile gelten und diese vor allem im Bereich Mastrils mit überdurchschnittlichen benetzten Breiten variieren können (z. B. geringere vertikale Anstiegs- bzw. Abstiegsgeschwindigkeiten). Für die Auswahl der Szenarien (Prozessbewertung der fließenden Retention) war es wichtig, dass keine Beeinflussung durch den Schwall der Ill nachgewiesen werden konnte und die Schwallwellen (n = 10) an einem Tag vom Kraftwerk Reichenau bis Koblach abliefen (**Bild 2**). Für die Auswahl der Szenarien der Bewertung von flussmorphologischen Strukturen mittels Habitatmodellierung war hingegen die statistische Größe der Verteilung der Basiswasserführung in Abhängigkeit der unterschiedlichen Jahreszeiten entscheidend.

3.2 Hydrodynamisch-numerische Modellierung

Derzeit gibt es nur wenige wissenschaftliche Arbeiten hinsichtlich des longitudinalen Verlaufs bzw. der Veränderung von Schwallwellen in ei-

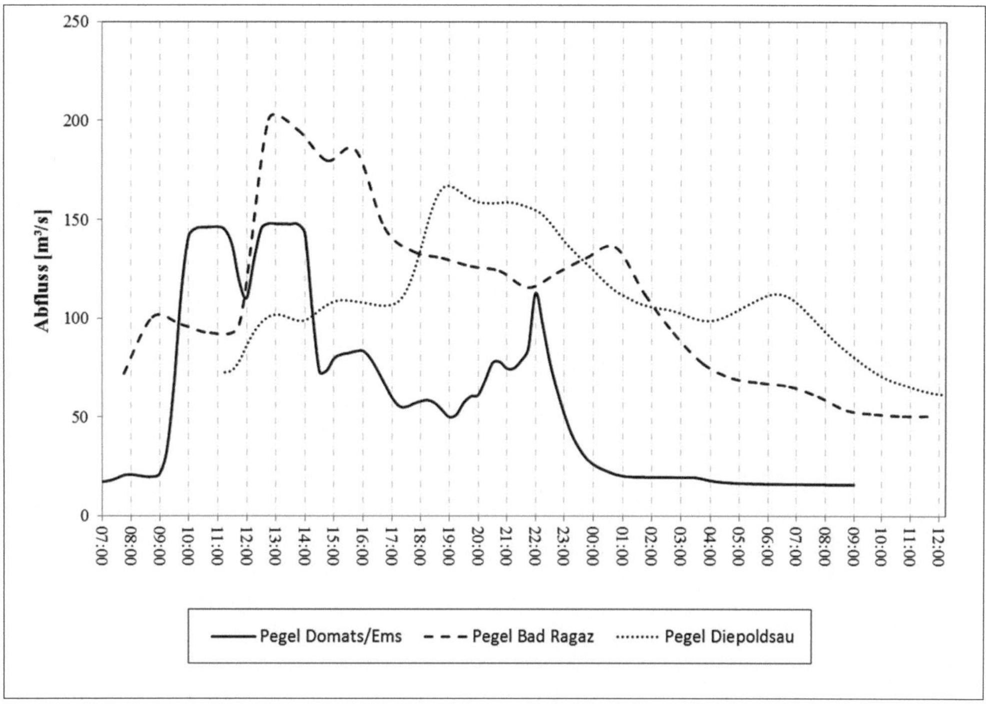

Bild 2: Verlauf einer Schwallwelle im Alpenrhein von Mastrils (Pegel Domat/Ems) bis Koblach (Pegel Diepoldsau), Pegelaufzeichnungen vom 14.03.2006 (Grundlage für Ausweisung der Anstiegs- und Abstiegsgeschwindigkeiten) (Quelle: Holzapfel)

nem Fließgewässer bzw. welche flussmorphologischen Parameter diesen instationären Schwall- bzw. Sunkwellenablauf beeinflussen [10], [11]. Eine zusätzliche Möglichkeit zum Vergleich von unterschiedlichen Pegelstationen entlang einer Fließgewässerstrecke bietet die Anwendung von hydrodynamisch-numerischen (HN) Modellen, die zunehmend in geomorphologische, hydrologische und ökologische Studien Eingang finden. Als Stand der Technik ist die Anwendung von 1-D-, 2-D- und mitunter auch 3-D-HN-Modellen anzusehen, die eine weit verbreitete Anwendung in der wasserwirtschaftlichen Praxis zeigen, wobei sowohl stationäre ($\Delta Q/\Delta t = 0$) als auch instationäre ($\Delta Q/\Delta t \neq 0$) numerische Lösungsalgorithmen in die Modelle implementiert sind. HN-Modelle wurden am Alpenrhein nur in den Detailstrecken (**Bild 1**) angewandt. Aus diesem Grund wurden für die vorliegende Arbeit, im Speziellen für ein verbessertes Prozessverständnis, instationäre 1-D-Modellierungen an österreichischen Schwallstrecken (>10 km Länge) durchgeführt. Ziel war es, die Veränderung der vertikalen Abstiegs- bzw. Sunkgeschwindigkeit (cm/min) flussab der Schwalleinleitung durch die fließende Retention quantitativ zu bestimmen. Es wurden hierzu querschnittsbasierte Modelle von Drau (Kärnten), Inn (Tirol), Ill und Bregenzerach (Vorarlberg) verwendet, um auch mögliche Unterschiede auf Grund der Gewässergröße und geomorphologischen Variabilitäten (z. B. Gefälle) aufzuzeigen. Verwendet wurden fiktive (künstliche) Schwallszenarien mit maximaler Ausbauwassermenge des jeweiligen Kraftwerks, welche auf statistisch ermittelten (realen) Basisabflüssen für die jeweiligen meteorlogischen Saisonen (z. B. Winter) aufgesetzt wurden. In den numerischen Analysen wurden Schwallszenarien verwendet, welche einen Rückgang von Schwall auf Sunk von innerhalb einer Minute am Kraftwerksstandort (Turbinenauslass) zeigten.

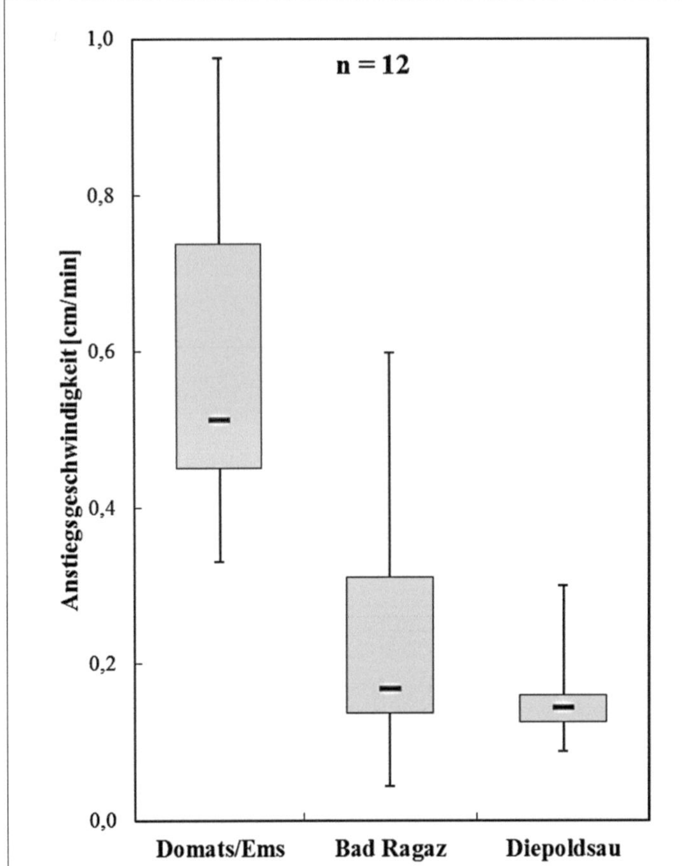

Bild 3: Box-Plot-Darstellung der Anstiegsgeschwindigkeiten (Sunk/Schwall) in den Detailabschnitten Mastrils (Pegel Domat/Ems), Buchs (Pegel Bad Ragaz) und Koblach (Pegel Diepoldsau) für unterschiedliche, repräsentative Sunk-/Schwall-Szenarien (n = 12) (Quelle: Holzapfel)

3.3 In-situ-Messungen

Für die Bestimmung der sedimentologischen Eigenschaften in den einzelnen Untersuchungsabschnitten (n = 3) wurden auf Kiesbänken und entlang der Ufer mittels Gravelometer (dünne Aluminiumplatte mit quadratischen Löchern unterschiedlicher Größe) eine repräsentative Anzahl von Linienzahlanalysen zur Beschreibung der Bandbreite und Streuung der Kornverteilungen durchgeführt. Die quadratischen Löcher des Gravelometers repräsentieren in der Größenordnung von 0,5 ϕ (ϕ = Phi : $-\log^2 (D_i)$; D_i: Partikelgröße der i-ten Klasse) ein Set von unterschiedlichen Siebfraktionen, beginnend mit 2 mm bis hin zu 256 mm (in Abhängigkeit der Größe des Gravelometers). Als eine weitere Form der sedimentologischen Analyse wurden in den untersuchten Gewässerabschnitten sogenannte Freeze-Cores bzw. Freeze-Pannels gezogen und ausgewertet.

Für die Freeze-Core-Probenahme wurde ein Metallrohr 1 m bzw. 0,5 m tief in die Flusssohle geschlagen. Mittels flüssigen Stickstoffs wurde das Rohr auf –196 °C heruntergekühlt, so dass das Flusssubstrat an dem Rohr festfror. Das gewonnene Material wurde nach Schichten getrennt (z. B. 0 bis 10 cm), in einzelne Kübel gefüllt und nach dem Trocknen getrennt, gesiebt bzw. analysiert.

4 Ergebnisse

4.1 Hydrologische Analysen (Pegelaufzeichnungen)

Eine deutliche (gemessene) Reduktion der Anstiegsgeschwindigkeiten in Abhängigkeit der Entfernung zum Kraftwerk Reichenau war ersichtlich (**Bild 3**). Für die ausgewählten Szenarien dieser hydrologischen Analyse konnte eine

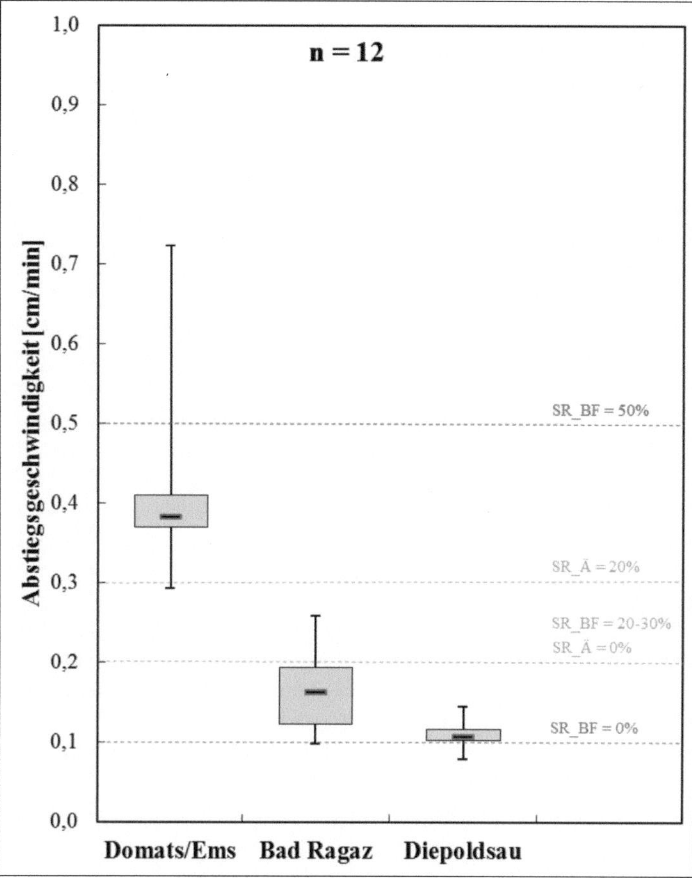

Bild 4: Box-Plot-Darstellung der Abstiegsgeschwindigkeiten (Sunk/Schwall) in den Detailabschnitten Mastrils (Pegel Domat/Ems), Buchs (Pegel Bad Ragaz) und Koblach (Pegel Diepoldsau) für unterschiedliche, repräsentative Sunk-/Schwall-Szenarien (n = 12) (SR_BF: Strandungsrisiko Bachforellenlarven, SR_A: Strandungsrisiko Äschenlarven) (Quelle: Holzapfel).

Reduktion der Anstiegsgeschwindigkeiten von Mastrils bis Buchs von 0,73 cm/min auf 0,35 cm/min (oberes Quantil) bzw. von Buchs bis Koblach auf 0,20 cm/min (oberes Quantil) quantitativ bestimmt werden. Für die Abstiegsgeschwindigkeiten wurde zwar ein ähnlicher Verlauf der Abnahme festgestellt (**Bild 4**), jedoch mit deutlich geringeren Veränderungen der Wasserspiegelschwankungen über die Zeit als im Vergleich zu den Anstiegsgeschwindigkeiten. Eine Reduktion der Abstiegsgeschwindigkeiten wurde zwischen Mastrils und Buchs mit 0,39 cm/min auf 0,17 cm/min festgehalten bzw. eine Reduktion im Abschnitt Buchs bis Koblach auf 0,11 cm/min quantitativ ausgewiesen.

Die Größe der Anstiegsgeschwindigkeiten wurde vor allem im Zuge der Lunzer Rinnenversuche (HyTEC, experimentelle Versuchsanlage in Österreich) als maßgeblicher Kennwert für das Einsetzen der Drift von frühen Larvenstadien (Äsche) bestimmt [12]. Aus Sicht der Gewässerökologie war aber vor allem die quantitative Bestimmung der Abstiegsgeschwindigkeiten von zentraler Bedeutung. Die Abstiegsgeschwindigkeit wird als maßgebliche Größe für das Stranden von Gewässerorganismen (MZB, Jungfische) ausgewiesen. Die Abstiegsgeschwindigkeit wird beschrieben durch die vertikale Wasserspiegelveränderung pro Zeiteinheit und gilt als eine Maßzahl für die Geschwindigkeit des Trockenfallens an Kiesbänken. Wobei für eine exakte Prozessbeschreibung in Einzelfallbeurteilungen die vertikale Abstiegsgeschwindigkeit mitunter in eine laterale Komponente umzurechnen ist. Die Auswertung von jahreszeitlich unterschiedlichen Szenarien zeigte, dass die im Alpenrhein gemessenen Werte großteils unter den kritischen Werten für z. B. ein hohes Strandungsrisiko für Äschenlarven liegen. Dies betrifft vor allem die untersuchten Detailabschnitte Buchs und Koblach. In diesen beiden Bereichen wurden für 75 % der untersuchten Schwallszenarien (unabhängig der Jahreszeit) Sunkgeschwindigkeiten <0,2 cm/min ausgewiesen (**Bild 4**). Im Vergleich dazu war in den Lunzer Fließrinnen für Äschenlarven auf den Kiesbänken bei (vertikalen) Sunkgeschwindigkeiten <0,2 cm/min keine Strandung mehr quantitativ nachweisbar [12]. Das Trockenfallen für Äschenlarven war in den Rinnen bei 0,3 cm/min im Vergleich zu vertikalen Abstiegsgeschwindigkeiten von 0,5 cm/min bereits stark reduziert, wo noch ca. 20 % der untersuchten Äschenlarven in der Wasserwechselzone strandeten. Für die im Kalenderjahr 2013 untersuchte Bachforelle (Larvenstadium) zeigten die Ergebnisse eine höhere Sensitivität in Bezug auf die Größe der vertikalen Sunkgeschwindigkeit, als die im Jahr zuvor untersuchte Äsche. Bei 0,5 cm/min wurde eine Strandungsrate von 50 %, bei einer Abstiegsgeschwindigkeit von 0,2 cm/min ein Stranden von ca. 20 bis 30 % bestimmt [12]. Erst ab einer Größenordnung der Sunkgeschwindigkeit von <0,1 cm/min war keine Strandung mehr nachweisbar [12]. Somit zeigen die Auswertungen der Abstiegsgeschwindigkeiten für Buchs und Koblach zwar für Äschenlarven einen durchaus optimalen Bereich (Minimierung des Strandungsrisikos), hingegen sind für Bachforellenlarven in Abhängigkeit der lokalen morphologischen und sedimentologischen Verhältnisse (s. Rolle der benetzten Breite in Kap. 4.3) Ausfälle in der Größenordnung von einigen Prozent je Schwallereignis möglich. Für Mastrils werden hingegen, auch auf Grund der Nähe zum Kraftwerk Reichenau, für alle in den Fließrinnen untersuchten Fischarten bzw. auch Altersstadien kritische Werte für ein mögliches Stranden ausgewiesen.

4.2 Hydrologisch/Hydraulische Analysen (HN-Modellierung)

In Ergänzung zu den durchgeführten Pegelanalysen wurden für ein verbessertes Prozessverständnis HN-Modellierungen in unterschiedlichen Schwallstrecken durchgeführt. Im **Bild 5** sind dazu die Ergebnisse der Veränderung der vertikalen Sunkgeschwindigkeiten in Abhängigkeit zur Entfernung des einleitenden Kraftwerks abgebildet. Die Ergebnisse wurden mittels 1-D-HN-Modellierung zwar für österreichische Flüsse (Fallbeispiele) ermittelt, geben aber in höherer Auflösung die bereits dokumentierte Veränderung der Sunkgeschwindigkeiten am Alpenrhein (logarithmische Funktion der Abnahme) durch die Prozesse der fließenden Retention wieder. Sehr deutlich ist bei allen vier untersuchten Fließgewässerabschnitten die Abnahme der (durchschnittlichen) Sunkgeschwindigkeit auf den ersten 4 bis 5 km erkennbar, unabhängig von der Einzugsgebietsgröße (547,2 km^2 bis 3 842,0 km^2), des Streckengefälles (0,0017 (Drau) bis 0,0042 (Ill)) bzw. der Größe des Schwalls (38 m^3/s (Bregenzerach) bis 110 m^3/s (Drau)). In Bezug auf die Grenzwerte des Strandungsrisikos von Äschenlarven (z. B. Strandungsrisiko nahe 0 % ≤0,2 cm/min) [12] zeigt sich, dass für alle untersuchten Szenarien in **Bild 5** (sehr geringe Basiswasserführung) die Werte meist deutlich überschritten werden. Grenzwerte mit <0,5 cm / min, welche das Strandungsrisiko der Bachforelle um 50 % reduzieren [12], werden mitunter an der Bregenzerach unterschritten. Die Ergebnisse der numerischen Analysen (**Bild 5**), teilweise validiert mittels Pegelaufzeichnungen (z. B. Drau, Ill), zeigen in Bezug auf das Strandungsrisiko somit deutliche Unterschiede zu den Auswertungen der Pegel am Alpenrhein.

4.3 Flussmorphologische Analysen

In Bezug auf die Variabilität der untersuchten Gewässerabschnitte am Alpenrhein bzw. als Grundlage für die Diskussion von möglichen vereinheitlichten Bewertungskriterien (z. B. Sunk-Schwall-Verhältnis) sind die Ergebnisse im **Bild 6** anzusehen. Ausgewählte Querschnitte der unterschiedlichen Detailabschnitte (n = 3) zeigen die Veränderung der benetzten Breite in Abhängigkeit eines zunehmenden Durchflusses (ΔQ = 5 m^3/s; Maximum 250 m^3/s). Um die hydrologischen Unterschiede zwischen den ausgewählten Abschnitten zu verdeutlichen, wurde in den jeweiligen Abschnitten mit der Lamellenrechnung von dem zugehörigen MNQ_T-Wert ausgegangen bzw. findet sich ebenfalls ein Verweis auf die Größe des MQ-Wertes in der Grafik (schwarze Markierung, Ausnahme Mastrils).

Deutlich ist aus den Ergebnissen der **Bild 6** der

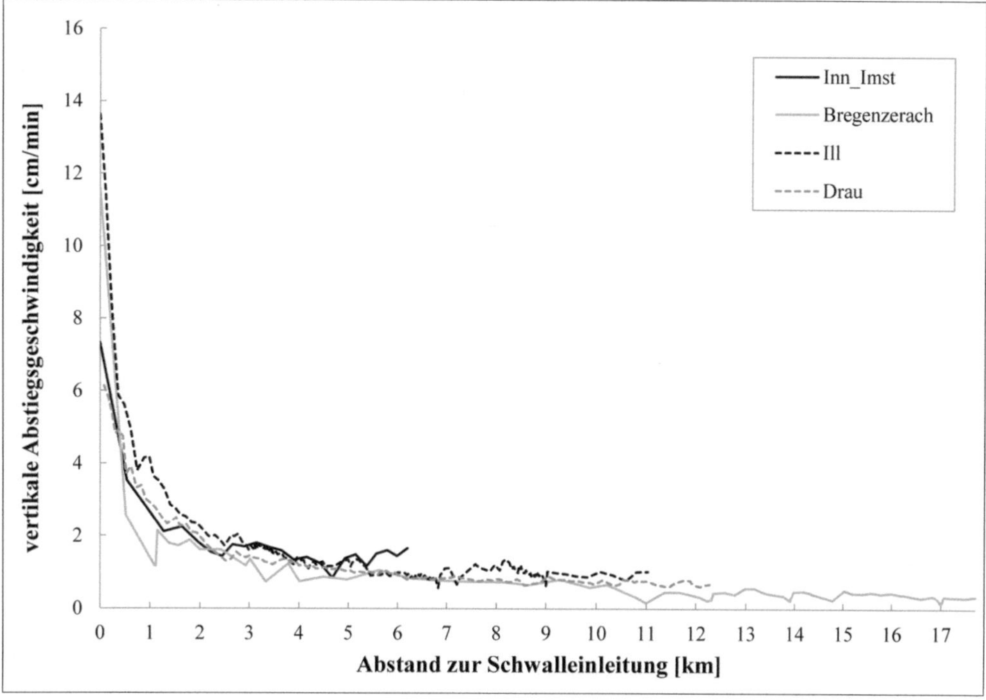

Bild 5: Veränderung der vertikalen (durchschnittlichen) Sunkgeschwindigkeit in Abhängigkeit zum Abstand der Schwalleinleitung für vier unterschiedliche österreichische Fließgewässer bei mittlerer winterlicher Basiswasserführung (Quelle: Holzapfel)

unterschiedliche Regulierungsgrad der drei untersuchten Gewässerabschnitte am Alpenrhein erkennbar. Im unstrukturierten, stark verbauten Gewässerabschnitt Koblach kommt es in Abhängigkeit des Abflusses kaum zu einer Veränderung der benetzten Breite. Zwischen MNQ_T (65,9 m^3/s) und der gewählten Obergrenze von 250 m^3/s erfolgt lediglich eine Breitenzunahme von 3,6 m.

Unterschiedliche Verläufe der Abfluss-Breitenänderungs-Beziehung zeigen hingegen die beiden gewählten repräsentativen Abschnitte der alternierenden Kiesbänke in Buchs. Während das Furt-Querprofil (XS33, **Bild 1**) eine deutliche Breitenänderung (und somit ein erhöhtes Strandungsrisiko) im Bereich MNQ_T (40,2 m^3/s) bis 95 m^3/s ausweist, sind signifikante Zunahmen der benetzen Breite für den Kolk-Rinner-Querschnitt (XS25, **Bild 1**) im Bereich um MQ (160 m^3/s bis 200 m^3/s) erkennbar. Dies bedeutet in der Interpretation der Hydrologie des Alpenrhein (tlw. natürliches Abflussregime + Überlagerungen durch den Kraftwerksschwall), dass im Bereich Buchs in Abhängigkeit der hydromorphologischen Einheiten im Winter (geringe Basiswasserführung) und im Sommer (hohe Basiswasserführung) ein unterschiedliches Strandungsrisiko besteht. Somit ist, je nachdem welcher Gewässerquerschnitt bewertet wird, in Summe ein geringeres Strandungsrisiko im Bereich Buchs von MNQ_T bis 200 m^3/s möglich.

Die gewählten repräsentativen Abschnitte im verzweigten Abschnitt Mastrils zeigen trotz ihrer unterschiedlichen Querschnittscharakteristik (mid-channel bars vs. point bars; **Bild 1**) einen ähnlichen Verlauf (Gradienten) in der Abfluss-Breitenänderung-Beziehung der als moderat (verringertes Strandungsrisiko) zu bezeichnen ist. Im Vergleich zu den beiden regulierten Abschnitten (Koblach, Buchs) kommt es hier aber zu Breitenänderungen >100 m bei den maximal untersuchten Abflüssen von 250 m^3/s. Wobei es darauf hinzuweisen gilt, dass die Breitenänderung (und ihre Variabilität) als Basis für eine Bewertung möglicher ökologischer Auswirkungen

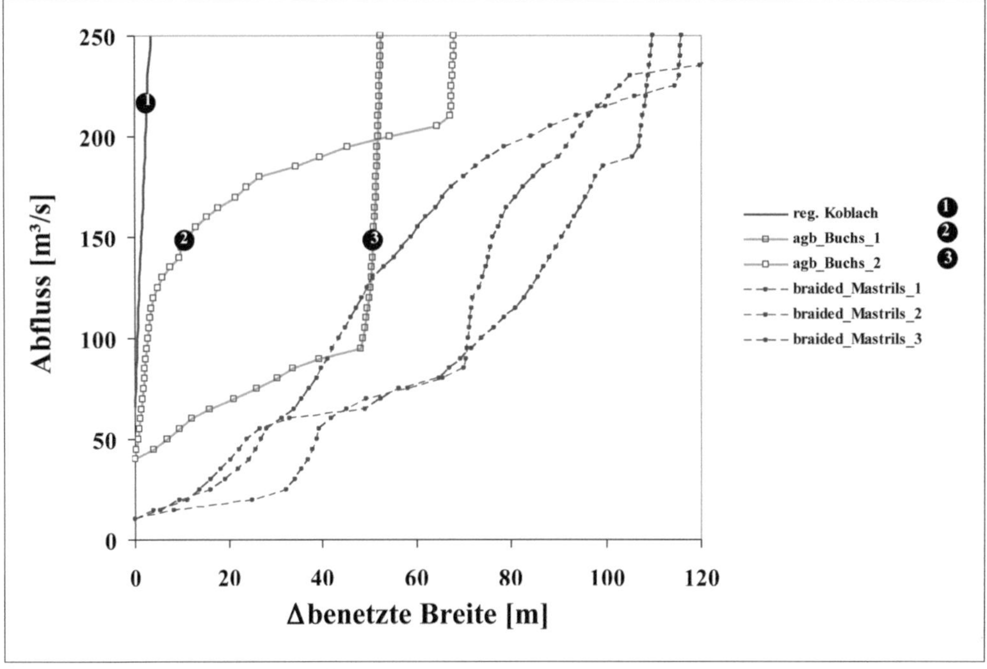

Bild 6: Sensitivitätsanalyse für die Änderung der benetzten Breite in Abhängigkeit des Durchflusses für unterschiedliche repräsentative Querprofile ausgewählter morphologischer Detailabschnitte am Alpenrhein; Abflussszenarien wurden anhand einer äquidistanten Differenz von $\Delta Q = 5\ m^3/s$ durchgeführt (reg.: regulierter Abschnitt, agb: alternierende Kiesbänke, braided: verzweigter Flusstyp, schwarze nummerierte Punkte: MQ-Werte für die bestimmten Abschnitte (n = 3) (Quelle: Hauer)

durch den Schwall anzusehen ist, aber letztendlich die Geschwindigkeit der Änderung der Wasserwechselzone (z. B. laterale Sunkgeschwindigkeit) maßgeblich ist.

Die Diskussion und die Möglichkeit einer Implementierung der Ergebnisse der Untersuchungen am Alpenrhein bzw. von ausgewählten österreichischen Fließgewässern in mögliche Maßnahmen erfolgt in Hauer et al. [13] entsprechend fortsetzt.

Danksagung

Die Autoren möchten sich vor allem beim Bundesamt für Umwelt (BAFU), für die Finanzierung der vorliegenden Studie bedanken. Weiters sei dem Amt der Vorarlberger Landesregierung, dem Amt für Verkehr und Energie Graubünden und dem Baudepartment des Kantons St. Gallens für eine Mitfinanzierung gedankt. Neben einer finanziellen Beteiligung gilt der Dank auch dem Amt für Umweltschutz in Liechtenstein für die Bereitstellung von Informationen bzw. Unterstützung im Projekt (Dr. Helmut Kindle, DI Roland Jehle). Die Autoren danken auch dem Verein für Ökologie und Umweltforschung (VOEU), der via_donau, dem Bundesministerium für Verkehr Innovation und Technologie (BMVIT), dem Lebensministerium, dem Ministerium für Wirtschaft, Familie und Jugend sowie der Nationalstiftung für Forschung, Technologie und Entwicklung und den Ämtern mehrerer Landesregierungen für die finanzielle und logistische Unterstützung.

Autoren

Priv.-Doz. Dipl.-Ing. Dr. Christoph Hauer
Dipl.-Ing. Patrick Holzapfel
Univ.-Prof. Dipl.-Ing. Dr. Helmut Habersack
Institut für Wasserwirtschaft,
Hydrologie und Konstruktiven Wasserbau
Universität für Bodenkultur Wien
Muthgasse 107
1190 Wien, Österreich
christoph.hauer@boku.ac.at
patrick.holzapfel@boku.ac.at
helmut.habersack@boku.ac.at

Dr. Diego Tonolla
Institut für Umwelt und Natürliche Ressourcen
Zürcher Hochschule für Angewandte Wissenschaften (ZHAW)
8820 Wädenswil, Schweiz
diego.tonolla@zhaw.ch

Literatur

[1] Ward, J. V.; Stanford, J. A.: Ecological connectivity in alluvial river ecosystems and its disruption by flow regulation. In: Regulated Rivers, Research and Management (1995), Nr. 11, S. 105-119.

[2] BMLFUW (Hrsg.): Nationaler Gewässerbewirtschaftungsplan Österreich – Entwurf. 2015.

[3] Hauer, C.; Unfer, G.; Graf, W.; Holzapfel, P.; Leitner, P.; Habersack, H.: Grundlagenuntersuchung und Methodikentwicklung zur Bewertung des Wasserkraft-Schwalls bei unterschiedlichen Flusstypen. In: Österreichische Wasser- und Abfallwirtschaft 65 (2013), S. 324-338.

[4] Hauer, C; Unfer, G; Holzapfel, P; Haimann, M; Habersack, H.: Impact of channel bar form and grain size variability on estimated stranding risk of juvenile brown trout during hydropeaking. In: Earth Surface Processes and Landforms 39 (2014), S. 1 622-1 641.

[5] Bruder, A.; Schweizer, S.; Vollenweider, S.; Tonolla, D.; Meile. T. Schwall und Sunk: Auswirkungen auf die Gewässerökologie und mögliche Sanierungsmassnahmen. In: Wasser Energie Luft 104 (2012), Nr. 11, S. 257-264.

[6] Holzapfel, P; Hauer, C; Habersack, H.: Modelling fluctuating turbidity due to hydropeaking operations. In: Second International Conference on the Status and Future of the World's Large Rivers, Manaus, Brasilien, 2014.

[7] Habersack, H.; Aigner, J.; Kreisler, A.; Rindler, R.; Seitz, H.; Tritthart, M.: Geschiebemessungen an Drau und Isel 2007-2012. Endbericht im Auftrag des Lebensministeriums, 2015.

[8] Hauer, C.: Review of hydro-morphological management criteria on a river basin scale for preservation and restoration of freshwater pearl mussel habitats. In: Limnologica 50 (2015), S. 40-53.

[9] Hauer, C.; Blamauer, B.; Mühlmann, H.; Habersack, H.: Morphodynamische Aspekte der Ökohydraulik und Habitatmodellierung im Kontext der rechtlichen Rahmenbedingungen. In: Österr. Wasser- und Abfallwirtschaft 66 (2014), S. 169-178.

[10] Hauer, C; Schober, B; Habersack, H.: Impact analysis of river morphology and roughness variability on hydropeaking based on numerical modelling. In: Hydrological Processes 27 (2013), S. 2 209-2 224.

[11] Toffolon, M.; Siviglia, A.; Zolezzi, G.: Thermal wave dynamics in rivers affected by hydropeaking. In: Water Resources Research 46 (2010), S. 1-18.

[12] Zeiringer, B.; Fohler, N.; Auer, S.; Greimel, F.; Schmutz, S.: Experiments on drifting and stranding of larval grayling during fluctuating flow in nature-like channels. In: Science of the Total Environment, 2016 (in prep.).

[13] Hauer, C.; Holzapfel, P.; Tonolla, D.; Habersack, H.: Diskussion hydrologischer, morphologischer und sedimentologischer Kriterien für die Implementierung möglicher Schwall-Sunk Maßnahmen. In: WasserWirtschaft 106 (2016), Nr. 1, S. 23-28.

Christoph Hauer, Patrick Holzapfel, Helmut Habersack and Diego Tonolla

The Importance of Hydrological, Morphological and Sedimentological Analysis in Hydropeaking Rivers for the Design of Mitigation Measures – Case Study Alpenrhein

Hydropeaking has been determined as one of the main pressures in alpine rivers and has been frequently addressed as high priority for mitigation of harmful impacts on aquatic ecosystems. However, multiple pressures like river regulation are present in alpine rivers with partially superimpose effects on aquatic ecology. Based on studies at the Alpenrhein and various rivers in Austria, the aim of the presented paper is to highlight crucial environmental factors and processes for the design of future mitigation measures in terms of hydropeaking.

Кристоф Хауэр, Патрик Хольцапфель, Хельмут Хаберзакк и Диего Тонолла

Гидрологический, морфологический и седиментологический анализ как основа проектирования мероприятий по искусственному подъему и снижению уровня воды – на примере Альпийского Рейна (Alpenrhein)

Искусственный быстрый подъем и быстрое снижение уровня воды считаются одними из основных факторов антропогенного воздействия на альпийские водотоки и часто имеют особо важное значение при санировании. Иногда альпийские реки подвергаются многократной нагрузке, негативное воздействие которой может воздействовать на экологическую систему водотоков. Целью данной статья является – на основе исследований Альпийского Рейна (Alpenrhein) и некоторых отобранных примеров из Австрии – представление основных компонентов, необходимых для целенаправленного планирования мероприятий по санированию участков быстрого подъема уровня воды.

Christoph Hauer, Patrick Holzapfel, Diego Tonolla und Helmut Habersack

Diskussion hydrologischer, morphologischer und sedimentologischer Kriterien für die Implementierung möglicher Schwall-Sunk-Maßnahmen

Im Zuge der Umsetzung der Ziele der WRRL sind in den nächsten Jahren Maßnahmen zur Reduktion des Schwall-Sunk-Einflusses gefordert. Diese werden hydrologische, morphologische, aber mitunter auch sedimentologische Komponenten beinhalten müssen. Aufbauend auf Schwalluntersuchungen am Alpenrhein und unterschiedlichen Fließgewässern in Österreich wird im vorliegenden Beitrag eine Diskussion bestimmter abiotischer Kriterien durchgeführt. Mit dem Ziel, eine zielgerichtete Implementierung von Sanierungsmaßnahmen zu ermöglichen.

1 Einleitung

In dem vorliegenden Fachbeitrag werden unterschiedliche abiotische Anforderungen an die Konzipierung von Schwall-Sunk-Maßnahmen diskutiert. Grundlage bilden dabei die Ergebnisse aus Untersuchungen am Alpenrhein, welche in einem weiteren Fachbeitrag der Fachzeitschrift WasserWirtschaft veröffentlicht sind [1]. Dort wird dabei die grundlegende Problematik hinsichtlich Maßnahmenkonzipierung erläutert, das Untersuchungsgebiet und die Methodik der Arbeiten am Alpenrhein vorgestellt. Die Ergebnisse der hydrologischen, morphologischen und sedimentologischen Untersuchungen sind ein wesentlicher Teil in Hauer et al. [1] bzw. bilden die bereits angesprochene Basis für die Diskussion einer möglichen Maßnahmenkonzipierung zur Reduktion der negativen Auswirkungen von Schwall und Sunk auf die aquatische Ökologie. Ergänzt werden die Arbeiten am Alpenrhein mit Ergebnissen aus laufenden oder bereits abgeschlossenen Schwallprojekten in Österreich, mit dem Ziel, aus Sicht der abiotischen Grundlagen Anforderungen, Möglichkeiten, aber mitunter auch Grenzen der Verbesserungsmöglichkeiten aufzuzeigen. Die Zusammenschau und Diskussion mit derzeit bestehenden rechtlichen Rahmenbedingungen soll eine Einordnung der einzelnen Ergebnisse ermöglichen und den Praxisbezug unterstreichen.

2 Diskussion hydrologischer, morphologischer und sedimentologischer Kriterien

2.1 Hydrologisch/Hydraulische Analysen

Instationäre Modellierungen fanden bisher häufig in Hochwasseranalysen bzw. Risikoausweisungen in Überflutungsgebieten Anwendung. Sowohl in natürlichen Flusslandschaften als auch in dicht besiedelten, anthropogen beeinflussten Gebieten wurde mittels numerischer Modellierung der Veränderung des Abflusses (ΔQ) in Abhängigkeit der Zeit (Δt) Rechnung getragen. Die Anwendung von numerischen Modellen für Hochwasseranalysen impliziert die Berücksichtigung von instationären Prozessen für die Überschreitung des bordvollen Abflusses und die Überflutung der Vorlandflächen (z. B. Diskontinuität in der Wasserstand-Durchfluss-Beziehung). Diese Interaktionen Vorland-Gerinne bzw. Austauschprozesse zwischen den unterschiedlichen Rauheitsbereichen sind jedoch meist nicht relevant für die Anwendung der instationären numerischen Modellierung in Schwallstrecken, da hier keine Ausuferungen (Hochwassersituation) erfolgen. Ausnahme bildet hier die mögliche Anbindung von Nebenarmen an das Hauptgerinne.

Die Veränderungen der Sunkgeschwindigkeiten am Alpenrhein durch die Prozesse der fließenden Retention [1] sind einerseits durch die Entfernung der Pegel zum einleitenden Kraftwerk in Reichenau (17 km bis Mastrilis; 34 km bis Buchs; 84 km bis Koblach) und somit einer positiven Beeinflussung der Retentionswirkung, aber auch anderseits durch hydraulische Einflussgrößen begründbar. Eine wesentliche Einflussgröße bei der Berechnung der Sunkgeschwindigkeit ist der spezifische Abfluss q [m^2/s]. Wird dieser durch eine Reduktion des Gewässerquerschnitts erhöht, kann es wiederum zu einer Zunahme der Sunkgeschwindigkeiten in Fließrichtung kommen (Fallbeispiel Ill; Kilometer 7 bis 11 flussab der Einleitung) [1]. Dem entgegen wirken Aufweitungen des Gewässerquerschnitts, welche zu einer Reduktion der vertikalen Sunkgeschwindigkeiten führen. Hier kann auf das Fallbeispiel Bregenzerach (ab Kilometer 10 flussab der Einleitung) oder auf die Überbreite des Alpenrheins bei Niederwasser (z. B. im Abschnitt Buchs) verwiesen werden [1]. Dieses Prozessverständnis in Bezug auf die Schwallhydrologie (fließende Retention) und Schwallhydraulik (Auswirkungen von Querschnittsänderungen) ist wesentlich für die Konzipierung von Maßnahmen. Unter Zuhilfenahme von numerischen Verfahren (in Ergänzung zu Pegelmessungen) kann somit festgelegt werden, wo morphologische Maßnahmen sinnvoll sind, um beispielsweise die Reduktion des Strandens von aquatischen Organismen möglichst gering zu halten bzw. welche Auswirkungen durch lokale Veränderungen des Querschnitts (z. B. wasserbauliche Maßnahmen) zu erwarten sind.

Auf Grund der Ergebnisse der vorliegenden Studie ist die Verwendung von HN-Modellen als eine wesentliche Hilfestellung in der Konzipierung von Schwallmaßnahmen anzusehen. Sie ermöglichen, in Ergänzung zu Pegelaufzeichungen (-analysen), eine detaillierte Bewertung sowohl der Schwallhydrologie als auch der Schwallhydraulik. Durch diese hydraulischen Analysen können (lokal) detaillierte Bewertungen der Gewässermorphologie in Wechselwirkung mit Schwall/Sunk durchgeführt werden. 1-D-Verfahren sind für die Bewertung von Schwallstrecken (>5 km) als ausreichend zu betrachten und können mitunter lokal durch mehrdimensionale Habitatmodellierungen ergänzt werden. Diese hydrologisch/hydraulischen Analysen (ob Pegel oder numerische Modellierung) bilden die Grundlage für weiterführende morphologische und ökologische Bewertungen.

3 Morphologische Analysen

Aus Ergebnissen von hydrodynamisch-numerischen (Habitat-) Modellierungen am Alpenrhein [2] bzw. aus österreichischen Schwall-Studien [3] ging bereits eindeutig hervor, dass Fließgewässerregulierungen bereits ohne Schwall-Belastung ab bestimmten Durchflüssen als Mit- bzw. Hauptverursacher eines unzureichenden oder schlechten ökologischen Zustands anzusehen sind. Vor allem bei natürlich auftretenden Hochwässern verursachen die Regulierungen eine überproportionale Belastung der Gewässersohle (spätere Ausuferung). Dies führt wiederum in den alpinen Fließgewässern neben einer Lebensraumlimitierung meist zu einer deutlichen Abpflasterung des Sohlensubstrates, welches in Kombination mit natürlichen bzw. anthropogen verursachtem Eintrag von Feinsedimenten die Qualität als Lebensraum (MZB) oder Laichplatz reduziert bzw. limitiert.

Was bedeutet aber generell der erbrachte Nachweis der Variabilität der Änderungen der benetzten Breiten [1] bzw. die Einflüsse von Hochwasserschutz-Maßnahmen für das Management von schwallbeeinflussten Fließgewässern?

In Österreich und in anderen europäischen Staaten (z. B. Schweiz) wurden bereits gesetzliche Beschränkungen des Sunk-Schwall-Verhältnisses (in Bezug auf den Abfluss) diskutiert und in nationale Gesetzgebungen implementiert [4]. Die Festlegung dieser Grenzwerte (1:5 im NGP [5]; 1:3 in der QZVÖ [4]) wurde aber ohne Berücksichtigung von möglichen Wechselwirkungen zwischen Gewässermorphologie und dem Lebensraum Fließgewässer definiert. In der Schweiz bestehen ähnliche gesetzliche Regelungen, wobei hier zusätzlich noch ein Sunk-Schwall-Verhältnis von 1:1,5 als Kriterium herangezogen wird. Mit dieser Regelung wird davon ausgegangen, dass aus einem Schwall-Sunk-Verhältnis <1,5 keine wesentliche ökologische Beeinträchtigung hervorgeht. Wobei es in der Schweiz noch zusätzliche naturräumliche und ökologische Faktoren zu beachten gilt (Art. 39a Gewässerschutzgesetz (GSchG); Art. 41e Gewässerschutzverordnung (GSchV)).

Diese generellen Grenzwertannahmen sind aber mitunter kritisch zu diskutieren. Beispielweise zeigt der Abschnitt Buchs (alternierende Kiesbänke) bei einer winterlichen Niederwassersituation als Basiswasserführung (MNQT-Wert) eine Breitenänderung bei einem Sunk-Schwall-Verhältnis von 1:1,5 von 1,2 m bis 11,97 m, abhängig davon, ob ein Furt-Profil oder ein Rinnerquerschnitt untersucht wurde. Bei einem Sunk-Schwall-Verhältnis von 1:3 werden die Unterschiede in Bezug auf die Wasserwechselzone in Buchs bereits deutlicher und lassen sich mit 4,1 m bzw. 50,1 m quantifizieren [1]. Hingegen sind bei einem theoretischen Szenario von 1:5 (übersteigt die Ausbauwassermenge des Kraftwerkes in Reichenau) wiederum einheitliche Breitenänderungen ausgewiesen (52,0 m bzw. 54,3 m), da hier bereits die Regulierungsbreite des Gewässers erreicht wurde. Für ein sommerliches Schwallszenario (Sunk-Schwall-Verhältnis 1:1,5) mit erhöhter Basiswasserführung von 157,8 m³/s (Q_{50} Sommer) wurden im Furtquerschnitt eine Breitenänderung von 1,29 m errechnet bzw. im Rinner-Querschnitt mit Kiesbankstruktur eine Änderung von 54,9 m. Im Abschnitt Mastrils hingegen ist diese Variabilität in Bezug auf den Durchfluss nicht gegeben. Trotz unterschiedlicher Querprofilcharakteristiken [1] ist die Änderung der benetzten Breiten in Abhängigkeit der Durchflussänderungen großteils ähnlich. Diese Größen sind zwar in Zusammenhang mit den variablen Anstiegs-, aber vor allem Abstiegsgeschwindigkeiten zu diskutieren, zeigen aber vor allem, dass einheitliche Grenzwertannahmen (z.B. 1:3) zu deutlich unterschiedlichen Ergebnissen in Bezug auf die Größe der Wasserwechselzone führen (abhängig von der Basiswasserführung).

4 Feststoffhaushalt und Sedimentologie

In bereits veröffentlichten Forschungsarbeiten zum Thema Schwall in Österreich [3], [6] konnte gezeigt werden, dass kleinräumig ein deutlich variabler Einfluss von unterschiedlichen Korngrößen bei Schwall und Sunk auftritt. Wie bereits in vorangegangenen wissenschaftlichen Arbeiten beobachtet bzw. publiziert (z.B. [7]), ist das Vorkommen von 0+ Bachforellen in einem Fließgewässer stark mit Strukturen im Fluss in Verbindung zu setzen, die sowohl Deckung (Cover) als auch Schutz vor erhöhten Fließgeschwindigkei-

Bild 1: Fotoaufnahmen von Bach- bzw. Seeforellenlaichplätzen in einem linksufrigen Zubringer im Untersuchungsgebiet Mastrils: a) Foto Laichgrube 6 (in Fließrichtung fotografiert), b) Foto Laichgruben 2 und 3 (gegen die Fließrichtung fotografiert) (Quelle: Hauer)

ten bieten. Die Variation der Korngrößen entlang einer Kiesbank (z. B. mittels LZA und Freezecores dokumentiert) ist entscheidend für das Überleben von juvenilen bzw. 0+ Bachforellen speziell im Winter, wenn die Bedeckung durch Vegetation fehlt und grobes Sohlenmaterial (Grobkies, Blöcke) an Bedeutung für den Lebensraum gewinnt. Shirvell [8] beschrieb in seiner Arbeit, dass juvenile Lachse bei steigendem Abfluss bzw. damit verbundenen steigenden Fließgeschwindigkeiten Strukturen an der Gewässersohle aufsuchen bzw. falls notwendig auch laterale Verschiebungen des Standplatzes (shifts) durchführen, um Bereiche mit geeigneten (nutzbaren) Fließgeschwindigkeiten zu erreichen. Vor allem in diesen theoretisch nutzbaren Habitaten ist der Einfluss der variablen Korngröße als entscheidend für ein mögliches Strandungsrisiko anzusehen. Begründet wird dies einerseits durch die Bedeutung von grobem Substrat als Cover bzw. anderseits durch den zunehmenden Einfluss von größerem Durchmesser d_{90} auf instationäre Abflussprozesse, mit einer Tendenz zur Ausprägung von so genannten „shallow pockets" (Mulden, d. h. kleinräumige, benetzte Bereiche, die bei Schwall-Rückgang gebildet werden). Wobei es im Allgemeinen festzuhalten gilt, dass in den meisten alpinen Flüssen ein Feststoffdefizit besteht und die Gewässersohlen teilweise auch Kiesbänke aus diesem Grund eine Vergröberung (Abpflasterung) der Oberfläche zeigen. Diese Formen bzw. Prozesse der Vergröberung sind oftmals verbunden mit der fortschreitenden Sohleneintiefung durch das fehlende Sedimentkontinuum.

Am Alpenrhein wurde die Sohleneintiefung in Zarn [9] quantitativ für den Zeitraum 1940 bis 1995 in unterschiedlichen Abschnitten bestimmt. Wobei aus den Arbeiten von Zarn [9] eindeutig hervorgeht, dass ein Großteil des fehlenden Sohlenmaterials (verantwortlich für die Eintiefung) durch Baggerungen, vor allem in den Zeiträumen 1950 bis 1970, entnommen wurde. Die Dynamik feinerer Kornfraktionen in Form von Schwebstoffen zeigt am Alpenrhein einen deutlichen Zusammenhang zwischen Gewässertrübe und Schwall [10], mit teilweise negativen Auswirkungen auf Substratzusammensetzung (Deckschichtkolmation in der Wasserwechselzone) und Lebensraumqualität (Reduktion der Sichtigkeit für driftfressende Fische). In der Schweiz ist die Sanierung des Geschiebehaushalts im Gewässerschutzgesetz verankert (Art. 43a GSchG, Art. 42a GSchV). Wasserkraftwerke und andere Anlagen, wie Kiesentnahmen und Geschiebesammler, welche den Geschiebehaushalt wesentliche beeinträchtigen, müssen bis 2030 geeignete Sanierungsmaßnahmen treffen. Damit kann die Situation am Alpenrhein auch hinsichtlich Geschiebe verbessert werden.

5 Zubringer und Gewässervernetzung

Im Zuge der Arbeiten am Alpenrhein im Herbst 2013 wurden auch die Möglichkeiten zur Reproduktion von kieslaichenden Fischen untersucht. Es wurden zwar theoretisch nutzbare Laichplätze (aus Grund von Fließgeschwindigkeit und Korngrößenzusammensetzung) sowohl für den Detailabschnitt Buchs als auch Mastrils ausgewiesen, es konnte aber in keinem der beiden Bereiche eindeutige Nachweise für ein erfolgtes Ablaichen im Herbst 2013 vorgefunden werden (eingeschränkte Feldarbeiten durch erhöhte Trübung; **Bild 1**). Hingegen wurde in den Zubringern des Alpenrheins ein erfolgtes Ablaichen bestätigt. Zum Teil war es dabei auch möglich bei den Laichgruben eine relative zeitliche Komponente des Anlegens mit zu bewerten. Beispielweise zeigt **Bild 1b** eine mit Feinsedimenten aufgefüllten Laichgrube. Diese Akkumulation wurde durch das oberstromige Ablaichen zu einem späteren Zeitpunkt verursacht (aktives Ausschlagen der Feinanteile). Wobei die Größe der Laichgruben, vor allem jene, welche in der größten Distanz zum Mündungsbereich angelegt wurde (ca. 250 m Entfernung), mit einer Breite von 1,05 m und einer Gesamtlänge von 1,75 m („Pit" und „Tail" zusammengerechnet) eindeutig großwüchsigen Bach- bzw. Seeforellen zuzuordnen ist.

Nebenarmsysteme bieten (Bsp. Mastrils), unabhängig vom Wasserkraftschwall, stabilere hydrologische Verhältnisse bzw. dort ist das Risiko der Erosion des Laichs durch Winterhochwässer eingeschränkt. Weiters gilt es als ganz wesentliches Kriterium für den Reproduktionserfolg dieser Gewässer festzuhalten, dass im Vergleich zum natürlich hohen Feinsedimentanteils (<0,5 mm) diese Nebengewässer nur sehr geringe Anteile

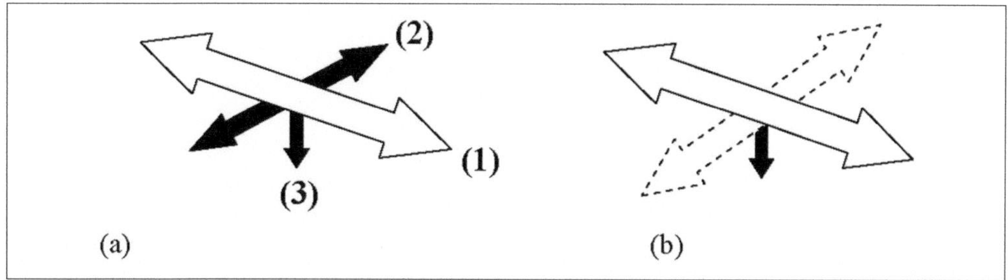

Bild 2: External Serial Discontinuity Concept: a) für gestreckte Oberläufe von Flüssen, b) Erweiterung des ESDC für schwallbeeinträchtigte (regulierte) Fließgewässerstrecken im alpinen Bereich: 1 longitudinale Komponente; 2 laterale Komponente; 3 vertikale Komponente; strichlierter Pfeil: Erweiterung der lateralen Komponente (Quelle: Hauer nach [12])

dieser Kornfraktionen besitzen und somit das Risiko einer Kolmation des Laichplatzes (geologisch bedingt) als gering einzustufen ist. Dies wird auch indirekt wiederum bestätigt durch die Nutzung dieser Gewässer (bzw. nachgewiesen in Mastrils) durch die aus dem Bodensee aufsteigende Seeforelle. Auch wurde durch Untersuchungen mittels Radiotelemetrie der EAWAG dokumentiert, dass Seeforellen aus dem Bodensee in den Vorder- und Hinterrhein aufsteigen (130 km lange Wanderdistanzen) bzw. die durchgängige Gestaltung der Zubringer ein großes Potenzial für die Reproduktion der Bach- bzw. Seeforellen besitzt [11]. In einer zusammenfassenden Diskussion ist es sicherlich möglich bzw. auch sinnvoll, die natürliche einmündenden Zubringer in Mastrils als eine Form des Referenzzustandes von Laichgewässern für den Alpenrhein auszuweisen bzw. es gibt auch bereits entsprechende Programme, z. B. die Durchgängigkeit der Landquart, wiederherzustellen.

6 Maßnahmenkonzipierung

Die bereits angeführten Diskussionspunkte zeigen, dass die Multidisziplinarität von Fließgewässern auch im Falle von möglichen Lösungen zur Schwall-Sunk-Problematik (Maßnahmenkonzipierung) berücksichtigt werden muss. Um dieser Komplexität und der Multifunktion von Fließgewässern Rechnung zu tragen, kann hier auf das von Ward und Stanford [12] weiterentwickelte River Continuum Concept (RCC), das sogenannte External Serial Disconinuity Concept (ESDC), verwiesen werden. Im ESDC sind die Flusssysteme grundsätzlich als in interaktive räumliche Ebenen ausgewiesen:

(i) longitudinale innerhalb des Flusses bzw. zwischen Fluss und Zubringer,
(ii) vertikal (Flussbett/Aquifer) und
(iii) lateral (Flussbett/Ufer- bzw. Überschwemmungsflächen).

Der ökologisch wichtigen longitudinalen Komponente (z. B. Wanderkorridore) im Bereich der Oberläufe (**Bild 2a**) wirken im Fließgewässer selbst die künstlichen Abflussschwankungen durch den Schwall negativ entgegen, wobei hier die Beeinträchtigung in Bezug auf die vertikale Sunkgeschwindigkeit in Fließrichtung mit Abstand zum verursachenden Kraftwerk abnimmt (**Bild 3**). Diese Form der hydrologischen Beeinträchtigung im Längsverlauf bedingt, dass für alpine Fließgewässer die laterale Komponente an Bedeutung zunimmt (**Bild 2b**). Die Bedeutung der lateralen Komponente, der Vernetzung mit dem Umland, wurde von Ward und Standford [12] beispielsweise für Furkationsstrecken hervorgehoben (tlw. historische Flussmorphologie in den Schwallstrecken). Im heutigen Verlauf entsprechen die regulierten Fließgewässer (Schwallstrecken) jedoch meistens dem gestreckten Typus. Ward und Standford [12] trugen in ihrer Klassifizierung von natürlichen Fließgewässern jedoch einem bedeutenden Aspekt Rechnung, nämlich dem, dass furkierende Flüsse als (hoch-) dynamische Systeme anzusprechen sind und hier der laterale Austauschprozess zu stabilen Habitaten ein Teil des funktionierenden Gewässerökosystems ist. Dies sollte auch in der Konzipierung

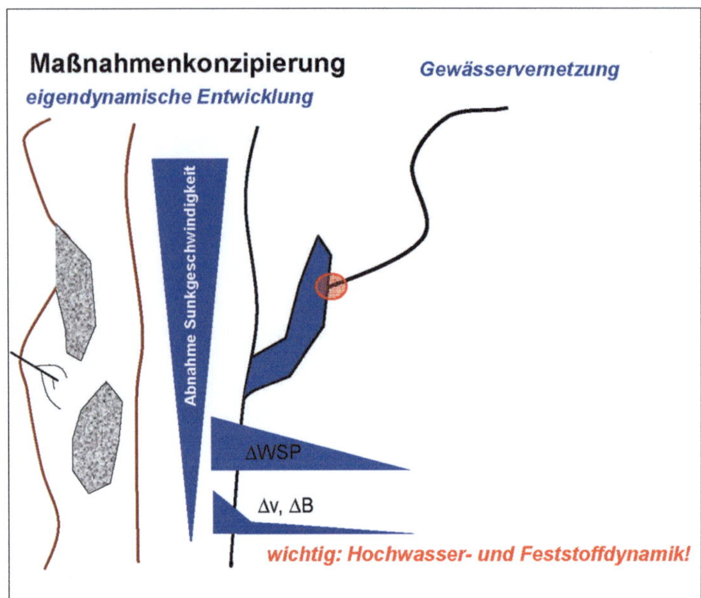

Bild 3: Schematische Darstellung der hydrologischen, hydraulischen und morphologischen Größen, die für die Konzipierung von Verbesserungsmaßnahmen zur Schwall-Sunk-Problematik von Bedeutung sind (ΔWSP: Veränderung des Wasserspiegels, Δv = Veränderung der Fließgeschwindigkeit, ΔB: Veränderung der benetzten Breite bei Schwall und Sunk) (Quelle: Hauer)

von möglichen Maßnahmen zur Reduktion des Schwalleinflusses auf die Gewässerökologie berücksichtigt werden; – die direkte Vernetzung von lateral situierten Lebensräumen (z. B. unten angebundene Buchthabitate) [3], [6] oder die Vernetzung von Zubringern mit natürlicher Abflussdynamik (**Bild 3**).

Um die Bedeutung der Zubringer zu unterstreichen, wird hier und für die weitere Diskussion zu möglichen Verbesserungsmaßnahmen der Begriff „Ökologische Anker" eingeführt. Dieser Begriff ist in Anlehnung an die „Verankerung" des „Ökologischen Potenzials" zu verstehen, da nur über die Vernetzung der potenziellen Reproduktions- und Jungfischgewässer entlang der schwallbeinflussten Gewässerstrecken eine kontinuierliche Besiedelung zumindest theoretisch ermöglicht wird. Die Zubringer sollten somit durch die so genannte „Strahlwirkung" eine positive Beeinflussung schwallbeeinflusster Gewässerstrecken zeigen. Die „Strahlwirkung" wurde bisher meist in Verwendung des Begriffs „Ökologische Trittsteine" verwendet. Als „Ökologische Trittsteine" werden (kleinräumige) renaturierte Gewässerabschnitte im Sinne einer morphologischen Aufwertung bezeichnet [13]. Wobei in der Regel der Abstand zwischen diesen „ökologischen Trittsteinen" so zu wählen ist, dass die positive Beeinflussung einer regulierten Fließgewässerstrecke durch eine lokale Maßnahme (z. B. Laichplatzverbesserung) bis zur nächsten flussab gelegenen strukturellen Aufwertung wirken sollte. Für Schwallstrecken könnte, neben einer reinen hydrologischen Sanierung, eine Kombination aus „Ökologischem Anker" und „Ökologischem Trittstein" eine Lösung bieten, um in den mehrfach belasteten Fließgewässern im Alpenraum das Ziel des guten ökologischen Potenzials zu erreichen. Für die Planung von möglichen „Ökologischen Trittsteinen" konnten in Studien aus Österreich und am gezeigten Fallbeispiel des Alpenrheins aber gezeigt werden, dass generelle Grenzwertannahmen alleine hinsichtlich des Schwall-Sunk-Verhältnisses (z. B. 1:3) nicht unmittelbar zielführend in der Konzipierung von Maßnahmen sein können.

7 Zusammenfassung und Schlussfolgerung

Aus den Arbeiten am Alpenrhein [1] und der Diskussion der Ergebnisse aus den österreichischen Schwalluntersuchungen ergeben sich folgende Schlussfolgerungen bzw. Empfehlungen für eine Maßnahmenkonzipierung:

- Falls die ökologischen Beeinträchtigungen eindeutig auf die Größe der vertikalen Sunkgeschwindigkeit zurückzuführen sind bzw. man die Prozesse der Fließenden Retention als Planungsgrundlage heranzieht, sollte der erste Detailwasserkörper (durchschnittliche Detailwasserkörperlänge ca. 4 km) flussab des Turbinenauslaufs von morphologischen (strukturellen) Maßnahmen zur Erreichung des guten ökologischen Potenzials ausgenommen werden, da in diesem Abschnitt die Veränderung der vertikalen Sunkgeschwindigkeit durch die fließende Retention am deutlichsten ist. Mögliche strukturelle Maßnahmen sollten auf eine Erhöhung der Retentionswirkung ausgelegt werden. Morphologische Maßnahmen im Sinne der Habitatverbesserung (z. B. Flachwasserbereiche) könnten in diesem Detailwasserkörper mitunter kontraproduktiv sein (hohe laterale Sunkgeschwindigkeit). In diesem ersten Detailwasserkörper flussab des Turbinenauslaufs ist ein Fokus auf die Durchwanderbarkeit zu legen bzw. der Nutzung als Adultfischhabitat. Sind die schwallbeeinflussten Gewässerstrecken aber sehr kurz bzw. wenn die Defizite von anderen hydrologischen Kenngrößen hervorgerufen werden (z. B. Q_{max} oder Pegelanstiegsrate, die z. B. zur erhöhten Verdriftung der Organismen führen kann), ist es sinnvoll, auch direkt nach der Wasserrückgabe morphologische (strukturelle) Maßnahmen zu konzipieren und umzusetzen.
- Verhältniszahlen von Q_{Basis} zu $Q_{Schwall}$ (z. B. 1:3) sind nicht allgemein als Grundlage für die Planung von Maßnahmen heranzuziehen, da sie saisonale Aspekte in der Basiswasserführung und die morphologische Variabilität nicht berücksichtigen. Für die Planung von Maßnahmen sollten die wichtigsten hydrologischen Kenngrößen der Schwall-Sunk-Abflussganglinie ($Q_{Schwall}$, Q_{Sunk} sowie Pegelrückgangs- und Pegelzunahmerate) betrachtet und diese in Bezug zu den im Gewässer festgestellten Defiziten gebracht werden.
- Für Einzelfallbeurteilungen sind die Schwall-Sunk-Beeinträchtigungen (z. B. Größe der Wasserwechselzone) saisonal in Abhängigkeit der jeweiligen Basiswasserführung getrennt zu analysieren bzw. zu bewerten. Dabei sind auch die verschiedenen Zeigerarten (meistens Äsche oder Bachforelle in Schwallstrecken) und deren Entwicklungsstadium mit zu berücksichtigen. Weiters sind die Lebensraumverhältnisse bei einem mittleren jährlichen Hochwasser (HQ_1) als entscheidend für die Qualität des Gewässerlebensraums in einer Bewertung von Schwall und Sunk mit zu betrachten.
- Im Falle von habitatlimitierenden Verhältnissen bei Sunk (z. B. sommerliche Basiswasserführung in alpinen Flüssen) ist in einem ersten Schritt morphologischen Maßnahmen gegenüber hydrologischen Maßnahmen (z. B. Reduzierung des Schwall-Sunk-Verhältnisses) der Vorzug zu geben. Im Anschluss kann gezielt auf den jeweiligen morphologischen Zustand (bevorzugt durch eigendynamische Entwicklung) eine Anpassung des Schwalls erfolgen. Eine Koordination der morphologischen und hydrologischen Maßnahmen ist unabdingbar.
- Ohne morphologische Verbesserung in stark regulierten Fließgewässerstrecken führt eine Sunkerhöhung, z. B. als Folge von Schwallausgleichsbecken, mit hoher Wahrscheinlichkeit zu keiner Verbesserung der Lebensraumverhältnisse. Verschlechterungen des Habitatangebots durch Sunkerhöhung sind möglich.
- Eine Vergröberung der Gewässersohle, z. B. durch Feststoffdefizit, führt zu einer Erhöhung des Strandungsrisikos für Jungfische (flache laterale Gradienten der Kiesbänke bzw. Einschränkung der Rückwandermöglichkeiten aus der Wasserwechselzone bei Sunk).
- Bei morphologischen Maßnahmen ist eine Bevorzugung der eigendynamischen Entwicklung (Hochwasserdynamik und übergeordneter Feststoffhaushalt sind entscheidend für die Planung und die Nachhaltigkeit einer Maßnahme) gegenüber künstlichen Strukturen als prioritär hervorzuheben.
- Einzelfallbeurteilungen für Maßnahmen im Sinne der Umsetzung von gesetzlichen Richtlinien (z. B. NGP bzw. QZVÖ sowie schweizerisches GSchG bzw. GSchV) bei Schwall-Sunk produzierenden Kraftwerksanlagen sind notwendig.

8 Danksagung

Die Autoren danken dem Verein für Ökologie und Umweltforschung (VOEU), der via_donau, dem Bundesministerium für Verkehr, Innovation und Technologie (BMVIT), dem Lebensministerium, dem Ministerium für Wirtschaft, Familie und Jugend sowie der Nationalstiftung für Forschung, Technologie und Entwicklung und den Ämtern mehrerer Landesregierungen für die finanzielle und logistische Unterstützung.

Autoren

Priv.-Doz. Dipl.-Ing. Dr. Christoph Hauer
Dipl.-Ing. Patrick Holzapfel
Univ.-Prof. Dipl.-Ing. Dr. Helmut Habersack
Institut für Wasserwirtschaft,
Hydrologie und Konstruktiven Wasserbau
Universität für Bodenkultur Wien
Muthgasse 107
1190 Wien, Österreich
christoph.hauer@boku.ac.at
patrick.holzapfel@boku.ac.at
helmut.habersack@boku.ac.at

Dr. Diego Tonolla
Institut für Umwelt und Natürliche Ressourcen
Zürcher Hochschule für Angewandte Wissenschaften (ZHAW)
8820 Wädenswil, Schweiz
diego.tonolla@zhaw.ch

Literatur

[1] Hauer, C.; Holzapfel, P.; Habersack, H.; Tonolla, D.: Hydrologische, morphologische und sedimentologische Analysen als Grundlage für die Konzipierung von Schwall-Sunk Maßnahmen – Fallbeispiel Alpenrhein. In: WasserWirtschaft 106 (2016), Nr. 1, S. xx.

[2] Holzapfel, P; Wagner, B; Zeiringer, B; Graf, W; Leitner, P; Habersack, H; Hauer, C.: Anwendung der Habitatmodellierung zur integrativen Bewertung von Schwall und Restwasser im Bereich der Wasserkraftnutzung. In: Österreichische Wasser- und Abfallwirtschaft 66 (2014), S. 179-189.

[3] Hauer, C.; Unfer, G.; Graf, W.; Holzapfel, P.; Leitner, P.; Habersack, H.: Grundlagenuntersuchung und Methodikentwicklung zur Bewertung des Wasserkraft-Schwalls bei unterschiedlichen Flusstypen. In: Österreichische Wasser- und Abfallwirtschaft 65 (2013), S. 324-338.

[4] Qualitätszielverordnung Ökologie). In: Bundesgesetzblatt der Republik Österreich, 2010.

[5] BMLFUW (Hrsg.): Nationaler Gewässerbewirtschaftungsplan Österreich. 4.1.2/0011-I/4/2010.

[6] Hauer, C; Unfer, G; Holzapfel, P; Haimann, M; Habersack, H.: Impact of channel bar form and grain size variability on estimated stranding risk of juvenile brown trout during hydropeaking. In: Earth Surface Processes and Landforms 39 (2014), S. 1 622-1 641.

[7] Klemetsen, A.; Amundsen, P.-A.; Dempson, J. B.; Jonsson, B.; Jonsson, N.; O'Connell, M. F.; Mortensen, E.: Atlantic salmon Salmo salar L., brown trout Salmo trutta L. and Arctic charr Salvelinus alpinus (L.): a review of aspects of their life histories. In: Ecology of Freshwater Fish 12 (2003), S. 1-59.

[8] Shirvell, C. S.: Effects of changes in stream flow on the microhabitat use and movements of sympatric juvenile coho salmon and Chinook salmon in a natural stream. In: Canadian Journal of Fisheries and Aquatic Sciences 51 (1994), S. 1 644-1 652.

[9] Zarn, B.: Morphologie und Geschiebehaushalt Alpenrhein – Zusammenfassender Bericht über die Untersuchungen 1985-2000. Studie im Auftrag der internationalen Regulierungskommission Alpenrhein, 2001.

[10] Holzapfel, P; Hauer, C; Habersack, H.: Modelling fluctuating turbidity due to hydropeaking operations. In: Second International Conference on the Status and Future of the World's Large Rivers, Manaus, Brasilien, 2014.

[11] Peter, A.: Die Seeforelle im Alpenrhein – ist ihre Rückwanderung in den Bodensee wieder möglich. In: Bündner Fischer 7 (2004), S. 48-51.

[12] Ward, J. V.; Stanford, J. A.: The serial discontinuity concept: Extending the model of floodplain rivers. In: Regulated Rivers Research and Management 10 (1995), S. 159-168.

[13] Grünebaum, T.: Potenziale der Fließgewässer zur Kompensation von Strukturdefiziten („Strahlwirkung") in Umsetzung der Wasserrahmenrichtlinie und NRW – Ausblick und Bewirtschaftungsziele. In: Tagung des MUNLV NRV u. a., Bonn, 23./24.01.2007.

Christoph Hauer, Patrick Holzapfel, Diego Tonolla and Helmut Habersack

Discussion of Hydrological, Morphological and Sedimentological Aspects in Terms of Hydropeaking for the Implementation of Possible Mitigation Measures

Due to the aims of the European Water Framework Directive mitigation measures for reducing the negative impacts of hydropeaking are required. Those mitigation measures have to address various aspects in hydrology, morphology and sedimentology of affected rivers. Based on studies of hydropeaking processes at the Alpenrhein and various rivers in Austria a discussion concerning various abiotic criteria is presented with the aim to provide basic knowledge for an improved implementation of mitigation measures in future.

Кристоф Хауэр, Патрик Хольцапфель, Диего Тонолла и Гельмут Хаберзакк

Обсуждение гидрологических, морфологических и седиментологических критериев выполнения мероприятий по возможному искусственному подъему и снижению уровня воды в водохранилищах

В рамках реализации целей Рамочной Директивы по воде (WRRL) в ближайшие годы потребуется проведение мероприятий по уменьшению воздействий быстрого искусственного подъема и понижения уровня воды. Эти мероприятия будут включать в себя гидрологические, морфологические, а иногда и седиментологические компоненты. В данной статье на основе исследований искусственного подъема уровня воды на Альпийском Рейне (Alpenrhein) и различных водотоках в Австрии осуществляется обсуждение определенных абиотических критериев. Целью дискуссии является обеспечение эффективного осуществления санирующих мероприятий.

Fischlifte und Fischschleusensysteme

Johann Fischer, Rudolf Metzka und Helmut Kruczek

Innovative Druckkammerfischschleuse mit energetischer Nutzung an der Talsperre Höllenstein

Die Herstellung der ökologischen Durchgängigkeit war Auflage der Genehmigungsbehörde für den Weiterbetrieb der Kraftwerke Höllenstein und Pulling am Schwarzen Regen im Bayerischen Wald. Der Betreiber, die Kraftwerk am Höllenstein AG, entwickelte für die Talsperre Höllenstein eine neuartige Druckkammerfischschleuse mit energetischer Nutzung. Dadurch brachte man Ökologie und Ökonomie in Einklang. Diese Fischaufstiegsanlage eignet sich für Talsperren und Wehrkraftwerke mit großer Fallhöhe und schwankenden Oberwasserpegel wie z. B. bei Hochwasserrückhaltebecken. Die Ergebnisse des Monitoring werden in einem gesonderten Artikel in diesem Heft der Fachzeitschrift WasserWirtschaft vorgestellt.

1 Die Talsperre Höllenstein – Historie und Konstruktion

Die Talsperre mit dem Kraftwerk Höllenstein, in einem engen Kerbtal an der Bezirksgrenze von Niederbayern zur Oberpfalz am Schwarzen Regen gelegen (**Bild 1**), wurde zum Zweck der Stromversorgung für die Stadt Straubing und der umliegenden Gemeinden 1923 bis 1925 errichtet. Mit einer 74 m langen und 19 m hohen Schwergewichtsstaumauer wird der Schwarze Regen auf eine Länge von 5,6 km aufgestaut und erreichte eine max. Fallhöhe von 12,5 m. Durch die 1963 5 km flussabwärts errichtete Talsperre Pulling reduzierte sich die Fallhöhe auf 12,0 m. Mit 3 Maschinensätzen, jeweils bestehend aus Francis-Turbine und 5-kV-Schirmgenerator, wird eine Kraftwerksleistung von 3,4 MW erreicht. Das Krafthaus ist mit 2 Grundablässen ausgestatten, die während der Bauphase der Staumauer zum Ableiten des natürlichen Abflusses erforderlich waren. Die mittlere Wasserführung des Schwarzen Regens beträgt an der Talsperre 18,0 m³/s.

Mit Beschluss vom 16. Januar 1926 wurde der Kraftwerk am Höllenstein AG die Nutzung der Wasserkraft an der Talsperre bis Januar 2001 genehmigt. Mit dem Antrag auf Verlängerung der Betriebserlaubnis im Jahr 2000 begann die Diskussion über die Wiederherstellung der ökologischen Durchgängigkeit mit der Genehmigungsbehörde und den Fachstellen.

2 Entscheidungsgrundlagen

2.1 Randbedingungen

Die topografische Lage, ein enges Kerbtal und die relativ große Fallhöhe mit ca. 12,0 m, waren eine Herausforderung für die Planer der ökologischen Durchgängigkeit an der Talsperre Höllenstein. Der massive Fels im Untergrund und das Steilufer mit einer ca. 7,50 m hohen Ufermauer im Bereich des möglichen Fischeinstiegs waren weitere Hindernisse für die Errichtung eines Umgehungsgerinnes. Diese Bedingungen veranlassten den Betreiber intensiv nach Alternativen zu suchen.

Die vorhandenen Grundablässe waren für den Kraftwerksbetrieb nicht erforderlich. Um die Möglichkeit zu erhalten, das Speicherbecken zu entleeren, hat man eine Öffnung ertüchtigt und eine Rollschütze mit Elektroantrieb eingesetzt. Die zweite Öffnung war mit einer Keilschütze und zur Sicherheit zusätzlich noch mit dem Revisionsverschluss verschlossen.

Mit dem Stollen des Grundablasses auf dem Niveau der ursprünglichen Flusssohle und dem

Bild 1: Ansicht der Talsperre mit Krafthaus (Quelle: Kraftwerk am Höllenstein AG)

oberwasserseitigen Schützenschacht bot sich nach Auffassung des Betreibers die Errichtung einer Fischschleuse an. Da aber weder Erfahrungswerte noch Untersuchungsergebnisse über die ökologische Funktion von Fischschleusen dieser Art vorlagen, wurde dieser Vorschlag von den Fachstellen äußerst skeptisch beurteilt.

2.2 Variantenstudium

Die Vorgaben der Fachberatung für Fischerei lauteten:

- Leitfische:
  Huchen (größter Fisch)
  Koppe (schwimmschwächster Fisch)
- Dotationswassermenge:
  500 l/s

Um mögliche Varianten von Fischaufstiegsanlagen beurteilen zu können, beauftragte der Betreiber ein Ingenieurbüro, eine Machbarkeitsstudie zu erstellen. In Zusammenarbeit mit der Technischen Hochschule Deggendorf wurden drei verschiede Varianten mit den Vorgaben der Fachberatung für Fischerei Niederbayern untersucht [1]:

- Variante 1: Schlitzpass serpentinenartig im linksseitigen Steilufer.
- Variante 2: Raugerinne-Beckenpass ebenfalls im linksseitigen Steilufer
- Variante 3: Druckkammerfischschleuse im vorhandenen Grundablassstollen im Krafthaus unmittelbar neben den Turbinenausläufen.

Analyse der Varianten

Vorteile der Varianten 1 und 2:

- Ausgereifte technische Varianten, die vielfach realisiert wurden.
- Standardisierte Herstellung der Becken mit Fertigteilen möglich.
- Geeignet für alle Fischarten.

Nachteile:

- Zur Überwindung eines Höhenunterschieds von ca. 12 m der Überbrückung der Verkehrsfläche ist bei den Varianten 1 und 2 ein über 300 m langes Umgehungsgerinne zu errichten, das einen erheblichen Eingriff in die sehr idyllisch gelegene Landschaft darstellt.
- Position des optimalen Fischeinstiegs liegt in einem Bereich mit felsigem Untergrund.
- Die Verkehrsfläche beim Krafthaus muss für Schwerlastverkehr untertunnelt werden

Vorteile der Druckkammerfischschleuse im Grundablassstollen:

- Der Einstieg liegt unmittelbar neben dem Kraftwerksauslauf und ist damit optimal für die Auffindbarkeit positioniert.
- Ober- und unterwasserseitig ist der Sohlenanschluss gegeben, was für schwimmschwache Fische erforderlich ist.
- Durch den hohen Energieeintrag infolge des Druckunterschieds wurde eine geringere Dotationswassermenge erwartet als bei Umgehungsgerinnen.
- In einer Kostenkalkulation stellt sich erwartungsgemäß die Druckkammerfischschleuse als kostengünstigste Variante dar, da vorhandene Bausubstanz verwendet werden kann.
- Kein Eingriff in die Landschaft erforderlich.
- Eventuell ist auch Fischabstieg möglich.
- Energetische Nutzung möglich.

Nachteile:

- Es liegen nur wenig fundierte Erkenntnisse über die ökologische Funktion vor.
- Rahmenbedingungen für die Planung und Konstruktion müssen erst erstellt werden.

2.3 Rahmenbedingungen für eine Druckkammerfischschleuse

Mit den aufgelisteten Vorteilen einer Druckkammerfischschleuse und die positiven Ergebnisse der Fischschleuse in Kahlenberg [2], konnten die Sachbearbeiter der Fachberatung für Fischerei motiviert werden, mit dem Betreiber nachfolgende Rahmenbedingungen auszuarbeiten:

- Für Betriebswasser und Lockstrom sind 500 l/s erforderlich.
- Lockstrom aus der Schleusenkammer muss konzentriert in den Kraftwerksabfluss münden.
- Lockstrom aus der Fischaufstiegsanlage zum Kraftwerksabfluss darf bei den Schleusungsvorgängen nicht unterbrochen werden.
- Maximale Druckänderung in der Schleusenkammer 0,25 bar/min.
- Schleusenkammer muss mit Sohlensubstrat ausgelegt werden.
- In der Schleusenkammer ist für Ruhezonen zu sorgen.
- Über die ökologische Funktion ist ein mehrwöchiges Monitoring durchzuführen.

3 Entwicklung einer innovativen Fischwanderhilfe mit energetischer Nutzung

Dieser Anforderungskatalog war die Grundlage für die Entwicklung einer energetisch genutzten Druckkammerfischschleuse. Die geforderte Kontinuität der Lockströmung von 500 l/s aus der Fischaufstiegsanlage machte parallel zur Schleusenkammer eine Bypassleitung erforderlich. Diese auch als Versorgungsleitung für Betriebswasser der Fischschleuse zu verwenden, machte erst eine energetische Nutzung möglich.

3.1 Projektbeschreibung

Die Druckkammerfischschleuse besteht aus einer ca. 8 m langen Stahlkammer, 1,20 m x 1,80 m (b x h), die im vorhandenen Grundablassstollen eingebracht ist (**Bild 2**). Sie stellt die Verbindung vom Ober- zum Unterwasser auf einem Niveau unter dem Unterwasserspiegel, dar und ist mit Gehäuseschieber mit hydraulischem Antrieb

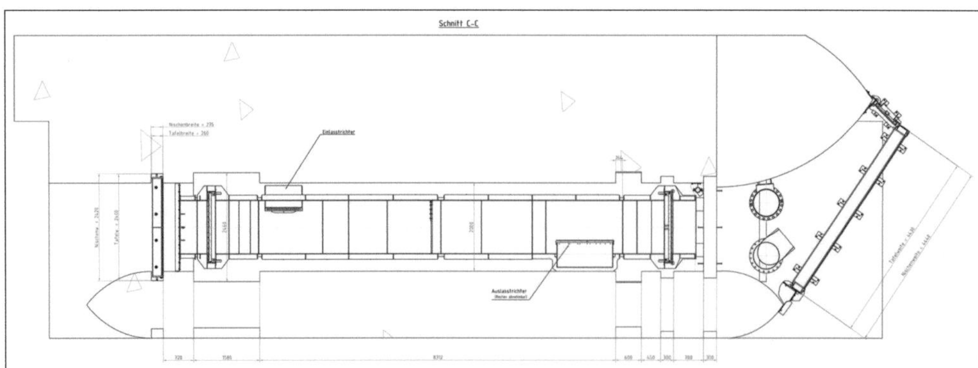

Bild 2: Querschnitt der Fischschleuse: Schleusenkammer und Einstiegsbecken (Quelle: Kraftwerk am Höllenstein AG)

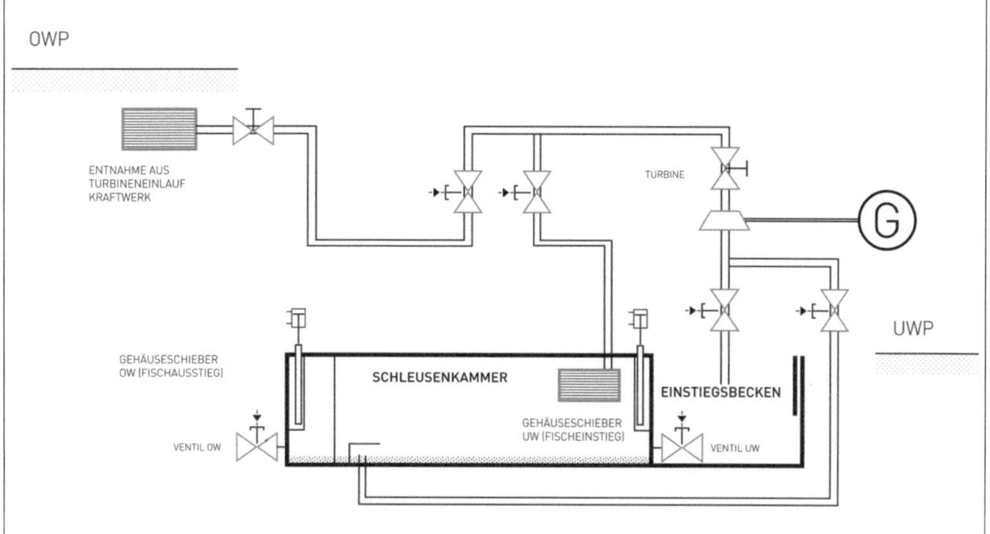

Bild 3: Steuerungsschema (Quelle: Kraftwerk am Höllenstein AG)

ausgestattet. Damit sind Fischein- und Fischausstieg wechselweise zu öffnen und zu schließen. Zusätzlich dienen ober- und unterwasserseitig je ein Ventil DN 100 zum kontrollierten Druckausgleich.

Vor dem unterwasserseitigen Fischeinstieg in die Schleusenkammer ist ein Einstiegsbecken vorgeschaltet. Dies entstand durch das Einbringen einer Schlitzstauwand zwischen den Trennpfeilern vom benachbarten Grundablass und dem Turbinenauslauf. Eine Schlitzöffnung mit den Maßen 0,5 m x 1,0 m (b x h) sorgt für den konzentrierten Ablauf der Lockströmung zum Kraftwerksabfluss und ist der Einstieg für die Fische in das Vorbecken.

Ein Rohrsystem, das ein Turbinenaggregat mit der Schleusenkammer, der zusätzlichen Entnahmestelle im Oberwasser und dem Einstiegbecken vernetzt, dient zur vollständigen energetischen Nutzung des Betriebswassers für die Fischwanderhilfe (**Bild 3**). Mit Absperrklappen können die verzweigten Zu- und Ableitungen der Betriebswasserturbine gesperrt bzw. freigegeben werden. Den Programmablauf übernimmt eine zentrale SPS-Steuerung.

Für dieses System wurde am 10.04.2014 das nationale Patent, mit der Nr. 10 2012 020 781 erteilt. Der Antrag beim Europäischen Patentamt wird noch bearbeitet.

3.2 Funktionsbeschreibung

Die Steuerung der Kammerschleuse mit energetischer Nutzung erfolgt in 4 Phasen.

Phase 1: Einschwimmphase

Unterstromiges Schütz offen, oberstromiges Schütz und Ventil geschlossen, in der Schleusenkammer herrscht der Druck des Unterwassers.

Der Lockstrom wird aus der zusätzlichen Entnahmestelle im Oberwasser über die Dotationsturbine zur Schleusenkammer in den Bereich des oberstromigen Schotts geführt und fließt durch die Schleusenkammer und das Einstiegsbecken ins Unterwasser (**Bild 4**).

Fische haben dadurch eine Orientierung, um sowohl vom Unterwasser in das Einstiegsbecken als auch vom Einstiegsbecken in die Schleusenkammer zu schwimmen.

Phase 2: Umstellungsphase

Der Ablauf aus der Dotationsturbine in das Einstiegsbecken wird geöffnet und der Ablauf in die Schleusenkammer abgesperrt (**Bild 5**). Dadurch bleibt der Lockstrom aus dem Einstiegsbecken zum Unterwasser bestehen. Die Fische haben weiterhin eine Orientierung zum Einschwimmen in das Einstiegsbecken.

Nach dem Schließen der Schleusenkammer wird über ein Ventil der Kammerdruck auf Ober-

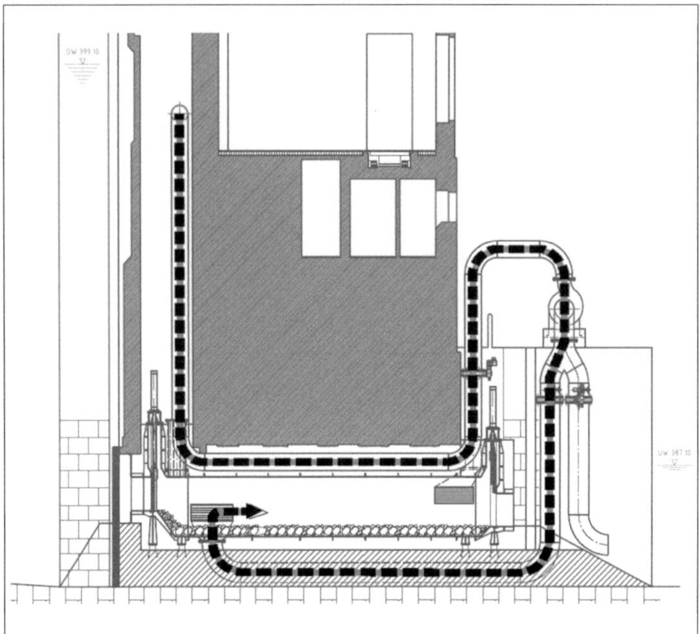

Bild 4: Lockstromverlauf in der Einschwimmphase (Quelle: Kraftwerk am Höllenstein AG)

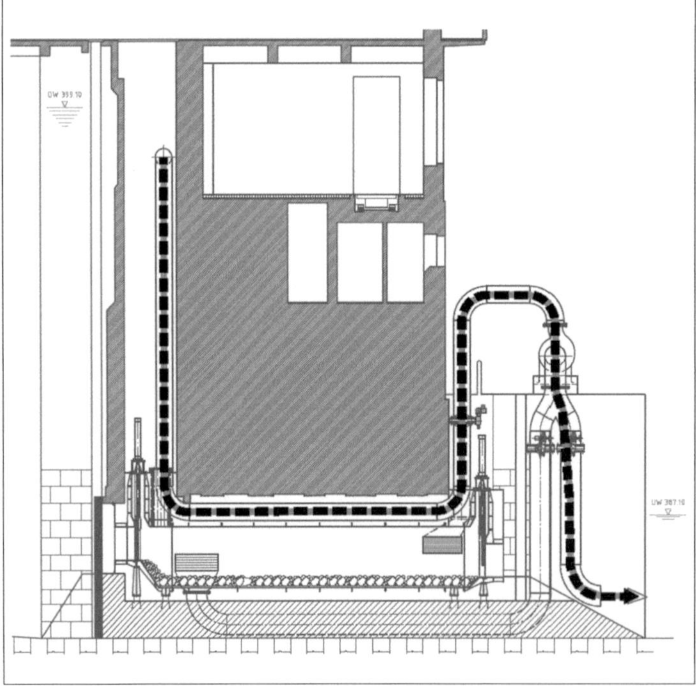

Bild 5: Lockstromverlauf in der Umstellungsphase (Quelle: Kraftwerk am Höllenstein AG)

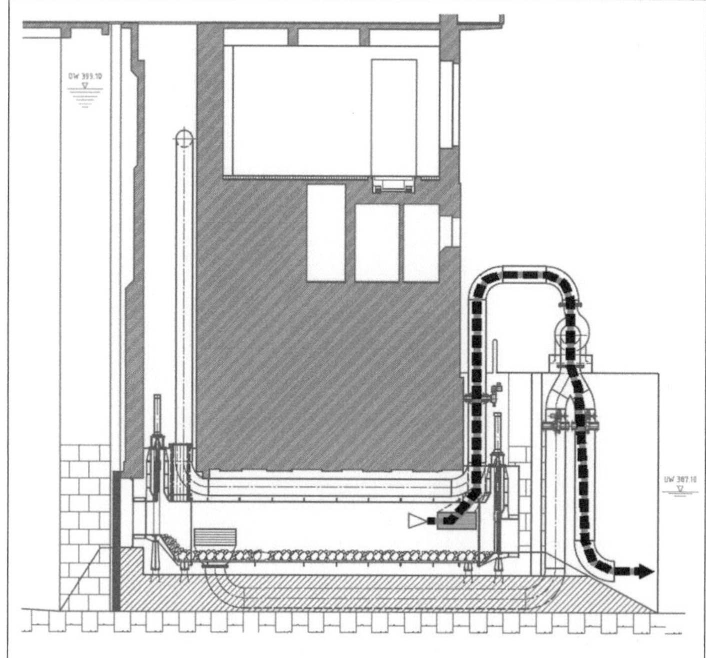

Bild 6: Lockstromverlauf in der Ausschwimmphase (Quelle: Kraftwerk am Höllenstein AG)

wasserniveau kontrolliert aufgebaut. Ist dies erreicht, wird das oberwasserseitige Schott vollständig geöffnet.

Phase 3: Ausschwimmphase

Der Zufluss zur Dotationsturbine wird nun aus der Schleusenkammer entnommen (**Bild 6**). Die Zulaufleitung aus der zusätzlichen Entnahmestelle wird geschlossen. Es herrscht nun eine Strömung vom Oberwasser durch die Schleusenkammer über die Dotationsturbine ins Einstiegsbecken und zum Unterwasser. Die Fische in der Schleusenkammer werden zum Ausschwimmen animiert, gleichzeitig haben nach wie vor die Fische im Unterwasser die Orientierung zum Einschwimmen ins Einstiegsbecken.

Phase 4: Umstellungsphase

Entnimmt man nun den Zufluss zur Dotationsturbine wieder vom Oberwasser (wie in Phase 2) und sperrt die Entnahmestelle aus der Schleusenkammer, kann diese wieder für die Einschwimmphase eingestellt werden. Das Oberwasserschott wird geschlossen und über ein Ventil der Druck in der Schleusenkammer auf Unterwasserniveau abgebaut. Ist dies erreicht, wird das unterwasserseitige Schott vollständig geöffnet und der Abfluss aus der Dotationsturbine wieder in die Schleusenkammer geleitet.

Die Ablaufsteuerung ist frei parametrierbar. Damit können die Zykluszeiten und Druckauf- und Druckabbaugeschwindigkeiten programmiert und überwacht werden.

3.3 Realisierung

Die Stahlwasserbauarbeiten, Lieferung und Montage inkl. der Ausführungsplanung führte Fa. Braun, Vöcklabruck (Österreich) aus (**Bild 7**).

Da ein Entleeren des Staubeckens aus ökologischen und ökonomischen Gründen nicht in Betracht kam, mussten diverse Vorbereitungen und Montagen durch Taucher ausgeführt werden. Dazu gehörte im Oberwasserbereich die Sedimentablagerung zu beseitigen und den Sohlenanschluss zur Schleusenkammer mit Sohlensubstrat herzustellen. Die Montage der Schlitzstauwand im Unterwasserbereich mussten ebenfalls Taucher ausführen.

Nach dem sicheren Abschotten des Stollen- und des Einstiegsbeckens konnte dieser Bereich gelenzt und mit der Montage der Stahlbaukomponenten begonnen werden. Die Schleusenkam-

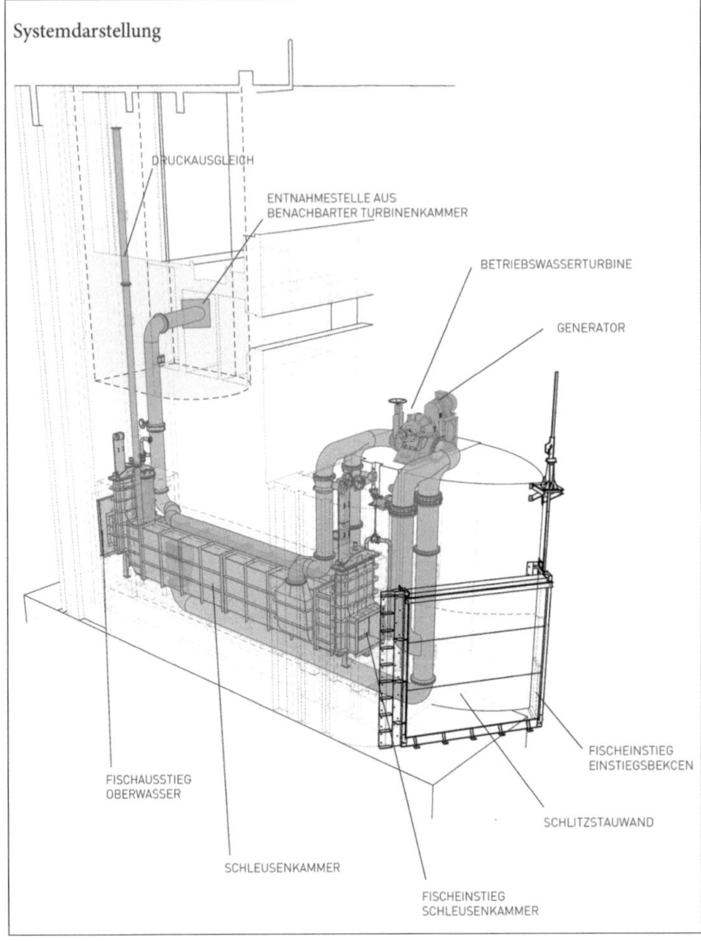

Bild 7: Systemdarstellung (Quelle: Kraftwerk am Höllenstein AG)

mer wurde in zweiteiliger Ausführung angeliefert, um diese in den beengten Stollen einbringen zu können. Nach dem Fixeren der Stahlkammer und der Gehäuseschieber wurden diese komplett verschweißt sowie die Zwischenräume von Schleusenkammer und Stollenwänden mit Beton ausgegossen (**Bild 8**).

Als Turbinenaggregat kam eine doppelflutige Kreiselpumpe (PaT), 50 kW, 550 min^{-1}, mit einem Asynchron-Generator zum Einsatz.

4 Fazit

Die baulichen Voraussetzungen an unserer Anlage haben zur Errichtung der Druckkammerfischschleuse geführt. Inzwischen konnte die ökologische Funktion in einem mehrwöchigen Monitoring nachgewiesen werden. Über dessen Ergebnisse wird in einem gesonderten Artikel in dieser Ausgabe berichtet [3].

Diese Fischaufstiegsanlage vereint mit der energetischen Nutzung Ökologie und Ökonomie in hervorragender Weise. Das System kann auf ähnliche Anlagen Anwendung finden. Es stellt für Talsperren mit größeren Fallhöhen oder schwankenden Oberwasserpegel die Möglichkeit dar, diese mit vertretbarem Aufwand ökologisch durchgängig zu gestalten. Die Dimension resultiert jeweils aus den Vorgaben der Fischereifachstellen und ist individuell an die Anlage anzupassen.

Die Installation der Schleusenkammer im Uferbereich des Unterwassers in Verbindung mit ei-

Bild 8: Blick in die Schleusenkammer Richtung Oberwasser (Quelle: Kraftwerk am Höllenstein AG)

nem Schrägkanal zum Oberwasser stellt eine Möglichkeit zum Nachrüsten von bestehenden Anlagen dar.

Dieses System, eingesetzt als kleines Wehrkraftwerk, ist für den kompletten Ausbaudurchfluss ökologisch durchgängig. Der Betrieb eines derartigen Kleinkraftwerks wäre ohne zusätzliche Fischaufstiegsanlage und damit ohne Restwasserabgabe möglich. Die Nutzung der Wasserkraft erscheint dadurch auch in ökologisch sensibleren Bereichen wieder vertretbar.

Ein Beitrag über die ersten Betriebserfahrungen folgt in einer späteren Ausgabe der WasserWirtschaft [4].

Danksagung

Herzlicher Dank geht an das Bayerische Staatsministerium für Wirtschaft und Medien, Energie und Technologie, das die Realisierung der energetischen Nutzung nach dem Programm BayINVENT förderte, und an das Landesamt für Umwelt für die finanzielle Unterstützung des Monitorings.

Autoren

Johann Fischer

Dipl. Volkswirt Helmut Kruczek

Kraftwerk am Höllenstein AG
Höllensteinsee 1, 94267 Prackenbach
j.fischer@kw-hoellenstein.de
h.kruczek@stadtwerke-straubing.de

Professor Rudolf Metzka

Technische Hochschule Deggendorf
Edlmairstraße 6 + 8
94469 Deggendorf
rudolf.metzka@fh-deggendorf.de

Literatur

[1] Metzka, R.: Ökologische Durchgängigkeit mit Fischwanderhilfen für die Talsperren Höllenstein und Pulling. Technische Machbarkeitsstudie, TH Deggendorf.

[2] Frenz, C.; Jäger, S.; Latzel, P.; Nusch, E. A.; Schneider, J.: Zur Durchgängigkeit und dem guten ökologischen Gewässerzustand? – Das Beispiel Ruhr. In: Wasser & Boden 55 (2003), Heft 1+2, S. 71–76.

[3] Schmalz, M.; Thürmer, K.: Monitoring des Fischaufstieges an der Fischschleuse Höllenstein. In WasserWirtschaft 105 (2015), Heft 7-8, S. 84-88.

[4] Fischer, J.; Schmalz, M.: Optimierung der Druckkammerschleuse mit energetischer Nutzung an der Talsperre Höllenstein. In: WasserWirtschaft 105 (2015), Heft 10.

Johann Fischer, Rudolf Metzka and Helmut Kruczek

An Innovative Pressure Chamber with Power Station for the Dam Höllenstein

Establishing an ecological way through the dam was a condition by the approving authority to continue operating power plants Höllenstein and Pulling on the river Schwarzer Regen in the Bavarian Forest. The plant operator, Kraftwerk am Höllenstein AG, developed for the dam Höllenstein an innovative pressure chamber fish sluice with power station – bringing about harmony of ecology and economy. This fish ladder is suitable for dams and weir power plants with high altitude difference and varying water levels for example a detention basin. The results of the Monitoring are presented in a separate article in this issue of the journal WasserWirtschaft.

Йоханн Фишер, Рудольф Метцка и Хельмут Кручек

Инновация: рыбоходный шлюз с камерой давления и одновременное производство энергии на плотине Хёлленштайн (Höllenstein)

Создание экологической проходимости было условием утверждения дальнейшей эксплуатации электростанций Хёлленштайн (Höllenstein) и Пуллинг (Pulling) на реке Шварцер Реген (Schwarzer Regen) в регионе Баварского леса (Bayerischer Wald) со стороны санкционирующего органа власти. Эксплуатирующая компания – электростанция «Kraftwerk am Höllenstein AG» – разработала для плотины Хёлленштайн (Höllenstein) современный рыбоходный шлюз с камерой давления, при использовании которого одновременно решается вопрос о производстве энергии. Таким образом, удалось свести воедино экологические и экономические аспекты. Рыбоподъемные сооружения такого типа подходят для использования на плотинах и приплотинных гидроэлектростанциях с большим перепадом высот и колеблющимся уровнем верхнего бьефа, таких, как например, водохранилища для аккумулирования паводковых вод. Результаты мониторинга будут представлены в отдельной статье этого выпуска специализированного журнала «Водное хозяйство (WasserWirtschaft)».

Maria Schmalz und Konrad Thürmer

Monitoring des Fischaufstieges an der Fischschleuse Höllenstein

2014 wurde die neu errichtete Fischschleuse Höllenstein einem fischökologischen Monitoring mit Hilfe eines Kamerasystems unterzogen. Die Aufzeichnungen ergaben, dass die Schleuse von vielen der vorkommenden Fischarten zum Aufstieg genutzt wurde. Der Anlage konnte eine gute Funktionsfähigkeit bescheinigt werden. Dennoch zeigten sich Defizite beim Einschwimmen der Fische in die Schleusenkammer. Daraufhin wurden verschiedene Parameter der Fischschleuse verändert. Die Verkürzung der Einschwimmphasen sowie die Beleuchtung der Schleusenkammer zeigten die deutlichsten positiven Tendenzen.

1 Einleitung

Die Forderung nach Wiederherstellung der Durchwanderbarkeit von Querbauwerken ist ein zentrales Element der Umsetzung der WRRL. In den vergangenen Jahrzehnten wurden bereits viele Staustufen mit verschiedenartigen Fischaufstiegsanlagen für flussaufwärts wandernde Fische durchgängig gestaltet. Dabei handelte es sich meist um Bauwerke mit Höhenunterschieden von wenigen Metern. Bei der Überwindung größerer Differenzen stoßen herkömmliche Fischaufstiegsanlagen oft technisch und finanziell an ihre Grenzen. An großen Staumauern oder -dämmen sollte daher auch der Einsatz anderer Techniken geprüft werden. Dabei bieten sich u. a. Fischschleusen an. Es gibt mehrere Typen und eine Vielzahl an Ausführungsformen [1]. Die Funktionsfähigkeit von Fischschleusen wurde bisher nur selten ausführlich untersucht [2], [3], [4].

An der Staumauer des Kraftwerks Höllenstein entschied man sich ebenfalls für die Errichtung einer Fischschleuse. 2014 wurde ein fischökologisches Monitoring zur Funktionsfähigkeit durchgeführt [5]. Nach Forderung der zuständigen Behörde sollten die Hauptwanderzeiten der heimischen Fische im Frühjahr und Herbst über einen Zeitraum von insgesamt 14 Wochen untersucht werden. Die Ergebnisse dieses Monitorings und die daraus gezogenen Schlussfolgerungen für Bau und Betrieb von Fischschleusen sind Bestandteil dieses Artikels. Die technische und bauliche Beschreibung der Anlage ist im Artikel „Innovative Fischschleuse mit energetischer Nutzung an der Staumauer Höllenstein" in der gleichen Ausgabe der Fachzeitschrift WasserWirtschaft [7] zu finden.

2 Untersuchungsgebiet und Methodik

2.1 Untersuchungsgebiet

Die Fischschleuse Höllenstein befindet sich nahe der Stadt Bad Kötzting am Schwarzen Regen. Die Staumauer ist das zweite Querbauwerk oberhalb der Mündung des Flusses und besitzt daher eine große Bedeutung für die Erschließung der Laichgebiete im Oberlauf. Das erste Querbauwerk bildet die Staumauer Pulling, die bereits im Jahr 2011 mit einem Schlitzpass ausgestattet wurde. Der Blaibacher See, welcher hier aufgestaut wird, bildet das Unterwasser der Wasserkraftanlage Höllenstein.

Das Gewässer wird im Untersuchungsgebiet der Äschenregion mit Übergang zur Barbenregion zugeordnet. Es ist jedoch starken strukturellen und hydrodynamischen Veränderungen unterworfen. Im Umfeld der Staumauer Höllenstein sind frei fließende Abschnitte mit kiesigem Sohlensubtrat sehr selten. Lediglich am Auslauf der Turbinen der Wasserkraftanlage (WKA) sind schnell strömende Bereiche vorhanden.

2.2 Monitoring des Fischaufstieges

Um das Fischarteninventar im Unterwasser zu erfassen, wurden zwei Elektrobefischungen im Frühjahr und im Herbst unterhalb der Staumauer durchgeführt. Die Befischungen erfolgten mit Boot und einem stationären Elektrofischereigerät auf einer Strecke von 500 m.

Die meisten Funktionskontrollen von Fischaufstiegsanlagen werden mit Hilfe von Reusen durchgeführt [6]. Die aufsteigenden Fische schwimmen in die im Oberwasser gesetzte Reuse ein und können entnommen, bestimmt und vermessen werden. An der Fischschleuse Höllenstein war der Einsatz von Reusen aufgrund der beengten räumlichen Verhältnisse und der großen Wassertiefe im Oberwasser nicht möglich.

Deshalb wurde festgelegt, dass für das Monitoring ein Kamera-Überwachungssystem eingesetzt werden sollte. Das System bestand aus folgenden Komponenten: vier analoge, wasserdichte Kameras, Infrarotstrahler (Wellenlänge 850 nm), Videoencoder sowie PC mit der Software go1984Pro. Sowohl vor der Einschwimmöffnung als auch vor der Ausschwimmöffnung der Fischschleuse wurden je zwei Kameras installiert. Da die Lichtstärke in diesen Bereichen sehr gering ist bzw. völlige Dunkelheit herrscht, wurden leistungsstarke Infrarot-LED-Strahler eingesetzt, um eine Ausleuchtung des Blickfeldes der Kameras zu ermöglichen (**Bild 1**). Die Überwachungssoftware ermöglicht eine Bewegungserkennung, so dass entsprechende Videosequenzen nur dann aufgezeichnet wurden, wenn sich verändernde Objekte identifiziert wurden. Die Sensibilität des Systems kann stufenlos eingestellt werden. Über eine Fernzugriffsfunktion konnten die Einstellungen überprüft und bei Bedarf nachjustiert werden. Da neben Fischen auch andere bewegte Objekte (Blätter etc.) aufgezeichnet wurden, mussten alle Videos gesichtet werden. Eine Arterkennung war nicht immer möglich. Sie ist u. a. abhängig von der Trübung des Wassers sowie von Schwimmgeschwindigkeit, Größe und Art des Fisches. Die Körperlänge der erfassten Tiere konnte nur grob geschätzt werden.

Bild 1: Zwei Videokameras und ein Infrarotstrahler, befestigt an einem Gestell, für den Einsatz im Oberwasser der Fischschleuse (Quelle: Hydrolabor Schleusingen)

3 Ergebnisse und Diskussion

3.1 Technisch-hydraulische Charakterisierung der Fischschleuse

Für die Beurteilung der Funktionsfähigkeit einer Fischaufstiegsanlage sind neben den biologischen Komponenten auch die baulichen und hydraulischen Gegebenheiten zu überprüfen [6]. Da die Fischschleuse Höllenstein im Betriebszustand vollständig mit Wasser gefüllt ist, konnten die Parameter nicht in situ gemessen werden.

Die Auffindbarkeit der Schleuse und des Vorbeckens ist sehr gut gegeben. Die Anordnung der Öffnung des Vorbeckens unmittelbar benachbart der Turbinenausläufe entspricht dem Stand des Wissens [1]. Wie die Elektrobefischungen und auch die Videoaufzeichnungen im Unterwasser zeigten, waren im Bereich der Öffnung und auch im Vorbecken selbst sehr viele Fische anzutreffen.

Die Ein- bzw. Ausschwimmöffnungen sind mit einer Größe von 1,0 m x 1,2 m ausreichend dimensioniert, um auch großen Fischen und Fischschwärmen eine Passage zu ermöglichen. Gleiches gilt für die Schleusenkammer mit einer Ausdehnung von 10,0 m Länge x 1,2 m Breite x 1,8 m Höhe. Die Kammer ist mit Sohlensubstrat ausgestattet. Ihre Öffnungen sind durch leichte Anrampungen sohlengleich an den Gewässergrund angeschlossen.

Die hydraulischen Verhältnisse waren mittels der Dotation der Fischschleuse und der durchflossenen Flächen abschätzbar. Im Eingangs- und Ausgangsbereich herrschen rechnerisch bei einem Zufluss von 500 l/s Strömungsgeschwindigkeiten von ca. 0,5 m/s. In der Schleusenkammer selbst sind aufgrund der größeren durchflossenen Fläche geringere Geschwindigkeiten zu erwarten. Im Bereich des Ausströmquerschnitts können sich während der Einschwimmphase abweichende Strömungsverhältnisse einstellen, die sich jedoch aufgrund der geschlossenen Kammer einer direkten Messung entziehen. Aufgrund der kontrollierten Dotation durch die Dotierturbine ist eine stark reduzierte Leistungsdichte als Maß für die Turbulenz in der Schleusenkammer zu erwarten.

3.2 Fischbestand im Unterwasser

Im Unterwasser wurden während der beiden Elektrobefischungen insgesamt 1 342 Fische aus 14 Arten gefangen. Dabei dominierten die Fischarten Plötze, Ukelei, Döbel und Flussbarsch. Rheophile Arten waren gegenüber den anspruchslosen Spezies unterrepräsentiert, was auf den Stauraumcharakter des Unterwassers zurückzuführen ist. Die Zusammensetzung der Fischfauna weicht stark vom Leitbild ab. Es dominierten Kleinfische, große Exemplare wurden selten erfasst. Dies kann jedoch auch auf die Befischungsmethodik zurückgeführt werden. Die Leit- und Bemessungsarten für den Bau der Fischschleuse, Huchen und Groppe, konnten nicht nachgewiesen werden.

3.3 Ergebnisse der Videoaufzeichnungen

Das Videosystem konnte die Anforderungen in hohem Maße erfüllen. Einschränkungen der Da-

Tab. 1: Durch Elektrobefischung und Videoaufzeichnungen erfasste Fischarten im Umfeld der Fischschleuse Höllenstein (? = Artansprache beim Aufstieg nicht sicher, (x) = im Oberwasser gesichtet, aber nicht aus Schleuse aufgestiegen)

Artname	Lateinischer Name	Elektrobefischung	Video Unterwasser	Video Oberwasser
Aal	*Anguilla anguilla*	x	x	x
Äsche	*Thymallus thymallus*			(x)
Bachforelle	*Salmo trutta*	x	x	x
Barbe	*Barbus barbus*		x	x
Blei	*Abramis brama*		x	x
Döbel	*Leuciscus cephalus*	x	x	?
Flussbarsch	*Perca fluviatilis*	x	x	x
Gründling	*Gobio gobio*	x	x	x
Hasel	*Leuciscus leuciscus*	x	x	x
Hecht	*Esox lucius*	x	x	
Karpfen	*Cyprinus carpio*	gesichtet		
Kaulbarsch	*Gymnocephalus cernuus*	x	x	(x)
Nase	*Chondrostoma nasus*		x	x
Plötze	*Rutilus rutilus*	x	x	x
Quappe	*Lota lota*	x	x	x
Schleie	*Tinca tinca*	x	x	
Schmerle	*Barbatula barbatula*	x		
Schneider	*Alburnoides bipunctatus*	x	x	x
Ukelei	*Alburnus alburnus*	x	x	x
Wels	*Silurus glanis*		x	(x)
Zander	*Sander lucioperca*			(x)

tenerfassung gab es nur bei starker Trübung des Wassers und in Zeiten mit hoher Ereignisdichte. Die Kameras und Strahler funktionierten sehr zuverlässig.

Insgesamt konnten durch die Untersuchungen 21 Fischarten im Umfeld der Fischschleuse festgestellt werden (**Tabelle 1**). Die Schmerle ist dabei die einzige Art, die nur durch die Elektrobefischung erfasst wurde. Durch die Videoaufzeichnungen konnten sechs Arten zusätzlich zur Elektrobefischung nachgewiesen werden. Sowohl im Unterwasser (im unteren Eingangsbereich der Schleuse) als auch im Oberwasser wurden jeweils 17 Fischarten festgestellt. Allerdings konnte nicht für alle dieser Arten die Nutzung der Fischschleuse belegt werden.

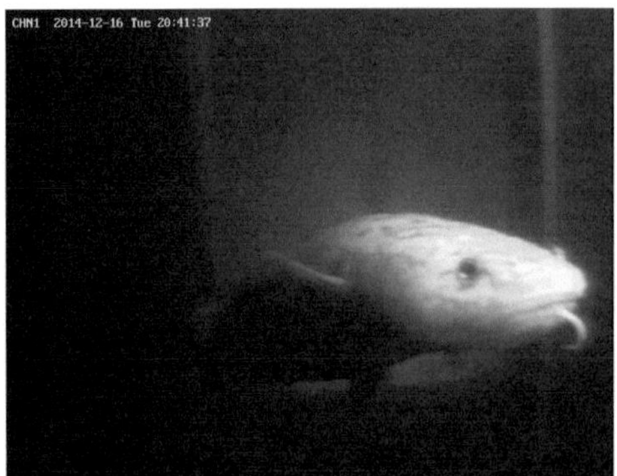

Bild 2: Videobild einer Quappe beim Ausschwimmen aus der Fischschleuse (Quelle: Hydrolabor Schleusingen)

Videoauswertung im Oberwasser

Innerhalb der Monitoringzeiträume wurden an 127 Tagen die Videoaufzeichnungen ausgewertet. Im Oberwasser waren in dieser Zeit mehr als 2 300 Fischsichtungen registriert worden. Davon konnten 1 348 Fische als aus der Schleusenkammer aufsteigend identifiziert werden (**Bild 2**). Die restlichen Sichtungen betrafen Fische, die außerhalb der Öffnungszeiten des Oberwasserschützes oder mit unklarer Bewegungsrichtung auftraten. Bei einem Großteil der Fische war nur die Bestimmung der Familie oder keine weitere Determination möglich. Die häufigste, sicher angesprochene Art war Ukelei, gefolgt von Barbe und Plötze. Der größte Teil der Fische wies eine geringe Körpergröße auf. Mit 218 Fischen wurde der höchste Tagesaufstieg am 23.05.2014 registriert. Im Frühjahr betrug der mittlere Tagesaufstieg 16 Individuen/Tag, im Herbst bei sinkenden Wassertemperaturen 5,9 Individuen/Tag.

Um die Dauer des Schleusenzyklus einstellen zu können, wurde überprüft, wann die Fische nach Öffnung des Oberwasserschützes die Schleusenkammer verließen. Die meisten Tiere verließen die Kammer sofort nach Öffnung des Schützes, innerhalb der ersten 5 bis 10 min (**Bild 3**). Demnach darf die Dauer der Ausschwimmphase diese Zeit nicht unterschreiten,

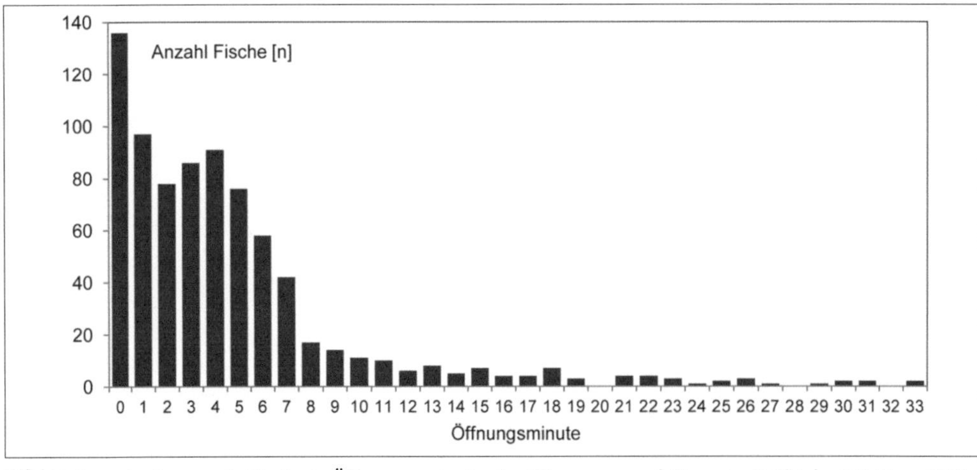

Bild 3: Ausschwimmende Fische je Öffnungsminute des Oberwasserschützes im Frühjahr 2014 (n = 813) (Quelle: [5])

kann aber durchaus auch länger sein. Empfohlen wurde eine Dauer von ca. 30 min. In Zeiten geringer Aufstiegsaktivität können die Intervalle im Allgemeinen länger sein, um den Verschleiß der technischen Anlagen zu minimieren.

In keinem Fall wurden im Oberwasser desorientierte, verletzte oder sich anderweitig auffällig verhaltende Fische registriert. Dies kann als Hinweis dafür gelten, dass die Zunahme des Druckes in der Schleusenkammer während der Angleichphase langsam genug erfolgte und die Fische dadurch nicht beeinträchtigt wurden.

Der Fischaufstieg wurde mit Hilfe des BWK-Methodenstandards bewertet [6]. Die Einschätzung erfolgt dabei über einen Vergleich der im Unterwasser anzutreffenden mit den aufgestiegenen Fischen. Für die Parameter Auffindbarkeit sowie Arten- und Größenselektivität konnte jeweils eine gute Qualitätsklasse ermittelt werden, jedoch nur eine mäßige Qualitätsklasse für den Parameter „Gesamtzahl aufgestiegene Fische". Letztgenannter Faktor berücksichtigt die Zahl der Fische pro Tag, bezogen auf den Mittelwasserabfluss. Im Untersuchungszeitraum nutzten demnach für einen Fluss dieser Größe zu wenige Fische die Schleuse. Dennoch ergab die Bewertungsmatrix zusammengefasst eine gute Funktionsfähigkeit der Fischschleuse.

Vom Oberwasser in die Schleusenkammer einschwimmende Fische wurden nur in 112 Fällen registriert. Die Schleuse wurde demnach nicht quantitativ für den Fischabstieg genutzt. Die relativ weit vom Rechen der WKA entfernte Lage und die nur zeitweise vorhandene Strömung verursachten vermutlich eine verringerte Auffindbarkeit für abwandernde Fische.

Videoauswertung im Unterwasser

Im Unterwasser konnten im direkten Eingangsbereich zur Schleuse häufig sehr viele Fische gesichtet werden. Es war jedoch nicht möglich, eine quantitative Menge der in die Schleuse einschwimmenden Fische zu ermitteln. Die Tiere zeigten rege Schwimmbewegungen und waren oft mehrmals zu sehen. Doppel- und Mehrfachzählungen wären daher nicht zu vermeiden gewesen. Prinzipiell ließ sich die Aussage treffen, dass das technisch ausgebaute Vorbecken keine abschreckende Wirkung auf wanderwillige Fische zeigte und die Auffindbarkeit der Schleuse sehr gut gegeben war. Die permanent abgegebene Leitströmung führte dazu, dass sich die Tiere auch

Tab. 2: Untersuchungszeiträume an der Fischschleuse Höllenstein mit unterschiedlichen Bedingungen (EP = Einschwimmphase, AP = Ausschwimmphase)

Zeitraum	Nr.	Dauer EP [min]	Dauer AP [min]	Strömungsverhältnisse	Beleuchtung
18.04. bis 22.04.	1	47	27	Dotation 500 l/s	Keine Beleuchtung
23.04. bis 05.05.	2	25	25	Dotation 500 l/s	Keine Beleuchtung
06.05. bis 28.08. (09.05. bis 15.05. Schleuse außer Betrieb	3	13	33	Dotation 500 l/s	Keine Beleuchtung
29.05. bis 12.06.	4	23	33	Dotation 500 l/s	Keine Beleuchtung
21.08. bis 08.09.	5	65	125	Dotation verringert, Schütze halb geschlossen	Keine Beleuchtung
09.09. bis 08.10.	6	66	67	Dotation verringert, Schütze voll geöffnet	Keine Beleuchtung
09.10. bis 12.10.	7	66	67	Dotation verringert, Schütze voll geöffnet	Beleuchtung im UW
13.10. bis 07.11. (15.10. bis 29.10. Schleuse außer Betrieb)	8	96	98	Dotation verringert, Schütze voll geöffnet	Beleuchtung im OW

während der Schließzeiten des Schützes im Vorbecken aufhielten. Viele Videoaufnahmen zeigten Einschränkungen beim Eintritt in die Schleusenkammer. Sehr häufig schwammen Fische ein, verließen die Schleusenkammer aber nach sehr kurzer Zeit, meist 10 bis 20 sec, wieder und pendelten im weiteren Verlauf vor der Öffnung hin und her. Dieses Verhalten wurde für die oben aufgeführten Defizite der Gesamtzahl aufgestiegener Fische verantwortlich gemacht. Um eine Verbesserung zu bewirken, wurden im Verlauf der Untersuchungen verschiedene Parameter der Fischschleuse verändert (**Tabelle 2**).

3.4 Anpassungen der Fischschleuse und deren Wirksamkeit für den Fischaufstieg

Um eine Aussage über die Wirksamkeit der Änderungen treffen zu können, musste das Verhältnis im Unterwasser anstehender zu aufgestiegenen Fischen gebildet werden. Da eine Quantifizierung der im Unterwasser gesichteten Fische nicht möglich war, wurde hier als Vergleichsparameter eine „Behelfszählung" durchgeführt. Dazu wurde für jeden Tag der Zeitraum mit der höchsten Fischdichte im Unterwasser ausgewählt und während einer Minute die Fische gezählt. Diese Zahl wurde dann mit den täglich im Oberwasser beim Ausschwimmen beobachteten Fischen ins Verhältnis gesetzt. Diese Berechnung stellt kein echtes Verhältnis dar. Die so ermittelten Daten können nur tendenzielle Entwicklungen ohne statistische Absicherung aufzeigen.

Als eine mögliche Ursache für die beobachteten Verhaltensweisen wurden auf die Kammer übertragene Vibrationen der Turbinen vermutet. Da die Maschinen jedoch aufgrund geringer Durchflüsse im Frühjahr 2014 häufiger nicht in Betrieb waren, ohne dass sich das Verhalten der Fische änderte, wurde diese Ursache ausgeschlossen. Auch Vibrationen der Restwasserturbine schieden mit hoher Wahrscheinlichkeit aus, da diese über das Rohrsystem auch ins Vorbecken übertragen werden müssten. Letzteres wurde jedoch von den Fischen gut angenommen.

Als weitere Ursache wurden Turbulenzen oder ungeeignete Strömungsgeschwindigkeiten in der Schleusenkammer diskutiert. Daraufhin wurde die Strömung in der Kammer während der Einschwimmphase reduziert. Dies erbrachte keinen messbaren Erfolg.

Die Dauer der Einschwimmphase wurde stufenweise verändert und variierte zwischen 13 und 125 Minuten. Bei kurzen Einschwimmzyklen zeigte sich ein tendenziell verbessertes Aufstiegsverhältnis (**Bild 4**). Vermutlich waren die Fische zu Beginn der Öffnungszeit eher bereit, länger in

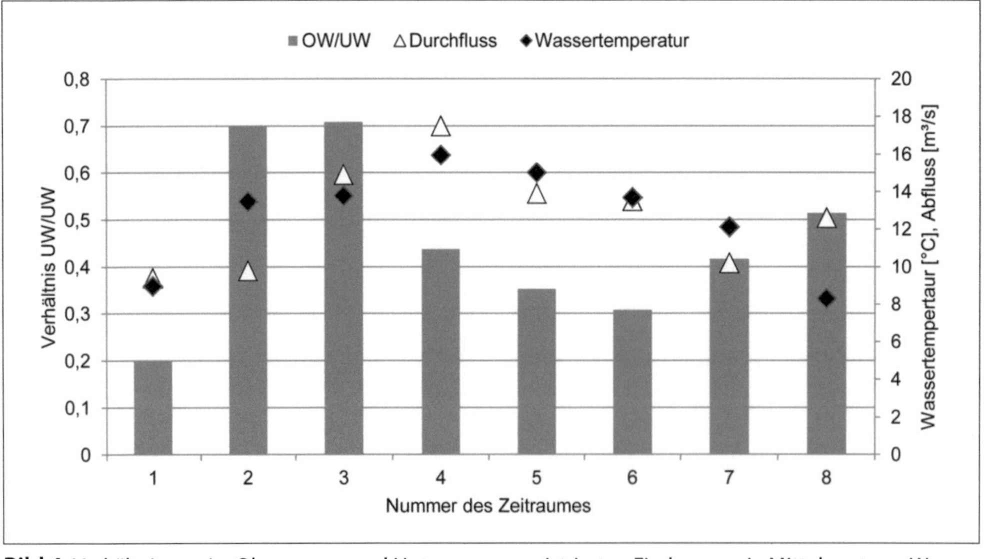

Bild 4: Verhältnis von im Oberwasser und Unterwasser registrierten Fischen sowie Mittelwert von Wassertemperatur und Durchfluss pro Zeitraum, Nummer des Zeitraumes s. Tabelle 2 (Quelle: [5])

der Kammer zu verweilen bzw. starteten häufigere Versuche.

Als eine weitere Ursache wurde die Dunkelheit in der Schleusenkammer diskutiert. Es war zu vermuten, dass vor allem tagsüber wandernde Fische die völlige Dunkelheit der Kammer mieden. Deshalb erfolgte versuchsweise die Installation einer LED-Lichtleiste. Diese wurde durch einen Wartungsschacht für einige Tage in die Schleusenkammer direkt hinter das Einschwimmschütz und danach direkt unterhalb des Ausschwimmschützes eingebracht. Diese Anpassungen zeigten tendenziell eine Verbesserung des Aufsteigerverhältnisses, vor allem bei Beleuchtung am Oberwasserschütz (**Bild 4** und **Tabelle 2**). Die Beobachtungen deuten darauf hin, dass die Lichtverhältnisse eine wichtige Rolle spielen. Aufgrund dieser Beobachtung wurde im Winter bereits eine Beleuchtung an beiden Öffnungen angebracht. Das Monitoring wurde im Frühjahr 2015 fortgesetzt, um die beobachteten Tendenzen zu verifizieren und, wenn möglich, statistisch abzusichern. Erste Beobachtungen deuten darauf hin, dass diese Anpassung tatsächlich eine wesentliche Verbesserung darstellt. Es konnten bereits wiederholt Fischschwärme beim unverzüglichen Einschwimmen in die Kammer und während der darauf folgenden Öffnung des Oberwasserschützes beim Ausschwimmen ins Oberwasser beobachtet werden.

4 Fazit und Hinweise für den Bau und Betrieb von Fischschleusen

Fischschleusen sind Bauwerke, die individuell an den Einzelstandort angepasst werden müssen. Generelle Empfehlungen sind nur eingeschränkt möglich. Aufgrund der bereits vorliegenden Erfahrungen und der aktuellen Untersuchungen können jedoch folgende allgemeine Hinweise für Ausstattung und Betrieb einfacher Fischschleusen gegeben werden:

- Die Kammer einer Fischschleuse sollte ausreichend dimensioniert werden, um auch großen Fischen und Fischschwärmen einen ausgedehnten und turbulenzarmen Aufenthaltsraum zur Verfügung zu stellen.
- Der Einstieg muss sohlengleich oder über nicht zu steile Anrampungen erfolgen. Die Schleusenkammer ist mit Sohlensubstrat auszustatten.
- Die Dauer des Schleusenzyklus muss individuell an die Verhältnisse vor Ort angepasst werden. Hierfür entscheidend sind Größe der Schleusenkammer, Lage der Einstiegsöffnungen und die Menge aufstiegswilliger Fische. An der Fischschleuse Höllenstein erwiesen sich kürzere Einschwimmphasen als tendenziell günstiger. Die Füll- und Entleerungsphasen sollten nicht so schnell wie möglich, sondern moderat erfolgen, da sich Fische häufig auch während mehrerer Zyklen hintereinander in der Kammer aufhalten [2].
- In der Schleusenkammer sollten möglichst turbulenzarme Verhältnisse in der Einschwimmphase herrschen. Dies ist bei klassischer Dotation, welche meist über die geringfügige Öffnung des Oberwasserschützes erfolgt, oft kritisch, da sich je nach Oberwasserstand hohe Fließgeschwindigkeiten mit entsprechenden Turbulenzen ausbilden können. In einem solchen Fall muss die Kammer ausreichend groß dimensioniert werden. In Höllenstein sorgt die Dotation über die Restwasserturbine für einen verringerten Leistungseintrag. Es konnte kein negativer Einfluss der energetischen Nutzung auf die Funktion der Schleuse festgestellt werden.
- Strömungsgeschwindigkeiten von ca. 0,3 m/s in der Schleusenkammer sind ausreichend und ermöglichen eine rheotaktische Orientierung der Fische. Geschwindigkeiten bis ca. 1,0 m/s sollten nur lokal auftreten.
- Fische sind bereit, auch in technisch ausgebaute Bereiche einzuschwimmen. Wichtig sind dabei vor allem hydraulisch geeignete Verhältnisse.
- Die Anordnung einer Fischschleuse muss ebenso wie die jeder anderen Fischaufstiegsanlage möglichst nah am Wanderhindernis erfolgen [1]. Dabei ist darauf zu achten, dass die austretende Leitströmung wahrnehmbar ist und nicht sofort von konkurrierenden Strömungen zerschlagen wird.
- Bei geschlossener Bauweise sollte eine Beleuchtung integriert werden. Diese muss so angeordnet sein, dass eine Reinigung gut möglich ist. Nachts sollte sie ausgeschaltet werden, um nachtaktive Fische nicht zu beeinflussen.

Fischschleusen sind bei Beachtung aller Parameter eine geeignete Alternative zu konventionellen Fischaufstiegsanlagen. Der Einsatz bietet sich vor allem bei beengten Platzverhältnissen und größeren Höhenunterschieden an. Ein Monitoring sollte unbedingt erfolgen, da es zur Funktionsweise im Detail noch viele Unsicherheiten gibt.

Autoren

Dipl.-Biol. Maria Schmalz
Dr.-Ing. Konrad Thürmer
Institut für Wasserwirtschaft, Siedlungswasserbau und Ökologie GmbH
Hydrolabor Schleusingen
Themarer Str. 16 c
98553 Schleusingen
maria.schmalz@iwsoe.de

Literatur

[1] Deutsche Vereinigung für Wasserwirtschaft, Abwasser und Abfall e. V. (Hrsg.): Fischaufstiegsanlagen und fischpassierbare Bauwerke – Gestaltung, Bemessung, Qualitätssicherung. In: DWA-Merkblätter (2014), M 509.

[2] Schmalz, M.: Funktionskontrolle der Fischaufstiegsanlagen an den Wasserkraftanlagen Spichra, Mihla und Falken an der Werra. Gutachten im Auftrag der e.on Thüringer Energie AG, 2012 (unveröffentlicht).

[3] Forbes, H. E.; Smith, G. W.; Johnstone, A. D. F. et al.: An assesment oft the effectiviness of a borland lift fish pass in permitting the passage of adult Atlantic salmon (Salmo salar L.): year 2 of a three year study. In: Fisheries Research Services Report No. 04/00, 2000.

[4] Redeker, M.: Wiederherstellung der Gewässerdurchgängigkeit für die Aquafauna an Talsperren. Was ist machbar? Was ist sinnvoll? In: WasserWirtschaft 95 (2005), Heft 1/2, S. 35-40.

[5] Schmalz, M.: Funktionskontrolle der Fischschleuse an der Wasserkraftanlage Höllenstein am Schwarzen Regen. Gutachten im Auftrag der Kraftwerk am Höllenstein AG, 2014.

[6] Bund der Ingenieure für Wasserwirtschaft, Abfallwirtschaft und Kulturbau (BWK) (Hrsg.): Methodenstandard für die Funktionskontrolle von Fischaufstiegsanlagen. BWK-Fachinformation (2006), Nr. 1.

[7] Fischer, J.; Metzka, R.; Kruczek, H.: Innovative Druckkammerfischschleuse mit energetischer Nutzung an der Talsperre Höllenstein. In WasserWirtschaft 105 (2015), Heft 7-8, S. 78-83.

Maria Schmalz and Konrad Thürmer

Evaluation of the upstream movement of fish at the fish lock Höllenstein

In the year 2014 the function of the new fish lock Höllenstein was evaluated by a simple camera system. The videos showed that most of the occurring fish species could pass the lock. The fish lock has a good function. Nevertheless there was a deficit of fish swimming into the chamber of the fish lock. Because of this some modifications of functional and technical parameters of fish lock were realized. The most helpful modifications were reduction of time of the entering period and the illumination of the chamber.

Мария Шмальц

Мониторинг подъема рыбы на рыбоходном шлюзе Хёлленштайн (Höllenstein)

В 2014 году на новом рыбоходном шлюзе Хёлленштайн был проведен экологический мониторинг рыбы с использованием камерной системы. Наблюдения показали, что шлюз использовался многими видами рыб для осуществления подъема. Была подтверждена хорошая функциональная пригодность сооружения. Тем не менее, были выявлены проблемы, например, при заплывании рыб в шлюзовую камеру. Вследствие этого различные параметры рыбоходного шлюза были изменены. Сокращение периодов заплывания рыбы, а также освещение шлюзовой камеры принесли очевидные положительные результаты.

Johann Fischer und Maria Schmalz

Optimierung der Druckkammerfischschleuse mit energetischer Nutzung an der Talsperre Höllenstein

Talsperren und Flusskraftwerke ökologisch durchgängig zu gestalten, ist ein Entwicklungsziel der Wasserrahmenrichtlinie für die Flusssysteme. Diese mit konventionellen Fischaufstiegsanlagen zu realisieren, geht zu Lasten der regenerativen Energieerzeugung. Die patentierte Druckkammerfischschleuse mit energetischer Nutzung an der Talsperre Höllenstein am Fluss Schwarzer Regen im Bayerischen Wald konnte mit den ersten Betriebserfahrungen und den Ergebnissen aus dem fischökologischen Monitoring optimiert werden. Damit sind beide Ziele sowohl der ökologischen Verbesserung der Flusssysteme als auch des Erhalts bzw. des Ausbaus der regenerativen Energieerzeugung vereinbar.

1 Einleitung

Im Oktober 2013 konnte an der Talsperre Höllenstein eine Druckkammerfischschleuse mit einer vom Betreiber entwickelten energetischen Nutzung in Betrieb genommen werden. Die Konstruktion und Funktion wurde bereits in einem vorhergehenden Beitrag in dieser Fachzeitschrift ausführlich beschrieben [1]. Durch die ersten Betriebserfahrungen und das ausführliche Monitoring konnte das System weiter optimiert werden und brachte auch für die Fischbiologen wertvolle Erkenntnisse. Die technische Ausrüstung hat sich bewährt und konnte teilweise für Grundlagenforschung an Fischschleusen genutzt werden (**Bild 1**).

2 Technisches Equipment

Die 8,0 m lange Stahlkammer, 1,20 m x 1,80 m (b x h), die im vorhandenen Grundablassstollen eingebracht wurde, stellt die Verbindung vom Ober- zum Unterwasser auf dem Niveau unter dem Unterwasserspiegel dar und ist mit Gehäuseschieber mit hydraulischem Antrieb versehen. Damit sind Fischein- und -ausstieg wechselweise verschließbar. Für den kontrollierten Druckauf- und -abbau dienen ober- und unterwasserseitig je ein Ventil DN 100. Vor dem unterwasserseitigen Fischeinstieg in die Schleusenkammer ist ein Einstiegsbecken vorgeschaltet. Vom Unterwasser führt ein Schlitz mit 0,5 m x 1,0 m (b x h) ins Einstiegsbecken, der mit einem Gleitschütz mit Zahnstangenwinde verschließbar ist.

Das Rohrsystem, das das Turbinenaggregat mit der Schleusenkammer, der zusätzlichen Entnahmestelle im Oberwasser und dem Einstiegbecken vernetzt, hat die Nennweite DN 500 für Turbinenzulauf und DN 600 für den Turbinenablauf. Für die Freigabe bzw. das Absperren der Turbinenzu- und -ablaufleitungen dienen exzentrische Absperrklappen. Diese werden ebenfalls mit hydraulischen Antrieben betätigt. Für die Druckölversorgung dient ein Hydraulikaggregat mit Blasenspeicher, um die Notschlussfunktion für das Turbinenaggregat zu gewährleisten.

Als Turbine wurde eine doppelflutige Kreiselpumpe (PaT) der Fa. Andritz, Typ FP 60-500, ohne Reguliereinrichtung eingesetzt. Die Turbinenkennlinie weist im optimalen Betriebspunkt bei einer Fallhöhe von 12,0 m und 0,5 m^3/s eine Leistung von 50 kW aus. Durch die unterschiedlichen Betriebsweisen sowie Ein- bzw. Ausschwimmphasen sind auch unterschiedliche Strömungsverluste zu berücksichtigen. Bei einer mittleren

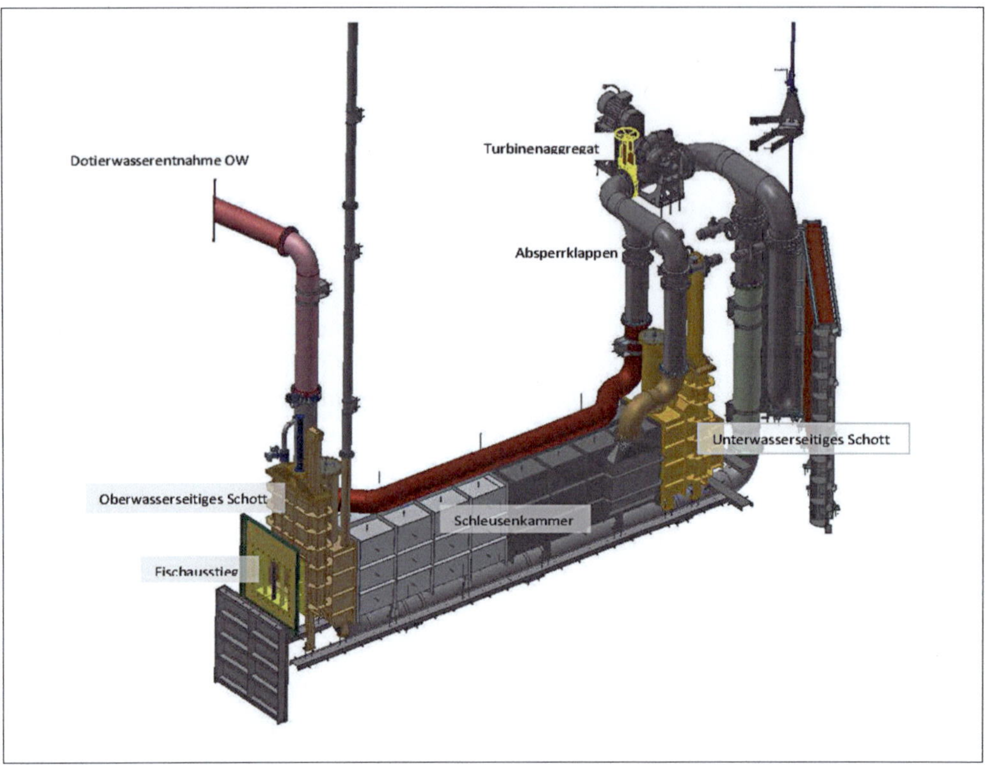

Bild 1: Systemdarstellung der Druckkammerfischschleuse (Quelle: Fa. Braun)

Fallhöhe von 11,60 m werden bis zu 40 kW Abgabeleistung erreicht. Die Steuerung sowohl der Turbinenabsperrklappen als auch der Ein- und Ausstiegsschotts übernimmt eine SPS. Eine Anpassung der Intervallzeiten und in begrenztem Umfang auch der Strömungsbedingungen nach den ökologischen Anforderungen ist dadurch problemlos möglich (**Bild 2**).

3 Optimierungsmaßnahmen

3.1 … an der Technik

Bei der Inbetriebnahme traten Unregelmäßigkeiten bei der Druckaufbau- und -abbausteuerung auf. Lufteinschlüsse in der Schleusenkammer, verursacht durch eine unzureichende Wellenabdichtung, verhinderten eine kontrollierte Steuerung. Da derartige Zustände im Dauerbetrieb nicht vollständig auszuschließen waren, installierte man automatische Entlüftungsventile an den Schieberkammern. Das Diagramm in **Bild 3** zeigt, dass nun die Druckverhältnisse in der Schleusenkammer der Sollwertlinie präzise angepasst werden können.

3.2 … resultierend aus dem fischökologischen Monitoring

Die Funktionsfähigkeit von Fischschleusen wurde bisher selten ausführlich untersucht. Die Ergebnisse der ersten Untersuchungen an der Schleuse Höllenstein wurden in einer vorhergehenden Ausgabe dieser Fachzeitschrift veröffentlicht [2]. An der Anlage in Höllenstein konnte aufgrund der Vielzahl von Einstellmöglichkeiten in gewissen Rahmen auch Grundlagenforschung hinsichtlich fischökologischer Fragestellungen betrieben werden. Die Koautorin konnte während des fischökologischen Monitorings in den Jahren 2014 und 2015 innerhalb mehrerer Untersuchungsreihen den Einfluss verschiedener Parameter auf den Fischaufstieg näher untersuchen.

Bild 2: Montage des Turbinenaggregats (Quelle: Kraftwerk am Höllenstein AG)

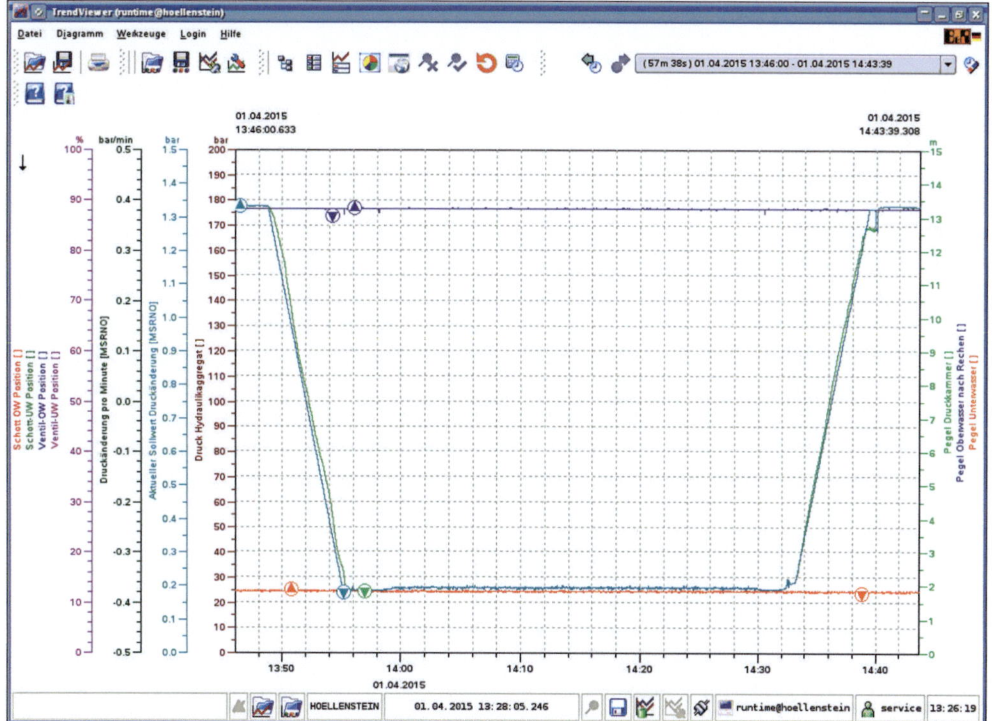

Bild 3: Diagramm der Drucksteuerung (Quelle: Kraftwerk am Höllenstein AG)

Bild 4: Einblick in die beleuchtete Schleusenkammer (Quelle: Kraftwerk Höllenstein AG)

Vor allem der Einfluss einer Beleuchtung der Schleusenkammer sowie der Einfluss der Dauer der Einschwimmphase wurden einer näheren Betrachtung unterzogen.

3.2.1 Beleuchtung der Schleusenkammer

Die ursprünglich für Versuchszwecke eingerichtete, mobile Beleuchtung der Schleusenkammer zeigte während der ersten Untersuchungsphase im November 2014 positive Tendenzen auf das Aufstiegsverhalten der Fische. Für das erweiterte Monitoring im Frühjahr 2015 wurden am Ein- und Ausstieg der Kammer je eine Beleuchtung installiert. Für genaue Untersuchungen wurde die Beleuchtung über einen Zeitraum von 14 Tagen jeweils zwei Tage ein- und zwei Tage ausgeschaltet. In den Tagen mit Beleuchtung stiegen deutlich mehr Fische auf (durchschnittlich 626 pro Tag), als an den Tagen, an denen die Schleusenkammer komplett dunkel war (durchschnittlich 13 pro Tag). Häufig konnte während der dunklen Zeiten gar kein Fischaufstieg beobachtet werden. Die Fische schwammen während der Beleuchtungsphasen zudem deutlich zuverlässiger in die Schleusenkammer ein. Die Beleuchtung war somit der wesentliche Faktor für die Funktionsfähigkeit der Fischschleuse (**Bild 4**).

3.2.2 Anpassung des Schleusungszyklus

Im Rahmen des Monitorings 2014 wurde festgestellt, dass sich eine Verkürzung der Einschwimmphase tendenziell positiv auf die Funktion der Fischschleuse auswirkt. Beim Zusatzmonitoring 2015 wurden innerhalb von 14 Tagen drei verschiedene Längen der Einschwimmphase getestet. Dabei stellte sich heraus, dass sowohl kurze Einschwimmphasen mit einer Dauer von 15 min als auch längere Phasen mit 60 min eine verbesserte Nutzung der Schleuse bewirkten. Eine Dauer von 30 min zeigte keine gesteigerten Aufstiegszahlen. Es wurde daher empfohlen, in Zeiten starker Aufstiegsaktivität die Dauer der Einschwimmphase zu verkürzen, um den Fischen lange Wartezeiten zu ersparen.

3.2.3 Veränderung der Strömungsgeschwindigkeit

Nach den ersten Beobachtungen 2014 war spekuliert worden, ob die Strömung in der Schleusenkammer für einschwimmende Fische evtl. zu hoch angesetzt worden war. Die Fische schwammen damals nur kurz in die Schleusenkammer ein und verließen sie dann sofort wieder. Daraufhin wurde die Strömungsgeschwindigkeit reduziert. Dies erbrachte jedoch keine positiven

Bild 5: Massenaufstieg am 27.04.15 beim Ausschwimmen aus der Schleusenkammer (Quelle: [3])

Effekte. Auch im Jahr 2015 wurde nochmals ein kurzer Versuch mit reduzierter Geschwindigkeit durchgeführt, der ebenfalls keine Veränderungen im Einschwimmverhalten bewirkte. Die in der Kammer herrschende Strömungsgeschwindigkeit von 0,3 bis 0,5 m/s ist demnach als geeignet anzusehen.

3.2.4 Resümee der Optimierung

Insgesamt konnte durch die Anpassungen der Schleuse vor allem hinsichtlich der Beleuchtung eine deutliche Steigerung der Aufstiegsaktivität erreicht werden. Während im Jahr 2014 innerhalb von 127 Tagen ca. 1 300 Fische aufstiegen, konnten im Frühjahr 2015 innerhalb von 30 Tagen ca. 23 000 Fische erfasst werden. Aufgrund der hohen Fischzahl gestaltete sich die Quantifizierung schwierig, gegebenenfalls sind diese Zahlen sogar noch höher anzusetzen. Es konnten zudem einige Fischarten beim Aufstieg beobachtet werden, die 2014 nicht erfasst wurden, z. B. Flussbarsch und Döbel. Der Fischschleuse kann durch die Veränderungen nunmehr eine gute Funktionsfähigkeit bescheinigt werden.

4 Fazit

Die erste Betriebsphase der Druckkammerfischschleuse mit energetischer Nutzung konnte erfolgreich abgeschlossen werden. Vor allem zeichnet sich diese Anlage durch die vielen Eingriffsmöglichkeiten zur Optimierung aus. So kann sowohl auf physikalische als auch auf ökologische Einflüsse reagiert werden. Insbesondere ist festzuhalten, dass die energetische Nutzung für die ökologische Funktion aufgrund der kontrollierten Dotation ein großer Vorteil ist. Es kann eine ausreichende Leitströmung zur Verfügung gestellt werden, ohne dass in der Schleusenkammer zu hohe und unkontrollierbare Turbulenzen entstehen.

Autoren

Johann Fischer
Kraftwerk am Höllenstein AG
Höllensteinsee 1
94267 Prackenbach
j.fischer@kw-hoellenstein.de

Dipl.-Biol. Maria Schmalz
Institut für Wasserwirtschaft,
Siedlungswasserbau und Ökologie GmbH
Hydrolabor Schleusingen
Themarer Straße 16 c
98553 Schleusingen
maria.schmalz@iwsoe.de

Literatur

[1] Fischer, J.; Metzka, R.; Kruczek, H.: Innovative Druckkammerfischschleuse mit energetischer Nutzung an der Talsperre Höllenstein. In: Wasserwirtschaft 105 (2015) Heft 7-8, S. 80-85.

[2] Schmalz M.; Thürmer, K.: Monitoring des Fischaufstiegs an der Fischschleuse Höllenstein. In: Wasserwirtschaft 105 (2015) Heft 7-8, S. 86-90.

[3] Schmalz, M.: Funktionskontrolle der Fischschleuse an der Wasserkraftanlage Höllenstein am Schwarzen Regen. Anhang zum Abschlussbericht, Schleusingen, 2015.

Johann Fischer and Maria Schmalz

Optimization of the Patented Fish Sluice with Pressure Chamber and Energetic Utilisation at the Dam Höllenstein

To ensure ecological passability at dams and weir power plants is one of the main development goals of the Water Framework Directive for river systems. But using conventional fish migration facilities on waterways involves losses of the production of renewable energy. The patented newly created fish sluice with pressure chamber and energetic utilisation at the dam Höllenstein on the river Schwarzer Regen in the Bavarian Forest has been optimized based on the first experiences and the fish ecological Monitoring programs. Therefore the method in Höllenstein has fulfilled both ecological improvements of the river systems and the expansion of power generation from renewables.

Йоханн Фишер и Мариа Шмальц

Оптимизация работы рыбного шлюза с камерой давления в условиях получения энергии на плотине Хёлленштайн (Höllenstein)

Обеспечение проходимости водохранилищных плотин и речных гидроэлектростанций с точки зрения экологии является одной из целей реализации Рамочной Директивы по воде, касающихся речных систем. При претворении ее в жизнь посредством использования обычных рыбоподъемных установок это может быть осуществлено только за счет возобновляемых источников энергии. Благодаря получению первого опыта эксплуатации и рыбо-экологического мониторингу, проведенному на водохранилищной плотине Хёлленштайн (Höllenstein) на реке Шварцер Реген (Schwarzer Regen) в регионе Баварский Лес, появилась возможность оптимизации работы запатентованного рыбного шлюза с камерой давления и возможностью получения энергии. За счет этого были приведены в соответствие обе цели – улучшение экологического состояния речных систем и получение, а также расширение использования энергии из возобновляемых источников.

Matthias Meyer, Steffen Schweizer, Elena Andrey, Andres Fankhauser, Sandro Schläppi, Willy Müller und Martin Flück

Der Fischlift am Gadmerwasser im Berner Oberland, Schweiz

Im Jahr 2013 wurde durch die Kraftwerke Oberhasli AG (KWO) beim Ausgleichsbecken Fuhren ein Fischlift in Betrieb genommen. Vorangegangen war eine intensive Planungsphase mit einem Variantenstudium zur freien Fischwanderung in diesem Abschnitt des Gadmerwassers. Dabei zeigte sich, dass der Bau eines Fischliftes sowohl fischökologisch als auch ökonomisch die beste Lösung für diesen Standort darstellt. Eine große Herausforderung bestand darin, eine funktionsfähige Fischauf- und -abstiegsanlage für die Bachforelle als Zielart trotz 2 m Wasserspiegelschwankungen im Oberwasser und einem definierten Restwasserregime im Unterwasser zu realisieren. Ein kamerabasiertes Langzeitmonitoring bestätigt die flussaufwärtsgerichtete Funktionsfähigkeit.

1 Einleitung

Seit dem 1. Januar 2013 erfüllt die Kraftwerke Oberhasli AG (KWO) die Vorgaben zur Restwassersanierung nach Artikel 80 ff. des schweizerischen Gewässerschutzgesetzes (GSchG) [1]. Mit elf Restwasserabgaben, einer Geschiebedotierung, einem Verzicht auf eine künftige Nutzung und einer Maßnahme zur Verbesserung der Durchgängigkeit für Fische handelt es sich hierbei um den umfangreichsten Sanierungsfall der Schweiz. In 2010 wurde die Umsetzung der Restwassersanierung in einem breit angelegten Begleitgruppenprozess zum Investitionsprogramm KWO plus thematisiert [2]. Im Rahmen der Ausbauprojekte von KWO plus sind verschiedene Ausgleichsmaßnahmen, wie z. B. Fluss- und Auenrevitalisierungen oder Fassungsaufgaben, vorgesehen und in einer Schutz- und Nutzungsplanung zusammengefasst. Um möglichst viele Synergien zu erzielen, wurden daher auch die Maßnahmen der Restwassersanierung in diese Gesamtsicht integriert.

Einen Sonderfall stellte dabei die Fassung Fuhren (inkl. Ausgleichsbecken) am Gadmerwasser dar. In der unmittelbaren Umgebung der Wasserentnahme sind verschiedene ökologische Aufwertungen realisiert worden bzw. in der Planung: Im Unterlauf und Oberlauf mehrere Auen- und Flussrevitalisierungen, die Erhöhung der Restwassermengen in den Zuflüssen des Gadmerwassers sowie eine ökologisch motivierte Geschiebedotierung im Oberlauf [3].

Bis zur Umsetzung der Restwassersanierung trennte die Fassung Fuhren zwei Gebirgsbachabschnitte von rund 1 200 m im Unterlauf und 3 500 m im Oberlauf. Am jeweiligen Ende der beiden Abschnitte befinden sich natürliche Abstürze, die eine flussaufwärtsgerichtete Fischmigration verhindern [4].

Aufgrund dieser Rahmenbedingungen drängte sich sozusagen als letztes fehlendes Puzzleteil eine Maßnahme zur Vernetzung der beiden Abschnitte auf. In den Verhandlungen im Begleitgruppenprozess wurde entweder eine vollständige Fassungsaufgabe, verbunden mit einer Minderproduktion von rund 30 GWh/a, oder als Alternative eine Maßnahme zur Gewährleistung der Fischmigration gefordert. Aufgrund der hohen Einbußen in der Stromproduktion bei einer Fassungsaufgabe wurde diese Variante verworfen.

2 Die Kraftwerksanlage

Oberhalb der Fassung in Fuhren wird das zufließende Wasser in einem Ausgleichsbecken temporär gespeichert. Dadurch wird das Gadmerwasser auf einer Länge von rund 200 m aufgestaut. Das ausgeleitete Wasser wird mit einer maximalen Ausbauwassermenge von 2 m^3/s in das höhergelegene Kraftwerksystem Trift gepumpt, um anschließend über eine Kraftwerkskaskade zur Stromerzeugung abgearbeitet zu werden.

In der Regel wird das Ausgleichsbecken beim Erreichen einer maximalen Staukote von 1 152 m ü. M. vollständig bis zur minimalen Betreibskote von 1 150 m ü. M. abgesenkt. Im Zeitraum, in dem sich das Becken durch den Zufluss des Gadmerwassers füllt, wird im Normalbetrieb kein Wasser ausgeleitet. In Abhängigkeit des Zuflusses resultieren dementsprechend Wasserspiegelschwankungen von täglich 2 m (während der Schneeschmelze und bei größeren Niederschlagsereignissen) bzw. wöchentlich (im Winter oder während längeren Perioden ohne Niederschlag).

Der Höhenunterschied zwischen Ober- und Unterwasser beträgt beim Querbauwerk bei Vollstau 5,75 m. Zur vollständigen Entleerung des Ausgleichbeckens kann das Einzelsegmentschütz geöffnet werden. Dies findet entweder während Revisionsarbeiten oder bei Hochwasserereignissen statt. Während dieser Zeit sind die Fischmigration und der Geschiebetransport sichergestellt.

Beim Bau der Anlage im Jahre 1960 wurde der Fischauf- und -abstieg nicht berücksichtigt.

Unmittelbar am Stolleneinlauf befindet sich ein Grobrechen mit einem lichten Stababstand von 100 mm und 15 m weiter im Stolleninnern ist ein Feinrechen mit einem lichten Stababstand von 22 mm inklusive einer Rechenreinigungsmaschine angeordnet.

3 Definition der Zielart

Auf der Fuhrenebene kommt als heimische Fischart nur die Bachforelle *(Salmo trutta fario,* **Bild 1**) vor und ist aus fischökologischer Perspektive die einzige zu berücksichtigende Zielart. Vereinzelt konnte der Bachsaibling *(Salvelinus fontinalis)* nachgewiesen werden [5]. Bestandserhebungen zeigten, dass in den beiden (fast) isolierten Gewässerabschnitten eine vitale Bachforellenpopulation mit einer natürlichen Altersstruktur lebt (**Tabelle 1**). Bedingt durch die Höhenlage von ungefähr 1 150 m ü. M. kommen Einzelindividuen mit einer Größe von über 45 cm äußerst selten vor.

Sowohl der Unter- als auch der Oberlauf des Gadmerwassers werden als Pachtgewässer vom lokalen Fischereiverein bewirtschaftet. In der Regel findet ein Besatz mit Vorsömmerlingen und

Bild 1: Eine Bachforelle, die Zielart beim Ausgleichsbecken in Fuhren (Quelle: Meyer)

Tab. 1: Die Fischbestandserhebungen aus dem Jahr 2012 (BS = Bachsaibling) (Quelle: Meyer)

	5 bis 9 cm	10 bis 14 cm	15 bis 19 cm	20 bis 24 cm	25 bis 29 cm	30 bis 34 cm	35 bis 39 cm	40 bis 44 cm	Anzahl BF Gesamt
2012 E-Befischung Unterwasser (200 m, nach Büsser 2012)	2	2	10	13	10	2	0	0	39
2012 E-Befischung Oberwasser, oberhalb Ausgleichsbecken (200 m, nach Büsser 2012)	6	1	6	17	3	1	1	0	35
2012 E-Befischung Oberwasser, bei Obermaad (200 m, nach Büsser 2012)	0	0	1	(1 BS)	0	0	0	0	1

teilweise auch mit mehrjährigen Fischen aus Aufzuchtbächen statt. Der ca. 600 m lange Gewässerabschnitt unterhalb des Ausgleichsbeckens wurde als Schonstrecke ausgewiesen, um zur Laichzeit auf ausreichend Bachforellenlaichtiere zurückgreifen zu können.

4 Planungsphase

Zu Beginn der Planung wurde eine Literaturstudie durchgeführt, um die fischökologischen Ansprüche der Zielart zu definieren. Außerdem wurden verschiedene Varianten von Fischauf- und -abstiegsanlagen zusammengefasst [6].

Im Rahmen des Begleitgruppenprozesses zum Investitionsprogramm KWO plus und zur Restwassersanierung [2] wurde für die Fassung Fuhren eine Restwasserdotierung von 150 l/s von Oktober bis April und 300 l/s von Mai bis September festgelegt [3].

Für das Variantenstudium berücksichtigten die KWO-Fachstellen Gewässerökologie und Bau die fischökologischen Ansprüche, die standortspezifischen Gegebenheiten der Wasserfassung, den Fassungsbetrieb sowie künftige Unterhalts- und Baukosten. Die Untersuchungen erfolgten stets in enger Absprache mit dem Fischereiinspektorat des Kantons Bern.

Als erste Variante wurde ein kurzer beckenartiger Fischpass näher untersucht. Dabei zeigte sich, dass mit dieser Variante nicht alle spezifischen Ansprüche der Bachforelle umzusetzen gewesen wären. Aufgrund der 2 m hohen Wasserspiegelschwankungen im Oberwasser wäre es im Durchlass beim obersten Becken zeitweise zu sehr hoher Strömungsgeschwindigkeit gekommen. Mit bis zu zehn höhenversetzten Einlaufbecken vom Oberwasser in den Fischpass wäre es prinzipiell möglich gewesen, die sehr hohe Strömungsgeschwindigkeit zu reduzieren, allerdings wären damit sowohl hohe Unterhalts- und Baukosten sowie große Unsicherheiten für die tatsächliche Funktionsfähigkeit verbunden gewesen. Daher wurde diese Variante nicht weiterverfolgt.

Eine weitere Möglichkeit zur Wiederherstellung der Fischgängigkeit ist der Bau eines Umgehungsgerinnes. Um nicht im Einflussbereich der Wasserspiegelschwankungen des Ausgleichbeckens zu liegen, hätte das Umgehungsgerinne mindestens 300 m oberhalb der Wasserfassung an das Gadmerwasser angeschlossen werden müssen. Die Eigentumsverhältnisse, die topografischen Unebenheiten im Gelände, der hohe Unterhaltungsaufwand sowie ein möglicher Sackgasseneffekt abwandernder Bachforellen führten dazu, dass auch diese Variante verworfen wurde.

Des Weiteren wurde der Bau einer Fischschleuse in Betracht gezogen. Von der Grundidee entspricht diese der Funktionsweise einer herkömmlichen Schifffahrtsschleuse. Günstig bei dieser Variante wäre gewesen, dass sich die Durchlässe trotz der Wasserspiegelschwankungen

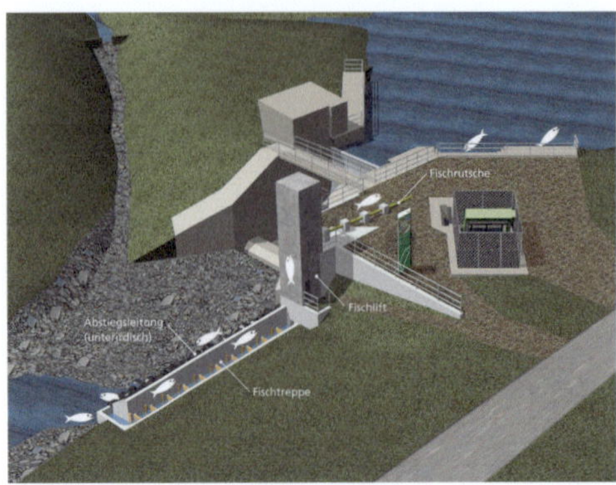

Bild 2: Fischlift am Gadmerwasser: a) Grafische Darstellung und Funktionsweise (Quelle: Stähli und Kehrli); b) kurz nach der Inbetriebnahme im Februar 2013 (Quelle: Meyer)

im Oberwasser ohne große Strömungsgeschwindigkeiten hätten realisieren lassen können. Allerdings war kein zufriedenstellendes Referenzprojekt für die Zielart zu finden. Insbesondere wäre bei dieser Variante nicht sicher gewesen, ob die in die Schleuse eingeschwommenen Bachforellen diese dann auch freiwillig verlassen hätten.

Da die bis dahin untersuchten Varianten nicht zu einer zufriedenstellenden Lösung geführt hätten, wurde durch das Fischereiinspektorats angeregt, die Funktionsfähigkeit eines Fischliftes zu prüfen. In der Schweiz bestehen bereits zwei Referenzobjekte, die im weiteren Planungsverlauf durch die KWO besichtigt wurden. Bereits im Jahre 2000 wurde in Grellingen an der Birs, auf dem Gelände der Ziegler Papier AG (Kanton Basel Land) der erste Fischlift in der Schweiz in Betrieb genommen [7]. Ein weiterer, größerer Fischlift befindet sich beim Kraftwerk Maigrauge *(Magere Au)* an der Saane, Kanton Freiburg, welcher seit 2004 in Betrieb ist und einen Höhenunterschied von 24 m überwindet.

Die weiteren Abklärungen zeigten, dass der Bau eines Fischliftes die fischökologisch und ökonomisch beste Variante für den Standort in Fuhren darstellt.

5 Der Fischlift

Die Aufwärtswanderung mit einem Fischlift läuft über folgende Schritte (**Bild 2**):

- Leitung von aufwärtswandernden Fischen in den Fischlift: Mit einer Lockströmung werden aufwärtswandernde Fische in einen Reusenkorb gelenkt.
- Überwindung des Höhenunterschieds mit dem Fischlift: Der Reusenkorb wird als Transportbehälter für die Fische verwendet und wird über eine Winde hochgezogen.
- Transport der Fische in das Oberwasser: Wenn der zu überwindende Höhenunterschied erreicht ist, öffnet sich der Transportbehälter und die Fische werden über eine Rutsche in das Oberwasser gespült.

Für den Fischabstieg bedarf es einer zusätzlichen Einrichtung.

5.1 Der Fischein- und -ausstieg im Unterwasser des Fischliftes

Wie verschiedene Erfolgskontrollen von bestehenden Fischaufstiegsanlagen zeigen, hängt die Auffindbarkeit einer Aufstiegsanlage entscheidend von der Ausgestaltung des Einstiegsbereichs sowie der wahrnehmbaren Lockströmung ab [8]. In der Planungsphase der Fischauf- und -abstiegsanlage wurde daher definiert, dass sämtliches Restwasser an einem Punkt im Unterwasser zurückgegeben werden sollte. Um Hochwasserschäden und Unterhaltsarbeiten zu minimieren, wurde der Fischein- und -ausstieg 15 m unterhalb des Fassungsbauwerks errichtet.

Die Restwasserdotierung erfolgt über drei verschiedene Systeme (Abfluss durch den Fischlift, durch die Fischabstiegsanlage und durch die Anlage zur Sommerdotierung). Um eine möglichst starke Lockströmung zu erzeugen, befinden sich die Wasserrückgaben von der Fischabstiegsleitung

Bild 3: Der fischökologisch relevanteste Bereich der Fischaufstiegsanlage mit dem Einstieg (Quelle: Meyer)

und der Sommerdotierung in unmittelbarer Nähe zum Einstieg in den Fischpass. Dieser für die Auffindbarkeit sehr bedeutender Bereich wurde mit mehreren tonnenschweren Blöcken modelliert (**Bild 3**).

Für den Ausstieg der Fischabstiegsleitung wurde im Gadmerwasser ein 80 cm tiefer Pool gebaut. In der Planung wurde berücksichtigt, dass die Sommerdotierleitung dazu verwendet werden kann, den Fischabstiegspool von Geschiebe frei zu spülen. Der Einstieg in den Fischpass liegt auf der Höhe des Sohlenniveaus.

5.2 Der Beckenpass des Fischliftes

Die Realisierung eines Fischpasses ermöglichte es, den Fischlift an einem hochwassersicheren Standort zu errichten. Mit dem 16,5 m langen Schlitzpass werden die aufwandernden Fische über 11 Becken in den Fischlift gelenkt. Als Planungsgrundlage für die Dimensionierung des Beckenpasses dienten die im Handbuch Querbauwerke definierten geometrischen Grenzwerte für die Bachforelle [9]. Um die Lockströmung für den Fischabstieg zu verbessern, wurde von den Vorgaben des Handbuchs hinsichtlich der Dotierwassermenge abgewichen. In Absprache mit dem Fischereiinspektorat des Kantons Bern wurde die Dotierung des Fischpasses auf 60 l/s festgelegt. Die Beckenwände aus Holz wurden so installiert, dass sie in ihrer Länge und Durchlassbreite für eine höhere Wasserdotierung angepasst werden können.

Derzeit sind die Einzelbecken mit 1,28 m x 0,96 m dimensioniert. Die Durchlassbreite zwischen den Becken beträgt 16 cm. Die Substratauflage in den Becken ist 20 cm groß.

Eine hydraulische Überprüfung des Schlitzpasses ergab eine Beckentiefe zwischen 0,4 bis 0,5 m bei einer Wasserspiegeldifferenz zwischen den Becken von jeweils 5 cm. Die Strömungsgeschwindigkeit im Durchlass liegt zwischen 0,7 und 1,0 m/s [10].

5.3 Der Fischlift

Nachdem die Fische den Fischpass passiert haben, gelangen sie vom letzten Beckenelement direkt in den Reusenkorb des Fischliftes. Kurz vor Beginn der Liftfahrt wird der Einstieg in den Fischlift automatisch durch ein Gitter verschlossen. Das Gitter besteht aus Vertikalstreben mit einem lichten Stababstand von 20 mm.

Bei der Fahrt wird der Reusenkorb über 7 m in die Höhe gezogen. Beim Erreichen des Höhenniveaus der Fischrutsche öffnet sich der Boden des Reusenkorbes automatisch und die Fische werden in den Trichter der Rutsche gespült.

Der Reusenkorb wurde entsprechend den Anforderungen der Zielart dimensioniert: 1,4 m hoch, 1,2 m lang, 0,9 m breit. Der Reusenkorb besteht aus einem Unterteil mit einer geschlossenen Metallwanne mit 35 cm hohen Wänden und einem Gitteraufsatz aus Vertikalstäben mit einem lichten Stababstand von 20 mm (**Bild 4a**). Mit die-

Bild 4: a) Der Reusenkorb vor der Installation in die Fischaufstiegsanlage (Quelle: Schläppi); b) eine Bachforelle im strömungsberuhigten Bereich des Reusenkorbes (Quelle: Meyer)

sem Stababstand ist die Funktionsfähigkeit auch bei Eisbildung im Hochwinter gewährleistet.

Um zu vermeiden, dass juvenile Bachforellen Schaden nehmen könnten, wurde der Bereich, in dem sich der Reusenkorb während des Einschwimmens von Fischen befindet, so gestaltet, dass der Reusenkorb auf Stelzen steht.

Die Wassertiefe beträgt im Zustand, in dem Fische einschwimmen können, 50 cm und reduziert sich während der 3 minütigen Liftfahrt auf ca. 20 cm.

Damit wird ein evtl. Springen von Bachforellen während der Liftfahrt verunmöglicht.

Die Dotierwassermenge des Schlitzpasses fließt als Lockströmung durch den Reusenkorb. Durch die Metallwanne im Boden des Reusenkorbes ist die Lockströmung auf die oberen 15 cm der Wassersäule beschränkt. Die max. Strömungsgeschwindigkeit beträgt bei einer Dotierung von 60 l/s ca. 2,0 m/s. Der Boden des Reusenkorbes ist strömungsberuhigt und fungiert als Ruhebecken (**Bild 4b**).

Um die Funktionsfähigkeit der Fischaufstiegsanlage auch bei sehr tiefen Temperaturen gewährleisten zu können, wurden einige Bauteile, wie z. B. die Führungsschienen des Reusenkorbes, mit Heizstäben ausgestattet.

5.4 Fischrutsche (Fischausstieg im Ausgleichsbecken)

Die letzte Etappe beim Aufstieg erfolgt für die Fische über ein 19 m langes PVC-Rohr, die sogenannte Fischrutsche. Ausgehend vom oberen Ende des Fischliftes verläuft die Rutsche mit einem Gefälle von 7,3 % direkt in das Oberwasser.

Bevor die Bachforellen durch das Öffnen des Reusenkorbes in den Trichter der Fischrutsche gelangen, wird die Rutsche für 3 min mit 20 l/s Wasser vorgespült. Damit wird gewährleistet, dass auch an sehr heißen Tagen die Wassertemperaturen in der Rutsche denen im Gadmerwasser entsprechen und es zu keinen negativen Reaktionen für die Fische kommt. Mit dem Öffnen des Reusenkorbes werden die Fische in die Fischrutsche gespült und gelangen mit einem sanften Sprung in das Oberwasser (**Bild 5**). Um sicherzustellen, dass keine Bachforellen gegen die Strömung anschwimmen, erfolgt eine 3 min Nachspülphase. Die einzelnen Spülphasen können bei Bedarf zeitlich verändert werden. Die Einstellungen wurden durch den kantonalen Fischereiaufseher festgelegt.

Bild 5: Eine Bachforelle wird in das Ausgleichsbecken gespült (Quelle: Meyer)

5.5 Der Betrieb des Fischliftes

Der Betrieb des Fischliftes läuft per Zeitschaltung. Die Anzahl der Fahrten pro Tag wurde in Rücksprache mit dem Fischereiinspektorat anhand der Wanderaktivität der Bachforellen festgelegt. Je nach Jahreszeit finden zwischen 4 bis 12 Fahrten pro Tag statt.

Entsprechend den Erkenntnissen aus dem Monitoring kann der Fahrplan angepasst werden.

Bei langanhaltenden Frostperioden, bei betrieblichen Revisionen von Anlagenteilen des Kraftwerksystems und im Hochwasserfall wird der Betrieb des Fischliftes eingestellt. Allerdings sind in der Regel während Hochwasserereignissen und Revisionsarbeiten die Wehrschütze der Fassung geöffnet, so dass eine flussab- und -aufwärtsgerichtete Fischwanderung grundsätzlich möglich ist.

Sobald sich Eis auf dem Ausgleichsbecken bildet, stellt sich der Fischlift durch die Messungen von Temperaturfühlern automatisch ab. Die Restwasserabgabe wird weiterhin über den Fischpass und die Fischabstiegsleitung durchgeführt.

Aufgrund der tiefen Wassertemperaturen des Gadmerwassers auf der Fuhrenebene wurde die Fischaufstiegsanlage im Winterhalbjahr 2013/14 und 2014/15 von Mitte November bis Mitte April abgestellt. Die Inbetriebnahme erfolgte in Rücksprache mit dem Fischereiinspektorat ab der Überschreitung einer Wassertemperatur von 5 °C.

6 Die Fischabstiegsleitung

Forellenartige Fische, wie die Bachforelle, wandern in der Regel oberflächennah mit der Hauptströmung ab. Häufig wird bei einer Fassung der Großteil des Abflusses gefasst, so dass die Hauptströmung in Richtung Kraftwerk verläuft. Damit Fische beim Absteigen nicht diesen Weg wählen, empfiehlt es sich daher, den Einstieg in eine Fischabstiegsleitung möglichst in direkter Nähe zur Hauptströmung und so oberflächennah wie möglich zu gestalten.

Bei der Fassung Fuhren wird der Fischabstieg mit einem 27 m langen PVC Rohr realisiert. Der Einstieg in das Rohr liegt 40 cm vor dem Feinrechen der Fassung (lichter Stababstand 22 mm). Wie in Kapitel 5.1 beschrieben, endet die Fischabstiegsanlage im Bereich des Einstiegsbereichs des Beckenpasses. Die Fischabstiegsleitung weist eine Anströmgeschwindigkeit von 3,0 m/s im Anfang des Rohres auf und steigt auf etwa 4,5 bis 5,0 m/s bei der Einleitung ins Gadmerwasser. Insgesamt kann mit einer permanenten Dotierung von 90 l/s eine attraktive Lockströmung für die Bachforellen erzielt werden.

Der Durchmesser des Rohres beträgt 15,8 cm. Auf der Gesamtlänge der Fischabstiegsleitung wird ein Höhenunterschied von ca. 2 m überwunden. Die Gesamtlänge der Leitung ist fischökologisch nicht relevant, allerdings wurde bei der Planung darauf geachtet, dass die Leitung möglichst gradlinig verläuft. Beim Ausstieg wird den absteigenden Fischen eine maximale Fallhöhe von 30 cm zugemutet, wobei die Wassertiefe in diesem Bereich 80 cm beträgt. Sämtliche Anlagenteile wurden so konzipiert, dass keine Verletzungen durch scharfe Kanten oder Ecken verursacht werden können.

Bild 6: Aufnahmen aus dem laufenden Kameramonitoring von 2013 bis 2015 (Quelle: KWO)

Im Fall der Fassung Fuhren wirkt sich der Pumpbetrieb grundsätzlich positiv auf den Fischabstieg aus. Während der Zeit, in der kein Wasser ausgeleitet wird, ist die einzig wahrnehmbare Lockströmung die der Abstiegsleitung.

Während dem Absenken des Ausgleichsbeckens beträgt die Anströmgeschwindigkeit vor dem Feinrechen zwischen 0,7 und 1,0 m/s und liegt somit deutlich tiefer als die der Fischabstiegsleitung. Außerdem erhöht ein Strömungsschirm aus Metall die Lockströmung in die Fischabstiegsanlage. Dieser Strömungsschirm reicht in das Fassungsbauwerk und kann bei Revisionsarbeiten sehr einfach entfernt oder angepasst werden.

7 Das fischökologische Monitoring

Nach der Fertigstellung wurden die einzelnen Elemente der Aufstiegsanlage in der Praxis auf ihre Funktionsfähigkeit überprüft.

Die Untersuchungen zeigten, dass die hydraulischen Parameter im Beckenpass den fischökologischen Ansprüchen der Bachforelle entsprechen [10].

Da im Gadmerwasser auf der Fuhrenebene ausschließlich eine Fischart vorkommt, ist es möglich, kamerabasiert ein Langzeitmonitoring zu realisieren.

Bei jeder Fahrt des Fischliftes werden durch eine installierte Überwachungskamera 3 Bilder vom hochfahrenden Reusenkorb gemacht (**Bild 6**). Während der Nacht wird der Reu-

Tab. 2: Die per Bildnachweis nachgewiesene Anzahl an Bachforellen in Relation zur Laufzeit (Quelle: Meyer)

	5 bis 9 cm	10 bis 14 cm	15 bis 19 cm	20 bis 24 cm	25 bis 29 cm	30 bis 34 cm	35 bis 39 cm	40 bis 44 cm	Anzahl BF Gesamt	Fisch/Tag
2013 Kameramonitoring Fischlift (59 Tage von 222 Tagen)	1	5	9	22	18	14	4	0	46 + 27 durch Bildnachweis	0,8
2014 Kameramonitoring Fischlift (194 Tage von 214 Tagen)	2	44	44	66	37	45	5	3	246	1,3
2015 (bis 17.06.) Kameramonitoring Fischlift (61 Tage von 64 Tagen)	3	8	35	48	32	46	11	8	191	3,1

senkorb bei den Kameraaufnahmen beleuchtet (**Bild 6**, oben rechts). Um eine Abschätzung der Fischgröße vornehmen zu können, ist der Boden des Reusenkorbes mit einem Folienaufdruck mit 10-cm-Raster versehen. Die Auswertung der Bilder erfolgt durch die KWO in Absprache mit dem Fischereiinspektorat per visueller Begutachtung.

Ein Monitoring für die Fischabstiegsleitung wird derzeit noch nicht durchgeführt. Das Monitoring könnte aber durch einen „Resistivity Counter" realisiert werden. Diese Methode wird demnächst als Auflage des Fischereiinspektorats in drei Kleinwasserkraftwerken im Berner Oberland zur Anwendung kommen.

Die Auswertung des Monitorings des Fischliftes von 2013 bis Mitte Juni 2015 ist in **Tabelle 2** dargestellt. Durch Probleme mit dem Speichermedium konnte das Monitoring in 2013 nur lückenhaft realisiert werden. Hingegen konnten die Liftfahrten von 2014 bis Jahresmitte 2015 fast vollumfänglich dokumentiert werden.

Die Ergebnisse zeigen, dass die Hauptwanderaktivität von Anfang Mai bis Mitte September stattfindet. Insbesondere in den Folgetagen nach Hochwassern mit Wehrüberfall oder ganz geöffnetem Wehrschütz konnten deutlich erhöhte Aufsteigerzahlen registriert werden.

Vermutlich werden die Fische durch die geöffnete Wehranlage hindurch verdriftet und gelangen via Fischlift zurück ins Oberwasser.

Es ist davon auszugehen, dass ein Teil der aufsteigenden Bachforellen nicht identifiziert werden kann, da durch die Wassertrübung im Reusenkorb lediglich Schwimmbewegungen von Fischen nachgewiesen werden können (Bild 6, unten rechts). Des Weiteren zeigt sich, dass mit dieser Methode aufgrund der Kameraauflösung (Bildgröße) sehr kleine Fische mit einer Länge kleiner als 10 cm Länge nicht oder nur relativ ungenau bestimmt werden können.

Eine erhöhte Wanderaktivität im Herbst im Zuge der Laichzeit konnte nicht bestätigt werden. Diese Erkenntnis könnte aber auch im Zusammenhang mit dem Bachforellen-Laichfischfang im Unterwasser stehen (Kapitel 3).

Grundsätzlich konnte durch das Kameramonitoring aufgezeigt werden, dass die Fischaufstiegsanlage keine größenselektive Wirkung auf die Zielart hat. Die kleinste nachgewiesene Bachforelle hatte eine Läng von 7 cm, die Größte von 42 cm.

Außerdem liegen die Zahlen der Aufsteiger in einem guten Verhältnis zur nachgewiesenen Bachforellenpopulation. Bei einer Bestandsaufnahme mit einem Durchgang wurden im Jahr 2012 auf einem 200 m langen Abschnitt insgesamt 39 Bachforellen nachgewiesen. Unter Berücksichtigung einer 50 %igen Fangquote bei einem Durchgang und einer Gesamtlänge von 1 200 m im fischgängigen Unterwasser, kann die Gesamtpopulation im Unterwasser auf insgesamt 468 Individuen hochgerechnet werden. Demgegenüber konnten im Jahr 2014 durch das Kameramonitoring 246 Bachforellen im Reusenkorb per Bildnachweis registriert werden, wobei die tatsächliche Aufsteigerzahl über den Fischlift sehr wahrscheinlich deutlich über dem der Kameranachweise liegen dürfte.

8 Fazit

Insgesamt kann hinsichtlich des Fischaufstiegs nach 2,5 Jahren Betriebszeit ein sehr positives Fazit gezogen werden.

Aus betrieblicher Sicht ist die Fischauf- und -abstiegsanlage sehr wartungsarm. Die Monitoringmethode erlaubt aufgrund des geringen Arbeitsaufwandes eine Langzeitüberwachung der Aufsteigerzahlen.

Entsprechend der Bachforellenpopulation wird die Fischaufstiegsanlage in einem zufriedenstellenden Maße genutzt. Das Gesamtprojekt der Fischauf- und -abstiegsanlage in Fuhren wurde von der Vorstudie über die Planungsphase bis zur Baubegleitung in Eigenregie der KWO durchgeführt. Sämtliche fischökologischen Planungsaspekte wurden mit dem Fischereiinspektorat des Kantons Bern besprochen und gemeinsam festgelegt.

Autoren

Dipl.-Ing. (FH) Matthias Meyer
Dr. Steffen Schweizer
Dipl.-Ing. Andres Fankhauser
Sandro Schläppi, M. Sc.
Kraftwerke Oberhasli AG
Grimselstr. 19
3862 Innertkirchen, Schweiz
matthias.meyer@kwo.ch
steffen.schweizer@kwo.ch
andres.fankhauser@kwo.ch
sandro.schlaeppi@kwo.ch

Dipl.-Ing. Elena Andrey
Bundesamt für Energie
Mühlestrasse 4
3063 Ittigen, Schweiz
elena.andrey@bfe.admin.ch

Dipl.-Geograf Willy Müller
Martin Flück
Fischereiinspektorat des Kantons Bern
Schwand 17
3110 Münsingen, Schweiz
willy.mueller@vol.be.ch
martin.flueck@vol.be.ch

Literatur

[1] Schweizer, S.; Zeh Weissmann, H.: Restwassersanierung der genutzten Gewässer im Oberhasli. In: Wasser Energie Luft (2011), Heft 1, S. 25-30.

[2] Schweizer, S.; Zeh Weissmann, H.; Ursin, H.: Der Begleitgruppenprozess zu den Ausbauprojekten und zur Restwassersanierung im Oberhasli. In: Wasser Energie Luft (2012), Heft 1, S. 11-17.

[3] Schweizer, S.; Meyer, M.; Wagner, T.; Zeh Weissmann, H.: Gewässerökologische Aufwertungen im Rahmen der Restwassersanierung und der Ausbauvorhaben an der Grimsel. In: Wasser Energie Luft (2012), Heft 1, S. 30-39.

[4] Baumgartner, J.: Grafische Darstellung der möglichen Wanderdistanzen der Bachforelle im Gadmerwasser auf der Fuhrenebene. Karte der Kraftwerke Oberhasli AG. Innertkirchen, 2012.

[5] Büsser, P.: Abfischungen 2012 Hasliaare, Gadmerwasser und Gentalwasser. Dokumentation der Kraftwerke Oberhasli AG. Bern, 2013.

[6] Meyer, M.: Studie für den Fischpass am Standort Fuhren. Bericht der Kraftwerke Oberhasli AG. Innertkirchen, 2008.

[7] Hintermann, M.: Wenn Fische in den Fahrstuhl steigen... – Erster Fischlift in der Schweiz. Bericht der Hydro-Solar Energie AG. Niederdorf, 2000.

[8] Deutsche Vereinigung für Wasserwirtschaft, Abwasser und Abfall e. V. (Hrsg.): Funktionskontrolle von Fischaufstiegsanlagen – Auswertung durchgeführter Untersuchungen und Diskussionsbeiträge für Durchführung und Bewertung. In: DWA-Themen, 2006.

[9] Ministerium für Umwelt und Naturschutz, Landwirtschaft und Verbraucherschutz des Landes Nordrhein-Westfalen (Hrsg.): Handbuch Querbauwerke. 2005.

[10] Andrey, E.; Meyer, M.: Wassertiefe und Fliessgeschwindigkeiten bei einer Dotierung von 60 l/s im Fischpass. Dokumentation der Kraftwerke Oberhasli AG. Innertkirchen, 2013.

Matthias Meyer, Steffen Schweizer, Elena Andrey, Andres Fankhauser, Sandro Schläppi, Willy Müller and Martin Flück

The Fish Lift on the Gadmerwasser River in the Bernese Oberland (Switzerland)

In 2013, a fish lift at the equalising reservoir in Fuhren was put into operation by the Kraftwerke Oberhasli AG (KWO). Before its construction, an intense phase of studying and comparing alternative constructional projects was conducted, with the objective of once again ensuring free fish migration in this section of the river. From an ecological point of view as well as economically, the fish lift appeared to be the most feasible solution for this site. A big challenge was to create a functioning passage facility for up- and downstream fish migration of the target species, brown trout, in spite of having a predefined residual water regime in the tailwater and daily varying water levels of up to 2 m in the basin. A camera-based, long term Monitoring system was able to prove functional capability in an upstream direction.

Маттиас Майер, Штеффен Швайцер, Элена Андрай, Андрес Фанкхаузер, Сандро Шлеппи, Вилли Мюллер и Мартин Флюкк

«Рыбный лифт» на реке Гадмервассер в регионе Бернского нагорья, Швейцария

В 2013 году компанией «Крафтверке Оберхасли АГ» (Kraftwerke Oberhasli AG / KWO) на уравнительном бассейне Фурен (Fuhren) был введен в эксплуатацию так называемый «рыбный лифт». Этому предшествовал интенсивный этап планирования с изучением вариантов свободной миграции рыбы на данном участке реки Гадмервассер (Gadmerwasser). При этом выяснилось, что строительство «рыбного лифта» – как с экономической точки зрения, так и с точки зрения экологии рыб – явилось бы наиболее оптимальным решением для данного места расположения. Возведение функционирующего рыбоподъемного / рыбоспускного сооружения для такого целевого вида как речная форель с учетом 2-метрового колебания уровня воды на верхнем бьефе и определенным режимом остаточных вод на нижнем бьефе оказалось задачей повышенной сложности. Долгосрочный мониторинг с применением камер подтверждает работоспособность сооружения в направлении вверх по течению.

Martin Schletterer, Robert Reindl und Stefan Thonhauser

Ökologische Grundlagen und Randbedingungen für die Planung des 1. Fischliftes Österreichs an der Wehranlage Runserau, Tirol

Der Fischlift Runserau ist ein innovatives Vorhaben und der 1. Fischlift in Österreich. Dieser Bautyp wurde gewählt, um die Durchgängigkeit an der bestehenden Wehranlage Runserau am Inn mit hohen Wasserspiegelschwankungen im Oberwasser und beengten Platzverhältnissen wiederherzustellen. Eine umfassende Literaturstudie zeigt, dass die Durchgängigkeit durch den Sondertyp Fischlift erfolgreich hergestellt werden kann, wenn die Einstiegssituation gut gelöst ist. Dies wurde in der gegenständlichen Planung durch Kombination mit einem vorgeschalteten Einstiegsbauwerk aus Schlitzpässen erreicht. Darüber hinaus führt eine – erst durch die Liftbauweise mögliche – Abschwemmleitung bis zum günstigen Rückgabepunkt, womit die Anlage unter- und oberwasserseitig optimal an den Wanderkorridor angebunden ist.

1 Einleitung

Die Wehranlage Runserau des bestehenden Kraftwerks Imst wurde im Jahre 1954 errichtetet. Die dreifeldrige Wehranlage (**Bild 1**) mit seitlichem Entsander dient der Ausleitung des Inn bis $Q_A = 85\ m^3/s$ und dem Aufstau von bis zu 10 m. Der so gebildete Stauraum Runserau wird im Schwellbetrieb bewirtschaftet. Die anschließende Restwasserstrecke, von der Runserau bis Imst, weist eine Länge von 25 km auf.

In Zusammenhang mit der Implementierung der WRRL wurde eine stufenweise Zielerreichung definiert (2015, 2021, 2027), die im 1. Nationalen Gewässerbewirtschaftungsplan (NGP) [1] festgeschrieben ist. Die 2015-Ziele beziehen sich v. a. auf die Herstellung der Durchgängigkeit (teilweise inkl. Dotierwasserabgabe) in prioritären Gewässerabschnitten, d. h. Abschnitte die für mittel und langstreckenwandernde Fischarten von Relevanz sind.

Die Projektstrecke liegt im Wasserkörper 305 850 008 (km 380,58 bis 384,29), welcher im Rahmen des ersten NGP (2009 bis 2015) als prioritärer Sanierungsraum für hydromorphologische Maßnahmen eingestuft wurde. Im NGP-Anhang ist der Wasserkörper mit „mäßigem oder schlechterem" ökologischem Potential ausgewiesen.

Die Sanierungspflicht ist in § 1 der Verordnung des Landeshauptmannes von Tirol vom 1.12.2011 definiert und für das Kraftwerk Imst schreibt § 3 die Abgabe einer ausreichenden Restwassermenge und die Errichtung einer Fischaufstiegshilfe (FAH) vor. Die maßgeblichen Fischarten sind Bachforelle und Äsche (maßgebende Fischlänge = 50 cm).

2 Fischökologischer und fischereilicher Ist-Zustand

Die relevanten Innstrecken sind den Fischregionen Hyporhithral (Äschenregion) bzw. Metarhithral (Untere Forellenregion) zuzuordnen und befinden sich in der Bioregion „Unvergletscherte Zentralalpen", Sondertyp „Großer Fluss" (**Bild 2**).

Im Projektgebiet (Stauraum Runserau, Restwasserstrecke Runserau-Imst) wurden im Rahmen aktueller Befischungen folgende Arten ge-

Bild 1: Wehranlage Runserau am Inn mit einem natürlichen Einzugsgebiet von rund 2 700 km²: links im Zuge der Errichtung mit Blick Richtung Unterstrom und rechts mit Blick Richtung Oberstrom im heutigen Zustand (Quelle: TIWAG)

fangen:

- Bachforelle (*Salmo trutta fario*),
- Regenbogenforelle (*Oncorhynchus mykiss*),
- Äsche (*Thymallus thymallus*),
- Bachsaibling (*Salvelinus fontinalis*),
- Koppe (*Cottus gobio*),
- Elritze (*Phoxinus phoxinus*).

Die Befischungsergebnisse (aus dem Jahr 2008 bzw. der Niederwasserperiode 2009/ 2010) zeigen deutlich schwankende Dichten und Biomassen im Längsverlauf des Inn (**Bild 3**). Oberhalb der Rückgabe des Kraftwerkes Prutz liegt die ermittelte Fischbiomasse knapp über 50 kg/ha. Damit wird der laut Methodik des BMLFUW vorgegebene Wert von 50 kg/ha für diesen Gewässertyp gerade noch eingehalten. Weiter flussauf liegen die Fischbiomassen in dieser schwallbeeinflussten Strecke mit 32,1 kg/ha deutlich niedriger.

Hinsichtlich der Fischbiomassen dominiert in allen Strecken die Bachforelle. An den Stellen oberhalb und unterhalb KW Prutz sowie im Stau Runserau und in der RW-Strecke Zams erreicht auch die Äsche nennenswerte Anteile an der Biomasse. Regenbogenforellen sind an einzelnen Strecken von Bedeutung. Ähnlich liegen die Verhältnisse bei den Fischabundanzen: Auch diese zeigen stark schwankende Werte im Längsverlauf des Inn bzw. auch zwischen einzelnen Untersuchungsjahren. Hinsichtlich Individuenzahlen ist die Äsche – aufgrund von Besatzmaßnahmen – an den Stellen oberhalb KW Prutz und Stau Runserau ähnlich stark vertreten wie die Bachforelle.

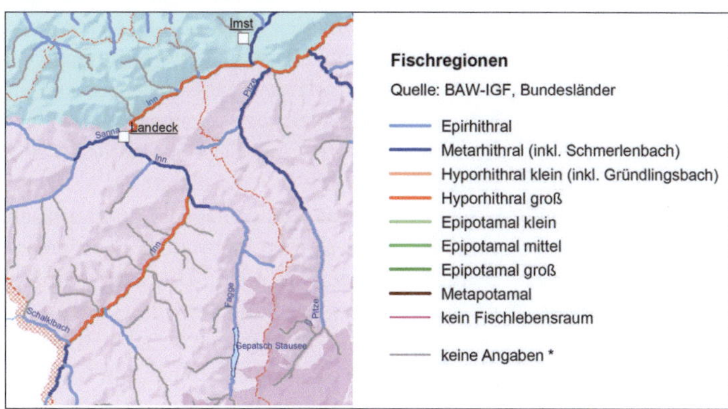

Bild 2: Oberhalb Einmündung der Fagge und flussab von Landeck (Einmündung Sanna) ist der Inn dem Hyporhithral zuzuordnen, zwischen Fagge und Landeck der Fischregion Metarhithral (Quelle: [1])

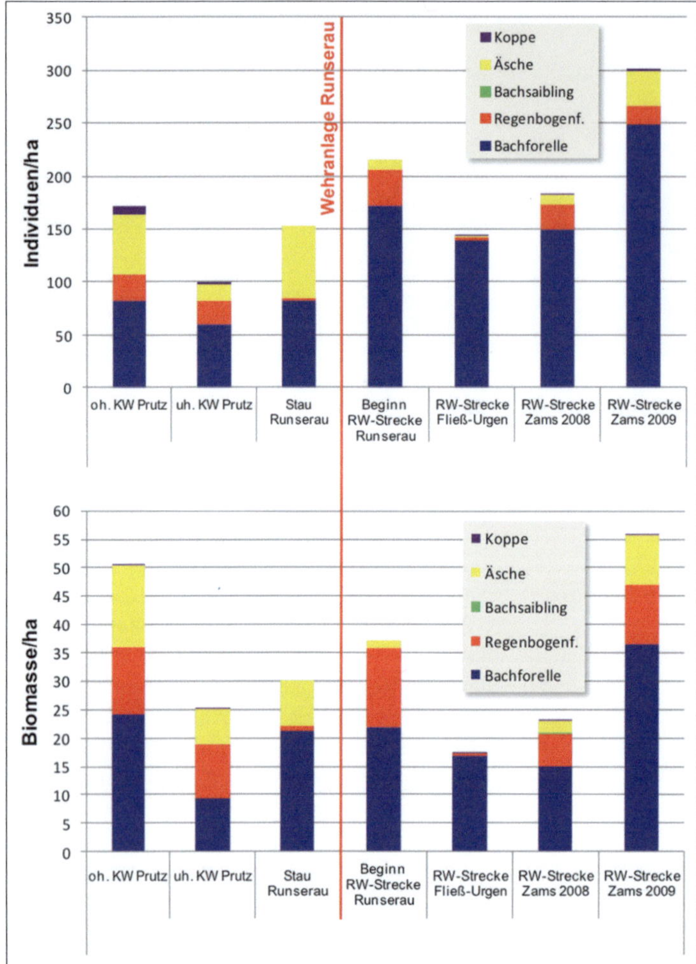

Bild 3: Fischbestand im Tiroler Oberinntal: Fischabundanzen (Ind./ha) und Fischbiomassen (kg/ha) an den einzelnen Befischungsstrecken des Inn (Quelle: TIWAG)

3 Randbedingungen der Bestandsanlage

An der Wehranlage Runserau liegen besondere Rahmenbedingungen vor (**Bild 4**): Die Wasserspiegelschwankungen im Oberwasser sind vor allem aus den kraftwerksbeeinflussten Zuflüssen bedingt. Das Absenkziel liegt auf Höhe von 853,0 m Mh, das derzeitige Stauziel liegt auf 858,5 m Mh, eine geplante Erhöhung der Wehranlage um 1,5 m ist zu berücksichtigen. Daraus ergibt sich eine zu überwindenden Höhendifferenz von mindestens 4,7 m bis derzeit maximal 10,2 m bzw. zukünftig 11,7 m. Ein Ausgleich von derart hohen Differenzen im Oberwasserspiegel ist mit herkömmlichen Bauweisen baulich und betrieblich nicht umsetzbar: Beispielsweise würde die Anwendung einer Beckenpasslösung erfordern, dass 60 % des Gesamtbauwerks (Länge und Höhe) an den oberwasserseitig bestehenden Stauraum angeschlossen sind und 5,5 bzw. 7 m Wasserspiegeldifferenz innerhalb des Bauwerks variabel abgebaut werden bzw. in Abhängigkeit vom jeweiligen Stauziel viele oberwasserseitige Ausstiege erforderlich wären (Anzahl ~ 7 m/0,18 m = 39 Stück).

Die bestehende Wehranlage ist orographisch links auf der gesamten Bauwerkshöhe in anstehenden Fels eingebunden. Die orographisch rechte Talseite wird von einem Entsanderbauwerk und dem ausmündenden Druckstollen ausgefüllt, so dass die Bestandsanlage den Gesamtquerschnitt im Talquerprofil beansprucht.

Somit ist die Herstellung der Fischdurchgängigkeit mit erprobten Methoden [2] nicht umsetzbar, weshalb Alternativen gesucht und im Bautyp Fischlift gefunden wurden. In Österreich gab es bisher keine Erfahrungen mit Fischliften. Daher wurden im Rahmen einer Machbarkeitsstudie neben Literatursichtungen auch Fischliftanlagen im Ausland besucht, um deren Konstruktion und Funktionalität genauer kennen zu lernen sowie die vorhandenen Betriebserfahrungen zu erheben. Im folgenden Kapitel werden die Ergebnisse der Literaturstudie zusammengefasst und entsprechende Fallbeispiele gegeben.

4 Literaturstudie über den Einsatz von Fischliften

Grundsätzlich kommen Fischlifte – ähnlich wie Fischschleusen (Borland lock) – dort zur Anwendung, wo große Höhenunterschiede zu überwinden sind und die Platzverhältnisse für das Anlegen „konventioneller" FAH fehlen (**Tabelle 1**). Weltweit werden Fischlifte bzw. Fischschleusen insbesondere für diadrome Fischarten, teilweise seit Jahrzehnten, mit Erfolg betrieben [3]. Nachweislich können Fischaufzüge und -schleusen unter Voraussetzung einer korrekten Positionierung und Detailgestaltung eine hohe Effektivität erreichen [4].

Bisher nahmen die USA und Frankreich [5], [6] eine Vorreiterrolle in der Entwicklung dieser Technik ein. Anwendung findet diese Form der

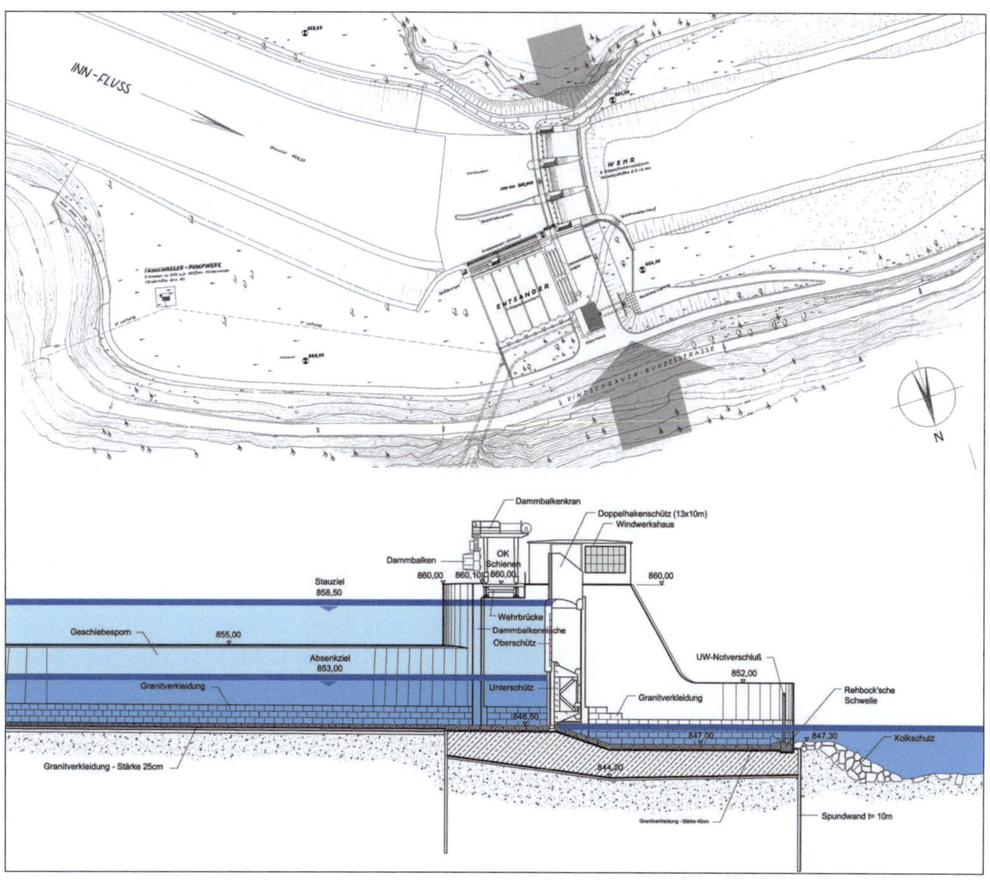

Bild 4: Rahmenbedingungen an der Wehranlage Runserau: oben: Lage der Bestandsanlage; unten: Wasserspiegelschwankungen im Stauraum Runserau (Quelle: TIWAG)

Tab. 1: Übersicht über den weltweiten Einsatz von Fischliftanlagen (nach [9], ergänzt)

Land	Anzahl	Höchste bekannte Anlage (Fluss)	Max. Hubhöhe
Australien	3	Paradise-Damm (Burnett River)	43 m
Deutschland	1	Augst-Wyhlen (Rhein)	6,5 m
Frankreich	10	Golfech (Garonne)	17 m
Portugal	2	Pedrogão-Damm (Guadiana)	43 m
Russland	2	Saratower Stausee (Wolga)	17 m
Schweiz	3	Maigrauge/Magere Au (Saane)	17 m
Südamerika	2	Funil (Rio Grande)	45 m
USA/Kanada	11	Conowingo (Susquehanna River)	27 m

Fischaufstiegshilfe auch bereits seit Jahrzehnten in Russland [7] und Portugal [8].

Einer der ersten Fischlifte kam in den USA zur Anwendung: mit der Fertigstellung des Lower Baker Dam 1927 ging auch eine Seilbahn in Betrieb, die Fische in kleinen Stahltanks zur Dammkrone beförderte. In den 1930er- und 1940er-Jahren wurden einige Fischlift-Anlagen in den USA und Kanada geplant, um große Dämme fischdurchgängig zu gestalten. In den USA gibt es daher eine Reihe von Fischlift-Anlagen, z. B. Conowingo Dam (Susquehanna River), York Haven Dam (Susquehanna River, Safe Harbor fish lift), Milford Dam (Penobscot River), Holyoke Dam (Connecticut River, Robert E. Barrett Fishway), Cariboo Dam (Brunette River, Warner fishlift), Lawrence Hydroelectric Project (Merrimack River), Winooski One hydroelectric facility (Winooski River, Winooski Fish Lift) und am St. Stephen Dam (Santee River, St. Stephen Fish Lift). In Kanada gibt es Fischlifte am Beechwood und Mactaquac Dam (St-John River) sowie am Malbaie River.

Auch in Südamerika werden zur Überwindung großer Höhen Fischlifte eingesetzt: so z. B. am Funil-Damm (Brasilien, Rio Grande) und am Yacyretá-Damm (Argentinien/Paraguay, Paraná River).

In Russland gibt es mechanische Fischlifte an der Wolga (Saratower Stausee) und am Kuban (Krasnodarer Stausee) sowie Fischschleusen (am Zimljansker Stausee am Don, am Volgograder Stausee an der Volga und Wolchow Stausee am Fluss Wolchow) [7].

In Australien wird seit 2005 ein Fischlift am Paradise Dam (Burnett River) und seit 2009 am Tallowa Dam (Shoalhaven River) betrieben. Zudem nahm 2011 am Wyaralong Dam (Teviot Brook) ein „Bi-Directional Fishlift“ den Betrieb auf.

In Europa wurde die Technik vor allem in Frankreich angewendet und weiterentwickelt. Dabei wird zwischen (1) Aufstiegen für Salmoniden (Atlantischer Lachs, Bachforelle) mit einem „klassischen Reusenkorb“ bzw. (2) Lift-Anlagen an großen Tieflandflüssen (mit vielen bzw. einigen hunderttausend Passagen pro Jahr) unterschieden. Letztere Anlagen leiten die Fische mit entsprechender Lockstömung in ein großes Vorbecken (holding pool), von diesem aus werden sie durch einen sogenannten Crowder (bewegter Rechen) periodisch in die Reuse des Fisch-Liftes gescheucht.

In Frankreich gibt es Fischlifte in Golfech (Garonne), Tuilières und Salvette (Dordogne), Poutès (Allier), Castet und Saint Cricq (Gave d`Ossau), Montrigon (Isère), Granjean (Loire), Grosbois (le Doubs) und Prècy-Saint-Martin (L`Aube).

In Portugal wurde 1992 im Zuge der Errichtung des Touvedo-Dammes am Fluss Lima aufgrund der beengten Platzverhältnisse ein Fischlift installiert. Im Jahr 2006 wurde der Pedrogão-Damm am Guadiana mit einer Höhe von 43 m fertiggestellt, aufgrund der Höhe wurde auch hier ein Fischlift installiert, der aktuell die höchste Fischlift-Anlage in Europa darstellt.

Auch in der Schweiz gibt es einige Beispiele für Fischlifte: Der erste Fischlift wurde 2000 an der

Bild 5: Ausgeführte Fischlifte:
a) + b) Fischlift an der Birs in Grellingen;
c) + d) Fischlift Fuhren mit vorgeschaltetem Schlitzpass;
e) + f) Fischlift am Touvedo-Damm;
g) + h) + i) der höchste Fischlift Europas am RCC-Damm Pedrogão (Quelle: TIWAG)

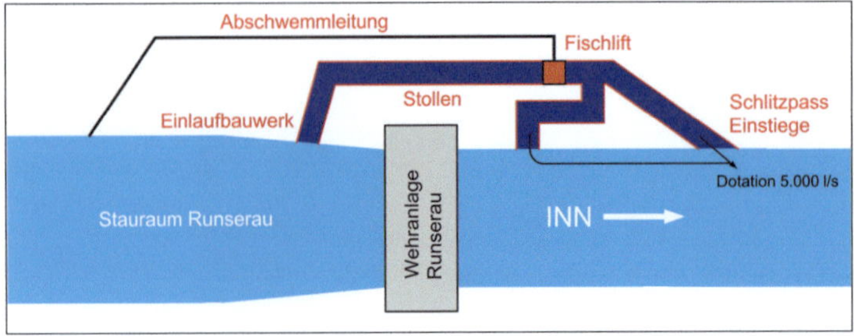

Bild 6: Schema des Fischliftes Runserau samt Einstieg (Schlitzpass) und Abschwemmleitung (Quelle: TIWAG)

Birs von der Ziegler Papier AG in Grellingen errichtet. Am Kraftwerk Magere Au an der Saane ist ein weiterer Lift seit 2004 im Einsatz und 2013 wurde ein Lift am Gadmerwasser (Fischlift Fuhren der KWO) in Betrieb genommen (**Bild 5**). Beim KW Eglisau-Glattfelden ist die Errichtung eines Fischliftes zur Überwindung des ca. 12 m hohen Stauwehres am Rhein geplant (Baubeginn Sommer 2015).

In Deutschland wurde der erste Fischlift am Kraftwerk Wyhlen 2005 realisiert, weitere befinden sich im Planungsstadium, z. B. Baldeneysee/ Ruhr.

In Österreich gibt es bislang keinen Fischlift. Neben dem in Bau befindlichen Fischlift Runserau ist seitens der KELAG am KW Gößnitz an der Möll ein Fischlift geplant.

Die Beispiele zeigen auf, dass eine generell einheitliche Konstruktionsweise angewendet wird, die je nach lokalen Gegebenheiten angepasst wurde (z. B. Einhausung im alpinen Raum). Monitoringdaten zeigen, dass diese Form des Aufstieges grundsätzlich gut funktioniert, allerdings bedarf eine intermittierend betriebene Hebeanlage einer besonders günstigen Einstiegssituation.

5 Planungskonzept Fischlift Runserau

Bereits im Jahr 2009 wurden Dotierversuche unterhalb der Wehranlage Runserau durchgeführt, um die nötige Dotierwassermenge in der Ausleitungsstrecke zu ermitteln. Der Wanderkorridor wurde hinsichtlich Tiefe und Fließgeschwindigkeit mit Hilfe eines hydrodynamisch-numerischen Modelles überprüft. Diese Daten dienten in Kombination mit einer CASiMiR-Habitatmodellierung für die Ausarbeitung des Dotierwasservorschlages von 5 m^3/s als Mindestdotiermenge an der Wehranlage Runserau.

Der Fischlift an der Wehranlage Runserau (**Bild 6**) wurde sowohl auf Basis der durchgeführten Literaturstudien als auch der Erkenntnisse aus den Begehungen (Fischlift Büttenen, Fischlift am Touvedo-Damm, Fischlift Pedrogão) projektiert. Ein besonderes Augenmerk wurde auf die Auffindbarkeit des Lifteinstieges im Unterwasser der Wehranlage und eine geeignete Rückgabe der Fische in das Oberwasser gelegt.

5.1 Einstiegssituation: vorgeschalteter Schlitzpass und neue Restwasserdotation am linken Ufer

Die Strömungsmuster im Unterwasser sind von der aus dem Schwellbetrieb der Oberliegerkraftwerke bedingten Überwassersituation geprägt. Zur Beurteilung der Auffindbarkeit wurden verschiedenste Strömungsverhältnisse mit einem hydrodynamisch-numerischen 2-D-Modell überprüft und die jeweiligen Strömungspfade unter Berücksichtigung verhaltensrelevanter Strömungsklassen nach ethohydraulischen Gesichtspunkten ermittelt [10]. Daraus ergibt sich bei Mindestwasserführung zunächst die gute Eignung des „unteren" Einstiegsstandortes mit verhältnismäßig stabiler Sohlenanbindung im Unterwasser. Bei Überwassersituationen ist dieser Einstieg aufgrund der Konkurrenzströmung allerdings nur bedingt auffindbar; daher wurde unter Berücksichtigung des Kriteriums „so nahe wie möglich an die Wandergrenze" ein oberer „wehrnaher" Einstieg konzipiert.

Gewählt wurden somit 2 Einstiege an den geeignetsten Standorten (**Bild 7**). Über diese Bauwerke erfolgt auch die Einleitung der Mindestdotierwassermenge in den Inn. Zusätzlich wird auf unterschiedliche Abflussverhältnisse durch die

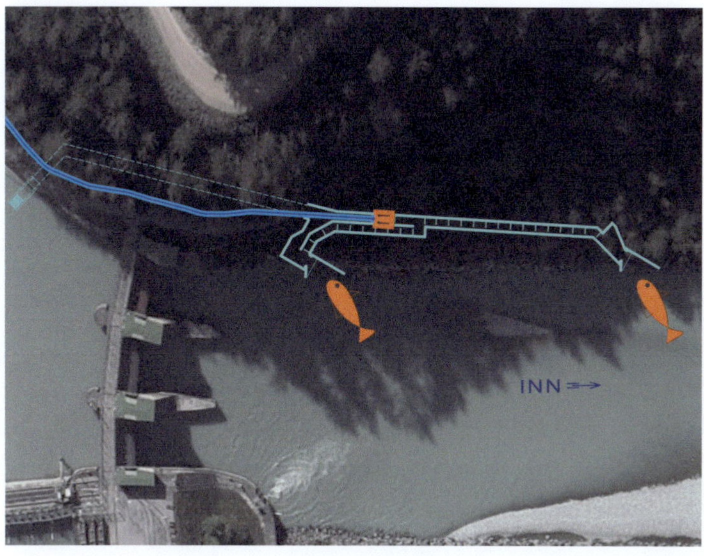

Bild 7: Einstiegsbereich: vorgeschalteter Schlitzpass mit 2 Einstiegen (Quelle: TIWAG)

Möglichkeit, beide Einstiege unterschiedlich zu dotieren, reagiert. Von den Einstiegen führen Schlitzpässe, die den hydraulischen Kriterien des Leitfadens zum Bau von Fischaufstiegshilfen [2] entsprechen, zum Liftstandort. Durch diesen konventionellen und erprobten Einstieg ist die Auffindbarkeit des Fischliftes gesichert.

Zeitgleich mit der Planung des Fischliftes Runserau wurde in der Schweiz der Fischlift Fuhren mit vorgeschaltetem Schlitzpass geplant und auch bereits ausgeführt. Die ersten Monitoring-Ergebnisse des Fischliftes Fuhren bestätigen die Wirksamkeit der kombinierten Bauweise.

5.2 Fischlift

Der Reusenkorb wird auf Grundlage von publizierten Erfahrungswerten [3] ausgelegt. Das Betriebsintervall wird aufgrund der ersten Erfahrungen bzw. Monitoringergebnisse festgelegt werden, wobei für die ersten Betriebsjahre folgende Frequenz zur Anwendung kommt:

- In den Hauptwanderzeiten von Bachforelle und Äsche wird der Lift 1 x pro Stunde betrieben.
- Im Rest des Jahres wird der Lift alle 4 Stunden betrieben.

5.3 Abschwemmleitung

Fische, die den Fischlift passieren, werden am oberen Ende durch Kippen des Reusenkorbes über eine wassergefüllte Abschwemmleitung in den Stauraum geleitet. Als geeigneter Rückgabestandpunkt wurde eine in den Stauraum reichende Felsnase mit steil abfallenden Ufern ermittelt (**Bild 8**). Dieser Rückgabeort befindet sich in einer Entfernung von ca. 600 m zur Wehranlage und weist folgende Vorteile auf:

- Umgehung des Stauraumbereiches mit den geringsten Fließgeschwindigkeiten
- wahrnehmbare Fließgeschwindigkeiten Richtung Oberwasser am Rückgabepunkt
- Nahezu vertikale Ufer ergeben keine Verschiebung der Wasserspiegelanschlagslinie bei wechselnden Wasserständen
- Keine Verlandungsproblematik im Uferbereich

Für das auf dieser Länge erforderliche Gegengefälle zur Fließrichtung wurde der Lift über das Wanderhindernis hinaus überhöht. In der Abschwemmleitung herrscht Freispiegelabfluss (Fülltiefe 25 cm und Fließgeschwindigkeit >2 m/s), als Auslegungskriterien gelten somit für diesen Teil der FAH Grundsätze zur Bypassgestaltung von Fischabstiegsanlagen. Bei abgesenktem Stauraum fallen die Fische maximal ca. 5 m tief nach unten, wobei sie diesen Weg in einem Wasserstrahl (170 l/s) einbettet zurücklegen. Diese Situation ist ein Betriebszustand von jeweils kurzer Dauer, der jedoch in der Niederwasserzeit nicht ausgeschlossen werden kann. Die Wasser-

Bild 8: Ausstiegsbereich: die Übersichtsaufnahme zeigt die Optimierung des Rückgabeortes: rechts unten ist ein wehrnaher Bereich (bei Absenkziel) abgebildet, das linke Bild zeigt den gewählten Rückgabeort ca. 600 m flussaufwärts der Wehranlage Runserau (Quelle: TIWAG)

tiefe im Bereich der Rückgabe beträgt im Minimum, d. h. bei maximaler Absenkung immer noch 2 m, so dass eintauchende Fische nicht geschädigt werden.

6 Monitoring

Die methodischen Vorgaben der „Mindestanforderung bei der Überprüfung von Fischmigrationshilfen (FMH) und Bewertung der Funktionsfähigkeit" [11] können folgendermaßen zusammengefasst werden:

a) Beurteilung anhand indirekter Methoden (abiotischer Parameter):
   - Es erfolgt ein Nachweis der „ökohydraulischen" Verhältnisse, d. h. Wassertiefen, Fließgeschwindigkeiten, Abfluss in den Schlitzpässen und in den Einstiegsbereichen bei minimaler und maximaler Wasserführung im Vorfluter.

b) Beurteilung auf Basis fischökologischer Untersuchungen:
   - Es wird ein Monitoringbericht über die ersten 3 Betriebsjahre angefertigt.
   - Zu Monitoringzwecken wird im Schlitzpass eine automatische Zähleinrichtung (VAKI RiverWatcher mit Kamerasystem) installiert.
   - Die Wanne des Fischliftes verweilt in der gehobenen Position kurz und es werden Foto- bzw. Videoaufnahmen per Kamera (die oberhalb des Reusen-Korbes installiert wird) aufgezeichnet. Durch ein Raster am Boden der Reuse können auch auf diese Weise Arten und Größenklassen bestimmt werden.
   - Im ersten bis dritten Jahr nach Errichtung des Fischliftes sind Befischungen im Unter- und Oberwasser zur Erfolgskontrolle vorgesehen.

7 Zusammenfassung und Ausblick

Der Fischlift Runserau (**Bild 9**) stellt ein innovatives Vorhaben dar und ist zugleich der 1. Fischlift Österreichs. Dieser Bautyp wurde gewählt, um die Durchgängigkeit an der bestehenden Wehranlage Runserau am Inn mit beengten Platzverhältnissen und hohen Wasserspiegelschwanken im Oberwasser wiederherzustellen.

Zwei Einstiege im Unterwasser und konventionelle Schlitzpässe gewährleisten in Verbindung mit der über diese Einstiegsbauwerke dotierten Restwasserabgabe die Auffindbarkeit der FAH. Das Fischliftbauwerk selbst entspricht den jüngst

Bild 9: Fotomontage des Fischlifts Runserau (Quelle: TIWAG)

ausgeführten und funktionstüchtigen Ausführungsbeispielen. Die Förderhöhe des Liftes überragt die Höhe des Wanderungshindernisses, um eine Rückgabe der Fische im Oberwasser mit großer Entfernung zum Wanderungshindernis zu ermöglichen. Die unter- und oberwasserseitige Anbindung der FAA wurde damit angesichts der gegebenen Strömungsverhältnisse optimiert.

Zur Durchführung des Funktionsnachweises wird der Fischlift mit modernsten Monitoringeinrichtungen ausgestattet. Somit werden neben dem eigentlichen Funktionsnachweis wertvolle Informationen über die zeitliche Staffelung und Intensität des Laichaufstiegs von Bachforelle und Äsche geliefert.

Die zukünftige Dotation der Restwasserstrecke mit 5 m³/s erfüllt die Verordnung des Landeshauptmannes von Tirol zur Sanierung von Fließgewässern vom 1.12.2011. Durch die Restwasserdotation ergeben sich positive Auswirkungen auf die gesamte Restwasserstrecke. Der für die aquatische Bodenfauna nutzbare Lebensraum und die Habitateignung für die Fischarten Bachforelle und Äsche vergrößern sich gegenüber dem Ist-Zustand, so dass sich neben der Herstellung der Durchgängigkeit auch eine deutliche Verbesserung der Lebensraumeignung in der Ausleitungsstrecke prognostizieren lässt. Ein weiterer positiver Aspekt wäre auch in Bezug auf das Äschenprojekt des Tiroler Fischereiverbandes denkbar: Studien in Frankreich haben gezeigt, dass „... die Entnahme von Laichfischen an den Fischliften insbesondere den Vorteil bietet, dass der Fang der Fische während deren Laichwanderung erfolgt. Hierdurch kann eine große Anzahl von Elternfischen, deren Geschlechtsprodukte schon sehr weit herangereift sind, in relativ kurzer Zeit rekrutiert werden. Zudem ist es möglich, die Fische aus dem Fischlift direkt in geeignete Transportbehälter zu überführen, ohne dass diese dem Wasser entnommen werden müssen, wodurch fang- oder transportbedingte Sterblichkeiten minimiert werden konnten ..." [12]. Bei Bedarf könnten also Elterntiere direkt aus dem Fischlift schonend entnommen werden.

Die hier dargestellte Maßnahme wurde im wasser- und naturschutzrechtlichen Bewilligungsverfahren positiv beurteilt. Nach Vorliegen der Genehmigungsbescheide wurde für das Projekt von Seiten des Bundes und dem Land Tirol ein Finanzierungszuschuss von insgesamt 25 % der Investitionskosten zugesichert (Umweltförderungsgesetz, „Förderung Gewässerökologie"). Der Baubeginn ist im September 2014 erfolgt, die

Inbetriebnahme wird im Dezember 2015 stattfinden. Über die ausgeführte Anlage und die Erfahrungen der Inbetriebnahme wird nach Vorliegen der ersten Monitoringergebnisse berichtet werden.

Danksagung

Wir danken Dr. Bernhard Hofer und allen an der Planung beteiligten Kollegen der TIWAG-Tiroler Wasserkraft AG. Ebenso danken wir Mag. Michael Hubmann (ARGE Limnologie, Befischungen und Dotierwasservorschlag), Dr. Matthias Schneider (sje, ethohydraulische Modellierung) und Prof. Maria Teresa Ferreira (Technische Universität Lissabon) für die laufende Beratung und Unterstützung.

Autoren

Mag. Dr. Martin Schletterer
Dipl.-Ing. Dr. Robert Reindl
Dipl.-Ing. Stefan Thonhauser
TIWAG-Tiroler Wasserkraft AG
Eduard-Wallnöfer-Platz 2
6020 Innsbruck, Österreich
martin.schletterer@tiwag.at
robert.reindl@tiwag.at
stefan.thonhauser@tiwag.at

Literatur

[1] Bundesministerium für Land- und Forstwirtschaft, Umwelt und Wasserwirtschaft (Hrsg.): Nationaler Gewässerbewirtschaftungsplan 2009. Internationale und Bilaterale Koordinierung. Wien, 2010 (BMLFUW-UW.4.1.2/0011-I/4/2010).

[2] Bundesministerium für Land- und Forstwirtschaft, Umwelt und Wasserwirtschaft (Hrsg.): Leitfaden zum Bau von Fischaufstiegshilfen. Wien, 2012.

[3] Travade, F.; Larinier, M.: Fisch locks and fish lifts. In: Bull. Fr. Pêche Piscic. (2012), Nr. 364 suppl., S. 102-118.

[4] IB Floecksmühle (Hrsg.): Verbesserung und Vernetzung aquatischer Lebensräume Planungsempfehlungen zu Fischaufstiegsanlagen, Studie im Auftrag des Staatlichen Umweltamtes Suhl, 2004.

[5] Larinier, M.: Etude du fonctionnement d'une passe à poissons à ralentisseurs plans. In: Bull. Fr. Pêche Piscic. (1978), Nr. 271, S. 40-54.

[6] Larinier, M.; Travade, F.: La conception des dispositifs de franchissement pour les Aloses. In: Bull. Fr. Pêche Piscic. (1992), Nr. 326/327, S. 125-133.

[7] Pavlov, D. S.: Structures assisting the migration of non-salmonid fish. FAO Fisheries Technical Paper (1989), Nr. 308.

[8] Santos, J. M.; Bochechas, J. H.; Ferreira, M. T.; Godinho, F. N.: Performance of fish lift recently built at the Touvedo Dam on the Lima River, Portugal. In: Journal of Applied Ichthyology (2002), Nr. 18, S. 118-123.

[9] Redeker, M.: Wiederherstellung der Gewässerdurchgängigkeit für die Aquafauna an Talsperren. Was ist machbar? Was ist sinnvoll? In: WasserWirtschaft 95 (2005), Heft 1/2, S. 35-40.

[10] Kopecki, I.; Tuhtan, J. A.; Schneider, M.; Ortlepp, J.; Thonhauser, S.; Schletterer, M.: Assessing fishway attraction flows using an ethohydraulic approach. In: Proceedings of the 3rd IAHR Europe Congress, Porto, 2014.

[11] Woschitz, G.; Eberstaller, J.; Schmutz, S.:. Mindestanforderung bei der Überprüfung von Fischmigrationshilfen (FMH) und Bewertung der Funktionsfähigkeit. Richtlinie der Fachgruppe Fischereisachverständige beim Österreichischen Fischereiverband. Österreichischer Fischereiverband, Richtlinie 1/2003.

[12] Scharbert, A.; Beeck, P.: Die Wiederansiedlung des Maifischs (Alosa alosa) im Rhein-System. In: LANUV-Fachbericht (2010), Nr. 28.

Martin Schletterer, Robert Reindl and Stefan Thonhauser

Ecological Considerations for the Planning of the 1st Fish Lift in Austria at the Weir Runserau, Tyrol

The Runserau fish pass is an innovative undertaking and it is the first lift fish in Austria. We have opted for this type of fish pass because of the extremely variable headwater levels and the lack of space at the existing Runserau weir on the River Inn. A literature review was undertaken and revealed many examples of successful implementation of lifts to enable fish migration, but it also turned out that the entrance situation is a critical point. Therefore the design includes two entrances in the tailwater (conventional vertical slot passes) to ensure the findability of the fish pass. In addition a long fish-pipe – enabled by the construction type fish lift – leads to a favourable exit, i.e. upstream connection with the headwater. Thus, the lift is optimally linked to the fish migration corridor. Construction work was started in September 2014. In future, the river will have a minimum flow of 5 m^3/s which will ensure the migration corridor.

Мартин Шлеттерер, Роберт Райндл и Штефан Тонхаузер

Экологические основы и рамочные условия проектирования первого рыбоподъемного лифта Австрии на плотинном узле Рунзерау (Runserau), Тироль.

Рыбоподъемный лифт Рунзерау (Runserau) является инновационным проектом и первым подобным сооружением в Австрии. Этот тип конструкции был выбран с целью восстановления проходимости на существующем плотинном гидроузле Рунзерау (Runserau) на реке Инн (Inn), где имеют место высокие колебания уровня паводковой воды и ограниченные пространственные условия. Обширный литературный обзор показывает, что благодаря особой конструкции рыбоподъемного лифта вопрос проходимости может быть успешно решен при условии положительного разрешения ситуации с заходом рыбы. Это было реализовано в ходе предметного планирования посредством комбинирования с дополнительным, уже подсоединенным сооружением для входа рыбы, имеющим шлицевые каналы; кроме того – что стало возможным только благодаря конструкции лифта – сплавной водовод ведет вплоть до удобного места возврата, и, таким образом, сооружение оптимально привязано к миграционному каналу в области как нижнего, так и верхнего бьефа.

Andreas Roth und Georg Baumann

Der Hydro-Fischlift: Eine innovative Lösung für den Fischaufstieg – Aspekte zu Konstruktion und Betrieb

Für den Einsatz unter beengten Platzverhältnissen entwickelte die Hydro-Energie Roth GmbH gemeinsam mit der Baumann Hydrotec GmbH & Co. KG den so genannten Hydro-Fischlift. Bei diesem System handelt es sich um eine Art Schleuse, in welcher ein einzelnes Fischpassbecken den Höhenunterschied zwischen Ober- und Unterwasser überwindet. Wandermotivierte Fische müssen somit nur zwei Becken im Fischlift überwinden, nicht viele Dutzende von Becken bzw. Höhenunterschiede. Dieser Beitrag behandelt konstruktive und betriebliche Aspekte der Systemadaption an den Standort Ruhrstaustufe Baldeney und verweist auf vorliegende Betriebserfahrungen des Hydro-Fischliftes an der Unteren Argen (Allgäu).

1 Hydro-Fischlift

Zur Wiederherstellung der Durchgängigkeit des Ruhrwehres Baldeney wurden durch den Ruhrverband im Rahmen einer umfassenden Vorentwurfsplanung verschiedene technische Lösungen geprüft. Es zeigte sich, dass alle untersuchten Ufer-Varianten mit konventionellen Fischaufstiegsanlagen aufgrund des zu überwindende Höhenunterschiedes von ca. 8,7 m bzw. des damit einhergehenden enormen Platzbedarfs und der zu erwartenden Baukosten große Probleme bereiteten [1], [2]. Alternativ sollen daher zwei alternierend zu betreibende Hydro-Fischlifte eingesetzt werden. Voruntersuchungen zeigten, dass der Bereich des Pumpwerkes in der Gewässermitte zwischen dem Kraftwerk und der Bootsschleuse hierfür eine geeignete Anbindung an die Hauptströmung im Unterwasser bietet [3], [4].

Als Antrieb des Hydro-Fischliftes dient der Schleusenwasserstand, als Schleusenkammer wird platzsparend und montagefreundlich ein GFK-Rohr genutzt. Streng genommen handelt es sich somit nicht um einen Lift, sondern um eine Schleuse. Im Gegensatz zu einer Schleuse verändert sich die Wassertiefe im aufschwimmenden Becken des Hydro-Fischliftes jedoch nur vergleichsweise wenig; die Fische werden für sie unmerklich und kraftsparend auf ein höheres Niveau gehoben.

Die Überwindung von großen Höhenunterschieden, auch über 30 m, wird mit einem einzelnen Hydro-Fischlift möglich. Hierzu ist kein Windwerk oder ähnliches erforderlich; der Hubvorgang für das ca. 15 t schwere Wasserbecken findet auf rein hydraulischem Wege statt.

1.1 Entwicklungsstufen

Fischaufstieg

Die Entwicklung für dieses neuartige System begann im Jahre 2011. Der erstmalige Einsatz des Hydro-Fischliftes bot sich im 8 km vom Hersteller Baumann Hydrotec GmbH & Co. KG entfernten Neubau der Wasserkraftanlage Neumühle in Wangen im Allgäu an. An diesem Standort an der Unteren Argen in 605 m ü. NN liegt der besondere Fokus auf der Seeforelle und der Äsche. Es gilt ca. 5 m Höhenunterschied zu überwinden. Bei diesem Ausleitungskraftwerk wird die Auffindbarkeit des Hydro-Fischliftes durch eine unmittelbar benachbarte Leitstromturbine unterstützt. Die Installationen konnten von März bis Juni 2014 durchgeführt werden; seit September 2014 ist die Anlage im Dauerbetrieb.

Von Mitte 2013 bis September 2014 erfolgten

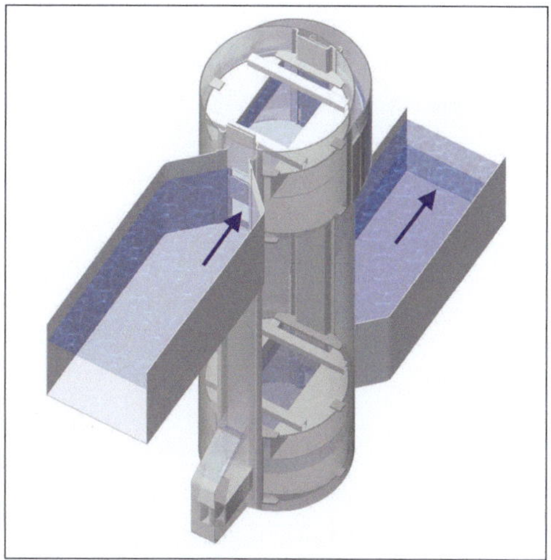

Bild 1: Hydro-Fischlift 2.0 von schräg oben betrachtet (Quelle: Hydro-Energie Roth GmbH)

am Karlsruher Institut für Technologie (KIT) detaillierte numerische Simulationsstudien und gegenständliche Modelluntersuchungen [3] sowie ethohydraulische Versuche für die Anpassung des Fischliftes an den Standort Baldeney, welche die Funktionsfähigkeit verdeutlichten [5]. Bei diesen Versuchen konnten dennoch einige funktionsverbessernde Details erarbeitet werden. Beispielsweise wirkte während der Laborversuche eine horizontale Durchströmung für die Fische beim Ausstieg in der oberen Position nochmals attraktiver und der Ausschwimmvorgang konnte deutlich verkürzt werden. Das Einschwimmen in den Fischlift in der unteren Position ließ sich durch einen besonders gestalteten Einstiegsbereich beschleunigen.

Die Laborversuche zeigten auch ein Funktionsoptimum bei Fließgeschwindigkeiten in den Ein- und Ausstiegsöffnungen um $v \approx 0{,}5$ m/s, auf deren Basis wiederum eine Größendimensionierung der Ein- und Ausstiegsöffnungen möglich wurde.

Fischabstieg

Während der Laborversuche zum Fischaufstieg entwickelte sich die Frage, ob dieses System auch gleichzeitig als Fischabstieg genutzt werden könnte. Die ersten Versuche zu dieser Migrationsrichtung fanden im Mai 2015 statt und konnten die Eignung dieses Systems speziell für den Lachsabstieg belegen. Weitergehende Untersuchungen zum Abstiegsverhalten von jungen Cypriniden und Blankaalen werden aktuell durchgeführt.

Hydro-Fischlift 2.0

Die neuen Erkenntnisse aus den Laborversuchen zum Fischaufstieg und Fischabstieg am KIT [5] sowie insbesondere die gewonnenen Erfahrungen aus dem Dauerbetrieb in der Anlage Neumühle/Argen flossen direkt in die Weiterentwicklung des für den Standort Baldeney vorgesehenen Systems ein. Nachfolgend wird daher der aus diesem Erkenntnisgewinn weiterentwickelte Hydro-Fischlift 2.0 (**Bild 1**) vorgestellt.

2 Prinzipieller Systemaufbau

Der Hydro-Fischlift (**Bild 2**) besteht im Wesentlichen aus der Zylinderkammer, welche den Schwimmkolben führt, der Einstiegsöffnung im Unterwasser, der Ausstiegsöffnung im Oberwasser, dem Einströmdämpfer, dem Segment-Überfall und der Kammerentleerung.

2.1 Funktionsablauf

Für den Standort Baldeney ist der Einsatz von zwei Fischliften im alternierenden Betrieb vorgesehen, um so einen kontinuierlichen Aufstieg zu gewährleisten. Nachfolgend wird der grundsätzliche Funktionsablauf eines Hydro-Fischlifts anhand der vier Hauptphasen (Einschwimmphase, Aufstiegsphase, Ausschwimmphase, Absenkphase) dargestellt. Die Zeiten der vier Hauptphasen sind in der Steuerung den Erfordernissen entsprechend nahezu frei anpassbar.

Einschwimmphase (**Bild 3a**)

- Der Einströmdämpfer führt das Wasser in den Schwimmkolben.
- Der Schwimmkolben wird horizontal durchströmt.
- Die Einstiegsöffnung im Unterwasser ist geöffnet, Wasser strömt aus.
- Fische schwimmen gegen die Strömung in den Schwimmkolben ein.

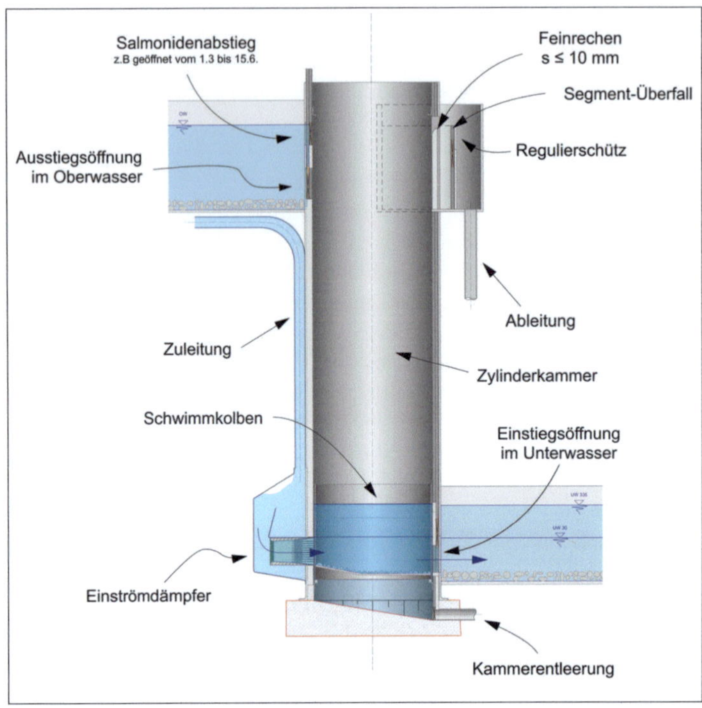

Bild 2: Prinzipieller Aufbau des Hydro-Fischliftes 2.0 (Quelle: Hydro-Energie Roth GmbH)

Aufstiegsphase (**Bild** 3b)

- Die Einstiegsöffnung im Unterwasser ist geschlossen.
- Der Einströmdämpfer führt weiterhin Wasser in den Schwimmkolben.
- Der Wasserstand in der Zylinderkammer steigt an.
- Der Schwimmkolben kann in ≥4 Minuten die maximale Höhendifferenz überwinden.

Ausschwimmphase (**Bild** 3c)

- Der Einströmdämpfer ist geschlossen.
- Die Ausstiegsöffnung im Oberwasser ist geöffnet.
- Das horizontal einströmende Wasser wird zum Feinrechen mit Ringüberfall geleitet.
- Fische schwimmen gegen die Strömung aus dem Schwimmkolben.

Absenkphase (**Bild** 3d)

- Der Einströmdämpfer ist geschlossen.
- Die Ausstiegsöffnung im Oberwasser ist geschlossen.
- Die Kammerentleerung ist geöffnet.
- Der Wasserstand in der Zylinderkammer sinkt ab.
- Der Schwimmkolben kann in ≥2 Minuten abgesenkt werden.

Es folgt nun wieder die Einschwimmphase.

Startsignal für die Aufstiegsphase

Das Startsignal für die Aufstiegsphase kann anhand rein zeitlicher Vorgaben erfolgen. Zudem ist auch möglich, den Betrieb zum Beispiel in Zeiten von bekanntem, großem Migrationsdruck zu intensivieren. Andererseits ist es möglich, zu Zeiten von besonders geringem Migrationsdruck den Betrieb auf das absolute, erforderliche Minimum zu reduzieren.

Besonders zielführend ist es, die Aufstiegsphase dann einzuleiten, wenn tatsächlich Fische eingeschwommen sind.

Die Ergebnisse der ethohydraulischen Untersuchungen zum Einschwimmverhalten von Fischen in das Lift-Modell lassen die Ableitung von starren Regeln, die einen effizienten Transferbetrieb gewährleisten, nicht zu. Aus diesem Grund wurde überprüft, ob der Einsatz von Detektionssystemen möglich ist. Es wurde ein Sys-

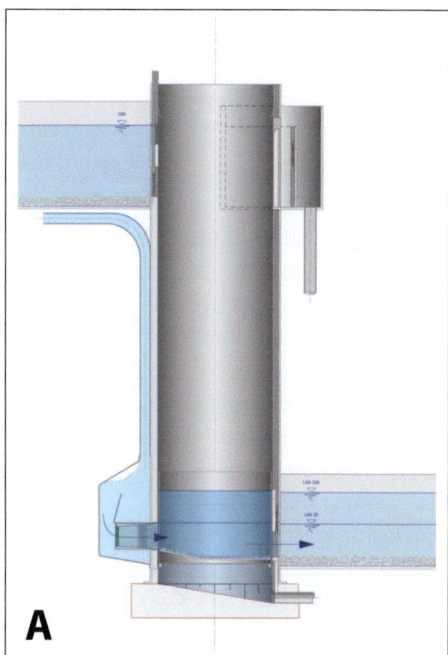

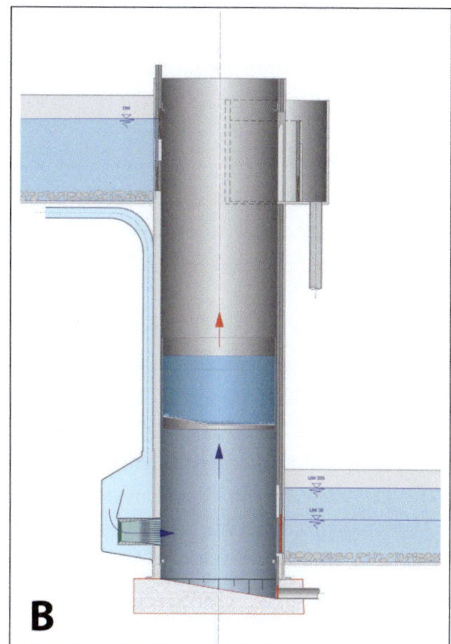

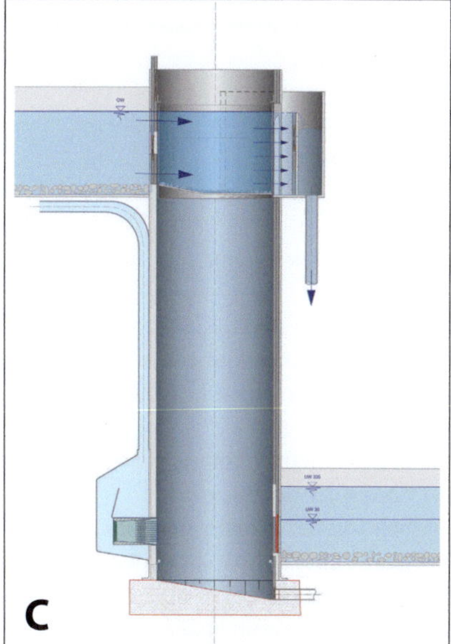

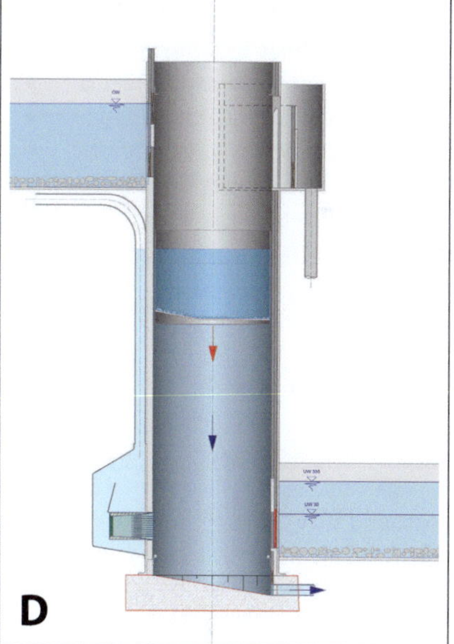

Bild 3: Funktionsweise des Hydro-Fischliftes 2.0: a) Einschwimmphase, Schwimmkolben unten; b) Aufstiegsphase, Schwimmkolben schwimmt auf; c) Ausschwimmphase, Schwimmkolben oben; d) Absenkphase, Kammerentleerung öffnet (Quelle: Hydro-Energie Roth GmbH)

tem zur Steuerung des Liftbetriebes entwickelt, das im Rahmen des Monitorings nach dem Bau des Liftsystems kalibriert werden muss [5].

2.2 Regulierung des Durchflusses

In der Einstiegsphase und der Aufstiegsphase lässt sich das in den Zylinder einströmende Wasser frei von null bis zur maximalen Wassermenge regulieren.

In der Ausstiegsphase sorgt der nach dem Feinrechen nachgeschaltete Ringüberfall für einen Minimaldurchfluss bzw. für eine Begrenzung des Maximalwasserstandes. In diesem Segment-Überfall ist zusätzlich ein Regulierschütz vorgesehen, welches die gewünschte Beaufschlagung in der oberen Ausstiegsposition zu regulieren hilft.

3 Dimensionen und Materialauswahl des Fischliftes

Der Fischlift sollte vergleichbar mit einem konventionellen Fischaufstieg mindestens 300 Tage/a betriebsfähig sein. Bei Niedrigwasserabflüssen und bei deutlich über dem Mittelwasserabfluss erhöhten Abflüssen der Ruhr muss der Fischaufstieg nicht zwingend durchgängig sein.

Folgende Dimensionen sind für den Standort Baldeney vorgesehen:

- Stauziel Baldeneysee 51,75 m ü. NN
- Oberwasserstand am Hydro-Fischlift ca. 51,5 m ü. NN
- ΔH Vorkammer zum Unterwasser $\Delta h_{Vorkammerschlitz} \approx 0{,}07$ m
- Mindestwasserstand UW $UW_{30} \approx 43{,}05$ m ü. NN
- Maximalwasserstand UW $UW_{335} \approx 44{,}10$ m ü. NN
- ΔH Fischlift maximal $\Delta h_{Fischlift} \approx 8{,}4$ m
- Außendurchmesser Zylinderkammer: $Ø_a \approx 2{,}96$ m
- Innendurchmesser des Zylinders: $Ø_i \approx 2{,}87$ m
- Zylindervolumen max. $V_{Zylinder} \approx 54\ m^3$
- Außenhöhe Zylinderkammer: $H_a \approx 10{,}6$ m
- Einstiegsöffnung UW (B x H): 0,50 m x 1,00 m
- Obere Ausstiegsöffnung OW (B x H): 0,50 m x 0,50 m
- Untere Ausstiegsöffnung OW (B x H): 0,50 m x 1,00 m
- Baumaterial Zylinderkammer: GFK, innen glattwandig
- Baumaterial Armaturen bzw. alle Metallteile: 1.4301 (V2A) oder hochwertiger
- Alle Kunststoffteile sind dauerhaft UV-beständig sowie wasserbaugeeignet.
- Die Ölhydraulik wird mit wasserbauzugelassenem Hydrauliköl betrieben.

3.1 Schwimmkolben

Das zentrale Bauteil des Fischliftes stellt der Schwimmkolben (**Bild 4a**) dar. Dessen Dimensionen sind den Beckendimensionen eines Vertical-Slot-Fischpasses bzw. den Anforderungen nach DWA-Merkblatt M 509 [6] nachempfunden, wobei geringere oder größere Wassertiefen eingeplant werden können:

- Durchmesser innen: ca. 2,7 m
- Minimale Wassertiefe UW_{30}: ca. 0,9 m
- Maximale Wassertiefe UW_{335}: ca. 2,0 m
- $v_{Einstiegsöffnung}$: 0,3 bis 0,75 m/s, $v_{ideal} \approx 0{,}5$ m/s
- $v_{Ausstiegsöffnung}$: 0,3 bis 0,75 m/s, $v_{ideal} \approx 0{,}5$ m/s
- Energiedissipation max.: $<35\ W/m^3$
- Gewicht des Schwimmkolbens mit Wasserfüllung in Bewegung bzw. Liftgewicht: ca. 15 t
- Baumaterial Schwimmkolben: 1.4301 (V2A) oder hochwertiger

Grundsätzlich soll der Schwimmkolben, ähnlich einem Vertical-Slot-Fischpass, bei der Ein- und der Ausschwimmphase horizontal durchströmt werden. Die Schwimmkolbensohle kann mit fixiertem Grobsubstrat versehen werden.

Der Schwimmkolben wird durch ein Führungssystem gegen Verdrehen gesichert. Beim Erreichen der jeweiligen Endpositionen des Schwimmkolbens sind jeweils mindestens 5 kN als Restgewicht (Abtrieb) in der Einstiegsphase sowie in der oberen Endposition als Restauftrieb vorgesehen. Der Schwimmkolben wird durch einen Endanschlag gegen weiteres Aufschwimmen gesichert.

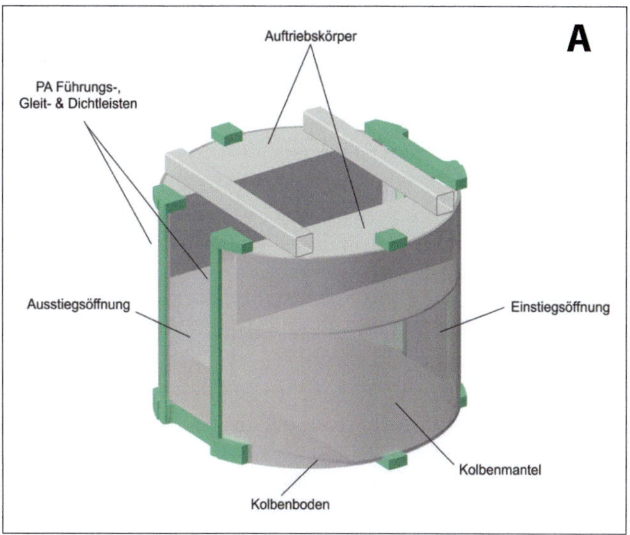

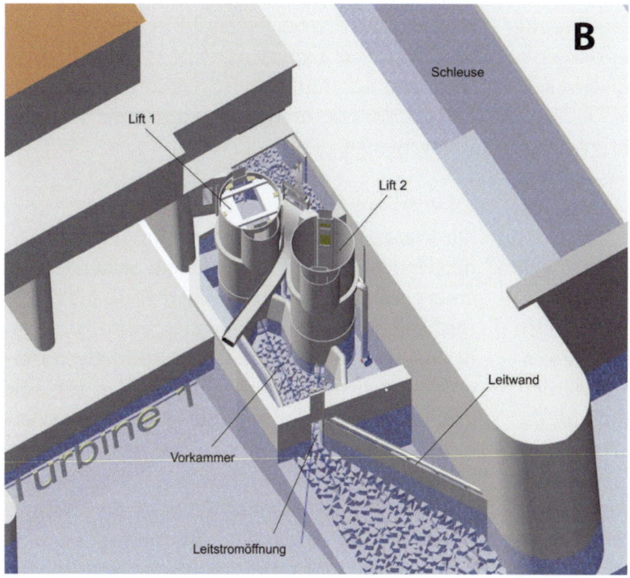

Bild 4: Details des Hydro-Fischliftes: a) Schwimmkolben; b) Vorkammer im Grundriss (Quelle: Hydro-Energie Roth GmbH)

Verschmutzungsgefahr

Im Wasserbau müssen bewegliche Systeme grundsätzlich so konstruiert werden, dass Geschwemmsel und Geschiebe den Betrieb nicht behindern können. Für den Hydro-Fischlift wurden besondere Systeme sowie Bauweisen hierzu entwickelt und an der Wasserkraftanlage Neumühle/Argen getestet. Nachfolgende Erläuterungen sollen hierzu einen kleinen Einblick geben.

In der Einschwimmphase und der Aufstiegsphase wird das System mit vorgefiltertem Wasser aus einem Rechensystem versorgt, dessen Spaltweite <10 mm beträgt.

Nur während der Ausstiegsphase wird der Schwimmkolben durch ungefiltertes Wasser durchströmt. Das ungefilterte Wasser strömt durch die Ausstiegsöffnung zum gegenüberliegenden Feinrechen mit nachfolgendem Segment-Überfall.

Der Feinrechen mit einer spezifischen Rechenfläche >5 m^2 je m^3/s wird mit jedem Absenkvorgang automatisch gereinigt, der nachfolgende

Segment-Überfall ist unempfindlich gegen Verschmutzung. Das Rechengut wird in der Ausstiegsphase in der fließenden Welle nach Unterwasser weitergegeben.

Der umlaufende Spalt am Zustieg und Ausstieg wird durch robuste PA-Führungs-, -Gleit- und -Dichtleisten zur Zylinderwand auf weniger als 10 mm verringert. Die Herstellertoleranzen der Zylinderrohre liegen unter ±3 mm. Bei dieser Betriebssituation steht im Zylinder ein etwas größerer Druck gegenüber dem Schwimmkolbeninneren an; es strömt daher durch diese Spalte gefiltertes Wasser nach. Fremdkörper können so nicht in den Spalt eingezogen werden.

Zwischen der Kolbenaußenwand und der Zylinderinnenwand ist ein Spalt >65 mm vorgesehen, welcher nach unten offen ausgeführt wird. Bei jeder Absenkphase wird der Raum unter dem Schwimmkolben mit der Kammerentleerung ausgespült. Damit verbunden wird beim Absenkvorgang auch der Ringraum zwischen dem Kolben und dem Zylinder gespült.

Der gesamte Schwimmkolben ist mit 3 Anhängeösen versehen, welche das Anheben und Fixieren des Schwimmkolbens für den Revisionsfall sichert.

Sicherlich werden auch bei diesem System Verschmutzungen der Spalte nicht vollständig zu verhindern sein. Nach dem Absperren aller Öffnungen zum Zylinder kann zusätzlich der Zylinder mittels Pumpe vollständig entleert werden. Auch wurde bereits bei der Anlage Neumühle darauf geachtet, dass in den beiden Extrempositionen oben und unten immer gut ausreichender Restauftrieb (oben) sowie Restabtrieb (unten) zur Verfügung steht. Diese Kräfte müssen größer als die möglichen Widerstände aus Verschmutzung sein.

Sollte dennoch eine Störung eintreten, dann wird die eingetretene Störung redundant detektiert und als Klartext-Störmeldung versendet. Bis die Störung beseitigt ist, bleibt der Hydro-Fischlift in einer definierten Warteposition außer Betrieb. Die Funktion der Fischwanderhilfe wird dadurch permanent überwacht, was gegenüber einem konventionellen Fischaufstieg als erheblicher Vorteil zu sehen ist.

4 Anbindung an das Unterwasser

Die Einstiegsöffnung bzw. die Öffnung zum Unterwasser ist mit einer Breite von 0,5 m und einer Höhe von 1,0 m vorgesehen, die Öffnungsfläche soll für Baldeney $A \approx 0{,}5\ m^2$ betragen.

Die optimalen Fließgeschwindigkeiten aus der Einstiegsöffnung konnte am KIT mit $v \approx 0{,}5\ m/s$ ermittelt werden [5]. Somit steht aus dem jeweils geöffneten Hydro-Fischlift eine Wassermenge von $Q \approx 0{,}25\ m^3/s$ zur Verfügung.

Für die vorhandene Ichtiozönose wäre ein konventioneller Fischaufstieg mit mindestens $Q \approx 0{,}54\ m^3/s$ zu beschicken. Die beiden unmittelbar benachbarten Turbinen sind jedoch für eine Nutzung von $Q \approx 140\ m^3/s$ ausgelegt. Unter diesen Randbedingungen ist eine gut auffindbare Leitströmung zu den beiden Fischliften besonders zu beachten. Das Expertengremium empfahl auch aufgrund der räumlichen Situation vor Ort eine Leitstromwassermenge von ca. 1 % der Ausbauwassermenge, d. h. ca. $1{,}4\ m^3/s$.

4.1 Vorkammer

Die Wassermenge und die Strömung aus den beiden Hydro-Fischliften werden zur Sicherstellung einer großräumigen Auffindbarkeit als nicht ausreichend erachtet. Die beiden Fischlifte sollen daher in einer Art Wasserkammer (**Bild 4b**) positioniert werden, welche diffus mit den für eine großräumig auffindbare Leitströmung erforderlichen, zusätzlichen Wassermengen gespeist werden kann [4], [7]. Die zusätzlichen Wassermengen sind regelbar und können daher an die jeweilige Betriebssituation der Turbinen angepasst werden. Die Leitstromwassermenge muss somit nicht permanent $1{,}4\ m^3/s$ betragen.

Durch eine 0,55 m breite und zwischen 1,2 und 2,25 m hohe, durchströmte, schlitzartige Öffnung soll die hydraulische Verbindung zum Unterwasser hergestellt werden. Alle in die Vorkammer einfließenden Wassermengen werden durch die rundkantigen Schlitzöffnungen nahezu strömungsparallel zum Turbinenauslauf in das Unterwasser als großräumig auffindbare Leitströmung abgeleitet. Die hydraulischen Verhältnisse im Schlitz wurden auf eine Ausströmgeschwindigkeit von $v \approx 1{,}2\ m/s$ ausgelegt.

4.2 Anbindung an das Oberwasser

Die Einstiegsöffnung bzw. die Öffnung zum Oberwasser ist ebenfalls mit einer Breite von 0,5 m und einer Höhe von 1,0 m vorgesehen; die Öffnungsfläche soll A ≈ 0,5 m² betragen.

Die optimale Fließgeschwindigkeit in die Ausstiegsöffnung oben konnte am KIT wiederum mit v ≈ 0,5 m/s ermittelt werden [5]. Somit strömt in den jeweils geöffneten Hydro-Fischlift eine Wassermenge von Q ≈ 0,25 m³/s.

Verbindungsrinne zwischen den Fischliften und der Stauhaltung

Die Verbindung durch das Pumpwerk ist als eine auf Stahlträgern gelagerte Stahlrinnenkonstruktion vorgesehen. Die lichte Breite soll ca. 1,8 m betragen; die Wassertiefe soll bei ca. 0,8 m über der Rinnensohle liegen. Die mittlere Fließgeschwindigkeit in diesem Bereich der Rinne wird bei v ≈ 0,35 m/s liegen.

Mit vergleichbaren Dimensionen soll die Rinne im Bereich vor dem Pumpwerk direkt aus dem Beton ausgebrochen werden. Eine weitere Rinnenverlängerung direkt neben der Schleusenkammerwand, wiederum als Stahlrinne, soll den Zulauf ca. 15 m vom Turbinenrechen entfernt in einem für den Ausstieg günstigen Strömungsbereich positionieren.

Zum Schutz vor Geschwemmsel ist eine mindestens 1,5 m tiefreichende Tauchwand vorgesehen. Die freie Wassertiefe unter der Tauchwand beträgt >6,5 m.

Eine sohlennahe Anbindung wäre nur schwer realisierbar und ist daher nach Rücksprache mit den Fischereibiologen nicht weiter zu berücksichtigen.

5 Zugänglichkeit während des Betriebes

Die beiden Fischlifte sind auf der oberen Ebene von dem Schleusenpfeiler aus über eine Arbeits- bzw. Besucherplattform zugänglich. Auf der unteren Ebene soll die Zugänglichkeit an die vorhandene Arbeitsplattform anschließen und sichergestellt werden. Die Vorkammer kann vollständig trocken gelegt werden, alle technischen Einrichtungen sind gut erreichbar und mit dem Portalkran manipulierbar (**Bild 5**).

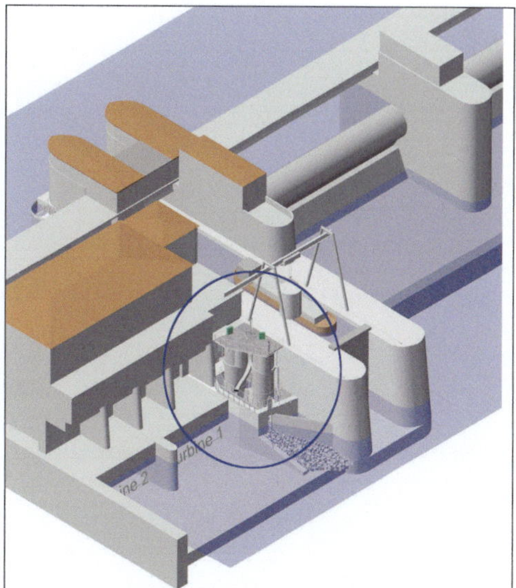

Bild 5: Integration in Baldeney, Ansicht von Unterwasser (Quelle: Hydro-Energie Roth GmbH)

Die Zulaufrinne im und vor dem Gebäude kann jederzeit problemlos begangen werden. Direkt vor dem Gebäude ist ein Revisionsschütz vorgesehen. Die Steuerung und das Hydraulikaggregat können im Rückpumpgebäude trocken untergebracht werden.

6 Besonderheiten bei der Bauausführung

Für die Bauausführung kann weder das Oberwasser noch das Unterwasser abgesenkt werden. Das Kraftwerk soll auch in der Bauphase mit möglichst geringen Einschränkungen betrieben werden können. Beachtenswert ist in diesem Zusammenhang zudem die räumliche Nähe zum Krafthaus und zur schleusenseitigen Turbine. Bei einigen Bauphasen darf diese Turbine aufgrund der Strömungsinduktionen nicht betrieben werden.

Am Standort Baldeney sind Einkranungsmöglichkeiten für schwere Bauteile erheblich eingeschränkt. Die Uferwand bei der Zufahrt zum Krafthaus erlaubt nur eine Kranstützlast, welche am Pfeiler der Bootsschleuse einer Last von ca. 2 t entspricht. Für entsprechend schwer zugängliche Standorte steht für die Hydro-Fischlifte eine Mo-

Bild 6: WKA Neumühle/Wangen: Winterbetrieb 2014/2015 (Quelle: Baumann Hydrotec)

dulbauweise zur Verfügung. Die Einzellasten für den Transport und zum Einheben der Segmente lassen sich dadurch auf ein kranbares Niveau reduzieren. Die Installation der Hydro-Fischlifte ist somit auch bei ungünstiger Zugänglichkeit in kurzer Zeit realisierbar.

In Baldeney ist als Serviceeinrichtung ein 5 t hebender Portalkran vorgesehen, welcher auch bereits für die Erstinstallation genutzt werden soll. Die Bauteile des Hydro-Fischlift-Systems werden über einen Lastkahn antransportiert und mit dem Portalkran gesetzt.

Die Außenwände und auch die Sohle der zuvor zu erstellenden Vorkammer sollen aus Unterwasserbeton hergestellt werden; der weitere Ausbau kann in dessen Schutz erfolgen.

7 Steuerung der Lifte

Der Hydro-Fischlift verfügt über eine eigens hierzu entwickelte Betriebssoftware, welche auf Industriekomponenten basiert und mit höchstem Qualitätsstandard arbeitet. Diese erlaubt die benutzerfreundliche Änderung der Betriebsparameter. Eine Visualisierung zeigt die Betriebszustände animiert an. So kann z. B. in Echtzeit die Lage der Schwimmkolben oder der Öffnungen beobachtet werden. Ein Fernzugriff ist über jedes internetfähige Gerät unter Beachtung der Zugriffsberechtigungen möglich. Fehlfunktionen oder besondere äußere Betriebszustände werden mittels SMS und/oder E-Mail fernsignalisiert. Es wird dabei in Warnmeldung und echte Störmeldung unterschieden, alle Meldungen zeigen die Art der Meldung oder Störung als Volltext an. Dadurch ist eine 24 h/7 Tage rundum Funktionsüberwachung gewährleistet.

Als Besonderheit stehen zudem für einige Störungen Programmabläufe für die selbsttätige Störungsbehebung zur Verfügung.

8 Erste Betriebserfahrungen mit dem Fischlift an der Wasserkraftanlage Neumühle/Argen (605 m ü. NN)

Der erste Hydro-Fischlift mit einer für Baldeney vorgesehenen, grundsätzlich vergleichbaren Bauart ging im September 2014 in Wangen im Allgäu in den Dauerbetrieb. Die Untere Argen ist ein typisches mittelgroßes Gewässer des Alpenvorlandes mit MQ ≈ 8,4 m³/s. Für den Betrieb dieses Fischliftes ist daher Geschiebe, Geschwemmsel und auch Eis zu beachten.

Insbesondere die baulich vorgesehenen Schutzeinrichtungen zum Betrieb an geschiebeführenden Gewässern konnten ihre Funktionsfähigkeit bei den winterlichen Hochwasserereignissen beweisen. Mehrere Wochen anhaltender Dauerfrost mit Schnee und Eis stellten keine Probleme dar (**Bild 6**). Vereisungen im Innenbereich des Fisch-

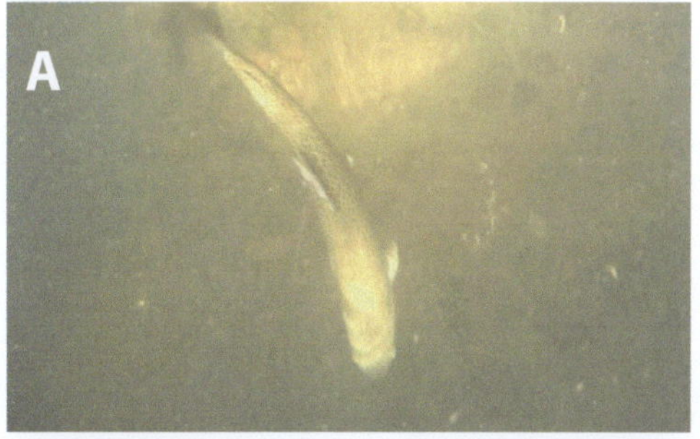

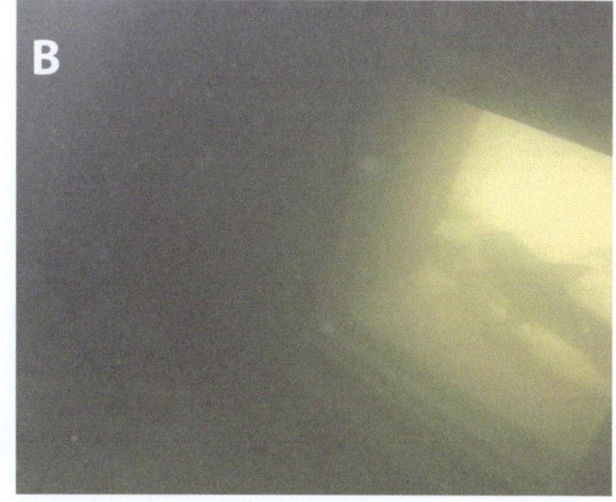

Bild 7: Ausschwimmen aus dem Fischlift WKA Neumühle/Wangen:
a) 18.05.2015;
b) 15.05.2015;
c) 13.04.2015
(Quelle: Baumann Hydrotec)

liftes konnten nie festgestellt werden. Die Vorkammer und der obere Ausstiegsbereich behielten jederzeit ihre Funktionen bei.

In dieser Zeit trat eine Störung der Anlage auf, welche auf einen Softwarefehler zurückzuführen war.

Nach einer Betriebszeit von einem Jahr mit mehreren, kleineren Hochwasserereignissen konnten keine Ablagerungen von Geschiebe und Sand im Fischlift festgestellt werden, welche den Betrieb beeinträchtigen würden.

Es hat sich gezeigt, dass die Zeiten zur Durchwanderung des Liftes denen aus den Versuchen am KIT entsprechen [5] (**Bild 7**). Es konnten aber auch durch Filmaufnahmen Einstiegszeiten von <10 s und Ausstiegszeiten von ca. 15 s dokumentiert werden.

Autoren

Dipl.-Ing. (FH) Andreas Roth
Hydro-Energie Roth GmbH
Zehntstraße 2, 76227 Karlsruhe
aroth@hydroenergie.de

Georg Baumann
Baumann Hydrotec GmbH & Co.KG
Argenauweg 1, 88239 Wangen im Allgäu
georg.baumann@baumann-montagen.de

Literatur

[1] ARCADIS: Sonderbauweisen von Fischaufstiegsanlagen. Literaturstudie, Essen, 29.04.2013

[2] Kühlmann, M.; Weyand, M.; Knotte, H.: Die Wiederherstellung der Fischdurchgängigkeit an der Ruhr-Staustufe Baldeney – Hintergrund und Projektübersicht. In: WasserWirtschaft 105 (2015), Heft 11, S. 14-22.

[3] Lehmann, B.; Kühlmann, M.: Untersuchungskonzept und -schritte zur Adaption eines Fischliftsystems am Ruhrwehr Baldeney. In: WasserWirtschaft 105 (2015), Heft 11, S. 23-30.

[4] Oberle, P.; Grafmüller, T.; Musall, M.; Nestmann, F.: Numerische und physikalische Modelluntersuchungen für ein innovatives Fischaufstiegskonzept am Ruhrwehr Baldeney. In: WasserWirtschaft 105 (2015), Heft 11, S. 36-42.

[5] Hoffmann, A.; Böckmann, I.: Ethohydraulische Untersuchungen als Funktionsnachweis für den Bau eines

Fischliftsystems am Ruhrwehr Baldeney. In: WasserWirtschaft 105 (2015), Heft 11, S. 43-51.

[6] Deutsche Vereinigung für Wasserwirtschaft, Abwasser und Abfall e. V. (Hrsg.): Fischaufstiegsanlagen und fischpassierbare Bauwerke – Gestaltung, Bemessung, Qualitätssicherung. In: DWA-Merkblätter (2014), M 509.

[7] Seidel, F.; Schultz, P.; Nestmann, F.: Untersuchungsmethodik zur Systemoptimierung von Sonderbauweisen am Beispiel Baldeney. In: WasserWirtschaft 105 (2015), Heft 11, S. 31-35.

Andreas Roth and Georg Baumann

Hydro-Fishlift: An Innovative Solution for the Upstream Migration – Aspects of the Construction and Operation

For the use in confined space conditions the Hydro-Energie Roth GmbH developed in collaboration with Baumann Hydrotec GmbH & Co. KG the so-called Hydro-Fishlift. This system is a kind of sluice in which a single fishway pool overcomes the height difference between headwater and the tailwater level. Migrating motivated fishes must overcome only two basins in the fishlift, not many dozens of pools or height differences. This article deals with structural and operational aspects of the system adaptation to the location of the Ruhr's barrage Baldeney and refers to existing operational experience of the Hydro-Fishlift on the Untere Argen river (Germany).

Андреас Рот и Георг Бауманн

Гидравлический «лифт для рыб»: инновационное решение подъема рыбы – особенности конструкции и эксплуатация

Инженерное бюро Hydro-Energie Roth GmbH совместно с фирмой-производителем Baumann Hydrotec GmbH & Co. KG разработало так называемый гидравлический «лифт для рыб» для использования в условиях недостаточного пространства. В данной системе речь идет о своего рода шлюзе, в котором посредством использования отдельного рыбопроводящего резервуара преодолевается разница в высоте между верхним и нижним бьефом. Таким образом, мигрирующие рыбы должны преодолеть только два бассейна в «лифте», а не множество различных бассейнов и перепады высот. В данной статье рассматриваются конструкционные и оперативные аспекты адаптации системы к месторасположению рурского гидроузла Бальденей (Baldeney) и сообщается об имеющемся опыте эксплуатации гидравлического «лифта для рыб» на реке Унтере Арген (Untere Argen) в регионе Алльгой (Allgäu).

Markus Kühlmann, Michael Weyand und Hermann Knotte

Die Wiederherstellung der Fischdurchgängigkeit an der Ruhr-Staustufe Baldeney – Hintergrund und Projektübersicht

Die Ruhr, ein stark anthropogen geprägter Nebenfluss des Rheins, weist eine Vielzahl von Querbauwerken auf. Zur Erreichung des guten ökologischen Zustands bzw. Potenzials dieses Gewässers ist die longitudinale Wanderung aquatischer Organismen von großer Bedeutung. Daher ist auch der Ruhrverband bestrebt, die hierfür notwendige Durchgängigkeit an seinen Wehranlagen wieder herzustellen. An der Stauanlage Baldeney herrschen jedoch sehr schwierige Rahmenbedingungen für die Errichtung einer konventionellen Fischaufstiegsanlage. Daher wurden im Verbund mit den zuständigen Behörden und einem interdisziplinären Expertenteam umfangreiche Untersuchungen zur Auffindbarkeit und Funktionalität eines innovativen Fischliftsystems durchgeführt.

1 Hintergrund und Ziel

Die Ruhr ist ein 219 km langer Nebenfluss des Rheins in Nordrhein-Westfalen mit einem Einzugsgebiet von 4 478 km^2. Sie entspringt auf dem Ruhrkopf im Sauerland bei Winterberg in einer Höhe von 674 m ü. NN und mündet in einer Höhe von 17 m ü. NN bei Duisburg in den Rhein. Hier beträgt ihr mittlerer Abfluss rund 80 m^3/s. Die bedeutendsten Nebenflüsse der Ruhr sind Lenne, Volme, Möhne, Wenne, Röhr sowie im Unterlauf der Deilbach bei Velbert [1].

Eine wichtige wirtschaftliche Bedeutung des Flusses liegt in der Trink- und Brauchwasserversorgung des Ruhrgebiets und des Sauerlandes für 4,6 Mio. Menschen sowie in der Energiegewinnung (**Bild 1**).

Für die Erreichung eines guten ökologischen Zustands der Oberflächengewässer gemäß WRRL sind unter anderem die Diversität und Abundanz der Fischfauna und des Makrozoobenthos maßgeblich. Voraussetzung für eine dem geforderten guten ökologischen Zustand entsprechende Biozönose ist neben der Wasserqualität die Durchgängigkeit von Gewässersystemen, um die Wanderbewegungen aquatischer Organismen zu ermöglichen. Allerdings ist die Ruhr als Folge der Entwicklung des Ruhrgebietes zu einer ausgeprägten und dicht bevölkerten Industrieregion einem besonderen Nutzungsdruck ausgesetzt und in der Vergangenheit stark anthropogen überformt worden. Dies zeigt sich nicht nur durch den Bau von Talsperren, sondern auch an einer Kette von Stauseen im Unterlauf der Ruhr sowie einer Vielzahl von Stauhaltungen in den Nebengewässern. Die Ruhr selbst weist etwa 50 Stauanlagen auf [2].

Mit einer Wasseroberfläche von 2,64 km^2 und einer Stauhöhe von 8,7 m ist der Baldeneysee im Süden der Stadt Essen der größte der insgesamt fünf Ruhrstauseen (**Bild 2**). Die in den 1930er-Jahren errichtete Stauanlage diente in der Vergangenheit in erster Linie als Flusskläranlage. Heute ist der Baldeneysee ein bedeutender Freizeit- und Naherholungsraum der Stadt Essen und dient zudem mit einem Wasserkraftwerk des Energieversorgers RWE der Stromerzeugung.

Die Stauanlage Baldeney besteht, vom rechten zum linken Ufer betrachtet, aus folgenden Anlagenteilen: der Wasserkraftanlage (Eigentümer und Betreiber RWE), einem nicht mehr in Betrieb befindlichen Rückpumpwerk, einer Schiffs-

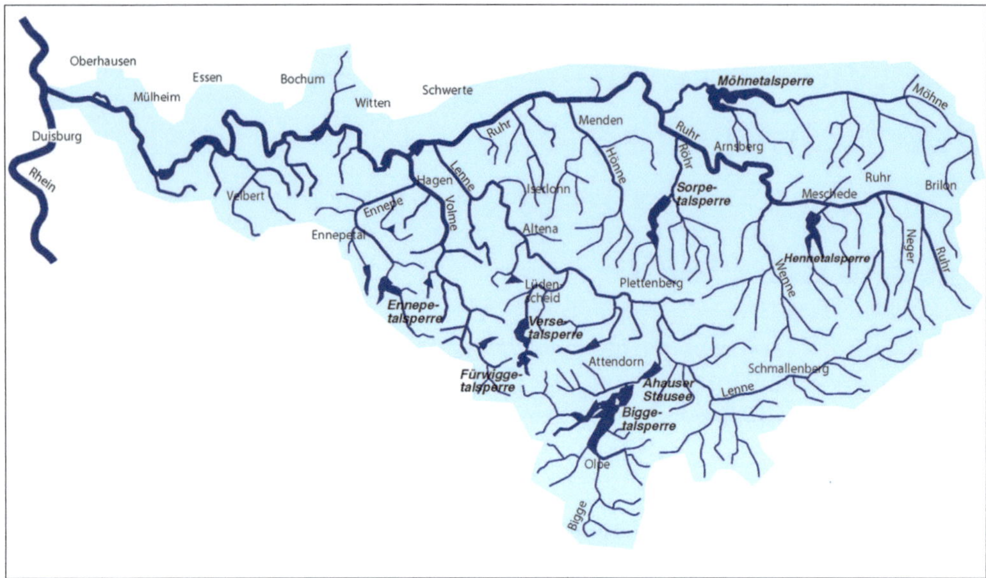

Bild 1: Ruhrverband – Verbandsgebiet (Quelle: Ruhrverband)

schleuse und einer Kanu-Umtrageeinrichtung sowie dem aus drei unterstromigen Walzenwehrfeldern bestehenden Stauwehr (alles Eigentümer Ruhrverband). Über der insgesamt 160 m breiten Stauanlage verbindet eine Fußgängerbrücke die beiden Ufer miteinander (**Bild 3**).

Parallel zum See und der Stauanlage führt ein Damm entlang des rechten Ufers, auf dessen Krone sich ein Fuß- und Radweg befindet. In diesem Bereich verlaufen eine Vielzahl von Kabel- sowie Ver- und Entsorgungsleitungen öffentlicher und privater Betreiber. Die Systeme konzentrieren sich am rechten Ufer dabei auf den Bereich entlang der Wasserkraftanlage sowie auf die Brücke über die Stauanlage. Hierzu zählen zum einen mehrere Anlagen der öffentlichen Abwasserentsorgung (ein Stauraumkanal, Transportleitungen und eine Pumpstation). Zum anderen liegen Trinkwasserleitungen im Bereich des landseitigen Dammfußes und eine Dränageleitung zur Entwässerung des hinter dem Damm liegenden Poldergebietes. Ferner verlaufen hier größere Ka-

Bild 2: Der Baldeneysee (Quelle: Ruhrverband)

Bild 3: Die Stau- und Wasserkraftanlage Baldeney (Quelle: Ruhrverband)

belbündel sowie sonstige Leitungen zur Wasserkraftanlage. Landseitig des Dammes schließt sich das Gelände des Essener Turn- und Fechtklubs (ETUF) mit einem Golfplatz, 19 Tennisplätzen und drei Sporthallen an. Am Ufer befinden sich zudem diverse Anlegestellen für Sport- und Segelboote. Linksseitig reichen die steilen Hänge des Ruhrtales und eine parallel zum Ufer verlaufende öffentliche Straße bis dicht an den Baldeneysee heran.

2 Die Wasserkraftanlage und das Rückpumpwerk

Das Laufwasserkraftwerk Baldeney der RWE Innogy wurde 1933 in Betrieb genommen. Mit einem Ausbaudurchfluss von insgesamt 140 m³/s erzeugen die zwei eingebauten Kaplan-Turbinen im Durchschnitt jährlich rund 28 Mio. kWh Strom. In Abhängigkeit von den Abflussverhältnissen werden die Turbinen einzeln oder auch parallel betrieben. Das Stauziel des Baldeneysees liegt bei 51,75 m ü. NN. Der Mindestwasserstand im Unterwasser der Wehranlage ist beeinflusst von der unterhalb anschließenden Stauhaltung Kettwig und schwankt je nach Abfluss von 43,05 m ü. NN (Q_{30}) bis 44,10 m ü. NN (Q_{335}).

Zwischen dem Krafthaus und der Schifffahrtsschleuse liegt ein Rückpumpwerk. In diesem knapp 6 m breiten Gebäude befindet sich eine Kaplan-Pumpturbine, mit deren Hilfe Ruhrwasser in den Baldeneysee zurück gefördert werden kann. Insgesamt gibt es acht Rückpumpwerke an der Ruhr, mit denen in früheren Zeiten der Wasserstand der Ruhr aufgefüllt und somit die Sicherstellung der Rohwasserversorgung bis zum Wasserwerk Essen Horst unterstützt wurde. Letztmalig kamen die Rückpumpwerke in den 1950er-Jahren zum Einsatz, eine Wiederinbetriebnahme ist nicht mehr vorgesehen.

Im Rahmen der Voruntersuchungen zur Auffindbarkeit und zur idealen Position einer Fischaufstiegsanlage (FAA) an der Stauanlage Baldeney fand eine Analyse der Kraftwerksbetriebsdaten statt. Hierbei zeigte sich, dass bei Abflüssen von bis zu 60 m³/s an rund 222 Tagen im Jahr jeweils nur eine Turbine betrieben wird, wobei auf Grund des höheren Wirkungsgrades die Turbine neben dem Rückpumpwerk bevorzugt im Einsatz ist. Beide Turbinen arbeiten zeitgleich an rund 107 Tagen pro Jahr mit einer Dotationswassermenge von 60 bis 140 m³/s. An den übrigen 36 Tagen im Jahr findet bei Volllastbetrieb der Wasserkraftanlage zudem auch ein Wehrüberfall statt.

3 Die Anforderungen zur Wiederherstellung der ökologischen Durchgängigkeit am Standort Baldeney

Im vergangenen Jahrhundert wurden die Ruhr und ihr Wasser vor allem unter Nutzungsaspekten betrachtet. Ein Bewusstsein dafür, dass Wehranlagen und Stauhaltungen einen Eingriff in die aquatische Ökologie darstellen, entwickelte sich erst allmählich. Neben vielen anderen Wehrbetreibern steht daher auch der Ruhrverband in der Verantwortung, durch den konsequenten Bau von Aufstiegsanlagen Fischen und Makrozoobenthos über immer weitere Strecken ungehindert die longitudinale Wanderung im Ruhrsystem zu ermöglichen. Um im Vorfeld zu diesen Maßnahmen Aufschluss über die Rahmenbedingungen und Möglichkeiten einer vollständigen Wiederherstellung der ökologischen Durchgängigkeit in der Ruhr und ihren Nebengewässern zu erhalten, beauftragte der Ruhrverband im Jahr 2003 ein Fachkonsortium mit einer entsprechenden Studie. Wichtig bei ihrer Bearbeitung waren zum einen die Anwendung eines ganzheitlichen, flussgebietsbezogenen Arbeitsansatzes und zum anderen die Entwicklung eines überregionalen, nicht einzelfallbezogenen Handlungskonzepts unter Einbeziehung von Kostenschätzungen.

Die Studie ergab, dass das Gewässersystem der Ruhr vor allem in den Äschenregionen der oberen Ruhr sowie ihres Hauptnebenflusses Lenne Habitatstrukturen aufweist, wie sie von diadromen Fischarten, wie z. B. Lachs und Meerforelle, als Laichareale genutzt werden können [6]. Deren Erreichbarkeit war zum damaligen Zeitpunkt jedoch durch eine Vielzahl von Querbauwerken nicht gegeben. Zugänglich werden diese Gebiete erst nach und nach durch die Errichtung funktionsfähiger FAA. Entsprechend der Bewirtschaftungsziele ist der Ruhrverband als Eigentümer der Flussstauseen um die Wiederherstellung der Fischdurchgängigkeit an der unteren Ruhr bemüht. So wurden in den vergangenen Jahren an den Staustufen Hengsteysee, Stiftsmühle, Harkortsee und Kemnader See Vertical-Slot-Pässe bzw. Raugerinne-Beckenpässe errichtet (**Bild 4**).

Das Hauptproblem bei der Wiederherstellung

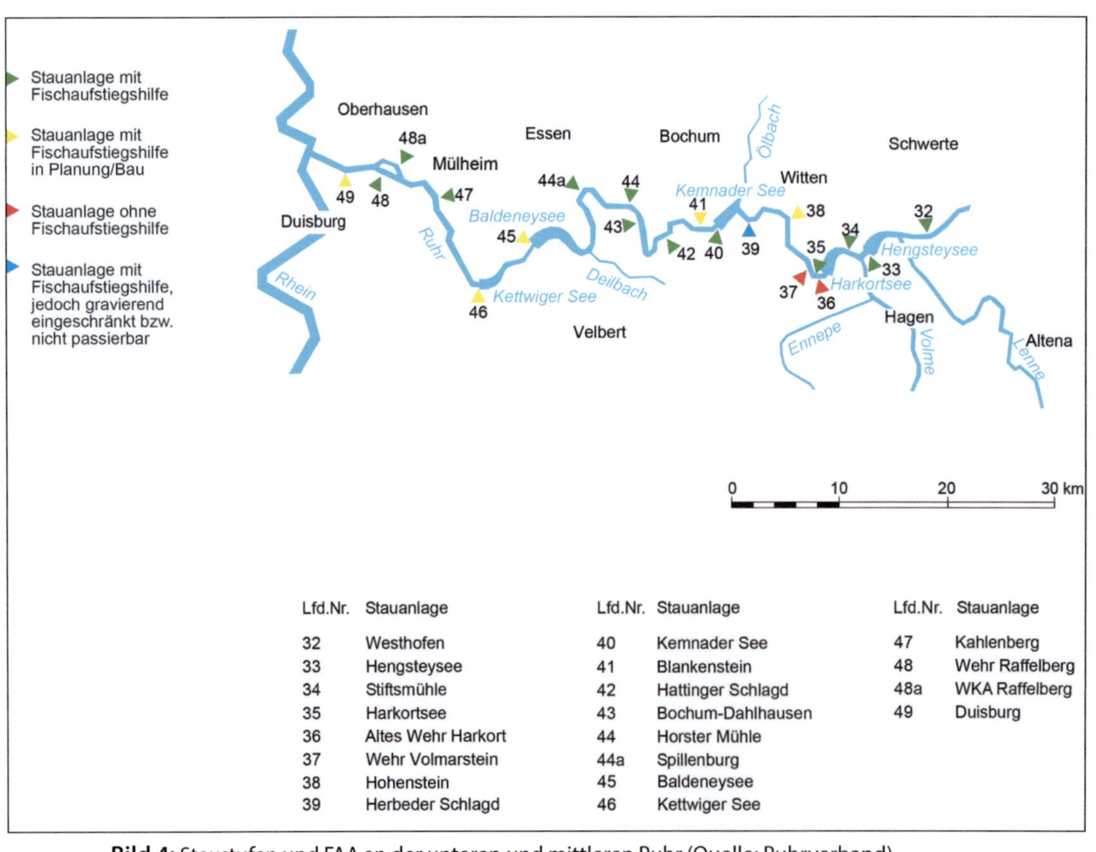

Lfd.Nr.	Stauanlage	Lfd.Nr.	Stauanlage	Lfd.Nr.	Stauanlage
32	Westhofen	40	Kemnader See	47	Kahlenberg
33	Hengsteysee	41	Blankenstein	48	Wehr Raffelberg
34	Stiftsmühle	42	Hattinger Schlagd	48a	WKA Raffelberg
35	Harkortsee	43	Bochum-Dahlhausen	49	Duisburg
36	Altes Wehr Harkort	44	Horster Mühle		
37	Wehr Volmarstein	44a	Spillenburg		
38	Hohenstein	45	Baldeneysee		
39	Herbeder Schlagd	46	Kettwiger See		

Bild 4: Staustufen und FAA an der unteren und mittleren Ruhr (Quelle: Ruhrverband)

der Durchgängigkeit liegt jedoch aufgrund der Nutzungsstruktur von Ruhr und Lenne mit 52 bzw. 40 Wasserkraftanlagen im Fischabstieg. Selbst wenn man an allen Standorten mit erheblichem finanziellen Aufwand moderne Schutzanlagen für alle Fischarten installieren würde, käme es an jedem Kraftwerksstandort wohl immer noch zu Schädigungen der Fische, die in ihrer Summe die Zahl der stromabwärts wandernden Individuen deutlich reduzieren würden. Zudem muss davon ausgegangen werden, dass es an jedem Wasserkraftstandort zu zeitlichen Verzögerungen für die abwanderwilligen Fische kommt, die aufsummiert höchstwahrscheinlich die jeweiligen biologischen Abstiegs-Zeitfenster der Arten überschreiten. Aufgrund dieser Kettenwirkung an den Flusskraftwerken ist die Wiederherstellung einer flussabwärts gerichteten Durchgängigkeit für die diadromen Fischarten mit heutigen Mitteln bisher kaum realisierbar. Daher sind auch einzelne Maßnahmen zur Wiederherstellung der Durchgängigkeit von Querbauwerken entsprechend zu bewerten. Im Sinne der Kosten-Nutzen-Effizienz muss es gelingen, mit den eingesetzten Mitteln durch gezielte und gut geplante Maßnahmen einen möglichst großen Bereich von durchwanderbaren Fließgewässerabschnitten und Habitaten zu erschließen. Die sich hieraus ergebenden Fragen der Maßnahmenpriorisierung und -finanzierung bedürfen nach wie vor einer intensiven Befassung. Ebenso ist die Entwicklung innovativer und effizienter Fischabstiegsanlagen von großer Bedeutung [3].

4 Hydromorphologie der unteren Ruhr

Die untere Ruhr (PE_RUH_1000 „Untere Ruhr") gehört zu den „Großen Flüssen der Mittelgebirge" und entspricht damit dem Fließgewässertyp 9.2 in der bundesdeutschen Fließgewässertypologie [4] (**Bild 5**). Nach der nordrhein-westfälischen Fließgewässertypologie entspricht die Ruhr dem Leitbild eines „Schottergeprägten Flusses des Grundgebirges", der vor allem in den Naturräumen Süderbergland des Rheinischen Schiefergebirges und der Eifel zu finden ist [5]. Aufgrund der Substrat- und Strömungsvielfalt besitzt ein schottergeprägter Fluss des Grundgebirges den

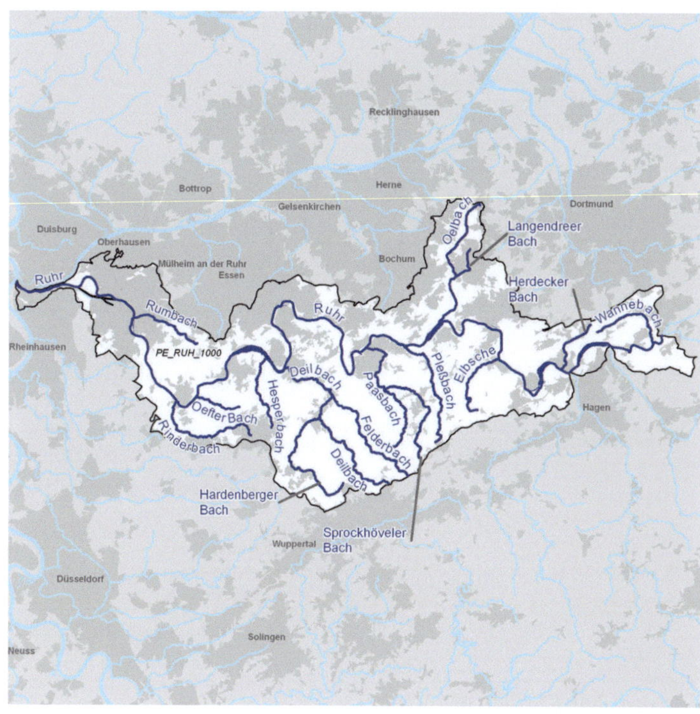

Bild 5: Die Planungseinheit Untere Ruhr PE_RUH_1000 (Quelle: MKUNLV NRW)

höchsten Artenreichtum aller Flusstypen in Nordrhein-Westfalen.

An der Unteren Ruhr kommt es aufgrund der zahlreichen Stauhaltungen mit dem dadurch bedingten Rückstau und mit ihrer Barrierewirkung und der intensiven Flächennutzung der Aue, der intensiven Freizeitnutzung und der teilweisen Nutzung als Wasserstraße zu einer deutlichen Beeinträchtigung des Gewässers. Daher sind in diesem Bereich die Wasserkörper der Ruhr gemäß WRRL überwiegend als erheblich veränderte Wasserkörper ausgewiesen, bei denen als Entwicklungsziel das gute ökologische Potenzial gefordert wird [1].

5 Die Fischfauna der Unteren Ruhr

Analog der Nomenklatur nach Illies wird die Untere Ruhr dem Epi-Potamal bzw. der Barbenregion zugeordnet. Nach der nordrhein-westfälischen Fischgewässertypologie ist die Ruhr im Bereich des Baldenysees ein Fischgewässertyp „Oberer Barbentyp Mittelgebirge" (FiGt 10) (**Bild 6**). Leitarten sind hier Barbe, Döbel, Elritze, Hasel, Koppe, Nase und Schmerle. Diadrome Lachse, Meerforellen und Meerneunaugen gelten in diesem Gebiet als Begleitarten [6].

Im Rahmen der Untersuchungen zur idealen Position einer FAA an der Staustufe Baldeney fandenimMai2012Fischbestandsuntersuchungen mittels Elektro- und Stellnetzfischerei in der Ruhr unterhalb des Baldeneysees sowie im direkten Unterwasser der Wasserkraftanlage statt. Hierbei wurden die Fischarten Aal, Bachforelle, Barbe, Döbel, Flussbarsch, Hecht, Karpfen, Rotauge, Rotfeder, Schleie, Ukelei und Wels nachgewiesen.

Basierend auf aktuellen Fischbestandsuntersuchungen und Daten des LANUV NRW sowie des Ruhrverbands sind z. Zt. in der Unteren Ruhr sowie den Stauseen 36 Arten von Fischen und Rundmäulern heimisch (**Tabelle 1**).

Bis ins 18. Jahrhundert war die Ruhr mit ihren Nebenflüssen neben der Sieg das bedeutendste Lachsgewässer Nordrhein-Westfalens. Mit der Industrialisierung verschwand die Art Ende des 19. Jahrhunderts aus Ruhr und Rhein [6]. Dank Wiederansiedlungs- und Schutzmaßnahmen ist der Lachs heute wieder ins Rheinsystem zurück-

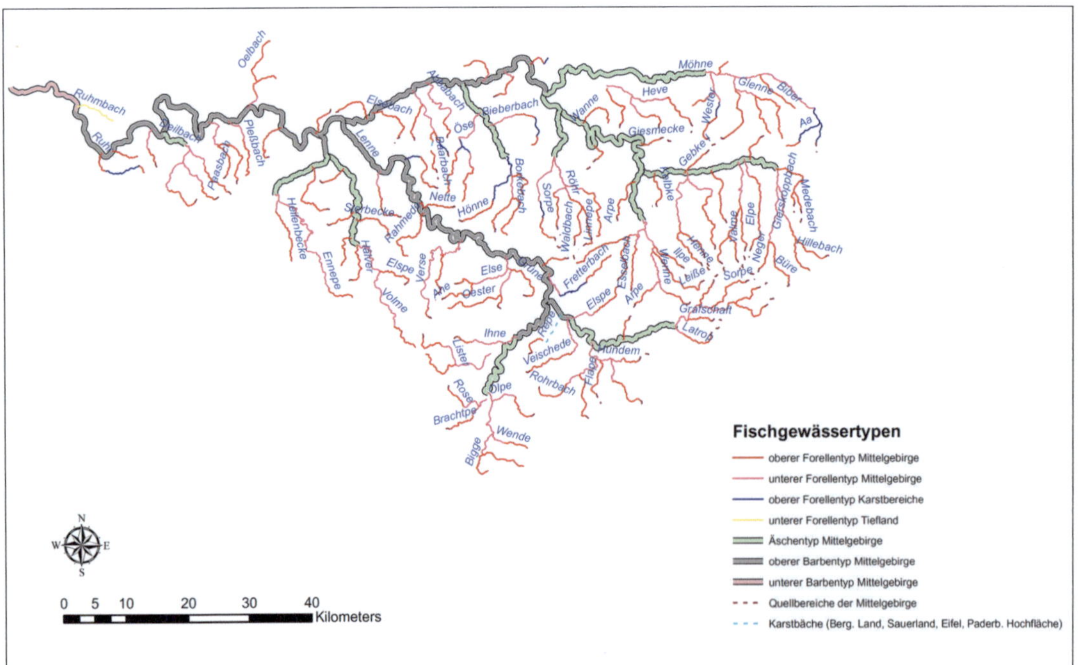

Bild 6: Fischgewässertypen der Unteren Ruhr (Quelle: LANUV NRW)

gekehrt. 2008 wurden in einem strukturreichen Seitenarm der Ruhr bei Mülheim-Raffelberg erstmals wieder Lachsbrütlinge nachgewiesen. Eine weitere Befischung des LANUV NRW 2009 bestätigte die natürliche Reproduktion der Lachse in diesem Gebiet.

Potenzielle Laichhabitate für potamodrome und diadrome Arten befinden sich aber insbesondere in der Barben- bzw. Äschenregion der Mittleren und Oberen Ruhr sowie in der Lenne, Volme und Ennepe. Aber auch im Deilbach, der in den Baldeneysee mündet, stehen geeignete Habitate zur Verfügung [7].

6 Planung der Fischaufstiegsanlage Baldeney

6.1 Vorüberlegungen

Die Querbauwerke der beiden unteren Ruhrstauseen in Essen-Kettwig und Essen-Baldeney stellen derzeit weiterhin Wanderhindernisse im Unterlauf der Ruhr dar. Beide Anlagen weisen aufgrund ihrer beengten Lage im städtischen Siedlungs- und Freizeitraum, gepaart mit dem dortigen Betrieb von Wasserkraftanlagen, extrem schwierige Randbedingungen für die FAA-Errichtung auf. Daher hatte sich der Ruhrverband als Rechteinhaber und Betreiber dieser Querbauwerke bereits frühzeitig dazu entschlossen, für die Frage der Durchgängigkeit nach einer Lösung zu suchen, die möglichst auf beide Einrichtungen Anwendung finden konnte. Da die Stauanlage Baldeney den für diese Aufgabe anspruchsvolleren Standort darstellt, erschien es zweckmäßig, zunächst hier nach möglichen Wegen zur Herstellung der Durchgängigkeit zu suchen.

Eine im Jahr 2011 erstellte Machbarkeitsstudie kam zu dem Ergebnis, dass aus rein funktionaler und bautechnischer Sicht mehrere geeignete Ausführungsvarianten bestehen. Diese umfassten die Errichtung eines Schlitzpasses am rechten Ufer, der jedoch aufgrund sehr eingeschränkter Platzverhältnisse und eines schwierigen Baumfeldes nur sehr aufwändig umsetzbar wäre, sowie an gleicher Stelle die Anlage eines Umgehungsgerinnes, das jedoch topographiebedingt überwiegend auf einem hohem Damm bzw. in einem tiefen Einschnitt verlaufen würde und zudem einen hohen Flächenanspruch fremden Eigentums zur Folge hätte. Alternativ dazu beleuchtete die Studie auch die Einbindung eines Schlitzpasses in das ehemalige, heute nicht mehr betriebene Rückpumpwerk, was allerdings eine baulich anspruchsvolle und schwierige sowie aus betrieblicher Sicht äußerst unvorteilhafte Konstruktion darstellt, sowie am gleichen Standort den Einbau einer Fischschleuse oder eines Fischaufzugs [2].

6.2 Ermittlung der optimalen Einstiegsposition

Die Erörterung dieser erarbeiteten Vorschläge zur FAA-Errichtung an der Stauanlage Baldeney beim zuständigen Ministerium für Klimaschutz, Umwelt, Landwirtschaft, Natur- und Verbraucherschutz NRW (MKULNV) führte zu keinem abschließenden Ergebnis hinsichtlich einer zu präferierenden Lösung. Vielmehr zeigte die Diskussion um die Vor- und Nachteile der verschiedenen Varianten vor allem noch Klärungsbedarf hinsichtlich der optimalen Positionierung und der für die vorhandene Bauwerks- und Umgebungskulisse geeignetsten Art und Bauweise eines Fischaufstiegs an diesem Querbauwerk auf. Daher kam man überein, hierzu eine Expertenrunde mit der Beantwortung der vorgenannten Fragen zu betrauen, um auf dieser Basis eine von allen Beteiligten gemeinsam getragene Lösung zu erarbeiten. Diese Gruppe setzte sich zum einen aus Vertretern der direkt betroffenen Parteien Ruhrverband und RWE sowie der involvierten Behörden und Organisationen (MKULNV, LANUV, Bezirksregierung Düsseldorf, Ruhrfischereigenossenschaft und Landesfischereiverband Westfalen und Lippe e. V.) zusammen. Sie band zum anderen aber auch das Know-How von Fachleuten aus Wissenschaft (Institut für Wasser und Gewässerentwicklung am Karlsruher Institut für Technologie (KIT), Institut für Wasserbau und Wasserwirtschaft an der Technischen Universität Darmstadt), Planung (Ingenieurbüro Floecksmühle, ARCARDIS GmbH, Hydro-Energie Roth GmbH) und Fischereibiologie (Büro für Umweltplanung, Gewässermanagement und Fischerei, LFV Hydroakustik GmbH) mit ein, welche als Arbeitsgruppe gemeinsam die Fragestellungen bearbeiteten [8].

Als Ergebnis einer gemeinsamen Inaugenscheinnahme der konstruktiven, betrieblichen

Tab. 1: Fische und Rundmäuler der Unteren Ruhr

Lfd.Nr.	Fischart	wissenschaftlicher Name	FiGT 11: unterer Barbentyp Mittelgebirge	Art nachgewiesen in
1	Aal	*Anguilla anguille*	Wanderfisch	untere Ruhr, alle Stauseen
2	Aland	*Leuciscus idus*	typspezifische Art	untere Ruhr, Kettwiger Stausee,
3	Äsche	*Thymallus thymallus*	–	untere Ruhr
4	Bachforelle	*Salmo trutta f. fario*	–	untere Ruhr
5	Barbe	*Barbus barbus*	Leitart	untere Ruhr, alle Stauseen
6	Brasse	*Abramis brama*	Leitart	untere Ruhr, alle Stauseen
7	Döbel	*Leuciscus cephalus*	Leitart	untere Ruhr, alle Stauseen
8	Dreistachliger Stichling	*Gasterosteus aculeatus*	typspezifische Art	unterer Ruhr, Hengstey- und Harkort
9	Elritze	*Phoxinus phoxinus*	typspezifische Art	untere Ruhr, Kemnader See, Hengste
10	Flunder	*Pleuronectes flesus*	Wanderfisch	untere Ruhr bei Duisburg
11	Flussbarsch	*Perca fluviatilis*	Leitart	untere Ruhr, alle Stauseen
12	Flussneunauge	*Lampetra fluviatilis*	Neunauge	Nachweis in den FAA Kahlenberg un
13	Giebel	*Carassius gibelio*	–	FAA Raffelberg, Kemnader See
14	Gründling	*Gobio gobio*	typspezifische Art	untere Ruhr, alle Stauseen
15	Güster	*Blicca björkna*	Leitart	Baldeneysee, Kemnader See, FAA
16	Hasel	*Leuciscus leuciscus*	Leitart	untere Ruhr, Baldeneysee, Kemnader Harkortsee
17	Hecht	*Esox lucius*	typspezifische Art	untere Ruhr, alle Stauseen
18	Karausche	*Carassius carassius*	Begleitart	unterer Ruhr, Hengstey- und Harkort
19	Kaulbarsch	*Gymnocephalus cernuus*	typspezifische Art	untere Ruhr, alle Stauseen
20	Karpfen	*Cyprinus carpio*	–	alle Stauseen
21	Koppe	*Cottus gobio*	Begleitart	untere Ruhr, FAA Harkortsee
22	Lachs	*Salmo salar*	Wanderfisch	Ruhr bei Duisburg
23	Marmorierte Grundel	*Proterorhinus marmoratus*	Neozoe	FAA Raffelberg
24	Meerforelle	*Salmo trutta f. trutta*	Wanderfisch	Nachweis in FAA Kahlenberg
25	Nase	*Chondrostoma nasus*	Leitart	FAA Harkort- und Hengsteysee sowie
26	Quappe	*Lota lota*	Quappe	FAA Harkortsee
27	Rapfen	*Aspius aspius*	–	Kettwiger Stausee
28	Regenbogenforelle	*Oncorhynchus mykiss*	–	FAA Harkort- und Hengsteysee
29	Rotauge	*Rutilus rutilus*	Leitart	untere Ruhr, alle Stauseen
30	Rotfeder	*Scardinius erythrophthalmus*	Begleitart	alle Stauseen
31	Schleie	*Tinca tinca*	typspezifische Art	alle Stauseen
32	Schmerle	*Noemacheilus barbatula*	typspezifische Art	untere Ruhr, alle Stauseen
33	Schwarzmund-Grundel	*Neogobius melanostomus*	Neozoe	untere Ruhr und Baldeneysee
34	Ukelei	*Alburnus alnurnus*	Leitart	Baldeneysee, Kemnader See, Harkort
35	Wels	*Silurus glanis*	–	untere Ruhr, alle Stauseen
36	Zander	*Sander lucioperca*	–	alle Stauseen
–	Bachneunauge	*Lampetra planeri*	Neunauge	bisher kein Nachweis
–	Bitterling	*Rhodeus amarus*	Begleitart	bisher kein Nachweis
–	Maifisch	*Alosa alosa*	Wanderfisch	bisher kein Nachweis
–	Meerneunauge	*Petromyzon marinus*	Neunauge	bisher kein Nachweis
–	Schlammpeizger	*Misgurnus fossilis*	Begleitart	bisher kein Nachweis
–	Steinbeißer	*Corbitis taenia*	typspezifische Art	bisher kein Nachweis

	Strömungs-ansprüche	Wander-zyklus	Wander-Mobilität
	Indifferent	Katadrom	lange Distanz
nmander See, Harkortsee	Indifferent	Potamodrom	kurze Distanz
	Rheophil	Potamodrom	mittlere Distanz
	Rheophil	Potamodrom	mittlere Distanz
	Rheophil	Potamodrom	mittlere Distanz
	Limnophil	Potamodrom	kurze Distanz
	Oligortheophil	Potamodrom	kurze Distanz
	Indifferent	Potamodrom	kurze Distanz
d Harkortsee	Oligortheophil	Potamodrom	kurze Distanz
	Limnophil	Katadrom	mittlere bis lange Distanz
	Indifferent	Potamodrom	kurze Distanz
felberg	Rheophil	Anadrom	lange Distanz
	Limnophil	Potamodrom	kurze Distanz
	Oligortheophil	Potamodrom	kurze Distanz
ngsteysee	Indifferent	Potamodrom	kurze Distanz
e, Hengstey und	Rheophil	Potamodrom	kurze Distanz
	Indifferent	Potamodrom	kurze Distanz
	Limnophil	Potamodrom	kurze Distanz
	Indifferent	Potamodrom	kurze Distanz
	Limnophil	Potamodrom	kurze Distanz
	Rheophil	Potamodrom	kurze Distanz
	Rheophil	Anadrom	lange Distanz
	Indifferent	Potamodrom	kurze Distanz
	Rheophil	Anadrom	lange Distanz
A Kemnader See	Rheophil	Potamodrom	mittlere Distanz
	Indifferent	Potamodrom	kurze Distanz
	Oligortheophil	Potamodrom	mittlere Distanz
	Rheophil	Potamodrom	kurze Distanz
	Indifferent	Potamodrom	kurze Distanz
	Limnophil	Potamodrom	kurze Distanz
	Limnophil	Potamodrom	kurze Distanz
	Rheophil	Potamodrom	kurze Distanz
	Indifferent	Potamodrom	kurze Distanz
d Hengsteysee	Indifferent	Potamodrom	kurze Distanz
	Indifferent	Potamodrom	kurze Distanz
	Indifferent	Potamodrom	kurze Distanz
	Rheophil	Potamodrom	kurze Distanz
	Limnophil	Potamodrom	kurze Distanz
	Rheophil	Anadrom	lange Distanz
	Oligortheophil	Anadrom	lange Distanz
	Limnophil	Potamodrom	kurze Distanz
	Oligortheophil	Potamodrom	kurze Distanz

und topographischen Situation der Stau- und Kraftwerksanlage Baldeney, einer intensiven Sichtung aller verfügbaren Unterlagen und einer grundlegenden Erörterung des daraus resultierenden Erkenntnisstands vertraten alle Beteiligten die Auffassung, dass die vorhandenen Rahmenbedingungen keine eindeutige Empfehlung zur Position einer FAA ermöglichen. Vielmehr regten sie weitergehende Untersuchungen an, die eine qualifizierte Aussage zur idealen Einstiegsposition sowie der notwendigen Leitströmung einer FAA und zu deren Auffindbarkeit innerhalb der dominanten Turbinenströmung erlauben. Damit sollten sich dann die möglichen Wanderkorridore detektieren lassen, die sich unter Berücksichtigung der Unterwasserverhältnisse, des Turbinenbetriebs und der Dotationswassermenge tatsächlich einstellen.

Erst nach Beantwortung der Fragen zur groß- und kleinräumigen Auffindbarkeit und somit zur idealen Position einer FAA sollte sich mit einer denkbaren Art und Bauweise einer FAA und deren Bewertung befasst werden.

Als geeignete Methode sprach man sich für die Durchführung einer hydrodynamisch-numerischen Strömungssimulation auf der Grundlage verschiedener Varianten von Einstiegspositionen aus [9]. Im Ergebnis liefern derartige numerische Simulationen Strömungsvektoren und -geschwindigkeiten für unterschiedliche Schnittebenen, deren Visualisierung Fischökologen eine Bewertung dahingehend erlauben, welche der vorgewählten und berechneten Einstiegsvarianten für Fische auffindbar sind. Als geeignete Form der Visualisierung bietet sich eine spezielle farbliche Gestaltung an, die letztendlich eine sogenannte ethohydraulische Signatur der Berechnungsergebnisse darstellt und interdisziplinär verständlich von allen beteiligten Fachleuten interpretiert werden kann.

Um ein derartiges Modell aufstellen und an den tatsächlichen Gegebenheiten kalibrieren zu können, bedurfte es der ergänzenden Ermittlung realer Messdaten der vor Ort bestehenden Strömungsverhältnisse. Hierzu erfolgten im Unterwasser hydrographische Vermessungen der Gewässersohle sowie Ultraschall-Doppler-Profil-Strömungsmessungen (ADCP) bei unterschiedlichen Betriebszuständen der Wasserkraftanlage. Zudem war es dort notwendig, zur Detektion des

Verhaltens von Fischen bei verschiedenen Strömungsmustern georeferenzierte hydroakustische Untersuchungen mittels der DIDSON-Sonartechnik durchzuführen und diese durch Ergebnisse von Befischungsaktionen zu überprüfen. Deren Resultate waren notwendige Voraussetzung für eine fischverhaltensbezogene Interpretation der Modellberechnungsergebnisse.

Auf Basis einer Analyse der Betriebszustände der beiden Wasserkraftturbinen und der Abflüsse aus dem Stausee Baldeney erfolgte eine Verständigung auf fünf repräsentative Betriebsvarianten. Unter Ergänzung der aus den durchgeführten Freilandbeobachtungen gewonnenen Erkenntnisse zum Fischverhalten vor den Turbinenausläufen lieferten die Ergebnisse der Simulationsläufe belastbare Aussagen zur Auffindbarkeit und zur Prägnanz von Leitströmungen. Aus der ethohydraulischen Interpretation dieser Daten und unter Berücksichtigung der baulichen und betriebstechnischen Randbedingungen sprach man sich dafür aus, den sohlenangebundenen Haupteinstieg in die FAA am Rückpumpwerk zu positionieren.

Um die aus den Ergebnissen ebenfalls abzuleitende Option eines zweiten, daran anzubindenden, oberflächennahen Einstiegs zwischen den Turbinen zu verifizieren, war vor Ort der nochmalige Einsatz der DIDSON-Sonare zum Nachweis des Fischverhaltens in unmittelbarer kleinräumiger Umgebung der geplanten Einstiegskulisse am Rückpumpwerk vorgesehen. Hierzu bedurfte es einer baulichen Anpassung, um an dieser Stelle unter realen Bedingungen den Austritt einer Leitströmung abbilden zu können. Dies erfolgte über die Installation von vier Pumpen, die selektiv zuschaltbar und jeweils stufenlos regelbar Wasser bis zu 1 000 l/s in eine Rohrleitung förderten. Die Ausströmöffnung dieser Rohrleitung war so ausgerichtet, dass der damit erzeugte Volumenstrom mittig in der Wassersäule vor dem Rückpumpwerk austrat und die Leitströmung parallel zur Wand der Schiffsschleuse verlief. Die Ergebnisse dieser DIDSON-Untersuchung belegten eindeutig, dass die Fische die erzeugte Leitströmung am Rückpumpwerk bei allen Betriebszuständen der beiden Turbinen wahrnehmen und auffinden. Daher kam man zu der Entscheidung, auf einen weiteren, oberflächennahen Einstieg zu verzichten.

6.3 Bauweise der Fischaufstiegsanlage

Nachdem die Experten- und Arbeitsgruppe als ideale FAA-Position am Standort Baldeney das Rückpumpwerk fundiert nachgewiesen hatte, befasste man sich mit deren Bauart. Da die beengten räumlichen Platzverhältnisse im Bereich des Rückpumpwerks die Anlage eines Vertical-Slot-Passes an dieser Stelle kaum zulassen und eine bereits in der Machbarkeitsstudie angedachte Fischschleuse auf Grund ihrer diskontinuierlichen Betriebsweise verworfen wurde, konzentrierte man sich nun auf die Betrachtung möglicher alternativer Ausführungsformen. Hierzu beauftrage der Ruhrverband eine Literaturstudie zu FAA-Sonderbauweisen, deren Ergebnisse im weiteren Planungsprozess berücksichtigt wurden [10].

Auf der Suche nach einer geeigneten Lösung eröffnete sich mit einem neuartig entwickelten Fischliftsystem eine interessante Planungsvariante [11]. Der Vorteil dieses Systems besteht neben seiner sehr kompakten Bauart darin, dass bei der Errichtung von mindestens zwei dieser Fischlifte und deren alternierender Betriebsweise eine quasi kontinuierliche Passierbarkeit der Staustufe Baldeney gegeben ist. Damit wird der Forderung nach einem unterbrechungsfreien Wanderweg nachgekommen, den die Behörden immer als notwendige Voraussetzung für eine Genehmigungsfähigkeit angeführt hatten. In einem ersten Vorplanungsentwurf ließ sich die prinzipielle Unterbringung eines derartigen Fischliftsystems am Rückpumpwerk nachweisen.

6.4 Laboruntersuchungen

Die endgültige Entscheidung zur tatsächlichen Realisierung dieser FAA-Variante war jedoch vom Nachweis der behördlich geforderten Funktionsfähigkeit im ethohydraulischen Test abhängig [12]. Die Untersuchungen und Tests fanden am KIT statt [13]. Sie beinhalteten zum einen die Entwicklung und den Test des gesamten Fischliftsystems, bestehend aus zwei Hydro-Fischliften, die in eine Vorkammer integriert werden sollten. Zudem erfolgte die Ermittlung der hierfür notwendigen Abmessungen, der genauen lagemäßigen Positionierung der beiden Fischlifte in der Vorkammer und deren gegenseitige Ausrichtung. Zum anderen sollten die Untersuchungen die strömungstechnischen Verhältnisse beim alternierenden Betrieb der Lifte einschließlich der notwendigen Art und Menge einer Dotationswasserzugabe zur Erzielung der für die Auffindbarkeit erforderlichen Leitströmung nachbilden. Auf Basis der hierzu durchgeführten 3-D-HN-Modellierungen erfolgte der Nachbau des gesamten Fischliftsystems im Maßstab 1:3, um daran die aus der strömungstechnischen Simulation gewonnenen Erkenntnisse zu validieren. Im Anschluss an diesen Arbeitsschritt erfolgten die umfangreichen Tests des Fischliftsystems im situativ ähnlichen Modell im Maßstab 1:1 [14].

7 Zusammenfassung und Ausblick

Aufgrund der Komplexität der Rahmenbedingungen an der Stauanlage Baldeney ist die FAA-Errichtung einer erprobten Bauart nicht möglich. Um hier dennoch die Fischdurchgängigkeit wieder herzustellen, war es notwendig, sich intensiver mit FAA-Sonderbauweisen zu befassen. Diese komplexe Aufgabe beinhaltete die Beantwortung der Fragestellungen zur groß- und kleinräumigen Auffindbarkeit und damit zur idealen FAA-Position sowie im Anschluss daran die Entwicklung und Test des Fischliftsystems Baldeney. Hierbei war die gewählte Herangehensweise, mit einem Expertenteam verschiedener Fachrichtungen zu arbeiten, von essenzieller Bedeutung für die erfolgreiche Entwicklung des Fischliftsystems und damit für eine Lösung zur Wiederherstellung der Fischdurchgängigkeit an der Staustufe Baldeney. Durch den engen Austausch und die Abstimmung mit allen involvierten Behörden- und Interessenvertretern konnte eine Problemlösung erreicht werden, welche die Belange aller Beteiligten berücksichtigte. Alle in diesem Verfahren beteiligten Personen sind sich sicher, dass mit der Entwicklung und dem Bau des Fischliftsystems Baldeney ein Resultat erzielt wird, dass sowohl die ökologischen Anforderungen der WRRL und im speziellen Fall die der Fische erfüllt als auch den ökonomischen Aspekten der notwendigen Maßnahmenumsetzung zum Vorteil gereicht.

Bei der Entwicklung und Planung der FAA wurde von Anfang an die Frage des Fischabstiegs mit berücksichtigt. So wird mit dem Bau des Fischliftsystems auch bereits ein Abstiegskorridor vom Oberwasser ins Unterwasser errichtet, durch den zu einem späteren Zeitpunkt die abwanderwilligen Fische stromab geleitet werden. Zur Errichtung eines funktionsfähigen Fischabstiegs werden nun zeitnah die Möglichkeiten zum Ableiten der Fische am Rechen der Wasserkraftanlage untersucht.

Mit dem Bau des Fischliftsystems wird in Kürze begonnen. Nach seiner Fertigstellung erfolgt dann ein mehrjähriges fischbiologisches Monitoring, bei dem einerseits die bedarfsorientierte Liftsteuerung eingestellt und andererseits die Fragestellungen zur Auffindbarkeit und Passierbarkeit der Anlage untersucht werden.

Autoren

Dipl.-Sachv. Markus Kühlmann
Dr. Michael Weyand
Dipl.-Ing. Hermann Knotte
Ruhrverband
Kronprinzenstr. 37
45128 Essen
mkh@ruhrverband.de
mwy@ruhrverband.de
hkn@ruhrverband.de

Literatur

[1] Ministerium für Umwelt und Naturschutz, Landwirtschaft und Verbraucherschutz NRW (Hrsg.): Ergebnisbericht Ruhr, Wasserrahmenrichtlinie in NRW – Bestandsaufnahme. Düsseldorf, 2005.

[2] Dumont, U.; Hoffmann, M. : Fischaufstiegsanlage an der Staustufe Baldeney, Machbarkeitsstudie im Auftrag des Ruhrverbands, Ingenieurbüro Floecksmühle, Aachen, 2012.

[3] Dumont, U. et al.: Studie zur Durchgängigkeit der Ruhr und ihrer Nebengewässer, unveröffentlichtes Gutachten im Auftrag des Ruhrverbands, Essen, 2003.

[4] Pottgießer, T.; Sommerhäuser, M.: Aktualisierung der Steckbriefe der bundesdeutschen Fließgewässertypen (Teil A), Ergänzung der Steckbriefe der deutschen Fließgewässertypen um typspezifische Referenzbedingungen und Bewertungsverfahren aller Qualitätselemente (Teil B). Umweltbüro Essen Bolle & Partner GdR, Essen, 2008.

[5] Sommerhäuser, M.; Pottgießer, T.; Halle, M.; Seuter, S.: Fließgewässertypenatlas Nordrhein-Westfalen. In:

Landesumweltamt Nordrhein-Westfalen (Hrsg.): Merkblätter (2002), Nr. 36.

[6] NZO GmbH & IfÖ: Erarbeitung von Instrumenten zur gewässerökologischen Beurteilung der Fischfauna, Kapitel 9.6 (Steckbriefe Referenz). Studie im Auftrag des Ministeriums für Umwelt und Naturschutz, Landwirtschaft und Verbraucherschutz des Landes NRW, Düsseldorf, 2007.

[7] Ruhrverband: Lachse in der Ruhr, Ruhrgütebericht 2009. Essen, 2010.

[8] Lehmann, B.; Kühlmann, M.: Untersuchungskonzept und -schritte zur Adaption eines Fischliftsystems am Ruhrwehr Baldeney. In: WasserWirtschaft 105 (2015), Heft 11, S. 23-30.

[9] Oberle, P.; Grafmüller, T.; Musall, M.; Nestmann, F.: Numerische und physikalische Modelluntersuchungen für ein innovatives Fischaufstiegskonzept am Ruhrwehr Baldeney. In: WasserWirtschaft 105 (2015), Heft 11, S. 36-42.

[10] Redeker, M.: Literaturstudie Sonderbauweisen von Fischaufstiegsanlagen. Unveröffentlichtes Gutachten im Auftrag des Ruhrverbands, ARCARDIS GmbH, Köln, 2013.

[11] Roth, A.; Baumann, G.: Der Hydro-Fischlift: Eine innovative Lösung für den Fischaufstieg – Aspekte zu Konstruktion und Betrieb. In: WasserWirtschaft 105 (2015), Heft 11, S. 52-58.

[12] Ministerium für Klimaschutz, Umwelt, Landwirtschaft, Natur- und Verbraucherschutz des Landes Nordrhein-Westfalen (Hrsg.): Erlass vom 02.11.2012 zum Bau von Fischaufstiegsanlagen. Düsseldorf, 2012.

[13] Seidel, F.; Schultz, P.; Nestmann, F.: Untersuchungsmethodik zur Systemoptimierung von Sonderbauweisen am Beispiel Baldeney. In: WasserWirtschaft 105 (2015), Heft 11, S. 31-35.

[14] Hoffmann, A.; Böckmann, I.: Ethohydraulische Untersuchungen als Funktionsnachweis für den Bau eines Fischliftsystems am Ruhrwehr Baldeney. In: WasserWirtschaft 105 (2015), Heft 11, S. 43-51.

Markus Kühlmann, Michael Weyand and Hermann Knotte

Restauration of Fish Continuity at the Ruhr Weir Baldeney – Background and Project Overview

The river Ruhr, a tributary of the Rhine with marked anthropogenic characteristics, reveals numerous transverse structures. The longitudinal migration of aquatic organisms is very important for achieving a good ecological status respectively potential of the river Ruhr. As a result, the water board Ruhrverband is endeavouring to make its weirs capable of permitting the required passability levels again. At the Baldeney weir however, the framework conditions for installing a conventional fish pass are very difficult. Therefore, an interdisciplinary team of experts together with representatives from the board and the relevant local authorities have carried out extensive investigations on a possible site and functionality of an innovative fish passage system.

Маркус Кюльманн, Михаэль Вайанд и Херманн Кнотте

Восстановление проходимости рыб на рурском гидроузле Бальденей (Baldeney) – особенности и обзор проекта

На Руре, притоке Рейна со значительно выраженным антропогенным фактором, имеется множество поперечных сооружений. Для достижения хорошего экологического состояния и потенциала этого водного потока большое значение имеет продольная миграция водных организмов. Поэтому Рурская Ассоциация стремится восстановить необходимую для этого проходимость на своих плотинных гидроузлах. Тем не менее, на гидроузле Бальденей (Baldeney) существуют очень сложные рамочные условия для сооружения обычного рыбоподъемника. Поэтому в сотрудничестве с надлежащими органами и междисциплинарной группой специалистов проводились обширные исследования возможности находимости и функциональности инновационных рыбоподъемных систем.

Boris Lehmann und Markus Kühlmann

Untersuchungskonzept und -schritte zur Adaption eines Fischliftsystems am Ruhrwehr Baldeney

Der Fischaufstieg am Ruhrwehr Baldeney soll aufgrund der dortigen Randbedingungen mittels eines Fischliftsystems bewerkstelligt werden. Im Rahmen einer multidisziplinären Planung und Untersuchung konnten mittels Feldmessungen und -beobachtungen, numerischen und physikalischen Strömungsmodellen sowie ethohydraulischen Tests die notwendigen Funktionsnachweise (Auffindbarkeit und Passierbarkeit) und Betriebsreglements erarbeitet werden. Der vorliegende Artikel stellt das Planungskonzept mit den wesentlichen Untersuchungsschritten und deren Verknüpfung bzw. deren Interaktion dar.

1 Problemstellung

Der Ruhrverband muss vor dem Hintergrund der Forderungen der WRRL und dem gültigen Wasserhaushaltsgesetz am Ruhrwehr Baldeney eine Fischaufstiegsanlage (FAA) realisieren, die möglichst allen in der Ruhr vorkommenden Arten die Passage der Staustufe ermöglichen soll. Am Ruhrwehr Baldeney beträgt der für wandernde Fische zu überwindende Höhenunterschied zwischen dem Unter- und dem Oberwasser ungefähr 8,7 m. Die Stauanlage, bestehend aus drei Wehrfeldern, einer Schiffsschleuse, einem stillgelegten Pumpwerk und einem Kraftwerk mit zwei Turbinen, schließt linksufrig mit einer senkrechten Uferwand aus Beton an das Vereinsgelände des Essener Turn- und Fechtklubs e. V. sowie rechtsufrig an die Hardenberguferstraße mit den dahinter liegenden Privatgrundstücken an (**Bild 1**). Die Uferbereiche der Anlage stehen damit unter konkreten Nutzungen, so dass die dortige Positionierung einer FAA nur mit Erwerb der Flächen und wegen der dort befindlichen massiven Uferwand resp. der gegenüber verlaufenden Uferstraße auch nur mit hohem bautechnischem Aufwand möglich wäre.

1.1 Projektbegleitende Expertengruppe und deren zentrale Leitfragen

Aufgrund der schwierigen Platzverhältnisse und der komplexen Wechselwirkung der dicht nebeneinander angeordneten Anlagenkomponenten (Kraftwerk, Schleuse, Pumpwerk und Wehr) hat der Ruhrverband im Jahr 2011 eine projektbegleitende Expertengruppe mit Fachleuten aus Wasserwirtschaft, Fischerei, Aufsichtsbehörden und Wasserkraftnutzung besetzt. Diese sollte mit ihren Fach- und Ortskenntnissen die vom Ruhrverband beauftragten Fachplaner unterstützen und zugleich die Qualität der Planungsarbeiten prüfen und sichern. Im Rahmen der Auftaktveranstaltung 2011 zeigte sich bei der gemeinsamen Ortsbesichtigung und anschließenden Diskussion, dass es sehr schwierig sein wird, bei den gegebenen Randbedingungen mit einem konventionellen Planungsansatz für eine FAA zu einer nachhaltigen (also ökologisch, ökonomisch und sozial sinnvollen) Lösung zu kommen. Daher formulierten die Experten drei Leitfragen, welche seitens des Ruhrverbandes und beauftragter Fachplaner interdisziplinär zu beantworten waren:

- Was?
  Zunächst sollte eruiert werden, welche mögliche FAA-Bauweisen für den Standort als sinnvoll eingeschätzt werden. Dabei sollten sowohl die in den gültigen technischen Regelwerken

Bild 1: Lage und Einbindung des Ruhrwehrs Baldeney (oben; Quelle: www.google.de/maps; Abruf 19.3.2015) und Ansicht der Anlage vom Unterwasser aus (unten; Quelle: Hubert Birkenfeld unter www.google.de/maps; Abruf 19.3.2015).

genannten als auch die bis dato im Stand der Technik noch nicht formulierte Anlagentypen recherchiert und deren Adaption auf den Standort Ruhrwehr Baldeney geprüft werden.

- Wo?
  Es sollte untersucht werden, wo im Bereich der Anlage die FAA positioniert werden muss, damit eine optimale Auffindbarkeit bei allen relevanten Abfluss- und Betriebszuständen gegeben ist.
- Wie?
  Zuletzt sollte untersucht werden, wie die FAA im Detail zu gestalten ist, damit deren Passierbarkeit für alle relevanten Fischarten sowie bei

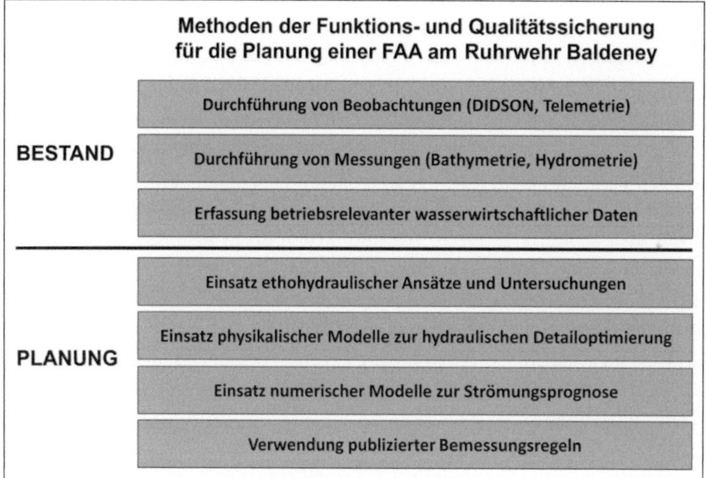

Bild 2: Für die Fachplaner stehen eine Menge unterschiedlicher Methoden zur Verfügung, welche sich teilweise ergänzen oder gar aufeinander aufbauen. Je weiter oben die die Methode in der Darstellung positioniert ist, umso größer ist i. d. R. deren Anwendungsaufwand, jedoch auch umso höher ist deren Ergebnisbelastbarkeit (Quelle: [1])

allen relevanten Ober- und Unterwasserständen gegeben ist.

1.2 Anforderungen an die Fachplaner

Grundlegend forderte die Expertengruppe, dass der Ruhrverband resp. die beauftragten Fachplaner bei der Bearbeitung der drei Leitfragen stets ein sinnvolles Maß an Planungs- und Bemessungsmethoden ausnutzt, um eine möglichst hohe Funktions- und Qualitätssicherung am Ende des Planungsprozesse vorweisen zu können. Bezüglich der Methoden gab man in Anlehnung an Lehmann und Oberle [1] ein Portfolio an unterschiedlichen technischen, biologischen und ethologischen Instrumentarien vor, welche je nach Planungsstand zum Einsatz kommen könnten (**Bild 2**).

Als anwendbare Methoden zur konkreten Anlagenplanung und -bemessung wurden bei derzeitigen Wissens- und Technikstand folgende Methoden als zielführend erachtet:

- Verwendung publizierter Bemessungsregeln: Hierzu zählen in Deutschland das DWA-Merkblatt M-509 [2] und speziell in Nordrhein-Westfahlen das Handbuch Querbauwerke [3]. Darin finden sich für ein Portfolio konventioneller FAA-Bauweisen ingenieurtechnische Bemessungsverfahren sowie einzuhaltende Grenz- und Bemessungswerte. Da die zusammengestellten Formelwerke stark empirisch geprägt sind, ist eine Anwendung oftmals mit Schwierigkeiten und Ungenauigkeiten verbunden. Anpassungen an die ortsspezifischen Gegebenheiten erfordern vielfach Sonderbauwerke, wie Umlenkbecken, spezielle Becken- und/oder Schlitzkonfigurationen, wozu die Regelwerke keine konkreten Bemessungsverfahren bereitstellen. Die Regelwerke liefern somit planungsrelevante Randbedingungen und ermöglichen eine grobe Vorplanung.
- Einsatz numerischer Modelle zur Strömungsprognose: Mit Einsatz zwei- und dreidimensionaler hydrodynamisch-numerischer Modelle (HN-Modelle) können die Strömungssituationen bei unterschiedlichen FAA-Geometrien und Durchflüssen simuliert sowie zueinander verglichen werden. Für den Fall, dass keine ausreichend belastbaren Daten zur Kalibrierung der Modelle vorliegen, können diese dennoch gute Aussagen bezüglich der sich einstellenden Strömungsmuster liefern. Hinsichtlich der Parameter, wie bspw. Fließgeschwindigkeit, Wassertiefe und Durchflusskapazität, können sich bei fehlender Kalibrierungsmöglichkeit Unsicherheiten bzgl. der Belastbarkeit der berechneten Werte ergeben. Zudem eignen sich HN-Modelle zur Abbildung großräumlicher Strömungsgebiete und damit zur Untersuchung der Auffindbarkeit einer FAA bei gegebenen Konkurrenzströmungen (bspw. Turbinenausströmung und/oder Wehrüberströmung). HN-Modelle sind somit für ver-

lässliche Vorplanungen und Variantenstudien geeignet. Die im Rahmen der Planungen zum Fischlift Baldeney durchgeführten Strömungssimulationen werden von Oberle et al. [18] vorgestellt.

- Einsatz physikalischer Modelle zur hydraulischen Detailoptimierung: Auf Basis der geometrischen, kinematischen und dynamischen Ähnlichkeit können Parameter vom physikalischen Modell auf die Natur umgerechnet werden. Das Zusammenspiel numerischer und physikalischer Modelle birgt damit bei der Bearbeitung ingenieurtechnischer Aufgaben ein großes Potenzial. Dies wird exemplarisch für den Standort des Ruhrwehres Baldeney von Seidel et al. [19] verdeutlicht.
- Einsatz ethohydraulischer Untersuchungen und Ansätze: Die Ethohydraulik [4] sollte speziell bei Sonderbauweisen zum Einsatz kommen, bei denen man vor Umsetzung bereits einen verlässlichen Nachweis zur Funktionsfähigkeit haben möchte oder für die man gültige Grenz- und Bemessungswerte resp. Konstruktionshinweise erarbeiten möchte. Da i. d. R. die Strömung das wesentliche Element bei der Orientierung der Fische darstellt, lassen sich ethohydraulische Untersuchungen gut mit HN-Modellen koppeln.

Im Bestand einer auszurüstenden Anlage lassen sich zudem folgende planungsstützende Methoden anwenden:

- Erfassung betriebsrelevanter wasserwirtschaftlicher Daten: Dieser Schritt ist bei allen Planungen ein notwendiges Kriterium, um sowohl überhaupt den Betriebsbereich der FAA als auch die relevanten Szenarien im Wechselspiel zu anderen Anlagenkomponenten (bspw. Kraftwerksbetriebsarten) abstecken zu können.
- Durchführung von Messungen: Hierbei werden bathymetrische (Gewässerbettform), hydrologische (Abflüsse), hydraulische (Strömungsparameter) und hydrometrische (Wasserstände und -tiefen) Parameter im Feld erfasst. Diese Daten dienen wiederum zur Absteckung der relevanten Randbedingungen sowie als Grundlage für die Erstellung von HN-Modellen, physikalischen Modellen oder situativ ähnlichen ethohydraulischen Untersuchungen.
- Durchführung von Beobachtungen: Damit kann das Fischverhalten in-situ beobachtet und interpretiert werden. Auch diese Daten geben einen wichtigen Aufschluss bspw. zur Auffindbarkeit einer Stelle bei gegebenen Strömungsverhältnissen oder nach Fertigstellung der FAA zu deren Funktionsfähigkeit in puncto Auffindbarkeit und Passierbarkeit.

Die genannten Methoden bauen – wie in **Bild 2** dargestellt – aufeinander auf und unterscheiden sich sowohl hinsichtlich des Aufwandes bei der Anwendung als auch der Belastbarkeit der damit erzielten Ergebnisse und Erkenntnisse.

2 Machbarkeitsstudie für Aufstiegsanlagen am Ruhrwehr Baldeney

Der Ruhrverband beauftragte das Ingenieurbüro Floecksmühle damit, im Rahmen einer Machbarkeitsstudie zu eruieren, welche Möglichkeiten zur Installation und Gestaltung einer FAA am Standort Ruhrwehr Baldeney gegeben sind und welche Vor- und Nachteile daraus hinsichtlich der Aspekte Auffindbarkeit, Passierbarkeit, Unterhaltungsaufwand, Bau- und Betriebskosten bestehen und welche Einschränkungen bestehender Nutzungen resultieren. Ergebnis dieser Machbarkeitsstudie war, das grundsätzlich eine FAA gemäß dem Stand der Technik am Standort nachgerüstet werden kann, wobei sowohl aufgrund des zu überwindenden Höhenunterschiedes als auch wegen der verbauten Uferbereiche ein Einbau der FAA in das nicht mehr genutzte Pumpwerk als ökonomischste Variante herausgestellt wurde [5]. Hierzu wurde der Bau eines Schlitzpasses empfohlen, da diese Bauart einem großen Artenspektrum die Passierbarkeit ermöglicht und sich an ähnlichen Standorten (bspw. Iffezheim/Rhein, Geesthacht/Elbe) bereits bewährt hat. Als Problem wurde jedoch die hohe Anzahl an erforderlichen Becken erachtet. Diese bedingen eine lange Bauwerksabmessung, was bei einer angestrebten Unterbringung der FAA im alten Pumpwerk zu zahlreichen Wendelungen und schlecht zugänglichen FAA-Abschnitten führen würde.

Die Expertengruppe hat daraufhin angeregt zu prüfen, inwieweit eine kompaktere FAA-Bauwei-

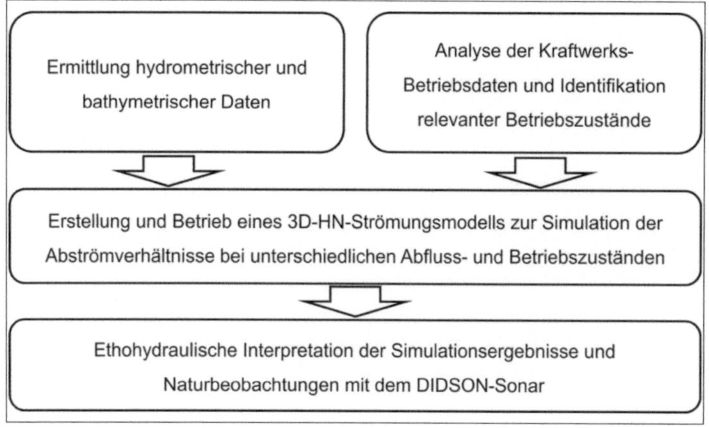

Bild 3: Angewendete Untersuchungsmethoden und -schritte zur Festlegung des unterwasserseitigen Einstiegortes einer FAA mit möglichst optimaler Auffindbarkeit bei den gegeben Kraftwerksbetriebs- und Abflussszenarien (Quelle: Lehmann)

se in Form einer Fischschleuse oder eines Fischliftes für den Standort geeignet sei. Hierzu beauftragte 2012 der Ruhrverband das Unternehmen Arcadis, eine Recherche, Dokumentation und Bewertung von ausgeführten Fischaufzügen und Fischschleusen durchzuführen [6]. Die Studie kam dabei zu dem Fazit, dass sich Fischaufzugs- und -schleusenanlagen im Vergleich zu konventionellen FAA durch einen geringen Platzbedarf und die Überwindung großer Höhenunterschiede auszeichnen. Jedoch existiert zur Planung und Auslegung solcher Anlagen bis dato kein Stand der Technik – vielmehr handelt es sich bei sämtlichen recherchierten Anlagen um Unikate, die untereinander kaum gemeinsame Konstruktionsmerkmale aufweisen. Neben einem hohen Energie- und Unterhaltungsaufwand zum Betrieb solcher Anlagen gewährleisten diese keine kontinuierliche, sondern nur eine turnusmäßige Durchgängigkeit. Die turnusmäßige Durchgängigkeit kann jedoch durch einen alternierenden Betrieb von zwei nebeneinander angeordneten Anlagen hin zur kontinuierlichen Durchgängigkeit optimiert werden.

Die Expertengruppe kam aufgrund dieser Erkenntnisse zu dem Schluss, dass eine aufzugs- oder schleusenähnliche Sonderbauweise einer FAA am Standort durchaus eine zu beachtende Alternative zu einer konventionellen FAA darstellen kann.

Da während dieser Zeit das Konsortium Hydroenergie Roth GmbH & Baumann Montagen die Neuentwicklung eines Hydro-Fischlifts vorstellte, empfahl die Expertengruppe, im Rahmen einer Vorentwurfsplanung die Adaption des Hydro-Fischlifts in das bestehende Pumpwerk zu prüfen. Die Konstruktion und die Funktionsmerkmale des Hydro-Fischlifts werden in Roth et al. [16] vorgestellt. Hieraus ergab sich eine grundsätzliche Machbarkeit des Einbaus von zwei nebeneinander angeordneten Hydro-Fischliften im alternierenden Betrieb, so dass eine kontinuierliche Durchgängigkeit gewährleistet werden könnte [7]. Bedingung dafür ist jedoch der Nachweis, dass die Lifteinstiege beim Pumpwerk grundsätzlich für die aufwanderwilligen Fische auffindbar sind.

3 Untersuchungen zur Positionierung der Aufstiegsanlage

Zur Klärung der Frage, an welcher Stelle im Bereich des Ruhrwehres Baldeney der unterwasserseitige Einstieg einer FAA positioniert sein sollte, mussten Kriterien zur Auffindbarkeit definiert und für alle relevanten Betriebszustände bewertet werden. Die Untersuchungen hierzu begannen bereits 2012, wobei mehrere fachtechnische Planer eingeschaltet und untereinander vernetzt wurden, um die in Abschnitt 1.2 genannten Methoden anwenden zu können (**Bild 3**).

Als wesentliches Kriterium für die Auffindbarkeit wurde eine gerichtete, möglichst störungsfreie Leitströmung im Geschwindigkeitsbereich von 0,3 m/s bis 1,4 m/s definiert, welche bei möglichst vielen der als relevant erkannten Abfluss- und Betriebszustände vorhanden sein sollte. Da Naturmessungen an der Realanlage bei allen fra-

Bild 4: Ergebnis der bathymetrischen Vermessung der Sohlenmorphologie im Bereich des Ruhrwehres Baldeney, gut zu erkennen sind vorhandene Auskolkungen hinter dem Wehr und dem Kraftwerk; diese Daten dienten zur geometrischen Abbildung des Gebietes in einem 3-D-HN-Modell (Quelle: [10])

gestellungsrelevanten Szenarien vom Aufwand her nicht machbar waren, entschied man sich für den Einsatz eines HN-Modells zur Simulation der relevanten Strömungsgefüge. Hierzu wurde das Institut für Wasser und Gewässerentwicklung (IWG) des Karlsruher Instituts für Technologie (KIT) beauftragt [8], [13]. Um ein solches HN-Modell aufbauen zu können, mussten zuvor bathymetrische Daten vom Unterwasserbereich der Anlage aufgenommen werden (**Bild 4**) [10]. Ferner benötigt man zur Modellkalibrierung konkrete Strömungsparameter bei bekannten Randbedingungen, welche im Rahmen hydrometrischer Messungen durch LFV Hydroakustik GmbH und den Ruhrverband erhoben wurden [12]. Zudem erfolgte eine statistische Auswertung der Kraftwerksbetriebsdaten, woraus fünf relevante Szenarien identifiziert und als Randbedingung bei den Strömungssimulationen eingestellt werden konnten [9]:

- Szenario 1: Die uferferne Turbine läuft im Teillastbetrieb.
- Szenario 2: Die ufernahe Turbine läuft im Teillastbetrieb.
- Szenario 3: Beide Turbinen laufen mit Teillastbetrieb.
- Szenario 4: Beide Turbinen laufen im Volllastbetrieb.
- Szenario 5: Beide Turbinen laufen im Volllastbetrieb und es findet zudem Wehrabfluss statt. Dieses Szenario liegt jedoch außerhalb des Q_{30}-Q_{330}-Abflussspektrums und ist somit für die Funktion der FAA nicht relevant.

Durch die Verschneidung der aus dem HN-Modell gewonnenen Strömungsgeschwindigkeiten und -richtungen mit den Schwimmleistungsda-

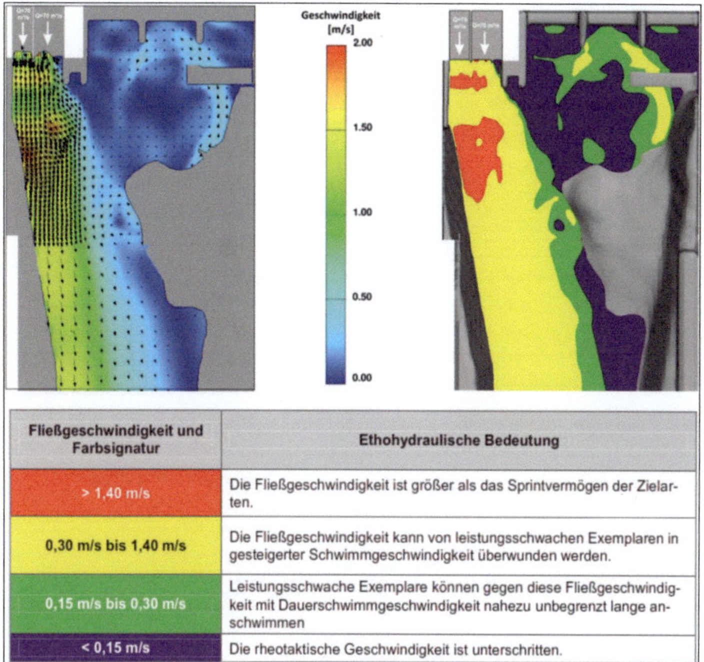

Fließgeschwindigkeit und Farbsignatur	Ethohydraulische Bedeutung
> 1,40 m/s	Die Fließgeschwindigkeit ist größer als das Sprintvermögen der Zielarten.
0,30 m/s bis 1,40 m/s	Die Fließgeschwindigkeit kann von leistungsschwachen Exemplaren in gesteigerter Schwimmgeschwindigkeit überwunden werden.
0,15 m/s bis 0,30 m/s	Leistungsschwache Exemplare können gegen diese Fließgeschwindigkeit mit Dauerschwimmgeschwindigkeit nahezu unbegrenzt lange anschwimmen
< 0,15 m/s	Die rheotaktische Geschwindigkeit ist unterschritten.

Bild 5: Die mit dem HN-Modell berechneten Strömungsgeschwindigkeiten und -richtungen (oben links) wurden in etrhohydraulische Signaturen überführt (oben rechts), die Farbskala der ethohydraulischen Signaturen richtet sich nach den Schwimmleistungen der am Standort vorkommenden Fischarten (unten) (Quelle: [10])

ten von Fischen konnten ethohydraulische Signaturen erarbeitet werden, aus denen mögliche Wanderkorridore, Meidebereiche und für Fische kaum erreichbare Bereiche ersichtlich wurden (**Bild 5**) [13]. Ferner konnten unterschiedliche initiierte Leitströmungen im HN-Modell mitsimuliert und deren Auswirkungen auf potenzielle Wanderkorridore diskutiert werden.

Im Ergebnis zeigte sich, dass die Einstiegspositionierung einer FAA direkt zwischen beiden Turbinenausläufen für alle Szenarien eine optimale Auffindbarkeit gewährleisten würde. Eine vertiefte Betrachtung ergab, dass ein dortiger FAA-Einstieg Auswirkungen auf die Turbinenausläufe und damit auch auf die Turbinenabströmung sowie -leistung haben würde.

Daher empfahlen die beteiligten Fachplaner eine Einstiegspositionierung beim alten Pumpwerk, für die sich bei den Untersuchungen ebenfalls eine gute Auffindbarkeit gezeigt hat [10]. Lediglich für das Szenario 2 (nur die ufernahe Turbine läuft) folgerte man aus den ethohydraulischen Signaturen, dass wanderwillige Fische dort beim Turbinenauslass der ufernahen Maschine ankommen und den fernab gelegenen Einstieg beim Pumpwerk durch die dazwischen bestehende Ruhewasserzone (bei der ausgeschalteten uferfernen Turbine) hindurch deutlich zeitverzögert finden könnten.

Um die Bedenken zu bewerten, beauftragte der Ruhrverband Untersuchungen des Fischverhaltens bei diesem Szenario mittels eines Didson-Sonargerätes [11]. Dazu wurden mittels leistungsstarker Pumpen unterschiedlich stark ausgeprägte Leitströmungen am alten Pumpwerk initiiert. Hierbei ergab sich, dass auch beim Szenario 2 die Fische eine dargebotene Leitströmung am alten Pumpwerk wahrnehmen und dieser folgen oder an den Turbinenausläufen entlang sondieren und dadurch die Leitströmung am Pumpwerk finden.

Ausgehend von diesen Ergebnissen empfahl die Expertengruppe dem Ruhrverband und den Aufsichtsbehörden, den Einstieg in die neue FAA im Bereich des alten Pumpwerkes zu positionieren und mit einer entsprechenden Leitströmung zu belegen.

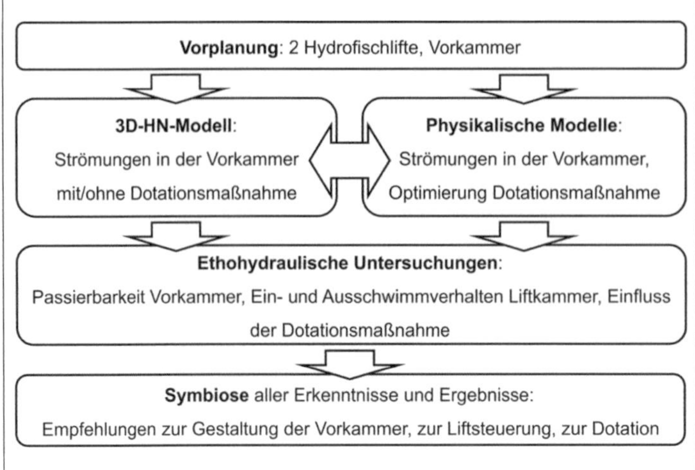

Bild 6: Angewendete Untersuchungsmethoden und -schritte zur Anpassung des Hydro-Fischliftsystems an die Gegebenheiten am alten Pumpwerk und zur Nachweisführung der technischen und fischbiologischen Funktionalität (Quelle: Lehmann)

4 Untersuchungen zu Gestaltung und Betrieb der Aufstiegsanlage

Im nächsten Untersuchungsschritt galt es, das Hydro-Fischliftsystem derart an die Gegebenheiten beim alten Pumpwerk anzupassen, dass sowohl eine kontinuierliche Durchgängigkeit als auch eine gut ausgeprägte Leitströmung zu allen Betriebszeiten und Randbedingungsszenarien gegeben ist. Die grundsätzlichen Funktionsmerkmale des Hydro-Fischliftes sind in [16] erläutert. Details zu den Anpassungen und Optimierungen finden sich bei Oberle et al. [13] und Seidel et al. [14].

Da es sich bei dem Hydro-Fischlift entsprechend der Erlasslage in NRW um eine Sonderbauweise handelt, mussten Untersuchungen zum Nachweis der Funktionalität des Liftes im Sinne von Auffindbarkeit und Passierbarkeit für aufwanderwillige Fische durchgeführt werden. Auch hier entschied man sich für die Nutzung und Verbindung unterschiedlicher Methoden, welche wiederum durch interdisziplinäre Zusammenarbeit eingeschalteter Fachplaner bearbeitet wurden (**Bild 6**).

Bereits während der Vorplanung wurde klar, dass für die Gewährleistung einer kontinuierlichen Durchgängigkeit zwei Hydro-Fischlifte alternierend zueinander betrieben werden müssen. Während ein Lift im Transferbetrieb ist, werden die Fische mittels Leitströmung in den anderen Lift geleitet und dort gesammelt (Einschwimmphase). Die Diskussionen innerhalb der Fachplanergruppe ergab dazu, dass die Positionierung beider Hydro-Fischlifte innerhalb einer Vorkammer sinnvoll ist (**Bild 7**). Die Vorkammer grenzt die aus den Liften kommenden Leitströmungen vom außerhalb liegenden, turbinenbetrieb geprägten Strömungsgefüge ab. Die Verbindung zwischen Vorkammer und Unterwasserbereich ist durch einen Schlitz gegeben, durch den sich die Leitströmung aus der Vorkammer heraus konzentriert und gut auffindbar ins Unterwasser fortsetzt.

Der Zufluss in die Vorkammer erfolgt über den jeweiligen Lift, welcher sich in der Einschwimmphase befindet. Da die durchgeführten Simulationen zeigten, dass die Leitströmung aus der Vorkammer hinaus bei einigen Randbedingungen eventuell nicht prägnant genug ist, wurde zudem die Auswirkung einer Wasserdotation über die Vorkammerwände untersucht [13], [14]. Die Erkenntnisse aus den hydraulischen Untersuchungen bildete die Grundlage für eine situativ ähnliche ethohydraulische Untersuchung, mit der die Aspekte

- Passierbarkeit der Vorkammer bei unterschiedlichen Zuflüssen aus den Hydro-Fischliften,
- Ein- und Ausschwimmverhalten der Tiere in den Hydro-Fischlift vor und nach der Transferphase und
- Einflüsse der ggf. benötigten Zusatzdotation entlang der Vorkammerwände auf die Orientierung der Fische entlang der Leitströmung

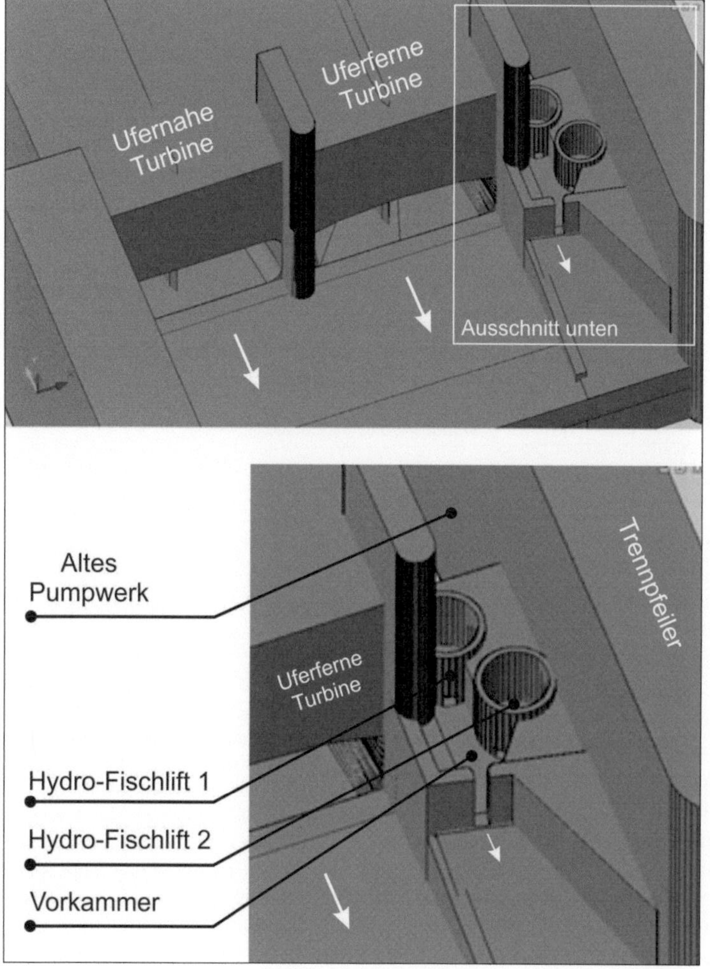

Bild 7: Anordnung der Vorkammer mit den zwei darin befindlichen zylinderförmigen Hydro-Fischliften, die Vorkammer ist durch einen Schlitz direkt neben dem Turbinenauslauf mit dem Unterwasser verbunden (Quelle: Lehmann, verändert nach [12])

überprüft und aus den Befunden weitere Detailoptimierungen abgeleitet wurden [15].

5 Bewertung der Planungsergebnisse

Die neue FAA am Ruhrwehr Baldeney ist im Sinne der technischen Regelwerke eine Sonderbauweise und als Fischliftsystem konzipiert. Grundlage dazu bildet der sog. Hydro-Fischlift nach Roth und Baumann [16].

Zur Adaption dieser Technologie an dem Standort des Ruhrwehres wurden zunächst numerische Modell- und Freilanduntersuchungen zur Positionierung sowie Auffindbarkeit durchgeführt. Aufbauend darauf wurde durch Nutzung hybrider Modellierungstechniken (numerische, physikalische und ethohydraulische Modelle) die konstruktive Auslegung der FAA bewerkstelligt. Daraus entstand ein Ansatz, zwei alternierend betriebene Hydro-Fischlifte innerhalb einer Vorkammer anzuordnen, so dass eine weitestgehende Entkopplung der Strömungsgefüge innerhalb und außerhalb der Vorkammer gegeben ist. Die Vorkammergeometrie ist dabei so ausgelegt, dass je nach Liftbetrieb gute Leitströmungssignaturen zum „offenen" Lift hin gegeben sind. Ein Schlitz am Ende der Vorkammer sorgt für eine dortige Strömungsbündelung, woraus im Unterwasser eine Leitströmung entsteht, welche die Fische in die Vorkammer hinein führt.

Aus der Zusammenführung aller Ergebnisse,

Erkenntnisse und Befunde erfolgte eine Überarbeitung der Vorplanung. Ferner wurden konkrete Empfehlungen für den Betrieb der FAA gegeben [15]. Der projektbegleitende Expertenkreis wurde während des gesamten Untersuchungsprozesses ausführlich informiert und eingebunden, u. a. auch während der laufenden physikalischen und ethohydraulischen Untersuchungen vor Ort. In ihrem abschließenden Bericht kommen die beteiligten Fachplaner zu dem Ergebnis, dass die FAA gemäß den durchgeführten Untersuchungen alle Kriterien der Funktionstüchtigkeit erfüllt und empfehlen die Umsetzung des Projektes [12]. Der Expertenkreis stimmte nach Durchsicht der vorgelegten Berichte in seiner Besprechung Ende Februar 2015 dieser Empfehlung zu.

Sollten sich bei ausgeführter Anlage trotz der sorgfältigen Untersuchungen und Funktionsnachweise Defizite ergeben, so können diese durch die bestehende hohe Variabilität des Fischliftsystems beseitigt bzw. verringert werden. Zum einen kann der Zufluss in die Vorkammer verändert werden. Dies geschieht durch Abflussänderung innerhalb der Lifte oder durch eine variable Zusatzdotation von Wasser entlang der Vorkammerwände. Somit lassen sich die (Leit-) Strömungssignaturen innerhalb und außerhalb der Vorkammer in situ beeinflussen.

Zum Zweiten besteht die Möglichkeit mit geringem bautechnischem Aufwand Veränderungen innerhalb der Vorkammer oder am Vorkammerschlitz zu bewerkstelligen. Selbiges gilt für eventuell erforderliche Modifikationen der Hydro-Fischlifte und dort insbesondere an den Ein- und Ausschwimmöffnungen.

Die Funktionskontrolle im Bestand kann dank klar vorgegebener Passageöffnungen mittels HDX-Telemetrie, Didson-Technik oder konventionellen Fang- und Zählmethoden gut in situ bewerkstelligt werden, so dass ein aussagekräftiges Monitoring der Anlage mit verträglichem Aufwand möglich ist.

Mit Blick auf die in der Fachliteratur genannten Planungsmethoden und -instrumentarien kann die Aussage getroffen werden, dass bei diesem Vorhaben das gesamte Portfolio sinnvoll genutzt wurde. Insbesondere das Zusammenspiel zwischen den numerischen, physikalischen und ethohydraulischen Methoden führt wohl zu einer hohen Belastbarkeit der Ergebnisse. Daher kann abschließend ausgesagt werden, dass im Rahmen der Planungen alle Möglichkeiten der Nachweiserbringung und Funktionssicherheit ausgeschöpft wurden und die Nachweise an der ausgeführten Realanlage dann diese Aussagen bestätigen werden.

Autoren

Prof. Dr.-Ing. Boris Lehmann
Technische Universität Darmstadt
Fachgebiet Wasserbau und Hydraulik
Franziska-Braun-Straße 7
64287 Darmstadt
wabau@wb.tu-darmstadt.de

Markus Kühlmann
Ruhrverband
Kronprinzenstr. 37
45128 Essen
mkh@ruhrverband.de

Literatur

[1] Lehmann, B.; Oberle, P.: Methoden zur hydraulisch-technischen Qualitätssicherung von Fischaufstiegsanlagen. In: Bundesanstalt für Gewässerkunde (Hrsg.): Tagungsband Herstellung der ökologischen Durchgängigkeit an Bundeswasserstraßen (2012), S. 45-57.

[2] Deutsche Vereinigung für Wasserwirtschaft, Abwasser und Abfall e. V. (Hrsg.): Fischaufstiegsanlagen und fischpassierbare Bauwerke – Gestaltung, Bemessung, Qualitätssicherung. In: DWA-Merkblätter (2014), M 509.

[3] Ministerium für Umwelt und Naturschutz, Landwirtschaft und Verbraucherschutz des Landes Nordrhein-Westfalen (Hrsg.): Handbuch Querbauwerke. Düsseldorf, 2005.

[4] Adam, B.; Lehmann, B.: Ethohydraulik: Grundlagen, Methoden und Erkenntnisse. Heidelberg: Springer Verlag, 2011.

[5] Ingenieurbüro Floecksmühle (Hrsg.): Fischaufstiegsanlage an der Staustufe Baldeney – Machbarkeitsstudie. Unveröffentlichtes Gutachten im Auftrag des Ruhrverbands, Essen, 2011.

[6] ARCADIS (Hrsg.): Sonderbauweisen von Fischaufstiegsanlagen. Literaturstudie im Auftrag des Ruhrverbands, Essen, 2013.

[7] Hydro-Energie Roth GmbH (Hrsg.): Stauanlage Baldeney/Ruhr – Vorentwurfsplanung Fischlift. Unveröffentlichtes Gutachten im Auftrag des Ruhrverbands, Essen, 2013.

[8] Karlsruher Institut für Technologie (Hrsg.): Untersuchungen zur Positionierung einer Neuen Fischaufstiegseinrichtung am Stauwehr Baldeney/Ruhr. Unveröffentlichtes Gutachten im Auftrag des Ruhrverbands, Essen, 2012.

[9] Büro für Umweltplanung, Gewässermanagement und Fischerei (Hrsg.): Auswertung der Leistungsdaten der beiden Turbinen an der Staustufe Baldeney. Unveröffentlichtes Gutachten im Auftrag des Ruhrverbands, Essen, 2012.

[10] Ruhrverband (Hrsg.): Untersuchungen zur Positionierung einer neuen Fischaufstiegseinrichtung am Stauwehr Baldeney/Ruhr. Ergebnisbericht, Essen, 2012.

[11] LFV Hydroakustik GmbH; BUGeFi (Hrsg.): Untersuchungen zur kleinräumigen Auffindbarkeit mittels Didson. Untersuchungen im Auftrag des Ruhrverbandes, Essen, 2013.

[12] Ruhrverband: Schaffung der Fisch-Durchgängigkeit am Ruhr-Wehr Baldeney: Abschlussbericht, Essen, 2015.

[13] Oberle, P.; Grafmüller, T.; Musall, M.; Nestmann, F.: Numerische und physikalische Modelluntersuchungen für ein innovatives Fischaufstiegskonzept am Ruhrwehr Baldeney. In: WasserWirtschaft 105 (2015), Heft 11, S. 36-42.

[14] Seidel, F.; Schultz, P.; Nestmann, F.: Untersuchungsmethodik zur Systemoptimierung von Sonderbauweisen am Beispiel Baldeney. In: WasserWirtschaft 105 (2015), Heft 11, S. 31-35.

[15] Hoffmann, A.; Böckmann, I.: Ethohydraulische Untersuchungen als Funktionsnachweis für den Bau eines Fischliftsystems am Ruhrwehr Baldeney. In: WasserWirtschaft 105 (2015), Heft 11, S. 43-51.

[16] Roth, A.; Baumann, G.: Der Hydro-Fischlift: Eine innovative Lösung für den Fischaufstieg – Aspekte zu Konstruktion und Betrieb. In: WasserWirtschaft 105 (2015), Heft 11, S. 52-58.

Boris Lehmann and Markus Kühlmann

Concept for an Adaption of a Fishlift System at the Weir Baldeney (Ruhr)

At the weir Baldeney (Ruhr) a new kind of fishlift system should be build. For the planning and calculation of the arrangement, different investigations were carried out with the aim to show the functionality of the new lift system and to optimize some technical and hydraulical issues. For the investigation field studies as well as hydraulic and ethohydraulic models were used. This article gives a brief overview about the separate steps of the investigation as well as the used models, methods and their interaction.

Борис Леманн и Маркус Кюльманн

Программа и этапы исследования по адаптации рыбоподъемной системы на рурской плотине Бальденей (Baldeney)

Подъем рыбы на рурской плотине Бальденей (Baldeney) в связи с существующими там рамочными условиями должен быть осуществлен посредством использования рыбоподъемной системы. В рамках многопрофильного планирования и междисциплинарных исследований, выполненных на основе полевых наблюдений и исследований, цифрового и физического моделирования потока и этогидравлических тестов, были разработаны такие аспекты как необходимое подтверждение функциональности (находимость и проходимость) и правила эксплуатации. В данной статье представлена концепция планирования, а также основные этапы исследования, их связь и взаимодействие.

Frank Seidel, Philipp Schultz und Franz Nestmann

Untersuchungsmethodik zur Systemoptimierung von Sonderbauweisen am Beispiel Baldeney

Die oftmals unterschiedlichen geometrischen und hydraulischen Randbedingungen an den verschiedenen Standorten von Fischaufstiegsanlagen führen dazu, dass in der Planungspraxis die vorhandenen Richtlinien und Regelwerke nicht immer angewandt werden können und stattdessen Sonderbauweisen zum Einsatz kommen. Dies kann sich z. B. auf die Ausgestaltung von Umlenkbecken oder aber auch auf innovative Wanderhilfen z. B. in Form von Fischaufzügen oder ähnlichen Bauwerken, beziehen. Am Ruhrwehr Baldeney nahe Essen soll eine solche Sonderbauweise in Form eines innovativen Fischliftsystems zur Herstellung der ökologischen Durchgängigkeit errichtet werden. Der Nachweis der Funktionsfähigkeit wurde im Rahmen eines Untersuchungsprogramms am Institut für Wasser und Gewässerentwicklung des KIT erbracht, bei dem neben den klassischen physikalischen und numerischen Modellen auch ethohydraulische Tests zum Einsatz kamen. Mit dieser Vorgehensweise kann aus Sicht des IWG die im DWA-Merkblatt M 509 geforderte Qualitätssicherung zur Gewährleistung einer optimalen Funktion schon während der Planungsphase entsprochen werden.

1 Hintergrund

Die Herstellung der ökologischen Durchgängigkeit von Fließgewässern ist spätestens seit Inkrafttreten der WRRL eine ständig wiederkehrende Planungsaufgabe im Wasserbau. In Deutschland sind die Richtlinien für den Bau von Durchgängigkeitsbauwerken bzw. Fischaufstiegsanlagen (FAA) z. B. im DWA-Merkblatt M 509, im Handbuch Querbauwerke, im Praxishandbuch Fischaufstiegsanlagen in Bayern oder auch im Handbuch Durchgängigkeit für Tiere der LUBW [1], [2], [12], [13] festgehalten. Die Gestaltung und Bemessung von verschiedensten Formen von Aufstiegsanlagen werden darin dargestellt und erläutert. Weiter sind Kriterien zur Qualitätssicherung von FAA gegeben. „Qualitätssicherung im Sinne dieses Merkblattes ist die Sicherstellung der Einhaltung all derjenigen Kriterien im Verlauf von Planung, Bau und Betrieb, welche die Funktionsfähigkeit im Sinne der Auffindbarkeit und Passierbarkeit gewährleisten.“ [1]

Für die Qualitätssicherung in der Planung werden innerhalb der Leistungsphasen der HOAI Qualitätsmerkmale aufgestellt, die zu kontrollieren bzw. zu erfüllen sind. Diese beinhalten in der Grundlagenermittlung z. B. die Erfassung der Fließgewässerzone oder der hydraulischen und morphologischen Randbedingungen. Im Rahmen der Vorplanung und der Entwurfsplanung werden Kriterien z. B. zur Anordnung der Anlage, zur Positionierung des Einstiegs und den geometrischen und hydraulischen Parametern vorgegeben. Während des Baus und der Inbetriebnahme der Anlage sollen die Vorgaben aus der Planungsphase kontrolliert und im Rahmen einer Kontrolle der geometrischen Gegebenheiten überprüft werden. Im Betrieb ist laut DWA [1] ebenfalls eine stetige Kontrolle der maßgeblichen Parameter (z. B. max. Fließgeschwindigkeit) durchzuführen. Um letztendlich die biologische Funktionsfähigkeit der Anlage zu überprüfen, ist ein Monitoring bzw. eine Zählung der aufsteigenden Fische nötig, mit der die Auffindbarkeit und die Passierbarkeit der Anlage überprüft werden kann. Die verschiedenen Methoden eines solchen

Monitorings reichen von kurzfristigen Reusenstellungen bis hin zu kontinuierlichen und automatisierten Zählungen mittels Videoüberwachungen, Zählmaschinen oder Untersuchungen basierend auf der Transponder-Technologie.

Die Anforderungen der Qualitätssicherung sind prinzipiell auf alle FAA-Bauarten anwendbar, in der Praxis zeigt sich jedoch, dass sie aus Standardbauweisen, wie bspw. einen Beckenpass oder einem Vertical-Slot-Fischpass, abgeleitet worden sind. Hier wird oftmals rein auf Basis einer nach dem Stand der Technik geplanten und gebauten FAA auf deren Funktionsfähigkeit geschlossen. Aufwändige hydraulische oder fischbiologische Monitoringprogramme kommen nicht zum Einsatz.

Für den Bau und die Gestaltung von FAA in z. B. Nordrhein-Westfahlen gilt neben dem DWA-Merkblatt 509 das Handbuch Querbauwerke [2] als Stand der Technik. Darüber hinaus ist gemäß dem Erlass zur „Förderung von Durchgängigkeitsmaßnahmen" [3] die Einhaltung der in den Regelwerken enthaltenen Richtlinien Voraussetzung für die Genehmigungsfähigkeit und die Förderfähigkeit von FAA. Auch für Sonderbauweisen muss der Funktionsnachweis erbracht werden.

Hieraus wird ersichtlich, dass der Funktionsnachweis von Sonderbauweisen aufgrund der fehlenden klaren Dimensionierungsanleitung nicht mit der gleichen Methodik erbracht werden kann wie bei Standardbauweisen. Vielmehr muss im Sinne der Qualitätssicherung eine innovative Nachweismethodik zum Einsatz kommen, die alle gängigen und praxiserprobten Verfahren zur Bewertung der hydraulischen und fischbiologischen Aspekte beinhaltet.

2 FAA am Standort Baldeney

Südlich der Stadt Essen wird mit einer Stauanlage die Ruhr zum Baldeneysee aufgestaut. Die Stauanlage ist 160 m breit und beinhaltet eine Wasserkraftanlage, ein Rückpumpwerk, eine Schleuse und die Wehranlage. Der Höhenunterschied der 1931 bis 1933 erbauten Anlage beträgt ca. 8,7 m. Derzeit existiert am Standort Baldeney keine FAA.

Der Ruhrverband als Betreiber der Stauanlage hat 2011 eine erste Machbarkeitsstudie zur Fischdurchgängigkeit beauftragt. Als problematisch für eine Umsetzung zeigten sich die beengten Platzverhältnisse im Nahbereich der Anlage sowie die große Stauhöhe, die bei konventionellen FAA, wie z. B. einem Vertical-Slot-Fischpass, zu einer großen Anzahl von Becken führt. 2012 wurde unter der Leitung des Ruhrverbandes eine Expertengruppe, bestehend aus Ingenieur- und Umweltbüros, Universitäten, des für die Wasserkraftanlage zuständigen Energiekonzerns RWE und Behördenvertretern gegründet. Ziel dabei war es, eine technische Lösung zur Herstellung der ökologischen Durchgängigkeit am Standort Baldeney zu finden. In diesem Kontext wurden umfangreiche Voruntersuchungen zur Konzeption, zur Auffindbarkeit und zur Positionierung eine FAA durchgeführt. Eine vertiefende Darstellung dieser Voruntersuchungen findet sich in Lehmann et al. [7].

Als Ergebnis der Voruntersuchungen und der Expertenrunde wurde ein Konzept skizziert, bei dem ein neuartiges Fischliftsystem, der sogenannte Hydro-Fischlift, in der Kulisse des ehemaligen Rückpumpbauwerkes die Durchgängigkeit gewährleisten soll. Eine detaillierte Beschreibung der funktionalen Einheiten und des Betriebsschemas des Hydro-Fischlifts ist in Roth et al. [8] gegeben.

Bei dem vorgeschlagenen Konzept und auch der hierin integrierten Einzelkomponenten werden alle Kriterien einer Sonderbauweise erfüllt, so dass auch der Funktionsnachweis nicht mit den Standardmethoden erbracht werden kann. Zudem kann die im Sinne von DWA [1] geforderte Qualitätssicherung nicht in gleicher Weise wie bei den Regelbauweisen Rechnung getragen werden.

3 Untersuchungskonzept für den Funktionsnachweis FAA Baldeney

Vom Ruhrverband wurden das Institut für Wasser und Gewässerentwicklung (IWG) des Karlsruher Instituts für Technologie (KIT) sowie das Büro für Umweltplanung, Gewässermanagement und Fischerei (BUGEFI) beauftragt, den Funktionsnachweis für die Sonderbauweise der Hydro-

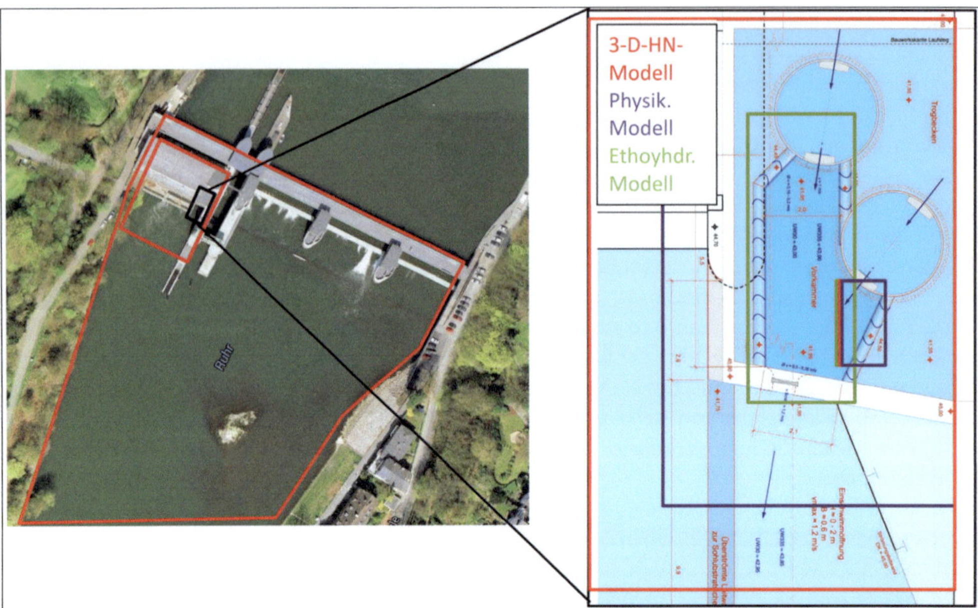

Bild 1: Übersicht über die eingesetzten Modelle und Verfahren sowie deren räumliche Erstreckung (Quelle: Fotoaufnahme: Google Maps: Baldeneysee; Grafik: KIT/IWG)

Fischlifte am Standort Baldeney zu erbringen. Aufbauend auf den Erfahrungen zu anderen Projekten [5] wurde ein Untersuchungsprogramm aufgestellt, welches aus Sicht der Autoren alle heutigen in der Praxis zur Verfügung stehenden Nachweismethoden beinhaltet. Ziel dabei ist es, dass die unterschiedlichen Methoden – numerische Strömungssimulationen, physikalische Modelle und ethohydraulische Tests – nicht unabhängig voneinander angewendet werden, sondern dass eine enge Verzahnung und Koppelung im Untersuchungsprogramm sichergestellt ist. Neben der Bereitstellung der für den Betrieb des jeweiligen Modells notwendigen Randbedingungen können durch eine enge Vernetzung der Modelle und Methoden deren systembedingten Vorteile optimal genutzt und die praxisrelevanten wasserbaulichen Fragestellungen effizient sowie mit einer hohen Belastbarkeit untersucht und beantwortet werden.

Von Seiten der Expertenrunde und der Genehmigungsbehörde wurde die vorgeschlagene Nachweismethodik für die Funktionsfähigkeit für die Sonderbauweise Hydro-Fischlift am Standort Baldeney begrüßt, als belastbar eingestuft und für die Nachweisführung akzeptiert.

Im Zusammenhang mit dem Funktionsnachweis des Hydro-Fischliftes war eine Vielzahl von Fragestellungen zu untersuchen. Neben der großräumigen Auffindbarkeit [7] sind vor allem Aspekte der Passierbarkeit näher zu betrachten. Finden die Fische den Einstieg in die Vorkammer? Wie nehmen die Fische die Leitströmung in den Fischlift an? Wie kann man die Fische zum Ausstieg aus dem Lift motivieren?

Zur Beantwortung dieser und anderer Fragestellungen wurden innerhalb der Untersuchungskonzepte die unterschiedlichen Methoden eng vernetzt eingesetzt, um ein Optimum an Belastbarkeit durch gegenseitige Validierung zu erreichen. Um auch der Komplexität der jeweiligen Fragestellung gerecht zu werden, wurden zum Teil mehrere Modelle zu deren Beantwortung mit in das Untersuchungsprogramm aufgenommen. **Bild 1** zeigt die im Nahfeld des Fischlifts Baldeney eingesetzten Modelle in ihrer räumlichen Ausdehnung und Überschneidung. Eine genaue Beschreibung der Modelle und der damit erzielten Ergebnisse ist bei Oberle et al. [9] und Hoffmann et al. [10] gegeben.

Am Beispiel der Fragestellung „Finden Fische den Einstieg in den Fischlift?“ soll die Verflech-

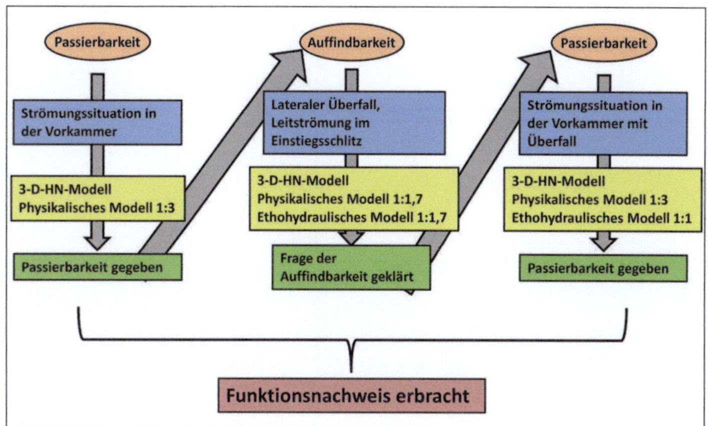

Bild 2: Exemplarisches Ablaufschema innerhalb des Untersuchungsprogrammes (Quelle: KIT/IWG)

tung der einzelnen Modelle sowie die iterative Herangehensweise aufgezeigt werden.

Wie aus **Bild 2** hervorgeht, wurde die Forschungsfrage in Teilaspekte untergliedert und mit einer Kombination der unterschiedlichen Modellansätze untersucht. Aus den Ergebnissen der jeweiligen Teiluntersuchungen ergaben sich dann wiederum Rückkopplungen zu den anderen Teilaspekten. Am Ende steht ein belastbares und gut abgesichertes Ergebnis, welches dann in den weiteren Planungsprozess bzw. in das weitere Untersuchungsprogramm einfließen konnte.

4 Ethohydraulischer Versuchsstand

Kernstück des Untersuchungskonzeptes zum Funktionsnachweis des Fischlifts Baldeney ist der ethohydraulische Versuchsstand, bei dem alle Ergebnisse und Interpretationen der vorherigen Untersuchungen zusammenlaufen und die Fische dieser für gut empfundenen Strömungssituation direkt ausgesetzt werden, wobei ihr Verhalten analysiert und statistisch ausgewertet wird.

Im Kontext der Erarbeitung des ethohydraulischen Setups [11] muss die reale Strömungssituation detailliert analysiert und die sogenannte etohydraulische Signatur abgeleitet werden. Hierbei gilt es, die Strömungsparameter, wie z. B. Fließgeschwindigkeit, Wassertiefe oder Turbulenz, in der fischrelevanten Größenordnung im Versuchstand abzubilden. Die detaillierte Strömungsbetrachtung aus den numerischen und physikalischen Untersuchungen zur Vorkammergeometrie [9] bildeten hier eine hervorragende Grundlage für die Strömungsinterpretation und die Ableitung der etohydraulischen Signatur.

Die Dimensionen der im Theodor-Rehbock-Wasserbaulaboratorium vorhandenen Versuchsrinne ließen es zu, dass alle Aspekte der Passierbarkeit des Fischliftes in einem Setup im Maßstab 1:1 untersucht werden konnten. Der im Versuchstand abgebildete Ausschnitt der Realanlage ist in **Bild 3** aufgetragen.

Der Versuchsstand beginnt unterstrom des Einstiegs in die Vorkammer und deckt die Vorkammer mit der Einstiegskulisse von Fischlift 1 ab. Die Untersuchungen wurden nur mit Fischlift 1 durchgeführt, da dieser weiter entfernt vom Einstiegsschlitz ist und somit die Leitwirkung des aus dem Fischlift austretenden Strahles über einen längeren Fließweg aufrecht erhalten bleiben muss.

Im Versuchstand ist ein originaler Schwimmkolben (**Bilder 4 und 5**) inklusive der Funktionalität der Schiebereinrichtungen integriert, der Hubvorgang wird im Höhenverlauf nicht abgebildet. Somit konnten die Aspekte „Einschwimmen in den Lift“, „Fischverhalten während des Hubvorganges“ und „Ausschwimmen aus dem Lift“ realmaßstäblich untersucht werden.

Um die Fische genau beobachten zu können, besteht ein Teil des Versuchsstandes aus einer Plexiglasscheibe und an mehreren Stellen sind Unterwasserkameras angebracht. Die Überwachung des kompletten Versuchsstandes erfolgte in einem Beobachtungsraum hinter der Plexiglaswand. Damit seitlich kein Licht in die Rinne ein-

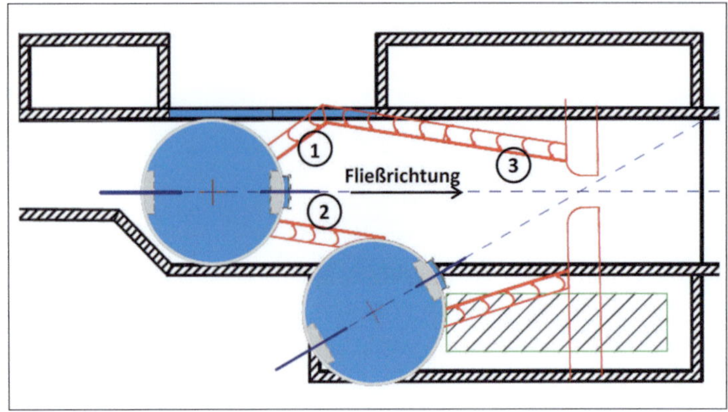

Bild 3: Modellbereich des ethohydraulischen Modells mit den drei Zugabestellen für den lateralen Überfall (Quelle: KIT/IWG)

fällt, ist der gesamte Beobachtungsraum mit einer lichtundurchlässigen schwarzen Folie abgedeckt. Der laterale Überfall, der zur Verbesserung der Auffindbarkeit des Liftsystems aus den numerischen und physikalischen Untersuchungen entwickelt wurde [9], ist im ethohydraulischen Versuchsstand ebenso wie auch schon in den anderen Modellen ebenfalls abgebildet worden. Aufgrund des großen Wasserbedarfs (bis zu 100 l/(s · m)) und aus Gründen der Beobachtungssituation wurde die Länge der Überfallstrecke verkürzt abgebildet. Um dennoch den Impulseintrag situativ ähnlich abzubilden, ist die Wassermenge des lateralen Überfalls über eine Variation der Art der Zugabe kalibriert worden. Die nötigen Daten dazu wurden in einem separaten physikalischen Teilmodell im Maßstab 1:1,7, welches den Überfallbereich abdeckt, ermittelt (**Bild 1**).

Im Rahmen von Voruntersuchungen (**Bild 4**) wurden diverse Verbesserungen am Versuchsstand durchgeführt. Ziel dabei war es, andere Reize und mögliche Einflüsse auf das Fischverhalten zu eliminieren und als Hauptreiz die Strömungsstruktur herauszuarbeiten. Hierbei hat man festgestellt, dass z. B. unterschiedliche Farben sowie der Schattenwurf einzelner Einbauten einen großen Einfluss auf das Verhalten der Fische zeigen. Aufgrund dessen hat man den kompletten Versuchsstand in einem einheitlichen Grau gestrichen und zusätzlich die Oberseite mit Folie abgedeckt. Weiter sind Höhensprünge in der Sohle beim Lifteinstieg ausgeglichen worden, da bodenorientierte Fischarten dies als Hindernis wahrnahmen. Mit dem endgültigen Setup des Versuchstandes wurden dann Strömungsmessungen durchgeführt und wiederum

Bild 4: Links: Ethohydraulischer Versuchsstand während des Einbaus; rechts: Modell im Probebetrieb (Quelle: KIT/IWG)

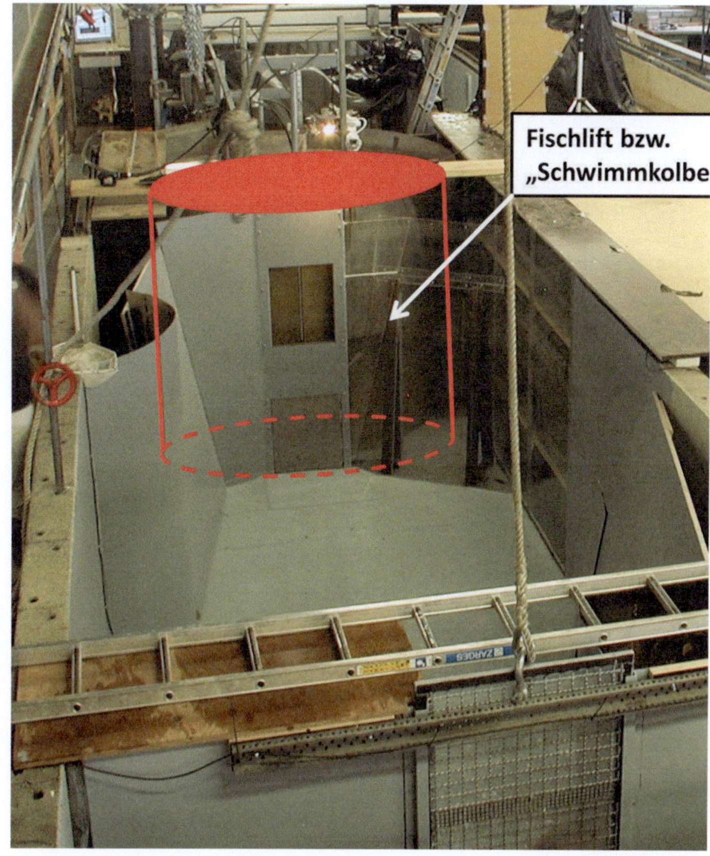

Bild 5: Betriebsbereiter ethohydraulischer Versuchsstand (Quelle: KIT/IWG)

mit dem nachgeführten numerischen Modell verglichen. So war stets eine Überprüfung der einzelnen Methoden gegeben, um mögliche Modelleffekte feststellen und ggf. ausbessern zu können.

5 Fazit

Die Methodik der Funktionsanalyse im Planungsprozess durch numerische, physikalische und ethohydraulische Modelle wurde bereits im Zusammenhang mit der FAA Geesthacht erfolgreich eingesetzt. Für die Untersuchungen zum Fischlift Baldeney galt es, diese Methodik weiter zu entwickeln und an die besonderen Erfordernisse eines Funktionsnachweises einer Sonderbauweise anzupassen.

Die Kopplung der drei Methoden einschließlich der Ethohydraulik bietet eine neue Ebene der Qualitätssicherung im Planungsprozess. Es wird nicht nur die reine Strömungscharakteristik hinsichtlich des zu erwartenden Fischverhaltens interdisziplinär beurteilt, sondern das Fischverhalten direkt statistisch interpretiert. So können Detailoptimierungen an der Geometrie und somit an der Strömungssignatur belastbar vorgenommen werden. Trotz der umfangreichen Untersuchungen zum Funktionsnachweis des Hydro-Fischlifts muss beachtet werden, dass eine gewisse Restunsicherheit aufgrund der Laborbedingungen und der naturbedingten Komplexität des Fischverhaltens verbleibt. Im Sinne einer weiterführenden wissenschaftlichen Betrachtung ist daher immer anzustreben, die Erkenntnisse aus den Untersuchungen durch ein umfangreiches Monitoringprogramm im Feld zu ergänzen. Im Falle des untersuchten Liftsystems werden bereits im Planungsprozess mögliche Monitoringszenarien beachtet und z. B. Haltepunkte für Didson-Sonare und weitere Sensorik vorgesehen.

Der Fischlift Baldeney wird vom Land Nordrhein-Westfalen als Pilotstandort ausgewiesen, so dass auch die wissenschaftliche Begleitung längerfristig gesichert ist. Hierdurch wird es möglich sein, den Erkenntnisgewinn aus den hier vorgestellten Untersuchungen um Ergebnisse der Felduntersuchungen zu ergänzen und multiplikatorisch bei der FAA-Planung einfließen zu lassen.

Autoren

Dr.-Ing. Frank Seidel
Dipl.-Ing. Philipp Schultz
Prof. Dr.-Ing. Dr. h. c. mult. Franz Nestmann
Karlsruher Institut für Technologie (KIT)
Institut für Wasser und Gewässerentwicklung (IWG)
Kaiserstraße 12, 76131 Karlsruhe
frank.seidel@kit.edu
philipp.schultz@kit.edu
franz.nestmann@kit.edu

Literatur

[1] Deutsche Vereinigung für Wasserwirtschaft, Abwasser und Abfall e. V. (Hrsg.): Fischaufstiegsanlagen und fischpassierbare Bauwerke – Gestaltung, Bemessung, Qualitätssicherung. In: DWA-Merkblätter (2014), M 509.

[2] Ministerium für Klimaschutz, Umwelt, Landwirtschaft, Natur- und Verbraucherschutz des Landes Nordrhein Westfalen (Hrsg.): Handbuch Querbauwerke. Essen, 2005.

[3] Ministerium für Klimaschutz, Umwelt, Landwirtschaft, Natur- und Verbraucherschutz des Landes Nordrhein-Westfalen (Hrsg.): Erlass vom 26.06.2012 zur Durchgängigkeit der Gewässer. Essen, 2012.

[4] Lehmann, B.; Oberle, P.: Methoden zur hydraulisch-technischen Qualitätssicherung von Fischaufstiegsanlagen. In: Bundesanstalt für Gewässerkunde (Hrsg.): Tagungsband Herstellung der ökologischen Durchgängigkeit an Bundeswasserstraßen (2012), S. 45-57.

[5] Lehmann, B.; Seidel, F.; Läkemäker, K.; Nestmann, F.: Physikalische Begleituntersuchungen zur Fischaufstiegsanlage am Elbewehr bei Geesthacht. In: WasserWirtschaft 102 (2012), Heft 4, S. 34-39.

[6] Kühlmann, M.; Weyand, M.; Knotte, H.: Die Wiederherstellung der Fischdurchgängigkeit an der Ruhr-Staustufe Baldeney – Hintergrund und Projektübersicht. In: WasserWirtschaft 105 (2015), Heft 11, S. 14-21.

[7] Lehmann, B.; Kühlmann, M.: Untersuchungskonzept und -schritte zur Adaption eines Fischliftsystems am Ruhrwehr Baldeney. In: WasserWirtschaft 105 (2015), Heft 11, S. 23-30.

[8] Roth, A.; Baumann, G.: Der Hydro-Fischlift: Eine innovative Lösung für den Fischaufstieg – Aspekte zu Konstruktion und Betrieb. In: WasserWirtschaft 105 (2015), Heft 11, S. 52-58.

[9] Oberle, P.; Grafmüller, T.; Musall, M.; Nestmann, F.: Numerische und physikalische Modelluntersuchungen für ein innovatives Fischaufstiegskonzept am Ruhrwehr Baldeney. In: WasserWirtschaft 105 (2015), Heft 11, S. 36-42.

[10] Hoffmann, A.; Böckmann, I.: Ethohydraulische Untersuchungen als Funktionsnachweis für den Bau eines Fischliftsystems am Ruhrwehr Baldeney. In: WasserWirtschaft 105 (2015), Heft 11, S. 43-51.

[11] Adam, B.; Lehmann, B.: Ethohydraulik: Grundlagen, Methoden, Erkenntnisse. Heidelberg: Springer-Verlag, 2011.

[12] Landesamt für Umwelt, Messungen Naturschutz Baden Württemberg (Hrsg.): Durchgängigkeit für Tiere in Fließgewässern. Karlsruhe, 2007.

[13] Bayrisches Landesamt für Umwelt (Hrsg.): Fischaufstiegsanlagen in Bayern. Augsburg, 2012.

Frank Seidel, Philipp Schultz and Franz Nestmann

Research Methodology for System Optimization of Special Constructions Methods for Fish Passages, Case Study Baldeney

Due to different geometric and hydraulic boundary conditions at the various locations of fish passages, standard design regulations and existing directives cannot always be applied in practice and instead special construction methods have to be implemented. This can have an effect not only on the design of e.g. diversion basins, but also innovative migration structures such as fish lifts or similar constructions. At the Baldeney weir on the river Ruhr, the existing boundary conditions demonstrated the need for a special construction method to allow fish migration. The evidence of functionality of an innovative fish lift system at Baldeney was demonstrated in the scope of a study program at the Institute for Water and River Basin Management at the KIT, in which not only the classical physical and numerical models were applied, but also ethohydraulic tests were conducted. With this approach, the quality management addressed in the leaflet DWA-M509 to ensure optimum functionality can be ensured already in the planning phase.

Франк Зейдель, Филипп Шультц и Франц Нестманн

Методика исследования для оптимизации системы специальных методов строительства на примере плотины Бальденей (Baldeney)

Часто наличие отличающихся геометрических и гидравлических граничных условий в различных местах расположения рыбоподъемных сооружений приводит к тому, что существующие директивы и правила не всегда могут быть применены в практике планирования; в таком случае используются специальные методы строительства. Это может касаться, например, конструкции обходного бассейна или современных вспомогательных устройств, необходимых для миграции рыбы, например, в виде рыбоподъемников или аналогичных сооружений. На рурской плотине Бальденей (Baldeney), расположенной недалеко от Эссена, такая специальная конструкция будет возведена как инновационная рыбоподъемная система для создания экологической проходимости. Доказательство технической осуществимости было получено в рамках исследовательской программы, выполненной в Институте воды и развития водных ресурсов Института технологий Карлсруэ; в ходе исследований помимо традиционного физического и цифрового моделирования были использованы также этогидравлические тесты. По мнению Института воды и развития водных ресурсов, при помощи такой методики требуемый в инструкции М 509 Немецкой ассоциации водного хозяйства, водоотведения и утилизации отходов контроль качества для обеспечения оптимального функционирования может быть обеспечен уже на стадии планирования.

Peter Oberle, Thomas Grafmüller, Mark Musall und Franz Nestmann

Numerische und physikalische Modelluntersuchungen für ein innovatives Fischaufstiegskonzept am Ruhrwehr Baldeney

Im Auftrag des Ruhrverbandes und gefördert durch das Land NRW wird derzeit am Standort Baldeney ein innovatives Fischliftsystem entwickelt, welches der aquatischen Fauna die Überwindung des Stauwehres ermöglichen soll. Die Positionierung dieser Fischaufstiegsanlage sowie die geometrische Ausgestaltung der Anlagenperipherie basieren auf umfangreichen Voruntersuchungen im Rahmen eines iterativen Optimierungsprozesses. Aufgrund der komplexen hydraulischen Randbedingungen sowie der hohen fischökologischen Anforderungen kam ein hybrides Untersuchungskonzept zum Einsatz basierend auf detaillierten 3-D-Strömungssimulationen in Verbindung mit physikalischen (gegenständlichen) Modellversuchen sowie ethohydraulischen Tests. Im vorliegenden Beitrag werden schwerpunktmäßig die eingesetzten numerischen Methoden vorgestellt und in Bezug auf ihre Prognosefähigkeit diskutiert.

1 Hintergrund

Die Stauanlage Baldeney (Ruhr) weist mit ihren drei Wehrfeldern samt Bootsschleuse und Wasserkraftanlage eine Breite von 160 m und eine Stauhöhe von ca. 8,7 m auf. Das Krafthaus integriert zwei Kaplanturbinen (M1 schleusenseitig, M2 uferseitig) mit einem maximalen Schluckvermögen von jeweils 70 m^3/s. Aufgrund beengter Platzverhältnisse sowie insbesondere der großen Fallhöhe sind gängige Fischaufstiegskonzepte, wie Umgehungsgewässer und Schlitzpässe, für diesen Standort nicht zielführend, da sich diese als entweder zu kostenintensiv, bautechnisch nicht umsetzbar oder aus fischökologischer Sicht ungeeignet herausstellten [1], [2]. Aus diesem Grund sollte für den Standort Baldeney ein innovatives Fischliftsystem (Hydro-Fischlift), bestehend aus zwei alternierend betriebenen Schleusenkammern und einer unterstromig angeordneten Vorkammer, adaptiert werden, so dass ein kontinuierlicher Aufstieg gewährleistet werden kann. Fortführende Analysen beschäftigen sich mit der Fragestellung, inwieweit dieses Anlagenkonzept auch für den Fischabstieg einsetzbar ist. Nähere Informationen zur technischen Funktionsweise des Systems finden sich im Beitrag von Roth et al. [3].

Mit der Zielsetzung potenzielle Fischwanderkorridore in der Ruhr und somit einen geeigneten Standort der Fischaufstiegsanlage (FAA) identifizieren zu können, erfolgten am Institut für Wasser und Gewässerentwicklung (IWG) des Karlsruher Instituts für Technologie (KIT) zunächst umfangreiche Strömungsanalysen bezogen auf die Unterwasserstrecke der Stauanlage. Im weiteren Projektverlauf wurden im Rahmen eines iterativen Variantenstudiums auf Basis numerischer und physikalischer Modelluntersuchungen die Vorkammergeometrie, die Anordnung der Hydro-Fischlifte sowie eine zusätzliche Abflussdotation in die Vorkammer optimiert. Die Arbeiten erfolgten in enger Zusammenarbeit mit dem Ruhrverband, Essen (Auftraggeber), dem Büro für Umweltplanung, Gewässermanagement und Fischerei (BuGeFi), Bielefeld, sowie dem planenden Ingenieurbüro Hydro-Energie Roth GmbH, Karlsruhe.

2 Analyse der großräumigen Strömungsverhältnisse im Unterwasser der Stauanlage

Um belastbare Informationen für eine geeignete Positionierung und Einbindung der FAA in den bestehenden Anlagenkomplex zu erhalten, wurde ein 3-D-Strömungsmodell erstellt, welches neben der gesamten Staustufe, einschließlich Wehranlage, Krafthaus mit Saugrohren, Ufermauern und Wehrpfeiler, auch den unterstromigen Ruhrabschnitt auf einer Länge von ca. 600 m abbildet. Zum Aufbau der Systemgeometrie standen topographische Informationen zur Gewässerbathymetrie in Form von querprofilbezogenen ADCP-Messungen (Ruhrverband) und unregelmäßig verteilten Echolotmessungen (LFV Hydroakustik GmbH, Ingenieurteam Trenkle GmbH) zur Verfügung, welche nach Plausibilisierung und Homogenisierung der geodätischen Bezugssysteme zu einem zusammenhängenden DGM-W des Untersuchungsgebiets zusammengeführt wurden. Die Bauwerksgeometrien des Kraftwerks und der Wehranlage wurden auf Basis analoger Planunterlagen mittels eines CAD-Systems nachgebildet.

Das Strömungsmodell umfasst eine Fläche von ca. 57 300 m^2, wobei die räumliche Diskretisierung (Größe der Berechnungszellen) von 0,3 m im Bereich des Kraftwerks bis max. ca. 4 m in den unterstromigen Randbereichen der Ruhr variiert. Die Systemgeometrie basiert somit insgesamt auf ca. 750 000 Gitterzellen. Das eingesetzte Simulationsverfahren Flow3D löst die reynoldsgemittelten Navier-Stokes-Gleichungen auf diesem blockstrukturierten Rechteckgitter und wurde am IWG/KIT für Untersuchungen mit ähnlichen Fragestellungen bereits zielführend eingesetzt [4], [5]. Die Strömungssimulationen wurden zunächst mit dem statistischen Turbulenzmodell Renormalization-Group-Ansatz (RNG) durchgeführt, welches die statistisch gemittelte Hauptströmung berechnet und die turbulenten Strömungsschwankungen über empirische Ansätze erfasst. Des Weiteren bietet das Verfahren Ansätze zur Simulation instationärer Schwankungsgrößen [6].

Die für die Modellvalidierung zugrunde gelegten Geschwindigkeitsmessungen im Nahbereich des Kraftwerks zeigten eine deutliche Inhomogenität des Strömungsfeldes, verursacht durch die drallbehaftete Abströmung der Turbinen. Um

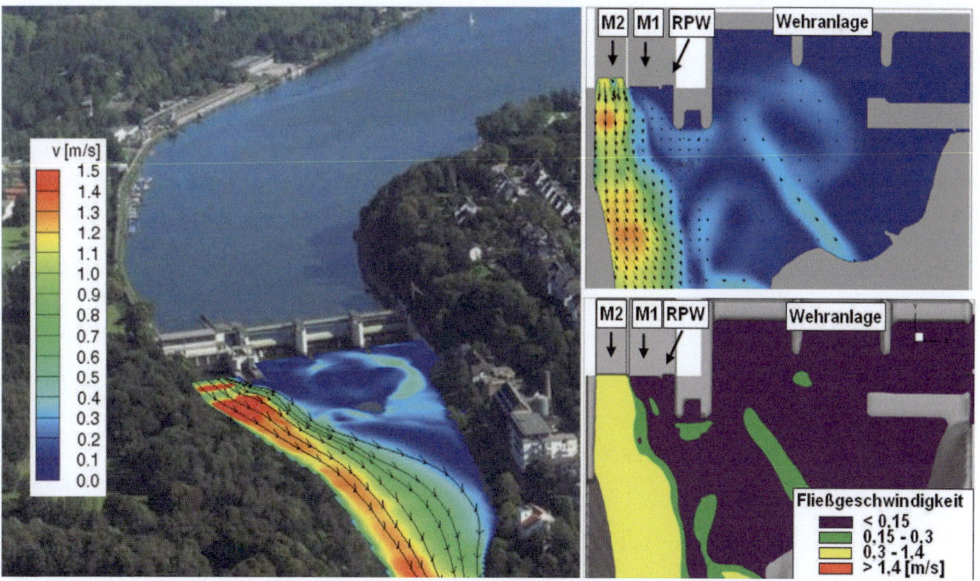

Bild 1: Berechnete Fließgeschwindigkeiten und Strömungsvektoren (links und rechts oben) sowie daraus abgeleitete ethohydraulische Farbskala (rechts unten) im Unterwasser der Staustufe Baldeney (Quelle: Ruhrverband, KIT/IWG)

diesem Effekt auch in der Simulation Rechnung zu tragen, wurde die Zuflussrandbedingung gezielt durch Vorgabe einer schrägen Zuströmung sowie einer ungleichen Verteilung (Abflussreduktion in einem Quadranten des Saugschlauchs) beeinflusst.

Zur Festlegung der maßgebenden Abfluss- bzw. Betriebsszenarien stellte die Betreiberin RWE AG kontinuierliche Datenaufzeichnungen über einen Zeitraum von mehreren Jahren bereit. Hieraus wurden fünf relevante Betriebsszenarien abgeleitet, welche unterschiedliche Turbinenbeaufschlagungen und Vorgaben zur Wehrsteuerung (Teillast, Volllast, Volllast mit zusätzlichem Abfluss über das benachbarte Wehrfeld) mit den daraus resultierenden Ruhrwasserständen kombinieren. Die aus fischökologischer Sicht bzw. gemäß den Richtlinien maßgebenden Abflussverhältnisse bei Q_{30} und Q_{330} entsprechen hierbei einer Turbinenbeaufschlagung von ca. 60 m^3/s bzw. ca. 140 m^3/s (ohne weiteren Abfluss über die Wehranlage).

Die Visualisierung der Simulationsergebnisse erfolgte über farbklassifizierte Darstellungen der horizontalen und vertikalen Geschwindigkeitsverteilungen und Fließvektoren, welche teilweise zusätzlich in eine Farbskala bezogen auf ethohydraulische Grenzwerte überführt wurden (**Bild 1**). Die darauf aufbauende fischökologische Bewertung hinsichtlich bevorzugter Wanderkorridore und generellen Auffindbarkeit des Einstiegs in die FAA führte zu der Entscheidung, das Fischliftsystem im Bereich des alten Rückpumpwerkes zu positionieren. Anhand von DIDSON-Beobachtungen konnte bestätigt werden, dass sich aufstiegswillige Fische unterhalb des Kraftwerks überwiegend im Bereich des Rückpumpwerks aufhalten und diesen Bereich nach einer möglichen Passage sondieren [2].

3 Optimierung der Vorkammergeometrie in Bezug auf deren Passierbarkeit

Der Vorentwurfsplanung von Hydro-Energie Roth GmbH wurde zunächst eine Beaufschlagung der Hydro-Fischlifte mit einem Abfluss von jeweils 250 l/s zugrunde gelegt. Um die Auffindbarkeit der Vorkammer sowie deren Passierbarkeit zu unterstützen, war zudem eine Leitstromturbine am Ende der Vorkammer vorgesehen, welche in Abhängigkeit der über das Kraftwerk geleiteten Triebwassermenge sowie der sich daraus einstellenden Wasserstände der Ruhr mit variierenden Dotationen beschickt werden kann. Die Anbindung des Fischliftsystems bzw. der Vorkammer an das Unterwasser war zunächst über zwei Einstiegsöffnungen angedacht. Die gewählten Abmessungen der Schlitze und der in den Hydro-Fischliften enthaltenen Schwimmkolben [3] sowie die Grenzwerte in Bezug auf die minimalen und maximalen Fließgeschwindigkeiten (0,3 bzw. 1,4 m/s) orientieren sich hierbei grundsätzlich an den Richtwerten der DWA [7] und an dem Handbuch Querbauwerke [8] für einen konventionellen Fischpass in der Barbenregion.

Um nicht nur die Strömungscharakteristik innerhalb der Vorkammer sondern auch das Zusammenwirken aus dem Turbinenabfluss über die Wasserkraftanlage und der Ausströmung aus der Vorkammer analysieren zu können, sollte die Modellausdehnung der bisherigen Voruntersuchung entsprechen, so dass weiterhin die gesamte Stauanlage sowie der unterstromige Ruhrabschnitt berücksichtigt werden. Hierzu wurde die Geometrie der Vorentwurfsplanung mittels eines CAD-Systems nachgebildet und in das bestehende Strömungsmodell integriert.

Zur Erfassung aller relevanten Strömungsparameter innerhalb der FAA musste das bestehende Berechnungsnetz im Bereich des Fischliftsystems jedoch deutlich verfeinert werden, wobei eine in Bezug auf die Anforderungen einer fischökologischen Bewertung sowie akzeptable Berechnungszeiten praxistaugliche Diskretisierung anzustreben war. Diesen Kriterien konnte durch die Wahl einer Zellauflösung von 0,07 m in alle drei Raumrichtungen Rechnung getragen werden. Hieraus ergab sich letztlich eine Anzahl von ca. 2 Mio. Gitterzellen, die bei einer PC-Peripherie mit Intel Xeon E5-2687W (3,1 GHz, 16 Kerne und 32 GB RAM) zu einer Berechnungszeit von max. 50 h pro Simulation führte.

Die Simulationsergebnisse wurden in Form von Längs-, Quer- und Horizontalschnitten visualisiert und mit der interdisziplinären Projektgruppe diskutiert und bewertet. Hierbei zeigte sich rasch, dass die geplante geometrische Ausgestaltung der FAA und insbesondere die in der Vorplanung angedachte Leitstromturbine bereichsweise zu ethohydraulisch ungünstigen Strömungsverhältnissen in der Vorkammer führt. Daher wurde im Rahmen eines iterativen geometrischen Umgestaltungsprozesses der Vorkammer eine Vielzahl weiterer Simulationen durchgeführt, wobei sukzessive folgende Modifikationen vorgenommen wurden:

- Entfernung der punktuellen Dotationszugabe,
- Veränderte Anordnung der Fischlifte in der Vorkammer,
- Strömungsorientierte Drehung der Fischlifte,
- Anpassung der Vorkammergeometrie,
- Konzentration der Ausströmung aus der Vorkammer über einen Schlitz,
- Variation der über die Fischlifte geleiteten Wassermenge.

Somit konnte die vorhandene Planung mit den Erkenntnissen aus dem 3-D-Strömungsmodell weiterentwickelt und für die Fischlifte bzw. Vorkammer eine den Anforderungen entsprechende Zwischenlösung erarbeitet werden (**Bild 2**). Hierbei wurde auch darauf geachtet, dass es innerhalb der Schwimmkolben zu keinen signifikanten Verzögerungseffekten und störenden Turbulenzeinträgen kommt. Zudem konzentriert sich die Durchströmung der Vorkammer im Wesentlichen auf den sohlennahen Bereich, wobei sich oberflächennahe Rückströmungen als unkritisch herausstellten.

Allerdings zeigte sich auch, dass die Geschwindigkeiten im Unterwasser des Schlitzes am Ende der Vorkammer aufgrund des fehlenden Abflusses über die Leitstromturbine zu gering ausfallen würden und somit die Auffindbarkeit der Anlage in dieser Form nicht zu gewährleisten wäre.

4 Entwicklung einer alternativen Zusatzdotierung zur Verbesserung der Auffindbarkeit

4.1 Physikalische Modellversuche und ethohydraulische Tests

Um die Leitwirkung im Unterwasser der Anlage zu erhöhen, wurde eine alternative Methode der Zusatzdotierung untersucht. Die zusätzliche Wassermenge sollte hierbei als seitlicher Überfall über die umschließenden Wände von oben der Vorkammer zugeführt werden. Da die bestehende Strömungscharakteristik innerhalb der Vor-

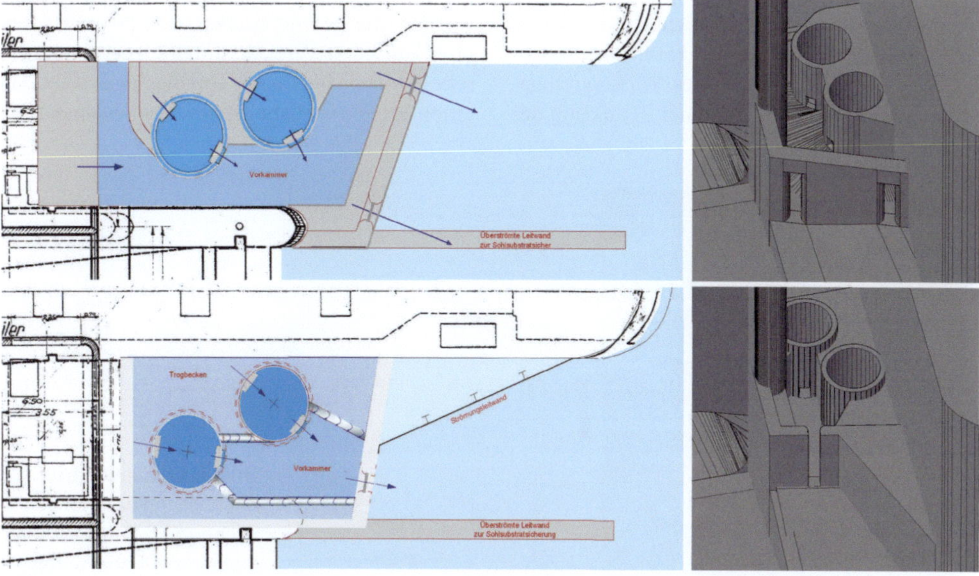

Bild 2: Lagepläne der geometrischen Ausgestaltung der Vorkammer im Vorentwurf (links oben) und in der Endversion (links unten), 3-D-Ansichten der Systemgeometrien (rechts) (Quelle: Hydro-Energie Roth, KIT/IWG)

kammer hierdurch nicht negativ beeinflusst werden durfte, war insbesondere darauf zu achten, dass der Überfallstrahl eine geringe Eintauchtiefe aufweist und möglichst wenig Turbulenzen bzw. vertikale Wirbelsysteme in der Vorkammer erzeugt. Zur Entwicklung einer solchen wenig impulsbehafteten Zugabeart wurde ein physikalisches Modell im Maßstab 1:1,7 erstellt, anhand dessen folgende Fragestellungen untersucht wurden:

- Löst sich der über die Vorkammerwände zugeführte Überfallstrahl ab?
- Welche Auswirkungen haben unterschiedliche Wandrauheiten auf den Überfallstrahl?
- Wird die bestehende Liftausströmung beeinflusst?
- Bilden sich vertikale Strömungswalzen im Nahbereich des Überfalls?

Im Rahmen der Modellversuche wurden unterschiedlichste Objekte bzw. Strukturen auf die Vorkammerwand aufgebracht, um so das Eintauchverhalten des Überfallstrahls zu beeinflussen. Zum Einsatz kamen sowohl Wellengitter, Grasmatten und Kunstrasen als auch Dreikantleisten, vereinzelte Blockelemente und Fischpassborsten.

Die Untersuchungen zeigten, dass durch die Platzierung von Strukturelementen nur dann eine signifikante Wirkung erreicht werden kann, wenn diese bereits auf der Überfallkrone bzw. in der Beschleunigungsphase des Wassers eingesetzt werden. Dies führt zu einer Reduktion der Fließgeschwindigkeit und somit zu einer deutlich geringeren Eintauchtiefe des Strahls, zu einem verminderten Lufteintrag sowie zur Vermeidung von Walzenbildungen in der Vorkammer.

Um vorab zu untersuchen, inwieweit der mit dieser Zugabeart einhergehende Impuls- und Lufteintrag das Fischverhalten beeinflusst, wurden für eine ausgewählte Oberflächenkonfiguration zusätzlich ethohydraulische Tests durchgeführt. Anhand dieser konnte gezeigt werden, dass der Überfallstrahl bei keinem der eingesetzten Versuchstiere zu einem Flucht- oder Meideverhalten führte. Auch konnte nur in sehr seltenen Fällen beobachtet werden, dass sich Fische an dem eintauchenden Strahl orientieren und an diesem abspringen [10].

Da gezeigt werden konnte, dass der Überfallstrahl keinen signifikanten Einfluss auf das Fischverhalten hat, sollte nachfolgend analysiert werden, inwieweit er die bisherige Strömungscharakteristik innerhalb der Vorkammer beeinflusst bzw. verändert und als alternative Zugabeart in Betracht gezogen werden kann.

4.2 Numerische Grundsatzuntersuchung

Um zunächst zu analysieren, inwieweit diese Zugabeart bzw. deren Auswirkungen im numerischen Verfahren prognosefähig umsetzbar sind, wurden die geometrischen Abmessungen des physikalischen Versuchsstandes in ein numerisches Modell übertragen. Um die Zugabe der Dotation auf den im Laborversuch gemessenen Ein-

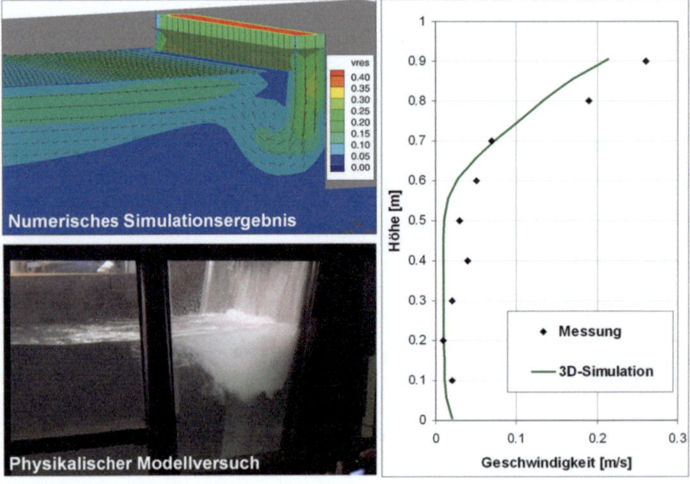

Bild 3: Validierung bzw. Kalibrierung des numerischen Verfahrens zur Dotationszugabe mittels eines physikalischen Modellversuchs (Quelle: KIT/IWG)

tauchbereich des Überfallstrahls zu begrenzen, wurde verfahrensbedingt eine feste Berandung auf Höhe des jeweiligen Wasserstandes vorgegeben.

Da eine detaillierte geometrische Nachbildung der im Rahmen der physikalischen Untersuchungen getesteten Strukturelemente modelltechnisch einen unverhältnismäßigen Aufwand verursacht hätte, wurde im numerischen Modell ein praktikabler Ansatz untersucht, um die Wirkung des eintauchenden Wasserstrahls naturähnlich abbilden zu können. Dieser sieht vor, die Dichte des in das Modell zugegebenen Fluids zu variieren, wodurch insbesondere die Eintauchtiefe und somit die abströmende Fließcharakteristik beeinflusst wird. Durch die Manipulation der Fluideigenschaften wird somit dem reduzierten Impuls- und Lufteintrag, welcher durch die an den Wänden aufgebrachten Strukturelemente erzeugt wird, Rechnung getragen. Die physikalischen Ausgasungsprozesse in der Abströmstrecke werden hierbei funktionell berücksichtigt. Der Einsatz aufwändiger Simulationen der 2-Phasen-Strömung wurde aufgrund des zu diesem Zeitpunkt vorangeschrittenen Projektfortschritts, der parallel laufenden physikalischen Modellversuche sowie des praxisorientierten Einsatzes als nicht notwendig angesehen.

Zur Validierung bzw. Kalibrierung des numerischen Verfahrens wurden für unterschiedliche Randbedingungen (Dotationswassermenge, Fallstrecke, Wassertiefe) die berechneten Eintauchtiefen mit den Messwerten des Laborversuches verglichen. Zudem wurden vertikale Geschwindigkeitsprofile aufgenommen und den Simulationsergebnissen gegenübergestellt. Der Vergleich zeigt, dass durch die modelltechnische Anpassung der Fluideigenschaften des Überfallstrahls dessen Eintauchtiefe sowie die abströmende Strömungscharakteristik (**Bild 3**) naturähnlich abgebildet werden und die Methodik somit zielführend eingesetzt werden kann.

5 Analyse der Strömungsverhältnisse im optimierten Planungszustand

Durch den Einsatz der getesteten Simulationsmethodik zur Berücksichtigung der Wirkung des Überfallstrahls konnte anschließend dessen Einfluss auf die Strömungscharakteristik in der Vorkammer analysiert werden. Die zeitgemittelten Simulationsergebnisse (Turbulenzansatz RNG) zeigten, dass der Überfallstrahl lediglich einen oberflächen- und wandnahen Einfluss auf das Strömungsgeschehen hat. Die sich durch den Überfall einstellenden vertikalen Walzen in der Vorkammer weisen im Vergleich zur sohlennahen Leitströmung eine geringe Intensität auf, so dass diese durch das zusätzliche Dotationswasser weitgehend unbeeinflusst bleibt (**Bild 4**).

Um auch instationäre Effekte innerhalb der Vorkammer aufzeigen zu können, wurde zusätzlich der Ansatz einer Large-Eddy-Simulation (LES) mit Berechnungszeitschritten von ca. 10^{-3} s verwendet, wobei entstehende Wirbel ab einer bestimmten Skalengröße samt ihrer zeitlichen Schwankungen naturähnlich abgebildet werden. Über Visualisierung der LES-Berechnungsergebnisse in Form von Filmsequenzen konnte veranschaulicht werden, dass es zu Schwankungen der Hauptfließpfade über nahezu die gesamte Breite

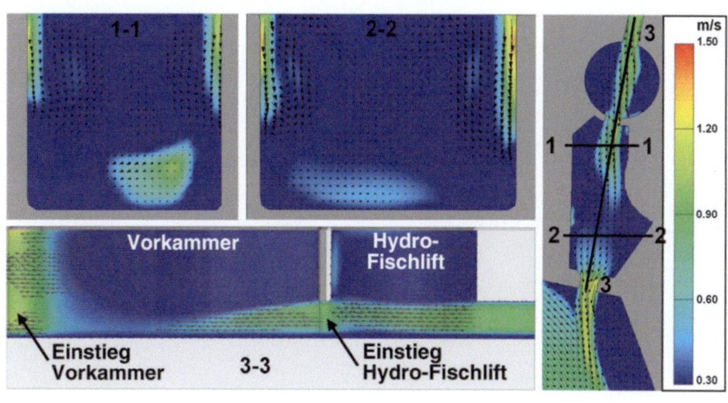

Bild 4: Innerhalb der FAA sowie im Unterwasser berechnete Fließgeschwindigkeiten in Form von Quer-, Längs- und Horizontalschnitten (Quelle: KIT/IWG)

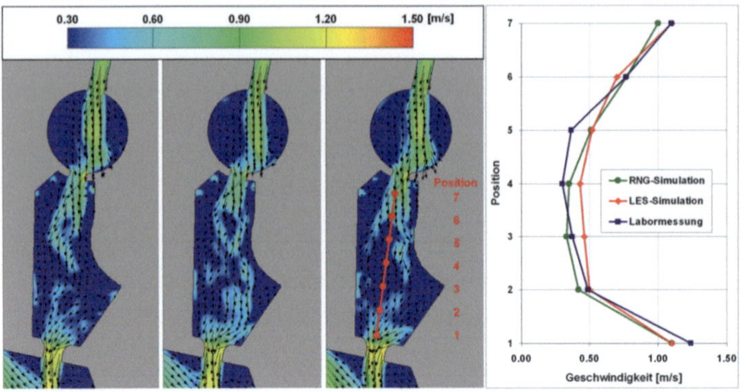

Bild 5: Analyse instationärer Schwankungen des Strömungsfeldes mittels 3-D-Grobstruktursimulation sowie Geschwindigkeitsvergleich zwischen RNG-Ansatz, LES-Simulation (zeitlich gemittelt) und Labormessungen (Quelle: KIT/IWG)

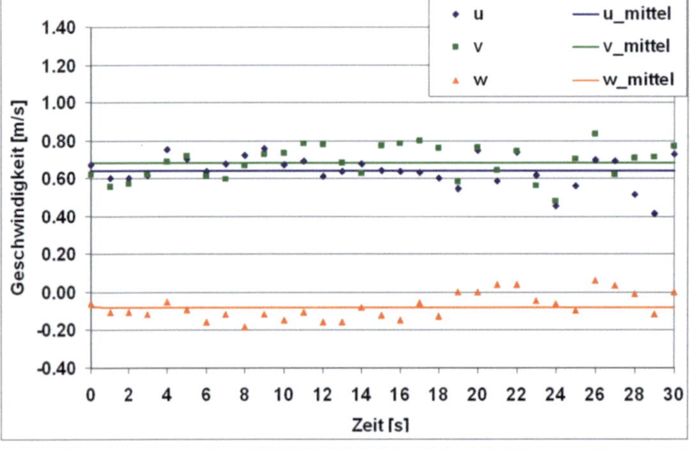

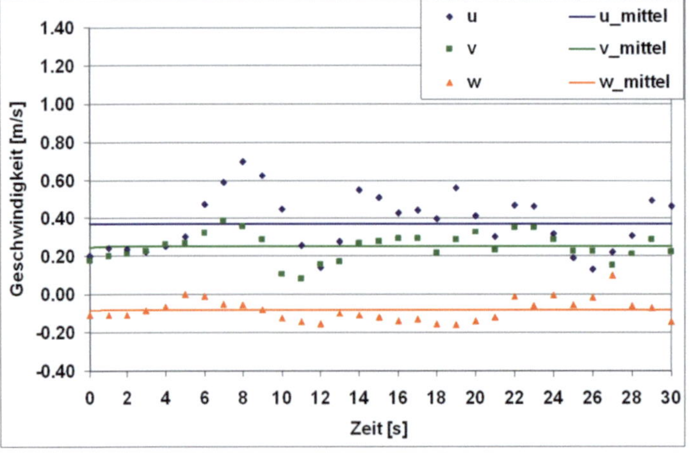

Bild 6: Exemplarische Darstellung der zeitlichen Schwankungen der mittels LES berechneten Fließgeschwindigkeiten an zwei ausgewählten Messpunkte in Mitte (oben) und am Rand (unten) der Hauptströmung innerhalb der Vorkammer (Quelle: KIT/IWG)

und Länge der Vorkammer kommt. **Bild 5** verdeutlicht exemplarisch den Schwankungsbereich zu drei unterschiedlichen, ca. 10 s auseinanderliegenden Zeitpunkten. In **Bild 6** sind (wiederum exemplarisch) die berechneten Fluktuationen der Geschwindigkeitskomponenten u, v, und w über einen Zeitraum von 30 s bei einem Ausgabeintervall von 1 s an zwei ausgewählten Stützpunkten dargestellt.

Untersuchungen am IWG hatten in der Vergangenheit gezeigt, dass sich in Abhängigkeit des gewählten Turbulenzansatzes (LES oder RNG) z. T. signifikante Unterschiede in den Simulationsergebnissen einstellen können [9]. Anhand **Bild 5** wird für den Fall Baldeney jedoch ersichtlich, dass die entlang des Hauptfließpfades zeitlich gemittelten Geschwindigkeiten des LES-Ansatzes die stationären Ergebnisse der RNG-Berechnungen in Bezug auf die Bewertung der Passierbarkeit bestätigen.

Zur weitergehenden Validierung der Ergebnisse der Simulationsstudie wurde ein gegenständliches Modell im Maßstab 1:3 errichtet (**Bild 7**). Der visuelle Vergleich zwischen den berechneten und den im Labormodell betrachteten instationären Strömungscharakteristiken zeigt qualitativ eine gute Übereinstimmung, was sich auch durch punktuelle Geschwindigkeitsmessungen bestätigen ließ. Somit konnte abschließend nachgewiesen werden, dass die zusätzliche Dotationswassermenge die hydraulische Charakteristik innerhalb der Vorkammer nicht nachteilig beeinflusst, die Leitströmung im Unterwasser jedoch deutlich verstärkt (**Bild 8**).

6 Fazit und Ausblick

Die hybriden Modelluntersuchungen lieferten wesentliche Erkenntnisse zur Optimierung des Fischliftkonzepts sowie Festlegung einer zielführenden Konfiguration eines Versuchsstandes für weiterführende ethohydraulische Untersuchungen. Über diese Versuche mit insgesamt 825 Fischen unterschiedlicher Spezies und Altersstadien konnte die Passierbarkeit des Systems in Bezug auf stromaufwärts gerichtete Fischwanderungen vollumfänglich bestätigt werden [10], [11].

Im Rahmen ergänzender Untersuchungen im Theodor-Rehbock-Laboratorium des KIT wird aktuell überprüft, inwieweit das Anlagenkonzept auch für den Fischabstieg geeignet ist. Erste Versuche mit jungen Lachsen (Smolts) verliefen erfolgreich. Weiterführende Untersuchungen auch unter Einsatz 3-D-numerischer Simulationsmo-

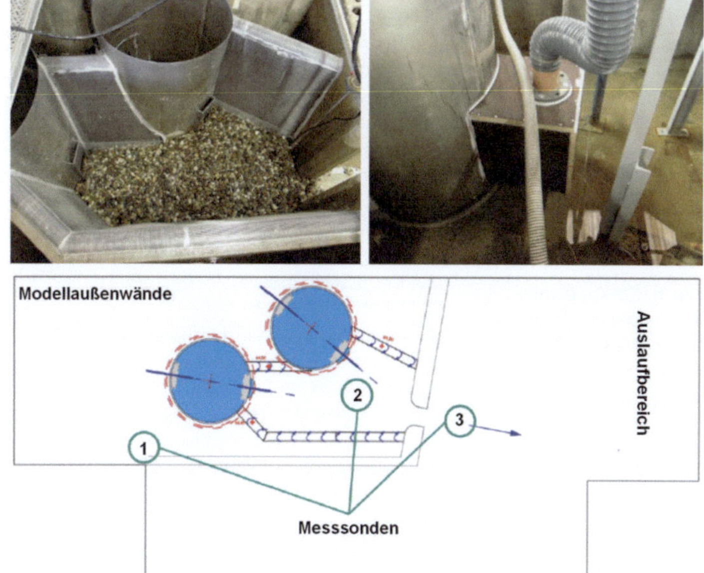

Bild 7: Modellfoto des Versuchstandes von oben (oben links) und Lageplan des physikalischen Modells im Theodor-Rehbock-Labor (unten), Detailfoto der Wasserzugabe in die Hydro-Fischlifte (oben rechts) (Quelle: KIT/IWG)

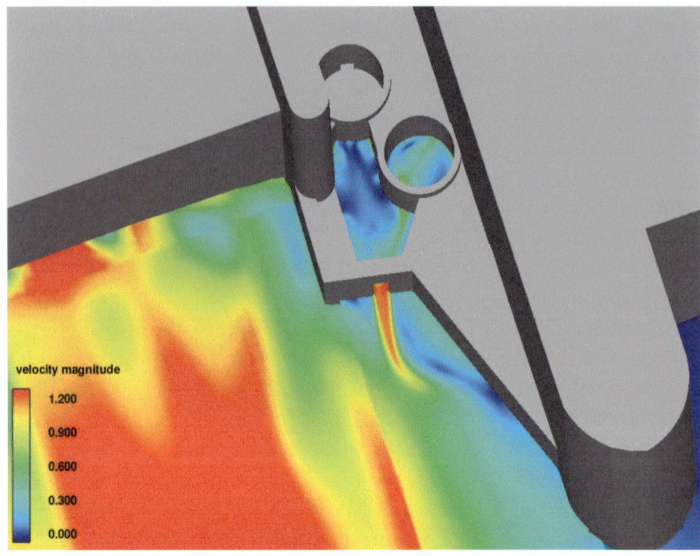

Bild 8: Simulierte Leitströmung im Bereich des Einstiegs in die Vorkammer bei Volllastbetrieb der Wasserkraftanlage (Quelle: KIT/ IWG)

delle zur Analyse der Strömungssituation im Oberwasser der Stauanlage bzw. im Bereich der Kraftwerkszuströmung sind geplant. Die Realisierung der Anlage soll im Jahr 2016 erfolgen.

Autoren

Dr.-Ing. Peter Oberle
Dipl.-Ing. Thomas Grafmüller
Dr.-Ing. Mark Musall
Prof. Dr.-Ing. Dr. h. c. mult. Franz Nestmann
Karlsruher Institut für Technologie (KIT)
Institut für Wasser und Gewässerentwicklung (IWG)
Kaiserstraße 12, 76131 Karlsruhe
peter.oberle@kit.edu
thomas.grafmueller@kit.edu
mark.musall@kit.edu
franz.nestmann@kit.edu

Literatur

[1] Kühlmann, M.; Weyand, M.; Knotte, H.: Die Wiederherstellung der Fischdurchgängigkeit an der Ruhr-Staustufe Baldeney – Hintergrund und Projektübersicht. In: WasserWirtschaft 105 (2015), Heft 11, S. 14-22.

[2] Lehmann, B.; Kühlmann, M.: Untersuchungskonzept und -schritte zur Adaption eines Fischliftsystems am Ruhrwehr Baldeney. In: WasserWirtschaft 105 (2015), Heft 11, S. 23-30.

[3] Roth, A.; Baumann, G.: Der Hydro-Fischlift: Eine innovative Lösung für den Fischaufstieg – Aspekte zu Konstruktion und Betrieb. In: WasserWirtschaft 105 (2015), Heft 11, S. 52-58.

[4] Oberle, P.; Musall, M.; Riesterer, J.; Nestmann, F.: Numerische Modelluntersuchungen im Rahmen der Planung der Fischaufstiegsanlage Geesthacht. In Wasser-Wirtschaft 102 (2012), Heft 4, S. 28-33.

[5] Musall, M.; Oberle, P.; Fust, A.; Nestmann, F.: 3-D-Strömungssimulation zur Bewertung der Leitströmung eines Umgehungsgerinnes am Hochrheinkraftwerk Ryburg-Schwörstadt. In: WasserWirtschaft 98 (2008), Heft 1-2, S. 37-42.

[6] Flow Science Inc. (Hrsg.): FLOW-3D(R) User's Manual, Version 8.2. Santa Fee, USA, 2004.

[7] Deutsche Vereinigung für Wasserwirtschaft, Abwasser und Abfall e. V. (Hrsg.): Fischaufstiegsanlagen und fischpassierbare Bauwerke – Gestaltung, Bemessung, Qualitätssicherung. In: DWA-Merkblätter (2014), M 509.

[8] Ministerium für Umwelt und Naturschutz, Landwirtschaft und Verbraucherschutz des Landes Nordrhein-Westfalen (Hrsg.): Handbuch Querbauwerke. Essen, 2005.

[9] Musall, M.; Oberle, P.; Baeza, R.; Fuentes-Pérez, J.; Tuhtan, J.; Nestmann, F.: Detaillierte Analysen zur Hydraulik von Schlitzpässen. In WasserWirtschaft 105 (2015) Heft 7-8, S. 67-72.

[10] Hoffmann, A.; Böckmann, I.: Ethohydraulische Untersuchungen als Funktionsnachweis für den Bau eines Fischliftsystems am Ruhrwehr Baldeney. In: Wasser-Wirtschaft 105 (2015), Heft 11, S. 43-51.

[11] Ruhrverband (Hrsg.): Schaffung der Fisch-Durchgängigkeit am Ruhr-Wehr-Baldeney. Abschlussbericht. Essen, 2015.

Peter Oberle, Thomas Grafmüller, Mark Musall and Franz Nestmann

Numerical and Physical Model Studies for an Innovative Fish Pass Concept at the Weir Baldeney (Ruhr)

On behalf of the Ruhrverband and sponsored by the state of NRW an innovative fish lift system is currently being developed at the site of Baldeney which enables the aquatic fauna to negotiate the wire. The positioning of this fish pass and the geometrical design of the system peripherals are based on extensive preliminary investigations in the context of an iterative optimization process. Due to the complex hydraulic boundary conditions as well as the demanding fish-ecological requirements, a hybrid research concept based on detailed 3D flow simulations in conjunction with physical (objective) model experiments and ethohydraulic tests was applied. In this paper, the applied numerical methods are mainly presented and discussed concerning their prognostic capacity.

Петер Оберле, Томас Графмюллер, Марк Музалл и Франц Нестманн

Цифровые и физические модели исследований для разработки инновационной концепции рыбоподъемного сооружения на рурской плотине Бальденей (Baldeney)

В настоящее время по поручению Рурской Ассоциации и при поддержке земли Северный Рейн-Вестфалия для гидроузла Бальденей (Baldeney) разрабатывается инновационная рыбоподъемная система, которая позволит представителям водной фауны преодолевать водоподъемную плотину. Позиционирование этого рыбоподъемного устройства, а также геометрическая конфигурация периферийных устройств системы основываются на результатах обширных предварительных исследований, проведенных в рамках процесса итеративной оптимизации. В связи со сложными гидравлическими граничными условиями, а также высоким уровнем требований с точки зрения экологии рыбы была применена гибридная концепция исследований, основанная на детальном трехдимесиональном моделировании потока и комбинации с физическими (реальными) модельными испытаниями и этогидравлическими тестами. В данной статье представлены избирательно используемые цифровые методы и обсуждается вопрос прогнозируемости.

Andreas Hoffmann und Imke Böckmann

Ethohydraulische Untersuchungen als Funktionsnachweis für den Bau eines Fischliftsystems am Ruhrwehr Baldeney

Wenn in NRW Fischaufstiegsanlagen gebaut werden, dann müssen diese entsprechend den gültigen Regelwerken und unter Berücksichtigung der in NRW geltenden Erlasslage konzipiert sein. Der Bau individueller Lösungen oder Abweichungen von den Regelwerken ist nur dann zulässig, wenn mittels bereits durchgeführter geeigneter Monitoringuntersuchungen die Funktionsfähigkeit der Fischaufstiegsanlage nachgewiesen worden ist. Kann der Nachweis für Sonderbauweisen nicht vorgelegt werden, muss auf etablierte Bauweisen zurückgegriffen werden. Um Neu- und auch Weiterentwicklungen nicht auszuschließen, wird für solche Sonderbauweisen ein Funktionsnachweis im ethohydraulischen Modell verlangt. Erst wenn der Funktionsnachweis im Modell erbracht ist, kann dem Bau von Fischaufstiegsanlagen, die nicht den Vorgaben der genannten Regelwerke entsprechen, zugestimmt werden. Der folgende Beitrag beschreibt Konzeption und Ergebnisse ethohydraulischer Untersuchungen im Rahmen der Planungen für ein innovatives Fischliftsystem am Stauwehr Baldeney/Ruhr. Der sogenannte Hydro-Fischlift mit Vorkammer gilt in NRW als Sonderbauweise, da wissenschaftliche Grundlagenuntersuchungen zur Funktionalität fehlen. Daher muss die Funktionsfähigkeit im Rahmen von Modellversuchen nachgewiesen werden.

1 Einführung

Zur Schaffung der Durchgängigkeit der Staustufe Baldeney plant der Ruhrverband den Einsatz zweier alternierend betriebener Hydro-Fischlifte [8] entsprechend den gültigen Regelwerken und unter Berücksichtigung der in NRW geltenden Erlasslage [1]–[6]. Die Untersuchungen zur Funktionalität des neuartigen Aufstiegskonzeptes wurden im ethohydraulischen Versuchsstand des Theodor-Rehbock-Laboratoriums am Institut für Wasser und Gewässerentwicklung (IWG) des Karlsruher Instituts für Technologie (KIT) durchgeführt. Eine Beschreibung des Fischliftsystems findet sich in Roth et al. [9], bzgl. technischer Erläuterungen des Versuchstandes wird auf Seidel et. al. [11] verwiesen.

2 Versuchsdurchführung im situativ ähnlichen Modell

Insgesamt wurden im Rahmen unterschiedlicher Untersuchungseinheiten 825 Fische verschiedener Arten mit unterschiedlichen Körperlängen und unterschiedlichen Alters getestet (**Tabelle 1**).

Die Probanden stammten dabei in erster Linie aus der Monitoringstation der Fischaufstiegsanlage an der Stauanlage Kemnade. Die Fische konnten direkt nach dem Fang in eine bereitstehende Hälterung verbracht werden. Von dort aus wurden die Tiere in der Hälteranlage des Ruhrverbands eigenen Fischereibetriebes an der Möhnetalsperre überführt und bis zum Transport nach Karlsruhe zwischengehältert. Zur Hälterung der Tiere im Karlsruher Wasserbaulabor steht dort eine Einrichtung aus zwei Langstrombecken mit Frischwasser und Sauerstoffzufuhr zur Verfügung (**Bild 1**).

Tab. 1: Überblick über die Anzahl und Größe der verwendeten Versuchsfische

Art	Anzahl	Größe
Aal (inkl. Steigaale)	104	25-80 cm
Barbe	45	10-60 cm
Barsch	144	10-35 cm
Brasse	46	10-60 cm
Döbel	72	15-40 cm
Elritze	7	bis 10 cm
Forelle (Bach-/ Seeforelle)	73	15-50 cm
Gründling	25	bis 15 cm
Hasel	58	bis 20 cm
Hecht	22	25-90 cm
Karpfen	4	40-50 cm
Quappe	9	10-25 cm
Rotauge	190	15-20 cm
Ukelei	23	bis 10 cm
Zander	3	60-80 cm
gesamt	**825**	

Die Wahl der Fischarten orientierte sich an der Referenzfischfauna des Fischgewässertyps 11 „Unterer Barbentyp Mittelgebirge“, dem die Ruhr am Standort Baldeney zugeordnet ist [3]. Da es nicht möglich war, alle Fischarten dieser Referenz zu testen (insbesondere aufgrund der sehr begrenzten Verfügbarkeit einiger Spezies), wurden die Arten so gewählt, dass eine Übertragbarkeit der Ergebnisse auf Arten mit einer ähnlichen Körperform und Konstitution gewährleistet werden konnte (**Bild 2**).

Für die Untersuchungen mit lebenden Fischen wurde eine Genehmigung zur Durchführung von Tierversuchen beim Regierungspräsidium Karlsruhe eingeholt.

Im Rahmen der ethoyhdraulischen Untersuchungen sollten die folgenden Fragestellungen beantwortet werden:

- Fragen zum Einstiegsverhalten der Fische in das Lift-Modell:
  - Finden Fische den Lifteinstieg und nehmen sie diesen an?

Bild 1: Hälterungsanlage im Fischereibetrieb Möhnesee (oben) und Hälterungsanlage im Karlsruher Wasserbaulabor (unten) (Quelle: Ruhrverband und BUGeFi)

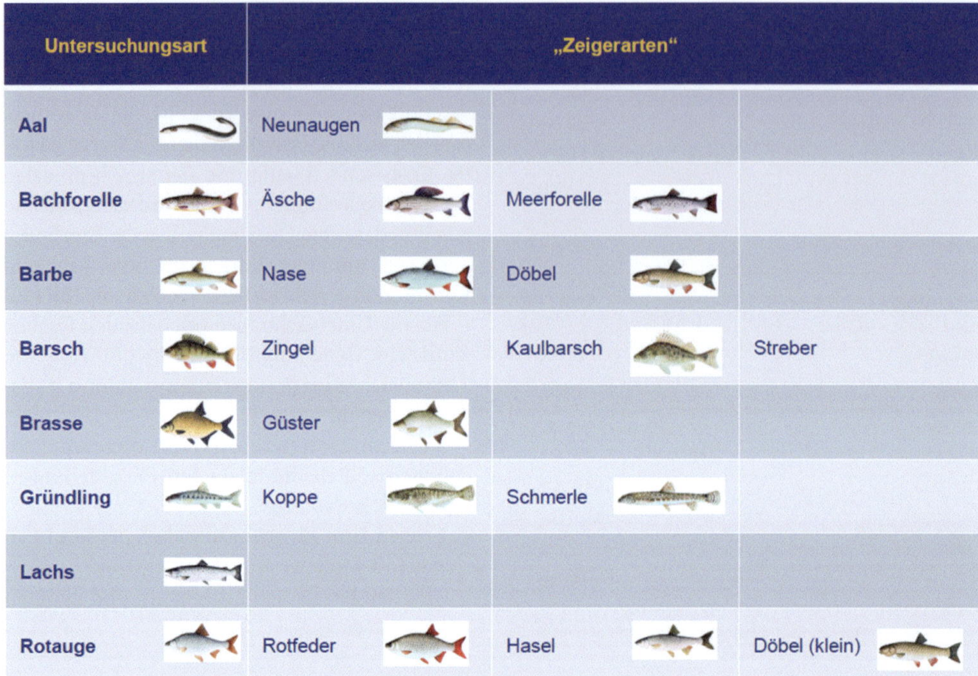

Untersuchungsart	„Zeigerarten"		
Aal	Neunaugen		
Bachforelle	Äsche	Meerforelle	
Barbe	Nase	Döbel	
Barsch	Zingel	Kaulbarsch	Streber
Brasse	Güster		
Gründling	Koppe	Schmerle	
Lachs			
Rotauge	Rotfeder	Hasel	Döbel (klein)

Bild 2: Untersuchungsarten, die repräsentativ für Arten mit ähnlicher Körperform für die ethohydraulischen Tests genutzt werden können (Quelle: LFV Westfalen u. Lippe e. V.)

- Welche Leitströmung ist optimal, um die Einstiegsöffnung in das Lift-Modell zu finden bzw. zu passieren?
- Welchen Einfluss haben Lichteinfall und Schattenwurf auf das Verhalten der Fische während der Untersuchungen?

▪ Fragen zum Ausschwimmverhalten der Fische aus dem Lift-Modell heraus:
  - Finden Fische den Ausstieg und nehmen sie diesen an?
  - Welche Leiströmung ist optimal, um den Ausstieg aus dem Lift-Modell zu finden bzw. zu passieren?
  - Welchen Einfluss haben Lichteinfall und Schattenwurf auf das Verhalten der Fische während der Ausstiegsphase?

Methodik Versuchsablauf

Zum Zeitpunkt der Untersuchungen wurden vorher festgelegte Versuchsgruppen (Anzahl und Fischarten) in eine Startzone, die vom Rest der Versuchsrinne durch ein hochziehbares Gitter abgegrenzt war, am unterstromigen Ende der Laborrinne eingesetzt (**Bild 3**).

Es folgte dann jeweils eine Eingewöhnungsphase (ca. 15 bis 30 Minuten), in denen sich die Probanden an die Umgebung gewöhnen konnten. Zum Start eines Versuchsdurchlaufes wurde das Startgitter mittels eines Flaschenzuges rasch nach oben gezogen und den Probanden damit der Weg nach oberstrom freigegeben. Ab diesem Zeitpunkt wurde das Verhalten der Fische beobachtet und protokolliert. U. a. um Erkenntnisse zu gewinnen, wie viele Fische aus dem Startbereich in die Vorkammer und letztendlich in das Lift-Modell einschwimmen. Hierzu wurde der Einstiegsbereich in die Vorkammer videotechnisch überwacht (**Bilder 4a und 4b**).

Eine Untersuchungseinheit erstreckte sich zunächst über einen Zeitraum von 60 Minuten. Während dieser Zeit wurden sowohl die Schwimmbewegungen der Fische aus dem Startbereich in die Vorkammer als auch wieder zurück protokollieret. Analog wurden die Daten zum Schwimmverhalten in Bezug auf das Fischlift-Modell aufgenommen. Jede Fischbewegung wur-

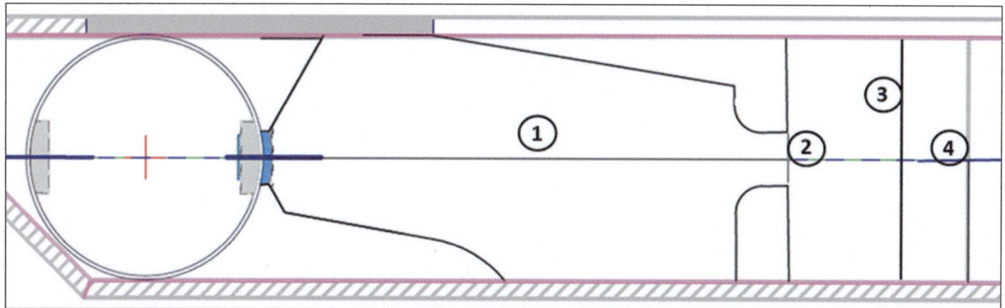

Bild 3: Ethohydraulischer Versuchsstand (Draufsicht; 1: Vorkammer; 2: Startzone; 3: Begrenzungsgitter; 4: Dreieckswehr) (Quelle: IWG, KIT)

de sekundengenau auf einem Protokollbogen vermerkt.

Nach der 60-minütigen Testzeit wurde das Einstiegsschütz des Lift-Modells nach unten gefahren und ein Einschwimmen in das Innere des Modells damit verhindert.

Das Ausschwimmen der Probanden aus dem Lift-Modell in das Oberwasser wurde anschließend über einen Zeitraum von 30 Minuten mit Hilfe einer Unterwasserkamera beobachtet und protokolliert (**Bild 4c**). Auch hier wurden die Bewegungen der Fische aus dem Lift hinaus bzw. wieder zurück in den Lift sekundengenau registriert.

Die Schwimmbewegungen der Fische wurden zusätzlich in schlecht von außen einsehbaren Bereichen mit Kameras verfolgt. Eingesetzt wurden vier verschiedene Unterwasserkameras sowie eine Handkamera.

Pro Tag wurden bis zu vier Tests durchgeführt. Im Rahmen der einzelnen Tests wurden Gemischtgruppen mit Probanden verschiedener Arten verwendet. Ein Individuum wurde dabei maximal einmal am Tag getestet [14].

Es wurden Tests bei unterschiedlichen Setups durchgeführt, folgende Parameter wurden variiert:

- Wasserstand (1,05 m; 1,40 m; 1,80 m);
- Leitströmung aus dem Lift-Modell hinaus (1,0 m/s; 0,7 m/s; 0,5 m/s; 0,3 m/s; 0,2 m/s);
- Lichtbedingungen (hell, dunkel);
- Fischgröße;
- Fischarten;
- Zusatzdotation in die Vorkammer.

3 Anlagenoptimierungen

Im Vorfeld statistisch relevanter Untersuchungsreihen (Hauptversuche) wurden Untersuchungen durchgeführt, um zu testen, ob für das Modell noch Optimierungsbedarf besteht.

Es konnte festgestellt werden, dass kleinere Strukturen, denen man augenscheinlich keine Bedeutung beimisst, das Verhalten der Versuchsfische stark beeinflussen können. So führte z. B. der im Setup vorhandene kleine Absatz (7 cm Höhe) zwischen der Sohle der Vorkammer und dem unteren Rand der Einstiegsöffnung dazu, dass entgegen der Leitströmung anschwimmende Aale das Einschwimmen über diesen Absatz in das Lift-Modell verweigerten (**Bild 5a**).

Zudem konnte beobachtet werden, dass insbesondere bodenorientierte Fischarten (Quappe, Gründling) oftmals die strömungsberuhigten Eckbereiche an den Rändern der Vorkammer aufsuchten, um sich dort aufzuhalten. Ebenso hielten sich einige Tiere bevorzugt in schattigen Bereichen auf oder sie nutzten die dunkleren Bereiche der Vorkammersohle als vermeintliche Deckung.

Eine weitere wichtige Beobachtung im Rahmen der Vorversuche war, dass die zuvor angenommene Leitströmung aus dem Lift-Modell heraus von 1,0 m/s mit hoher Wahrscheinlichkeit zu stark war, weil die Fische es vermieden, in das Modell einzuschwimmen.

Um einen Untersuchungsablauf zu gewährleisten, in dem Störeinflüsse weitgehend minimiert sind, wurden im Nachgang der Vorversuche verschiedene Modifikationen des Setups durchge-

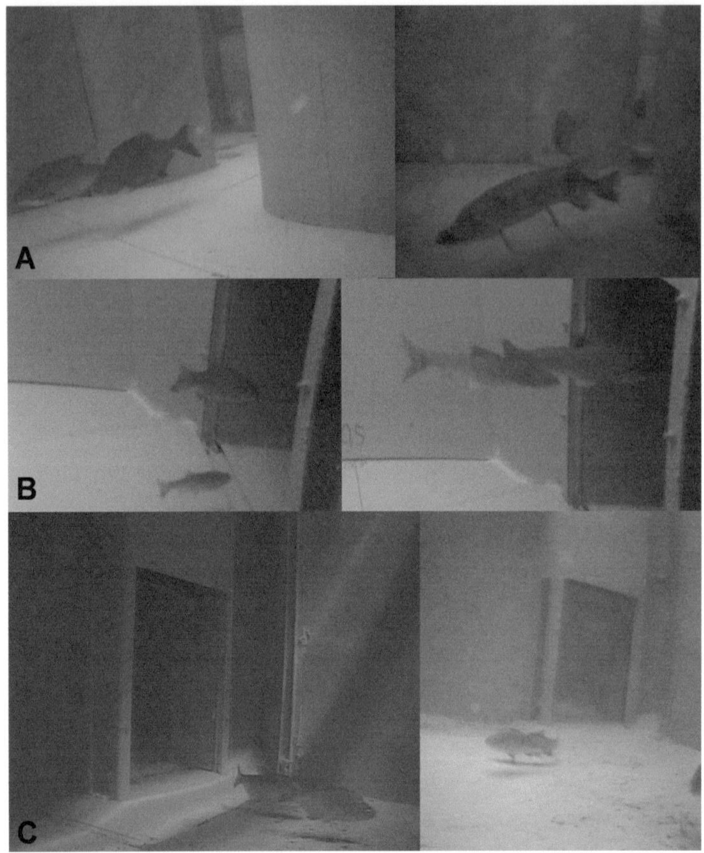

Bild 4: Fischverhalten in den Versuchen: a) Zwei Brassen (links) und ein Hecht (rechts) schwimmen aus dem Startbereich in die Vorkammer ein; b) Döbel und Hasel (links) sowie Barben (rechts) schwimmen in den Fischlift ein; c) Brassen (links) und Barsche (rechts) schwimmen im Oberwasser aus dem Modell aus (Quelle: BUGeFi)

führt und mit weiteren Probanden getestet. So wurde z. B. der Einstiegsbereich des Lift-Modells mit Blick auf das oben beschriebene Verhalten der Aale mittels einer Anrampung mit der Vorkammersohle verbunden, was sich u. a. auch auf das Einstiegsverhalten der Barben positiv ausgewirkt hat (**Bild 5b**).

Die Eckbereiche neben dem Einstieg wurden mittels zusätzlicher Wände derart geschlossen, dass dort keine Totwasserzonen mehr waren. Der Winkel betrug 30°. Bei den Vorversuchen konnte festgestellt werden, dass sich die Fische speziell in diese Totbereiche zurückzogen. Die Modifikationen der Wände hingegen verstärkten zusätzlich die Leitwirkung in Richtung Lifteinstieg.

Der Boden und die Wände der Vorkammer sowie das Innere des Lift-Modells wurden farblich einheitlich gestaltet – ausgenommen war die Beobachtungsscheibe. Die farbliche Einheitsgestaltung war notwendig, da nicht ausgeschlossen werden konnte, dass sich die Fische an dem heterogenen Farbmuster des Bodens orientierten. Zudem wurden durch ein Abdecken des Versuchsstandes die Lichtverhältnisse vergleichmäßigt und ein Schattenwurf vermieden.

4 Hauptversuche

Der zentrale Untersuchungsgegenstand der ethohydraulischen Untersuchungen war der geforderte Nachweis, dass die Fische die Passage der Vorkammer und den Einstieg in den Hydro-Fischlift finden, in diesen einschwimmen und nach der simulierten Liftphase im Oberwasser auch wieder aus dem Lift ausschwimmen (s. Fragestellungen oben). Zudem wurde untersucht, ob das Einschwimmverhalten der Fische beeinflusst wird, wenn eine zusätzliche Wasserdotation über die Seitenwände in die Vorkammer des Liftes gege-

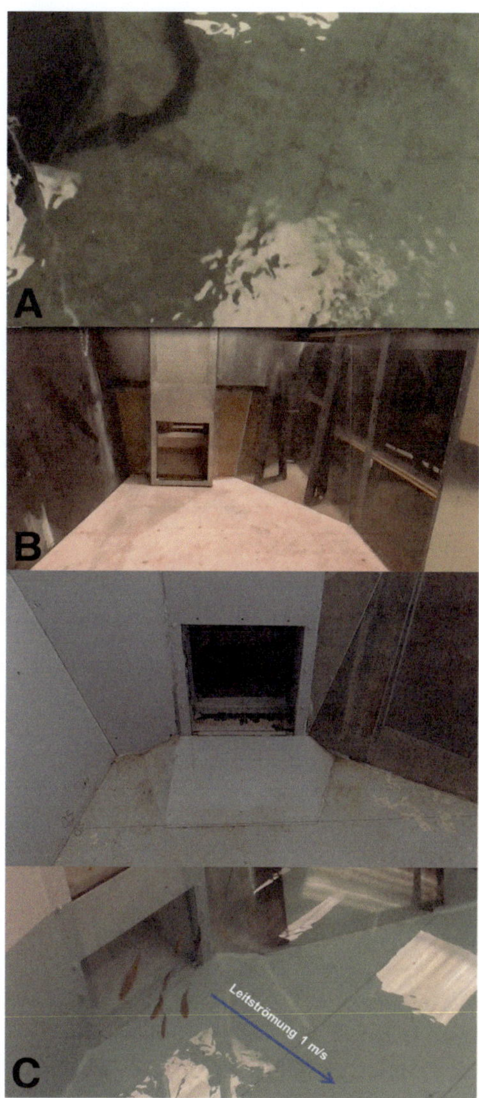

Bild 5: a) Der Absatz (s. a. Bild 3) zwischen Lifteinstieg und Sohle der Vorkammer verhindert das Einschwimmen von Aalen in das Lift-Modell; b) Blick aus der Vorkammer entgegen der Leitströmungsrichtung zur Einstiegsöffnung ohne (oben) und mit (unten) den durchgeführten Anpassungen; c) Fischschwarm schwimmt bei einer Leitströmung von 1 m/s nicht in das Lift-Modell ein (Quelle: BUGeFi)

ben wird. Das zusätzliche Wasser sollte dabei für eine verbesserte Leitströmung im Unterwasser der Vorkammer sorgen. Die Ergebnisse der Strömungsanalysen zur Dotiermaßnahme werden in Oberle et al. [12] dargelegt.

4.1 Einstiegsverhalten in das Lift-Modell

In der Zusammenfassung der Ergebnisse zeigt sich, dass alle getesteten Fischarten in den Hydro-Fischlift einschwimmen und kein Meideverhalten zeigen (**Tabelle 2**). Die Versuchskonfiguration wirkt somit nicht selektiv, d. h. alle untersuchten Fischarten passieren auch unabhängig von ihrer Körpergröße bzw. ihres Alters die Vorkammer und schwimmen in das Lift-Modell ein.

Bezüglich der Ausprägung der Leitströmung, welche aus dem Lift-Modell hinaus in die Vor-

Tab. 2: Überblick über die getesteten Fischarten, die den Einstieg in das Lift-Modell angenommen (+) haben

Art	Passage der Vorkammer und Einschwimmen in das Lift-Modell
Aal (inkl. Steigaal)	+
Barbe	+
Barsch	+
Brassen	+
Döbel	+
Elritze	+
Forelle (Bach-/Seeforellen)	+
Gründling	+
Hasel	+
Hecht	+
Karpfen	+
Quappe	+
Rotauge	+
Ukelei	+
Zander	+
Anzahl Versuche	35

Tab. 3: Überblick über das Einschwimmen (+) bzw. Meiden (-) des Lift-Modells für die getesteten Fischarten und Leitströmungsgeschwindigkeiten (Grau hinterlegte Kästchen: Fischart mit entsprechender Größe nicht verfügbar)

Art	Leitströmung aus Lifteinstieg			
	0,7 m/s	0,5 m/s	0,33 m/s	0,23 m/s
Aal (inkl.Steigaal)	+	+	+	+
Barbe	+	+	+	
Barsch	+	+	+	+
Brassen	+	+	+	
Döbel	+	+	+	
Elritze		+		
Forelle (Bach-/Seeforellen)	+	+	+	+
Gründling	–	+		
Hasel	–	+	+	+
Hecht	+	+	+	
Karpfen		+		
Quappe	–	+		
Rotauge	+	+	+	+
Ukelei	+	+	+	+
Zander		+		
Anzahl Versuche	3	29	2	1

kammer initiiert wird, wurden zunächst Strömungsgeschwindigkeiten in einer Größenordnung von ca. 1 m/s untersucht. Grund dafür waren publizierte Vorgaben und Erkenntnisse, die für konventionelle Fischaufstiege, in denen Höhenunterschiede aktiv überwunden werden müssen, Gültigkeit haben [2], [4]. Bereits die Voruntersuchungen zum Einschwimmen in das Lift-Modell haben jedoch gezeigt, dass relativ hohe Strömungsgeschwindigkeiten im Bereich von 1 m/s dazu führen, dass aufwanderwillige Fische das Einschwimmen in das Lift-Modell meiden (**Bild 5c**). Vor dem Hintergrund dieser Befunde wurde in weiteren Tests die Einschwimmeffizienz bei verschiedenen Strömungsgeschwindigkeiten untersucht (0,7 m/s; 0,5 m/s; 0,33 m/s; 0,23 m/s).

Aus den Befunden geht hervor, dass eine Leitströmungsgeschwindigkeit von 0,7 m/s bei den Fischarten Gründling, Hasel und Quappe zu Meidereaktionen bzgl. des Einschwimmens in das Lift-Modell führt (**Tabelle 3**).

Als Richtwert für eine attraktive Strömungsgeschwindigkeit, bei der ein ausgeprägtes Einschwimmverhalten in den Lift nachgewiesen werden konnte, kann ein Wert von 0,5 m/s angegeben werden. Dieser Wert ist auch im Hinblick auf die bessere Auffindbarkeit am Schlitz hin zur Vorkammer von ausschlaggebender Bedeutung [12].

Die vorab beschriebenen Befunde stehen dabei nicht im Widerspruch zu den Vorgaben, die im DWA-Merkblatt M 509 zu den Strömungsgeschwindigkeiten in Vertical-Slot-Pässen veröffentlicht sind, da es sich bei den vorliegenden ethohydraulischen Untersuchungen um die Überprüfung des Wechsels zwischen räumlichen Geometrien und durchgängig gerichteten Strömungspfaden handelt.

Die Befunde der ethohydraulischen Untersu-

Tab. 4: Überblick über die Arten, die den Ausstieg aus dem Lift-Modell in das simulierte „Oberwasser" angenommen (+) haben

Art	Ausstieg
Aal (inkl.Steigaal)	+
Barbe	+
Barsch	+
Brassen	+
Döbel	+
Elritze	+
Forelle (Bach-/Seeforellen)	+
Gründling	+
Hasel	+
Hecht	+
Karpfen	+
Quappe	+
Rotauge	+
Ukelei	+
Zander	+
Anzahl Versuche	40

chungen zum Fischverhalten bei aktivierter Zusatzdotation von Wasser über die Seitenwände in die Vorkammer ergeben (s. Oberle et al. [12]), dass das Orientierungs- und Einschwimmverhalten der Fische dadurch nicht beeinträchtigt wird.

4.2 Ausschwimmverhalten aus dem Lift-Modell ins Oberwasser

In Bezug auf das Ausschwimmverhalten zeigen die Befunde, dass alle Fischarten die Liftkammer nach einem simulierten Transferbetrieb auch wieder ohne erkennbares Meideverhalten verlassen haben (**Tabelle 4**).

Die rein artspezifisch dargelegten Befunde lassen jedoch die Feinheiten bei den Verhaltensweisen auf Individualniveau nicht erkennen. Hier hat sich gezeigt, dass zwar immer mindestens ein Proband der jeweiligen Fischart aus dem Lift-Modell ausgeschwommen ist. Auf Individuenniveau handelte es sich dabei jedoch häufig nur um eine geringe Anzahl von Tieren. Um die bzgl. der Ausschwimmeffektivität erkannten Defizite zu beheben, wurden weiterführende ethohydraulische Tests durchgeführt, bei denen z. B. mittels Luftblasen die Probanden aus der Zylinderkammer heraus gescheucht werden sollten. Trotz unterschiedlich getesteter Intensität des Luftblaseneintrages konnten jedoch nur bedingt Erfolge erzielt werden.

Als eine bessere Maßnahme stellte sich die Herstellung einer radialen Strömung durch das Lift-Modell heraus (**Bild 6b**). Die Ausstiegsöffnung aus dem Modell war zunächst so gestaltet, dass durch den dort angeordneten Ringüberfall [9], die Leitströmung in der Kammer nach oben abgelenkt wird (**Bild 6a**). Im Rahmen verschiedener Maßnahmen wurde diese Leitströmung neu ausgerichtet. Es konnte beobachtet werden, dass die Fische auf diese Strömung besser reagierten, diese sondierten und durch den Ausstieg in das Oberwasser geschwommen sind.

4.3 Aktivität

In Bezug auf die Menge an Fischen, die pro Versuch in das Lift-Modell ein, aber auch wieder ausgeschwommen sind, variieren die Ergebnisse sehr stark. Ein wichtiger zu beachtender Punkt ist dabei die jeweilige Motivation der Versuchsfische. Während sich gesundheitliche Beeinträchtigungen häufig anhand von äußeren Symptomen an den Fischen finden lassen, bestehen nur begrenzte Möglichkeiten den Motivationsgrad von Fischen abzuschätzen [7].

Dabei ist zu beachten, dass die biologische Aktivität von Fischen natürlichen täglichen, aber vor allem jahreszeitlichen Schwankungen unterliegt. Diese Schwankungen sind artspezifisch und altersabhängig. Die maximale Aktivität einer Fischart kann dabei in bestimmten Zeiträumen erwartet werden, in denen die Tiere über mehr oder weniger große Distanzen Wanderungen bspw. zur Reproduktion oder Nahrungsaufnahme durchführen [7]. Eine solche jahreszeitliche Aktivität konnte auch in den durchgeführten ethohydraulischen Tests nachgewiesen werden.

Bild 7 gibt einen Überblick über die Aktivität der einzelnen Fischarten, die im Rahmen der ethohydraulischen Tests untersucht wurden. Für die Auswertung wurde das Einschwimmen in das Lift-Modell bzw. das Ausschwimmen als eine Be-

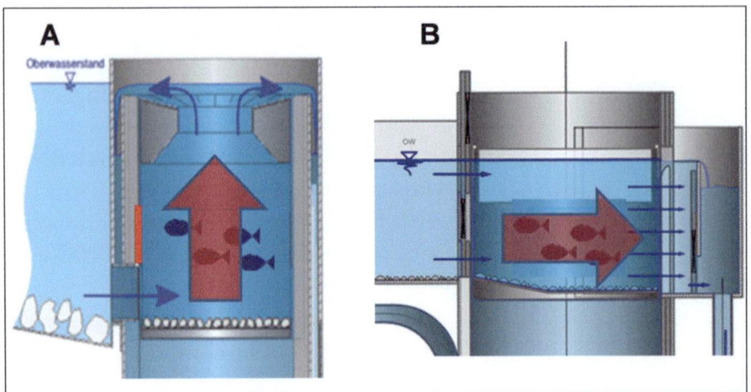

Bild 6: a) Vertikale Strömung mit Ringüberfall und b) radial durchströmter Lift (Quelle: HE Roth GmbH & BUGeFi)

wertungsgrundlage genutzt. Dieses Maß an Aktivität pro Fischart wurde später auf die Anzahl eingesetzter Probanden pro Art normiert.

Die Abbildung bestätigt, dass die Aktivität der einzelnen Fischarten jahreszeitlichen Schwankungen unterliegt. So zeigten Brassen beispielsweise im Juni eine höhere Aktivität als im Oktober. Auch die Aktivität der Barben, die im Frühjahr in ihre Reproduktionshabitate aufsteigen, sank im Laufe des Jahres. Bei den Forellen als Winterlaicher, die sich gewässeraufwärts orientieren, um für sie günstige Fortpflanzungshabitate zu finden, konnte dagegen im Oktober die höchste Aktivität beobachtet werden.

4.4 Funktion des Fischliftes als Fischabstiegsanlage

Nach den erfolgreichen Untersuchungen zum Fischaufstieg mittels des Hydro-Fischliftes stellte sich die grundsätzliche Frage, ob der Lift auch als Abstiegsweg genutzt werden kann. Nach entsprechenden Umbauarbeiten wurden im Frühjahr 2015 Abstiegsuntersuchungen mit Lachsen (Smolts) im Wasserbaulabor durchgeführt. Dabei konnte gezeigt werden, dass das Lift-Modell für abwanderwillige Smolts eine Möglichkeit bietet, in das Unterwasser zu gelangen. **Bild 8** zeigt das zusammengefasste Ergebnis der durchgeführten Untersuchungen.

Dabei wird deutlich, dass etwa 94 % der getesteten Probanden in den Fischlift eingeschwommen sind (blaue Säule) und alle für die Transferphase ins Unterwasser getesteten Probanden wie-

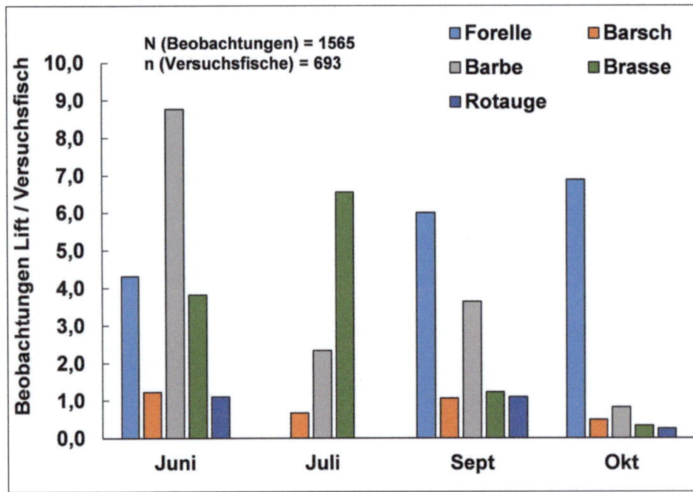

Bild 7: Aktivität der getesteten Fischarten über den Untersuchungszeitraum verteilt (N: Anzahl an Beobachtungen (Ein- bzw. Ausschwimmen Lift-Modell); n: Anzahl an Probanden, gesamt) (Quelle: BUGeFi)

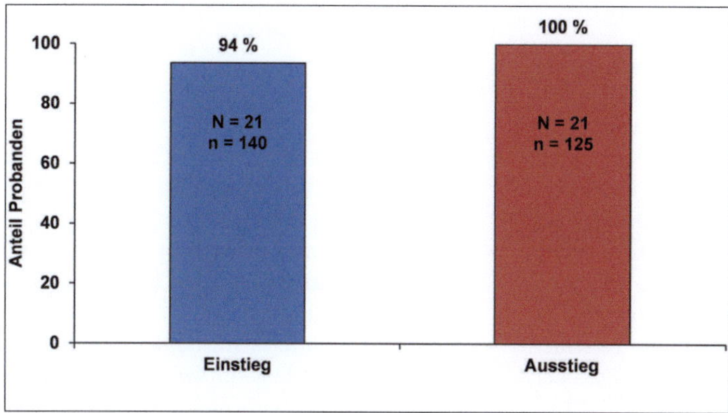

Bild 8: Anteil abwanderwilliger Probanden, die in das Lift-Modell eingeschwommen sind (blaue Säule) sowie der Anteil an Smolts, die den Ausstieg in das Unterwasser angenommen hat (rote Säule; N = Anzahl durchgeführter Tests, n = Anzahl eingesetzter Probanden, gesamt) (Quelle: BUGeFi)

der aus dem Lift ausgeschwommen sind (rote Säule).

Detailauswertungen werden nach Abschluss weiterer Untersuchungen mit anderen Fischarten (Aale, junge Cypriniden) im Herbst 2015 vorliegen.

5 Liftsteuerung

Im Vorfeld der Durchführung der ethohydraulischen Versuche wurde intensiv darüber diskutiert, welche Betriebsmodi für die Hydro-Fischlifte am Standort Baldeney sinnvoll ableitbar wären. Grundvoraussetzung für den Betrieb der Fischlifte ist, dass ein kontinuierlicher Betrieb gewährleistet wird [6]. Die Frage, die sich jedoch stellte, war, wie lange jeweils ein Lift geöffnet im Unterwasser, also einschwimmbereit, sein sollte, um möglichst viele Fische in das Oberwasser zu transferieren. Vorgesehen war, dass der zweite Lift parallel zum Schließen des mit Fischen gefüllten ersten Liftes geöffnet wird.

Als Diskussionsgrundlage wurde u. a. davon ausgegangen, dass wanderwillige Fische innerhalb einer bestimmten Zeit in das Lift-Modell einschwimmen und sich ein detektierbarer „Füllstand“ über die Fischmenge einstellt. Für den Liftbetrieb würde dies bedeuten, dass aus den Ergebnissen der ethohydraulischen Untersuchungen ein Betriebsrhythmus für Zeiträume, in denen Fische eine hohe Wandermotivation aufweisen, abgeleitet werden kann.

Die Ergebnisse, die gewonnen wurden, sind jedoch in Bezug auf das Einschwimmverhalten und die Aufenthaltsdauer im Lift-Modell in so hohem Maße heterogen, dass es nicht möglich war, hier eine auf den Betriebsrhythmus der Fischlifte zeitbezogene Frequenz abzuleiten.

Vor diesem Hintergrund bot es sich an, Möglichkeiten und Methoden zur Fischdetektion zu nutzen, welche im Rahmen des Echtzeit-Warnsystems (EtWas: F&E-Projekt des Landes NRW) entwickelt wurden [13]. Damit konnte ein Detektionssystem zur Steuerung des Liftbetriebs in den Grundzügen entwickelt werden. Eine konkrete Systemkalibrierung kann im Rahmen eines Monitorings nach dem Bau des Liftsystems erfolgen. **Bild 9a** dokumentiert hierzu beispielhaft einen Versuch, bei dem Rotaugen und Barsche aufgrund der Jahreszeit erhöhte Wanderaktivitäten zeigten. Es konnte beobachtet werden, dass sich die Individuen beider Arten zusammenfanden und bereits sechs Minuten nach Versuchsbeginn in das Lift-Modell eingeschwommen waren.

Wenn sich die Fische grundsätzlich so, wie für diesen Versuch dokumentiert, verhalten, würde man als Ergebnis einen alternierenden Betrieb der beiden Lifte im ca. 10-Minuten-Rhythmus ableiten.

Auf Basis eines weiteren Versuches konnte jedoch ein völlig anderes Ergebnis aufgezeigt werden (**Bild 9b**). Hier wird deutlich, dass die Einschwimmphase erst nach ca. 24 Minuten beginnt. Der Grund hierfür ist, dass die Fische aufgrund einer vergleichsweise hohen Wassertemperatur deutliche Aktivitätsdefizite zeigten. Es ist zu erkennen, dass von den 24 Versuchstieren nur fünf Probanden gleichzeitig im Lift-Modell waren. Der Zeitpunkt der höchsten Fischdichte liegt bei ca.

36 Minuten nach Versuchsbeginn.

Vergleicht man die hier exemplarisch dargestellten Ergebnisse mit den Ergebnissen aller Einzelversuche, so wird deutlich, dass die vorhandene Datengrundlage keine verlässliche Basis für eine effiziente Liftsteuerung darstellt. Vor diesem Hintergrund wurde geprüft, ob ein Detektionssystem als Grundlage für den Fischliftbetrieb eingesetzt werden kann (s. o. Echtzeit-Warnsystem). Die im Rahmen dieses Forschungsvorhabens entwickelte Software verfügt über verschiedene Erkennungs- und Zählwerkzeuge. Darüber hinaus sind Möglichkeiten vorhanden, Schwellenwerte – also Mengen – zu definieren, nach deren Erreichung Aktionen bzw. Meldungen erfolgen. Die hier entwickelten Grundlagen eignen sich grundsätzlich, um für das Fischliftsystem eine entsprechende Steuerung, die fischmengenabhängig die Transferfrequenz regelt, abzuleiten.

Eine Frage, die sich stellt, ist die nach einer geeigneten technische Lösung für die Detektion. Hier bieten sich in erster Linie optische oder akustische Systeme an. Im Rahmen einer Untersuchung, die z. Zt. im Auftrag des Ruhrverbandes durchgeführt wird, werden verschiedene Systeme untersucht, die zur Fischerkennung geeignet sind.

Im Rahmen der letzten Untersuchungsreihe, die in Karlsruhe im Jahr 2014 durchgeführt wurde, kamen bereits verschiedene Datenaufnahme-Systeme zum Einsatz. Es wurde unter anderem mit Kamerasystemen gearbeitet, die über eine starke Restlichtaufhellung verfügen. Darüber hinaus wurde eine Infrarot-Kamera eingesetzt. Letztendlich wurde auch überprüft, ob ein Sonar in der Vorkammer montiert werden kann und ob die im Modell vorhandenen Testfische detektiert werden können. Vor allem letzteres brachte erste vielversprechende Ergebnisse.

Anhand **Bild 10** wird deutlich, dass der Schallkegel des Sonars mit einer 2,5 m langen Blickweite den Einstiegsbereich des Lift-Modells gut abbilden kann. Darüber hinaus hat der Test gezeigt, dass einschwimmende Fische gut registriert werden können.

6 Zusammenfassung

Die ethohydraulischen Untersuchungen haben gezeigt, dass:

- sich der Hydro-Fischlift im situativ ähnlichen ethohydraulischen Modell als grundsätzlich funktionsfähig erwiesen hat,
- die Fischlifte in Kombination mit einer Vorkammer eine kontinuierliche Durchgängigkeit gewährleisten und
- mit dem Fischliftsystem Baldeney eine Entwicklungsvariante gefunden wurde, die eine effiziente aufwärtsgerichtete Durchgängigkeit gewährleisten kann und gleichzeitig unter ökonomischen Gesichtspunkten wirtschaftlich darstellbar ist.

Im Rahmen der Laboruntersuchungen und der gewonnenen ethohydraulischen Befunde konnte für die Realanlage kein genereller Modus für den Liftbetrieb abgeleitet werden. Wesentlicher Grund dafür sind die stark ausgeprägten saisonalen Aktivitätsmuster der Fischarten.

Vor diesem Hintergrund bot es sich an, Möglichkeiten und Methoden zur Fischdetektion zu nutzen, welche im Rahmen des Landesprojektes EtWas (Echtzeitwarnsystem) entwickelt wurden. Damit konnte ein Detektionssystem zur Steuerung des Liftbetriebs in den Grundzügen entwickelt werden. Eine konkrete Systemkalibrierung kann im Rahmen eines Monitorings nach dem Bau und der sich anschließenden Implementierungsphase des Liftsystems erfolgen.

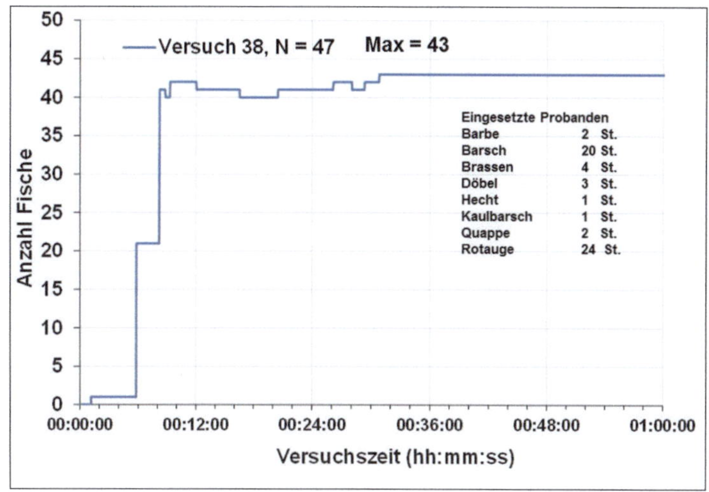

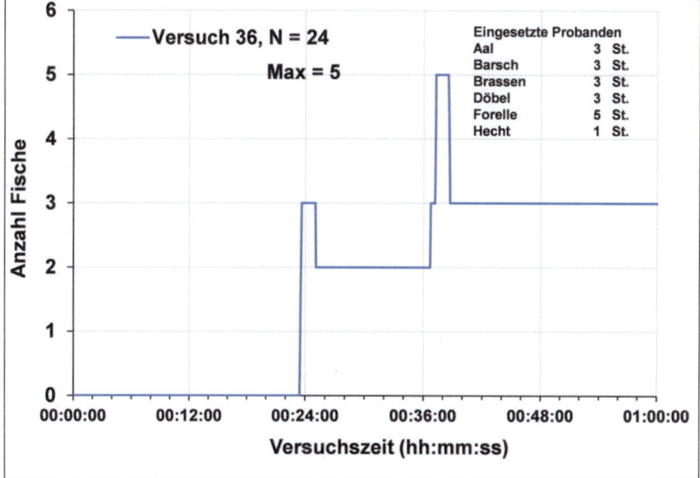

Bild 9: Anzahl an Fischen im Lift während einer Versuchszeit von 1 h a) kleine Tiere;
b) große und kleine Tiere (N: Anzahl an Probanden, Max: maximale Anzahl an Tieren im Lift Q = 150 l/s, v_{Lift} = 0,5, W_{st} = 105 cm, dunkel, ohne Rückschwimmsperre) (Quelle: BUGeFi)

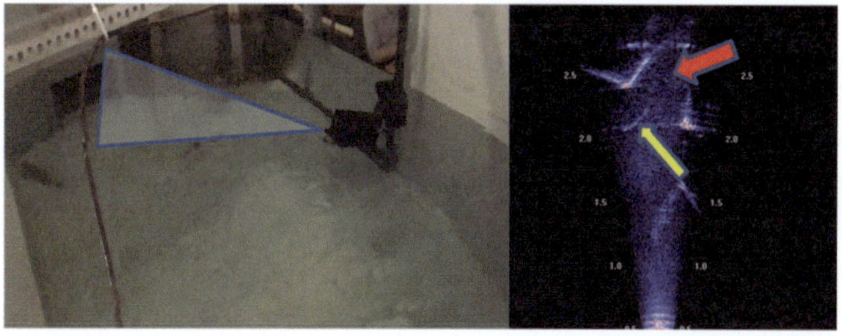

Bild 10: Didson in der Modellvorkammer (links) und Sonarbild des Lift-Einstieges
(roter Pfeil) mit einschwimmendem Aal (gelber Pfeil) (Quelle: BUGeFi)

Autoren

Dr. Andreas Hoffmann
Imke Böckmann, M. Sc.
Büro für Umweltplanung, Gewässermanagement und Fischerei (BUGeFi)
Krackser Str. 18 b
33659 Bielefeld
info@bugefi.de

Literatur

[1] Deutsche Vereinigung für Wasserwirtschaft, Abwasser und Abfall e. V. (Hrsg.): Fischaufstiegsanlagen und fischpassierbare Bauwerke – Gestaltung, Bemessung, Qualitätssicherung. In: DWA-Merkblätter (2014), M 509.

[2] Ministerium für Umwelt und Naturschutz, Landwirtschaft und Verbraucherschutz des Landes Nordrhein-Westfalen (Hrsg.): Handbuch Querbauwerke. Düsseldorf, 2005.

[3] Ministerium für Umwelt und Naturschutz, Landwirtschaft und Verbraucherschutz des Landes Nordrhein-Westfalen (Hrsg.): Erarbeitung von Instrumenten zur gewässer-ökologischen Beurteilung der Fischfauna. Projektbericht, Düsseldorf, 2007.

[4] Ministerium für Klimaschutz, Umwelt, Landwirtschaft, Natur- und Verbraucherschutz des Landes Nordrhein-Westfalen (Hrsg.): Erlass vom 27.10.2010 zu Sohlgleiten und Fischaufstiegsanlagen; Bemessung und Unterhaltung.

[5] Ministerium für Klimaschutz, Umwelt, Landwirtschaft, Natur- und Verbraucherschutz des Landes Nordrhein-Westfalen (Hrsg.): Erlass vom 26.06.2012 zur Durchgängigkeit der Gewässer.

[6] Ministerium für Klimaschutz, Umwelt, Landwirtschaft, Natur- und Verbraucherschutz des Landes Nordrhein-Westfalen (Hrsg.): Erlass vom 02.11.2012 zum Bau von Fischaufstiegsanlagen.

[7] Adam, B.; Lehmann, B.: Ethohydraulik. Heidelberg: Springer Verlag, 2011.

[8] Kühlmann, M.; Weyand, M.; Knotte, H.: Die Wiederherstellung der Fischdurchgängigkeit an der Ruhr-Staustufe Baldeney – Hintergrund und Projektübersicht. In: WasserWirtschaft 105 (2015), Heft 11, S. 14-22.

[9] Roth, A.; Baumann, G.: Der Hydro-Fischlift: Eine innovative Lösung für den Fischaufstieg – Aspekte zu Konstruktion und Betrieb. In: WasserWirtschaft 105 (2015), Heft 11, S. 52-58.

[10] Lehmann, B.; Kühlmann, M.: Untersuchungskonzept und -schritte zur Adaption eines Fischliftsystems am Ruhrwehr Baldeney. In: WasserWirtschaft 105 (2015), Heft 11, S. 23-30.

[11] Seidel, F.; Schultz, P.; Nestmann, F.: Untersuchungsmethodik zur Systemoptimierung von Sonderbauweisen am Beispiel Baldeney. In: WasserWirtschaft 105 (2015), Heft 11, S. 31-35.

[12] Oberle, P.; Grafmüller, T.; Musall, M.; Nestmann, F.: Numerische und physikalische Modelluntersuchungen für ein innovatives Fischaufstiegskonzept am Ruhrwehr Baldeney. In: WasserWirtschaft 105 (2015), Heft 11, S. 36-42.

[13] RWE Innogy (Hrsg.): EtWas – Untersuchungen von Fischwanderungen zur Erarbeitung eines Echtzeitwarnsystems an Wasserkraftanlagen. Abschlussbericht, 2014.

[14] Schillack, J.: Untersuchungen zu möglichen Verhaltensänderungen von Fischen bei ethohydraulischen Mehrfachtests im Rahmen der Untersuchungen zum Bau von Fischliftsystemen an der Staustufe Baldeney. Masterarbeit der Hochschule Ostwestfalen-Lippe im Studiengang Umweltingenieurwesen und Modellierung, 2014.

Andreas Hoffmann and Imke Böckmann

Ethohydraulic investigations to verify the Function of the Fishlift System at the Weir Baldeney (Ruhr)

Fish passes to be built in the federal state of North Rhine-Westphalia in Germany have to be designed in accordance with applicable regulations and in accordance with the current adoption situation in that state. The construction of individual solutions or deviations of the rules and regulations is only permitted if the functionality of the fish pass has been proved by means of suitable Monitoring tests. If the proof cannot be provided for special construction, there have to be resorted to established constructions. In order not to completely exclude new and further developments, there have to be conducted an evidence of functionality in an ethohydraulic model for such special constructions. Only when the function has been proved, the fish passage which is not described in the guidelines and regulations can be agreed. The following article describes the design and results of the ethohydraulic investigations as part of the planning for an innovative fishlift system on the weir Baldeney (Ruhr). Due to the fact that the Hydro Fishlift is a special construction in North Rhine-Westphalia, ethohydraulic model tests have to be conducted to verify the function of the lift.

Андреас Хоффманн и Имке Бёккманн

Этогидравлические исследования для подтверждения функциональности при строительстве рыбоподъемной системы на рурской плотине Бальденей (Baldeney)

При строительстве рыбоподъемных сооружений в земле Северный Рейн-Вестфалия их концепция должна быть разработана в соответствии с нормативными документами и с учетом действующих в земле Северный Рейн-Вестфалия правовых положений. Строительство на основе индивидуальных решений или с отклонениями от нормативных актов допускается только при использовании соответствующих, уже проведенных мониторинговых исследований, результатом которых стало подтверждение функциональности рыбоподъемного сооружения. Если подтверждение технической осуществимости с использованием таких специальных методов строительства не может быть представлено, то должны применяться традиционные методы строительства. Чтобы не препятствовать появлению новых разработок и дальнейшей модернизации, для таких специальных методов строительства требуется подтверждение функциональности, получаемое посредством испытаний на этогидравлической модели. Только когда функциональность на основе модели подтверждена, утверждается строительство рыбоподъемных установок, проекты которых не соответствуют указанным нормативным положениям. В данной статье описываются концепция и результаты этогидравлических исследований, проведенных в рамках планирования инновационной рыбоподъемной системы на водоподъемной плотине Бальденей (Baldeney)/Рур. Данный гидравлический «лифт для рыб» с входной камерой считается в земле Северный Рейн-Вестфалия особым типом строительной конструкции, так как научные фундаментальные исследования по вопросам функциональности отсутствуют. Поэтому функциональность должна быть подтверждена посредством модельных испытаний.

Europas größte Fischaufstiegsanlage im Gewässerunterlauf

Hans-Jürgen Menzel

Die neue Fischaufstiegsanlage am Wehr bei Geesthacht an der Elbe

Angesichts der Vielzahl bestehender Querbauwerke, die ein Wanderhindernis für stromaufwärts ziehende Fische bilden, leistet der Bau funktionsfähiger Fischaufstiegsanlagen einen wertvollen Beitrag zur ökologischen Aufwertung der Fließgewässersysteme. Längst ist verstanden, dass die Wiederherstellung der Durchgängigkeit eine wichtige Voraussetzung für einen nachhaltigen Erhalt, den Wiederaufbau und die Ausbreitung der gewässertypspezifischen Fischartengemeinschaften bildet. Projekte zur Wiederansiedlung von Arten, wie Stör, Lachs, Nordseeschnäpel oder Maifisch, haben nur dann Aussicht auf Erfolg, wenn diese Arten ihre Laichgebiete in den Oberläufen der Flüsse möglichst ungehindert erreichen können.

Eine Schlüsselstellung für das Einzugsgebiet der Elbe nimmt das Wehr bei Geesthacht ein. Die im März 1960 in Betrieb genommene Staustufe stellte im gesamten 728 km langen deutschen Verlauf des Stromes für viele Fischarten ein Wanderhindernis dar. Auch die an der Südseite des Wehres immer wieder errichteten Fischaufstiegshilfen konnten die Barrierewirkung der Wehranlage nicht ausgleichen. Der Standort am Nordufer wurde nun für den Bau einer neuen Fischaufstiegsanlage ausgewählt, um die vorhandenen Mängel zu überwinden sowie eine nachhaltige Verbesserung der Durchgängigkeit vor allem für Wanderfische zu schaffen. Ziel hierbei ist es, diesen Arten trotz möglicher Fischverluste durch das an der Hamburger Süderelbe im Bau befindliche Steinkohlekraftwerk Moorburg eine positive Bestandsentwicklung im Elbesystem zu ermöglichen. Darüber hinaus sollte ein entscheidender Beitrag zur Unterstützung des vom Bundesamt für Naturschutz aufgelegten Programms zur Wiederansiedelung des Europäischen Störs geleistet werden.

Um diese Ziele zu erreichen, musste die Funktionsfähigkeit der Fischaufstiegsanlage im Sinne ihrer uneingeschränkten Auffindbarkeit und Passierbarkeit sowohl für die größten und leistungsstärksten als auch für die schwimmschwächsten Arten über mindestens 300 Tage im Jahr bei allen Abflüssen und Wasserständen gewährleistet werden. Zudem waren Vorrichtungen zu konzipieren, um die erforderliche Erfolgskontrolle mittels Monitoringuntersuchungen durchführen zu können, die auch das bereits am Südufer der Staustufe vorhandene Umgehungsgerinne einbeziehen.

In frühen Planungsstadien zeigte sich, dass an dem gewählten Standort ganz besondere Bedingungen herrschen, die in den geltenden Regelwerken nicht berücksichtigt sind. Erstmals sollte bei der Planung einer Fischaufstiegsanlage auch der Tideeinfluss mit den tidebedingten Schwankungen des Unterwasserstandes kompensiert werden.

Für die Umsetzung dieser komplexen Aufgabe galt es, Fachleute unterschiedlichster Fachrichtungen mit verschiedenen Herangehens- und Sichtweisen zur Lösung dieser komplexen Aufgabe zusammenzuführen. In vielfacher Hinsicht wurde Neuland betreten. Die vorbehaltlose Zusammenarbeit aller an diesem Projekt beteiligten Ingenieure, Landschaftsplaner, Biologen und Fischökologen aus Planungsbüros und Universitäten machte die realisierte, im Vorfeld an Modellversuchen überprüfte sowie weiter verfeinerte Planung erst möglich.

Durch die zügige Überleitung der Planung in die Ausführung wurde nach gut einjähriger Bauzeit am 1. August 2010 Europas größte Fischaufstiegsanlage geflutet. Zeitgleich wurde mit der Erfassung aller über die Fischaufstiegsanlage aufsteigenden Fische begonnen.

Als Vertreter der Vattenfall Europe Generation AG in diesem Projekt freue ich mich besonders, Ihnen mit dem vorliegenden Themenheft einige Details der Planung und des Baus der neuen Fischaufstiegsanlage sowie die Befunde aus dem ersten Jahr des fischökologischen Monitorings präsentieren zu dürfen. Wir möchten aber auch die Gelegenheit nutzen, allen an der Planung und Errichtung der Fischaufstiegsanlage sowie den bei der Zusammenstellung dieser Ausgabe der WasserWirtschaft Beteiligten unseren Dank für die geleistete Arbeit auszusprechen.

Hans-Jürgen Menzel und Ulrich Schwevers

Rahmenbedingungen für den Bau Europas größter Fischaufstiegsanlage am Nordufer des Wehres Geesthacht

Die Vattenfall Europe Generation AG stand vor der Aufgabe, im Zusammenhang mit den vorgesehenen Fischschutzmaßnahmen an der Kühlwasserentnahme des Kraftwerkes Moorburg weitere Maßnahmen zum Schutz der Arten des Anhanges II der FFH-Richtlinie umzusetzen. Als Maßnahme zur Schadensbegrenzung wurde eine Fischaufstiegsanlage am 30 km stromaufwärts gelegenen Wehr Geesthacht errichtet. In Anbetracht der komplexen Standortbedingungen wurde ein transdiziplinäres Planungsteam gebildet, das sich konsequent am Stand der Technik orientierte, um eine möglichst hohe Effizienz der Fischaufstiegsanlage zu gewährleisten. Die Plangenehmigung für die Errichtung der Anlage wurde am 16. Oktober 2009 erteilt. Die Inbetriebnahme erfolgte nach 16 Monaten Bauzeit im August 2010.

1 Veranlassung

Die Vattenfall Europe Generation AG baut in Hamburg-Moorburg ein neues Kohlekraftwerk. Das erforderliche Kühlwasser wird der Süderelbe entnommen. Die wasserrechtliche Erlaubnis hierzu erteilte die Behörde für Stadtentwicklung und Umwelt der Freien und Hansestadt Hamburg mit Bescheid vom 30. September 2008, zuletzt geändert am 21. Januar 2011. Bestandteil des Erlaubnisbescheides sind umfangreiche Nebenbestimmungen und Benutzungsbedingungen, die u. a. sicherstellen sollen, dass Schädigungen von Fischen durch die Wasserentnahme minimiert werden. Durch die Errichtung einer neuen Fischaufstiegsanlage (FAA) am Nordufer der ca. 30 km stromauf des Kraftwerksstandortes gelegenen Staustufe Geesthacht soll zudem sichergestellt werden, das die Kühlwasserentnahme keine Auswirkungen auf die Populationen der zwischen Nordsee und Mittelelbe wandernden FFH-Arten (Maifisch, Lachs, Schnäpel, Fluss- und Meerneunauge) entfaltet. Zum Nachweis der Wirksamkeit der vorgesehenen Fischschutzmaßnahmen wurde ein fischökologisches Monitoring für die Kühlwasserentnahme des Kraftwerkes Moorburg und die FAA (Anmerkung: Das Monitoring schließt auch die am Südufer der Staustufe vorhandene FAA ein) in Geesthacht festgelegt, das in Umfang und Dauer alle bisherigen fischökologischen Untersuchungen übertrifft, die jemals in Deutschland durchgeführt wurden. Anhand der Ergebnisse des Monitorings an den oben genannten Anlagen ist zu überprüfen, ob die im Erlaubnisbescheid enthaltenen Vorgaben eingehalten werden. Demnach müssen unter Berücksichtigung der in Moorburg getöteten Angehörigen der FFH-Arten an der neuen FAA Nord in Geesthacht zusätzlich halb so viele Exemplare aufsteigen wie an der Südanlage: Wird das Ergebnis dieser Bilanzierung im Monitoringzeitraum nicht nachgewiesen, behält sich die Genehmigungsbehörde eine Reduzierung der Wasserentnahmemenge im Kraftwerk Moorburg vor. Darüber hinaus sind die Ursachen zu ermitteln und abzustellen.

Um diese Situation nicht eintreten zu lassen, hat Vattenfall an der Kühlwasserentnahme des Kohlekraftwerks Moorburg umfangreiche Maßnahmen zum Fischschutz vorgesehen. Zugleich wurde die neu zu errichtende FAA am Nordufer des Wehres Geesthacht technisch gemäß dem Stand des Wissens sowie der Technik konzipiert und es wurde eine Reihe innovativer Lösungen umgesetzt, die weit über den Stand der Technik an bisher ausgeführten FAA hinausgehen. Fachliche Grundlage der Planungen bildeten dabei der 2008 vorliegende erste Entwurf des DWA-Merkblattes M-509 „Fischaufstiegsanlagen und fischpassierbare Bauwerke" [1] sowie eine Vielzahl von Erfahrungs- und Monitoringberichten von ausgeführten FAA. Um weit vor der Inbetriebnahme der FAA grundlegende Sicherheiten zur Funktionsfähigkeit und zu den planerisch angestrebten Strömungsverhältnissen in der Anlage zu erhalten, wurden in der Planungs- und Genehmigungsphase diverse Modellierungen, wasserbauliche Grundlagenuntersuchungen sowie ethohydraulische Test an verschiedenen, im Maßstab 1:13 bis 1:1 errichteten Modellen im Wasserbaulabor des Institut für Wasser und Gewässerentwicklung (IWG) des Karlsruher Instituts für Technologie durchgeführt [2], [3], [4].

2 Planung im transdisziplinären Team

Die Anforderungen an eine effizient funktionierende FAA unter Berücksichtigung der komplexen und tidebeeinflussten Standortbedingungen am Wehr Geesthacht gingen weit über den Standardfall hinaus. Deshalb bildete die Vattenfall Europe Generation AG ein transdisziplinäres Team, um in engster Abstimmung diese anspruchsvolle Planungsaufgabe mit optimalem Ergebnis zu bewältigen. Dabei oblag die Klärung von Artenschutzaspekten, insbesondere der FFH-Verträglichkeit, dem Kieler Institut für Landschaftsökologie (Kiel) [5]. Die landschaftspflegerische Begleitplanung und Einordnung des Bauwerkes in die Landschaft übernahm Bielfeldt+Berg Landschaftsplanung (Hamburg). Die Übersetzung biologischer Anforderungen in technische Vorgaben sowie die fachtechnische Objektplanung erfolgte durch das Institut für angewandte Ökologie (Kirtorf-Wahlen). Die bautechnische Planung oblag der Knabe Enders Dürkop Ingenieure GmbH (Hamburg). Numerische, physikalische und ethohydraulische Modelluntersuchungen zu verschiedenen Aspekten wurden am IWG (Karlsruhe) durchgeführt. Einen Eindruck von den unterschiedlichen Facetten des Planungsablaufes, der baulichen Umsetzung sowie von den Resultaten des biologischen Monitorings während des ersten Betriebsjahres des neuen Doppelschlitzfischpasses vermitteln die Artikel in dieser Ausgabe der Fachzeitschrift WasserWirtschaft [2], [3], [9], [10], [11], [12], [13], [14].

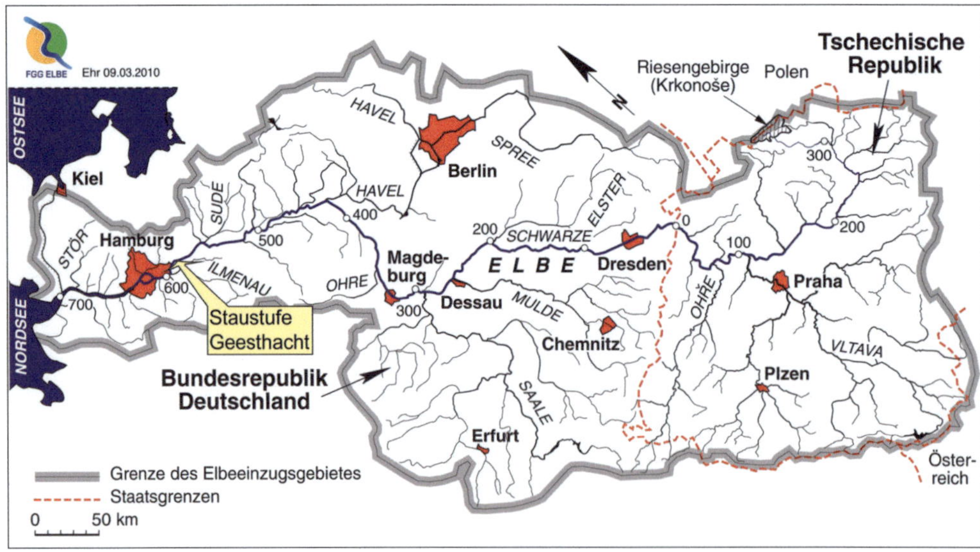

Bild 1: Das Einzugsgebiet der Elbe mit Lage der Staustufe Geesthacht bei Strom-km 585,9 (Quelle: Flussgebietsgemeinschaft Elbe)

3 Topographische und hydrologische Rahmenbedingungen

Die Elbe ist von der Quelle im tschechischen Riesengebirge bis zur Mündung in die Nordsee bei Cuxhaven/Friedrichskoog mit 1 094 km Länge der viertgrößte Strom Mitteleuropas und mit 728 Fluss-km das zweitlängste Fließgewässer Deutschlands (**Bild 1**). Die kennzeichnenden hydrologischen Werte der Elbe bei Fluss-km 536 gibt **Tabelle 1** wieder.

Tab. 1: Hydrologische Kennwerte der Elbe am Pegel Neu-Darchau: Abflüsse im Bezugszeitraum 1874 bis 2006

NQ	128 m³/s	(01. 09. 1904)
MNQ	274 m³/s	
MQ	707 m³/s	
MHQ	2 026 m³/s	
HQ	4 400 m³/s	(25. 03. 1988)

Als einziges Querbauwerk im gut 700 km langen deutschen Elbeabschnitt befindet sich etwa 140 km oberhalb der Elbmündung in die Nordsee bei Strom-km 585,9 die im Jahr 1960 in Betrieb genommene Staustufe Geesthacht, die den Fluss in die tidebeeinflusste Unterelbe und die tidefreie Mittelelbe trennt. Die Wehranlage mit der darüber verlaufenden Straßenbrücke der B 404 überspannt einen Querschnitt von insgesamt ca. 415 m (**Bild 2**). Die Staueinrichtung besteht von Süden nach Norden aus folgenden Komponenten:

- Am südlichen, d. h. linken Ufer der Elbe befindet sich ein im Jahr 1998 in Betrieb genommenes Umgehungsgerinne.
- Es schließt sich das bewegliche Wehr an, das aus 4 je ca. 50 m breiten Wehrfeldern besteht, deren Überströmung durch Sektorverschlüsse reguliert wird. Aufgrund einer Fallhöhe von bis zu 4 m, dem verminderten Auftrieb im Luft-Wasser-Gemisch im Tosraum sowie der dort herrschenden Turbulenzen und Strömungsgeschwindigkeiten von ca. 3 m/s bei mittleren Tideständen sind die Wehrfelder für stromauf wandernde Fische während der meisten Zeit des Jahres unüberwindbar [6].
- Nördlich davon folgen zwei weitere, je ca. 50 m breite feste Wehrfelder, die im Regelfall nicht überströmt werden, sondern der Hochwasserentlastung dienen. Diese festen Überlaufschwellen werden bei Oberwasserständen über ca. +4,3 m ü. NHN überflutet. In das nördliche feste Wehrfeld der Staueinrichtung wurde die neue FAA integriert.
- Den Abschluss des Wehres bis zum Brückenwiderlager am nördlichen, d. h. rechten Ufer

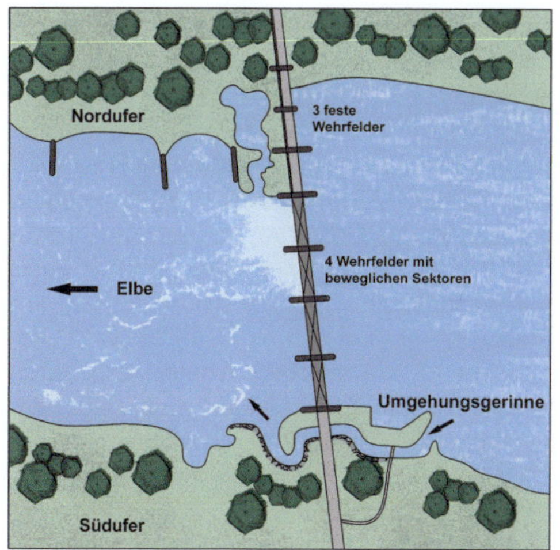

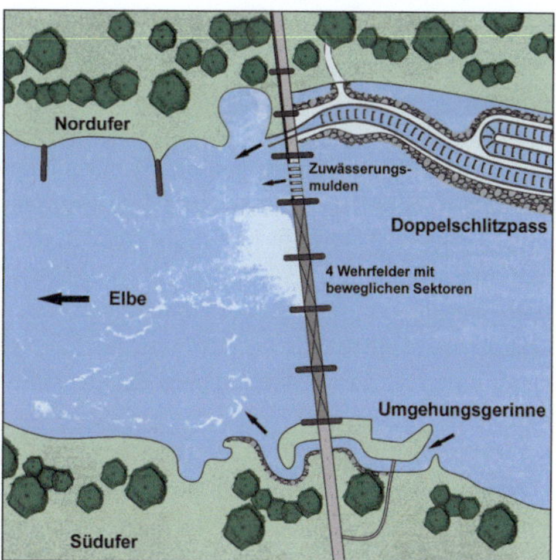

Bild 2: Staustufe Geesthacht, Lageskizze der Situation vor (links) und nach dem Bau der neuen Fischaufstiegsanlage (rechts)

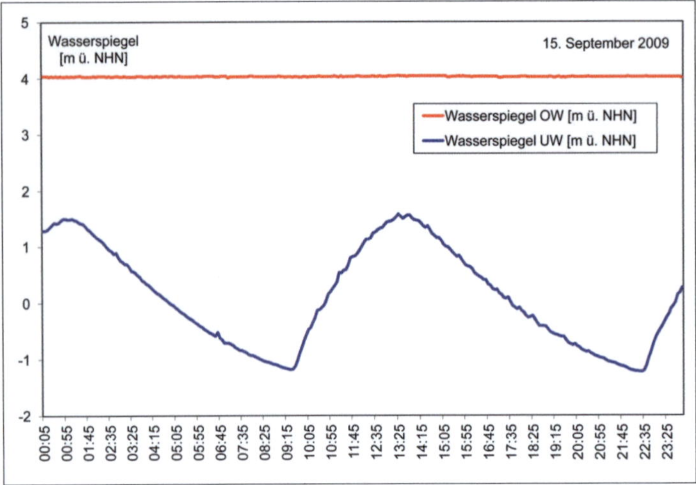

Bild 3: Exemplarische Ober- und Unterwasserspiegellage am Wehr Geesthacht (Daten: WSA Lauenburg)

bildet ein ca. 35 m breites festes Wehrfeld gleicher Bauweise.

Das Unterwasser des Wehres Geesthacht wird durch die Tide beeinflusst, während der Oberwasserstand durch die Steuerung der Wehrklappen relativ konstant auf einem Niveau von +4,10 m ü. NHN gehalten wird (**Bild 3**). Im Durchschnitt schwankt die Höhendifferenz tidebeeinflusst im Tagesverlauf zwischen ca. 1,3 m und 4 m. An einzelnen Tagen im Jahr bei Spring- und Sturmflut kann für kurze Zeit das Wehr vollständig überstaut sein, d. h. dass der Wasserspiegel ausgeglichen ist (**Bild 4**).

Für die Planung einer FAA mit Tidebeeinflussung sind allerdings nicht die Extremsituationen, sondern Unterwasserstände und Wasserspiegeldifferenzen zu berücksichtigen, die statistisch an 300 Tagen des Regeljahres herrschen. Unter- und Überschreitungen an jeweils 30 Tagen in ausgeprägten Niedrig- und Hochwassersituationen sind Deshalb irrelevant, weil in diesen Situationen der Fischaufstieg weitgehend zum Erliegen kommt. Auf der Grundlage der Pegelstände der Jahre 1970 bis 2007 wurden folgende planungsrelevante Wasserspiegellagen ermittelt:

- Das Tideniedrigwasser unterschreitet an 30 Tagen im Jahr einen Stand von −0,39 m ü. NHN.
- Das Tidehochwasser unterschreitet an 330 Tagen im Jahr einen Stand von +3,42 m ü. NHN.

Bei einem konstant auf +4,10 m ü. NHN gehaltenen Oberwasserpegel galt es somit Höhendifferenzen von 0,68 m bis 4,49 m planerisch zu berücksichtigen.

4 Biologische Rahmenbedingungen

Etwa ein Drittel der Elbe auf deutschem Staatsgebiet ist zur Erfüllung der Ziele des europäischen Natura-2000-Netzes als Schutzgebiet gemäß der Fauna-Flora-Habitat-Richtlinie gemeldet. Deshalb galt es im Rahmen der FFH-Verträglichkeitsprüfung für das Kohlekraftwerk Moorburg in Hamburg eine neue FAA am Nordufer des Wehres Geesthacht zu konzipieren. Mit der Anlage soll vor allem den fünf geschützten anadromen Fisch- und Rundmaularten des Anhanges 2 der FFH-Richtlinie der Weg in ihre Laichgebiete stromaufwärts der Staustufe eröffnet werden [5]. Weil sich die Bemessung einer FAA grundsätzlich nicht am aktuellen Artinventar, sondern an der autochthonen Fischfauna des jeweiligen Gewässers ausrichtet, wurde unter naturschutzfachlichen Gesichtspunkten am Standort Geesthacht auch die im Flussgebiet der Elbe aktuell ausgestorbene Art Maifisch (*Alosa alosa*) berücksichtigt sowie der Schnäpel (*Coregonus oxyrhynchus*) (**Bild 7**), der ebenso wie der Lachs (*Salmo salar*) Objekt aktueller Wiederansiedlungsprogramme ist [7]. Darüber hinaus entschloss sich Vattenfall, das Wiederansiedelungsprogramm des Bundesamtes für Naturschutz (BfN) für den Europäischen Stör (*Acipens-*

Bild 4: Wasserspiegelausgleich am Wehr Geesthacht am 4. Oktober 2009

Bild 5: Der letzte Elbe-Stör wurde im Jahr 1946 bei Schnakenburg gefangen

er sturio) aktiv zu unterstützen, indem das Unternehmen den Europäischen Stör bei der Dimensionierung und Auslegung der FAA berücksichtigte.

Über die Dimensionierung einer FAA entscheiden die Maße und Proportionen der größten am Standort zu erwartenden Arten, damit deren adulte Exemplare in dem künstlichen Wanderkorridor ausreichend Platz finden, um manövrieren und ohne Verletzungsgefahr aufwandern zu können. Die größte autochthone Art der Elbe ist der Europäische Stör mit einer Totallänge von etwa 3 m (**Bilder 5 und 6**).

Grundlage der hydraulischen Auslegung einer FAA bildet die Fließgewässerzonierung: Je geringer die natürlicherweise im ungestauten Fluss auftretenden Fließgeschwindigkeiten, umso geringer sind die entsprechenden hydraulischen Grenz- und Bemessungswerte, damit es auch leistungsschwachen Arten der jeweiligen Fischartengemeinschaft möglich ist, eine FAA zu überwinden. Das Wehr Geesthacht bildet die Grenze zwischen der Brachsenregion der Mittelelbe und der von den Gezeiten beeinflussten Kaulbarsch-Flunder-Region der Unterelbe. Entsprechend wurden bei der Planung der neuen FAA die Grenzwerte für die Kaulbarsch-Flunder-Region zugrunde gelegt, um die Aufwanderung der die Fischartengemeinschaft der Unterelbe dominierenden leistungsschwachen Kleinfischarten Kaulbarsch (*Gymnocephalus cernuus*) und Stint (*Osmerus eperlanus*) zu gewährleisten [8]. Als kleinste Fischart tritt der Dreistachelige Stichling (*Gasterosteus aculeatus*) auf, der in der Elbe eine anadrome Population bildet.

Der Aal (*Anguilla anguilla*) stellt insofern spezielle Anforderungen an FAA, als bei dieser katadromen Art vor allem die leistungsschwachen Jungfische flussaufwärts wandern (**Bild 8**). Speziell Glasaale und frühe Steigaalstadien mit Körperlängen von etwa 6 bis 12 cm zeigen im Gegensatz zu den älteren Artgenossen kein boden-, sondern ein oberflächenorientiertes Schwimmverhalten bei geringer Schwimmleistung. Aufwandernde Jungaale

Bild 6: Der Europäische Stör (*Acipenser sturio*) wird aktuell in der Elbe wieder angesiedelt

Bild 7: Der Schnäpel (*Coregonus oxyrhynchus*) ist gemäß FFH-Richtlinie eine prioritäre Fischart

Bild 8: Der Europäische Aal (*Anguilla anguilla*) dringt als unpigmentierter, ca. 6 bis 8 cm langer Glasaal aus dem Meer in die Unterläufe der Flüsse ein (Foto: A. Legault)

können die meisten Konstruktionstypen von FAA nicht im freien Wasserkörper passieren und auch ein raues Sohlensubstrat nur bedingt nutzen. Erst ältere Aalstadien gehen zu einer bodenorientierten Lebensweise über und verfügen über eine Leistungsfähigkeit, die ihnen die Passage konventioneller Fischpässe erlaubt. Auch diese besonderen artspezifischen Anforderungen des Aals galt es im Falle der neuen FAA für den Wehrstandort Geesthacht zu berücksichtigen. Vor diesem Hintergrund wurden zusätzlich mehrere Aalleitern im und neben dem Doppelschlitzfischpass installiert [9].

5 Genehmigungsverfahren

Genehmigungsbehörde für den Bau der FAA am Nordufer des Elbe-Wehres Geesthacht ist der Landrat des schleswig-holsteinischen Kreises Herzogtum Lauenburg als zuständige untere Wasserbehörde. Entsprechend dem Ergebnis der gutachterlich erstellten Umweltverträglichkeitsvorprüfung stufte die zuständige Genehmigungsbehörde das Projekt als nicht UVP-pflichtiges Vorhaben ein, da mit Errichtung der Anlage keine erheblichen Auswirkungen auf die Umwelt zu erwarten waren und keine Rechte Dritter beeinträchtigt werden. Die in Anspruch genommenen Grundstücke befinden sich ausschließlich im Eigentum der Bundesrepublik Deutschland, über deren Nutzung ein Nutzungsvertrag mit der Wasser- und Schifffahrtsverwaltung des Bundes (WSV) besteht.

Den Antrag auf Plangenehmigung stellte die Vattenfall Europe Generation AG bereits am 13. September 2007. Dieser Antrag wurde nach einer Reihe von Behördenabstimmungen und Wechsel der Behördenzuständigkeiten im Land Schleswig Holstein zum Jahreswechsel 2007/2008 in der ersten Jahreshälfte des Jahres 2008 nochmals ergänzt und präzisiert. Nach Prüfung der Antragsunterlagen auf Vollständigkeit wurden diese am 23. Oktober 2008 sämtlichen Behörden zur Stellungnahme übersandt, deren Aufgabenbereiche durch das Vorhaben berührt wurden. Ebenfalls zur Stellungnahme aufgefordert wurden die Träger öffentlicher Belange, die ansässigen Fischer und die nach § 29 BNatschG anerkannten Naturschutzverbände. Von den Beteiligten wurden 20 Stellungnahmen abgegeben. In den abgegebenen Stellungnahmen waren alle Facetten der Meinungsäußerung enthalten – von Ablehnung des Projektes über Äußerung von Bedenken, Abgabe von zusätzlichen Forderungen oder Hinweisen bis hin zur Zustimmung zur Maßnahme. Entsprechend der Aufforderung durch die Plangenehmigungsbehörde wurde zu allen Punkten der Stellungnahmen durch Vattenfall eine Antwort formuliert und dem Landratsamt Herzogtum Lauenburg übergeben. Von der Genehmigungsbehörde wurde jede einzelne Stellungnahme detailliert geprüft und durch entsprechende Auflagen,

Bild 9: Einweihung der neuen Fischaufstiegsanlage am Nordufer der Elbe-Staustufe Geesthacht am 23. September 2010 durch den Ministerpräsidenten des Landes Schleswig-Holstein

Regelungen, Kommentare oder Hinweise in der Plangenehmigung gewürdigt. Unbegründete oder nicht den Antrag betreffende Einwände wurden durch die Genehmigungsbehörde zurückgewiesen.

In der abschließenden Bewertung des geplanten Vorhabens stellte die Genehmigungsbehörde fest, dass die erforderlichen Voraussetzungen für die Planrechtfertigung gegeben sind, denn das Vorhaben ist – gemessen an den Zielen des Landeswassergesetzes Schleswig-Holstein und des Wasserhaushaltsgesetztes (WHG) – vernünftigerweise geboten. Die planerische Abwägung ergab, dass die FAA einen wichtigen Beitrag zur wasserrechtlich gebotenen Erhaltung und Entwicklung der Elbe als Lebensraum für Tiere sowie Pflanzen leisten wird und damit zugleich die Belange der Fischerei wahrt und fördert. Die negativen Auswirkungen wurden als denkbar gering eingestuft. Zudem lagen keine erkennbaren Beeinträchtigungen der Rechte und Interessen Dritter vor. Aufgrund dieser Einschätzung erteilte der Landrat des Kreises Herzogtum Lauenburg der Vattenfall Europe Generation AG am 16. Oktober 2009 die Plangenehmigung zur Errichtung und zum Betrieb einer FAA am Nordufer des Wehres Geesthacht. Zuvor war bereits die Zulassung zum vorzeitigen Beginn für mehrere im Detail beantragte Umfänge der Baumaßnahmen erteilt worden, so dass mit den ersten Baumaßnahmen bereits im März 2009 begonnen werden konnte. Nach rund 16 Monaten Bauzeit wurde das Gerinne des Doppelschlitzpasses am Wehr Geesthacht mit Elbwasser beaufschlagt. Schließlich begann am 1. August 2010 das fischökologische Monitoring. Die feierliche Einweihung der FAA durch den Ministerpräsidenten Schleswig-Holsteins erfolgte am 23. September 2010 (**Bild 9**).

Autoren

Dipl.-Ing. Hans-Jürgen Menzel
Vattenfall Europe Generation AG
vom-Stein-Straße 39
03050 Cottbus
Hans-Juergen.Menzel@Vattenfall.de

Dr. Ulrich Schwevers
Institut für angewandte Ökologie
Neustädter Weg 25
36320 Kirtorf-Wahlen
U.Schwevers@Schwevers.de

Literatur

[1] Adam, B.; Bosse, R.; Dumont, U.; Göhl, C.; Görlach, J.; Heimerl, S.; Kalusa, B.; Krüger, F.; Redeker, M.; Sellheim, P.; Schwevers, U.: DWA-Merkblatt M-509: Fischaufstiegsanlagen und fischpassierbare Bauwerke – Bemessung, Gestaltung, Qualitätssicherung. Entwurf. Deutsche Vereinigung für Wasserwirtschaft, Abwasser und Abfall e. V. (DWA), Hennef, 2010.

[2] Oberle, P.; Musall, M.; Riesterer, J.; Nestmann, F.: Numerische Modelluntersuchungen im Rahmen der Planung der Fischaufstiegsanlage Geesthacht. In: WasserWirtschaft 102 (2012), Heft 4, S. 28-33.

[3] Lehmann, B.; Seidel, F.; Läkemäker, K.: Nestmann F.: Physikalische Begleituntersuchungen zur Fischaufstiegsanlage am Elbewehr bei Geesthacht. In: WasserWirtschaft 102 (2012), Heft 4, S. 34-39.

[4] Adam, B., Lehmann, B.: Ethohydraulik: Grundlagen, Methoden, Erkenntnisse. Heidelberg: Springer-Verlag, 2011.

[5] Garniel, A.: Die Bedeutung der neuen Fischaufstiegsanlage für das europäische Schutzgebietsnetz Natura 2000. In: Tagungsband des Vattenfall Kongresses „Elbefische auf bestem Weg" am 07.04.2011, 2012 (in Vorbereitung).

[6] Gaumert, T. et al.: Die Notwendigkeit der Erhöhung der Fischwechselkapazität am Wehr Geesthacht. Hamburg: ARGE Elbe & FGG Elbe, 2008.

[7] Gessner, J.; Tautenhahn, M.; v. Nordheim, H.; Borchers, T.: Nationaler Aktionsplan zum Schutz und zur Erhaltung des Europäischen Störs (Acipenser sturio). Berlin & Bonn: Bundesministerium für Umwelt & Bundesamt für Naturschutz, 2010.

[8] Scholle, J.: Fischfauna des Elbeästuars: Vergleichende Darstellung von Bewertungsergebnissen nach EG-Wasserrahmenrichtlinie in den verschiedenen Gewässertypen des Elbeästuars. Bioconsult im Auftrag des Sonderaufgabenbereichs Tideelbe, Bremen, 2009.

[9] Adam, B.; Neumann, C.: Aalleitern am Doppelschlitzpass Geesthacht. In: WasserWirtschaft 102 (2012), Heft 4, S. 40-43.

[10] Schwevers, U.; Neumann, C.: Maßnahmen zur Gewährleistung der Auffindbarkeit des Doppelschlitzpasses Geesthacht. In: WasserWirtschaft 102 (2012), Heft 4, S. 18-22.

[11] Schwevers, U.; Neumann, C.: Maßnahmen zur Gewährleistung der Passierbarkeit des Doppelschlitzpasses Geesthacht. In: WasserWirtschaft 102 (2012), Heft 4, S. 23-27.

[12] Adam, B.; Neumann, C.: Einrichtungen zum Monitoring des Fischaufstiegs im Doppelschlitzpass Geesthacht. In: WasserWirtschaft 102 (2012), Heft 4, S. 44-48.

[13] Adam, B.; Faller, M.; Hufgard, H.; Mast, N.; Gischkat, S.; Löwenberg, S.: Ergebnisse des fischökologischen Monitorings am Doppelschlitzpass Geesthacht. In: WasserWirtschaft 102 (2012), Heft 4, S. 49-57.

[14] Menzel, H.-J.; Schwevers, U.: Bilanz und Ausblick des ersten Betriebsjahres des Doppelschlitzpasses Geesthacht. In: WasserWirtschaft 102 (2012), Heft 4, S. 58-63.

Hans-Jürgen Menzel and Ulrich Schwevers

General Conditions for Building Europe's Biggest Fish Pass at the Northern Riverbank at the Weir Geesthacht

As part of the mitigation measures for abstracting cooling water for the coal-fired power plant Moorburg nearby Hamburg, Vattenfall Europe Generation AG was obliged to take measures to protect potentially affected fish species, which have been assigned a high conservation status (FFH species). One of these measures has been to build a fish pass at the Geesthacht weir. This facility now ensures full passability of the dam, which is of particular benefit to anadromous fishes, more of which may now reach spawning grounds upstream of Geesthacht. The design of the fish pass not only takes the FFH species into account, but a wide range of different fishes, from European sturgeon as the largest autochthonous species, to small species such as stickleback and smelt. Considering the complex conditions at the site, a transdisciplinary planning team was established, which consistently made use of state of the art technology to facilitate the highest possible efficiency of the fish pass. The planning permission for the double slot fish pass was given on 16th October 2009. After 16 months of construction the fish pass went into operation in August 2010.

Ханс-Юрген Менцель и Ульрих Швеферс

Общие условия строительства самого крупного в Европе рыбоподъемного устройства на северном берегу гидроузла Геестхахт

В связи с проведением плановых мероприятий по рыбозащите на устройстве по отводу охлаждающей воды электростанции Моорбург компания «Vattenfall Europe Generation AG» должна была осуществить дальнейшие мероприятия в соответствии с приложением II Директивы о защите видов («Директива о защите дикой флоры и фауны и мест обитания»). В качестве меры по ограничению наносимого рыбе ущерба на гидроузле Геестхахт, расположенным в 30 км вверх по течению, было сооружено рыбоподъемное устройство. Для того, чтобы учесть условия расположения в целом, была создана междисциплинарная группа планирования, которая последовательно ориентировалась на современный уровень развития техники для обеспечения гарантии высокой эффективности рыбохода. План строительства был утвержден 16 октября 2009. Ввод сооружения в эксплуатацию состоялся 16 месяцев спустя, в августе 2010.

Ulrich Schwevers und Christof Neumann

Maßnahmen zur Gewährleistung der Auffindbarkeit des Doppelschlitzpasses Geesthacht

Die Auffindbarkeit ist entscheidend für die Funktionsfähigkeit einer Fischaufstiegsanlage. Dies ist im Fall des neu erbauten Doppelschlitzpasses am Nordufer der Staustufe Geesthacht durch eine uferseitige, sackgassenfreie Lage des Einstiegs unmittelbar auf Höhe des Wehrkörpers, fünf Zuwässerungsrinnen in den festen Wehrfeldern der Stauanlage zur Erzeugung von Leitströmungen sowie eine sohlengleiche Anbindung des Fischpasses zum Flussbett der Elbe sichergestellt. Zudem wird der Einfluss tidebedingter Wasserstandsschwankungen auf die Leitströmung im neuen Fischpass durch variable Zusatzdotationen kompensiert.

1 Einleitung

Während in ungestauten Fließgewässern die gesamte Gewässerbreite für die Wanderung aquatischer Organismen zur Verfügung steht, decken Fischaufstiegsanlagen an Stauanlagen nur einen kleinen Teil des Wanderkorridors im Gewässer ab und haben damit den Charakter eines Nadelöhrs. Aus diesem Grund können Fischaufstiegsanlagen die stromaufwärts gerichteten Wanderungen nie im selben Umfang gewährleisten, wie sie in frei fließenden Gewässern stattfinden. Durch eine korrekte Anordnung der Fischaufstiegsanlage im Gewässerquerschnitt sowie eine den Anforderungen der Fische entsprechende Ausgestaltung des Einstiegs im Unterwasser kann die Auffindbarkeit jedoch optimiert werden [1].

Seit über 100 Jahren ist bekannt, dass die Auffindbarkeit eine wesentliche Voraussetzung für die Funktionsfähigkeit einer Fischaufstiegsanlage ist. So formulierte Paul Gerhardt bereits im Jahr 1912 im Handbuch der Ingenieurwissenschaften [2]: „Von der größten Wichtigkeit bei der Anlage eines Fischweges ist die Lage und Beschaffenheit der unteren Ausmündung. Es sind nämlich bei jedem Fischwege zwei Aufgaben zu lösen: die erste ist die, den Fisch in den Weg hineinzubringen, die zweite, ihn darin aufwärts zu führen. Die erste Aufgabe ist wichtiger als die zweite, denn von ihrem Gelingen hängt der Erfolg der zweiten ab. Sie ist außerdem auch viel schwieriger, weil bei ihrer Lösung auf die Gewohnheiten der Fische sorgfältig Rücksicht genommen werden muss."

Bei der Planung der neuen Fischaufstiegsanlage am Wehr Geesthacht wurde konsequent nach dieser Logik verfahren: Zunächst erfolgte, wie nachfolgend beschrieben, die Festlegung der besten Einstiegsposition in einen Fischpass unter den im Unterwasser des Stauwehres Geesthacht herrschenden hydraulischen Bedingungen. Erst in einem zweiten Planungsschritt wurden dann die Kriterien für die Gewährleistung der Passierbarkeit festgelegt und planerisch umgesetzt [3].

2 Großräumige Anordnung

Die stromaufwärts gerichteten Wanderungen von Fischen erfolgen in oder entlang der Hauptströmung. Bei geschwungenem Gewässerverlauf pendelt diese zwischen beiden Ufern, so dass sich ein Wechsel zwischen dem angeströmten Prallhang und dem Gleithang mit verminderter Fließgeschwindigkeit ausbildet. Die sich an der Strömung orientierenden Fische wechseln folglich mit der Hauptströmung die Uferseite. Zumindest leistungsstarke Exemplare treffen Deshalb größtenteils am prallhangseitigen Ufer auf ein Aufstiegshindernis. Entsprechend muss sich in diesem Bereich der Wanderkorridor aufwandernder Fische über eine Fischaufstiegsanlage bis ins Oberwasser des Wanderhindernisses fortsetzen und Deshalb fordern sämtliche einschlägigen Regelwerke und Handbücher die Positionierung der ersten Fischaufstiegsanlage am Prallhang (u. a. [1], [4]) (**Bild 1**).

Stromab der Elbe-Staustufe Geesthacht bildet das linke, südliche Ufer den Prallhang, das somit die korrekte Position für eine Fischaufstiegsanlage darstellt. Aus diesem Grunde wurden seit der Errichtung der Staustufe im Jahr 1960 nacheinander drei Fischpässe an diesem Ufer gebaut; das aktuell betriebene Umgehungsgerinne befindet sich ebenfalls dort. Da dieser Fischpass als „funktionsfähig“ gilt [5], [6], stand für die zweite Fischaufstiegsanlage am Wehr Geesthacht nur das rechte, nördliche Gleithangufer zur Verfügung.

Aus neuesten Untersuchungen ist bekannt, dass sich trotz der grundsätzlichen Orientierung an der Hauptströmung nicht alle Aufsteiger nur am Prallhang orientieren. Vielmehr ist durch vergleichende Aufstiegszählungen an Wanderhindernissen mit mehreren Fischpässen bekannt, dass auch am „falschen“ Gleithang, abseits der Hauptströmung positionierte Anlagen durchaus von zahlreichen Fischen frequentiert werden [1], [7], [8]. Da hier jedoch ein anderes Arten- und ggf. auch Größenspektrum aufwandert, empfehlen die Regelwerke für breite Flüsse und Wehre die Anlage von Fischaufstiegsanlagen an beiden Ufern. Auch für das Wehr Geesthacht wurde diese Notwendigkeit erkannt [5]. Insofern bestand die Planungsaufgabe darin, einen neuen Fischpass zu errichten, der zwar die Kriterien für eine großräumige Auffindbarkeit per se nicht erfüllen kann, sondern das bestehende Umgehungsgerinne ergänzt.

3 Auffindbarkeit im Nahbereich

Angesichts der vorgegebenen Position für einen neuen Fischpass am Wehr Geesthacht wurde viel Sorgfalt darauf verwendet, seine Einbindung im Unterwasser unter den gegebenen hydraulischen Bedingungen soweit zu optimieren, dass sich entlang des Nordufers dem Wehr nähernde Fische den Einstieg der Fischaufstiegsanlage zuverlässig und ohne Verzögerung auffinden. Nachfolgend werden die Kriterien gemäß DWA [1] benannt, die z. T. mit Hilfe neuer technischer Konstruktionen und Lösungen beim Bau des neuen Fischpasses umgesetzt wurden.

3.1 Anordnung des Einstiegs

Die Hauptströmung der Elbe leitet aufwandernde Fische primär dem Prallhang und damit dem Umgehungsgerinne zu. Am Gleithang treffen hingegen nur die Fische auf das Wehr, die der Hauptströmung ausweichen bzw. nicht in der Lage sind, dagegen anzuschwimmen, oder

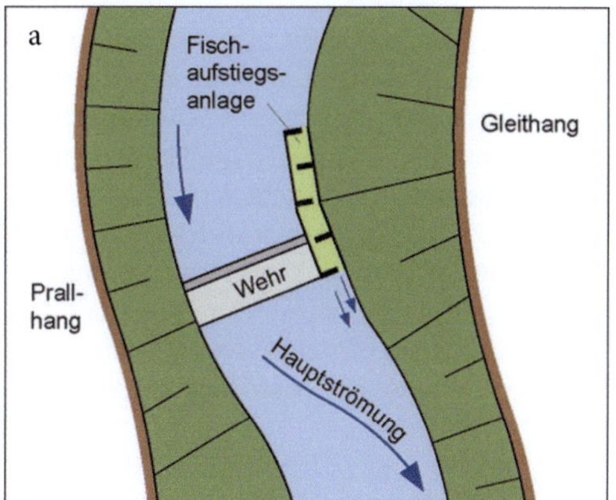

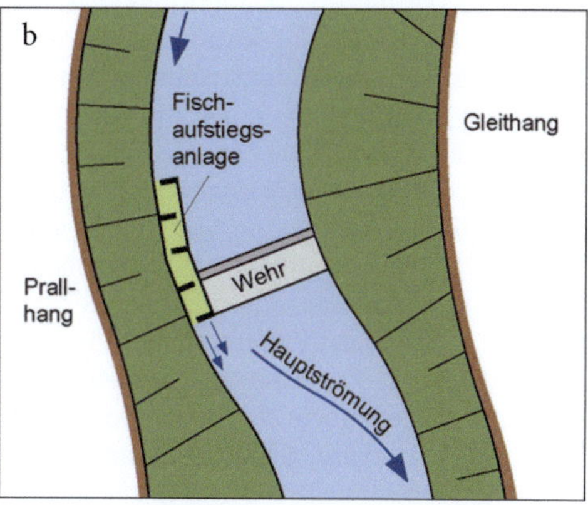

Bild 1: Positionierung einer Fischaufstiegsanlage an einem Wehr ohne Wasserkraftnutzung: a) falsche Positionierung am Gleitufer, b) richtige Positionierung am Prallhang mit Anschluss an die Hauptströmung [1]

Bild 2: Die Einmündung des Doppelschlitzpasses liegt uferseitig auf gleicher Höhe wie das Wehr

aber solche, die sich am Nordufer orientieren. Um all diese Exemplare dort abzuholen, wo sie auf das Wanderhindernis stoßen, wurde eine uferseitige Anordnung des Einstiegs in den neuen Fischpass gewählt (**Bild 2**).

Natürlich folgen nicht sämtliche Fische der Uferlinie, sondern sie treffen zum Teil auch weiter vom Ufer entfernt auf das Wanderhindernis. Zudem ist bekannt, dass Fische bis unmittelbar bis an den Fuß eines Wanderhindernisses aufschwimmen. Ist hier eine Strömung wahrnehmbar, behalten sie ihr positiv rheotaktisches Verhalten bei und führen seitliche Suchbewegungen aus. Auf diese Weise können aufstiegswillige Fische auch seitlich neben der Hauptströmung liegende Wanderkorridore auffinden [1]. Voraussetzung hierfür ist allerdings, dass der Wanderkorridor nicht durch strömungsberuhigte Bereiche von der Hauptströmung getrennt wird.

Am ca. 300 m breiten Wehr in Geesthacht treffen die Fische insbesondere im nördlichen Randbereich der Hauptströmung auf das Wanderhindernis. Um die Auffindbarkeit des neuen Fischpasses sicherzustellen, wurden in die benachbarten, nicht überströmten festen Wehrfelder fünf so genannte Zuwässerungsmulden eingebaut, über die permanent ein Abfluss von jeweils 2 m^3/s abgegeben wird (**Bild 3**). Auf diese Weise wird über die gesamte Breite des Flusses von den durchströmten, beweglichen Wehrfeldern über die benachbarte feste Wehrschwelle mit den Zuwässerungsmulden bis zum Einstieg in die Fischaufstiegsanlage eine gleichgerichtete Strömung erzeugt, die Aufsteigern eine rheotaktische Orientierung erlaubt und das Auffinden des Einstiegs am nördlichen Ufer in den neuen Fischpass ermöglicht.

Zuverlässig und ohne größere Zeit- und damit Energieverluste wird der Einstieg einer Fischaufstiegsanlage allerdings nur dann aufgefunden, wenn er bündig mit dem Wehrfuß abschließt. Je weiter ein Fischpass stromab im Unterwasser einmündet, desto ungünstiger ist die Auffindbarkeit, wobei bereits wenige Meter entscheidend sein können. Deswegen wurde der Einstieg des Doppelschlitzpasses exakt auf Höhe des Wehres und damit sackgassenfrei positioniert (**Bild 2**).

3.2 Austrittswinkel der Leitströmung

Die beste Auffindbarkeit einer Fischaufstiegsanlage ist dann gegeben, wenn der aufsteigende Fisch einem ununterbrochenen Strömungsfaden folgen kann, der sich vom Wanderkorridor im Unterwasser übergangslos in den Fischpass hinein fortsetzt. Um dies zu gewährleisten, muss die Leitströmung in einem Winkel von maximal 30° zur Hauptströmung im Unterwasser einmünden. Beim Bau des neuen Fischpasses am Wehr Geesthacht wurde dieses Kriterium konsequent umgesetzt.

3.3 Leitströmung

Die Leitströmung dient dazu, einen unterbrechungsfreien Wanderkorridor zwischen dem Unterwasser eines Wanderhindernisses und einer

Bild 3: Fünf Zuwässerungsmulden in den Wehrfeldern fünf und sechs stellen eine hydraulische Verbindung zwischen den durchströmten und regelbaren Wehrfeldern eins bis vier (rechts) und dem uferseitigen Einstieg in den neuen Fischpass her (links)

Fischaufstiegsanlage herzustellen. Generell gilt, dass die Attraktivität einer Leitströmung für aufwandernde Fische umso größer ist, je weiter stromabwärts sie bereits wahrgenommen werden kann. Die Wirksamkeit der Leitströmung ist von verschiedenen Parametern abhängig, die nachfolgend näher erläutert werden.

3.3.1 Maximale Fließgeschwindigkeit

Die Fließgeschwindigkeit der Leitströmung darf nicht so schnell sein, als dass leistungsschwache Fische nicht gegen sie anschwimmen und damit den Einstieg der Fischaufstiegsanlage erreichen können. Hierzu ist die Fließgeschwindigkeit der Leitströmung auf die Maximalgeschwindigkeit innerhalb der Fischaufstiegsanlage selbst abzustimmen.

In der als Doppelschlitzpass konstruierten neuen Fischaufstiegsanlage am Wehr Geesthacht treten maximale Fließgeschwindigkeiten nur lokal im Bereich von Durchlässen auf. Diese Hochgeschwindigkeitszonen können Fische mit ihrer maximalen Schwimmleistung, der Sprintgeschwindigkeit, überwinden. Allerdings sind Fische nur für wenige Sekunden in der Lage, solche Höchstleistung zu erbringen und müssen dann über mehrere Stunden pausieren.

Dem gegenüber herrschen die Maximalgeschwindigkeiten der Leitströmung im Unterwasser der neuen Fischaufstiegsanlage nicht punktuell, sondern über längere Strecken. Fische können solche hydraulischen Bedingungen nicht mit Sprintgeschwindigkeit überwinden, sondern setzen hierfür ihre gesteigerte Schwimmgeschwindigkeit ein, die sie über etliche Minuten aufrechterhalten können. Da die gesteigerte Schwimmgeschwindigkeit allerdings nur etwa halb so groß wie die Sprintgeschwindigkeit ist, folgt daraus, dass die Fließgeschwindigkeit der Leitströmung auch nur etwa halb so groß sein darf, wie die maximale Fließgeschwindigkeit in der Fischaufstiegsanlage selbst. Wird dieser Wert überschritten, resultiert daraus eine selektive Wirksamkeit des Fischpasses gegenüber kleinen, leistungsschwachen Fischen.

Am Standort Geesthacht wurde der neue Doppelschlitzpass auf punktuelle Fließgeschwindigkeiten von maximal 1,5 m/s ausgelegt [3]. Entsprechend wurde dafür gesorgt, dass sich in der Leitströmung des Fischpasses eine Geschwindigkeit von maximal 0,75 m/s ausbildet. Die höchsten Geschwindigkeiten im 4,5 m breiten Einstieg treten beim unteren Bemessungswasserstand von −0,39 m ü. NHN auf, wenn die Wassertiefe bei Tideniedrigwasser nur ca. 1,75 m beträgt.

3.3.2 Minimale Fließgeschwindigkeit

Damit Fische einer Strömung positiv rheotaktisch orientiert folgen, darf die Leitströmung je nach Fischart und Größe eine Fließgeschwindigkeit von 0,15 bis 0,3 m/s nicht unterschreiten [9]. Der Wert von 0,3 m/s gilt dabei für anadrome Salmoniden und wurde der Planung des Doppelschlitzpasses Geesthacht als Grenzwert zugrunde gelegt, weil dort mit aufwandernden Lachsen und Meerforellen zu rechnen ist.

Bild 4: Bei höheren Tidewasserständen wird das Umgehungsgerinne am Südufer der Staustufe Geesthacht so stark eingestaut, dass keine wahrnehmbare Strömung mehr ausgebildet ist

Die Gefahr einer Grenzwertunterschreitung besteht vor allem bei hohen Unterwasserständen (Tidehochwasser). So wird das am gegenüber liegenden Ufer positionierte Umgehungsgerinne tidebedingt periodisch eingestaut (**Bild 4**), wodurch die Fließgeschwindigkeit deutlich unter den Grenzwert von 0,3 m/s sinkt und in der Folge die Auffindbarkeit durch das Fehlen einer attraktiven Leitströmung nicht mehr gewährleistet ist. Eine solche Grenzwertunterschreitung galt es im Falle des Doppelschlitzpasses zu vermeiden, um die Auffindbarkeit der Fischaufstiegsanlage unabhängig vom Tidewasserstand sicherzustellen. Hierzu wurden im Einstiegsbereich, ergänzend zu den im Gerinneverlauf installierten Zusatzdotationen [3], noch zwei weitere Zusatzdotationen installiert, über die ebenfalls aus dem Oberwasser bedarfsweise Wasser eingespeist wird (**Bild 5**). Die variable Wasserdosierung aller Zusatzdotationen erfolgt jeweils schwimmergesteuert automatisch in Abhängigkeit vom Wasserstand im Gerinne.

Bild 5: Zwei schwimmergesteuerte, variable Zusatzdotationen im Einstiegskanal des Doppelschlitzpasses Geesthacht sorgen dafür, dass die Fließgeschwindigkeit der Leitströmung nicht unter 0,3 m/s sinkt

3.3.3 Dotation und Strömungsimpuls

Wesentlich für die Wahrnehmbarkeit einer Leitströmung ist der von ihr ausgehende Strömungsimpuls [1], d. h. das Produkt aus Dichte, Strömungsgeschwindigkeit und Wasservolumenstrom. Weil sich die Fließgeschwindigkeit jedoch nicht beliebig erhöhen lässt, ohne die Erreich- und Passierbarkeit des Einstiegs in eine Fischaufstiegsanlage für leistungsschwache Fische einzuschränken (s. o.), besteht zur Erhöhung der Attraktivität der Leitströmung nur die Möglichkeit, den Abfluss im Gerinne der Fischaufstiegsanlage durch zusätzliche Dotation aus dem Oberwasser zu erhöhen. Exakte Grenzwerte für erforderliche Dotationen lassen sich aufgrund der unterschiedlichen Betriebsbedingungen an jedem Einzelstandort sowie der in Geesthacht vorhandenen Beeinflussung durch die Tide kaum angeben. Französische Erfahrungen zeigen jedoch, dass für die Bereitstellung einer ausreichenden Leitströmung größenordnungsmäßig ca. 10 % des Niedrigwasserabflusses erforderlich sind [10]. Bezogen auf den Standort Geesthacht und dem Niedrigwasserabfluss der Elbe von NQ = 128 m^3/s (Neu Darchau, 01.09.1904) bedeutet dies, dass ein Gesamtabfluss von wenigstens 13 m^3/s zur Verfügung gestellt werden muss, um die Auffindbarkeit der Fischaufstiegsanlagen beider Ufer an mindestens 300 Tagen im Jahr sicherzustellen. Tatsächlich erreicht der Abfluss über beide Fischpässe am Wehr zusammen bei Tidehochwasser bis zu 33 m^3/s. Hiervon entfallen ca. 6,3 m^3/s auf das alte Umgehungsgerinne [11] und der reguläre Abfluss des neuen Doppelschlitzpasses beträgt ca. 5,6 m^3/s. Hinzu kommen an der Nordanlage periodisch bei Tidehochwasser bis zu 11 m^3/s über Dotationen im Einlaufbereich sowie im gesamten Verlauf des Gerinnes. [3] Weitere ca. 10 m^3/s, werden kontinuierlich zur Erzeugung der Leitströmungen über die fünf Zuwässerungsmulden neben dem neuen Fischpass abgegeben.

3.4 Anbindung an die Gewässersohle

Im Freiwasser schwimmenden, so genannten pelagialen Arten bereitet das Einschwimmen in eine Fischaufstiegsanlage bei korrekter Positionierung und hydraulischer Auslegung ebenso wenig Probleme, wie oberflächenorientierten Arten. Bodenorientierten und leistungsschwächeren Arten ebenso wie benthalen Wirbellosen hingegen wird das Erreichen des Einstiegs häufig dadurch erschwert, dass der Fischpass keine Anbindung an die Sohle des Unterwasser besitzt oder sich der Einstieg sogar an der Oberfläche befindet. Demgegenüber bindet die Sohle des neuen Doppelschlitzpasses Geesthacht auf gleichem Niveau an die Gewässersohle des Unterwassers an. Auf diese Weise wurde die Ausbildung eines Absatzes vermieden, der für sohlengebunden oder sohlennah wandernde Organismen als vertikale Sackgasse wirken könnte.

4 Gesamteinschätzung

In Hinblick auf die großräumige Anordnung einer Fischaufstiegsanlage im Gewässerquerschnitt der Elbe an der Staustufe Geesthacht widerspricht die Position des neuen Doppelschlitzpasses am nördlichen Gleithangufer zwar den einschlägigen Regeln [1], [4]. Allerdings war dies unvermeidlich, da die Position des prallhangseitig errichteten Umgehungsgerinnes nicht zur Disposition stand. Insofern soll und kann die neue Fischaufstiegsanlage den bestehenden Fischpass am Südufer des Wehres nicht ersetzen, sondern dessen Wirkung nur unterstützen und ergänzen sowie die vollständige Durchgängigkeit für beide Ufer herstellen. Um trotz der ungünstigeren Lage eine größtmögliche Effizienz hinsichtlich der Auffindbarkeit zu gewährleisten, wurde die neue Fischaufstiegsanlage uferseitig und sackgassenfrei auf Höhe des Wehrkörpers errichtet. Seine Sohle wurde an den Gewässergrund der Elbe angebunden. Fünf Zuwässerungsmulden mit einem Abfluss von insgesamt ca. 10 m^3/s sorgen dafür, dass auch uferfern die Stauanlage erreichende Aufsteiger den Einstieg finden. Eine besondere Qualität des Doppelschlitzpasses besteht zudem darin, dass der Einfluss tidebedingter Wasserstandsschwankungen auf die Leitströmung durch variable Zusatzdotationen kompensiert wird. Hierdurch ist sichergestellt, dass der untere Grenzwert für die Leitströmung von 0,3 m/s an mindestens 300 Tagen des Regeljahres nie unter-, und der obere Grenzwert von 0,75 m/s nie überschritten wird. Wenngleich in Deutschland nur wenige Fischaufstiegsanlagen dem Tideeinfluss unterliegen, treten doch an vielen Stauanlagen, z. B. in Zuflüssen größerer Flüsse stark schwankende Unterwasserstände auf. Beispielsweise beeinflussen die schwankenden Wasserspiegellagen des Rheins den Unterwasserstand der Zuflüsse Ruhr, Mosel, Lahn, Main und Neckar, wo sich die unterste Staustufe jeweils im Rückstau des frei fließenden Stromes befindet. Die hieraus resultierenden Wasserstandsschwankungen können mit bis zu 4 m dieselbe Amplitude erreichen wie an tidebeeinflussten Standorten; wenngleich solche Schwankungen wesentlich seltener als im Tiderhythmus auftreten. Abgesehen von den Fischaufstiegsanlagen Iffezheim und Gambsheim im deutsch/französischen Rhein [13] ist der neue Doppelschlitzpass Geesthacht die erste Fischaufstiegsanlage in Deutschland, bei der unabhängig von Wasserstandsschwankungen die Attraktivität der Leitströmung durch entsprechende konstruktive Anpassungen sicher gestellt wird: Mehr als 330 000 im ersten Betriebsjahr über den Doppelschlitzpass hinauf gewanderte Fischen belegen die Sinnhaftigkeit des in Geesthacht realisierten Konzepts zur Gewährleistung der Auffindbarkeit [12].

Autoren

Dr. Ulrich Schwevers
Institut für angewandte Ökologie
Neustädter Weg 25
36320 Kirtorf-Wahlen
U.Schwevers@Schwevers.de

Dipl.-Ing. Christof Neumann
Knabe Enders Dührkop Ingenieure GmbH
Gasstraße 18
22761 Hamburg
C.Neumann@KED-Ingenieure.de

Literatur

[1] Adam, B.; Bosse, R.; Dumont, U.; Göhl, C.; Görlach, J.; Heimerl, S.; Kalusa, B.; Krüger, F.; Redeker, M.; Sellheim, P.; Schwevers, U.: DWA-Merkblatt M-509: Fischaufstiegsanlagen und fischpassierbare Bauwerke – Bemessung, Gestaltung, Qualitätssicherung. Entwurf. Deutsche Vereinigung für Wasserwirtschaft, Abwasser und Abfall e. V. (DWA), Hennef, 2010.

[2] Gerhardt, P.: Die Fischwege. In: Handbuch der Ingenieurwissenschaften. 3. Teil, II. Bd., 1. Abt.: Wehre und Fischwege, 1912, S. 454-499.

[3] Schwevers, U.; Neumann, C.: Maßnahmen zur Gewährleistung der Passierbarkeit des Doppelschlitzpasses Geesthacht. In: WasserWirtschaft 102 (2012), Heft 4, S. 23-27.

[4] Dumont, U.; Anderer, P.; Schwevers, U.: Handbuch Querbauwerke. Ministerium für Umwelt und Naturschutz, Landwirtschaft und ländlichen Raum NRW, Düsseldorf, 2005.

[5] Gaumert, T. et al.: Die Notwendigkeit der Erhöhung der Fischwechselkapazität am Wehr Geesthacht. ARGE Elbe & FGG Elbe, Hamburg, 2008.

[6] Arbeitsgemeinschaft zur Reinhaltung der Elbe (Hrsg.): Querbauwerke und Fischaufstiegshilfen in Gewässern 1. Ordnung des deutschen Elbeeinzugsgebietes – Passierbarkeit und Funktionsfähigkeit. ARGE Elbe, Hamburg, 2002.

[7] Born, O.: Untersuchungen zur Wirksamkeit von Fischaufstiegshilfen am unterfränkischen Main. Institut für Tierwissenschaften, München, 1995 (Dissertation).

[8] Guthruf, J.: Fischaufstieg am Hochrhein: Koordinierte Zählung 2005/06. In: Umwelt-Wissen (2008), 10/08.

[9] Adam, B.; Lehmann, B.: Ethohydraulik: Grundlagen, Methoden, Erkenntnisse. Heidelberg: Springer-Verlag, 2011.

[10] Larinier, M.: Implantation des passes à poissons. In: Bull. Fr. Pêche Piscic. 326/327 (1992), S. 30-44.

[11] Schubert, H.-J.; Hagge, A.: Funktionsüberprüfung der neuen Fischaufstiegsanlage am Elbewehr bei Geesthacht. LimnoBios & BioLog im Auftrag von ARGE Elbe, HEW Umweltstiftung und WSA Lauenburg, 2000.

[12] Adam, B.; Faller, M.; Hufgard, H.; Mast, N.; Gischkat, S.; Löwenberg, S.: Ergebnisse des fischökologischen Monitorings am Doppelschlitzpass Geesthacht. In: WasserWirtschaft 102 (2012), Heft 4, S. 49-57.

[13] Degel, D.: Die Rheinstaustufe mit Fischpass Iffezheim. Rheinpachtgemeinschaft 1 e. V. im Auftrag des LFV Baden e.V., Iffezheim, 2009.

Ulrich Schwevers and Christof Neumann

Measures to Ensure the Traceability of the Double Slot Pass Geesthacht by Up-stream Moving Fish

Traceability is a decisive factor for the correct functioning of a fish pass. In the case of the newly built double slot pass at the northern river bank at the weir Geesthacht, this is facilitated by the entrance being located close to the bank, level with the river bed and nearly in line with the adjacent dam. This positioning also avoids any dead ends. Further, five additive spillways in the neighbouring fixed weir segment provide an adequate attraction flow. By supplying varying additional dotation, this attraction flow is independent of tidally induced changes in water level in the tail water.

Ульрих Швеферс и Кристоф Нойманн

Мероприятия по обеспечению нахождения на двойном шлицевом рыбоходе на гидроузле Геестхахт

Такой критерий как находимость является решающим для правильного функционирования рыбоподъемного устройства. Реализация этого критерия на вновь построенном двойном шлицевом рыбоходе на северном берегу гидроузла Геестхахт обеспечивается благодаря особому расположению входа для рыбы. Последний находится на прибрежной стороне, свободен от тупиков, и располагается непосредственно на высоте тела плотины. 5 желобов в жестких областях подпорного сооружения используются для создания ведущих потоков. Рыбоход соединен с руслом реки Эльбы на одном уровне. Кроме того, влияние обусловленных морским отливом колебаний уровня воды на ведущее течение компенсируется в новом рыбоходе дополнительной переменной водоподачей.

Ulrich Schwevers und Christof Neumann

Maßnahmen zur Gewährleistung der Passierbarkeit des Doppelschlitzpasses Geesthacht

Die neue Fischaufstiegsanlage am Nordufer des Wehres Geesthacht wurde als Doppelschlitzpass errichtet, weil es nur mit dieser Konstruktionsweise möglich war, sämtliche geometrischen und hydraulischen Grenzwerte gemäß einschlägiger Regelwerke einzuhalten. Aus der Notwendigkeit, den Europäischen Stör als größte autochthone Art der Elbe zu berücksichtigen, ergaben sich für diesen Fischpass Dimensionen, wie sie in Europa bislang noch nicht realisiert worden sind. Ein weiteres Alleinstellungsmerkmal sind die über die Länge des Gerinnes verteilen Zusatzdotationen, die unabhängig vom tidebeeinflussten Unterwasserstand die Einhaltung des unteren Grenzwertes der Fließgeschwindigkeit im Wanderkorridor der Fische sicherstellen.

1 Einleitung

Am nördlichen Ufer des Wehres Geesthacht bestand die Planungsaufgabe, eine Fischaufstiegsanlage zu errichten, die in allen konstruktiven Details den Stand der Technik gemäß DWA [1] einhält und damit eine optimale Effizienz bei der Gewährleistung des Fischaufstiegs erreicht [2]. Als über die Funktion des neuen Fischpasses bestimmende Merkmale galt es neben der Auffindbarkeit [3] auch die Passierbarkeit durch Einhaltung der standortspezifischen geometrischen und hydraulischen Grenzwerte sicher zu stellen. Da für den zu betrachtenden Wehrstandort der Europäische Stör (*Acipenser sturio*) als größter Bemessungsfisch zu berücksichtigen ist, ergaben sich für das Bauwerk Dimensionen, die über das bislang in Europa bekannte Maß weit hinausgehen. Aus der Lage der Fischaufstiegsanlage im Übergang zwischen der Kaulbarsch-Flunder- und der Brachsen-Region der Elbe resultierten zudem besonders niedrige Grenzwerte für die maximal zulässige Fließgeschwindigkeit im Wanderkorridor innerhalb der Aufstiegsanlage. Als besondere Schwierigkeit waren zudem die tidebedingten Wasserstandschwankungen im Unterwasser von ca. 4,5 m zu bewältigen [3], um die kontinuierliche Passierbarkeit des Fischpasses zu gewährleisten. Diese für den Wehrstandort Geesthacht geltenden fischökologisch begründeten, technischen Anforderungen gehen über den Standardfall weit hinaus. Deshalb wurden im Rahmen des Planungsprozesses numerische, physikalische und ethohydraulische Modelluntersuchungen notwendig [4], [5], [7]. Nachfolgend werden die Eckpunkte der Planung dargestellt sowie die konstruktiven Lösungen erläutert, die sich daraus ergeben haben.

2 Geometrische Grenzwerte

Ausschlaggebend für die Dimensionierung von Fischaufstiegsanlagen sind die Maße und Proportionen der größten Arten der autochthonen Fischfauna, damit auch adulte Exemplare dieser Arten innerhalb der Fischaufstiegsanlage einen ausreichend dimensionierten Wasserkörper im Wanderkorridor vorfinden, in dem sie manövrieren und ohne Verletzungsgefahr aufwandern können. Die größte autochthone Art der Elbe ist der etwa 3 m lange Europäische Stör, der bei dieser Länge eine Körperhöhe von ca. $H_{Stör} = 0{,}51$ m und eine Körperdicke von ca. $D_{Stör} = 0{,}36$ m aufweist. Hieraus ergeben sich gemäß Regelwerk [1] folgende geometrische Grenzwerte:

- Die Wassertiefe in der Fischaufstiegsanlage muss mindestens der 2,5-fachen Körperhöhe des Bemessungsfisches entsprechen. Als Grenzwert ergibt sich somit:
  $h_{min} = 2{,}5 \times 0{,}51 \text{ m} = 1{,}28 \text{ m}$
- Als Grenzwert für die Breite von Durchlässen jeglicher Form ist die 3-fache Dicke des Bemessungsfisches anzusetzen:
  $s_{min} = 3 \times 0{,}36 \text{ m} = 1{,}08 \text{ m}$
- Sowohl bei beckenartigen Fischaufstiegsanlagen als auch einem Raugerinne in Störsteinbauweise muss die lichte Beckenlänge bzw. der Störsteinabstand mindestens der 3-fachen Länge des Bemessungsfisches entsprechen. Der Grenzwert beträgt somit:
  $l_B = 3 \times 3{,}0 \text{ m} = 9{,}0 \text{ m}$

3 Hydraulische Grenzwerte

Fließgeschwindigkeit und Turbulenzgrad nehmen in Fließgewässern natürlicherweise von der Quelle bis zur Mündung ab. Entsprechend wird die Fischartengemeinschaft der Bachoberläufe tendenziell eher von schwimmstarken Arten dominiert; die Fischfauna der Flussunterläufe hingegen von leistungsschwachen Arten. Dem wird im aktuellen Regelwerk Rechnung getragen, indem die hydraulischen Grenzwerte in Abhängigkeit von der Fließgewässerzonierung gestaffelt wurden [1]. Darüber hinaus berücksichtigen die Grenzwerte die zu überwindende Gesamthöhendifferenz sowie die Strömungsmuster der jeweiligen Bauformen: Herrschen die Maximalgeschwindigkeiten innerhalb der Fischaufstiegsanlage über größere Distanzen, müssen sie niedriger sein als in Anlagen, in denen die Höchstgeschwindigkeit nur punktuell auftritt.

Die Elbe ist im Unterwasser der Staustufe Geesthacht der Kaulbarsch-Flunder-Region zuzuordnen und der zu überwindende Höhenunterschied zwischen Unter- und Oberwasser beträgt an diesem Standort bis zu 4,5 m. Unter diesen Rahmenbedingungen sind in Abhängigkeit von der jeweils gewählten Konstruktionsweise folgende maximale Fließgeschwindigkeiten einzuhalten [1]:

- beckenartige Fischaufstiegsanlagen: 1,5 m/s
- Störsteinrampen: 1,2 m/s
- gerinneartige Fischaufstiegsanlagen ohne Einbauten: 0,8 m/s

Als unterer, einzuhaltender Grenzwert für die Fließgeschwindigkeit im Wanderkorridor wurde am Standort Geesthacht die rheoaktive Geschwindigkeit von Wandersalmoniden von 0,3 m/s zugrunde gelegt. Damit wird gewährleistet, dass eine auch für leistungsstarke Fische attraktive Strömung existiert, die die Orientierung in der Fischaufstiegsanlage bis ins Oberwasser ermöglicht.

Da auch der Turbulenzgrad im Verlauf der Gewässer stromabwärts natürlicherweise abnimmt, gelten auch hier gemäß der Fließgewässerzonierung gestaffelte Grenzwerte. Für Fischauf-

Bild 1: Die neue Fischaufstiegsanlage am Nordufer des Wehres Geesthacht wurde als Doppelschlitzpass errichtet

stiegsanlagen in der Kaulbarsch-Flunder-Region beträgt der maximal zulässige Wert für Fischaufstiegsanlagen in:

- Beckenbauweise: 100 W/m^3
- Störsteinbauweise: 150 W/m^3.

4 Konstruktive Merkmale

4.1 Bauweise

Ursprünglich war vorgesehen, ein Umgehungsgerinne zu errichten, in dem der Höhenunterschied vom Ober- zum Unterwasser durch Rauschestrecken, ähnlich wie in der bestehenden Fischaufstiegsanlage am Südufer des Wehres, abgebaut wird. Allerdings lassen sich mit einer solchen Störsteinbauweise nicht sämtliche für den Standort Geesthacht relevanten Grenzwerte einhalten, insbesondere nicht der für den Atlantischen Stör benötigte Abstand der Störsteine in Kombination mit den notwendigen Wassertiefen. Auch ist die Gewährleistung der Einhaltung des unteren und des oberen Grenzwertes für die Fließgeschwindigkeit an 300 Tagen eines Regeljahres bei Abflüssen zwischen Q_{30} und Q_{330} sowie Wasserspiegellagen zwischen W_{30} und W_{330} kaum möglich. Vor diesem Hintergrund wurde die Planung eines Schlitzpasses ins Auge gefasst, da mit dieser Bauweise sämtliche Grenzwerte eingehalten werden konnten und es sich um eine vielfach bewährte Konstruktion handelt [8]. Angesichts der erforderlichen Dimensionen am Standort fiel die Wahl der Konstruktionsweise schließlich auf den Doppelschlitzpass (**Bild 1**), zumal sich mit diesem Typ höhere Abflüsse als beim 1-schlitzigen Typ realisieren lassen, was wiederum die Auffindbarkeit des Einstiegs unterstützt [3].

4.2 Dimensionierung

Die geometrischen Werte des Fischpasses wurden im Sinne des Regelwerkes konsequent den Maßen und Proportionen der am Standort zu erwartenden größten Fischart, dem Europäischen Stör, angepasst: Die lichte Weite eines jeden Durchlasses des Doppelschlitzpasses wurde auf 1,2 m festgelegt, die lichte Beckenlänge und -breite auf 9 m bzw. 16 m und die Wassertiefe auf minimal 1,7 m. Während also die Beckenlänge dem Grenzwert des DWA-Regelwerkes entspricht [1], überschreiten alle anderen Dimensionen den minimal zulässigen Wert mehr oder weniger deutlich. Aus der Länge der Einzelbecken bei einer maximal zulässigen Wasserspiegeldifferenz zwischen den Becken von 0,09 m (Abschnitt 4.4) ergab sich die für die Überwindung des Gesamthöhenunterschiedes von 4,49 m erforderliche Anzahl von 49 Becken; die Gesamtlänge der Fischaufstiegsanlage beträgt ca. 550 m. Diese Baulänge war auf dem zur Verfügung stehenden Terrain nur unterzubringen, indem die Trassierung des Gerinnes im Oberwasser der Staustufe doppelt gewendelt wurde (**Bild 2**). Die Lage der vorhandenen, ufernahen und flachen Seitenbucht ermöglichte den Bau der Trasse ohne eine Einschränkung des Hochwasserabflusses der Elbe.

4.3 Strömungsbild

Beim Schlitzpass handelt es sich um einen Konstruktionstyp mit einer spezifischen Hydraulik, die sich nur unter Einhaltung ganz bestimmter Proportionen einstellt [1]. Besonderer Wert wurde bei der Planung des Doppelschlitzpasses Geesthacht darauf gelegt, dass sich vom unterwasserseitigen Einstieg bis zum Ausstieg ins Oberwasser ein durchgehender, ununterbrochener Wanderkorridor ausbildet, in dem nicht nur sämtliche geometrischen Grenzwerte an mindestens 300 Tagen des Regeljahres eingehalten werden, sondern in denen zusätzlich der Grenzwert für die maximal zulässige Fließgeschwindigkeit von 1,5 m/s nie über- und derjenige für die minimal zulässige Fließgeschwindigkeit von 0,3 m/s nie unterschritten wird.

Die Planung des Doppelschlitzpasses bereitete indessen in mehrfacher Hinsicht Probleme, weil die Anlage vom Standardfall abweicht: Zum einen lagen in Deutschland keine Erfahrungen mit derartig groß dimensionierten Fischpässen vor und zum anderen entstanden durch die doppelt gewendelte Trassierung der Fischaufstiegsanlage an den Umkehrpunkten asymmetrische Becken, für die keinerlei Gestaltungsvorgaben existierten. Vor diesem Hintergrund wurden umfangreiche numerische Simulationen durchgeführt, um durch eine entsprechende Gestaltung der Schlitzkonturen sowie der Trennwände, aber auch die Anordnung der Einbauten in den Umlenkbecken einen auch für die gewählte Bemessungsfischart zu bewältigenden Wanderkor-

Bild 2: Trassierung des doppelt gewendelten Doppelschlitzpasses

ridor sicher zu stellen [4]. Darüber hinaus wurden Detailoptimierungen im Rahmen physikalischer Modelluntersuchungen vorgenommen [5].

4.4 Maximale Fließgeschwindigkeit

Der Grenzwert für die maximale Fließgeschwindigkeit im Doppelschlitzpass Geesthacht beträgt 1,5 m/s (Abschnitt 3). Für die hydraulische Berechnung der maximalen Fließgeschwindigkeiten in einem Fischpass wird üblicher Weise die Formal nach Toricelli mit $v_{max} = \sqrt{2 \cdot g \cdot \Delta h}$ angewandt. Wie die Erfahrung zeigt, erbringt dieser Ansatz allerdings tendenziell zu niedrige Werte, da die in der Anströmung der Schlitze enthaltende Energie unberücksichtigt bleibt [6]. Um vor dem Hintergrund des Fehlens eines korrekten Berechnungsansatzes die Einhaltung der vorgegebenen Maximalgeschwindigkeit im ausgeführten Fischpass sicherstellen zu können, waren zusätzliche physikalische Modelluntersuchungen erforderlich. Diese ergaben, dass von Becken zu Becken eine maximale Höhendifferenz von lediglich 0,09 m zulässig ist, um die maximal zulässige Fließgeschwindigkeit von 1,5 m/s im Wanderkorridor der Fische über die Gesamthöhendifferenz von ca. 4,5 m einhalten zu können.

4.5 Minimale Fließgeschwindigkeit

Die physikalischen Modelluntersuchungen zeigten zudem auf, dass der angestrebte, durchgehende Strömungspfad im Verlauf des Doppelschlitzpasses selbst bei minimalen Höhendifferenzen infolge Einstaus von Unterwasser her sehr stabil ist. Allerdings unterschreitet die Fließgeschwindigkeit mit steigendem Unterwasser den unteren Grenzwert von 0,3 m/s. Um diesen vor allem tidebedingten Effekt zu kompensieren, wurde der Doppelschlitzpass mit 6 Zusatzdotationen ausgestattet. Diese leiten zusätzlich zum normalen Betriebswasser zusammen bis zu 3,65 m^3/s Elbe-Wasser aus dem Stauraum in einzelne, über die Gesamttrasse des Fischpasses verteilte Becken ein (**Bild 3**). Das jeweils zur Aufrechterhaltung der Mindestfließgeschwindigkeit benötigte Wasservolumen wird variabel und durch Schwimmer gesteuert automatisch zugegeben. Im Rahmen spezieller numerischer Modelluntersuchungen wurde die korrekte Position und Geometrie der erforderlichen Zusatzdotationen bestimmt sowie die für jede einzelne Dotation benötigte Steuerkurve ermittelt [7].

Außer der Aufrechterhaltung der Mindestfließgeschwindigkeit im Wanderkorridor der Fische, dienen die zwei Zusatzdotationen im Einstiegsbereich des Doppelschlitzpasses der Verstärkung der Leitströmung zur Gewährleistung der Auffindbarkeit [3].

4.6 Leistungsdichte bei der Energiedissipation

Aus der Fläche eines Beckens von 144 m^2 ergibt sich bei einer Wassertiefe von mindestens 1,75 m

Bild 3: Geöffnete Zusatzdotation des Doppelschlitzpasses bei Tidehochwasser

eine maximale Leistungsdichte bei der Energiedissipation von 20 W/m³. Der zulässige Grenzwert von 100 W/m³ wird somit im Doppelschlitzpass Geesthacht weit unterschritten. An dieser Situation verändern auch die Zusatzdotationen wenig, denn diese springen nur bei höheren Unterwasserständen (Tidehochwasser) an, wenn also die Wassertiefe in den Becken und damit auch das Beckenvolumen entsprechend höher ist.

4.7 Sohlensubstrat

In Hinblick auf das Wanderbedürfnis makrozoobenthaler Invertebraten, aber auch auf die geringe Leistungsfähigkeit kleiner Fischarten und Individuen, wird obligat die Forderung erhoben, Fischaufstiegsanlagen mit einer rauen Sohle auszustatten (u. a. [1]). Mit ethohydraulischen Tests wurde für den neuen Doppelschlitzpass der optimale Aufbau des Sohlensubstrates ermittelt: Es besteht aus einer auf eine Sandmatte aufgebrachten Unterschicht aus gebrochenen Steinen, auf der eine etwa 0,3 m mächtige Deckschicht aus runden Kieseln der Körnung 9 bis 25 cm aufliegt [10]. Dieses Sohlensubstrat wurde flächendeckend und auch in allen Durchlässen im gesamten Gerinne eingebracht (**Bild 4**). Im Bereich der Einlauftore war es allerdings notwendig, das Substrat zu verklammern, da die Kiesel sonst zu Beginn von Flutungsvorgängen durch die auftretenden Schleppkräfte davon gespült würden. Eine raue Oberflächenstruktur ist aber auch dort ausgebildet. Im Unter- und Oberwasser ist die Sohle des Fischpasses an die natürliche Flusssohle der Elbe angebunden.

5 Gesamteinschätzung

Die neue Fischaufstiegsanlage am Wehr Geesthacht wurde zur Gewährleistung seiner Funktionsfähigkeit nicht nur in Hinblick auf die Auffindbarkeit [3], sondern auch die Passierbarkeit konsequent nach den Vorgaben des aktuellen Regelwerkes [1] geplant und gebaut. Dabei konnte die Vielzahl fischrelevanter Grenzwerte unter den am Standort gegebenen, insbesondere tidebeeinflussten Gegebenheiten nur mit der Konstruktion eines Doppelschlitzpasses eingehalten werden. Die Anforderungen des Europäischen Störs an die Raummaße in einem für ihn passierbaren Wanderkorridor führten dazu, dass der neue Doppelschlitzpass Dimensionen aufweist, die alle bisher in Europa realisierten Fischaufstiegsanlagen übertreffen. Ohne die Berücksichtigung dieser Zielart, wäre allerdings das derzeit laufende Wiederansiedlungsprogramm mit dieser verschollenen Art im Elbesystem sinnlos geworden. Unabhängig davon profitieren aber natürlich auch andere großwüchsige Arten und Exemplare von den großzügigen Ausmaßen des neuen Fischpasses. Des weiteren sind die maximalen Fließgeschwindigkeiten sowie die Turbulenzverhältnisse im Doppelschlitzpass

Bild 4: Sohlensubstrat im Doppelschlitzpass

dem begrenzten Leistungsvermögen schwimmschwacher Arten und junger Entwicklungsstadien angepasst, indem zwischen den Becken maximale Gefällesprünge von 9 cm realisiert sind.

Ein weiteres Alleinstellungsmerkmal sind die im Verlauf des Doppelschlitzpasses verteilt angeordneten Zusatzdotationen, die unabhängig vom Unterwasserstand an mindestens 300 Tagen des Regeljahres einen durchgehend wahrnehmbaren Wanderkorridor erzeugen, der Fischen eine positiv rheotaktisch ausgerichtete Orientierung bis in das Oberwasser ermöglicht. Die Sinnfälligkeit dieser mit diversen wasserbaulichen und ethohydraulischen Untersuchungen begleiteten Planung des Doppelschlitzpasses in Geesthacht sowie der zahlreich neu entwickelten Detaillösungen ist letztlich durch die beträchtliche Zahl von Aufsteigern im Verlauf des ersten Betriebjahres belegt [9]: Es stiegen 322 454 Individuen aus 43 Arten über den neuen Doppelschlitzpass auf, der keinerlei art- oder größenselektive Wirkung erkennen lässt.

Autoren

Dr. Ulrich Schwevers
Institut für angewandte Ökologie
Neustädter Weg 25
36320 Kirtorf-Wahlen
U.Schwevers@Schwevers.de

Dipl.-Ing. Christof Neumann
Knabe Enders Dührkop Ingenieure GmbH
Gasstraße 18
22761 Hamburg
C.Neumann@KED-Ingenieure.de

Literatur

[1] Adam, B.; Bosse, R.; Dumont, U.; Göhl, C.; Görlach, J.; Heimerl, S.; Kalusa, B.; Krüger, F.; Redeker, M.; Sellheim, P.; Schwevers, U.: DWA-Merkblatt M-509: Fischaufstiegsanlagen und fischpassierbare Bauwerke – Bemessung, Gestaltung, Qualitätssicherung. Entwurf. Deutsche Vereinigung für Wasserwirtschaft, Abwasser und Abfall e. V. (DWA), Hennef, 2010.

[2] Menzel, H.-J.; Schwevers, U.: Rahmenbedingungen für den Bau einer Fischaufstiegsanlage am Nordufer des Wehres Geesthacht. In: WasserWirtschaft 102 (2012), Heft 4, S. 12-17.

[3] Schwevers, U.; Neumann, C.: Maßnahmen zur Gewährleistung der Auffindbarkeit des Doppelschlitzpasses Geesthacht. In: WasserWirtschaft 102 (2012), Heft 4, S. 18-22.

[4] Oberle, P.; Musall, M.; Riesterer, J.; Nestmann, F.: Numerische Modelluntersuchungen im Rahmen der Planung der Fischaufstiegsanlage Geesthacht. In: WasserWirtschaft 102 (2012), Heft 4, S. 28-33.

[5] Lehmann, B.; Seidel, F.; Läkemäker, K.: Nestmann F.: Physikalische Begleituntersuchungen zur Fischaufstiegsanlage am Elbewehr bei Geesthacht. In: WasserWirtschaft 102 (2012), Heft 4, S. 34-39.

[6] Krüger, F.; Heimerl, S.; Seidel, F.; Lehmann, B.: Ein Diskussionsbeitrag zur hydraulischen Berechnung von Schlitzpässen. In: WasserWirtschaft 100 (2010), Heft 3, S. 30-36.

[7] Frank, P.-J.: Optimierung der Dotationseinleitungen für die Fischaufstiegsanlage Geesthacht/Elbe. Institut für Wasser und Gewässerentwicklung des Karlsruher Instituts für Technologie, 2010 (Diplomarbeit).

[8] Katopodis, C.: International experience with vertical slot fishways: from Hell's Gate to the present. In: Vattenfall Europe Generation AG (Hrsg.): Elbefische auf bestem Weg, Schriftenreihe Elbfisch-Monitoring (2011), Bd. 3 (in Vorbereitung).

[9] Adam, B.; Faller, M.; Hufgard, H.; Mast, N.; Gischkat, S.; Löwenberg, S.: Ergebnisse des fischökologischen Monitorings am Doppelschlitzpass Geesthacht. In: WasserWirtschaft 102 (2012), Heft 4, S. 49-57.

Ulrich Schwevers and Christof Neumann

Measures to Ensure the Passability of the Geesthacht Double Slot Pass

The new fish pass at the northern bank of the Geesthacht dam was built using a double slot pass design, as only this construction type allowed to meet all the required geometric and hydraulic thresholds, recommended by the relevant technical guidelines. Due to the necessity of having to take the European sturgeon as the largest autochthonous species into account, the size of the fish pass has reached dimensions, which are unique in the European region. A further unique feature is the presence of ancillary dotations distributed over the length of the pass. These make it possible to maintain the required minimum flow in the migration corridor, independent of the tidal tailwater level.

Ульрих Швеферс и Кристоф Нойманн

Мероприятия по обеспечению проходимости двойного шлицевого рыбохода на гидроузле Геестхахт

Новое рыбоподъемное устройство на северном берегу гидроузла Геестхахт сооружалось как двойной шлицевый рыбоход. Причиной использования этой конструкции стало то, что только с ее помощью обеспечивалось достижение всех геометрических и гидравлических предельных значений в комбинации со специальным регулирующим механизмом. Следовало также учитывать такой автохтонный вид рыб как осетр, который является одним из самых крупных обитающих в водах Эльбы представителей фауны. В связи с этим впервые в Европе было построено рыбоподъемное устройство таких размеров. Другой особенностью рыбохода стало размещение вдоль по длине желоба устройств дополнительной водоподачи. Именно они – независимо от находящегося под воздействием морского отлива уровня нижнего бьефа – обеспечивают соблюдение нижних предельных значений в проходном «коридоре» для рыбы.

Peter Oberle, Mark Musall, Jochen Riesterer und Franz Nestmann

Numerische Modelluntersuchungen im Rahmen der Planung der Fischaufstiegsanlage Geesthacht

Im Jahr 2010 wurde die größte beckenartige Fischaufstiegsanlage Europas am Wehr Geesthacht (Elbe) in Betrieb genommen. Seither passieren Fische unterschiedlichster Arten und Größen das Bauwerk. Die geometrische Gestaltung der als Doppelschlitzpass realisierten Anlage basiert auf umfangreichen Modelluntersuchungen, wobei neben der Strömungscharakteristik innerhalb der Anlage insbesondere auch standortspezifische sowie betriebliche Aspekte zu analysieren und in das Gesamtkonzept zu integrieren waren. Aufgrund der komplexen hydraulischen Randbedingungen sowie der hohen fischökologischen Anforderungen kam eine hybride Vorgehensweise mit numerischer Strömungsmodellierung in Verbindung mit physikalischen Modellversuchen zum Einsatz, wobei sich umfangreiche Synergieeffekte sowie eine gute Prognosefähigkeit der numerischen Simulation zeigten.

1 Hintergrund

Am nördlichen Elbufer an der Wehranlage Geesthacht wurde von der Vattenfall Europe Generation AG eine zusätzliche Fischaufstiegsanlage (FAA) realisiert. Auf Grund der gegebenen räumlichen Randbedingungen sowie der dort vorhandenen Untergrundbedingungen entschied man sich nach Abwägung der Vor- und Nachteile für die Errichtung eines beckenartigen Fischpasses mit Becken und geschlitzten Trennwänden. Im Gegensatz zu anderen Typen von FAA zeichnet sich der sogenannte Schlitzpass oder Vertical-Slot-Pass durch eine regelmäßige Abfolge von Schlitz-Becken-Sequenzen mit geometrisch exakt definierten Konturen aus. Die Größe der Beckenabmessungen und Schlitze wird dabei in Abhängigkeit der biometrischen Daten der größten bzw. der schwimmschwächsten am Standort vorkommenden Fischarten abgeleitet. Für die Dimensionierung der FAA Geesthacht waren somit der ursprünglich in der Elbe beheimatete Europäische Stör mit einer Länge von bis zu drei Metern und der schwimmschwache Stichling als Vertreter kleiner Fischarten maßgebend. Basierend auf den sich daraus ergebenden fischökologisch begründeten Forderungen hinsichtlich minimaler und maximaler Fließgeschwindigkeiten und Schlitzbreiten innerhalb der Anlage wurde im Vorfeld ein Bedarf an ca. 40 bis 50 Einzelbecken von jeweils ca. 10 x 15 m Ausdehnung ermittelt.

Bedingt durch Unsicherheiten bei der Übertragung bekannter Dimensionierungsparameter für Doppelschlitzpässe auf eine Anlage dieser Größe sowie eine Vielzahl sowohl hydraulischer als auch fischökologischer Detailfragen erfolgte am Institut für Wasser und Gewässerentwicklung (IWG) des Karlsruher Instituts für Technologie (KIT) auf Basis umfangreicher numerischer und physikalischer Modelluntersuchungen eine detaillierte Analyse der Strömungscharakteristik und darauf aufbauende Optimierung der Bauwerksgeometrien. Der iterative Prozess zur Anlagengestaltung einschließlich der jeweiligen Prognose der Funktionstüchtigkeit erfolgte in enger Zusammenarbeit des Auftraggebers der Vattenfall Europe Generation AG (VE-G), Cottbus, den Fischsachverständigen des Instituts für angewandte Ökologie (IfÖ), Kirtorf-Wahlen, sowie dem planenden Ingenieurbüro Knabe Enders Dührkop Ingenieure GmbH (KED), Hamburg.

2 Zielsetzungen und Methodik

2.1 Hydraulische Randbedingungen am Wehr Geesthacht

Die Wehranlage Geesthacht liegt an Elbe-km 585,9 und stellt das oberstromige Ende der Tideelbe dar. Bedingt durch den mittleren Tidehub von fast 4 m im Unterwasser des Wehres ist durch die FAA ein ständig variierender Höhenunterschied von mindestens ca. 0,7 m bis maximal ca. 4,5 m zu überwinden. Der langjährige mittlere Elbabfluss im Untersuchungsgebiet beträgt ca. 700 m^3/s. Das jährliche Spektrum erstreckt sich dabei von ca. 300 m^3/s bis zu ca. 1 900 m^3/s. Der größte beobachtete Abfluss der letzten 50 Jahre trat während des Frühjahrshochwassers 2006 mit $Q > 3\,590\ m^3/s$ am Pegel Neu Darchau auf.

Die Wehranlage besteht aus 4 Wehröffnungen von je 50 m Breite, über die mit beweglichen Stahlsektoren der Wasserstand im Oberwasser geregelt wird, sowie zwei weiteren Wehrfeldern mit festen Wehrschwellen, die nur bei Hochwasser überströmt werden. Am südlichen Ufer existiert seit 1998 eine kleine, jedoch stark selektiv wirkende FAA, die heutigen Ansprüchen nicht mehr genügt.

2.2 Fragestellungen

Das Strömungsverhalten innerhalb der neu zu planenden FAA war so zu bemessen, dass sich zum einen ein durchgängiger Wanderkorridor mit einem für die Fische gut wahrnehmbaren Strömungspfad ausbildet und zum anderen die lokalen Strömungsgeschwindigkeiten sowie Turbulenzmuster eine Passage der FAA auch für leistungsschwächere Fische bzw. Fischarten ermöglichen. Entsprechend dem zum Zeitpunkt der Untersuchungen im Entwurf vorliegenden DWA-Merkblatt M-509 [10] wurden bezogen auf das am Standort Geesthacht relevante Artenspektrum Geschwindigkeitsgrenzwerte von $0{,}3\ m/s < v < 1{,}5\ m/s$ definiert, welche an mindestens 300 Tagen im Jahr einzuhalten sind, um die ausreichende Passierbarkeit der Anlage zu gewährleisten.

Die Einhaltung dieser Strömungseigenschaften war auch für die beiden im oberen Drittel der FAA vorgesehenen 180-Grad-Kurven (Umlenkbecken) nachzuweisen, wobei hier zusätzliche Anforderungen, wie z. B. die gleichmäßige Beaufschlagung der Innen- und Außenkurve, die Vermeidung negativer Beeinflussungen der nachfolgenden Becken sowie die Verhinderung von Treibgutansammlungen innerhalb der Umlenkbecken, zu beachten waren. Zur Vermeidung einer Unterschreitung der Mindestfließgeschwindigkeit während des Tidehubes mussten darüber hinaus weitere standortspezifische Anpassungen in Form zusätzlicher Wassereinspeisungen (Dotationen) analysiert und in das Gesamtkonzept integrieren werden.

Neben der Strömungscharakteristik innerhalb der Anlage waren u. a. auch deren Anströmung, die Auffindbarkeit des unterstromigen Einstieges, die strömungsbedingten Belastungen auf einzelne Bauwerksteile (insbesondere im Hochwasserfall) sowie die am oberstromigen Zulauf gelegene Monitoringstation Gegenstand der umfangreichen hydraulischen Untersuchungen.

2.3 Hybride Modellierung

Zur effizienten Bearbeitung der komplexen hydraulischen Fragestellungen wurde eine hybride, d. h. aus hydrodynamisch-numerischen (HN) und physikalischen Modellen gekoppelte, Herangehensweise gewählt (**Bild 1**) [1]. So wurde zunächst im Rahmen eines umfangreichen Varianten- bzw. Sensitivitätsstudiums eine Voraboptimierung der Fischpassgeometrie und damit der Strömungscharakteristik anhand detaillierter numerischer Ausschnittsmodelle der FAA durchgeführt. Parallel dazu wurden mittels großräumiger HN-Modelle Analysen zur Hochwassersituation sowie zur Ausbildung der Anströmung der FAA im Oberwasser und zur Situation im Unterwasser (Leitströmung) durchgeführt. Im weiteren Verlauf kamen numerische Modelle auch zur Untersuchung der Auswirkungen des Tideeinflusses sowie zusätzlich notwendiger Einspeisungen (Dotationen) im Tidehochwasserfall zum Einsatz.

Ergänzend zu diesen numerischen Strömungsberechnungen wurde ein detailliertes physikalisches Modell der Anlage im Maßstab 1:13 aufgebaut. Dabei wurden alle relevanten Einbauten originalgetreu nachgebildet. Die Modellierung des Tidehubs durch unterwasserseitige Wasserstandsänderungen war ebenso möglich wie die Simulation der Dotationen im Tidehochwasserfall [2]. Mit diesem physikalischen Modell konnten

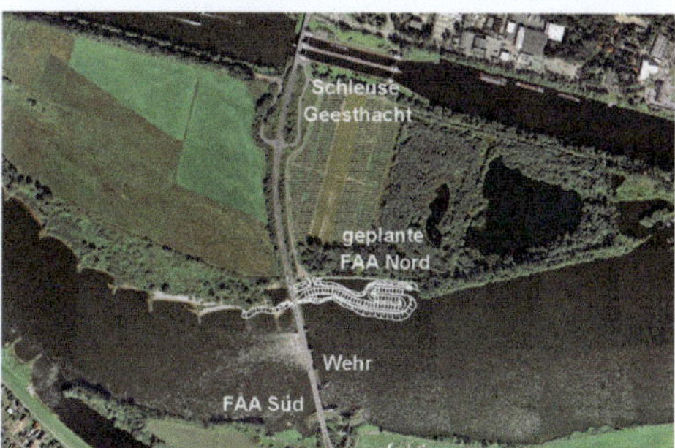

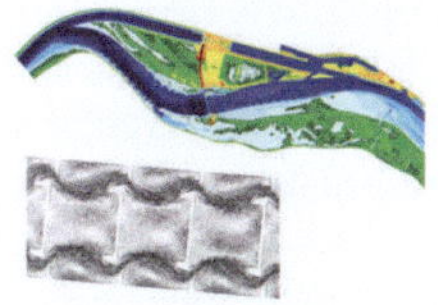

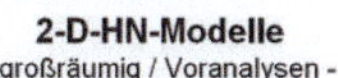

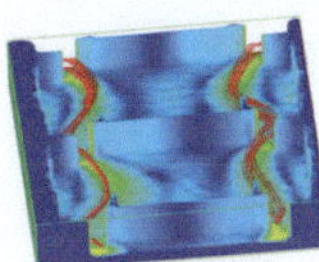

Bild 1: Übersicht über die hybriden Modelluntersuchungen zur FAA Gesthacht

die Ergebnisse der numerischen Untersuchungen hinsichtlich der Strömungsmuster und der sich einstellenden Geschwindigkeiten validiert werden. Des Weiteren wurden u. a. die Dotationseinleitungen optimiert und wesentliche strömungsbedingte Belastungen einzelner Bauteile ermittelt.

Die Vorteile dieser hybriden Herangehensweise liegen neben der meist deutlichen Zeitersparnis vor allem in Synergieeffekten bedingt durch die jeweiligen modellspezifischen Vorteile sowie der gegenseitigen Absicherung bzw. Ergänzung der Ergebnisse. So konnten z. B. bei der Ermittlung eines für die fischökologische Bewertung erforderlichen, vollständigen Geschwindigkeitsbilds im Schlitzquerschnitt wandnahe Bereiche, die aus messtechnischen Gründen nicht bzw. nur ungenau zu erfassen waren, mit den Ergebnissen der numerischen Simulation vervollständigt werden.

Komplettiert wurden die hybriden Untersuchungen durch mehrere großmaßstäbliche ethohydraulische Laborversuche mit lebenden Fischen [9].

2.4 Numerische Verfahren

Das im Rahmen dieser Untersuchungen eingesetzte 2-D-HN-Modell FLUMEN löst die tiefengemittelten Flachwassergleichungen mittels eines Finite-Volumen-Verfahrens mit expliziter Zeitdiskretisierung basierend auf einem unstrukturierten Dreiecksgitter. Das Programm liefert u. a. detaillierte Aussagen über die lokalen Verteilungen der tiefengemittelten Fließgeschwindigkeiten, Wasserstände und Sohlenschubspannungen im Untersuchungsgebiet. Das Verfahren gewährleistet hohe Stabilität, die volle Einhaltung der Erhaltungsgleichungen von Impuls und Kontinuität und ist auch zur Simulation überkritischer Abflusszustände einsetzbar [3].

Für ergänzende 3-D-Analysen kam das Verfahren Flow3D® zum Einsatz. Dieses basiert auf einer Finite-Differenzen-Methode, womit die geringfügig erweiterten Reynolds-gemittelten Navier-Stokes-Gleichungen sowie eine zusätzliche Fluidvolumenfunktion zur Bestimmung der freien Wasseroberfläche auf einem regelmäßig strukturierten Berechnungsnetz gelöst werden. Die Einschränkungen durch das strukturierte Rechengitter werden in den Gleichungen durch zusätzliche Flächen-/Raumanteilparameter, welche eine realistischere Geometrierepräsentation ermöglichen, reduziert [4]. Zur Quantifizierung der Turbulenzeinflüsse wurden Untersuchungen mit statistischen Modellen, wie dem bewährten k-ε-Modell sowie einem Renormalization-Group-Ansatz (RNG), und einer Grobstruktursimulation (LES) durchgeführt.

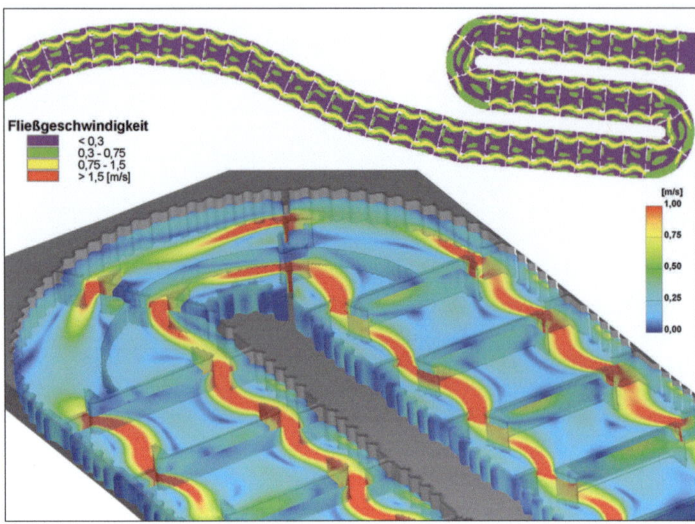

Bild 2: Innerhalb der FAA berechnete Fließgeschwindigkeiten: Gesamte FAA (oben, ethohydraulische Farbskala) und 3-D-Detaildarstellung der 180°-Umlenkung (unten, hydraulische Farbskala)

3 Untersuchungsschwerpunkte

3.1 Positionierung der Anlage

Auf Basis eines 2-D-HN-Modells, welches neben dem Nahbereich der FAA und der Wehranlage auch den oberhalb der Staustufe liegenden Elbeabschnitt auf einer Länge von ca. 8 km über ca. 90 000 Berechnungszellen abbildet, wurde zunächst die Strömungssituation für das Gesamtsystem analysiert, um daraus Informationen bzgl. der geeigneten Positionierung und Einbindung der FAA in den bestehenden Anlagenkomplex zu erhalten. Dabei wurden insbesondere Untersuchungen zur Anströmung der FAA über das gesamte relevante Abflussspektrum durchgeführt, welche letztendlich ausschlaggebend für die konkrete Anordnung des Einlaufbereiches, die dortige Gestaltung der Uferlinien sowie Überlegungen zur Hochwassersituation waren. Ferner wurden Untersuchungen zur Situation im Unterwasser der FAA durchgeführt, um daraus Erkenntnisse bezüglich Ausprägung und Auffindbarkeit der Leitströmung ableiten zu können.

Die Leitströmung aus der FAA wird durch fünf permanent durchströmte Abflussmulden in der festen Wehrschwelle zwischen der FAA und der eigentlichen Wehranlage verstärkt [5]. Das berechnete Strömungsbild zeigte insgesamt eine zielgerichtete Ausprägung. Dennoch wurden im Rahmen der Anlagenplanung Maßnahmen zur Optimierung der Leitströmung in Form von Steinschüttungen, Baggerungen und Leiteinrichtungen analysiert. Die Ergebnisse dieser Untersuchungen flossen zunächst jedoch nicht direkt in die Planung ein und konnten mittlerweile aufgrund der sehr positiven Erfahrungen des Monitorings [6] verworfen werden.

3.2 Optimierung der Schlitz-/Beckenströmung

Zur Analyse des Strömungsverhaltens innerhalb der FAA wurden ein aus ca. 135 000 Berechnungszellen bestehendes 2-D-HN-Modell der gesamten FAA, welches die Einbauten detailgetreu abbildet, sowie mehrere hochaufgelöste 3-D-Ausschnittsmodelle aufgebaut.

Auf Basis des 2-D-HN-Modells konnte die grundlegende Strömungscharakteristik hinsichtlich der Lage von Bereichen hoher bzw. niedriger Geschwindigkeiten sowie der Abgrenzung von Ruhezonen analysiert werden. Die Ausschnittsmodelle bildeten neben einem geradlinigen Abschnitt vor allem auch die „Sonderbereiche" der 180°-Umlenkungen sowie der 20°-Krümmungen ab und ermöglichten eine weitergehende Analyse der 3-D-Fließgeschwindigkeitsverteilungen innerhalb der FAA sowie eine Abschätzung des Turbulenzeintrages bzw. der turbulenten Ausprägung innerhalb der Becken.

Durch den Austausch der Berechnungsergebnisse mit den beteiligten fachtechnischen Objektplanern zeigte sich rasch, dass die in der Vorpla-

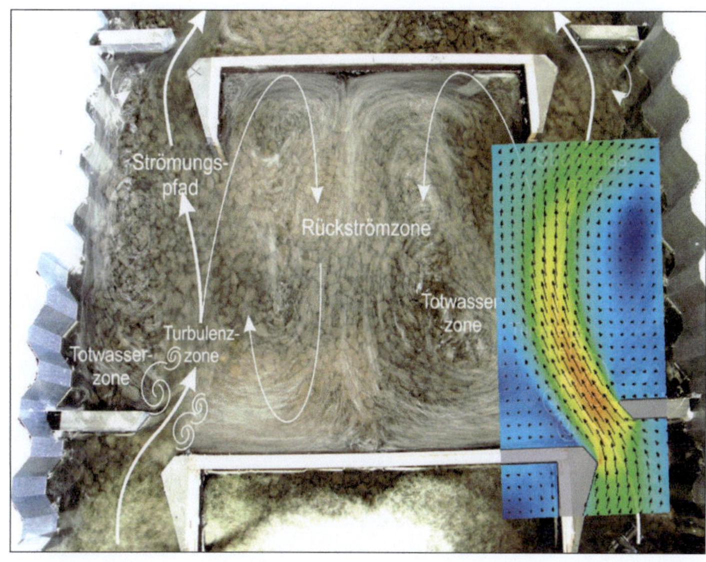

Bild 3: Validierung der Simulationsergebnisse anhand des physikalischen Modells

nung festgelegte Gestaltung der FAA bereichsweise zu fischökologisch ungünstigen Strömungsmustern führen würde. Daher wurden mit den numerischen Modellen insgesamt über 50 Geometrievarianten mit unterschiedlicher Festlegung und Kombination von

- Gerinnebreite und Beckenlänge,
- Form von Leit- und Trennwänden,
- Schlitzgeometrie und -kontur sowie
- Sohlenneigung

untersucht. Dadurch konnte die bis dato vorhandene Planung mit den Erkenntnissen und Ergebnissen aus den HN-Modellen (**Bild 2**) weiterentwickelt werden. Die derart über die numerische Modellierung optimierte Strömung wurde anschließend im physikalischen Modell [2] validiert, wobei sich eine sehr gute Übereinstimmung der Strömungsmuster und der sich einstellenden Geschwindigkeiten zeigte (**Bild 3**).

Über den Einsatz einer Grobstruktursimulation (LES) konnten im Rahmen dieser Untersuchungen auch instationäre Effekte nachgewiesen werden. So treten einerseits innerhalb der FAA Schwankungen der Hauptfließpfade auf, welche jedoch durch die optimierte Geometrieausführung in einem tolerierbaren Spektrum liegen. **Bild 4** zeigt den Schwankungsbereich exemplarisch in einem Becken zu drei unterschiedlichen, rechnerisch jeweils ca. 10 Sekunden auseinanderliegenden Zeitpunkten. Wird die Beckenlänge zwischen den Trennwänden zu groß gewählt, nehmen diese Instationaritäten zu und führen ab einer bestimmten Länge ggf. zu einem unkontrollierten, stark variablen Umschlagen der Strömung und damit zum Abreißen des durchgängigen Strömungspfads. Andererseits zeigten sich auch lokale Fluktuationen der absoluten Geschwindigkeitswerte, die es im Hinblick auf die vorgegebenen Grenzwerte zu interpretieren galt. Diese für die grundsätzliche Planung von FAA sehr wesentlichen Effekte konnten später im physikalischen Modell mittels hochaufgelöster Messtechniken validiert werden und stellen sicherlich ein wesentliches Element der zukünftigen Forschung auf dem Gebiet beckenartiger Fischpässe dar.

3.3 Tideeinfluss und Dotierung

Mit dem numerischen Modell wurde zunächst gezeigt, wie sich ein tidebedingter Rückstau in die FAA hinein auswirkt. Hierbei wurde festgestellt, dass dieser Rückstau bis in das obere Drittel der FAA hinein wirkt und dort bereichsweise zu einer starken Reduktion der Strömungsgeschwindigkeiten führt (**Bild 5**). Fischökologische Erkenntnisse zeigen, dass dadurch die Orientierung der aufwandernden Fische erschwert bzw. unmöglich gemacht wird.

Um die Funktionsfähigkeit der FAA über das gesamte Tidespektrum gewährleisten zu kön-

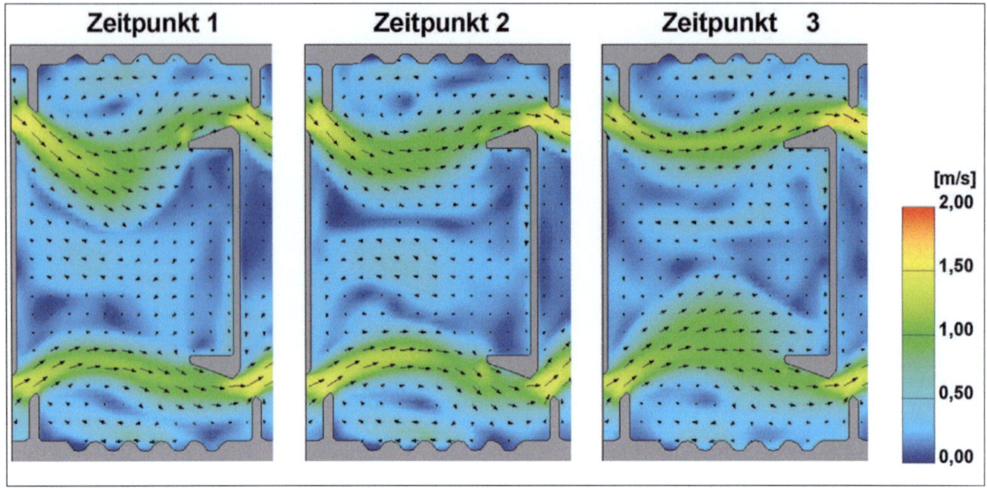

Bild 4: Analyse instationärer Schwankungen des Strömungsfelds mittels 3-D-Grobstruktursimulation (LES); exemplarische Gegenüberstellung der Beckenströmung zu drei unterschiedlichen Zeitpunkten

nen, war es notwendig, die Auswirkungen des Tidehubs auf das Strömungsverhalten in der FAA zu untersuchen und Maßnahmen zur Kompensation eventueller Tideeffekte zu entwickeln. Dazu wurde das 2-D-HN-Modell der gesamten FAA mit dem physikalischen Modell gekoppelt, indem Berechnungsergebnisse des HN-Modells als Randbedingungen für das physikalische Modell eingestellt wurden.

Es galt nun zu ermitteln, an welchen Stellen innerhalb der FAA durch zusätzliche, wasserstandabhängig gesteuerte Wasserzugaben (Dotationen) eine ausreichende Kompensation der Rückstaueffekte bewirkt werden kann. Auch diese Untersuchung wurde zunächst durch ein Variantenstudium am numerischen Modell durchgeführt. Daraus resultierte letztendlich die Identifikation von insgesamt sieben günstigen Stellen, an denen in Abhängigkeit des Unterwasserstands unterschiedliche Dotationswassermengen einzuspeisen sind.

Diese Randbedingungen wurden an das physikalische Modell übergeben, um zu untersuchen, mittels welcher konstruktiven Maßnahmen die zusätzliche Dotationswassermenge im Falle des tidebedingten Rückstaus in die einzel-

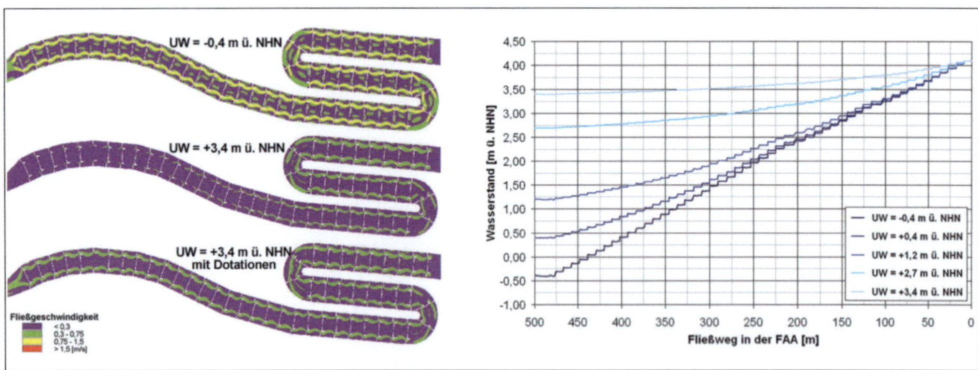

Bild 5: Ergebnisse der 2-D-HN-Berechnungen zu Wasserständen (rechts) und Fließgeschwindigkeiten (links) in der FAA ohne Tidehub (oben), mit maximalen Tidehub (Mitte) und mit Dotationen (unten).

Bild 6: Zielvariante für die konstruktive Gestaltung der Dotationen im physikalischen Modell (oben) und nach Inbetriebnahme (unten).

nen Becken einzuleiten ist. Dabei galt es zu berücksichtigen, dass durch die zusätzliche Dotationseinleitung der eigentliche Hauptströmungspfad, der zugleich den Wanderkorridor für die aufwandernden Fische darstellt, auch lokal nicht gestört wird. Hierzu wurden im physikalischen Modell mehrere Varianten mit unterschiedlichen geometrischen Ausprägungen hinsichtlich Richtung und Aufteilung der Einleitung sowie Prallkörpern untersucht. Es kristallisierte sich eine zielführende Variante mit zwei an der oberstromigen Seite der Trennwände positionierten Zuleitungen und auf den Trennwänden angebrachten Prallkörpern heraus (**Bild 6**). Das zusätzliche Dotationswasser wird dabei aus dem Oberwasserraum vor dem Wehr entnommen und gravimetrisch über Rohrleitungen, deren Durchfluss mittels schwimmergesteuerter Drosselelemente abhängig vom Beckenwasserstand reguliert wird, an die jeweiligen Dotationsstellen geleitet. Die Planung wurde beim Bau der Anlage umgesetzt und weist die im Modell beobachteten Strömungsmuster auf.

4 Fazit und Ausblick

Zur Sicherstellung der Funktionsfähigkeit der FAA Geesthacht waren im Rahmen der Planungsphase umfangreiche hydraulische, bautechnische und fischökologische Fragestellungen zu analysieren. Zu deren Beantwortung kam ein innovatives, hybrides Untersuchungskonzept, bestehend aus numerischen, physikalischen und ethohydraulischen Modellen, zum Einsatz.

Die im Rahmen dieses Artikels vorgestellten numerischen Analysen lieferten in diesem Kontext wesentliche Ergebnisse sowie Randbedingungen für die vielfach darauf aufbauende physikalische Modellierung [2]. Des Weiteren trugen sie in hohem Maße dazu bei, das Gesamtverständnis bzgl. der Hydraulik derartiger beckenartiger FAA zu erweitern. Insbesondere durch die Kombination mit den physikalischen Laboruntersuchungen und den ethohydraulischen Versuchen mit lebenden Fischen [2] konnte das modelltechnische Potential derartiger Untersuchungen weitestgehend ausgeschöpft und die Anlagenplanung damit auf einem größtmöglichen Qualitätsniveau realisiert werden [7]. Dies wird auch durch die Ergebnisse des mittlerweile seit über einem Jahr laufenden Monitorings [6] nachdrücklich bestätigt.

Im Hinblick auf die im Zuge der Umsetzung der WRRL geforderten Anstrengungen zur Schaffung einer bestmöglichen ökologischen Durchgängigkeit an Stauanlagen kann die hier vorgestellte hybride Untersuchungsmethodik sicherlich richtungsweisend sein und sicherstellen, dass geplante Investitionen zielgerichtet eingesetzt werden und somit zu einer nachhaltigen Aufwertung unserer Gewässersysteme führen.

Autoren

Dr.-Ing. Peter Oberle
Dr.-Ing. Mark Musall
Dipl.-Ing. Jochen Riesterer
Prof. Dr.-Ing. Dr. h. c. mult. Franz Nestmann
Karlsruher Institut für Technologie (KIT)
Institut für Wasser und Gewässerentwicklung (IWG)
Kaiserstraße 12
76131 Karlsruhe
peter.oberle@kit.edu
mark.musall@kit.edu
jochen.riesterer@kit.edu
franz.netmann@kit.edu

Literatur

[1] Musall, M.: Mehrdimensionale hydrodynamisch-numerische Modelle im praxisorientierten und operationellen Einsatz. Fakultät für Bauingenieur- Geo- und Umweltwissenschaften des Karlsruher Instituts für Technologie, 2011 (Dissertation).

[2] Lehmann, B.; Seidel, F.; Läkemäker, K.: Nestmann F.: Physikalische Begleituntersuchungen zur Fischaufstiegsanlage am Elbewehr bei Geesthacht. In: WasserWirtschaft 102 (2012), Heft 4, S. 34-39.

[3] Beffa, C.: 2D-Strömungssimulation mit FLUMEN. Schwyz, Schweiz. 2004 (www.fluvial.ch; Abruf 30.12.2011).

[4] Flow Sience Inc. (Hrsg.): FLOW-3D(R) User's Manual. Version 8.2. Santa Fe, USA, 2004.

[5] Schwevers, U.; Neumann, C.: Maßnahmen zur Gewährleistung der Auffindbarkeit des Doppelschlitzpasses Geesthacht. In: WasserWirtschaft 102 (2012), Heft 4, S. 18-22.

[6] Adam, B.; Faller, M.; Hufgard, H.; Mast, N.; Gischkat, S.; Löwenberg, S.: Ergebnisse des fischökologischen Monitorings am Doppelschlitzpass Geesthacht. In: WasserWirtschaft 102 (2012), Heft 4, S. 49-57.

[7] Lehmann, B.; Oberle, P.: Wasserbauliche Modellversuche und numerische Modellierung – Methoden zur hydraulisch-technischen Qualitätssicherung. In: BfG (Hrsg.): 2. Kolloquium Monitoring, Funktionskontrollen und Qualitätssicherung an Fischaufstiegsanlagen, Koblenz, 7./8. Juni 2011.

[8] Musall, M.; Oberle, P.; Fust, A.; Nestmann, F.: 3-D-Strömungssimulation zur Bewertung der Leitströmung eines Umgehungsgerinnes am Hochrheinkraftwerk Ryburg-Schwörstadt. In: WasserWirtschaft 98 (2008), Heft 1-2, S. 37-42.

[9] Adam, B., Lehmann, B.: Ethohydraulik. Grundlagen, Methoden, Erkenntnisse. Heidelberg: Springer-Verlag, 2011.

[10] Adam, B.; Bosse, R.; Dumont, U.; Göhl, C.; Görlach, J.; Heimerl, S.; Kalusa, B.; Krüger, F.; Redeker, M.; Sellheim, P.; Schwevers, U.: DWA-Merkblatt M-509: Fischaufstiegsanlagen und fischpassierbare Bauwerke – Bemessung, Gestaltung, Qualitätssicherung. Entwurf. Deutsche Vereinigung für Wasserwirtschaft, Abwasser und Abfall e. V. (DWA), Hennef, 2010.

Peter Oberle, Mark Musall, Jochen Riesterer and Franz Nestmann

Computational Flow Simulation Supporting the Design of the Geesthacht Fish Pass

In the year 2010 Europe's largest fish pass with basins at the Elbe-weir near Geesthacht was put into operation. Since then fish of many different kinds and sizes pass the building every day. The geometrical configuration of the facility, realized as a double slot pass, is based on extensive hydraulic model investigations. Thereby, apart from the flow characteristic within the building, also location-specific and operational aspects were to be analyzed and integrated into the planning concept. Due to the complex hydraulic boundary conditions as well as the high fish-ecological requirements a hybrid modeling approach with computational flow simulation in connection with physical model tests was employed, whereby substantial synergies as well as a good prognosis ability of the computer-aided simulation showed up.

Петер Оберле, Марк Мусалль, Йохен Ристерер и Франц Нестманн

Цифровые модельные исследования в рамках планирования рыбоподъемного устройства на гидроузле Геестхахт

В 2010 году на гидроузле Геестхахт (Эльба) было введено в эксплуатацию самое крупное в Европе рыбоподъемное устройство бассейнового типа. В настоящее время более 1000 рыб разных видов и размеров ежедневно проходят через это сооружение. Геометрическое решение построенного как двойной шлицевый рыбоход устройства основывается на результатах обширных модельных исследований. Наряду с характеристикой течения в пределах сооружения нужно было, в частности, также проанализировать специфические для месторасположения аспекты, учесть производственные моменты и интегрировать их в общую концепцию. Принимая во внимание комплексные гидравлические пограничные условия, а также в связи с высокими требованиями в отношении экологии рыбы был применен комбинированный метод цифрового моделирования течения в сочетании с физическими модельными испытаниями, во время которых наблюдались многочисленные синергетические эффекты, а также хорошая прогнозируемость цифрового моделирования.

Boris Lehmann, Frank Seidel, Katrin Läkemäker und Franz Nestmann

Physikalische Begleituntersuchungen zur Fischaufstiegsanlage am Elbewehr bei Geesthacht

Bei den Planungen zum neuen Doppelschlitzpass am Elbewehr Geesthacht ergaben sich infolge der gegebenen Randbedingungen Fragestellungen, welche nur mit einem physikalischen wasserbaulichen Modell exakt beantwortet werden konnten: Die im Rahmen des numerischen Variantenstudiums erfolgte Voroptimierung der Schlitzgeometrie wurde hinsichtlich der Strömungsmuster und Geschwindigkeiten mit dem physikalischen Modell validiert. Zudem mussten für die statische Bemessung einzelner Anlagenbauteile die maßgebenden hydrodynamischen Belastungen ermittelt werden. Ferner wurde eine konstruktive Gestaltung der Dotationszuleitungen ohne Beeinflussung der Hauptströmungssignaturen in den betroffenen Schlitzpassbecken erarbeitet. Bei der Monitoringeinrichtung galt es unter anderem, Detailuntersuchungen zur hydraulischen Wirksamkeit der Leitrechen durchzuführen. In einem großskaligen ethohydraulischen Ausschnittsmodell, welches anhand der Strömungsparameter des physikalischen Modells kalibriert wurde, erfolgte der Nachweis für die Passierbarkeit der Schlitze auch für schwimmschwache Fischarten.

1 Modellperimeter

Damit für die Fischaufstiegsanlage (FAA) am Elbewehr bei Geesthacht die Übertragung der Ergebnisse vom physikalischen Modell auf die Natur möglich war, mussten im wasserbaulichen Modell die Zuströmbedingungen der Elbe in den Schlitzpass korrekt abgebildet werden. Hierzu flossen im Sinne einer hybriden Modellierung die Ergebnisse der numerischen Strömungsberechnungen bei der Planung des physikalischen Modells mit ein. Die Geometrie des Einlaufbereichs konnte für die relevanten Betriebszustände in der Form gewählt werden, dass die Zuströmbedingungen exakt den Vorgaben aus dem 2-D-HN-Modell und damit der Natursituation entsprachen. Der Modellmaßstab konnte bei bestmöglicher Ausnutzung der räumlichen Gegebenheiten im Theodor-Rehbock-Wasserbaulabor in Karlsruhe auf 1:13 festgelegt werden.

Da die Strömungsvorgänge in der FAA primär von Schwere- und Trägheitskräften dominiert werden, erfolgte die Auslegung des physikalischen Modells nach dem Froudeschen Modellgesetzen. In dem Modell wurden folgende Komponenten maßstabsgetreu abgebildet (**Bild 1**):

- Zuströmbereich zum Doppelschlitzpass.
- Der komplette Doppelschlitzpass mit links- und rechtsseitigen Spundwandprofilen, den 47 Trennwänden mit den zugehörigen Leitwänden und 94 Umlenkblöcken sowie dem Sohlensubstrat.
- Gemäß der projektierten, gewendelten Linienführung wurden auch die Sonderbereiche mit den zwei 180°-Umlenkbecken und den 20°-Knicken exakt abgebildet.
- Es wurden neben dem Hauptzufluss weitere sieben regelbare und modifizierbare Zuleitungen (Dotationen) zur Optimierung einer der partiellen Dotationen installiert.
- Der Ausflussbereich mit Rechteckquerschnitt wurde nachgebildet.
- Die Monitoringstation mit Reusenanlage wurde am oberstromigen Ende des Doppel-

schlitzpasses bezüglich ihrer um- und durchströmten Bauwerkskonturen einschließlich der dortigen Horizontalrechen nachgebildet.

Das gesamte Projekt unterlag einem straffen Zeitplan, so dass ein mehrfacher Umbau aller Modellkomponenten nicht möglich gewesen wäre. Daher wurden zunächst nur in einem ersten geraden Fließabschnitt die modular erstellten Schlitzmodule installiert und direkt anschließend das Strömungsverhalten in diesem Abschnitt untersucht. Diese Daten wurden zur Validierung der numerischen Modellergebnisse verwendet. Die noch fehlenden Schlitzmodule für die unterstrom anschließenden Bereiche konnten parallel zu diesen bereits laufenden Untersuchungen angefertigt werden. Damit wurde die Möglichkeit gewahrt, im Falle notwendiger Änderungen an den Schlitzkonturen nicht alle Schlitzbauteile abändern zu müssen, was einen enormen Zeitaufwand bedeutet hätte.

Die Modellsteuerung erfolgte rechnergestützt auf Basis erfasster Wasserstände im Zulaufbereich, welche mit der Zuflussregelung des Modells gekoppelt waren. Somit konnte durch automatisiertes Öffnen bzw. Schließen des Schiebers der exakte Wasserstand am Einlauf des Schlitzpasses eingestellt werden. Für die Einstellung der unterstromigen Randbedingung (Ebbe und Flut) wurden vor dem Auslauf des Modells eine motorisch angetriebene Klappe sowie eine weitere Wasserstandssonde angebracht. Nach demselben Prinzip wie am oberen Modellrand konnte hier durch die Kopplung der Klappe mit der Wasserstandssonde die Wasserspiegellage automatisiert per PC geregelt werden. Hierdurch war es möglich, auch instationäre Vorgänge, wie z. B. den zeitlichen Verlauf des Tidehubs, im Modell zu simulieren.

Die Dokumentation der Untersuchungen erfolgte durch Fließgeschwindigkeits- und Wasserspiegelmessungen sowie fotografisch und durch Videoaufzeichnungen. Je nach Untersuchungsschwerpunkt wurden die Fließgeschwindigkeiten punktuell oder als Raster gemessen. Für die Erfassung der Geschwindigkeitsvektoren wurden eine elektromagnetische Sonde sowie ein Accoustic Doppler Velocimeter (ADV) verwendet.

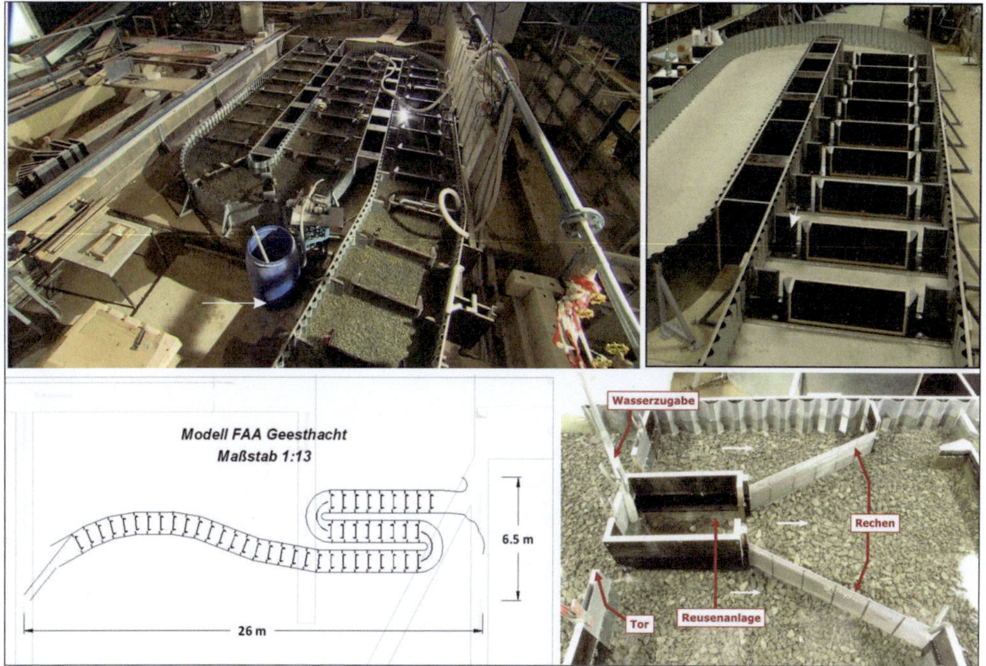

Bild 1: Modellfoto entgegen der Fließrichtung (oben links) und Lageplan des physikalischen Modells im Theodor-Rehbock-Labor (unten links), Foto vom Aufbau der modularen Einbauten (oben rechts), Detailfoto Einlaufbereich mit Reusenkammer (unten rechts)

2 Fischrelevante Strömungssignaturen

Da Effekte der Strömungsablösungen an umströmten Bauwerkskonturen im HN-Modell ohne exakte Modellkalibrierung nur unsicher abgebildet werden können, galt es zu prüfen, ob das numerisch prognostizierte Strömungsverhalten bei der gewählten Schlitz- und Beckengeometrie durch die Strömungssignaturen und -werte im physikalischen Modell bestätigt werden. Vor dem Hintergrund der Fischpassierbarkeit sollte zudem mit einer großen Prognosegenauigkeit evaluiert werden, ob die geforderten Richt- und Grenzwerte bzgl. der Fließgeschwindigkeiten, Wassertiefen sowie Leistungsdichten tatsächlich eingehalten werden und ob bislang nicht erkannte Strömungseffekte die Ausbildung eines strömungsstabilen Wanderkorridores [1] behindern. Insbesondere bei den Sonderbereichen (180°-Umlenkung und 20°-Krümmung) galt es, im physikalischen Modell Detailoptimierungen zur Verbesserung der Strömungsverhältnisse durchzuführen. Insgesamt konnte jedoch festgestellt werden, dass bezüglich der Strömungssignaturen und der Fließgeschwindigkeitswerte eine gute Übereinstimmung zwischen den numerischen Berechnungen und den Messungen im physikalischen Modell bestand (**Bild 2**). Weitere Ausführungen zu der Validierung der Strömungssignaturen sind im Beitrag von Oberle et al. [3] genannt.

3 Hydrodynamische Bauteilbelastungen

Zur statischen Bemessung der Trennwände war die Kenntnis der maximal einwirkenden hydrodynamischen Kräfte notwendig. Die Trennwände bestehen aus bis zu 1 m hohen Einzelelementen, welche übereinander auf jeweils zwei Rammpfählen fixiert wurden. Die seitlichen Elemente des Doppelschlitzpasses sind als Winkelstützelemente ausgeführt sowie zwischen Spundwand und Trennwand ausgerichtet. Um die infolge Um- und Überströmung resultierenden Kräfte im physika-

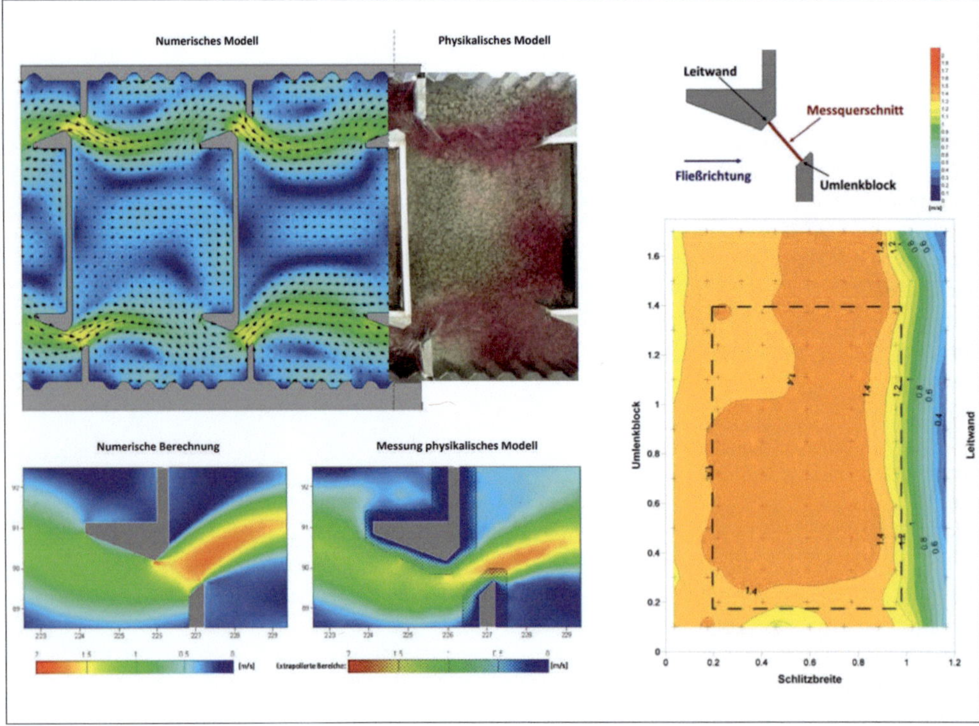

Bild 2: Vergleich der Strömungssignaturen zwischen dem numerischen Modell und dem physikalischen Modell in einer horizontalen Schnittebene (links) und Geschwindigkeitsverteilung in einer vertikalen Messebene direkt im Schlitz (rechts)

lischen Modell durch Kraftmessungen an den betroffenen Bauteilen ermitteln zu können, musste zunächst das maßgebende Abflussszenario ermittelt werden. Mit dem 2-D-HN-Modell, welches einen 8 km langen Fließabschnitt der Elbe mit der gesamten Wehranlage und den anschließenden Ober- und Unterwasserbereichen abbildete, konnten hierzu unterschiedliche Szenarien simuliert und maßgebende Lastfälle definiert werden.

Dabei ergab sich, dass im Hochwasserfall der Oberwasserstand nicht mehr konstant auf 4,10 m ü. NHN gehalten werden kann, sondern abhängig vom Abfluss der Elbe ansteigt. Ab einem Elbwasserstand von 5,10 m ü. NHN kommt es zu einem Überströmen der seitlichen Schlitzpasswände.

Die maximale Strömungsbelastung auf die Bauteile stellt sich dann ein, wenn bei einem großen Abflussanteil im FAA-Gerinne ein steiles Wasserspiegelgefälle vorhanden ist. Aus der verstärkten Fließbewegung resultieren z. T. hohe hydrodynamische Belastungen auf die eingestellten Trennwände, welche sich rein theoretisch nur ungenau ermitteln lassen.

Bei großen Hochwasserereignissen ist die FAA Geesthacht von Unterstrom fast vollständig eingestaut, so dass als maßgebende Bemessungsereignisse Hochwässer mit einer Jährlichkeit von 2 bis 5 Jahren identifiziert wurden (**Bild 3**).

Die hydrodynamische Belastung auf eine Trennwand wird maßgeblich von der Anströmgeschwindigkeit, der Überströmhöhe und den komplexen Strömungsmustern im Beckenbereich beeinflusst. Im physikalischen Modell wurden vier Trennwände derart umgebaut, dass dort Kraftmessungen erfolgen konnten (**Bild 4**). Durch eine Anpassung der hydraulischen und geometrischen Randbedingungen konnten die hydrodynamischen Belastungen an diesen vier Messwänden im Schlitzpass bestimmt werden. Die Auswahl dieser Wände richtete sich nach den Erkenntnissen zum simulierten Strömungsverhalten für die Belastungsszenarien, bei denen die Wände eine repräsentative oder exponierte Lage innerhalb des Schlitzpasses aufwiesen.

Die im Modellversuch ermittelten Kraftwerte wurden durch eine Variation der Belastungszustände plausibilisiert und zur Berücksichtigung gegebener Unwägbarkeiten noch mit üblichen Sicherheitszuschlägen beaufschlagt. Aufbauend auf diese übergebenen Werte konnten die statischen Nachweise zur Bauteilstabilität als auch zum Kippen und Gleiten vom Fachplaner durchgeführt werden.

Am 20.01.2011 wurde während des Hochwassers der Elbwasserstand im Oberwasser von 5,10 m ü. NHN überschritten und es kam zu der prognostizierten seitlichen Einströmung in das FAA-Gerinne sowie den damit einhergehenden hohen Abflüssen und Fließgeschwindigkeiten. Die auf Basis der hybriden Modellierung dimensionierten Bauteile hielten diesem Ereignis, welches in der Größenordnung des Bemessungsereignisses lag, problemlos stand.

4 Monitoringstation

Damit das Aufstiegsgeschehen dokumentiert werden kann, sollen am oberstromigen Ende des Schlitzpasses die aufwandernden Fische in einer Monitoringstation kurzzeitig gefangen werden, um deren Eigenschaften, wie Art, Größe und Gewicht, zu bestimmen. Im Wesentlichen besteht die Monitoringstation dabei aus einer im letzten Becken positionierten Reusenkammer, in die die aufwandernden Fische durch einen Einstiegstrichter einschwimmen. Für die erfolgreiche Fängigkeit der Reuse muss sichergestellt sein, dass die Fische dort hinein geleitet werden. Hierzu war ausgehend von der Reusenkammer eine durchgängige Leitströmung durch den Einstiegtrichter und dann entlang flankierender Horizontalrechen bis hin zum nächsten Schlitz vorgesehen [4]. Zur Erzeugung dieser Leitströmung sollte Wasser durch zusätzliche Pumpen in die Fangkammer eingebracht werden.

Im Zusammenhang mit den Detailplanungen der Monitoringstation konnten Fragestellungen zur Durchströmung und zum hydraulischen Verlust der schräg in die Becken als Leitrechen eingestellten Horizontalrechen, zur Leitströmungsentwicklung aus der Reusenkammer hinaus in den Schlitzpass sowie zur Durchflussaufteilung zwischen Schlitzpass und Reusenkammer mit dem physikalischen Modell beantwortet werden.

Für die Beurteilung der Strömungssituation am Horizontalrechen und die Bestimmung der

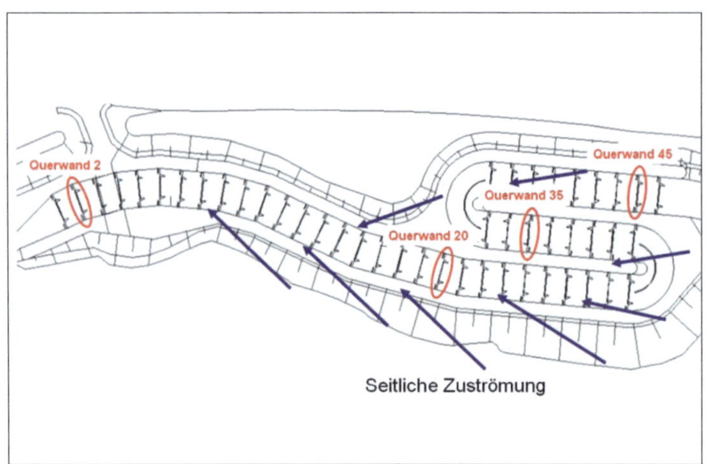

Bild 3: Maßgebender Belastungsfall für die Ermittlung der hydrodynamischen Kräfte auf die Trennwände: Infolge eines Hochwassers erhöht sich der Stauwasserspiegel oberhalb des Wehres und es treten seitliche Zuströmungen in das Schlitzpassgerinne auf; bei den eingekreisten Querwänden erfolgte im Modellversuch die Ermittlung der einwirkenden Strömungskräfte

Bild 4: Messmethodik zur Erfassung der Strömungskraft auf die Trennwände (oben links) und Aufnahmen des Strömungsgeschehens im Belastungsfall beim Modellbetrieb (oben rechts, unten links) sowie Foto des Belastungsfalls bei der Realanlage während eines Hochwasserereignisses im Januar 2011 (unten rechts)

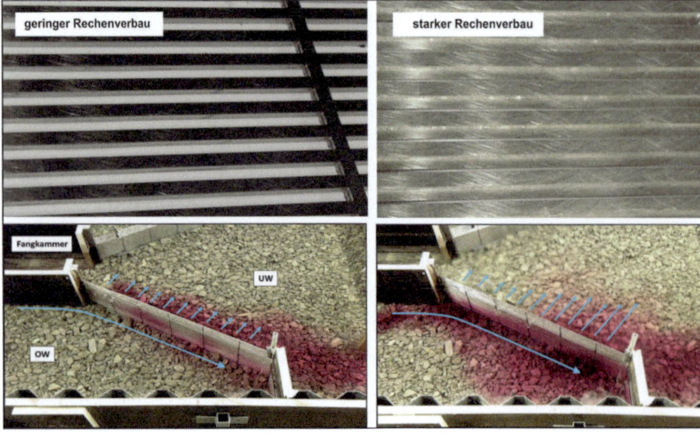

Bild 5: Durchströmung der Horizontalrechen zur Leitung der aufwandernden Fische in die Reusenkammer bei geringem (links) und starken (rechts) Rechenverbau

Rechenverluste wurden Situationen mit einem geringen (50 % Verbau) und einem starken Verbau (80 %) der Rechenfläche untersucht (**Bild 5**):

Bei einem geringen Rechenverbau strömte das Wasser von Oberstrom entlang der Reusenwand auf den Rechen zu, floss an diesem entlang in Richtung der Schwallklappe und durchströmte den Rechen gleichmäßig über die gesamte Rechenlänge. Die Wasserspiegeldifferenz vor und hinter dem Rechen betrug 1 cm (umgerechnet auf die Natur).

Bei dem starken Rechenverbau strömte das Wasser an dem Rechen entlang zur Schwallklappe. Allerdings wurde der Rechen hier nicht über die gesamte Länge gleichmäßig durchströmt. Ein Großteil des Wassers wurde seitlich vor dem Rechen entlang gelenkt und durchströmte diesen relativ lokal konzentriert im Bereich vor der Schwallklappe. Die Wasserspiegeldifferenz vor und hinter dem Rechen betrug hier 5 cm.

Aufbauend auf diesen Erkenntnissen und weiteren Messungen konnten Rückschlüsse auf die Wassermenge, welche in die Reusenkammer zur Ausbildung einer attraktiven Leitströmungsausbildung eingepumpt werden muss, sowie auf die Breite der Einlassöffnungen, durch die der Zufluss in den Schlitzpass stattfindet, gezogen werden.

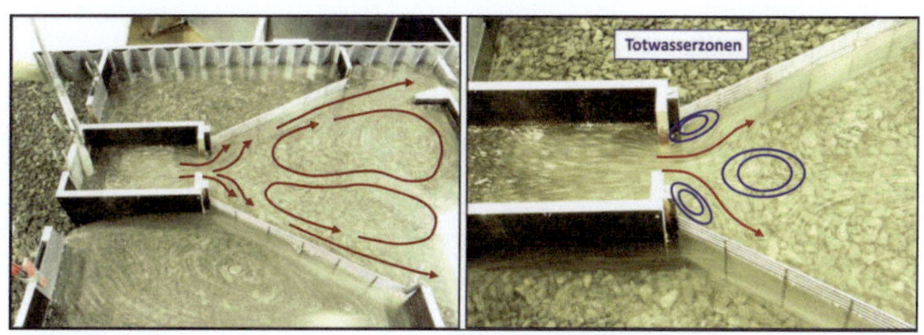

Bild 6: Strömungssignaturen im Bereich der Reusenkammer

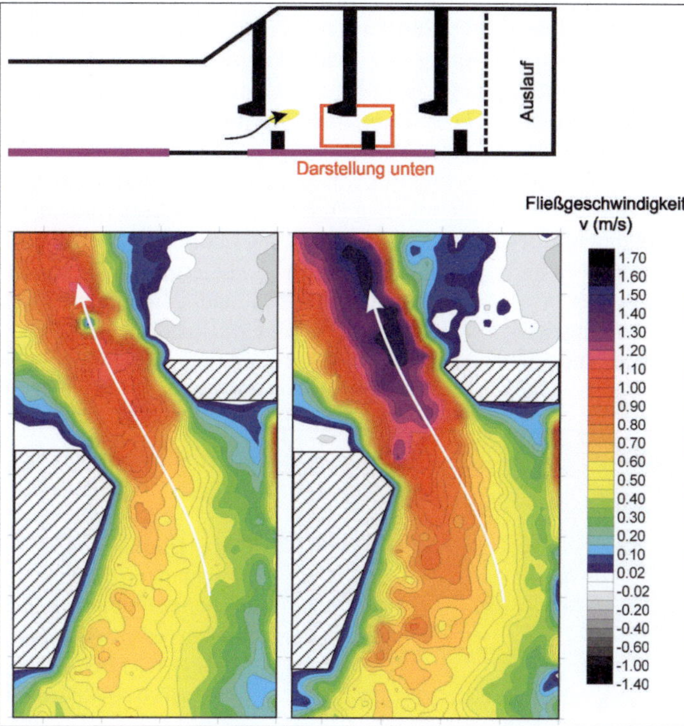

Bild 7: Skizze der Schlitz-Becken-Anordnung im ethohydraulischen Versuchsstand (oben) und der ermittelten Fließgeschwindigkeitsverteilungen im Nahbereich der Schlitze für zwei unterschiedliche Abflusseinstellungen (unten)

Für die Detailgestaltung des Einstiegstrichters wurden zudem ethohydraulische Versuche an einem separaten Modell durchgeführt, um eine möglichst attraktive Einschwimmöffnung für die Fische vorhalten zu können (**Bild 6**) [4].

5 Ethohydraulische Untersuchungen zur Schlitzpassage

Parallel zu den physikalischen Modellversuchen stellte sich die Frage, ob insbesondere die schwimmschwachen Fischarten in der Lage sind, die Zonen mit hohen Fließgeschwindigkeiten, welche sich hinter den Schlitzen infolge der Einengungen ergeben, durchschwimmen können. Hierzu wurden ethohydraulische Versuche in einem separaten Modell durchgeführt, welches einen halbsymmetrischen Ausschnitt des Schlitzpassabschnittes darstellte (**Bild 7**).

Das ethohydraulische Modell bildete drei Schlitz-Becken-Sequenzen im Maßstab 1:3 geometrisch ähnlich ab. Da untersucht werden sollte, ob die in der Naturanlage herrschenden Fließgeschwindigkeiten von Fischen passierbar sind, musste das Modell gemäß den Vorgaben der situativen Ähnlichkeit [2] kinematisch kalibriert werden: Um exakt die Strömungssignaturen und -geschwindigkeiten wie in der Natur zu erhalten, wurde das Modell mit geringeren Wassertiefen und erhöhten Durchflüssen gefahren. Durch hydrometrische Messungen konnten die Strömungssignaturen im ethohydraulischen Modell erfasst und durch Änderung des Modelldurchflusses an die „Soll-Vorgaben" aus den numerischen und physikalischen Modellen angepasst werden.

Mit der Verhaltensbobachtung der eingesetzten Fische unterschiedlicher Arten und Altersstadien konnten wertvolle Erkenntnisse zur Art der Schlitzpassage erarbeitet werden. (**Bild 8**). Zudem führten diese Erkenntnisse zu einer Anpassung der Vorgaben hinsichtlich der maximal zulässigen Schlitzgeschwindigkeiten respektive den maximal zulässigen Wasserstandsunterschieden zwischen jeweils zwei benachbarten Becken.

6 Zusammenfassung und Fazit

Im Rahmen der Planungen zum Doppelschlitzpass beim Elbewehr Geesthacht waren physikalische Modellversuche für die Erarbeitung von Detailoptimierungen notwendig. Im Rahmen der Untersuchungen hat sich zudem gezeigt, dass sich die hybride Kopplung und interaktive Vernetzung des physikalischen Modells mit den numerischen und ethohydraulischen Modellen als effektiv und ökonomisch erwiesen haben. Durch einen geschickten Untersuchungsablauf konnten zeitaufwendige Umbauarbeiten am physikalischen Modell vermieden sowie die Aussagegenauigkeit der numerischen und ethohydraulischen Modelle erhöht werden. Das physikalische Modell lieferte in diesem Zusammenhang Daten und Optimierungen in Bezug auf die Detailausbildung der Schlitzkonturen, den hydrodynamischen Bauteilbelastungen, der konstruktiven Gestaltung der Dotationszugaben sowie zu betrieblichen Fragestellungen, wie z. B. Geschwemmseltrieb und der Ausgestaltung und hydraulischen Funktionalität der Leitströmung bei der Monitoringstation. Zudem wurden wichtige Kalibrierungs- und Validierungsdaten sowohl für die numerischen und ethohydraulischen Modelle als auch für eine fischökologische Bewertung erarbeitet. Damit trägt das physikalische

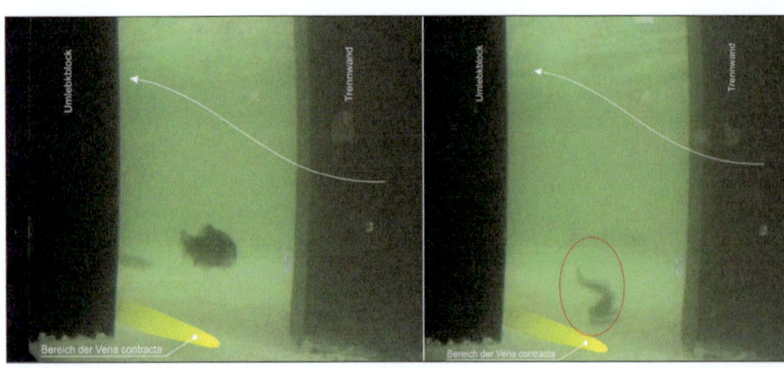

Bild 8: Eine Bachforelle passiert mittig die Zone mit hohen Fließgeschwindigkeiten (links), wohingegen ein junger Bester die Zone seitlich umschwimmt (rechts)

Modell wesentlich zur Qualitätssicherung der Anlagenplanung bei. Nach nunmehr einjährigem Betrieb des Schlitzpasses lässt sich sagen, dass die mittels hybrider Modellierung erarbeiteten Erkenntnisse sowie die daraus resultierenden bau- und betriebstechnischen Details für die bis dato gezeigte hervorragende Funktionalität der Anlage notwendig und unverzichtbar waren. Der Artikel von Menzel und Schwevers [5] geht ausführlich auf die bisherigen Erfahrungen seit Inbetriebnahme ein.

Autoren

Dr.-Ing. Boris Lehmann
Dr.-Ing. Frank Seidel
Dipl.-Ing. Katrin Läkemäker
Prof. Dr.-Ing. Dr. h. c. mult. Franz Nestmann
Karlsruher Institut für Technologie KIT
Institut für Wasser und Gewässerentwicklung
Campus Süd, Gebäude 10.83
76131 Karlsruhe
Boris.Lehmann@kit.edu
Frank.Seidel@kit.edu
Katrin.Laekemaeker@kit.edu
Franz.Nestmann@kit.edu

Literatur

[1] Krüger, F.; Heimerl, S.; Seidel, F.; Lehmann, B.: Ein Diskussionsbeitrag zur hydraulischen Berechnung von Schlitzpässen. In: WasserWirtschaft (2010), Heft 3, S. 30-36.
[2] Adam, B., Lehmann, B.: Ethohydraulik. Grundlagen, Methoden, Erkenntnisse. Heidelberg: Springer-Verlag, 2011.
[3] Oberle, P.; Musall, M.; Riesterer, J.; Nestmann, F.: Numerische Modelluntersuchungen im Rahmen der Planung der Fischaufstiegsanlage Geesthacht. In: WasserWirtschaft 102 (2012), Heft 4, S. 28-33.
[4] Adam, B.; Neumann, C.: Einrichtungen zum Monitoring des Fischaufstiegs im Doppelschlitzpass Geesthacht. In: WasserWirtschaft 102 (2012), Heft 4, S. 44-48.
[5] Menzel, H.-J.; Schwevers, U.: Bilanz und Ausblick des ersten Betriebsjahres des Doppelschlitzpasses Geesthacht. In: WasserWirtschaft 102 (2012), Heft 4, S. 58-63.

Boris Lehmann, Frank Seidel, Katrin Läkemäker and Franz Nestmann

Accompanying Physical Studies for the Fish Pass at the Elbe River Barrier near Geesthacht

During the planning of the new vertical slot passage at the barrier near Geesthacht, the given boundary conditions brought up certain questions which require the use of a physical hydraulic model in order to be answered in detail: The pre-optimization of the slot geometry, which was part of the numeric variation study, was validated with the physical model in terms of flow patterns and velocities. Moreover, the determination of decisive hydro-dynamic loads was necessary for the static calculations of certain elements of the structure. Also, we developed an appropriate design for the additional water inlets which avoids any alternation of the main flow signatures in the corresponding basins of the slot passage. The installation of monitoring devices required detailed studies concerning the hydraulic effects of the guiding screen. We proved the passability of the slots for weak fish species by means of a large scale ethohydraulic limited area model which was calibrated with the flow parameters of the physical model.

Борис Леманн, Франк Зайдель, Катрин Лэкемэкер и Франц Нестманн

Сопутствующие физические исследования для рыбоподъемного устройства на гидроузле Геестхахт на Эльбе

При планировании нового шлицевого рыбохода на гидроузле Геестхахт на Эльбе при введении рамочных условий возникли вопросы, на которые можно было точно ответить только при использовании физической модели гидросооружения. В рамках цифрового исследования вариантов была произведена предварительная оптимизация геометрии рыбохода, которая с помощью физической модели была валидирована в отношении образца течения и скоростей. Для этого для статического расчета отдельных блоков сооружения были изучены наиболее важные гидродинамические нагрузки. В дальнейшем было разработано конструктивное решение в отношении дополнительной водоподачи без воздействия сигнатур основного течения в указанных бассейнах шлицевого прохода. При организации мониторинга целью стало проведение детальных исследований гидравлической эффективности ведущих решеток. В крупношкальной этогидравлической блок-модели, которая калибровалась на основе параметров течения физической модели, была доказана проходимость прохода для медленно плавающих видов рыб.

Beate Adam und Christof Neumann

Aalleitern am Doppelschlitzpass Geesthacht

Seitlich neben und im neuen Doppelschlitzpass am Wehr Geesthacht wurden zusätzlich vier Aalleitern installiert, um die Aufwanderung von Glas- und Steigaalen zu gewährleisten. Analog zu anderen Konstruktionstypen von Fischaufstiegsanlagen galt es dabei gleichermaßen die Anforderungen von Jungaalen an die Auffindbarkeit und an die Passierbarkeit dieser Wanderkorridore zu erfüllen. Unter Einsatz einer speziellen Monitoringstation wird ab der Aufstiegssaison 2012 die Funktionsfähigkeit der Aalleitern kontrolliert und das Aufstiegsgeschehen dokumentiert.

1 Gründe für den Bau von Aalleitern

An der Deutschen Küste treten die Jugendstadien des katadromen Europäischen Aals (*Anguilla anguilla*) als ca. 6 bis 8 cm lange, unpigmentierte Glasaale auf. Sowohl diese als auch die etwas älteren und größeren, dunkel pigmentierten Steigaale wandern die Flüsse bis in geeignete Nahrungshabitate stromauf (**Bild 1**). In der Elbe treffen die Jungaale nach etwa 140 km auf das Wehr Geesthacht mit seinen beiden Fischaufstiegsanlagen. Obwohl Fischaufstiegsanlagen allen Fischarten unabhängig von deren Größe und Leistungsfähigkeit einen Wanderkorridor bieten sollen, der sie unterbrechungsfrei vom Unter- ins Oberwasser einer Stauanlage führt, können sich die leistungsschwachen Jungaale oft nicht gegen die in konventionellen Fischpässen herrschenden Fließgeschwindigkeiten behaupten. Hingegen sind sie in der Lage, sich schlängelnd auf feuchten Oberflächen fortzubewegen. Aus dieser Erkenntnis heraus wurde bereits im Jahr 1960 beim Bau der Staustufe Geesthacht eine so genannte Aalleiter auf der nördlichen Seite des rechten Wehrpfeilers installiert (**Bild 2**). Diese ursprünglich in Deutschland entwickelte artspezifische Aufstiegshilfe besteht im Wesentlichen aus einer mit Reisigbündeln oder borstenartigen Strukturen

Bild 1: Steigaale an einer feuchten Ufermauer

Bild 2: Alte Aalleiter am rechten Wehrpfeiler in Geesthacht

bestückten und mit einem Wasserfilm benetzten Rinne, in der sich die Jungaale stromauf winden können [1], [2]. Aalleitern können mit beträchtlichen Neigungen von bis zu 80° installiert werden. Die ursprünglich am Wehr Geesthacht installierte hölzerne und mit Weidenreisern bestückte Aalleiter verfiel allerdings infolge fehlender Wartung nach kurzer Zeit und wurde nicht wieder ersetzt. Um sicher zu stellen, dass die im Bereich des neuen Doppelschlitzpass eintreffenden Jungaale einen auffindbaren und entsprechend ihrem Leistungsvermögen passierbaren Wanderkorridor vorfinden, wurden vier Aalleitern mit einer Monitoringstation zum Nachweis der Aufsteiger installiert [3].

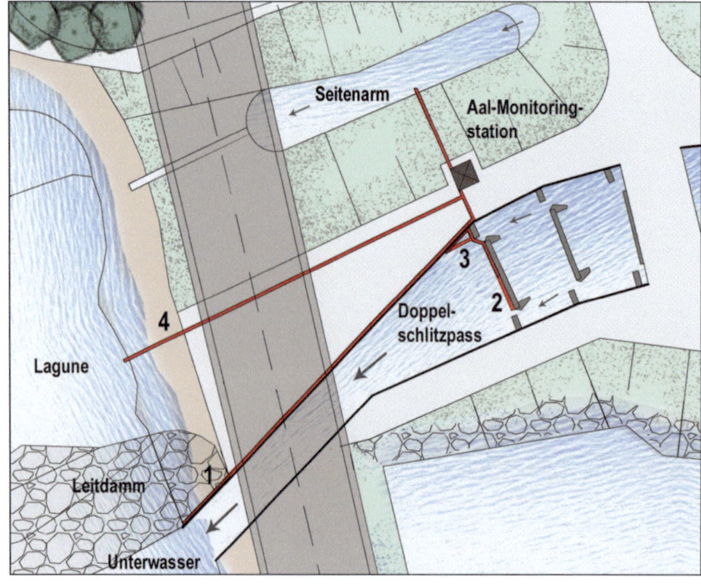

Bild 3: Trassierung der Aalleitern: Nr. 1 und 4 münden im Unterwasser uferseits neben dem Einstiegskanal, Nr. 3 (idealisiert dargestellt) und 2 sind an der untersten Trennwand in der Fischaufstiegsanlage positioniert

2 Maßnahmen zur Gewährleistung der Auffindbarkeit der Aalleitern

Jungaale orientieren sich bei der Aufwanderung an den herrschenden Strömungsrichtungen und Fließgeschwindigkeiten. Da selbst Glasaale eine Schwimmgeschwindigkeit von ca. 0,6 m/s bis 0,7 m/s über längere Zeit aufrechterhalten können, konzentrieren sie sich im Gewässerquerschnitt bevorzugt in Bereichen mit deutlicher oder sogar turbulenter Strömung, während Totwasserzonen gemieden werden und die Fische in Kehrströmungen die Orientierung verlieren [5]. Am Wehr in Geesthacht wird erwartet, dass sich aufsteigende Aale zunächst entlang der Uferlinien orientieren. Deshalb wurde uferseitig neben dem Einstieg des Doppelschlitzpasses und parallel zu dem dort angelegten Leitdamm eine Aaleiter positioniert (**Bild 3**, Ziffer 1). Der Leitdamm begrenzt die unmittelbar unterhalb des Wehrfußes anschließende Lagune, die bei Tidehochwasser regelmäßig überflutet wird, weshalb auch hier eine Aalleiter positioniert ist (**Bild 3**, Ziffer 4). Viele Jungaale werden auf Grund der gewählten Strömungsgeschwindigkeit im Übergangsbereich der Fischaufstiegsanlage in das Unterwasser auch in den Doppelschlitzpass selbst vordringen. Der weitere Aufstieg scheitert hier zumindest temporär bei niedrigen Unterwasserständen an der untersten Trennwand, denn in deren Schlitzen herrschen Fließgeschwindigkeiten, die das Leistungsvermögen früher Aalstadien überfordern. Deshalb wurden an der untersten Schlitzwand im Bereich der beiden Schlitze zwei weitere Aalleitern installiert (**Bild 3**, Ziffern 2 und 3, und **Bild 4**).

Die Jugendstadien des Aals sind oberflächenorientiert [6], so dass sie den Einstieg jeweils dort vorfinden, wo eine Aalleiter die Wasseroberfläche durchbricht. Damit der Einstig aufgefunden wird, muss aus der Aalleiter eine gut wahrnehmbare Leitströmung austreten. Die Dotation der Bürstenstraßen reicht hierzu nicht aus (siehe unten), so dass für jede Aalleiter zusätzlich eine Leitwasserzuleitung (DN 50) verlegt wurde. Diese münden jeweils in zentral angeordneten, 15 cm breiten Rinnen, die oberhalb der Borstenelemente verlaufen (**Bild 5**). Der notwendige Abfluss wird durch ein Kompaktabwasserpumpwerk mit einer Gesamtförderleistung von bis zu 55 m^3/h wasserstandsunabhängig aus der Elbe bereitgestellt. Zur Regulierung der einzelnen Zuspeisungen steht jeweils ein separates Regelventil zur Verfügung. Die gesamte Regelarmatur ist in der Monitoringstation untergebracht. Zum Schutz vor möglichen Frostschäden ist die Anlage mit einer temperaturgesteuerten Abschaltung mit automatischem Leerlaufen ausgestattet.

Die Aalleitern sind so ausgelegt, dass die Leitströmung unabhängig vom Tidewasserstand immer an der Wasseroberfläche und exakt dort wahrnehmbar ist, wo sich der Einstieg in die Bürstenstraßen befindet. Der untere Abschnitt mit den Leitwasserrinnen taucht Deshalb über einen Zeitraum von mindestens 300 Tagen im Jahr selbst beim niedrigsten Tideniedrigwasserstand in das Unterwasser ein und wird auch beim

Bild 4: Aalleitern Nr. 2 und 3 mit Zwischenbecken an der untersten Trennwand im Doppelschlitzpass bei Tidehochwasser

Bild 5: Leitwasserrinne von Aalleiter Nr. 4

Bild 6: Bürstenmatten mit drei Borstenstraßen

höchsten Tidehochwasserstand nicht vollständig überflutet. Hierbei wurden Wasserstände zwischen -0,39 m ü. NHN und +3,42 m ü. NHN berücksichtigt.

3 Maßnahmen zur Gewährleistung der Passierbarkeit der Aalleitern

Die Aalleitern bestehen aus mit Matten belegten Rinnen. In die Matten sind Bündel aus Kunststoffborsten eingesetzt (**Bild 6**). Um Aalen unterschiedlicher Größe bei ihrer schlängelnden Fortbewegung jeweils optimalen Halt und Widerlager zu geben, weisen die Matten drei Straßen mit unterschiedlichen Borstendichten auf. Die Borstenmatten werden jeweils am Hochpunkt mittels Vollkegelsprühdüsen gleichmäßig mit einem dünnen Wasserfilm benetzt. Hierfür wird ein vergleichsweise geringes, aber konstantes Betriebswasservolumen benötigt, das ebenfalls von dem Kompaktabwasserpumpwerk bereitgestellt wird.

Die ca. 50 m langen Aalleitern Nr. 1 und 4 verlaufen mit moderatem Gefälle von ca. 5 % in 0,4 m breiten und 0,4 m hohen U-Profilen aus Beton, die oberflächenbündig in das Betriebsgelände eingelassen sind. Die Aalleitern Nr. 2 und 3 hingegen wurden in 0,4 m breiten und 0,16 m hohen Rinnen aus glasfaserverstärktem Kunststoff installiert, die an der untersten Trennwand und den Seitenwänden des Doppelschlitzpasses befestigt sind. Sie sind in wesentlich stärkerer Neigung von rund 22 % verlegt. Rechteckige Zwischenbecken ermöglichen Richtungs- oder Gefällewechsel. Horizontale Abschnitte werden mit Kunststoffrohren überbrückt, die zu etwa zwei Dritteln mit Wasser gefüllt und nicht mit Borstenelementen ausgestattet sind.

Zum Schutz der Jungaale gegen Prädatoren aller Art, insbesondere fischfressende Vögel, sind alle Aalleitern mit Abdeckungen aus Gitterrost versehen. Ausgenommen hiervon sind lediglich die unteren Abschnitte, die in Abhängigkeit vom jeweiligen Tidestand als Einstiegsbereich fungieren.

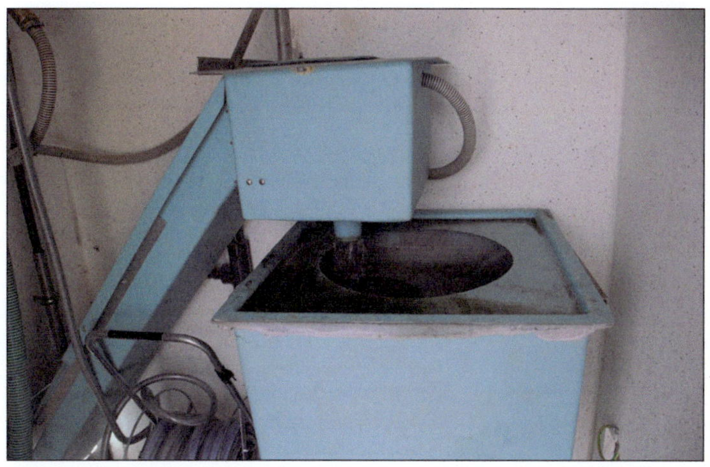

Bild 7: Trichter und Sammelbecken der Monitoringstation

4 Einrichtungen zur Durchführung des Monitorings

Damit der Aufstieg von Glas- und Steigaalen kontrolliert werden kann, führen alle vier Aalleitern des Doppelschlitzpasses zu einer Monitoringstation. Werden keine Aufstiegskontrollen durchgeführt, fallen die in den Borstenstraßen stromauf wandernden Jungaale über einen Trichter in ein wassergefülltes Sammelbecken und werden von dort über eine bewässerte Leitung in den so genannten Seitenarm gespült (**Bild 7**). Dieser Seitenarm verläuft zwischen Elbufer und der Fischaufstiegsanlage und befindet sich auf Oberwasserniveau. Er mündet hinter der Monitoringstation in den Hauptstrom der Elbe. Im Fall des Monitorings wird den Aalen der Übertritt in die Rohrleitung zum dem als Bucht ausgebildeten Seitenarm durch einen großvolumigen Fangsack von 0,4 mm Maschenweite verwehrt, der in das Sammelbecken eingehängt wird. Turnusmäßig wird der Fangsack kontrolliert und die Aale werden mit Sieben in Größenklassen aufgeteilt. Die einzelnen Chargen werden sodann gewogen und anhand der zuvor ermittelten durchschnittlichen Stückgewichte einer jeden Charge in Individuenzahlen umgerechnet.

5 Ausblick

Wenngleich die Konstruktion von Aalleitern hinreichend optimiert ist und richtig positionierte Aalleitern einen sehr wichtigen Beitrag zum Erhalt der Aalbestände leisten, sind diese ursprünglich in Deutschland erfundenen artspezifischen Aufstiegsanlagen hierzulande nur noch selten im Einsatz [7]. Dabei lässt sich auch ein nachträglicher Einbau von Aalleitern selbst an bestehenden Wanderhindernissen vergleichsweise einfach bewerkstelligen [8]. Am Standort Geesthacht traten allerdings technische Probleme vor allem mit dem feinporigen Filter des Pumpwerkes auf, der sich aufgrund der hohen Schwebstoff- und Geschwemmselfracht der Elbe rasch zusetzte, so dass die Aalleitern samt Monitoringstation in der Aufstiegssaison 2010/11 nicht ausreichend mit Elbwasser versorgt werden konnten. Dem wird Anfang 2012 durch den Umbau der Anlage abgeholfen, so dass die Aalleitern einschließlich Monitoringstation rechtzeitig zu Begin der nächsten Aufstiegssaison ab April einsatzbereit sein werden. Die Befunde des fischökologischen Monitorings werden dann Auskunft darüber geben, ob und in welchem Umfang die Aalleitern von den Jugendstadien des Aals für den Aufstieg genutzt werden und so die Funktion des Doppelschlitzpasses ergänzen. Allerdings werden sie wahrscheinlich nur einen Teil der aufwandernden Aale aufnehmen, da davon ausgegangen wird, dass selbst Glasaale bei höheren Unterwasserständen in der Lage sind, die Fließgeschwindigkeiten innerhalb des Doppelschlitzpasses zu überwinden und diesen als Wanderkorridor elbaufwärts zu nutzen.

Autoren

Dr. Beate Adam
Institut für angewandte Ökologie
Neustädter Weg 25
36320 Kirtorf-Wahlen
B.Adam@Schwevers.de

Dipl.-Ing. Christof Neumann
Knabe Enders Dührkop Ingenieure GmbH
Gasstraße 18
22761 Hamburg
C.Neumann@KED-Ingenieure.de

Literatur

[1] Keller, H.: Die Anlage der Fischwege. Berlin: Verlag von Ernst und Korn, 1885.
[2] Gerhardt, P.: Ueber Aalleitern und Aalpässe. In: Z. Fischerei 1 (1893), S. 194-199.
[3] Fischpass: Suivi de la migration anadrome de l'anguille sur les principaux axes fluviaux Vendéens. Im Auftrag der Fédération de Vendée pour la Pêche et la Protection du Milieu Aquatique, Technical Report, 2009.
[4] Mann, H.: Der Aalaufstieg in der Aalleiter an der Staustufe Geesthacht. In: Fischwirt 11 (1961), S. 69-74.
[5] Jens, G. et al.: Fischwanderhilfen: Notwendigkeit, Gestaltung, Rechtsgrundlagen. In: Schriftenreihe des Verbandes Dt. Fischereiverwaltungsbeamter und Fischereiwissenschaftler 11 (1997), S. 1-113.
[6] Legault, A.; Brin, G.; Laffaille, P.: Review of eel ladders built in Vendee on the French Atlantic coast. In: Bridging the gap between hydraulics and biology – extended abstracts of the 6th International Symposium on Ecohydraulics 2007, Christchurch.
[7] Adam, B.; Bosse, R.; Dumont, U.; Göhl, C.; Görlach, J.; Heimerl, S.; Kalusa, B.; Krüger, F.; Redeker, M.; Sellheim, P.; Schwevers, U.: DWA-Merkblatt M-509: Fischaufstiegsanlagen und fischpassierbare Bauwerke – Bemessung, Gestaltung, Qualitätssicherung. Entwurf. Deutsche Vereinigung für Wasserwirtschaft, Abwasser und Abfall e. V. (DWA), Hennef, 2010.
[8] Adam, B.; Schwevers, U.; Boubée, J.; Legault, A.: Die Renaissance der Aalleiter. In: Fischer & Teichwirt 58 (2007), S. 283-386.

Beate Adam and Christof Neumann

The Eel Ladders of the Double Slot Pass Geesthacht

To facilitate the upstream migration of glass eels, four eel ladders were installed within and next to the fish pass at the Geesthacht dam. Similar to other fish pass construction types it was necessary to ensure that the ladders could be both detected and passed by the juvenile eels. A custom built monitoring station will be used to guarantee the correct functioning of the eel ladders and subsequently document the eel migration from the beginning of the next season.

Беата Адам и Кристоф Нойманн

Угреходы в двойном шлицевом рыбоходе на гидроузле Геестхахт

На гидроузле Геестхахт по обеим сторонам рядом с новым двойным шлицевым рыбоходом и в самом рыбоходном устройстве были дополнительно установлены 4 угрехода для обеспечения возможности прохода стеклянного и мигрирующего видов угря. При этом аналогично другим конструктивным типам рыбоподъемных устройств необходимо было равным образом учесть требования в отношении молодых угрей, а именно, находимость прохода и проходимость этого „коридора". Благодаря введению в эксплуатацию специальной станции мониторинга начиная с подъемного сезона 2012 работоспособность угреходов контролируется и процесс подъема рыбы документируется.

Beate Adam und Christof Neumann

Einrichtungen zum Monitoring des Fischaufstiegs im Doppelschlitzpass Geesthacht

Die beiden Fischaufstiegsanlagen am Wehr Geesthacht werden einem kontinuierlichen, mehrjährigen fischökologischen Monitoring unterzogen, um das Aufstiegsgeschehen an dem einzigen Wanderhindernis im etwa 700 km langen deutschen Abschnitt der Elbe zu dokumentieren und die Funktionsfähigkeit des neuen Doppelschlitzpasses zu überprüfen. Für die Evaluierung der Auffindbarkeit wird erstmals in großem Maßstab die Transpondertechnologie eingesetzt, bei der in den Fischaufstiegsanlagen positionierte Antennen das individuelle Wanderverhalten markierter Fische automatisch detektieren. Zudem wurde eine spezielle Fangkammer für den schonenden Nachweis von Aufsteigern aller Arten und Größen entwickelt, um die Datengrundlage für eine Beurteilung der Passierbarkeit des Doppelschlitzpasses zu erarbeiten. Diese Fanganlage bietet den mit dem Monitoring beauftragten Biologen sowie Fischwirten eine maximale Arbeitssicherheit und ermöglicht so auch bei hohen Abflüssen und unter widrigen Bedingungen ein kontinuierliches sowie aussagekräftiges Monitoring.

1 Gründe für ein fischökologisches Monitoring

Querbauwerke werden seit dem 19. Jahrhundert mit Fischaufstiegsanlagen ausgestattet, um die stromaufwärts gerichteten Wanderungen von Neunaugen und Fischen zu gewährleisten. Da die Wirksamkeit dieser Bauwerke allzu häufig und zu Recht in Zweifel gezogen wird, fordern Genehmigungsbehörden oft die Durchführung biologischer Funktionskontrollen. Gemäß Definition ist eine Fischaufstiegsanlage dann funktionsfähig, wenn sie an mindesten 300 Tagen im Jahr bei allen Abflüssen und Wasserständen und auch unter Tideeinfluss sowohl für die größten, als auch leistungsschwächsten Arten gleichermaßen auffindbar und passierbar ist [1].

Technisch ist die Funktionsfähigkeit einer Fischaufstiegsanlage eindeutig definiert. Sie ist dann gewährleistet, wenn sämtliche Regeln bezüglich Anordnung und Bauweise befolgt sowie alle geometrischen und hydraulischen Grenzwerte gemäß DWA [2] eingehalten werden. Für die Bewertung der Funktionsfähigkeit anhand der Befunde biologischer Aufstiegsuntersuchungen existieren hingegen bis heute weder verbindliche methodische Vorgaben, noch allgemein gültige Bewertungskriterien. Folglich sind die meisten bisher durchgeführten biologischen Aufstiegskontrollen methodisch mangelhaft, häufig werden schlecht fängige oder gar fischschädigende Gerätschaften eingesetzt und die Bewertung der erzielten Befunde ist intransparent, willkürlich und damit nicht vertrauenswürdig. Ein entscheidender Mangel ist zudem, dass der funktionsentscheidende Parameter der Auffindbarkeit so gut wie nie untersucht wird [1]. Darauf verzichtet auch eine sogenannter „Methodenstandard“ [3] dessen Versuch einer standardisierten Datenaufnahme und Bewertung schon allein aus diesem Grunde zum Scheitern verurteilt ist.

Im Falle des Doppelschlitzpass Geesthacht sind sämtliche technischen Kriterien der Funktionsfähigkeit nachweislich erfüllt. Insofern stand bei der Konzeption des Monitoringprogramms zunächst nicht der Nachweis der Funktionsfähigkeit anhand biologischer Param-

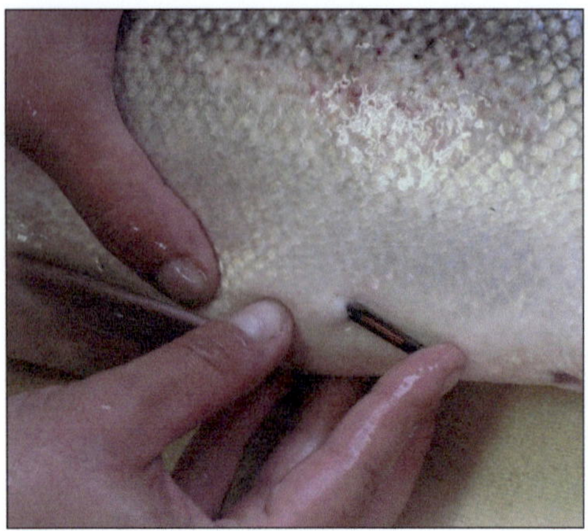

Bild 1: Einführen eines Transponders in die Bauchhöhle eines Lachses

eter im Vordergrund, sondern die Erfüllung behördlicher Auflagen zum Nachweis der Wirksamkeit als Schadensbegrenzungsmaßnahme für ggf. durch die Kühlwasserentnahme des Kohlekraftwerks Moorburg verursachte Fischverluste an FFH-Arten [4]. Das Programm der geforderten kontinuierlichen, mehrjährigen Monitoringuntersuchungen ist allerdings so konzipiert, dass über die entsprechenden Nachweispflichten hinaus auch in möglichst großem Umfang solche Befunde erarbeitet werden, die detaillierte Einblicke in das Aufstiegsgeschehen an der Staustufe Geesthacht geben. So soll das Monitoring in Geesthacht zum allgemeinen Erkenntnisgewinn in Hinblick auf die Mechanismen der Fischwanderung beitragen und Rückschlüsse auf die konstruktiven Anforderungen an Fischaufstiegsanlagen, insbesondere hinsichtlich der Gewährleistung von Auffindbarkeit und Passierbarkeit ermöglichen.

Vor diesem Hintergrund sowie angesichts der Größe des neuen Doppelschlitzpasses war es erforderlich, neue Methoden zu entwickeln bzw. in Deutschland noch weitgehend unbekannte Techniken einzusetzen, um den Aufstieg von Fischen möglichst ganzjährig, zuverlässig, schonend und vor allem ohne Gefährdung von Mitarbeitern untersuchen zu können.

2 Transpondertechnik

Transponder werden unter Beachtung der Bestimmungen des Tierschutzgesetzes in großem Umfang zur Kennzeichnung u. a. von Zoo-, Zucht- und Haustieren eingesetzt. Im Rahmen des fischökologischen Monitorings am Wehr Geesthacht wird diese Technik vor allem dazu genutzt, Aspekte des Wanderverhaltens und der Auffindbarkeit der beiden Fischaufstiegsanlagen zu untersuchen. Hierfür wird Elbe-Fischen, die beim Aufstieg über eine der beiden Fischaufstiegsanlagen gefangen wurden (Abschnitt 3) ein 23 oder 32 x 3,9 mm großer Transponder in die

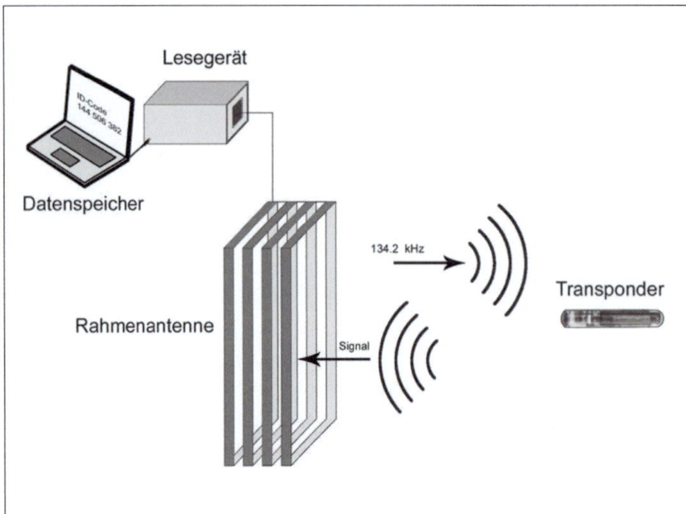

Bild 2: Funktionsprinzip der Transpondertechnik: Nach der Aktivierung des Transponders empfängt die Antenne das vom Transponder gesendete Signal, die Decodierung übernimmt ein Lesegerät

Bauchhöhle implantiert. Dieser emittiert, elektromagnetisch durch eine Antenne aktiviert, einen unverwechselbaren Code (**Bilder 1 und 2**). Die mit einem solchen Transponder gekennzeichneten Exemplare werden im Unterwasser an definierten Positionen in jeweils 3 km, 2 km und 0,5 km Abstand vom Wehr Geesthacht am rechten und linken Ufer wieder in die Elbe entlassen. Wandern die markierten Fische erneut über einen der beiden Fischpässe auf, wird ihre Kennung im alten Umgehungsgerinne von 6 und im neuen Doppelschlitzpass von 18 Antennen zeit- und positionsgenau registriert (**Bild 3**). Zusätzlich erfolgt eine Kontrolle sämtlicher in den Fanggeräten (Abschnitt 3) erfassten Aufsteiger mittel Handlesegeräten. Auf diese Weise lassen sich die Wanderbewegungen transpondierter Fische im Bereich der Stauanlage Geesthacht mit ihren Fischaufstiegsanlagen individuell, zeitlich und räumlich differenziert nachvollziehen.

Seit Inbetriebnahme des Doppelschlitzpasses Anfang August 2010 bis Ende Juli 2011 wurden 13 307 Fische aus 11 Arten transpondiert. Mit stationären Antennen oder Handlesegeräten wurden bisher etwa 40 % dieser Fische redetektiert. Zusätzlich wurde die Bevölkerung über die Presse davon informiert, dass in der Elbe gefangene Fische einen Transponder enthalten können. Gegen eine Prämie von 20 € wurde um die Rücksendung gefundener Transponder mit Angabe des Fund- resp. Fangortes mit Fangdatum gebeten [6]. Eine interessante Erkenntnis aus dieser Aktion ist beispielsweise, dass Quappen (*Lota lota*) von Geesthacht z. T. über 160 Kilometer stromaufwärts bis in die Havel ziehen. Wiederfänge des bislang als „Standfisch" betrachteten Zanders (*Sander lucioperca*) zwischen Gorleben und Dessau belegen Wanderungen dieser Art über eine Entfernung von bis zu 330 Flusskilometern.

3 Fanggeräte

Zur Erfassung der über den Doppelschlitzpass aufwandernden Fische wurde eine Fangeinrichtung konzipiert, um Exemplare aller Arten und Größen zuverlässig erfassen zu können. Grundsätzlich kommen hierbei der Fischerei entlehnte Techniken zum Einsatz. Allerdings gilt es beim fischökologischen Monitoring neben der Effektivität des Fanggeräts auch eine größtmögliche Schonung der gefangenen Fische sowohl beim Fang selbst als auch bei der späteren Auswertung zu gewährleisten. Um diese Anforderungen zu erfüllen, wurde der Doppelschlitzpass im Zentrum des obersten Beckens mit einer Fanganlage, die eine Kombination aus Fangkammer und Fangreuse darstellt, ausgestattet (**Bilder 4 bis 7**). Entsprechend der Dimensionierung der Fischaufstiegsanlage für die größte autochthone Fischart der Elbe, den durchschnittlich ca. 3 m Läge erreichenden Europäischen Stör (*Acipenser sturio*), hat die Reuse eine Grundfläche von 3 x 4 m bei einer Höhe von 1,2 m. Den Boden der Fangreuse bildet eine 0,3 m hohe Wanne. Im Einschwimmbereich sind bewegliche Gatter und Öffnungen in Wandnischen verbaut.

Bild 3: Antenne im gelenzten Doppelschlitzpass

Im obersten Becken des Doppelschlitzpasses sind zwei verschwenkbare Feinrechen montiert, die für den Fangbetrieb zu den Beckenwänden verfahren werden. Die Rechenfelder bestehen aus 8-mm-Spaltrechen mit horizontalen Stäben und werden vom Betriebswasser der Aufstiegsanlage durchströmt, das aus dem Stauraum durch zwei beidseitig neben der Fangkammer positionierte Einlauftore zufließt. Die Rechenfelder führen im Winkel von jeweils 30° von den Seitenwänden des Gerinnes V-förmig auf die Einstiegsöffnung der Fangkammer zu. Auf diese Weise hindern sie aufwandernde Fische an einem unkontrollierten Verlassen des Doppelschlitzpasses, sondern leiten sie zur Fangkammer. Sowohl seitlich als auch zur rauen Sohle des Gerinnes dichten die Leitrechen mit Bürstensäumen zum natürlichem Sohlensubstrat gegen eine Passage von Fischen ab. Außerhalb des Monitorings können die Rechenfelder mit Handwinden zur Mitte des Beckens verfahren werden, um den Weg durch das oberste Becken ins Oberwasser der Staustufe frei zu geben.

Zum Schutz von mit dem Betriebswasser stromabwärts wandernden Fischen sind die Leitrechen so bemessen, dass die Normalgeschwindigkeit der Anströmung 0,5 m/s deutlich unterschreitet, so dass sich Absteiger dem Anpressdruck entziehen können [7]. Um diesen Fischen einen Abstiegskorridor zu bieten, öffnet sich turnusmäßig eine jeweils seitlich neben dem Leitrechen angeordnete Schwallklappe. Die Reinigung der Rechenfläche erfolgt mit einer doppelten Bürstenleiste, wobei das Geschwemmsel ebenfalls über die Schwallklappen weiter gegeben wird. Die hydraulischen Eigenschaften der Rechen wurden an einem maßstabsgerechten Modell im Maßstab 1 : 13 am Institut für Wasser und Gewässerentwicklung des Karlsruher Instituts für Technologie optimiert [8].

Zwischen den Leitrechen und der Fangkammer ist ein 1,6 m breiter und 1,75 m hoher Einstiegtrichter montiert, der über eine Schleuse direkt mit der Reuse verbunden ist. Die Funktion des Einstiegtrichters besteht darin, die in allen Wassertiefen stromauf schwimmenden Fische in die Fangkammer hinein zu führen. Um diese zunächst trivial scheinende Anforderung konstruktiv zu erfüllen, waren zahlreiche ethohydraulische Tests mit standorttypischen Fischarten erforderlich [9] (**Bild 8**). Hierbei zeigte sich, dass ein Durchlass von Hechten (*Esox lucius*) unterschiedlichster Körperlänge nur dann passiert wird, wenn er mindestens 0,7 m breit und 0,5 m hoch ist. Entsprechend wurden die Dimensionen der Einstiegsöffnung in die Fangkammer auf diese Maße festgelegt.

Um Schädigungen gefangener Fische zu vermeiden, dürfen in der Fangreuse nur geringe Fließgeschwindigkeiten und Turbulenzen herrschen. Deshalb ist die Reuse außerhalb des Zustroms des Betriebswassers des Doppelschlitzpass exponiert. Gleichwohl muss eine Strömung aus der Fangkammer austreten, um aufwandernde Fische in diese hinein zu leiten. Der natürliche Zustrom aus dem Oberwasser in die Fangkammer wird durch zwei Pumpen nach Bedarf erhöht. Das Wasser flutet zunächst in Fangkammer und Reuse, bevor ein Teilstrom die Verjüngung des Einstiegtrichters und ein anderer die aus einem Spaltrechen bestehende Decke des

Bild 4: Schematische Übersicht über Fangkammer und Leitrechen (rechter Leitrechen nicht in Fangposition dargestellt) (Grafik: Fa. Muhr)

Bild 5: Die Monitoringeinrichtungen des Doppelschlitzpass

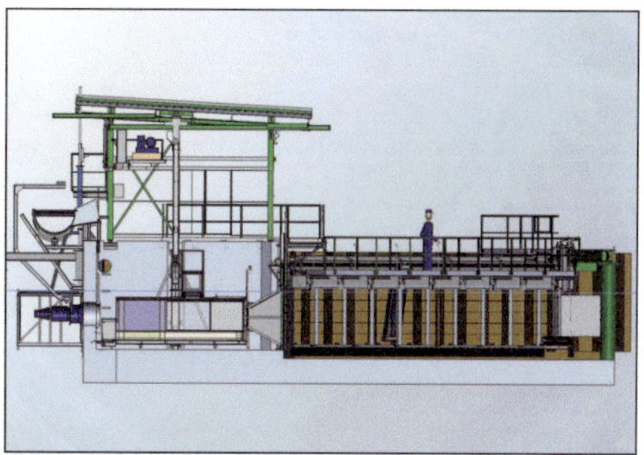

Bild 6: Längsschnitt durch die Fangkammer (Grafik: Fa. Muhr)

Bild 7: Aufsicht auf die in der Fangkammer exponierten Reuse mit dem Einstiegtrichter (links)

Bild 8: Fische im ethohydraulischen Test die Verjüngung des Einstiegstrichters passierend

Bild 9: Entleerung der Fangreuse über eine Rutsche in ein Hälterbecken

Trichters durchströmt. Diese Abflussaufteilung stellt eine attraktive Leitströmung sicher. Die Dotation wurde jedoch auf 500 l/s begrenzt, damit in der Trichterverjüngung ausreichend geringe Fließgeschwindigkeiten herrschen, dass auch leistungsschwache Fische, wie Dreistachliger Stichling (*Gasterosteus aculeatus*) und Stint (*Osmerus eperlanus*), passieren können. Diese und weitere konstruktive und hydraulische Details der Einstiegsgestaltung wurden mit Hilfe ethohydraulischer Untersuchungen geklärt [8], [9].

Beim Umgang mit Fischen gilt es, diese so wenig wie möglich zu handhaben, damit die empfindliche Schleimhaut nicht verletzt wird. Deshalb wird die mit einem Hebezeug geborgene Reuse über eine bewässerte Rutsche in ein Hälterbecken entleert (**Bild 9**). Aus diesem werden die Fische portionsweise in den so genannten Zählcontainer gekeschert, wo sie in belüfteten und von Elbewasser durchströmten Hälterbecken auf ihre

Bild 10: Oberwasseransicht der Monitoringeinrichtungen mit Fangkammer (rechts), Zählcontainer (links) und Ableitrohr (im Vordergrund)

Artdetermination und biometrische Vermessung warten. Danach rutschen die Fische über ein bewässertes Rohr (DN 400) direkt in die Freiheit im Oberwasser der Staustufe (**Bild 10**).

Alle Arbeitsbereiche, Gerätschaften und Wege im Bereich der Monitoringeinrichtung sind beleuchtet und so gestaltet, dass die mit dem Monitoring beauftragten Biologen und Fischwirte auch bei Schlechtwetter und Dunkelheit sicher arbeiten können. Im Hochwasserfall, wenn das Gelände des Doppelschlitzpasses vollständig überflutet zu werden droht, wird der Zählcontainer und weitere mobile Arbeitsmittel aufgenommen und auf ein höher gelegenes Niveau transportiert. Ausgelöst wird dies durch den Betreiber auf Basis von Vorhersagesystemen.

Um parallel an beiden Fischpässen der Staustufe Geesthacht ein fischökologisches Monitoring durchführen zu können, war es schließlich erforderlich, an dem bestehenden Umgehungsgerinne entsprechende Voraussetzungen zu schaffen. Da sich die dort vorhandene Reusenstation aufgrund mangelnder Fängigkeit sowie als Ursache für massive Fischschäden als ungeeignet erwiesen hatte, wurde statt dessen oberwasserseitig eine Garnreuse installiert [10].

4 Ausblick

Das fischökologische Monitoring des Aufstiegsgeschehens über die beiden Fischaufstiegsanlagen am Wehr Geesthacht wurde von Anfang an so konzipiert, dass sowohl die Auffindbarkeit als auch die Passierbarkeit untersucht werden können. Dies erforderte einerseits die Implementierung der in Deutschland bis dato nahezu unbekannten Transpondertechnologie, wobei die amerikanischen Kollegen Alexander Haro und Theodor Castro-Santos vom USGS Anadromous Fish Research Center in Turners Falls (Boston, USA) dankenswerter Weise Hilfestellung leisteten. Andererseits war es geboten, neue Fanggeräte für den gleichermaßen sicheren wie schonenden Nachweis von Aufsteigern zu entwickeln. Beide Aufgaben wurden letztlich nur durch eine intensive und kreative Zusammenarbeit von Fachleuten unterschiedlicher Disziplinen, d. h. Biologen, Elektrotechnikern, und Wasserbauingenieuren erfolgreich bewältigt. Seit November 2009 ist die Transpondertechnik im alten Umgehungsgerinne ununterbrochen und auch unter extremen Witterungsbedingungen störungsfrei im Einsatz, während die Inbetriebnahme der Antennen im Doppelschlitzpass für Frühjahr 2012 vorgesehen ist. Bis dahin werden dort alle Aufsteiger mit Handlesegeräten auf eine Transpondierung kontrolliert.

Die Fanganlage des Doppelschlitzfischpasses ging am 7. Dezember 2010 in Betrieb. Sie ermöglicht selbst unter widrigsten Witterungsbedingungen ein reibungsloses, sicheres Arbeiten und zeigt sich selbst Massenaufstiegen, z. B. von täglich bis zu 25 000 Flussneunaugen (*Lampetra fluviatilis*) oder Dreistachligen Stichlingen (*Gasterosteus aculeatus*) gewachsen. Auch die Handhabung kapitaler Fänge wie über 1,4 m langer Welse (*Silurus glanis*) und Sibirischer Störe (*Acipenser baerii*) bereitet keine Probleme.

Die wichtigsten Befunde des bisherigen Monitorings sind in Adam et al. [5] dargestellt. Detaillierte Informationen über sämtliche Aspekte des Monitorings werden in Form von Jahrbüchern publiziert, von denen bislang der Band 2009 erschienen ist. Die Bände 2010 und 2011 befinden sich in Vorbereitung [10], [11].

Autoren

Dr. Beate Adam
Institut für angewandte Ökologie
Neustädter Weg 25
36320 Kirtorf-Wahlen
B.Adam@Schwevers.de

Dipl.-Ing. Christof Neumann
Knabe Enders Dührkop Ingenieure GmbH
Gasstraße 18
22761 Hamburg
C.Neumann@KED-Ingenieure.de

Literatur

[1] Schwevers, U.; Adam, B.: DWA-Themen: Funktionskontrolle von Fischaufstiegsanlagen: Auswertung durchgeführter Untersuchungen und Diskussionsbeiträge für Durchführung und Bewertung. Deutsche Vereinigung für Wasserwirtschaft, Abwasser und Abfall e. V. (DWA), Hennef, 2006.

[2] Adam, B.; Bosse, R.; Dumont, U.; Göhl, C.; Görlach, J.; Heimerl, S.; Kalusa, B.; Krüger, F.; Redeker, M.; Sellheim, P.; Schwevers, U.: DWA-Merkblatt M-509: Fischaufstiegsanlagen und fischpassierbare Bauwerke – Bemessung, Gestaltung, Qualitätssicherung. Entwurf. Deutsche Vereinigung für Wasserwirtschaft, Abwasser und Abfall e. V. (DWA), Hennef, 2010.

[3] Ebel, G.; Fredrich, F.; Gluch, A.; Lecour, C.; Wagner, F: Methodenstandard für die Funktionskontrolle von Fischaufstiegsanlagen. Bund der Ingenieure für Wasserwirtschaft, Abfallwirtschaft und Kulturbau e. V. (BWK), Sindelfingen 2006.

[4] Menzel, H.-J.; Schwevers, U.: Rahmenbedingungen für den Bau einer Fischaufstiegsanlage am Nordufer des Wehres Geesthacht. In: WasserWirtschaft 102 (2012), Heft 4, S. 12-17.

[5] Adam, B.; Faller, M.; Hufgard, H.; Mast, N.; Gischkat, S.; Löwenberg, S.: Ergebnisse des fischökologischen Monitorings am Doppelschlitzpass Geesthacht. In: WasserWirtschaft 102 (2012), Heft 4, S. 49-57.

[6] Adam, B.: Markierung von Elbe-Fischen. In: Fischer & Teichwirt 12 (2009), S. 442.

[7] Adam, B.; Bosse, R.; Dumont, U.; Hadderingh, R.; Jörgensen, L.; Kalusa, B.; Lehmann, G.; Pischel, R.; Schwevers, U.: DWA-Themen: Fischschutz- und Fischabstiegsanlagen – Bemessung, Gestaltung, Funktionskontrolle. Deutsche Vereinigung für Wasserwirtschaft, Abwasser und Abfall e. V. DWA), Hennef 2005.

[8] Lehmann, B.; Seidel, F.; Läkemäker, K.: Nestmann F.: Physikalische Begleituntersuchungen zur Fischaufstiegsanlage am Elbewehr bei Geesthacht. In: WasserWirtschaft 102 (2012), Heft 4, S. 34-39.

[9] Adam, B.; Lehmann, B.: Ethohydraulik: Grundlagen, Methoden, Erkenntnisse. Heidelberg: Springer-Verlag, 2011.

[10] Schwevers, U.; Faller, M.; Hufgard, H.: Monitoring des Fischaufstiegs an der Staustufe Geesthacht an der Elbe. In: Schriftenreihe Elbfisch-Monitoring (2011), Bd. 1.

[11] Schwevers, U.; Faller, M.; Hufgard, H.: Monitoring des Fischaufstiegs an der Staustufe Geesthacht an der Elbe, Jahrbuch 2010. Cottbus, Vattenfall Europe Generation AG, Schriftenreihe Elbfisch-Monitoring, Bd. 2, 2012 (in Vorbereitung).

Beate Adam and Christof Neumann

Facilities to Monitor the Upstream Migration at the Double Slot Fish Pass Geesthacht

Both fish passes at the Geesthacht dam are continuously monitored to not only provide long term data about fish movements through the passes, but also to verify the correct functioning of the recently constructed double slot pass. To evaluate the traceability of fish passes by upstream moving fishes, transponder technology is used on a grand scale for the first time. Here, antennas located within fish passes automatically detect movements of individuals marked with transponder tags. In addition, a specially designed trap is used to confirm the presence of upstream moving fish of all species and sizes and thereby validate the functionality of the double slot pass. The use of this trap facilitates the collection of continuous and reliable monitoring data even during high discharges and harsh environmental conditions, whilst maintaining health and safety regulations for the personnel in charge.

Беата Адам и Кристоф Нойманн

Организация мониторинга подъема рыбы в двойном шлицевом рыбоходе на гидроузле Геестхахт

На обоих рыбоподъемных устройствах гидроузла Геестхахт осуществляется непрерывный многолетний мониторинг. Целью его является наблюдение за экологией рыбы и документации процесса прохода рыбы вверх по течению через единственную для рыбы преграду на всем протяжении немецкой части Эльбы, длина которой составляет около 700 км. С помощью мониторинга проверяется также работоспособность нового двойного шлицевого рыбохода. Для оценки находимости впервые крупномасштабно применяется технология радиочастотной идентификации, при использовании которой установленные в рыбоподъемных устройствах антенны автоматически определяют индивидуальное поведение в пути маркированных рыб. Кроме того, была разработана специальная ловушка для осуществления как можно более щадящего учета рыб всех видов и размеров с целью создания основы базы данных для оценки проходимости двойного шлицевого рыбохода. Такая ловушка обеспечивает занимающимся мониторингом биологам и рыбоводам безопасность труда и позволяет осуществлять непрерывный и эффективный мониторинг даже при высоком уровне стока и неблагоприятных условиях.

Beate Adam, Markus Faller, Stefan Gischkat, Henrik Hufgard, Sven Löwenberg und Nicola Mast

Ergebnisse nach einem Jahr fischökologischen Monitorings am Doppelschlitzpass Geesthacht

Am Wehr Geesthacht findet seit Inbetriebnahme des neuen Doppelschlitzpasses ein umfangreiches Monitoring beider Fischaufstiegsanlagen statt. Tägliche Zählungen zeigen, dass der Doppelschlitzpass von etwa 8-mal mehr Individuen frequentiert wird, als das am gegenüber liegenden Ufer positionierte, alte Umgehungsgerinne. Auch das Artenspektrum ist mit 43 gegenüber 37 Arten umfangreicher. Mittels Transpondertechnologie werden zudem wichtige und vor allem artspezifisch unterschiedliche Erkenntnisse über die Auffindbarkeit der beiden Fischpässe gewonnen, wobei einige Arten den Doppelschlitzpass bevorzugen, andere das Umgehungsgerinne.

1 Fischökologisches Monitoring an den Fischaufstiegsanlagen am Wehr Geesthacht

Das fischökologische Monitoring am Doppelschlitzpass dient dem Nachweis der Wirksamkeit dieser neuen Fischaufstiegsanlage am Wehr Geesthacht als Schadensbegrenzungsmaßnahme für etwaige Fischverluste an FFH-Arten durch die Kühlwasserentnahme des Kohlekraftwerks Moorburg [1]. Hierfür werden mit der Transpondertechnik und einer Fangkammer [2] Methoden eingesetzt, die auch eine differenzierte Untersuchung der Auffindbarkeit und der Passierbarkeit erlauben. Diese beiden Parameter bilden die Grundlage für eine Bewertung der Funktionsfähigkeit [3]. Zeitgleich mit vergleichbaren Methoden durchgeführte Aufstiegskontrollen an dem Umgehungsgerinne, das seit dem Jahr 1998 am gegenüber liegenden Ufer betrieben wird, dienen hierbei als Vergleichsbasis [4], [5].

Am 1. August 2010 wurde der neue Doppelschlitzpass erstmals geflutet und Elbe-Fischen damit ein zweiter Wanderkorridor zur Überwindung der Stauanlage eröffnet. Zeitgleich wurde mit der Erfassung aller Aufsteiger mittels großer Garnreusen am Ausstieg des neuen Fischpasses begonnen, weil die Fangkammer [2] zu diesem Zeitpunkt noch nicht betriebsbereit war. Da sich auch die Antennenanlage zur automatischen Registrierung transpondierter Fische noch im Aufbau befand, wurden Handlesegeräte eingesetzt, um alle Aufsteiger auf eine individuelle Markierung mit einem Transponder hin zu kontrollieren [2]. Das Monitoring wird von einem Team des Instituts für angewandte Ökologie durchgeführt, das aus wissenschaftlichen Mitarbeitern verschiedener Fachrichtungen und Fischwirten besteht.

Nachfolgend werden Befunde dargestellt, die im ersten Betriebsjahr des Doppelschlitzpasses von August 2010 bis Juli 2011 erhoben wurden. Der vorliegende Artikel kann allerdings nur einige wenige Aspekte des Aufstiegs-Monitorings sowie der daraus gewonnenen Erkenntnisse wiedergeben; vertiefende Ausführungen enthalten die turnusmäßig erscheinenden Jahrbücher [4], [5].

2 Untersuchungsprogramm und Methoden

2.1 Transpondertechnik

Die Transpondertechnik erlaubt die Erarbeitung von Erkenntnissen zur Auffindbarkeit von Fischwegen auch dann, wenn z. B. bei Hochwasser oder Eisgang konventionelle Fanggeräte nicht mehr

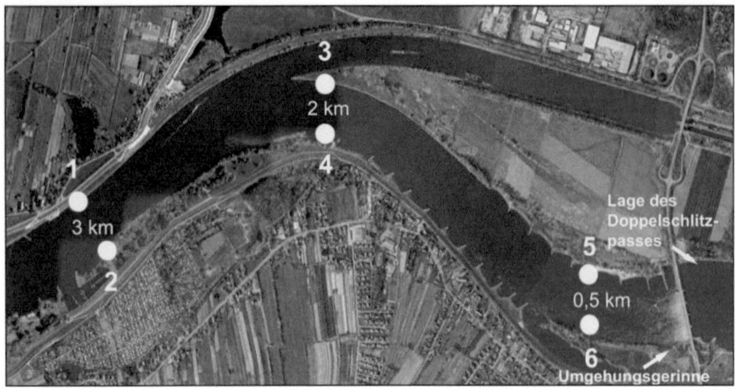

Bild 1: Positionen, an denen transpondierte Fische im Unterwasser der Staustufe entlassen werden (Kartengrundlage: Google)

eingesetzt werden können. Deshalb werden im Rahmen des fischökologischen Monitorings gefangene Aufsteiger ab ca. 30 cm Totallänge transpondiert [2] und an ausgewiesenen Stellen im Unterwasser des Wehres Geesthacht in die Elbe zurück gesetzt (**Bild 1**). Die während der Markierung aufgenommenen individuellen Daten eines jeden Fisches (Ort und Datum des Fanges, Art, Totallänge, Gewicht, z. T. Rückenhöhe und Dicke, Code des Transponders) werden zusammen mit den Informationen über seinen Besatz (Stelle, Datum und Uhrzeit) gespeichert. Im Falle des Wiederaufstiegs eines transpondierten Fisches über das am südlichen Prallhang gelegene Umgehungsgerinne oder den am Nordufer gelegenen Doppelschlitzpass wird das Tier entweder automatisch von Antennen oder im Rahmen der Kontrolle der Fanggeräte mit Handlesegeräten identifiziert. Die Informationen über einen redetektierten Fisch (Ort, Datum und Uhrzeit der Redetektion) werden schließlich mit seinen Fang- und Besatzdaten verschnitten, um z. B. die genutzten Wanderkorridore, seine Wandergeschwindigkeit sowie das art- und individuenspezifische Wanderverhalten nachvollziehen zu können.

2.2 Fanggeräte

Bis zur Inbetriebnahme der Fangkammer des Doppelschlitzpasses war jeweils eine großvolumige Garnreuse oberstrom der beiden Einlauftore exponiert (**Bilder 2 und 3**), um Aufsteiger zu erfassen. Jede der etwa 30 m langen Reusen ist aus knotenlosem Garn von einheitlich 11 mm Maschenweite gefertigt. Um Fische dem Fanggerät sicher zuzuführen, sind die konisch zulaufenden Reusen mit Leitnetzen versehen, deren Oberkante durch Auftriebskörper an der Wasseroberfläche schwimmt, während die Unterkante, durch eine Kette beschwert, dicht am Gewässergrund abschließt. Die Flucht von Fischen aus dem Reuseninneren wird durch drei Kehlen verhindert. Die Leerung der Reusen erfolgt vom Boot aus, indem der an einem Pfahl abgespannte Endsack geöffnet und die Fische aus dem Innern in eine mit Wasser gefüllte Wanne überführt werden. Die beiden Garnreusen wurden in der Zeit vom 1. August 2010 bis zum 7. Dezember 2010 eingesetzt. Danach wurden die Aufstiegszählungen mittels einer in der Fangkammer exponierten, 14,4 m^3 großen Reuse aus 10-mm-Lochblech fortgesetzt (**Bild 4**).

Zeitgleich zu den Aufstiegszählungen am neuen Doppelschlitzpass ist eine baugleiche Garnreuse im Einlaufbereich des Umgehungsgerinnes der anderen Wehrseite exponiert, um auch hier das Aufstiegsgeschehen zu erfassen.

Alle eingesetzten Fanggeräte werden täglich mindestens ein Mal geleert; bei hohem Fischanfall auch mehrmals. Bei den Kontrollen wird die Zahl aufgestiegener Neunaugen und Fische nach Arten differenziert bestimmt und mit Ausnahme bei Massenfängen wird die Totallänge und das Gewicht eines jeden Individuums vermessen sowie gewogen. Jedes Tier wird grundsätzlich mit einem Handlesegerät auf eine individuelle Markierung durch einen Transponder kontrolliert.

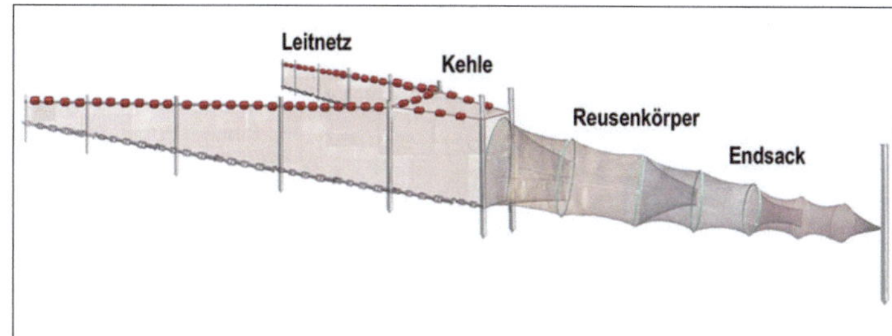

Bild 2: Aufbau einer Garnreuse

Bild 3: Nächtliche Leerung der Garnreuse (die drei massiven Dalben im Hintergrund weisen grobes Treibgut ab)

Bild 4: Angehobene Reuse im Innern der Fangkammer des Doppelschlitzpasses

3 Erkenntnisse durch Einsatz der Transponder-Technologie

Seit Beginn der Markierung von Elbe-Fischen mit Transpondern am 25. Juli 2009 wurden bis zum Stichtag der vorliegenden Publikation am 31. Juli 2011 insgesamt 13 307 Individuen aus 11 Arten markiert. Chargenweise werden die transpondierten Individuen in etwa gleicher Anzahl und Sortierung auf die 6 Besatzpunkte im Unterwasser der Staustufe Geesthacht verteilt (**Tabelle 1**). Die Redetektion transpondierter Fische, die ein zweites Mal über eine der Fischaufstiegsanlagen aufwandern, ist mit 5 569 Indi-

Tab. 1: Sortierung transpondierter Elbe-Fische vom 25. Juli 2009 bis 31. Juni 2011 sowie Anzahl und Quote redetektierter Exemplare

Fischart	Anzahl im Unterwasser des Wehres besetzter Individuen	davon redetektierte Individuen	Redetektionsrate
Flussneunauge	9 531	4 132	43 %
Aland	1 248	878	71 %
Zander	802	95	12 %
Meerforelle	367	62	17 %
Lachs	361	111	31 %
Rapfen	357	200	56 %
Barbe	343	40	12 %
Meerneunauge	196	22	11 %
Quappe	75	10	13 %
Döbel	24	10	42 %

viduen und durchschnittlich 42 % für ein Fang-Markierungs-Wiederfang-Experiment außerordentlich hoch. Bemerkenswert ist hierbei auch, dass hohe Redetektionsraten nicht allein bei anadromen Arten verzeichnet werden, die nach dem Besatz erwartungsgemäß einen zweiten Anlauf zur Überwindung des Wanderhindernisses unternehmen. Vielmehr zeigt sich, dass auch potamodrome Arten, wie Rapfen und Döbel, überdurchschnittlich hohe Redetektionsraten erzielen. Besonders sticht hier der Aland hervor, der im Untersuchungszeitraum eine Redetektionsrate von über 70 % aufweist.

3.1 Präferierte Wanderkorridore

Weil sich herkömmliche Monitoringuntersuchungen meist auf Reusenkontrollen beschränken, die für sich allein wenig aussagekräftig sind [3], bestehen sehr unklare Vorstellungen über das Verhalten von Fischen im Unterwasser von Querbauwerken und die Auffindbarkeit von Fischaufstiegsanlagen. Für das Wehr Geesthacht wurde hierzu bislang gemutmaßt, dass die Fische etwa zu je 50 % entlang beider Ufer aufwandern [6]. Davon ausgehend war das wesentliche Argument für eine zweite Fischaufstiegsanlage am Nordufer: „Nur in seltenen Fällen dürfte es den am Nordufer anstehenden Tieren wegen der Breite des Stromes und der dort herrschenden hohen Fließgeschwindigkeiten gelingen, die Fischwechseleinrichtung am Südufer ausfindig zu machen und zu nutzen. [...] Im Ergebnis [...] ist [...] festzuhalten, dass über die Hälfte der aufstiegswilligen störungsempfindlichen Arten im Unterwasser den Einstieg in das oberhalb des Wehres Geesthacht gelegene Einzugsgebiet nicht findet“ [6].

Vor diesem Hintergrund war die Ufertreue aufwandernder Fische eine der primären Fragen,

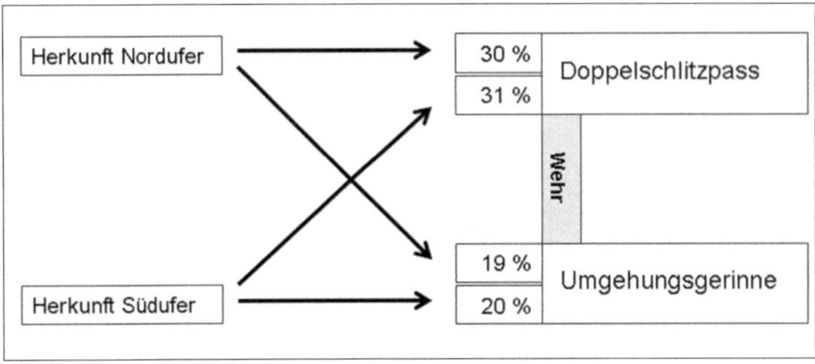

Bild 5: Aufteilung der redetektierten Fische (n = 5 569 = 100 %) auf die beiden Fischaufstiegsanlagen und ihre Herkunft vom Süd- bzw. vom Nordufer

Tab. 2: Median der Zeitdauer zwischen dem Besatz von Flussneunaugen und Zandern und ihrer Redetektion in einer der beiden Fischaufstiegsanlagen am Wehr Geesthacht

Flussneunauge	Doppelschlitzpass	Umgehungsgerinne
Besatz Südufer	3 Tage	25 Tage
Besatz Nordufer	3 Tage	13 Tage
Zander	Doppelschlitzpass	Umgehungsgerinne
Besatz Südufer	12 Tage	7 Tage
Besatz Nordufer	11 Tage	6 Tage

Tab. 3: Vergleich der vom 1. August 2010 bis 31. Juli 2011 in beiden Fischpässen am Wehr Geesthacht registrierten Aufsteiger (sortiert nach Häufigkeit im Doppelschlitzpass)

Art	wissenschaftlicher Name	Doppelschlitzpass	Umgehungsgerinne
Dreistacheliger Stichling	*Gasterosteus aculeatus*	149 151	1 086
Flussneunauge	*Lampetra fluviatilis*	68 584	4 340
Ukelei	*Alburnus alburnus*	49 935	16 270
Güster	*Blicca bjoerkna*	15 914	6 931
Stint	*Osmerus eperlanus*	6 819	0
Zope	*Abramis ballerus*	5 952	7 832
Blei	*Abramis brama*	5 445	3 244
Aal	*Anguilla anguilla*	6 947	5 448
Plötze	*Rutilus rutilus*	3 223	1 046
Zander	*Sander lucioperca*	2 772	456
Barsch	*Perca fluviatilis*	2 569	291
Kaulbarsch	*Gymnocephalus cernuus*	1 833	203
Aland	*Leuciscus idus*	609	612
Stromgründling	*Romanogobio belingi*	579	94
Quappe	*Lota lota*	533	74
Barbe	*Barbus barbus*	345	187
nicht bestimmbare Cypriniden		229	373
Rapfen	*Aspius aspius*	186	186
Meerforelle	*Salmo trutta f. trutta*	168	201
Döbel	*Leuciscus cephalus*	132	44
Gründling	*Gobio gobio*	124	42
Meerneunauge	*Petromyzon marinus*	120	66

Art	wissenschaftlicher Name	Doppelschlitzpass	Umgehungsgerinne
Lachs	*Salmo salar*	111	58
Nase	*Chondrostoma nasus*	37	33
Giebel	*Carassius gibelio*	22	19
Rotfeder	*Scardinius erythrophthalmus*	21	2
Karpfen	*Cyprinus carpio*	18	12
Wels	*Silurus glanis*	16	43
Hasel	*Leuciscus leuciscus*	15	2
Regenbogenforelle	*Oncorhynchus mykiss*	9	6
Graskarpfen	*Ctenopharyngodon idella*	6	1
Bachforelle	*Salmo trutta f. fario*	6	4
Hecht	*Esox lucius*	5	0
Karausche	*Carassius carassius*	5	3
Kleine Maräne	*Coregonus albula*	3	1
Nordseeschnäpel	*Coregonus oxyrhynchus*	2	1
Sibirischer Stör	*Acipenser baerii*	2	0
Bachneunauge	*Lampetra planeri*	1	0
Bachsaibling	*Salvelinus fontinalis*	1	0
Flunder	*Platichthys flesus*	1	4
Schleie	*Tinca tinca*	1	0
Silberkarpfen	*Hypophthalmichthys molitrix*	1	0
Streifenbarsch	*Morone saxatilis x chrysops*	1	1
Zährte	*Vimba vimba*	1	2
Sternhausen	*Acipenser stellatus*	0	1
Gesamt		322 454	49 219
Anzahl Arten		43	37

die mit Hilfe der Transpondertechnik beantwortet werden sollten. Entsprechend den bisherigen Beobachtungen zeigt sich, dass etwa 60 % der redektierten Fische über den Doppelschlitzpass aufwandern, während 40 % das Umgehungsgerinne nutzen (**Bild 5**). Ob sie dazu vom Nord- oder vom Südufer aus starteten, spielte keine Rolle. Vielmehr stammen die Aufsteiger im Doppelschlitzpass ebenso wie im Umgehungsgerinne jeweils fast genau zur Hälfte vom Nord- und vom Südufer. Somit entscheidet nicht die Uferseite der Herkunft, d. h. der Besatzort über den Aufwanderweg. Die großräumlichen hydraulischen Verhältnisse im Fluss scheinen also maßgeblich darüber zu entscheiden, an welcher Uferseite der Aufstieg stattfindet und ob der Fisch ggf. die Uferseite wechselt. Die tatsächlichen Verhältnisse im Unterwasser des Wehres Geesthacht unterscheiden sich somit von dem bisher vermuteten Aufwanderverhalten der Fische.

Bezüglich des präferierten Wanderkorridors bestehen zudem artspezifische Unterschiede. So finden sich die meisten redetektierten Fluss- und Meerneunaugen im Doppelschlitzpass ein; auch hier wieder unabhängig von der Uferseite, an der sie entlassen wurden. Sowohl bei Meerforelle und Lachs als auch kapitalen Exemplaren anderer Arten deutet sich hingegen an, dass der bevorzugte Wanderkorridor am südlichen Prallufer liegt, da ein höherer Anteil markierter Exemplare beim Aufstieg über das Umgehungsgerinne redetektiert wird. Überlagert werden diese Befunde bedauerlicher Weise durch eine erhebliche fischereiliche Mortalität speziell im nördlichen Unterwasser des Doppelschlitzpasses, wo im Jahr 2011 ein enormer Befischungsdruck durch Angler entstanden ist: Hier wurde größtenteils innerhalb des ausgewiesenen Fischschonbezirks und oft auch mit verbotenen Mitteln versucht, gezielt Wandersalmoniden und andere große Fische zu fangen. Es bleibt zu hoffen, dass diese illegale Fischerei ab 2012 durch Ausweitung des Schonbezirks und eine verstärkte Fischereiaufsicht eingedämmt werden kann, so dass dann eine zuverlässige Überprüfung der artspezifisch unterschiedlichen Präferenzen für eine der beiden Fischaufstiegsanlagen möglich wird.

3.2 Zeitliche Komponente der Auffindbarkeit

Neben der Aufteilung der redetektierten Fische gibt auch die Zeit, die vom Besatz im Unterwasser bis zur Redetektion vergeht, Aufschluss über die Auffindbarkeit der beiden Fischaufstiegsanlagen. Eine nach den Besatzufern differenzierte Auswertung bringt die verblüffende Erkenntnis, dass Flussneunaugen unabhängig von der Uferseite, an der sie besetzt wurden, den Doppelschlitzpass im Mittel binnen dreier Tage auffinden, während durchschnittlich zwei bis drei Wochen vergehen, bevor sie im Umgehungsgerinne redetektiert werden (**Tabelle 2**). Ein ähnlicher Befund zeichnet sich beispielsweise auch für Aland und Rapfen ab, wobei die Datengrundlage bei diesen beiden Arten noch zu gering ist, um definitive Aussagen treffen zu können.

Am Beispiel der redetektierten Zander wird deutlich, dass die Zeitdauer bis zum Auffinden einer der beiden Fischaufstiegsanlagen artspezifisch verschieden ist: Wiederaufsteiger dieser Art brauchen ca. zwei Wochen, um den Doppelschlitzpass zu finden, während ihnen dies im Falle des Umgehungsgerinnes in der Hälfte der Zeit gelingt.

4 Erkenntnisse durch Einsatz der Fangeräte

Die Zählung der Aufsteiger in den zeitgleich exponierten Fanggeräten ergab, dass im ersten Betriebsjahr seit der Flutung des neuen Doppelschlitzpasses insgesamt 371 673 Individuen die Stauanlage Geesthacht über die Fischpässe überwunden haben (**Tabelle 3**). Dabei wurde das Umgehungsgerinne, dessen Funktionstüchtigkeit nach Einschätzung früherer Bearbeiter „... als Wanderweg für aufstiegswillige Fische unterschiedlicher Arten und Altersklassen [...] nachgewiesen werden konnte“ [7] nur von 13,3 % der Aufsteiger frequentiert; 86,7 % hingegen wurden im neuen Doppelschlitzpass registriert. Allerdings ist die Anzahl aufgestiegener Exemplare allein für die Beurteilung der Passierbarkeit einer Fischaufstiegsanlage wenig aussagekräftig, da es mit allen verfügbaren Fischereitechniken nicht möglich ist, das im Unterwasser anstehende Aufstiegspotential als Bezugsbasis zu ermitteln. Zu durchaus aussagekräftigen Befunden kann allerdings eine Analyse des Spektrums der aufgestiegenen Arten (Abschnitt 4.1) sowie der Größen der Individuen einer Art kommen (Abschnitt 4.3). Auf diese Weise lassen sich Defizite einer Fischaufstiegsanlage im Sinne einer art- oder größenselektiven Wirkung identifizieren.

4.1 Artenspektrum

Im ersten Betriebsjahr überwanden 43 Arten den Doppelschlitzpass. In diesem Spektrum enthalten waren neben 7 anadromen und 2 katadromen Arten alle potamodromen Vertreter der Kaulbarsch-Flunder-Region sowie der stromaufwärts anschließenden Brachsenregion. Darüber hinaus wurden auch einige gebietsfremde Arten registriert, wie Sibirischer Stör, Gras- und Silberkarpfen, Regenbogenforelle, Bachsaibling und Streifenbarsch. Die Rangliste der Häufigkeiten offenbart einige Überraschungen. So ist die anadrome Form des Dreistacheligen Stichlings (**Bild 6**) mit fast 150 000 Exemplaren in den größten Stückzahlen aufgestiegen. Im Frühjahr 2011 wurden an mehreren Tagen z. T. mehr als 15 000 Individuen dieser Art im Doppelschlitzpass registriert. Mit knapp 70 000 Nachweisen ist auch das zu den bedrohten Arten gerechnete Flussneunauge überaus häufig. Besonders erwähnenswert ist die Nachweiszahl des für die Unterelbe charakteristischen Stints im Doppelschlitzpass, während im Monitoringzeitraum kein einziges Exemplar das Umgehungsgerinne auf der Südseite passiert hat. Zudem haben im ersten Betriebsjahr bereits über 2 000 Zander den Doppelschlitzpass genutzt, obgleich diese Fischart gemeinhin als standorttreu gilt. Trotz seiner prinzipiell ungünstigeren Lage am Gleithang bevorzugen auch rheophile Arten, wie Döbel und Barbe, den Doppelschlitzpass gegenüber dem Umgehungsgerinne.

Besonders erfreulich sind die vergleichsweise hohen Aufstiegszahlen der Quappe, denn die Bestände dieser in der Unter- und Mittelelbe einst überaus häufigen Art waren seit den 1960er-Jahren infolge der Errichtung des Wehres Geesthacht dramatisch zusammengebrochen [8]. Auch die Nachweise des anadromen Nordseeschnäpels, wenngleich bislang nur in Einzelexemplaren, stimmen optimistisch und es bleibt zu hoffen, dass der neue Wanderkorridor am Nordufer des Wehres zum Erfolg der Wiederansiedlungsbemühungen in der Elbe beiträgt.

Gegen den allgemeinen Trend einer Bevorzugung des Doppelschlitzpasses wurden einige Arten häufiger im Umgehungsgerinne registriert. Dies betrifft vor allem Zope, Meerforelle und Wels. Die Datengrundlage reicht nach dem ersten Jahr des Monitorings jedoch noch nicht aus, die Ursachen hierfür zu analysieren.

4.2 Aufstiegsdynamik im Jahresverlauf

Das kontinuierliche Monitoring erlaubt präzise Einblicke in die artspezifische Dynamik des Aufstiegsgeschehens im Unterlauf der Elbe. Als Beispiel ist in **Bild 7** die Verteilung der Fänge von Flussneunaugen (**Bild 8**) im Jahresverlauf dargestellt. Hierbei zeigt sich eine Beschränkung auf die Monate September bis April und ein Aufstiegsmaxima mit bis zu 9 000 Exemplaren pro Tag im November. Ein zweites, separates Aufstiegsmaximum ereignete sich in den Frühjahrsmonaten März/April. Eine völlig andere Aufstiegsdynamik wurde beim Stint beobachtet, der ab März aus der Nordsee in den Unterlauf der Elbe einwandert (**Bild 9**): Hier passierten im ersten Betriebsjahr der neuen Fischaufstiegsanlage 95 % aller Aufsteiger den Doppelschlitzpass an einem einzigen Tag im März 2011.

Insgesamt zeigen die Befunde, dass sich die Aufstiegsmaxima der verschiedenen Arten auf den gesamten Jahreszyklus verteilen [4], [5]. Die Abgrenzung einer standortspezifischen „Hauptaufstiegszeit“ und eine entsprechende Beschränkung von Monitoringuntersuchungen auf diesen Zeitraum, erscheint vor diesem Hintergrund wenig zielführend. Eine Bewertung der Funktionsfähigkeit von Fischaufstiegsanlagen anhand solch episodischer Befunde, wie beispielsweise von Ebel et al. [9] vorgeschlagen, ist zu hinterfragen.

An dieser Stelle sei der Vollständigkeit halber

Bild 6: Der Dreistachelige Stichling ist die häufigste bisher im Doppelschlitzpass registrierte Art

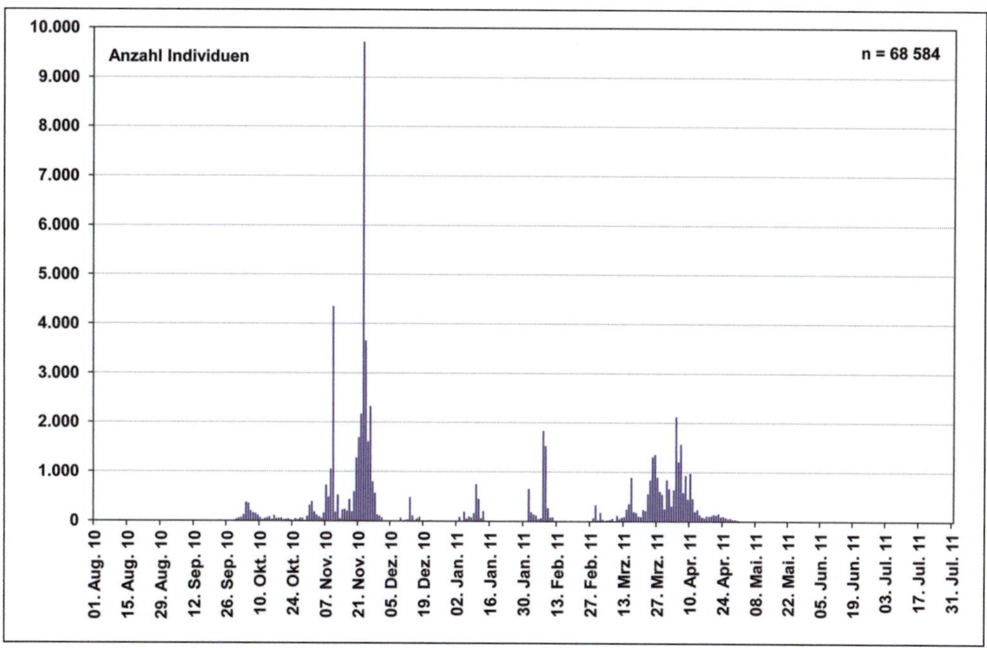

Bild 7: Jahresgang der Tagesfänge von Flussneunaugen im Doppelschlitzpass

Bild 8: Flussneunaugen an der Scheibe des Hälterbeckens

erwähnt, dass im Rahmen des fischökologischen Monitorings täglich Umweltparameter, wie Abfluss, Trübung und ausgewählte physikalisch/chemische Wasserparameter, erhoben werden, um langfristig externe Einflüsse auf das artspezifische Wanderverhalten identifizieren und verstehen zu können.

4.3 Größenselektivität

Um festzustellen, ob Fische aller Größen den Doppelschlitzpass zu überwinden vermögen, werden alle in den Fanggeräten erfassten Aufsteiger auf 0,5 cm genau vermessen. Das Größenspektrum wird sodann in Form von Längenfrequenz-Diagrammen dargestellt, die erken-

Bild 9: Der anadrome Stint ist eine maximal 15 cm lange Charakterart der Elbe, welche ehemals bis Magdeburg verbreitet war

Bild 10: Der Zander ist eine der in Geesthacht am aktivsten wandernden Fischarten

nen lassen, ob bestimmte Größen oder Entwicklungsstadien fehlen oder unterrepräsentiert sind [4], [5]. Wie am Beispiel des Zanders zu erkennen (**Bilder 10 und 11**), beschränkt sich der Fischaufstieg nicht auf die Laichwanderung adulter Exemplare mit Längen bis zu 90 cm, sondern der Doppelschlitzpass wird auch in großer Anzahl von Jugendstadien frequentiert, sobald diese ab einer Körperlänge von ca. 8 cm leistungsstark genug sind, die hydraulischen Bedingungen innerhalb der Fischaufstiegsanlage zu meistern.

4.4 Längen-Gewichts-Relation

Im Rahmen des fischökologischen Monitorings werden neben der Totallänge weitere biometrische Daten aufgenommen und jedes Exemplar wird gewogen, sofern es keine Massenfänge zu bearbeiten gilt. Hieraus können allgemeine biologische Daten zur Fischfauna der Elbe abgeleitet werden. Beispielhaft ist in **Bild 12** die Längen-Gewichts-Relation der Quappe (**Bild 13**) dargestellt.

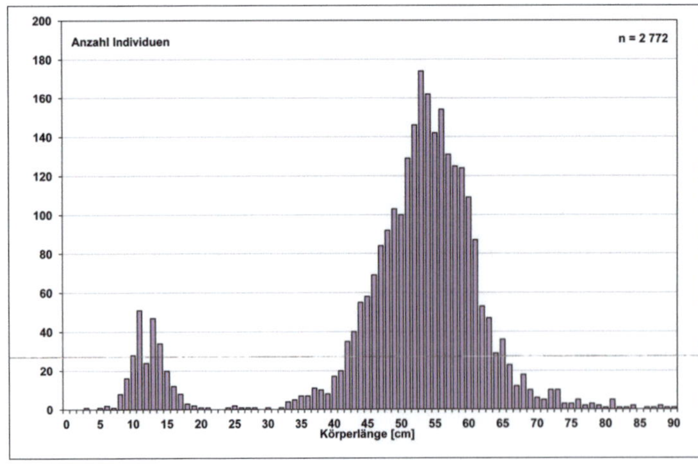

Bild 11: Längenfrequenz der im ersten Betriebsjahr des Doppelschlitzpass nachgewiesenen Zander

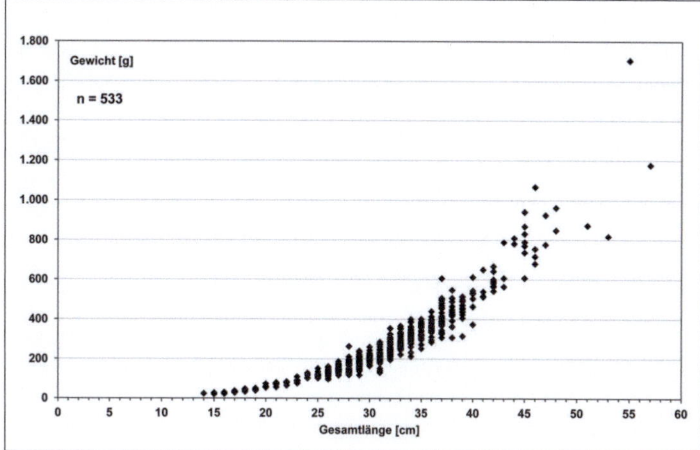

Bild 12: Längen-Gewichts-Relation der über den Doppelschlitzpass aufgestiegenen Quappen

Bild 13: Eine der ehemals fischereilich bedeutenden Fischarten der Elbe ist die Quappe

5 Fazit

Das erste Betriebsjahr des neuen Doppelschlitzpasses erbrachte zahlreiche neue Erkenntnisse hinsichtlich der Funktion und Bedeutung der Fischaufstiegsanlagen am Wehr Geesthacht. Nicht nur die Zahl der Fische und Arten, die den neuen Fischpass überwunden haben, übertraf alle bisherigen Erwartungen, die sich an früheren Aufstiegszählungen am Umgehungsgerinne orientierten (u. a. [7]). Auch die Längenfrequenzen der Arten, in Bild 11 exemplarisch für den Zander dargestellt, lassen bisher keinerlei Hinweise auf eine selektive Wirksamkeit erkennen. Nach allen bisher aufgestellten Kriterien ist damit die Funktionsfähigkeit des Doppelschlitzpasses Geesthacht gegeben.

Bemerkenswert ist, dass er für die meisten Arten sogar besser auffindbar ist als das großräumig wesentlich günstiger positionierte Umgehungsgerinne am anderen Ufer. Ganz offensichtlich resultiert die Auffindbarkeit damit aus einem Zusammenspiel groß- und kleinräumiger Effekte, das bislang erst ansatzweise verstanden ist. Auf jeden Fall ist das Fischverhalten im Unterwasser von Wanderhindernissen weit komplexer als bisher angenommen. So wurde durch Einsatz der Transpondertechnologie nachgewiesen, dass Fische keinesfalls ufertreu wandern, sondern vielmehr nach Belieben im Gewässerquerschnitt hin und her kreuzen, so dass nicht die Aufteilung der Fische in Nord- und Süduferwanderer über die Wahl der zum Aufstieg genutzten Anlage entscheidet, sondern deren Anbindung an die

Wanderkorridore im Unterwasser. Hierbei bestehen offensichtlich beträchtliche artspezifische Unterschiede, so dass die Notwendigkeit einer zweiten Fischaufstiegsanlage am Wehr Geesthacht durch die Befunde des fischökologischen Monitorings im ersten Betriebsjahr des neuen Doppelschlitzpass vollumfänglich bestätigt wird.

Autoren

Dr. Beate Adam
Institut für angewandte Ökologie
Neustädter Weg 25
36320 Kirtorf-Wahlen
B.Adam@Schwevers.de

Markus Faller
Stefan Gischkat
Henrik Hufgard
Sven Löwenberg
Nicola Mast
Außenstelle des Instituts
für angewandte Ökologie
Elbuferstraße 206
21436 Marschacht-Rönne
M.Faller@Schwevers.de
S.Gischkat@Schwevers.de
H.Hufgard@Schweves.de
S.Loewenberg@Schwevers.de
N.Mast@Schwevers.de

Literatur

[1] Menzel, H.-J.; Schwevers, U.: Rahmenbedingungen für den Bau einer Fischaufstiegsanlage am Nordufer des Wehres Geesthacht. In: WasserWirtschaft 102 (2012), Heft 4, S. 12-17.

[2] Adam, B.; Neumann, C.: Einrichtungen zum Monitoring des Fischaufstiegs im Doppelschlitzpass Geesthacht. In: WasserWirtschaft 102 (2012), Heft 4, S. 44-48.

[3] Schwevers, U.; Adam, B.: DWA-Themen: Funktionskontrolle von Fischaufstiegsanlagen: Auswertung durchgeführter Untersuchungen und Diskussionsbeiträge für Durchführung und Bewertung. Deutsche Vereinigung für Wasserwirtschaft, Abwasser und Abfall e. V., Hennef, 2005.

[4] Schwevers, U.; Faller, M.; Hufgard, H.: Monitoring des Fischaufstiegs an der Staustufe Geesthacht an der Elbe. In: Schriftenreihe Fischaufstieg Geesthacht (2011), Nr. 1.

[5] Schwevers, U.; Faller, M.; Hufgard, H.: Monitoring des Fischaufstiegs an der Staustufe Geesthacht an der Elbe. In: Schriftenreihe Fischaufstieg Geesthacht (2011), Nr. 2 (in Druck).

[6] Gaumert, T. et al.: Die Notwendigkeit der Erhöhung der Fischwechselkapazität am Wehr Geesthacht. ARGE Elbe & FGG Elbe, Hamburg, 2008.

[7] Schubert, H.-J.; Hagge, A.: Funktionsüberprüfung der neuen Fischaufstiegsanlage am Elbewehr bei Geesthacht. Köthel & Duvensee, LimnoBios & BioLog, im Auftrag von ARGE Elbe, 2000.

[8] Koops, H.: Der Quappenbestand der Elbe; Untersuchungen über die Biologie und fischereiliche Bedeutung der Aalquappe im Hinblick auf die Auswirkung des in Bau befindlichen Elbstaues bei Geesthacht. In: Kurze Mitt. Inst. Fischereibiologie Univ. Hamburg 9 (1959), S. 1-61.

[9] Ebel, G.; Fredrich, F.; Gluch A.; Lecour C.; Wagner F.: Methodenstandard für die Funktionskontrolle von Fischaufstiegsanlagen. In: Fachinformationen des Bundes der Ingenieure für Wasserwirtschaft, Abfallwirtschaft und Kulturbau e. V. (2006), Nr. 1.

Beate Adam, Markus Faller, Stefan Gischkat, Henrik Hufgard, Sven Löwenberg and Nicola Mast

Results of one Year Fish-Ecological Monitoring at the Double Slot Pass Geesthacht

Since the new double slot pass has gone into operation at the Geesthacht dam, an extensive, long term fish-ecological monitoring has been accomplished, which includes the old bypass facility on the southern river bank. Daily counts show that the double slot pass is used by about eight times the number of fish as that of the bypass. In addition, the range of species that use the double slot pass is higher than that of the bypass, with 43 and 37 species, respectively. The double slot pass is also used by fish species, which are typical of the River Elbe, such as zander and smelt, but do not appear or are underrepresented in the species range present in the bypass. By implementing transponder technology, important insights are gained into how the traceability of the two fish passes differs, the results often being highly dependent on the respective species. These findings demonstrate that some species prefer ascending the double slot pass, located on the point bank, whilst more powerful swimmers may choose to use the bypass on the cut bank.

Беата Адам, Маркус Фаллер, Штефан Гишкат, Хенрик Хуфгард, Свен Левенберг и Николя Маст

Результаты одногодичного мониторинга экологии рыбы на двойном шлицевом рыбоходе на гидроузле Геестхахт

На гидроузле Геестхахт в момента ввода в эксплуатацию нового двойного шлицевого рыбохода осуществляется обширный мониторинг обоих рыбоподъемных устройств. Ежедневные подсчеты показывают, что через двойной шлицевый рыбоход проходит примерно в 8 раз больше индивидуумов нежели через расположенный на противоположном берегу старый обходной канал. Наблюдается также большее разнообразие видов – 43 по сравнению с 37 видами. Кроме того, благодаря использованию технологии радиочастотной идентификации имеется возможность получения важных данных, касающиеся, прежде всего, специфики различных видов рыб и находимости обоих рыбоходов; некоторые виды предпочитают предпочитают двойной шлицевый рыбоход, другие – обходной канал.

Hans-Jürgen Menzel und Ulrich Schwevers

Bilanz und Ausblick nach dem ersten Betriebsjahr des Doppelschlitzpasses Geesthacht

Die Erfahrungen mit dem Bau und dem Betrieb des Doppelschlitzpasses Geesthacht sind durchweg positiv. Der hohe konstruktive Aufwand zieht entsprechende Aufstiegsergebnisse nach sich, die eine uneingeschränkte Funktionsfähigkeit nachdrücklich unterstreichen. Aber kann solch eine Ausnahmekonstruktion als Vorbild für Fischaufstiegsanlagen an anderen Standorten und in anderen Flüssen herangezogen werden?

1 Einleitung

Die Notwendigkeit zum Bau einer Fischaufstiegsanlage am Wehr Geesthacht ergab sich aus entsprechenden Auflagen im Genehmigungsbescheid für das Kohlekraftwerk Moorburg [1]. Zwar hat die Vattenfall Europe Generation AG als Betreiber von Kohlekraftwerken Erfahrungen mit dem Fischschutz an Kühlwassereinläufen und der Errichtung von Fischaufstiegsanlagen, doch stellte die Errichtung einer neuen Fischaufstiegsanlage an der Staustufe Geesthacht in der Elbe eine besondere Herausforderung dar. Dies auch Deshalb, weil im Zusammenhang mit den Genehmigungsauflagen ein expliziter Nachweis der Wirksamkeit des Doppelschlitzpasses gefordert wurde. Insofern bestand die Notwendigkeit der Errichtung einer optimal funktionsfähigen Fischaufstiegsanlage auf der Grundlage des aktuellen Standes der Technik gemäß dem DWA-Regelwerk [2]. Nachfolgend werden die sich daraus ergebenden Konsequenzen für den Planungs- und Bauverlauf sowie die bisherigen Resultate resümiert.

2 Planungsverlauf

Eine geringe Routine im Bau von Fischaufstiegsanlagen birgt den Vorteil eines unbefangeneren und nicht von früheren Erfahrungen oder gar Traditionen geprägten Umgangs mit einer solchen Aufgabe. So wurde mit Beginn der Planung eine umfangreiche Analyse über ausgeführte Fischaufstiegsanlagen erstellt, in die auch die Ergebnisse der durchgeführten Monitoringmaßnahmen eingeflossen sind. Im speziellen wurden die Vor- und Nachteile der vorhandenen Fischaufstiegsanlage am Südufer betrachtet, da nach ersten Überlegungen vorgesehen war, auch am Nordufer ein Raugerinne zu errichten (**Bild 1**).

Nach Abschluss der umfangreichen Voruntersuchungen kam Vattenfall zu der Schlussfolgerung, dass die Errichtung einer neuen Fischaufstiegsanlage am Stauwehr in Geesthacht keinesfalls einem Standardfall entspricht, zumal zusätzlich zu vielen anderen ausgeführten Anlagen der Einfluss von Ebbe und Flut angemessen berücksichtigt werden musste, um die Auffindbarkeit und Passierbarkeit an 300 Tagen im Jahr sicher zu stellen. Hieraus resultierte die Wahl eines Doppelschlitzpasses als Konstruktionstyp (**Bild 2**). Um eine leistungsfähige Fischaufstiegsanlage für die genannte Zielstellung zu planen und zu errichten, wurde ein Planungsteam aus fachlich versierten und beruflich erfahrenen Wasserbauingenieuren, Ingenieurwissenschaftlern, Landschaftsplanern und Biologen [1] zusammengestellt. Zudem ergab sich allein aus den beispiellos großen Dimensionen, den komplexen Standortbedingungen und der Auflage, ein valides fischökologisches Monitoring durchzuführen, eine Fülle neuer Aspekte und ungeklärter Fragen, die im Rahmen der Planung zu klären waren. So wurden im Planungszeitraum eine Unzahl von Detaillösungen erarbeitet, wo-

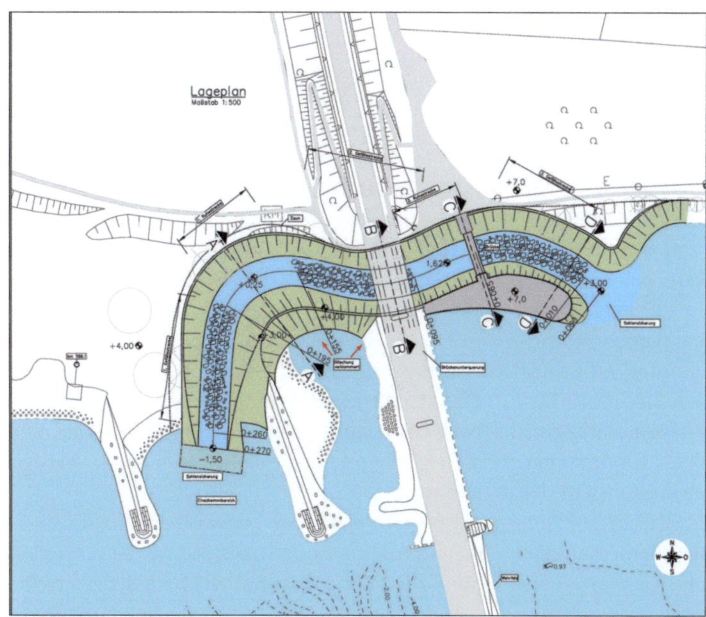

Bild 1: Erster Planungsentwurf eines ursprünglich vorgesehenen Raugerinnes am Nordufer

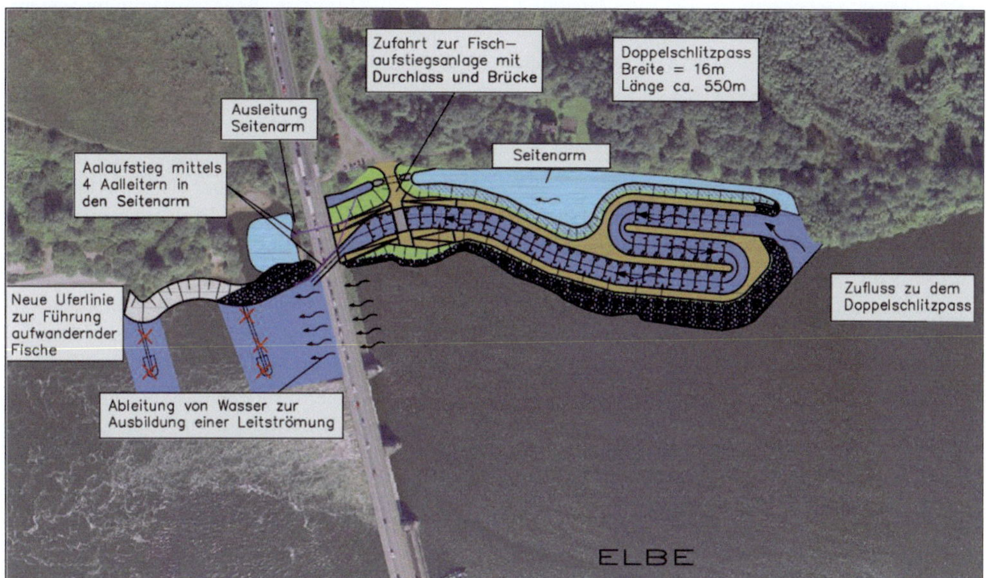

Bild 2: Doppelschlitzpass nach Abschluss der Planung

von ein Großteil durch sich anschließende Modellversuche im Wasserbaulabor der Universität Karlsruhe überprüft und verfeinert wurde. Die einzelnen Detaillösungen konnten nur erarbeitet werden, weil ständig kompetente Ansprechpartner im Planungsteam verfügbar waren. Vor dem Hintergrund dieser Erfahrungen kann Bauherren insbesondere großer Fischaufstiegsanlagen unter komplexen Standortbedingungen die Bildung eines solchen Planungsteams und das praktizierte Vorgehen nur empfohlen werden.

Alle Arbeiten rund um die Fischaufstiegsanlage am Nordufer des Wehres Geesthacht standen unter einem hohen Zeitdruck, der nur durch die hochgradige Flexibilität aller Beteiligten zu bewältigen war. Parallel zum Planungsprozess wurde im Wasserbaulabor der Universität Karlsruhe ein Modell der Fischaufstiegsanlage im Maßstab 1:13 errichtet. Am Modell wurden unter anderem die Ergebnisse der numerischen Berechnungen unter Simulation der Einflüsse von Ebbe und Flut sowie die Platzierung der Zusatzdotationen und die turbulenzarme Einbringung des Zusatzwassers untersucht. Auf diese Weise ist es gelungen, den Doppelschlitzpass weniger als zwei Jahre nach Planungsbeginn am 1. August 2010 in Betrieb zu nehmen. Voraussetzung hierfür war auch die konstruktive Einbeziehung der Genehmigungsbehörde – zum Beispiel bei der Festlegung des Bemessungsfisches zur Auslegung der Fischaufstiegsanlage im Planungszeitraum sowie die spätere Durchführung des Genehmigungsverfahrens. Ohne die Zulassung eines vorzeitigen Beginns einzelner Baumaßnahmen durch die Plangenehmigungsbehörde im Frühjahr 2009 wäre die Inbetriebnahme nicht so schnell erfolgt. Der gesamte Planungs- und Errichtungsprozess wurde in jeweils aufeinander aufbauende Einzelschritte aufgeteilt, die dann zunehmend im Detail ausgearbeitet wurden. So wurde beispielsweise zunächst die Linienführung und die Beckengröße festgelegt, um frühzeitig mit dem Rammen der Spundwände für die Außenwangen des Gerinnes beginnen zu können, während zur Klärung von Detailgestaltungen der Einbauten oder der Fanganlage noch numerische, physikalische und ethohydraulische Modelluntersuchungen liefen.

3 Funktionelle Bewertung

Der Stand der Technik von Fischaufstiegsanlagen ist zwischenzeitlich so weit fortgeschritten, dass das deutschsprachige Regelwerk für vorgabengemäß errichtete Bauwerke die uneingeschränkte Funktionsfähigkeit annimmt [2]. Unbenommen hiervon sind Detailfragen der Auffindbarkeit und Passierbarkeit sowie spezielle Probleme bei von dem Normalfall abweichenden Fischpässen oder neue Konstruktionstypen. Ungeachtet dieser Einschränkungen unterstreichen die aus dem ersten Betriebsjahr des Doppelschlitzfischpasses in Geesthacht vorliegenden Befunde zum Aufstiegsgeschehen einen klaren Zusammenhang zwischen der baulichen Ausführung eines Fischpasses und seiner Funktionsfähigkeit. Der Einhaltung der fischrelevanten geometrischen und hydraulischen Grenzwerte stehen Aufstiegsergebnisse gegenüber, wie sie bezüglich Anzahl, Arten- und Größenspektrum zur Zeit an keiner anderen Fischaufstiegsanlage in Deutschland erreicht werden [3]. Vor diesem Hintergrund ist der neue Doppelschlitzpass Geesthacht zweifelsohne als funktionsfähig zu bewerten, wofür gleichermaßen technische, wie biologische Argumente herangezogen werden können.

Entsprechend der gewählten Auslegungskriterien können erstmals seit 50 Jahren selbst Störe die Staustufe Geesthacht wieder überwinden, rechtzeitig vor Beginn von Besatzmaßnahmen im Rahmen eines Programms zur Wiederansiedlung des Europäischen Störes im Elbe-System. Doch auch andere bedrohte Fischarten profitieren vom Doppelschlitzpass. Für die anadromen Neunaugen, Lachs, Meerforelle und Schnäpel, den katadromen Aal und potamodrome Arten, wie Quappe, Nase und Zander, haben sich die Aufstiegsbedingungen gegenüber der bisherigen Situation entscheidend verbessert: Der Dreistachelige Stichling konnte seine Aufstiegszahlen um mehr als den Faktor 100 steigern und auch dem Stint gelingt es erstmals wieder, das Wanderhindernis in Geesthacht zu überwinden. Vor diesem Hintergrund wird erwartet, dass zahlreiche Fischarten der Elbe mit einer positiven Bestandsentwicklung auf den Bau des Doppelschlitzpasses reagieren werden. Entsprechende Nachweise sind zumindest bei weniger langlebigen Arten als dem Stör noch innerhalb des voraussichtlich siebenjährigen Monitoringzeitraumes zu erwarten.

4 Erkenntnisgewinn

Auch wenn das fischökologische Monitoring in Geesthacht zunächst der Nachweispflicht der Vattenfall Europe Generation AG gegenüber der für das Kohlekraftwerk Moorburg zuständigen Behörde genügen muss, wurde es von Anfang an so konzipiert, dass darüber hinausgehende

Erkenntnisse gewonnen werden können. So erarbeiten die Biologen des Monitoringteams beispielsweise Erkenntnisse über das Wanderverhalten der Elbe-Fische, die Funktionsweise von Fischaufstiegsanlagen, aber auch allgemeine Kenndaten über die Fischfauna der Elbe und ihre Entwicklung. Um dieses Wissen, das in der vorliegenden Ausgabe der „WasserWirtschaft" nur angedeutet werden konnte, der interessierten Öffentlichkeit zur Verfügung zu stellen, wurde von Vattenfall die Schriftenreihe Elbfisch-Monitoring aufgelegt [4], [5], [6]. Sie umfasst einerseits Jahrbücher, die jeweils die Befunde der Aufstiegskontrollen am Wehr Geesthacht im Zeitraum eines Kalenderjahres darstellen. Daneben sind auch thematische Schwerpunktbände geplant, wie zum Beispiel Tagungsberichte, Bände zur Biometrie von Elbe-Fischen, über Einsatz und Erkenntnisse durch die Transpondertechnik oder den Einfluss von Umweltparametern auf das Aufstiegsgeschehen.

5 Kleine und große Probleme

Seit der Flutung des neuen Doppelschlitzpasses bei Geesthacht und damit dem Beginn der Aufstiegszählungen erweisen sich alle Betriebs- und Monitoringeinrichtungen als praxistauglich und robust. Betriebsstörungen traten bisher nur selten auf, so dass das Monitoring weitgehend unterbrechungsfrei durchgeführt werden konnte. Ungeachtet dessen muss am Standort mit folgenden Problemen gerechnet werden: Der Doppelschlitzpass ist nicht hochwassersicher, sondern wird bei Pegelständen ab +5,2 m NHN überflutet – dies entspricht etwa dem alle zwei bis fünf Jahre eintretenden Hochwasser. Bereits fünf Monate nach Inbetriebnahme stellte sich ein Extremhochwasser mit Abflüssen bis zu 3 590 m³/s ein, bei dem der größte Teil des Doppelschlitzpasses um circa 60 cm überstaut wurde (**Bild 3**). Immerhin bestätigten sich die Befunde zur hydrodynamischen Bauteilbelastung, da keine nennenswerten baulichen Schäden auftraten [7]. Alle Monitoringeinrichtungen mit Ausnahme der eigentlichen Fanganlage mussten jedoch demontiert und auf höher gelegenes Geländeniveau evakuiert werden.

Während lang anhaltender Frostperioden friert die Fanganlage ein, so dass die Aufstiegszählungen unterbrochen werden müssen. Im Normalfall kann das Monitoring aber auch bei niedrigen winterlichen Temperaturen u. a. mittels der Transpondertechnik ausgeführt werden, so dass im Verlauf des ersten Betriebsjahres trotz widriger Verhältnisse nur an 33 Tagen auf eine Beprobung verzichtet werden musste.

Als unerwartet problematisch erwiesen sich allerdings trotz der sorgfältigen Abdichtung die auf die Fanganlage zuführenden Leitrechen [8], die dem zuverlässigen Nachweis von Fischen jeglicher Körperform und Größe dienen. Das Problem, dass sich vor allem Neuaugen und Jungfische zwischen dem rauen Substrat und den abdichtenden Bürstensäumen hindurch

Bild 3: Überfluteter Doppelschlitzpass während des Winterhochwassers 2010/11

zwängten, konnte erst dadurch gelöst werden, dass die Bürsten durch Betonschienen ersetzt wurden, die bündig mit den Leitrechen abschließen. Bei diesen nach dem ersten Betriebsjahr durchgeführten Umbaumaßnahmen wurde dafür gesorgt, dass die Aufwanderung benthaler Wirbelloser weiter möglich ist, indem das Lückensystem des Substrates nur punktuell oberflächlich verklammert wurde. Bei der turnusmäßigen Öffnung der Schwallklappen zur Weiterführung von Treibgut entziehen sich zwar noch immer einzelne Exemplare eines Nachweises, doch sind dies weniger als ein Prozent der Aufsteiger. Die hierdurch verursachte Verfälschung der Monitoringbefunde ist marginal.

Eine weitere Möglichkeit für Aufsteiger, sich einer Zählung zu entziehen, bieten die Zuwässerungsmulden des dem Einstieg benachbarten Wehrfeldes [9]. Hier werden insbesondere bei hohen Unterwasserständen leistungsstarke Fische beobachtet, die die relativ flach durchströmten Rinnen passieren. Im Jahr 2012 sollen Deshalb auch an den Zuwässerungsmulden Transponderantennen installiert werden, um künftig zumindest transpondierte Aufwanderer registrieren zu können.

Für das Frühjahr 2012 ist darüber hinaus die Inbetriebnahme der Aalleitern geplant, die bislang an Problemen mit der Versetzung der Pumpenanlage durch Treibgut gescheitert ist [10].

Schließlich treten zwei Probleme auf, die die Folge der uneingeschränkten Funktionsfähigkeit des Doppelschlitzpasses sind: Zum einen betrifft dies Wollhandkrabben *(Eriocheir sinensis)* (**Bild 4**), die nicht nur alljährlich im Frühjahr über das Umgehungsgerinne, sondern im Doppelschlitzpass zusätzlich auch noch im Spätsommer in enormen Stückzahlen aufwandern (**Bild 5**). Dieser Befund bestätigt zwar einmal mehr die gute Eignung des eingebrachten Sohlensubstrates zur Gewährleistung des Aufstiegs von Wirbellosen. Allerdings bereitet die Masseninvasion von Wollhandkrabben Probleme, weil die in der Fangreuse gefangenen Fische beim Kontakt mit den harten, scharfkantigen Panzern der Krabben Verletzungen erleiden, die sogar zum Tod führen können. Vor diesem Hintergrund ist derzeit ein Wollhandkrabben-Leitsystem in Planung, um diese Invasoren zu den Hauptaufstiegszeiten von einer Einwanderung in die Fangreuse abzuhalten und aus der Fischaufstiegsanlage auszuleiten.

Die Attraktivität des Doppelschlitzpasses für Fische blieb schließlich auch den Anglern nicht verborgen. Entsprechend konzentrieren sich die Nachstellungen seit dem Frühjahr 2011 auf das Unterwasser des Einstiegs [5] (**Bild 6**). Hierbei wird der eigentlich ausgewiesene Fischschonbezirk unterhalb der Stauanlage ignoriert und es werden illegale Fangmethoden eingesetzt, um insbesondere Wandersalmoniden, also

Bild 4: Die Wollhandkrabbe, eine ursprünglich in China beheimatete katadrome Art, ist seit den 1920er-Jahren im Elbesystem präsent

Bild 5: Beim Massenaufstieg der Wollhandkrabben werden Fische in der Fangkammer und im Hälterbecken verletzt

Bild 6: Angler im Unterwasser des Wehres Geesthacht, die mit illegalen Fanggeräten versuchen, in den Doppelschlitzpass einschwimmende Fische zu erbeuten

Bild 7: Durch einen Fangversuch mit illegalen Reißhaken tödlich verletzter Lachs

Lachse und Meerforellen zu erbeuten (**Bild 7**). Diesen Aktivitäten soll noch im Jahr 2012 durch eine Intensivierung der Fischereiaufsicht und Polizeikontrollen ein Ende gesetzt werden. Zudem wurde zwischenzeitlich durch den Fischereipächter die Fischereiverbotszone weit über den bisherigen, amtlich festgesetzten Fischschonbezirk ausgeweitet.

6 Der Doppelschlitzpass Geesthacht als Vorbild?

Der Doppelschlitzpass Geesthacht (**Bild 8**) ist die größte Fischaufstiegsanlage Europas und Schauplatz eines fischökologischen Monitorings, das bisher bezüglich Umfang und Dauer in Deutschland beispiellos ist. Vor dem Hintergrund knapper Finanzmittel wird verschiedentlich die Frage gestellt, ob ein solches Bauwerk samt dem Untersuchungsprogramm vorbildhaft für eher

Bild 8: Der Doppelschlitzpass Geesthacht, vielleicht nicht aufgrund seiner Größe ein Vorbild für andere Standorte, aber sicherlich aufgrund der konsequenten Umsetzung des Standes des Wissens und der Technik

„alltägliche" Planungsaufgaben und Aufstiegskontrollen von Fischaufstiegsanlagen ist.

Richtig ist einerseits, dass der Europäische Stör, der der maßgebliche Grund für die Dimensionen des Doppelschlitzpass ist, nur an wenigen Wehrstandorten in Deutschland als Bemessungsfisch zu berücksichtigen ist. Auch der Monitoringaufwand, der in Geesthacht betrieben wird, ist zweifellos eine Ausnahme, da er auf behördlichen Auflagen für eine Erzeugungsanlage stromabwärts basiert. Andererseits zeigt die Erfahrung der vergangenen 100 Jahre, dass Fischaufstiegsanlagen zumeist nicht gemäß dem jeweiligen Stand der Technik erbaut werden [11], weshalb sie nicht die notwendige Effizienz und Funktionsfähigkeit erreichen und damit den getätigten Investitionen nicht gerecht werden. In Geesthacht hat dies dazu geführt, dass fast in jedem Jahrzehnt seit Errichtung der Stauanlage ein neuer Fischpass gebaut wurde, obwohl dem jeweiligen Vorgängerbauwerk die Funktionsfähigkeit attestiert worden war. Letztlich wäre viel Geld eingespart worden, hätte man von vorne herein angemessene Fischaufstiegsanlagen gebaut.

Insofern hat der Doppelschlitzpass bei Geesthacht vielleicht nicht aufgrund seiner Dimensionen, aber sicher Deshalb Vorbildcharakter, weil in diesem Fall das gesamte verfügbare Fachwissen in die Planung eingeflossen ist, um eine Fischaufstiegsanlage nach dem aktuellen Stand des Wissens und der Technik zu errichten. Nur wenn dieses Planungsziel auch an anderer Stelle konsequent verfolgt wird, wird sich die Durchgängigkeit der Gewässer hierzulande nachhaltig verbessern: Dies erscheint angesichts der aktuell doch weit über 90 % an bestehenden Wanderhindernissen fehlenden Fischaufstiegsanlagen dringend geboten [12].

Auch fischökologische Monitoringuntersuchungen werden an anderen Standorten in der Regel nicht mit vergleichbarer Intensität wie in Geesthacht durchgeführt werden können. Doch kann die Alternative nicht darin bestehen, als Funktionskontrolle bezeichnete, episodische Reusenkontrollen zu initiieren [13]; eklatante Fehleinschätzungen der tatsächlichen Funktionsfähigkeit wären die zwangsläufige Folge [11] und wirkten sowohl einer Qualitätssicherung als auch der Optimierung von Fischaufstiegsanlagen entgegen. Vorbildcharakter hat das Monitoring in Geesthacht insofern als durch die Kombination verschiedener Techniken in erheblichem Umfang neue Kenntnisse über das Wanderverhalten von Fischen und ihre Anforderungen an auffindbare und passierbare Fischaufstiegsanlagen erarbeitet werden.

Zudem werden durch die langjährige und kontinuierliche Dokumentation des Aufstiegsgeschehens an diesem wichtigen Schlüsselstandort im Elbesystem wichtige gewässer- und fischökologische Basisdaten bereitgestellt, die einerseits für die fischereiliche Hege und die Wiederansiedlungsprogramme von Bedeutung sind und andererseits der Umsetzung der europäischen Rahmengesetzgebung wie der FFH- und der Wasserrahmenrichtlinie dienen.

Autoren

Dipl.-Ing. Hans-Jürgen Menzel
Vattenfall Europe Generation AG
vom-Stein-Straße 39
03050 Cottbus
Hans-Juergen.Menzel@Vattenfall.de

Dr. Ulrich Schwevers
Institut für angewandte Ökologie
Neustädter Weg 25
36320 Kirtorf-Wahlen
U.Schwevers@Schwevers.de

Literatur

[1] Menzel, H.-J.; Schwevers, U.: Rahmenbedingungen für den Bau einer Fischaufstiegsanlage am Nordufer des Wehres Geesthacht. In: WasserWirtschaft 102 (2012), Heft 4, S. 12-17.

[2] Adam, B.; Bosse, R.; Dumont, U.; Göhl, C.; Görlach, J.; Heimerl, S.; Kalusa, B.; Krüger, F.; Redeker, M.; Sellheim, P.; Schwevers, U.: DWA-Merkblatt M-509: Fischaufstiegsanlagen und fischpassierbare Bauwerke – Bemessung, Gestaltung, Qualitätssicherung. Entwurf. Deutsche Vereinigung für Wasserwirtschaft, Abwasser und Abfall e. V. (DWA), Hennef, 2010.

[3] Adam, B.; Faller, M.; Hufgard, H.; Mast, N.; Gischkat, S.; Löwenberg, S.: Ergebnisse des fischökologischen Monitorings am Doppelschlitzpass Geesthacht. In: WasserWirtschaft 102 (2012), Heft 4, S. 49-57.

[4] Schwevers, U.; Faller, M.; Hufgard, H.: Monitoring des Fischaufstiegs an der Staustufe Geesthacht an der Elbe, Jahrbuch 2009. In: Schriftenreihe Fischaufstieg Geesthacht (2011), Bd. 1.

[5] Schwevers, U.; Faller, M.; Hufgard, H.: Monitoring des Fischaufstiegs an der Staustufe Geesthacht an der Elbe, Jahrbuch 2010. In: Schriftenreihe Fischaufstieg Geesthacht (2012), Bd. 2 (in Druck).

[6] Vattenfall Europe Generation: Elbefische auf bestem Weg. In: Schriftenreihe Fischaufstieg Geesthacht (2012), Bd. 3 (in Vorbereitung).
[7] Lehmann, B.; Seidel, F.; Läkemäker, K.: Nestmann F.: Physikalische Begleituntersuchungen zur Fischaufstiegsanlage am Elbewehr bei Geesthacht. In: WasserWirtschaft 102 (2012), Heft 4, S. 34-39.
[8] Adam, B.; Neumann, C.: Einrichtungen zum Monitoring des Fischaufstiegs im Doppelschlitzpass Geesthacht. In: WasserWirtschaft 102 (2012), Heft 4, S. 44-48.
[9] Schwevers, U.; Neumann, C.: Maßnahmen zur Gewährleistung der Auffindbarkeit des Doppelschlitzpasses Geesthacht. In: WasserWirtschaft 102 (2012), Heft 4, S. 18-22.
[10] Adam, B.; Neumann, C.: Aalleitern am Doppelschlitzpass Geesthacht. In: WasserWirtschaft 102 (2012), Heft 4, S. 40-43.
[11] Schwevers, U.; Adam, B.: DWA-Themen: Funktionskontrolle von Fischaufstiegsanlagen: Auswertung durchgeführter Untersuchungen und Diskussionsbeiträge für Durchführung und Bewertung. Deutsche Vereinigung für Wasserwirtschaft, Abwasser und Abfall e. V., 2005.
[12] Adam, B.: Anforderungen an die lineare und laterale Durchgängigkeit. In: BfN-Skripten (2010), Heft 280, S. 12-25.
[13] Ebel, G.; Fredrich, F.; Gluch A.; Lecour C.; Wagner F.: Methodenstandard für die Funktionskontrolle von Fischaufstiegsanlagen. In: Fachinformationen des Bundes der Ingenieure für Wasserwirtschaft, Abfallwirtschaft und Kulturbau e. V. (2006), Nr. 1.

Hans-Jürgen Menzel and Ulrich Schwevers

Conclusions and Future Prospects after the first Year in Operation of the Geesthacht Double Slot Pass

So far the experiences with the construction and operation of the Geesthacht double slot pass have been very positive: the considerable effort during the construction has been rewarded with accordingly high fish passages, which strengthens the conclusion that the fish pass is fully functional. However, the question remains, can such an exceptional construction serve as a blueprint for other locations?

Ханс-Юрген Менцель и Ульрих Швеферс

Подведение итогов одногодичной эксплуатации и перспективы двойного шлицевого рыбохода на гидроузле Геестхахт

Опыт строительства и эксплуатации двойного шлицевого рыбохода на гидроузле Геестхахт исключительно положителен. Высокая трудоемкость конструкции обеспечивает соответствующую высокую результативность, что убедительно подчеркивает неограниченные функциональные возможности. Однако, может ли такая особая конструкция применяться в качестве образца для рыбоподъемных устройств в других местах и на других реках?

Forschung und Technik

Ulrich Rost, Uwe Weibel, Steffen Wüst und Oliver Haupt

Versuche zum Scheuchen und Leiten von Fischen mit elektrischem Strom

Seit 2011 wurden durch die EnBW in Zusammenarbeit mit dem Institut für Umweltstudien Versuche zum Scheuchen und Leiten von Fischen mit elektrischem Strom durchgeführt. Dabei wurde neben der Barrierewirkung von elektrischen Feldern auch die Möglichkeit zum Stoppen und Leiten von Fischen entlang elektrifizierter Rechenanlagen untersucht. Die Versuche wurden sowohl unter Freilandbedingungen vor dem Einlaufbauwerk eines Kraftwerks als auch in einem Versuchsbecken durchgeführt. Die Ergebnisse zeigen, dass durch den Einsatz elektrischer Felder eine erhöhte Abweise- oder Leitwirkung erzielt werden kann.

1 Einleitung

Seit den siebziger Jahren wurden an größeren Wasserentnahmestellen für zumeist thermische Kraftwerke elektrische Scheuchanlagen installiert, die das Eindringen und die Schädigung von Fischen verhindern sollen.

Im Zuge der Neuerteilung von Wasserrechten an thermischen Kraftwerken fanden in jüngerer Vergangenheit Fischbestandserhebungen an diesen Kraftwerken statt, bei denen auch die Wirksamkeit von bestehenden Scheuchanlagen überprüft wurde. Die dabei vorgefundenen Ergebnisse lassen erhebliche Zweifel an der Wirksamkeit bisher installierter elektrischer Scheuchanlagen erkennen. Dies hat in der Fachöffentlichkeit dazu geführt, dass elektrische Scheuchanlagen mittlerweile als wenig geeignet angesehen werden, um Fische aus für sie gefährlichen Bereichen zu vertreiben. In Großbritannien haben Turnpenny & O´Keeffe [1] empfohlen, auf die Installation von elektrischen Scheuchanlagen zu verzichten, da deren Wirksamkeit nicht nachgewiesen wurde und die Anlagen darüber hinaus gefährlich seien. Zu einer ähnlich kritischen Einschätzung kommt die ATV-DVWK [2].

Durch das Institut für Umweltstudien werden seit 2011 Untersuchungen zur Wirksamkeit von elektrischen Feldern als Verhaltensbarriere durchgeführt ([3], [4], [5], [6], [7]). Dabei wurden Möglichkeiten von elektrischen Barrieren bis hin zum Einsatz elektrischer Felder zum Stoppen und Leiten von Fischen in verschiedenen Versuchsanordnungen mit unterschiedlichen Fischarten überprüft.

Beim Scheuchen oder Leiten mit elektrischen Feldern ist eine Vielzahl von Faktoren zu berücksichtigen. Die hohen Strömungsgeschwindigkeiten vor den Entnahmestellen sowie die gewässerbaulichen Gegebenheiten stellen erhebliche Einflussgrößen dar. Gelangen Fische in den Wirkbereich von Entnahmestellen, müssen sie i. d. R. große physische Anstrengungen zum Verlassen dieses Bereichs unternehmen. Wirken zusätzlich Stromimpulse auf den Fisch ein, kann es zu unerwünschten Beeinträchtigungen kommen (Lähmungserscheinungen und in der Folge Verdriftung). Daher ist eine genaue Kenntnis der Auswirkungen bestimmter Feldgeometrien, Stromdichten und Impulsfrequenzen auf einzelne Fischarten notwendig, um Risiken ausschließen bzw. minimieren zu können.

Die Stromdichte (A/m^2), die zum Auslösen einer Reaktion bei einem Fisch notwendig ist, bezeichnet man als Schwellenstromdichte. Dieser Wert ist art- und größenabhängig und weiterhin durch den physiologischen Zustand eines Fisches beeinflusst [8]. Halsband [9] gibt zum Scheuchen von Fischen einen konstanten notwendigen Wert von 2,56 A/m^2 an. Dabei wird allerdings nicht berücksichtigt, dass für größere Fische geringere Stromdichten ausreichen als für kleinere Fische. Dies wurde in ersten Versuchen von Wüst [10] bestätigt.

Bild 1: Netzkäfig mit hochgezogenem Netzboden: Auf der linken Seite sind die Stabelektroden zu sehen, an der Gerüstbrücke rechts ist ein DIDSON befestigt

Da Fische elektrischen Strom nicht räumlich empfinden können, muss das Scheuchfeld so groß sein, dass ein Anstieg von Stromdichte bzw. Feldstärke über eine ausreichende Distanz ermöglicht wird. Somit kann ein Fisch gefahrlos in das elektrische Feld einschwimmen und dabei die Richtung zunehmender Stromdichten erkennen. Gleichzeitig steht ihm genügend Raum zur Verfügung, um zielgerichtet spannungsärmere Gewässerbereiche aufzusuchen, ohne dabei in Bereiche mit zu hohen Stromdichten zu gelangen. Bei einem steilen Anstieg der Stromdichte über eine zu kurze Strecke ergeben sich unerwünschte Effekte mit panikartigen Reaktionen. Gelangen Fische dann zu nah an die Elektroden heran, kommt es zu Einschränkungen des Schwimmvermögens bis hin zur Lähmung. Eine vergleichbare Wirkung verursachen plötzliche Erhöhungen der Impulsanzahl pro Sekunde. Fische geraten dadurch in die Gefahr, zu weit in Bereiche mit für sie problematischen Stromfelddichten einzudringen.

2 Versuche mit Wechselstrom

2.1 Netzkäfig

Im Jahr 2011 wurde vor dem Kühlwassereinlauf eines thermischen Kraftwerks die Barrierewirkung von elektrischen Feldern mit verschiedenen Feldgeometrien in einem Großversuch überprüft (**Bild 1**). Zu diesem Zweck wurde ein schwimmender Netzkäfig konstruiert (8 x 6 x 2 m) und im durchströmten Bereich (ca. 0,2 m/s) exponiert. Folgende Elektrodenkonfigurationen standen zur Verfügung:

- Stabelektroden mit kleinräumigem elektrischem Feld (Konfiguration 1)
- Stabelektroden und Flächenelektrode mit großräumigem elektrischem Feld (Konfiguration 2)

Außerdem konnte der Einfluss unterschiedlicher Spannungen und Impulsfrequenzen betrachtet werden. Es wurde phasenangeschnittener Wechselstrom mit einem steilen Flankenanstieg eingesetzt. Das Verhalten der Fische im Netzkäfig wurde mit einem DIDSON (Dual Frequency Identification Sonar) beobachtet und ausgewertet. Der Netzkäfig konnte auf der den Elektroden zugewandte Seite komplett geöffnet werden. Ziel war es, die Fische durch ein elektrisches Feld am Verlassen des Netzkäfigs zu hindern. Die Versuche wurden sowohl mit Wild- als auch mit Zuchtfischen durchgeführt. Bei den Wildfischen konnte auf einen Großteil des Artinventars des Rheins zurückgegriffen werden. Als Zuchtfische standen Lachs *(Salmo salar)* und Bachforelle *(Salmo trutta fario)* zur Verfügung. Wie aus **Tabelle 1** hervorgeht, sind deutliche Unterschiede hinsichtlich der Erfolgsquote bei den verschiedenen Familien zu erkennen. So waren bei Verwendung von Konfiguration 1 für Cypriniden, Perciden und Salmoniden Erfolgsquoten von 65 % bzw. 71 % erreichbar. Wurde die Elektrodenkonfiguration 2 verwendet, zeigten sich mit Ausnahme der Salmoniden deutlich niedrigere Rückhal-

Tab. 1: Übersicht der Versuchsergebnisse: Die Erfolgsquote bezeichnet das Verhältnis von entnommenen zu eingesetzten Fischen für die Versuche bei geöffnetem Netzkäfig und wird als Rückhalterate angesehen

Konfiguration		EFSA		AFSA	Artgruppe	Anzahl Versuche	Fische eingesetzt	Fische entnommen	Erfolgsquote
1	2	Freq. [Hz]	U [V]	Freq. [Hz]		n	n	n	
x		2-6	400-960	12-14	Cypriniden	9	173	112	65 %
x		2-6	400-960	12-14	Perciden	9	206	147	71 %
x		4-7	400-960	12-14	Aal	8	103	25	24 %
x		4-5	520-960	-	Salmoniden	6	197	128	65 %
x		4-6	400-960	12-14	Wels	5	44	7	16 %
	x	3-6	350-660	14	Cypriniden	4	63	29	46 %
	x	3-6	350-660	-	Perciden	4	109	55	50 %
	x	5-6	350-660	14	Aal	2	30	11	37 %
	x	4-5	520-960	–	Salmoniden	5	130	92	71 %

teraten. Für Aal und Wels konnte mit keiner der beiden Elektrodenkonfigurationen zufriedenstellende Ergebnisse erzielt werden.

2.2 Rundstrombecken

Ab Herbst 2011 stand ein durchströmbares Versuchsbecken zur Verfügung, in dem weitere Versuchsanordnungen bearbeitet werden konnten. Dazu wurde ein Rechen mit Stababständen von 8 cm und einer Länge von 15 m in die Versuchsstrecke eingebracht (Anströmwinkel ca. 20°), dessen Rechenstäbe gleichzeitig die Elektroden bilden (**Bild 2**). Die Rechenstäbe waren abwechselnd als Phase und Nullleiter geschaltet. Durch das Anlegen von Spannung entsteht ein elektrisches Feld, das sich nur wenige Zentimeter um den Rechen ausdehnt. Der übrige Teil des Versuchsbeckens bleibt weitgehend spannungsfrei. Zwischen Rechenende und Beckenwand war als Bypass ein 30 cm breiter Durchlass vorhanden. Hinter Rechen und Bypass waren Reusen installiert, in die Fische (zunächst Aale) nach einer Rechenpassage oder bei Erreichen des Bypasses einschwimmen. Die verwendeten Blankaale ent-

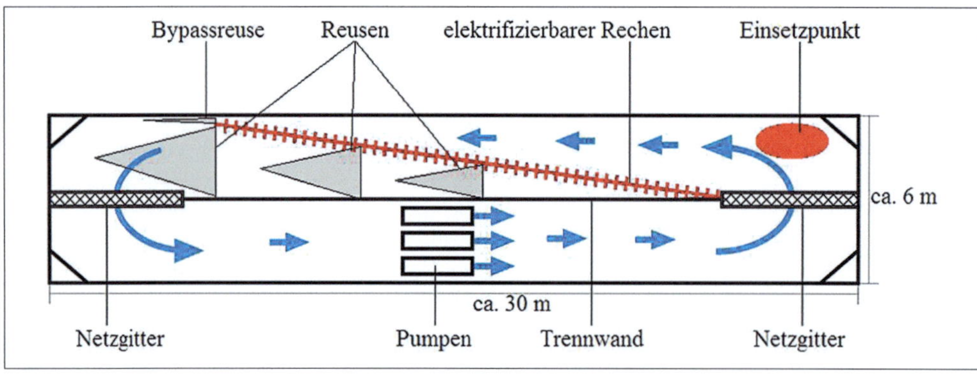

Bild 2: Schematische Übersicht des Rundstrombeckens

Bild 3: Versuchsbecken mit neu gestaltetem Rechen: Hier sind jeweils fünf Rechenstäbe in einer Gruppe verschaltet, was durch die roten und schwarzen Anschlusskabel verdeutlicht wird; der rote Kreis markiert den Einsetzpunkt der Fische, die blauen Pfeile verdeutlichen die Fließrichtung; der Bypass ist mit einem weißen Pfeil markiert

stammten einem „Catch-and-carry-Projekt" der EnBW. Die Verteilung in den Reusen ließ Aufschlüsse über die Wirksamkeit der getesteten Einstellungen zu. Unabhängig von einem elektrischen Feld stellt bereits die Anwesenheit eines mechanischen Rechensystems für viele Fischarten eine (gewisse) Verhaltensbarriere dar. Dies ist auch dann der Fall, wenn der Rechen ausreichend große Stababstände aufweist und von Fischen problemlos passiert werden könnte. Mit zunehmender Verweildauer vor dem Rechen erhöht sich jedoch die Wahrscheinlichkeit, dass der Fisch den passierbaren Rechen doch noch durchschwimmt. Durch ein elektrisches Feld kann diese Barrierewirkung verstärkt werden. Dadurch ergibt sich eine verbesserte Sperr- und Leitwirkung eines grundsätzlich für Fische leicht passierbaren Rechens. Der Einbauwinkel des Rechens schräg zur Anströmung erleichtert den Fischen die Auffindbarkeit eines Bypasses, da ihnen ein Wanderkorridor in Richtung Bypass aufgezeigt wird.

Im Frühjahr 2012 wurde die Versuchsanlage mit einem neu konzeptionierten Rechen ausgestattet. Mit diesem Versuchsaufbau wurden mögliche Rückhalte- und Leitwirkungen auf Lachssmolts sowie Regenbogenforellen *(Oncorhynchus mykiss)* untersucht. Statt wie bisher die Rechenstäbe abwechselnd als Phase und Nullleiter zu schalten, war es nun möglich, mehrere benachbarte Rechenstäbe auf eine Phase zu legen. Je mehr benachbarte Rechenstäbe in einer Gruppe verschaltet wurden, umso größer wird die Ausdehnung des elektrischen Feldes um den Rechen und umso früher werden sich nähernde Fische auf die Barriere aufmerksam. Infolgedessen sollte sich die Gefahr einer Rechenpassage verringern, da dem Fisch mehr Reaktionsraum zur Verfügung steht und eine Detektion der Richtung zunehmender Stromdichten somit besser möglich ist (**Bild 3**).

Bei Betrachtung der Ergebnisse in **Tabelle 2** zeigt sich für den Aal, dass das Anlegen einer Spannung zu einer verminderten Rechenpassage gegenüber den Nullversuchen führte. Mit Frequenzen von 4 Hz, 8 Hz und 9 Hz konnten jeweils etwa 70 % der Aale in den Bypass geleitet werden. Die Versuche mit Lachsen stellen einen Sonderfall dar, da hier die Nullversuche eine unerklärliche höhere Leitwirkung als die Versuche mit elektrifiziertem Rechen aufweisen. Da jeder Feldkontakt eine Reaktion auslöst, besteht die Gefahr, dass hierbei die falsche Fluchtrichtung gewählt und der Rechen passiert wird. Die höchsten Leitwirkungen mit elektrifiziertem Rechen betrug 75 % und wurden bei einer Frequenz von 4 Hz ermittelt. Die Nullversuche mit Regenbogenforellen zeigten wiederum eine hohe Rechenpassage, die durch das Anlegen einer Spannung verringert werden konnte. Im besten Fall konnten bis zu 81 % der Forellen in den Bypass geleitet werden.

Tab. 2: Ergebnisse der Rechenversuche mit drei Fischarten

Art	Frequenz [Hz]	U [V]	Rechen-stäbe pro Gruppe	Anzahl Versuche	Fische gesamt	davon mit Reaktion (R und B)	R (Rechen passiert)		B (in Bypass)	
				n	n	n	n	Anteil	n	Anteil
Aal	–	–	–	5	83	83	67	81 %	16	19 %
Aal	4	50-300	1	4	63	45	14	31 %	31	69 %
Aal	6	10-300	1	7	108	63	26	41 %	37	59 %
Aal	7	50-200	1	3	57	35	25	71 %	10	29 %
Aal	8	10-300	1	10	191	145	46	32 %	99	68 %
Aal	9	50-150	1	2	29	15	4	27 %	11	73 %
Aal	10	10-300	1	8	135	88	36	41 %	52	59 %
Lachs	–	–	–	4	119	82	7	9 %	75	91 %
Lachs	2	100-200	3/5/10	3	93	64	21	33 %	43	67 %
Lachs	4	100-200	1/3/5/10	13	469	300	76	25 %	224	75 %
Lachs	6	100-200	3/5/10	3	98	60	20	33 %	40	67 %
Lachs	8	100	5	1	30	20	7	35 %	13	65 %
Forelle	–	–	–	5	142	75	51	68 %	24	32 %
Forelle	4	10	1	5	190	80	23	29 %	57	71 %
Forelle	4	30	2	5	182	63	12	19 %	51	81 %
Forelle	4	50	2	4	115	64	17	27 %	47	73 %

2.3 Untersuchung der Barrierewirkung

Neben dem Leiten von Fischen wurde in weiteren Testreihen zusätzlich die Wirksamkeit von elektrischen Barrieren untersucht, bei denen keine Ausweichmöglichkeit in Form eines Bypasses zur Verfügung stand. Die Untersuchungen wurden mit abwanderungswilligen Lachssmolts durchgeführt. Es zeigte sich, dass bereits ein nicht elektrifizierter Rechen zu einer Unterbrechung der Abwanderung und einem Verharren vor dem Rechen führte. Dieser wurde jedoch mit zunehmender Verweildauer von bis zu 80 % der Lachssmolts passiert. Durch Zuschalten des elektrischen Feldes war es möglich, einen Großteil der Fische bis zu 18 Stunden an der Rechenpassage zu hindern (**Tabelle 3**). In Abhängigkeit zur Größe der Stabgruppen war eine Unterbrechung der Abwanderung in unterschiedlicher Entfernung zum Rechen zu beobachten. Durch das Anlegen einer Spannung war es möglich, Rückhalteraten von bis zu 90 % bei drei Rechenstäben pro Stabgruppe zu erzielen. Bei größeren Stabgruppen lagen die Rückhalteraten etwas niedriger.

3 Scheuchen mit Gleichstrom

Im Frühjahr und Herbst 2013 wurde eine mit Gleichstrom betriebene Scheuchanlage getestet, die mit relativ geringer Spannung arbeitet. Die Elektroden können pendelnd an Stahlseilen befestigt werden, die letztlich Kathoden- und Anodenreihe entsprechen.

Es besteht die Möglichkeit, mehrere Anlagen hintereinander und voneinander unabhängig mit verschiedenen Einstellungen zu betreiben. Somit kann jede Anlage auf eine andere Zielfischart abgestimmt werden. Die Anlage weist insgesamt fünf individuell einstellbare Parameter auf: Spannung, Impulsdauer, Impulsabstand, Dauer einer

Tab. 3: Übersicht der Versuche zur Barrierewirkung auf Lachssmolts

Frequenz [Hz]	U [V]	Rechen-stäbe pro Gruppe	Anzahl Versuche	Lachse gesamt	davon mit Reaktion (R und N)	R (Rechen passiert)		N (Rechen nicht passiert)	
			n	n	n	n	Anteil	n	Anteil
–	–	–	2	40	40	31	78 %	9	22 %
4	100	5	3	67	67	15	22 %	52	78 %
4	150	3	3	50	50	5	10 %	45	90 %
4	150	5	1	65	65	11	17 %	54	83 %
4	150	7	2	20	20	3	15 %	17	85 %
4	200	3	2	40	40	4	10 %	36	90 %

Impulsgruppe und Abstand zwischen zwei Impulsgruppen. Im Vergleich dazu war bei der in den vorangegangenen Versuchen verwendeten Anlage neben der Spannung nur die Impulsfrequenz als zusätzlicher Parameter einstellbar. Zu den Versuchszeitpunkten bestanden keine Erfahrungen über das Verhalten der zu untersuchenden Fischarten an dieser Anlage. In zwei Versuchsanordnungen wurde sowohl die Barrierewirkung auf Lachssmolts als auch eine mögliche Leitwirkung auf abwanderungswillige Blankaale untersucht. Zielsetzung der Versuche zur Barrierewirkung auf Lachse war es, erste Erkenntnisse über das Verhalten von Fischen im Wirkbereich dieser Anlage zu gewinnen. Pro Versuchsdurchgang wurden 20 bis 30 Lachse in das Becken eingesetzt und deren Verhalten im elektrischen Feld beobachtet. Anhand von Feldstärkemessungen mit einem Oszilloskop konnten Stromdichten von ca. 1 A/m² für den Bereich ermittelt werden, in dem erste Scheuchreaktionen zu beobachten waren (U = 60 V). Dieser Bereich liegt in ca. 1,5 m Entfernung zur Kathodenreihe, an welcher wesentlich höhere Stromdichten (>3 A/m²) herrschen. Mit einer Impulsdauer von 0,2 ms konnten sowohl gute Scheuchergebnisse erzielt und als auch gleichzeitig die Beeinträchtigungen (z. B. Paralyse) bei höheren Stromdichten vermieden werden. Bei insgesamt größerer Fluchtdistanz (im Vergleich zur Wechselstromanlage)

Bild 4: Versuchsanlage mit Gleichstrom: Der rote Kreis markiert den Einsetzpunkt der Fische, der blaue Pfeil verdeutlicht die Fließrichtung; die EndReuse ist mit einem weißen Pfeil markiert

Tab. 4: Ergebnisse der Versuchsreihen mit Aalen an der Gleichstromanlage

Einstellung	Anzahl Versuche	Anzahl Aale	S (Scheuch-reaktionen)	F (Feld-passagen)	Reaktionen gesamt (S und F)	Scheuchrate
	n	n	n	n	n	
Nullversuche	3	30	0	31	31	0 %
Konfiguration 1	4	39	63	43	106	59 %
Konfiguration 2	11	111	228	88	316	72 %
Konfiguration 3	25	243	452	174	628	72 %

können die Fluchtreaktionen bei diesem System als gleichmäßiger und weniger hektisch beschrieben werden.

Mit einer weiteren Versuchsanordnung wurde die Leitwirkung auf Aale überprüft (**Bild 4**). In Vorversuchen mit einzelnen Aalen wurden Scheuchparameter ermittelt und anschließend in Testreihen untersucht. Die Versuchsresultate sind in **Tabelle 4** dargestellt.

Bereits in den Vorversuchen wurde deutlich, dass schon kleine Parameteränderungen zu deutlich abweichenden Reaktionen führen können. Bei ansonsten identischen Parametern war beispielsweise bei einer Halbierung der Impulsdauer eine deutlich niedrigere Reaktionsintensität zu beobachten. Im Gegensatz dazu wurden bei einer Erhöhung der Impulsdauer um 50 % in verstärktem Maße Lähmungserscheinungen registriert. Dieses Beispiel zeigt, wie bedeutsam die art- und größenselektive Abstimmung einer Scheuchanlage sein kann.

4 Fazit und Ausblick

Die bisher durchgeführten Beobachtungen belegen, dass das Stoppen und Leiten von Fischen durch elektrische Felder grundsätzlich möglich ist. Der quantitative Erfolg ist dabei immer als eine Resultierende aus der Stopp- und Leitwirkung einerseits und der funktionalen Qualität des Bypasses andererseits zu betrachten. Stoppen und Leiten durch Verhaltensbarrieren ohne attraktiven Bypass ist nicht erfolgversprechend. Dies gilt in abgeschwächter Form letztlich auch für rein mechanische Barrieren.

Beim Neubau von Anlagen der Wasserentnahme ist einer optimierten mechanischen Abweisungen mit optimiertem Bypass in der Regel der Vorzug zu geben.

Bei Altanlagen oder dem Vorliegen besonderer Zwangspunkte kann jedoch der Einsatz von elektrischen Feldern zum Scheuchen und Leiten von Fischen eine Alternative und Ergänzung zu mechanischen Schutzsystemen darstellen. Da aber zumindest an den potamalen Fließgewässern Deutschlands Neuanlagen nur noch in seltenen Fällen errichtet werden, kommt in Bezug auf die fernwandernden Fischarten den Altanlagen die weitaus größere Bedeutung zu.

Es ist Deshalb beabsichtigt, die bisher gewonnenen Erkenntnisse zu nutzen, um an vorhandenen Altanlagen unterschiedlicher Größenordnung weitere Erfahrungen zu sammeln.

Autoren

Dipl.-Ing. Ulrich Rost
EnBW Energie Baden-Württemberg AG
Schelmenwasenstraße 15
70567 Stuttgart
u.rost@enbw.com

Dipl.-Biol. Uwe Weibel
Dipl.-Geoök. Steffen Wüst
Institut für Umweltstudien
Weibel & Ness GmbH
Humboldtstraße 15a
76870 Kandel
weibel@weibel-ness.de
wuest@weibel-ness.de

Dipl.-Ing. Oliver Haupt
(ehemals EnBW AG)
KfW Bankengruppe
Palmengartenstraße 5-9
60325 Frankfurt am Main
oliver.haupt@kfw.de

Literatur

[1] Turnpenny, A.; O`Keeffe, N.: Screening for Intake and Outfalls: a best practice guide. Environment Agency, Bristol, 2005.

[2] ATV-DVWK (Hrsg.): Fischschutz und Fischabstiegsanlagen – Bemessung, Gestaltung, Funktionskontrolle. Hennef, 2004.

[3] IUS: Scheuchversuche 2011 – Auswertung der Versuche von März bis Juni 2011. Versuchsauswertung im Auftrag der EnBW Kernkraft GmbH, 2011 (unveröffentlicht).

[4] IUS: Rechenversuche 2011 – Auswertung der Versuche von Oktober bis Dezember 2011. Versuchsauswertung im Auftrag der EnBW Kraftwerke AG, 2011 (unveröffentlicht).

[5] IUS: Rechenversuche 2012 – Auswertung der Versuche zur Lachsabwanderung vom April 2012. Versuchsauswertung im Auftrag der EnBW Kraftwerke AG, 2012 (unveröffentlicht).

[6] IUS: Rechenversuche 2012 – Auswertung der Versuche mit Lachsen, Regenbogenforellen und Aalen. Versuchsauswertung im Auftrag der EnBW Kraftwerke AG, 2012 (unveröffentlicht).

[7] IUS: Versuche zum Scheuchen und Leiten von Lachs und Aal. Versuchsauswertung im Auftrag der EnBW Kraftwerke AG, 2013 (unveröffentlicht).

[8] Scheminzky, F.: Körpergröße und Empfindlichkeit gegen den elektrischen Strom. In: European Journal of Physiology 228 (1931), S. 548-564.

[9] Halsband, E.: Nur durch elektrischen Impulsstrom ist das Scheuchen und Leiten von Fischen wirksam möglich. In: Fischwirt 39 (1989), S. 76-80.

[10] Wüst, S.: Untersuchungen zum Scheuchen von Fischen mit elektrischem Strom. Diplomarbeit an der Eberhard-Karls-Universität Tübingen, 2010 (unveröffentlicht).

Ulrich Rost, Uwe Weibel, Steffen Wüst and Oliver Haupt

Blocking and Guiding of Fish with Electric Barriers

Since 2011, the EnBW and the Institut für Umweltstudien carried out experiments to block and guide fish with electric current. In addition to the barrier effect of electric fields, also the possibility of guiding fish along electrified guiding structures was investigated. The experiments were carried out both under field conditions in front of the water intake of a power plant, as well as in a test site. The results show that an increased blocking or guiding effect can be achieved by the use of electrical fields.

Ульрих Рост, Уве Вайбель, Штеффен Вюст и Оливер Хаупт

Попытки отпугивания и проведения рыб с помощью электрического тока

С 2011 энергетическое предприятие «Акционерное общество Энергия Баден-Вюрттемберг» (EnBW) в сотрудничестве с Институтом экологических исследований проводило эксперименты, связанные с вопросами отпугивания и проведения рыб с помощью электрического тока. Наряду с барьерным эффектом электрических полей изучалась также возможность отпугивания и проведения рыб вдоль решеток с помощью электрического тока. Эксперименты проводились как под открытым небом перед водозаборным сооружением одной из электростанций, так и в испытательном бассейне. Результаты показывают, что эффект отпугивания и проведения рыб может быть достигнут за счет использования воздействия электрических полей.

Michael Gebhardt, Tobias Rudolph, Wolfgang Kampke und Norbert Eisenhauer

Fischabstieg über Schlauchwehre: Untersuchungen der Strömungsverhältnisse und Identifizierung der Abflussbereiche mit erhöhtem Verletzungsrisiko

Wie nahezu alle überströmten Wehrverschlüsse können Schlauchwehre an Standorten mit niedrigem Unterwasserstand aus ökologischer Sicht problematisch sein, weil dann die Gefahr besteht, dass sich abwandernde Fische an der Wehrschwelle verletzen. Mit Hilfe numerischer und hydraulischer Untersuchungen werden diese Abflussbereiche identifiziert und die relevanten hydraulischen Größen quantifiziert. Des Weiteren werden bauliche und betriebliche Maßnahmen untersucht und bewertet, die die Verletzungsgefahr von Fischen beim Abstieg über Schlauchwehre auf ein Minimum reduzieren.

1 Motivation

Beim stromabwärts gerichteten Wandern orientieren sich Fische nach derzeitigem Kenntnisstand an der Hauptströmung und nutzen daher je nach Abfluss Wasserkraftanlage, Wehr oder Fischabstiegshilfen, sofern sie vorhanden sind. Während die Passage über das Wehr im Vergleich zur Turbinenpassage sicher erscheint, gibt es auch hier eine Reihe von Gefährdungsfaktoren, die vom Verschlusstyp, der Über- und Unterströmung, dem Vorhandensein von Tosbeckeneinbauten und der Entwicklung der Unterwasserstände abhängen.

Wie bei allen Verschlusstypen wird auch beim Schlauchwehr versucht, die Verschlusshöhe durch eine Jambor-Schwelle zu reduzieren [5]. Je nach Unterwasserstand und Abfluss gibt es dabei Zustände, bei denen der Überfallstrahl auf die Wehrschwelle bzw. den Ablagetisch mit einem geringen Wasserpolster fällt (**Bild 1**, links), woraus u. U. ein erhöhtes Verletzungsrisiko für absteigende Fische entsteht. Ziel ist es, die Überströmung von Schlauchwehren qualitativ und quantitativ zu charakterisieren, um damit die Schädigungsgefahr für Fische besser einschätzen zu können.

2 Der Fischabstieg über Wehranlagen

Beim Abstieg können sowohl aktive als auch passive Bewegungen (Schwimmen mit bzw. gegen die Strömung) beobachtet werden. Hinsichtlich der bevorzugten Wassertiefe sind artspezifische Unterschiede feststellbar. Beispielsweise wandern Lachssmolts und die Jungfische vieler Weißfischarten oberflächennah stromabwärts, während Aale und Neunaugen sohlennahe Bereiche bevorzugen (z. B. [1], [2]). Allen Arten gemein sind offenbar eine Orientierung an der Hauptströmung und ein gehäuftes Auftreten in Bereichen hoher Strömungsenergie bzw. des Stromstrichs [2]. Bei einer Abflussmenge bis zur Ausbauwassermenge des Kraftwerks wird der Fisch daher die Tendenz haben, vor das Kraftwerk zu gelangen.

Untersuchungen zur Mortalität bei der Turbinenpassage weisen eine erhebliche Spanne auf: Bei Francis-Turbinen in Laufwasserkraftwerken wurden beispielsweise für juvenile Salmoniden Mortalitätsraten von weniger als 5 % bis über 90 % und bei Kaplan-Turbinen von 5 % bis 20 % ermittelt [1]. Im Allgemeinen kann davon ausgegangen werden, dass die Mortalitätsrate der Fische bei der Passage über das Wehr niedriger ist als bei der Turbinenpassage und daher die Mortalitätsrate einer Staustufe in den meisten Fällen vom Kraftwerk dominiert wird. Dies zeigen ver-

Bild 1: Überströmtes Schlauchwehr mit geringem (links) und erhöhtem Unterwasserstand (rechts)

schiedene Untersuchungen, wie beispielsweise von Muir et al. [8] für Königslachse und Regenbogenforellen im Snake River (USA), aber auch eigene Untersuchungen auf Basis wahrscheinlichkeitstheoretischer Betrachtungen [12].

Zum Abstieg über Wehranlagen liegen bislang hauptsächlich Untersuchungsergebnisse aus Nordamerika zu Schädigungen an Lachsen verschiedener Arten und Entwicklungsstadien vor. Bei der Mehrzahl der in den Studien aufgeführten Fallbeispiele liegen die Mortalitätsraten in einer ähnlichen Größenordnung 3 bis 9 % [9] bzw. 0 bis 7 % [6], in Einzelfällen wurden aber auch Mortalitätsraten von 37 % ermittelt [11]. Zu diesen Untersuchungen ist anzumerken, dass die Stauanlagen zumeist mit unterströmten Verschlüssen, Schützen und Drucksegmenten ausgestattet sind und diese Fallhöhen hauptsächlich zwischen 15,0 m und 30,0 m, aber auch bis zu 75,0 m aufweisen.

Die DWA [1] stellt fest, dass Schädigungen bei überströmten Verschlüssen und Fallhöhen unter 13,0 m gering ausfallen dürften, wenn die Unterwassertiefe etwa ein Viertel der Fallhöhe, mindestens aber 0,9 m, beträgt. Bei der Passage von unterströmten Verschlüssen wird hingegen eine höhere Mortalitätsrate erwartet, die auf die plötzlichen Druckänderungen bzw. die hohen Geschwindigkeitsgradienten zurückzuführen ist.

3 Methodik

3.1 Numerische Modelluntersuchungen

Die Berechnungen mit der Software OpenFOAM wurden zur Minimierung des Rechenaufwandes an einem Ausschnittsmodell durchgeführt, dessen Abmessungen in der Länge einem bestehenden Labormodell entsprachen. Aus Symmetriegründen wurde in der Breite ein Abschnitt zwischen der jeweiligen Achse von zwei Störkörpern betrachtet. Da die Störkörper bei kleinen Abflüssen und der daraus resultierenden geringen Überfallhöhe einen großen Einfluss auf das Strömungsbild haben, wurde der Nahbereich der Störkörper entsprechend höher aufgelöst. Eine

Bild 2: Ausschnittmodell eines Schlauchwehres mit räumlich diskretisiertem Berechnungsgitter

höhere Auflösung erfolgte auch im Bereich der zu erwartenden Wasserspiegeloberfläche, um die Luft-Wasser-Grenze scharf abzubilden. Somit ergab sich für das 6,60 m lange und 0,13 m breite Modell in Abhängigkeit des untersuchten Zustandes ein Berechnungsgitter mit 1,7 Mio. bis 2,0 Mio. Zellen (**Bild 2**).

3.2 Bestimmung der Schlauchgeometrie

Der Querschnitt eines Schlauchwehres und die Schlauchhöhe h_d ändern sich über das Abflussspektrum in Abhängigkeit von Innendruck, Ober- und Unterwasserstand. Da die Schlauchgeometrie für die Berechnung eine feste Strömungsberandung darstellt, muss diese für die numerisch zu untersuchenden Zustände bekannt sein. Zwar lag die Geometrie aus Laboruntersuchungen vor, musste allerdings auf der Luftseite ergänzt werden, da mit der verwendeten Messtechnik nicht die vollständige Oberfläche erfasst werden konnte. Gebhardt [4] beschreibt ein analytisches Verfahren zur Bestimmung der Schlauchgeometrie, das verwendet wurde, um die Geometrie zu vervollständigen.

Für die numerischen Modelluntersuchungen ergeben sich somit zwölf verschiedene Geometrien mit Schlauchhöhen h_d von 0,08 bis 0,22 m. Die Schwellenhöhe w beträgt konstant 0,06 m, wobei sich die Wehrschwelle aus der Jambor-Schwelle und einem Ablagetisch zusammensetzt, dessen Länge der abgelegten Membran zzgl. einem Arbeitsraum von etwa 0,06 m entspricht. Diese Aus-

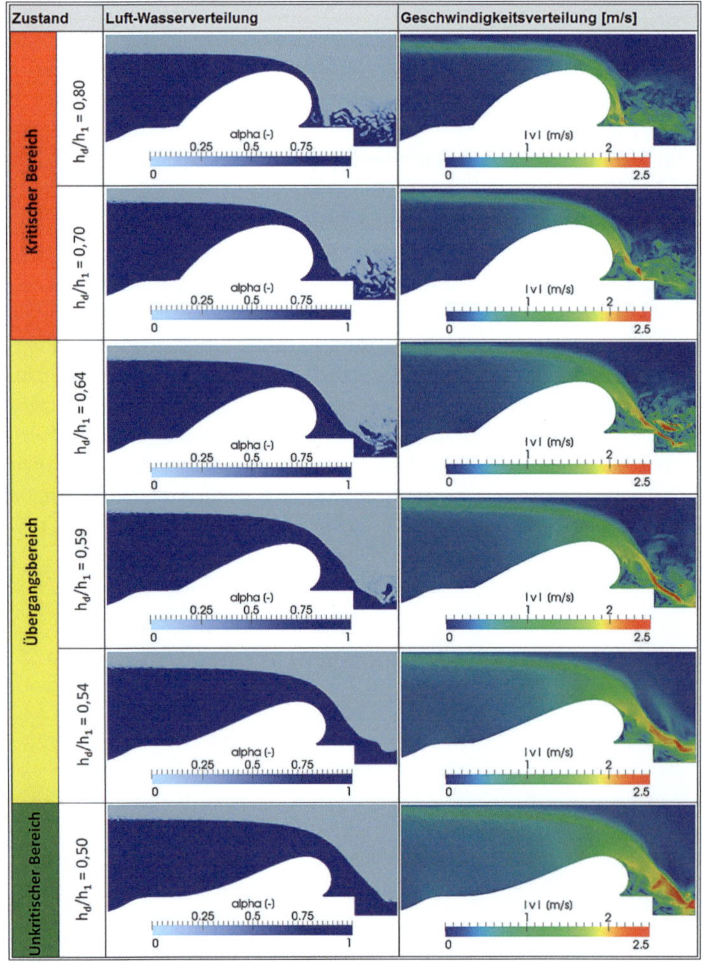

Bild 3: Simulationsergebnisse für die Abflusszustände $h_d/h_1 = 0{,}80$ bis $h_d/h_1 = 0{,}50$: Luft-Wasser-Verteilung (links) und Geschwindigkeitsverteilung in Luft und Wasser (rechts)

gangsgeometrie wird im Folgenden als „Standard-Ablagetisch“ bezeichnet.

3.3 Untersuchte Abflusszustände

Für die zu untersuchenden Abflusszustände wurde ein konstanter Unterwasserstand h_2 gewählt, der unterhalb der Oberkante der Wehrschwelle liegt ($h_2 < w$) und damit die Empfehlungen der DWA [1] deutlich unterschreitet. Der Abfluss Q wurde bei konstantem Oberwasserstand $h_1 = 0{,}26$ m von 0,025 bis 0,300 m³/s variiert, so dass sich insgesamt zwölf Abflusszustände mit dimensionslosen Schlauchhöhen zwischen $h_d/h_1 = 0{,}29$ und $h_d/h_1 = 0{,}86$ ergaben.

4 Ergebnisse mit dem Standard-Ablagetisch

4.1 Charakteristik des Wehrüberfalls

In einem ersten Schritt wurde der Wehrüberfall in Abhängigkeit des Abflusses charakterisiert. Hierbei lag der Fokus auf Auftreffpunkt, -winkel und -geschwindigkeit des Überfallstrahls, wobei jeweils die Strahlunterseite betrachtet wurde. In **Bild 3** sind die Simulationsergebnisse für sechs Abflusszustände repräsentativ für drei unterschiedliche Bereiche gegenübergestellt. Dargestellt ist die Luft-Wasser-Verteilung (**Bild 3**, links), wobei alpha = 0 (Luft) und alpha = 1 (Wasser) bedeutet. In **Bild 3** (rechts) ist die Geschwindigkeitsverteilung in Luft und Wasser zu erkennen. In **Bild 4** sind zum Vergleich drei ausgewählte Zustände im Labormodell dargestellt.

Unter den zwölf Abflusszuständen konnten somit drei Bereiche identifiziert werden:

Kritischer Bereich

Bis $h_d/h_1 = 0{,}80$ trifft der Überfallstrahl vollständig und mit steilem Winkel auf die Wehrschwelle. Aufgrund der Ablenkung an den Störkörpern liegt der Auftreffpunkt der zweiten Störkörperreihe weiter unterstrom mit einer Art Wechselsprung auf bzw. im Anschluss an die Wehrschwelle. Im Gegensatz dazu erfährt der Strahlanteil hinter der ersten Reihe eine Ablenkung schräg nach oben, wobei durch die Strahlversprühung ein hoher Lufteintrag zu beobachten ist. Ein kleiner Abflussanteil, nach rückwärts auf das Schlauchwehr gerichtet, führt hinter dem Überfallstrahl zu einem Rückstau und einem Wasserstand, der höher ist als im Unterwasser. Mit steigendem Abfluss bildet sich unterhalb des Überfallstrahls eine Walze aus, und der Auftreffwinkel wird flacher. Ab $h_d/h_1 = 0{,}70$ ist zu beobachten, dass der Strahl abgelenkt wird, und horizontal über die Wehrschwelle hinausschießt.

Übergangsbereich

Der Auftreffpunkt des Überfalllstrahls erreicht das Ende der Wehrschwelle und der Strahl fällt in großen Teilen ohne Umlenkung ins Unterwasser. Der Lufteintrag auf der Wehrschwelle ist deutlich niedriger. Ab $h_d/h_1 = 0{,}59$ ist zu beobachten, dass der Strahl die Tosbeckensohle erreicht und dort die größten Fließgeschwindigkeiten auftreten. Im Tosbecken bildet sich ein Wechselsprung mit einer Deckwalze aus.

Unkritischer Bereich

Ab $h_d/h_1 = 0{,}46$ fällt der Überfallstrahl in voller Strahlstärke und mit flachem Auftreffwinkel ins Unterwasser. Zwischen Strahl und Wehrschwelle bildet sich eine Walze aus, die aber mit weiter abgelegtem Schlauch immer kleiner wird. Über der Wehrschwelle liegt schießender Abfluss vor und der Strahl ist praktisch unbeeinflusst von der Wehrschwelle.

Bild 5 zeigt die Auswertung für den Auftreffpunkt des Überfallstrahls im untersuchten Abflussspektrum (x_w bezeichnet den horizontalen Abstand zum Schwellenende). Für $x_w/h_1 < 0$ fällt der Überfallstrahl auf den Ablagetisch (rot) und für $x_w/h_1 > 0$ ins Unterwasser (grün). Im Übergangsbereich (gelb) fällt der Strahl zwar ebenfalls in großen Teilen ins Unterwasser, die Strahlgeometrie wird aber noch vom Schwellenende beeinflusst. Hier zeigt sich, dass die Abflusszustände mit einer Schlauchhöhe unter $h_d/h_1 = 0{,}54$ unbeeinflusst von der Wehrschwelle sind und daher als unkritisch für den Fischabstieg angesehen werden. Der Überfallstrahl fällt direkt ins Unterwasser und ein Kontakt des abwandernden Fischs mit der Wehrschwelle ist nicht zu erwarten. Im Übergangsbereich ist ebenfalls von einem geringen Verletzungsrisiko auszugehen. Für Schlauchhöhen größer als $h_d/h_1 = 0{,}64$ trifft der Überfallstrahl hingegen auf den Ablagetisch und durch-

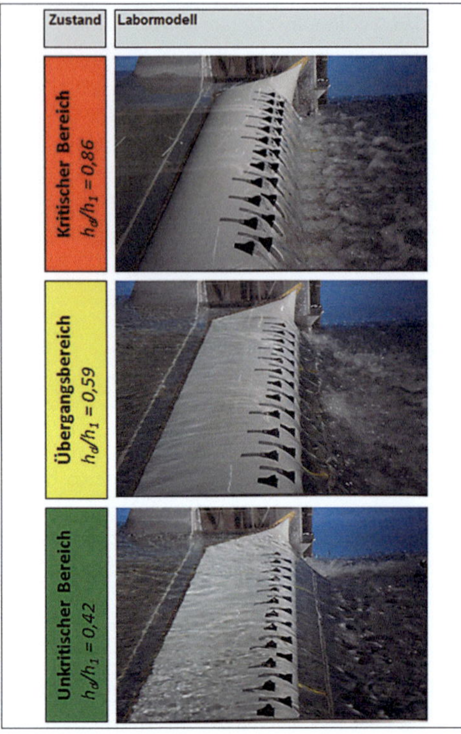

Bild 4: Abflusszustände $h_d/h_1 = 0,86$, $h_d/h_1 = 0,59$ und $h_d/h_1 = 0,42$ im Labormodell

schlägt das geringe Wasserpolster. In diesem kritischen Bereich sind äußere und innere Verletzungen bei Fischen durch den Kontakt mit der Wehrschwelle oder durch die Gasblasenkrankheit infolge des starken Lufteintrages nicht auszuschließen.

4.2 Druckänderungen und Geschwindigkeitsgradienten im Überfallstrahl

Nach DWA [1] kann eine erhöhte Mortalität auch infolge plötzlicher Druckschwankungen bzw. Änderungen der Strömungsgeschwindigkeit auftreten. Daher wurden in einem weiteren Schritt die Strömungsgrößen bestimmt, die ein Fisch bei der Passage im Überfallstrahl erfährt. Hierzu wurde ein Abstiegsweg in der Mitte des Überfallstrahls angenommen sowie Fließgeschwindigkeit und Druck entlang diskreter Punkte bestimmt. In **Bild 6a** ist die Fließgeschwindigkeit für die sechs Abflusszustände dargestellt, in **Bild 6b** der entsprechende Druckverlauf. Für die beiden Zustände ist im kritischen Bereich ($h_d/h_1 = 0,80$ bzw. $h_d/h_1 = 0,70$) zu erkennen, dass die Geschwindigkeit – wie zu erwarten – vom Scheitelpunkt bis zur Wehrschwelle auf bis zu 1,65 m/s zunimmt und dort, wo der Überfallstrahl auftrifft, plötz-

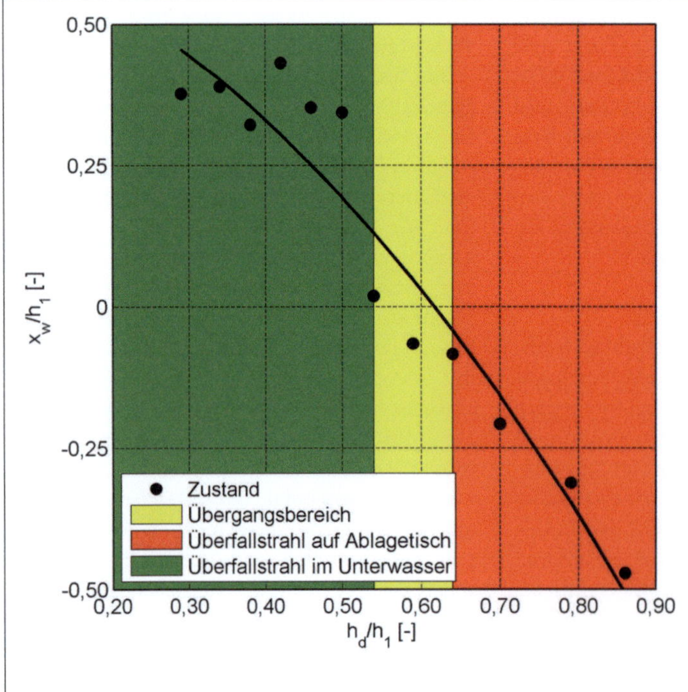

Bild 5: Charakterisierung des Überfallstrahls bei einem Schlauchwehr mit Standard-Ablagetisch in Abhängigkeit vom Auftreffpunkt des Überfallstrahls

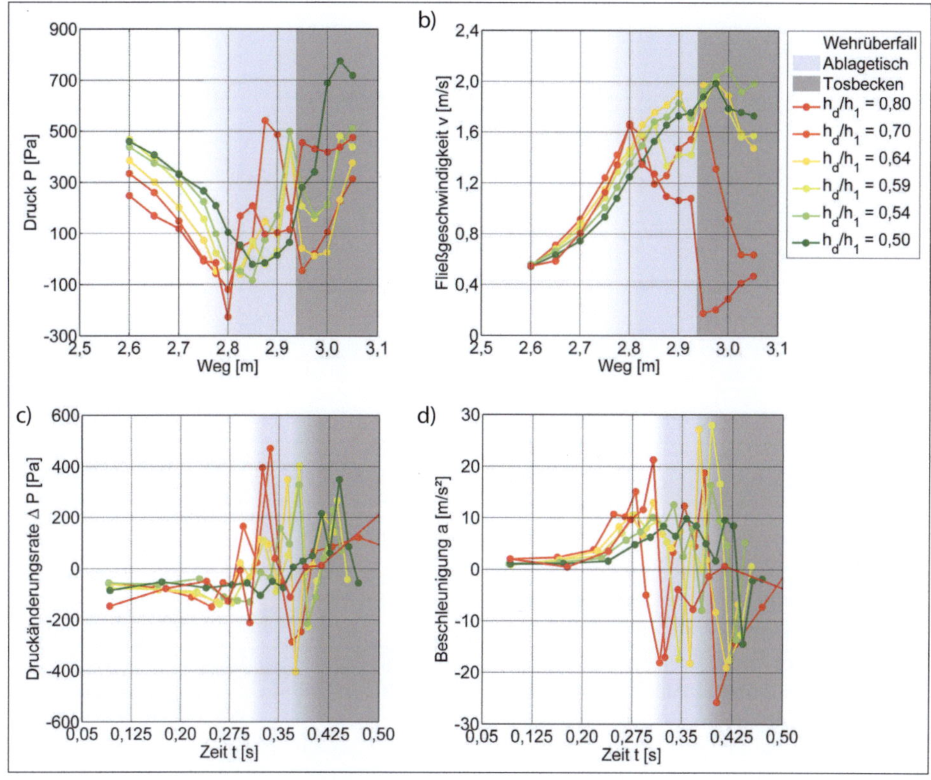

Bild 6: a) Druck, b) Fließgeschwindigkeit, c) Druckänderung und d) Beschleunigung in der Mitte des Überfallstrahls für die Zustände $h_d/h_1 = 0{,}80$ bis $h_d/h_1 = 0{,}50$ (Referenz: Atmosphärendruck)

lich abnimmt. Hierbei ist auch ein Druckanstieg festzustellen. Beim Überfall von der Wehrschwelle ins Unterwasser wird die Strömung anschließend wieder beschleunigt. Die negative Beschleunigung, die der Überfallstrahl und damit der Fisch beim Auftreffen auf die Wehrschwelle erfährt, wird mit steigendem Abfluss kleiner ($h_d/h_1 = 0{,}64$ und $h_d/h_1 = 0{,}54$) und die Geschwindigkeit steigt kontinuierlich bis ins Unterwasser an, da der Überfallstrahl nicht mehr von der Wehrschwelle abgelenkt wird: Ein absteigender Fisch erfährt damit eine kontinuierliche Beschleunigung.

Zur Beurteilung von Druckänderungen wurde der zeitliche Verlauf aus Fließgeschwindigkeit und Druck entlang des Abstiegsweges berechnet (**Bild 6c**). Die Druckänderung ΔP ergibt sich dabei aus der Druckdifferenz, der mittleren Fließgeschwindigkeit und dem Abstand von zwei aufeinanderfolgenden, örtlich diskreten Berechnungsergebnissen. Im Vergleich der sechs Zustände ist zu beobachten, dass die Druckänderung negativ ist und vom Scheitel kontinuierlich abnimmt. Im Bereich der Störkörper steigt der Druck um etwa 125 Pa und beim Auftreffen auf die Wehrschwelle um weitere etwa 500 Pa innerhalb von 0,02 s an ($h_d/h_1 = 0{,}70$). Die Druckänderungen verringern sich mit steigendem Abfluss.

In **Bild 6d** ist die sich aus der Änderung der Fließgeschwindigkeit ergebende Beschleunigung dargestellt. Dabei ist zu erkennen, dass der Fisch beim Abflusszustand $h_d/h_1 = 0{,}80$ eine gleichmäßig beschleunigte Bewegung erfahren würde, die etwa bei t = 0,30 s ein Maximum von über 2 g erreicht. Dies entspricht dem Auftreffpunkt des Überfallsstrahls auf die Wehrschwelle. Durch das Auftreffen tritt dann eine negative Beschleunigung von etwa 2 g auf.

Tab. 1: Maßgebende Strömungsparameter für das numerische Modell und für ausgewählte Schlauchhöhen in der Natur

	h_1	v_{max}	ΔP	kritischer Bereich		Übergangsbereich	
	[m]	[m/s]	[Pa]	$h_d > x$ [m]	$q < y$ [m²/s]	$h_d > x$ [m]	$q < y$ [m²/s]
				x	y	x	y
Modell	0,25	1,91	541	0,17	0,05	0,14	0,07
Natur	2,0	5,40	4 330	1,36	8,9	1,12	13,3
	3,0	6,61	6 494	2,04	24,6	1,68	36,6
	4,0	7,64	8 659	2,72	50,4	2,24	75,2
	5,0	8,54	10 824	3,40	88,0	2,80	131,4

4.3 Übertragung vom Modell in die Natur

Mit Hilfe der Froude'schen Ähnlichkeit können die oben angegebenen Größen auf eine beliebige geometrisch ähnliche Anlage in der Natur umgerechnet werden. In **Tabelle 1** sind die maßgeblichen Strömungsparameter für vier ausgewählte Verschlusshöhen zwischen 2,0 m und 5,0 m angegeben. Aus dem spezifischen Abfluss q kann der Gesamtabfluss für beliebige Wehrfeldbreiten ermittelt werden.

5 Ergebnisse modifizierter Wehrschwellen

5.1 Untersuchte Schwellengeometrien

Die bisherigen Ergebnisse zeigen, dass die größte Verletzungsgefahr für Fische durch den Kontakt mit der Wehrschwelle entsteht. Aus diesem Grund wurden modifizierte Schwellengeometrien untersucht (**Bild 7**) und deren Einfluss auf die Charakteristik des Wehrüberfalls analysiert. Neben einer Abschrägung bzw. Ausrundung des Schwellenendes wurde auch eine Aufkantung auf dem Ablagetisch betrachtet mit dem Ziel, bei kleinen Abflüssen ein Wasserpolster zu generieren. Aufgrund der hydraulischen Nachteile (reduzierte Abflussleistung, Schwingungsgefahr) wurde diese Möglichkeit aber nicht weiter verfolgt. Die beiden ersten Varianten ergaben keine nennenswerten Verbesse-

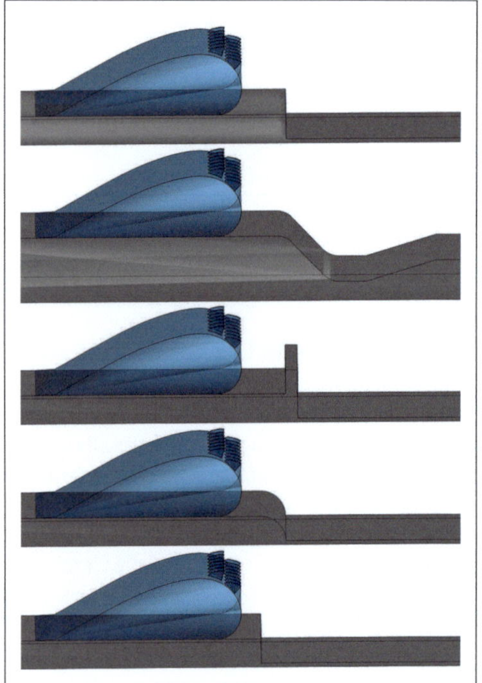

Bild 7: Untersuchte Schwellengeometrien (von oben nach unten): Standard-Wehrschwelle, ausgerundete Kante mit Muldentosbecken, Endschwelle, abgerundete Kante und verkürzte Schwelle

rungen, da der Überfallstrahl nach wie vor auf den Ablagetisch fiel [10].

5.2 Ausführungsvorschlag

Im günstigsten Fall kann der Ablagetisch um die Breite des Arbeitsraumes verkürzt werden. Die Berechnungsergebnisse für diese Variante zeigen, dass durch die Verkürzung der kritische Bereich von $h_d/h_l \geq 0{,}64$ auf $h_d/h_l \geq 0{,}70$ verkleinert werden kann. Das bedeutet, der Überfallstrahl fällt bereits bei kleineren Abflüssen direkt ins Unterwasser.

Neben der Verkürzung des Ablagetisches kann der Übergang in das Tosbecken durch eine Rampe erfolgen. Diese Neigung ist zwar hydrodynamisch nicht zwingend erforderlich, da sich in diesem Bereich ohnehin eine Ablösezone bildet. Allerdings rotiert dort auch mitgeführtes Geschiebe und führt u. U. zu Schäden an der Betonoberfläche. Im vorliegenden Fall wird eine Neigung von 45° vorgeschlagen, was in etwa dem Auftreffwinkel des Überfallstrahls entspricht. Die Ecken sind mit $R_1/w = 0{,}40$ bzw. $R_2/w = 0{,}40$ ausgerundet, um das Verletzungsrisiko für abwandernde Fische zu minimieren. In **Bild 8** ist dieser Ausführungsvorschlag dargestellt.

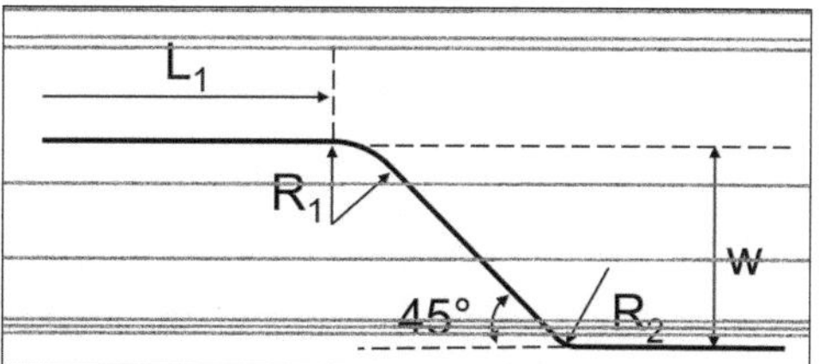

Bild 8: Ausführungsvorschlag für eine modifizierte Wehrschwelle eines Schlauchwehrs

6 Zusammenfassung und Ausblick

Bei überströmten Verschlüssen gibt es je nach Unterwasserstand und Abfluss Zustände, bei denen der Überfallstrahl auf die Wehrschwelle mit einem geringen Wasserpolster fällt, woraus u. U. ein erhöhtes Verletzungsrisiko für absteigende Fische entstehen kann. Die Untersuchungen zeigen, dass der Überfallstrahl bei einem Schlauchwehr mit Standard-Ablagetisch und Schlauchhöhen größer als $h_d/h_l = 0{,}64$ auf den Ablagetisch trifft und dabei äußere und innere Verletzungen bei Fischen nicht auszuschließen sind. Hierzu ist allerdings anzumerken, dass gegenwärtig unklar ist, ab welcher Überströmungshöhe die Abwanderungsmöglichkeit von Fischen wahrgenommen wird und diese dann tatsächlich über den Verschluss absteigen.

Mit einer verkürzten Wehrschwelle kann der kritische Bereich zwar minimiert werden, allerdings hat diese Verkürzung auch Nachteile, da weniger Arbeitsraum bei der Montage und der Unterhaltung des Schlauchwehres zur Verfügung steht.

Eine weitere Reduzierung des kritischen Bereiches könnte durch eine Änderung des Wehrfahrplans erfolgen, wenn anstelle eines Parallelbetriebs die Abflusssteuerung zunächst über einen Verschluss erfolgt, bis der Unterwasserstand soweit angestiegen ist, dass ein ausreichend hohes Wasserpolster über der Wehrschwelle vorliegt. Bei der Entscheidung über bauliche und betriebliche Maßnahmen sollte aber zunächst die Anlagenteile einer Stauanlage identifiziert werden, die signifikant zum Fischabstieg beitragen. Eine Methode wird von Schmitt-Heiderich et al. [12] beschrieben.

Abschließend bleibt anzumerken, dass Schlauchwehre unter den gängigen Verschlusstypen im Hinblick auf die bekannten Gefährdungsfaktoren beim Fischabstieg grundsätzlich positiv zu bewerten sind, da dieser Verschlusstyp bei geringeren Fallhöhen bis etwa 5,0 m eingesetzt wird, woraus sich moderate Druckänderungen, geringe Aufprallgeschwindigkeiten und ein geringer Lufteintrag ergeben. Daneben besteht aufgrund der Elastizität des Verschlusses ein sehr geringes Verletzungsrisiko für die Fische. Aufgrund des Querschnitts und der gleichmäßigen Beschleunigung der Strömung stellen Schlauchwehre zudem ein geringeres Wanderhindernis dar als beispielsweise Schütze, also im hydraulischen Sinne scharfkantige Wehre [3]. Untersuchungen an einem luftgefüllten Schlauchwehr zeigen, dass die Passage über den teilweise abgesenkten Verschluss von Lachssmolts gut angenommen wurde [7].

Danksagung und Hinweis

Diese Veröffentlichung entstand mit fachlicher Unterstützung von Dr. Matthias Scholten und Dipl.-Biol. Christian von Landwüst von der Bundesanstalt für Gewässerkunde (BfG) in Koblenz. Im Auftrag des Bundesministeriums für Verkehr und digitale Infrastruktur (BMVI) beraten BAW und BfG gemeinsam die Wasser- und Schifffahrtsverwaltung des Bundes bei den Maßnahmen zur Wiederherstellung der ökologischen Durchgängigkeit an Bundeswasserstraßen.

Autoren

Dr.-Ing. Michael Gebhardt
M. Eng. Tobias Rudolph
Dipl.-Ing. Wolfgang Kampke
Kußmaulstr. 17
76187 Karlsruhe
michael.gebhardt@baw.de
tobias.rudolph@baw.de
wolfgang.kampke@baw.de

Prof. Dr.-Ing. Norbert Eisenhauer
Hochschule Karlsruhe – Technik und Wirtschaft
Moltkestr. 30
76133 Karlsruhe
norbert.eisenhauer@hs-karlsruhe.de

Literatur

[1] Deutsche Vereinigung für Wasserwirtschaft, Abwasser und Abfall e. V. (Hrsg.): Fischschutz und Fischabstiegsanlagen. In: DWA-Themen, Hennef, 2005.

[2] Ebel, G.: Fischschutz und Fischabstieg an Wasserkraftanlagen. Handbuch Rechen- und Bypasssysteme. In: Mitteilungen aus dem Büro für Gewässerökologie und Fischereibiologie (2013), Band 4.

[3] Ferguson, J. W.; Poe, T. P.; Carlson, T. J.: Surface-oriented bypass systems for juvenile salmonids on the Columbia River, USA. In: Jungwirth, M., Schmutz, S.; Weiss, S. (Hrsg.): Fish migration and fish bypass. Oxford: Blackwell Scientific Publications (1998), S. 281-299.

[4] Gebhardt, M.: Hydraulische und statische Bemessung von Schlauchwehren. In: Mitteilungen des Instituts für Wasser und Gewässerentwicklung der Universität Karlsruhe (2006), Heft 235.

[5] Gebhardt, M.; Pfrommer, U.; Belzner, F., Eisenhauer, N.: 68 Jahre nach Jambor: Untersuchungen zum Einfluss einer Wehrschwelle. In: WasserWirtschaft 101 (2011), Heft 9, S. 14-19.

[6] Heisey P. G.; Mathur D.; Euston E. T.: Passing Fish Safely: A Closer Look at Turbine vs. Spillway Survival. In: Hydro Review 15 (1996), S. 42-50.

[7] Manning, D. J.; Mann, J. M.; White, K. W.; Chase, S. D.; Benkert, R. C.: Steelhead Emigration in a Seasonal Impoundment Created by an Inflatable Rubber Dam. In: North American Journal of Fisheries Management 25 (2005), S. 1239-1255.

[8] Muir, W. D.; Smith, S. G.; Williams, J. G.; Sandford, B. P.: Survival of Juvenile Salmonids Passing through Bypass Systems, Turbine and Spillways with and without Flow Deflectors at Snake River Dams. In: North American Journal of Fisheries Management 21 (2001), S. 135-146.

[9] Public Power Council Fish and Wildlife Committee (Hrsg.): Revealing Fish and Wildlife. In: Myths, 2011.

[10] Rudolph, T.: Untersuchungen zum Fischabstieg an Wehranlagen mit überströmten Wehrverschlüssen. Master-Thesis an der Hochschule Karlsruhe Wirtschaft und Technik, Bundesanstalt für Wasserbau, 2013.

[11] Ruggles, C. P.; Murray, D. G.: A review of fish response to spillways. In: Can. Techn. Report Fish. Aquat. Sciences 1172, 1983.

[12] Schmitt-Heiderich, P.; Gebhardt., M.; Weichert., R.: Klassifizierung der Wanderwege für den Fischabstieg. In: BAWBrief (2013), Nr. 2.

Michael Gebhardt, Tobias Rudolph, Wolfgang Kampke and Norbert Eisenhauer

Fish Passage over Inflatable Dams: Investigations of the Flow Conditions and Identification of Discharge Ranges with Increased Risk of Injury

Like almost all over-topped gate types with low tailwater levels, inflatable dams may be problematic from an ecological point of view because fish passing downstream may be injured or killed if they come in contact with the weir sill. Using numerical and hydraulic studies, the critical range of discharge is identified and the relevant hydraulic parameters are estimated. Furthermore, structural and operational measures are investigated and evaluated to reduce the risk of injury during the downstream migration of fish across inflatable dams.

Михаэль Гебхардт, Тобиас Рудольф, Вольфганг Кампке и Норберт Айзенхауер

Рыбоспуск через гибкие водосливные плотины: исследования динамики потока и идентификации областей стока с повышенным риском травмирования рыб

Гибкие водосливные плотины в местах с низким уровнем нижнего бьефа, как почти все перепускные затворы плотин, могут быть достаточно проблематичны с экологической точки зрения, так как может возникнуть опасность травмирования мигрирующих рыб на пороге затвора плотины. С помощью цифровых и гидравлических исследований эти области стока могут быть установлены, а релевантные гидравлические значения определены количественно. Кроме того, рассматриваются и оцениваются конструктивные и производственные мероприятия, сокращающие опасность ранения рыб при спуске через гибкие водосливные плотины до минимума.

Raymond Johan Meijnen und Thomas Grünig

Die fischfreundliche Turbine – ein innovativer Lösungsansatz

Für die Migration von Fischbeständen in Fließgewässern bilden Querbauwerke, insbesondere solche mit Turbinenanlagen, oft unüberwindliche oder tödliche Hindernisse. Schätzungen gehen von Mortalitätsraten von 25 bis 80 % beim Durchschwimmen von Niederdruckturbinen aus. Neben einigen anderen Ursachen gilt eine Kollision der Fische mit den schnell rotierenden Turbinenschaufeln als Hauptverursacher von fatalen Verletzungen. Dieser Artikel stellt die Entwicklung sowie die Testergebnisse einer fischfreundlichen Niederdruckturbine dar und beschreibt die dabei zu Grunde gelegten theoretischen Betrachtungen.

1 Modellbetrachtung

Bei Fließwasserkraftwerken kommen in der Regel horizontal eingebaute Kaplanturbinen zum Einsatz. Die Turbinenlaufräder werden als Propeller ausgeführt. Das hier angewendete Modell zur Entwicklung einer fischfreundlichen Turbinenhydraulik basiert auf der Annahme, dass ein Fisch eine mit der Drehzahl Ω rotierende Turbinenschaufel durchschwimmt. Der Eintritt in die Turbinenschaufel erfolgt durch einen auf der Rotationsachse senkrecht stehenden Kreisring mit dem Innendurchmesser r_h und dem Außendurchmesser r_s (**Bild 1**). Während der Passage des Fisches durch einen Segmentabschnitt des rotierenden Schaufelrades besteht eine bestimmte Wahrscheinlichkeit der Kollision des Fisches mit der Vorderkante eines Propellerblattes [5]. Die Zeitdauer, die ein Fisch mit der Körperlänge L und der Geschwindigkeit v benötigt,um ein Teilsegment der Rotationsebene zu durchschwimmen ist:

$$t_c = L/v \tag{1}$$

In der gleichen Zeit überstreicht ein Propeller mit der Fläche A und der Schaufelzahl n_b die Segmentfläche:

$$A_c = n_b \frac{\alpha_c}{2} \left[r_s^2 - r_h^2\right] \tag{2}$$

Die Wahrscheinlichkeit einer Kollision mit der Vorderkante eines Schaufelrades wird beschrieben durch das Verhältnis:

$$\begin{aligned} p_b &= A_c/A \quad \text{wenn} \quad A_c < A, \\ p_b &= 1 \quad \text{wenn} \quad A_c \geq A \end{aligned} \tag{3}$$

In der Zeit t_c überstreicht eine Propellerschaufel den Winkel α_c, ausgedrückt durch:

$$a_c = \int_0^{t_c} \Omega \, dt \approx \Omega t_c \tag{4}$$

Durch Einsetzen der Gl. (1) in (4) und (2) in (3) ergibt sich die Kollisionswahrscheinlichkeit mit:

$$p_b = \min\left[\frac{n_b \Omega L}{2\pi\, v}, 1\right] \tag{5}$$

Die Absolutgeschwindigkeit mit der ein Fisch die Turbine durchschwimmt, entspricht der Summe aus Fischeigengeschwindigkeit v_v und der Strömungsgeschwindigkeit v_w. Beide Geschwindigkeiten werden als axial gerichtete Vektoren durch die Turbine angenommen:

$$v = v_v + v_w \tag{6}$$

Die Fischeigengeschwindigkeit ist ungefähr proportional der Körperlänge eines Fisches, jedoch wird in diesem Modell die Eigengeschwindigkeit mit Null angenommen. Diese Annahme wird gestützt durch Beobachtungen, dass sich die meis-

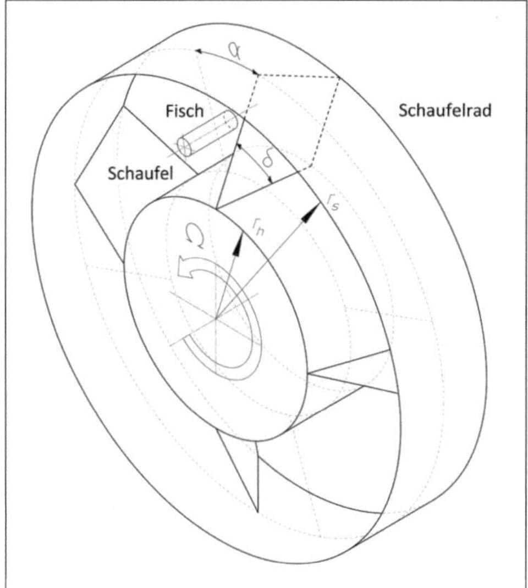

Bild 1: Schemabild der Variablen des theoretischen Kollissionsmodells

ten Fische vor Turbineneintritt gegen die Strömungsrichtung drehen, um sich dann mit der Strömung durch die Turbine treiben lassen. Dadurch wird die Fischeigengeschwindigkeit zu $v_v = 0$ und folglich die absolute Geschwindigkeit v des Fisches beim Durchtritt durch die Turbinenschaufel gleich der Strömungsgeschwindigkeit des Wassers $v = v_w$. Fische durchschwimmen Turbinen in der Regel mit in parallel zu den Strömungslinien ausgerichteter Körperhaltung.

Wie bei den meisten Kollisionen, muss auch eine Kollision mit einer Turbinenschaufel nicht zwangsläufig zu einer ernsthaften oder sogar tödlichen, d. h. fatalen Verletzung führen. Dies wurde bei entsprechenden Versuchen von von Raben [5] und von Turnpenny [6] beobachtet. Turnpenny schlägt Deshalb eine sogenannte Verstümmelungswahrscheinlichkeit (mutilation ratio) MR vor, die auch in dieser Modelbetrachtung Berücksichtigung findet. Die Verstümmelungswahrscheinlichkeit MR wird von der Körperlänge des Fisches und von der Stelle des Aufschlages auf den Fischkörper beeinflusst. In diesem Modell wird eine Kollision als tödlich betrachtet, wenn der Fischkörper vor dem Körperschwerpunkt getroffen wird. Bei den meisten Fischen befinden sich die empfindlichen Organe vor dem Schwerpunkt. Ein starker Schlag auf den Körper in diesem Bereich würde zu schweren oder tödlichen Verletzungen führen. Die Position des Körperschwerpunktes wurde mit etwa 1/3 der Körperlänge angenommen. Durch diese Annahme wird Gl. (5) zu:

$$p_b = \frac{n_b \Omega L}{6\pi\, v_w} \tag{7}$$

Des Weiteren muss die Schlagenergie, die auf einen Fischkörper einwirkt, berücksichtigt werden. Diese verändert sich quadratisch proportional mit der Umfangsgeschwindigkeit u der Turbinenschaufel. Dieser Zusammenhang findet in der Weibull-Verteilung $p_f = 1 - e^{-(u/u_c)^2}$ seinen Ausdruck.

Die kritische Umfangsgeschwindigkeit wird mit 12 m/s angenommen. Bei einem Aufschlag mit dieser Geschwindigkeit wird eine Überlebenswahrscheinlichkeit von <37 % angenommen [3].

Schließlich hängt die Auswirkung einer Kollision von der Geometrie der Schaufelvorderkanten ab, d. h. vom Neigungswinkel δ der Schaufelvorderkante gegen die Tangente des Kreisumfanges der Turbinenschaufel. Die wirksame Aufschlaggeschwindigkeit entspricht u[sin(δ)]. Somit ist:

$$pf = 1 - e^{-(u\sin(\delta)/u_c)^2} \tag{8}$$

Die theoretische Gesamtwahrscheinlichkeit p einer tödlichen Kollision eines Fisches mit der Turbinenschaufel ergibt sich durch Multiplikation der Kollisionswahrscheinlichkeit p_b und der Wahrscheinlichkeit p_f einer Kollision mit tödlicher Auswirkung. Damit wird:

$$p = p_b\, p_f = \frac{n_b \Omega L}{6\pi\, v_w}\left[1 - e^{-(u\sin(\delta)/u_c)^2}\right] \tag{9}$$

2 Umsetzung der theoretischen Zusammenhänge in ein fischfreundliches Hydraulikdesign

Unter Berücksichtigung der oben beschriebenen Zusammenhängen wurde eine fischfreundliche Turbinenhydraulik entwickelt. Dabei kamen Turbinenschaufeln mit zwei- oder dreiblättrigen Turbinenlaufräder zum Einsatz. Zwei verschiedene Ausführungen sind notwendig, um eine bessere Anpassung an unterschiedliche Fallhöhen zu gewährleisten. Die Vorderkanten der Turbinenschaufeln wurden schraubenförmig nach vorne gezogen und gegenüber der Umfangstangente mit einem Winkel von 25° abgeschrägt ($\delta = 25°$). Diese Maßnahme reduziert die wirksame Aufschlagsenergie auf einen Fischkörper um das Verhältnis sin 25°/sin 90° gegenüber einem konventionell gestalteten Turbinenlaufrades mit $\delta = 90°$.

Die Nenndrehzahl des fischfreundlichen Turbinenlaufrades wurde um etwa 25 % gegenüber einer konventionellen Turbine bei gleichen hydraulischen Parametern reduziert. Der Schaufelraddurchmesser der fischfreundlichen Hydraulik vergrößert sich dabei um etwa 20 %. **Bild 2** zeigt einen Vergleich der theoretischen, fatalen Gesamtkollisionswahrscheinlichkeit p einer konventionellen Turbine mit derjenigen einer fischfreundlichen Turbine.

Unter Berücksichtigung der in Abschnitt 1 beschriebenen Zusammenhänge wurde eine Niederdruckturbine für Fallhöhen von 1,5 m bis maximal 10 m und Durchflüssen für einen Bereich von ca. 1,5 m^3/s bis 150 m^3/s entwickelt (**Bild 3**).

Die Schaufelblätter wurden feststehend ausgeführt. Eine Zweifachregelung wird durch verstellbare Leitschaufeln und einer Drehzahlregelung realisiert. Damit wird ein Turbinenbetrieb im stets optimalen Wirkungsgradbereich bei variierenden Betriebszuständen garantiert. Als Generator wurde ein direkt angetriebener Permanentmagnet-Generator gewählt. Die Turbine eignet sich sowohl zum horizontalen als auch zum vertikalen Einbau. Zur Strömungsoptimierung wur-

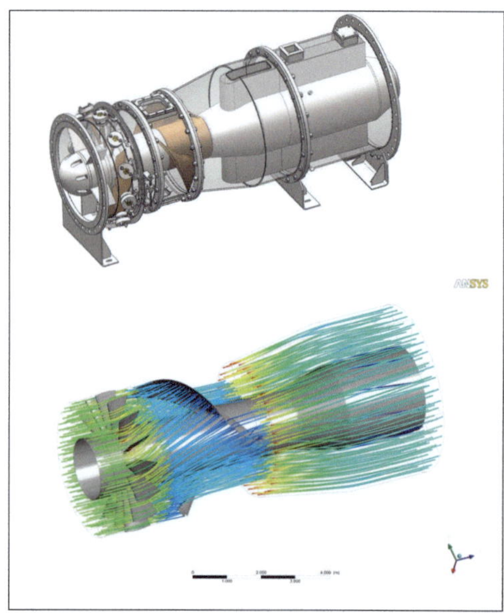

Bild 3: Ausgestaltung der fischfreundlichen Turbine

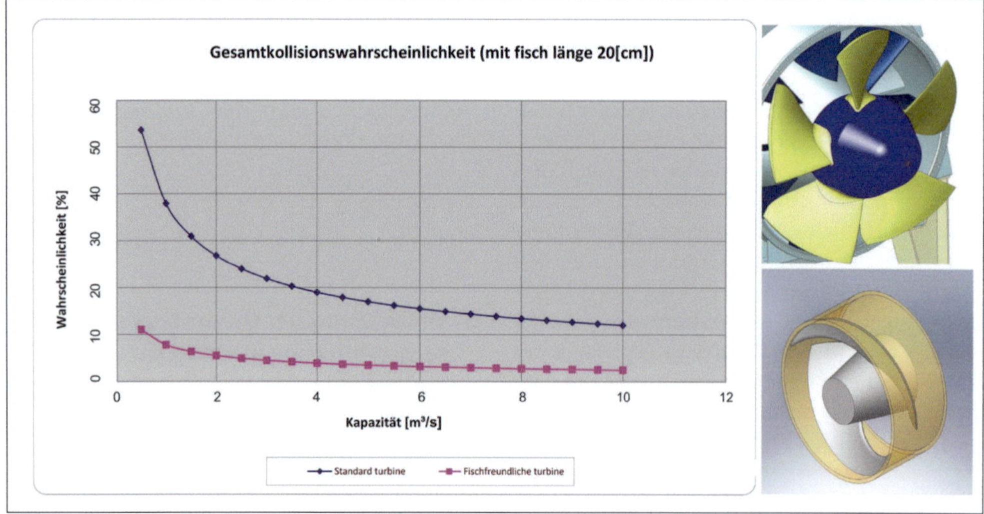

Bild 2: Theoretische Fischmortalität bei Nenndrehzahl in Abhängigkeit des Durchflusses bei einer durchschnittlichen Fischlänge von 20 cm

de bei der Entwicklung konsequent CFD (computational fluid dynamics) eingesetzt. Prüfstandmessungen der fischfreundlichen Turbinenhydraulik ergaben vergleichbare hydraulische Wirkungsgrade wie bei modernen, konventionellen Niederdruckturbinen [7].

3 Leistungsmessungen an einer fischfreundlichen Turbine

An einem Prototyp mit Nenndurchmesser DN 800, ausgelegt für eine Fallhöhe von 3,8 m, einem Nenndurchfluss von 3 m^3/s und einem fahrbaren Drehzahlbereich von 50 bis 350 1/min wurden Leistungsmessungen unter Laborbedingungen durchgeführt. Die Nennleistung des Prototyps betrug 100 kW. Für den Testaufbau wurde die gesamte Turbineneinheit horizontal in eine Rohrleitung eingebaut und an einem Frequenzumrichter mit unterschiedlichen Drehzahlen getestet. Die Energieeinspeisung erfolgte über einen Frequenzumrichter direkt in das 50-Hz-Netz. Durch automatische Drehzahlanpassung und Leitschaufelwinkelverstellung wurde die Turbine verschiedenen vorgegebenen Betriebszuständen angepasst. Die Testergebnisse bestätigten den mit Hilfe von CFD vorausberechneten guten hydraulischen Wirkungsgradverlauf, der vergleichbar ist mit modernen, konventionellen Niederdruck-Turbinen gleicher Baugrößen.

Bild 4: Übersicht über die Testeinrichtung für die Aal-Passage

4 Feld-Tests zur Bestimmung der Mortalitätsrate

Durch das unabhängige Unternehmen IMARES Wageringen wurden zunächst Feldtests zur Untersuchung der Mortalitätsraten von Aalen durchgeführt [8]. Dazu wurde der oben beschriebene Prototyp einer fischfreundlichen Turbine in eine horizontale Rohrleitung parallel einem Hebewerk eingebaut (**Bild 4**).

Die geodätische Höhendifferenz zwischen Ober- und Unterwasser betrug 5,5 m und der Durchfluss konnte durch einen oberhalb der Turbine eingebauten Schieber verändert werden. Es wurden zwei Testdurchgänge mit je drei verschiedenen Aalgruppen durchgeführt. Alle Testdurchgänge wurden mit einer konstanten Drehzahl von 280 1/min durchgeführt. Eine Testgruppe von Aalen durchschwamm die Turbine kontrolliert bei voll geöffneten Leitschaufeln (Serie 1) und eine zweite bei auf 30° eingestellten Leitschaufeln (Serie 2). Um eine Referenzmessung zu erhalten, durchschwamm eine dritte Testgruppe (Kontrollgruppe) die gleiche Rohrleitung ohne eingebaute Turbine. Eine Auffangvorrichtung erlaubte das Einsammeln der Aale im Unterwasser, wo die Aale anschließend einer genauen Begutachtung durch Fischereispezialisten unterzogen wurden, um eventuelle äußerlich sichtbare Verletzungen zu identifizieren. Um verzögerte, nicht gleich sichtbare innere Verletzungen festzustellen, wurden alle Aale nach 96 Stunden Hälterung einer weiteren Untersuchung unterzogen und auf anormales Schwimmverhalten untersucht. Die festgestellten und genau protokollierten Resultate der 6 Testdurchgänge sind in **Tabelle 1** zusammengefasst. Sie zeigen eine Überlebensrate von nahezu 100 %. Keinen signifikanten Unterschied konnten bei der Kontrollgruppe ohne Turbine im Vergleich zu den Testreihen 1 und 2 mit Turbine festgestellt werden.

5 Zusammenfassung und Schlussfolgerung

Die Leistungstests im Labor bestätigten die mit CFD-Verfahren vorausberechneten guten hydraulischen Wirkungsgrade der fischfreundlichen Turbine. Bestätigt werden konnte auch eine sehr geringe Mortalitätsrate bei Aalen. Durch die Testreihen wurden die zwei wichtigsten Entwicklungsziele bestätigt. Weitere Tests, insbesondere an Schuppenfischen werden in naher Zukunft folgen, um eine generelle Fischfreundlichkeit

Tab. 1: Zusammenfassung der Versuche zur Aal-Passage mit dem Prototypen der fischfreundlichen Turbine

	Turbine mit vollständig geöffneten Leitschaufeln (Serie 1)		Turbine mit Leitschaufeln mit 30°-Öffnung (Serie 2)		Kontrollversuche	
Versuchsreihenfolge	2	4	3	5	1	6
Anzahl der wiedergefangenen Aale nach dem Versuch	79	70	73	63	80	93
Anteil der wild gefangenen Aale	0,71	0,69	0,64	0,73	0,70	0,71
Durschnittliche Länge und Standardabweichung [cm]	40,6 ± 8,0	40,3 ± 7,5	42,0 ± 9,1	40,7 ± 8,3	41,3 ± 9,4	42,8 ± 10,6
Längenbereich [cm]	31-76	28-60	32-75	31-64	31-75	31-84
Direkte Mortalität %	0 %	0 %	0 %	0 %	0 %	0 %
Normales Schwimmverhalten	100 %	100 %	100 %	100 %	100 %	100 %
Mortalität nach 96 h [%], (n; Länge der getöteten Aale)	1,2 % (n = 2; 35 & 57 cm)		0 %		1,5 % (n = 2; 32 & 36 cm)	

nach zuweisen. Bereits ausgedehnte Feldtests an fischfreundlichen Pumpenhydrauliken, durchgeführt mit Schuppenfischen, verliefen durchweg vielversprechend. Es ist zu erwarten, dass diese Ergebnisse wegen der Ähnlichkeit der Hydrauliken auch auf fischfreundliche Niederdruckturbinen übertragbar sind.

Abschließend sei noch zu bemerken, dass Winter/Griffioen und Benden [9] in Ihrer Studie gezeigt haben, dass Mortalitätsraten kleiner Turbinen auf größere Durchmesser umgerechnet werden können. Die dabei überprüften Zusammenhänge lassen die Schlussfolgerung zu, dass das Kollisionsrisiko – und damit die Fischmortalität – bei geometrisch ähnlichen Hydrauliken mit der Zunahme der Turbinendurchmesser abnimmt.

Autoren

Dipl.-Ing. Raymond Johan Meijnen

Dipl.-Ing. Thomas Grünig

Fairbanks Nijhuis
Parallelweg 4
7102 DE Winterswijk, Niederlande
Raymond.Meijnen@pentair.com
thomas.gruenig@pentair.com

Literatur

[1] Furguson J. W.: Behaviour and Survival of Fish Migrating Downstream in Regulated Rivers. Ph. D. Thesis, SLU Umea Sweden, 2008.

[2] Kunst, J. M.; Spaargaren, B.; Vriese, T.; Kroes, M.; Rutjes, C.; Van der Pouw Kraan, E.; Jonker, R. R.: Gemalen of vermalen worden. (Research on the fish friendliness of water pumping stations), 2008.

[3] Davis, J. K.: A review of information relating to fish passage through turbines: implications to tidal power schemes. In: Journal of Fish Biology 33 (1988), Supplement A, S. 111-126.

[4] Ohed, M.: A Summary of Environmentally Friendly Turbine Design Concepts. United States Department of Energy, 1999.

[5] Von Raben, K.: Zur Frage der Beschädigung von Fischen durch Turbinen. In: Wasserwirtschaft 47 (1957), Heft 4, S. 97-100.

[6] Turnpenny, A. W. H.: Mechanisms of fish damage in lowheat turbines: an experimental appraisal. In: Schmutz, M. (Hrsg.): Fish Migration and Fish Bypass. Oxford: Blackwell Publishing, 1998, S. 300-314.

[7] Arnold, J.; Bosman, R.; Meijnen, R.; Vrielink, L.: Development of Fish-friendly Pumps and Turbines. R&D Department Nijhuis Pompen, 2011.

[8] Winter, H. V.; Bierman, S. M.; Griffioen, A. B.: Field test for mortality of eel after passage through the newly developed turbine of Pentair Fairbanks Nijhuis and FishFlow Innovation, IMARES Wageningen UR, 2012.

[9] Winter, H. V.; Griffioen, A. B.; Benden, D.: Desk study on scaling Pentair Fairbanks Nijhuis/FishFlow Innovations turbine in relation to fish mortality, IMARES Wageningen UR, 2013.

Raymond Johan Meijnen und Thomas Grünig

The Fish-friendly Turbine – an Innovative Solution

Different studies have shown that fish and eel are severely damaged when swimming through a conventional pump or turbine [2], [3] and [4]. Different injuries are observed during the passage of which the most prominent injury mechanisms involves blade strike injury. A prototype fish-friendly turbine, with high specific speed was developed and tested for application at low head/large flow locations. The design was based on a theoretical model that predicts the probability of a fish colliding with rotating components of a turbo machine. The performance of the turbine was optimized using computational fluid dynamics. Extensive prototype tests showed excellent performance on efficiency and eel passage.

Р. Дж. Мейнен и Томас Грюниг

Турбина, «благоприятная» для рыб – инновационный подход к решению

Для миграции рыбных популяций в проточных водоемах поперечные сооружения, в особенности, с турбинными установками, часто представляют собой непреодолимые или смертельные для рыбы преграды. Согласно оценке, норма смертности при прохождении турбины пониженного давления составляет от 25 до 80%. Наряду с некоторыми другими причинами столкновение рыб с быстро вращающимися лопастями турбин считается основной причиной смертельных ранений. Данная статья представляет разработку, а также результаты испытаний турбин пониженного давления, «благоприятных» для рыб, и описывает положенные в основу этого теоретические соображения.

Michael Pötsch

Der enature® FISHPASS – eine nachhaltige Lösung mit System und deren Einsatz in der Praxis

In diesem Beitrag wird das innovative Fertigteilsystem einer Fischaufstiegsanlage vorgestellt, das den Bedürfnissen der Gewässerorganismen in optimierter Weise gerecht wird und gleichzeitig den Wasserbedarf auf ein Minimum reduziert. Im Vergleich zum Standard-Vertical-Slot-Fischpass weist das System eine verbesserte ökologische Funktion (Fischpassierbarkeit) auf. Die Formgebung ermöglicht eine Reduktion des Betriebsdurchflusses (bis 40 %), der Fließgeschwindigkeit (bis 20 %), der Energiedissipation (bis 30 %) und der Turbulenzen (bis 35 %) im Beckenpass. Dadurch ist ein einfaches Durchwandern der Anlage auch für schwimmschwache Fischarten und Juvenile möglich. Die Reduktion des Durchflusses wirkt sich darüber hinaus positiv auf die Erzeugung der elektrischen Energie im Kraftwerk aus. Am Kraftwerk/Piesting in Österreich wird seit 2009 die erste Pilotanlage des enature® FISHPASS erfolgreich betrieben. Am Gewässer Ager und an der Laming wurden zwei weitere Anlagen im Jahr 2011 verwirklicht.

1 Forschung und Entwicklung

In Zusammenarbeit mit der Universität für Bodenkultur Wien (Boku) und der Forschungs- und Entwicklungsabteilung der Kirchdorfer Fertigteilholding wurde der innovative enature® FISHPASS entwickelt [1], [2]. Ziel war es einerseits die Fischaufstiegsanlage (FAA) auf die Bedürfnisse der Gewässerorganismen zu optimieren und andererseits den Wasserbedarf auf ein Minimum zu reduzieren.

Im Wasserbaulabor des Institutes für Wasserwirtschaft, Hydrologie und konstruktiven Wasserbau der Boku wurde dieses System in umfangreichen hydraulischen und biologischen Untersuchungen optimiert. Die Grundlage wurde dabei in mehreren Modellversuchen im Maßstab 1:5 geschaffen. Die endgültige Optimierung erfolgte in Modellversuchen im Maßstab 1:1. Ergänzend erfolgten die biologische Funktionsprüfung und die detaillierte Ableitung hydraulischer Bemessungsparameter.

2 Tools für den Planer

2.1 Standardisiertes Fertigteilsystem

Ein Ziel war, die gewonnenen Ergebnisse aus der Forschung und Entwicklung in ein standardisiertes Fertigteilsystem zu verpacken. Mit wenigen ausgewählten geometrischen Beckengrößen sollte das Fertigteilsystem das Leitfischartenspektrum von der Forelle bis hin zum Huchen entsprechend den biozönotischen Regionen Epirhithral klein (MQ < 2 m³/s) bis Epipotamal groß (MQ > 20 m³/s) den Vorgaben des österreichischen Leitfadens zum Bau von Fischaufstiegshilfen, Stand Mai 2010, abdecken [4]. Die Donau wurde bei der Auslegung nicht berücksichtigt, da FAA in dieser Größenordnung fertigteiltechnisch kaum noch wirtschaftlich zu realisieren sind. Diese Systemgröße ist für die Gestaltung des enature® FISHPASS nicht maßgebend.

Der enature® FISHPASS definiert sich durch drei Hauptsystemgrößen:

- Beckengröße mit 200 x 145 cm, 300 x 217 cm und 400 x 290 cm;
- Schlitzweiten von 15 cm, 20 cm, 25 cm, 30 cm, 35 cm und 50 cm und

Bild 1: enature® FISHPASS mit 180°- und 135°-Kehrelement und eingebautem Sohlensubstrat

- Wasserspiegeldifferenzen zwischen 10 cm, 13 cm, 14 cm, 15 cm, 17 cm, 18 cm und 20 cm.

Gewässertypisches Sohlensubstrat (**Bild 1**) wird im Betonfertigteil in einer Schichtstärke von 10 bis 25 cm inklusive zusätzlicher Störsteine eingebaut. Die minimale Mindestwassertiefe richtet sich nach der gewählten Systemgröße, sie liegt zwischen 50 cm und 120 cm.

Für jede Systemgröße sind Becken mit einem alternierenden Schlitz (rechts/links) vorhanden. Richtungsänderungen werden mit 45°-Kehrbecken ausgeführt. Die Wasserspiegeldifferenz zwischen den einzelnen Becken wird über die Sohlneigung hergestellt. Die 45°-Kehrbecken werden horizontal versetzt. Der Übergang von der horizontalen in die schiefe Ebene wird mit einem Neigungsknickelement verwirklicht. (**Bild 2**).

2.2 Hydraulik-Bemessungsprogramm

Für die hydraulische Dimensionierung des enature® FISHPASS steht auf der Internet-Seite ein Hydraulik- Bemessungsprogramm kostenlos zur Verfügung [1]. Nach der Auswahl der Systemgröße, der Wasserspiegeldifferenz zwischen den Becken und der Schlitzweite ist zwischen zwei Berechnungsweisen zu wählen. Entweder man gibt den Durchfluss an und berechnet daraus die minimale Wassertiefe oder man gibt die minimale Wassertiefe an und berechnet den dazuge-

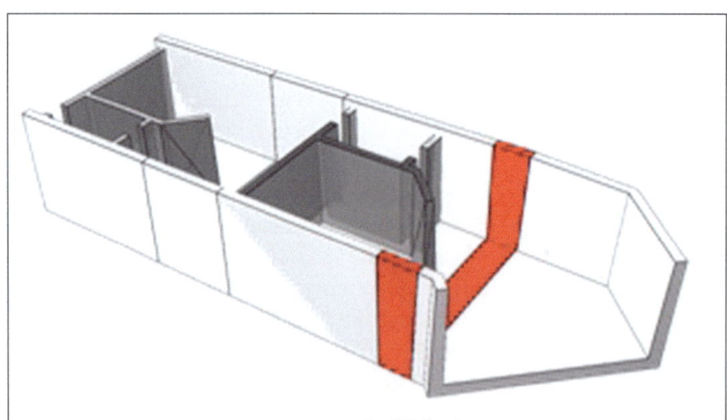

Bild 2: enature® FISHPASS-Fertigteilsystem: gerade Elemente mit Neigungsknick und 45°-Kehrbecken

hörigen Durchfluss (**Bild 3**). Zusätzlich wird im Ergebnis der Vergleich zum geometriegleichen herkömmlichen Vertical-Slot-Fischpass ausgewiesen. Die Optimierung im Durchfluss wird in l/s und in % dargestellt. Die Reduktion der Energiedissipation wird in W/m³ und in % ausgewiesen.

2.3 Konstruktives Planungsprogramm

Dem Planer stehen sämtliche Systemteile des enature® FISHPASS in einem 2-D- und 3-D-Planungstool auf der Homepage zum kostenlosen Download zur Verfügung. Damit wird der Zeitaufwand für die konstruktive Planung der FAA wesentlich verringert. Statisch konstruktive Übersichten geben zugleich Auskunft über die berücksichtigten Lastfälle der inneren Standsicherheit, die erforderliche Lagerung der Betonfertigteile und über die Auftriebssicherheit der Elemente.

3 enature® FISHPASS am Kraftwerk Hart an der Ager

Die Kraftwerk Glatzing-Rüstorf Genossenschaft mbH (KWG) bezeichnet sich im Herzen Oberösterreichs als echter „Nahversorger" für Strom. KWG betreibt an der Ager fünf Wasserkraftwerke. Die Genossenschaft verteilt den Strom

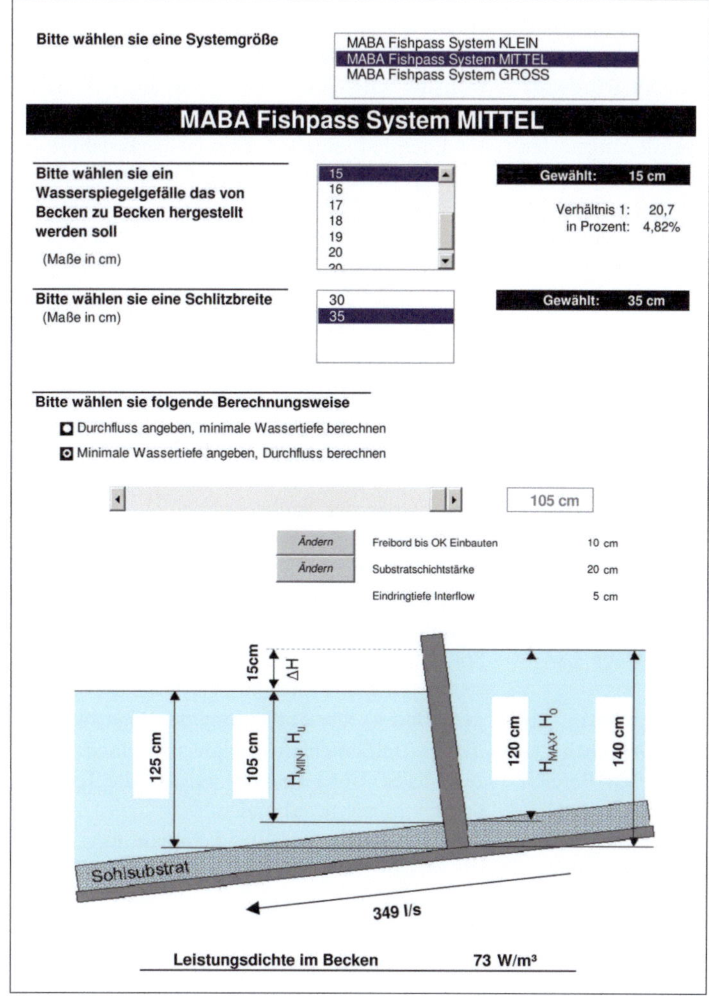

Bild 3: Auszug aus Hydraulik-Werkzeug des enature® FISHPASS

über das eigens betriebene Verteilernetz bis hin zum Endkunden.

Das Ausleitungskraftwerk Hart wurde erstmals 1924 in Betrieb genommen. Fast ein gesamtes Jahrhundert war an dieser Stelle das Gewässerkontinuum der Ager unterbrochen. Im Juli 2010 erfolgte der Spatenstich für die Anpassung der Anlage an den Stand der Technik und die Umsetzung der WRRL zur Wiederherstellung der ökologischen Durchgängigkeit.

3.1 Wesentliche Maßnahmen

Zur Verbesserung der Geschiebeabwehr wurde eine Kragschwelle mit einem darüber liegenden Grobrechen errichtet. Die Verbreiterung der Wehranlage erhöht die Kapazität des Hochwasserabflusses. Die Wehrschleusen wurden saniert. Den Grundablass inklusive dem Tosbecken und dem Fischaufstieg als Schlitzpass errichtete man zur Gänze neu. Die Restwasserdotation wurde aus ökologischen Gründen in der Höhe von 3,5 m³/s festgesetzt. Entsprechend den Forderungen der Erneuerbare-Energien-Richtlinie mit dem Ausbau der regenerativen Stromerzeugung führte dies zu einem weiteren Schritt, dem Bau eines Restwasserkraftwerkes zur Nutzung der erhöhten Dotation der Ager.

3.2 Anforderungen an den enature® FISHPASS

Die Ager wird in diesem Abschnitt der Fischregion des Hyporhithrals zugeordnet. Der Huchen mit einer Körperlänge von 100 cm ist gemäß dem österreichischen Leitfaden die maßgebende Fischart, die maximale Wasserspiegeldifferenz je Becken beträgt 15 cm und die Schlitzbreite 35 cm. Aus der zu überwindenden Höhe von 2,70 m bei Niederwasser (Dotationsabfluss) ergeben sich 18 Becken des enature® FISHPASS und 1 Ruhebecken. Die gewählte lichte Beckengeometrie beträgt: Länge 3,0 m, Breite 1,18 m, Höhe 1,60 m.

Das Ruhebecken wurde gleichzeitig als 180°-Kehre genutzt, wobei die vier 45°-Kehrbecken horizontal versetzt wurden. In diesem Bereich erfolgt somit kein Abbau der Höhendifferenz.

Zur effizienten Situierung des unterwasserseitigen Einstieges in Abstromrichtung des Triebwassers erfolgte eine weitere Richtungsänderung um 135° (**Bild 1**). Dies entspricht den Vorgaben für die kleinräumige Anordnung von FAA am Einstieg, indem diese flussauf betrachtet im spitzen Winkel und unmittelbar am bzw. neben dem Wanderhindernis angeordnet werden sollen [3].

3.3 Vergleich enature® FISHPASS mit einem geometriegleichen herkömmlichen Vertical-Slot-Fischpass

Das Restwasser wird über das Restwasserkraftwerk und über die FAA abgegeben. Im Vergleich zum herkömmlichen, geometriegleichen Vertical-Slot-Fischpass erfolgt durch den enature® FISHPASS eine Reduktion der Dotationswassers um 38 %. Die Dotation im enature® FISHPASS beträgt ca. 333 l/s, die des geometriegleichen herkömmlichen Vertical-Slot-Fischpass ca. 536 l/s. Dieser Gewinn von rund 203 l/s in der FAA führt zur ökonomischen Optimierung des Restwasserkraftwerkes durch einen höheren Ertrag.

Einer der wesentlichen Vorteile ist die Reduktion der Fließgeschwindigkeit. Dies führt zu verringerten Turbulenzen und einer verminderten Energiedissipation. Dies ist das Ergebnis der ökologischen Optimierung für den Fisch im enature® FISHPASS. Im Vergleich beträgt die Energiedissipation 72 W/m³ gegenüber 113 W/m³, dies entspricht einer Reduktion um 36 %.

3.4 Versetzen und Montage

Die erforderlichen Vorarbeiten sowie das Unterbauplanum errichtete die von der KWG für das gesamte Bauvorhaben beauftragte Baufirma. Auf dem bestehenden Untergrund wurde eine Sauberkeitsschicht in einer Stärke von ca. 10,0 cm betoniert. Über der Sauberkeitsschicht folgte eine Splittlage mit Kantkorn 4/8 mm in einer Stärke von ca. 5,0 cm. Mit diesem Feinplanum wurde die exakte Neigung der schiefen Ebene und der horizontalen Bereiche in den Kehren hergestellt. Der Splitt wurde aufgebracht, die Formrohre wurden seitlich eingelegt und mit der Waaglatte abgezogen. (**Bild 4**). Die Abdichtung der Fuge zwischen den Einzelelementen erfolgte mit einem Dichtungsband. Untereinander wurden die Teile mit Spannschlössern verbunden.

Auf dem fertiggestellten Feinplanum versetzte die MABA Fertigteilindustrie GmbH mit einem 120-t-Mobilkran mit einer Reichweite bis zu 45 m die Fertigteile (größtes Einzelstückgewicht 4 700 kg) in weniger als drei Tagen.

Da im Hochwasserfall die gesamte FAA über-

Bild 4: Feinplanum vor dem Versetzen der Fertigteile am Kraftwerk Hart/Ager

Bild 5: enature® FISHPASS am Kraftwerk Hart/Ager mit Verklausungsschutz

strömt wird, verhindert ein nachträglich montierter Gitterrost die Verklausung der Becken während des Hochwasserereignisses (**Bild 5**).

4 enature® FISHPASS am Kraftwerk St Katharein-Untertal

Die Altanlage, die Illmayer Säge, an der Laming diente ursprünglich dem Antrieb eines Sägegatters. Im Laufe der Zeit wurde die Anlage erweitert und der Überschussstrom ins Netz eingespeist. Die Leistung der Kleinwasserkraftanlage war mit einem Ausbaudurchfluss von 1,3 m³/s und einer Ausbauleistung von 35 kW begrenzt. Im bestehenden Wasserrecht war keine Pflichtwasserabgabe eingetragen.

2011 erhielt die Anlage den neuen Namen Kraftwerk St. Katharein-Untertal, und der neue Betreiber Dr. Gapp E-Werk Rastal GmbH revitalisierte und sanierte die Altanlage nach dem Stand der Technik.

4.1 Wesentliche Maßnahmen

Der Bestand der Wehranlage blieb erhalten, die Schützenantriebe wurden automatisiert. Das Einlaufbauwerk wurde vergrößert und mit einem Feinrechen mit automatischer Rechenreinigungsmaschine ausgestattet. Das Krafthaus mit einer vertikalachsigen Kaplanspiralturbine und der erforderlichen Druckrohrleitung wurden neu errichtete. Weiters wurde das Stauziel an der Wehranlage geringfügig erhöht und das Unterwasser zur Vergrößerung der Fallhöhe eingetieft.

Das Ergebnis der Sanierung ist eine Vervierfachung der Ausbauleistung. Für die WRRL-Umsetzung der Wiederherstellung der ökologischen Durchgängigkeit sollte ursprünglich ein FAA in Form eines Vertical-Slot-Fischpasses gebaut werden.

4.2 Anforderungen an den enature® FISHPASS

Die Laming wird in diesem Abschnitt der Fischregion des Epirhithrals mit einem MQ > 2,0 m³/s zugeordnet. Die Forelle ist die maßgebende Leitfischart, die Koppe ist die typische Begleitart.

Aus dem österreichischen Leitfaden zum Bau von Fischaufstiegshilfen [4] ergeben sich folgende Dimensionierungsparameter für den enature® FISHPASS: Die maximale Wasserspiegeldifferenz zwischen den Becken beträgt 20 cm. Die Schlitzweite ist mit mindestens 15 cm und die hydraulische Mindesttiefe unterhalb der Trennwand ist mit mindestens 70 cm auszuführen. Aus der zu überwindenden Höhe von 5,60 m ergeben sich daraus 28 Fertigteilbecken und 2 Ruhebecken. Die gewählte lichte Beckengeometrie beträgt: Länge 2,0 m, Breite 1,45 m, Höhe 1,25 m.

Der unterwasserseitige Einstieg der FAA mündet gemeinsam mit dem Unterwasser der Turbine wieder in die Laming ein. Durch die Anordnung des Einstieges im Unterwasserbereich unmittelbar parallel zum Turbinenauslass erfolgt die optimale Anbindung der Anlage an den Migrationskorridor.

Bild 6: Versetzarbeiten der Fertigteile am Kraftwerk St. Katharein-Untertal

Bild 7: enature® FISHPASS am Kraftwerk St. Katharein-Untertal

4.3 Vergleich des enature® FISHPASS mit einem geometriegleichen herkömmlichen Vertical-Slot-Fischpass

Das gesamte Mindestwasser wird direkt über die FAA abgegeben. Aus dem Hydraulik-Werkzeug des enature® FISHPASS errechnen sich mit den oben genannten Vorgaben der Durchfluss mit ca. 119 l/s und eine Energiedissipation von ca. 107 W/m^3. Diese Werte liegen deutlich unter den rund 190 l/s und den rund 180 W/m^3, die in einem Standard-Vertical-Slot-Fischpass mit gleicher Geometrie erreicht werden.

Der Grenzwert der Energiedissipation ist für Österreich im Epirhithral mit 140 W/m^3 [4] angegeben. Im Fall des Standard-Vertical-Slot-Fischpass wird dieser wesentlich überschritten. Die Berechnung der Energiedissipation erfolgt anhand des DVWK-Merkblattes 232/1996 [5]. In diesem Ansatz ist unter anderem die Beckengeometrie ein maßgebender Einflussfaktor für die Höhe der Energiedichte. Damit der Grenzwert eingehalten werden kann, müsste der herkömmliche Vertical-Slot-Fischpass mit einer größeren Beckengeometrie als der enature® FISHPASS realisiert werden. Größer bedeutet wesentlich längere Becken, mehr Platzbedarf und daraus resultieren höhere Baukosten, die jeder Bauherr tunlichst vermeiden will. Das Einsparungspotenzial von rund 38 % bei der Dotation der FAA kann wiederum zu 100 % in der vertikalachsigen Kaplanturbine in erneuerbare Energie umgesetzt werden.

4.4 Versetzen und Montage

Die erforderlichen Vorarbeiten und das Unterbauplanum errichtete wiederum das für das Gesamtbauvorhaben verantwortliche Tiefbauunternehmen. In dem frisch geschütteten und verdichteten Damm wurde ein Einschnitt für die Trasse der FAA hergestellt (**Bild 6**). Auf dem neuerlich verdichteten Planum wurde eine Splittlage mit Kantkorn 4/8 mm in einer Stärke von ca. 5 cm als Ausgleichsschicht aufgebracht. Auf diesem Feinplanum versetzte MABA Fertigteilindustrie GmbH mit einem 100-t-Mobilkran die Fertigteile (größtes Einzelstückgewicht 4 050 kg) in nur drei Arbeitstagen (**Bild 7**).

5 Resümee

Der bereits mehrfach im Praxiseinsatz erfolgreich verwirklichte enature® FISHPASS ist eine optimale Lösung zur Wiederherstellung des Gewässerkontinuums an Wasserkraftwerken. Durch die innovative Struktur ist es gelungen, die Fließgeschwindigkeit und die Turbulenzen zu minimieren. Dies bewirkt, dass auch Juvenile und schwimmschwache Fischarten ein einfaches Durchwandern der Anlage ermöglicht wird. Voraussetzung dafür ist die entsprechende Auswahl der Beckengröße, der Schlitzbreite und der Höhendifferenz je Becken. Damit die optimale Anbindung des enature® FISHPASS an den Migrationskorridor gegeben ist, muss bei der planungstechnischen Anforderung ein wichtiges

Augenmerk auf das Detail am Einstieg in die FAA gelegt werden.

Im standardisierten Fertigteilsystem sind Bausätze für alle Fischregionen vom Epirhithral bis zum Hypopotamal verfügbar. Durch die bautechnische Errichtung mit Fertigteilen erfolgt eine Minimierung der Bauzeit und daraus resultierend eine Minimierung der Eingriffe in das Fließgewässer.

Die ökonomische Optimierung v. a. durch eine Verringerung der Dotation wirkt sich positiv auf die Erzeugung der erneuerbaren Energie aus. Speziell an Laufkraftwerken und Ausleitungskraftwerken mit Restwassernutzung wird diese Optimierung voll ausgeschöpft, womit der Forderung der Erneuerbare-Energien-Richtlinie der EU entsprochen wird.

Durch die Errichtung des enature® FISHPASS wird für den Teilbereich des WRRL-Qualitätskriteriums „Durchgängigkeit für aquatische Organismen" i. d. R. der „gute" bis „sehr gute ökologische Zustand" erreicht.

Autor

Dipl.-Ing. Michael Pötsch
MABA Fertigteilindustrie GmbH
Feuerwerksanstalt
2752 Wöllersdorf
Österreich
michael.poetsch@maba.at

Literatur

[1] MABA Fertigteilindustrie GmbH (Hrsg.): enature® FISHPASS. Wiener Neustadt (www.maba-fishpass.com, Aufruf: 01.03.2012).

[2] Mader, H.; Tauber, M.-M.: Der neue Multi-Struktur-Slot-Fischpass. In: WasserWirtschaft 100 (2010), Heft 7-8, S. 28-32.

[3] Ministerium für Umwelt und Naturschutz, Landwirtschaft und ländlichen Raum NRW (Hrsg.): Handbuch der Querbauwerke. Düsseldorf, 2005.

[4] Bundesministerium für Land- und Forstwirtschaft, Umwelt und Wasserwirtschaft (Hrsg.): Grundlagen für einen österreichischen Leitfaden zum Bau von Fischaufstiegshilfen (FAHs). Wien, 2011.

[5] DVWK (Hrsg.): Fischaufstiegsanlagen – Bemessung, Gestaltung, Funktionskontrolle. In: DVWK-Merkblätter (1996), Nr. 232.

Michael Pötsch

enature FISHPASS – a Sustainable Solution and their Adoption in Practice

The newly developed enature® FISHPASS shows a clear maintenance or even enhancements of the biological migration acceptance by aquatic organisms, keeping in parallel a significant reduction necessary flow in order to reduce production losses for environmental measures claimed by the EU. The hydraulic optimized system shows a significant reduction of the necessary flow (-40 %), of the flow velocities (-20 %), of the energy dissipation rate (-30 %) and of the turbulences (-35 %). The system was already realized on some hydro-electric plants in Austria.

Михаэль Пёч

Система enature® FISHPASS – долгосрочное решение и применение на практике

В статье представлена инновационная система готовых блоков рыбоподъемного устройства, которая оптимальным образом соответствует потребностям представителей водной фауны и одновременно сокращает объем необходимой воды до минимума. По сравнению со стандартными рыбоподъемниками с вертикальным проходом типа Vertical-Slot система обладает улучшенной экологической функцией (проходимость рыбы). Форма конструкции позволяет сократить рабочий проточный расход (до 40 %), снизить скорость потока (до 20 %), уменьшить потери энергии (до 30 %) и редуцировать турбулентность (до 35 %) в проточном бассейна. Благодаря этому прохождение рыбоподъемника становится простым и возможным также для слабоплавающих видом рыб и молодняка. Кроме того, сокращение проточного расхода, идущего через рыбоподъемник, положительно воздействует на производство электроэнергии. На гидроэлектростанции Пистинг (Piesting) в Австрии первая пилотная установка с системой enature® FISHPASS успешно реализуется с 2009. В 2011 году на Агере (Ager) и Ламинге (Laming) были построены еще две установки.

Rolf-Jürgen Gebler

Dimensionierung von Schlitzpässen – Anforderungen der Fische und der Hydraulik

Die Dimensionierung von Schlitzpässen muss auf der Grundlage zweier Anforderungsprofile erfolgen. Zum einen müssen die biologischen Anforderungen der lokalen Fischfauna erfüllt werden. Hieraus ergeben sich die minimalen Beckenabmessungen, die minimale Wassertiefe, die minimalen Abmessungen des Schlitzes und der maximal zulässige Höhenunterschied zwischen zwei Becken, der die maximale Fließgeschwindigkeit bestimmt. Neben diesen ökologischen Anforderungen müssen aber zum zweiten auch hydraulische Anforderungen erfüllt werden. Um die angestrebten Strömungsverhältnisse zu gewährleisten, müssen Schlitzweite, Beckenlänge und Beckenbreite in einem bestimmten Verhältnis zueinander stehen. Wichtig ist auch die Einhaltung eines Maximalwerts des Energieeintrags, der die Turbulenz im Becken bestimmt. Weitere Aufgaben der Dimensionierung stellen sich bei schwankenden Ober- und Unterwasserständen, die sich auf die Strömungsverhältnisse im Fischpass auswirken.

1 Entwicklung

Der Schlitzpass (Vertical-Slot-Pass) ist die weltweit am meisten verwendete Bauart einer beckenartigen Fischaufstiegsanlage (FAA). Ursprünglich entwickelt wurde er über umfangreiche hydraulische Modellversuche in den 40er-Jahren des letzten Jahrhunderts als Doppelschlitzpass für den Pazifischen Lachs am Fraser River in British Colombia (Hell's Gate Fishway). Aufgrund der überzeugenden Aufstiegszahlen von maximal 20 000 Lachsen pro Stunde wurde für kleinere Flüsse bzw. für eine geringere Anzahl aufsteigender Fische der Doppel-Schlitzpass entlang der Mittellinie halbiert [1]. Der so entstandene Schlitzpass mit einem Schlitz, der über hydraulische Modellversuche weiter optimiert wurde, ist seitdem weltweit mit großem Erfolg im Einsatz. Während er in Frankreich bereits in den 80er-Jahren insbesondere für Großsalmoniden angewandt wurde [2], befasste sich im deutschsprachigen Raum Gebler [3] zum ersten Mal mit dem Schlitzpass. Über hydraulische Modellversuche im Theodor-Rehbock-Labor der Universität Karlsruhe entwickelte er einen für kleinere Flüsse Mitteleuropas geeigneten Schlitzpass, dessen Eignung für die heimische Fischfauna über ethohydraulische Versuche mit eingesetzten Fischen und auch Invertebraten nachgewiesen wurde. Fundierte Angaben zur Dimensionierung wurden im deutschsprachigen Raum erstmals im DVWK-Merkblatt 232/1996 [4] gegeben, auf deren Basis etliche Anlagen auch im benachbarten Ausland erstellt wurden.

Der vorliegende Beitrag basiert auf der Erfahrung des Verfassers bzw. seines Ingenieurbüros bei der Dimensionierung, dem Bau, der Inbetriebnahme und der Kontrolle von über 20 realisierten Schlitzpässen an großen Flüssen, wie Rhein, Ruhr, Mosel, Neckar, Aare (CH), Salzach (Ö) und auch an kleineren Zuflüssen (**Tabelle 1**). Behandelt wird ausschließlich die innere Dimensionierung des Fischpasses. In Tabelle 1 sind zusätzlich die Daten der beiden großen Schlitzpässe am Oberrhein (Iffezheim und Gambsheim), die von französischen Kollegen geplant wurden. **Bild 1** zeigt als Beispiel den Schlitzpass am Kraftwerk Rheinfelden am Hochrhein.

Tab. 1: Abmessungen der Schlitzpässe Iffezheim und Gambsheim sowie weiterer durch IB Dr. Gebler realisierter Anlagen

Fluss	Wehr / Kraftwerk	Gesamthöhe [m]	Δh Becken [cm]	Abmessungen Becken (Innen) L x B [m]	Schlitzweite s [cm]	L/s	B/L	minimale Wassertiefe [m]	Abfluss [m³/s]	Leistungsdichte [W/m³]
Rhein	KW Iffezheim	11,00	30	4,50 x 3,30	45	10,0	0,73	1,35	1,20	158
Rhein	KW Gambsheim	10,00	25	4,50 x 3,30	45	10,0	0,73	1,50	1,20	124
Rhein	KW Augst	6,75	20	2,75 x 1,80	30	9,2	0,67	1,00	0,52	187
Rhein	KW Rheinfelden	9,30	15	3,15 x 2,30	30	10,5	0,73	1,22	0,56	87
Rhein	KW Dogern	4,25	17	3,15 x 2,30	30	10,5	0,73	1,43	0,68	103
Alpenrhein (CH)	Wehr Reichenau	12,00	20	2,85 x 2,10	30	9,5	0,74	1,00	0,53	158
Ruhr	KW Hengstey	5,05	15	3,25 x 2,10	40	8,1	0,65	0,95	0,57	120
Ruhr	Wehr Raffelberg	5,15	18	3,20 x 2,10	30	10,7	0,66	1,00	0,50	122
Ruhr	Wehr Stiftsmühle	2,35	13	3,07 x 2,00	28	11,0	0,65	0,88	0,35	75
Ruhr	KW Velmede	2,73	15	2,05 x 1,50	22	9,3	0,73	0,95	0,32	150
Mosel	KW Koblenz	6,00	15	3,80 x 2,70	45	8,4	0,71	1,10	0,76	93
Neckar	Wehr Ladenburg	4,60	20	2,90 x 2,10	30	9,7	0,72	1,00	0,53	155
Lauter	Scheibenhardt	2,35	17	3,00 x 2,15	30	10,0	0,72	0,80	0,40	117
Lauter	Bienwaldmühle	3,79	20	2,25 x 1,70	30	7,5	0,76	0,70	0,30	192
Murg	Wehr Glatfelter	3,23	16	2,75 x 1,80	30	9,2	0,65	0,84	0,40	138
Wiese	Wehr Schönau	1,42	20	2,15 x 1,60	20	10,8	0,74	0,70	0,22	157
Aare (CH)	Wehr Rupperswil	5,30	17	2,85 x 2,10	30	9,5	0,74	1,21	0,60	128
Limmat (CH)	Wehr Wettingen	2,25	10	3,10 x 1,80	30	10,3	0,58	0,95	0,35	61
Limmat (CH)	Schanzengraben	0,95	19	3,10 x 1,80	25	12,4	0,58	0,90	0,36	121
Salzach (Ö)	KW Werfen	9,45	15	2,85 x 1,90	30	9,5	0,67	0,90	0,40	111
Salzach (Ö)	KW Hallein	6,70	15	2,85 x 1,90	30	9,5	0,67	0,90	0,40	111
Salzach (Ö)	KW Lehen	7,85	15	3,00 x 1,90	30	10,0	0,63	0,91	0,40	105

2 Fischökologische Anforderungen

Zu Beginn einer Planung muss geklärt werden, für welche Fischarten die FAA ausgelegt werden soll. Hierzu muss die Fließgewässerzonierung am betreffenden Standort und die lokale Fischartenzusammensetzung ermittelt werden. Zu betrachten ist hierbei nicht nur die aktuelle Fischfauna, sondern auch die potentielle Fischfauna, die zukünftige Entwicklungen berücksichtigt. So ist im Rheingebiet zu klären, ob das Gewässer ein potentielles Lachsgewässer ist und ob der Maifisch zu

Bild 1: Schlitzpass Kraftwerk Rheinfelden am Hochrhein (Quelle: Gebler)

berücksichtigen ist, im Donaugebiet sind Huchen und Wels maßgebende Fischarten [5].

Aus den entsprechenden Regelwerken [5], [6] können dann die typischen Körperabmessungen des größten zu berücksichtigen Fisches entnommen werden. Diese Angaben sollten durch konkrete Nachfrage bei der zuständigen Fischereibehörde bestätigt und falls erforderlich angepasst werden.

Beckendimensionen

Aus den Abmessungen des größten zu berücksichtigenden Fisches ergeben sich die minimalen Abmessungen der Becken und des Schlitzes [5], [6], [7]:

- Beckenlänge (Innenmaß): 3 x Fischlänge
- Beckenbreite (Innenmaß): 2 x Fischlänge
- Schlitzweite: 3 x Körperbreite Fisch
- Wassertiefe: 2,5 x Körperhöhe Fisch

Diese Werte stellen die Mindestwerte dar, die sich allein aufgrund der räumlichen Mindestanforderungen des Fisches an den Wanderkorridor ergeben.

Während für die räumlichen Dimensionen der größte Fisch maßgebend ist, sind für die maximalen Werte von Fließgeschwindigkeit und Leistungsdichte (als Maß für die Turbulenz) die leistungsschwachen Fische maßgebend. Die zulässigen Maximalwerte für die Fließgeschwindigkeit bzw. die Wasserspiegeldifferenz zwischen den einzelnen Becken und die Leistungsdichte werden in den Regelwerken [5], [6], [8] in Abhängigkeit von der Fischregion angegeben. In [6] werden die Maximalwerte der Fließgeschwindigkeiten zudem von der Gesamthöhe des Bauwerks abhängig gemacht.

Zur Orientierung der Fische soll in den Becken ein Strömungspfad mit einer Mindestfließgeschwindigkeit von $v = 0{,}3$ m/s für Großsalmoniden bzw. $v = 0{,}2$ m/s für alle anderen Fischarten vorhanden sein [5], [6].

Um sohlenorientierten und leistungsschwächeren Arten den Aufstieg zu erleichtern, sollte die Sohle mit Steinmaterial belegt werden, wie es schon 1991 von Gebler [3] empfohlen wurde. Innerhalb des Lückensystems der Steine und im unmittelbaren Sohlenbereich sind die Fließgeschwindigkeiten reduziert, so dass für diese Arten in Sohlennähe günstigere Strömungsbedingungen vorliegen.

3 Hydraulische Dimensionierung

3.1 Maßgebende Wasserstände

Zur FAA-Dimensionierung müssen die maßgebenden Wasserstände im Ober- und Unterwasser ermittelt werden. Der Unterwasserstand ist zumeist rein vom Abfluss abhängig und nur in wenigen Fällen, z. B. bei Schwallbetrieb, von Regelungen betroffen, so dass eine UW-Schlüsselkurve und eine UW-Dauerlinie vorliegt bzw. ermittelt werden kann.

Nur bei festen Wehren ist der Oberwasserstand ebenfalls direkt vom Abfluss abhängig. Bei beweglichen Wehren und bei Wasserkraftnutzung ist der Oberwasserstand geregelt. Zumeist wird ein konstantes Stauziel gehalten, das nur bei Hochwasserabfluss überschritten oder auch unterschritten wird (zur Hochwasservorsorge). Schwankungen können auch durch Schleusungsbetrieb entstehen. Es ist im Detail zu ermitteln, welche Schwankungen im Normalbetrieb und bei außergewöhnlichen Ereignissen auftreten.

Üblicherweise wird von FAA eine volle Funktionstüchtigkeit zwischen Q_{30} und Q_{330} gefordert, da davon ausgegangen wird, dass bei Niederwasser und Hochwasser die natürliche Fischwanderung eingeschränkt ist. Es ist zu ermitteln, welche OW-Stände in den Zeiten Q_{30} bis Q_{330} auftreten und wie diese mit dem Unterwasserstand korrelieren.

Das maßgebende Wasserstandsspektrum sind die Wasserstände, die sowohl im Unterwasser als auch im Oberwasser im Abflussbereich Q_{30} bis Q_{330} auftreten. Hieraus ermittelt sich der maximal auftretende Wasserspiegelunterschied ΔH_{Max} zwischen Unterwasser und Oberwasser (innerhalb des Abflussbereiches Q_{30} bis Q_{330}), auf den der Fischpass ausgelegt werden muss.

3.2 Anzahl Querwände und Becken

Aus den ökologischen Anforderungen ist der maximal zulässige Wasserspiegelunterschied Δh_{zul} zwischen den Becken bekannt, der gegebenenfalls noch über einen Sicherheitskoeffizient [6] weiter reduziert wird. Die Anzahl der erforderlichen Querwände ergibt sich aus $n = \Delta H / \Delta h_{zul}$.

3.3 Schwankende Wasserstände

In **Bild 2** sind verschiedene, in einer FAA auftretende Zustände dargestellt.

- Status 1: Im Ausgangszustand verteilt sich ΔH gleichmäßig auf die einzelnen Querwände ($\Delta h = \Delta H/n$).
- Status 2: Bei einem konstanten OW-Stand führt ein höherer UW-Stand zu einem Einstau der FAA von UW. Mit Beginn des Einstaus verringern sich die Höhenunterschiede an den Querwänden in Fließrichtung und damit die Geschwindigkeiten in den Schlitzen. Solange der Einstau das oberste Becken nicht beeinflusst, bleibt der Abfluss Q konstant.

Maßnahmen: Erhöhung der Querwände, so dass keine Überströmung stattfindet; Überprüfung, ob die geforderten Mindestfließgeschwindigkeiten eingehalten werden.

- Status 3: Unter- und Oberwasserstand steigen um den gleichen Betrag, so dass ΔH und die einzelnen Δh konstant bleiben. Die größere Wassertiefe führt zu einem höheren Abfluss. Die Fließgeschwindigkeiten und Strömungsverhältnisse in den Becken bleiben gegenüber Status 1 unverändert.
  Maßnahmen: Erhöhung der Querwände, so dass keine Überströmung stattfindet.
- Status 4: In diesem Fall steigt der UW-Stand stärker an als der OW-Stand, wodurch sich ΔH verringert. Δh und die Fließgeschwindigkeiten verringern sich in Fließrichtung. Bei der Berechnung des Abflusses sind zwei gegenläufige Aspekte zu betrachten: die höhere Wassertiefe und der geringere Höhenunterschied an den Querwänden.
  Maßnahmen: Erhöhung der Querwände, so dass keine Überströmung stattfindet; Überprüfung, ob die geforderten Mindestfließgeschwindigkeiten eingehalten werden.
- Status 5: In diesem als kritisch zu bezeichnenden Fall steigt der OW-Stand stärker an als der UW-Stand, wodurch sich ΔH vergrößert. Der Abfluss erhöht sich, die Δh und die Fließgeschwindigkeiten steigen in Fließrichtung an.
  Maßnahmen: Erhöhung der Querwände, so dass keine Überströmung stattfindet; Überprüfung, ob die zulässigen Maximalfließgeschwindigkeiten (bzw. max. Δh) eingehalten werden.

Die beschriebenen ungleichförmigen Abflusszustände in der FAA müssen iterativ überprüft bzw. ermittelt werden. Ein Berechnungsschema hierzu ist in [6] beschrieben.

3.4 Strömungsverhältnisse im Becken

Das Strömungsbild ist durch die starke Umlenkung im Bereich des hakenförmigen Einbaus und des Umlenkblockes gekennzeichnet. Ziel ist die möglichst vollständige Umwandlung der eingetragenen Energie im Becken. Bereits bei den ersten Modellversuchen zu Schlitzpässen mit einem Schlitz [1] wurde beobachtet, dass die Strömung dazu tendiert, den direkten Weg von Schlitz zu Schlitz zu nehmen und dies zu einer unerwünschten Turbulenzerhöhung führt. Weitere Untersuchungen [9], [10] zeigen, dass das Strömungsbild grundsätzlich sehr empfindlich auf Veränderungen der Einbauten, dem Verhältnis von Beckenlänge zu Beckenbreite etc. reagiert.

In **Bild 3** sind die drei grundsätzlich auftretenden Strömungsbilder dargestellt, wie sie auch in [10] diskutiert wurden. In hydraulischen Modellversuchen [10] wurde bei ansonsten gleichbleibenden Randbedingungen die Beckenbreite variiert. Bei breiten Becken (**Bild 3a**) ergibt sich ein gekrümmter Strahl von Becken zu Becken und ei-

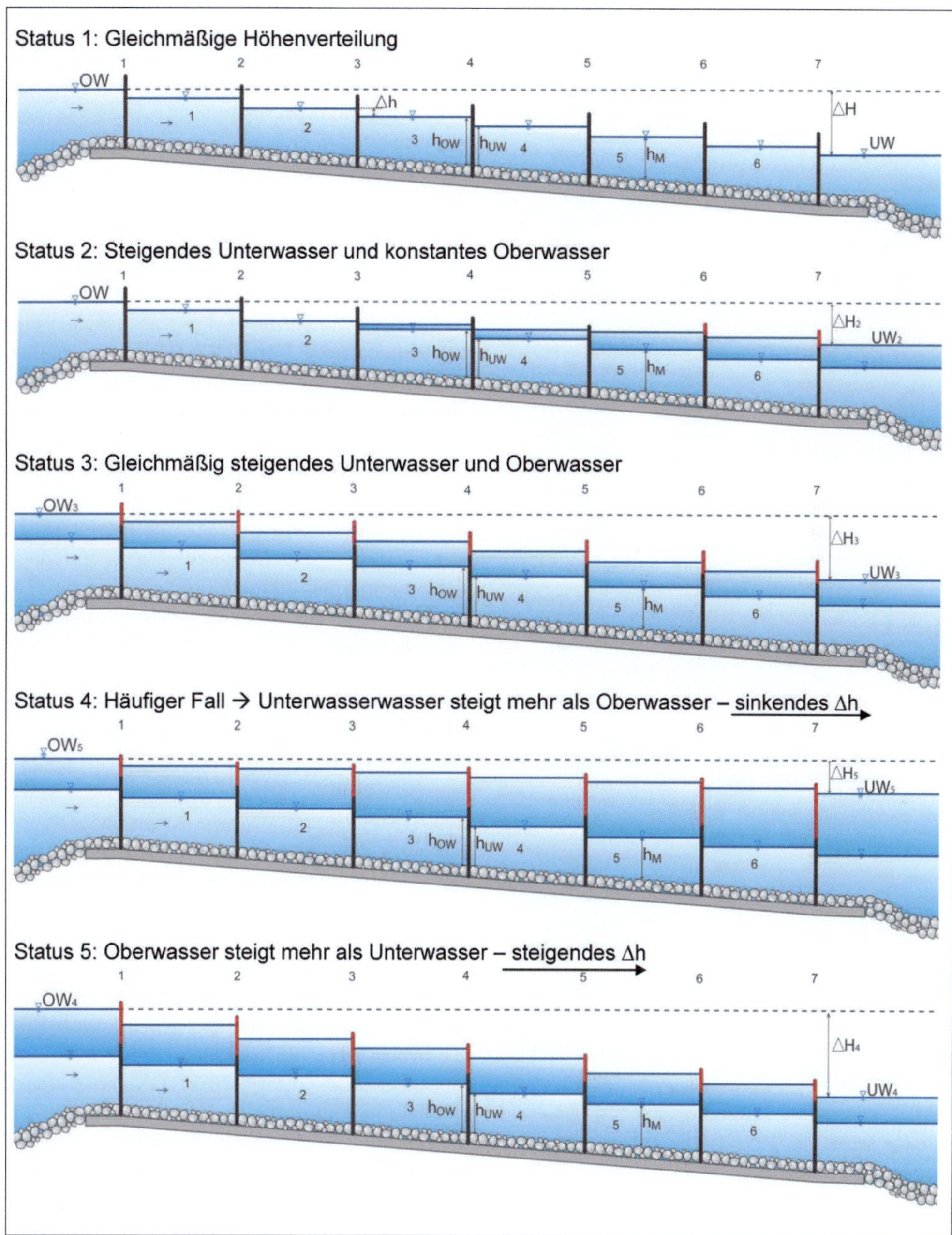

Bild 2: Im Fischpass auftretenden Abflusszustände (Quelle: Gebler)

ne ausgedehnte Wirbelzone, die etwa die Hälfte des Beckens einnimmt. Bei schmalen Becken (**Bild 3b**) trifft der Strahl massiv auf die gegenüberliegende Wand, der große Wirbel entsteht nun auf der Seite des Schlitz und nimmt ca. 2/3 der Beckenbreite ein. Für eine Beckenlänge von L = 10 x Schlitzweite und Gefällen von 5 % bis 10 % wurde in den Modellversuchen ein Übergang zwischen den beiden Strömungsbildern bei einem Verhältnis B/L = 0,7 bis 0,73 ermittelt.

Bild 3: Auftretende Strömungsbilder im Becken (Quelle: Gebler)

Die grundlegende Frage lautet: Welches Strömungsbild ist für die Fische günstiger? Nach [10] soll ein zu starker Aufprall des Strahles auf die Seitenwand (**Bild 3b**) vermieden werden, da dies zu vertikal drehenden Wirbeln führt, die die Fische irritieren. Auch zu große horizontale Wirbel (**Bild 3a**) sind zu vermeiden, da in diesen insbesondere kleinere Fische desorientiert gefangen sind. Es wird daher der Übergangsbereich, bei dem der Strahl weder stark auf die Seitenwand prallt noch große Wirbel erzeugt, empfohlen. Dies entspricht dem Strömungsbild 3c. Empfohlen wird deshalb ein Verhältnis B/L = 0,7 bis 0,75 (für Gefälle von 5 bis 7,5 %). Nach Wang et al. [10] wirken die instabilen Strömungsverhältnisse im Übergangsbereich, d. h. ein Pendeln der Strömung, nicht irritierend auf die Fische, vielmehr nutzen die Fische diese Instabilitäten beim Aufstieg.

Die Becken sollen den Fischen auch Zonen zum Ausruhen bieten. Von Bell [11] wird empfohlen, dass in 30 bis 50 % des Beckenvolumens die Fließgeschwindigkeiten unter 0,30 m/s liegen sollen. Von Wang et al. [10] wurde ermittelt, dass dieses Kriterium am Besten im o. g. Übergangsbereich erfüllt wird.

Die eigene Erfahrung des Autors bestätigten die genannten Modellversuche. Die auftretenden Strömungsbilder an ausgeführten Anlagen (**Tabelle 1**) entsprechen überwiegend dem angestrebten Übergangsbereich wie er in **Bild 3c** dargestellt ist. Teilweise wurde eine starke Anströmung der Seitenwand festgestellt. Dies tritt bei den eher schmalen Becken (B/L < 0,7) oder bei einer zu starken Strahlumlenkung auf, die im Fall der Anlage in **Bild 3b** ca. 60° beträgt, statt der ansonsten realisierten Umlenkung von 40° bis 50°.

Das beobachtete Strömungsbild ist instabil, d. h. die Strömungsfahne pendelt etwas. Eine eher durchgehende Strömung von Schlitz zu Schlitz, wie in **Bild 3a** dargestellt, wurde nur an einer Anlage festgestellt. An dieser Anlage tritt die Besonderheit auf, dass in einigen Strängen der Fischpassrinne der angestrebte Zwischenzustand (**Bild 3c**) beobachtet wird, in anderen Strängen der eher durchgehende Zustand (**Bild 3a**). Diese relativ stabilen Strömungsbilder sind aus **Bild 4** deutlich zu erkennen. Trotz verschiedener Naturmessungen und numerischen Modellierungen konnte die Ursache dieses Phänomens noch nicht geklärt werden.

Diese Anlage an der Mosel in Koblenz unterscheidet sich von den anderen Anlagen in der Schlitzweite und der Beckenlänge. Da an diesem Standort der Maifisch zu berücksichtigen war, der als Schwarmfisch größere Schlitz- und Beckendimensionen erfordert, wurde eine Schlitzweite von 45 cm realisiert. Um die Beckendimensionen und damit die Gesamtlänge

Bild 4: Unterschiedliche Strömungsbilder im Schlitzpass Koblenz: rechte Rinne: Zwischenzustand; mittlere und linke Rinne: eher durchgehende Strömung von Schlitz zu Schlitz (Quelle: Gebler)

des Fischpasses zu reduzieren, wurde eine relativ kurze Beckenlänge von L = 3,8 m gewählt.

Das Verhältnis L/s beträgt somit 3,8/0,45 = 8,44 und ist damit geringer als das üblicherweise vom Verfasser gewählte Verhältnis L/s = 9,5 bis 10,5. Möglicherweise ist diese verkürzte Ausführung mit verantwortlich für die unterschiedlichen Strömungsbilder, die ansonsten an keiner weiteren Anlage beobachtet wurden.

3.5 Empfohlene Beckenabmessungen

Die Schlitzweiten und die Beckenabmessungen müssen den fischökologischen Anforderungen nach Kapitel 2 genügen. Maßgebend ist hierbei die Schlitzweite s, auf die die Beckenabmessungen bezogen werden.

Die überwiegende Anzahl der dem Verfasser bekannten Schlitzpässe weisen eine Beckenlänge von L = ca. 10 · s auf. Diese Auslegung basiert auf dem in Nordamerika umgesetzten Standardschlitzpass für Lachse mit Abmessungen von L x B = 3,05 m x 2,4 m bei einer Schlitzweite von 30 cm und einem WSP-Unterschied von 30 cm [12]. Zahlreiche Modellversuche ([3], [9], [10], [13]) bestätigen die guten hydraulischen Verhältnissen

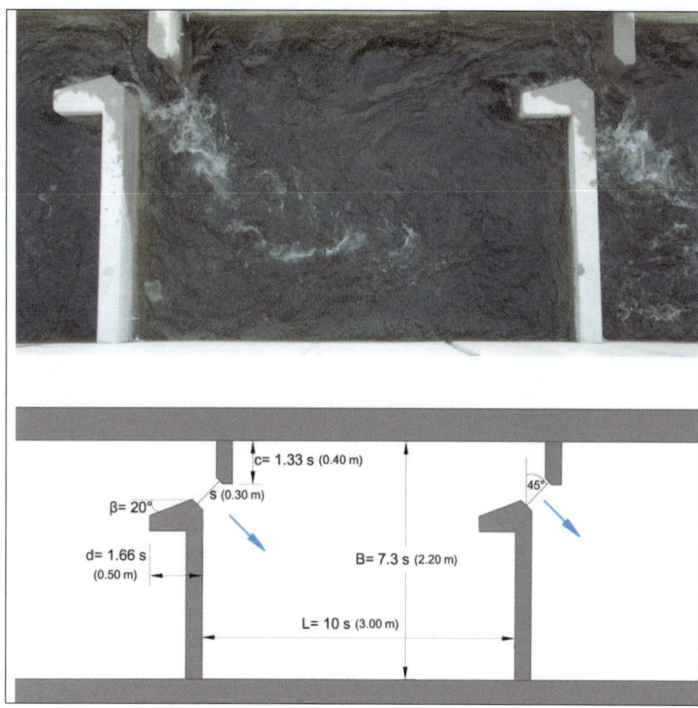

Bild 5: Empfohlene Beckenabmessungen (Quelle: Gebler)

bei diesen geometrischen Verhältnissen. Der Schlitzpass wurde ursprünglich für Lachse entwickelt und ausgelegt, so dass die Wasserspiegeldifferenz zwischen den Becken mit Δh = 30 cm recht hoch angesetzt wurde. So wurden bis zur Jahrtausendwende die FAA in Frankreich zumeist auf Großsalmoniden ausgelegt und mit diesem großen ΔH ausgeführt.

Mit der zunehmenden Erkenntnis, dass die biologische Durchgängigkeit auch für leistungsschwächere Arten herzustellen ist, verringerten sich die empfohlenen Δh-Werte immer weiter, so dass heute Werte von Δh = 0,10 bis 0,15 cm üblich sind. Bei gleichbleibenden Schlitzweiten und Beckenabmessungen führt dies zu einer doppelten bis dreifachen Bauwerkslänge des Schlitzpasses und damit zu sehr hohen Baukosten. Eine weitere Vergrößerung des Bauwerks ergibt sich infolge einer Vergrößerung der Schlitzweite. In diesem Zusammenhang ist die in [6] erfolgte Erhöhung der minimalen Schlitzweite für den Lachs von s = 30 cm [4] auf s = 35 cm nicht verständlich. Nach [6] bemisst sich die Breite einer Engstelle als dreifacher Wert der Körperbreite, der in [6] für den Lachs mit $3 \cdot D_{Fisch}$ = 30 cm angegeben wird, so dass weiterhin von einer minimalen Schlitzweite von 30 cm für den Lachs ausgegangen werden kann.

Es stellt sich grundsätzlich die Frage, wie sich die Δh-Reduzierung auf das Strömungsbild auswirkt und welche Folgen dies für die Beckendimensionierung hat. So wird in der Fachwelt auch diskutiert, ob mit den derzeit üblichen geringen Δh-Differenzen möglicherweise eine durchgehende Strömung nach **Bild 3a** akzeptabel oder eventuell sogar günstiger für den Fischaufstieg ist.

Bild 6: Ausbildung des hakenförmigen Vorsatzes und des Umlenkblocks (Quelle: Gebler)

Zur Klärung der offenen Fragen sind derzeit hydraulische und numerische Untersuchungen bei der Bundesanstalt für Wasserbau, Karlsruhe, und verschiedenen Universitäten im Gange. Erste Untersuchungen [14] lassen folgende Rückschlüsse zu:

- eine Verkürzung der Becken begünstigt eine durchgehende Strömung nach **Bild 3a**,
- eine Reduzierung des Gefälles (geringere Δh-Differenz) begünstigt eine durchgehende Strömung nach **Bild 3a**,
- eine Vergrößerung der Beckenbreite begünstigt eine durchgehende Strömung nach **Bild 3a**.

Bis zur Klärung der offenen Fragen wird seitens des Autors eine Gestaltung des Schlitzpasses nach **Bild 5**, die auf dem Original-Design nach Clay [1] basiert, empfohlen. Die folgenden Empfehlungen gelten für den durch Modellversuche und ausgeführte FAA (Tabelle 1) abgesicherten Gefällebereich I = 5 bis10 %:

- Empfohlene Beckenlänge: $L = 10 \cdot s$
- Empfohlene Beckenbreite: $B = 7{,}3 \cdot s$
- Verhältnis Beckenbreite zu Beckenlänge: $B/L = 0{,}73$

Für den Standard-Schlitzpass mit 30 cm Schlitzweite ergeben sich somit Beckenabmessungen von L = 3,0 m und B = 2,20 m.

Die Gestaltung des hakenförmigen Umlenkblockes orientiert sich an der Originalgestaltung [1], wobei die Hakenlänge von $d = 2 \cdot s$ auf $d = 1{,}66 \cdot s$ (50 cm bei s = 30 cm) reduziert wurde. Hierdurch wird die Länge der Engstelle, die die Fische durchschwimmen müssen, reduziert.

Die Länge des Umlenkblockes beträgt $c = 1{,}33 \cdot s$ (40 cm bei s = 30 cm). Dieser Vorsatz ist entscheidend für die Strömungsumlenkung, die 45° betragen sollte. Größere Umlenkungswinkel bewirken eine zu starke Auslenkung zur gegenüberlegenden Seitenwand, kleinere Winkel erhöhen die Gefahr einer Kurzschlussströmung. Die Anordnung und Länge der Querwand mit dem hakenförmigen Vorsatz ergibt sich als Funktion der genannten Werte. In

Bild 7: Rotaugen im Strömungsschatten des Umlenkblocks. Von hier aus starten sie zum Durchschwimmen des Schlitzes (Quelle: [3])

Bild 6 ist ein Beispiel für die genannte Ausführung dargestellt. In Modellversuchen ([3], [10]) und an Beobachtungsfenstern an den Fischpässen ist zu beobachten, dass die Fische den Strömungsschatten hinter diesem Umlenkblock als Warteposition nutzen, um von dort aus in einem kurzen Sprint die hohe Schlitzströmung zu überwinden (**Bild 7**). Weitere Angaben zum Verhalten der Fische im Schlitzpassbecken sind u. a. Wang et al. [10] zu entnehmen.

Die minimale Wassertiefe tritt in den Becken direkt nach der Querwand auf. Die Wassertiefe ist auf das Gewässer und den zur Verfügung stehenden Abfluss auszurichten. Als absolutes Minimum ist eine Wassertiefe von y = 0,50 m zu betrachten. Für größere Flüsse ist eine Wassertiefe von mindestens 0,90 m vorzusehen.

3.6 Berechnung des Abflusses

Da die Schlitzströmung eine Kombination eines Tauchstrahls und eines Überfalls darstellt, ist die Abflussberechnung weder einfach noch eindeutig. In der englisch- und französischsprachigen Literatur wird der Abfluss als eingetauchter Strahl aus einer Öffnung berechnet, d. h. in Abhängigkeit von Δh ($Q = f(\Delta h)$). Die jeweiligen Abflussbeiwerte sind in erster Linie von der Gestaltung der Einbauten abhängig.

In der deutschsprachigen Literatur ([4], [6], [15]) hingegen wird eine Abflussberechnung analog zu einem Überfall bzw. als Durchströmung einer Engstelle (Venturi) vorgeschlagen, d. h. in Abhängigkeit des Wasserstands oberhalb der Querwand ($Q = f(h_o)$). Der Abflussbeiwert ist hierbei nur vom Verhältnis der Wasserstände unterhalb und oberhalb der Querwand abhängig ($\mu = f(h_u/h_o)$).

Beide Verfahren bieten Vor- und Nachteile. Derzeit wird in Arbeitsgruppen des DWA eine Harmonisierung der Berechnungsverfahren erarbeitet. Bis zum Vorliegen entsprechender Ergebnisse wird vom Autor eine weitere Verwendung des Verfahrens nach [4] vorgeschlagen. Im DWA-Merkblatt M-509 [6] wird in Abflussbeiwerte für „strömungsstabile" und „strömungsdissipierende" Zustände unterschieden. Da die Bemessung von Schlitzpässen auf „strömungsdissipierende" Zustände im Becken ausgerichtet ist, sollten die Abflussbeiwerte für diesen Zustand verwendet werden.

3.7 Kontrolle der Leistungsdichte

Als letzter Bemessungsschritt ist die Leistungsdichte in den einzelnen Becken zu überprüfen. Hierbei wird die in das Becken pro Zeiteinheit eingetragene potentielle Energie (Leistung) ins Verhältnis gesetzt zum Beckenvolumen, in dem diese Energie umgewandelt werden muss. Diese Leistungsdichte ist somit ein Maß für die Turbulenz im Becken.

In den Regelwerken [5], [6], [8] sind die einzuhaltenden Grenzwerte in Abhängigkeit von der Fischregion angegeben, wobei [5] wesentlich geringe Grenzwerte angibt als die Regelwerke aus Deutschland und der Schweiz.

4 Ausblick

In den neuen Regelwerken [5], [6] zu FAA sind die maximal zulässigen Fließgeschwindigkeiten in den Engstellen (Schlitze) erheblich reduziert worden. Noch vor wenigen Jahren entsprachen Schlitzpässe mit Δh-Differenzen zwischen den Becken von 15 bis 20 cm dem aktuellen Stand der Technik. Nach den neuen Regelwerken werden die meisten zukünftigen Anlagen nur noch Δh-Differenzen von 10 bis 15 cm aufweisen. Gleichzeitig werden nach den Regelwerken größere

Schlitzweiten erforderlich, die wiederum zu größeren Beckenabmessungen führen. Insgesamt führt dies zu einer erheblichen Vergrößerung der Bauwerksabmessungen und damit zu sehr hohen Baukosten.

Demgegenüber basiert die hydraulische und geometrische Dimensionierung von Schlitzpässen auf Modell- und Naturuntersuchungen an Schlitzpässen, die für leistungsfähige Fische (Lachse) ausgelegt waren und somit Δh-Differenzen von 30 cm aufwiesen. Es ist noch ungeklärt, wie sich die Reduzierung der Δh-Differenz zwischen den Becken und eine Vergrößerung des Schlitzes auf das Strömungsbild im Becken auswirken und welche Folgen dies für die Beckendimensionierung hat.

In Anbetracht der sehr hohen Baukosten für FAA ist es zwingend erforderlich, die aktuellen Dimensionierungsvorgaben zu hinterfragen bzw. durch hydraulische und numerische Modellversuche zu aktualisieren. Hierbei stellen sich u. a. folgende Fragen:

- Hat die bisher geltende Vorgabe, dass eine durchgehende Strömung von Schlitz zu Schlitz zu vermeiden ist, bei den geringen Δh-Differenzen von 10 bis 15 cm noch Bestand?
- Können infolge der geringen Δh-Differenzen (geringerer Energieeintrag) auch die Beckenabmessungen reduziert werden?

Autor

Dr.-Ing. Rolf-Jürgen Gebler
Ingenieurbüro Dr. Gebler
Rudolf-Diesel-Weg 1, 75045 Walzbachtal
info@ib-gebler.de

Literatur

[1] Clay, C. H.: Design of Fishways and Other Fish Facilities. The department of fisheries of Canada, Ottowa, 1961.
[2] Larinier, M.; Travade, F.; Porcher, J. P.: fishways,: biological basis, design criteria and Monitoring. In: Bull. Fr. Peche Piscic. (2002), 364 suppl.
[3] Gebler, R.-J.: Naturgemäße Bauweisen von Sohlenbauwerken und Fischaufstiegen zur Vernetzung der Fließgewässer. In: Mitteilungen des Inst. Für Wasserbau und Kulturtechnik der Universität Karlsruhe (1991), Nr. 181.
[4] DVWK (Hrsg.): Fischaufstiegsanlagen. In: Merkblätter zur Wasserwirtschaft des DVWK (1996), Heft 232.
[5] Bundesministerium für Land- und Forstwirtschaft, Umwelt und Wasserwirtschaft (Hrsg.): Leitfaden zum Bau von Fischaufstiegshilfen. Wien, 2012.
[6] Deutsche Vereinigung für Wasserwirtschaft, Abwasser und Abfall e. V. (Hrsg.): Fischaufstiegsanlagen und fischpassierbare Bauwerke – Gestaltung, Bemessung, Qualitätssicherung. In: DWA-Merkblätter (2014), M 509.
[7] Jäger P.: Der österreichische Leitfaden für den Bau von Fischaufstiegshilfen – Grundlagen und Vorschläge. In: WasserWirtschaft 102 (2012), Heft 5.
[8] Bundesamt für Umwelt (Hrsg.): Wiederherstellung der Fischauf- und abwanderung bei Wasserkraftwerken, Checkliste Best practice. Bern, 2012.
[9] Tsujimoto, T.; Kitamura, T.; Murakami, S.: Numeric calculation of flow in vertical slot and its application. In: Proc. of the Int. Symposium on Fishways, Gifu, Japan, 1995.
[10] Wang, R. W.; David, L.; Larinier, M.: Contribution of experimental fluid mechanics to the design of vertical slot fish passes. In. Knowledge and Management of Aquatic Ecosystems (2010), Nr. 2, S. 396.
[11] Bell, M.: Fisheries Handbook of engineering requirements and biological criteria – Fish Passage Development and Evaluation Program. US Army Corps of Engineers, Portland, 1986.
[12] Andrew, F. J.: The use of vertical-slot fishways in British Colombia, Canada. In: Prc. Of the Int. Symposium on Fishways, Gifu, Japan, 1990.
[13] Rajaratnam, N.; Katapodis, C.; Solanki, S.: New designs for vertical slot fishways. In Canadian Journ. Of Civil Engineering (1992).
[14] Musall, M.; Oberle, P.; Henning, M.; Weichert, R.; Nestmann, F.: Analysen zu Strömungsmustern in technischen Fischaufstiegsanlagen. In: Dresdner Wasserbauliche Mitteilungen (2014), Heft 50, S. 353-362.
[15] Krüger, F.; Heimerl, S.; Seidel, F.; Lehmann, B.: Ein Diskussionsbeitrag zur hydraulischen Berechnung von Schlitzpässen. In: WasserWirtschaft (2010), Heft 3.

Rolf-Jürgen Gebler

Design of Vertical Slot Passes – Ecological and Hydraulic Requirements

The vertical slot pass is the most common fishpass in Europe. Based on the experience of the author in designing and implementing of more than 20 vertical slot passes in Central Europe the planning process is explained. The ecological requirements, based on the fish species and the size of fish, appoint the minimum pool dimensions and the maximum flow velocity. On the other hand the hydraulic conditions require certain relations between slot width, pool width and pool length. Three different flow patterns in the pools can be observed: A curved jet from slot to slot, a jet that hits strongly the opposite side wall and an oscillating jet in the centre of the pool, which is the common design aim. The hydraulic design criteria of a vertical slot pass are based primarily on investigations on fish passes for salmon with heads of 30 cm. With the new actual guidelines in Germany, Austria and Switzerland the head between two pools will be reduced in the most cases to 10 to 15 cm often accompanied by slot width of 35 to 50 cm. The common hydraulic design criteria lead to very large pools and thus huge constructions and high costs, so a review of these hydraulic design criteria is required. The main question is: Is it feasible to reduce the pool dimensions in case of reduced pool heads and reduced input of energy?

Рольф-Юрген Геблер

Определение основных параметров шлицевых проходов – требования с точки зрения рыбоведения и гидравлики

Определение основных параметров шлицевых проходов должно осуществляться на основе двух типов требований. С одной стороны, должны быть учтены требования с точки зрения биологии и местной рыбной фауны. Как следствие, определяются минимальные размеры бассейна, минимальная глубина воды, минимальные размеры прохода и максимально допустимый перепад высот между двумя бассейнами, что обеспечивает максимальную скорость потока. С другой стороны, наряду с этими экологическими требованиями должны быть выполнены также требования с точки зрения гидравлики. Для обеспечения желаемых характеристик течения ширина прохода, длина и ширина бассейна должны находиться в определенной пропорции по отношению друг к другу. Важным аспектом является также соблюдение максимального значения входной энергии, что определяет турбулентность в бассейне. При наличии колеблющихся уровней воды в верхнем и нижнем бьефе в вопросах определения основных параметров возникают и другие задачи, влияющие на характеристики течения в рыбоходе.

Béla Sokoray-Varga, Roman Weichert und Franz Nestmann

Untersuchungen zu hydraulischen Berechnungsansätzen von Schlitzpässen

Die Kenntnis der Hydraulik eines Schlitzpasses ist zur Gewährleistung seiner Passierbarkeit von großem Interesse. Der vorliegende Artikel gibt einen Überblick über wesentliche hydraulische Bemessungsansätze von Schlitzpässen aus der Literatur, stellt die Untersuchungen einer Kooperation der Bundesanstalt für Wasserbau sowie des Karlsruher Instituts für Technologie vor und schließt mit einem Ausblick über weitere zu untersuchende Fragen.

1 Einleitung

Der Bau von Fischaufstiegsanlagen zur Überwindung des Wasserspiegelunterschieds an Stauanlagen und Querbauwerken stellt u. a. aufgrund der hohen Anzahl zu erstellender Bauwerke eine große Herausforderung für die verantwortlichen Behörden in Bund und Ländern dar. Die Wahl des Bautyps der Fischaufstiegsanlage hängt dabei von einer Reihe verschiedener Kriterien ab, wobei der Schlitzpass ein häufig zur Anwendung kommender Bautyp ist, insbesondere bei beengten Platzverhältnissen.

Die hydraulische Bemessung von Schlitzpässen richtet sich nach der Schwimmleistung der relevanten Fischarten am ausgewählten Standort. Sie hat dabei einerseits zum Ziel, dass die maximale Fließgeschwindigkeit in den Becken die Leistungsfähigkeit der relevanten Fischarten nicht übersteigt, so dass die Fische die Anlage passieren können. Anderseits soll sie eine von den Fischen benötigte minimale Wassertiefe in den Becken sicherstellen. Die für die Gewährleistung dieser Wassertiefe benötigte Wassermenge wird anhand des Zusammenhanges zwischen Abfluss und Fließtiefe berechnet, der im Folgenden als Abflusskapazität bezeichnet wird.

In der Literatur, die sich mit dem Thema Hydraulik von Schlitzpässen beschäftigt, finden sich eine Reihe an Bemessungsansätzen. Im Rahmen von Untersuchungen an einem gegenständlichen Modell eines Schlitzpasses an der Bundesanstalt für Wasserbau (BAW) in Karlsruhe wurden die bestehenden Bemessungsansätze miteinander verglichen. Die Erkenntnisse aus der vorliegenden Studie zeigen den Bedarf nach weiteren Untersuchungen auf, mit dem Ziel einen einfachen und genauen Bemessungsansatz für die Abflusskapazität eines Schlitzpasses zu erarbeiten.

Für die nachfolgende Abhandlung wird der gleichförmige Abflusszustand eines Schlitzpasses in der Art definiert, dass die Wassertiefen in den einzelnen Becken gleich sind (s. z. B. [7] und [8]). Des Weiteren ist darauf hinzuweisen, dass die Schlitzgeometrie als Teil der Beckengeometrie betrachtet wird, so dass Becken mit gleichen Beckenabmessungen, aber Unterschieden in der Abmessung sonstiger Bauteile im Sinne dieses Artikels als verschiedene Beckengeometrien zu verstehen sind.

2 Literaturübersicht

Ein wichtiger Parameter für die Bemessung von Schlitzpässen ist die Wasserspiegeldifferenz zwischen den Becken Δh. Diese wird gemäß der gängigen, vereinfachten Bemessungsansätze unter Annahme von horizontalen Wasserspiegellagen innerhalb der Becken berechnet und im Folgenden als nominale Wasserspiegeldifferenz bezeichnet. Häufig findet Δh kombiniert mit der Beckenlänge L Ausdruck im Gefälle I:

$$I = \frac{\Delta h}{L} \tag{1}$$

Für den Bemessungsfall, der einen gleichförmigen Abflusszustand darstellt, wird die maximale

Wasserspiegeldifferenz zwischen Ober- und Unterwasser Δhges gleichmäßig auf die Anzahl der vorhandenen Schlitze n verteilt:

$$\Delta h = \Delta h_{ges}/n \qquad (2)$$

Hinsichtlich der Wasserspiegellage innerhalb der Becken zeigen u. a. die Messungen von Puertas et al. [7], Rajaratnam et al. [8] und Wu et al. [11], dass in Realität kein horizontaler Wasserspiegel in den Becken eines Schlitzpasses vorhanden ist, sondern dass die Wasserspiegelhöhen tendenziell von einem Minimum hinter der Trennwand auf ein Maximum direkt vor der Trennwand ansteigen (**Bild 1**). Dies hat zur Konsequenz, dass die Wasserspiegeldifferenz an der Trennwand Δh_W in Realität höher ist als Δh. Eine weitere Erkenntnis von Puertas et al. [7] ist diesbezüglich, dass sich diese Wasserspiegelauslenkung und damit Δh_W für eine gegebene Beckengeometrie als unabhängig vom Abfluss, aber abhängig vom Gefälle erwies.

Da die tatsächliche Wasserspiegellage in den Becken von der Beckengeometrie abhängt und zudem im Planungsprozess zurzeit noch unbekannt ist, ist die Verwendung der nominalen Wasserspiegeldifferenz für die Bemessung eines Schlitzpasses jedoch sinnvoll.

Hinsichtlich der Abflusskapazität eines Schlitzpasses ergaben die Untersuchungen in Puertas et al. [7], Rajaratnam et al. [8] und Rajaratnam et al. [9] für den gleichförmigen Abflusszustand einen linearen Zusammenhang zwischen dem Abfluss Q [m³/s] und der mittleren Wassertiefe in den Becken hm [m]. Es wurden insgesamt 20 unterschiedliche Beckengeometrien für jeweils mehrere Gefälle und Durchflüsse betrachtet. Aus den zitierten Untersuchungen ergibt sich nach Umformulierung die folgende Formel:

$$Q = \alpha \cdot h_m \cdot s \cdot \sqrt{g \cdot I \cdot s} = \alpha \cdot h_m \cdot s \cdot \sqrt{g \cdot \Delta h \cdot \tfrac{s}{L}}$$

$$= \alpha \cdot \tfrac{1}{\sqrt{2}} \cdot \sqrt{\tfrac{1}{L}} \cdot h_m \cdot s \cdot \sqrt{2 \cdot g \cdot \Delta h}, \qquad (3)$$

Hierin ist g die Erdbeschleunigung [m/s²], s die Schlitzbreite [m], Beckenlänge [m] und α ein beckengeometrieabhängiger Koeffizient [-]. Es ist dabei anzumerken, dass in den genannten Untersuchungen zwar mit h_m die mittlere Wassertiefe in den Becken bezeichnet wird ([9]), tatsächlich jedoch die Wassertiefe in Beckenmitte gemessen wurde. Puertas et al. [7] hat später für die von ihm untersuchten Geometrien nachgewiesen, dass h_m eine gute Näherung zur tatsächlichen mittleren Wassertiefe im Becken ist.

Eine wesentliche Erkenntnis der genannten Untersuchungen ist, dass der Zusammenhang von Q und h_m linear ist und dass der Koeffizient α von der Beckengeometrie abhängig ist, jedoch bei unterschiedlichen Durchflüssen konstant

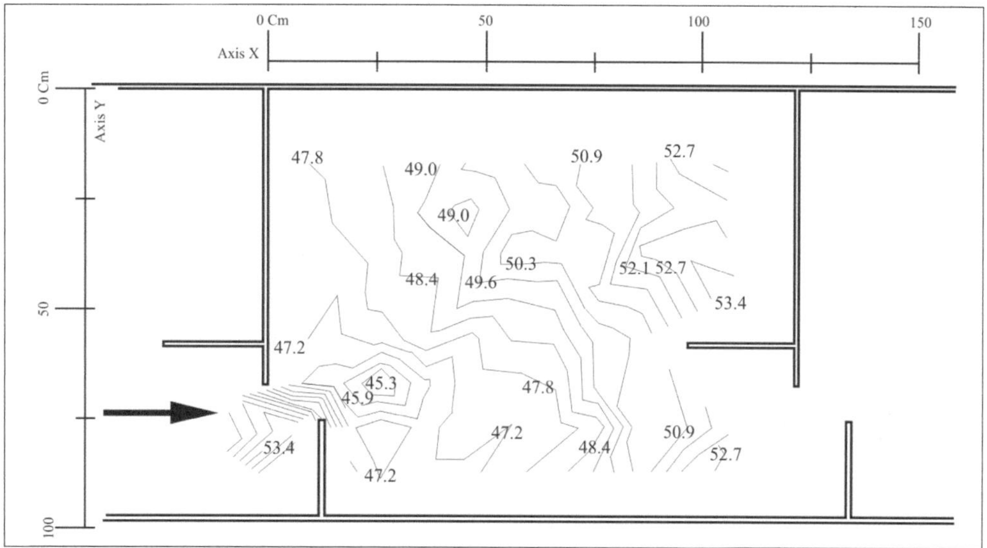

Bild 1: Mittlere Wasserspiegellagen in einem Becken (Quelle: nach [7])

bleibt. Weiterhin hat Puertas et al. [7] eine geringfügige Abhängigkeit des Koeffizienten α vom Gefälle festgestellt.

Anstelle der mittleren Fließtiefe h_m wählt Larinier [5] den Bezug zur Fließtiefe oberhalb des Schlitzes ho, wobei durch $h_o \approx h_m + \Delta h / 2$ ein Zusammenhang angegeben werden kann:

$$Q = C_d \cdot h_o \cdot s \cdot \sqrt{2 \cdot g \cdot \Delta h} \tag{4}$$

Entgegen der vorgängig vorgestellten Untersuchungen ist für den Zusammenhang nach Gl. (4) der Abflussbeiwert C_d stärker vom Gefälle abhängig. Dies ist auch ersichtlich, wenn man berücksichtigt, dass die Wasserspiegelauslenkung in den Becken vom Gefälle abhängig ist und daher jede Wassertiefe, welche nicht nahezu h_m ist, einen gefälleabhängigen Versatz zu h_m hat, welcher durch C_d ausgeglichen werden muss.

Wang et al. [10] empfiehlt die Umformulierung von Gl. (4) zu:

$$Q = C_{md} \cdot h_m\, s \cdot \sqrt{2\, g \cdot \Delta h}. \tag{5}$$

Hierin ist C_{md} der modifizierte Abflussbeiwert [-], welcher sich für die untersuchte Beckengeometrie in Wang et al. [10] für unterschiedliche Durchflüsse als konstant erwies. Der C_{md}-Wert zeigte in dieser Untersuchung nur noch eine geringfügige Abhängigkeit vom Gefälle. Gl. (5) stellt somit ebenfalls einen linearen Zusammenhang zwischen Abfluss und mittlerer Wassertiefe dar. Obwohl Wang et al. [10] nur eine Beckengeometrie untersucht hat, wird mit:

$$C_{md} = \frac{\alpha}{\sqrt{2}} \cdot \sqrt{\frac{s}{L}} \tag{6}$$

deutlich, dass ein direkter Zusammenhang zwischen den Koeffizienten C_{md} und α besteht.

In Puertas et al. [7], Rajaratnam et al. [8], Wu et al. [11] und Liu et al. [6] wurden die Fließgeschwindigkeiten im Schlitzquerschnitt näher betrachtet. Ein Vergleich der gemessenen maximalen Geschwindigkeiten im Schlitz mit dem Berechnungsansatz:

$$v_{max,S} = \sqrt{2 \cdot g \cdot \Delta h} \tag{7}$$

zeigte hierbei tendenziell eine gute Übereinstimmung.

Die Fließgeschwindigkeitsmessungen im Schlitzquerschnitt wurden in den zitierten Untersuchungen in unterschiedlichen Tiefen durchgeführt. Die Ergebnisse zeigen, dass sich über die Tiefe die Fließgeschwindigkeit im Schlitz – abgesehen vom oberflächen- und sohlennahen Bereich – nicht ändert (**Bild 2**).

Aufgrund der Tatsache, dass die lokale Fließtiefe oberhalb des Schlitzbereichs größer und unterhalb kleiner ist als die mittlere Fließtiefe im Becken, folgt, dass sich die mittlere Fließtiefe auch im Schlitzbereich wiederfindet (**Bild 3**). Damit wird erkennbar, dass Gl. (5) der allgemeinen Form einer Abflussformel folgt, in der C_{md} den Abflussbeiwert, das Produkt aus h_m und s die durchströmte Fläche, sowie der Term $(2g\Delta h)^{1/2}$ ein Maß für die charakteristische Geschwindigkeit im Schlitzquerschnitt darstellen. Hierbei ist zu beachten, dass nach dieser Betrachtungsweise im Abflussbeiwert C_{md} die Unsicherheiten enthalten sind, die daraus resultieren, dass weder die querschnittsgemittelte Geschwindigkeit im Schlitz exakt dem Term $(2g\Delta h)^{1/2}$ entspricht noch die mittlere Tiefe genau im Schlitzquerschnitt vorhanden sein wird.

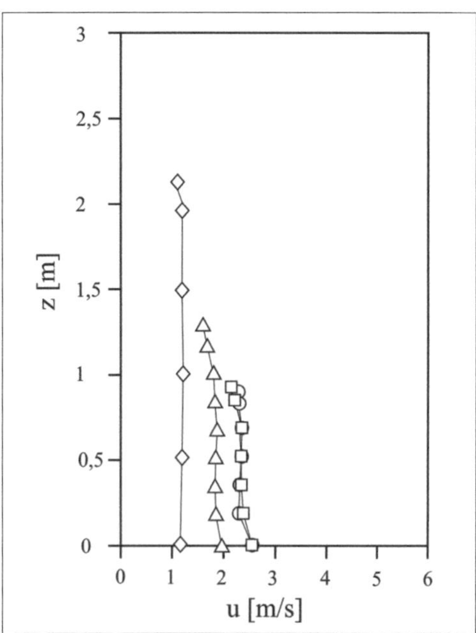

Bild 2: Typische vertikale Fließgeschwindigkeitsverteilungen im Schlitzquerschnitt (Quelle: nach [8])

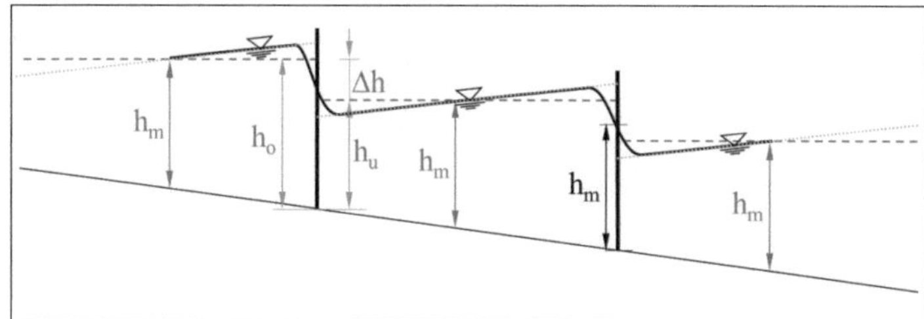

Bild 3: Mittlere Wassertiefe im Schlitzbereich (schematische Skizze) (Quelle: Sokoray-Varga)

Mit der Kenntnis, dass die vertikale Geschwindigkeitsverteilung im Schlitz konstant ist, wird darüber hinaus ersichtlich, wieso der Zusammenhang zwischen Abfluss und Wassertiefe linear sein kann.

In dem DWA-Merkblatt M-509 [1] wird ein weiterer Ansatz zur Abflussberechnung von Schlitzpässen beschrieben, der auf einer Veröffentlichung von Krüger et al. [4] basiert:

$$
\begin{aligned}
Q &= \mu_v \cdot s \cdot \sqrt{g} \cdot h_o^{3/2} \\
&= \mu_v \cdot \frac{1}{\sqrt{2}} \cdot h_o \cdot s \cdot \sqrt{2 \cdot g \cdot h_o}
\end{aligned} \tag{8}
$$

Zur Bestimmung des Abflusskoeffizienten μ_v [-] wird in Krüger et al. [4] ein funktionaler Zusammenhang zu den Fließtiefen ho und hu ober- bzw. unterhalb der Trennwand zweier aufeinanderfolgender Becken gegeben. Weiterhin ist μv eine Funktion vom Strömungsbild in den Becken, wobei hier der strömungsstabile Fall (Strömung orientiert sich von Schlitz zu Schlitz) und der strömungsdissipierende Fall (Strömung orientiert sich in die hintere Beckenecke) unterschieden werden (siehe hierzu auch [3]). Auffällig im Vergleich zu den Gl. (3) bzw. (5) ist, dass nach Gl. (8) zunächst ein nichtlinearer Zusammenhang zwischen der Fließtiefe und dem Abfluss vorhanden zu sein scheint. Hierbei ist jedoch zu beachten, dass zur Bestimmung des Abflusskoeffizienten μ_v in Krüger et al. [4] Formeln angegeben werden, die letztendlich dafür sorgen, dass der Zusammenhang zwischen Abfluss und Wassertiefe linear wird.

3 Hydraulische Untersuchungen

Um den beschriebenen Unterschieden in den Berechnungsansätzen nachzugehen, wurden Fließgeschwindigkeits- und Wasserspiegellagenmessungen in einem gegenständlichen Modell eines Schlitzpasses im Labor der Bundesanstalt für Wasserbau (BAW) durchgeführt.

Das gegenständliche Modell hat eine Sohlenneigung von 2,8 % und besteht aus neun Becken (die im Folgenden verwendete Beckennummerie-

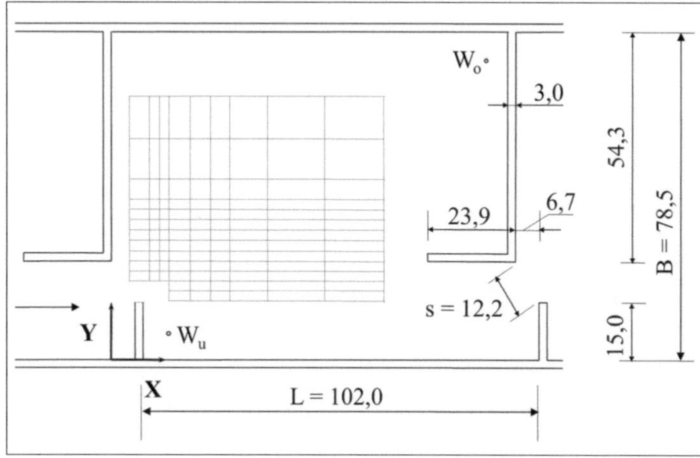

Bild 4: Draufsicht eines Beckens im gegenständlichen Modell mit dem Raster der Fließgeschwindigkeitsmessungen (grau); die Punkte W_u und W_o zeigen die Positionen der Wasserstandmesssonden, die Abmessungen sind in cm dargestellt (Quelle: Sokoray-Varga)

rung beginnt am Einlauf der Rinne), deren geometrischen Abmessungen aus **Bild 4** entnommen werden können. Das Modell entspricht mit dieser Sohlenneigung und den Dimensionen einem Maßstab von ca. 1:4 in Bezug auf die Verhältnisse, wie sie beispielsweise an den geplanten Fischaufstiegsanlagen am Neckar auftreten. Die Abmessungen der Beckengeometrie wurden so gewählt, dass die geometrischen Grenzwerte nach dem DWA-Merkblatt M-509 (Entwurf) [2] erfüllt werden. Aufgrund einer Änderung der Grenzwerte im DWA-Merkblatt M-509 [1] gibt es leichte Abweichungen zwischen der Modellgeometrie der Becken und den neuen Grenzwerten hinsichtlich der Leitwandlänge und des Verhältnisses von Beckenbreite zu Beckenlänge. Die Sohle und die Seitenwände des Modells sind aus Plexiglas, die sonstigen Beckeneinbauten aus Holz. Die vertikalen Kanten der Einbauten sind abgerundet, um die Kantenausführung von Betonbauteilen besser abzubilden.

Fließgeschwindigkeiten wurden mit einem über eine Traversierung positionierbaren Acoustic Doppler Velocimeter (ADV) in den Gitterpunkten eines Messrasters (**Bild 4**) in Becken 6 bei einem Abfluss von 20 l/s im gleichförmigen Abflusszustand gemessen. Um Unterschiede der Geschwindigkeit über die Wassertiefe erkennen zu können, wurde in jedem Gitterpunkt 3, 6, 12 und 18 cm über Sohlenniveau gemessen.

Die Wasserspiegellagen wurden mittels fixierten Ultraschallsensoren an jeder Trennwand ober- und unterwasserseitig gemessen (**Bild 4**, Punkt W_u und W_o). In den ausgewählten Messpunkten waren keine Aufwallungen zu beobachten.

Sowohl bei den Fließgeschwindigkeiten als auch bei den Wasserspiegellagenmessungen wurden stationäre Mittelwerte durch Messungen über drei Minuten erreicht.

Zur Ermittlung der Abflusskapazität wurde die Erfassung der Wasserspiegellagen für mehrere Durchflüsse im gleichförmigen Abflusszustand durchgeführt. Dabei wurden die ober- bzw. unterwasserseitigen Wassertiefen der Becken 4 bis 8 jeweils gemittelt, damit geringe baubedingte Genauigkeitsabweichungen der einzelnen Becken das Ergebnis nicht beeinträchtigen. Die untersuchten Durchflüsse lagen zwischen 16 und 28 l/s, welche bei einem Maßstab von 1:4 realen Durchflüssen zwischen 512 und 896 l/s entsprechen. Der gleichförmige Abflusszustand wurde im Modell mittels verstellbarer Wehrklappe am Ausfluss für jeden untersuchten Abfluss eingestellt. Dabei ist zu beachten, dass der gleichförmige Zustand nur für den Abschnitt von Becken 4 bis 8 zu erreichen war, da die sonstigen Becken von den Zu- bzw. Ausflussbedingungen der Rinne beeinträchtigt waren. Die Durchflüsse wurden per IDM eingestellt.

4 Untersuchungsergebnisse

Die Messungen der Wasserspiegellagen bestätigen, dass diese innerhalb der Becken Richtung untere Trennwand ansteigen. Dadurch ergibt sich an den Trennwänden eine Wasserspiegeldifferenz Δh_W, die sich von der nominalen Wasserspiegeldifferenz von $\Delta h = 28$ mm deutlich unterscheidet (**Tabelle 1**). Die Wasserspiegeldifferenz an den Trennwänden wurde für unterschiedliche Durchflüsse gemäß $\Delta h_W = h_{o,W} - h_{u,W}$ berechnet.

Aus den Werten in Tabelle 1 ist zu erkennen, dass die Wasserspiegeldifferenzen sich von den Durchflüssen nahezu unabhängig ausbilden, was die Ergebnisse von Puertas et al. [7] bestätigt.

Bei den Berechnungsansätzen zur Abflusskapazität aus der Literatur wird ein horizontaler Wasserspiegel innerhalb der Becken angenom-

Tab. 1: Gemessene Wasserspiegeldifferenzen an Trennwänden benachbarter Becken in gleichförmigen Abflusszuständen

Q [l/s]	Δh_W [mm]
16,0	42
18,0	42
20,0	41
22,0	41
24,0	41
26,0	41
28,0	41

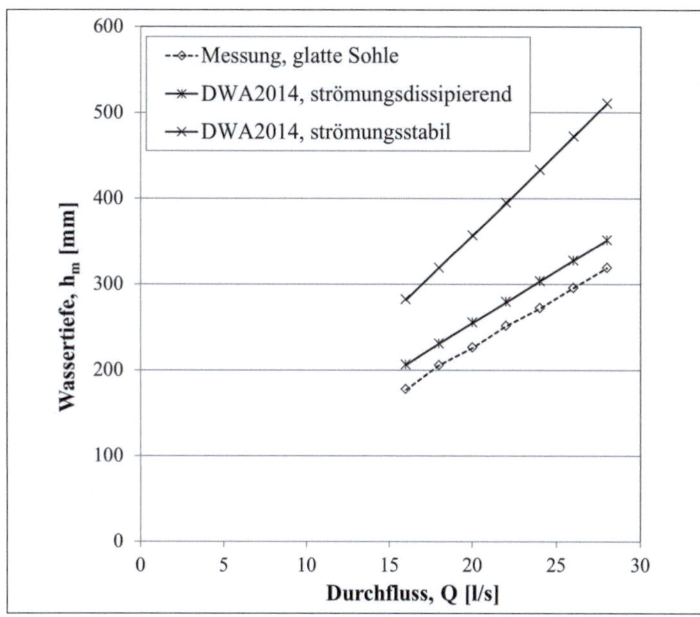

Bild 5: Zusammenhang zwischen Abfluss und Wassertiefe, gemessene Werte der BAW-Versuche sowie errechnete Werte nach [1] (Quelle: Sokoray-Varga)

men. Darüber hinaus benutzten unterschiedliche Berechnungsansätze unterschiedliche charakteristische Wassertiefen (h_m bzw. h_o). Um die Ergebnisse der unterschiedlichen Berechnungsansätze und der Messungen vergleichbar zu machen, wurden die unterschiedlichen Wassertiefenwerte in die mittleren Wassertiefen innerhalb der Becken umgerechnet. Die durch Gl. (8) errechneten h_o-Werte wurden gemäß $h_m \approx h_o - \Delta h/2$, die gemessenen Wassertiefen gemäß $h_m \approx (h_{o,W} + h_{u,W})/2$ umgerechnet. Bei der Umrechnung der Messergebnisse ist zu beachten, dass auf diese Weise zwar nicht der korrekte Wert der mittleren Wassertiefe erhalten wird, aufgrund der Ergebnisse in Puertas et al. [7] jedoch für ähnliche Gefälle und Geometrien nur geringfügige Abweichungen zu erwarten sind.

Bild 5 zeigt die Ergebnisse der Wassertiefenmessungen für unterschiedliche Durchflüsse. Es ist gut erkennbar, dass sich der Zusammenhang zwischen Abfluss und Wassertiefe als linear erweist. In Bild 5 sind darüber hinaus die nach dem

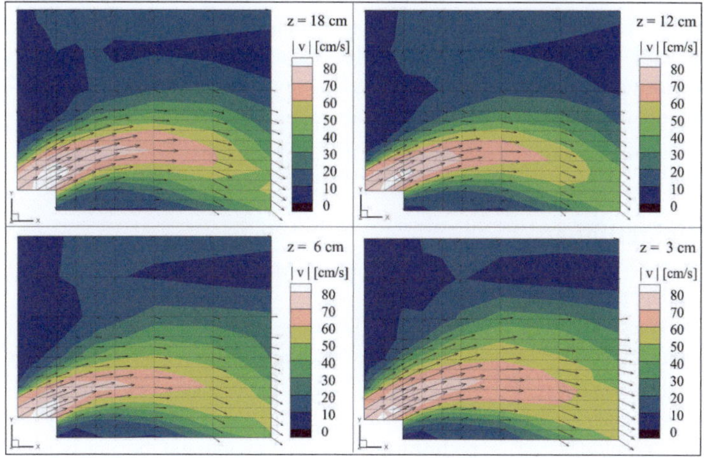

Bild 6: Gemessene zeitgemittelte Fließgeschwindigkeiten bei einem Abfluss von 20 l/s in unterschiedlichen Höhen z über der Sohle, die Farbskala zeigt den Betrag der Geschwindigkeit, in den Bereichen zwischen den Gitterpunkten wurde linear interpoliert (Quelle: Sokoray-Varga)

DWA-Merkblatt M-509 [1] errechneten Wassertiefen dargestellt, welche teilweise signifikante Abweichungen zu den gemessenen Wassertiefen zeigen, insbesondere wenn man beachtet, dass im Modell bei jedem untersuchten Abfluss der „strömungsstabile" Zustand geherrscht hat (**Bild 6**).

Für die Wassertiefenberechnung nach Gl. (5) muss der beckengeometriespezifische Wert C_{md} für die hier untersuchte Beckengeometrie zunächst empirisch ermittelt werden. Anhand der Neigung der Trendlinie, welche für die gemessenen Punkte im Bild 5 erzeugt werden kann, wurde ein Wert von 0,975 ermittelt, welcher gut zu den Literaturwerten für Becken mit ähnlichen Verhältnissen der Beckenbreite zu Beckenlänge passt.

Die zeitlichen Mittelwerte der durchgeführten Fließgeschwindigkeitsmessungen sind in **Bild 6** zu sehen. Die Messergebnisse in unterschiedlichen Höhen über der Sohle zeigen keine signifikanten Unterschiede, was ebenfalls die Erfahrungen aus der Literatur bestätigt.

Gemäß Literaturangaben (z. B. [8]) lässt sich anhand Gl. (7) die maximale Geschwindigkeit im Schlitzquerschnitt abschätzen. Für die im Modell gegebenen Randbedingungen und den gleichförmigen Zustand ergibt sich ein Wert von 0,75 m/s. Inwieweit diese Abschätzung für die Geschwindigkeit im Schlitzquerschnitt auch für die hier vorgestellten Versuche Gültigkeit besitzt, lässt sich nicht feststellen, da die Geschwindigkeiten im Schlitzquerschnitt nicht gemessen wurden. Bild 6 bestätigt jedoch die Angaben aus der Literatur hinsichtlich der Feststellung, dass die Geschwindigkeiten unterhalb des Schlitzes höher sind als der rechnerische Wert im Schlitzquerschnitt, was für die hier untersuchte Geometrie und dem dazugehörigen „strömungsstabilen" Zustand mit 0,86 m/s eine Erhöhung um ca. 15 % bedeutet.

5 Diskussion und Schlussfolgerungen

Die Messungen der Wasserspiegellagen im gegenständlichen Modell eines Schlitzpasses bestätigen die Erkenntnisse aus der Literatur. Der Wasserspiegel steigt tendenziell Richtung untere Trennwand innerhalb der Becken an, wodurch an den Trennwänden eine höhere Wasserspiegeldifferenz vorhanden ist als die nominale Wasserspiegeldifferenz. Diese Wasserspiegelauslenkung ist für eine gegebene Beckengeometrie und ein gegebenes Gefälle unabhängig vom Abfluss.

Die Resultate der dargestellten Untersuchung belegen auch den in der Literatur beschriebenen linearen Zusammenhang zwischen der mittleren Fließtiefe und dem Abfluss der Fischaufstiegsanlage für gleichförmige Abflusszustände. Weitere Einflussgrößen sind die Schlitzweite, das Gefälle sowie ein von der Beckengeometrie abhängiger Koeffizient C_{md}, welcher von der Wassertiefe (und dadurch vom Abfluss) unabhängig ist.

Gl. (5) kann somit als eine auf den Schlitz bezogene Abflussformel interpretiert werden, in der Cmd ein Abflussbeiwert, das Produkt aus Schlitzbreite s und mittlerer Wassertiefe hm die durchströmte Fläche und $(2g\Delta h)^{1/2}$ ein Maß für die charakteristische Geschwindigkeit im Schlitz darstellt. Der lineare Zusammenhang zwischen Abfluss und Fließtiefe wird auch mit Blick auf die Ergebnisse aus Bild 2 ersichtlich. Hier ist dargestellt, dass sich die Fließgeschwindigkeit im Schlitzquerschnitt entlang der Tiefe nicht ändert.

Bei dieser Betrachtungsweise werden vorhandene Unsicherheiten im Abflussbeiwert Cmd integral berücksichtigt. Unsicherheiten resultieren z. B. daraus, dass voraussichtlich weder die mittlere Fließtiefe noch die Geschwindigkeit gemäß dem Term $(2g\Delta h)^{1/2}$ exakt im Schlitzquerschnitt vorhanden sind. Dieses wiederum bedeutet, dass für eine zukünftige Anwendung der Gl. (9) in der Praxis die beckengeometriespezifischen C_{md}-Werte auf Basis der gemessenen Fließtiefe im Schlitz zu bestimmen sind. Um zu verdeutlichen, dass die Abflussformel auf den Schlitz bezogen sein soll, empfehlen wir in der Gleichung der Abflusskapazität die charakteristische mittlere Wassertiefe im Schlitz hms statt h_m und einen auf h_{ms} bezogenen Abflussbeiwert C_{sd} statt C_{md} zu nutzen.

$$Q = C_{sd} \cdot h_{ms} \cdot s \cdot \sqrt{2 \cdot g \cdot \Delta h}. \tag{9}$$

Der ungleichförmige Abflusszustand in einem Schlitzpass ist dadurch gekennzeichnet, dass sich die Wasserspiegeldifferenzen von Becken zu Becken (Δh) unterscheiden. Dieses muss bei der Berechnung der Abflusskapazität berücksichtigt werden, falls der Abflussbeiwert eine Gefälleabhängigkeit zeigt. Obwohl Rajaratnam et al. [8] und Rajaratnam et al. [9] keine, Puertas et al. [7] und Wang et al. [10] nur eine geringfügige Abhängigkeit des Abflussbeiwertes vom Gefälle feststellen konnten, zeigen Erfahrungen aus der Ingenieurpraxis, dass sich bei eingestauten Abflusszuständen der Abflussbeiwert ändert. Dieser Aspekt sollte in nachfolgenden Untersuchungen aufgegriffen werden.

In Deutschland werden Fischaufstiegsanlagen in der Regel nach den Vorgaben des DWA-Merkblatts M-509 [1] geplant. Die dort empfohlene Gl. (8) wurde dabei auf Basis einer Vielzahl an Daten abgeleitet. Trotzdem werden zur Bestimmung der Abflusskapazität eines Schlitzpasses grundsätzliche Vorteile bei der Anwendung von Gl. (9) gesehen. Folgende Aspekte lassen sich nennen:

1. Gl. (8) berücksichtigt den Einfluss der individuellen Beckengeometrie in der derzeitigen Form nicht, da die verwendeten zwei μ_v-Funktionen aus Mittelwerten der zur Verfügung stehenden Messwerte entstanden sind. Diese Funktionen werden demnach nur für zwei spezifische, derzeit nicht beschriebene Beckengeometrien genau stimmen. Die Verwendung von Gl. (8) in ihrer derzeitigen Form kann demnach keine genauen Ergebnisse für andere Beckengeometrien liefern.
2. Die empirische Ermittlung von μ_v für jede relevante Beckengeometrie würde diese Unsicherheiten reduzieren und wäre grundsätzlich möglich. Ebenso ist für die Anwendbarkeit von Gl. (9) der C_{sd}-Wert für jede relevante Beckengeometrie zu bestimmen. Der Unterschied zwischen Gl. (8) und (9) besteht darin, dass die empirische Ermittlung von μ_v für jede relevante Beckengeometrie mit einem größeren Aufwand verbunden ist, da μ_v nicht nur von der Beckengeometrie, sondern auch vom Verhältnis der Wassertiefen h_u und h_o ist. Das Verhältnis von hu und ho ist wiederum sowohl von der mittleren Wassertiefe im Becken (und dadurch vom Abfluss) als auch vom Gefälle abhängig. In Gl. (9) wird der Einfluss der Beckengeometrie auf die Abflusskapazität durch den C_{sd}-Wert berücksichtigt, der von der Wassertiefe (und damit vom Abfluss) unabhängig ist. Der Aufwand zur empirischen Bestimmung von C_{sd} ist daher geringer.
3. Gl. (9) verwendet die mittlere Wassertiefe h_m und ist dadurch gegenüber der Wasserspiegelauslenkung in den Becken weniger anfällig. Gl. (8) benutzt hingegen die oberwasserseitige Wassertiefe h_o im Becken. Der Versatz zwischen h_m und h_o hat laut der in der Literatur dargestellten Ergebnisse selbst eine Abhängigkeit vom Gefälle und wird durch den Abflussbeiwert korrigiert. Dadurch wird die Gefälleabhängigkeit des Abflussbeiwertes in Gl. (8) unnötig gestärkt. Darüber hinaus führt die Annahme eines theoretischen horizontalen Wasserspiegels zu h_o-Werten, die aufgrund der vorhandenen Wasserspiegelauslenkung in Realität nicht existieren.

Nachteilig erscheint, dass der Bemessungsansatz nach Gl. (9) die Strömungsmuster nicht explizit berücksichtigt. Erste Untersuchungen zeigen jedoch, dass das Strömungsmuster überwiegend von der Geometrie bestimmt wird [3] und daher die Möglichkeit besteht, dass der C_{sd}-Wert in Gl. (9) implizit mit berücksichtigt wird. Inwieweit ein vom Strömungsmuster unabhängiger Bemessungsansatz hinreichend zur Beschreibung der Abflusskapazität formuliert werden kann, müssen weitere Untersuchungen zeigen.

Wie bereits dargestellt, ist Gl. (9) zum jetzigen Zeitpunkt nicht für die Praxis anwendbar, da der Abflussbeiwert C_{sd} für die im DWA-Merkblatt M-509 [1] empfohlenen Geometrien nicht bekannt ist. In einer bereits laufenden Studie am KIT werden derzeit die Abflussbeiwerte für eine Vielzahl der in Betracht kommenden Beckengeometrien und Gefälle in einer systematischen hydraulischen Untersuchung empirisch ermittelt.

Unsere Erfahrungen zeigen, dass es notwendig ist, bei hydraulischen Modelluntersuchungen von Schlitzpässen mehr als 4 Becken im Modell zu betrachten, da dynamische Effekte in der Beckenreihe zum Tragen kommen und daher bei Untersuchungen mit weniger Becken die Strömungssituation in den Becken von den Randbedingungen zu stark beeinflusst wird.

Auch wenn die vorliegende Studie wie auch alle vorgängigen Untersuchungen relevante Resultate hinsichtlich der Hydraulik von Schlitzpässen lieferten, so gelten sie streng genommen nur für Fischpässe, die aus einer Abfolge identischer Becken bestehen. Sobald sich, wie in Realität eigentlich immer der Fall, z. B. in langen Übergangsbecken oder in Wendebecken, die Wasserspiegellagen anders als im untersuchten Regelbecken ausbilden, müssen die errechneten Werte angepasst werden. Dies gilt nicht nur für jegliche Art von Sonderbecken, sondern auch für die erste und letzte Trennwand einer Beckenreihe (Ein- und Ausflussrandbedingung). Es bleibt daher ebenfalls zu untersuchen, wie sich diese „Störstellen" auf die Ansätze zur Ermittlung der Fließgeschwindigkeit, der Fließtiefe und des Abflusses auswirken.

Aufgrund des aufgezeigten Untersuchungsbedarfs sollte trotz der genannten Vorteile von Gl. (9) bis auf Weiteres mit der im DWA-Merkblatt M-509 [1] empfohlenen Gl. (8) weitergearbeitet werden, da für die Unsicherheiten dieser Gleichung anhand der in Krüger et al. [4] dargestellten Messpunkte ein Maß abgeschätzt und in der Ingenieurpraxis berücksichtigt werden kann.

Dank

Die Autoren danken den Mitgliedern und Gästen der DWA-Arbeitsgruppe WW 3.7 sowie allen Kolleginnen und Kollegen in BAW/BfG für die fruchtbaren Diskussionen im Kontext der Erstellung dieses Artikels.

Autoren

Dipl.-Ing. Béla Sokoray-Varga
Prof. Dr.-Ing. Franz Nestmann
Institut für Wasser und Gewässerentwicklung, Karlsruher Institut für Technologie (KIT)
Kaiserstraße 12
76131 Karlsruhe
bela.sokoray-varga@kit.edu

Dr. sc. techn. Roman Weichert
Bundesanstalt für Wasserbau (BAW)
Kußmaulstr. 17
76187 Karlsruhe
roman.weichert@baw.de

Literatur

[1] Deutsche Vereinigung für Wasserwirtschaft, Abwasser und Abfall e. V. (Hrsg.): Fischaufstiegsanlagen und fischpassierbare Bauwerke – Gestaltung, Bemessung, Qualitätssicherung. In: DWA-Merkblätter (2014), M 509.

[2] Deutsche Vereinigung für Wasserwirtschaft, Abwasser und Abfall e. V. (Hrsg.): Fischaufstiegsanlagen und fischpassierbare Bauwerke – Gestaltung, Bemessung, Qualitätssicherung. In: DWA-Merkblätter (2010), DWA-M 509 Entwurf.

[3] Höger, V.; Henning, M.; Nestmann, F.: Experimental study on the influence of pool geometry on flow patterns in vertical-slot fishways. In: Proceedings of the 10th International Symposium on Ecohydraulics 2014.

[4] Krüger, F.; Heimerl, S.; Seidel, F., Lehmann, B.: Ein Diskussionsbeitrag zur hydraulischen Berechnung von Schlitzpässen. In: WasserWirtschaft 100 (2010), Nr. 3, S. 30-36.

[5] Larinier, M.: Passes a bassins successifs, prebarrages et rivieres artificielles. In: Bulletin Francais de Peche et Pisciculture (1992), Nr. 326-327, S. 45-72.

[6] Liu, M.; Rajaratnam, N.; Zhu, D. Z.: Mean flow and turbulence structure in vertical slot fishways. In: Journal of Hydraulic Engineering 132 (2006), S. 765-777.

[7] Puertas, J.; Pena, L., Teijeiro, T.: Experimental Approach to the Hydraulics of Vertical Slot Fishways. In: Journal of Hydraulic Engineering 130 (2004), S. 10-23.

[8] Rajaratnam, N.; Van der Vinne, G., Katopodis, C.: Hydraulics of vertical slot fishways. In: Journal of Hydraulic Engineering 112 (1986), Nr. 10, S. 909-927.

[9] Rajaratnam, N.; Katopodis, C., Solanki, S.: New designs for vertical slot fishways. In: Canadian Journal of civil Engineering 19 (1992), S. 402-414.

[10] Wang, R.; David, L., Larinier, M.: Contribution of experimental fluid mechanics to the design of vertical slot fish passes. In: Knowl. Managt. Aquatic Ecosyst. 396 (2010), Nr. 2, S. 1-21.

[11] Wu, S.; Rajaratnam, N.; Katopodis, C.: Structure of flow in a vertical slot fishway. In: Journal of Hydraulic Engineering 125 (1999), Nr. 4, S. 351-359.

Béla Sokoray-Varga, Roman Weichert and Franz Nestmann

Investigations on the Hydraulics of Vertical Slot Fish Passes

Knowledge of the hydraulics of vertical slot fish passes is essential for providing its passability. The present study gives a review on relevant hydraulic dimensioning approaches of vertical slot fish passes in the literature, presents joint investigations of the Federal Waterways Engineering and Research Institute and the Karlsruhe Institute of Technology and closes with questions needing further investigation.

Бэла Сокорай-Варга, Роман Вайхерт и Франц Нестманн

Изучение проектных подходов в вопросах гидравлики шлицевых проходов

Вопросы понимания гидравлики шлицевого прохода и обеспечение его проходимости привлекают большое внимание. В данной статье дается обзор литературы по основным методам подхода в вопросах шлицевых проходов, а также приводится информация об исследованиях, проведенных в сотрудничестве с Федеральным управлением по гидростроительству и Технологическим институтом Карлсруэ. В завершении статьи представлены вопросы, требующие рассмотрения в дальнейшем.

Mark Musall, Peter Oberle, Ruth Carbonell Baeza, Juan F. Fuentes-Pérez, Jeffrey A. Tuhtan und Franz Nestmann

Beitrag zu detaillierten Analysen der Hydraulik von Schlitzpässen

Viele in Planung befindliche, aber auch bereits gebaute Fischaufstiegsanlagen sehen eine Schlitzpassbauweise vor. Im Rahmen der Planung bzw. des Monitorings entsprechend der aktuellen Richtlinien dimensionierter Bauwerke stellen sich jedoch vielfach hydraulische Detailfragen, welche bisher noch nicht umfassend analysiert wurden. In der einschlägigen Literatur werden Aspekte, wie instationäre Strömungsschwankungen, unterschiedliche Strömungsmuster oder die Verformung der Wasseroberfläche, zwar angesprochen, die Übertragung auf konkrete Anwendungsfälle ist jedoch aufgrund abweichender Randbedingungen (z. B. Gefälle, Detailgestaltung der Einbauten) nur bedingt möglich. Aufgrund dieser Wissensdefizite werden am Institut für Wasser und Gewässerentwicklung (IWG) des Karlsruher Instituts für Technologie (KIT) in Zusammenarbeit mit verschiedenen Partnern umfangreiche Untersuchungen anhand von Naturmessungen, Labormodellen und hydrodynamisch-numerischen Simulationen durchgeführt.

1 Untersuchungskonzept und Ziele

In diesem Artikel werden aktuelle Grundlagenuntersuchungen vorgestellt, welche das Wissen bzw. Verständnis bzgl. der für eine fischökologische Bewertung maßgeblichen Strömungseigenschaften in Schlitzpässen im Detail verbessern, aber auch die prinzipielle Eignung von Mess- sowie Simulationsverfahren analysieren sollen. Dabei wird insbesondere auf bislang wenig beachtete Aspekte, wie Wasserspiegelverformungen, lokale Geschwindigkeitsverteilungen und instationäre Effekte, eingegangen.

Die Basis hierfür liefern umfangreiche Messungen (Geschwindigkeiten, Drücke und Wasserstände in hoher räumlicher und zeitlicher Auflösung) und Strömungssimulationen an der in **Bild 1** dargestellten Modellrinne. Diese umfasst die Abfolge von zwei Becken und orientiert sich hinsichtlich der geometrischen Abmessungen an den Richtlinien der DWA am Beispiel der Fischaufstiegsanlage (FAA) Koblenz (Mosel) [1], da für diese Anlage umfangreiche Beobachtungsdaten vorliegen. Die Beckengeometrie wird im Maßstab 1:1,6 abgebildet, so dass das Modell eine Schlitzbreite von ca. 30 cm sowie Beckenabmessungen von 2,4 x 1,7 m (Länge x Breite) aufweist. Als Vereinfachung gegenüber der realen Anlage ist die Modellsohle horizontal und die maximal einstellbare Wassertiefe beträgt lediglich 80 cm. Untersucht wurden bislang hauptsächlich zwei Zustände mit unterschiedlichen Wasserspiegeldifferenzen Δh_m zwischen den Becken von ca. 8 und 5 cm, bezogen auf die mittleren Wasserspiegellagen in den Becken.

2 Vorstellung Messtechnik und Auswertemethodik

Um die Belastbarkeit der Messdaten zu erhöhen, wurden die Fließgeschwindigkeiten über zwei unterschiedliche Aufnahmeverfahren ermittelt. Zum einen kam ein 2-D-Laser-Doppler-Anemometrie-Messgerät (LDA-Messgerät) zum Einsatz, welches die punktuellen Fließgeschwindigkeiten in den horizontalen Hauptrichtungen über einen Zeitraum von 60 s erfasste. Zum anderen wurden Messungen mit einer auf dem Akustik-Doppler-Prinzip beruhenden 3-D-ADV-Sonde durchgeführt. Der Einsatz der ADV-Messtechnik ermög-

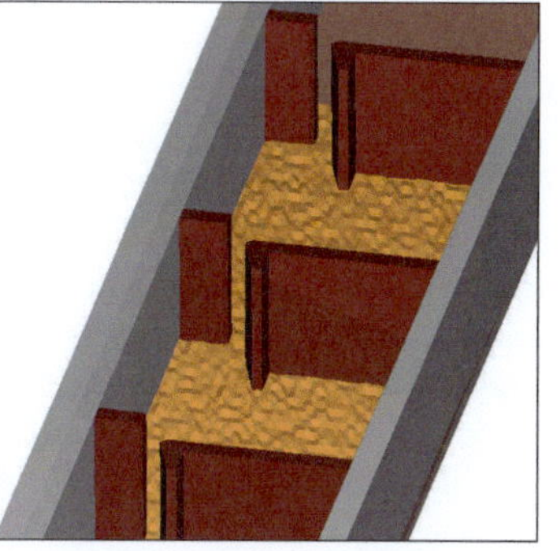

Bild 1: Untersuchungsrinne im Theodor-Rehbock-Wasserbaulabor des KIT und im numerischen 3-D-Strömungsmodell (Quelle: KIT/IWG)

lichte eine vollständige 3-D-Geschwindigkeitserfassung einzelner Messpunkte bei einer Frequenz von 25 Hz und ebenfalls 60 s Messdauer. Um ein räumliches Abbild der Strömung zu erhalten, wurden die Fließgeschwindigkeiten in den beiden Becken über insgesamt vier horizontale Messebenen mit einer Datendichte von jeweils ca. 900 Punkten pro Ebene aufgenommen.

Die Erfassung der Wasserspiegellagen erfolgte unter Einsatz einer über der Wasseroberfläche positionierten Ultraschallsonde an insgesamt ca. 270 Messpunkten. Die Messdauer betrug 90 bzw. 150 s bei einer Abtastfrequenz von 100 Hz.

Als weitere Messeinheit kam das FishView-System (**Bild 2**) zum Einsatz. Diese fischförmige Seitenliniensonde (SLS) ist mit Drucksensoren (1 x Nase, je 5 x linke und rechte Seite, 5 x Bauch) bestückt, wodurch versucht wird, eine biomimetische Wahrnehmung besser nachzuempfinden als dies mit herkömmlichen Methoden bislang möglich ist. Das entsprechende Seitenlinienorgan ist bei Fischen für verschiedene Verhaltensweisen, wie rheotaktische Orientierung, Erkennung von Feinden, Lokalisierung von Beute oder Optimierung des Energieverbrauchs, verantwortlich [2]. Studien über Habitatpräferenzen und Schwimmverhalten weisen in diesem Zusammenhang darauf hin, dass viele Fische nicht nur auf zeitlich gemittelte Strömungseigenschaften, sondern auch auf lokale Schwankungen der Geschwindigkeit und des Wirbelfelds reagieren [3]. Hinsichtlich einer geeigneten Erfassung von Strömungsparametern finden sich demnach in der Literatur Hinweise auf die Vorteile einer hochfrequenten Datenaufnahme mit mindestens 200 Hz [4]. Dies stellt somit eine deutliche Einschränkung vieler gängiger Messverfahren gegenüber der realen Fischwahrnehmung dar, da diese meist nur eine vergleichsweise geringe Messfrequenz aufweisen. Druckmesssysteme mit Abtastraten von bis zu 250 Hz bieten demnach ein beträchtliches Potential. In der Praxis ist ihr Einsatz bislang jedoch meist auf idealisierte Bedingungen mit eindeutigen Kalibrierungsgrößen beschränkt. Der hier beschriebene Einsatz in einem FAA-Modell stellt somit einen wesentlichen ersten Schritt der Übertra-

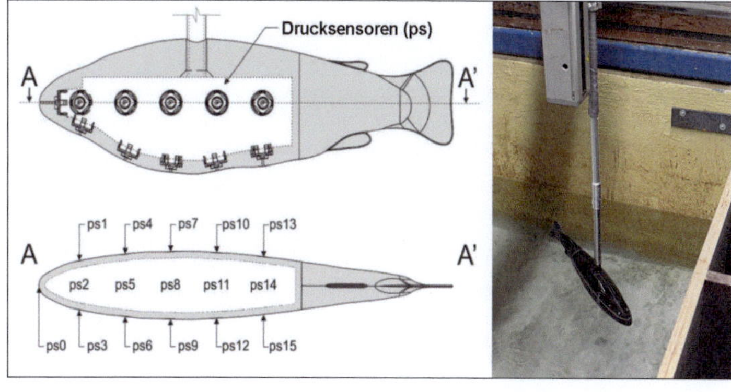

Bild 2: FishView-System: links: Prinzipskizze zur Anordnung der Druckmesssonden, rechts: Einsatz im FAA-Modell (Quelle: SJE)

gung auf reale Szenarien mit dem ihnen eigenen, breit gefächerten Spektrum an Turbulenzintensitäten [5] dar.

Die eingesetzte FishView-Sonde besteht aus einem ABS-Kunststoffgehäuse in Form einer ausgewachsenen Forelle und ist 45 cm lang. In ihrem Körper sind insgesamt 16 Drucksensoren und zwei 3-Achsen-Beschleunigungsmesser verbaut (**Bild 2**). Über den Druckunterschied zwischen dem Sensor auf der Nase, welcher den Staudruck liefert, und den Sensoren auf der Seitenlinie kann nach dem Bernoulli-Prinzip die Fließgeschwindigkeit klassifiziert werden. Ein wesentliches Ziel der hier vorgestellten Arbeiten ist die Entwicklung und Validierung eines robusten Auswertealgorithmus, welcher auch den Feldeinsatz der SLS erlaubt. In einem weiteren Schritt sollen anschließend einzelne Frequenzbereichsmerkmale detailliert analysiert werden, um die gemessenen Strömungsmuster zu klassifizieren. Erste Tests dazu zeigen vielversprechende Ergebnisse [6], welche nun u. a. mit aus der Hydrodynamik kommenden Ansätzen, z. B. nach [7], verglichen werden sollen.

3 Hydrodynamisch-numerische Modellierung

Zur numerischen Simulation der Strömungscharakteristik im untersuchten Modellsystem kam das Verfahren Flow3-D zum Einsatz [8]. Das Verfahren löst die Reynolds-gemittelten Navier-Stokes-Gleichungen unter Einsatz eines Finite-Differenzen-Verfahrens auf einem blockstrukturierten Rechteckgitter. Die lokale Modelldiskretisierung betrug im Untersuchungsfall bis zu 1,25 cm in alle drei Raumdimensionen.

Das Verfahren bietet zudem die Möglichkeit der Anwendung eines Large-Eddy-Simulationsansatzes (LES), wobei entstehende Wirbel ab einer bestimmten Skalengröße samt ihrer zeitlichen Schwankungen naturähnlich abgebildet werden [9]. Dies war insbesondere vor dem Hintergrund der betrachteten Strömungsgrößen und unter Berücksichtigung deren räumlicher und zeitlicher Schwankungen von Bedeutung, so dass alle in diesem Beitrag vorgestellten Berechnungsergebnisse unter Einsatz von LES ermittelt wurden.

Im weiteren Verlauf der Untersuchungen sind zudem Vergleiche mit anderen Simulationsverfahren geplant.

4 Darstellung und Diskussion erster Ergebnisse

4.1 Geschwindigkeitsverteilung bzw. Strömungscharakteristik

In **Bild 3** sind die mit den unterschiedlichen Mess- und Simulationsverfahren ermittelten bzw. daraus abgeleiteten zeitgemittelten Geschwindigkeitsverteilungen für den Zustand mit $\Delta h_m \approx 8$ cm exemplarisch in ca. 60 % der Wassertiefe über der Sohle dargestellt. Man erkennt in allen Ergebnissen ein

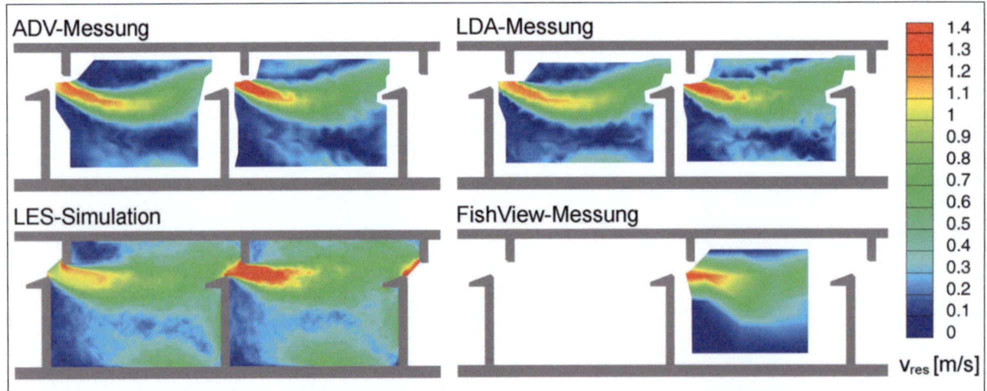

Bild 3: Vergleich der Geschwindigkeiten in ca. 60 % der Wassertiefe über der Sohle bei Zustand 1 (Δh_m = 7,8 cm) (Quelle: KIT/IWG)

für derartige FAA typisches Strömungsbild, charakterisiert durch eine mehr oder weniger geschwungene Hauptströmung von Schlitz zu Schlitz, seitlich angrenzende strömungsberuhigte Bereiche und deutlich erhöhte Fließgeschwindigkeiten im Nahfeld der Schlitze. In diesem Zusammenhang werden gemeinhin zwei unterschiedliche Strömungszustände unterschieden. Der „strömungsstabile" Zustand zeichnet sich durch eine nur leicht gebogene Hauptströmung von Schlitz zu Schlitz und das Ausbilden zweier ausgeprägter Rezirkulationswirbel aus. Der „strömungsdissipierende" Zustand zeigt einen stark gebogenen Strömungspfad und ein Auftreffen der Hauptströmung auf die gegenüberliegende Außenwand [10], [11], [12].

Alle Methoden geben die wesentlichen Eigenschaften der betrachteten Strömung prinzipiell in ähnlicher Form wieder. Die Strömungsintensität in den Rezirkulationszonen wird von der LES offensichtlich etwas über- und von der FishView-Sonde etwas unterschätzt. Die beiden Geschwindigkeitsmessverfahren (LDA und ADV) zeigen ein weitgehend identisches Bild der Strömung, so dass im weiteren Verlauf der Untersuchungen das ADV-Verfahren aufgrund der einfacheren Handhabung, der höheren Datendichte und der vollständig dreidimensionalen Geschwindigkeitsinformation bevorzugt eingesetzt wird.

Die zeitgemittelte Analyse gibt jedoch nur einen Teil der realen Situation wieder. So lassen sich bei längerer Beobachtung der Strömung im Modell deutliche Schwankungen der Hauptströmung in Beckenmitte erkennen. Der Strahl pendelt hier, insbesondere bei Zustand 2 (Δh_m = 5,4 cm), in einem Korridor von etwa einem Drittel der Beckenbreite um den Mittelwert. Zudem konnte im Rahmen des Füllvorgangs beim Anfahren des Modellversuchs ein vollständiges Umschlagen der Strömungscharakteristik vom zunächst „strömungsdissipierenden" hin zu dem letztlich beobachteten „strömungsstabilen" Zustand festgestellt werden.

Diese Schwankungen sind insbesondere von Interesse, da am „realen Vorbild" des Modellversuchs, der FAA Koblenz, in unterschiedlichen Bereichen der Anlage beide unterschiedliche Strömungsmuster, aber auch Schwankungen derselben beobachtet werden [13]. Solche Effekte, die bislang nur wenig beachtet wurden, sind typisch für den Übergangsbereich zwischen den beiden Strömungsmustern, welcher sich im Wesentlichen durch uneindeutige oder schwankende Strömungsverhältnisse auszeichnet. Laut Wang et al. [11] und darauf aufbauenden Untersuchungen des KIT/IWG ([14], [15]) können folgende Faktoren die Ausbildung derartig instabiler Strömungen begünstigen:

- Niedriges bzw. sehr niedriges Gefälle: Hier wird bedingt durch die relativ geringen Strömungsgeschwindigkeiten im Schlitzbereich nur ein schwacher Richtungsimpuls erzeugt, was ein eindeutiges Ausprägen des Strömungspfads erschwert. Ein ähnliches Verhalten zeigt sich z. B. auch im Fall des Einstaus einer FAA infolge erhöhter Unterwasserstände.
- Bestimmte Längen-/Breitenverhältnisse und Schlitzgeometrien: Während sich z. B. bei vergleichsweise langgezogenen Becken der Strömungspfad im Nachlauf des Schlitzes wesentlich am Schlitzwinkel orientiert und sich dabei i. d. R. der „strömungsdissipierende" Zustand einstellt, gewinnt mit zunehmender Verkürzung der ansonsten unveränderten Becken der unterstrom der oberen großen Querwand gelegene Wirbel an Bedeutung und es kommt zu dem beschriebenen instabilen Übergangsbereich, bevor sich bei weiterer Verkürzung schließlich der „strömungsstabile" Zustand einstellt.

Diese Strömungsphänomene werden derzeit am KIT/IWG in Zusammenarbeit mit der Bundesanstalt für Wasserbau (BAW) eingehend untersucht [12]. Dabei werden die beschriebenen Faktoren, aber darüber hinausgehend auch der gesamte Themenkomplex unter Berücksichtigung weiterer Einflussgrößen, wie z. B. dem Schlitzwinkel oder der Anordnung der Leitelemente, analysiert.

4.2 Wasserspiegellagen

Die ungleichförmige Wasserspiegelverteilung innerhalb der Becken ist insofern bedeutend, da eine Beeinflussung der maximal resultierenden Fließgeschwindigkeiten im Nahfeld der Schlitze möglich ist. In **Bild 4** sind die gemessenen und mit LES ermittelten Wasserspiegelverteilungen exemplarisch für den Zustand 2 (Δh_m = 5,4 cm) als Abweichung vom jeweiligen Beckenmittelwert dargestellt. Charakteristisch ist zum einen ein ausgeprägter Absunkbereich unterstrom des Umlenk-

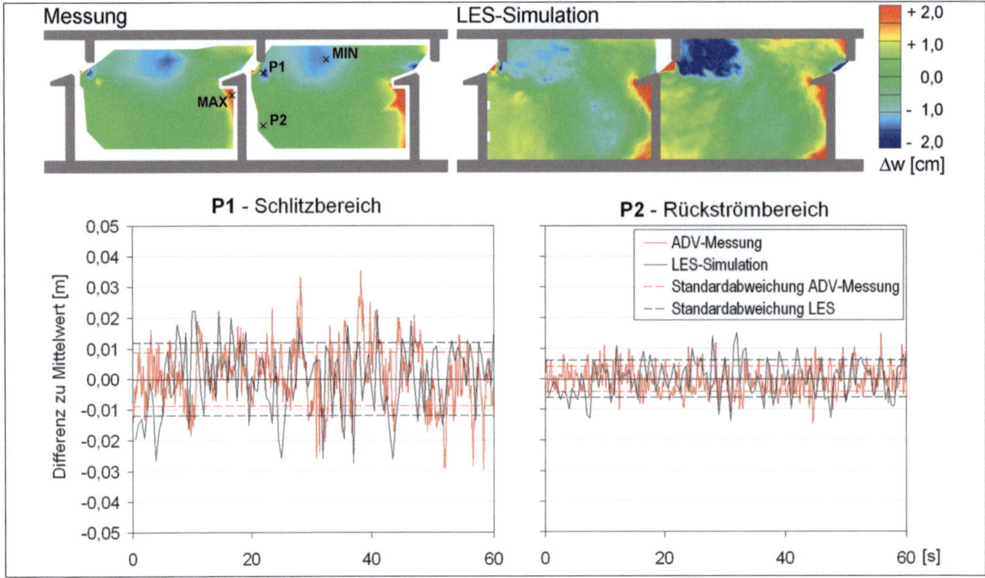

Bild 4: Wasserspiegellagenverteilung und zeitliche Wasserstandsschwankungen: oben: Abweichung vom jeweiligen Beckenmittelwert bei Zustand 2 (Δh_m = 5,4 cm); unten: instationäre Schwankungen an ausgewählten Messpunkten (Quelle: KIT/IWG)

blocks, wo auch die minimalen Beckenwasserstände auftreten. Zum anderen existiert oberstrom der großen Querwand ein Staubereich mit erhöhten Wasserständen. Hier wurden auch die maximalen Beckenwasserstände ermittelt. Die gemessenen maximalen Wasserspiegelauslenkungen betragen bei beiden Zuständen ca. 4 cm.

Anhand der ersten Untersuchungsergebnisse erkennt man, dass das numerische Modell prinzipiell eine gute Prognosefähigkeit hinsichtlich der Abbildung der Wasseroberfläche aufweist. Die unterschiedlichen Bereiche mit Anstieg bzw. Absunk des Wasserspiegels werden zuverlässig erkannt und die berechneten Wasserspiegelschwankungen liegen in einer ähnlichen Größenordnung wie die Messwerte. Auch die stark verformte Wasseroberfläche bei der Durchströmung des Schlitzbereichs wird gut nachgebildet (**Bild 5**).

Des Weiteren sind auch die zeitlichen Schwankungen des Wasserspiegels sowie ggf. Korrelationen mit dem Auftreten von Geschwindigkeitsspitzen von Interesse und sollen in weiteren Untersuchungen eingehend analysiert werden. Instationäre Schwankungen der Wasserspiegellage treten im FAA-Modell in unterschiedlicher Intensität auf. Abseits des Hauptströmungspfads sind eher ruhige Bereiche mit im Modell gemessenen Wasserstandsschwankungen von max. ±1 cm zu erkennen. Im direkten Nachlauf des Schlitzes dagegen treten starke Änderungen von bis zu ±2,5 cm im Modell auf (s. exemplarische Darstellungen in **Bild 4**).

4.3 Zeitliche Schwankungen der Geschwindigkeitswerte

Sowohl Naturbeobachtungen als auch Labordaten und zeitlich hoch aufgelöste Berechnungsansätze zeigen teilweise ausgeprägte Schwankungen der Geschwindigkeitsfelder. Im Rahmen der aktuellen Modelluntersuchungen mit maximalen Fließgeschwindigkeiten von ca. 1,3 m/s betrugen diese bis zu ±0,1 m/s in ruhigen Bereichen und ±0,2 m/s in Hauptströmungsbereichen. In den turbulenzintensiven Randbereichen der Hauptströmung können sogar Werte von bis zu ±0,4 m/s erreicht werden. Insbesondere vor dem Hintergrund, dass alle bisher gängigen Planungsansätze auf zeitlichen Mittelwerten beruhen, soll die Bedeutung dieser instationären Schwankungen im Rahmen der laufenden Untersuchungen detailliert analysiert werden. In einem ersten Schritt wurden die vorhandenen Mess- und Simulationsmethoden hinsichtlich ihrer Eignung bewertet. **Bild 6** dokumentiert die Schwankungsbreite der resultierenden Fließgeschwindigkeiten an zwei charakteristischen Punkten. Man erkennt, dass am Rand der Hauptströmung mit allen Methoden (ADV, SLS und LES) das Geschwindigkeitsspektrum in vergleichbarer Größenordnung erfasst wird. Bei der Betrachtung des Messpunkts im Schlitzbereich dagegen fällt auf, dass die Ergebnisse der FishView-SLS eine deutlich größere Schwankungsbreite aufweisen. Inwieweit dies auf messtechnische Artefakte, bedingt durch Schwingungen oder hohe Strömungsbelastungen, oder auf systembedingte reale Effekte, welche aus der Interaktion der Strömung mit der fischförmigen Messsonde resultieren, zurück zu führen ist, wird Gegenstand weiterführender Untersuchungen sein.

Die Thematik der instationären Strömungserfassung soll nun im Rahmen der weiterführenden Arbeiten u. a. mittels statistischer Verteilungs- und Frequenzanalysen untersucht und hinsichtlich ihrer fischökologischen Relevanz bewertet werden.

4.4 Geschwindigkeitsmaxima an den Leiteinrichtungen

Bei der Betrachtung der numerischen Berechnungsergebnisse in **Bild 3** fällt auf, dass es dort teilweise zu ausgeprägten wandnahen Strömungseffekten in Form lokaler Geschwindigkeitsmaxima im Schlitzbereich kommt. Diese weisen ähnliche Größenordnungen wie die maximale Fließgeschwindigkeit im Nachlauf des Schlitzes (s. Abschnitt 4.5) auf, sind bislang in der Literatur jedoch nicht dokumentiert. Aufgrund ihrer Lage direkt im Schlitz scheint eine fischökologische Relevanz jedoch gegeben. Durch umfangreiche Messungen konnte nachgewiesen werden, dass diese Effekte auch in der Natur (zumindest am Haken der großen Querwand) in vergleichbarer Größenordnung zu erwarten sind. **Bild 7** zeigt einen Vergleich von Berechnungsergebnissen bei unterschiedlicher Modelldiskretisierung mit LDA-Messungen. Die Abweichungen zwischen den gemessenen maximalen Geschwindigkeiten und denen des fein diskretisierten numerischen Modells liegen bei ca. 10 %. Diese lokalen Effekte werden, wenngleich abstrahiert, auch schon bei einer relativ groben Diskretisierung vom Modell erfasst.

In einem weiteren Schritt soll nun überprüft werden inwieweit eine Beeinflussung der Geschwindigkeitsfelder im direkten Nachlauf der Schlitze erfolgt. In diesem Zusammenhang soll auch der Einfluss geometrischer Modifikationen der Schlitzkanten untersucht werden.

4.5 Maximale Fließgeschwindigkeit im Nachlauf des Schlitzes

Zur Berechnung der theoretischen maximalen Fließgeschwindigkeit im Nachlaufbereich des Schlitzes empfiehlt das Merkblatt DWA-Merkblatt M-509 [10] den Ansatz nach Toricelli $v_{max} = \sqrt{2 \cdot g\, \Delta h_m}$ basierend auf dem mittleren Wasserspiegelunterschied Δh_m zwischen zwei Becken. Zudem wird dort die Berücksichtigung einer Anströmgeschwindigkeit v_a in Form von $v_{max} = \sqrt{2 \cdot g \cdot \Delta h_m + v_a^2}$ diskutiert. Bzgl. Lage und Größe von va werden jedoch keine näheren Hinweise gegeben. Aufbauend auf die Modellergebnisse wurde Deshalb auch die Bedeutung von v_a unter-

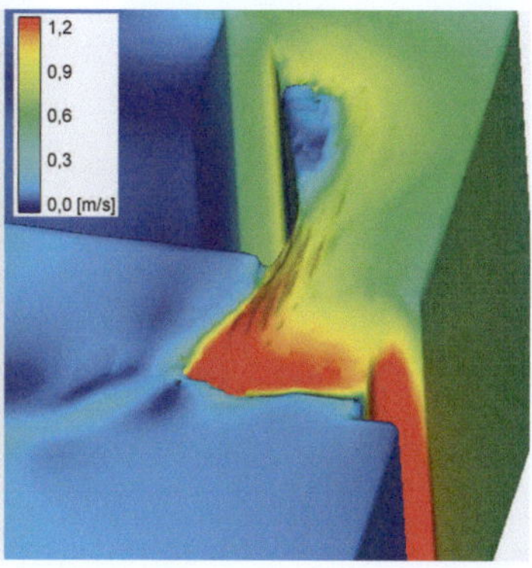

Bild 5: Wasserspiegel im Schlitzbereich: links: Labormodell; rechts: Simulationsergebnis (Quelle: KIT/IWG)

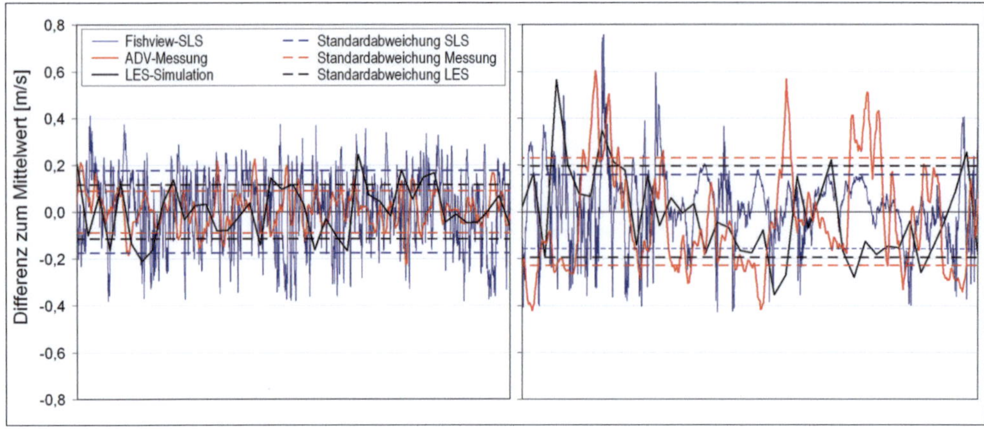

Bild 6: Zeitlicher Geschwindigkeitsverlauf an zwei unterschiedlichen Messpunkten über eine Dauer von jeweils 20 Sekunden: links: im Schlitzbereich; rechts: am Rand der Hauptströmung (Quelle: KIT/IWG)

sucht. Dabei wurde der Minimalwert der Fließgeschwindigkeit im Hauptströmkorridor zwischen zwei Schlitzen verwendet, wobei sich folgende Werte ergaben:

- Zustand 1 (Δh_m = 7,8 cm): va = 0,6 m/s
- Zustand 2 (Δh_m = 5,4 cm): va = 0,5 m/s.

Diese weisen somit im untersuchten Fall eine Größenordnung von ca. 40 % der Maximalgeschwindigkeit im Nachlauf des Schlitzes auf.

Einen weiteren möglichen Ansatz zur Abschätzung der maximalen Fließgeschwindigkeit stellt die Verwendung eines vom mittleren Höhenunterschied zwischen den zwei Becken Δh_m abweichendes Δh dar. Um zu überprüfen, ob hierdurch eine realistischere Prognose zu erreichen wäre, wurde auf die maximalen im oberen Becken und die minimalen im unteren Becken ermittelten Wasserstandswerte (Bild 4) zurückgegriffen. Daraus wurde der maximale Höhenunterschied Δh_{max} ermittelt, welcher anschließend in die Toricelli-Formel eingesetzt wurde.

Bild 8 zeigt, dass die Berücksichtigung nur der Mittelwerte zu einer Unterschätzung der maximalen Fließgeschwindigkeit um ca. 15 % führt. Die zusätzliche Berücksichtigung von va weist die beste Übereinstimmung mit den Messwerten bei einer Unterschätzung um ca. 5 % auf. Der Ansatz des maximalen Höhenunterschieds Δh_{max} führt zu einer Überschätzung in einer Größenordnung von ca. 7 %. Man erkennt somit, dass die Berücksichtigung der Anströmgeschwindigkeit zu einer deutlichen Verbesserung der Prognosegüte führt.

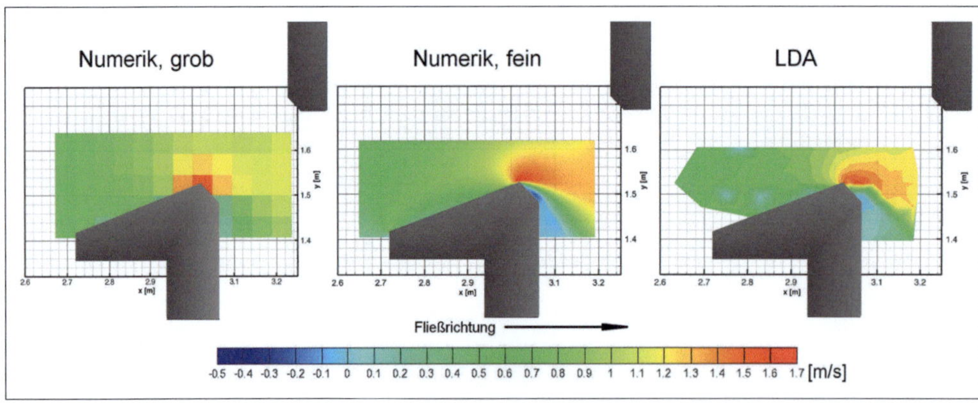

Bild 7: Geschwindigkeitsmaxima an der Leitwand (Quelle: KIT/IWG)

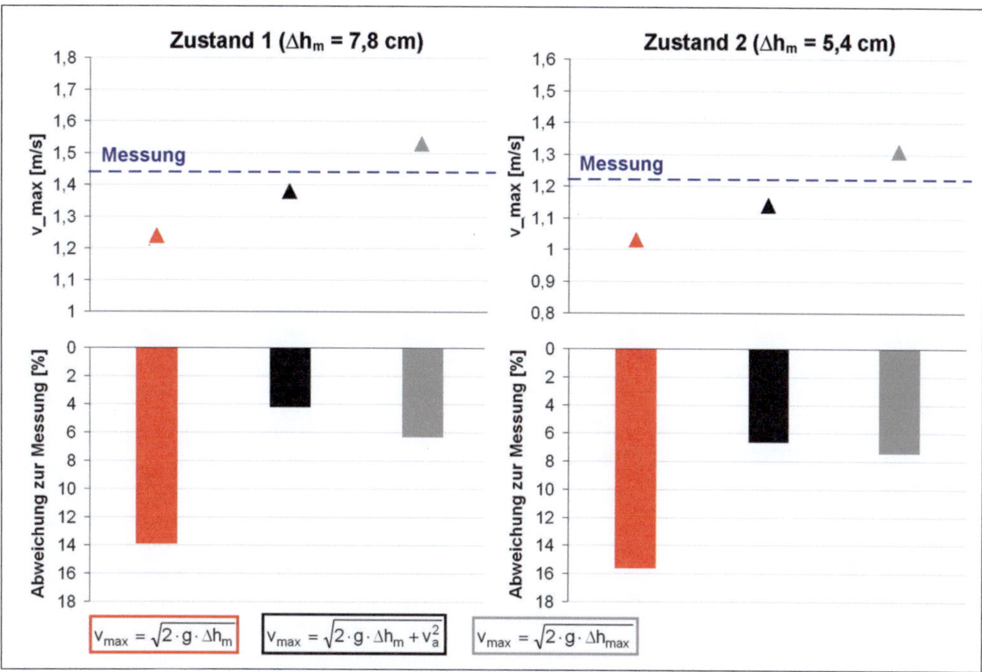

Bild 8: Unterschiedlich abgeschätzte Maximalgeschwindigkeiten im Nachlauf des Schlitzes im Vergleich zu den zeitgemittelten Messwerten (Quelle: KIT/IWG)

Bzgl. der Verwendung der Anströmgeschwindigkeit ist jedoch zu beachten, dass diese von dem sich im Becken einstellenden Strömungsmuster (s. Abschnitt 4.1) abhängt. Für die praktische Bemessung wäre daher ein Korrekturfaktor in Abhängigkeit des Strömungszustands bzw. der Beckengeometrie zielführend, was Gegenstand weiterführender Untersuchungen ist. Grundsätzlich stellt sich natürlich die Frage, welche Praxisrelevanz die exakte Bestimmung lokaler Geschwindigkeitsspitzen im Nachlauf des Schlitzes aufweist, da Fische diesen Bereich evtl. umschwimmen können.

5 Zusammenfassung

Die Hydraulik von Schlitzpässen zeigt bei detaillierter Betrachtung eine hohe Komplexität u. a. in Form von Wasserspiegelverformungen, lokalen Geschwindigkeitsspitzen sowie ausgeprägten zeitlichen Schwankungen der Strömungsgrößen. Über zeitgemäße und innovative Mess- sowie Berechnungsverfahren wird derzeit am KIT/IWG in Kooperation mit verschiedenen Partnern ein umfangreicher Daten- bzw. Wissenspool aufgebaut, welcher zukünftig einen Beitrag zur Weiterentwicklung der bislang stark vereinfachten, auf wenigen Mittelwerten basierten Dimensionierungsansätze von Schlitzpässen leisten soll. In diesem Zusammenhang ist jedoch auch auf neue Erkenntnisse seitens der Fischökologie zu hoffen, um eine abschließende Bewertung der angesprochenen hydraulischen Strömungsphänomene hinsichtlich ihrer fischökologischen Relevanz zu ermöglichen.

Autoren

Dr.-Ing. Mark Musall
Dr.-Ing. Peter Oberle
Ruth Carbonell Baeza, M. Eng.
Prof. Dr.-Ing. Dr. h. c. mult. Franz Nestmann
Karlsruher Institut für Technologie (KIT)
Institut für Wasser und Gewässerentwicklung (IWG)
Kaiserstraße 12
76131 Karlsruhe
musall@kit.edu
peter.oberle@kit.edu
ruthcarbonellbaeza@gmail.com
franz.nestmann@kit.edu

Juan Francisco Fuentes-Pérez, M. Eng.
Centre for Biorobotics
Tallinn University of Technology
Tallinn, Estonia
Juan.Fuentes@ttu.ee

Dr.-Ing. Jeffrey A. Tuhtan
SJE Ecohydraulic Engineering GmbH
Viereichenweg 12
70569 Stuttgart
Centre for Biorobotics
Tallinn, Estonia
tuhtan@sjeweb.de

Literatur

[1] Gross, J.: Ökologische Durchgängigkeit der Mosel – Neubau einer Fischwechselanlage mit Monitoringstation sowie eines Besucher-Informationszentrums „Mosellum" an der Moselstaustufe in Koblenz. In: KW Korrespondenz Wasserwirtschaft 7 (2014), Nr.2, S.107-112

[2] Yang, Y.; Nguyen, N.; Chen, N.; Lockwood, M.; Tucker, C.; Hu, H.; Bleckmann, H.; Liu, C.; Jones, D. L.: Artificial lateral line with biomimetic neuromasts to emulate fish sensing. In: Bioinspir. Biomim. (2010), Nr. 5.

[3] Smith, D. L.; Goodwin, R. A.; Nestler, J. M.: Relating Turbulence and Fish Habitat: A New Approach for Management and Research. In: Rev. Fish. Sci. Amp Aquac. 22 (2014), S. 123-130.

[4] Bleckmann, H.; Mogdans, J.; Coombs, S. L.: Flow Sensing in Air and Water: Behavioral, Neural and Engineering Principles of Operation. Heidelberg: Springer, 2014.

[5] Liu, M.; Rajaratnam, N.; Zhu, D. Z.: Mean flow and turbulence structure in vertical slot fishways. In: J. Hydraul. Eng. 132 (2006), S. 765-777.

[6] Tuhtan, J. A.; Strokina, N.; Toming, G.; Muhammad, N.; Kruusmaa, M.; Kämäräinen, J.: Hydrodynamische Klassifizierung von natürlichen Strömungen anhand eines künstlichen Seitenlinienorgans. In: 26. SVK-Fischereitagung, Fulda, 2.-3. März 2015.

[7] Czerny, R.: Hoch aufgelöste Strömungssimulation naturnaher Fließgewässerstrukturen – Detaillierte Modellierung auf Basis des terrestrischen Laserscannings zur Untersuchung ökohydraulischer Fragestellungen. Dissertation, Fakultät für Bauingenieur- Geo- und Umweltwissenschaften, Karlsruher Institut für Technologie, 2014.

[8] Flow Sience Inc. (Hrsg.): FLOW-3-D(R) User's Manual. Version 8.2, Santa Fe, 2004.

[9] Oberle, P.; Musall, M.; Riesterer, J.; Nestmann, F.: Numerische Modelluntersuchungen im Rahmen der Planung der Fischaufstiegsanlage Geesthacht. In: Wasser-Wirtschaft 102 (2012), Heft 4, S. 28-33.

[10] Deutsche Vereinigung für Wasserwirtschaft, Abwasser und Abfall e. V. (Hrsg.): Fischaufstiegsanlagen und fischpassierbare Bauwerke – Gestaltung, Bemessung, Qualitätssicherung. In: DWA-Merkblätter (2014), M 509.

[11] Wang, R. W.; David, L.; Larinier, M.: Contribution of experimental fluid mechanics to the design of vertical slot fish passes. In: Knowledge and Management of Aquatic Ecosystems (2010), Nr. 2, S. 396.

[12] Höger, V.; Musall, M.; Sokoray-Varga, B.: Hydraulik von Fischaufstiegsanlagen in Schlitzpassbauweise – Physikalische und Numerische Untersuchungen zur Optimierung der Passierbarkeit. In: Tagungsband zur Kolloquiumsreihe Herstellung der ökologischen Durchgängigkeit der Bundeswasserstraßen, 4. Kolloquium, Koblenz, 2014.

[13] Gebler, R.: Dimensionierung von Schlitzpässen – Anforderungen der Fische und der Hydraulik. In: Wasser-Wirtschaft 105 (2015), Heft 7-8. S. 72-78.

[14] Musall, M.; Oberle, P.; Henning, M.; Weichert, R.; Nestmann, F.: Analysen zu Strömungsmustern in technischen Fischaufstiegsanlagen. In: Dresdner Wasserbauliche Mitteilungen (2014), Heft 50, S. 353-362.

[15] Musall, M.; Schmitz, C.; Oberle, P.: Numerical Simulation of Flow Characteristics in Vertical Slot Fishways. In: Proceedings 10th Intl. Symposium on EcoHydraulics, Trondheim, Norwegen, 2014.

Mark Musall, Peter Oberle, Ruth Carbonell Baeza, Juan F. Fuentes-Pérez, Jeffrey A. Tuhtan and Franz Nestmann

Comments on the Detailed Analysis of Vertical Slot Fishway Hydraulics

Many fishways are designed as vertical slot constructions. However, during design as well as on-site Monitoring of such structures, many questions on hydraulic details emerge, which have not been fully analyzed to date. In the relevant literature aspects such as unsteady flow fluctuations, different flow patterns or the deformation of the water surface are mentioned in fact, but transfer to specific applications is limited due to variations in constraints (e.g. gradient or details in design). Due to this lack of knowledge extensive studies based on field measurements, laboratory models and hydrodynamic simulations are carried out at the Institute for Water and River Basin Management (IWG) of the Karlsruhe Institute of Technology (KIT) in collaboration with various partners.

Марк Мусалл, Петер Оберле, Рут Карбонелль Баэца, Хуан Ф. Фуэнтес-Перес, Джеффри А. Тухтан и Франц Нестманн

Данные подробного анализа гидравлики шлицевых проходов

Многие, находящиеся в стадии планирования устройства рыбоподъема, а также уже имеющиеся сооружения предусматривают использование таких конструкций как шлицевые проходы. Тем не менее, в рамках планирования или мониторинга согласно действующим в настоящий момент директивам по строительству параметрированных сооружений неоднократно возникали частные вопросы по гидравлике, которые ранее не подвергались комплексному анализу. В соответствующей литературе затрагиваются такие аспекты как нестационарные колебания потоков, различные рисунки потока или деформация водной поверхности, однако, перенесение на конкретные случаи применения – в связи с отличающимися рамочными условиями (напр., уклон, детали конструкции внутренних устройств) – возможно лишь с ограничениями. В связи с тем, что знаний в этой области недостаточно, в Институте воды и развития водных ресурсов Технологического института Карлсруэ в сотрудничестве с различными партнерами проводятся обширные исследования, основанные на проведении замеров в естественных условиях, использовании лабораторных моделей и численно-гидродинамическом моделировании.

Christoph Heinzelmann, Roman Weichert und Stefanie Wassermann

Hydraulische Untersuchungen zum Bau einer Fischaufstiegsanlage in Lauffen am Neckar

Als technisch-wissenschaftlicher Dienstleister für die Wasser- und Schifffahrtsverwaltung des Bundes (WSV) berät die Bundesanstalt für Wasserbau (BAW) die WSV-Dienststellen auch in Fragen der Fischdurchgängigkeit an Bundeswasserstraßen. Dabei konzentrieren sich die Untersuchungen der BAW auf die hydraulischen und wasserbaulichen Aspekte. In diesem Beitrag wird über die laufenden Untersuchungen zum Bau einer Fischaufstiegsanlage an der Neckarstaustufe Lauffen berichtet. Zum Einsatz kommen Naturuntersuchungen sowie physikalische und numerische Modellsimulationen.

1 Einleitung

Die Erhaltung und Wiederherstellung der ökologischen Durchgängigkeit an staugeregelten Fließgewässern zählt zu den wichtigsten Umweltzielen der Wasserrahmenrichtlinie (WRRL). Hierbei spielt die Fischdurchgängigkeit, also der Fischaufstieg und Fischabstieg, an den Stauanlagen eine wesentliche Rolle.

Seit Inkrafttreten des novellierten Wasserhaushaltsgesetzes am 1. März 2010 obliegt dem Bund diese Aufgabe an den von der Wasser- und Schifffahrtsverwaltung des Bundes (WSV) errichteten und betriebenen Stauanlagen. Eine erste Analyse [1] hat gezeigt, dass die überwiegende Zahl der WSV-Staustufen über keine ausreichend funktionsfähigen Anlagen verfügt. Somit wird an vielen Staustufen der Bau von Fischauf- und Fischabstiegsanlagen bzw. deren Ertüchtigung erforderlich. Dabei sind für Fischauf- und -abstieg in der Regel unterschiedliche Anlagen zu realisieren, da sich die Fische nach dem heutigen Kenntnisstand im Auf- und im Abstiegsfall unterschiedlich verhalten. Gegenwärtig liegt der Fokus der WSV auf den Fragen des Fischaufstiegs. Hier existieren aktuell an ca. 250 Staustufen Defizite, die gemäß den Fristen der WRRL spätestens bis zum Jahr 2027 zu beseitigen sind. Entweder fehlen die Anlagen gänzlich oder sie funktionieren nicht zufriedenstellend. Allein für den Neubau und die Ertüchtigung von Fischaufstiegsanlagen (FAA) an Bundeswasserstraßen belaufen sich die Baukosten nach ersten Schätzungen auf ca. 700 Mio. EUR.

In ihrer Funktion als fachwissenschaftliche Dienstleister für die WSV beraten und unterstützen in enger Zusammenarbeit die Bundesanstalt für Wasserbau (BAW) und die Bundesanstalt für Gewässerkunde (BfG) die WSV-Dienststellen in Fragen der ökologischen Durchgängigkeit. Dabei konzentrieren sich die Untersuchungen der BAW auf die hydraulischen und wasserbaulichen Aspekte, während die BfG die biologischen Aspekte untersucht. Eigenes Fachwissen, Fachliteratur und die Unterstützung durch externe Fachbüros und Forschungseinrichtungen dienen dabei als wichtige Grundlagen. Zur Weiterentwicklung des Stands von Wissenschaft und Technik über FAA werden zudem vertiefte Untersuchungen an Pilotstandorten sowie eigene Forschungs- und Entwicklungsvorhaben durchgeführt. Ziel ist es, neben der Entwicklung von Ausführungsvorschlägen für konkrete Baumaßnahmen auch grundsätzliche Empfehlungen für Anordnung, Ausrichtung, Dimensionierung, Dotierung, Betriebsweise und Überprüfung von FAA an Bundeswasserstraßen zu erarbeiten.

Die nachfolgenden Ausführungen befassen sich mit den laufenden Untersuchungen der BAW zum Bau einer neuen FAA an der Neckarstaustufe Lauffen. Im Mittelpunkt stehen dabei die hydraulischen Untersuchungen im Unterwasser der

Staustufe, die mit Hilfe von Naturmessungen sowie physikalischen und numerischen Modellsimulationen durchgeführt werden. Als Ausblick werden auch die geplanten Modelluntersuchungen für die FAA selbst vorgestellt.

2 Wissensdefizite für Fischaufstiegsanlagen an Bundeswasserstraßen

Nationale Regelwerke zum Bau von FAA existieren: z. B. der Gelbdruck des DWA-Merkblatts 509 [2] oder das Handbuch Querbauwerke des Landes Nordrhein-Westfalen [3]. Allerdings basieren die dort genannten Richt- und Erfahrungswerte auf Erkenntnissen, die eher an kleinen und mittelgroßen Fließgewässern und nicht an großen Gewässern, wie sie typisch für Bundeswasserstraßen sind, gewonnen wurden. Demzufolge bestehen insbesondere an Bundeswasserstraßen noch größere Wissensdefizite für FAA. Auch die etwa 60 internationalen Regelwerke, die im Rahmen einer Literaturstudie [4] ausgewertet wurden, können diese Lücken nicht schließen.

Die Funktionsfähigkeit einer FAA hängt maßgeblich von zwei Faktoren ab: der Auffindbarkeit der Anlage im Unterwasser einer Staustufe und der Passierbarkeit der Anlage. Die Wissensdefizite bezüglich der Auffindbarkeit umfassen z. B. die Gestaltung des Einstiegs oder die Frage, wie der Turbulenzgrad das Fischverhalten beeinflusst. Die Fragen, wie die Fische auf konkurrierende Strömungen reagieren, wie die Auffindbarkeit bei komplexen Anlagen mit mehreren Gewässerarmen zu realisieren ist, wie sich wechselnde Wasserstände auswirken oder welchen Beitrag Schiffsschleusen leisten können, zeigen die typischen Besonderheiten, die bezüglich der Auffindbarkeit an Bundeswasserstraßen zu beachten sind. Die Wissensdefizite bezüglich der Passierbarkeit umfassen vor allem Aspekte der geometrischen und hydraulischen Dimensionierung der Anlage und deren Wirkung auf das Fischverhalten.

Die Erkenntnisse, die an bestehenden FAA gewonnen wurden, sowie theoretische Überlegungen zeigen, dass bei den Fischen, die regelmäßig über eine oder mehrere Staustufen wandern müssen, eine Bestandserhaltung und -entwicklung im Regelfall nur gelingt, wenn ein sehr großer Anteil der Fische die FAA ohne Zeitverzögerung finden und überwinden kann. Folglich genügt es nicht, wenn FAA grundsätzlich für die betreffenden Fischarten passierbar sind. Sie müssen ebenso zügig überwunden werden können, um ökologisch wirksam zu sein. Darüber hinaus wird gefordert, dass die Funktionsfähigkeit der Anlage an 300 Tagen im Jahr gewährleistet ist, um dem jahreszeitlich unterschiedlichen Wanderungsverhalten der Fische gerecht zu werden.

3 Pilotprojekt am Neckar: Fischaufstiegsanlage Lauffen

Wie eingangs berichtet, ist die ökologische Durchgängigkeit bis zum Jahr 2027 an etwa 250 Stauanlagen der WSV wiederherzustellen. Die Herausforderung für die WSV besteht also darin, trotz der skizzierten Wissenslücken binnen kurzer Zeit eine große Zahl funktionsfähiger FAA zu errichten. Die Handlungsstrategie sieht Deshalb vor, dass zunächst Pilotanlagen geplant und gebaut werden, mit deren Hilfe die Wirksamkeit der Anlagen überprüft werden kann. Diese Überprüfung muss neben der rein technischen Funktionskontrolle vor allem auch eine biologische Qualitätssicherung enthalten.

Eine der Pilotanlagen soll an der Neckarstaustufe Lauffen errichtet werden. Die Staustufe umfasst eine Doppelschleusenanlage, eine dreifeldrige Wehranlage sowie ein Wasserkraftwerk. Die Fallhöhe beträgt 8,17 m. Eine FAA existiert derzeit nicht und soll am in Blickrichtung rechten Ufer als Schlitzpass gebaut werden (**Bild 1**). Die Randbedingungen für den Bau zeichnen sich durch eine dichte Uferbebauung aus. Darüber hinaus steht die Stauanlage unter Denkmalschutz und die Straßenbrücke soll erneuert werden. Das Kraftwerk ist mit zwei Kaplan-Turbinen (Laufraddurchmesser: 2,78 m) für einen Ausbaudurchfluss von insgesamt 80 m^3/s ausgelegt. Kennzeichnend für die hydraulischen Verhältnisse unterhalb des Kraftwerks sind besonders ausgeprägte Turbulenzerscheinungen.

Die Dimensionierung einer FAA richtet sich vorwiegend nach der potenziell natürlichen Fischfauna des Flusssystems, d. h. nach den Fischarten, die im Flusssystem heimisch sind oder die wieder angesiedelt werden sollen. Für den Stand-

Bild 1: Neckarstaustufe Lauffen, Blick vom Unterwasser (Quelle: Amt für Neckarausbau Heidelberg)

ort Lauffen sind die empfohlenen Indikatorfischarten: Barbe, Nase, Ukelei, Aal, Brachse, Rotauge, Gründling, Groppe und Meerforelle [5]. Eine Sonderrolle nimmt dabei der Maifisch ein, der auch beim Passieren einer FAA ein Schwarmverhalten zeigt, mit der Folge, dass die geometrischen Abmessungen der Anlage großzügig gewählt werden müssen.

Die in **Bild 2** dargestellte FAA wurde im Auftrag des Amtes für Neckarausbau Heidelberg von einem Ingenieurbüro geplant. Die Planung sieht eine Beckenlänge von 4,05 m und eine Beckenbreite von 3,20 m vor. Die Schlitzbreite zwischen zwei Becken soll 0,50 m, die Beckentiefe ca. 1,00 m betragen. Wesentlich für die Passierbarkeit des Schlitzpasses sind die Fließgeschwindigkeiten im Bereich der Schlitze zwischen zwei benachbarten Becken. Die maximal zulässige Fließgeschwindigkeit leitet sich aus der Leistungsfähigkeit der Fische ab, die die Anlage passieren sollen. Die Fließgeschwindigkeit im Schlitz stellt sich in Abhängigkeit vom Höhenunterschied zwischen den Becken ein, der im Fall von Lauffen 0,12 m nicht überschreiten darf. Hieraus ergeben sich 67 Becken mit einer Gesamtlänge der FAA von mehr als 270 m. Der erforderliche Durchfluss im Schlitzpass beträgt 660 l/s.

Die Aufgabe von BAW und BfG besteht nun darin, die Planung des Ingenieurbüros unter hydraulischen und biologischen Aspekten zu überprüfen und zu optimieren.

4 Hydraulische Untersuchungen der BAW

4.1 Auffindbarkeit

Der Aspekt der Auffindbarkeit einer FAA beinhaltet im Wesentlichen die Fragestellung, ob wanderwillige Fische, die direkt bis in das Unterwasser einer Staustufe gelangen, in der Lage sind, den Einstieg in die FAA ohne größere Zeitverzögerung zu finden. Hierzu sind vor allem Kenntnisse über das artspezifische Wanderverhalten von Fischen erforderlich. Auch wenn diesbezüglich derzeit noch Wissenslücken existieren, kann den Strömungsverhältnissen im Unterwasser einer Staustufe eine zentrale Bedeutung für die Orientierung der Fische zugeschrieben werden. Nur wenn es gelingt, dem Fisch eine für ihn wahrnehmbare Leitströmung aus der FAA zur Verfügung zu stellen, ist die Voraussetzung gegeben, dass die Mehrzahl der wanderwilligen Fische den Einstieg in die FAA findet. Die besondere Herausforderung an Bundeswasserstraßen besteht darin, dass die Strömung im Auslaufbereich des Kraftwerks (Hauptströmung) so dominant ist, dass eine für den Fisch wahrnehmbare Leitströmung aus der FAA nur schwer zu realisieren ist.

Um diese Frage für den Standort Lauffen beantworten zu können, werden in der BAW hydraulische Untersuchungen auf Basis von Naturmessungen sowie numerischen und physikalischen Modellversuchen durchgeführt. In einem ersten Schritt wurden hierfür die Strömungsverhältnisse im Unterwasser der Stauanlage vermessen und der Ist-Zustand in den Modellen abgebildet. Ziel der

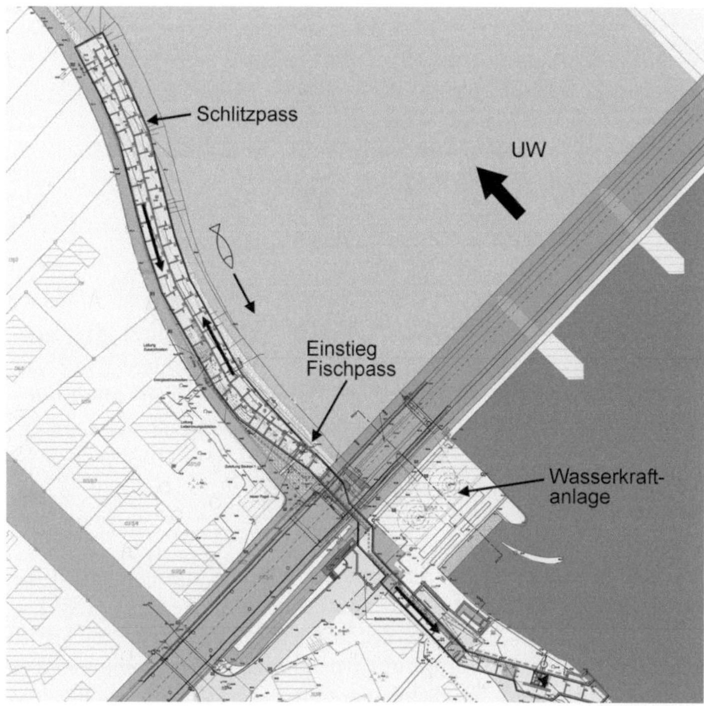

Bild 2: Planungsentwurf für den Schlitzpass Lauffen (Quelle: Ingenieurbüro Floecksmühle, modifiziert)

Modelluntersuchungen ist es, die Strömungssituation so zu beeinflussen, dass ein durchgehender und der Leistungsfähigkeit der Fische angepasster Wanderkorridor geschaffen wird. Dieses Ziel soll erreicht werden, indem die bauliche Gestaltung des Einstiegsbereichs der FAA sowie das Abflussverhältnis zwischen FAA und Kraftwerk optimiert sowie mit den betrieblichen Randbedingungen der Wasserkraftanlage abgestimmt werden. Nachfolgend werden die physikalischen Modelluntersuchungen näher vorgestellt. Die Naturmessungen sind in [6], [7] beschrieben.

Für die Modelluntersuchungen zur Auffindbarkeit der FAA wurde in der BAW ein physikalisches Modell im Maßstab 1:10 aufgebaut und mit Hilfe der Naturmessungen kalibriert (**Bild 3**). Besonderes Augenmerk wurde dabei auf die korrekte Wiedergabe der Strömungssituation im Einstiegsbereich der geplanten FAA gelegt. Hier spielt vor allem die aus den Saugrohren des Kraftwerks austretende, drallbehaftete Strömung eine wichtige Rolle, die im physikalischen Modell durch die Anordnung eines verstellbaren Propellerrades in den Wasserzuleitungen des Modells erreicht wurde.

Im Anschluss an die Kalibrierungsphase wurde der Entwurf des Planungsbüros überprüft und optimiert. Wesentliches Element des Entwurfs ist die Verlängerung des Saugrohrs des Kraftwerks (**Bild 3** und **Bild 4**). Diese Maßnahme vermindert einerseits die Turbulenz der aus dem Saugrohr austretenden Strömung und verbessert damit die Leitströmung aus der FAA. Andererseits kann mit der Verlängerung des Saugrohrs der FAA-Einstieg auf der Höhe des Kraftwerksauslasses angeordnet werden, was die Auffindbarkeit deutlich erleichtert.

Neben der Analyse der hydraulischen Wirkung der Saugrohrverlängerung sollten durch die Modelluntersuchungen weitere bauliche Komponenten optimiert werden, wie beispielsweise die Ausgestaltung eines Schlitzes am unteren Ende der FAA (**Bild 4**) sowie die Gestaltung des Übergangs zwischen Gewässersohle und FAA-Einstieg. Zusätzlich stand der für die Ausbildung einer Leitströmung erforderliche Abfluss im Fokus der Untersuchungen. Dieser Abfluss setzt sich zusammen aus dem Abfluss in der FAA und der Zusatzdotation, die im unteren Bereich der FAA hinzugegeben wird. Ziel war es, unter baulich op-

Bild 3: Physikalisches Modell des Unterwassers Lauffen: Blick von unterstrom auf den Kraftwerksauslass, rechts der Einstieg in die FAA

timierten Randbedingungen den für den Betrieb der Aufstiegsanlage minimal erforderlichen Abfluss zu bestimmen.

Die Strömungsgeschwindigkeiten wurden zeitlich und räumlich hoch aufgelöst mit einer ADV-Sonde (Acoustic Doppler Velocimeter) gemessen, wobei sich die Messungen insbesondere auf die Zone konzentrierten, in der die Kraftwerksströmung und die Strömung aus der FAA zusammentreffen. Für die voraussichtlich ungünstigsten Abflussverhältnisse bei Q_{330} (Neckar-Abfluss, der an 330 Tagen im Jahr unterschritten wird) wurden neun verschiedene Kombinationen aus Schlitzanordnung und Abfluss aus der FAA analysiert. Die Vorzugsvariante wurde bei zwei weiteren relevanten Abflüssen – an der Untergrenze des Auslegungsbereichs der FAA bei Q_{30} und bei gerade beginnendem Wehrüberfall bei

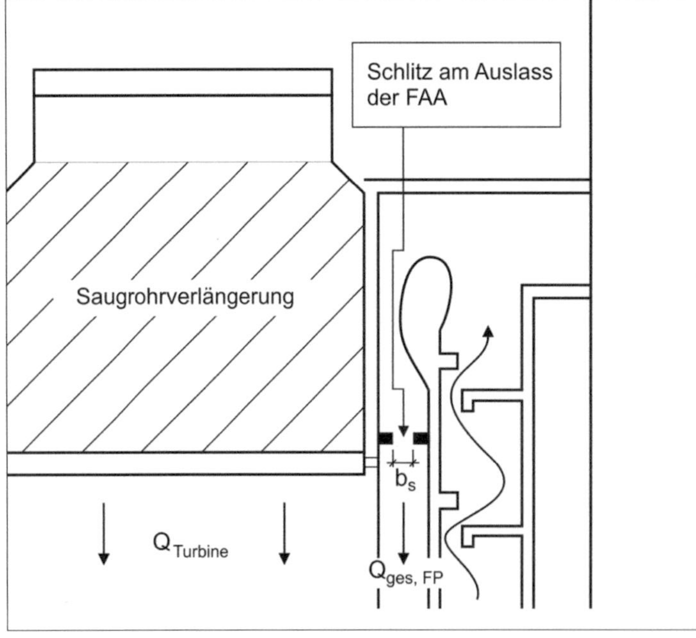

Bild 4: Ausgestaltung des Einstiegs in die FAA

Q_{227} – auf Erfüllung der fischökologischen Anforderungen überprüft. **Bild 5** zeigt die Ergebnisse für die Ausgangsvariante ohne Einengung der FAA-Öffnung und die Vorzugsvariante mit einem in Strömungsrichtung rechtsseitig angeordneten Schlitz von 0,7 m Breite (Bild 4). Weitere Randbedingungen zu den beiden in Bild 5 dargestellten Varianten sind **Tabelle 1** zu entnehmen.

In Tabelle 1 bezeichnet Q_{Turb} den durch das Kraftwerk abgeführten Abfluss. $Q_{ges,FAA}$ setzt sich zusammen aus dem Abfluss in der FAA und der Zusatzdotation, d. h. es ist der Abfluss, der am unteren Ende der FAA austritt. Mit b_s wird die Breite des Schlitzes am unteren Ende der FAA bezeichnet, v_S ist die im Bereich des Schlitzes gemittelte Fließgeschwindigkeit. Die Lage des Schlitzes ist in Fließrichtung angegeben. Der Unterwasserstand ist für beide Varianten identisch. Der aus der FAA austretende Abfluss ergibt sich aus den Schlitzdimensionen und der vorgegebenen Geschwindigkeit im Schlitz von 1,5 m/s. Sämtliche Größen in Tabelle 1 sind im Naturmaßstab angegeben.

Mit Angaben aus der einschlägigen Literatur über die Schwimmfähigkeit von Fischen lassen sich Geschwindigkeitsbereiche definieren, in denen die Verhältnisse für die Fischwanderung günstig oder ungünstig sind. Die Leistungsfähigkeit der Fische ist dabei abhängig von der Fischart und vom Entwicklungsstadium der Fische. Hervorzuheben ist, dass nicht nur zu große Geschwindigkeiten im Wanderkorridor der Fische

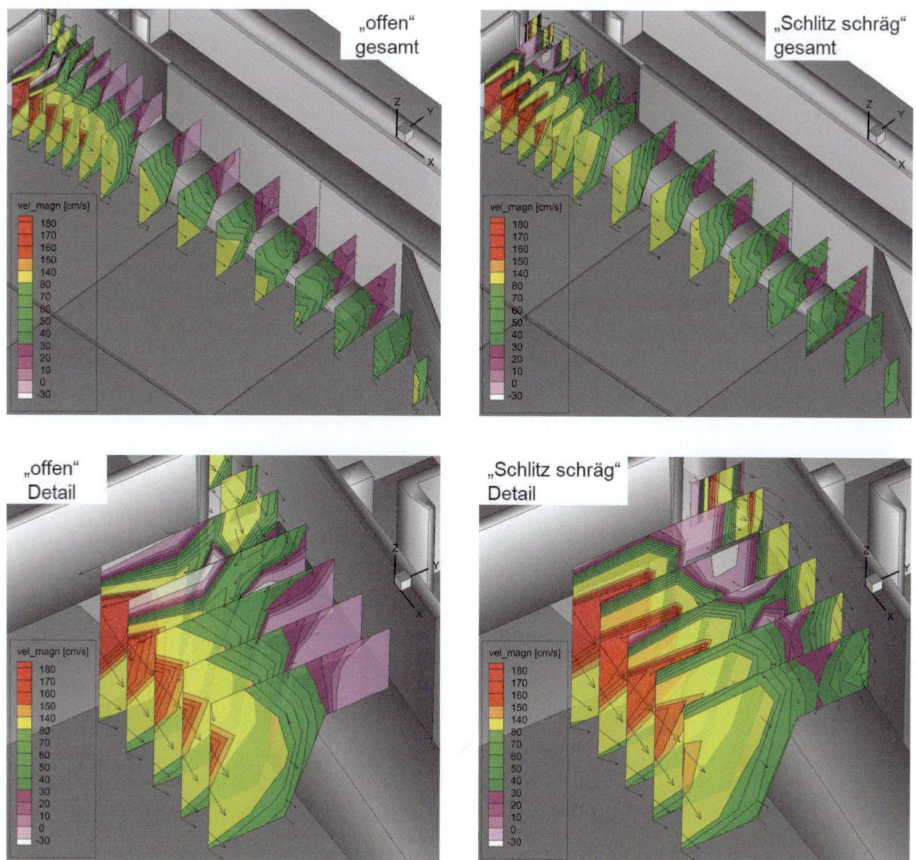

Bild 5: Fließgeschwindigkeiten im physikalischen Modell, Blick von unterstrom auf den Einstiegsbereich der FAA (Ausgangs- und Vorzugsvariante)

Tab. 1: Randbedingungen für die Variantenuntersuchungen

Varianten	Q_{Turb}	$Q_{ges,FAA}$	b_s	v_s	Lage Schlitz	UW-Stand
offen	80 m³/s	3,0 m³/s	1,65 m	0,9 m/s	Keine Einengung	162,64 m ü. NN
Schlitz schräg	80 m³/s	2,1 m³/s	0,7 m	1,5 m/s	rechts, schräg	162,64 m ü. NN

die Auffindbarkeit der FAA beeinträchtigen, sondern dass vor allem auch ein fehlender Strömungsimpuls zur Desorientierung der Fische führen kann. Die geeigneten Strömungsgeschwindigkeiten für die am Neckar empfohlenen Indikatorfischarten betragen 0,3 m/s bis 1,6 m/s [2]. Ziel der Modellversuche war es also, Strömungsbedingungen in einem längs des Ufers durchgehenden Wanderkorridor zu schaffen, die die Auffindbarkeit des Einstiegs in die FAA bestmöglich unterstützen.

In Bild 5 sind die zeitlichen Mittelwerte der gemessenen Fließgeschwindigkeiten für zwei Varianten dargestellt. Die Abbildung zeigt, dass sich die Strömungsfelder im Einstiegsbereich in Abhängigkeit der geometrischen Ausgestaltung des Schlitzes und des Abflusses am unteren Ende der FAA signifikant unterscheiden. Für die Variante mit Einstiegsöffnung auf voller Breite (Bild 5, „offen") ergibt sich, dass die Strömungsgeschwindigkeiten im Nahbereich der FAA nicht ausreichen, um eine Leitwirkung auf die Fische entfalten zu können, da die Leitströmung nach Austritt aus der FAA-Öffnung schon nach wenigen Metern von der Strömung aus dem Kraftwerk dominiert wird. Sohlennah wandernde Fische können auf Grund geringer Geschwindigkeiten über der Sohlenrampe den Einstieg höchstens zufällig auffinden. Die Verengung des Austrittsquerschnitts, d. h. die Anordnung einer weiteren Trennwand mit Schlitz, erzeugt zwar höhere Fließgeschwindigkeiten im Schlitz, und bei Anordnung in Fließrichtung links bis mittig auch über der Rampe, führt aber gleichzeitig zu großen Strömungsgebieten mit geringen Geschwindigkeiten in der Verlängerung des Kraftwerkspfeilers zwischen FAA und angrenzendem Saugrohr. Die Ergebnisse für die aus neun untersuchten Schlitz- bzw. Abflusskonfigurationen entwickelte Vorzugsvariante zeigt die rechte Hälfte von Bild 5 (Bild 5, „Schlitz schräg"). In der Vorzugsvariante lenkt ein in Fließrichtung rechtsseitig angeordneter Schlitz mit Breite von 0,7 m die Strömung aus der FAA schräg gegen das linke Ufer, wo sie sich zunächst entlang der FAA-Außenwand, weiter stromab im Bereich der Sohlenrampe als durchgehender Korridor ausbreiten kann. Gleichzeitig bewirkt der gegenüber der Ausgangsvariante erhöhte Abfluss aus der FAA, dass der Bereich mit geringen Geschwindigkeiten im Nachlauf des Pfeilers begrenzt bleibt.

Zusätzlich zu den physikalischen Modelluntersuchungen finden derzeit numerische Simulationen für das Unterwasser der Staustufe Lauffen statt. Diese werden mit einem 3-D-Navier-Stokes-Löser durchgeführt, der die freie Wasseroberfläche berechnet und auf Basis von Hexaedergittern arbeitet. Diese Simulationen sind wünschenswert, da mittels der physikalischen Modellversuche zwar die hydraulische Optimierung der baulichen Komponenten erreicht werden kann, die Vermessung des Strömungsfelds im Unterwasser jedoch nur punktuell und mit einem relativ hohen Aufwand möglich ist. Dies hat zur Folge, dass sich die Strömungsparameter aus den Messungen des physikalischen Modells nur statistisch beschreiben lassen.

Auch wenn mit dem numerischen Modell ebenfalls nur eine Annäherung an die realen Verhältnisse möglich ist, ist man im Vergleich zu den Ergebnissen aus dem physikalischen Modell in der Lage, einen weiteren Aspekt zu untersuchen: Liegt eine auf Basis der physikalischen Modelluntersuchungen optimierte Variante vor, so bietet die numerische Simulation die Möglichkeit, für einen gegebenen Zeitpunkt ein räumlich hoch aufgelöstes Bild der Strömungsvektoren nach Größe und Richtung zu erhalten. Mit dieser Information lässt sich in einem nächsten Schritt bewerten, ob zu jedem Zeitpunkt und für die gegebenen Randbedingungen (z. B. Abflussmengenaufteilung zwischen FAA und Kraftwerk oder Turbinenmanagement) ein durchgehender Wanderkorridor für die Fische zur Verfügung steht. Zusammen mit den Ergebnissen aus den physikalischen Modellversuchen lassen sich damit die hydraulischen Verhältnisse hinsichtlich ihrer Eignung für die Fischwanderung bestmöglich beurteilen.

4.2 Passierbarkeit

Neben der Auffindbarkeit spielt für die Wirksamkeit einer FAA auch die Passierbarkeit der Anlage eine entscheidende Rolle. Wie in Abschnitt 3 bereits erläutert, sieht der Planungsentwurf für den Fischaufstieg an der Stauanlage Lauffen wegen der beengten Platzverhältnisse einen Schlitzpass vor. Dieser weltweit häufig eingesetzte Typ einer beckenartigen FAA wurde bereits verschiedentlich im Rahmen von Forschungsarbeiten, z. B. [8], [9], [10] näher untersucht. Die Untersuchungen zeigten u. a., dass sich in Abhängigkeit der geometrischen Anordnung der Schlitze verschiedene Strömungsmuster in den Becken zwischen den Schlitzen einstellen. Wie genau dieses Strömungsfeld beschrieben werden kann (Geschwindigkeiten, Wirbelgrößen) und vor allem, welche Wirkung die verschiedenen Strömungsmuster auf die unterschiedlichen wanderwilligen Fischarten haben, ist jedoch noch weitestgehend ungeklärt.

Um das Strömungsfeld näher zu untersuchen, wurde in der BAW ein physikalisches Modell eines Schlitzpasses im Maßstab 1:4 aufgebaut. In diesem Modell sollen in Abhängigkeit verschiedener geometrischer Anordnungen die Strömungsverhältnisse zeitlich und räumlich hoch aufgelöst erfasst werden. Das Modell besteht aus neun aufeinander folgenden Becken, die durch eine Breite von 0,78 m, eine Länge von 0,99 m und eine Sohlenneigung von 2,8 % gekennzeichnet sind. Die Becken sind so gestaltet, dass die Beckengeometrie flexibel angepasst und optimiert werden kann. Die Strömung innerhalb eines einzelnen Beckens und im Bereich des Schlitzes zwischen zwei Becken soll vermessen und mittels geeigneter hydraulischer Größen als Funktion des Abflusses und der geometrischen Beckendimensionen beschrieben werden. Hierzu soll als optisches Messverfahren ein PIV-System (Particle Image Velocimetry) eingesetzt werden, mit dem die Strömung berührungslos durch den Rinnenboden und die Seitenwände aufgenommen werden kann. Das Messsystem ist dabei so aufgebaut, dass ein synchronisierter Messbetrieb mit dem PIV-System und zwei ADV-Sonden möglich ist. Die Messfrequenz des PIV-Systems beträgt max. 200 Hz, der Messbereich hat eine Größe von ca. 45 x 40 cm. Einzelheiten hierzu sind in [11] zu finden.

Die Untersuchungen im physikalischen Modell erfüllen neben den gewonnenen Erkenntnissen über das Strömungsfeld einen weiteren Zweck. Die hoch aufgelösten Daten der Strömungsmessungen dienen dazu, die Berechnungsergebnisse der eingesetzten numerischen Modelle zu plausibilisieren und die Modellverfahren weiterzuentwickeln. Wenn sichergestellt ist, dass die numeri-

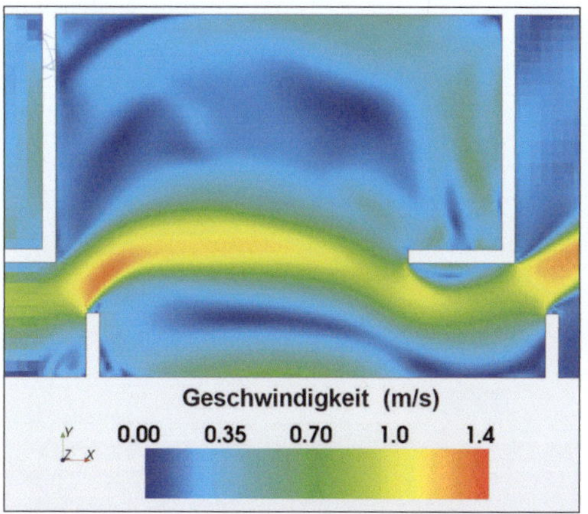

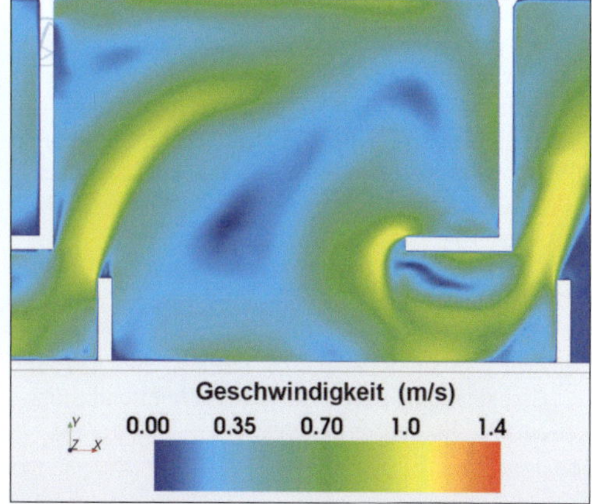

Bild 6: Ergebnisse einer 3-D-HN-Modellierung der Schlitzpassströmung

schen Modellverfahren das Strömungsfeld mit hinreichender Genauigkeit berechnen können, besteht die Möglichkeit, mit geringem Aufwand die Auswirkungen baulicher Varianten zu untersuchen und zu bewerten. Beispielhaft sind in **Bild 6** die Resultate einer numerischen 3-D-Modellierung in einem Becken eines Schlitzpasses dargestellt. Die Bilder verdeutlichen den Einfluss der Anordnung der baulichen Elemente auf das Strömungsfeld. Während im linken Bild noch ein durchgehender Strömungsstrahl innerhalb des Beckens zu erkennen ist, zeigt das rechte Bild, dass bereits eine geringfügige Verlängerung und Versatz des Umlenkelements unter Erhaltung der Schlitzbreite hinter dem Schlitz dazu führt, dass der Strömungsstrahl in das Becken abgelenkt wird und so eine durchgehende Strömungssignatur innerhalb des Beckens zu Gunsten einer verbesserten Energiedissipation nicht mehr gegeben ist.

Autoren

Prof. Dr.-Ing. Christoph Heinzelmann
Dr. sc. techn. Roman Weichert
Dipl.-Met. Stefanie Wassermann
Bundesanstalt für Wasserbau
Kußmaulstr. 17
76187 Karlsruhe
christoph.heinzelmann@baw.de
roman.weichert@baw.de
stefanie.wassermann@baw.de

Literatur

[1] Bundesanstalt für Gewässerkunde (Hrsg.): Herstellung der Durchgängigkeit an Staustufen von Bundeswasserstraßen – Fischökologische Einstufung der Dringlichkeit von Maßnahmen für den Fischaufstieg. BfG-Bericht (2010), Nr. 1 697.

[2] Deutsche Vereinigung für Wasserwirtschaft, Abwasser und Abfall e. V. (Hrsg.): Fischaufstiegsanlagen und fischpassierbare Bauwerke – Gestaltung, Bemessung, Qualitätssicherung. In: DWA-Merkblätter (2010), Nr. 509 (Entwurf).

[3] Ministerium für Umwelt und Naturschutz, Landwirtschaft und Verbraucherschutz NRW (Hrsg.): Handbuch Querbauwerke. 2005.

[4] Arcadis (Hrsg.): Internationale Leitlinien zum Bau von Fischaufstiegsanlagen. Essen, 2012 (Veröffentlichung auf BAW-Homepage baw.de).

[5] Bundesanstalt für Gewässerkunde (Hrsg.): Standardisierung der faunistischen und strömungstechnischen Anforderungen an Fischaufstiege am Neckar. Abschlussbericht der Projektgruppe. BfG-Bericht (2011), Nr. 1 699.

[6] Heinzelmann, Ch.; Weichert, R.: Wiederherstellung der ökologischen Durchgängigkeit an Bundeswasserstraßen. In: Dresdner Wasserbauliche Mitteilungen (2012), Heft 47, S. 205-216.

[7] Sokoray-Varga, B.; Weichert, R.; Lehmann, B.: Flow investigations for fish pass Lauffen/Neckar in field and laboratory. In: Dresdner Wasserbauliche Mitteilungen (2011), Heft 45, S. 87-94.

[8] Wu, S.; Rajaratnam, N.; Katopodis, C.: Structure of flow in a vertical slot fishway. In: Journal of Hydraulic Engineering 125 (1999), No. 4, S. 351-359.

[9] Liu, M.; Rajaratnam, N.; Zhu, D. Z.: Mean flow and turbulence structure in vertical slot fishways. In: Journal of Hydraulic Engineering 132 (2006), S. 765-777.

[10] Tarrade, L.; Texier, A.; David, L.; Larinier, M.: Topologies and measurements of turbulent flow in vertical slot fishways. In: Hydrobiologia (2008), Vol. 609, S. 177-188.

[11] Sokoray-Varga B.; Weichert, R.; Lehmann, B.; Nestmann, F.: Detecting turbulent eddies by means of PIV in a vertical-slot fish pass. In: Proceedings of the 2nd IAHR Europe Congress, 2012.

Christoph Heinzelmann, Roman Weichert and Stefanie Wassermann

Hydraulic Investigations for the Construction of a Fishway in Lauffen at the River Neckar

As service provider for the Federal Waterways and Shipping Administration (Wasser- und Schifffahrtsverwaltung des Bundes, WSV) the Federal Waterways Engineering and Research Institute (Bundesanstalt für Wasserbau, BAW) provides advice for the offices of the WSV regarding the river continuity of Federal waterways. In this context, the investigations of BAW concentrate on hydraulic and waterways engineering aspects. This article reports on current investigations for the construction of a fishway at the barrage Lauffen, River Neckar. Field investigations as well as physical and numerical model simulations are used.

Кристоф Хайнцельманн, Роман Вайхерт и Штефани Вассерманн

Гидравлические исследования для строительства рыбоподъемного сооружения на гидроузле Лауффен (Lauffen) на реке Неккар

Федеральное управление по гидросооружениям (BAW) является организацией, предоставляющей услуги по техническим и научным вопросам для федерального управления водными путями, водоснабжением, судоходством (WSV); в частности, отделы и ведомства федерального управления водными путями, водоснабжением и судоходством (WSV) могут получить консультации по вопросам проходимости водных путей для рыб. При этом основное внимание в исследованиях Федерального управления по гидросооружениям (BAW) уделяется таким аспектам как гидравлика и гидросооружения. В статье представлены ведущиеся на данный момент исследования для строительства рыбоподъемного сооружения на гидроузле Лауффен (Lauffen) на реке Неккар. Используются не только естественнонаучные исследования, применяются также методы физического и цифрового моделирования.

Jochen Ulrich

Zwischenergebnis der Fischzählung am neuen Wasserkraftwerk Rheinfelden

Seit April 2012 findet am neuen Kraftwerk Rheinfelden eine Fischzählung am wehrseitigen Fischaufstiegs- und Laichgewässer sowie am kraftwerksseitigen Vertical-Slot-Fischpass statt. Nun liegt die Auswertung der Zählergebnisse der ersten sieben Monate vor. Die Zahlen sind beeindruckend und übertreffen in weiten Teilen die Erwartungen. Insgesamt wurden rund 40 000 Fische aus 33 Arten registriert.

1 Ausgangssituation und Monitoring-Programm

Am neuen Kraftwerk Rheinfelden wurden drei Fischaufstiegsanlagen gebaut [2]. Bereits im Jahr 2005 wurde der Raugerinne-Beckenfischpass an der ehemaligen Kanalmauer in Betrieb genommen und stellte somit den Fischaufstieg während der Bauzeit des Kraftwerks sicher. Ende 2010 folgte der Vertical-Slot-Fischpass am Maschinenhaus. Im März 2012 wurde das Fischaufstiegs- und Laichgewässer geflutet [2].

Mit der Inbetriebnahme des naturnahen Fließgewässers begann am 1. April 2012 die Fischzählung in den beiden Zählbecken im Fließgewässer und im Vertical-Slot-Fischpass.

Das in der Baugenehmigung festgeschriebene Monitoring dient der Beweissicherung der prognostizierten Auswirkungen des Neubaus und der Erfolgskontrolle der durchgeführten Maßnahmen. Hierzu sollen nach 2, 6 und 12 Jahren festgeschriebene Parameter der Bereiche Grundwasser, Natur/Landschaft und Fischerei/Gewässerökologie sowie speziell des Fischaufstiegs- und Laichgewässers untersucht werden.

Hinsichtlich der Kontrolle des Fischaufstiegs wurde das Programm leicht modifiziert. Die erste Fischzählung fand unmittelbar nach Inbetriebnahme des Umgehungsgewässers von April 2012 bis Ende März 2013 statt, die zweite und dritte Zählung gliedern sich in die Koordinierten Fischzählungen am Hochrhein ein, die seit 1985/86 in einem zehnjährigen Turnus stattfinden. Sie werden daher 2015/16 sowie 2025/2026 durchgeführt. Dies hat den Vorteil, dass dann die Zählergebnisse der verschiedenen Kraftwerke unmittelbar miteinander verglichen werden können.

2 Durchführung der Fischzählung und Auswertung

Für die Fischzählung wurde im naturnahen Fließgewässer ein Zählbecken mit Fischwehr eingebaut [2], im Vertical-Slot-Fischpass ein Zählbecken analog zum Kraftwerk Wyhlen [3].

Der Raugerinne-Beckenfischpass führt ins Umgehungsgewässer. Die aufsteigenden Fische werden daher im Zählbecken des Umgehungsgewässers registriert. Da es von besonderem Interesse war:

1. wie gut die Mündungsrampe des Umgehungsgewässers funktioniert und
2. ob der Raugerinne-Beckenfischpass unter den neuen Rahmenbedingungen noch als Aufstiegshilfe wahrgenommen wird,

wurde über einen Zeitraum von zwei Monaten (Mitte April bis Mitte Juni) zusätzlich eine Reusenzählung im Raugerinne-Beckenfischpass durchgeführt.

Die Zählung übernahmen lokale Fischervereine aus Deutschland und der Schweiz unter Begleitung eines Fachbüros. Über Schulungen und Probebestimmungen wurde eine sehr gute Qualität bei der Fischartenbestimmung erreicht. Bei Stichproben konnten keine Fehlbestimmungen festgestellt werden. Die Zählbecken werden im Sommerhalbjahr täglich kontrolliert, im Winterhalbjahr werden die Intervalle bei geringerer Aufstiegsfrequenz gestreckt. Folgende Daten zu den Fischen werden erhoben: Fischart, Anzahl, Länge und Besonderheiten. An äußeren Rahmenbedingungen werden erhoben: Wassertemperatur, Abfluss, Wehr- und Turbinenbetrieb.

Die Auswertung erfolgt durch das Büro Aquarius. Der erste Zwischenbericht berücksichtigt sieben Monate Zählung von April bis einschließlich Oktober 2012 [4]. Darin werden die wesentlichen Ergebnisse zusammengefasst. Eine detaillierte Auswertung, in der auch weiter gehende Zusammenhänge wie zum Beispiel Wehrbetrieb und Fischaufstieg untersucht werden, erfolgt nach Abschluss der Zählung ab April 2013.

3 Ergebnisse Fischzählung

Fischaufstiegs- und Laichgewässer

In der Zählkammer des naturnahen Fließgewässers wurden in den sieben Monaten insgesamt 34 515 Fische aus 33 Arten gezählt. Darunter finden sich auch gefährdete und stark gefährdete Arten im Hochrhein, wie zum Beispiel Nasen und Äschen. Es kann davon ausgegangen werden, dass diese Arten auch die eigens für sie angelegten Laichplätze im Umgehungsgewässer auffinden werden.

Ein Vergleich mit den Ergebnissen der Koordinierten Fischzählung, die 2005/2006 am gesamten Hochrhein stattgefunden hat [5], zeigt das besonders gute Ergebnis im Umgehungsgewässer. Die Ergebnisse im Umgehungsgewässer übertreffen teilweise die Ergebnisse, die damals in allen 15 Fischaufstiegshilfen am Hochrhein zusammen genommen erzielt wurden (**Bilder 1 bis 3, Tabelle 1**).

Vertical-Slot-Fischpass

Mit 4 843 Fischen aus 22 Arten wurden im Vertical-Slot-Fischpass deutlich weniger Fische und Arten registriert. Verglichen mit anderen Fischpässen am Hochrhein ist aber auch dieses Ergebnis bemerkenswert und weit überdurchschnittlich (Bild 3 unten).

Ein Vergleich beider Ergebnisse zeigt, dass sich die Artenzusammensetzung und Aufstiegsfrequenz der beiden Aufstiegsanlagen zum Teil deutlich voneinander unterscheiden.

Raugerinne-Beckenfischpass

Bei der Koordinierten Fischzählung 2005/2006

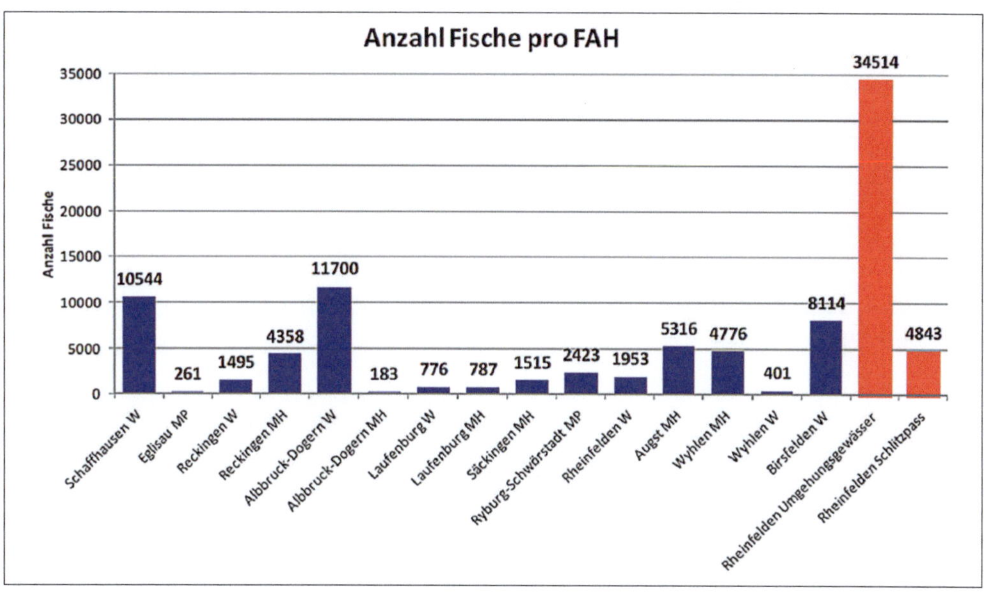

Bild 1: Vergleich der Aufstiegszahlen verschiedener Fischaufstiegshilfen (FAH) am Hochrhein (Aufstiegszählungen 2005/06, es wurde das ganze Jahr berücksichtigt) mit den Aufstiegszahlen KW Rheinfelden April bis Oktober 2012

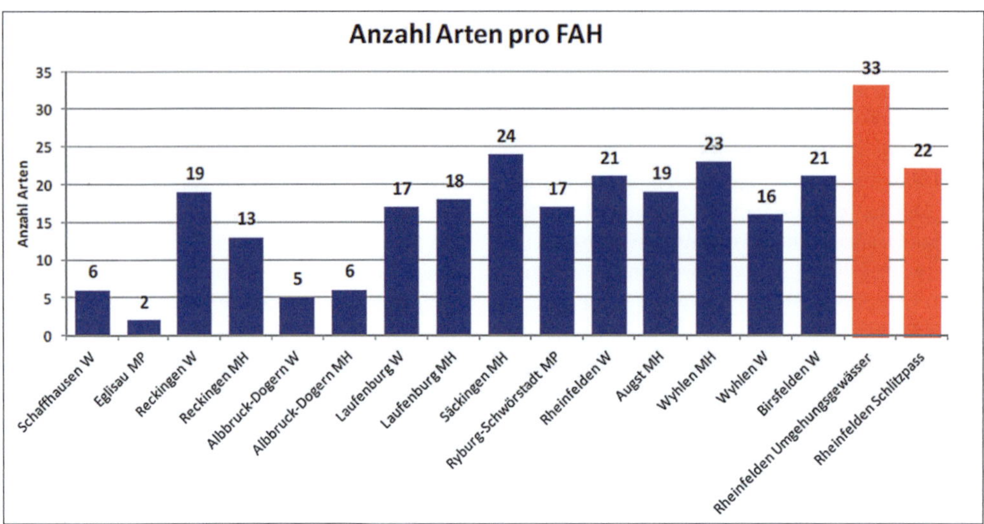

Bild 2: Vergleich der Anzahl Arten in den verschiedenen Fischaufstiegshilfen (FAH) am Hochrhein (Aufstiegszählungen 2005/06, es wurde das gesamte Jahr berücksichtigt) mit der Anzahl Arten beim KW Rheinfelden April bis Oktober 2012

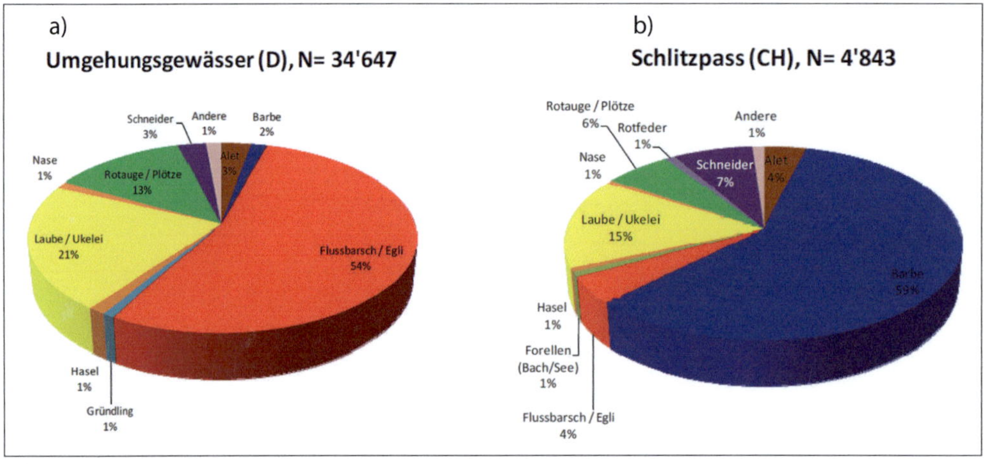

Bild 3: Artenzusammensetzung im Umgehungsgewässer (oben) und Vertical-Slot Fischpass (unten) April bis Oktober 2012

wurde der Raugerinne-Beckenfischpass als einziger Fischpass am Hochrhein mit der Bewertung „gut" ausgezeichnet. Von besonderem Interesse war, ob dieser Fischpass unter den geänderten Abflussbedingungen und beim Betrieb des naturnahen Fließgewässers noch als Aufstiegshilfe genutzt wird.

Während zwei Monaten wurde daher ab Mitte April zusätzlich eine Reusenzählung durchgeführt. In diesen beiden Monaten wurden nur vereinzelt Fische registriert. Dies bedeutet, dass der Raugerinne-Beckenfischpass unter den neuen Rahmenbedingungen allenfalls noch eine ergänzende Funktion hat, um einzelnen Fischen, die im Bereich des Stauwehrs nach einer Aufstiegsmöglichkeit suchen, den Aufstieg zu ermöglichen. Somit ist zumindest eine gewisse Vernetzungsfunktion zwischen dem Bereich vor dem

Tab. 1: Aufstieg ausgewählter gefährdeter Fischarten in den Fischaufstiegsanlagen im Vergleich zum Ergebnis bei der Fischzählung 2005/2006 am gesamten Hochrhein

Fischart	Gefährdungsstatus (Schweiz)	Gefährdungsstatus (B-W, Rheinsystem)	Hochrheinfischpässe gesamt 2005/2006 (12 Monate)	Umgehungsgewässer 2012 (7 Monate April bis Oktober)	Vertical-Slot-Fischpass (7 Monate April bis Oktober)
Nase	vom Aussterben bedroht	Gefährdet	157	407	32
Äsche	Gefährdet	Gefährdet	7	20	2
Bitterling	Stark gefährdet	Stark gefährdet	0	24	0
Schneider	Gefährdet	Gefährdet	168	920	358
Felchen	–	–	1	71	0
Lachs	Ausgestorben	Vom Aussterben bedroht	0	2	0
Stichling	–	–	0	X	7

Stauwehr und dem Umgehungsgewässer gegeben.

Besondere Fischarten

Lachs

Am 23. Mai und am 12. Juni 2012 wurden im Zählbecken des Umgehungsgewässers zwei Lachse registriert (**Bild 4**). Dabei handelte es sich um die ersten Lachse, die seit den 1950er-Jahren wieder in Rheinfelden gesichtet wurden. Bereits vor drei Jahren war ein Lachs bei Basel entdeckt worden. Vom ersten Lachs in Rheinfelden wurde eine Schuppenprobe entnommen. Dieser wurde mittels DNA-Analyse eindeutig als Lachs identifiziert.

Felchen

Im Verlauf des Frühsommers wurden außerdem insgesamt 71 Felchen registriert (**Bild 5**). Dies stellte ebenfalls einen erstmaligen Fund in dieser Rheinregion dar.

Bild 4: Der erste Lachs seit den 1950er-Jahren in Rheinfelden, aufgefunden im Zählbecken des Kraftwerks Rheinfelden

Bild 5: Felchen im Zählbecken des naturnahen Fließgewässers

4 Beurteilung und Einordnung der Resultate

Die bisherigen Ergebnisse der Fischzählung sind in verschiedener Hinsicht bemerkenswert: Erstaunlich ist, dass die Mehrzahl der Fische im Umgehungsgewässer aufgefunden wurde und nicht beim Vertical-Slot-Fischpass beim Maschinenhaus, obwohl dieser sowohl im Bereich der Hauptströmung als auch in optimaler Lage beim Wanderhindernis liegt. Der Einstieg ins Umgehungsgewässer liegt hingegen rund 900 m vom Wanderhindernis entfernt. Eine Erklärung hierfür gibt es derzeit noch nicht. Es kann aber auf jeden Fall der Schluss gezogen werden, dass die Leitströmung an der Mündungsrampe gut funktioniert.

Auffällig ist außerdem, dass besonders viele Kleinfischarten und seltene Fischarten, gleichzeitig aber auch sehr große Exemplare aufgefunden wurden. Eine Selektivität der Anlagen ist aus heutiger Sicht daher nicht festzustellen. Die Funktionalität für alle aufstiegswilligen Fische ist offenbar gegeben.

Das dauerhafte und regelmäßige Vorkommen von Lachsen und Felchen muss bei zukünftigen Zählungen verifiziert werden. Zunächst gilt zumindest für Lachse die Vermutung, dass es sich nur um einzelne Exemplare handelt, die den Weg durch die Schleusen im Oberrhein finden, da dort im Gegensatz zum Hochrhein noch nicht alle Kraftwerke passierbar sind.

Um die Resultate richtig einordnen zu können, muss die nächste Koordinierte Fischzählung am Hochrhein in den Jahren 2015/16 abgewartet werden. Erst dann kann festgestellt werden, ob die Ergebnisse im Vergleich zu den anderen Anlagen überdurchschnittlich gut sind oder sich lediglich aufgrund von Populationsänderungen ergeben haben.

5 Ausblick

Die Fischzählung wurde bis Ende März 2013 fortgeführt. Eine abschließende und differenzierte Auswertung wird danach vorgenommen. Im Jahr 2013 werden außerdem umfangreiche biologische Untersuchungen durchgeführt, über die auch die Besiedlung des Fischaufstiegs- und Laichgewässers als Lebensraum sowie Laichgebiet festgestellt wird.

Autor

Dipl. Forstwirt Jochen Ulrich
Leiter Ökologie und Werkdienst
Energiedienst Holding AG
Basler Straße 44
5080 Laufenburg
Schweiz
jochen.ulrich@energiedienst.de

Literatur

[1] Ulrich, J.: Ökologische Maßnahmen im Umfeld des neuen Wasserkraftwerks Rheinfelden. In: WasserWirtschaft 103 (2013) Heft 6, S. 43-47.

[2] Gebler, R.-J.; Lehmann, P.: Naturnahes Fließgewässer am neuen Kraftwerk Rheinfelden. In: WasserWirtschaft 103 (2013) Heft 6, S. 48-53.

[3] Gebler, R.-J.: Zählbecken – eine fischschonende Methode zur Funktionskontrolle von Fischwegen. In: WasserWirtschaft 100 (2010), Heft 3.

[4] Zaugg, C., Huguenin, K.: Neubau Kraftwerk Rheinfelden: Auswertung der Aufstiegszählung der Monate April bis Okotober 2012, Kurzbericht, 2012 (unveröffentlicht).

[5] Guthruf, J.: Fischaufstieg am Hochrhein. Koordinierte Zählung 2005/06. In: Umwelt-Wissen des Bundesamtes für Umwelt, Bern, 2008, Nr. 8010.

Jochen Ulrich

Interim Result of Fish Counts at the new Rheinfelden Hydropower Plant

Since April 2012, fish have been counted at the new Rheinfelden power plant at the fish passage structure and spawning area site on the weir side, as well as on the vertical slot fish pass on the power plant side. Now, the results of the count from the first seven months have been evaluated. The figures are impressive, and far exceed expectations in many respects. Overall, 40 000 fish and 33 species were logged. Salmon was again sighted in the Rhine at Rheinfelden for the first time since the 1950s. During the count, whitefish were also found in this region of the Rhine for the first time. Future counts will show whether the salmon and whitefish will remain permanently.

Йохен Ульрих

Промежуточный результат подсчета рыб на новой гидроэлектростанции Рейнфельден (Rheinfelden)

С апреля 2012 года на новой электростанции Рейнфельден (Rheinfelden) производится подсчет рыб в находящихся на стороне плотины водоемах для подъема и нереста рыб, а также на вертикально-желобном рыбоходе. На данный момент имеется анализ данных подсчета в течение первых 7 месяцев. Цифры впечатляют и значительно превосходят все ожидания. В целом были зарегистрированы 33 вида рыб общим поголовьем в 40 000 особи.

Paul Jäger

Funktionskontrolle von Fischwanderhilfen in Österreich

Der Stand des Wissens und Stand der Technik zum Bau von Fischwanderhilfen ist in Österreich auf Basis einer Grundlagenerhebung 2011 im Leitfaden für Fischaufstiegshilfen des Bundesministeriums für Land- und Forstwirtschaft, Umwelt und Wasserwirtschaft, Wien, seit Dezember 2012 in Österreich festgeschrieben. Die Überprüfung der Funktionsfähigkeit solcher Anlagen muss die richtlinienkonforme Planung, Funktionalität und Betriebssicherheit umfassen. In Salzburg gibt es seit 2009 Mindestanforderungen an die Überprüfung von Fischwanderhilfen, mit welchen man feststellt, ob eine Fischwanderhilfe dem Stand der Technik entspricht.

1 Einführung

Fischwanderhilfen für den Fischauf- und Fischabstieg sind seit dem Jahr 2000 unter dem Druck der Nutzungen, der auf unseren Gewässer lastet, ganz wesentliche Elemente in Sinne der WRRL und damit zum Erhalt der ökologischen Vielfalt der Gewässertypen und deren Fischfauna in den EU-Gewässern unverzichtbar.

Der Stand des Wissens und Stand der Technik zum Bau von Fischwanderhilfen ist in Österreich auf Basis der Grundlagenerhebung 2011 [6] im Leitfaden zum Bau von Fischaufstiegshilfen des Bundesministerium für Land- und Forstwirtschaft, Umwelt und Wasserwirtschaft (BMLFUW), Wien [9], seit Dezember 2012 in Österreich festgeschrieben.

Fischwanderhilfen gliedern sich im Wesentlichen nach Funktion, Wasserführung und Geschiebetrieb in rampenartige Bauwerke mit natürlichen Wasserführungen und Geschiebetrieb [4] und in technische Bauwerke um Kontinuums-Unterbrechungen bei Stauanlagen und Kraftwerken für den Fischauf- und/oder -abstieg ohne Geschiebetrieb mit dynamischer Dotation entsprechend dem aktuellen Abfluss im Gewässer [8], [10], [12].

Das Thema Fischwanderhilfen ist so alt wie der Bau von Querbauwerken in den Gewässern, sei es zur Nutzung oder zur Abwehr der Gewässer. Eine Vielzahl von Autoren hat das Thema aufgegriffen, u. a. [1], [2], [3], [4], [5], [6], [7], [8], [9], [10], [11], [12]. Ein naturnaher intakter Fischbestand ist die Voraussetzung für das Ausweisen eines guten ökologischen Zustandes, dem Zielzustand der EU-Gewässer.

Aus der Vielzahl der Publikationen haben sich Standardwerke, die den jeweils aktuellen Stand der Technik bei Bau von Fischwanderhilfen beschreiben, entwickelt und welche den Stand der Technik in einzelnen Regionen Europas widerspiegeln [1], [2], [3], [4], [5], [6], [7], [8], [9], [10], [11], [12].

Frankreich, Deutschland und Österreich haben sich mit der Thematik soweit auseinandergesetzt, dass man für einzelne Gewässerregionen und ihre Fischzönosen funktionierende Anlagen für den Fischaufstieg sowie den Fischschutz und Fischabstieg als Stand der Technik formulieren kann.

Entscheidend für das Funktionieren solcher Anlagen sind nicht die Baukosten und der technische Aufwand für den Bau, sondern einzig und allein die Annahme des Bauwerkes durch die Leitfischarten und die schwächsten Schwimmer, für welche die Anlage geplant wurde [1], [4], [7], [8], [10], [12]. Beide Gruppen sind die zu berücksichtigenden „Zielfischarten".

Dafür ist ein fundiertes Wissen um die Ethohydraulik der Fischwanderung nötig [7]: „Die Ethohydraulik ermöglicht mit der Erweiterung des konventionellen wasserbaulichen Versuchswesens durch die Komponente der Lebendtier-Beobachtung neue und intensive Einblicke in die

Lebenswelt der einheimischen Fische und deren Verhaltensmuster."

Derzeit wird zwar unter diesen Überlegungen geplant [6], [7], [8], [9], [10] und gebaut, die technische Überprüfung der Anlagen auf ihre konsensgemäße Ausführung und Funktion wird aber meist nur bei Großanlagen mit wissenschaftlicher Genauigkeit verfolgt [11].

In Österreich ist der Stand des Wissens und Stand der Technik beim Bau von Fischwanderhilfen auf Basis der Grundlagenerhebung 2011 im Leitfaden für Fischaufstiegshilfen [10] seit Dezember 2012 festgeschrieben. Die in Österreich seither geplanten, genehmigten und gebauten Fischaufstiegsanlagen müssen sich daher an den im Österreichischen Leitfaden angegebenen funktionalen Grundlagen und Richtwerten für die diversen Fischarten und Fließgewässerregionen orientieren. Werden diese Richtwerte individuell abgeändert, kann dies nur im Ermessen der genehmigenden Behörde erfolgen, wenn dadurch nicht die Funktionsfähigkeit der Anlage für die lokalen gewässertypspezifischen Fischarten in Frage gestellt wird. Unter diesem Aspekt sind insbesondere Neuentwicklungen zu betrachten. Haftungen können andernfalls in der Folge schlagend werden [9].

2 Überprüfung von Fischwanderhilfen

2.1 Kriterienkatalog Land Salzburg

Seit 2009 existiert in Salzburg ein Kriterienkatalog des Landes mit den Mindestanforderungen an die Überprüfung von Fischwanderhilfen im wasserrechtlichen Überprüfungsverfahren [5], der die drei wesentlichen Elemente

- behördlich bewilligtes Projekt,
- bewilligungsgemäßer Bau und
- bewilligungsgemäße Funktion umfasst.

Im Grundlagenband für den Österreichischen Leitfaden werden die Betriebssicherheit, die Störfallvorsorge und die Überprüfung der Funktionsfähigkeit für die Kollaudierung einer Fischwanderhilfe in ihrer Funktionsfähigkeit inklusive Monitoring ausführlich behandelt. Auf eine spätere österreichweite Empfehlung wird verwiesen.

Damit bleiben die Richtlinien des Österreichischen Fischereiverbandes 2003 [2] und diejenigen des Landes Salzburg 2009 [5], welche inhaltlich in den österreichischen Leitfaden vorerst übernommen wurden und welche auf den Empfehlungen von Woschitz,Eberstaller und Schmutz [2] aus dem Jahr 2003 aufbauen, derzeit die einzigen offiziellen Richtlinien für die Überprüfung des konsensgemäßen Baues und Betriebes von Fischwanderhilfen in Österreich. Und damit die einzig mögliche Art der vergleichbaren Qualitätssicherung beim Bau von Fischwanderhilfen.

Und das vor dem Hintergrund, dass man derzeit über die Europäische Normung CEN/TC 230, NWIP Monitoring the performance of fish passes, auf Initiative von England eine Europäische Norm zur Überprüfung von Fischaufstiegshilfen erarbeiten wird.

2.2 Untersuchungsumfang

Die Erfahrung zeigt, dass zum Nachweis der projektgemäßen Funktion einer Fischwanderhilfe im behördlichen Überprüfungsverfahren drei Bereiche zu erarbeiten sind [5]:

2.2.1 Das Ausführungsoperat

Dieses enthält die abiotischen Untersuchungen [5], es beschreibt die ökotechnischen Rahmenbedingungen des Bauwerkes und enthält die technische Überprüfung der Ausführung des Bauwerkes, die planliche Darstellung der tatsächlich gebauten Anlage sowie die Beschreibung der fertig gestellten Neuanlage in Relation zum eingereichten Projekt.

Das Ausführungsoperat umfasst:

1. Die Angabe der Fischregion, der Zielfischarten, Leitarten und Begleitarten, der größenbestimmenden Fischarten und der schwächsten Schwimmer für die Dimensionierung der Fischwanderhilfe [5], [17].
2. Die technische Überprüfung der konsensgemäßen Herstellung der Anlage mit der Vermessung jedes Beckens, Beckengeometrie, Schlitzbreiten, der konsensgemäß möglichen Dotationen jedes Beckens unter Einhaltung der Wassertiefen, Energiedichten sowie dem konsensgemäß möglichen Betrieb der Fischwanderhilfe von NQ bis QA.
3. Die Überprüfung der konsensgemäßen ökotechnischen Rahmenbedingungen durch Messungen im Betrieb [2], [3], wie

- Die Einströmbedingungen aus dem Oberwasser (drucklos bis zum ersten Schlitz).
- Dotation.
- Beckengeometrie, min. Beckenlänge, min. Beckenbreite, Beckenvolumen.
- Wassertiefen, Tiefe Becken vor Schlitz, Tiefe Becken nach Schlitz.
- Max. Wasserspiegeldifferenz zwischen jedem Becken.
- Energiedichte in jedem Becken.
- Sohlenrauigkeit in jedem Becken, Wirkungsnachweis im Profil durch Messung mit Flügel in mind. 5 Tiefenstufen [9] in Becken und Durchlässen, Beckenübergänge ohne Stufen?
- Dynamische Dotation Endschlitz und Ausström-Geschwindigkeiten bei verschiedenen Wasserführungen von NQ über MQ bis QA.
- Vermessener Längenschnitt Sohle und Wasserspiegel vom Einlauf bis zum Unterwasserspiegel des Kraftwerkes.
- Lage des unterwasserseitigen Einstieges und des oberwasserseitigen Ausstieges der FAH, jeweils Sohlenanschluss vorhanden?
- Einströmwinkel ins Unterwasser in Relation zum Stromstrich.
- Dotation/Zusatzdotaion der nötigen Leitströmung ins Unterwasser bei NQ, MNQ, MQ, QA oder nach Jahreszeit.

4. Den Nachweis der Betriebssicherheit und der Wartung sowie der Störfallvorsorge für die Fischwanderhilfe, insbesondere bei Hochwasser ab Staulegung

2.2.2 Funktionale Überprüfung der Anlagen durch fischökologische Untersuchungen

Diese umfasst folgende Aspekte:

1. Die Überprüfung der Auffindbarkeit für Auf- und Abstieg bei NQ, MQ und bis Q_A durch Doppel-Reusen-Befischungen (**Bild 1**) oder Fischzählbecken (**Bild 2**) im obersten Teil der Fischaufstiegsanlage für Auf- und Abstieg.
2. Den Nachweis der Wirkung der Leitströmung von NQ bis Q_A.
3. Wann steigen welche Fischarten und -größen auf/ab?
4. Ist die Anlage Arten-/Größen-selektiv?

Bild 1: Fisch-DoppelReuse zum Einhängen in die Fischaufstiegshilfe Murau mit zwei gegensinnigen Kehlen für den zeitgleichen Fang auf- und absteigender Fische (Quelle: Jäger)

Bild 2: KW Werfen, Salzburg: In die Fischaufstiegshilfe eingebaute Fischzählkammer nach Gebler mit getrennter Erfassung auf- und absteigender Fische, das Trenngitter in der Mitte der Anlage ist gut erkennbar (Quelle: Jäger)

2.2.3 Gutachterliche Auswertung

Diese muss folgende Fragen beantworten:

1. Nachweis der Auffindbarkeit

1.1 Finden und passieren die größenbestimmenden Zielfischarten und die schwächsten Schwimmer projektgemäß die Fischwanderhilfe?

1.2 Ist die Auffindbarkeit des Einstieges für die weiteren gewässertypspezifischen Fischarten ab 1+ gegeben?

2. Nachweis der Passierbarkeit

2.1 Ist die Passierbarkeit des Fischaufstieges für die gewässertypspezifischen Fischarten ab 1+ bei allen Wasserführungen von NQ bis Q_A gegeben?

2.2 Wann im Jahresverlauf und wann im Tagesgang wird der Fischabstieg tatsächlich angenommen?

3. Nachweis der Betriebssicherheit

3.1 Ist die Betriebssicherheit bei Wasserführungen von NQ bis Q_A bzw. 330 Tagen/Jahr incl. Störfallvorsorge und Wartung gegeben?

3.2 Welche Not-Dotation der Fischwanderhilfe ist bei Abstau vorgesehen und wo wird sie eingeleitet?

2.3 Intensität und Dauer fischökologischer Untersuchungen

Die Intensität der fischökologischen Untersuchungen orientiert sich an der Größe der Wasserkraftanlage und an der betroffenen Fischregion.

Die Grenze zwischen kleiner und großer Wasserkraft liegt in Österreich je nach Gewässertyp bei 5 MW Engpassleistung oder einer Mittelwasserführung des Gewässers von ca. 20 m³/s.

Untersucht werden die Auffindbarkeit und durchgehende Passierbarkeit der Ausleitungsstrecke für die gewässerrelevanten Fischarten ab 1+, die Auffindbarkeit der Fischaufstiegshilfe an der Wehranlage und die Passierbarkeit für auf- und absteigende Fische.

2.3.1 Kleinwasserkraft

Bei kleineren Wasserkraftwerken in der Forellenregion genügt in der Regel eine einwöchige Reusenkontrolle (auf und absteigende Fische) bei Niederwasser in Verbindung mit Befischungen des Ober- und Unterwassers.

Man nützt damit das bekannte „homing" der Fische. Das ist das Bestreben von Fischen, die bei Hochwässern, aber auch bei raschen Stauspiegelabsenkungen flussab getriftet werden, wieder zu ihren früheren Einstandsplätzen, z. B. an die Stauwurzel des Rückstauraumes, zurückzukehren.

Oberhalb der Wehranlage gefangene Fische aller Größenklassen werden dazu markiert und unterhalb der Fischaufstiegshilfe bzw. der Gegenschwelle der Wasserkraftanlage wieder eingesetzt.

Unterhalb des Turbinenauslaufes gefangene Fische werden mit einem anderen Markierungscode versehen und unter dem Ende der Restwasserstrecke in den voll wasserführenden Bach und allenfalls an zusätzlichen spezifischen Punkten wieder eingesetzt.

Auf diese Art können die Auffindbarkeit und die Passierbarkeit der Restwasserstrecke (genügt die Restwassermenge bzw. sind Einbauten zur

Fischpassierbarkeit nötig) sowie die Auffindbarkeit und Passierbarkeit der Fischaufstiegshilfe um die Wehranlage für die Fischarten vor Ort und in ihren verschiedenen Größenklassen einfach und rasch überprüft werden.

Man benötigt für aussagekräftige Ergebnisse auch bei kleineren Gewässern mindestens hundert Fische pro Versuchsanordnung. Mindesten drei Tests sind zur Bestätigung der Ergebnisse durchzuführen.

2.3.2 Große Wasserkraft

Bei Wasserkraftwerken an großen Flüssen, wie Inn, Salzach, Donau, Drau, Mur, Enns und Steyr, ist jedenfalls eine Reusen-Untersuchung über mindestens 14 Monate durchzuführen, mit welcher der Aufstieg und der Abstieg der Fische nach Arten und Größe im Jahresverlauf und in Relation zu den funktionstechnischen Gegebenheiten der Fischaufstiegshilfe überprüft werden kann.

Ergänzend dazu sind Befischungen im Ober- und Unterwasser der Kraftwerke durchzuführen, um den aktuellen Fischbestand in den Gewässern beurteilen zu können.

In großen Gewässern kann sich auch die Notwendigkeit telemetrischer Untersuchungen ergeben (z. B. Auffindbarkeit der Fischaufstiegshilfe bzw. Durchwanderbarkeit Stauraum etc.).

2.4 Auswertung der Daten

Aus den Datensätzen für die kleine und große Wasserkraft ergibt sich die konsensgemäße Funktionsfähigkeit der Fischaufstiegshilfe, sie decken aber auch allfällige Schwachstellen sowie deren Ursachen und Verursacher auf.

3 Haftung für Mängel in der Funktion von Fischaufstiegshilfen

Mit dem Leitfaden [10] haftet in Österreich das BMLFUW für die Funktionsfähigkeit der Fischaufstiegshilfen, die nachweislich nach diesen Vorgaben errichtet werden.

Es muss aber festgehalten werden, dass im Leitfaden 2012 die Grenzwerte für die Energiedissipation von Schlitzpässen im Metarhithral gegenüber der Version 2011 von 120 auf 130 W/m³ (mit Äsche) und von 120 auf 140 W/m³ (ohne Äsche) erhöht wurden. Im Epirhithral wurden die Werte von 140 auf 160 W/m³ erhöht. Sie wurden den in Deutschland üblichen Werten [12] angenähert.

Die Erhöhung erfolgte gegen den dringenden Rat der österreichischen Experten. Und das, obwohl in den beiden Absätzen unter der Tabelle 4 auf p 36 der Version 2012 [10] explizit darauf hingewiesen wird, „dass in Fischaufstiegshilfen mit hoher Energiedissipation der Anteil der gefundenen Jungfische und der schwimmschwachen Arten signifikant geringer ist, … und dass auch juvenile und subadulte Äschen bei Energiedichten <120 W/m³ in hoher Stückzahl aufsteigen."

Es darf ergänzend darauf hingewiesen werden, dass der „Gewinn" aus dieser Erhöhung der Energiedichten im Rhithral eine Volumsverringerung der Fischaufstiegshilfe um 20 % bedeutet. Erreicht wird das über etwas seichtere Becken. Ein „Gewinn", der in den Baukosten kaum messbar ist.

Wenn die im Leitfaden 2012 zitierten Fachleute Recht haben, dann kann es durchaus sein, dass die verkleinerte FAH, wie beschrieben, selektiv funktioniert und daher saniert werden muss.

Das bedeutet Abbruch und Neubau, jedenfalls Umbau der Fischaufstiegshilfe oder eine Verschlechterung des ökologischen Gewässerzustandes oberhalb der Fischwanderhilfe.

Es ist seit langem Stand des Wissens, dass nur die Fische entscheiden, was sie als Wanderhilfe annehmen [7].

„Wird eine Fischwanderhilfe von Fischen nicht gefunden/angenommen und passiert, stimmen entweder die fischökologischen Vorgaben für die Planung nicht oder sie wurde anders gebaut als für das Projekt notwendig und geplant war. Die Folge ist jedenfalls: die Anlage muss saniert werden, um den fischökologischen Anforderungen zu entsprechen. Die sich daraus ergebenden technischen Probleme und ihre Konsequenzen für die verantwortlichen Herausgeber von Regelwerken und Leitfäden, für den Anlagenbetreiber, den Planer, die Bauleitung, die ökologische Bauaufsicht sowie für die genehmigende Behörde und ihre Sachverständigen eröffnen einer juristischen Vielfalt von Haftungsmöglichkeiten ein breites Diskussionsfeld." [9]

Eine sichere Bewertung der ökologischen Funktionsfähigkeit der Fischwanderhilfen und der Passierbarkeit von Ausleitungsstrecken ist nur mit dem vollen Überprüfungsprogramm sichergestellt. Von den Mindestanforderungen an die Überprüfung von Fischwanderhilfen [5] im Überprüfungsverfahren abzuweichen, liegt ausschließlich im Verantwortungsbereich der überprüfenden Behörden und ihrer Sachverständigen [9].

Autor

Hofrat Dr. phil. Paul Jäger
Ingenieurbüro für Ökologie
und Umweltbiologie
Brunn 147
5201 Seekirchen am Wallersee
Österreich
paul.jaeger@sbg.at

Literatur

[1] Larinier, M.; Travade, F.; Porcher, J. P.: Fishways: biological bases, design criteria and Monitoring. Bull. Fr. Péche Piscic. (2002), Suppl. 364.

[2] Woschitz, G.; Eberstaller, J.; Schmutz, S.: Mindestanforderungen bei der Überprüfung vom Fischmigrationshilfen (FMH) und Bewertung der Funktionsfähigkeit. Österreichischer Fischereiverband (Hrsg.): Richtlinien der Fachgruppe Fischereisachverständige beim Österreichischen Fischereiverband, Wien, 2003.

[3] Deutsche Vereinigung für Wasserwirtschaft, Abwasser und Abfall e. V. (Hrsg.): Fischschutz und Fischabstiegsanlagen. In: DWA-Themen, 2. A., 2005.

[4] Deutsche Vereinigung für Wasserwirtschaft, Abwasser und Abfall e. V. (Hrsg.): Naturnahe Sohlengleiten. In: DWA-Themen, 2009.

[5] Jäger, P.: Mindestanforderungen an die Überprüfung von Fischwanderhilfen im Kollaudierungsverfahren, 2012 (www.salzburg.gv.at/downloads; Aufruf 20.05.2015).

[6] Bundesministerium für Land- und Forstwirtschaft, Umwelt und Wasserwirtschaft (Hrsg.): Grundlagen für einen österreichischen Leitfaden zum Bau von Fischaufstiegshilfen (FAH`s), 2011 (www.bmlfuw.gv.at/wasser; Aufruf: 20.05.2015).

[7] Adam, B.; Lehmann, B.: Ethohydraulik. Heidelberg: Springer Verlag, 2011.

[8] Landesfischereiverband Bayern e. V. und Bayerisches Landesamt für Umwelt (Hrsg.): Praxishandbuch Fischaufstiegsanlagen in Bayern. Hinweise und Empfehlungen zu Planung, Bau und Betrieb. München, 2012.

[9] Jäger, P.: Der Österreichische Leitfaden für den Bau von Fischaufstiegshilfen – Grundlagen und Vorschläge. In: WasserWirtschaft 102 (2012), Heft 5, S. 22-27.

[10] Bundesministerium für Land- und Forstwirtschaft, Umwelt und Wasserwirtschaft (Hrsg.): Leitfaden zum Bau von Fischaufstiegshilfen, 2012 (www.bmlfuw.gv.at/wasser; Aufruf: 20.05.2015)

[11] Lehmann, B.: Wiederherstellung der Fischwanderung Nordsee-Elbe-Nordsee für den Stör am Beispiel des Doppelschlitzpasses Geesthacht Nord an der Elbe. In: Fachkongress gewässerverträglicher Wasserkraftausbau bei der Fachmesse RENEXPO HYDRO, Salzburg, 2013.

[12] Deutsche Vereinigung für Wasserwirtschaft, Abwasser und Abfall e. V. (Hrsg.): Fischaufstiegsanlagen und fischpassierbare Bauwerke – Gestaltung, Bemessung, Qualitätssicherung. In: DWA-Merkblätter (2014), M 509.

Paul Jäger

Monitoring Activities of Fish Passes in Austria

The state of the art in construction of fish passes in Austria is defined in an administrative order of the Federal Ministry of Agriculture, Forestry, Environment and Water Management of Austria 2012. Since 2009 the federal state of Salzburg has a checklist for such ecologically constructions. The following report deals now with the question when is a new-built fish pass state of the art or not.

Пауль Егер

Контроль функционирования вспомогательных сооружений для миграции рыб в Австрии

С декабря 2012 года уровень знаний и современный уровень техники для строительства вспомогательных сооружений для миграции рыб четко систематизированы в Положении о рыбоподъемных сооружениях Федерального министерства сельского и лесного хозяйства, окружающей среды и водного хозяйства (Вена, Австрия). Положение было создано на основе проведенного в 2011 году базового исследования. Проверка функциональной пригодности таких сооружений должна включать в себя следующие аспекты: планирование в соответствии с указаниями положения, функциональность и эксплуатационная надежность. С 2009 года в Зальцбурге при проверке вспомогательных сооружений для миграции рыб применяется система минимальных требований, с помощью которой определяется, соответствует ли вспомогательное сооружение для миграции рыб современному уровню техники.

Christian Haas, Philipp Thumser und Fabian Völker

Technisches Monitoring mit einem Infrarot-Fischzähler am Lachsbach, Sachsen

Am Lachsbach in Sachsen wird vom Sächsischen Landesamt für Umwelt, Landwirtschaft und Geologie ein Lachsmonitoring zur Erfolgskontrolle von Wiederansiedlungs- und Besatzmaßnahmen mit Hilfe eines Infrarot-Fischzählers (Vaki RiverWatcher) durchgeführt. Seit 2007 liefert das System neben regelmäßigen Befischungen verlässliche Daten über die jährlichen Aufstiegszahlen in dem Elbezufluss.

1 Einleitung

Im Rahmen der WRRL-Umsetzung ist die Überprüfung der Durchgängigkeit von Fließgewässern ein wichtiges Kriterium. Neben Reusen- und Elektrobefischung bietet das automatische Fischzählsystem RiverWatcher der isländischen Firma VAKI eine fischschonende Alternative, deren Funktion auch in deutschen Gewässern mit hoher Artenvielfalt nachgewiesen wurde [3], [6]. Neben der Überprüfung der Durchgängigkeit wird das System in Deutschland auch zum Monitoring von Artenzusammensetzung sowie der Erfolgskontrolle von Wiederansiedlungs- und Besatzmaßnahmen verwendet. Das Referat 76 (Fischereibehörde) des Sächsischen Landesamtes für Umwelt, Landwirtschaft und Geologie hat im Jahre 2007 die Basis-Version des RiverWatchers angeschafft. Das System wird dort zur jährlichen Erfassung der Laichwanderung des Atlantischen Lachses (Salmo salar) eingesetzt. Grund für die Anschaffung war ein möglichst vollständiges Erfassen der Laichwanderung im Lachsbachsystem, einem rechtsseitigen Elbezufluss im sächsischen Elbsandsteingebirge. Die vor und nach der Anschaffung des RiverWatchers einmal wöchentlich durchgeführten elektrischen Befischungen können nur bedingt ein vollständiges Bild der Wanderung der adulten Lachse widerspiegeln.

2 Technik und Installation

Der Lachsbach entsteht durch den Zusammenfluss von Sebnitz und Polenz. Der Wasserhaushalt ist relativ ausgeglichenen und von geringer Neigung zu Hoch- und Niedrigwasser gekennzeichnet. Das gesamte Einzugsgebiet des Lachsbachsystems beträgt rund 270 km². Der mittlere Abfluss (MQ) am Pegel Porschdorf 1 beträgt 3,04 m³/s (1912 bis 2010) [5].

Als Standort für die Installation wurde der Ausstieg einer Fischaufstiegshilfe in Rathmannsdorf (**Bild 1**) gewählt, um ohne größere Veränderungen am Gewässer allen wandernden Fischen die Passage durch den Scanner zu ermöglichen. Das Zählsystem wird dabei saisonal

Bild 1: Installation des RiverWatchers im Ausstieg der Fischaufstiegsanlage im Lachsbach bei Rathmannsdorf, Sachsen

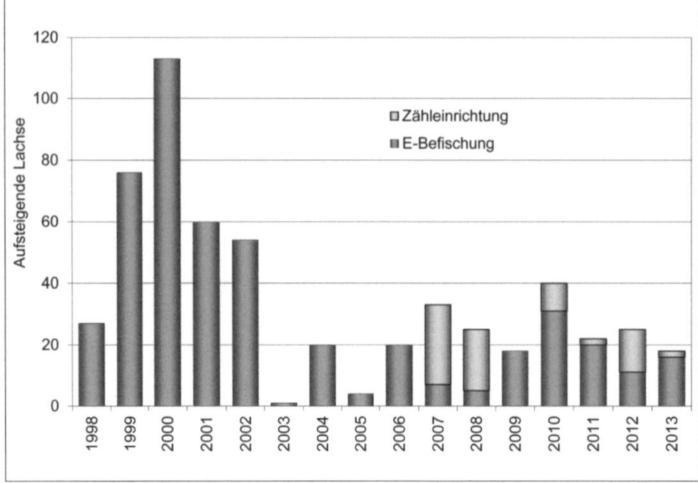

Bild 2: Anzahl nachgewiesener Lachse (Jahressumme) von 1998 bis 2013 durch E-Befischung und ab 2007 durch den RiverWatcher (Counter) und zusätzliche E-Befischungen [4]

von Oktober bis Dezember eingebracht. Die Stromversorgung erfolgt über einen vor Ort verlegten 230-V-Anschluss. Eine Fernabfrage über eine Mobilfunkverbindung bietet auch bei großen räumlichen Entfernungen jederzeit einen Zugriff auf die Daten.

Die Installation besteht aus einem Leitwerk, welches seitlich in U-Profilen fixiert ist, durch welche ein schneller Ein- und Ausbau ermöglicht wird. Im Leitwerk ist die Scannereinheit fixiert. Diese besteht aus einem Edelstahlrahmen und zwei gegenüberliegenden Scannerplatten (54 cm x 21,5 cm x 3,5 cm (Höhe x Breite x Tiefe)) mit einem Abstand von 40 cm. In diesen Platten befinden sich jeweils zwei in Paaren gegenüberliegende, vertikale Bänder von Infrarot-Emitter und -Empfänger. Durch diese zwei aufeinanderfolgenden Lichtschranken kann durch die Differenz in der Passagezeit die Schwimmrichtung festgestellt werden. Die bei der Passage von Fischen entstehende Unterbrechung einzelner Lichtsignale zwischen Diode und Empfänger führt zu einem Signal. Die Höhe eines jeden Fisches wird so genau bestimmt. Mittels der maximalen Höhe unmittelbar vor der Rückenflosse wird die Länge eines jeden Individuums berechnet. Die Signale der Lichtschranken werden mit Zeitstempel gespeichert und ergeben in der Auswertung am PC die charakteristische Silhouette des Fischs. Neben dieser wird die Passage unter Angabe der Richtung auch als solche gezählt. Die Daten werden auf einer internen Einheit im Steuersystem gespeichert und können per PC oder Modem übertragen werden.

3 Ergebnisse

In Abhängigkeit von der Wasserführung des Lachsbaches und den herrschenden Wetterlagen wurden seit 2007 sehr variable Zahlen von Lachspassagen im RiverWatcher festgestellt. So konnten gleich im ersten Jahr mehr als 20 Großsalmoniden beim Passieren der Zähleinrichtung erfasst werden. Nur zwei Jahre später wurden keinerlei Passagen von Atlantischen Lachsen in der Fischaufstiegsanlage mit Hilfe des Vaki RiverWatchers festgestellt. Grundsätzlich lassen sich durch den Einsatz des isländischen Zählsystems deutlich genauere Zahlen des jährlichen Lachslaichzuges generieren und damit Entwicklungstendenzen und Schlussfolgerungen für das gesamte sächsische Lachsprogramm her- bzw. ableiten.

Dennoch werden seit Installation des RiverWatchers 2007 die meisten Lachse immer noch bei der einmal wöchentlich durchgeführten E-Befischung nachgewiesen (**Bild 2**). An Hand der vorliegenden Ergebnisse konnten daher gewisse Defizite hinsichtlich der Fischaufstiegsanlage aufgezeigt werden. Grundsätzlich wird diese zwar von den Lachsen gefunden und angenommen, doch scheint es zu einer längeren Verweildauer der Fische unterhalb der Wehranlage zu kommen. Die Position des Einstieges der Fischaufstiegsanlage ist als nicht optimal zu bezeichnen. Ein weiteres Ergebnis war, dass im Lachsbach die adulten Lachse fast ausschließlich während der Dunkelheit bzw. Dämmerungsphase die Fischtreppe annehmen bzw. stromaufwärts wandern. Nur eine einzige Passage fand während des Tages statt. Die flussaufwärts gerichtete Wanderung adulter Lachse findet überwiegend während der Nacht statt. Verschiedene Studien an Wanderhindernissen liefern gegensätzliche Ergebnisse über die bevorzugte Tageszeit der Fischpassagen [7]. Generell ist die Passage solcher Wanderhindernisse stark von den lokalen Gegebenheiten abhängig und findet vor allem tagsüber statt, wenn für den Fisch Tageslicht von Nöten ist um schwierige Barrieren zu überwinden [1].

4 Ausblick

Für die exakte Erfassung von Wanderbewegungen und für das Monitoring verschiedener Programme mit Fischen ist der RiverWatcher für die Fischereibehörde unverzichtbar geworden. Das System gewinnt Daten, die sonst nur mit unverhältnismäßigem Aufwand und geringerer Qualität erfasst werden könnten. Im Augenblick ist für den Lachsbach eine mögliche Aufrüstung des Systems mit Kamera zur Geschlechterbestimmung und zur Unterscheidung zwischen Lachsen und potenziell aufsteigende Meerforellen *(Salmo trutta)* in der Diskussion. Neben den bereits mit Erfolg betriebenen RiverWatcher-Systemen in den Einsatzbereichen der Funktionskontrolle von Fischaufstiegsanlagen, des Monitorings von Artenzusammensetzung und der Erfolgskontrolle von Wiederansiedlungs- und Besatzmaßnahmen ist auch der Einsatz in Fischabstiegen denkbar. Das System bietet eine Vielzahl verschiedener Anpassungsmöglichkeiten und ist nicht zwangsläufig an Bauwerke wie Fischaufstiegsanlagen gebunden, sondern kann auch frei im Gewässer unter Zuhilfenahme von mobilen Leitvorrichtungen eingesetzt werden. Nicht nur Fische werden mit dem RiverWatcher untersucht, an Zuflüssen des Flusses Dee in Schottland untersucht z. B. Garcia de Leaniz et al. [2] mit Hilfe des RiverWatchers die Aktivität von Eurasischen Ottern *(Lutra lutra)*.

Autoren

Dipl.-Ing. Christian Haas
Dipl.-Hydrol. Philipp Thumser
I AM HYDRO Haas & Thumser GbR
Märtishofweg 2
78112 St. Georgen
Christian.haas@iamhydro.com
Philipp.thumser@iamhydro.com

Dipl.-Ing. (FH) Fabian Völker
Sächsisches Landesamt für Umwelt
Landwirtschaft und Geologie
Gutstraße 1
02699 Königswartha
Fabian.voelker@smul.sachsen.de

Literatur

[1] Banks, J. W.: A Review of the Literature on the Upstream Migration of Adult Salmonids. In: Journal of Fish Biology (1969), S. 85-136.

[2] Garcia de Leaniz, C.; Forman, D. W.; Davies, S.; Thomson, A.: Non-intrusive Monitoring of otters (Lutra lutra) using infrared technology. In: Journal of Zoology (2006), S. 577–584.

[3] Groß, J.: Ökologische Durchgängigkeit der Mosel – Neubau einer Fischwechselanlage mit Monitoringstation sowie eines Besucher-Informationszentrums „Mosellum" an der Moselstaustufe in Koblenz. In: Korrespondenz Wasserwirtschaft (2014), Heft 2, S. 107-112.

[4] Landesamt für Umwelt, Landwirtschaft und Geologie, Sachsen (Hrsg.): Bericht über den Verlauf der Lachssaison – Herbst 2013 (www.landwirtschaft.sachsen.de/landwirtschaft/download/BerichtueberVerlaufderLachssaison2013Internet.pdf; Aufruf: 04.2014).

[5] Landesamt für Umwelt, Landwirtschaft und Geologie, Sachsen (Hrsg.): Hydrologisches Handbuch – Gewässerkundliche Hauptwerte. Teil 3. 2012.

[6] Mockenhaupt, B.; Scholten, M.: Large automatic fish counter – An option to register migrating fishes in a tachnical fishway quantitatively? In: 9th International Symposium on Ecohydraulics, Wien, 2012.

[7] Thorstad, E. B.; Økland, F.; Aarestrup, K.; Heggberget, T. G.: Factors affecting the within-river spawning migration of Atlantic salmon, with emphasis on human impacts. In: Reviews in Fish Biology and Fisheries (2008), S. 345-371.

Martin Schletterer, Gebhard Senn, Manfred Menghin, Michael Hubmann, Richard Schwarzenberger, Christian Haas, Philipp Thumser und Magnus Thor Asgeirsson

Technisches Fischmonitoring: Installation des ersten RiverWatcher-Fischzählers in Österreich

An der Pitze in Wenns wird von der Tiroler Wasserkraft AG (TIWAG) ein Fischmonitoring zur Erfolgskontrolle der Fischwanderhilfe Wenns (Kraftwerk Imst) mit Hilfe eines Infrarot-Fischzählers (Vaki RiverWatcher) durchgeführt. Damit ist die TIWAG die erste österreichische Institution, die dieses innovative Monitoringsystem einsetzt. Bereits im Testbetrieb liefert das System verlässliche Daten.

1 Einleitung

Im Rahmen der Umsetzung der WRRL ist die Herstellung der Durchgängigkeit von Fließgewässern ein wichtiges Kriterium [1]. Im Nationalen Gewässerbewirtschaftungsplan (NGP; BGBL. II Nr. 103/2010) wird eine stufenweise Zielerreichung mit Zielen für 2015, 2021 und 2027 definiert [2]. Die Vorgaben (Maßnahmenprogramm) des NGP sind – bezogen auf das Bundesland Tirol – in der Verordnung des Landeshauptmannes von Tirol vom 1.12.2011 verankert und darin ist festgehalten, dass der Unterlauf der Pitze (mit der Wehranlage Wenns) bis 22.12.2015 zu sanieren ist.

Die Sanierung beinhaltet die Errichtung einer Fischwanderhilfe (FWH), welche die ganzjährige Passierbarkeit für Fische gewährleistet sowie die ausreichende Abgabe von Dotierwasser, damit die laut Qualitätszielverordnung Ökologie Oberflächengewässer (BGBL. II Nr. 99/ 2010) festgelegten Mindestfließgeschwindigkeiten und -wassermengen für die maßgebenden Fischarten in der Restwasserstrecke erreicht werden. Im gegenständigen Fall ist die Bachforelle mit einer Länge von 50 cm die maßgebliche Fischart: es sind Mindestfließgeschwindigkeiten von 0,3 m/s und eine Mindestwassertiefe von 0,2 m (Schnelle) bzw. 0,3 m (Talweg) vorgegeben. Die FWH Wenns wurde zwischen 1.10.2013 und 30.04.2014 errichtet.

Zur Überprüfung der Funktionsfähigkeit von FWH werden häufig Reusenbefischungen gefordert [10]. Neben solchen Reusenbefischungen bietet das automatische Fischzählsystem RiverWatcher der isländischen Firma VAKI eine fischschonende Alternative, deren Funktion für verschiedene Gewässertypen nachgewiesen wurde ([3], [7]). Neben der Überprüfung der Durchgängigkeit wird das System beispielsweise in Deutschland zum Monitoring von Artenzusammensetzung sowie der Erfolgskontrolle von Wiederansiedlungs- und Besatzmaßnahmen verwendet [4], [5], [8]. Das System bietet eine Vielzahl verschiedener Anpassungsmöglichkeiten und ist nicht zwangsläufig an Bauwerke, wie FWH gebunden, sondern kann auch frei im Gewässer unter Zuhilfenahme von mobilen Leitvorrichtungen eingesetzt werden. Das System gewinnt Daten, die alternativ nur mit hohem Aufwand und geringerer Qualität erfasst werden können [4].

Im Oktober 2014 wurde das erste derartige System in Österreich an der FWH Wenns im Tiroler Pitztal zur Erfassung auf- und abwandernder Fische installiert.

2 Fischwanderhilfe Wenns

2.1 Hydrologische und fischökologische Grundlagen

Die Pitze (HZB-Code: 2-8-84; Codierung des Hydrographischen Dienstes in Österreich, 1995) entspringt auf rund 2 370 m Seehöhe dem Mittelbergferner und mündet nach 40,5 Flusskilometer auf 705 m ü. A. in den Inn. Sie entwässert an der Mündung in den Inn ein Einzugsgebiet von 308,7 km².

Bei Flusskilometer 37,85 befindet sich die Wasserfassung Plangeross mit der Überleitung zum Speicher Gepatsch (Kraftwerk Kaunertal). Ab hier stellt die Pitze bis zur Mündung in den Inn eine Ausleitungsstrecke dar. Bei Flusskilometer 7,97 befindet sich die Wasserentnahme der gegenständlichen Wasserfassung Wenns. An diesem Wehr erfolgt eine Überleitung von Wasser aus der Pitze zum Kraftwerk (KW) Imst (**Bild 1**).

Aus dem Oberlauf der Pitze und des Taschachbaches werden aus insgesamt 87,7 km² des Einzugsgebietes die Abflüsse zum Gepatschspeicher des KW Kaunertal abgeleitet. In **Bild 2** sind die Monatsmittelwerte (MQ) und mittleren monatlichen Tagesminima (MNQT) für den Bereich der Wasserfassung Wenns zusammengefasst.

Für die hydromorphologische Bewertung wurden die Kartierungsdaten des Fließgewässeratlas Tirol (FGA Tirol) herangezogen. Im April 1996 erfolgte eine strukturökologische Kartierung der gesamten Pitze von der Mündung in den Inn bis zum Ursprung im Bereich des Mittelbergferners. Die Pitze wurde dabei in insgesamt 57 ökomorphologisch homogene Abschnitte unterteilt. Die gegenständliche Ausleitungsstrecke zwischen der Wasserfassung Wenns und der Mündung in den Inn umfasst die Abschnitte 1 bis 6 mit einer Gesamtlänge von 7,97 km. Die Anteile von Gewässerstrecken mit der Einstufung „sehr gut" erreichen rund 51 % (4,04 km). Sie konzentrieren sich auf den untersten Bereich der Ausleitungsstrecke. Gewässerstrecken in der Einstufung „gut" erreichen rund 49 % (3,93 km) der zu betrachtenden

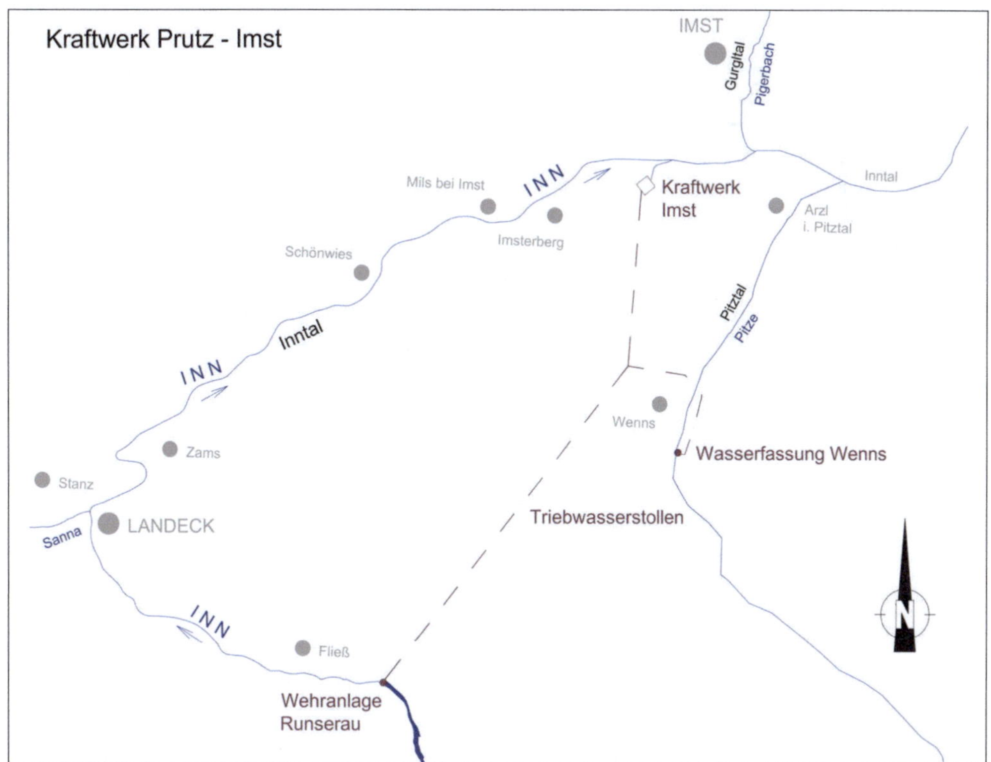

Bild 1: Schematische Darstellung des Kraftwerks Imst (Quelle: TIWAG)

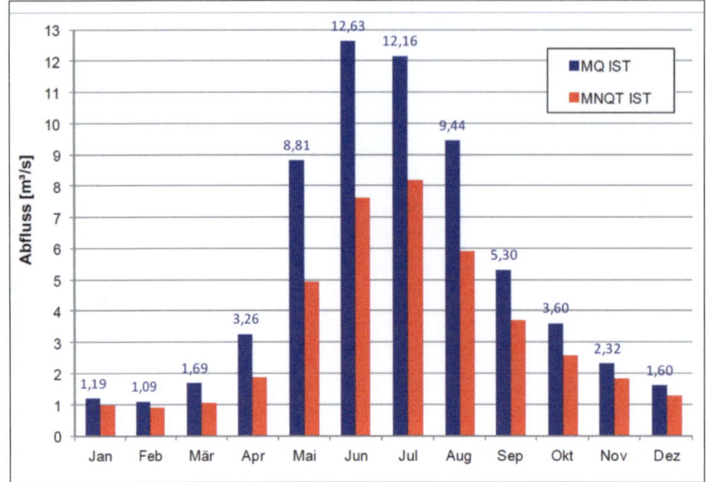

Bild 2: Monatsmittelwerte und mittleres monatliches Tagesniederwasser im Bereich der Wasserfassung Wenns (Jahresreihe 1989 bis 2010; Ist-Zustand) (Quelle: TIWAG)

Gewässerstrecke an der Pitze. Abschnitte mit einer Strukturgüte schlechter als gut finden sich in der Ausleitungsstrecke nicht.

Die Pitze liegt in der Bioregion „vergletscherte Zentralalpen" und weist ein nivales Abflussregime auf. Im Untersuchungsraum ist das Gewässer der Fischregion Metarithral zugeordnet. Fischbestandserhebungen erfolgten im November und Dezember 2012 watend mittels Elektrobefischung. Entsprechend der benetzten Breite wurde die Strecke mit 1 bis 2 Rückenaggregaten (je 5 m benetzter Breite 1 Anodenführer) gleichzeitig befischt, um den Fischbestand möglichst vollständig zu erfassen:

- In der 140 m langen Befischungsstrecke „Pitze – unterhalb Wasserfassung Wenns" wurden insgesamt 14 Bachforellen mit einem Gesamtgewicht von knapp 3 kg gefangen. Die Tiere wiesen eine Körperlänge zwischen 12,3 und 36,8 cm auf. Mit der Koppe fehlt die typische Begleitart, mit der Äsche und Elritze die seltenen Begleitarten. Hochgerechnet ergibt sich ein Fischbestand von 20,3 kg/ha bzw. 96 Individuen/ha.
- In der 125 m langen Befischungsstrecke „Pitze – unterhalb ARA Wenns" wurden insgesamt 21 Bachforellen mit einem Gesamtgewicht von rund 3 kg gefangen. Die Tiere wiesen eine Körperlänge zwischen 15,4 und 38,0 cm auf. Mit der Koppe fehlt auch hier die typische Begleitart, mit Äsche und Elritze die seltenen Begleitarten. Hochgerechnet ergibt sich ein Fischbestand von 26,1 kg/ha bzw. 181 Individuen/ha.
- In der 220 m langen Befischungsstrecke „Pitze – Mündung" wurden insgesamt 91 Fische mit einem Gesamtgewicht von 7,6 kg gefangen. Zum überwiegenden Teil (90 % der Abundanzen bzw. 80 % der Biomasse) handelt es sich um Bachforellen. In geringer Anzahl wurden Äschen und Regenbogenforellen gefangen. Die Bachforellen wiesen eine Körperlänge zwischen 6,7 und 36,5 cm auf. Mit der Koppe fehlt auch hier die typische Begleitart, mit der Elritze eine seltene Begleitart. Hochgerechnet ergibt sich ein Fischbestand von 25,1 kg/ha bzw. 303 Individuen/ha.

Die Fischbiomassen schwanken zwischen den einzelnen Befischungsstrecken nur gering und liegen durchwegs mit 20,3 und 26,1 kg/ha knapp über dem Schwellenwert für das K.-o.-Kriterium Biomasse (20 kg/ha, unbefriedigender Zustand). An allen Stellen werden die Biomassen von den Bachforellen mit einem Relativanteil von 81 % im Bereich Mündung bis 100 % (unterhalb Fassung und unterhalb ARA Wenns) dominiert. Die ermittelten Fischabundanzen im Untersuchungsgebiet schwanken zwischen 96 und 303 Individuen/ha und steigen im Längsverlauf der Restwasserstrecke, aufgrund der Zunahme von juvenilen Fischen, kontinuierlich an [6].

Die Einstufung des fischökologischen Zustandes (unter Verwendung der für natürliche Oberflächengewässer entwickelten Methoden) erfolgt

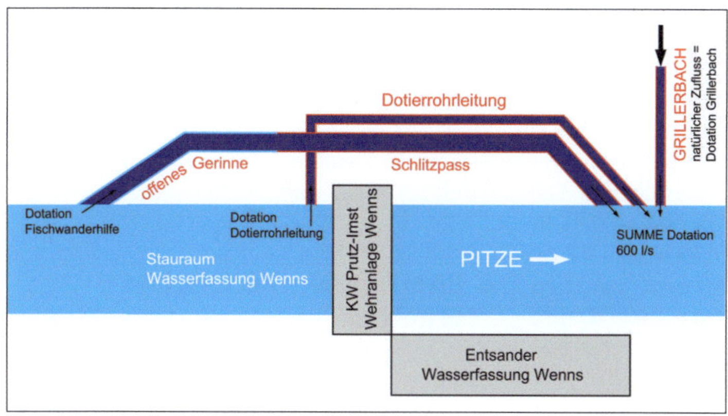

Bild 3: Schema der FWH Wenns (Quelle: TIWAG)

in die Klassen gut (Mündung) bis mäßig (unterhalb Wasserfassung Wenns und unterhalb ARA Wenns). Defizite erklären sich mitunter in der unzureichenden Restwasserdotation. Durch die Umsetzung des Projektes FWH Wenns inklusive einer entsprechenden Mindestdotierwassermenge wurde die Situation wesentlich verbessert. Daher ist von einer Stärkung der Fischbestände auszugehen und somit von einer Erhöhung des Wanderpotenziales, was im Zuge von Monitoringaktivitäten überprüft wird.

2.2 Technische Aspekte

Das KW Imst nützt den Spiegelunterschied des Innflusses zwischen den im Westen Nordtirols gelegenen Orten Prutz (Runserau) und Imst aus. Die Hauptfassung Runserau befindet sich nahe der Pontlatzer Brücke. Der anschließende Hauptstollen ist 12,3 km lang und nach ca. zwei Drittel mündet der im Pitztal bei Wenns angeschlagene Stollen, der zur Einleitung von Wasser aus der Pitze dient. Der 120 m lange Kraftabstieg (Druckschacht) in festem kalkalpinem Gestein führt zur Kaverne mit den 4 Maschinensätzen (Francis-Spiralturbinen mit direkt gekoppelten Drehstrom-Synchrongeneratoren). Die Rohfallhöhe liegt, je nach InnWasserführung, zwischen 138 m und 144 m.

Die Wasserfassung Wenns besteht aus einer Fischbauchklappe mit 12 m lichten Weite und einer auf der orographisch rechten Seite situierten zweikammerigen Entsanderanlage. Die Überleitung des Betriebswassers aus der Pitze erfolgt über eine 1,6 km lange Druckrohrleitung, die das Wasser dem als Druckstollen laufenden, 1,55 km langen Fensterstollen zuleitet. Die FWH (**Bild 3**) welche einen Höhenunterschied von ca. 5 m überwindet, wurde als eine Kombination aus einem naturnahen Umgehungsgerinne mit anschließendem Schlitzpass geplant [9]. Die Anlagenteile liegen bei der bestehenden Wasserfassung Wenns, der TIWAG-Kraftwerksanlage Prutz-Imst, an der Pitze, im Gemeindegebiet von Wenns auf einer Meereshöhe von ca. 860 m ü. A. im Nahbereich der Pitzenhöfe (Gemeinde Jerzens).

Die FWH besteht im Wesentlichen aus folgenden Anlagenteilen:

- Zuströmung in den Einlaufbereich des naturnahen Umgehungsgerinnes (oberwasserseitig),
- Einlauf in das naturnahe Umgehungsgerinne inkl. Einlaufschieberbauwerk,
- Naturnahes Umgehungsgerinne,
- Schlitzpass,
- Auslaufbereich des Schlitzpasses (Lockströmung, Querneigung in der Pitze).

Im Anschluss an das Einlaufschieberbauwerk beginnt das eigentliche naturnahe Umgehungsgerinne auf einer Länge von ca. 75 m und einem Gefälle von 0,3 %. Die beidseitigen Böschungen weisen eine Neigung von im Mittel 2:3 auf. Die Sohle des Gerinnes ist 0,35 m breit. Bei einer Wassertiefe von 0,40 m ergibt das eine Wasserspiegelbreite von 1,55 m. Das Gerinne ist im Sohlen- und Böschungsbereich bis auf eine Höhe von 0,75 m mittels Bachsubstrat und Steinen bis zu einer Größe von 0,15 m und einigen größeren Wasserbausteinen naturnah gestaltet.

Im Anschluss an das naturnahe Umgehungsgerinne folgt der Schlitzpass. Beim Übergang vom Umgehungsgerinne zum Schlitzpass wurde die Sohle auf ca. 3 m aufgeweitet, um keinen abrupten Gefällewechsel zu erhalten. Das Gefälle des Schlitzpasses beträgt auf ca. 65 m 6,9 %. Es kamen 28 Becken mit den Abmesssungen von L = 2,60 m und B = 1,70 m zur Ausführung. Die Schlitzbreite beträgt 0,2 m. Die Wassertiefe in den Becken beträgt zwischen 0,88 m und 0,7 m, woraus eine Wasserspiegeldifferenz zwischen den einzelnen Becken von 0,18 m entsteht. Damit entspricht der Schlitzpass dem österreichischen Leitfaden zum Bau von Fischaufstiegshilfen [1].

Die Sohle des Schlitzpasses ist mit einer 0,2 m starken Deckschicht und einzelnen größeren Steinen (bis 0,15 m) versehen. Das untere Ende des Schlitzpasses mündet schleifend (parallel zur Fließrichtung) in die Pitze ein und wird mit einem Grobsteinbecken gesichert.

Zudem waren in Zusammenhang mit der Errichtung der FWH folgende Infrastrukturmaßnahmen nötig:

- Verlegung bzw. Neubau des bestehenden Fahrweges im Bereich der FWH,
- Verlegung des bestehenden 30-kV-Erdkabels sowie sonstiger im Uferbegleitweg verlaufenden Kabel (Telekom etc.) und der Freileitung im Bereich der geplanten FWH.

Die Errichtung erfolgte im Zeitraum Oktober 2013 bis April 2014. Bauausführende Firma war das Unternehmen Bodner, Kufstein. Die Gesamtkosten beliefen sich auf 1,2 Mio. €, wobei ein Teil dieser Kosten durch Mittel des Umweltförderungsgesetzes („Förderung Gewässerökologie"; mit Mitteln des Lebensministeriums und des Landes Tirol) zur Verfügung gestellt wurden.

3 RiverWatcher – Technik und Installation

Mit über 26 Jahren der stetigen Entwicklung kann der RiverWatcher eine verlässliche Bilanz in Sachen Zuverlässigkeit und Genauigkeit aufweisen. Mittlerweile erfasst der RiverWatcher Fische und deren Wanderverhalten in über 300 Flüssen weltweit, in einer Vielzahl von FWH, Wehren und anderen Engstellen im Gewässer. Verschiedene Ausführungen stehen zur Verfügung, um das System dem Gewässer oder Standort anzupassen. Der RiverWatcher kann auch individuell, den Bedürfnissen entsprechend angefertigt werden. Prinzipiell gibt es zwei Ausführungen des Systems, die Scannereinheit und die Scannereinheit kombiniert mit einem Kamerasystem, um neben der Anzahl von auf- und abwandernden Fischen auch deren Art und teilweise Geschlecht sowie Verletzungen oder Markierungen erfassen zu können. Hergestellt wird das System von VAKI

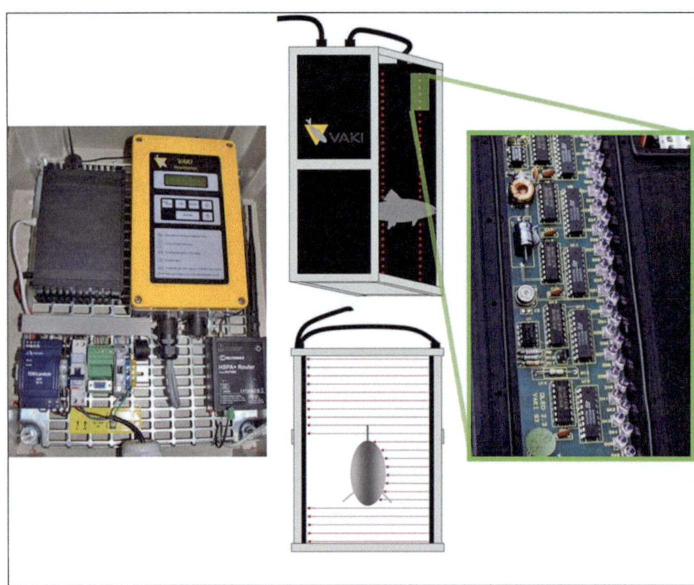

Bild 4: Schaltschrank mit Zähleinrichtung, Computer und Modem (links), schematische Skizze des RiverWatcher Scannersystems (Mitte), Aufbau der Infrarot-Lichtschranken (rechts) (Quelle: TIWAG)

Aquaculture Systems Ltd in Island. VAKI ist ein weltweit führendes Unternehmen im Bereich der Entwicklung und Herstellung von Technik für Aquakulturbetriebe sowie Systemen zur Fischbestandeserhebung und -bewirtschaftung.

Das Herzstück eines jeden RiverWatchers ist die Scannereinheit (**Bild 4**). Diese besteht aus zwei gegenüberliegenden Platten, in welchen sich jeweils 2, in Paaren gegenüberliegende, vertikale Bänder von jeweils 96 Infrarot-Emitter und -Empfänger befinden. Durch diese zwei aufeinanderfolgenden Lichtschranken kann durch die Differenz in der Passagezeit die Schwimmrichtung festgestellt werden. Die bei der Passage von Fischen entstehende Unterbrechung einzelner Lichtsignale zwischen Diode und Empfänger führt zu einem Signal. Die Höhe eines jeden Fisches wird so bestimmt. Mittels der maximalen Höhe unmittelbar vor der Rückenflosse berechnet die Software daraus automatisch die Länge eines jeden Individuums. Die Signale der Lichtschranken werden mit Zeitstempel gespeichert und ergeben in der Auswertung am PC die charakteristische Silhouette des Fischs (**Bild 6**). Neben dieser wird die Passage unter Angabe der Richtung und Geschwindigkeit auch als solche gezählt. Die Daten werden auf einer internen Einheit im Steuersystem gespeichert und können per PC oder Modem übertragen werden.

Das System wurde im Oktober 2014 in der FWH Wenns installiert. Im Zeitraum von 22.10 bis 26.11. fand ein Testbetrieb statt. Dabei konnten Erfahrungen mit dem System gewonnen werden, allerdings herrschte zu diesem Zeitpunkt aufgrund von Revisionsarbeiten kein Wassereinzug an der Wasserfassung Wenns, d. h. es herrschte freier Durchfluss an der Wehranlage Wenns. Somit kann anhand der während des Testbetriebes gewonnenen Daten die qualitative Funktionalität der FWH beurteilt werden, nicht aber die Gesamtanzahl der wandernden Fische.

Als Standort für die Installation wurde das Ruhebecken in der Mitte des Schlitzpasses gewählt. Das System konnte hier am Auslassschlitz des Beckens ohne großen Materialaufwand für die Leitvorrichtung und ohne große Beeinträchtigung der Hydraulik der FWH installiert werden (**Bild 5**). Alle auf- und abwandernden Fische werden zur Passage des Systems geführt und durch den Scanner erfasst.

Die Installation besteht aus einem Leitwerk, welches seitlich mit T-Profilen fixiert ist, durch welche ein schneller Ein- und Ausbau ermöglicht wird. Im Leitwerk ist die Scanner-Einheit fixiert. Diese besteht aus einem Edelstahlrahmen und zwei gegenüberliegenden Scanner-Platten (54 cm x 21,5 cm x 3,5 cm (Höhe x Breite x Tiefe)) mit einem Abstand von 20 cm. Der geringe Abstand der Scanner-Platten ermöglicht den Betrieb des Systems bei stärkerer Trübung, im glazialen Einzugsgebiet der Pitze meist ausgelöst durch Gletscherschliff.

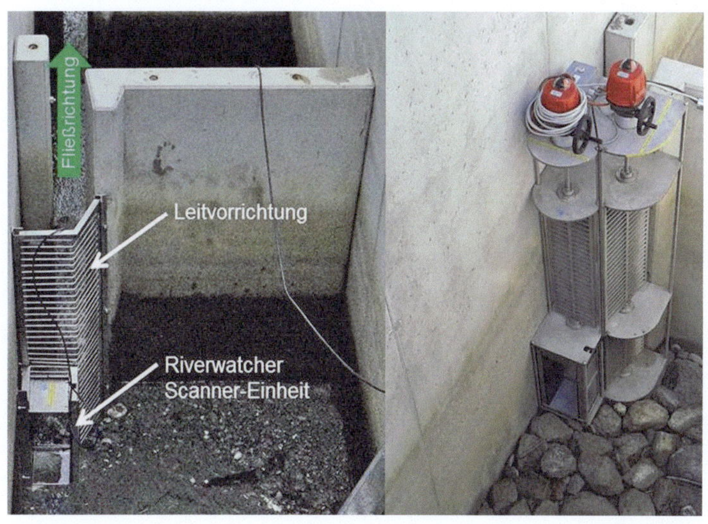

Bild 5: Ursprüngliche Installation der RiverWatcher-Scannereinheit in der FWH Wenns in Tirol (links) und adaptiertes Leitwerk (rechts) (Quelle: TIWAG)

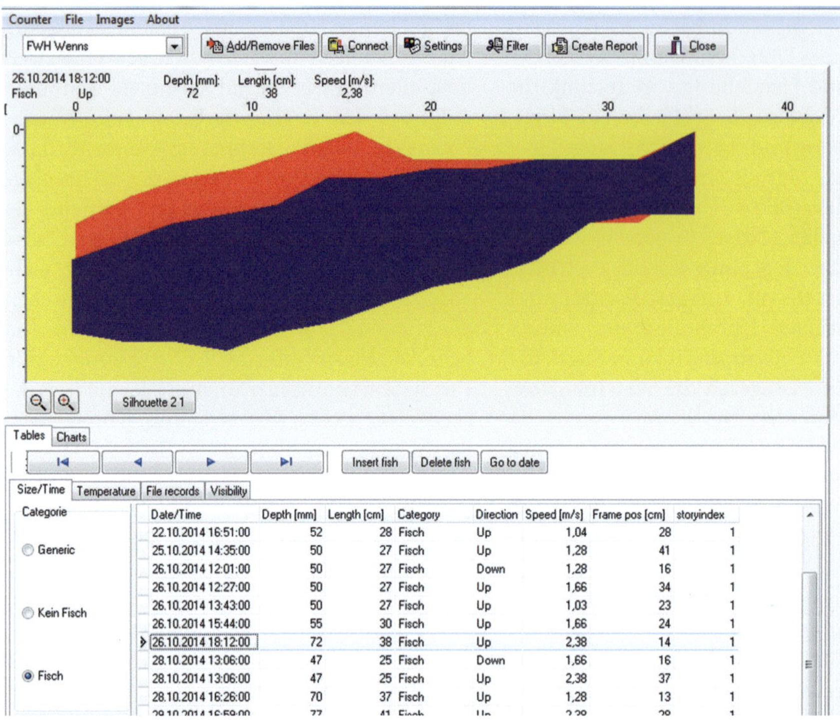

Bild 6: Als Fisch verifizierte Silhouette eines aufsteigenden etwa 38 cm langen Individuums (Quelle: TIWAG)

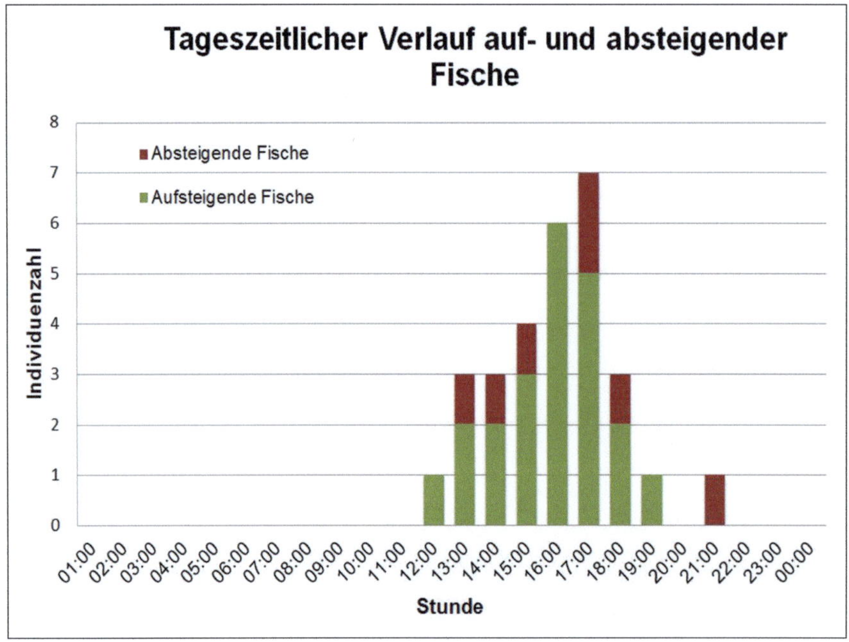

Bild 7: Auf- und absteigende Fische nach tageszeitlichem Verlauf (Quelle: TIWAG)

Tab. 1: Auflistung von allen als Fisch verifizierten Passagen nach Datum und Uhrzeit, gemessener Höhe des Fisches in mm sowie die daraus kalkulierte Länge in cm, die Wanderrichtung sowie die Geschwindigkeit des Fisches während der Passage

Datum und Uhrzeit der Passage	gemessene Höhe [mm]	berechnete Länge [cm]	Wanderrichtung	Geschwindigkeit [m/s]
22.10.2014 16:51	52	28	aufwärts	1,04
25.10.2014 14:35	50	27	aufwärts	1,28
26.10.2014 12:01	50	27	abwärts	1,28
26.10.2014 12:27	50	27	aufwärts	1,66
26.10.2014 13:43	50	27	aufwärts	1,03
26.10.2014 15:44	55	30	aufwärts	1,66
26.10.2014 18:12	72	38	aufwärts	2,38
28.10.2014 13:06	47	25	abwärts	1,66
28.10.2014 13:06	47	25	aufwärts	2,38
28.10.2014 16:26	70	37	aufwärts	1,28
29.10.2014 16:59	77	41	aufwärts	2,38
30.10.2014 11:45	45	24	aufwärts	1,90
31.10.2014 14:13	50	27	abwärts	1,12
01.11.2014 15:49	52	28	aufwärts	2,85
02.11.2014 16:03	52	28	aufwärts	1,14
03.11.2014 15:27	55	30	aufwärts	1,36
03.11.2014 17:30	47	25	abwärts	0,51
03.11.2014 17:41	45	24	aufwärts	3,33
06.11.2014 20:19	50	27	abwärts	1,66
07.11.2014 15:53	70	37	aufwärts	1,28
11.11.2014 16:34	80	43	abwärts	0,88
11.11.2014 16:34	65	35	abwärts	0,76
12.11.2014 14:41	50	27	aufwärts	0,92
12.11.2014 16:26	47	25	aufwärts	1,66
13.11.2014 15:36	42	23	aufwärts	2,38
18.11.2014 12:15	50	27	aufwärts	4,28
18.11.2014 15:38	70	37	aufwärts	2,14
24.11.2014 14:03	42	23	aufwärts	1,19
26.11.2014 17:21	40	22	aufwärts	1,42

Da das ursprünglich eingebaute Leitwerk schnell mit Laub verlegt war, erfolgte der Umbau des Leitwerkes, das nun mittels 180° schwenkbaren Rechen regelmäßig von Treibgut freigespült werden kann (Bild 5 rechts).

Die Auswertung der Passagen und die Verifizierung dieser anhand der Silhouetten (Bild 6) erfolgt durch geschultes Personal. Durch Treibgut, Luftblasen oder starke Wassereintrübung während eines Hochwasserereignisses können Fehlzählungen ausgelöst werden. Fehlauslösungen, welche das System nicht automatisch filtert, werden manuell auf Grundlage ihrer charakteristischen Silhouetten aussortiert, da sie sich erkennbar von Silhouetten echter Fisch-Passagen unterscheiden.

4 Ergebnisse

Von den 49 im Untersuchungszeitraum registrierten Passagen sind 29 als Passagen von Fischen verifiziert. Davon sind 22 Fische aufsteigend und 7 absteigend (**Tabelle 1**). Die kleinste gemessene Höhe eines Individuums beträgt 40 mm. Daraus ergibt sich eine kalkulierte Länge von 22 cm. Der größte Fisch mit einer gemessenen Höhe von 80 mm hat eine kalkulierte Länge von 43 cm. Betrachtet man die Passagen im tageszeitlichen Verlauf, so finden alle Passagen im Zeitraum zwischen 11:00 und 21:00 Uhr statt (**Bild 7**).

5 Ausblick

Mit dem gewählten Verfahren, welches ausschließlich auf einem Infrarot-Scanner basiert, ist bei Fischen mit ähnlicher Körperform und damit Silhouette lediglich die Unterscheidung zwischen „Fisch“ und „kein Fisch“ möglich. Dadurch kann die Fischwanderung in artenarmen Gewässern gut erfasst werden. In artenreichen Gewässern oder zur Unterscheidung von Arten mit ähnlicher Körperform muss das System daher in Verbindung mit der optionalen Kamera eingesetzt werden [5]. Mit dem damit verfügbaren Film- und Bildmaterial können die einzelnen Auf- und Abstiege der jeweiligen Art zugeordnet werden. Durch den Einsatz dieses Systems können neben dem eigentlichen Funktionsnachweis einer FWH wertvolle Informationen über die zeitliche Staffelung und Intensität des Laichaufstiegs sowie Wanderverhaltens erhoben werden. Zudem ist auch die Untersuchung weiterer Arten vorstellbar: An Zuflüssen des Flusses Dee in Schottland wird zum Beispiel mit Hilfe des RiverWatchers die Aktivität von Eurasischen Ottern (*Lutra lutra*) untersucht [3].

Autoren

Mag. Dr. Martin Schletterer
Ing. Gebhard Senn
Ing. Manfred Menghin
TIWAG-Tiroler Wasserkraft AG
Eduard-Wallnöfer-Platz 2
6020 Innsbruck
Österreich
martin.schletterer@tiwag.at

Mag. Michael Hubmann
Mag. Richard Schwarzenberger
ARGE Limnologie GesmbH
Hunoldstraße 14
6020 Innsbruck
Österreich
michael.hubmann@limnologie.at
richard.schwarzenberger@limnologie.at

Dipl.-Ing. Christian Haas
Dipl.-Hydrol. Philipp Thumser
I AM HYDRO Haas & Thumser GbR
Märtishofweg 2
78112 St. Georgen
christian.haas@iamhydro.com
philipp.thumser@iamhydro.com

Magnus Thor Asgeirsson, MBA
VAKI Aquaculture Ltd.
Akralind 4
201 Kópavogur
Island
magnus@vaki.is

Literatur

[1] Bundesministerium für Land- und Forstwirtschaft, Umwelt und Wasserwirtschaft (Hrsg.): Leitfaden zum Bau von Fischaufstiegshilfen. Wien, 2012.

[2] Bundesministerium für Land- und Forstwirtschaft, Umwelt und Wasserwirtschaft (Hrsg.): Nationaler Gewässerbewirtschaftungsplan 2009. Internationale und Bilaterale Koordinierung. Wien, 2010 (BMLFUW-UW.4.1.2/0011-I/4/2010).

[3] Garcia de Leaniz, C.; Forman, D. W.; Davies, S.; Thomson, A.: Non-intrusive Monitoring of otters (Lutra lutra)

using infrared technology. In: Journal of Zoology (2006), S. 577-584.

[4] Groß, J.: Ökologische Durchgängigkeit der Mosel – Neubau einer Fischwechselanlage mit Monitoringstation sowie eines Besucher-Informationszentrums „Mosellum" an der Moselstaustufe in Koblenz. In: Korrespondenz Wasserwirtschaft (2014), Heft 2, S. 107-112.

[5] Haas, C.; Thumser, P.; Völker, F.: Technisches Monitoring mit einem Infrarot Fischzähler (Vaki RiverWatcher) am Lachsbach, Sachsen. In: WasserWirtschaft 104 (2014), Heft 7/8, S. 97.

[6] Hubmann M.: Pitze – Wasserfassung Wenns, Restwasserbeurteilung, ökologische Zustandsbewertung. Bericht PI 196-0001, 2012.

[7] Hubmann M.: Pitze – Wasserfassung Wenns, Fischökologische Zustandsbewertung. Ergänzungsbericht, PI 196-0003, 2012.

[8] Mockenhaupt, B.; Scholten, M.: Large automatic fish counter – An option to register migrating fishes in a technical fishway quantitatively? 9th International Symposium on Ecohydraulics 2012, Wien.

[9] Senn G.: KW Prutz-Imst: Wasserfassung Wenns, Fischwanderhilfe Wehr Wenns. Technischer Bericht PI 000-0226, 2012.

[10] Woschitz, G.; Eberstaller, J.; Schmutz, S.:. Mindestanforderung bei der Überprüfung von Fischmigrationshilfen (FMH) und Bewertung der Funktionsfähigkeit. Richtlinie der Fachgruppe Fischereisachverständige beim Österreichischen Fischereiverband. Österreichischer Fischereiverband, Richtlinie 1/2003.

Martin Schletterer, Gebhard Senn, Manfred Menghin, Michael Hubmann, Richard Schwarzenberger, Christian Haas, Philipp Thumser and Magnus Thor Asgeirsson

Technical Fish Monitoring:
First Installation of a RiverWatcher Fish Counter in Austria

Construction work of the fish pass in Wenns was started in late 2013 and the project was successfully completed soon after in April 2014. The 140 m long structure is a combination of a near-natural bypass channel and a special vertical slot pass so that fish (mainly brown trout) can safely bypass the weir. In addition, a residual flow facility ensures a minimum flow of 600 l/s. TIWAG is the first company in Austria to install an innovative system to monitor the functionality of the fish pass at Wenns. The RiverWatcher fish counter supplied by Icelandic company VAKI is a fish-friendly alternative to fish traps and electrofishing equipment. The system has already proven its worth in many European watercourses with a great diversity of species.

Мартин Шлеттерер, Гебхард Зенн, Манфред Менгин, Михаель Хубманн, Рихард Шварценбергер, Кристиан Хаас, Филипп Тумзер и Магнус Тор Асгейрссон

Технический мониторинг рыбы: установка первого рыбосчетчика RiverWatcher в Австрии.

На реке Питце (Pitze), протекающей по территории коммуны Веннс (Wenns), компанией «Tiroler Wasserkraft AG (TIMAG)» проводится мониторинг рыбы с целью контроля результатов деятельности предприятия по сооружению рыбоподъемного сооружения «Веннс» (Wenns) на электростанции «Kraftwerk Imst». Мониторинг осуществляется при помощи инфракрасного рыбосчетчика «RiverWatcher» производства фирмы Vaki. Таким образом, TIMAG является первой австрийской компанией, внедряющей эту инновационную систему мониторинга. Даже в тестовом режиме система демонстрирует надежные характеристики.

Falko Wagner

Vergleichende Analyse des Fischabstiegs an drei Wasserkraftanlagen einer Kraftwerkskette

In der Weißen Elster, einem rechten Nebenfluss der Saale, wurde 2013 der Fischabstieg und Fischschutz an drei Wasserkraftanlagen im Bereich einer 10,5 km langen Kraftwerkskette untersucht. Die Quantifizierung des Fischabstiegs über die einzelnen Abstiegskorridore erfolgte durch Netzfänge. Ergänzend wurde das Fischverhalten im Oberwasser am Fischschutzrechen sowie im Einstiegsbereich der Bypässe mittels Sonarkamera beobachtet. Wenngleich primär keine wissenschaftlichen Fragestellungen im Vordergrund der Untersuchungen standen, ermöglichen die Ergebnisse verallgemeinerbare Rückschlüsse zum Einfluss der Position und der Bauweise der Bypassöffnungen sowie des Anströmwinkels des Fischschutzrechens auf die Wirksamkeit der Fischschutz- und Fischabstiegseinrichtung an kleinen Kraftwerken.

1 Einleitung und Standortbeschreibung

In der Weißen Elster, einem 257 km langen rechten Nebenfluss der Saale, befinden sich zwischen den Orten Stahmeln und Wehlitz auf einer Fließstrecke von nur 10,5 km sechs Wasserkraftanlagen (WKA). 2013 erfolgte in Stahmeln, Lützschena und Wehlitz die Untersuchung des Fischabstiegs [11], [12], [13]. Anlass war die in der wasserrechtlichen Genehmigung enthaltene Forderung einer Funktionskontrolle der Fischabstiegseinrichtungen. Auch wenn wissenschaftliche Fragestellungen nicht im Vordergrund standen, gewährleistete die weitgehend übereinstimmende Untersuchungsmethodik und Untersuchungszeit eine gute Vergleichbarkeit der Ergebnisse zwischen den Einzelstandorten als Voraussetzung zur Ableitung verallgemeinerbarer Aussagen.

Die Entfernung zwischen den obersten WKA Stahmeln und Lützschena beträgt lediglich 1,8 km. Die WKA Wehlitz als letzte Anlage in der Kette befindet sich 8,5 km stromab von Lützschena. Aufgrund des Gefälles der Weißen Elster und ihrer Gewässerbreite ist sie im Untersuchungsbereich der Bleiregion zuzuordnen [3]. Der Mittelwasserabfluss (MQ) beträgt zwischen 7 und 8 m³/s. Dieser Abfluss lag auch während der Untersuchungen vor. Hinsichtlich der hydrologischen Verhältnisse, der Wasserqualität, der Wassertemperatur sowie der fischfaunistischen Besiedelung sind aufgrund der räumlichen Nähe der Anlagen kaum Unterschiede vorhanden. In allen drei WKA arbeiten Francis-Turbinen. Das Nutzgefälle liegt zwischen 1,2 m in Lützschena und 2,3 m in Wehlitz (**Tabelle 1**). Zum Fischschutz sind an allen Standorten vor den Turbineneinläufen Rechen mit 20 mm Stababstand installiert. Die Wassertiefe des Oberwasserkanals vor den Turbineneinläufen beträgt zwischen 2 und ca. 2,5 m. Die technischen Parameter der Turbinen und die räumliche Anordnung der Abstiegskorridore sowie der Fischabstiegseinrichtungen unterscheiden sich zwischen den Standorten (**Bild 1** und Tabelle 1).

2 Untersuchungsmethodik

Die Untersuchungen des Fischabstiegs an den WKA-Standorten erfolgten im Zeitraum von Mai bis Oktober 2013 während fünf, jeweils viertägigen Untersuchungskampagnen. Mit Ausnah-

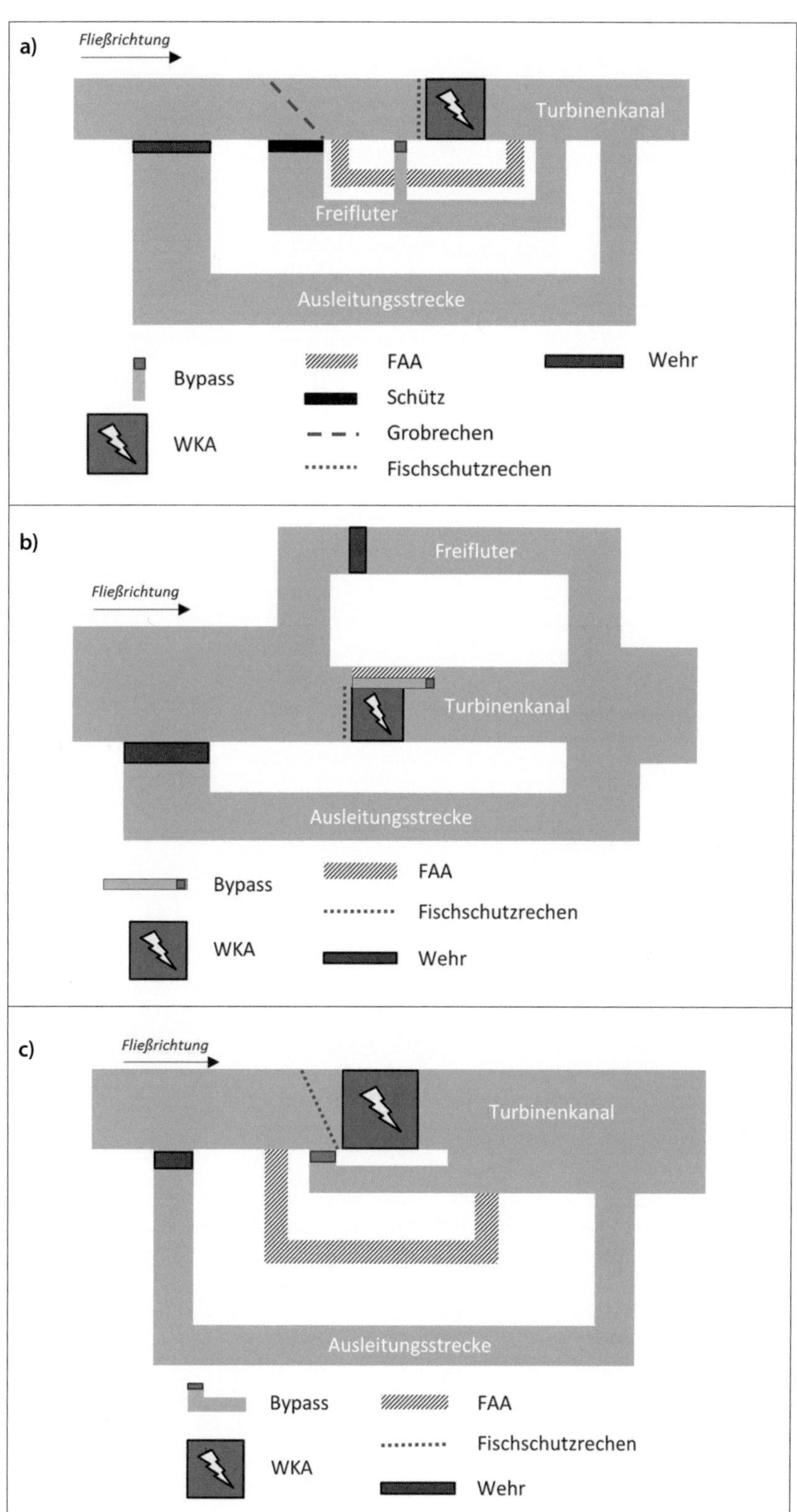

Bild 1: Räumliche Situation am Wasserkraftanlagen-Standorten a) Stahmeln in der Weißen Elster bei Leipzig; b) Lützschena in der Weißen Elster bei Leipzig; c) Wehlitz in der Weißen Elster bei Leipzig (FAA = Fischaufstiegsanlage, WKA = Wasserkraftanlage) (Quelle: Wagner)

Tab. 1: Technische Kenngrößen der drei 2013 untersuchten WKA Standorte an der Weißen Elster bei Leipzig (Quelle: Wagner)

	Standort	Stahmeln	Lützschena	Wehlitz
Turbine	Turbinentyp/Anzahl	Francis/2	Francis/2	Francis/1
	Nutzgefälle [m]	1,6	1,2	2,3
Rechen	Rechenstabausrichtung	vertikal	vertikal	horizontal
	Rechenstabgeometrie	Rechteckprofil	Rechteckprofil	Rechteckprofil
	Rechenbreite [m]	11	13	17
	Anströmwinkel Rechen vertikal/horizontal [°]	65/85	65/85	90/55
	Stababstand [mm]	20	20	20
	Maximale Rechenanström-geschwindigkeit [m/s]*	0,51	0,58	0,51
	Anzahl Bypassöffnungen	2	1	1
Bypass	Position Bypassöffnung	sohlennah & oberflächennah	komplette Wassersäule	sohlennah (oberflächennah/ sohlennah)
	Öffnungsmaße Bypassöffnung, Breite / Höhe [m]	0,3/0,3 (sohlennah) 0,3/0,45 (oberflächennah)	0,5/-	0,3/0,4
	Mittlere Fließgeschwindigkeit in Bypassöffnung [m/s]*	5,5 (sohlennah) 1,4 (oberflächennah)	<1,5	2,6
	Dotation [m3/s]	0,4 (sohlennah) 0,2 (oberflächennah)	0,25 bis 0,3	0,2
	Besonderheit	oberflächennahe Öffnung kurz nach Untersuchungsbeginn nachgerüstet	FAA mit Bypassfunktion, räumlich im Komplex mit funktionsunfähigem Bypass	sohlennahe Öffnung zum Oberwasser, Variation zwischen oberflächennaher & sohlennaher Öffnung im anschließenden Bremswehr innerhalb des Bypasses

* im Untersuchungszeitraum

me des Wehres in Lützschena, welches aufgrund seiner Baufälligkeit nicht beprobt werden konnte, wurde der Fischabstieg über alle potentiellen Abstiegskorridore quantifiziert. Der Fang der über die Turbine in das Unterwasser gelangten Fische erfolgte mittels Hamen. Die Maschenweite der Netze verringerte sich von 50 mm an der Öffnung auf 8 mm im hinteren Teil. An den restlichen Abstiegskorridoren kamen NetzReusen mit Maschenweiten von konstant 8 mm zum Einsatz. Die Fangeräte wurden mindestens sechsmal täglich geleert.

Die Überprüfung der Fangeffizienz der Hamen für immobile, stark geschädigte Fische erfolgte exemplarisch an der WKA Wehlitz durch fischähnliche Silikon-Dummys, die im Oberwasser in den Turbineneinlaufschacht eingebracht wurden. Es kamen jeweils 100 Dummys mit einer Körperlänge von 10 und 20 cm zum Einsatz. Der Wiederfang erfolgte im Rahmen der normalen

Hamenleerung. Die hohe Wiederfangrate von 100 % bei den 20-cm- und 92 % bei den 10-cm-Dummys nach nur drei Stunden zeigte, dass ein Effekt passiven Fischaustrags immobiler Fische aus dem Hamen auf die Fangergebnisse als gering einzuschätzen ist. Da der Hamenaufbau an allen drei Standorten weitgehend übereinstimmte, ist diese Aussage auch auf die anderen beiden Standorte übertragbar.

In Stahmeln und Wehlitz erfolgte ergänzend für jeweils eine Nacht die Überprüfung möglicher Ein- und Ausschwimmvorgänge schwimmaktiver Fische im Bereich des Hamens mit 50 mm Maschenweite mithilfe eines DIDSON (Soundmetrics Dual-Frequency Identification Sonar). Es wurden keinerlei aktive Fischwechsel zwischen Hamen und Freiwasserbereich beobachtet. Die Fangergebnisse werden daher bezogen auf die mit dem DIDSON vor Ort sicher detektierbaren Fische ab 10 cm Körperlängen ebenfalls als valide eingeschätzt.

Mögliche systematische Unterschiede der Fangeffizienz für die Gruppe der Fische mit Körperlängen ≤10 cm zwischen dem Hamen und den Reusen aufgrund unterschiedlicher Maschenweiten im vorderen Netzbereich wurde nicht quantifiziert.

Wäre eine systematische Abweichung der Fänge in Hamen und Reusen gegeben, kann jedoch aufgrund der übereinstimmenden Fangmethodik, dem gleichen Untersuchungszeitraum sowie dem ähnlichen Arten- und Größenspektrum der Fische an allen drei Standorten von einer etwa gleichen Effektstärke ausgegangen werden. Die Voraussetzung für den relativen Vergleich fangbasierter Parameter zwischen den drei Anlagen ist damit gegeben. Fische, die aufgrund ihrer geringen Körpermaße bei einer Maschenweite von 8 mm nicht quantitativ sicher in den Fangnetzen erfassbar waren, wurden für die Datenanalysen aus den Datensätzen eliminiert.

Das DIDSON wurde in Stahmeln und Wehlitz zusätzlich eingesetzt, um das Fischverhalten an den Bypasseinstiegen und am Fischschutzrechen im Oberwasser jeweils für eine Nacht zu beobachten. Die Berechnungsgrundlagen der zur Quantifizierung der Korridornutzung verwendeten Parameter normierter Tagesfang und durchflussnormierter Einheitsfang sowie der Parameter körperlängenspezifische Schutzwahrscheinlichkeit und Schutzrate, welche die Wirksamkeit des Fischschutzsystems beschreiben, finden sich in Schmalz et al. [10].

3 Ergebnisse

3.1 Korridornutzung

In Stahmeln und Wehlitz wurden im Bereich der uferseitig befindlichen Wehre sehr große Mengen 0+ Cypriniden gefangen. Diese nur 2 bis 3 cm langen Fische waren durch die Fangnetze mit 8 mm

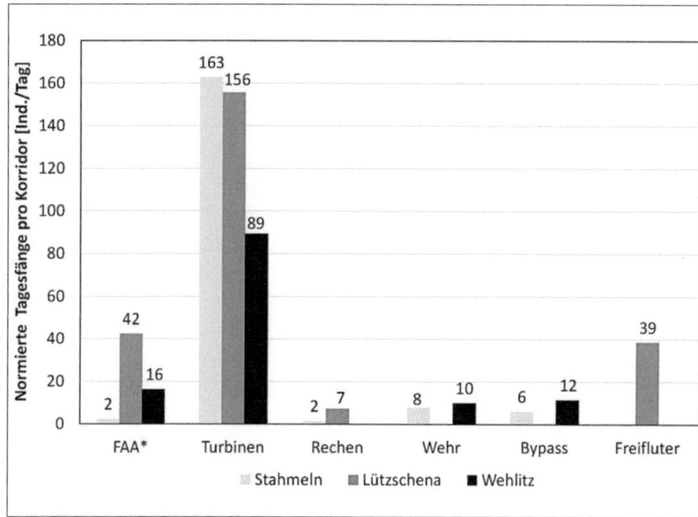

Bild 2: Normierter Tagesfang der mit Maschenweiten von 8 mm sicher fangbaren Fische in den für den Fischabstieg genutzten Wanderkorridoren dreier WKA-Standorte in der Weißen Elster (* in Lützschena FAA-/Bypass-Komplex) (Quelle: Wagner)

Maschenweite allerdings nicht repräsentativ erfassbar, weswegen diese Gruppe in die weiterführende Auswertung nicht einbezogen wurde. Bezogen auf die bei einer 8-mm-Maschenweite sicher fangbaren Fische gelangten trotz Fischschutzrechen und Fischabstiegseinrichtungen an allen Standorten die meisten Tiere über die Turbinen in das Unterwasser (**Bild 2**).

Bei Berücksichtigung der Durchflüsse in den einzelnen Abstiegskorridoren wird deutlich, dass die vereinfachenden, konzeptionellen Ansätzen zugrunde liegende Annahme einer Fischverteilung entsprechend der Abflussaufteilung ([1], [2]) nicht zutreffend ist. Deutliche Unterschiede im durchflussnormierten Einheitsfang belegen, dass einzelne Korridore aktiv aufgesucht, andere gemieden oder schlecht aufgefunden wurden. Die hohen durchflussnormierten Einheitsfänge in den Abstiegskorridoren Fischaufstiegsanlage (FAA) und Freifluter in Lützschena sowie FAA und Bypass in Wehlitz verglichen mit denen an den Turbinen (**Bild 3**) sind ein Indiz für eine aktive Nutzung dieser alternativen Abstiegswege. Der im Vergleich zur Turbine geringe durchflussnormierte Einheitsfang im Bypass und der FAA in Stahmeln (Bild 3) weist hingegen auf eine schlechte Auffindbarkeit oder Meidung dieser Korridore hin.

3.2 Verhalten der Fische an Rechen und Bypasseinstiegen

Auch wenn die DIDSON-Beobachtungen eines Teilbereichs des Fischschutzrechens mit den Bypasseinstiegen aufgrund der geringen Dauer und fehlender Replikate keine statistische Auswertung ermöglichen, geben sie Hinweise auf die Wirksamkeit der Fischschutzsysteme am jeweiligen Standort und erklären die standortspezifischen Netzfangergebnisse.

In Wehlitz, mit einem horizontal schräg angeströmten Rechen (β-rack, 55°) und der Lage des Bypasseinstiegs im spitzen Winkel, näherten sich mit 185 von insgesamt 344 beobachteten Fischen über 50 % der Tiere (Bild 4a) dem sohlennahen Bypasseinstieg auf mindestens 0,5 m an. Ungerichtete Suchbewegungen am Rechen wurden kaum beobachtet. In Stahmeln, mit einem vertikal schräg angeströmtem Rechen (α-rack, 65°), kamen hingegen mit 96 von insgesamt 452 beobachteten Fischen nur 21 % der Fische bis auf einen Abstand von 0,5 m an eine der beiden Bypassöffnungen heran (Bild 4b). Ungerichtete Suchbewegungen entlang des Rechens waren deutlich häufiger als in Wehlitz (**Bild 4**). Diese Ergebnisse deuten auf eine gute Leitwirkung des horizontal schräg angeströmten Rechens in Wehlitz hin, wie sie auch von anderen Autoren beschrieben wird [8], [9]. An beiden Standorten schwammen nur wenige Fische tatsächlich dauerhaft in die Bypässe ein (Bild 4) Hierfür kommen mehrere Ur-

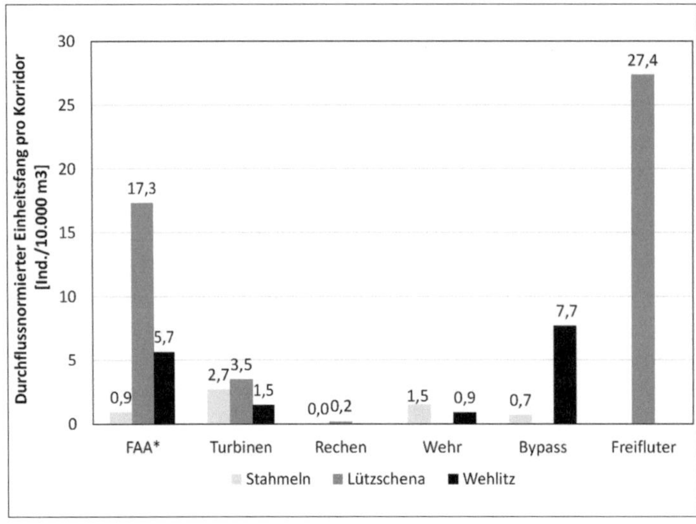

Bild 3: Durchflussnormierter Einheitsfang der mit Maschenweiten von 8 mm sicher fangbaren Fische in den für den Fischabstieg genutzten Wanderkorridoren dreier WKA-Standorte in der Weißen Elster (* in Lützschena FAA-/Bypass-Komplex) (Quelle: Wagner)

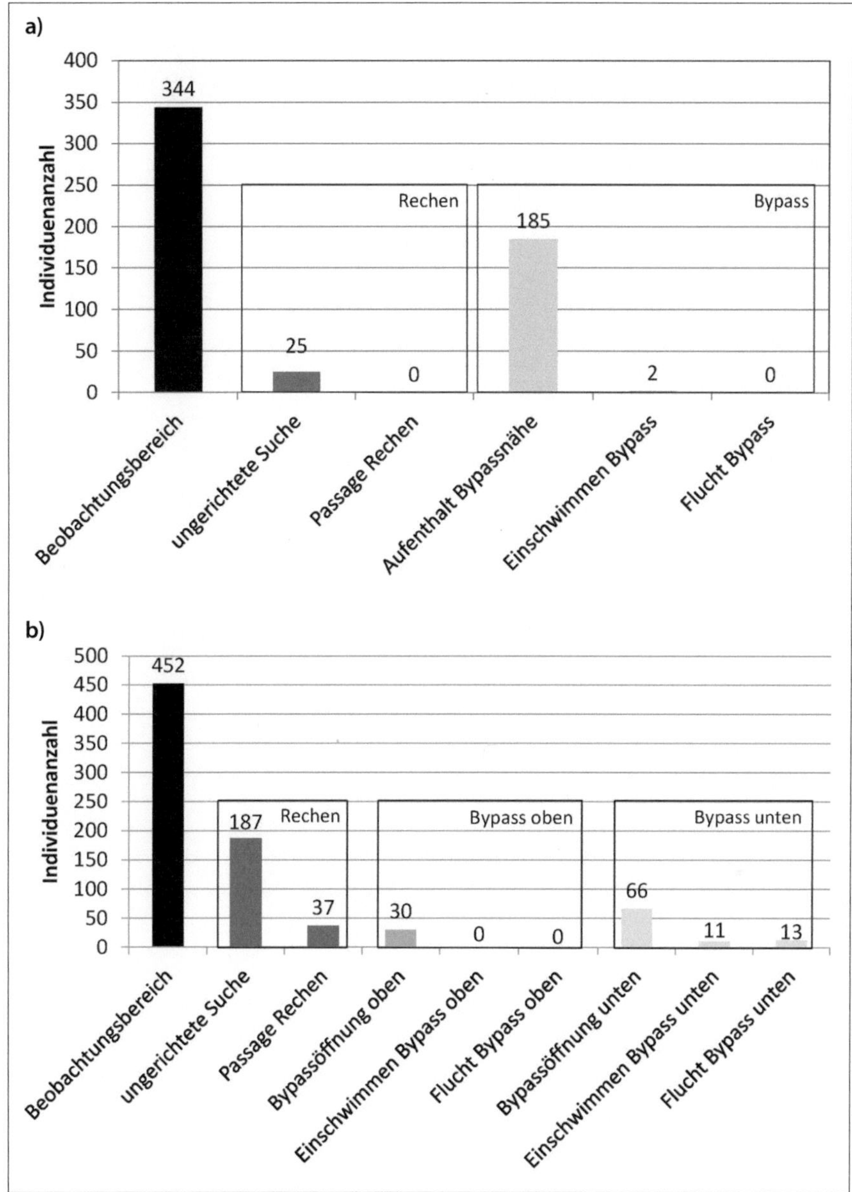

Bild 4: Ergebnisse der 16-stündigen DIDSON-Beobachtung des Fischverhaltens in einem Teilbereich des Fischschutzrechens und an der sohlnahen Bypassöffnung im Oberwasser a) WKA Wehlitz, 16 Stunden; b) WKA Stahmeln, 13,5 Stunden (Quelle: Wagner)

sachen in Betracht. Zum einen werden die von Ebel [4] empfohlenen Werte der absoluten und relativen Bypasseintrittsgeschwindigkeit im Bereich der sohlennahen Bypassöffnungen an beiden Standorten deutlich überschritten (Tabelle 1). Die beobachteten Fluchtreaktionen bei Annäherung der Fische an den sohlennahen Einstieg in Stahmeln (Bild 4b) deuten auf die auch in anderen Studien [5] belegte, abschreckende Wirkung des starken Strömungsgradienten in der Öffnung hin. Zum anderen sind die nur im unmittelbaren Nahbereich der Bypassöffnungen vorhandenen Sen-

Tab. 2: In den verschiedenen Bypässen pro Art gefangene Individuen [$n_{Bypassposition}$] in Abhängigkeit von der Position der Eintrittsprofile der Bypässe an den WKA-Standorten Stahmeln, Lützschena und Wehlitz sowie die Gesamtindividuenzahl pro Standort je Art (n_{gesamt}) (Quelle: Wagner)

	Stahmeln			Lützschena		Wehlitz		
Bypassöffnung	n_{Sohle}	$n_{Oberfläche}$	n_{gesamt}	$n_{deep\ chanel}$	n_{gesamt}	n_{Sohle}	$n_{Sohle/Oberfläche}$	n_{gesamt}
Aal	46	1	61	43	125	10	8	32
Barbe	22	2	84	33	210	5	0	97
Blei	0	0	21	12	26	0	0	3
Döbel	0	0	15	13	45	2	2	29
Dreist. Stichling	12	2	284	177	1083	16	17	398
Gründling	2	0	30	13	228	0	0	48
Hasel	0	0	20	0	18	0	0	20
Kaulbarsch	0	0	12	4	53	0	3	329
Plötze	1	1	65	22	123	2	2	51
Rotfeder	2	1	36	46	115	1	1	49
Ukelei	13	8	1645	68	534	3	10	186
Zander	6	0	34	6	37	12	0	20

kenströmungen der mit 0,30 x 0,30 m bzw. 0,30 x 0,45 m klein dimensionierten Bypasseinstiege für die Fische offensichtlich nur schlecht wahrnehmbar.

3.3 Artspezifische Bypassnutzung

Zwölf Fischarten, für die aufgrund der Stichprobengröße von insgesamt mindestens 50 Individuen Aussagen möglich sind, zeigten an den drei Untersuchungsstandorten ein differenziertes Verhalten hinsichtlich der Bypassnutzung. Bis auf den Hasel, der an keinem Standort im Bypass erschien, wurde die funktional als Bypass fungierende FAA in Lützschena (Tabelle 1) von allen Arten genutzt (**Tabelle 2**). In den Bypässen in Wehlitz und Stahmeln fehlten hingegen Arten (Tabelle 2).

Es liegt nahe, die geringe Artenselektivität in Lützschena mit dem über die gesamte Wassertiefe reichenden Eintrittsprofil und den moderaten Fließgeschwindigkeiten im Einlaufquerschnitt zu begründen. Abstiegswillige Fische können nur bei dieser Bauform in ihrem natürlichen Schwimmhorizont verbleiben. Die bei den Verhaltensbeobachtungen dokumentierten Fluchtreaktionen an der sohlennahen Bypassöffnung in Stahmeln und die auch in Wehlitz festgestellte eingeschränkte Auffindbarkeit der Bypassöffnungen können eine Artselektivität der Bypässe dieser beiden Standorte erklären. Inwieweit Effekte der, entsprechend Ebel [4] zu geringen Eintrittsprofil-Dimensionen an diesen Standorten von Bedeutung sind, ist anhand der vorliegenden Daten aus methodischen Gründen nicht ab-

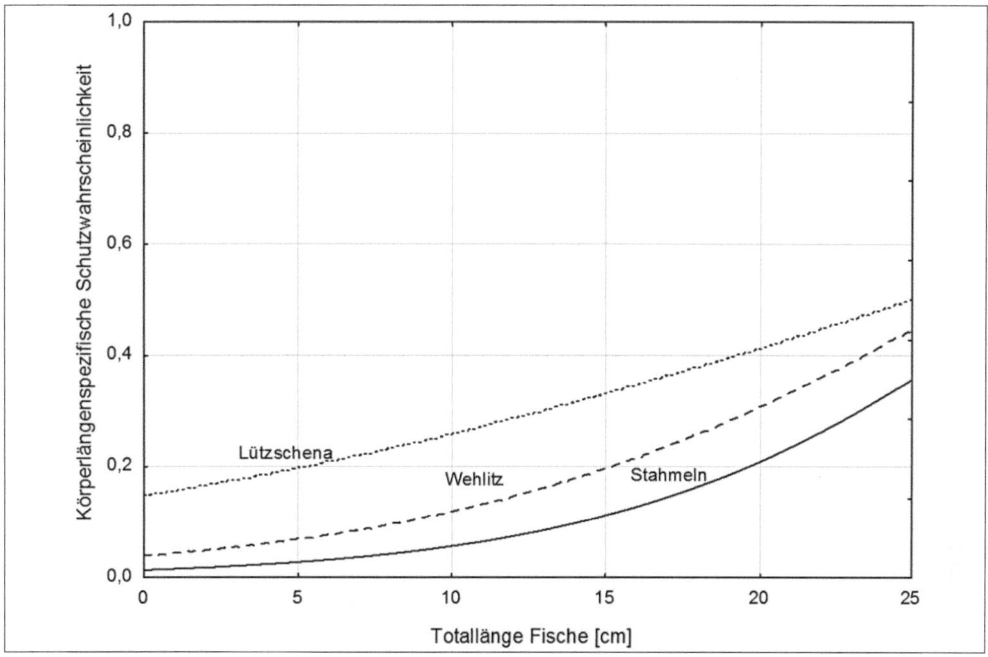

Bild 5: Körperlängenspezifische Schutzwahrscheinlichkeit am Fischschutzrechen der Wasserkraftanlagen Stahmeln (durchgezogene Linie), Lützschena (gepunktete Linie) und Wehlitz (gestrichelte Linie); basierend auf einer logistischen Regression der bei 8 mm Maschenweite in der Bypass-Reuse sicher fangbaren Fische sowie den Fängen im Hamen am Turbinenauslauf (Quelle: Wagner)

zuleiten. Aale bevorzugten in Stahmeln erwartungsgemäß die sohlennahe Abstiegsöffnung, schwammen aber innerhalb des Bypasses in Wehlitz auch bis zur Oberfläche, um eine rund 3 m über Sohlniveau befindliche oberflächennahe Abstiegsöffnung im nachfolgenden Bremsschütz zu passieren (Tabelle 2). Auch die Barbe stieg fast ausschließlich sohlennah ab (Tabelle 2). Aussagen zu Präferenzen hinsichtlich der vertikalen Einstiegsposition für weitere Arten sind aus den Ergebnissen nicht ableitbar.

3.4 Körperlängenspezifische Schutzwahrscheinlichkeit

Die Ergebnisse der körperlängenspezifischen Schutzwahrscheinlichkeit des Fischschutzsystems auf Basis einer logistischen Regression der Fangdaten des Hamens und der Bypässe (**Bild 5**) belegen an allen Standorten neben der rein mechanischen eine verhaltensbedingte Schutzwirkung des Fischschutzrechens. Fische, die aufgrund ihrer geringen Körpergröße die Fischschutzrechen mit 20 mm Stababstand hätten passieren können, wanderten partiell über die Bypässe ab. Besonders deutlich wird dies am Standort Lützschena, wo aus den Fangergebnissen abzuleiten ist, dass 20 % der Fische mit Körperlängen um 5 cm nicht den physisch passierbaren Rechen durchschwammen, sondern über den FAA-/Bypass-Komplex abstiegen (Bild 5).

Aus dem Vergleich der körperlängenspezifischen Schutzwahrscheinlichkeiten zwischen den drei Standorten leitet sich aus der in erster Linie verhaltensbedingten Wirkung für Fische bis 20 cm Körperlänge die höchste Schutzwirkung für den Standort Lützschena und die geringste für Stahmeln ab (Bild 5). Da es in Bezug auf den Fischschutzrechen zwischen diesen Standorten nur geringfügige Unterschiede gibt, müssen Lage und Art der Bypasseinstiege für die deutlich geringere Schutzwirkung in Stahmeln verantwortlich sein. Wie die Ergebnisse der DIDSON-Untersuchung zeigten (Abschnitt 3.2), wurden die Bypassöffnungen hier tatsächlich schlecht aufgefunden und die Fische zeigten sohlennah überdies aktive Fluchtreaktionen.

Das Schutzsystem in Wehlitz mit horizontal schräg angeströmten Rechen sowie einer ausschließlich sohlennahen und dem Standort Stahmeln vergleichbar kleinen dimensionierten Bypassöffnung (Tabelle 1) wies bezogen auf Stahmeln eine höhere körperlängenspezifische Schutzwahrscheinlichkeit auf.

3.5 Schutzrate

Die Schutzrate kennzeichnet den Anteil der Fische, der durch die Fischschutzrechen an der Passage eines Gefahrenbereichs gehindert wurde und erfolgreich über die Bypässe in das Unterwasser gelangte. Sie beschreibt somit die gemeinsame Wirksamkeit von Fischschutz- sowie -abstiegseinrichtungen und beruht auf der Kombination der verhaltensbedingten und physischen Schutzwirkung des Fischschutzrechens.

In Lützschena war mit 0,26 die höchste Schutzrate zu verzeichnen. Trotz der nahezu identischen baulichen und hydraulischen Situation am Fischschutzrechen wurde in Stahmeln eine Schutzrate von lediglich 0,09 ermittelt. Als wahrscheinliche Ursache ist auf die günstigere Positionierung des Einstiegs der als Bypass fungierenden FAA unmittelbar in der Rechenfläche sowie das über die gesamte Wassertiefe reichende Eintrittsprofil mit moderaten Fließgeschwindigkeiten in Lützschena zu verweisen.

In Wehlitz war mit 0,25 eine ähnliche Schutzrate wie in Lützschena gegeben. Aufgrund der aus den DIDSON-Beobachtungen abzuleitenden eingeschränkten Auffindbarkeit und geringen Attraktivität der kleinen, sohlennahen Bypassöffnung ist dies mit hoher Wahrscheinlichkeit auf die gute tangentiale Leitwirkung des horizontal schräg angeströmten Rechens in Richtung Bypasseinstieg zurückzuführen.

Ergebnisse von Studien ingenieurbiologisch vorteilhafter konzipierter Leitrechen-Bypass-Systeme belegen für diadrome Zielarten wesentlich höhere Schutzraten von 83 bis 100 % (s. a. [4], [6], [7]).

4 Zusammenfassung

An allen Standorten gelangte der Hauptanteil der Fische trotz Fischschutzrechen und Bypässen über die Turbinen in das Unterwasser. Große Unterschiede in den durchflussnormierten Einheitsfängen der Abstiegskorridore je Standort belegen, dass die Annahme einer Fischverteilung entsprechend der Abflussaufteilung an einem Wasserkraftanlagenstandort ([1], [2]) nicht zutreffend ist, sondern die verfügbaren Abstiegskorridore von Fischen aktiv genutzt oder gemieden werden.

Die Ergebnisse der körperlängenspezifischen Schutzwahrscheinlichkeit sowie der Schutzrate belegen für Lützschena die im Vergleich zu den anderen Standorten höchste Wirksamkeit des Fischschutzsystems. Trotz der über Analogieschlüsse aus den DIDSON-Beobachtungen in Stahmeln abzuleitenden, schlechten tangentialen Leitwirkung des vertikal schräg angeströmten Rechens, ist aufgrund der Integration des Bypasseinstiegs seitlich in das rechte Rechenfeld und des offenen, über die gesamte Wassertiefe reichenden Eintrittsquerschnitt offensichtlich eine vergleichsweise gute Auffindbarkeit gegeben.

In Stahmeln war die Wirksamkeit des Fischschutzsystems trotz nahezu identischer Rechenkonfigurationen und Strömungssituationen wie in Lützschena deutlich geringer. Die Fangergebnisse sowie die DIDSON-Beobachtungen zeigten, dass die kleinen Bypassöffnungen in Stahmeln nur schlecht aufgefunden wurden und aufgrund der hohen Bypasseintrittsgeschwindigkeit am sohlennahen Bypass sogar Fluchtreaktionen ausgelöst wurden. Die tangentiale Leitfunktion des vertikal schräg angeströmten Rechens Richtung Bypass-Öffnung muss als deutlich schlechter eingeschätzt werden als bei dem horizontal schräg angeströmten Fischschutzrechen in Wehlitz.

Wehlitz und Lützschena wiesen eine ähnliche Schutzrate auf, wenngleich die stark verhaltensbedingte Schutzwirkung für Fische bis 20 cm Körperlänge in Wehlitz geringer ausgeprägt war. Die vergleichsweise hohe Schutzrate ist mit großer Wahrscheinlichkeit auf die bei den DIDSON-Beobachtungen festgestellte gute tangentiale Leitwirkung des schräg angestellten Horizontalrechens in Richtung Bypasseinstieg zurückzuführen. Vor allem die eingeschränkte Wahrnehmbarkeit und geringe Größe der sohlennahen Bypassöffnung in Wehlitz dürften höhere Schutzraten verhindern.

Die Ergebnisse belegen, dass die Wirksamkeit von Fischschutzsystemen neben der physischen und verhaltensbedingten Permeabilität des Rechens ganz wesentlich von der Auffindbarkeit und Passierbarkeit der Bypässe abhängig ist. Die festgestellte artspezifische Bypassnutzung bestätigt die durch zahlreiche Arbeiten belegten Präferenzen der Arten für vertikale Horizonte in der Wassersäule (Überblick in [4]).

Des Weiteren zeigen die Ergebnisse, dass horizontal schräg angeströmte Rechen unter den gegebene Anströmgeschwindigkeiten eine bessere tangentiale Leitwirkung entfalten als horizontal nahezu rechtwinklig aber vertikal schräg angeströmte Rechen. Es zeigte sich darüber hinaus die für Fische höhere Attraktivität des über die gesamte Wassersäule reichenden, offenen Bypasseintrittsprofils gegenüber auf Sohlen- oder Oberflächenbereiche beschränkte, kleine Teilquerschnitte.

Danksagung

Der Freistaat Sachsen förderte die vorliegende Untersuchung im Rahmen der „Förderrichtlinie Gewässergüte". Die Koordination und Abstimmungen zwischen den Standorten waren nur durch die gute Zusammenarbeit mit den Betreibern der Wasserkraftanlagen sowie die Vermittlung von Herrn Riemay möglich. Andreas Knapikowski und seinem Sohn Marko Knapikowski danken wir für die unkomplizierte Unterstützung bei dem Bau zahlreicher Komponenten der Fangtechnik. Das eingesetzte DIDSON-Gerät ist Eigentum der EnBW und wurde durch die Vermittlung von Uwe Weibel von IUS Weibel & Ness bereitgestellt sowie von Herrn Steffen Wüst betreut.

Autoren

Dr. Falko Wagner
Institut für Ökologie und Fischereibiologie Jena
Sandweg 3
07745 Jena
info@igf-jena.de

Literatur

[1] Anderer, P.; Bauerfeind, C.; Krischer, S.; Dumont, U.: Gesamtkonzept zur Herstellung der Durchgängigkeit der Unstrut – Durchgängigkeitskonzept Unstrut. Schlussbericht im Auftrag der Thüringer Landesanstalt für Umwelt und Geologie. Aachen, 2013.

[2] Bauerfeind, C.; Krischer, S.; Keuneke, R.; Dumont, U.: Modellhafte Erarbeitung einer Gesamtbewertung für die Herstellung der Durchgängigkeit der für Thüringen ausgewiesenen Schwerpunktgewässer Durchgängigkeit am Beispiel der Ilm – Durchgängigkeitskonzept Ilm. Abschlussbericht im Auftrag der Thüringer Landesanstalt für Umwelt und Geologie. Aachen, 2011.

[3] Dußling, U.: Weiterführende Arbeiten und Erstellung von GIS-Grundlagen zu den Referenz-Fischzönosen für die fischbasierte Fließgewässerbewertung mit fiBS in Sachsen. Abschlussbericht im Auftrag der Sächsischen Landesanstalt für Umwelt, Landwirtschaft und Geologie. Eriskirch, 2009.

[4] Ebel, G.: Fischschutz und Fischabstieg an Wasserkraftanlagen – Handbuch Rechen- und Bypasssysteme. Halle (Saale): Büro für Gewässerökologie und Fischereibiologie Dr. Ebel, 2013.

[5] Enders, E. C.; Gessel, M. H.; Williams, J. G.: Development of successful fish passage structures for downstream migrants requires knowledge of their behavioural response to accelerating flow. In: Canadian Journal of Fisheries and Aquatic Sciences (2009), Heft 12, S. 2 109-2 117.

[6] Engler, O.; Adam, B.: HDX-Monitoring Wupper – Untersuchung der Wanderung von Fischen. Untersuchungszeitraum vom 31. Oktober 2013 bis 31. Mai 2014. Studie im Auftrag der Bezirksregierung Düsseldorf und des Wupperverbandes, Kirtorf-Wahlen, 2014.

[7] Heiß, M.: Evaluation of innovative rehabiliation measures targeting downstream migrating Atlantic salmon smolt (Salmo salar) at a hydroelectric power plant in southern Sweden. Masterarbeit Ludwig-Maximilians-Universität München, München, 2015.

[8] Larinier, M.: Fish passage experience at small-scale hydro-electric power plants in France. In: Hydrobiologia (2008), Heft 609, S. 97-108.

[9] Pavlov, D. S.: Structures assisting the migrations of non-salmonid fish. In: FAO Fisheries Technical Paper. Rom, 1989.

[10] Schmalz, W.; Wagner, F.; Sonny, D.: Arbeitshilfe zur standörtlichen Evaluierung des Fischschutzes und Fischabstieges. Gutachten im Auftrag des Ecologic In-

stitutes gemeinnützige GmbH, gefördert durch den Umweltforschungsplan des Bundesministeriums für Umwelt, Naturschutz, Bau und Reaktorsicherheit, 2015 (www.forum-fischschutz.de/sites/default/files/Arbeitshilfe_standoertliche_Evaluierung_Fischschutz_Fischabstieg.pdf; Abruf: 29.04.2015).

[11] Wagner, F.: Überprüfung der Fischschutz- und Fischabstiegseinrichtungen sowie der Fischschädigung an der WKA Lützschena/Weiße Elster – Endbericht. Studie im Auftrag des WKA Betreibers Josef Bauer, Jena, 2013.

[12] Wagner, F.: Überprüfung der Fischschutz- und Fischabstiegseinrichtungen sowie der Fischschädigung an der WKA Stahmeln/Weiße Elster – Endbericht. Studie im Auftrag der Mühlenwerke Stahmeln GmbH, Jena, 2013.

[13] Wagner, F.: Überprüfung der Fischschutz- und Fischabstiegseinrichtungen sowie der Fischschädigung an der WKA Wehlitz/Weiße Elster – Endbericht. Studie im Auftrag des WKA-Betreibers Andreas Knapikowski, Jena, 2013.

Falko Wagner

Comparative Analysis of the Downstream Movement of Fish at Three Consecutive Hydropower Plants

Along a 10.5 km long stretch of the river Weiße Elster, a tributary of the river Saale in Germany, the downstream migration and the efficiency of the fish protection systems were investigated at three consecutive hydropower plants. Downstream migration was quantified by net catching. Additionally the behaviour of fish at the fish protection screens and the bypass entrances were monitored using imaging sonar. Even though the primarily focus was not on scientific questions, the results allow general conclusions on the effects of position and type of bypass entrances and the flow vector in front of the fish protection screen for the protection efficiency at small low head hydropower plants.

Фалько Вагнер

Сравнительный анализ рыбоспускных сооружений на трех гидросиловых установках каскада гидроэлектростанций

На реке Вайссер Эльстер (Weißer Elster), являющейся одним из правых притоков Заале (Saale), в 2013 году были исследованы рыбоспуски и рыбоподъемники на гидросиловых установках, на участке каскада гидроэлектростанций длиной в 10,5 км. Количественная оценка прохождения рыб через отдельные каналы рыбоспуска осуществлялась посредством сетного лова. Дополнительно с использованием гидролокатора осуществлялось наблюдение за поведением рыб на верхнем бьефе в области рыбозащитных решеток и во входной зоне обводного канала. Хотя научная проблематика первично и не стояла на переднем плане исследований, тем не менее, результаты позволили сделать обобщающие выводы о воздействии расположения обводных каналов, технологии их строительства, а также направления потока в области рыбозащитной решетки на эффективность рыбозащитных и рыбоспускных сооружений на небольших электростанциях.

Autorenverzeichnis

MIX
Papier aus verantwortungsvollen Quellen
Paper from responsible sources
FSC® C105338

If you have any concerns about our products, you can contact us on
ProductSafety@springernature.com

In case Publisher is established outside the EU, the EU authorized representative is:
Springer Nature Customer Service Center GmbH
Europaplatz 3, 69115 Heidelberg, Germany

Printed by Libri Plureos GmbH
in Hamburg, Germany